BIOSTATISTICS for the Biological and Health Sciences

제2판

통계학의 이해와 활용

생명과학·보건학·간호학·의학을 중심으로

김 호 • 백도현 • 이수현 • 하종식 공역

TRIOLA • TRIOLA • ROY

BIO BIOSCIENCE (주)바이오사이언스출판

통계학의 이해와 활용 제2판

생명과학·보건학·간호학·의학을 중심으로

초판 인쇄: **2021년 3월 2일**
초판 발행: **2021년 3월 10일**

저 자: **Triola · Triola · Roy**
역 자: 김 호 · 백도현 · 이수현 · 하종식
발행인: 문 정 구
발행처: (주)바이오사이언스출판
본 사: **10860 경기도 파주시 탄현면 국화향길 10-56, 1동**
서울 사무소: **06569 서울특별시 서초구 도구로 115, 1층(방배동)**
전 화: (02)581-4057~8
팩 스: (02)581-4059
이메일: inquiry@biosciencepub.com
홈페이지: http://www.biobooks.co.kr
ISBN: 978-89-6824-119-2 93310

등록번호: 제22-3079호
값 25,000원

저자 소개

Marc Triola(의학박사, 미국의사회 회원)는 뉴욕대학교(NYU) 의과대학 교육정보학 부학장이며 IIME(NYU Langone Medical Center Institute for Innovations in Medical Education) 창립 이사이자, 의학 부교수이다. Triola 박사는 기술의 발전 및 빅데이터 및 학습 분석에 의해 주도되고 있는 교육현장에 있어 현행 교육방식의 변화에 중점을 두고 연구하고 있다. Triola 박사는 온라인 전자 학습 도구와 증가하는 디지털 자료를 교육현장에 효과적으로 활용할 수 있는 새로운 방법들을 포함하는 일명 '학습생태계'를 만들기 위해 노력해 왔다. Triola 박사와 IIME은 국립보건원, 통합고급정보관리시스템 프로그램, 국립과학재단고급학습기술 프로그램, Josiah Macy 주니어 기금, 미국 교육부, 의학교육에 있어 미국의학협회가속화변화 프로그램으로부터 재정적인 지원을 받았다. 그는 주 정부 및 연방 정부 차원에서 열리는 보건의료 전문직의 교육기술 개발과 연구에 중점을 둔 수많은 위원회를 주재하고 있다.

Mario F. Triola는 30년 이상 통계를 가르친 Dutchess Community College의 수학과 명예 교수이다. Marty는 *Elementary Statistics* 13판, *Essentials of Statistics* 5판, *Elementary Statistics Using Excel* 6판, *Elementary Statistics Using the TI-83/84 Plus Calculator* 4판, Statistical Reasoning for Everyday Life 공동저자이다. 그는 Marty는 Statdisk 통계 소프트웨어를 디자인했고, 통계교육 관련 매뉴얼과 워크북을 여러 권 저술했다. 그는 많은 학회와 대학에서 연사로 활동했으며, 카지노 슬롯머신의 디자인과 낚싯대 디자인을 포함하여 매우 다양한 분야에 컨설팅을 하고 있다.

그는 변호사와 함께 친자확인 소송의 확률 결정, 의료과실 소송 자료 분석, 성별에 따른 급여 불평등 파악, 선거 결과 분쟁 분석 등에 힘써왔다. 또한 그는 뉴욕시 교통국의 의과대학 조사와 조사 결과를 분석하는 데 통계적인 방법을 사용했다. 또한 뉴욕주(state) 대법원의 전문가 증인으로도 증언했다.

Jason Roy(박사)는 University of Pennsylvania(펜실베이니아 대학교) 페렐만 의과대학 생물통계 및 역학부의 생물통계학과 부교수로 재직하고 있다. 그는 2000년 University of Michigan(미시간 대학교)에서 생물통계학 박사 학위를 받았다. 2002년 미국통계협회의 생체 측정 부문에서 David P. Byar Young Investigator Award를 수상했다. 그의 통계적 연구 관심사는 인과추론, 결측자료 및 예측 모델링 분야에 있다. 그는 특히 대형 의료 데이터베이스의 데이터 분석을 통한 통계적 문제 해결에 관심이 많다. 만성 신장질환, 심혈관질환, 그리고 간질환을 포함한 많은 다른 질병 분야에서 협력하고 있다. 또한 그는 미국통계협회 저널에서 생체측정학 부편집장을 맡고 있으며, 약국 역학 및 약물 안전성 관련 90여 편의 논문을 게재하였다.

서문

통계학(Statistics)은 우리 삶의 거의 모든 영역에서 사용되고 있다. 특히 통계의 역할은 생물학, 의학, 보건학 등에서 중요하다. 여론조사에서부터 임상시험과 보건 분야의 빅데이터 분석에 이르기까지 통계는 우리 주변의 모든 분야에서 활용되고 있다. "통계학의 이해와 활용: 생명과학 · 보건학 · 간호학 · 의학을 중심으로" 제2판은 다양한 실제 응용 사례를 통해 이론과 방법론을 하나로 엮어 통계학과 실생활 사이의 관계를 구축한다.

2판의 목표

- 전문적인 통계학자가 사용하는 최신 및 최적의 방법론을 담았다.
- 미국통계협회가 제시한 GAISE(**통계교육 평가 및 지침**)의 권장사항을 모두 고려하였다.
- 다양하고 흥미로운 데이터 세트, 예제 및 연습문제를 제공한다.
- 비판적 사고, 기술 활용, 협업, 소통 능력 개발을 통한 학생의 실력향상에 기여한다.
- 다양한 보충 자료 및 디지털 자료를 통해 교육 및 학습을 진행한다.

주요 학습대상자, 사전 학습 요구사항

"통계학의 이해와 활용: 생명과학 · 보건학 · 간호학 · 의학을 중심으로" 제2판은 보건학 및 생물학 전공 학생들을 위해 구성되었다. 또한 통계학 과정을 처음으로 수강하는 매우 다양한 학생들을 위해서도 적합한 교재이다. 대수학(Algebra)은 최소로 사용되었고, 미적분학(Calculus)은 필요하지 않다. 고등학교 과정의 수학을 이해하는 학생들은 본 교재의 내용을 이해하는데 문제가 없을 것이다.

핵심적인 특징

이 책의 각 장(chapter)은 학생들이 제시된 개념을 이해하는 데 도움이 될 수 있도록 많은 주의를 기울였다. 아래에 제시된 특징들은 이 목표를 달성하는 데 도움이 될 것이다.

실제 데이터

저자들은 학생들에게 실제적이며 의미 있고 흥미로운 데이터를 찾는 데 많은 노력을 기울였다. 예제문제의 87%, 연습문제의 89%가 실제 데이터를 기반으로 했다. 일부 연습문제는 부록 B에 열거된 18개의 데이터 세트를 사용했으며, 이러한 데이터 세트 중 12개는 금번 2판에 새로 추가한 것이다. 부록 B 데이터 세트를 사용해야 하는 연습문제는 아이콘 으로 표시하여 쉽게 구분할 수 있도록 하였다.

실제 데이터 세트는 생체 보안, 신체 측정, 뇌 크기 및 IQ 점수, 출생의 데이터 등 이며 흥미로운 통계 실제 응용 사례를 제공하기 위해 사용되었다. 부록 B에는 작성자가 www.TriolaStats.com과 혹은 www.pearsonhighered.com/triola에서 다운로드할 수 있는 18개의 데이터 세트에 대한 설명이 포함되어 있다.

TriolaStats.com에는 Excel, Minitab, JMP, SPSS 및 TI-83/84 Plus 등에서 이용가능한 형식으로 다운로드가 가능한 데이터 세트들이 있다. 이 데이터 세트는 웹에서도 사용할 수 있는 Statdisk 무료 소프트웨어에도 포함되어 있다.

가독성

쉽게 이해할 수 있으면서 재미있는 책을 만들기 위해 많은 노력을 했다. 생물학, 의학 또는 보건학 분야에서의 세부 전공을 공부하는 학생들이 추후에도 필요한 경우 참조할 수 있도록 교재를 구성하였다.

웹사이트

이 교재는 최신 자료들을 온라인으로 제공하고 지속적으로 업데이트하기 위해 www.TriolaStats.com 및 www.pearsonhighered.com/triola와 함께 한다. 이 사이트에서 제공되는 사항들은 다음과 같다.

- Statdisk: 이 책을 위해 설계된 무료 통계 소프트웨어 패키지
- 다양한 파일형식으로 다운로드할 수 있는 부록 B 데이터 세트
- 통계용어 용어집을 포함한 다운로드 가능한 교재의 부록, 공식, 표
- 이 책을 위해 특별히 제작된 단계별 온라인 교육 비디오(지침서)
- 통계학 관련 최신 뉴스 혹은 응용 사례, 온라인 자료 등에 대해 알려주는 Triola Blog

장(chapter)의 구성

장 시작

- 각 장은 실제 데이터를 사용하고 동기를 부여하고자 **이 장의 문제**로 시작한다.
- **이 장의 목표:** 이 장의 목표는 주요 학습 목표를 요약한 것이다.

연습문제

학생들은 연습문제들의 결과 해석에 주의해주기 바란다. 연습문제 선정에 있어 유용성, 관련성, 정확성을 높이고자 하였다. 연습문제의 난이도는 순차적으로 배열되어 있으며, 기본적인 기술과 개념부터 시작하게 하였다. 대부분의 섹션에는 보다 어려운 개념을 다루거나 수학적 배경을 요구하는 추가 연습문제로서 *Beyond the Basics* Exercise를 두었다.

장 마무리

- **장별 퀴즈**에서는 비교적 간단한 답변을 요구하는 질문을 다룬다.
- **복습문제**는 해당 장에서 제시하는 개념과 절차에 대해 연습한다.
- **누적 복습문제**는 이전에 학습한 내용에 대해서 문제화하여 다룬다.
- **기술 프로젝트**는 다양한 기술과 함께 사용할 수 있는 활동을 제공한다.
- **자료로부터의 결정**은 비판적 사고와 결정을 필요로 하는 중요한 문제를 다룬다.
- **그룹 활동**은 그룹 단위로 능동적인 학습을 장려한다.

기타 특징

짧은 에세이 • 통계 관련하여 학생들에게 흥미를 높이기 위해서 짧은 에세이 57개를 포함한다.

흐름도 • 본문에는 보다 복잡한 개념과 절차를 단순화하고 명확히 하는 흐름도가 포함되어 있다.

빠른 참조 자료 • 표 A-2 및 A-3(정규분포 및 *t*-분포)는 뒤쪽 책표지 안쪽에 작성하였다.

통계 공식 및 테이블 카드(이 자료는 저희 웹사이트 www.biobooks.co.kr "자료실"란에서 다운로드하세요) • 장별로 구성된 통계 공식 및 테이블 카드는 학생들에게 학습 또는 시험볼 때(허용이 되는 경우) 사용하기 위한 빠른 참조로 제공될 수 있다. 또한 일반적으로 사용되는 테이블도 포함하였다. 이것들은 www.TriolaStats.com 및 www.pearsonhighered.com/triola에서 다운로드할 수 있다.

기술 통합

이전의 1판과 마찬가지로 책 전체에 걸쳐 통계 패키지 등에서 나온 화면들을 많이 제시하였다. 일부 연습문제들은 통계 패키지 결과물들을 바탕으로 했다. 적절한 곳에 테크 센터를 두어 Statdisk, Minitab®, Excel®, StatCrunch 또는 TI-83/84 Plus® 계산기에 대한 세부 지침이 포함된 온라인 참조를 확인할 수 있도록 했다. (책 전체에서 "TI-83/84 Plus"는 TI-83 Plus 또는 TI-84 Plus 계산기를 나타낸다.)

Statdisk 통계 소프트웨어 패키지는 이 교재용으로 특별히 설계되었으며 부록 B 데이터 세트를 모두 포함하고 있다. Statdisk는 이 책의 사용자에게 무료이며, www.statdisk.org에서 다운로드할 수 있다.

감사의 글

이 책을 성공적으로 출판하는데 기여한 많은 통계학과 교수들과 학생들에게 감사드린다.

James Baldone, Virginia College
Naomi Brownstein, Florida State University
Christina Caruso, University of Guelph
Erica A. Corbett, Southeastern Oklahoma State University
Xiangming Fang, East Carolina University

Phil Gona, UMASS Boston
Sharon Homan, University of North Texas
Jackie Milton, Boston University
Joe Pick, Palm Beach State College
Steve Rigdon, St. Louis University
Brian Smith, Black Hills State University
Mahbobeh Vezvaei, Kent State University
David Zeitler, Grand Valley State University

이들 뿐만 아니라 책의 교정 및 연습문제들에 대한 답을 확인하는 데 도움을 준 Paul Lorczak, Joseph Pick 그리고 Erica Corbett에게도 감사의 말을 전하고 싶다.

Marc Triola
Mario Triola
Jason Roy

2016년 9월

역자 서문

20여 년간 보건대학원에서 통계학을 가르치고 관련 연구를 진행하면서 통계학에 대한 기본 개념 정립이 중요함을 절감하게 되었다. 통계는 보건학, 의학, 생물학을 포함한 거의 모든 학문에 적용되고 있으나 그 기본적인 개념은 거의 동일하다. 최근 빅데이터 분석 등 통계의 중요성이 다시 강조되는 시점에서 관련 분야에서 통계를 처음 접하는 학생들에게 도움을 주고자 뜻을 같이하는 분들과 이 책의 번역을 시작하였다.

"통계학의 이해와 활용: 생명과학 · 보건학 · 간호학 · 의학을 중심으로" 제2판은 통계학의 기본이 되는 개념들을 모두 다루고 있다. 또한 통계학 자체에 대한 개념부터 자료 탐색, 확률, 확률분포, 가설검증, 상관분석과 회귀분석, 적합도 검증, 분산분석, 비모수적 분석, 그리고 생존분석까지 다루고 있다. 뿐만 아니라 개념 정립에 있어 실제 데이터를 사용하는 등 학생들의 통계 활용도를 높일 수 있도록 작성되어 있다. 또 다른 특징으로 개념 정립에 있어 흥미를 유발할 수 있는 에세이들을 제공하고 있다.

원문의 내용을 빠짐없이 번역하여 학생들에게 원저자의 의도 및 학습시키고자 하는 내용을 명확히 전달하고자 하였다. 창원대학교 백도현, 이수현 교수님, 그리고 한국환경정책 · 평가연구원의 하종식 박사님과 함께 번역을 진행하였다. 2019년 2월에 처음 시작하여 그해 연말 1차 번역을 마무리하고 약 1년간 3차례의 교정 작업을 통해 번역본을 출판하게 되었다. 번역 과정에 있어 통계용어는 한국통계학회에서 제공하는 통계용어 정리사항을 바탕으로 하였다.

이 책을 통해 학생들이 통계적 기초 개념 정립을 확실히 할 수 있기를 기대하며 향후 응용에 있어서도 도움을 받기를 기대한다. 전공 분야에서의 고난도의 통계분석은 해당 전공의 지식을 바탕으로 주어진 상황과 가설에 적합한 통계분석을 찾아가는 것으로부터 시작한다. 아무쪼록 이 책이 학생들에게 통계의 기본서가 되어서 이후에도 항상 가까이서 도움을 주는 책이 되길 바란다.

2021년 2월
대표역자 김 호

역자 소개

김 호	서울대학교 보건대학원	이수현	창원대학교 컴퓨터공학과
백도현	창원대학교 생명보건학부	하종식	한국환경정책 · 평가연구원

차례

통계 공식 및 테이블 카드는 저희 웹사이트 www.biobooks.co.kr "자료실"란에서 다운로드하세요.

1 통계학의 소개
Introduction to Statistics

이 장의 문제

조사 질문: 당신은 아침 활동을 시작할 때 카페인이 필요합니까?

조사는 제품이나 서비스를 개선할 수 있는 자료를 제공한다. 조사는 정치 후보자를 안내하고, 사업 방향을 구체화하며, 효과적인 의료 처리를 확인 가능케 하는 등 우리 삶의 여러 면에 영향을 미친다. 조사는 다른 사람들의 의견과 행동에 대한 통찰력을 제공한다. 예를 들어, 국민건강영향조사(NHANES; National Health and Nutrition Examination Survey)는 미국인 수천 명의 성인과 어린이들의 건강과 영양을 연구하는 프로그램 일부이다.

USA Today 조사에서는 아침 활동을 시작하기 위해 카페인이 필요한지 여부를 물었다. 2,006명의 응답자 중에서 74%가 카페인이 필요하다고 답했다. 조사 결과는 사람들이 압도적으로 카페인이 필요하다는 사실을 보여준다. **그림 1-1**의 그래프는 조사 결과를 시각적으로 묘사하고 있다. 이 책의 가장 중요한 목표 중에 하나는 조사 결과 등을 맹목적으로 받아들여지지 않도록 비판적 사고를 기르도록 하는 것이다. 조사 결과가 유효한지 여부에 대해 질문할 수 있다. 누가 조사를 실시했는가?

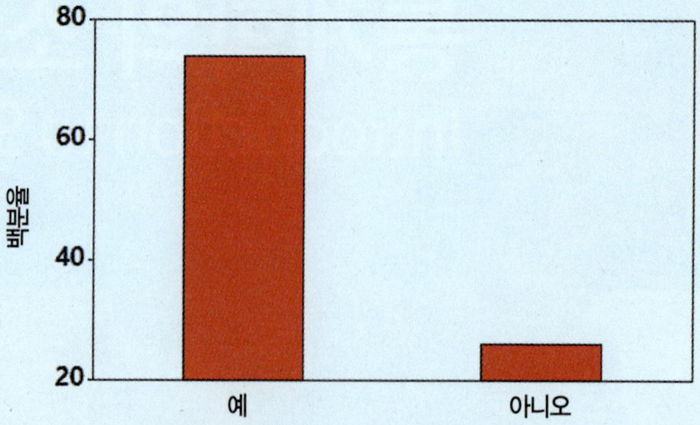

그림 1-1(a) 조사 결과

그림 1-1(b) 조사 결과

응답자는 어떻게 선택되었는가? **그림 1-1**의 그래프는 그 결과를 잘 묘사하고 있는가? 또는 그래프가 다소 잘못 해석될 수 있는가?

여기에 제시된 조사 결과는 가장 흔한 것들의 결함들을 가지고 있으므로, 이들을 확인하는 것이 중요하다. 다음은 주요 결점에 대한 간략한 설명이다.

결점 1: 오해의 소지가 있는 그래프 **그림 1-1(a)**의 막대도표(bar chart)는 매우 현혹적이다. 0에서 시작하지 않는 수직 눈금을 사용함으로써, 두 백분율의 차이를 과장하여 보여준다. **그림 1-1(a)**는 약 8배 많은 사람들이 카페인을 필요로 하는 것처럼 보여준다. 하지만 카페인을 필요로 하는 사람이 74%, 카페인이 필요하지 않은 사람이 26%로서 막대도표에서 제시된 8:1 비율보다는 약 3:1에 가깝다.

그림 1-1(b) 역시 매우 현혹적이다. 다시 한번 더 언급하지만, 74%(카페인 필요)와 26%(카페인 불필요)의 실제 응답률 차이는 심하게 왜곡되어 있다. **그림 1-1(b)**의 그래프(또는 그림 그래프)는 카페인을 필요로 하는 사람들과 카페인을 필요로 하지 않는 사람들의 비율이 약 9:1인 것으로 보여준다(면적이나 부피로 표현되는 물체 자료는 실제 자료로 의미하는 것보다 불균형적으로 더 크게 또는 더 작게 그릴 수 있기 때문에 인지되는 정도를 왜곡시킬 수 있다). 현혹적인 그래프에 대한 사항은 2-3절에서 자세히 설명하겠지만, **그림 1-1**이 카페인을 필요로 하는 사람의 수를 과장하여 묘사하고 있다는 것을 알 수 있다.

결점 2: 나쁜 표집방법 앞서 언급한 조사 응답은 인터넷 사용자에 대한 *USA Today* 조사에서 나온 것이다. 조사 질문은 웹사이트에 게시되었으며, 인터넷 사용자가 응답여부를 결정했다. 이것은 자발적 응답 표본의 예로서 응답자 자신이 조사 참여 여부를 결정한다. 자발적인 응답 표본을 사용하면 주제에 강한 관심을 보이는 사람들의 참여확률이 높아지기 때문에 조사 결과는 매우 의심스러울 수 있다. 예를 들어, 아침 커피 한잔 없이 적절히 생활할 수 없다고 생각하는 사람들은 그렇지 않는 사람들보다 이와 같은 카페인 조사에 응답할 가능성이 더 크기 때문이다. 모집단에 대한 정보를 획득하기 위해 표본자료를 사용할 때는 모집단을 대표하는 표본자료를 획득하는 것이 매우 중요하다. 이 장에서 자료의 유형 및 표집방법에 대해 논의할 때, 다음의 핵심 개념들에 중점을 두어야 한다.

- **표본자료는 임의 선택(random selection)과 같은 적절한 방법으로 수집되어야 한다.**
- **만일 표본자료가 적절한 방법으로 수집되지 않으면, 자료가 완전히 쓸모없기 때문에 어떤 통계적 방법으로도 해결될 수 없다.**

조사 결과를 받아들이고 계산과 통계적 분석을 맹목적으로 진행하는 것은 쉽지만, 위에 설명된 중요한 두 가지 결점을 놓칠 수 있다. 이럴 경우에 근본적으로 잘못되고 오해의 소지가 있는 결론을 도출할 수 있다. 따라서 통계적 사고와 비판적 사고를 길러 그러한 자료를 보다 잘 분석할 수 있도록 해야 하겠다.

이 장의 목표

이 장에서 제시되는 가장 중요한 개념은 다음과 같다: 한 모집단(population)에 관한 결론을 도출하기 위해 표본자료에 통계학의 방법을 사용할 때, 적절한 방법으로 표본자료를 수집하는 것이 필수적이다. 이 장의 주요 목표는 아래와 같다.

1-1 통계적 및 비판적 사고

- 자료의 상황, 출처, 표집방법을 기준으로 표본자료를 분석한다.
- 통계적 유의성과 실제적 유의성에는 차이가 있음을 이해한다.
- 자발적인 응답 표본을 정의 식별하고, 그러한 표본자료를 기반으로 하는 통계적 결론은 일반적으로 유효하지 않다는 것을 알아야 한다.

1-2 자료의 유형

- 모수와 통계량을 구분한다.
- 양적자료와 범주형(또는 질적 또는 속성) 자료를 구분한다.
- 이산자료와 연속자료를 구분한다.
- 기본적인 통계적 계산이 특정 자료에 적절한지 여부를 결정한다.

1-3 표본자료의 수집

- 단순임의표본을 정의 식별한다.
- 적절한 표집방법의 중요성과 실험에 대한 좋은 설계의 중요성을 이해한다.

1-1 통계적 및 비판적 사고

핵심 개념

이 절에서는 몇 가지 매우 기본적인 정의부터 시작하여 통계적 연구를 수행하는 과정을 개괄적으로 설명할 것이다. 이 과정은 준비(prepare), 분석(analyze) 및 결론(conclude)으로 구성된다. 준비(preparation)는 자료의 **상황**, **출처** 및 **표집방법**에 대한 것들을 포함한다. 이어지는 장(chapter)에서는 적절한 그래프를 만들고 자료를 탐색하며 사용될 수 있는 통계적 방법 관련한 계산 등을 수행할 것이다. 또한 분석 결과가 통계적 유의미성 및 실제적 유의미성이 있는지에 대해 결정짓고 이를 통해 결론을 도출할 것이다.

통계적 사고는 비판적 사고와 결과를 이해하는 능력을 포함한다. 통계적 사고는 복잡한 계산을 수행하는 것보다 훨씬 많은 것을 요구한다. 많은 예제, 연습문제 및 토론을 통해서 본 서적은 현실에서 적용 가능한 매우 중요한 통계적 사고 기술을 기르는 데 도움을 줄 것이다.

몇 가지 아주 기본적인 정의와 함께 시작한다.

정의

자료(data)는 측정 또는 조사 응답과 같은 관측 모음이다(하나의 자료 값은 *datum*이나 거의 사용되지 않으며, data는 복수형 단어임).

통계학(statistics)은 계획 연구 및 실험, 자료의 획득, 이들 자료의 구성, 요약, 발표, 분석 및 해석, 그리고 이를 기반으로 결론을 내리는 과학이다.

모집단(population)은 고려될 수 있는 자료 또는 모든 측정들의 완전한 전체를 의미한다. 일반적으로 모집단은 추론하고자 하는 완전한 자료의 모음을 의미한다.

총조사(census)는 하나의 모집단 구성원 전체로부터 모두 수집한 자료를 의미한다.

표본(sample)은 하나의 모집단으로부터 선택된 구성원 일부로부터 수집한 자료를 의미한다.

모집단은 종종 매우 크기 때문에, 통계학을 사용하는 일반적인 목적은 표본에서 자료를 얻고 얻은 자료를 사용하여 모집단에 대한 어떤 결론을 만들어내는 것이다.

예제 1 가정용 일산화탄소 검출기

논문 '미국 내 가정용 일산화탄소 탐지기 고장률'(Ryan and Arnold, *American Journal of Public Health*, Vol.101, No.10)에 따르면, 미국 내 3,800만 개의 일산화탄소 검출기가 설치되어 있다. 이들 중에서 30개가 임의로 선택되어 검사된 결과, 12개는 위험한 일산화탄소 상태를 경보하지 못했다. 이 경우에 모집단과 표본은 다음과 같다.

모집단: 미국 내 모든 3,800만 개의 일산화탄소 탐지기

표본: 선택 및 검사된 30개의 일산화탄소 검출기

목적은 모든 일산화탄소 탐지기 모집단에 대한 결론을 도출하기 위한 기초로서 표본 자료를 사용하는 것이며, 통계학적 방법은 그러한 결론을 도출하는 데 도움이 된다.

이제 통계적 연구에 포함된 과정들을 소개하자고 한다. 그림 1-2는 통계적 연구에 포함된 과정들을 보여주는데, 수학적 계산이 아니라 비판적 사고에 초점을 두고 있다. 통계 패키지의 개발 덕분에, 수치 처리를 효율적으로 할 수 있는 도구가 있으며 이로 인해 결과를 이해하고 해석하는데 더 집중할 수 있다.

준비하기

1. 자료의 상황
- 자료는 무엇을 대표하는가?
- 연구의 목적은 무엇인가?

2. 자료의 출처
- 특정 사유로 추출한 자료는 해당 출처로부터 선호될 수 있는 결과를 얻을 수 있는가?

3. 표집방법
- 자료는 편향되지 않는 방법에 의해 수집되었는가? 또는 자료는 편향된 방법(자발적 참여에 의해서 응답이 가능한 경우 등)에 의해서 수집되었는가?

↓

분석하기

1. 자료 그리기

2. 자료 탐색
- 이상치(거의 모든 자료와 매우 멀리 떨어져 있는 숫자)가 있는가?
- 어떤 중요한 통계량이 자료를 요약하는가? (3장의 평균 및 표준편차 등)
- 자료는 어떻게 분포되어 있는가?
- 결측자료가 있는가?
- 얼마나 선택된 대상자가 응답을 거절했는가?

3. 통계적 방법의 적용
- 결과를 획득하기 위해서 통계패키지를 사용하라.

↓

결론내기

1. 유의성
- 결과는 통계적 유의성이 있는가?
- 결과는 실제적 유의성이 있는가?

그림 1-2 통계적 사고

준비하기

자료의 상황 그림 1-2는 자료의 상황을 고려하여 준비(prepare)을 시작해야 함을 제안한다. 그래서 표 1-1의 자료에 대한 자료의 상황을 확인해보고자 한다(자료는 부록 B의 '자료 9. IQ와 뇌 용적'에 있음). 표 1-1의 자료는 10개의 각기 다른 대상자에게서 측정된 IQ점수와 뇌 용적이다. 자료는 각각의 개별적인 'IQ점수/뇌 용적'의 짝지어진 값이 동일한 사람에게서 나온다는 것을 보여준다. 첫 번째 대상자는 측정된 IQ점수가 96이

생존자 편향

제2차 세계대전에서 아브라함 월드(Abraham Wald)는 응용 수학 패널(Applied Mathematics Panel)에 대한 그의 연구로 많은 생명을 구했다. 군 수뇌부는 비행단이 임무를 마치고 돌아오는 폭격기의 생존 가능성을 어떻게 개선할 수 있는지 자문했다. 그들은 폭격기 보호를 위해 보호철판 등을 추가하기를 원했고, 그들은 폭격기에 발생한 포탄 구멍들 위치를 기록하였다. 그들은 보호철판이 가장 구멍이 많은 곳에 설치되어야 한다고 생각했다. 하지만 월드는 해당 전략이 큰 실수가 될 것이라고 말했다. 그는 돌아오는 폭격기가 손상되지 않은 곳에 보호철판을 설치해야 한다고 말했다. 그의 추론은 다음과 같다. 피해에도 불구하고 다시 돌아온 폭격기들은 생존자였기 때문에 그들이 입은 피해에는 살아남을 수 있었다. 따라서 파손되지 않은 폭격기의 구멍 위치가 가장 취약했고, 이들 취약한 곳에 피해를 본 폭격기는 다시 돌아오지 못한 것이었다. 군 수뇌부는 살아남지 못한 폭격기를 생각하지 않고, 살아남은 폭격기를 연구해 생존자 편향으로 인한 큰 실수를 했던 것이었다.

'통계학'의 기원

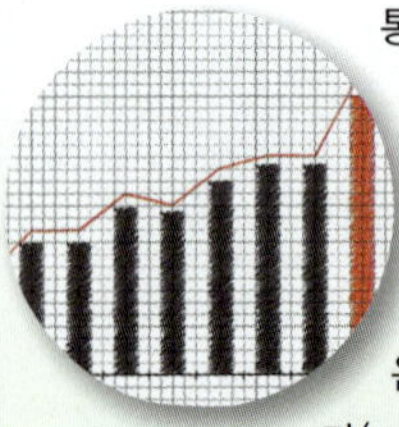

통계학이라는 단어는 라틴어 상태["상태(state)"를 의미함]에서 파생된다. 초기의 통계 사용은 주(state) 또는 국가(country)의 다양한 측면을 기술하는 자료와 그래프의 편찬이 대부분이었다. 1662년에 존 그랜트(John Graunt)는 출생과 죽음에 대한 통계 정보를 발표했다. 그랜트의 연구는 사망률과 질병률, 인구 규모, 소득, 실업률에 대한 연구를 뒤따르게 하였다. 가계, 정부, 그리고 사업자들은 통계 자료에 크게 의존한다. 예를 들어, 실업률, 물가상승률, 소비자지수, 출생률 및 사망률 등은 정기적으로 치밀하게 정리되는데, 그 결과 자료는 기업 총수들에게 향후 고용, 생산수준, 새로운 시장으로의 확대에 영향을 미치는 의사결정에 이용된다.

표 1-1 IQ점수와 뇌 용적(cm^3)

IQ점수	96	87	101	103	127	96	88	85	97	124
뇌 용적(cm^3)	1005	1035	1281	1051	1034	1079	1104	1439	1029	1160

고, 뇌 용적이 1,005 cm^3이다. 표 1-1의 형식은 IQ점수와 뇌 용적 사이에 어떤 관련성(relationship) 있는지 여부를 판단한다는 목표를 제시한다. 이 목표는 가능한 가설을 제시하는데, 두뇌가 큰 사람들은 IQ점수가 더 높은 경향이 있다 또는 큰 두뇌를 가진 사람들은 높은 IQ점수를 갖는 경향이 있다로 정리될 수 있다.

자료의 출처 표 1-1의 자료는 "Brain Size, Head Size, and IQ in Monozygotic Twins, Neurology, Vol. 50"라는 저널 논문에서 MJ Tramo, WC Loftus, TA Stukel, JB Weaziniga가 제공했다. 연구원들은 평판이 좋은 의과대학 및 병원 출신이었는데, 그들은 해당 결과를 오해의 소지가 있는 방식으로 제시함으로써 좋은 결과를 얻을 수 없었다. 이와는 대조적으로 신발 광택제 제조업체인 Kiwi Brands는 일부 신문에도 게재된 다음의 문구를 포함하는 연구를 발표했다. "전국적으로 250명의 채용 전문가를 대상으로 실시한 조사에 따르면, 구두 불량은 남성 구직자가 첫인상을 제대로 심어주지 못하는 가장 흔한 원인이었다."

약의 효능에 대해 임상시험을 하는 의사들은 제약회사의 자금지원을 받을 때, 약 효능 관련한 유리한 결과를 얻을 필요성을 가지는 동기가 있다. 이런 이유로 *Journal of the American Medical Association*과 같은 일부 전문 저널은 의사들이 저널에 대한 지원금 관련 사항을 보고할 것을 요구한다. 편향될지도 모르는 출처에서 나온 연구에 대해 회의적이어야 한다.

표집방법 그림 1-2는 표집방법에 대한 것이 준비하기(preparation) 과정의 마지막임을 보여준다. 표 1-1의 자료는 신경질환이나 정신질환이 없는 환자로부터 추출하기 위해 의료 이력을 검토한 대상자로부터 얻어진 것이다. 이 경우에 표집방법이 적절해 보이지만, 대상자가 어떻게 모집되었는지 그리고 어떤 금전적 상황이 연구 참여에 영향을 미쳤는지 확인할 수 없다.

표집방법과 임의화(randomization) 사용은 1-3절에서 논의하겠지만, 여기에서는 통계적 연구에서 좋은 결과를 얻으려면 적절한 표집방법이 절대적으로 필요하다는 점을 강조한다. 일반적으로 **자발적인 응답**(또는 **스스로 선택**한) **표본**[**voluntary response sample**(or **self-selected sample**)]을 사용하는 것은 나쁜 표집방법이다.

정의

자발적 응답 표본(또는 **스스로 선택 표본**)은 응답자가 스스로 표본으로 포함될지 여부를 결정하는 표본이다.

다음 유형의 조사는 자발적 응답 표본의 일반적인 사례이다. 아래 모두는 편향의 가능성이 강한 표본이므로 모집단에 대한 결론을 내릴 수 없기 때문에 심각한 결함이 있다고 할 수 있다.

- 인터넷 조사, 온라인상에서 사람들은 응답여부를 결정할 수 있다.
- 우편 조사, 사람들이 답장 여부를 결정할 수 있다.
- 전화 조사, 신문, 라디오 또는 TV 방송을 통해 당신의 의견을 등록하기 위해 자발적인 전화통화를 요청할 수 있다.

1장의 문제는 *USA Today* 조사에서 실시한 자발적인 응답 표본과 관련이 있다. 다음 [예제 2]를 참조하라.

예제 2 자발적인 응답 표본

*USA Today*는 전자판 신문에 다음과 같은 질문을 게시했다: "혹시 동물에 물린 적이 있습니까?" 이 질문을 본 인터넷 사용자는 스스로 응답여부를 결정한다. 2,361건의 응답 가운데 65%는 "그렇다"고 응답했으며 35%는 "아니다"라고 답했다. 2,361명의 응답자 스스로가 응답여부를 결정했기 때문에 자발적인 응답 표본이며, 조사 결과는 매우 의문스러울 수 있다. 응답자가 스스로 응답할 수 있도록 허용하지 않고, 대상자를 임의로 선택하는 조사를 통해 결과를 얻는 것이 훨씬 적절한 방법이다.

분석

그림 1-2는 자료의 상황, 출처, 표집방법 등을 고려하는 '준비하기' 과정을 끝마친 후 자료의 '분석' 과정을 보여준다.

그래프와 탐색 분석은 적절한 그래프 작성과 자료 탐색으로 시작한다. 그래프는 2장에서 논의하고 탐색 관련한 중요한 통계량들은 3장에서 논의할 것이다.

통계적 방법들 적용 나중의 장들(chapters)에서 중요한 통계적 방법들을 설명하지만 이러한 통계적 방법의 적용은 기술(계산기 또는 통계적 소프트웨어 통계패키지 등)로 쉽게 이루어지는 경우가 많다. 훌륭한 통계분석은 강력한 컴퓨터 기술을 요구하지 않는다. 훌륭한 통계분석은 상식적 차원에서 해석하고 적절한 통계적 방법의 적용을 요구한다.

결론

그림 1-2는 통계적 과정의 마지막 단계는 '결론' 내리기라는 것을 보여준다. 통계적 유의성과 실제적 유의성 사이의 차이를 구별하는 능력을 길러야 한다.

통계적 유의성 통계적 유의성은 우연히 일어날 것 같지 않은 결과를 얻을 때 해당 연구에서 확인할 수 있다. 일반적으로 통계적 유의성 기준은 우연한 기회에 의해 발생할 가능성이 5% 이하일 경우이다.

- 100명의 임의 출생아 중에서 98명이 여아라는 것은 통계적으로 유의미한데, 이러한 극단적인 결과는 임의 출생에서 비롯될 가능성이 낮기 때문이다.
- 100명의 임의 출생아 중에서 52명이 여아라는 것은 통계적으로 유의미하지 않는데, 그 사건은 임의로 발생할 수 있기 때문이다.

실제적 유의성 어떤 처리나 발견이 효과적일 수는 있지만, 상식적으로 해당 처리나 발견이 그것을 사용하기에 또는 실제적으로 적용하는 데 있어 충분하지 않을 수 있다. 다음 [예제 3]에서 관련한 사례를 설명하고 있다.

예제 3 통계적 유의성과 실제적 유의성

ProCare Industries는 한때, 그들이 원하는 성별을 가진 아이를 가질 가능성을 증가시킨, 성별 선택(gender choice)이라는 이름의 제품을 공급했다. 그 효용성에 대한 어떤 증거도 없는 상황에서, 이 제품은 "소비자의 총체적 기만"이라고 미국 식품의약국(FDA)으로부터 금지되었다. 하지만 이 제품이 여자아이를 갖고자 하는 10,000쌍의 부부에게 시험되었고, 5,200명의 여자아이가 태어났다고 가정해보자. 이 결과는 우연으로 인해 일어날 가능성이 0.003%에 불과하기 때문에 통계적으로 유의미하다. 따라서 우연에 의해서 발생 가능한 것으로 보이지 않는다. 52%라는 여자아이들은 통계적 유의미성이 있지만, 52%가 50%를 약간 웃돌 뿐이기 때문에 실제적 유의미성이 부족하다. 부부들은 여자아이를 갖기 위해서 그 가능성을 50%에서 52%로 높이기 위해 시간과 돈을 쓰는 것을 원하지 않을 것이다(참고: 현실에서, 아기가 여자일 가능성은 50%가 아니라 약 48.8%이다).

자료 분석: 잠재적인 위험

자료를 분석할 때 문제를 야기할 수 있는 몇 가지 항목들이다

잘못된 결론 통계적 분석을 바탕으로 결론을 내릴 때, 통계학 및 관련 용어에 대해 이해하지 못하는 사람들에게도 명확하게 제시하여야 한다. 통계적 분석에 의해 정당화되지 않는 진술에 대해서는 신중해야 하며 피해야 한다. 예를 들어, 이 책의 뒷부분에서 흡연과 맥박수와 같은 두 변수 간의 상관 또는 관련성 개념을 소개한다. 통계적 분석에 따르면 흡연 횟수와 맥박수치 간에는 상관이 있지만, 흡연 횟수는 맥박수의 변화를 야기할 수 있다는 진술을 정당화할 수 없다. 원인적 연관성(causality)에 대한 그러한 진술은 통계적 분석이 아니라 물리적 근거에 의해 정당화될 수 있다.

상관(correlation)는 인과관계(causation)을 의미하지 않는다.

측정 대신에 보고된 표본자료 사람으로부터 자료를 수집할 때 대상자에게 결과를 보고하도록 요구하는 대신에 연구자 스스로 측정을 하는 것이 좋다. 사람들에게 그들이 체중이 얼마인지 물어보면 당신은 그들의 실제 체중이 아니라 그들이 원하는 체중를 얻을 가능

성이 있다. 사람들은 보통은 아래로, 때로는 훨씬 아래로 내려서 체중를 보고하는 경향이 있다. 체중을 질문했을 때, 187파운드(85 kg) 무게의 어떤 사람은 160파운드(72.5 kg)라고 응답할 수 있다. 정확한 체중은 사람들에게 체중을 질문하는 것이 아니라 저울을 사용하여 체중을 측정함으로써 수집된다.

유도 질문 조사 질문을 주의하여 작성하지 않으면 결과가 오도될 수 있다. 조사 질문의 단어는 원하는 응답을 이끌어내기 위해 유도되거나 의도적으로 작성될 수 있다. 다음은 하나의 질문에 두 가지 다른 단어를 사용함에 따른 "예" 응답의 실제 비율이다.

97%의 "예" 응답: "Should the President have the line item veto to eliminate waste?"

57%의 "예" 응답: "Should the President have the line item veto, or not?"

질문의 순서 때로는 조사 질문에 의도하지 않게 단어 등의 순서가 그러한 영향을 끼치게 되는 경우가 있다. 독일에서 실시된 조사는 매우 다른 응답률을 보였는데, 다음 두 가지 질문에서 이러한 사항을 볼 수 있다.

"Would you say that traffic contributes more or less to air pollution than industry?" (45% 교통량에 원인, 27% 산업에 원인)

"Would you say that industry contributes more or less to air pollution than traffic?" (24% 교통량에 원인, 57% 산업에 원인)

위에서 설명한 바와 같이 질문 내의 단어순서 외에도 각각의 질문들 순서가 응답에 영향을 줄 수 있다.

무응답 무응답은 누군가 조사 질문에 응답하지 않거나 응답할 수 없는 경우에 발생한다. 사람들이 조사에 대한 질문을 받으면, 어떤 사람들은 응답을 거부한다. 최근 몇 년 동안 응답 거부율이 높아지고 있는데, 수많은 텔레마케터가 처음에는 조사의 일부처럼 들리는 것으로 시작하여 상품 등을 판매하려 하기 때문이다. "거짓말, 빌어먹을 거짓말, 그리고 통계학"의 작가 Michael Wheeler는 다음과 같은 매우 중요한 관찰을 한 바 있다.

조사 요원과 대화를 거부하는 사람들은 그렇지 않은 사람들과 다를 가능성이 있다. 응답을 거부하는 어떤 사람들은 낯선 사람들과 그들의 사생활에 대해 관심을 가지는 사람들을 두려워할 수도 있다. 하지만 응답 거부는 세상에 대한 그들의 관점이 조사 요원을 그들의 집으로 들어오게 허락하는 사람들의 관점과 현저하게 다르다는 것을 보여준다.

백분율 일부 연구는 오해를 불러일으키거나 불분명한 비율을 인용한다. 수량의 100%는 전부라는 점에 유의해야 하나, 만일 100%를 초과하는 백분율을 참조가 있는 경우에는 그러한 참조가 정당화될 수 없는 경우가 대부분이다. 어떤 의사가 편두통 치료법을 개발했고 그 치료법이 편두통에 150%를 감소시킨다고 주장한다면, 그 연구자는 올바르지 않을 수 있다. 왜냐하면 모든 편두통을 감소시키는 것은 100%의 감소이기 때문이다. 편두통의 수를 100% 이상 줄이는 것은 불가능하다.

출판 편향

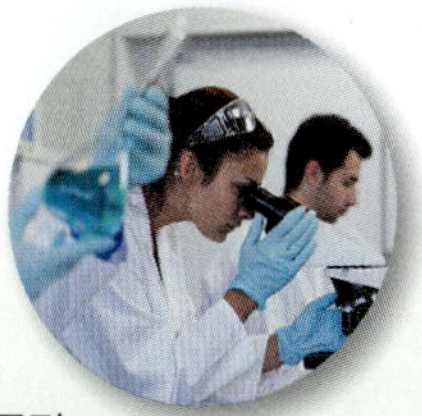

전문 저널에서는 '출판 편향'이 있다. 이는 부정적인 결과(치료가 효과적이지 않다는 것을 보여주는 것)보다 훨씬 자주 긍정적인 결과(치료가 효과적임을 보여주는 것)를 발표하는 경향을 말한다. 'Registering Clinical Trials'이라는 학술논문을 발표한 Kay Dickersin과 Drummond Rennie는 "누가 임상시험을 했는지 모르는 결과, 증거의 손실과 왜곡, 실험의 낭비와 중복, 계획에 있어 자금조달기관의 무능력, 특정 지원기관만이 이익을 얻을 수 있는 혼란스러운 시스템"이라고 기술하고 있다. 그들은 모든 임상시험이 하나의 시스템에 등록되어 미래의 연구자들은 출판된 연구뿐만 아니라 이전의 모든 연구에 접근 가능하도록 하여야 한다고 주장한다.

백분율로 작업할 때, % 또는 "percent"가 "100에 의해 분할된 것임"을 의미한다는 것을 알아야 한다. 여기 이 책에서 자주 쓰이는 원칙이 있다.

전체 중의 백분율(percentage of): 전체량의 백분율을 찾으려면, 100에 의한 분할의 기호로서 '%'를 대체하여 작성한다. 곱에 의한 것은 'of'로서 표현할 것이다. 다음 계산에서 1200의 6%가 72라는 것을 알 수 있다.

$$6\% \text{ of } 1200 \text{ 응답자} = \frac{6}{100} \times 1200 = 72$$

1-1 기본적인 기술 및 개념

통계적 해석 및 비판적 사고

1. 온라인 의료정보 *USA Today*는 다음의 질문을 웹사이트에 올렸다: "온라인으로 의료정보를 찾는 빈도는 얼마나 됩니까?" 질문에 답변한 1,072명의 인터넷 사용자 중 38%가 "자주"로 응답했다. 조사 대상자가 응답여부를 결정하는 것으로서 이러한 유형의 조사를 기술하는 용어는 무엇인가? 이런 종류의 표집방법은 무엇인 잘못된 것인가?

2. 통계적 유의성 vs 실제적 유의성 새로운 치료법을 시험할 때, 통계적 유의성과 실제적 유의성의 차이점은 무엇인가? 어떤 처리가 통계적 유의성을 가질 수는 있으나 실제적 유의성이 없을 수 있는가?

출처의 적정성 **연습문제 3~4에서는 주어진 출처가 통계적 연구에서 편향을 야기할 가능성이 있는지 결정하라.**

3. 책임 있는 의료를 위한 의사회 책임 있는 의료를 위한 의사회는 식단에 고기와 유제품 사용을 반대하는 경향이 있는데, 그 단체는 동물 보호 재단으로부터 수십만 달러의 기금을 받았다.

4. 뇌 용적 부록 B의 자료는 일란성 쌍둥이 10쌍의 뇌 용적에 대한 것이다. 이 자료는 하버드대학교, 매사추세츠 대학교 종합병원, 다트머스대학교, 데이비스 캘리포니아대학교 등의 연구진이 수집한 것이다.

표집방법 **연습문제 5~6에서는 표집방법이 적절한지 또는 결함이 있는지 결정하라.**

5. 원자력 발전소 1,368명에 대한 조사에서 다음의 질문이 *USA Today* 웹사이트에 게시되었다: "귀하의 견해로는 원자력 발전소가 안전합니까?" 질문 응답 대상자는 *USA Today* 전자 판에 게시된 질문에 응답하기로 선택한 인터넷 사용자였다.

6. 국민건강영양조사 미국 국립보건센터(National Center for Health Statistics)가 후원하는 국민건강영양조사(NHANES)에서 신체검사를 받은 9,000명 이상의 대상자를 선택했다. 대상자는 모집단을 대표하는 결과를 획득하기 위해 고안된 다소 복잡한 절차를 통해 선택되었다.

통계적 유의성과 실제적 유의성 **연습문제 7~8에서는 해당 결과가 통계적 유의성을 가지는지 결정하고 더불어 실제적 유의성도 가지는지 결정하라.**

7. 다이어트 및 운동 프로그램 Kingman 다이어트와 운동 프로그램에 대한 연구에서 40명의 대상자는 평균 22파운드(10 kg)의 체중을 낮출 수 있었다. 효과가 없는 프로그램에서 이러한 결과를 얻을 확률은 약 1%이다.

8. 성별 선택 여아가 태어날 확률을 높이기 위해서 성별 선택 방법을 연구한 Gender Aide의 연구에서, 2,000명의 사용자가 980명의 남아와 1,020명의 여아를 낳았다. 그 방법이 효과가 없다면 더 많은 여아를 낳을 약 19%이다.

연습문제 9~10에서는 아래 표의 체온(화씨) 표본자료를 참조하라(체온은 부록 B의 자료에 제시된 임의로 선택된 5명의 남성 표본으로 같은 날에 측정된 것이다).

	대상자				
	1	2	3	4	5
오전 8시	97.0	98.5	97.6	97.7	98.7
오전 12시	97.6	97.8	98.0	98.4	98.4

9. 자료의 상황 위의 체온 관련한 표를 참조하면, 오전 8시에 기록된 개별 대상자의 체온이 12시 체온과 짝지어지는 것에 어떤 의미가 있는가?

10. 결론 위 표의 체온을 바탕으로 통계적 분석을 수행하면 어떤 이슈가 제기될 수 있는가?

연습문제 11~12에서는 아래 표의 자료를 참조하라. 국립보건통계센터(National Center for Health Statistics)에서 실시한 대규모 건강 연구의 일환으로, 남성 대상자의 백혈구 수(1,000세포, ML)와 적혈구 수(백만 세포, ML)이다. 자료는 짝지어져 있는데, 첫 번째 대상자의 백혈구 수는 8.7이고 적혈구 수는 4.91이다.

	대상자				
	1	2	3	4	5
백혈구	8.7	5.9	7.3	6.2	5.9
적혈구	4.91	5.59	4.44	4.80	5.17

11. 자료의 상황 자료가 짝지어져 있고 자료 단위를 고려할 때, 백혈구 수와 해당 적혈구 수의 차이를 사용하는 것이 합리적인가? 그 이유는 무엇인가?

12. 자료의 출처 표의 자료 상황을 고려할 때, 그 출처는 어떤 식으로든 편향된 것처럼 보이는가?

무엇이 문제인가? 연습문제 13~14에서는 무엇이 잘못되었는지 확인하라.

13. 감자 아이다 호 감자위원회(Idaho Potato Commission)가 후원한 조사에서 1,000명의 성인들이 선호하는 채소를 선택하도록 질의 받았다. 가장 선호하는 채소는 감자였는데 응답자의 26%가 선택하였다.

14. 치즈 및 침구류로 인한 사망 최근 몇 년 동안 미국의 1인당 치즈 소비량과 침구류로 인한 사망자 수의 사이에는 강한 상관이 있었다. 정말로 치즈 소비는 침구류로 인한 사망의 원인이 되는가?

백분율 연습문제 15에서는 백분율과 관련된 주어진 질문에 답하라.

15. 건강 미국 성인 3,014명을 대상으로 조사를 실시한 결과, 45%는 당뇨병이나 고혈압과 같은 만성적인 건강상태가 적어도 하나 이상 있다고 보고했다.

a. 3,014명의 성인 중 45%는 무엇인가?

b. (a)의 결과가 적어도 하나의 만성적인 건강상태를 갖는 조사 대상자의 실제 수일 수 있는가?

c. 만성적인 건강상태가 적어도 하나 이상 있는 조사 대상자의 실제 수는 얼마인가?

d. 조사에 참여한 사람들 중 1,808명이 유선전화로, 1,206명이 휴대전화로 응답했다. 휴대전화로 조사 대상자의 몇 퍼센트가 응답했는가?

1-1 기초를 넘어서

16. 이 그림은 무엇이 잘못 되었나? *Newport Chronicle*은 독자들에게 "우리 아이들 사이에서 흡연을 조장하는 전자담배에 대한 금지를 지지합니까?"라고 질의하는 조사를 실시하였다. 20명의 독자가 응답했으며, 87%는 "안된다"고 대답했으며 13%는 "그렇다"고 답했다. 이 조사와 관련하여 4가지 주요한 결점은 무엇인가?

1-2 자료의 유형

핵심 개념

통계학의 주요 용도는 표본자료를 수집, 사용하여 모집단에 관한 결론을 내리는 것이다. 아래에 정의된 대로 통계량 및 모수라는 용어의 의미를 알고 이해해야 한다. 이 절에서는 몇 가지 다른 유형의 자료를 설명한다. 자료의 유형은 분석에서 사용하는 통계적 방법들을 결정하는 핵심요소 중의 하나이다.

이 절의 PART 1에서는 다양한 유형의 자료에 대한 기본사항을 설명하고, PART 2에서는 빅데이터와 결측자료에 대해서 설명한다.

PART 1 자료의 기본유형

모수, 통계량

정의

모수(parameter)는 모집단의 특성을 나타내는 하나의 수치적인 측정값이다.

통계량(statistic)은 표본의 특성을 설명하는 하나의 수치적인 측정값이다.

힌트 "모집단 모수"와 "표본 통계량"에 대한 이해는 해당 용어의미를 기억하는 데 도움이 된다.

만일 하나 이상의 통계량(statistic)을 가지게 된다면 이는 통계량들(statistics)이 된다. 1-1절에서 **통계학**(*statistics*)에 대해서 설명했는데, 계획 연구 및 실험의 과학으로 정의했다. 자료의 획득, 자료의 정리, 요약, 발표, 분석 및 해석, 그리고 그 결과를 바탕으로 결론을 내리는 것으로 Statistics(통계학 vs 통계량들)에 대한 두 가지 정의가 있지만, 다음 예제에서와 같이 *statistics*라는 용어가 사용된 문맥적 상황을 고려하여 두 가지 정의 중에서 적용할 정의를 결정할 수 있다.

예제 1 **모수, 통계량**

미국에는 17,246,372명의 고등학생이 있다. 16세 이상 고교생 8,505명을 대상으로 수행된 조사에서 44.5%가 지난 30일 동안 적어도 한 번 이상 운전하면서 문자 메시지를 작성했다고 밝혔다("Texting While Driving and Other Risky Motor Vehicle Behaviors Among U.S. High School Students, by Olsen, Shults, *Eaton, Pediatrics*, Vol. 131, No. 6"을 참조).

1. **모수:** 17,246,372명의 모든 고등학생들의 모집단 규모는 모수이다. 이는 미국 내 모든 고등학생들의 전체 모집단 규모이기 때문이다. 만일 '운전 중에 문자 메시지를 보냈다'고 답한 17,246,372명의 고등학생 모두의 비율을 어떻게든 알았으면 그 비율도 모수가 된다.
2. **통계량:** 44.5%의 값은 전체 모집단을 대상으로 하는 것이 아니라 표본을 대상으로 하기 때문에 통계량이다.

양적, 범주형

일부 자료는 수 또는 측정(예: 수축기 혈압 118 mmHg)을 나타내는 숫자이며, 다른 자료는 수 또는 측정이 아닌 속성(예: 녹색 또는 갈색의 눈 색)을 가진다. 양적자료[quantitative (또는 numerical)] 및 범주형자료[categorical (또는 qualitative 또는 attribute)]는 이러한 자료의 유형으로 구분된다.

정의

양적(또는 **수치적**)**자료**는 헤아리거나 측정치를 나타내는 숫자로 구성된다.

범주형(또는 **질적** 또는 **속성**)**자료**는 이름 또는 레이블(개수 또는 측정값을 나타내는 수가 아님)로 구성된다.

주의 범주형자료는 때로는 숫자로 코딩되며, 이 번호는 이름을 대체한다. 비록 이러한 수치는 양적으로 보일지라도 실제로는 범주형자료이다. [예제 2]의 세 번째 부분을 참조해보라.

측정의 단위 포함 양적자료에 있어 시간, 피트 또는 미터와 같은 적절한 측정 단위를 사용하는 것이 중요하다. "모든 금액은 수천 달러" 또는 "모든 단위는 킬로그램"과 같이 측정 단위에 관한 정보를 주의 깊게 관찰해야 한다. 이러한 측정 단위를 무시할 경우에 상당한 비용을 지불해야 하는 경우도 발생할 수 있다. NASA(National Aeronautics and Space Administration)는 제어 소프트웨어의 가속 자료가 영어 단위(english units)였으나 메트릭 단위(metric units)로 가정함으로써, 125백만 달러의 화성 기후 탐사선을 잃어버린 경험을 가지고 있다.

예제 2 **양적, 범주형**

1. **양적자료:** 임상시험에 등록한 대상자의 연령(년)
2. **레이블로서 범주형자료:** 임상시험에 등록한 대상자의 성별(남성, 여성)
3. **숫자로서의 범주형자료:** 식별번호 1, 2, 3, … 임상시험에서 25명에게 임의로 25명을 할당한다. 그 숫자는 이름 대신 사용된다. 그들은 어떤 것도 측정하거나 계산하지 않으므로 양적자료가 아니라 범주형자료이다.

이산, 연속

양적자료는 이산자료와 연속자료로 구분하여 더 자세히 기술할 수 있다.

정의

이산자료(discrete data)는 자료의 값이 양적이고 값의 수가 유한 또는 "가산 가능"일 때이다(만일 무한히 많은 값이 있는 경우라 하더라도 동전 뒷면의 수를 알기 전에 동전 던지기 수를 알고 있던지, 휴스턴 내 남성의 숫자를 알기 전에 출생아 수를 알고 있던지 하는 경우이다).

연속(수치적인)자료[continuous(numerical) data]는 무한히 많은 가능한 양적 값이 존재할 때이다. 값들에 대해 모두를 헤아릴 수는 없다(즉, 0 cm에서 12 cm까지 거리의 길이와 같이 연속적인 범위에 있기 때문에 개별 항목을 헤아리는 것은 불가능하다).

주의 셀 수 있는 자료(countable data)의 개념은 앞의 정의에서 핵심적인 역할을 하지만 이해하기 쉬운 개념은 아니다. 연속자료는 측정할 수는 있지만, 계산할 수는 없다. 연속자료에서 특정 자료 값을 선택하면 "다음" 자료의 값은 없다. [예제 3]을 참조하라.

연속자료

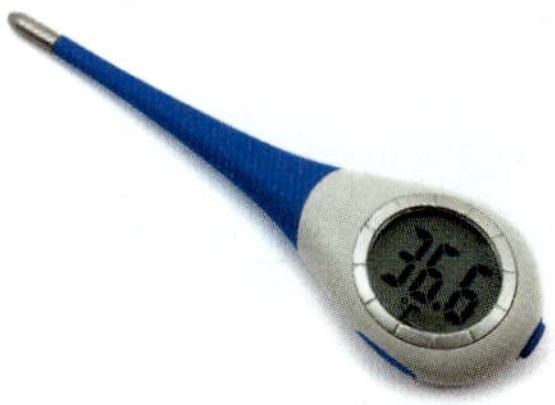

이산자료

예제 3 이산, 연속

1. **유한한 형태의 이산자료:** 여러 명의 의사가 다음 주 전체에 주어진 신체검사 수를 계산할 계획이다. 자료는 계산 과정에서 발생하는 27 및 46과 같은 유한한 숫자로서 헤아릴 수 있기 때문에 이산자료이다.

2. **무한한 유형의 이산자료:** 연구원은 검사가 오류를 보일 때까지 동일한 혈액(유형 O+)의 표본을 검사하는 과정을 반복하여 혈액형 검사의 정확성을 확인할 계획이다. 각 연구원은 오류가 발생하지 않고 이 검사를 영원히 반복할 수 있지만, 검사가 진행되는 동안 검사의 수를 여전히 계산할 수 있다. 헤아리는 것이 영원히 계속될지라도 검사 수는 셀 수 있다.

3. **연속자료:** 일반적인 환자가 일상적인 검사의 일부로 혈액을 채취할 때 채혈되는 양은 0 ml~50 ml이다. 0 ml와 50 ml 사이에는 무한히 많은 값이 있다. 연속적인 척도에서 다른 가능한 값의 수를 헤아리는 것은 불가능하기 때문에 이러한 양은 연속자료이다.

문법: Fewer(더 작은) vs Less(더 적은) 적은 또는 작은 양을 설명할 때, 헤아릴 수 있는 이산자료에는 "Fewer(더 적은)"을 사용하고, 연속자료에는 "Less(더 적은)"을 사용하는 것은 올바른 문법이다. 더 적은 콜라캔을 마셨다고 하고 콜라를 더 적게 마셨다고 하는 것이 올바르다. 콜라의 캔 수는 이산자료이며, 콜라의 양은 연속자료이기 때문이다.

측정의 수준

자료를 분류하는 또 다른 일반적인 방법은 네 가지 측정의 수준을 사용하는 것이다. 명목(nominal), 순서(ordinal), 구간(interval) 및 비율(ratio)(4가지 수준의 측정에 대한 간략한 설명은 표 1-2를 참조하라). 실제 상황에서 통계를 적용할 때 자료의 측정 수준은 통계 사용의 절차를 결정하는 데 도움이 된다. 이 책에서 이러한 측정 수준에 대한 언급이 있을 것이지만, 여기에서 중요한 점은 상식에 근거한다는 것이다. **자료에 적절하지 않은 계산 및 통계적 방법을 적용해서는 아니 된다.** 예를 들어, 사회보장번호의 평균(평균)을 계산하는 것은 의미가 없다. 그 숫자는 식별에 사용되는 자료이며 아무것도 측정하거나 계산하지 않기 때문이다.

정의

측정의 명목수준(nominal level of measurement)은 이름, 레이블 또는 범주로만 구성된 자료로 특징된다. 어떤 순서로 자료를 정렬할 수 없다(예: 낮음에서 높음).

예제 4 명목수준

다음은 측정의 명목수준에서 표본자료 사례이다.

1. **예, 아니오, 결정되지 않음:** 예, 아니오 및 결정되지 않음의 조사 응답
2. **조사 응답:** 조사 항목에 대해 응답자는 가능한 답변을 선택할 수 있으며, 다음과 같이 코딩된다. "동의한다"는 1로 코딩, "동의하지 않는다"는 2로 코딩, "나는 상관없다"는 3으로 코딩, "나는 대답을 거부한다"는 4로 코딩, "나가라 및 나를 괴롭히지 마라"는 5로 코딩될 수 있다. 여기에서 숫자 1, 2, 3, 4, 5는 아무것도 측정하거나 계산되지 않는다.

명목수준의 자료는 순서나 수치적 의미가 없기 때문에 계산에 사용해서는 아니 된다. 1, 2, 3 및 4와 같은 숫자는 때로는 다른 범주에 할당되지만(특히 자료가 컴퓨터용으로 코딩된 경우), 이러한 숫자는 실제 계산상의 중요성이 없으며, 이로부터 계산된 평균 등은 의미가 없으며 오해만을 불러일으킬 수 있다.

정의

만일 자료가 순서대로 정렬될 수 있는 경우에 측정의 **순서수준(ordinal level of measurement)** 자료가 되지만, 자료 값 사이의 차이(빼기로 계산)는 결정될 수 없고 그 자체도 무의미하다.

예제 5 순서수준

다음은 측정의 순서수준에서 표본자료 사례이다.

과목 성적: 생물 통계학 교수는 A, B, C, D 또는 F의 등급을 부여한다. 이러한 등급은 순서대로 정렬될 수 있지만 등급 간의 차이를 결정할 수는 없다. 예를 들어, A는 B보다 높다(순서가 있음). 하지만 A에서 B를 뺄 수는 없다(차이를 찾을 수 없음).

순서수준의 자료는 상대 비교에 대한 정보를 제공하지만, 차이의 크기는 제공하지 않는다. 일반적으로 순서 자료는 평균과 같은 계산에 사용해서는 아니 되지만, 이러한 사항은 때때로 무시된다(예: 문자점수를 사용하여 학점평균을 계산할 때).

정의

만일 자료가 순서대로 정렬될 수 있고 자료 값 간의 차이를 발견할 수 있고 그 의미가 있는 경우에 측정의 **구간수준(interval level of measurement)** 자료가 되지만, 이 수준의 자료에는 양이 전혀 없는 것으로서 0의 개념이 없다.

예제 6 구간수준

아래의 사례들은 측정의 구간수준 자료를 보여준다.

1. **온도:** 구간수준 측정에서 자료의 예로는 98.2°F 및 98.8°F의 신체 온도가 있다. 이 값들은 순서가 정해지며 0.6°F 차이를 확인할 수 있다. 그러나 자연적인 출발점은 없다. 0°F의 값은 출발점처럼 보일 수 있지만 임의적이며 열이 전혀 없는 것은 아니다.

2. **연도:** 1492년과 1776년이 순서대로 정렬될 수 있으며, 284년의 차이가 발견될 수 있으며, 의미가 있다. 그러나 시간은 0년에서 시작되지 않았으므로, 0은 "시간 없음"을 나타내는 자연스러운 0의 시작점이 아니며 임의적이다.

정의

만일 순서대로 정렬될 수 있고, 차이를 계산하여 의미를 가질 수 있으며, 0의 시작점(0은 존재하지 않음을 나타냄)이 있는 경우에 **측정의 비율수준(ratio level of measurement)** 자료가 된다. 이 수준의 자료의 경우에 차이와 비율이 모두 의미가 있다.

예제 7 비율수준

다음은 측정의 비율수준에서 자료 사례이다. 자연적인 0 값의 존재를 확인하고, "2배"와 "3배"의 의미 있는 비율의 사용에 주목할 필요가 있다.

1. **학생들의 신장:** 고등학생 및 유치원생의 경우 180 cm 및 90 cm의 높이(0 cm는 높이가 없고 180 cm는 90 cm의 두 배이다)

2. **수업 시간:** 통계 수업에 대해 50분과 100분의 시간(0분은 수업 시간이 없고 100분은 50분의 두 배이다.)

측정의 4가지 수준에 대한 간략한 설명은 **표 1-2**를 보시오.

표 1-2 측정의 수준

측정의 수준	간략한 설명	예시
비율	자연적인 0의 값을 가지고 있으며 비례적인 계산이 가능	높이, 길이, 양 등
구간	차이에 의미가 있으나, 자연적인 0의 값이 없으며 비례적인 계산이 불가능	섭씨 또는 화씨의 체온 등
순서	자료는 순서로서 정렬될 수 있으나, 차이를 계산 및 그 의미가 없음	미국 내 대학교 순위
명목	단순히 범주형이며 순서로서 정렬될 수 없음	눈동자 색깔

조사의 위험

조사는 미국에서 거대하게 성장하는 사업에 해당되지만, 조사 결과는 여러 가지 요인에 의해 저하될 수 있다. 점점 더 많은 사람들이 응답하기를 거부한다. 현재의 평균 응답률은 2000년경 36%에 비해 약 22% 수준이다. 점점 더 많은 사람들이 휴대폰을 사용하기 때문에 조사하기가 더 어려워지고 있다. 현재 어른의 약 15%가 휴대전화를 가지고 있으며 일반전화를 가지고 있지 않다. 약물 사용, 도난 또는 성행위에 관해 응답자에게 묻는 조사에 명백한 문제가 있는데, 조사 응답자가 인터뷰에 의해 부정적으로 인식되는 것이 싫어, 응답자가 정직하지 않게 응답하는 경향이 발생하기 때문이다.

힌트 구간수준의 측정과 비율수준의 측정은 의미상 차이가 약간 까다로울 수 있다. 다음은 그 구별을 위한 두 가지 도구이다.

1. **비검정(ratio test)** "비율"이라는 용어에 중점을 두고 "2배"이라는 용어는 다른 값의 두 배가 되는 한 값의 비율을 나타낸다. 측정의 구간수준과 비율수준을 구별하려면 이 질문에 "비검정"을 사용해 볼 수 있다. "2배"라는 용어의 사용이 의미가 있는가? "2배"는 측정의 비율수준에서의 자료에는 의미가 있지만 측정의 구간수준에서의 자료에는 의미가 없다.
2. **진정한 제로(true zero)** 비율을 이해하려면 "진정한 0"의 값이 있어야 한다. 여기서 0은 양이 없음을 나타내고 0은 단순히 임의의 값이 아니다. 0°F의 온도는 임의적이며 열이 없음을 나타내지 않으므로 화씨 눈금의 온도는 비율수준이 아닌 구간수준에 있다.

예제 8 비율수준과 구간수준 구별하기

다음 각각에 대해 자료가 측정의 비율수준 또는 측정의 구간수준에 있는지 확인하라.

a. 통계검정을 완료하는데 걸리는 시간(분).

b. 통계학 교과목 학생의 체온(섭씨).

풀이

a. 앞의 힌트에서 설명한 "비검정"을 적용해보자. 한 학생이 40분 내에 시험을 완료하고 다른 학생이 20분 안에 시험을 완료하면, 첫 번째 학생이 2배나 많은 시간을 사용했다고 말하는 것이 합리적인가? 네! 따라서 시간은 측정의 비율수준에 있다. 또한 0분의 시간이 "no time"으로 표시되므로 0값은 시간이 사용되지 않았음을 나타내는 실제적인 0이다.

b. 앞의 힌트에서 설명한 "비검정"을 적용해보자. 한 학생의 체온이 40°C이고 다른 학생의 체온이 20°C인 경우 첫 번째 학생의 체온이 두 번째 학생의 체온보다 2배라고 말하는 것이 합리적인가? 아니오! 따라서 체온은 측정의 비율수준이 아니다. 40°C와 20°C의 차이는 90°C와 70°C의 차이와 동일하기 때문에 그 차이는 의미가 있지만 비율은 의미가 없으며, 체온은 측정 관련하여 0°C의 온도는 "열 없음"을 나타내지 않으므로 0의 값은 열이 없음을 나타내는 실제적인 0이 아니다.

PART 2 빅데이터와 결측자료: 너무 많은 것과 충분하지 않은 것

자료를 활용하는 작업을 할 때 과도하게 큰 자료 또는 몇몇의 요소가 없는 자료 등에 직면할 수 있다. 여기 PART 2에서는 두 경우에 대해 간략히 정리하였다.

빅데이터

Edward Snowden은 NSA(National Security Agency)에 고용된 뒤, NSA가 미국 시민뿐 아니라 세계 지도자들을 대상으로 전화와 인터넷 감시를 실시하고 있다는 사실을 깨닫게 되고 해당 기밀문서를 공개하게 된다. NSA는 테러 방지를 위해 분석된 방대한 양의 자료를 수집하고 있었다. 전화 통화와 인터넷 통신 감시는 현대 기술로 가능하다. NSA는 빅데이터를 컴파일할 수 있었는데, 이러한 엄청난 양의 자료는 데이터 과학의 탄생을 가져왔다. 다음의 정의에 대해 보편적으로 동의된 바는 없는데, 다양한 다른 정의에서 쉽게 찾아볼 수 있다.

정의

빅데이터(big data)는 크고 복잡한 자료를 말하며, 분석은 기존 소프트웨어 도구의 기능을 뛰어넘는다. 대용량 자료를 분석하려면 여러 컴퓨터를 이용하여 동시에 소프트웨어를 병렬로 실행해야 할 수 있다.

데이터 과학(data science)은 통계학, 컴퓨터 과학 및 소프트웨어 공학, 그리고 이와 관련된 응용 분야(예: 생물학 및 역학)와 관련된다.

자료 크기의 예 빅데이터 정의에서 볼 수 있듯이, 어떤 자료가 빅데이터인지를 결정하는 고정된 숫자는 존재하지 않는다. 하지만 빅데이터는 일반적으로 다음과 용량을 가진다.

- 테라(Tera) 바이트(10^{12} 또는 1,000,000,000,000 바이트)의 자료
- 페타(Peta) 바이트(10^{15} 바이트)의 자료
- 엑사(Exa) 바이트(10^{18} 바이트)의 자료
- 제타(Zetta) 바이트(10^{21} 바이트)의 자료
- 요타(Yotta) 바이트(10^{24} 바이트)의 자료

빅데이터 응용 사례 다음은 빅데이터를 활용한 응용 사례이다.

- 인플루엔자 증상에 대한 인터넷 검색을 통한 분석으로 인플루엔자 유행을 예측하려는 시도
- IBM이 개발한 시공간적 역학적 모형(Spatio Temporal Epidemiological Modeler)은 질병 자료와 관련된 다양한 자료를 사용할 수 있는 도구를 제공
- 국가전자질병감시시스템(National Electronic Disease Surveillance System)은 질병 동향을 모니터링하고 전염병 발생을 확인하는 데 사용
- Google은 자동차로 여행하는 사람들의 스마트폰에서 수집한 GPS(Global Positioning System) 자료를 기록하고 분석하여 실시간 교통지도를 제공
- Amazon은 전 세계 수백 개의 서비스 센터에 분산되어 있는 매장의 14억 항목을 모니터링하고 추적

직업의 사례 Analytic Talent에 따르면, 데이터 과학자를 고용하는 6,000개의 회사가 있으며 여기에 몇 가지 관련 직업을 제시하고 있다.

임상시험 대신 빅데이터

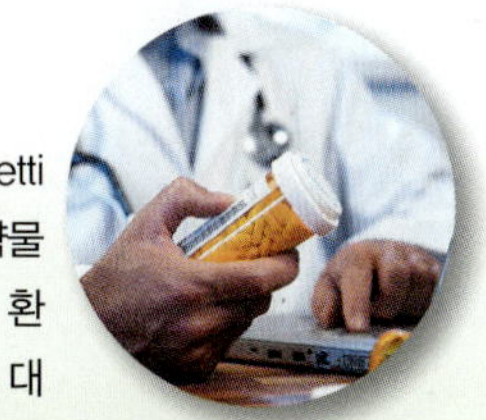

Columbia University의 Nicholas Tatonetti는 서로 다른 약물 조합으로 인한 환자의 부작용에 대해 FDA(Food and Drug Administration) 데이터베이스를 검색했다. 그는 우울증에 대한 'paroxetine' 약물과 높은 콜레스테롤에 대한 'pravastatin' 약물은 상호작용하여 포도당(혈당) 수준을 증가시키는 것을 발견했다. 환자가 따로 따로 복용했을 때, 어느 약물도 포도당 수치를 올리지 못했지만 두 가지 약물을 함께 복용했을 때 포도당 수치가 증가했다. 이 결과는 'Paxil'과 'pravastatin'을 사용하는 환자를 대상으로 한 임상시험이 아니라 많은 약물 조합의 상호작용에 대한 일반적인 데이터베이스 검색에서 비롯된 것이다.

- Facebook: 데이터 과학자
- IBM: 데이터 과학자
- PayPal: 데이터 과학자
- College Board: SAS 프로그래머/데이터 과학자
- Netflix: 수석 데이터 엔지니어/과학자

데이터 과학에서의 통계학 현대 데이터 과학자는 통계 및 컴퓨터 시스템에 대한 견고한 배경과 통계를 넘어선 관련 분야의 전문 지식을 보유하고 있다. 현대의 데이터 과학자는 많은 컴퓨터를 활용한 병렬 처리를 통해 빅데이터를 분석하는 Hadoop software에 익숙하다. 현대의 데이터 과학자는 심리학, 생물학, 의학, 화학 또는 경제와 같은 다른 분야에서도 강력한 배경을 가지고 있다. 필요한 분야가 다양하기 때문에 데이터 과학 프로젝트에는 일반적으로 여러 분야의 전문 지식을 갖춘 개별 팀이 참여할 수 있다. 입문 통계 과정은 데이터 과학자가 되기 위한 첫 걸음이다.

결측자료

표본자료를 수집할 때 일부 값이 누락되는 것은 일반적인 현상이다. 결측자료를 무시하면 잘못된 결과가 도출될 수 있다. 수동으로 통계 소프트웨어 프로그램에 입력할 때 몇 개 표본 값을 생략 또는 다른 값으로 입력하는 실수를 하게 된 경우에 해당 값이 결과에 심각한 영향을 미치지 않을 수도 있다. 그러나 매우 낮은 소득을 가진 사람들이 급여를 밝히기를 꺼려하여 조사에 누락된 것이 많다면, 급여를 실제보다 높게 만드는 심각한 영향을 미친다.

결측자료의 사례는 다음 표에서 찾아볼 수 있다. 2번 대상자의 2일째 오전 12시 체온이 누락되었다(아래 표는 부록 B의 데이터 세트 2 "체온" 자료의 처음 세 행을 포함함).

건강한 성인의 체온(화씨)

				첫째 날 체온		둘째 날 체온	
대상자	나이	성별	흡연여부	오전 8시	오전 12시	오전 8시	오전 12시
1	22	M	Y	98.0	98.0	98.0	98.6
2	23	M	Y	97.0	97.6	97.4	…
3	22	M	Y	98.6	98.8	97.8	98.6

결측자료에는 여러 가지 유형이 있다. 다음 정의를 참조하라.

정의

만일 결측 가능성이 개별 값들과 독립적으로 발생한다면 **완전한 임의결측(missing completely at random)**이라고 한다. 즉 모든 자료 값이 다른 자료 값과 동일한 결측 가능성을 가진다.

(주의: 결측자료에 대한 보다 추가적인 논의는 완전한 임의결측(missing completely at

random)과 임의결측(missing at random)을 구별할 수 있다. 임의결측은 결측의 가능성이 다른 변수를 제어한 후의 결측 가능성 값과 독립이라는 것을 의미하는데, 이 책에서 그 차이를 알 필요는 없다.)

결측자료 사례-임의 키보드를 사용하여 조사 응답자의 응답을 수동으로 입력할 때, "Day-dream Believer"라는 노래를 부르는 동료가 입력자를 혼란스럽게 만들어 37세를 올바르게 입력하지 못하는 실수를 범할 수 있다. 이 자료 값은 완전히 임의로 결측된 것이다.

정의

만일 결측값이 결측된 이유와 관련되어 있는 경우에 **임의가 아닌 결측(missing not at random)**이라고 한다.

결측자료 사례-임의가 아닌 조사 질문은 각 응답자에게 자신의 연간 소득을 입력하도록 요청하지만 매우 낮은 수입을 가진 응답자는 답하기가 싫어 해당 질문을 건너뛸 수 있다.

편향된 결과? 위의 두 정의와 예제를 바탕으로, 자료가 임의로 완전히 결측된 것을 무시하더라도 나머지 값은 편향될 가능성이 없어 좋은 결과를 얻을 수 있다고 결론지을 수 있다. 그러나 임의적이지 아닌 형태로 결측자료를 무시하면 나머지 값이 편향되어 결과가 잘못될 가능성이 매우 높다.

결측자료 수정하기 결측자료를 처리하기 위한 여러 가지 방법이 있다.

1. **사례 삭제:** 결측자료를 처리하는 가장 일반적인 방법 중 하나는 결측값이 있는 모든 대상자 관련 자료를 삭제하는 것이다.
   - 자료가 완전한 임의결측인 경우, 나머지 값은 편향되지 않고 양호한 결과를 얻을 수 있지만 표본의 크기는 작아진다.
   - 자료가 임의가 아닌 결측인 경우, 결측값이 있는 대상자 자료를 모두 삭제하게 되면 나머지 값 사이에 편향이 생기기 쉽기 때문에 결과가 잘못될 수 있다.
2. **결측값 대체:** 결측자료 값을 대체할 때 결측자료 값을 대신한다. 대체할 값으로서 평균을 사용하거나, 다른 유사한 값들에서 임의로 선택된 것을 사용하거나, 회귀분석에 기반한 방법을 사용하는 등 다양한 방법을 적용할 수 있다(10장을 공부한 후 더 이해할 수 있음).

이 책에서 결측자료를 대상으로 통계적 분석을 실시하지 않는다. 하지만 아래의 사항만은 이해하는 것이 중요하다.

결측값이 있는 표본자료를 분석할 때, 결측된 이유를 확인한 다음에 나머지 값을 모집단의 대표로 간주하는 것이 적합한지 결정하여야 한다. 결측값이 임의결측된 것이 아니라면(즉, 결측값이 결측된 이유와 관련이 있는 경우), 남아 있는 자료가 편향될 수 있고 나머지 값을 기반으로 하는 결론은 잘못될 가능성이 있다.

측정 불응

사람들이 측정을 불응할 때 어떻게 자료를 수집할 수 있을까? 심리학자인 Stanley Milgram은 다음 실험을 고안했다. 한 연구자가 자원봉사자에게 제3자에게 점점 더 고통스러운 "전기 충격"을 주는 제어 도구를 작동하라고 지시했다. 사실, 실제 충격은 없었으며 제3자는 배우였다. 자원봉사자는 15볼트로 시작해서 15볼트의 증분으로 충격을 증가시키라는 지시를 받았다. 불응 수준은 대상자가 전압 증가를 거부한 지점이다. 놀랍게도, 배우의 3분의 2가 비명을 지르고 심장마비를 일으킬 때도 자원봉사자는 명령에 복종했다.

1-2 기본적인 기술 및 개념

통계적 해석 및 비판적 사고

1. 건강 조사 미국 성인 1,020명을 대상으로 실시한 조사에서 44%는 대중교통 이용 후 손을 씻는다고 답했다(KRC Research 자료에 근거함).

a. 표본과 모집단을 확인하라.

b. 44%의 값은 통계량 또는 모수인가?

2. 양적자료, 범주형자료 다음 각 요소들을 양적자료 또는 범주형자료로 구분하라.

a. 부록 B의 데이터 세트 1 "신체 자료"의 시험 대상자의 혈소판 수

b. 아스피린을 제조하는 제약 회사의 이름

c. 알약의 색깔

d. 아스피린 한 알의 무게

연습문제 3~6에서는 주어진 값이 통계량인지 또는 모수인지 확인하라.

3. 뇌 용적 부록 B의 데이터 세트 9 "IQ와 뇌 크기"에 포함된 뇌의 용량 평균은 1126.0 cm^3이다.

4. 담배 부록 B의 데이터 세트에는 25개의 킹사이즈 담배로부터 측정된 값들이 포함되어 있으며, 그 담배 25개의 니코틴 평균 양은 1.26 mg이다.

5. 출생 체중 뉴욕 주의 4개 병원에서 태어난 400명의 아기를 대상으로 한 연구에서, 출생 시 평균 체중은 3152.0 g이었다.

6. 타이타닉 타이타닉 호가 침몰했을 때, 2,223명의 승객 모두에 대한 연구가 수행되었다.

연습문제 7~10에서는 자료가 이산자료 또는 연속자료인지 확인하라.

7. 신입생 15 신입 대학생의 체중 증가에 대한 연구에서 임의로 선택된 학생들의 체중을 기록한다(부록 B의 데이터 세트 10 "신입생 15"에서와 같이).

8. CHIS 캘리포니아 건강 면접조사(CHIS)의 일환으로 조사된 대상자 중에서 몇 명의 대상자가 임의로 선택되고 그들의 신장이 기록되었다.

9. 가족 결혼한 부부들의 표본을 임의로 선택하고 각 가족의 자녀수가 기록되었다.

10. 특정 시간 내 봉합시술 Albany Medical Center의 응급실은 일주일 동안 환자에게 사용된 봉합수술의 횟수를 기록한다.

연습문제 11~14에서는 네 가지 측정 수준(명목, 순서, 구간, 비율) 중에서 가장 적합한 것이 무엇인지 결정하라.

11. 뇌 용적 부록 B의 데이터 세트 9 "IQ와 뇌 크기"에 제시된 뇌의 용적(cm^3)

12. 체온 부록 B의 데이터 세트 2 "체온"에 제시된 체온(화씨)

13. 병원들 심장 이식의 효과에 관한 연구 프로젝트는 심장 이식을 제공하는 미국 병원의 협력으로 시작된다.

14. 의사 순위 심장 이식의 효과에 관한 연구 프로젝트에는 해당 절차를 수행하는 의사의 순위(1, 2, 3, 4, 5의 척도)가 포함된다.

연습문제 15~16에서는 자료의 측정 수준을 명목, 순서, 구간 또는 비율로 확인하라. 또한 주어진 계산에서 무엇이 잘못되었는지 설명하라.

15. 병원 ID 부록 B의 데이터 세트 3 "출생"에 포함된 4개의 병원은 다음과 같이 코드화되어 있다: Alvany Medical Center(1); Bellevue Hospital Center(1438); Olean General Hospital(66); Strong Memorial Hospital(413). 그 수의 평균은 479.5이다.

16. 온도 기온이 49.0°F일 때 사람의 체온은 98.0°F이므로 사람 외부 공기보다 2배 더 따뜻하다.

1-2 기초를 넘어서

17. 헤아릴 수 있는 다음의 각각 요소에 대해서 세 가지 설명 중 하나를 사용하여 자료의 속성을 분류하라: (1) 가능한 값의 수가 유한하기 때문에 이산자료; (2) 가능한 값의 수는 무한하지만 셀 수 있기 때문에 이산자료; (3) 가능한 값의 수는 무한하고 셀 수 없기 때문에 연속자료이다.

a. Monkees 밴드 소속 구성원의 정확한 발 길이

b. Monkees 밴드 소속 구성원들의 구두 사이즈(9, 9½ 등)

c. Monkees 밴드가 판매하는 앨범 수

d. Monkees 밴드 소속 구성원 중의 하나가 임의로 "Daydream Believer" 노래의 가사를 입력하기 전에 키보드 앞에 앉아 있는 Monkees 밴드 소속 구성원의 수

1-3 표본자료의 수집

핵심 개념

연구에서 통계학을 사용할 때 계획이 매우 중요하다. 특히 표본자료를 수집하는 데 있어 계획은 적절한 방법을 사용하는 데 필수적이다. 이 절에는 다양한 방법 및 표집방법 절차에 대한 설명이 포함되어 있다. 특히 중요한 것은 **단순임의표본(simple random sample)**을 사용하는 방법이다. 이 책의 나머지 부분에서 단순임의표본 표집방법을 자주 사용하게 될 것이다.

이 절을 읽으면서 다음 사항을 기억하여야 한다.

만일 표본자료가 적절한 방법으로 수집되지 않으면 자료가 전혀 쓸모없기 때문에 아무리 통계적 방법을 적용하더라도 아무 소용이 없다.

임상시험과 관측연구

여성의 호르몬 요법에 관한 *New York Times*의 기사에서 Denise Grady 기자는 임의로 치료 집단에 배정된 대상자와 임의로 치료를 받지 않은 집단에 배정된 대상자를 포함하는 임의 임상시험에 대해 작성하였다. 이러한 임의 임상시험은 의학 연구에 있어서는 황금기준이라고도 한다. 대조적으로, 관측연구는 스스로 치료를 받기로 결정한 환자를 포함할 수 있다. 치료를 받기로 결정한 대상자는 다른 대상자보다 건강한 경우가 많으므로 치료 집단이 더 효과적이라고 생각할 수 있다. 이에 연구원은 결과가 실제보다 치료로 인한 효과가 더 나타날 수 있다고 언급함으로써 여성 호르몬 요법에 대한 관측연구를 비판했다.

PART 1 실험의 설계 및 표본자료 수집의 기초

황금기준 위약 및 치료 집단에 대한 임의화는 때때로 황금기준으로 불려진다. 이는 아주 효과적이기 때문이다(설탕 알약과 같은 위약은 약용 효과가 없다). 다음 예제는 예전에 수행된 가장 큰 건강실험에서 황금기준이 어떻게 사용되었는지 설명한다.

예제 1 Salk 백신 실험

수천 명의 어린이를 사망 또는 마비시킨 소아마비 예방을 위한 Salk 백신의 효과를 시험하기 위한 실험이 1954년에 계획되었다. 임의 선택에 의해, 401,974명의 어린이가 임의로 두 집단으로 배정되었다: (1) 200,745명의 어린이에게 Salk 백신 주사로 구성된 치료를 제공했다. (2) 201,229명의 소아에게 약물이 없는 위약을 주사했다. 아이들은 임의 선택 과정을 통해 치료 또는 위약 집단에 배정받았다. Salk 백신 접종을 받은 어린이들 중 33명이 마비성 소아마비를 일으켰고 위약을 투여받은 어린이들 중 115명이 나중에 마비성 소아마비를 일으켰다.

[예제 1]은 대상자에게 치료법이 행해졌기 때문에 실험에 해당하지만, 윤리적인 측면, 비용적 측면, 시간적 측면 그리고 기타 다양한 고려사항 등은 때때로 위와 같은 실험 자체를 금지시킨다. 절대로 운전 중 문자보내기 등에 대해서 실험을 하지 않는다. 일부는 죽을 수도 있기 때문이다. 문자보내기를 하는 동안의 운전 영향을 확인하기 위해서는 과거의 충돌결과를 관찰하는 것이 훨씬 좋다. 다음 정의를 참조하라.

정의

실험(experiment)에서는 치료를 적용한 다음에 개인에게 미치는 영향을 관찰한다(실험에 참여한 사람들은 **실험단위(experimental units)**라고 불리며, 사람들이라면 종종 **대상자(subjects)**라고 부른다).

관측연구(observation study)에서는 특정 특성을 관찰하고 측정하지만, 연구되는 개체들을 수정하려고 시도하지 않는다.

일반적으로 잘 계획된 실험은 연구 일부가 아닌 변수에의 영향 가능성을 줄여주므로 관측연구보다 우수하다. **잠복변수**(lurking variable)는 연구에 포함된 변수들에 영향을 미치지만 연구에 포함되지는 않는다.

예제 2 아이스크림과 익사

관측연구(Observation Study): 과거 자료를 관찰하여 아이스크림이 익사를 일으킨다는 결론을 내렸다(아이스크림 판매 증가가 익사 증가와 관련 있음을 보여주는 자료를 기반으로 함). 여기에서의 실수는 온도와 같은 잠복변수(lurking variable)를 확인하지 못한 것으로서 온도가 올라감에 따라 아이스크림 판매가 증가하고 익사가 증가하는 것을 보지 못한 것이다.

실험(Experiment): 한 집단에게는 아이스크림을 제공하지 않고 또 다른 집단에게는 아이스크림을 제공하는 실험을 수행할 수 있다. 여기에서 익사한 희생자의 비율이 두 집단 모두에서 거의 같기 때문에 아이스크림 소비는 익사에 아무런 영향을 미치지 않는다라고 결론내릴 수 있다.

여기서 실험 연구는 관측연구보다 분명히 우수하다.

호손 및 실험자 효과

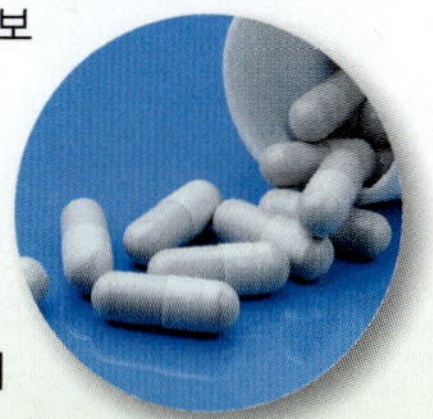

잘 알려진 플라시보 효과는 치료되지 않은 주체가 진짜 치료를 받고 있다고 믿고 증상의 개선을 보고할 때 발생한다. 호손 효과는 단순히 실험의 일부이기 때문에 치료받은 대상자가 다소 다르게 반응할 때 발생한다(이 효과는 미국 서부전기의 호손 공장에서 공장 근로자들을 대상으로 한 연구에서 처음 관찰되었기 때문에 "호손 효과"로 불린다). 실험자 효과(때때로 Rosenthal effect라고도 함)는 연구자나 연구자가 의도치 않게 얼굴 표정, 목소리 또는 태도와 같은 요인을 통해 대상자에게 영향을 줄 때 발생한다.

실험의 설계

실험의 좋은 설계는 반복, 눈가림, 임의화를 포함한다.

- **반복(replication)**는 둘 이상의 개체에 대한 실험의 반복을 의미한다. 반복을 잘 사용하려면 치료 효과를 볼 수 있을 만큼 큰 표본크기가 필요하다. [예제 1]의 salk 실험에서 실험은 충분히 큰 표본크기를 사용했기 때문에 연구원은 salk 백신이 효과적이었음을 알 수 있었다.
- **눈가림(blinding)**은 대상자가 치료 또는 위약을 받고 있는지 여부를 모르게 하는 것을 의미한다. 눈가림은 **위약 효과(placebo effect)**를 없애기 위한 방법으로, 위약효과는 치료를 받지 않은 대상자가 증상이 호전될 때 발생한다(위약 집단에서 보고된 개선은 실제 또는 상상일 수 있다). [예제 1]의 salk 실험은 **이중눈가림(double-blind)**이었다. 즉, 눈가림은 두 가지 수준에서 발생했음을 의미한다: (1) 주사되는 아이들, (2) 결과를 평가한 의사들도 알지 못했다. 연구원들이 salk 백신의 효과를 객관적으로 평가할 수 있도록 계획되었다.
- **임의화(randomization)**는 [예제 1]의 Salk 백신 실험에서와 같이 임의 선택 과정을 통해 대상자가 집단에 배정될 때 사용되었다. 임의화의 논리는 비슷한 두 집단을 생성하는 방법으로 우연을 사용하는 것이다. 다음 정의는 임의화를 사용하는 방식으로서 표본자료를 수집하는 하나의 공통적이고 효과적인 방법을 설명하고 있다.

정의

n개의 대상자로 구성된 **단순임의표본(simple random sample)**은 동일한 크기 n의 모든 가능한 표본이 선택될 수 있는 동일한 기회를 가지도록 선택된다(단순임의표본은 종종 임의표본이라고 불리기도 하는데 엄밀히 말하자면, 임의표본은 모집단의 모든 구성원이 선택의 기회가 동일하다는 약한 요구사항이 있다). 이에 대한 구별은 이 책에서 그다지 중요하지는 않다.

전반적으로 다양한 통계적 절차를 사용하는 것에 있어서, 위에 정의된 것처럼 단순임의표본을 수집해야 한다는 요구사항이 종종 있다.

부주의하거나 우연한 표본 추출과는 달리 임의표집은 대개 신중한 계획과 실행을 필요로 한다.

통계적 생명가치

통계적 생명가치(VSL)는 측정가능한 일반적인 방법으로 계산되어 의약, 보험, 환경보건 및 운송 안전과 같은 분야에서의 의사 결정에 사용된다. 이 글을 쓰는 시점에 통계적 생명가치는 690만 달러이다.

많은 사람들이 인간의 생명가치를 두는 것에 반대하지만, 통계적 생명가치라는 단어는 그것을 인간의 진정한 생명가치와 동일시하지 않도록 하기 위해 사용된다. 어떤 사람들은 합법적으로 모든 생명은 값을 매길 수 없다고 주장하지만, 다른 사람들은 모든 생명을 구하는 것이 불가능하거나 비현실적인 조건들이 있다고 주장한다. 그래서 특정한 하나의 값이 건전하고 합리적으로 결정될 수 있도록 어떻게든 인간의 생명가치에 할당되어야 한다고 주장한다. 저자의 집에서 멀지 않은 곳의 주차장은 약 300만 달러를 들여 개조되었다. 이는 이전에 자동차 탑승자들이 사망한 장소의 안전을 개선하기 위해 것이다. 여기에는 안전 개선으로 이어진 비용편익 분석을 통한 통계적 수명가치가 고려된 것이다.

기타 표집방법 단순임의 표집방법 이외에도 조사에 일반적으로 사용되는 몇 가지 표집방법이 있다. 그림 1-3은 다른 표집방법들을 설명한다.

정의

계통표집(systematic sampling)에서는 시작점을 선택하고 모집단의 모든 k번째(예: 매 50번째) 요소를 선택한다.

편의표집(convenience sampling)을 사용하면 자료를 매우 쉽게 얻을 수 있다.

층화표집(stratified sampling)에서는 같은 하위 집단 내의 대상자가 성별과 같은 특성을 공유할 수 있도록 적어도 두 개의 다른 하위 집단(또는 계층)으로 모집단을 세분화한다. 그런 다음 각 하위 집단(또는 계층)에서 표본을 추출한다.

군집표집(cluster sampling)에서 모집단을 먼저 몇 개의 영역(또는 군집)으로 나눈다. 그런 다음 해당 군집 중에서 일부를 임의로 선택하고 선택한 군집에서 모든 요소를 선택한다.

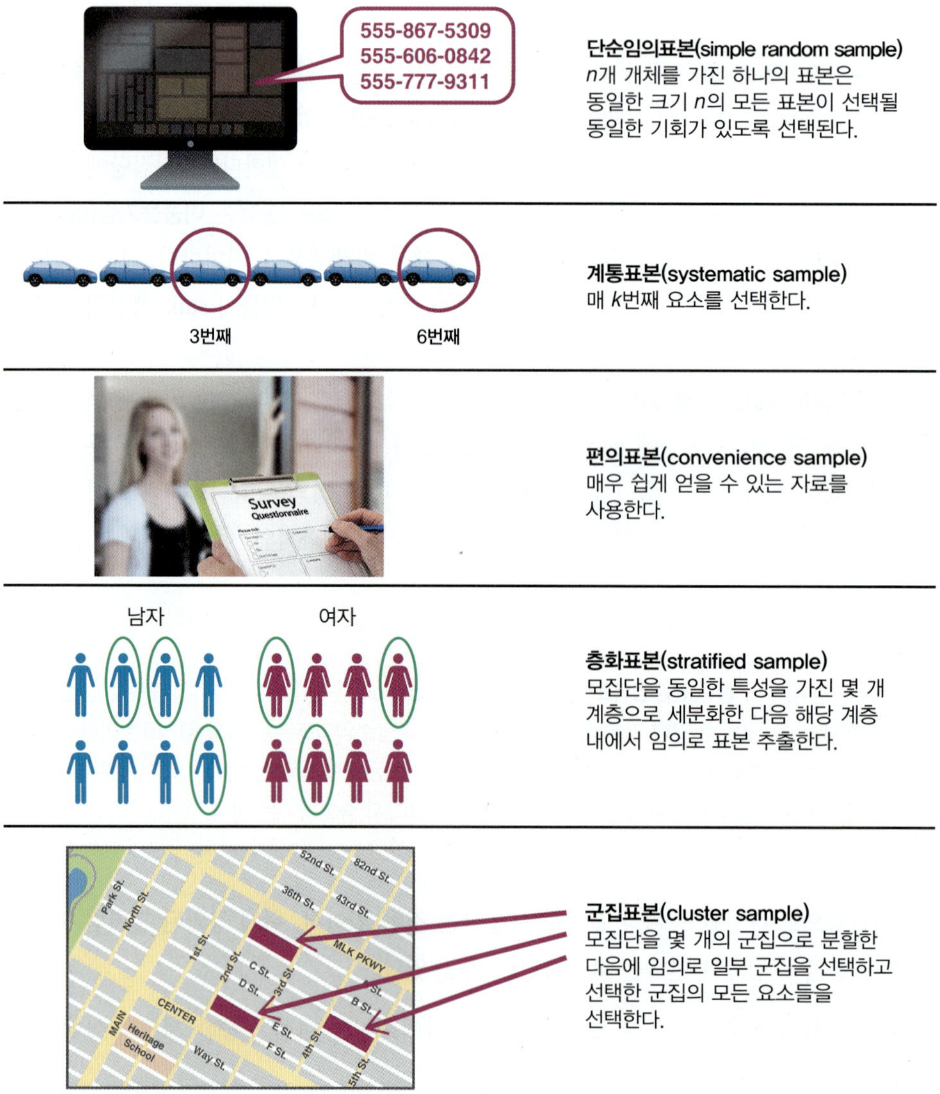

그림 1-3 일반적인 표집방법들

다단계 표집 전문 여론 조사 및 정부 연구원은 앞에 설명한 표집방법들을 조합하여 자료를 수집하는 경우가 있다. 다단계 표본 설계에서는 조사원이 다양한 단계에서의 표본을 선택하며, 각 단계에서는 다음 예제와 같이 다양한 표집방법을 사용할 수 있다.

예제 3 다단계 표본 설계

미국 정부의 실업 통계는 주택 조사를 기준으로 한다. 전국 각지에 흩어져 있기 때문에 단순임의표본으로 각 가구를 개인적으로 조사하는 것은 비현실적이다. 대신에 미국 인구 통계국과 노동 통계국이 협력하여 현재의 인구조사(Current Population Survey)라는 조사를 실시한다. 최근 조사는 대략 다음 단계에 따라 다단계 표본 설계로 수행된다.

1. 미국의 전체지역은 1차 **표집단위**(PSU: primary sampling units)라고 하는 2,007개의 서로 다른 지역으로 구분된다. 1차 표집단위는 대도시 지역, 큰 카운티 또는 소규모 카운티의 조합이다. 2,007개의 1차 표집단위는 824개의 다른 계층으로 구분된다.
2. 824개의 다른 계층들 각각에서 1차 표집단위 중 하나는 선택 확률이 1차 표집단위의 인구크기에 비례하도록 선택된다.
3. 824개의 선택된 1차 표집단위 각각에서 총조사 자료는 약 300개의 가옥을 포함하는 하나의 **총조사설문지구**(census enumeration district)를 확인하는 데 사용된다. 조사 지구는 임의로 선택된다.
4. 각각 선택된 설문지구에서 약 4개 주소(가능할 때마다 인접한 주소)의 군집이 임의로 선택된다.
5. 16세 이상의 각 가구 구성원의 취업 상태에 대해 6만 가구의 각자에게 책임자가 인터뷰를 한다.

이 다단계 표본 설계에는 임의, 층화 및 군집 표본이 서로 다른 단계에서 결합되어 있다. 최종 결과는 매우 복잡한 표집 설계이지만 단순임의표본과 같은 단순한 설계를 사용하는 것보다 훨씬 더 실용적이고 저렴하며 빠르다.

PART 2 실험의 설계 및 표본자료 수집의 기본을 넘어

관측연구 이 절의 PART 2에서는 다양한 유형의 관측연구와 다양한 실험 설계방법에 대해 논의한다. 다음 정의는 다양한 유형의 관측연구에 대한 전문 저널에서 사용되는 표준 용어를 설명한다. 이 정의는 그림 1-4에서 설명된다.

정의

횡단면연구(cross-sectional study)에서는 일정 기간이 아닌 한 시점에서 자료가 관찰, 측정, 수집된다.

후향적 연구(또는 **사례-대조 연구**)[**retrospective**(or **case-control study**)]에서는 자료가 과거 시간(기록, 면담 등의 조사를 통해)으로 거슬러 올라가 과거의 시간에서 수집된다.

전향적 연구(또는 **경시적 연구 또는 코호트 연구**)[**prospective**(or **longitudinal** or **cohort study**)]에서는 자료가 공통 요인(이 집단을 코호트라고 함)을 공유하는 집단으로부터 미래에 수집된다.

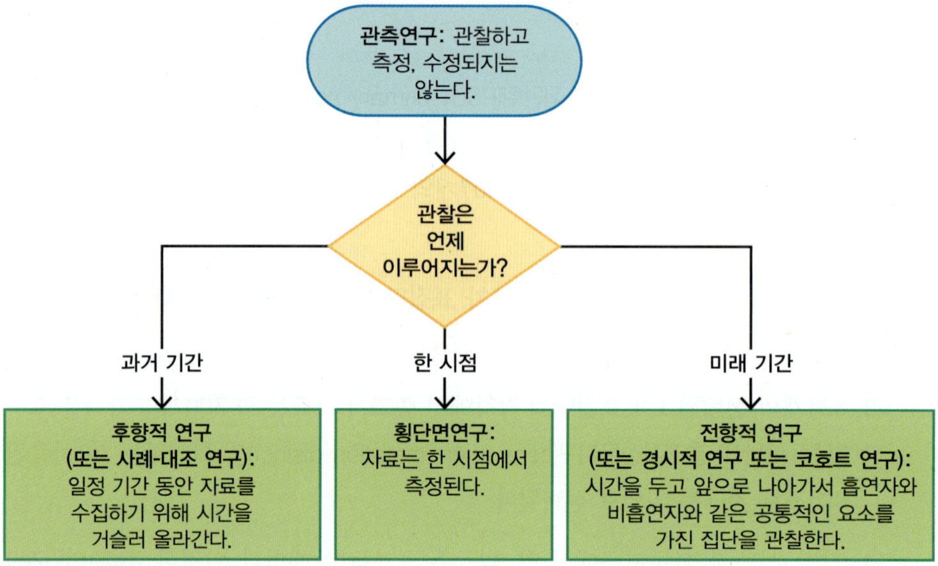

그림 1-4 관측연구의 유형

실험 한 연구에서, **혼란(confounding)**은 어떤 효과를 볼 수 있을 때 발생하지만, [예제 2]의 아이스크림과 익사 관측연구에서와 같이 그것을 야기하는 특정한 원인을 확인할 수는 없다. 그림 1-5(a)의 나쁜 실험설계를 보면, 혼란은 여성의 치료 집단이 강한 긍정적 효과를 나타낼 때 발생할 수 있다. 치료 집단은 여성으로 구성되어 있고, 위약 집단은 남성들로 구성되어 있기 때문에 대상자 치료 또는 성별이 긍정적 인 결과를 가져왔는지 여부를 결정할 수 없기 때문에 혼란이 일어났다. [예제 1]의 Salk 백신 실험은 치료 변수의 효과를 제어하는 한 가지 방법을 보여준다. **완전임의실험설계(completely randomized experimental design)**를 사용하여 대상자를 치료 집단과 위약 집단에 할당한다. 완전임의실험설계는 변수의 효과를 제어하는 데 사용되는 다음 방법 중 하나이다.

완전임의실험설계: 그림 1-5(b)에서와 같이 임의 선택 과정을 통해 여러 치료 집단에 대상자를 할당한다.

임의블록설계: 그림 1-5(c)를 참조해보라. 블록은 비슷한 대상자 집단이지만 실험 결과에 영향을 줄 수 있는 측면에서 서로 다르다. 그림 1-5(c)와 같이 다음의 절차를 따라 사용될 수 있다.

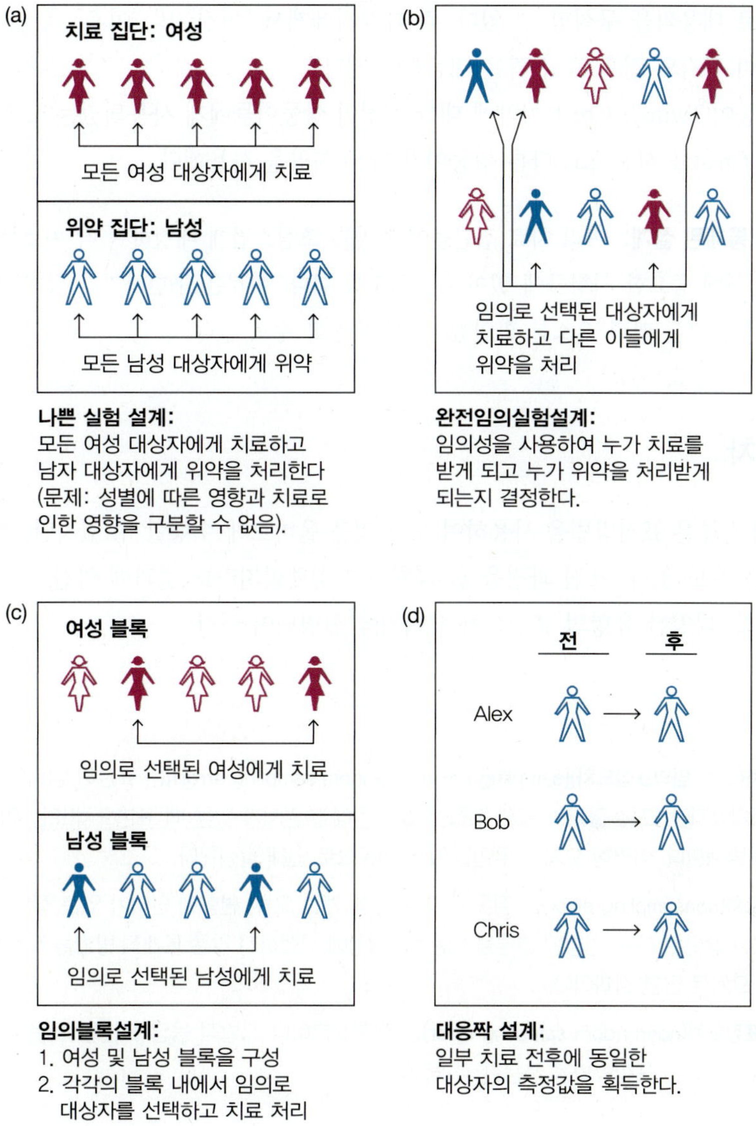

그림 1-5 실험의 설계

1. 유사한 특성을 가진 대상의 블록(또는 집단)을 형성하라.
2. 임의로 각 블록 내의 대상자에 치료를 할당하라.

예를 들어, 심장 질환에 대한 아스피린 치료의 효과를 검정하기 위한 실험을 설계할 때 남성과 여성의 심장이 다르다는 것이 알려져 있기 때문에 남성 블록과 여성 블록을 형성할 수 있다. 성별을 통제함으로써 이 임의블록설계는 혼란의 발생 가능성을 가진 성별 효과를 원천으로 제거한다.

임의블록설계는 층화 표집방법과 동일한 기본 개념을 사용하지만, 실험을 설계할 때 임의블록설계가 사용되는 반면 층화표집은 조사에 사용된다.

대응짝 설계: 다음 두 경우와 같이 어떻게든 관련되거나 유사한 특성을 지닌 대응짝으로 대상자를 선택하여 두 치료 집단(치료 및 위약 등)을 비교하라.

- 전/후: 앞 페이지의 그림 1-5(d)에서 설명한 것처럼 어떤 처리 전후 대상자의 측정

으로 대응짝을 구성할 수 있다. 각 대상자에게서 "이전" 및 "이후" 측정값을 획득하며 각각의 전후 측정 짝은 대응짝이 된다.

- 쌍둥이(Twins): Crest 치약에 대한 검정이 쌍둥이들에게 사용되었는데, 한 쌍둥이가 Crest를 사용하고 다른 쌍둥이가 다른 치약을 사용했다.

엄격하게 통제된 설계: 여러 치료 집단들에 환자를 조심스럽게 배정하여 각 치료를 받은 사람들이 실험에 중요한 사항들에 있어 유사하도록 한다. 이것은 구현하기가 극히 어려울 수 있으며, 종종 모든 관련 요소를 확인했는지를 확신할 수도 없다.

표집오차

통계학에서 좋은 표집방법을 사용하여 모든 것을 올바르게 수행할 수 있지만, 잘못된 결과가 나올 수도 있다. 표집 과정을 잘 계획하고 실행할지라도 결과에 약간의 오차가 있을 수 있다. 다양한 유형의 표집오차가 여기에 설명되어 있다.

정의

표집오차(또는 **임의표집오차**)[**sampling error**(or **random sampling error**)]는 표본이 임의의 방법으로 선택되었지만, 표본 결과와 실제 모집단 결과 간에 불일치가 있을 때 표본오차(또는 임의표본오차)가 발생한다. 이러한 오차는 우연한 표본 변동으로 인해 발생한다.

비표집오차(**nonsampling error**)는 잘못된 자료 입력, 계산 오류, 편향된 단어가 있는 질문, 응답자가 제공한 잘못된 자료, 편향된 결론을 내는 것, 상황에 적절하지 않은 통계적 방법을 적용하는 등 사람의 오차로 인한 결과이다.

비임의표집오차(**nonrandom sampling error**)는 편향표본이나 자발적 응답 표본을 사용하는 것과 같이 임의가 아닌 표집방법을 사용한 결과이다.

실험설계는 여기에서 제시한 비교적 짧은 절에서 설명할 수 있는 것보다 훨씬 더 많은 고려사항과 주의가 필요하다. 실험설계에 대해서는 보다 심층적인 수업과정을 통해 관련 중요한 주제에 대해 훨씬 더 많은 것을 배울 수 있을 것이다.

1-3 기본적인 기술 및 개념

통계적 해석 및 비판적 사고

1. 요통 치료 하부 요통 치료제로 paracetamol(또는 acetaminophen)의 효과를 검사하기 위해 설계된 연구에서, 1,643명의 환자가 임의로 세 집단 중 하나에 배정되었다. (1) 위약 집단 내 547명의 대상자에게는 약이 들어 있지 않은 알약이 투여되었다, (2) 550명의 대상자에게는 paracetamol이 들어 있는 알약이 일정한 간격으로 투여되었다, (3) 546명의 대상자들에게는 통증 완화를 위해 필요할 때 paracetamol이 들어 있는 알약을 단체로 복용시켰다(*Lancet*에 Williams 등이 게재

한 "Efficacy of Paracetamol for Acute Low-Back Pain"을 참조). 이 연구는 실험인가 또는 관측연구인가? 설명하라.

2. 반복 연습문제 1에서 어떤 구체적인 방법으로 반복이 적용되었는가?

연습문제 3~4에서는 휴대전화 통화 시 어느 쪽 귀를 사용하는지와 대상자가 왼손잡이인지 오른손잡이인지의 관련성에 대한 연구를 대상으로 한다. 이 연구는 "*Hemi- spheric Dominance and Cell Phone Use, by Seidman et al.*, JAMA Otolaryngology—Head & Neck Surgery, Vol.139, No.5"에 보고된 것이다. 이 연구는 otology online group에 속한 5,000명에게 e-mail로 조사를 시작했고, 717건이 응답했다(otology는 귀 및 청력과 관련이 있다).

3. 표집방법 717명의 대상자 선택방법을 가장 잘 설명한 표집 유형은 무엇인가? – 단순임의표본, 계통표본, 편의표본, 층화표본, 군집표본? 표집방법이 결과의 품질에 부정적인 영향을 미치는 것으로 보이는가?

4. 응답률 5,000건의 조사 중 몇 퍼센트가 회수되었는가? 응답률이 낮은 것인가? 일반적으로 매우 낮은 응답률의 문제는 무엇인가?

연습문제 5~10에서는 단순임의표본, 계통표본, 편의표본, 층화표본, 군집표본 중 어떤 유형의 표집방법이 사용되는지 확인하라.

5. 가마우지 밀도 가마우지 조류 밀도는 Huron 해안선을 따라 20 km 간격으로 표본자료를 수집하는 "선교차법(line transect method)"을 이용해 연구했다(*Journal of Great Lakes Research*).

6. 침술 연구 요통 치료법 연구에서 641개의 대상자 각각을 침술, 표준화된 침술, 모의 침술, 그리고 평상시 치료와 같은 4개 치료 집단에 임의로 배정했다("A Randomized Trial Comparing Acupuncture, Simulated Acupuncture, and Usual Care for Chronic Low Back Pain," by Cherkin et al., *Archives of Internal Medicine*, Vol. 169, No. 9에 기초함).

7. 수업 조사 한 교수는 3개의 다른 수업을 임의로 선택한 후, 수업을 마치면서 해당 수업의 모든 학생을 대상으로 조사를 했다.

8. 병원 조사 연구원이 의사 간호사 행정관 등 각 범주별로 병원 직원 20명을 임의로 선택해 표본자료를 수집한다.

9. Lipitor 검사 콜레스테롤 약으로 알려진 Lipitor(또는 atorvastatin)의 임상시험에서 대상자는 10 mg, 20mg, 40 mg 또는 80 mg의 위약이나 Lipitor 복용량이 주어지는 집단으로 구분되었다. 대상자는 여러 치료 집단에 임의로 할당되었다(Pfizer, Inc.의 데이터를 기반으로).

10. 흡연 유병률 의과대학은 자신이 레지던트를 하고 있는 클리닉에서 마주치는 모든 환자들을 조사하여 성인들 사이에서 흡연의 유병률에 대한 표본자료를 수집한다.

비판적 사고: 무엇이 잘못되었는가? 연습문제 11~14에서는 그 연구가 실험인지 관측연구인지를 결정하고 나서, 그 연구에서 주요한 문제가 무엇인지를 확인하라.

11. 온라인 의료정보 USA Toady 조사에서, 1,072명의 인터넷 사용자를 대상으로 한 "얼마나 자주 의료정보를 온라인으로 검색하느냐"는 질문에서 "가끔"이라고 답한 응답자가 38%나 됐다.

12. 음주와 운전 보험회사들의 협회 연구원은 음주운전이 운전능력에 미치는 영향을 임의로 1,000명의 운전자를 선택해 2개 집단에 임의로 배정하는 방식으로 검정할 계획이다. 500명의 한 집단은 음주 없이 뉴욕에서 운전하고, 두 번째 집단은 위스키를 3잔 정도를 마신 뒤 뉴욕에서 운전을 하게 된다.

13. 염분 부족 식이요법에 따른 염분부족의 영향을 조사하기 위해 고안된 프로그램에서 당초 계획은 전국 500명의 성인을 임의로 선택한 표본을 사용하는 것이었다. 프로그램 매니저들은 만약 그들이 뉴욕에서 그들의 연구를 성인으로 제한한다면 편향표본(a biased sample)을 얻을 수 있다는 것을 알고, 그들은 뉴욕에서 2,000명의 성인들을 포함하는 더 큰 표본을 사용하여 그 편향을 없앨 계획이었다.

14. 범죄 연구 한 연구자가 미국 인구에서 임의로 선택된 2,000명의 성인들을 대상으로 간단한 조사를 실시했다. 여기 그녀의 두 가지 질문이 있다: (1) 중범죄의 피해자가 된 적이 있는가? (2) 중범죄로 유죄판결을 받은 적이 있는가?

1-3 기초를 넘어서

연습문제 15~16에서는 사용되는 관측연구가 횡단면적, 후향적, 또는 전향적인지 여부를 확인하라.

15. 간호사의 건강 연구 II 간호사의 건강 연구II는 1989년에 116,000명의 여성 등록 간호사를 대상으로 시작됐다. 연구가 진행 중에 있다.

16. 마리화나 연구 국립보건원의 연구자들은 마리화나 사용을 합법화한 주에 살고 있는 성인들 사이에서 마리화나 소비의 현재 비율을 확인하고 싶어 한다. 그들은 해당 주의 500명 성인을 대상으로 조사를 한다.

연습문제 17~19에서는 주어진 실험에 대해 가장 적합한 실험설계 방법(완전임의설계, 임의블록설계, 대응짝 설계)을 확인하라

17. Lunesta Lunesta(eszopiclone)는 불면증을 치료하기 위해 만든 약이다. Lunesta의 임상시험에서 매일 밤마다 수면량이 대상자들을 약으로 치료 전과 후로 나누어 측정된다.

18. West Nile 백신 현재 West Nile 바이러스 감염을 예방할 수 있는 승인된 백신이 없다. 어떤 가능한 하나의 백신에 대한 임상시험은 다른 대상자들에게 위약을 투여하는 동안 해당 백신으로 치료되는 대상자들을 포함시킬 계획이다.

19. 표본설계 해석 "Cardiovascular Effects of Intravenous Triiodothyronine in Patients Undergoing Coronary Artery Bypass Graft Surgery"(*Journal of the American Medical Association*, Vol.275, No.9)에서 저자는 환자가 세 가지 집단 중 하나에 배정된 것을 설명하고 있다. (1) triiodothyronine으로 치료받은 집단, (2) 식염수 및 도파민으로 치료받는 집단, (3) 일반 식염수를 투여한 위약 집단. 저자들은 표본설계를 "전향적인, 임의적, 이중눈가림, 위약 통제 시험"이라고 요약한다. 이 연구의 맥락에서 각각의 용어의 의미를 서술하라.

장별 퀴즈

1. 임상연구 임상연구를 할 때 실제 이름을 대신하여 사용할 번호 코드를 부여해 실험 대상자의 개인정보를 유지하는 것이 일반적이다. 다양한 대상자들에게 1, 2, 3, 5, 6, 9, 11, 13, 16, 20, 22, 26, 32, 40의 코드가 부여된다. 이 숫자의 평균을 계산하는 것이 의미가 있는가?

2. 허리 데이터 세트 1 "신체 자료"에는 허리둘레의 측정값들이 포함되어 있다. 허리둘레는 이산자료인가 아니면 연속자료인가?

3. 허리 연습문제 3에서 기술된 허리둘레의 측정은 명목, 순서, 구간, 비율 중에서 어느 수준인가?

4. 갤럽 조사 최근 갤럽 조사에서 조사기관들은 성인을 임의로 선택해 흡연 여부를 질의하였다. 대상자들이 응답하기로 동의했기 때문에, 그 표본은 자발적인 응답 표본이라고 할 수 있는가?

복습문제

1. 병원 현재 미국에는 5,723개의 등록된 병원이 있다.

a. 여러 주(states)에 있는 병원들의 수는 이산자료인가 아니면 연속자료인가?

b. 여러 연도의 병원들 숫자에 대한 측정 수준은 무엇인가? (명목, 순서, 구간, 비율)

c. 만약 모든 병원에서 10명의 환자를 임의로 선택하여 조사한다면, 어떤 종류의 표집방법을 사용하는 것인가? (임의, 계통, 편의, 층화, 군집)

d. 만약 20개 병원을 임의로 선택하고 병원 명부에 속하는 모든 구성원들을 인터뷰하는 방식은 어떤 유형의 표집방법인가? (임의, 계통, 편의, 층화, 군집)

e. 임의 선택된 1만 명의 환자들에게 설문지를 우편으로 보내 환자 만족도를 조사하는 데 있어 무슨 문제가 있는가?

2. 무엇이 잘못인가? AOL이 올린 질문에 대한 응답한 인터넷 사용자는 2,028명이었다. "얼마나 자주 탄산음료를 마시니?"에 대한 질문에 대해 응답자 중 33%는 거의 매일 탄산음료를 마신다고 답했다. 이 조사는 무엇이 잘못되었는가?

3. 백분율

a. U-Turn 단백질 에너지 과자는 봉지 겉표지에 "대표적인 초콜릿 캔디 브랜드보다 지방이 125% 적다."(*Consumer Reports* 매거진 자료 기준)는 문구가 들어 있다. 그 주장에 무슨 문제가 있는가?

b. 운전 관련한 Pew Research Center 조사에서 1,182명의 응답자 중 58%가 운전하는 것을 좋아한다고 말했다. 운전을 좋아한다고 답한 실제 응답자는 몇 명인가?

c. 운전 관련한 Pew Research Center 조사에서 1,182명 중 331명이 운전은 잡일이라고 답했다. 운전이 잡일이라고 답한 응답자는 몇 퍼센트인가?

4. 통계적 유의성과 실제적 유의성 Gengene Research Group은 여아가 태어날 가능성을 높이기 위한 하나의 절차(procedure)를 개발했다. 그들의 절차에 대한 임상시험에서, 112명의 여아들이 200쌍의 각기 다른 부부에게서 태어났다. 이 방법이 효과가 없을 경우, 이러한 극단적인 결과의

발생할 가능성은 약 4%이다. 그 절차가 통계적으로 유의미한 것인가? 그 절차는 실제적 유의성을 가지는가?

5. 마리화나 조사 기술한 바와 같이 1,500개의 조사 응답의 표본을 얻을 때 이용되는 표본의 종류(임의, 계통, 편의, 층화, 군집)를 제시하라. 그런 다음 이러한 표집 계획이 모든 성인의 모집단을 대표하는 표본으로 귀결될 가능성이 있는지 여부를 결정하라.

a. 미국 성인 241,472,385명 전원에 대한 전체 목록이 완벽히 작성되고, 표본크기 1,500에 도달할 때까지 15만 번째 이름을 선택한다.

b. 미국 성인 241,472,385명 전원에 대한 전체 목록이 완벽히 작성되고, 1,500명의 성인은 그 목록에서 임의로 선택된다.

c. 미국은 각 지역에 100명의 성인을 가진 지역으로 나뉘어져 있다. 그런 다음 이들 지역 중 15곳을 임의로 선택하여 선택된 각 지역의 100명을 모두 조사한다.

d. 미국은 각 지역에 대략 같은 수의 성인을 가진 150개의 지역으로 나뉘어져 있다. 그런 다음 150개의 각 지역에서 10명의 사람들이 임의로 선택된다.

e. 임의로 선택된 성인 10,000명에게 조사지가 발송되며, 1,500개의 응답을 사용한다.

누적 복습문제

제2장부터 제14장까지의 누적 복습문제는 앞 장에서 나온 주제가 포함된다. 이 장에서는 이 책 전체에서 제시하는 것과 유사한 것으로서 계산기를 활용하는 연습문제를 제시한다. 요구하는 값을 찾기 위해서는 계산기를 사용하라.

1. 출생 체중 아래 제시된 것은 Albany Medical Center의 신생아 체중이다. 체중들을 모두 합하고 총합계가 체중들의 수에 의해 나누어질 때 어떤 값을 얻을 수 있는가(평균이라고 하는 이 결과는 제3장에서 논한다)? 이 값에 대해 주목할 만한 것은 무엇이며, 체중의 측정방법과 관련하여 무엇을 말해주고 있는가?

3600 1700 4000 3900 3100 3800 2200 3000

2. 가장 키가 큰 사람 Robert Wadlow(1918~1940)는 지금까지 살았던 사람 중 가장 키가 큰 사람이다. 아래 표현은 272 cm의 신장 크기를 표준점수로 바꾼 것이다. 이 값을 찾아 결과를 소수점 두 자리까지 반올림하라. 이러한 표준화된 점수는 2점 또는 3점 이상이면 유의하게 높은 것으로 간주된다. 결과는 유의하게 높은가?

$$\frac{272-176}{6}$$

3. 표본크기 결정 주어진 표현은 통계학 강좌를 수강할 수 있는 어느 정도의 지식수준을 가진 대학생 비율을 추정하는 데 필요한 표본크기를 결정하는 데 사용된다. 값을 찾아 가장 가까운 정수까지 반올림하라.

$$\frac{1.96^2 \cdot 0.25}{0.03^2}$$

4. 표준편차 표준편차는 제3장에 소개되는 매우 중요한 개념이다. 연습문제 1의 표본자료를 사용해 표준편차 계산의 일부를 아래 식에 표현했다. 아래 표현을 계산하라(다행히 계산기 및 통계패키지는 이런 표현을 자동 실행하도록 설계되었으므로, 표준편차 관련한 앞으로의 작업은 번거롭지 않을 것이다).

$$\frac{(3600 - 3162.5)^2}{7}$$

과학적 표기 연습문제 5~6에서 주어진 표현은 과학적 표기의 사례들이다. 예를 들어 계산기가 표시하는 1.23E5은 123,000으로, 1.23E-4는 0.000123으로 표현될 수 있다. 아래에 제시된 연산을 수행하고 그 결과를 과학적 표기가 없는 보통 숫자로 표현하라.

5. 0.4^8 **6.** 6^{14}

기술 프로젝트

결측자료 이 프로젝트의 초점은 데이터 세트를 다운로드하고, 이를 수정하여 결측자료를 처리하는 것이다.

a. 먼저, www.TriolaStats.com.로부터 부록 B에 있는 데이터 세트 2 "체온"을 다운로드하라. 당신에게 맞는 다운로드 형식을 선택하라(이 책을 위해 설계된 Statdisk를 무료로 다운로드할 수 있으며, 이는 부록 B 데이터 세트를 모두 포함하고 있다).

b. 상관 및 회귀(나중에 장에서 설명됨)와 관련된 일부 통계적 절차에서는 대응짝으로 구성된 자료를 요구하고, 그러한 통계적 방법들에 있어서 대응짝의 자료 값 중에서 적어도 하나가 결측되면 해당 짝의 자료를 무시하고 분석하게 된다. 데이터 세트 2의 마지막 두 데이터 열에 대한 상관 및 회귀를 수행하고자 한다고 가정하자. 2일째 오전 8시에 측정한 체온과 2일째 12시에 다시 측정한 체온, 즉 마지막 두 개의 열에 대해 적어도 하나의 결측값이 있는 행을 확인할 수 있다. 유의: TI-83/84 Plus 계산기와 같은 것들은 결측자료에 대해서 −9 또는 999와 같은 상수로 표시되어야 한다는 점에 유의하자.

c. 마지막 두 열의 결측자료를 처리하기 위한 작업으로서, 데이터 세트를 재구성하기 위한 다음의 두 가지 다른 전략이 있다(결측값이 없는 대응짝이 필요하다고 가정).

i. 수동적인 삭제 마지막 두 열에 하나 이상의 결측값이 있는 행을 강조 표시한 후 해당 행을 삭제한다. 이러한 과정은 결측된 자료가 있는 행이 많거나 인접한 행이 아닌 모든 행이 서로 교차되는 경우에 매우 지루한 과정이 될 수 있다.

ii. 정렬 대부분의 통계패키지 등에는 정렬의 기준으로 특정 열을 사용하여 모든 행을 정렬할 수 있는 기능이 있다(단, TI-83/84 Plus 계산기에는 이러한 유형의 정렬 특성이 없다). 그 결과 모든 행은 동일하게 유지되지만 순서만 달라진다. 먼저 "8 AM day 2" 열을 정렬 기준으로 사용하여 모든 행을 정렬하라("8 AM day 2" 열의 모든 결측값이 시작 부분에 있도록 함). 그런 다음에 "8 AM day 2" 열의 누락 값을 모두 강조 표시하고 삭제한다. 다음으로 정렬 기능을 사용해 정렬의 기준으로 "12 AM day 2" 열을 사용하여 모든 행을 다시 정렬("12 AM day 2" 열의 누락 값이 모두 시작에 있도록)한 다음, "12 AM day 2" 열의 누락 값을 모두 강조 표시하고 삭제한다.

나머지 행에는 일치하는 체온 짝 값들만 포함될 것이며, 이러한 행은 상관과 회귀과 같은 분석에 적합할 것이다. 재구성한 결과의 데이터 세트를 인쇄하라.

자료로부터의 결정

비판적 사고:
남성 교향곡 지휘자들은 정말로 더 오래 살까?

몇몇 언론 보도는 남자 교향악 지휘자들이 다른 남자들보다 오래 산다는 흥미로운 관측을 했다. John Amaral은 *Awaken*에 오케스트라 지휘자가 "다른 어떤 집단보다 3년에서 7년 정도 더 오래 산다"고 썼다. Robert Levine은 Polyphonic.org에 "그들은 지휘하는 동안 서 있기 때문"에 더 오래 산다고 작성하였다. 몇몇은 이러한 현상에 대해서 심혈관계 활동을 언급하며 다른 해석을 한다. 하지만 남성 교향악단 지휘자가 다른 남성 그룹과 비교하여 실제로 더 오래 사는가? The Internet은 가능한 답변에 대해 연구해왔다. 다음의 사항들을 고려해보자.

분석

1. "남성 교향악단 지휘자가 장수한다"는 진술을 고려해보자. 그들이 더 오래 살 것으로 가정되는 특정한 집단으로 확인해보자. 다른 집단은 주로 일반 인구집단에서 선택된 남성들로 구성되었는가?

2. 장애가 없는 남성들은 65세 이상 또는 몇 가지 다른 요구사항을 충족할 경우에 Medicare를 받을 자격이 있다. 만약 Medicare 받는 남성의 수명을 일반 인구로부터 임의로 선택된 남성의 수명과 비교한다면, 왜 Medicare 받는 남성의 수명이 더 길다는 것을 발견하게 될까?

그룹 활동

1. 수업 활동 3~4명씩 집단을 이루어서 학생들이 서 있는 동안과 앉아 있는 동안의 맥박이 같은지 여부를 판단하는 실험을 설계하라. 실험을 실시하고 자료를 수집하라. 다음 장에서 제시한 방법으로 분석할 수 있도록 자료를 저장하라.

조사를 실시하고, 편향된 표현이 응답에 미치는 영향을 확인할 수 있도록 하라.

2. 수업 활동 자동차 및 기타 소비자 제품에 관한 연례 설문지를 포함한 *Consumer Reports* 잡지의 메일링에 대한 문제점을 파악하라. 또한 해당 설문지는 자발적인 자금 기부 요청과 이사회 투표도 포함되어 있다. 응답자들은 우표를 필요로 하는 봉투를 통해 응답할 예정이었다.

3. 수업 외 활동 실험에 대한 통계적 분석이 포함된 전문 저널의 논문 한편을 찾아보라. 실험설계에 대해 기술하고 논평하라. 이 연구에 의해 다루어진 특정 이슈를 제시하고, 그 결과가 통계적으로 유의미한 것인지 여부를 결정하라. 또한 이러한 결과가 실제적 유의성을 가지는지 여부를 결정하다.

2 표 및 그래프로 데이터 탐색
Exploring Data with Tables and Graphs

2-1 데이터 구성과 요약을 위한 도수분포

2-2 히스토그램

2-3 이해를 돕는 그래프와 속임수 그래프

2-4 산점도, 상관, 회귀

이 장의 문제 — 납 노출이 IQ점수에 영향을 줄까?

부록 B의 데이터 세트 8 "IQ와 납"에는 납 제련소 근처에 살았던 세 군의 어린이들의 전체 IQ점수가 있다. 1군의 아이들은 혈중 납 농도가 낮았다(2년 동안 각각 40 μg/100 mL 미만). 2군은 혈중 농도가 중간 수준이었다(2년 중 1년이 40 μg/100 mL 이상). 3군은 혈중 납 농도가 높았다(2년 동안 최소 40 μg/100 mL).

표 2-1에 나열된 1군(낮은 납 수준)과 3군(높은 납 수준)에서 측정된 전체 IQ점수를 고려해보자. 두 군의 IQ점수를 보고 의미 있는 결론을 내릴 수 있는 사람은 매우 드물다. 우리 대부분은 두 데이터 세트를 설명하고 탐구하고 비교하는 작업을 해야 한다. 이 장에서는 데이터 요약 및 데이터의 중요한 특성, 특히 데이터 분포를 이해할 수 있는 그래프를 사용하는 방법에 대해 설명한다. 이 방법은 두 가지 데이터 세트를 비교하여 낮은 납 군의 IQ점수와 높은 납 군의 IQ점수가 다른지 여부를 결정할 수 있도록 도와준다. 이러한 비교는 다음과 같은 중요하고 핵심적인 문제를 해결하는 데 도움을 준다: 납 노출이 IQ점수에 영향을 주는가?

표 2-1 낮은 납 군과 높은 납 군의 전체 IQ점수

낮은 납 수준 (1군)															
70	85	86	76	84	96	94	56	115	97	77	128	99	80	118	86
141	88	96	96	107	86	80	107	101	91	125	96	99	99	115	106
105	96	50	99	85	88	120	93	87	98	78	100	105	87	94	89
80	111	104	85	94	75	73	76	107	88	89	96	72	97	76	107
104	85	76	95	86	89	76	96	101	108	102	77	74	92		
높은 납 수준 (3군)															
82	93	85	75	85	80	101	89	80	94	88	104	88	88	83	104
96	76	80	79	75											

이 장의 목표

이 장과 다음 장에서는 다음과 같은 데이터의 중요한 특성에 초점을 맞춘다.

데이터의 특성

1. **중앙:** 데이터 집합의 중간 위치를 나타내는 대표 값.
2. **변이:** 데이터 값이 변하는 양에 대한 척도.
3. **분포:** 값의 범위에서 데이터의 퍼져 있는 모양(예를 들면, 종 모양)이나 성질.
4. **이상치:** 대다수와 표본 값과 매우 멀리 떨어져 있는 표본 값. (나중에 "이상치"에 대한 객관적인 정의가 주어진다.)
5. **시간 :** 시간 경과에 따른 데이터의 특성 변화.

이 장에서는 데이터의 중요한 특성을 볼 수 있는 방식으로 데이터를 구성, 요약, 표시함으로써 데이터에 대한 통찰력을 얻을 수 있는 도구를 제공한다. 다음은 장의 목적이다.

2-1 데이터 구성과 요약을 위한 도수분포

- 도수분포 및 상대도수분포 형식으로 데이터를 요약하는 능력을 개발한다.
- 도수분포에서 계급의 폭, 계급의 중간, 계급의 한계, 계급의 경계값을 알아본다.

2-2 히스토그램

- 히스토그램 또는 상대도수 히스토그램의 형식으로 데이터의 분포를 그리는 능력을 개발한다.
- 히스토그램을 조사하고 균등분포와 정규분포를 포함하는 공통적인 분포를 알아본다.

2-3 이해를 돕는 그래프와 속임수 그래프

- 점그림, 줄기그림, 시계열 그림, 파레토 그림, 파이그림, 도수다각형을 사용하여 데이터를 그래프로 나타낼 수 있는 능력을 개발한다.
- 조작된 축을 사용하거나 1차원 데이터에 대해 면적 또는 체적을 사용하는 상형그림 등 그래프에 속임수가 있는지를 판단한다.

2-4 산점도, 상관, 회귀

- 쌍으로 된 데이터의 산점도를 만드는 능력을 개발한다.
- 산점도를 분석하여 두 변수 사이에 상관이 나타나는지를 판단한다.

2-1 데이터 구성과 요약을 위한 도수분포

핵심 개념

대용량의 데이터 집합으로 작업할 때 **도수분포**(또는 **도수표**)는 종종 데이터 구성과 요약에 도움이 된다. 도수분포는 데이터 집합의 분포 특성을 이해하는 데 도움이 된다.

> **정의**
>
> **도수분포**(또는 **도수표**)는 범주와 각 범주의 데이터 값의 수(도수)와 함께 나열하여 여러 범주(또는 계급) 간에 데이터가 어떻게 분할되는지를 보여준다.

표 2-1에 나열된 낮은 납 군의 IQ점수를 보자. 표 2-2는 IQ점수를 요약한 도수분포이다. 특정 계급의 **도수(frequency)**는 해당 계급에 속하는 원래 값의 개수이다. 예를 들어, 표 2-2의 첫 번째 계급은 도수가 2이므로 IQ점수 중 2개가 50에서 69 사이이다.

표 2-2 낮은 납 군의 IQ점수

IQ점수	도수
50~69	2
70~89	33
90~109	35
110~129	7
130~149	1

다음의 표준 용어는 도수분포 및 그래프를 구성하는 데 자주 사용된다.

> **정의**
>
> **계급하한치(lower class limits)**는 각 계급에 속할 수 있는 가장 작은 숫자이다. (표 2-2에서 50, 70, 90, 110, 130이 계급하한치이다.)
>
> **계급상한치(upper class limits)**는 각 계급에 속할 수 있는 최대 숫자이다. (표 2-2에서 69, 89, 109, 129, 149가 계급상한치이다.)
>
> **계급경계치(class boundaries)**는 계급을 분리하는 데 사용되는 숫자인데, 계급한계치에 의해 생성된 간격을 고려치 않는다. 그림 2-1에서 69.5, 89.5, 109.5, 129.5는 계급간 간격의 가운데에 있는 것을 볼 수 있다. 이들 계급경계치의 패턴에 따라 가장 낮은 계급경계치는 49.5이고 가장 높은 계급경계치는 149.5이다. 계급경계치의 전체 목록은 49.5, 69.5, 89.5, 109.5, 129.5, 149.5이다.
>
> **계급중간치(class midpoints)**는 계급 중간의 값이다. 표 2-2에서 계급중간치는 59.5, 79.5, 99.5, 119.5, 139.5이다. 각 계급중간치는 계급상한치와 계급하한치의 합을 2로 나눔으로써 계산된다.
>
> **계급폭(class width)**은 도수분포에서 두 개의 연속된 계급하한치(또는 두 개의 연속 계급경계치)의 차이이다. 표 2-2는 계급폭을 20으로 사용한다. (처음 두 개의 계급하한치는 50과 70이고 그 차이는 20이다.)

주의 정확한 계급폭을 찾는 것은 까다로울 수 있다. 계급상한치와 계급하한치의 차이를 계급폭으로 사용하는 가장 일반적인 실수를 하지 말자. 표 2-2에서 계급폭은 19가 아닌 20이다.

주의 계급경계치는 그림 2-1과 같이 한 계급의 끝과 다음 계급의 시작 부분 사이의 차이를 나누고 있음을 기억하라.

업데이트된 성장 차트

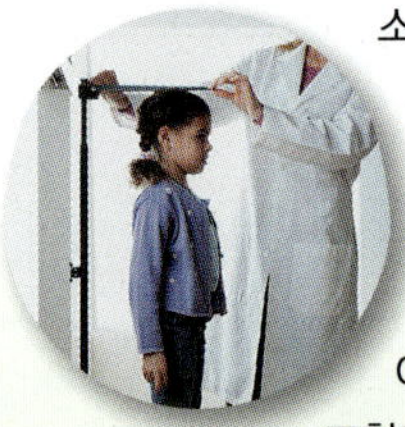

소아과 의사는 일반적으로 표준화된 성장 차트를 사용하여 환자의 체중과 신장을 다른 어린이의 표본과 비교한다. 아이들은 체중과 신장이 5백분위수와 95백분위수 사이에 있으면 정상 범위에 있는 것으로 간주된다. 그 범위를 벗어나면 심각한 의학적 문제가 없음을 확인하기 위한 검사를 받는 경우가 많다. 소아과 의사는 차트에 주요한 문제점이 있음을 인식하게 되었다. 성장 차트는 1929년과 1975년 사이에 살았던 아동을 기반으로 했기 때문에 지금은 부정확해졌다. 이 문제를 해결하기 위해 수백만 명의 어린이의 현재 측정치를 반영하여 차트가 2000년에 갱신되었다. 어린이의 체중과 신장은 시간이 지남에 따라 변하는 모집단의 좋은 예이다. 이것이 모집단에 대한 중요한 고려 사항으로 시간 경과에 따른 데이터의 특성 변화를 포함시키는 이유이다.

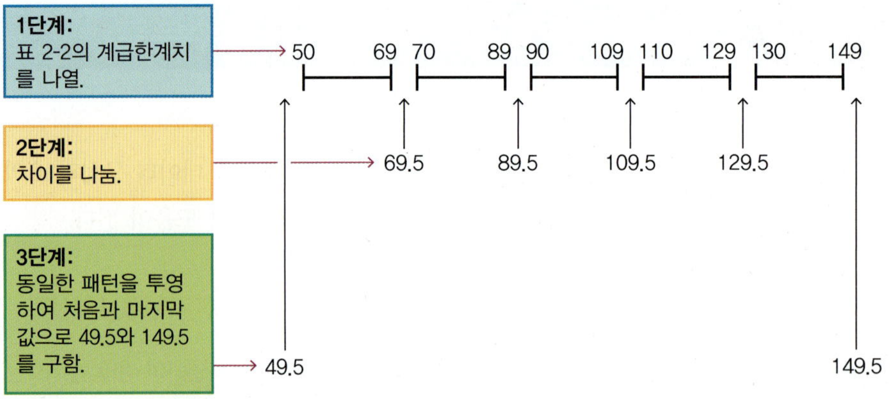

그림 2-1 표 2-2의 계급한계치에서 계급경계치 구하기

도수분포 구축 절차

(1) 대용량 데이터 집합을 요약하고, (2) 분포를 보고 이상치를 확인하고, (3) 그래프(2-2절에서 소개하는 히스토그램 같은)를 구성하기 위한 근거로 도수분포를 구성한다. 기술적 도구의 도움으로 도수분포를 생성할 수 있지만 수동으로 생성하는 단계는 다음과 같다.

1. 계급의 수를 선택한다. 보통 5~20이다. 계급 수는 어림수를 사용하여 편리하게 결정할 수도 있다.
2. 계급폭을 계산한다.

$$\text{계급폭} \approx \frac{\text{최대 데이터 값} - \text{최소 데이터 값}}{\text{계급의 수}}$$

   편한 숫자를 얻으려면 이 결과를 반올림한다. 특정 수의 계급을 사용하는 것은 그리 중요하지 않으며, 일반적으로 계급한계치가 편한 값이 되도록 계급의 수를 변경하는 것이 좋다.
3. 최솟값 또는 최솟값 이하의 편한 값을 사용하여 첫 번째 계급하한치를 선택한다.
4. 첫 번째 계급하한치와 계급폭을 사용하여 다른 계급하한치들을 나열한다. (두 번째 계급하한치는 첫 번째 계급하한치에 계급폭을 더하고 두 번째 계급하한치에 계급폭을 더하여 세 번째 계급하한치를 얻는 등의 작업을 수행한다.)
5. 수직 열에 계급하한치를 나열한 다음 계급상한치를 결정하고 입력한다.
6. 각 개별 데이터 값을 취해 적절한 계급에 집계표시를 한다. 집계표시를 모두 더하여 각 계급의 전체 도수를 구한다.

도수분포를 구성할 때 계급이 겹치지 않도록 하여야 한다. 각 원래 값은 정확히 하나의 계급에 속해야 한다. 도수가 0인 계급 등 모든 계급을 포함한다. "65 세 이상"과 같은 제한 없는 간격을 피할 수는 없지만, 모든 계급에 동일한 폭을 사용하도록 한다.

예제 1 낮은 납 군의 IQ점수

표 2-1의 낮은 납 군의 IQ점수를 사용하여 표 2-2에 나타낸 도수분포를 생성하기 위해 상기 절차를 따른다. 5개의 계급을 사용한다.

풀이

1단계: 계급 수를 5로 선택한다.

2단계: 아래와 같이 계급폭을 계산한다. 18.2는 훨씬 편한 수인 20으로 반올림한다.

$$\text{계급폭} \approx \frac{\text{최대 데이터 값} - \text{최소 데이터 값}}{\text{계급의 수}}$$

$$= \frac{141 - 50}{5} = 18.2 \approx 20 \text{ (편한 수로 반올림)}$$

3단계: 최소 데이터 값은 50이며 편한 출발점이므로 첫 번째 계급하한치로 50을 사용한다. (최솟값이 52 또는 53이었다면 더 편한 출발점인 50으로 낮추었을 것이다.)

4단계: 50에 계급 폭인 20을 더하여 두 번째 계급하한치 70을 얻는다. 계급하한치가 5개가 될 때까지 계급 폭 20을 계속 더한다. 계급하한치는 50, 70, 90, 110, 130이다.

5단계: 옆에 표시된 대로 계급하한치를 세로로 나열한다. 이 목록에서 상응하는 계급 상한치를 69, 89, 109, 129, 149로 한다.

50~
70~
90~
110~
130~

6단계: 해당 계급의 각 데이터 값에 대한 집계표시를 입력한다. 집계표시를 모두 더하여 표 2-2에 표시된 도수를 구한다.

범주형 자료 지금까지 정량적 데이터 집합만 사용하여 도수분포를 논의했지만 [예제 2]에서 설명하는 것처럼 도수분포를 사용하여 범주형(또는 질적이거나 속성형) 자료를 요약할 수도 있다.

예제 2 스포츠나 레크리에이션에서 부상당하여 응급실 방문

표 2-3에 최근 1년 동안 병원 응급실(ER)에 방문한 7가지 부상 원인에 대한 데이터(Center for Disease Control and Prevention의 데이터에 근거)가 있다. 활동 이름은 측정의 명목상의 범주형 자료이지만 그림과 같이 도수분포를 만들 수 있다. 자전거가 이 목록의 맨 위에 올랐다는 것은 놀라운 일이지만, 이것이 자전거 타기가 활동 중 가장 위험하다는 것을 의미하지는 않는다. 축구를 하거나 산악 오토바이를 타거나 또는 나열된 다른 활동들보다 더 많은 사람들이 자전거를 탄다.

(계속)

표 2-3 스포츠 및 레크리에이션에서 발생한 부상에 대한 연간 응급실 방문

활동	도수
자전거	26,212
미식축구	25,376
놀이터	16,706
농구	13,987
축구	10,436
야구	9,634
산악 오토바이	6,337

상대도수분포

기본 도수분포의 변형은 **상대도수분포(relative frequency distribution)** 또는 **백분도수분포(percentage frequency distribution)**로 각 계급 도수가 상대도수(또는 비율) 또는 백분율로 대체된다. 본문에서 상대적인 도수를 사용하는지 또는 백분율을 사용하는지 여부에 관계없이 "상대도수분포"라는 용어를 사용한다. 상대도수와 백분율은 다음과 같이 계산된다.

$$\text{계급의 상대도수} \approx \frac{\text{계급의 도수}}{\text{모든 도수의 합}}$$

$$\text{계급의 백분율} \approx \frac{\text{계급의 도수}}{\text{모든 도수의 합}} \times 100\%$$

표 2-4 낮은 납 군의 IQ점수의 상대도수분포

IQ점수	도수
50~69	2.6%
70~89	42.3%
90~109	44.9%
110~129	9.0%
130~149	1.3%

표 2-4는 상대도수분포의 예이다. 표 2-2에서 각 계급의 도수를 해당 백분율 값으로 대체한 것이다. 78개의 데이터 값이 있기 때문에 각 계급의 도수를 78로 나눈 다음 100%를 곱한다. 표 2-2의 첫 번째 계급은 도수가 2이므로 78를 2로 나누면 0.0256이 되고 100%를 곱하면 2.56%가 되어 2.6%로 반올림된다. 백분율의 합은 100%이어야 하며 반올림 오류는 작은 편차가 허용되므로 99% 또는 101%와 같은 합계가 허용된다. 표 2-4의 백분율의 합은 100.1%이다.

상대도수분포의 백분율 합은 100%에 매우 가까워야 한다.

표 2-5 낮은 납 군의 IQ점수의 누적도수분포

IQ점수	누적도수
70미만	2
90미만	35
110미만	70
130미만	77
150미만	78

누적도수분포

도수분포의 또 다른 변형은 각 계급의 도수가 이전 계급과 해당 계급의 도수의 합계인 누적도수분포이다. 표 2-5는 표 2-2에 기초한 누적도수분포이다. 원래 도수인 2, 33, 35, 7, 1을 사용하여, 2 + 33을 더하여 두 번째 누적도수 35를 얻는다. 그 다음 2 + 33 + 35를 더하여 세 번째를 얻는다. 표 2-5를 참조하고, 누적도수분포에서 계급한계치는 새로운 값의 범위를 나타내도록 "미만" 표현으로 바뀌었다.

비판적 사고: 도수분포를 사용하여 데이터 이해하기

이 절의 시작 부분에서 도수분포는 데이터 집합의 **분포**를 이해하는 데 도움이 될 수 있음을 지적했다. 이 분포는 값의 범위에 걸쳐 퍼져 있는 모양(예: 종 모양)이나 성질을 말한다. 통계학에서는 종종 데이터가 **정규분포**를 가지는지 여부에 관심이 많다. (정규분포는 6장에서 폭넓게 논의된다.) 대략적으로 정규분포를 갖는 데이터는 다음과 같은 특징을 가진 도수분포로 특징 지워진다.

정규분포

1. 도수가 낮게 시작한 다음 도수가 1~2개 증가하다가 낮은 도수로 감소한다.
2. 분포는 대략 대칭이다. 최대 도수 이전의 도수는 대략 최대 도수 이후의 도수와 거울상이 된다.

표 2-6은 이 두 가지 조건을 충족시킨다. 도수는 낮게 시작하여 최대 56까지 증가한 다음 낮은 도수로 감소한다. 또한 최댓값의 앞에 나오는 1과 10의 도수는 최댓값의 뒤에 나오는 도수 10과 1의 대칭이다. 실제 데이터 집합은 일반적으로 표 2-6과 같이 완벽하지 않으며 위의 두 가지 조건을 충족시키는데 "충분히 근접한" 분포인지 여부를 판단하여야 한다. (나중에 더 객관적인 절차를 다룬다.)

표 2-6 정규분포를 보여주는 도수분포

점수	도수	정규분포
50~69	1	← 도수가 낮게 시작된다.
70~89	10	
90~109	56	← 최댓값까지 늘어난다.
110~129	10	
130~149	1	← 다시 낮은 도수로 감소한다.

마지막 자릿수 분석 [예제 3]은 다음의 원리에 관한 예제이다.

마지막 자릿수의 도수는 때때로 데이터가 어떻게 수집되거나 측정되었는지를 보여준다.

예제 3 데이터 탐색 : 캘리포니아에서 몸무게는 어떻게 얻었나?

사람들의 체중을 수집할 때 실제로 체중을 측정하는 것이 체중을 묻는 것보다 낫다. 사람들은 끝자리를 자르는 방식으로 몸무게를 줄여 말하는 경향이 있어, 89 kg의 몸무게가 80 kg으로 보고될 수도 있다. 표 2-7은 "캘리포니아 건강 면접 조사"에서 사용된 100명의 사람들의 체중의 마지막 자릿수를 요약한 것이다. 사람이 실제로 체중을 측정하면 체중의 마지막 자리는 거의 같은 도수를 갖는 경향이 있지만 표 2-6은 상당수의 체중의 마지막 숫자가 0 또는 5인 것을 보여준다. 이것은 사람들은 체중을 물리적으로 측정하지 않고 체중을 보고하였다는 강력한 증거가 된다.

(계속)

(또한 캘리포니아 건강 면접 조사의 제목에서 "면접"이라는 단어는 사람들이 면담을 받았으며 물리적으로 측정되지 않았음을 나타낸다.)

표 2-7 캘리포니아 건강 면접 조사의 체중의 마지막 자릿수

체중의 마지막 자리수	도수
0	46
1	1
2	2
3	3
4	3
5	30
6	4
7	0
8	8
9	3

틈 [예제 4]는 다음의 원리에 관한 예제이다.

틈이 존재한다는 것은 데이터가 두 개 이상의 다른 모집단에서 획득하였다는 것을 암시할 수 있다.

이 원리의 반대는 사실이 아니다. 다른 모집단의 데이터가 반드시 틈을 초래하지는 않기 때문이다.

예제 4 데이터 탐색: 틈은 무엇을 알려주는가?

표 2-8은 남성의 키(인치)의 도수분포이다. 도수를 조사해 보면 가장 작은 남성과 가장 큰 남성 사이에 큰 차이가 있음을 알 수 있다. 이것은 남성의 절반이 7살이고 다른 절반이 어른이라는 사실로 설명할 수 있고, 실제로 두 개의 다른 모집단의 표본인 것이다.

표 2-8 남성의 키

키(인치)	도수
40~44	3
45~49	17
50~54	29
55~59	1
60~64	0
65~69	24
70~74	23
75~79	3

비교 [예제 5]는 다음의 원리에 관한 예제이다.

하나의 표에서 두 개 이상의 상대도수분포를 결합하면 데이터 비교가 훨씬 쉬워진다.

예제 5 낮은 납 군과 높은 납 군의 IQ점수 비교

이 장의 시작 부분에 2장의 문제와 함께 제공된 **표 2-1**에는 낮은 납 군과 높은 납 군의 IQ점수가 나열되어 있다. 표본 크기가 78과 21로 매우 다르기 때문에 도수분포를 비교하는 것은 쉽지 않지만 **표 2-9**는 두 군의 상대도수분포를 보여준다. 이러한 상대적인 도수를 비교함으로써, 낮은 납 군의 어린이는 IQ점수가 90이상인 경우가 많지만 높은 납 군의 어린이는 IQ점수가 90미만인 경우가 많음을 알 수 있다. 이것은 아마도 높은 납 노출이 IQ점수에 해로운 영향을 줄 수 있음을 시사한다.

표 2-9 낮은 납 군과 높은 납 군의 IQ점수

IQ점수	낮은 납 군	높은 납 군
50~69	2.6%	
70~89	42.3%	71.4%
90~109	44.9%	28.6%
110~129	9.0%	
130~149	1.3%	

테크 센터

도수분포

www.TriolaStats.com에서 기술 지침, 비디오, 데이터 집합을 참조하십시오.

2-1 기본적인 기술 및 개념

통계적 해석 및 비판적 사고

1. 흡연자의 코티닌 부록 B의 데이터 세트 14 "직접 및 간접 흡연"에서 가져온 흡연자 표본에서 혈청 코티닌(ng/mL) 측정치를 요약한 다음 표를 참조하라. 니코틴이 신체에 흡수되면 코티닌이 생성된다. 이 표에는 몇 명의 대상자가 포함되어 있는가? 원래 코티닌 측정치의 정확한 값을 알아낼 수 있는가?

코티닌(ng/mL)	도수
0~99	11
100~199	12
200~299	14
300~399	1
400~499	2

2. 상대도수분포 코티닌 양에 대한 위의 표에서 도수분포에 해당하는 비율을 사용하여 상대도수분포를 만들라.

연습문제 3~4에서는 주어진 도수분포에 대한 계급폭, 계급중간치, 계급경계치를 표시하라. 도수분포는 부록 B의 실제 데이터를 기반으로 한다.

3.

코티닌(담배연기에 노출된 비흡연자, ng/mL)	도수
0~99	34
100~199	2
200~299	1
300~399	1
400~499	0
500~599	2

4.

남성의 혈액 혈소판 수	도수
0~99	1
100~199	51
200~299	90
300~399	10
400~499	0
500~599	0
600~699	1

정규분포 연습문제 5~6에서는 정규분포와 관련된 주어진 질문에 답하라.

5. 코티닌 연습문제 3에 주어진 도수분포가 대략 정규분포인지 알아보라. 왜 그런지 설명하라.

6. 정규분포 연습문제 4에 주어진 표를 참조하되 주어진 도수를 무시하고, 첫 세 도수는 각각 2, 12, 18이라고 가정한다. 153개의 표본 값의 분포가 정규분포라고 가정하면 나머지 4 개의 도수를 알아보라.

도수분포 구성 연습문제 7~11에서는 주어진 데이터를 사용하여 도수분포를 만들라. (데이터는 TriolaStats.com에서 다운로드 할 수 있다.)

7. 남성의 맥박수 부록 B의 데이터 세트 1 "신체 자료"를 참조하여 남성의 맥박수(BPM)를 사용하라. 계급하한치를 40부터 시작하고 계급폭을 10으로 하라. 남성의 맥박수가 정규분포를 갖는 것으로 보이는가?

8. 납과 IQ 부록 B의 데이터 세트 8 "IQ와 납"을 참조하여 낮은 납 군의 언어 IQ점수를 사용하라. 계급하한치를 50부터 시작하고 계급폭을 10으로 하라. IQ점수는 정규분포로 보이는가?

9. 남성 적혈구 수 부록 B의 데이터 세트 1 "신체 자료"를 참조하여 남성의 적혈구 수(백만세포/L)를 사용하라. 계급하한치를 3.00부터 시작하고 계급폭을 0.50으로 하라. 정규분포에 대한 요구 사항을 매우 느슨하게 해석한다면, 적혈구 수는 정규분포로 보이는가?

10. 신입생 15 부록 B에 있는 데이터 세트 10 "신입생 15"를 참조하여 1학년 9월의 남성의 몸무게(kg)를 사용하라. 계급하한치를 50 kg부터 시작하고 계급폭을 10 kg으로 하라.

11. 마지막 자릿수 분석 통계학 수강생들의 키는 수업에서 실시된 실험의 일환으로 얻었다. 키의 마지막 자릿수는 아래와 같다. 10개의 계급으로 도수분포를 구성하라. 이 분포를 기반으로 키가 실제로 측정된 것으로 보이는가? 아니면 보고된 것으로 보이는가?

0 0 0 0 0 0 0 0 0 0 1 1 2 3 3 3 4 5 5 5 5 5 5 5 5 5 5 5 5 5 5 5 6 6 8 8 8 9

비교를 위한 상대도수 연습문제 12에서는 상대도수를 찾아 주어진 질문에 답하라.

12. 코티닌 연습문제 1(흡연자)과 연습문제 3(담배연기에 노출된 비흡연자)의 도수에 따라 상대도수가 포함된 표(표 2-9와 유사)를 작성한 다음 비교하라. 눈에 띄는 차이점이 있는가?

누적 도수분포 연습문제 13에서는 표시된 연습문제의 도수분포에 해당하는 누적도수분포를 구성하라.

13. 연습문제 3

2-1 기초를 넘어서

14. **이상치의 영향 해석** 이 절의 연습문제 3에는 담배연기에 노출된 비흡연자의 코티닌 수치가 포함되어 있다. (부록 B의 데이터 세트 14 "직접 및 간접 흡연"의 중간 부분을 참조.)

a. 이상치를 확인하라.

b. 담배연기에 노출된 비흡연자의 코티닌 수치에 999라는 값을 추가한 후에 연습문제 3와 같이 도수분포를 구성하라. 도수분포는 이상치 999의 추가에 의해서 어떠한 영향을 받는가? 도수분포에 이상치가 미치는 영향에 대한 일반적인 사항을 기술하라.

2-2 히스토그램

PART 1 히스토그램의 기본 개념

핵심 개념

도수분포는 데이터를 요약하고 데이터 분포를 조사하는 데 유용한 도구이지만, 더 나은 도구는 숫자 표보다 해석하기 쉬운 그래프의 형태인 히스토그램이다.

정의

히스토그램은 서로 인접하게 그려진 동일한 너비의 막대로 구성된 그래프이다(데이터에 틈이 있지 않은 경우). 수평축은 양적 데이터 값의 계급을 나타내고, 수직축은 도수를 나타낸다. 막대의 높이는 도수 값에 해당한다.

히스토그램의 중요한 용도

- 데이터의 분포 형태를 시각적으로 표시한다.
- 데이터의 중앙의 위치를 보여준다.
- 데이터의 확산을 보여준다.
- 이상치를 알 수 있다.

히스토그램은 기본적으로 도수분포의 그래프이다. 예를 들어, **그림 2-2**는 **표 2-2**에 제공된 도수분포에 해당하는 히스토그램이다.

수직축은 계급 도수를 사용해야 하며 축의 레이블은 **그림 2-2**와 같이 표시되어야 한다. 수평축을 따라 막대의 위치에 어떤 값을 사용할지 선택하는 것에 보편적인 방법은

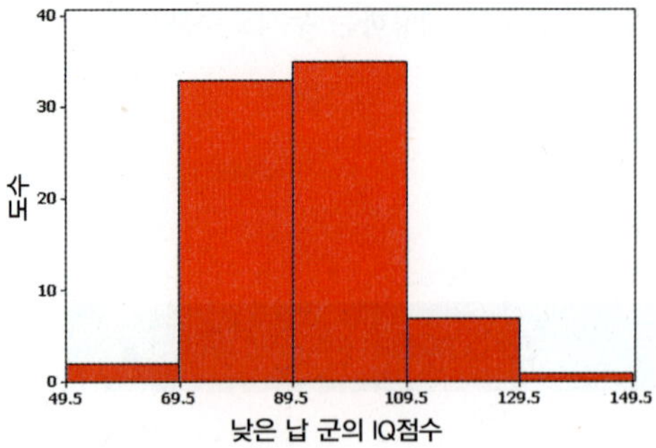

그림 2-2 히스토그램

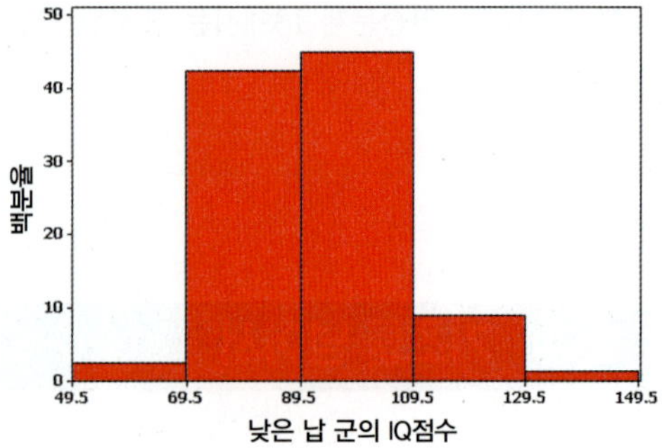

그림 2-3 상대도수 히스토그램

없지만 계급경계치(그림 2-2 참조), 계급중간치, 계급한계치를 사용하는 것이 일반적이다. 보통의 경우 수평축에 계급중간치를 사용하는 것이 쉽다. 히스토그램은 일반적으로 기술적 도구를 사용하여 생성할 수 있다.

상대도수 히스토그램

상대도수 히스토그램(relative frequency histogram)은 히스토그램과 동일한 모양과 수평축을 갖지만 수직축은 실제의 도수 대신에 상대도수(백분율 또는 비율)를 사용한다. 그림 2-3은 그림 2-2에 해당하는 상대도수 히스토그램이다.

비판적 사고: 히스토그램의 해석

히스토그램의 궁극적인 목표는 데이터의 특성을 이해하는 것이다. 히스토그램을 분석하여 데이터를 탐색하면 "CVDOT" 분석으로 알 수 있는 것을 눈으로 볼 수 있다. CVDOT는 데이터의 중심(Center), 변이(Variation; 3-2절에서 논의할 예정), 분포(Distribution)의 모양, 이상치(Outlier; 모든 다른 값들과 멀리 떨어져있는 값) 존재 여부, 시간(Time; 시간이 지남에 따라 데이터의 특성에 변화가 있는지 여부)을 의미한다. 그림 2-2의 히스토그램을 보면, 중심은 90에 가깝고, 값은 50에서 150까지 다양하며, 분포는 대략 종모양이다. 이상치가 없으며 시간의 변경은 이 데이터와 관련이 없다.

일반적인 분포 형태

그림 2-4에 표시된 히스토그램은 4가지 일반적인 분포 모양을 나타낸다.

정규분포

히스토그램으로 그래프를 그릴 때, 정규분포를 갖는 데이터는 그림 2-5에 겹쳐 그려진 선과 유사한 "종모양"을 갖는다. 많은 데이터의 모음은 거의 정규분포를 가진다. 많은 통계적 방법은 표본 데이터가 분포가 대략 정규분포인 모집단에서 표본 데이터를 가져와야 하는데, 히스토그램을 사용하여 이 요구사항이 충족되는지 여부를 판단할 수 있다.

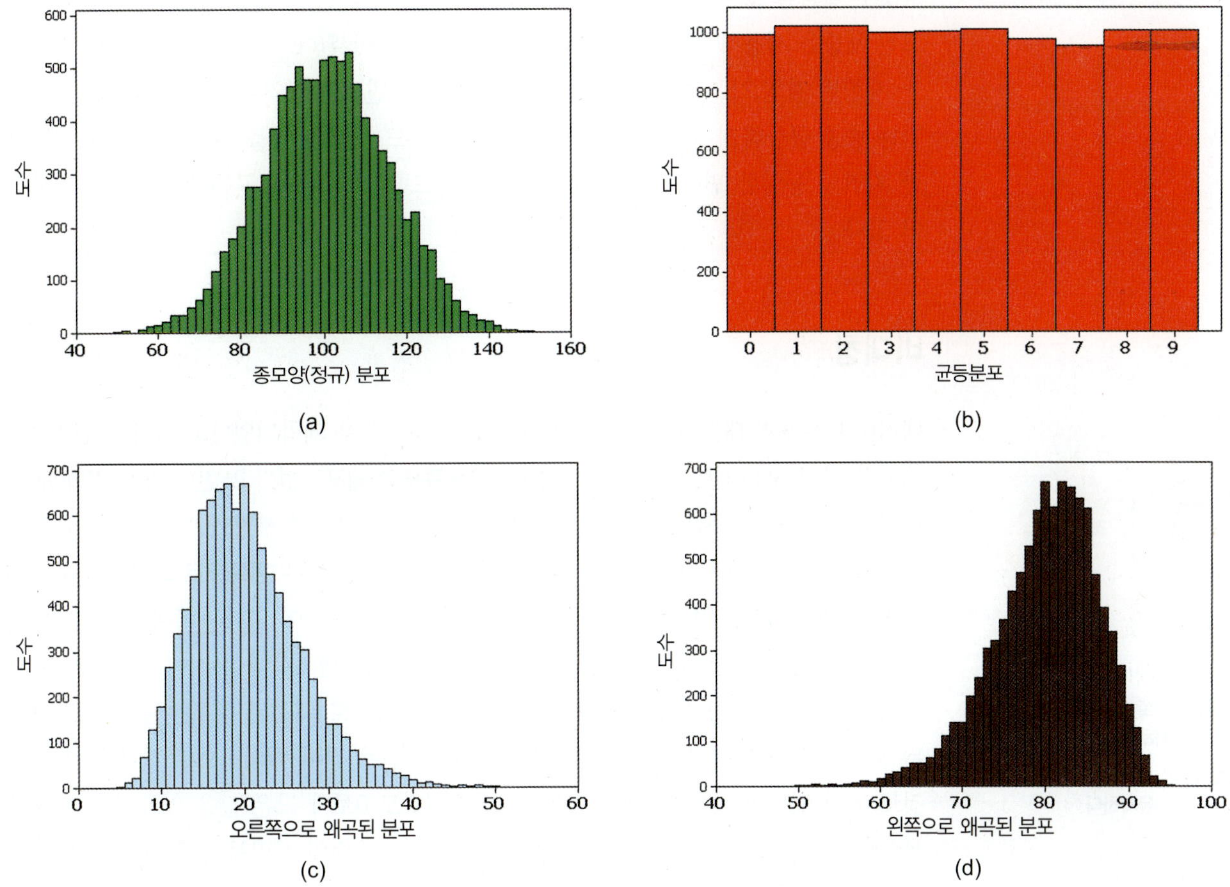

그림 2-4 일반적인 분포

분포가 정규분포인지 여부를 결정하기 위한 덜 주관적이고 진보된 방법이 있다. 이 절의 PART 2에서 다루는 정규 분위수그림은 정규성 평가에 매우 유용하다.

균등분포

가능한 값들이 거의 같은 도수로 발생한다면 그림 2-4(b)에서처럼 히스토그램의 막대의 높이는 대략 일정하다. 그림 2-4(b)는 무작위로 선택된 대상의 커다란 표본에서 마지막

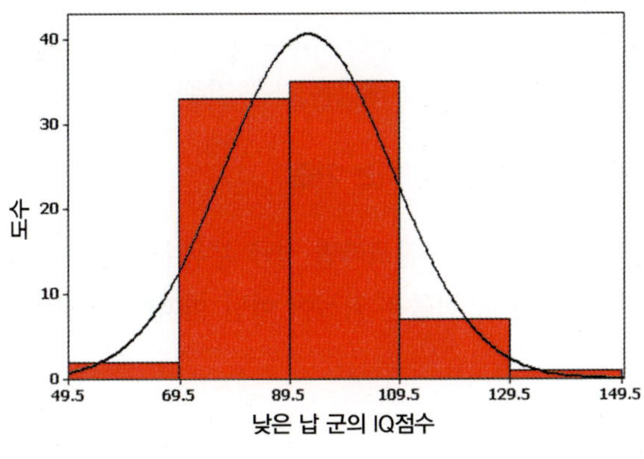

그림 2-5 종모양의 분포. 이 히스토그램은 대략 종모양이기 때문에 데이터가 정규분포라고 한다. (더 엄격한 정의는 6장에서 주어진다.)

자릿수 결과를 보여주며, 그러한 그래프는 대상의 체중이 실제로 측정되었는지 또는 보고된 체중을 사용하였는지 여부를 결정하는 데 도움이 된다.

제한된 자원으로 경쟁해야 하는 지역의 동일한 면적의 영역에서 유기체 모집단의 크기는 종종 균등하게 분포된다. 예를 들어, 레드우드 나무는 빛을 겨루어 경쟁해야 하며, 한 지역의 동일한 면적의 지역에 있는 레드우드 나무의 수는 균등하게 분산되는 경향이 있다.

비대칭

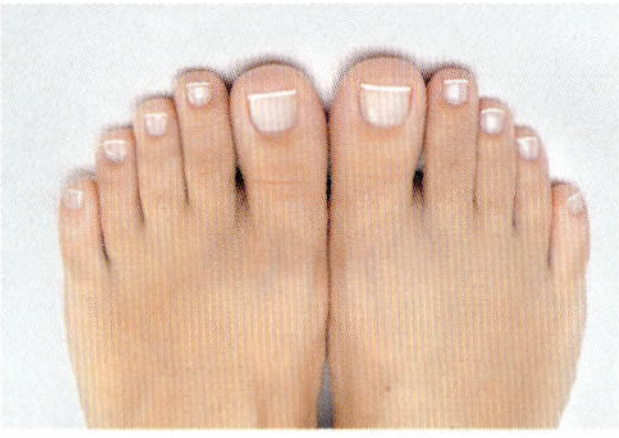

비대칭 쉽게 기억하기:

왼쪽으로 왜곡: 왼쪽 발의 발가락과 유사하다.

오른쪽으로 왜곡: 오른쪽 발의 발가락과 유사하다.

데이터의 분포가 **대칭**이지 않고 한쪽 편으로 확장된 경우 왜곡되었다고 한다. 그림 2-4(c)에서와 같이 오른쪽으로 꼬리가 긴 경우 **오른쪽으로 왜곡**되었다고 한다(또는 **양의 왜곡**). 미국 성인의 연간 수입은 오른쪽으로 왜곡되어 있다. 국가별 사망률은 오른쪽으로 왜곡되어 있다. 그림 2-4(d)에서와 같이 왼쪽으로 꼬리가 긴 경우 **왼쪽으로 왜곡**되었다고 한다(또는 **음의 왜곡**). 인간의 수명 데이터는 왼쪽으로 왜곡되어 있다. (비대칭을 기억하는 비유를 제시한다. 오른쪽으로 왜곡된 분포는 오른발의 발가락과 유사하고 왼쪽으로 왜곡된 분포는 왼쪽 발의 발가락과 유사하다.) 오른쪽으로 왜곡된 분포는 왼쪽으로 왜곡된 분포보다 자주 나타난다. 예외적으로 큰 값을 얻는 것이 예외적으로 작은 값을 얻는 것보다 더 쉽기 때문이다. 예를 들어, 연간 수입으로 0보다 작은 값을 얻을 수는 없지만 1년에 수백만 달러 또는 수십억 달러를 벌어들이는 소수의 사람들이 있다. 따라서 연간 수입은 오른쪽으로 왜곡되는 경향이 있다.

PART 2 정규 분위수그림으로 정규성 평가하기

앞으로 배우게 될 상당수의 방법들은 표본 데이터가 정규분포를 갖는 모집단에서 얻어진 것이어야 한다는 요구사항이 있다. 히스토그램은 정규성 요구사항이 충족되었는지 여부를 판단하는 데 도움이 될 수 있지만 데이터의 양이 적은 경우에는 별 도움이 되지 않는다. 6-5절에서는 **정규성을 평가**하는 방법, 즉 표본 데이터가 정규분포 모집단에서 온 것인지를 결정하는 방법을 논의한다. 6-5절에는 Statdisk, SPSS, JMP, Minitab, XLSTAT, StatCrunch, TI83/84 Plus 계산기와 같은 기술적 도구를 사용하여 **정규 분위수그림**을 만드는 방법이 있다. 정규 분위수그림의 해석은 다음 기준에 따른다.

정규 분위수그림으로 정규성을 평가하는 기준

정규분포: 모집단의 분포가 정규분포라면 정규 분위수그림에서 점들의 패턴은 직선에 가까운 형태로 나타난다. 점들은 직선이 아닌 어떠한 체계적인 패턴도 나타나지 않는다.

정규분포가 아님: 모집단의 분포가 정규분포가 아니라면 정규 분위수그림은 다음의 둘 중의 하나이거나 두 경우 모두 나타난다.

- 점들이 직선 패턴에 가깝게 나타나지 않는다.
- 점들이 직선 패턴이 아닌 체계적인 패턴을 보여준다.

다음은 정규 분위수그림의 예이다. 그러한 그림을 생성하는 절차는 6-5절에 설명되어 있다.

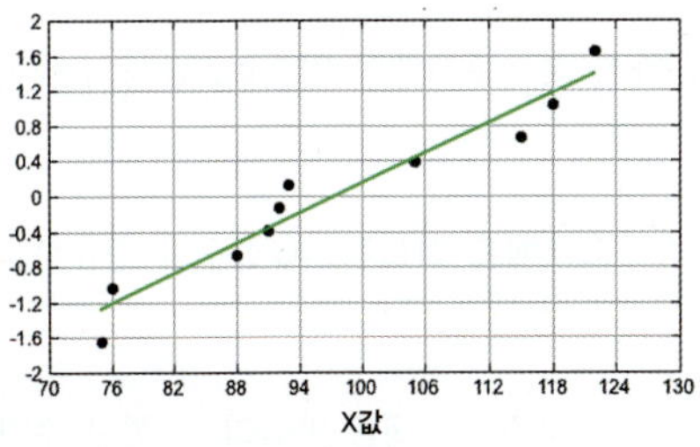

정규분포: 점들은 직선 패턴에 상당히 가깝고 직선 패턴이 아닌 다른 체계적인 패턴이 없다.

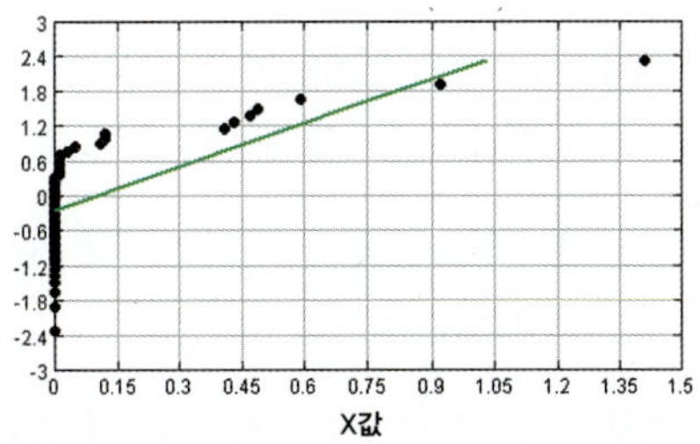

정규분포가 아님: 점들은 직선에 가깝지 않다.

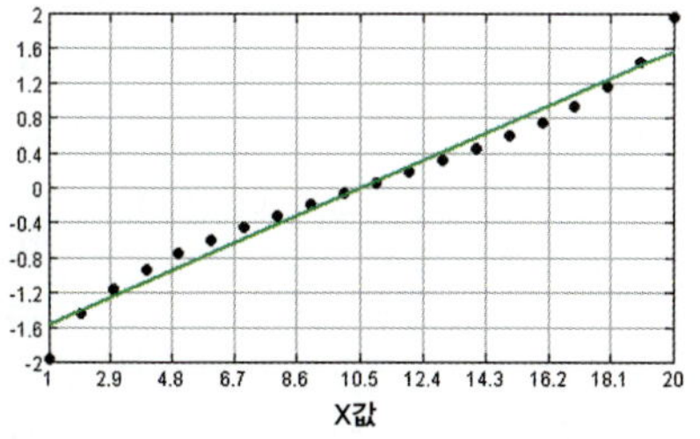

정규분포가 아님: 점들은 직선 패턴이 아닌 체계적인 패턴을 보여준다.

테크 센터

히스토그램

www.TriolaStats.com에서 기술 지침, 비디오, 데이터 집합을 참조하십시오.

2-2 기본적인 기술 및 개념

통계적 해석 및 비판적 사고

1. 히스토그램 표 2-2는 표 2-1에 나열된 낮은 납 군의 IQ점수를 요약하는 도수분포도이며 그림 2-2는 동일한 데이터 집합을 나타내는 히스토그램이다. IQ 데이터를 더 잘 이해하려고 할 때 도수분포 대신 히스토그램을 사용하면 어떤 점이 유리한가?

2. 혈소판 수치 무작위로 선택된 미국 성인의 혈소판 수치(1000세포/L)를 아래에 나열하였다. 이 데이터 집합에 대한 히스토그램을 작성하는 것이 왜 의미가 없는가?

191 286 263 193 193 215 162 646 250 386

히스토그램 해석 연습문제 3~4에서는 붓꽃 표본의 꽃받침 폭(mm)을 나타내는 다음 히스토그램을 참조하여 질문에 답하라. (부록 B의 데이터 세트 16 "붓꽃 측정" 참조.)

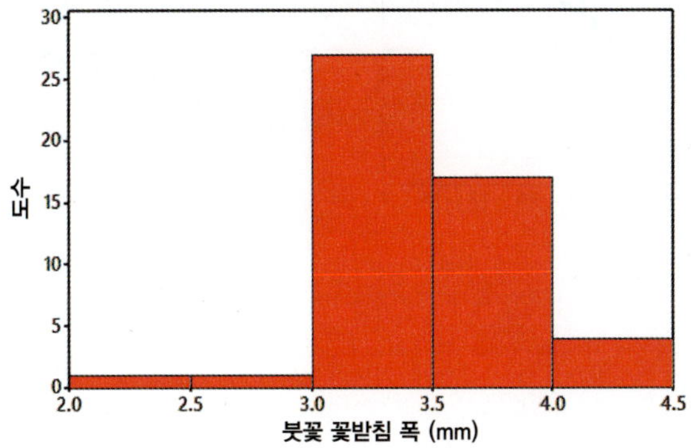

3. **표본 크기** 히스토그램을 보아서 표본의 붓꽃 수는 대략 얼마인가?

4. **이상치?** 가능한 가장 큰 값은 무엇인가? 그 값은 이상치인가?

히스토그램 구성 연습문제 5~9에서는 히스토그램을 구성하고 주어진 질문에 답하라. 수평축에는 계급중간치를 사용하라.

5. **남성의 맥박수** 2-1절의 연습문제 7의 도수분포를 사용하여 히스토그램을 만들라. 남성의 맥박수가 정규분포를 가지는 것으로 보이는가?

6. **납과 IQ** 2-1절의 연습문제 8의 도수분포를 사용하여 히스토그램을 만들라. IQ점수가 정규분포를 가지는 것으로 보이는가?

7. **남성 적혈구 수** 2-1절의 연습문제 9의 도수분포를 사용하여 히스토그램을 만들라. 적혈구 수가 정규분포를 가지는 것으로 보이는가?

8. **신입생 15** 2-1절의 연습문제 10의 도수분포를 사용하여 히스토그램을 만들라.

9. **마지막 자릿수 분석** 2-1절의 연습문제 11의 도수분포를 사용하여 히스토그램을 만들라. 히스토그램은 키를 수집하는 데 사용된 방법에 대하여 무엇을 암시하는가?

2-2 기초를 넘어서

10. **정규 분위수그림의 해석** 다음 중 정규분포를 갖는 모집단의 데이터를 나타내는 것으로 보이는 정규 분위수그림은 어느 것인가? 설명하라.

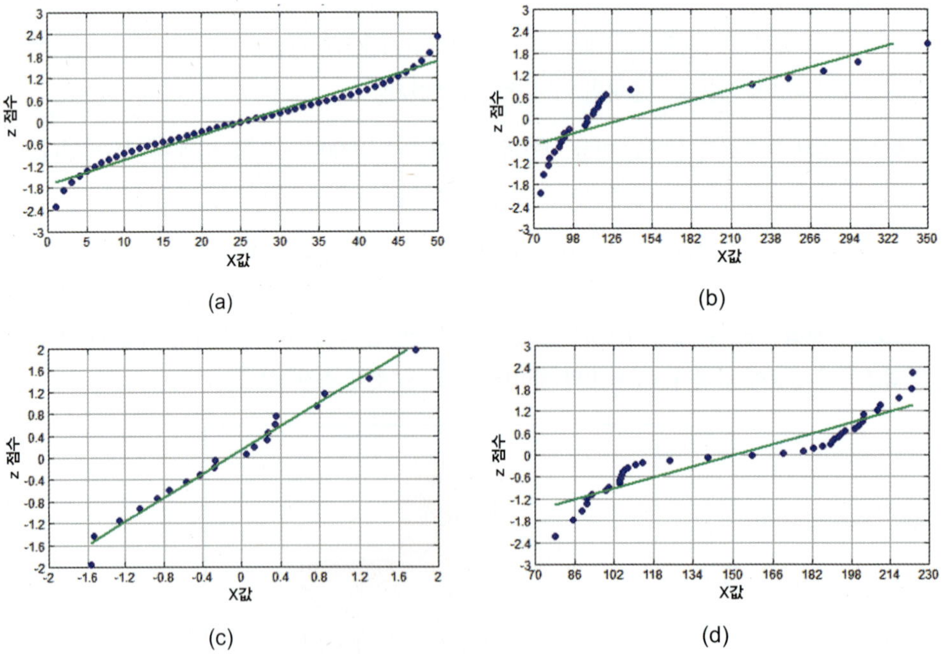

2-3 이해를 돕는 그래프와 속임수 그래프

핵심 개념

2-2절에서는 히스토그램을 소개하였다. 이 절에서는 데이터의 이해하는 데 도움을 주는 다른 일반적인 그래프를 소개한다. 또한 오해의 소지가 있거나 잘못된 데이터라는 인상을 주는 기만적인 그래프에 대해서도 논의한다.

매력적이지만 원시적으로 손으로 그린 그래프의 시대가 지났다. 이제 기술은 다양한 그래프를 생성하는 강력한 도구를 제공한다.

이해를 돕는 그래프

점그림

점그림은 양적 데이터의 그래프로 구성되며, 각 데이터 값은 수평축 위에 점으로 그려진다. 동일한 값을 나타내는 점은 위로 쌓여간다.

점그림의 특징

- 데이터 분포의 모양을 표시한다.
- 원래의 데이터 값 목록을 다시 만들 수 있다.

예제 1 남성의 맥박수의 점그림

그림 2-6은 부록 B의 데이터 세트 1 "신체 자료"에서 남성의 맥박수(분당 맥박)의 점그림이다. 50의 위치 위에 있는 2개의 쌓여진 점은 맥박수가 50인 사람은 두 사람이라는 의미이다. (이 점그림에서 수평축에는 짝수만 보이는데, 원래의 맥박수가 모두 짝수이다.)

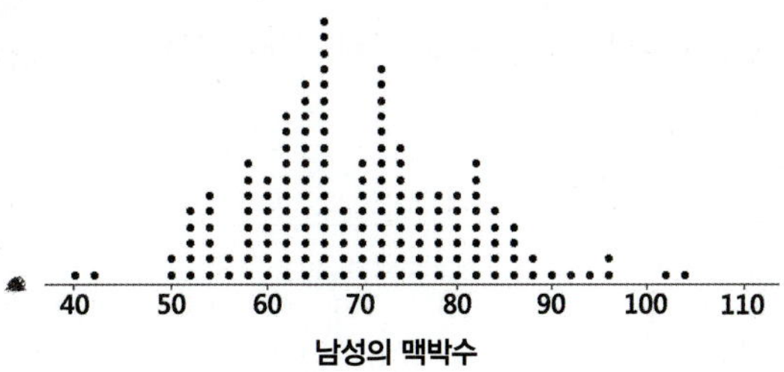

그림 2-6 남성의 맥박수의 점그림

줄기그림

줄기그림(또는 **줄기-잎 그림**)은 양적 데이터를 줄기와 잎의 두 부분으로 분리하여 값을 나타낸다. 예를 들면, 줄기는 값의 가장 왼쪽 숫자이고 잎은 값의 가장 오른쪽 숫자일 수 있다. 줄기그림은 원래 데이터 값을 반올림하여 구해지기도 한다. 또한 줄기그림은 더 많은 행을 포함하도록 **확장**될 수 있으며 더 적은 행을 포함하도록 **압축**될 수도 있다.

줄기그림의 특징

- 데이터 분포의 모양을 보여준다.
- 원래의 데이터 값을 유지한다.
- 표본 데이터가 정렬된다(크기 순으로 배열).

예제 2 남성의 맥박수의 줄기그림

다음의 줄기그림은 부록 B의 데이터 세트 1 "신체 자료"에 있는 남성의 맥박수를 표시한다. 최저 맥박수 40은 4의 줄기와 0의 잎으로 분리된다. 줄기와 잎은 원래의 목록에 나타난 순서가 아닌 오름차순으로 배열된다. 줄기그림을 돌리면, 히스토그램이나 점그림에서 보았던 IQ점수의 분포와 유사한 모양을 볼 수 있다.

```
4 | 02                ← 맥박수는 40과 42이다.
5 | 002222224444446688888888
6 | 0000002222222222222444444444444466666666666666666688888
7 | 00000000222222222222244444444444666666888888
8 | 00000022222222444446666688
9 | 02466             ← 맥박수는 90, 92, 94, 96, 96이다.
10| 24
```

시계열그림

시계열그림(time-series graph)은 월별 또는 연도별과 같이 다른 시점에서 수집된 정량 데이터인 시계열 데이터의 그림이다. 시계열그림의 장점은 시간 경과에 따른 추세에 대한 정보를 보여준다는 것이다.

시계열그림의 특징

- 시간 경과에 따른 추세에 대한 정보를 보여준다.

예제 3 법 집행관의 사망에 대한 시계열그림

그림 2-7의 시계열그림은 미국의 법 집행관의 사망자 수를 나타낸 것이다. 911 테러가 발생한 2001년에 뾰쪽하게 솟은 것을 보라. 2001년의 데이터를 제외하면 약간의 하향 추세가 나타난다.

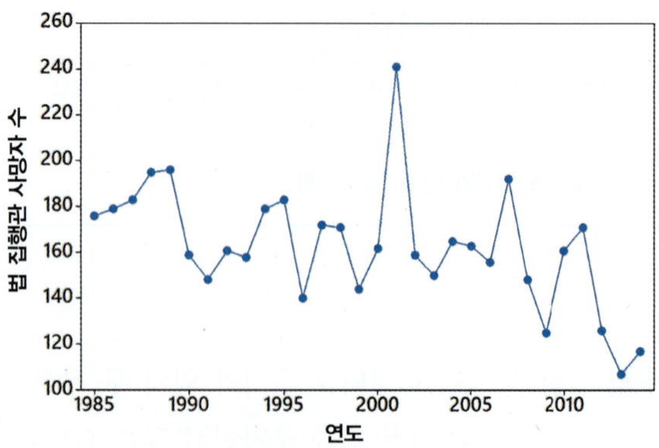

그림 2-7 법 집행관의 사망에 대한 시계열그림

막대그림

막대그림(bar graph)은 동일한 너비의 막대를 사용하여 **범주형(또는 질적)** 데이터 범주의 도수를 표시한다. 막대는 작은 간격으로 분리되거나 분리되지 않을 수 있다.

막대그림의 특징

- 서로 다른 범주를 비교하기 쉽도록 범주형 자료의 상대적 분포를 보여준다.

파레토 그림

파레토 그림(pareto chart)은 범주형 자료의 막대그림으로 도수에 따라 막대가 내림차순으로 정렬되어 막대의 높이가 왼쪽에서 오른쪽으로 낮아진다.

파레토 그림의 특징

- 서로 다른 범주를 비교하기 쉽도록 범주형 자료의 상대적 분포를 보여준다.
- 보다 중요한 범주를 강조하여 그린다.

예제 4 사고사 원인의 파레토 그림

최근 몇 년간의 사고에 의한 사망에 대해 그림 2-8은 가장 일반적인 원인을 보여준다. 약물로 인한 사망이 가장 심각한 문제임을 알 수 있다. (약물로 인한 사망자에는 약물과다 복용으로 인한 사망자가 포함된다.)

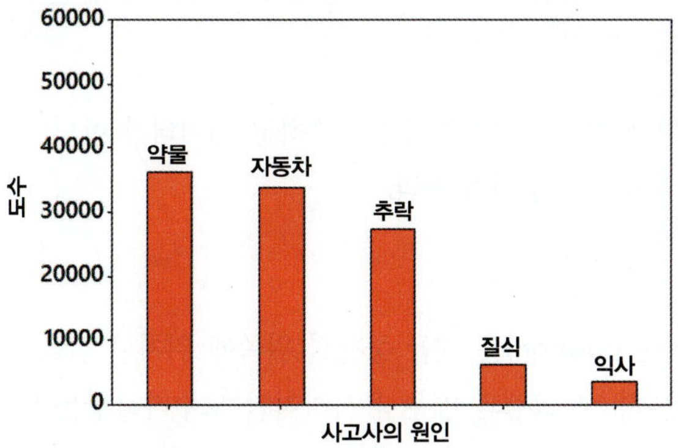

그림 2-8 사고사 원인의 파레토 그림

파이그림

파이그림(pie chart)은 범주형 자료를 원의 조각으로 묘사하는 매우 일반적인 그래프로 각 조각의 크기는 범주의 도수에 비례한다. 파이그림이 널리 사용되기는 하지만 파레토 그림만큼 효과적이지는 않다.

파이그림의 특징

- 많이 사용되는 형식으로 범주형 자료의 분포를 보여준다.

그래프의 힘

매년 약 130억 달러의 매출을 올리고 약 5천만 명의 사람들이 사용하고 있는 화이자의 처방약인 리피토(atorvastatin)는 가장 많은 수익을 올리고 가장 널리 사용되는 처방약이 되었다. 개발 초기 단계에서 리피토를 다른 약물(조코[simvastatin], 메바코[lovastatin], 레스콜[fluvastatin], 프라바촐[pravastatin])과 비교하는 임상 실험이 진행되었다. 요약 보고서에는 리피토가 다른 약물보다 콜레스테롤을 줄이는 데 더 효과적이었음을 시각적으로 보여주는 다른 약물의 곡선보다 가파른 리피토 곡선을 보여주는 그래프가 포함되었다. 화이자의 수석 마케팅 임원인 팻 켈리는 "그 차트를 본 것을 결코 잊지 못할 거예요… 그것은 '아하!'와 같았어요. 저는 이제 이것이 무엇에 관한 건지를 알아요. 우리는 이것으로 이야기할 수 있어요!"라고 말했다. 미국 식품의약국(FDA)은 리피토를 승인하고 화이자가 각 처방전에 그래프를 포함하도록 허용했다. 화이자의 판매 직원도 그래프를 의사에게 배포했다.

예제 5 사고사 원인의 파이그림

그림 2-9는 [예제 4]에서와 동일한 사망 원인 데이터의 파이그림이다. 파이그림의 구성은 상대적인 도수를 나타내는 적절한 비율로 원을 분할한다. 예를 들어, 약물 범주가 전체의 34%를 차지하므로 약물을 나타내는 조각이 전체의 34%(중심각 $0.34 \times 360° = 122°$)가 되어야 한다.

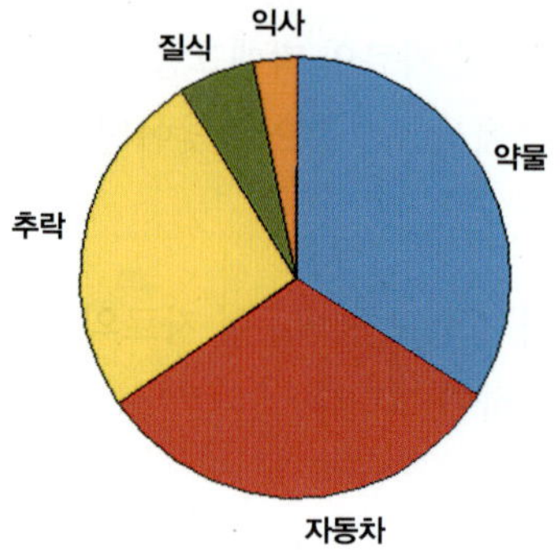

그림 2-9 사고사 원인의 파이그림

그림 2-8의 파레토 그림와 그림 2-9의 파이그림은 동일한 데이터를 다른 방식으로 나타내지만 파레토 그림은 다양한 구성 요소의 상대적 크기를 보다 잘 보여준다. 그래픽 전문가인 튜프트는 다음과 같이 제안한다.

> **파이그림은 적절한 비율을 보여주기에 부족하고 데이터가 아닌 구성 요소에 잉크를 낭비하므로 절대로 사용하지 마라.**

도수다각형

도수다각형(frequency polygon)은 계급 중간점 위쪽에 위치한 점을 연결한 선분을 사용한다. 도수다각형은 히스토그램과 매우 유사하지만 도수다각형은 막대 대신 선분을 사용한다.

기본 도수다각형의 변형은 **상대도수다각형(relative frequency polygon)**으로 수직축에 상대도수(비율 또는 백분율)를 사용한다. 상대도수다각형의 이점은 그림 2-11에서와 같이 쉽게 비교할 수 있도록 둘 이상의 그래프를 하나의 그래프에 결합할 수 있다는 것이다.

예제 6 낮은 납 군의 전체 IQ점수의 도수다각형

표 2-2의 도수분포에 요약된 낮은 납 군의 전체 IQ점수(부록 B의 데이터 세트 8)에 해당하는 도수다각형을 그림 2-10에 보였다. 점의 높이는 계급 도수와 일치하고 선분은 오른쪽과 왼쪽으로 확장되어 수평축에서 시작되고 끝난다. 점은 계급 중간점 값 위쪽에 그려진다.

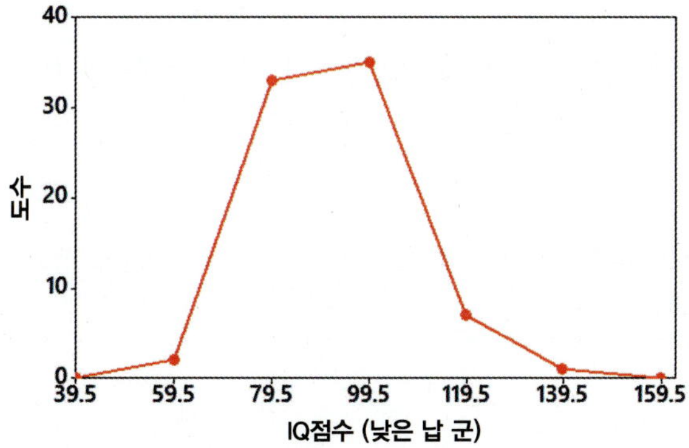

그림 2-10 낮은 납 군의 전체 IQ점수의 도수다각형

예제 7 상대도수다각형: 납 군의 IQ점수

그림 2-11은 혈중 납 농도가 낮은 군과 높은 군의 전체 IQ점수에 대한 상대도수다각형을 보여준다. 이 경우에 상대도수다각형이 도수다각형보다 훨씬 낫다. 21과 78의 서로 다른 표본 크기로 인해 비교가 어렵지만 상대적인 백분율을 사용하여 어려움이 제거되었기 때문이다.

그림 2-11은 혈중 납 농도가 높은 군이 납 농도가 낮은 군보다 약간 낮은 전체 IQ 점수를 갖고 있음을 보여준다. 이는 납에 대한 노출이 IQ점수에 영향을 미친다는 것을 의미한다. 추후의 장에서는 그래프의 주관적인 해석을 넘어 이 문제를 검토할 수 있는 더 많은 도구를 살펴볼 것이다.

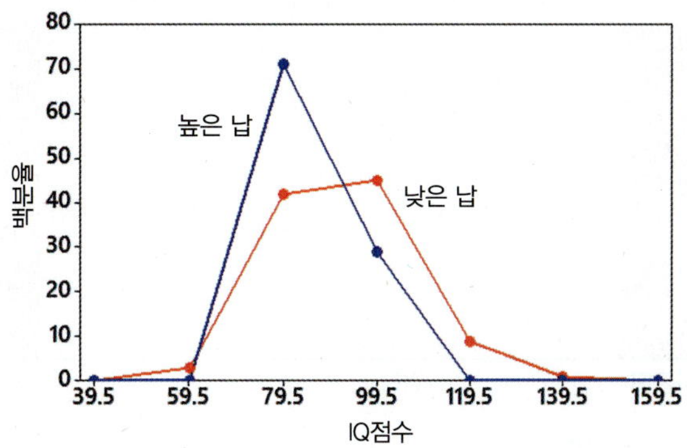

그림 2-11 높은 납 군과 낮은 납 군의 전체 IQ점수에 대한 상대도수다각형

속임수 그래프

속임수 그래프는 일반적으로 사람들을 오도하기 위해 사용되며, 통계학 학생은 그러한 기만에 취약한 사람들이 되어서는 안 된다. 그래프는 공정하고 객관적인 방식으로 구축되어야 한다. 그래프를 보는 사람은 오해의 소지가 있는 그래프에 의해서 조종당하지 말고 자신의 판단을 하도록 해야 한다. 여기서는 그래프가 데이터를 잘못 표현하는 데 사용되는 일반적인 두 가지 방법을 제시한다.

플로렌스 나이팅게일

플로렌스 나이팅게일(1820~1910)은 많은 사람들에게 간호직의 창시자로 알려져 있지만 통계를 사용하여 수천 명의 생명을 구했다. 그녀는 비위생적이고 물자가 부족한 병원을 보았을 때 그 상태를 개선한 다음 다른 사람들에게 광범위한 의료 개혁의 필요성을 확신시키기 위해 통계를 사용했다. 그녀는 크림 전쟁 기간 중 전투로 사망한 것보다 비위생적인 상황으로 인해 사망한 병사가 더 많은 것을 설명하기 위해 원본 그래프를 작성했다. 나이팅게일은 사회적 통계뿐만 아니라 그래픽 기술의 사용을 개척했다.

조작된 수직축

흔한 속임수 그래프는 군 간의 차이를 과장하기 위해 수직축을 0보다 큰 값에서 시작한다.

조작된 축: 그래프의 수직축이 0이 아닌 다른 지점에서 시작하여 차이점이 과장되어 있는지 항상 신중하게 점검하라.

예제 8 조작된 축

그림 2-12(a)와 그림 2-12(b)는 심각한 통증을 완화하는 약인 옥시콘틴(oxycodone)의 임상 실험 자료로 동일한 데이터를 기반으로 한다. 실험의 결과에는 옥시콘틴 치료군과 위약을 투여한 군에서 메스꺼움을 경험한 피험자의 백분율이 포함되어 있다.

0%가 아닌 10%에서 시작하는 수직축을 사용하면 그림 2-12(a)는 두 군 간의 차이를 크게 과장한다. 그림 2-12(a)는 옥시콘틴을 사용하는 사람들이 위약을 사용하는 사람들보다 약 12배 높게 메스꺼움을 경험하는 것처럼 보이나, 그림 2-12(b)는 실제 비율이 2:1이지 12:1이 아님을 보여준다. 어쩌면 메스꺼움의 문제가 실제보다 훨씬 크다고 생각하도록 사람들을 오도하여 여가활동에서 옥시콘틴의 사용을 자제하고 싶을 수 있다. 하지만 목표는 진지하지만 오해의 소지가 있는 그래프의 사용이 그 목표를 달성하는 방법은 아니다.

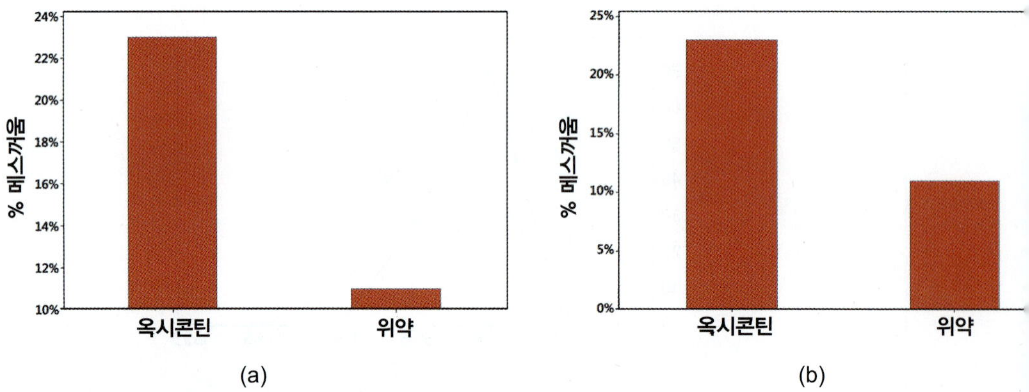

그림 2-12 임상 실험에서 메스꺼움

상형그림

물건을 그린 **상형그림**(pictographs)도 오도하는 경우가 많다. 일차원 데이터(예: 예산 금액)가 2차원 개체(예: 달러 지폐) 또는 3차원 개체(예: 동전, 주택, 배럴)로 그려지기도 한다. 상형그림을 사용하면 아티스트는 기하학의 간단한 기본 원리를 사용하여 차이를 크게 왜곡하도록 만들 수 있다. (1) 정사각형의 각 면을 2배로 하였을 때, 면적은 2배가 아닌 4배가 된다. (2) 정육면체의 각 면을 2배로 하면 체적은 2배가 아니라 8배 증가한다.

상형그림: 상형그림으로 묘사된 데이터를 검토할 때, 실제로는 1차원의 양을 개체의 면적 또는 체적으로 나타내어 그래프를 오도하지는 않는지 판단하라. (히스토그램과 막대그림은 1차원 데이터를 2차원의 막대로 나타내지만 그래프가 오도되지 않도록 동일한 너비의 막대를 사용한다.)

예제 9 담배 흡연자의 상형그림

그림 2-13을 보면 큰 담배는 작은 담배에 비해서 길이가 두 배, 높이가 두 배, 두께가 두 배에 가깝기 때문에 큰 담배의 체적은 작은 담배의 약 8배이다. (데이터는 미국 질병통제예방센터에서 나온 것이다.) 큰 담배는 작은 담배보다 8배 더 큰 것처럼 보이지만, 실제 비율은 1970년 37%의 흡연율이 2013년의 18%보다 약 2배인 것이다.

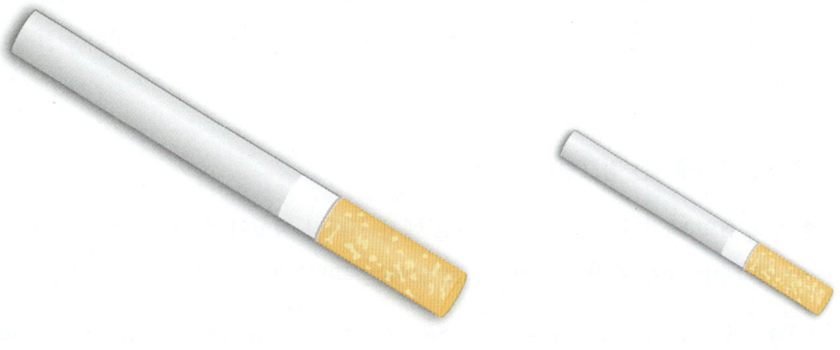

그림 2-13 미국 성인 흡연

맺으면서…

이 절에서 설명한 그래프 외에도 유용한 그래프가 많이 있다. 그 중 일부는 아직 만들어지지 않았다. 세상에는 데이터의 본질에 대해 알려주는 독창적인 그래프를 만들 수 있는 더 많은 사람들이 절실히 필요하다. "*The Visual Display of Quantitative Information*"라는 책에서 에드워드 튜프트는 다음과 같은 원칙을 제시하였다.

- 20개 이하의 작은 데이터 집합의 경우 그래프 대신 표를 사용한다.
- 데이터 그래프는 눈길을 끌기는 하지만 산만한 디자인 기능과 같은 요소가 아닌 데이터의 진정한 본질에 초점을 맞춰야 한다.
- 데이터를 왜곡하지 않는다. 데이터의 진정한 본질을 드러내는 그래프를 만든다.
- 그래프의 거의 모든 잉크는 다른 디자인 요소가 아닌 데이터용으로 사용되어야 한다.

테크 센터

도수분포

www.TriolaStats.com에서 기술 지침, 비디오, 데이터 집합을 참조하십시오.

2-3 기본적인 기술 및 개념

통계적 해석 및 비판적 사고

1. 체온 건강한 성인의 체온(℉)은 다음과 같다. 왜 이 데이터의 그래프가 데이터를 이해하는 데 도움이 되지 않는가?

98.6 98.6 98.0 98.0 99.0 98.4 98.4 98.4 98.4 98.6

2. 윤리 흡연이 건강에 좋지 않음을 보여주는 데이터가 있다. 흡연을 줄임으로써 사람들을 도울 수 있고 생명을 구할 수 있다고 가정할 때, 흡연의 건강상 위험을 과장하여 데이터를 그래프로 나타내는 것이 윤리적인가?

점그림 **연습문제 3에서는 점그림을 만들라.**

3. 맥박수 부록 B의 데이터 세트 1 "신체 자료"에서 선택된 여성의 맥박수(BPM)를 아래에 나열하였다. 이 맥박수는 모두 숫자이다. 이상치로 보이는 맥박수가 있는가? 그 값은 무엇인가?

80 94 58 66 56 82 78 86 88 56 36 66 84 76 78 64 66 78 60 64

줄기그림 **연습문제 4에서는 줄기그림을 만들라.**

4. 맥박수 연습문제 3에 나열된 데이터를 참조하라. 줄기그림에서 데이터가 어떻게 정렬되는가?

시계열그림 **연습문제 5에서는 시계열그림을 만들라.**

5. 쌍둥이 다음은 1995년부터 매년 미국에서 태어난 세 쌍둥이의 숫자이다. 추세가 있는가?

4551 5298 6148 6919 6742 6742 6885 6898 7110
6750 6208 6118 5967 5877 5905 5153 5137 4598

파레토 그림 **연습문제 6에서는 파레토 그림을 만들라.**

6. 저널 철회 생의학 저널의 논문 철회에 관한 연구에서 436건은 오류, 201건은 표절, 888건은 사기, 291건은 중복 출판, 287건은 다른 원인으로 인한 것이었다. (Fang 등이 *National Academy of Sciences of the USA* 제110권 제3호에 발표한 "Misconduct Accounts for the Majority of Retracted Scientific Publications"의 데이터에 근거함.) 이러한 철회 가운데 부정 행위(사기, 중복, 표절)가 주요 요인으로 보이는가?

파이그림 **연습문제 7에서는 파이그림을 만들라.**

7. 저널 철회 연습문제 6 "저널 철회"의 데이터를 사용하라.

도수다각형 **연습문제 8에서는 도수다각형을 만들라.**

8. 남성의 맥박수 2-1절의 연습문제 7의 남성의 맥박수에 대한 도수분포를 사용하여 도수다각형을 만들라. 분포의 형태에 대해 설명해 보라.

속임수 그래프 **연습문제 9에서는 그래프가 어떤 속임수를 쓰는지 알아보라.**

9. 자율운전 자동차 성인에 대한 설문조사에서 대상자는 자율운전 자동차에 대해서 편안함을 느끼는지 질문을 받았다. 결과를 아래의 그래프에 그렸다.

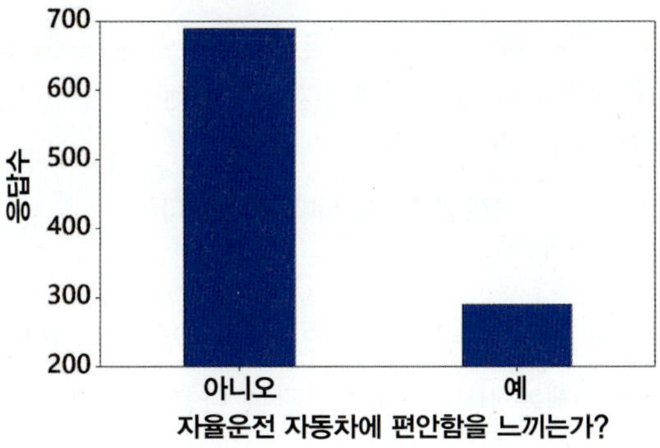

2-4 산점도, 상관, 회귀

핵심 개념

이 절에서는 키와 몸무게의 변수와 같이 쌍을 이루는 두 가지 변수의 데이터인 쌍(또는 "이변량") 표본 데이터의 분석을 소개한다. 이 절의 PART 1에서는 **산점도** 그래프의 역할과 **상관**을 설명한다. PART 2에서는 **선형 상관계수**의 사용을 소개한다. PART 3에서는 표본 쌍 데이터에 가장 잘 맞는 직선의 방정식과 그래프를 포함하는 **선형 회귀**를 간단히 설명한다.

이 절에서 논의하는 모든 원리는 10장에서 더 자세하게 논의한다. 이 절에서는 상관과 회귀의 중요한 개념에 대하여 간략히 소개한다. 이 절에는 수동 계산을 하기 위한 세부 내용은 포함되어 있지 않으며 이러한 계산은 거의 수행되지 않는다. 기술적 도구를 사용하여 결과를 얻는 방법에 대한 지침은 www.TriolaStats.com에서 찾을 수 있다. 10장의 지침을 참조하라.

PART 1 산점도와 상관

이 절의 목적은 두 변수 사이에 상관 또는 연관이 있는지 여부를 살펴보는 것이다. 기본적인 정의는 다음과 같다.

정의

한 변수의 값이 다른 변수의 값과 어떤 관련이 있는 경우 두 변수 사이에 **상관(correlation)**이 있다.

상관이 있는 두 변수의 쌍을 이루는 데이터를 그린 점들에 대해서 직선으로 근사할 수 있는 패턴이 있는 경우 두 변수 사이에 **선형 상관(linear correlation)**이 있다.

산점도(scatterplot or scatter diagram)는 수평 x축과 수직 y축에 정량 데이터의 쌍 (x, y)를 그린 것이다. 수평축은 첫 번째 변수 (x)에 사용되고 수빅축은 두 번째 변수 (y)에 사용된다.

주의 두 변수 사이의 상관은 변수 중 하나가 다른 변수를 유발한다는 증거가 아니다. 맥주 소비와 체중 사이의 상관을 발견할 수는 있지만, 맥주를 마시는 것이 체중에 직접적인 영향을 준다는 통계적 증거로 결론지을 수는 없다.

상관은 인과를 의미하지 않는다!

산점도는 두 변수 사이에 상관(또는 관계)이 있는지 여부를 결정할 때 시각적 보조 도구로 사용할 수 있다. (이 주제는 10-1절에서 상관을 다룰 때 충분히 논의된다.)

예제 1 상관: 허리 둘레와 팔 둘레

부록 B의 데이터 세트 1 "신체 자료"에는 무작위로 선택된 성인 과목의 허리 둘레(cm)와 팔 둘레(cm)가 포함되어 있다. 그림 2-14는 허리/팔 측정 데이터 쌍의 산점도이다. 점은 왼쪽에서 오른쪽으로 값이 증가하는 패턴을 보여준다. 이 패턴은 허리 둘레와 팔 둘레 사이에 상관이 있음을 시사한다.

예제 2 상관 없음: 체중과 맥박수

부록 B의 데이터 세트 1 "신체 자료"에는 무작위로 선택한 성인 과목의 몸무게(kg)와 맥박수(분당 박동수)가 포함되어 있다. 그림 2-15는 체중/맥박수 측정 데이터 쌍의 산

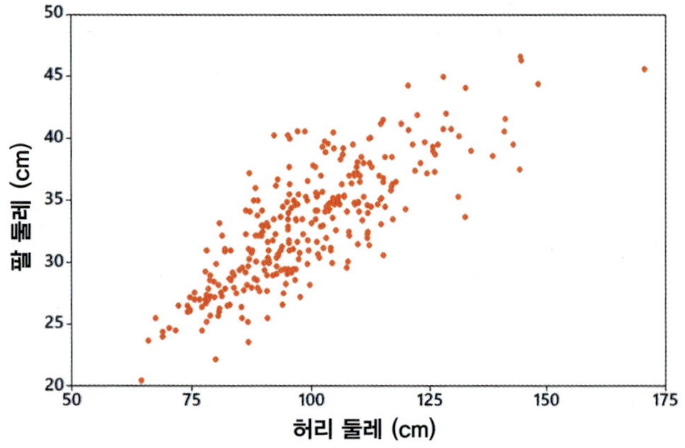

그림 2-14 허리와 팔 둘레

상관: 그려진 점들에게 뚜렷한 직선 패턴이 나타나 허리 둘레와 팔 둘레 사이에 상관이 있음을 시사한다.

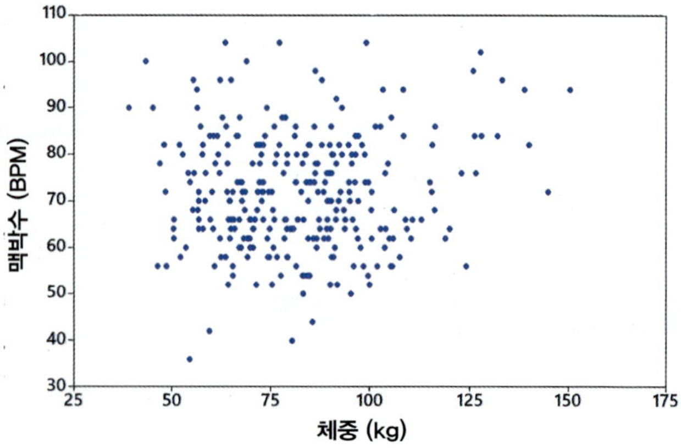

그림 2-15 체중과 맥박수

상관 없음: 그려진 점들에서 명확한 패턴이 나타나지 않으므로 체중과 맥박수 사이에 상관이 없다.

점도이다. 그림 2-15에는 명백한 패턴이 나타나지 않으며, 이러한 패턴의 부재는 체중과 맥박수 사이의 상관이나 관계가 없음을 시사한다.

앞의 두 예제는 산점도에 대한 주관적인 판단을 기반으로 상관을 결정하는 것을 보았지만 PART 2에서는 수치적인 측정으로 **선형 상관계수**를 도입하여 이러한 결정을 보다 객관적으로 할 수 있다. 쌍을 이루는 데이터를 사용하여 **선형 상관계수** r의 값을 계산할 수 있다.

PART 2 선형 상관계수 r

쌍을 이루는 데이터를 사용하여 선형 상관계수 r의 값을 계산할 수 있다.

정의

선형 상관계수는 r로 표시되며 두 변수 간의 선형 연관성의 강도를 측정한다.

선형 상관계수 r의 값은 10-1절에 있는 공식 10-1 또는 공식 10-2를 적용하여 수동으로 계산할 수 있다. 실제로는 거의 항상 기술적 도구를 사용하여 r을 구한다.

상관을 결정하기 위해 r 사용하기

선형 상관계수의 계산된 값은 항상 −1과 1 사이에 있다. 정확히 −1 또는 1의 값은 모든 데이터가 완벽한 상관을 반영하는 선과 정확히 일치한다는 것을 의미한다. r이 −1에 가깝거나 1에 가까울수록 강한 상관이 있는 것처럼 보이지만 r이 0에 가까울 경우 선형 상관이 약하거나 거의 보이지 않는다. 그림 2-14 산점도의 데이터는 $r = 0.802$(다소 1에 가깝다)이고 그림 2-15 산점도의 데이터는 $r = 0.082$(꽤 0에 가깝다)이다. 이러한 −1, 1, 0에 "가깝다"는 표현은 모호하지만, 10장에서 논의할 다른 객관적인 기준이 있다. 선형 상관계수 r의 해석을 보여주는 다음 예제를 보자.

예제 3 신발 크기와 키의 상관

표 2-10의 데이터를 고려하자(부록 B의 데이터 세트 7 "발과 신장"의 데이터 사용). 표 2-10의 쌍 데이터에 대한 산점도에는 선형 상관이 있는지 명확하지 않다. Statdisk의 결과에는 선형 상관계수 $r = 0.591$(반올림)의 값임을 볼 수 있다.

표 2-10 남성의 신발 크기와 키

신발 크기(cm)	29.7	29.7	31.4	31.8	27.6
키(cm)	175.3	177.8	185.4	175.3	172.7

(계속)

자동차 추격에서 경찰 사망

USA 투데이는 자동차 추격으로 사망한 경찰의 수를 매년 조사했다. 미국 연방수사국(FBI)은 지난 35년간 24명이 사망한 것으로 밝혔지만 다른 기록에 따르면 그 기간 동안 사망자는 371명인 것으로 나타났다. USA 투데이 기자 토마스 프랭크는 "과소 계수는 폭력 사망자를 정확하게 추적할 수 없는 연방 정부의 무능력의 극단적인 사례 중 하나이며, FBI가 경찰의 자동차 추격의 위험성을 최소화하도록 이끌었다." 분명히 FBI는 이들을 자동차 추격 중에 발생한 경찰 사망으로 지정하는 대신 자동차 사고에 의한 사망으로 분류하였다.

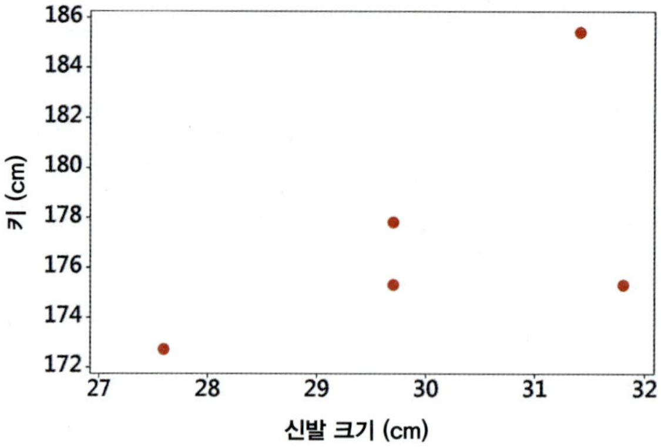

Statdisk

```
Sample size, n: 5
Degrees of freedom: 3

Correlation Results:
Correlation coeff, r: 0.5912691
Critical r: ±0.8783393
P-value (two-tailed): 0.29369

Regression Results:
Y= b0 + b1x:
Y Intercept, b0: 125.4073
Slope, b1: 1.727452

Total Variation: 95.02
Explained Variation: 33.21891
Unexplained Variation: 61.80109
Standard Error: 4.538762
Coeff of Det, R^2: 0.3495991
```

[예제 3]의 Statdisk 결과에서 보듯이 표 2-10의 다섯 쌍의 데이터를 사용한 선형 상관계수는 $r = 0.591$로 계산된다. $r = 0.591$의 값은 0 또는 1에 매우 가깝지는 않으므로 그 값과 표시된 산점도를 기반으로 남성의 신발의 크기와 키 사이에는 강한 상관이 나타나지 않는다.

예제 4 신발 크기와 키의 상관

[예제 3]은 부록 B의 데이터 세트 7 "발과 신장" 데이터에서 5쌍의 데이터만을 사용했다. 부록 B의 데이터 세트 7에 나열된 40개의 모든 피험자의 신발 크기와 키를 사용하면 그림 2-16의 산점도와 Minitab 결과를 얻을 수 있다. 산점도는 점들이 아무렇게나 흩어져 있는 것이 아니라 특정한 패턴이 있음을 보여주고 있다. 또한 선형 상관계수의 값은 $r = 0.813$ 임을 알 수 있다. $r = 0.813$은 1에 가깝고 산점도의 점 패턴 때문에 신발의 크기와 키 사이에 선형 상관이 있는 것으로 보인다.

5쌍의 데이터만 사용한 [예제 3]에서는 선형 상관이 있다고 결론을 내릴만한 충분한 증거가 없었지만, 40쌍의 데이터를 사용한 이 예제에서는 신발의 크기와 키 사이에 선형 상관이 있는 것으로 나타났다.

Minitab

```
Correlation: Shoe Print, Height
Pearson correlation of Shoe Print and Height = 0.813
```

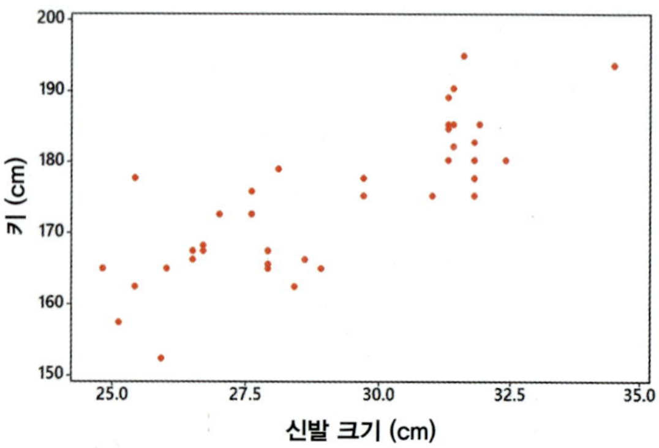

그림 2-16 40쌍의 데이터의 산점도

PART 3 회귀

두 변수 사이에 선형 상관이 있는 것으로 결론을 내릴 때([예제 4]에서와 같이), 표본 데이터에 가장 잘 맞는 직선의 방정식을 찾을 수 있으며 다른 변수의 특정 값이 주어지면 한 변수의 값을 예측하는데 이 방정식을 사용할 수 있다. [예제 4]의 결과를 바탕으로 (범죄 현장에서 발견되었을 수 있는) 신발 자국의 길이를 가지고 누군가의 키를 예측할 수 있다.

직선의 수식 형식을 기초 수학과정에서 배웠던 $y = mx + b$가 아닌 다음의 형식을 사용한다.

정의

쌍을 이룬 표본 데이터의 모음이 주어지면 **회귀선**(또는 가장 잘 맞는 선 또는 최소제곱선)은 데이터의 산점도에 "가장 잘 맞는" 직선이다. ("가장 잘 맞는" 직선의 기준은 10-2절에서 설명하는 "최소제곱" 속성이다.)

회귀식(regression equation)은 대수적으로 회귀선을 설명한다.

$$\hat{y} = b_0 + b_1 x$$

10-2절에는 $y = mx + b$의 형식 대신에 $\hat{y} = b_0 + b_1 x$ 형식을 사용하는 정당한 이유를 제시한다. 10-2절은 또한 y-절편 b_0과 기울기 b_1의 값을 찾는데 사용할 수 있는 공식을 제공하지만 일반적으로 이러한 값은 기술적 도구를 사용하여 구한다.

예제 5 회귀선

[예제 4]에는 부록 B의 데이터 세트 7 "발과 신장"의 40쌍의 신발 크기와 키의 산점도가 포함되어 있다. 여기에 표시된 그림 2-17은 회귀선이 포함된 동일한 산점도이다. 또한 40쌍의 데이터의 Statdisk 결과도 표시하였다.

Statdisk 결과에서 y-절편 $b_0 = 80.9$ (반올림)와 기울기 $b_1 = 3.22$(반올림)인 회귀식

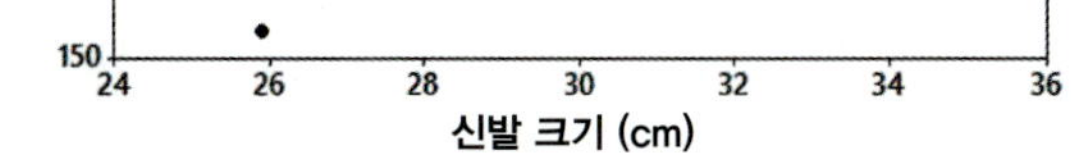

Statdisk

```
Correlation Results:
Correlation coeff, r: 0.812948
Critical r: ±0.3120061
P-value (two-tailed): 0.000

Regression Results:
Y= b0 + b1x:
Y Intercept, b0: 80.93041
Slope, b1: 3.218561
```

그림 2-17 회귀선

(계속)

의 일반 형태를 볼 수 있다. 따라서 그림 2-17에 표시된 회귀선의 식은 $\hat{y} = 80.9 + 3.22x$이다. 변수의 이름을 바꾸어 사용하여 식을 더 명확하게 하는 데 도움이 될 수 있다.

$$키 = 80.9 + 3.22 \times (신발\ 크기)$$

이 식은 y-절편 80.9은 그래프의 수직축에 나타나지 않는다. 그림 2-19의 왼쪽 수직축은 x-축 위에 0이 있는 실제의 y-축이 아니다. 그래프를 왼쪽으로 확장하면 회귀선이 $y = 80.9$ cm의 높이에서 실제 y-축을 지나게 된다.

2-4 기본적인 기술 및 개념

통계적 해석 및 비판적 사고

1. **선형 상관** 이 절에서는 선형 상관계수의 값을 나타내는데 r을 사용하였다. 왜 이 상관계수를 '선형'이라고 하는가?

2. **산점도** 산점도란 무엇이며 우리에게 어떤 도움을 주는가?

산점도 연습문제 3~4에서는 표본 데이터를 사용하여 산점도를 만들라. x축에 첫 번째 변수를 사용하라. 산점도를 기반으로 선형 상관관계에 대해 결론을 내리라.

3. **뇌 크기와 IQ** 아래의 표에는 5명의 남성의 뇌 부피(cm^3)와 IQ점수가 나열되어 있다(부록 B의 데이터 세트 9 "IQ와 뇌 크기" 참조).

뇌 부피(cm^3)	1173	1067	1347	1029	1204
IQ	101	93	94	97	113

4. **체온** 아래의 표에는 건강한 성인 7명의 한 날의 오전 8시 체온과 다음날 오전 8시 체온(℉)이 나열되어 있다(부록 B의 데이터 세트 2 "체온" 참조).

제1일	98.6	97.4	98.2	98.2	98.2	96.6	97.4
제2일	97.8	97.0	97.0	96.6	97.0	96.8	96.6

선형 상관계수 연습문제 5~6에서는 선형 상관계수 r이 제공된다. 선형 상관에 대해서 어떠한 결론을 내릴 수 있는가?

5. 연습문제 3 "뇌 크기와 IQ"의 데이터를 사용하고, 선형 상관계수는 $r = 0.127$이다.

6. 연습문제 4 "체온"의 데이터를 사용하고, 선형 상관계수는 $r = 0.520$이다.

장별 퀴즈

1. BAC 치명적인 자동차 사고를 일으킨 음주운전자의 혈중알코올농도(g/dL)의 도수분포를 나타내는 표를 만들 때, 도수분포의 첫 두 계급은 0.08~0.11과 0.12~0.15이다. 계급폭은 얼마인가?

2. BAC 연습문제 1에 설명된 첫 번째 계급의 도수는 36이다. 연습문제 1에 주어진 계급한계치와 36이라는 도수만 알고 있다면, 36개의 원래 데이터 값을 알아낼 수 있는가?

3. 반응시간 반응시간에 관한 정규분포를 가지는 모집단에서 무작위로 큰 표본을 추출하여, 도수분포로부터 히스토그램을 구성하였다. 히스토그램의 모양은 어떻게 되는가?

4. 타이레놀 품질관리 책임자는 아세틸아미노펜의 평균량이 시간이 지나도 변하지 않는다는 것을 확인하기 위해 정기적으로 타이레놀 약의 생산을 감시하려고 한다. 히스토그램, 파레토 그림, 파이그림, 산점도, 시계열그림, 점그림 중 어느 그래프가 가장 유용한가?

5. 혈압 Baum사는 혈압 측정에 사용되는 혈압계를 제조한다. 회사의 품질관리 책임자는 결함을 감시하고 기계마모, 인적오류, 공급불량, 포장불량과 같은 다양한 원인을 알아보고자 한다. 다음 중 결함 원인을 설명하는 데 가장 적합한 그래프는 무엇인가? 히스토그램, 산점도, 파레토 그림, 점그림, 줄기그림?

복습문제

1. 체온의 도수분포 아래 20개의 체온(°F) 데이터의 도수분포를 만들라. (부록 B의 데이터 세트 2 "체온"에서 가져옴.) 계급폭은 0.5°F, 시작 값은 97.0°F을 사용하라.

97.1	97.2	97.5	97.6	97.6	97.8	98.0	98.0	98.2	98.2
98.2	98.3	98.4	98.6	98.6	98.7	98.7	98.9	99.1	99.4

2. 체온의 점그림 연습문제 1에 나열된 체온의 점그림을 만들라. 히스토그램과 점그림 중에서 어느 것이 데이터 분포를 보여주는 더 좋은 방법인가?

3. 곰 아래 목록은 곰의 목의 크기(in.)와 무게(lb)이다(부록 B의 데이터 세트 11 "곰 측정" 참조). 산점도를 그리라. 그래프를 보면 목의 크기와 곰의 무게는 관계가 있는 것으로 보이는가?

목크기(in.)	16	28	31	31.5	22	21	26.5	27	20	18
무게(lb)	80	344	416	348.0	166	220	262.0	360	204	144

4. 의대 입학자 옆의 그래프는 최근 미국 의과대학의 남성과 여성 입학자를 보여준다. 그래프에 어떤 문제가 있는가?

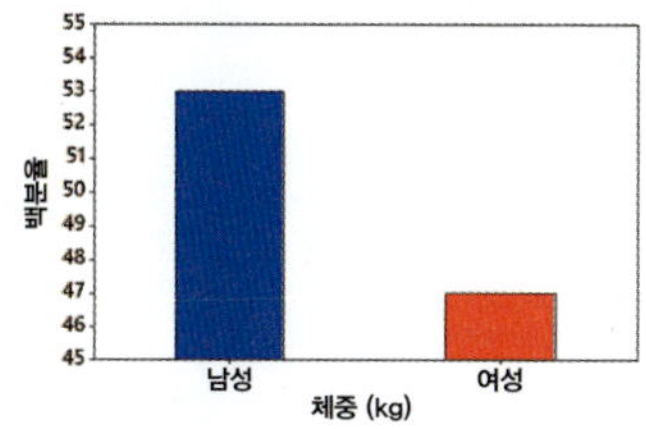

누적 복습문제

1. **위생** 다음은 무작위로 선택한 대상자들의 아침에 위생 및 몸단장에 소비하는 시간(분)이다. 도수분포를 나타내는 표를 만들라. 계급은 0–9, 10–19 등과 같이 부여하라.

0 5 12 15 15 20 22 24 25 25 25 27 27 28 30 30 35 35 40 45

2. **위생 줄기그림** 연습문제 1의 데이터를 사용하여 줄기그림을 만들라.

3. **위생** 연습문제 1에서 주어진 몸단장 시간을 참조하라.

a. 시간의 측정 수준은 무엇인가? (명목형, 순서형, 구간형, 비율형)

b. 반올림하지 않은 정확한 몸단장 시간은 이산 데이터인가 연속 데이터인가?

c. 몸단장 시간은 범주형 데이터인가?

d. 몸단장 시간의 평균은 24.3분이다. 이 값은 통계량인가 매개변수인가?

기술 프로젝트

이 장에서는 매력적이고 원시적인 손으로 그린 그래프의 시대는 가고 이제는 기술이 다양한 그래프를 생성하는 강력한 도구를 제공함을 언급하였다. 따라서 이 프로젝트는 미래에 필수적으로 진행될 전문적 발표를 위한 훌륭한 준비물 역할을 한다.

부록 B의 전체 데이터 세트는 www.TriolaStats.com에서 다운로드할 수 있다. 데이터는 Minitab, Excel, SPSS, JMP와 같은 통계 소프트웨어 패키지로 열 수 있다. Statdisk는 이미 데이터 세트를 포함하고 있다. 통계 소프트웨어 패키지를 사용하여 데이터 세트 1 “신체 자료”를 열어 보라. 통계 소프트웨어를 사용하여 이 장에서 배운 방법을 사용하여 남성과 여성의 나이를 설명하고 탐색하고 비교해 보라. 차이가 있는 것으로 보이는가? 무작위 임상 실험에 대한 보고서에는 일반적으로 여러 그룹의 피험자에 대한 “기준선 특성”이 포함되어 있어 중요한 몇 가지 방법으로 그룹이 유사한 지를 확인할 수 있다. 나이에 따라서 데이터 세트 1의 남성과 여성이 비슷한 것으로 보이는가? (이후의 장에서 이러한 비교를 위한 더 공식적인 방법을 제시한다.)

자료로부터의 결정

자동차 사고는 삶의 비극적인 손실이며 관련 가족에게 치명적이다. 다음은 자동차 사고로 사망한 무작위로 선정된 100명의 운전자의 나이이다. 또한 나이별로 면허소지자의 도수분포가 제공된다(미국 고속도로안전보험협회의 최근 자료를 기반으로 함).

자동차 사고로 사망한 운전자의 연령(년)

41 43 38 31 57 29 65 18 42 47
69 50 22 60 30 30 34 18 18 42
18 16 74 25 41 43 50 34 54 45
32 20 50 36 27 59 19 23 57 74
27 38 29 24 56 72 21 22 74 20
43 34 38 62 39 45 56 70 68 75
37 49 25 24 21 25 31 21 76 69
28 62 69 26 22 62 64 24 56 70
21 52 32 30 38 73 35 52 38 29
23 17 44 25 24 70 16 49 45 34

나이	면허소지자(백만명)
16~19	9.7
20~29	33.6
30~39	40.2
40~49	40.3
50~59	29.6
60~69	18.3
70~79	13.4
80~89	5.4

분석

주어진 도수분포를 상대도수분포로 변환한 다음, 자동차 사고로 사망한 100명의 운전자의 나이를 사용하여 상대도수분포를 만든다. 두 상대도수분포를 비교해 보라. 어떤 연령대가 면허소지자의 비율보다 사망자 비율이 현저히 높은가? 만약 당신이 자동차 보험에서 요율을 책정하는 책임자라면 어떤 연령대에 더 높은 요율을 적용하겠는가? 치명적인 자동차 사고를 일으키기 쉬운 연령대를 식별하는 데 효과적인 그래프를 만들어 보라.

그룹 활동

1. 수업 중 활동 수업 시간에 각 학생들은 1분 동안의 심박수를 세어 두 번의 맥박수를 기록한다. 학생이 앉아 있을 때 첫 번째 맥박수를 측정하고 서 있는 동안 두 번째 맥박수를 측정한다. 앉아 있는 동안 측정된 맥박수를 사용하여 남성의 맥박수에 대한 도수분포와 히스토그램을 작성한 다음 여성의 맥박수에 대한 또 다른 도수분포와 히스토그램을 작성하라. 서 있는 동안 측정된 맥박수를 사용하여 남성의 맥박수에 대한 도수분포와 히스토그램을 작성한 다음 여성의 맥박수에 대한 다른 도수분포와 히스토그램을 작성하라. 결과를 비교하라. 남성과 여성은 맥박수가 다른가? 앉아 있는 동안 측정된 맥박수는 서 있는 동안 측정된 맥박수와 다른 것으로 보이는가? 적절한 그래프를 사용하여 앉아 있는 맥박수와 서 있는 맥박수 사이의 관계가 있는지를 판단해 보라.

2. 수업 외 활동 3명 또는 4명의 학생으로 구성된 각 그룹에서 다음 항목 중 하나를 선택하고 문제를 효과적으로 해결하는 그래프를 만들라.

a. 남성과 여성의 체질량지수(BMI) 값 간에 차이가 있는가? (부록 B의 데이터 세트 1 "신체 자료" 참조)

b. 아들 (또는 딸)의 키와 그들의 아버지 (또는 어머니)의 키 사이에는 어떤 관계가 있는가? (부록 B의 데이터 세트 6 "가족 신장" 참조)

3. 수업 외 활동 나폴레옹의 모스크바 행진을 묘사한 Charles Joseph Minard의 그래프 찾고, 에드워드 튜프트가 "이것이 아마도 역사상 최고의 그래픽일 것이다"고 말한 이유를 설명하라. (Graphics 출판사에서 튜프트가 발간한 "*The Visual Display of Quantitative Information*"를 참조) Minard의 그래프는 www.Triol aStats.com의 "Textbook Supplements"에서 볼 수 있다.

3 데이터의 설명, 탐색 및 비교
Describing, Exploring, and Comparing Data

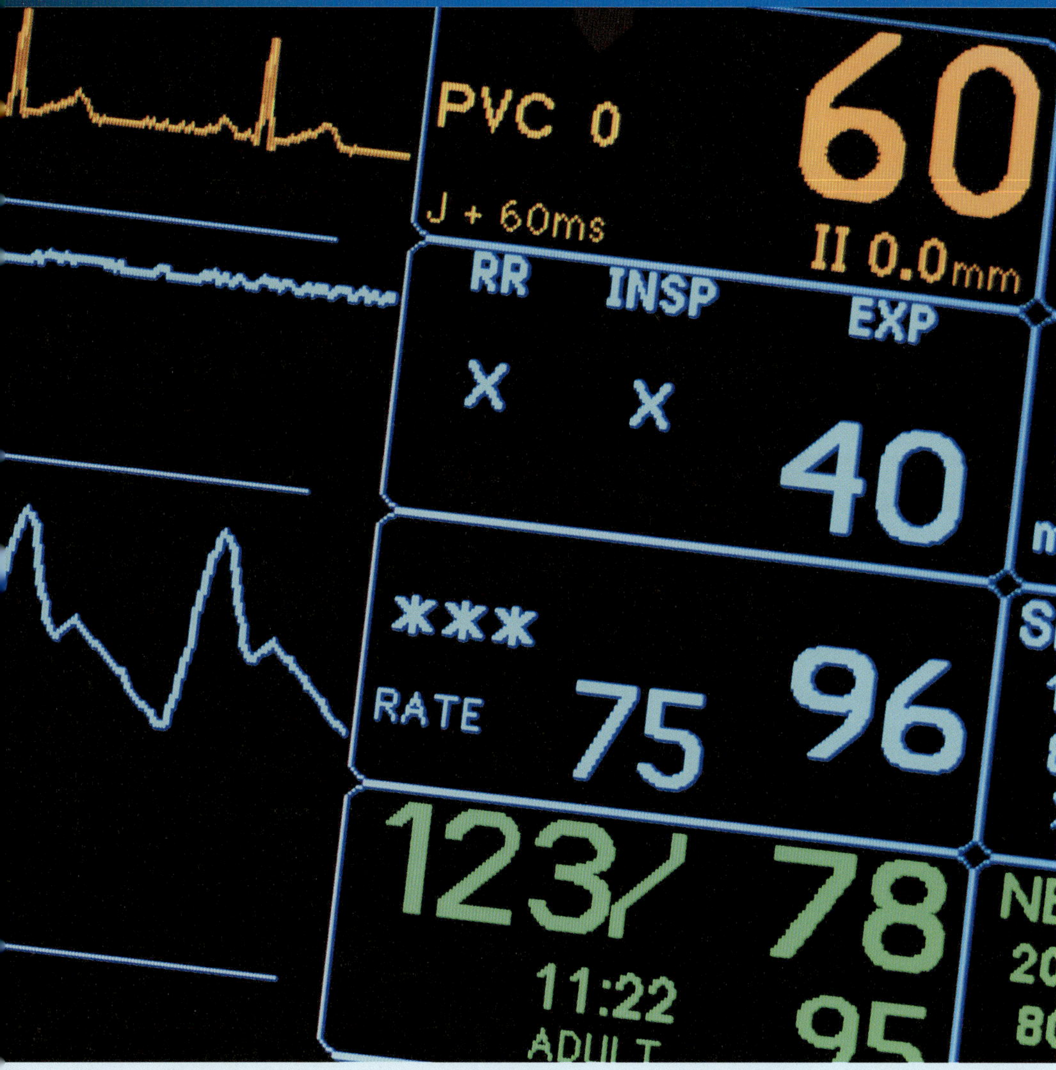

3-1 중앙 척도

3-2 변이 척도

3-3 상대위치 척도와 상자그림

이 장의 문제 ─ 남성과 여성의 맥박수는 같은가?

부록 B의 데이터 세트 1 "신체 자료"에는 남성과 여성의 맥박수가 포함되어 있다. 전체 데이터 세트는 성인 300명을 대상으로 하였으며, 부록 B에는 첫 5건만 나와 있다. **그림 3-1**에 성별에 따라 분류된 맥박수의 점그림을 나타내었다. **그림 3-1**을 자세히 살펴보면 맥박수는 짝수만으로 되어 있음을 알 수 있다. 이는 맥박수를 30초 동안 측정한 후 그 결과를 분당 맥박수를 제공하기 위해 두 배 하였기 때문이다. **그림 3-1**을 보면 남성의 맥박수가 여성의 맥박수보다 일반적으로 약간 낮은 (왼쪽으로 쏠린) 경향이 있음을 알 수 있다. 이 관찰은 남성이 여성보다 맥박수가 낮다는 가설을 제시한다. 이 가설에 대한 결론은 그래프만을 토대로 해서는 안 된다. 표본 데이터가 적절한 방법으로 수집되었는지를 고려해야 한다. 또한 남성의 맥박수와 여성의 맥박수 사이의 차이가 실제로 의미가 있는 차이인지 아니면 우연히 그렇게 되었는지를 고려해야 한다.

그림 3-1과 같은 그래프의 주관적인 해석에만 의존하지 않도록, 이 장에서는 통계 조사에 필수적인 측정 방법을 소개한다. 이 장에서는 이

책에서 제공되는 가장 중요한 통계량인 평균, 중앙값, 표준편차, 분산을 소개한다. 이들은 통계 연구에서 가장 중요한 통계량들이다. 데이터 세트 1 "신체 자료"의 남성 및 여성의 측정 된 맥박수를 설명, 탐색, 비교하는 데 이들 통계량을 사용할 것이다.

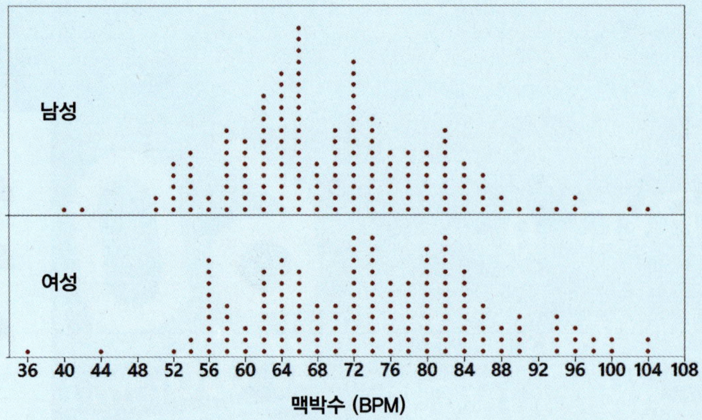

그림 3-1 남성과 여성의 맥박수의 점그림

이 장의 목표

비판적 사고와 해석: 공식과 산술을 넘어서

현대의 생물통계학 과정에서 수식을 암기하거나 수동으로 지저분한 산술을 하는 것은 그리 중요하지 않다. 우리가 비판적 사고를 통해 결과에 대한 실용적인 감각 키우기에 초점을 맞출 수 있도록, 결과는 계산기나 소프트웨어를 사용하여 얻을 수 있다. 비록 이 장에는 중요한 절차에 대한 세부 단계가 포함되어 있지만 이러한 단계를 항상 숙지할 필요는 없다. 그러나 기술적 도구를 사용하기 전에 수동적인 계산을 수행하는 것이 학습에 도움이 되고 이해도를 높일 수 있다.

이 장에서 제시된 방법과 도구는 데이터의 관련 특성을 요약하거나 설명하기 때문에 종종 **기술 통계**(descriptive statistics) 방법이라고 한다. 추후 장에서는 **추론 통계**(inferential statistics)를 사용하여 모집단에 대한 추론이나 일반화를 수행한다. 다음은 3장의 목적이다.

3-1 중앙 척도

- 평균, 중앙값, 최빈값, 범위의 중앙을 찾아 데이터의 중심을 측정하는 능력을 개발한다.
- 이상치가 평균과 중앙값에 미치는 실질적인 영향을 판단한다.

3-2 변이 척도

- 범위, 분산, 표준편차의 값을 찾아서 표본 데이터 집합의 변이를 측정하는 능력을 개발한다.
- 특정 값이 유의하게 작거나 큰지 여부를 결정하기 위해 범위경험법칙을 적용하여 표준편차의 값을 해석하는 능력을 개발한다.

3-3 상대위치 척도와 상자그림

- z 점수를 계산하고 그 결과를 사용하여 주어진 값 x가 유의하게 낮거나 높은지 여부를 판단하는 능력을 개발한다.
- 일련의 데이터에서 백분위수 값과 사분위수 값을 확인한다.
- 일련의 데이터로부터 상자그림을 구성할 수 있는 능력을 개발한다.

3-1 중앙 척도

핵심 개념

이 절의 초점은 데이터 집합의 **중심**을 측정하는 값을 얻는 것이다. 평균과 중앙값을 포함하여 중앙의 척도를 제시한다. 우리의 목표는 각 중앙 척도의 값을 찾는 것뿐만 아니라 그 값을 해석하고 이해하는 것을 포함한다. 이 절의 제1부에는 제2부를 고려하기 전에 이해해야 하는 핵심 개념을 다룬다.

PART 1 중앙 척도의 기본 개념

이 절의 PART 1에서는 다양한 중앙 척도로 평균, 중앙값, 최빈값, 범위의 중앙을 소개한다. 중앙 척도는 데이터 집합을 "요약"하는 대표 값을 제공하는데 널리 사용된다.

정의

중앙 척도(measure of center)는 데이터 집합의 중앙 또는 가운데에 있는 값이다.

중앙을 측정하는 데는 여러 가지 접근 방식이 있으므로 각기 다른 접근 방식에 대한 다른 정의가 있다. 평균부터 시작한다.

평균

평균(산술 평균)은 일반적으로 데이터를 설명하는 데 사용되는 모든 수치 척도 중에서 가장 중요하다.

정의

데이터 집합의 **평균(mean)** 또는 **산술 평균(arithmetic mean)**은 모든 데이터 값을 더한 합계를 데이터 값의 수로 나누어서 구하는 중앙 척도이다.

평균의 중요한 속성

- 동일한 모집단에서 추출된 표본평균들은 다른 중앙 척도보다 변화가 작은 경향이 있다.
- 데이터 집합의 평균은 모든 데이터 값을 사용한다.
- 평균의 단점은 단 하나의 극단 값(이상치)이 평균의 값을 실질적으로 변경할 수 있다는 것이다. (다음의 정의를 사용하여, 평균은 저항력이 없다.)

정의

극단 값(이상치)이 있더라도 그 값이 크게 변하지 않는 통계량은 **저항력(resistant)**이 있다.

평균의 표기와 계산

평균의 정의는 공식 3-1로 표현될 수 있는데, 이 식에서 그리스 문자 Σ(대문자 시그마)는 데이터 값을 더하는 것을 가리킨다. 즉, Σx는 모든 데이터 값을 더하는 것을 나타낸다. 기호 n은 데이터 값의 수인 **표본 크기(resistant)**를 나타낸다.

공식 3-1

$$\text{평균} = \frac{\Sigma x}{n} \quad \begin{array}{l} \leftarrow \text{모든 데이터 값의 합} \\ \leftarrow \text{데이터 값의 수} \end{array}$$

데이터가 모집단의 **표본**일 경우 평균은 $\bar{x}$("x-bar"로 발음)로 표시된다. 데이터가 전체 모집단인 경우 평균은 μ(그리스 소문자 mu)로 표시된다.

표기법 힌트: 표본 통계는 일반적으로 $\bar{x}$와 같은 영어 문자로 표시되며, 모집단 매개변수는 일반적으로 μ와 같은 그리스 문자로 표시된다.

Σ	데이터 값 집합의 합계를 나타낸다.
x	각 데이터 값을 나타내는 데 사용되는 변수이다.
n	표본의 데이터 값 수를 나타낸다.
N	모집단의 데이터 값 수를 나타낸다.
$\bar{x} = \frac{\Sigma x}{n}$	표본 값 집합의 평균이다.
$\mu = \frac{\Sigma x}{N}$	모집단의 모든 값의 평균이다.

예제 1 자발적인 응답 표본

부록 B의 데이터 세트 1 "신체 자료"는 맥박수의 측정을 포함한다. 남성의 첫 5개의 맥박수의 평균을 구하라: 84, 74, 50, 60, 52(모두 분당 맥박수, BPM).

풀이

평균은 공식 3-1을 사용하여 계산한다. 먼저 데이터 값을 더하고 데이터 값의 수로 나눈다.

$$\bar{x} = \frac{\Sigma x}{n} = \frac{84 + 74 + 50 + 60 + 52}{5} = \frac{320}{5}$$
$$= 64.0\,\text{BPM}$$

처음 5개의 남성 맥박수의 평균은 64.0 BPM이다.

주의 중앙 척도를 언급할 때 *average*라는 용어를 사용하지 마시라. *Average*는 종종 평균의 의미로 사용되지만 때로는 다른 중앙 척도로 사용되기도 한다. *Average*라는 용어는 통계학자들은 사용하지 않으며 전문학술지에도 사용되지 않는다. 이 책의 나머지 부분에서도 특정 중앙 척도를 언급할 때 *average*는 사용되지 않는다.

중앙값

중앙값은 데이터 집합의 값 중 약 절반이 중앙값보다 작고 약 절반이 중앙값보다 큰 의미에서 "중간 값"이라고 느슨하게 생각할 수 있다. 정확한 정의는 다음과 같다.

정의

데이터 집합의 **중앙값(median)**은 원본 데이터 값이 증가 또는 감소하는 순서로 배열할 때 중간에 위치한 값인 중앙 척도이다.

중앙값의 중요 속성

- 중앙값은 극단적인 값을 몇 개 포함하더라도 값이 크게 변하지 않으므로 저항력이 있는 중앙 척도이다.
- 중앙값은 모든 데이터 값을 직접 사용하지 않는다. 예를 들어, 가장 큰 값이 훨씬 큰 값으로 변경되어도 중앙값은 변경되지 않는다.

중앙값의 표기와 계산

표본의 중앙값은 때로는 $\tilde{x}$(x-tilde로 발음), M, Med 등으로 표기된다. 일반적으로 받아들여지는 표기법이 없으며 표본의 중앙값을 나타내는 특별한 기호가 없다. 중앙값을 찾으려면 먼저 값을 정렬(순서대로 배열)한 다음, 다음 두 절차 중 하나를 따른다.

1. 데이터 값의 수가 홀수인 경우 중앙값은 정렬된 목록의 정확히 중간에 있는 수이다.
2. 데이터 값의 수가 짝수이면 정렬된 목록의 두 중간 수의 평균을 계산하여 중앙값을 구한다.

예제 2 홀수 개의 값이 있는 데이터의 중앙값

남성의 첫 5개의 맥박수의 중앙값을 구하라: 84, 74, 50, 60, 52(모두 BPM).

풀이

먼저 아래와 같이 오름차순으로 배열하여 데이터 값을 정렬한다.

50 52 60 74 84

5개의 데이터 값이 있기 때문에 데이터 값의 수는 홀수 (5)이므로 중앙값은 정렬된 목록의 정확한 중간에 있는 수로서 60.0 BPM이다. 따라서 중앙값은 60.0 BPM이다. 중앙값 60.0 BPM은 [예제 1]에서 구한 평균값 64.0 BPM과는 다른 값이다.

중앙값이 아닌 것

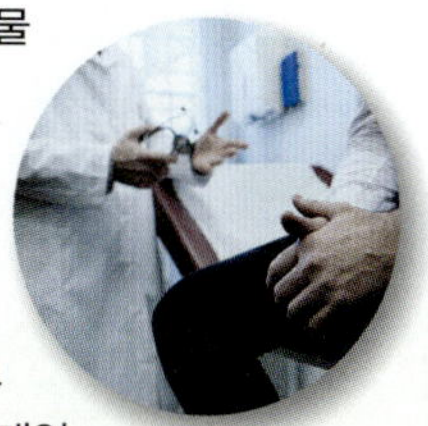

하버드 대학의 생물학자인 스티븐 제이 굴드는 "중앙값은 메시지가 아니다"라는 글을 썼다. 이 글에서 그는 그가 암의한 형태인 복부 중피종을 가지고 있다는 것을 어떻게 알게 되었는지 설명하였다. 그는 더 많은 것을 배우기 위해 도서관에 갔다. 그리고 그는 중피종이 치료가 불가능하다는 것과 중앙값으로 생존기간이 발견된 후 단지 8개월이라는 것에 충격을 받았다. 굴드는 이렇게 썼다: "나는 통계에 대한 교육을 받지 않은 대부분의 사람들은 '나는 아마 8개월 만에 죽을 것이다'와 같은 문장으로 결론을 내리는 것은 피해야 한다고 생각합니다. 이것은 사실이 아니기도 하고, 또 암과 싸우는 태도도 매우 중요하기 때문입니다." 굴드는 중앙값을 신중하게 해석하기 시작했다. 그는 젊었으며 암이 조기에 진단되었고 최고의 치료를 받을 것이기 때문에 중앙값보다 더 오래 살 가능성이 높다는 것을 알았다. 그는 또한 어떤 사람들은 8개월 이상을 살 수 있다고 추론했으며, 그가 그 그룹에 들어갈 수 없는 이유도 없음을 알았다. 중앙값에 대한 사려 깊은 해석과 강한 긍정적 태도로 무장한 굴드는 진단 후 20년 동안 살았다. 그는 중피종과 관련이 없는 다른 암으로 사망했다.

예제 3 짝수 개의 값이 있는 데이터의 중앙값

여섯 번째 맥박수로 62 BPM의 포함시킨 후 [예제 2]를 반복하라. 즉, 이 맥박수의 중앙값을 구하라: 84, 74, 50, 60, 52, 62(모두 BPM).

풀이

값을 오름차순으로 정렬하라: 50, 52, 60, 62, 74, 84.

데이터 값의 수는 짝수 (6)이기 때문에 중앙값은 두 개의 중간 수인 60과 62의 평균을 계산하여 구한다.

$$\text{중앙값} = \frac{60 + 62}{2} = \frac{122}{2} = 61.0 \text{ BPM}$$

중앙값은 61.0 BPM이다.

최빈값

최빈값은 양적 데이터에 많이 사용되지 않지만 질적 데이터(이름, 레이블, 범주로만 구성)에 사용할 수 있는 유일한 중앙 척도이다.

정의

데이터 집합의 **최빈값(mode)**은 빈도가 가장 높게 발생하는 값이다.

최빈값의 중요한 속성

- 최빈값은 질적인 데이터에서도 구할 수 있다.
- 데이터 집합에는 최빈값이 없거나 하나의 최빈값 또는 여러 최빈값이 있을 수 있다.

최빈값 찾기: 데이터 집합은 최빈값이 없거나 하나의 최빈값 또는 둘 이상의 최빈값을 가질 수 있다.

- 동일한 최대 도수로 두 개의 데이터가 있는 경우 각 데이터는 최빈값이고 데이터 집합은 **이봉최빈(bimodal)**이라고 한다.
- 동일한 최대 도수로 두 개 이상의 데이터 값이 있는 경우 각각은 최빈값이고 데이터 집합은 **다봉최빈(multimodal)**이라고 한다.
- 데이터 값이 반복되지 않으면 **최빈값이 없음(no mode)**을 나타낸다.

예제 4 최빈값

다음 맥박수의 최빈값을 구하라:

58 58 58 58 60 60 62 64 (BPM)

풀이

최빈값은 가장 자주 발생하는 맥박수(4회)이기 때문에 58 BPM이다.

[예제 4]에서 최빈값은 단일 값이다. 가능한 다른 상황은 다음과 같다.

두 최빈값: 58, 58, 58, 60, 60, 60, 62, 64의 맥박수(BPM)는 58 BPM과 60 BPM의 두 개의 최빈값을 가지고 있다.

최빈값 없음: 58, 60, 64, 68, 72의 맥박수는 값이 반복되지 않으므로 최빈값이 없다.

범위의 중앙

범위의 중앙은 또 다른 중앙 척도이다.

정의

데이터 집합의 **범위의 중앙(midrange)**은 원 데이터 집합의 최댓값과 최솟값 사이의 중간의 값인 중앙 척도이다. 최소 데이터 값에 최대 데이터 값을 더하고 다음 식에서와 같이 합계를 2로 나눈 값이다.

$$\text{범위의 중앙} = \frac{\text{최대 데이터 값} + \text{최소 데이터 값}}{2}$$

범위의 중앙의 중요한 속성

- 범위의 중앙은 최댓값과 최솟값만을 사용하므로 극단적인 값에 매우 민감하므로 저항력이 없다.
- 실제로 범위의 중앙은 거의 사용되지 않지만 세 가지 기능이 있다.

1. 범위의 중앙은 계산하기 매우 쉽다.
2. 범위의 중앙은 데이터 집합의 중심을 정의하는 몇 가지 다른 방법이 있다는 매우 중요한 관점을 강조한다.
3. 범위의 중앙은 중앙값을 대신해서 잘못 사용되는 경우가 있으므로 중앙값과 함께 범위의 중앙을 명확하게 정의하여 혼란을 줄일 수 있다.

예제 5 범위의 중앙

[예제 1]에서 사용된 남성의 5개의 맥박수의 범위의 중앙을 구하라: 84, 74, 50, 60, 52(BPM).

풀이

범위의 중앙은 다음과 같이 구한다.

$$\text{범위의 중앙} = \frac{\text{최대 데이터 값} + \text{최소 데이터 값}}{2}$$

(계속)

$$= \frac{84 + 50}{2} = 67.0 \text{ BPM}$$

범위의 중앙은 67.0 BPM이다.

중앙 척도의 반올림

중앙 척도를 계산할 때 종종 결과를 반올림해야 한다. 우리는 다음 규칙을 사용한다.

중앙 척도를 위한 반올림 규칙

- **평균값, 중앙값, 범위의 중앙은 원래 집합에 있는 값보다 하나 더 많은 소수점 이하 자릿수를 가진다.**
- **최빈값의 경우 반올림하지 않고 값을 그대로 둔다**(최빈값의 값이 원래 데이터 값과 같기 때문에).

반올림 규칙을 적용할 때, 최종 값에 대해서만 반올림을 하고 계산 도중에 나오는 중간값에 대해서는 반올림하지 않는다. 예를 들어, 2, 3, 5의 평균은 3.333333인데, 이 값은 원래 값인 2, 3, 5보다 소수점 이하 자릿수가 하나 더 있도록 3.3으로 반올림된다. 또 다른 예로서 80.4과 80.6의 평균은 80.50이다(원래 값에 사용된 것보다 하나 더 많은 소수점 이하 자릿수). 최빈값은 원래 데이터 값 중의 하나(또는 그 이상)이므로 값을 반올림하지 않는다. 최빈값과 동일한 원래 값을 사용하면 된다.

비판적 사고

숫자 표본으로부터 항상 중앙 척도를 계산할 수 있지만, 항상 그것을 수행하는 것이 타당한 지에 대해 생각해야 한다. 1-2절에서 명목 레벨의 측정 데이터를 가지고 수치 계산을 하는 것은 의미가 없다고 언급했다. 왜냐하면 그 데이터는 이름, 레이블, 범주로만 구성되었기 때문에 평균, 중앙값과 같은 통계량은 의미가 없다. 또한 데이터를 수집하는 데 사용된 표본화 방법에 대해서도 고려해야 한다. 표본화 방법이 정상적이지 않으면 통계량은 오도된 것일 수 있다.

예제 6 비판적 사고와 중앙 척도

다음 데이터의 평균값과 중앙값은 의미 있는 통계량이 아니다.

a. 미국의 병원의 우편 번호. (우편 번호는 아무것도 측정하거나 헤아리지 않는다. 수는 지리적 위치에 대한 레이블 일뿐이다.)

b. 선택된 의과 대학의 순위: 2, 3, 7, 10, 14. (순위는 순서를 반영하지만, 아무것도 측정하거나 헤아리지 않는다.)

c. 미국 시애틀 시호크스 풋볼구단이 슈퍼볼 XLVIII에서 우승할 선발 수비진의 유니폼 번호: 31, 28, 41, 56, 25, 54, 69, 50, 91, 72, 29. (축구 유니폼 번호는 아

수축기:	118	128	158	96	156	122	116	136	126	120
이완기:	80	76	74	52	90	88	58	64	72	82

10. 백혈구 수 아래 목록은 남성과 여성의 백혈구 수(1000개/μL)이다(부록 B의 데이터 세트 1 "신체 자료" 참조). 남성과 여성이 다른 것처럼 보이는가?

여성:	8.7	6.9	8.1	8.0	6.9	8.1	6.4	6.3	10.9	4.8	5.9	7.2
남성:	4.9	7.5	6.1	5.7	4.1	5.6	8.3	5.1	9.5	6.1	5.7	5.4

부록 B의 큰 데이터 세트 **연습문제 11~12에서는 부록 B의 데이터 세트를 참조하라. 소프트웨어 또는 계산기를 사용하여 평균과 중앙값을 구한다.**

11. HDL 부록 B의 데이터 세트 1 "신체 자료"에 포함된 300명의 대상자에서 고밀도지질단백질(HDL) 콜레스테롤 측정치(mg/dL)를 사용하라. 가장 높은 값은 무엇인가? 이 값은 이상치로 보이는가? 가장 높은 값을 삭제한다면 평균과 중앙값이 많이 변경되는가?

12. 체온 부록 B의 데이터 세트 2 "체온"을 참조하여 2일째 오전 12시의 체온을 사용하라. 결과는 평균 체온이 98.6°F라는 상식을 지지하는가 지지하지 않는가?

연습문제 13에서는 도수 분포에 요약된 데이터의 평균을 구하라. 또한 계산된 평균값을 다음과 같은 원래의 데이터 값 목록에서 얻은 실제 평균값 224.3과 비교하라.

13.

남성의 혈액 혈소판의 수	도수
0~99	1
100~199	51
200~299	90
300~399	10
400~499	0
500~599	0
600~699	1

14. 가중 평균 한 학생이 학점이 3, 3, 3, 4, 1인 과목들에서 각각 A, C, B, A, D의 성적을 받았다. 성적 시스템은 문자 등급에 대해서 A = 4; B = 3; C = 2; D = 1; F = 0의 점수를 부여한다. 이 학생의 평균 학점(GPA)를 계산하고 소수점 아래 둘째자리에서 반올림하라. GPA 3.00 이상을 우등생이라고 할 때 이 학생은 우등생에 속하는가?

3-1 기초를 넘어서

15. 자유도 부록 B의 데이터 세트 1 "신체 자료"에서 임의로 선택한 5개의 맥박수는 평균 78.0이다. 맥박수 중 4개는 82, 78, 56, 84이다.

a. 누락된 값을 구하라.

b. 특정한 평균을 가진 n개의 값의 목록을 생성해야 한다. n개의 값 중 일부에 대해 원하는 값을 자유롭게 선택할 수 있다. 나머지 값을 결정하기 전에 얼마나 많은 n개의 값을 자유롭게 할당할 수 있는가? (그 결과를 자유도의 수라고 한다.)

16. **정돈된 평균** 평균은 극단적인 값에 매우 민감하기 때문에 중앙의 저항력 있는 척도는 아니다. 일부 낮은 값과 높은 값을 삭제하고 구한 정돈된 평균(또는 잘린 평균)이 더 저항력이 있다. 데이터 집합에서 10% 정돈된 평균을 구하려면 먼저 데이터를 순서대로 정렬한 후 값의 하위 10%와 상위 10%를 삭제한 후 나머지 값으로 평균을 계산한다. 부록 B의 데이터 세트 1 "신체 자료"에서 300명의 대상자에 대한 LDL 측정치를 사용하여, 평균, 10% 정돈된 평균, 20% 정돈된 평균을 비교하라.

3-2 변이 척도

핵심 개념

변이는 통계에서 가장 중요한 하나의 주제이므로 이 절은 이 책에서 가장 중요한 절이다. 이 절에서는 3가지 중요한 변이 척도인 **범위**, **표준편차**, **분산**을 설명한다. 이들 통계량은 수이지만 그 수를 계산하는 것보다는 **해석하고 이해하는 능력**을 개발하는 데 초점을 맞추어야 한다. 이 절은 산술에 대한 것은 아니며, 변이 척도, 특히 표준편차를 이해하고 해석하는 것에 관한 절이다.

학습 힌트: 이 절의 PART 1는 변이의 기본 개념을 제시하고 PART 2는 표준편차와 관련된 추가 개념을 제시한다. PART 1와 PART 2는 모두 계산식을 포함하지만 수식을 기억하거나 산술 계산을 수행하는 데 너무 많은 시간을 소비하지 않는다. 대신 표준편차의 값을 이해하고 해석하는 데 집중한다.

PART 1 변이의 기본 개념

변이의 속성을 시각화하기 위해 그림 3-2를 참조해 보자. 이 그림은 치료를 받은 피험자와 위약을 받은 피험자의 맥박수(분당 박동수, BPM)를 보여준다. (실 데이터를 사용하는 것에 우선순위를 두어야 하지만, 이 맥박수는 중요한 점을 강조하기 위한 목적으로 만들어 진 것이다.) 다음의 중요한 관찰을 확인해 보라: 치료군(위쪽 점그림)의 맥박수는 위약군(아래쪽 점그림)의 맥박수보다 좀 더 변이가 있다. 두 집합의 맥박수는 **평균**이 동일한 70.2 BPM이고 **중앙값**이 동일한 70.0 BPM이며 **최빈값**이 동일한 70 BPM이다. 중앙 척도는 변이의 차이를 보여주지 않는다.

반올림 규칙을 일관성 있고 가능한 한 간단하게 유지하기 위해 다음의 규칙을 사용하여 변이 척도를 반올림한다.

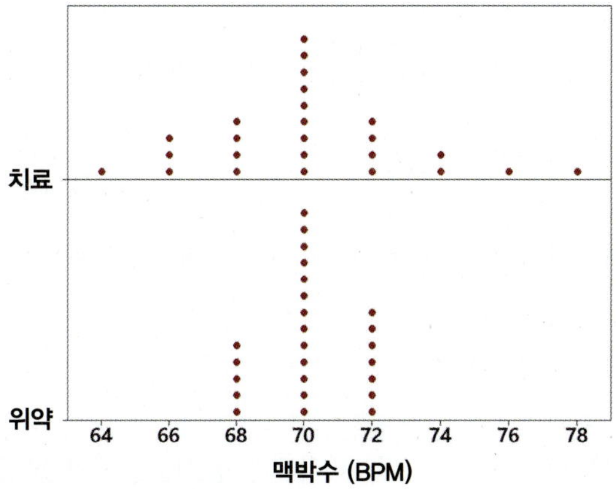

그림 3-2 맥박수의 점그림

변이 척도를 위한 반올림 규칙 변이 척도의 값을 반올림할 때 원래 데이터 집합에 있는 값보다 하나 더 많은 소수점 이하 자릿수를 사용한다.

범위

범위는 빠르고 쉽게 계산할 수 있기 때문에 가장 먼저 설명하지만 다른 변이 척도만큼 중요하지는 않다.

정의

데이터 값 집합의 **범위(range)**는 최대 데이터 값과 최소 데이터 값 사이의 차이이다.

범위 = (최대 데이터 값) − (최소 데이터 값)

범위의 중요한 속성

- 범위는 최대와 최소 데이터 값만 사용하므로 극단 값에 매우 민감하다. 범위는 저항력이 없다.
- 범위는 모든 값을 고려하지 않고 최댓값과 최솟값만을 사용하므로 모든 데이터 값 사이의 변이를 실제로 반영하지 않는다.

예제 1 범위

부록 B의 데이터 세트 1 "신체 자료"에서 남성의 첫 5개의 맥박수의 범위를 구하시오: 84, 74, 50, 60, 52(모두 분당 맥박수, BPM).

풀이

범위는 가장 큰 값에서 가장 작은 값을 빼어 구할 수 있다.

$$\text{범위} = (\text{최댓값}) - (\text{최솟값}) = 84 - 50 = 34.0 \text{ BPM}$$

범위 34.0 BPM은 원래 데이터 값보다 하나 더 많은 소수점 이하 자릿수로 표시된다.

잠깐만…

1초의 시간 단위는 "세슘-133 원자의 바닥 상태에 있는 두 개의 초미세 레벨 사이의 천이에 대응하는 방사선의 9,192,631,770 주기의 기간"으로 정의된다. 이 정의는 지구의 움직임 대신에 원자의 행동에 기초하여 시간을 재정의한다. 이것은 우리가 사용하는 가장 정확한 측정치인 10,000,000년에서 ±1초의 정확도를 제공한다. 초의 단위가 너무 정확하기 때문에 초 단위는 미터와 같은 다른 수량을 정의하는 데 사용된다. 미터는 한때 북극과 적도(파리를 통과) 사이의 지구 표면을 따른 거리의 1/10,000,000로 정의되었다. 이제 미터는 1/299,792,458초의 시간 동안 진공 상태에서 빛이 이동한 거리의 길이로 정의된다.

시간 측정 장치를 다룰 때 전통적인 표준편차는 시간이 지남에 따라 평균이 변하는 경향으로 인해 좋지 않은 것으로 판명되었다. 대신에 Allan 분산, Total 분산, TheoH 등과 같은 특이한 변이 척도가 사용된다.

통계와는 무관하지만 흥미로운 사실은 시계 광고는 일반적으로 10시 10분에 가까운 시간의 시계를 보여준다. 그 시간은 브랜드 이름이 보이게 하고, 행복한 얼굴의 잠재 이미지를 만든다. 10시 10분은 1940년대 이래 업계의 표준이 되었다.

얼굴의 변이

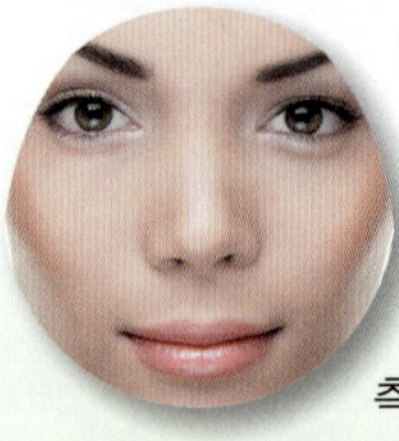

연구자들은 "모두가 다소 똑같이 보이면 큰 혼란이 생길 것"이라고 하였다. 그들이 인체 측정을 연구한 결과 얼굴의 특성이 다른 신체의 특성보다 더 다양하다는 것과 눈과 입으로 형성된 삼각형 내에서 가장 큰 변이가 발생함을 밝혔다. 그들은 얼굴의 특성이 서로 독립적이라는 것을 알게 되었다. 예를 들어, 눈 사이의 거리와 입의 크기 사이에는 아무런 관계가 없다. 연구원들은 얼굴 변이가 인간 진화에 중요한 역할을 했다고 말했다. (Sheehan과 Nachman이 *Nature Communications* 제5권에 발표한 "Morphological and Population Genomic Evidence That Human Faces Have Evolved to Signal Individual Identity"를 참조.)

표본의 표준편차

표준편차는 통계에서 가장 널리 사용되는 변이 척도이다.

정의

표본 값 집합의 **표준편차(standard deviation)**는 s로 표기하며 평균값에서 벗어나는 데이터 값의 양을 나타내는 척도이다. 공식 3-4 또는 공식 3-5를 사용하여 계산된다. 공식 3-5는 공식 3-4의 다른 버전이다. 두 공식은 대수적으로 동일하다.

표본 데이터에서 구한 표준편차는 s로 표시되는 통계량이지만 모집단 데이터에서 구한 표준편차는 σ로 표시된 매개변수이다. σ에 대한 공식은 $n-1$로 나누지 않고 모집단 크기 N으로 나눈다. 모집단 표준편차 σ는 나중에 논의한다.

표기법

s = 표본 표준편차

σ = 모집단 표준편차

공식 3-4

$$s = \sqrt{\frac{\Sigma(x - \bar{x})^2}{n - 1}} \quad \text{표본 표준편차}$$

공식 3-5

$$s = \sqrt{\frac{n(\Sigma x^2) - (\Sigma x)^2}{n(n - 1)}}$$

표본 표준편차에 대한 단축형 공식
(계산기나 소프트웨어에서 사용)

나중에 이 공식에 깔린 근거를 보겠지만, 우선은 공식 3-4를 사용하여 예제 한두 개를 풀어보고 계산기나 소프트웨어를 사용하여 표준편차 값을 찾는 방법을 배우기를 추천한다.

표준편차의 중요한 속성

- 표준편차는 데이터 값이 평균에서 벗어나는 정도를 재는 척도이다.
- 표준편차 s의 값은 음수가 될 수 없다. 모든 데이터 값이 정확히 동일할 때만 0이다.
- s의 값이 클수록 변이의 양도 커진다.
- 표준편차 s는 하나 이상의 이상치로 인해 극적으로 증가할 수 있다.
- 표준편차의 s의 단위(분, 피트, 파운드 등)는 원래 데이터 값의 단위와 같다.
- 표본 표준편차 s는 모집단 표준편차 σ의 편향 추정치이며, 따라서 표본 표준편차 s의 값들은 σ의 값을 중심으로 하지 않는다. (이에 대해서는 PART 2에서 설명한다.)

[예제 2]는 공식 3-4를 사용하여 계산된 값을 보여준다. 이 공식이 표준편차가 평균값에서 벗어난 표본 값의 변이를 기반으로 한다는 것을 더 잘 보여준다.

예제 2 공식 3-4로 표준편차 계산

공식 3-4를 사용하여 부록 B의 데이터 세트 1 "신체 자료"에서 남성의 첫 5개 맥박수의 표준편차를 구하라: 84, 74, 50, 60, 52(모두 BPM).

풀이

표 3-3의 왼쪽 열에는 공식 3-4를 사용하여 표준편차를 구하는 일반적인 절차가 요약되어 있으며 오른쪽 열에는 표본 값 84, 74, 50, 60, 52를 사용하는 절차가 나와 있다. 표 3-3에 표시된 결과는 원래 표본 값보다 하나 더 많은 소수점 이하 자릿수를 가지도록 반올림한 14.6 BPM이다. 또한 표준편차의 단위는 원래 데이터의 단위와 같다. 원래 데이터 값은 모두 BPM 단위이므로 표준편차는 14.6 BPM이다.

표 3-3

공식 3-4로 표준편차를 구하는 절차	표본 값을 사용하는 특정 예제: 84, 74, 50, 60, 52
1단계: 평균 $\bar{x}$를 계산한다.	84, 74, 50, 60, 52의 합은 320이다: $\bar{x} = \frac{\Sigma x}{n} = \frac{84 + 74 + 50 + 60 + 52}{5} = \frac{320}{5} = 64.0$
2단계: 각 표본 값에서 평균을 뺀다. [결과는 $(x - \bar{x})$ 형식의 편차 목록이다.]	각 표본 값에서 평균 64.0을 빼서 평균에서 떨어진 편차를 구한다: 20, 10, −14, −4, −12.
3단계: 2단계에서 얻은 각 편차를 제곱한다. [$(x - \bar{x})^2$ 형식의 수를 생성한다.]	2단계의 편차의 제곱은 400, 100, 196, 16, 144이다.
4단계: 3단계에서 얻은 모든 제곱을 더한다. 결과는 $\Sigma(x - \bar{x})^2$이다.	3단계의 제곱의 합은 856이다.
5단계: 4단계의 합을 $n - 1$로 나눈다. $(n - 1)$은 존재하는 표본 값의 총수보다 1만큼 작다.	$n = 5$개의 데이터 값이 있으므로, $n - 1 = 4$이다. 856을 4로 나눈다. $\frac{856}{4} = 214$
6단계: 5단계 결과의 제곱근을 구한다. 결과는 s로 표시된 표준편차이다.	표준편차는 $\sqrt{214} = 14.6287$이다. 결과를 반올림하면 $s = 14.6$ BPM이 된다.

예제 3 공식 3-5로 표준편차 계산

공식 3-5를 사용하여 부록 B의 데이터 세트 1 "신체 자료"에서 얻은 남성의 첫 5개의 맥박수의 표준편차를 구하라: 84, 74, 50, 60, 52.

풀이

다음은 수식 3-5에서 필요한 구성 요소이다.

$n = 5$ (표본에 5개의 값이 있으므로)

$\Sigma x = 320$ (원래 표본 값을 더하여 구함)

$\Sigma x^2 = 21{,}336$ ($84^2 + 74^2 + 50^2 + 60^2 + 52^2 = 21{,}336$에서와 같이 표본 값의 제곱

(계속)

을 더하여 구함)

수식 3-5를 사용하여

$$s = \sqrt{\frac{n(\Sigma x^2) - (\Sigma x)^2}{n(n-1)}} = \sqrt{\frac{5(21{,}336) - (320)^2}{5(5-1)}} = \sqrt{\frac{4280}{20}} = 14.6 \text{ BPM}$$

$s = 14.6$ BPM의 결과는 [예제 2]의 결과와 동일하다.

표준편차 이해를 위한 범위경험법칙

범위경험법칙(range rule of thumb)은 세련되지는 못하지만 표준편차를 이해하고 해석하는 단순한 도구이다. 이는 많은 데이터 집합에서 대다수(예: 95 %)의 표본 값이 평균의 2 표준편차 내에 있다는 원칙에 기반한다. 표본의 크기와 분포 등을 고려하여 이 법칙의 정확성을 향상시킬 수 있지만 여기에서는 단순성을 위해 정확도를 희생한다. 아래에 주어진 유의성의 개념은 이후의 장에서 강화할 것이며, 특히 유의성 검증이라는 가설 검증의 주제를 다룰 것이다. 다음의 범위경험법칙은 모집단 평균 μ와 모집단 표준편차 σ를 기반으로 하지만 대용량의 대표 표본의 경우 $\bar{x}$와 s를 대신 사용할 수 있다.

유의한 값을 식별하기 위한 범위경험법칙

유의하게 낮은 값은 $(\mu - 2\sigma)$ 이하이다.

유의하게 높은 값은 $(\mu + 2\sigma)$ 이상이다.

유의하지 않은 값: $(\mu - 2\sigma)$와 $(\mu + 2\sigma)$ 사이

위의 기준을 보여주는 그림 3-3을 참조하라.

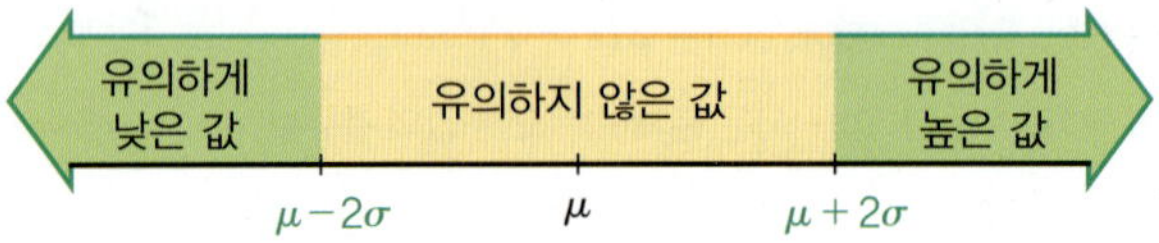

그림 3-3 유의한 값을 식별하기 위한 범위경험법칙

표준편차의 값을 추정하기 위한 범위경험법칙

알려진 표본 데이터 모음에서 표준편차를 대략적으로 추정하려면 다음을 사용한다.

$$s \approx \frac{\text{범위}}{4}$$

예제 4 s를 해석하는 범위경험법칙

부록 B의 데이터 세트 1 "신체 자료"에 나열된 153개의 맥박수를 사용하면 평균은 $\bar{x} = 69.6$ BPM이고 표준편차 $s = 11.3$ BPM이다. $\bar{x}$와 s를 μ과 σ의 추정치로 사용하고, 범위경험법칙을 사용하여 유의하게 낮거나 유의하게 높은 값을 분리하는 한계를

구하라. 100 BPM의 남성 맥박이 유의하게 높은지 알아보라.

풀이

평균이 69.6이고 표준편차가 11.3인 경우, 유의하게 낮은 값 또는 유의하게 높은 값을 찾기 위해 다음과 같은 범위경험법칙을 사용한다.

유의하게 낮은 값은 (69.6 − 2 × 11.3) 이하이므로 유의하게 낮은 값은 47.0 BPM 이하이다.

유의하게 높은 값은 (69.6 + 2 × 11.3) 이상이므로 유의하게 높은 값은 92.2 BPM 이상이다.

유의하지 않은 값: 47.0~92.2 BPM

해석

이러한 결과를 토대로 전형적인 남성의 맥박수는 47.0 BPM과 92.2 BPM 사이라고 예상된다. 주어진 값 100 BPM은 92.2 BPM을 초과하기 때문에 남성의 경우 유의하게 높은 맥박수라고 할 수 있다.

예제 5 *s* 추정을 위한 범위경험법칙

부록 B의 데이터 세트 1 "신체 자료"에 나열된 남성의 153개의 맥박수 표본의 표준편차를 범위경험법칙을 사용하여 추정하라. 이 153개의 값은 최소 40 BPM과 최대 104 BPM이다.

풀이

범위경험법칙은 범위를 4로 나눔으로써 표준편차를 추정할 수 있음을 나타낸다. 최소 40 BPM과 최대 104 BPM을 사용하면 범위경험법칙을 사용하여 표준편차를 추정할 수 있다.

$$s \approx \frac{\text{범위}}{4} = \frac{104 - 40}{4} = 16.0 \text{ BPM}$$

해석

표준편차의 실제 값은 $s = 11.3$ BPM이므로 16.0 BPM의 추정치는 정확한 결과의 일반적인 근사치에 매우 비슷하다. 이 추정치는 최댓값과 최솟값을 기반으로 하기 때문에 상당한 양의 차이가 있을 수 있다.

모집단의 표준편차

표준편차의 정의와 공식 3-4와 3-5는 **표본** 데이터의 표준편차에 적용된다. 모집단의 표준편차 σ(소문자 시그마)를 계산하는 데는 약간 다른 공식이 사용된다. $n - 1$로 나누는 대신 다음과 같이 모집단 크기 N으로 나눈다.

$$\text{모집단 표준편차 } \sigma = \sqrt{\frac{\Sigma(x-\mu)^2}{N}}$$

우리는 일반적으로 표본 데이터를 다루기 때문에 보통 공식 3-4를 사용하여 $n-1$로 나눈다. 많은 계산기는 표본 표준편차와 모집단 표준편차를 모두 제공하지만 다른 표기법을 사용하기도 한다.

주의 계산기를 사용하여 표준편차를 구할 때 특정 계산기에서 사용하는 표기법을 확인하여 모집단 표준편차가 아닌 표본 표준편차를 구하도록 한다.

표본과 모집단의 분산

지금까지는 '변이'라는 용어를 값들 사이의 차이라는 일반적인 설명으로 사용해 왔다. (변이 대신에 '산포'나 '퍼짐'과 같은 용어를 사용하기도 한다.) 변이라는 용어와는 다르게 분산을 특정한 의미를 갖는다.

정의

값 집합의 **분산(variance)**은 표준편차의 제곱과 동일한 변이 척도이다.

- 표본 분산: s^2 = 표준편차 s의 제곱.
- 모집단 분산: σ^2 = 모 표준편차 σ의 제곱.

표기법 다음은 표준편차와 분산에 대한 표기법의 요약이다.

s = 표본 표준편차
s^2 = 표본 분산
σ = 모집단 표준편차
σ^2 = 모집단 분산

참고: 전문학술지나 보고서에서는 표준편차를 SD로, 분산을 VAR로 쓰기도 한다.

분산의 중요한 속성

- 분산의 단위는 원래 데이터 값의 단위의 제곱이다. 원래 데이터 값이 피트 단위인 경우 분산은 ft^2 단위가 되고, 원래 데이터 값이 초 단위이면 분산 값은 sec^2 단위가 된다.
- 이상치가 포함되면 분산 값이 크게 증가할 수 있다. (분산은 저항력이 없다.)
- 분산의 값은 음수가 될 수 없다. 모든 데이터 값이 동일할 경우에만 0이다.
- 표본 분산 s^2는 PART 2에서 설명하는 바와 같이 모집단 분산 σ^2에 대한 **비편향 추정치(unbiased estimator)**이다. (표본 표준편차 s는 모집단 표준편차 σ의 편향 추정치이다.)

분산은 일부 통계 방법에서 사용되는 통계량이긴 하지만, 분산은 원래 데이터 집합의 단위와 다른 단위를 사용하는 데 심각한 단점이 있다. 이로 인해 원본 데이터 집합과 관련된 분산을 이해하기는 어렵다. 이러한 성질 때문에 변이를 이해할 때 표준편차에 먼저 초점을 맞추는 것이 좋다.

PART 2 변이의 기본을 넘어서

PART 2에서는 실용적인 의미가 없는 신비한 숫자가 아니라 표준편차의 의미를 이해하는데 중점을 두기로 한다. 표준편차와 관련된 공통된 질문으로 시작한다.

공식 3-4처럼 표준편차가 정의되는 이유는 무엇인가?

표본 데이터의 집합에서 변이를 측정할 때 개별 값이 평균에서 벗어나는 편차로 시작하는 것이 좋다. 특정 데이터 값 x에 대해 **편차(deviation)**의 양은 $(x - \bar{x})$이다. 이들 편차를 변이 척도가 될 수 있는 하나의 숫자로 결합하는 것이 합리적이다. 편차를 단순히 더하면 합계가 항상 0이기 때문에 좋지 않다. 변이를 측정하는 통계량을 얻으려면 양수와 음수가 상쇄되지 않도록 하여야 한다. 한 가지 방법은 $\Sigma|x - \bar{x}|$처럼 절댓값을 더하는 것이다. 이 합계의 평균을 구하면 평균으로부터의 데이터의 평균 거리인 **평균절대편차**(**mean absolute deviation** 또는 **MAD**)를 얻는다.

$$\text{평균절대편차} = \frac{\Sigma|x - \bar{x}|}{n}$$

표준편차 대신 평균절대편차를 사용하지 않는 이유는 무엇인가?

평균절대편차의 계산은 절댓값을 사용하므로 "대수적"이 아닌 연산을 사용한다. (대수적 연산에는 정수나 분수의 덧셈, 곱셈, 제곱근, 지수승 등이 포함된다.) 절댓값은 간단하지만 나중에 논의되는 추론 통계 방법에 대수적 어려움이 생길 수 있다. 표준편차는 오직 대수적 연산만을 사용한다는 장점이 있다. 제곱의 합의 제곱근에 기반하므로 표준편차는 대수학에서의 평행거리 공식과 매우 유사하다. 제곱의 합을 사용하는 통계적 절차가 많이 있다. 결과적으로, 절댓값을 사용하는 대신 모든 편차 $(x - \bar{x})$를 음수가 되지 않도록 제곱하고 제곱한 값을 표준편차 계산에 사용한다.

왜 $n - 1$로 나누는가?

개별 값에 대한 $(x - \bar{x})^2$를 구한 다음에 합을 구함으로써 그들을 결합한다. 그런 다음 $n - 1$로 나누는데, 오직 $n - 1$개의 값만이 제약 없이 할당할 수 있기 때문이다. 주어진 평균에 대하여, $n - 1$개의 값은 어떤 수나 가능하지만 마지막 값은 자동으로 결정된다. $n - 1$으로 나눗셈을 하므로, 표본 분산 s^2들은 모집단 분산 σ^2 의 값을 중심으로 하는 경향이 있다. 나눗셈을 n으로 하면 표본 분산 s^2들은 모집단 분산 σ^2의 값을 과소 추정하는 경향이 있다.

다른 표본이나 모집단 사이에 변이 비교

표본평균이 거의 같은 경우에만 두 표본 표준편차를 비교하는 것이 좋다. 매우 다른 평균을 가진 표본이나 모집단의 변이를 비교할 때, **변이계수**를 사용하는 것이 좋다. 또한 변이계수는 눈금이나 단위가 다른 두 표본 또는 모집단의 변이를 비교할 때 사용한다. [예제 6]의 맥박수의 변이와 키의 변이를 비교한 것을 참조하라.

정의

비음수 표본이나 모집단 데이터 집합에 대한 **변이계수**(**coefficient of variation** 또는 **CV**)는 백분율로 표시되며 다음과 같이 평균에 대한 상대적인 표준편차를 나타낸다.

표본	모집단
$CV = \frac{s}{\bar{x}} \cdot 100\%$	$CV = \frac{\sigma}{\mu} \cdot 100\%$

변이계수에 대한 반올림 규칙 변이계수를 소수점 한 자리(예: 25.3%)로 반올림하라.

예제 6 맥박수와 키

부록 B의 데이터 세트 1 "신체 자료"에 나열된 153개의 남성 맥박수의 변이와 동일한 남성의 키를 비교하라. 남성 맥박수는 $\bar{x} = 69.6$ BPM, $s = 11.3$ BPM이고 키는 $\bar{x} = 174.12$ cm, $s = 7.10$ cm이다. 맥박수의 변이와 키의 변이를 비교하고자 한다.

풀이

동일한 눈금과 단위를 사용하고 두 평균이 거의 같은 경우 표준편차를 비교할 수 있다. 그러나 여기에서는 서로 다른 눈금과 다른 측정 단위가 있으므로 변이계수를 사용한다.

$$\text{남성의 맥박수: } CV = \frac{s}{\bar{x}} \cdot 100\% = \frac{11.3 \text{ BPM}}{69.6 \text{ BPM}} \cdot 100\% = 16.2\%$$

$$\text{남성의 키: } CV = \frac{s}{\bar{x}} \cdot 100\% = \frac{7.10 \text{ cm}}{174.12 \text{ cm}} \cdot 100\% = 4.1\%$$

남성 맥박수($CV = 16.2\%$)가 남성 키($CV = 4.1\%$)보다 변화가 크다는 것을 알 수 있다.

편향 및 비편향 추정치

표본 표준편차 s는 모집단 표준편차 σ의 **편향 추정치(biased estimator)**이며, 이는 표본 표준편차 s의 값들이 모집단 표준편차 σ의 값을 중심으로 하는 경향이 없음을 의미한다. 개별 s 값은 σ와 같거나 초과할 수 있지만 s의 값은 일반적으로 σ의 값을 과소 추정하는 경향이 있다. 예를 들어, 모집단 표준편차가 15가 되도록 설계된 IQ 테스트를 고려해 보자. 무작위로 100명의 피험자를 선택하여 IQ 테스트를 실시하고 표준편차를 계산하는 절차를 반복하면, 표본 표준편차들은 모집단 표준편차인 15보다 작은 경향이 있다. 데이터의 모든 분포에 대하여 편향을 수정하는 방법은 없다. 정규분포 집단에 대한 편향을 수정하는 방법이 있지만 너무 복잡하고 상대적으로 사소한 수정을 하기 때문에 거의 사용되지 않는다.

표본 분산 s^2는 모집단 분산 σ^2의 **비편향 추정치(unbiased estimator)**이며, 이는 s^2의 값들이 σ^2를 과대 추정하거나 과소 추정하지 않고 σ^2의 값을 중심으로 하는 경향이 있음을 의미한다. 모집단 분산이 225가 되도록 설계된 IQ 테스트를 고려해 보자. 100명의 피험자를 무작위로 선택하여 IQ 테스트를 실시하고 표본 분산 s^2를 계산하는 과정을 반복하면 얻을 수 있는 표본 분산들은 모집단의 분산인 225를 중심으로 하게 된다.

편향 추정치와 비편향 추정치는 6-3절에서 더 자세히 논의된다.

테크 센터

변이 척도

www.TriolaStats.com에서 기술 지침, 비디오, 데이터 집합을 참조하십시오.

3-2 기본적인 기술 및 개념

통계적 해석 및 비판적 사고

1. *s* 추정을 위한 범위경험법칙 부록 B의 데이터 세트 9 "IQ와 뇌 크기"에서 20명의 뇌 부피(cm^3)는 963 cm^3부터 1439 cm^3까지 다양하다. 범위경험법칙을 사용하여 표준편차 s를 추정하고 그 결과를 정확한 표준편차인 124.9 cm^3과 비교하라.

2. 분산 부록 B의 데이터 세트 9 "IQ와 뇌 크기"에 사용된 20명 대상자의 몸무게 표준편차는 20.0414 kg이다. 몸무게의 분산은 얼마인가? 분산의 단위는 무엇인가?

연습문제 3~8에서는 주어진 표본 데이터의 범위, 분산, 표준편차를 구한다. 결과에 적절한 단위(예: 분)를 포함하라. (3-1절에서 같은 자료를 중앙 척도를 구하는데 사용하였다. 지금은 변이 척도를 구한다.) 그리고 주어진 질문에 답하라.

3. 출생 비용 부록 B의 데이터 세트 3 "출생"에는 뉴욕주에 있는 4개 병원의 총 출산 비용이 포함되어 있으며, 상위 10개의 금액(달러)이 아래에 나열되어 있다. 결과는 총 출산 비용의 모집단에 대해 무엇을 말해주는가?

471,062 359,091 290,837 271,863 255,788

247,477 232,782 197,912 183,271 155,857

4. 풋볼선수 번호 아래 나열된 것은 슈퍼볼 우승 당시의 시애틀 시호크스 구단의 선수 명단에서 무작위로 선택된 11명의 선수들의 등번호이다. 결과는 우리에게 무엇을 말해주는가?

89 91 55 7 20 99 25 81 19 82 60

5. 완두콩 생물학자들은 토양의 이산화탄소 결핍이 완두콩의 표현형에 영향을 미치는지 여부를 판단하기 위한 실험을 수행했다. 다음은 표현형 코드의 목록으로, 1 = 부드러운 노란색, 2 = 부드러운 녹색, 3 = 주름진 노란색, 4 = 주름진 녹색이다. 결과는 의미가 있는가?

2 1 1 1 1 1 1 4 1 2 2 1 2 3 3 2 3 1 3 1 3 1 3 2 2

6. **휴대전화 방사선** 다음은 각각 iPhone 5S, BlackBerry Z30, Sanyo Vero, Optimus V, Droid Razr, Nokia N97, Samsung Vibrant, Sony Z750a, Kyocera Kona, LG G2, Virgin Mobile Supreme의 방사선 흡수율(W/kg)을 측정한 것이다. 이 데이터는 미국 연방통신위원회(FCC)의 자료이다. 각 모델의 휴대전화 한 대씩의 방사선을 측정하여 그 값을 변이 척도를 구하는데 사용한다고 한다면, 그 결과는 사용 중인 휴대전화의 모집단에 대한 전형적인 결과라고 할 수 있는가?

1.18 1.41 1.49 1.04 1.45 0.74 0.89 1.42 1.45 0.51 1.38

7. **소방관 사망자** 다음은 매년 미국에서 산불과 싸우면서 목숨을 잃은 영웅 소방관의 수이다. 수는 2000년부터 연도별로 나열하였다. 어떠한 변이 척도로도 밝혀지지 않는 데이터의 중요한 성질은 무엇인가?

20 18 23 30 20 12 24 9 25 15 8 11 15 34

8. **의과대학 학비** 아래에 나열된 목록은 미국의 가장 비싼 10개의 사립 의과대학(US National & World Report의 데이터에 근거)의 최근 연간 학비이다. 이 "상위 10개" 목록이 미국의 모든 사립 의과대학 모집단의 학비에 대해서 어떤 점을 알려주는가?

57,261 56,784 55,196 54,976 54,653 54,528 54,268 54,050 53,581 53,323

연습문제 9~10에서는 두 표본 각각에 대한 변이 계수를 구하고 그 변이를 비교하라. (3-1 절에서 같은 데이터가 사용되었다.)

9. **혈압** 부록 B의 데이터 세트 1 "신체 자료"에서 혈압 측정의 표본을 가져와서 아래에 표시하였다(단위는 mm Hg). 이 값은 10명의 대상자 각각의 수축기와 이완기 측정치이다.

대상자:	1	2	3	4	5	6	7	8	9	10
수축기:	118	128	158	96	156	122	116	136	126	120
이완기:	80	76	74	52	90	88	58	64	72	82

10. **백혈구 수** 아래 목록은 남성과 여성의 백혈구 수(1000개/μL)이다(부록 B의 데이터 세트 1 "신체 자료" 참조). 남성과 여성이 다른 것처럼 보이는가?

여성:	8.7	6.9	8.1	8.0	6.9	8.1	6.4	6.3	10.9	4.8	5.9	7.2
남성:	4.9	7.5	6.1	5.7	4.1	5.6	8.3	5.1	9.5	6.1	5.7	5.4

부록 B의 큰 데이터 세트 **연습문제 11~12에서는 부록 B의 데이터 세트를 참조하라. 소프트웨어 또는 계산기를 사용하여 범위, 분산, 표준편차를 구한다. "분"과 같은 적절한 단위를 사용하여 답을 표현하라.**

11. **HDL** 부록 B의 데이터 세트 1 "신체 자료"에 포함된 300명의 대상자에서 고밀도지질단백질(HDL) 콜레스테롤 측정치(mg/dL)을 사용하라. 가장 높은 값은 무엇인가? 이 값은 이상치로 보이는가? 가장 높은 값을 삭제한다면 변이 척도가 많이 변경되는가?

12. **체온** 부록 B의 데이터 세트 2 "체온"을 참조하여 2일째 오전 12시의 체온을 사용하라.

범위경험법칙을 사용하여 표준편차 추정 **연습문제 13~14에서는 표시된 데이터를 참조하라. 데이터 범위를 구한 후 표준편차 값을 추정하기 위해 범위경험법칙을 사용하십시오. 결과를 모든 데이터로부터 계산된 표준편차와 비교하라.**

13. **HDL** 연습문제 11

14. **체온** 연습문제 12

범위경험법칙을 사용하여 유의한 값 찾기 **연습문제 15~16에서는 범위경험법칙을 사용하여 유의하게 낮거나 유의하게 높은 값을 구분하는 한계를 알아보라.**

15. **여성의 맥박수** 부록 B의 데이터 세트 1 "신체 자료"에 따르면 여성의 맥박수는 평균 74.0 BPM, 표준편차는 12.5 BPM이다. 한 여성의 맥박수가 44 BPM이면 이는 유의하게 낮거나 높은가? (모든 맥박수는 휴식 시에 측정된다.)

16. **발 길이** 부록 B의 데이터 세트 7 "발과 신장"에 근거하여 성인 남성의 발 길이는 평균 27.32 cm이고 표준편차는 1.29 cm이다. 한 성인 남성의 발 길이가 30 cm이면 이는 유의하게 낮거나 높은가? 설명하라.

도수분포에서 표준편차 구하기 **연습문제 17에서는 주어진 도수분포를 참조하고 아래의 공식을 사용하여 표준편차를 구한다. 여기서 x는 계급 중간치, f는 계급 도수, n은 표본 값의 개수를 나타낸다. 이렇게 계산된 표준편차와 공식 3-4를 사용하여 얻은 표준편차 59.5를 비교하라.**

$$s = \sqrt{\frac{n[\Sigma(f \cdot x^2)] - [\Sigma(f \cdot x)]^2}{n(n-1)}}$$

17.

남성의 혈액 혈소판의 수	도수
0~99	1
100~199	51
200~299	90
300~399	10
400~499	0
500~599	0
600~699	1

3-2 기초를 넘어서

18. **왜 $n-1$로 나누는가?** 모집단은 다음과 같은 값이다: 하루에 담배를 피우는 개수 9개, 10개, 20개(캘리포니아 보건 설문조사의 데이터에 근거). 이 값으로부터 2개의 값의 표본을 복원하면서 무작위로 선택한다고 가정하자. (즉, 두 번째 선택을 수행하기 전에 첫 번째 선택한 값을 다

시 넣는다.)

a. 모집단 9개, 10개, 20개의 분산 σ^2를 구하라.

b. 복원하면서 2개의 값을 선택할 수 있는 9가지의 가능한 표본을 모두 나열한 후에 각각에 대해 표본 분산 s^2를 구하라($n-1$로 나누기 포함). 구해진 9개의 표본 분산 s^2의 평균을 구하라.

c. 복원하면서 2개의 값을 선택할 수 있는 9가지의 가능한 표본 각각에, 각 표본을 모집단처럼 취급하여 분산을 구하라(모집단 분산 공식은 n으로 나누기 포함). 구해진 9개의 모집단 분산의 평균을 구하라.

d. (b)와 (c) 중에서 어느 것이 σ^2의 더 나은 추정치인가? 왜 그러한가? 표본의 분산을 계산할 때 n과 $(n-1)$ 중 어느 것으로 나누어야 하는가?

e. 앞에서의 s^2는 σ^2의 비편향 추정치임을 보여준다. s는 σ의 비편향 추정치인가? 설명하라.

3-3 상대위치 척도와 상자그림

핵심 개념

이 절에서는 데이터 집합 내의 어떤 값이 다른 값과 비교하여 상대적인 위치를 보여주는 수인 상대위치 척도를 소개한다. 이 절에서 가장 중요한 개념은 z 점수이며, 이후의 장에서 자주 사용된다. 일반적인 통계량인 백분위수와 사분위수, 통계그래프의 하나인 상자그림을 논의한다.

PART 1 z 점수, 백분위수, 사분위수, 상자그림의 기초

z 점수

z 점수는 다음의 정의에서 주어진 것처럼 값을 표준화된 눈금으로 변환함으로써 구한다. 이 정의는 z 점수가 데이터 값이 평균값에서 몇 표준편차만큼 벗어나는지를 나타내는 수임을 보여준다. z 점수는 6장 및 이후의 장에서 자주 사용된다.

정의

***z* 점수**[*z* score 또는 **표준점수(standard score)** 또는 **표준화된 값(standardized value)**]는 주어진 값 x가 평균보다 몇 표준편차만큼 높거나 낮은지 나타내는 수이다. z 점수는 다음 중 하나를 사용하여 계산된다.

표본	모집단
$z = \dfrac{x - \bar{x}}{s}$	$z = \dfrac{x - \mu}{\sigma}$

***z* 점수에 대한 반올림 규칙** z 점수는 소수점 두 자리(예: 2.31)로 반올림한다.

이 반올림 규칙은 부록 A의 표 A-2에서처럼 z 점수가 소수점 두 자리로 표현되는 표준표의 형식을 따른 것이다. [예제 1]은 값이 비록 다른 모집단에서 온 것이라 할지라도 이 값들을 비교하는 데 z 점수가 사용됨을 보여준다.

z 점수의 중요한 속성

1. z 점수는 주어진 값 x가 평균보다 높거나 낮은 표준편차의 수이다.
2. z 점수는 측정 단위가 없는 수로 표현된다.
3. 데이터 값의 z 점수가 −2 이하이면 **유의하게 낮은** 것이고, z 점수가 +2 이상이면 **유의하게 높은** 것이다.
4. 데이터 값이 평균보다 작으면 해당 z 점수는 음수이다.

예제 1 아기의 체중과 성인 체온의 비교

다음 두 데이터 값 중 어느 것이 원래 데이터 집합에 비해 더 극단적인가?

- 신생아 몸무게 4000 g(400개의 데이터에 대하여 표본평균 $\bar{x} = 3152.0$ g 및 표본 표준편차 $s = 693.4$ g)
- 성인의 체온 99°F(106명 성인에 대하여 표본평균 $\bar{x} = 98.20$°F 및 표본 표준편차 $s = 0.62$°F)

풀이

4,000 g 체중과 99°F 체온은 다음과 같이 z 점수로 각각 변환하여 표준화할 수 있다.

출생 체중 4000 g:

$$z = \frac{x - \bar{x}}{s} = \frac{4000\text{ g} - 3152.0\text{ g}}{693.4\ g} = 1.22$$

체온 99°F:

$$z = \frac{x - \bar{x}}{s} = \frac{99°\text{F} - 98.20°\text{F}}{0.62°\text{F}} = 1.29$$

해석

z 점수는 4000 g의 출생 체중이 평균보다 1.22 표준편차 높고, 99°F의 체온은 평균보다 1.29 표준편차 높음을 보여준다. 체온은 평균에서 더 멀기 때문에 심하지는 않지만 극단적인 값이다. 99°F 체온이 4000 g의 출생 체중보다 조금 더 극단적이다.

z 점수를 사용하여 유의한 값 식별

3-2절에서 평균으로부터 최소 2 표준편차에 있다면 값이 유의하게 낮거나 유의하게 높다고 결론내리는 범위경험법칙을 사용했다. 그림 3-4에서 볼 수 있듯이 z 점수가 −2 이하이면 유의하게 낮은 값이고 z 점수가 +2이상이면 유의하게 높은 값이다. [예제 1]에

서 사용된 두 개의 값에 이 기준을 적용하면 z 점수가 모두 −2에서 +2 사이이므로 값이 유의하지 않음을 알 수 있다.

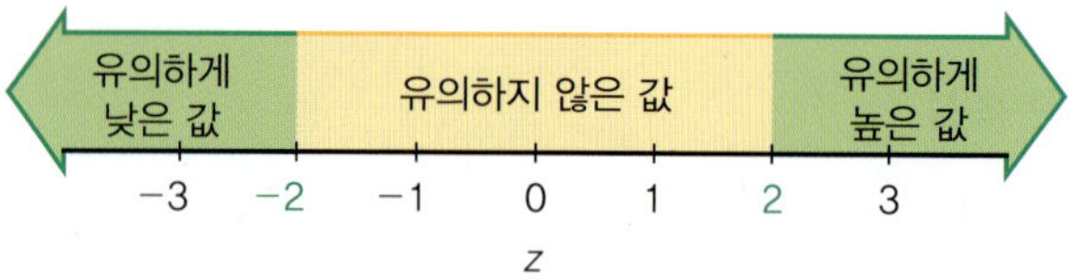

그림 3-4 *z* 점수의 해석
유의한 값은 z 점수가 −2.00 이하이거나 2.00 이상인 값이다.

예제 2 혈소판 수 75는 유의하게 낮은가?

부록 B의 데이터 세트 1 "신체 자료"에서 가장 낮은 혈소판 수는 75이다(혈소판 수는 1000 세포/μL로 측정됨). 이 값은 유의하게 낮은가? 부록 B의 데이터 세트 1에서 얻은 혈소판 수를 기준으로, 혈소판 수의 평균 $\bar{x} = 239.4$이고 표준편차 $s = 64.2$라고 가정한다.

풀이

혈소판 수 75는 아래와 같이 z 점수로 변환된다:

$$z = \frac{x - \bar{x}}{s} = \frac{75 - 239.4}{64.2} = -2.56$$

해석

혈소판 수가 75이면 z 점수 −2.56으로 변환된다. 그림 3-4를 참조하여 $z = -2.56$이 −2보다 작으므로 혈소판 수 75는 유의하게 낮다. (혈소판 수가 적을 경우 혈소판 감소증이 발생한다.)

z 점수는 평균과 관련된 값의 위치(표준편차 기준)를 설명한다는 점에서 위치의 척도이다. 백분위수와 사분위수는 동일한 데이터 집합 내 또는 다른 데이터 집합 사이의 값을 비교하는 데 유용한 다른 위치 척도이다.

백분위수

백분위수는 각 그룹에서 대략 같은 수의 값을 가진 그룹으로 데이터를 분할하는 분위수의 한 종류이다.

정의

백분위수(percentiles)는 데이터 집합을 각 군이 약 1%의 값을 갖도록 100개의 군으로 나누는 위치 척도로, $P_1, P_2, \cdots, P_{99}$로 표기한다.

위조 데이터 감지

동전 하나를 500번 던져 결과를 기록하는 숙제가 주어진다. 한 명의 부정직한 학생은 실제로 동전을 던지기보다는 결과를 만들어서 시간을 절약하기로 결정했다. 일반적으로 사람들은 실제로 무작위인 결과를 만들 수 없기 때문에 종종 그러한 위조 데이터를 찾아낼 수 있다. 실제 동전을 500번 던지면 6번 연속으로 앞면이 나오거나 6번 연속으로 뒷면이 나올 가능성이 매우 높지만 사람들은 결과를 만들 때 이러한 연속을 거의 포함하지 않는다.

날조된 데이터를 탐지하는 또 다른 방법은 결과가 벤포드의 법칙을 위반함을 입증하는 것이다. 벤포드의 법칙은 많은 데이터를 수집하면 첫 숫자는 균등하게 분배되지 않는다는 법칙이다. 첫 숫자가 1, 2, ⋯, 9이 나오는 비율은 각각 30%, 18%, 12%, 10%, 8%, 7%, 6%, 5%, 5%이다. (*Chance*지 제12권 제3호에 데오도르 힐이 발표한 "The Difficulty of Faking Data" 참조하세요.)

P_{50}으로 표시된 50번째 백분위수는 아래로 약 50%의 값이 있고 위로 약 50%의 값이 있다. 따라서 50번째 백분위수는 중앙값과 같다. 백분위수 계산을 위한 절차에 대해서는 보편적인 합의가 없지만, (1) 데이터 값의 백분위수를 구하고 (2) 백분위수를 해당 데이터 값으로 변환하는 비교적 간단한 절차를 설명한다.

데이터 값의 백분위수 찾기

특정 데이터 값 x에 해당하는 백분위수를 구하는 절차는 다음과 같다(결과를 가장 가까운 정수로 반올림).

$$\text{값 } x\text{의 백분위 수} = \frac{x\text{보다 작은 값의 수}}{\text{값의 총수}} \cdot 100$$

예제 3 백분위수 구하기

표 3-4는 부록 B의 데이터 세트 14 "직접 및 간접 흡연"에서 흡연자의 40개의 코티닌 측정치(ng/mL)를 순서대로 나열한 것이다. 198 ng/mL의 코티닌 수치에 대한 백분위수를 구하라.

표 3-4 흡연자의 정렬된 코티닌 측정치

0	1	1	3	17	32	35	44	48	86
87	103	112	121	123	130	131	149	164	167
173	173	198	208	210	222	227	234	245	250
253	265	266	277	284	289	290	313	477	491

풀이

표 3-4에서 정렬된 코티닌 수치의 목록에서, 198 ng/mL 미만의 값이 22개 있음을 알 수 있다.

$$198 \text{ ng/mL의 백분위수} = \frac{22}{40} \cdot 100 = 55$$

해석

198 ng/mL의 코티닌 수치는 55 백분위수에 해당한다. 이는 다음과 같이 느슨하게 해석할 수 있다. 198 ng/mL의 코티닌 수치는 55%의 낮은 값과 45%의 높은 값을 분리한다. P_{55} = 198 ng/mL이다.

[예제 3]은 주어진 표본 값을 해당 백분위수로 변환하는 방법을 보여준다. 주어진 백분위수를 데이터 집합의 해당 값으로 변환하는 역순으로 진행되는 절차는 여러 가지가 있다. 우리가 사용할 절차는 다음 표기법을 사용하여 그림 3-5에 요약되어 있다.

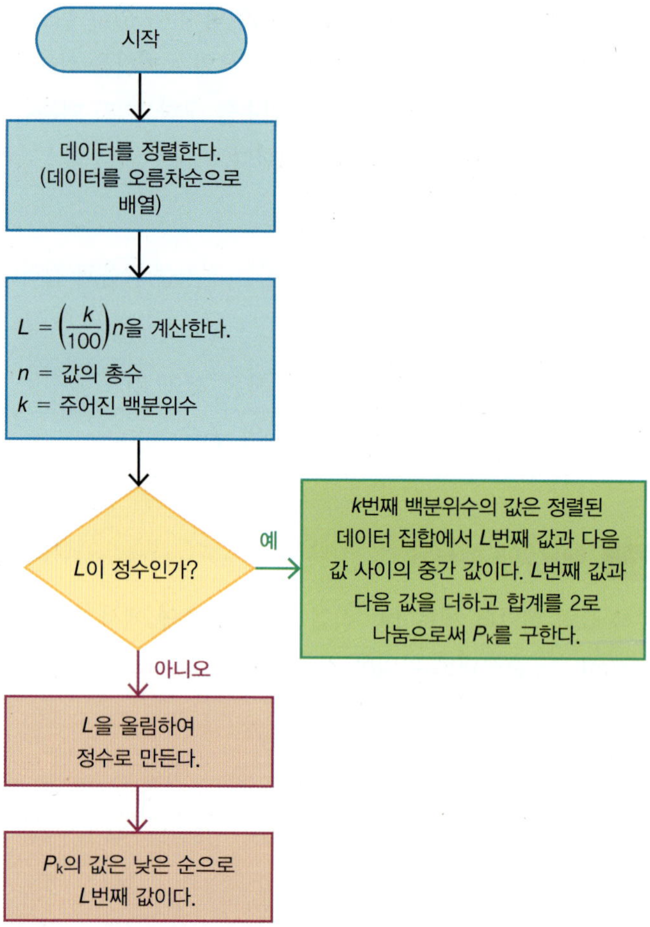

그림 3-5 ***k*번째 백분위수를 해당 데이터 값으로 변환**

표기법

n	데이터 집합의 값의 총수
k	백분위수로 사용(예: 25번째 백분위수의 경우 $k = 25$)
L	값의 위치를 제공하는 위치지정자(예: 정렬된 목록의 12번째 값인 경우 $L = 12$)
P_k	k번째 백분위수(예: P_{25}는 25번째 백분위수)

예제 4 백분위수를 데이터 값으로 변환

표 3-4의 흡연자의 정렬된 코티닌 수치를 참조하고 33번째 백분위수 P_{33}의 값을 구하기 위해 그림 3-5의 절차를 사용하라.

풀이

그림 3-5에서 표본 데이터가 이미 정렬되어 있으므로 위치지정자 L의 값을 찾을 수 있다. 이 계산에서 33번째 백분위수 값을 구하므로 $k = 33$을 사용한다. 40개의 데이터 값이 있기 때문에 $n = 40$을 사용한다.

$$L = \frac{k}{100} \cdot n = \frac{33}{100} \cdot 40 = 13.2$$

$L = 13.2$이 정수가 아니므로 그림 3-5의 아래 상자로 이동하여 L을 13.2에서 큰 정수로 올림을 하여 바꾼다. (이 책에서는 일반적으로 반올림을 하지만 반올림 대신 올림을 하는 경우가 2가지가 있다. 이 계산이 2가지 중의 하나에 해당한다.) 아래 상자에서 P_{33}의 값이 가장 낮은 값부터 14번째 값임을 알 수 있다. 표 3-4에서 14번째 값은 121이다. 즉, $P_{33} = 121$ ng/mL이다. 대략적으로 말하면, 표 3-4의 코티닌 수치의 약 33%는 121 ng/mL보다 작고 67%는 121 ng/mL보다 크다.

예제 5 백분위수를 데이터 값으로 변환

표 3-4의 정렬된 맥박수를 참조하여 그림 3-5를 사용하여 P_{25}로 표시된 25번째 백분위수를 구하라.

풀이

그림 3-5를 보면 표본 데이터가 이미 정렬되어 있으므로 위치지정자 L의 값을 계산할 수 있다. 이 경우 25번째 백분위수의 값을 찾기 위해 $k = 25$를 사용한다. 40개 데이터 값이므로 $n = 40$을 사용한다.

$$L = \frac{k}{100} \cdot n = \frac{25}{100} \cdot 40 = 10$$

$L = 10$이 정수이기 때문에 그림 3-5의 오른쪽에 있는 상자로 진행한다. 25번째 백분위수의 값이 원래 데이터 집합의 L번째(10번째) 값과 다음으로 높은 값 사이의 중간에 있음을 알 수 있다. 즉, 25번째 백분위수의 값은 10번째 값과 11번째 값 사이의 중간값이다. 표 3-4에서 10번째 값은 86이고 11번째 값은 87이므로 중간값은 86.5 ng/mL이다. 결론적으로 25번째 백분위수는 $P_{25} = 86.5$ ng/mL이다.

사분위수

데이터를 100개의 군으로 나누는 99개의 백분위수가 있는 것처럼 데이터를 4개의 군으로 나누는 3개의 사분위수가 있다.

정의

사분위수(quartiles)는 데이터 집합을 각 군이 약 25%의 값을 갖도록 4개의 군으로 나누는 위치 척도로, Q_1, Q_2, Q_3로 표기한다.

다음은 앞의 정의에서 주어진 것보다 더 정확한 사분위수에 대한 설명이다.

Q_1 (제1사분위수): P_{25}와 같은 값이다. 정렬된 값의 하위 25%와 상위 75%를 분리한다. (정확하게 말하면, 정렬된 값의 최소 25%가 Q_1보다 작거나 같고 최소 75%의 값들이 Q_1보다 크거나 같다.)

$$Q_1 = P_{25}$$

Q_2 (제2사분위수): P_{50} 및 중앙값과 같다. 정렬된 값의 하위 50%와 상위 50%를 분리한다.

$$Q_2 = P_{50}$$

Q_3 (제3사분위수): P_{75}와 같다. 정렬된 값의 하위 75%와 상위 25%를 분리한다. (정확하게 말하면, 정렬된 값의 최소 75%가 Q_3보다 작거나 같고 최소 25%의 값들이 Q_3보다 크거나 같다.)

$$Q_3 = P_{75}$$

백분위수를 구하는 데 사용된 것과 동일한 절차로 사분위수의 값을 구할 수 있다. $Q_1 = P_{25}$, $Q_2 = P_{50}$, $Q_3 = P_{75}$ 관계를 사용하면 된다. [예제 4]에서 $P_{25} = 86.5$ ng/mL이므로 $Q_1 = 86.5$ ng/mL이다.

주의 백분위수를 구하는 절차에 대한 보편적인 합의가 없듯이, 사분위수 계산을 위한 절차에 대한 보편적인 합의가 없으며, 여러 기술적 도구가 서로 다른 결과를 산출하는 경우가 종종 있다. 사분위수와 관련된 연습을 위해 계산기나 소프트웨어를 사용하는 경우 여기에 설명된 절차를 사용하여 얻은 답과 약간 다른 결과를 얻을 수도 있다.

이전 절에서 평균, 중앙값, 최빈값, 범위, 표준편차 등 여러 가지 통계량을 설명했다. 다른 몇몇 통계량은 사분위수와 백분위수를 사용하여 다음과 같이 정의된다.

사분위간 범위(IQR) $= Q_3 - Q_1$

사분위간 반범위 $= \dfrac{Q_3 - Q_1}{2}$

사분위 중간수 $= \dfrac{Q_3 + Q_1}{2}$

10 − 90 백분위 범위 $= P_{90} - P_{10}$

다섯수치요약과 상자그림

최솟값, 최댓값, 3개의 사분위수(Q_1, Q_2, Q_3)의 값은 다섯수치요약과 상자그림 그래프의 구성에 사용된다.

정의

데이터 집합의 **다섯수치요약(5-number summary)**은 다음 5가지 값으로 구성된다.

1. 최솟값
2. 제1사분위수 Q_1
3. 제2사분위수 Q_2(중앙값과 동일)
4. 제3사분위수 Q_3
5. 최댓값

예제 6 다섯수치요약 구하기

표 3-4의 코티닌 측정값을 사용하여 다섯수치요약을 구하라.

풀이

표 3-4의 코티닌 측정값이 정렬되어 있기 때문에 최솟값이 0 ng/mL이고 최댓값이 491 ng/mL라는 것을 쉽게 알 수 있다. 제1사분위수의 값은 $Q_1 = 86.5$ ng/mL이다([예제 5]로부터). 중앙값은 Q_2와 같으며 170.0 ng/mL이다. 또한 (그림 3-5에 요약된) P_{75}를 찾는 절차를 사용하여 $Q_3 = 251.5$ ng/mL임을 알 수 있다. 따라서 다섯수치요약은 0, 86.5, 170.0, 251.5, 491(모두 ng/mL 단위)이다.

정의

상자그림[boxplot 또는 **상자-수염 다이어그램(box-and-whisker diagram)**]은 최솟값에서 최댓값까지의 선과 제1사분위수 Q_1, 중앙값, 제3사분위수 Q_3에 그려진 선이 있는 상자로 구성된 데이터 집합의 그래프이다. (그림 3-6 참조)

상자그림 구성 절차

1. 다섯수치요약(최솟값, Q_1, Q_2, Q_3, 최댓값)을 구한다.
2. 최소 데이터 값에서 최대 데이터 값까지 이어진 선분을 만든다.
3. Q_1에서 Q_3까지 확장된 상자(직사각형)를 만들고 상자의 Q_2(중앙값) 값에 선을 그린다.

주의 사분위수를 구하는 절차에 대한 보편적인 합의가 없고 상자그림이 사분위수를 기반으로 하기 때문에 여러 기술적 도구가 서로 다른 상자그림을 산출할 수 있다.

예제 7 상자그림 만들기

표 3-4에 나열된 코티닌 측정값을 사용하여 상자그림을 만드라.

풀이

상자그림은 [예제 6]에서 구한 다섯수치요약을 사용한다: 0, 86.5, 170.0, 251.5, 491

(계속)

(모두 ng/mL 단위). 그림 3-6은 표 3-4에 나열된 코티닌 측정값을 나타내는 상자 그림이다.

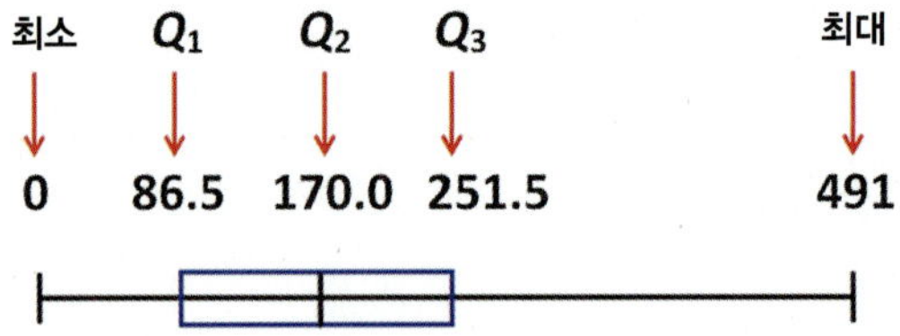

그림 3-6 코티닌 측정치의 상자그림(ng/mL)

왜도 상자그림은 종종 2-2절에서 논의되었던 왜곡을 식별하는 데 사용될 수 있다. 그림 3-6의 상자그림은 정확하게 대칭이 아니며 데이터가 오른쪽으로 약간 왜곡되어 있음을 보여준다.

상자그림의 모양은 다섯수치요약의 5가지 값에 의해 결정되기 때문에, 상자그림은 데이터 분포의 그래프가 아니며 히스토그램이나 줄기그림만큼 자세한 정보를 나타내지 않는다. 그러나 상자그림은 종종 두 개 이상의 데이터 집합을 비교하는 데 유용하다. 서로 다른 데이터 집합을 비교하기 위해 2개 이상의 상자그림을 사용하는 경우 비교가 쉽게 이루어질 수 있도록 동일한 축척으로 그래프를 표시한다. 이 책의 뒷부분에서 그래프에 기반한 주관적인 결론보다 더 공식적으로 데이터 집합의 비교를 분석하는 방법을 설명한다. 히스토그램, 점그림, 상자그림 등과 같은 적합한 그래프를 작성하여야 하지만, 그래프를 기반으로 한 주관적인 판단에만 의존해서는 안 된다.

예제 8 남성과 여성의 맥박수 비교

이 장의 문제는 부록 B의 데이터 세트 1 "신체 자료"에서 가져온 남녀의 맥박수를 다루었다. 두 개의 다른 맥박수 데이터의 상자그림을 구성하라.

풀이

Statdisk가 생성한 상자그림을 그림 3-7에 보였다. 남성의 3개의 사분위수는 모두 여성의 3개의 사분위수보다 낮으며, 이는 남성이 일반적으로 여성보다 맥박수가 낮다는 것을 의미한다. 최솟값과 최댓값은 두 상자그림에서 크게 다르지 않으며, 매우 신뢰성 있는 측정치가 아니기 때문에 차이점을 너무 강조하면 안 된다.

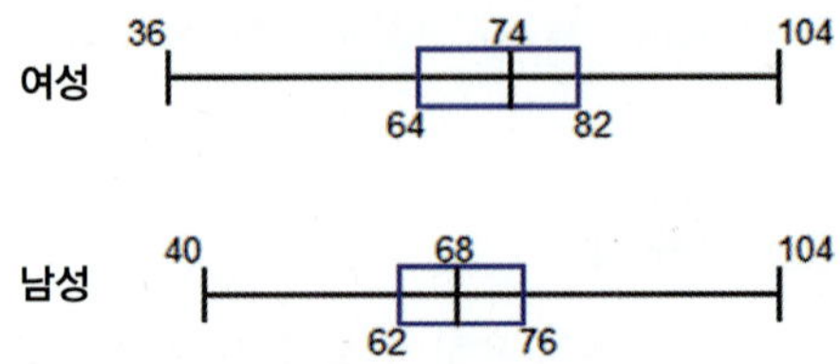

그림 3-7 남성와 여성의 맥박수의 상자그림

이상치

이상치는 평균과 표준편차와 같은 중요한 통계량에 강한 영향을 주기 때문에 데이터를 분석할 때 이상치를 확인하고 고려하는 것이 중요하다. 또한 이 책의 뒷부분에서 설명할 중요한 방법에도 큰 영향을 미칠 수 있다. 2장에서는 데이터의 집합에서 다른 값들의 대다수와 매우 멀리 떨어져 있는 표본 값을 이상치로 설명했지만 그 설명은 모호하며 특정 객관적인 기준을 제공하지 않는다. 이 절의 제2부에는 **수정된 상자그림**에 대한 설명과 수정된 상자그림을 생성하는 측면에서 사용된 이상치의 보다 정확한 정의를 제공한다.

주의 데이터를 분석할 때 항상 이상치를 확인하고 그 영향을 고려하라.

PART 2 이상치와 수정된 상자그림

이상치에 대한 설명은 다소 모호하지만 수정된 상자그림을 구성하기 위해, 이상치를 사분위수와 사분위간범위를 기반으로 특정 기준을 충족하는 데이터 값으로 간주한다. (사분위간범위는 종종 IQR로 표시되며 IQR = $Q_3 - Q_1$이다.)

수정된 상자그림을 위한 이상치 확인

1. 사분위수 Q_1, Q_2, Q_3을 구한다.
2. 사분위간범위(IQR)를 구한다. IQR = $Q_3 - Q_1$.
3. 1.5 × IQR을 계산한다.
4. **수정된 상자그림에서 다음의 데이터 값은 이상치이다.**

   Q_3의 위쪽으로 1.5 × IQR를 초과하여 큰 값

   또는 Q_1의 아래쪽으로 1.5 × IQR를 초과하여 작은 값

수정된 상자그림

제1부에서 설명한 상자그림을 **골격**(" 또는 **일반**) **상자그림**이라고 한다. 일부 통계 소프트웨어 패키지는 이상치를 특별한 점으로 나타내는 **수정된 상자그림(modified boxplot)**을 제공한다. 수정된 상자그림은 일반 상자그림을 다음과 같이 변형하여 그린 것이다. (1) 별표 또는 점과 같은 특수 기호가 앞에서 정의된 이상치를 표시하는데 사용되며, (2) 실선은 이상치를 제외한 최솟값과 최댓값까지만 그린다. (참고: "기본을 넘어서" 연습에서 수정된 상자그림이 포함된 연습문제를 볼 수 있다.)

예제 9 수정된 상자그림 만들기

부록 B의 데이터 세트 1 "신체 자료"에서 남성의 맥박수를 사용하여 수정된 상자그림을 만드라. 다섯수치요약은 40, 62.0, 68.0, 76.0, 104이다(모두 BPM).

(계속)

풀이

수정된 상자그림에서 다음의 4단계로 이상치를 확인한다.

1. 남성의 맥박수에서 3개의 사분위수는 $Q_1 = 62.0$이고, 중앙값 $Q_2 = 68.0$이며, $Q_3 = 76.0$이다.
2. 사분위간범위는 $\text{IQR} = Q_3 - Q_1 = 76.0 - 62.0 = 14.0$이다.
3. $1.5 \times \text{IQR} = 1.5 \times 14.0 = 21.0$.
4. 이상치는
   - $Q_3 = 76.0$으로부터 21.0을 초과하여 큼
   - $Q_1 = 62.0$으로부터 21.0을 초과하여 작음

이는 97.0보다 크거나 41.0보다 작으면 이상치인 것을 의미한다. 이제 남성의 원래 맥박수를 조사하여 97.0보다 크거나 41.0보다 작은 것을 찾을 수 있다. 102와 104의 맥박수가 97.0보다 크고 40의 맥박수가 41.0보다 작다. 이상치는 102, 104, 40이다.

이제 그림 3-8과 같이 수정된 상자그림을 만들 수 있다. 그림 3-8에서 3개의 이상치(40, 102, 104)는 특별한 점으로, 3개의 사분위수(62.0, 68.0, 76.0)는 일반 상자그림에서와 같이 표시되며, 수평선은 이상치가 아닌 최소 데이터 값(42)에서 이상치가 아닌 최대 데이터 값(96)까지 그린다.

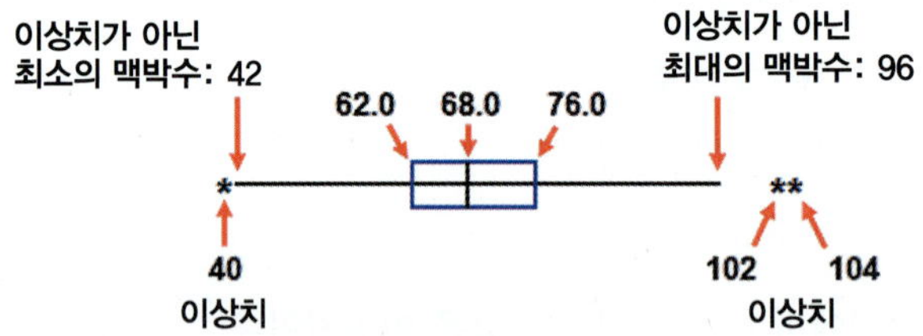

그림 3-8 남성의 맥박수(BPM)의 수정된 상자그림

주의 수정된 상자그림이 사분위수를 기반으로 하고 사분위수를 구하는 절차에 대한 보편적인 합의가 없기 때문에, 여러 기술적 도구는 서로 다른 수정된 상자그림을 산출할 수 있다.

테크 센터

상자그림, 다섯수치요약, 이상치

www.TriolaStats.com에서 기술 지침, 비디오, 데이터 집합을 참조하십시오.

3-3 기본적인 기술 및 개념

통계적 해석 및 비판적 사고

1. *z* 점수 가장 성공적인 농구선수 중 한 명인 LeBron James는 키가 6피트 8인치 혹은 203 cm이다. 부록 B의 데이터 세트 1 "신체 자료"의 통계를 기반으로 하면 그의 키는 4.07의 z 점수로 변환된다. 그의 키는 평균보다 몇 표준편차만큼 더 큰가?

2. 상자그림 비교 아래의 동일한 축척으로 그려진 상자그림을 참조하라. 하나의 상자그림은 남성의 몸무게를 나타내고 다른 상자그림은 여성의 몸무게를 나타낸다. 어떤 상자그림이 여성의 몸무게를 나타내는가? 설명하라.

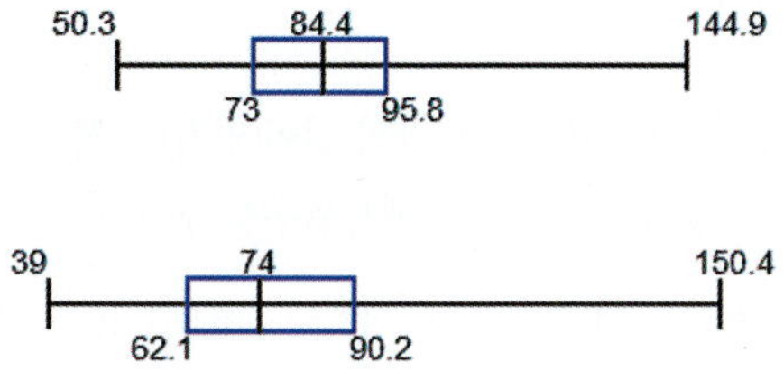

***z* 점수 연습문제 3~4에서는 소수점 아래 두 자리로 z 점수를 표현하라.**

3. 여성 맥박수 부록 B의 데이터 세트 1 "신체 자료"에 나열된 여성의 맥박수에 대해 평균은 74.0 BPM, 표준편차는 12.5 BPM, 최대값은 104 BPM이다.

a. 최댓값과 평균의 차이는 얼마인가?

b. (a)의 차이 값은 몇 표준편차인가?

c. 최대 맥박수를 z 점수로 변환하라.

d. −2와 2 사이의 z 점수로 변환되는 맥박수는 유의하게 낮지도 않고 유의하게 높지도 않다고 하자. 최대 맥박수는 유의한가?

4. 체온 부록 B의 데이터 세트 2 "체온"에 나열된 체온 데이터에서 2일째 오전 12시의 체온의 평균은 98.20°F, 표준편차는 0.62°F, 최저는 96.5°F이다.

a. 최저값과 평균의 차이는 얼마인가?

b. (a)의 차이 값은 몇 표준편차인가?

c. 최저 체온을 z 점수로 변환하라.

d. −2와 2 사이의 z 점수로 변환되는 체온은 유의하게 낮지도 않고 유의하게 높지도 않다고 하자. 최저 체온은 유의한가?

유의한 값 연습문제 5~6에서는 z 점수가 −2 이하이면 유의하게 낮은 값이고 2 이상이면 유의하게 높은 값으로 간주한다.

5. ACT ACT 시험은 대학진학 준비를 평가하는 데 사용된다. 최근 몇 년 동안 평균 ACT 점수는 21.1이었고 표준편차는 5.1이었다. 유의하게 낮거나 유의하게 높은 ACT 점수를 구하라.

6. 출생 체중 데이터 세트 3 "출생"에 400명의 아기의 출생 체중(g)이 나열되어 있다. 체중의 평균은 3152.0 g이고 표준편차는 693.4 g이다. 유의하게 낮거나 유의하게 높은 출생 체중을 구하라.

값 비교 연습문제 7~8에서는 z 점수를 사용하여 주어진 값을 비교하라.

7. 가장 큰 키, 가장 작은 키 이 글을 쓰는 시점에서 살아 있는 남자 중 가장 키가 큰 사람은 251 cm인 Sultan Kosen이다. 가장 키가 작은 사람은 54.6 cm인 Chandra Bahadur Dangi이다. 남성의 키의 평균은 174.12 cm이고 표준편차는 7.10 cm이다. 이 두 사람 중 누가 더 극단적인가?

8. 출생 체중 부록 B의 데이터 세트 3 "출생"에 기초하여, 신생 남아의 평균 체중은 3272.8 g이며 표준편차는 660.2 g이다. 신생 여아의 평균은 3037.1 g이고 표준편차는 706.3g이다. 1500 g의 남아와 1500 g의 여아 중에서 누가 자신이 속한 군에 비해 더 극단적인 체중을 가진 아기인가? 누가 자신이 속한 군에서 상대적으로 더 큰 체중을 가지는가?

백분위수 연습문제 9~10에서는 아래와 같은 곰의 길이(인치)를 사용하라(부록 B의 데이터 세트 11 "곰 측정"을 참조). 주어진 길이에 해당하는 백분위수를 구하라.

36.0	37.0	40.0	40.0	41.0	43.0	43.5	46.0	46.0	47.0	48.0	48.0
49.0	50.0	52.0	52.5	53.0	53.0	54.0	57.3	57.5	58.0	59.0	59.0
59.0	60.0	60.5	61.0	61.0	61.5	62.0	63.0	63.0	63.0	63.5	64.0
64.0	64.0	65.0	65.0	66.5	67.0	67.5	68.5	70.0	70.5	72.0	72.0
72.0	72.0	73.0	73.5	75.0	76.5						

9. 61.0인치 **10.** 70.0인치

연습문제 11~14에서는 연습문제 9~10에서 주어진 곰의 길이를 사용하라. 표시된 백분위수 또는 사분위수를 구하라.

11. P_{60} **12.** Q_3 **13.** P_{50} **14.** P_{25}

상자그림 연습문제 15~16에서는 주어진 데이터를 사용하여 상자그림을 그리고 다섯수치요약을 알아보라.

15. 발 길이 다음은 19명의 남성의 발 길이(cm)이다(부록 B의 데이터 세트 7 "발과 신장" 참조).

25.1	25.4	25.7	25.9	26.4	26.7	26.7	26.7	26.8	27.5
27.8	27.9	27.9	28.1	28.6	28.7	28.8	29.2	29.2	

16. 아기 치아의 방사선 다음은 1979년 이후에 펜실베니아 주에서 태어난 아기의 단순 무작위 표본에서 치아의 스트론튬-90의 양을 나타낸 것이다(Mangano 등이 Science of the Total Environment에 발표한 "An Unexpected Rise in Strontium-90 in U.S. Deciduous Teeth in the 1990s"의 데이터에 근거).

128 130 133 137 138 142 142 144 147 149 151 151 151 155
156 161 163 163 166 172

부록 B에 있는 큰 데이터 세트의 상자그림 연습문제 17에서는 부록 B의 주어진 데이터 세트를 사용하라. 상자그림을 사용하여 두 데이터 세트를 비교하라.

17. BMI 데이터 세트 1 "신체 자료"에 나열된 남성의 체질량지수(BMI) 값과 여성의 BMI 값.

3-3 기초를 넘어서

18. 이상치와 수정된 상자그림 수정된 상자그림을 사용하여 연습문제 17 "BMI"를 반복하라. 이 절의 Part 2에서 정의된 이상치는 무엇인가?

장별 퀴즈

1. 수면 평균 국가건강영양조사의 일환으로 대상자들은 전날 밤 수면 시간에 대해 다음과 같이 보고하였다: 8, 7, 5, 7, 4, 7, 6, 7, 8, 8, 8, 6. 평균을 구하라.

2. 수면 최빈값 연습문제 1에 나열된 표본 값의 최빈값은 무엇인가?

3. 수면 이상치 0시간의 수면 시간이 연습문제 1에 나와 있는 표본 데이터에 포함되어 있다면, 그 값은 이상치인가? 그 이유는 무엇인가?

4. 수면 Q_3 80개의 수면 시간의 표본에 대해서 대략적으로 몇 개의 시간이 Q_3 미만인가?

5. *s* 추정 수면 시간의 커다란 표본에는 최저 4시간 및 최고 10시간의 값이 포함된다. 범위경험법칙을 사용하여 표준편차를 추정하라.

복습문제

1. 인체 공학 눈 인식 보안장치를 설계할 때 엔지니어는 서 있는 여성의 눈높이를 고려해야 한다. (남성의 경우 몸을 구부려 낮출 수 있지만, 여성이 높은 곳으로 올라서기는 더 어렵다.) 아래에 단순한 무작위 표본에서 얻은 성인 여성의 서있는 눈높이(밀리미터 단위)를 나열하였다(Gordon, Churchill 등의 인체측정 설문 데이터에 근거함). 주어진 눈높이를 사용하여 (a) 평균; (b) 중앙값; (c) 최빈값; (d) 범위의 중앙; (e) 범위; (f) 표준편차; (g) 분산을 구하라.

1550 1642 1538 1497 1571

2. 응급실 코드 병원 응급실에서 입원한 환자의 뇌상의 원인이 되는 활동을 분석한 결과 괄호 안의 코드로 확인되었다: 자전거 타기(12); 축구(14); 놀이터(22); 농구(27); 수영(40). 12, 14, 22, 27, 40의 평균을 구하라. 이 결과에는 무엇이 잘못되었는가?

3. 이상치의 영향 아래의 목록은 부록 B의 데이터 세트 1 "신체 자료"에 포함된 대상자의 혈소판 수 (1000세포/μL)이다. 이상치를 확인한 후, 이상치를 포함하였을 때와 이상치를 제외하였을 때의 평균과 표준편차를 각각 구하여, 이상치가 미치는 영향에 대해 설명하라.

263 206 185 246 188 191 308 262 198 253 646

4. 표준편차 해석 의사는 일상적으로 아이들의 신체검사를 한다. 한 의사가 3살짜리 여아의 키가 87.8cm에 불과하다고 우려하고 있다. 3살 여아의 평균 키는 97.5cm이며 표준편차는 6.9cm이다(국가건강영양조사 데이터에 근거). 범위경험법칙을 사용하여 유의하게 낮거나 유의하게 높은 3살 여아의 키를 구분하는 한계를 구하라. 결과에 따르면 87.8cm의 키는 유의한가? 의사가 걱정을 해야 하는가?

누적 복습문제

1. 쌀 비소 아래는 현미 1인분 표본에서 비소의 양(1인분당 μg)을 나열한 것이다(미국 식품의약국의 데이터). 도수 분포를 만들라. 계급폭으로 2 μg를 사용하고 첫 번째 계급의 계급하한치로 0 μg을 사용하라.

6.1 5.4 6.9 4.9 6.6 6.3 6.7 8.2 7.8 1.5 5.4 7.3

2. 줄기그림 연습문제 1의 비소의 양을 사용하여 줄기그림을 그리라.

3. a. 한 연구원은 명목상으로 측정된 데이터 모음을 가지고 있으며, 데이터의 대표 값을 얻고 싶어 한다. 다음 중 가장 적절한 것은 어느 것인가: 평균, 중앙값, 최빈값, 범위의 중앙? 왜 그런가?

b. 식물학자는 집에서 재배되는 식물에 관한 자료를 얻고 싶어 한다. 지역 전화번호부에 나열된 250명의 사람들에게 전화하여 표본을 얻은 경우, 어떤 유형의 표본추출이 사용되고 있는 것인가? (무작위, 층화, 체계적, 군집, 편의적)

c. 식물학자는 식물 재배에 사용되는 막대 비료를 실험하고 있다. 그녀는 막대에 넣은 비료의 양은 그다지 일정하지 않아 일부는 주장한 것보다 오래 지속되지만 다른 것들은 충분히 오래 지속되지 않는다는 것을 알게 되었다. 그녀는 막대의 비료량을 보다 일관되게 만들어 품질을 향상시키고자 한다. 그 목적을 위해 비료의 양을 분석할 때, 다음 통계량 중 가장 관련성이 높은 것은 어느 것인가: 평균, 중앙값, 최빈값, 범위의 중앙, 표준편차, 제1사분위수, 제3사분위수? 좋은 비료를 위해서 해당 통계량 값을 높이거나 낮추거나 또는 변경하지 않은 채로 두어야 하는가?

기술 프로젝트

신입생 15 부록 B의 데이터 세트 10 "신입생 15"는 대학생은 1학년 때 약 15파운드(6.8 kg)의 체중이 늘어난다는 전설적인 연구 결과에서 얻은 데이터이다. 이 데이터 세트에는 67명의 피험자에서 얻은 5열의 데이터가 있다. 이 장의 방법을 사용하여 적절한 비교를 시행한 다음 15파운드(6.8 kg)의 체중 증가에 대한 주관적 결론을 도출하라. 그래프와 통계량 및 결론을 포함한 간단한 보고서를 작성하라.

자료로부터의 결정

간접 흡연

부록 B의 데이터 세트 14 "직접 및 간접 흡연"은 세 가지 군의 코티닌 측정치를 나열한다: (1) 흡연자; (2) 담배 연기에 노출된 비흡연자; (3) 담배 연기에 노출되지 않은 비흡연자. 코티닌은 니코틴 흡수의 지표이다.

비판적 사고

이 장의 방법을 사용하여 세 군의 코티닌 수치를 탐색하고 비교하라. 주목할 만한 차이점이 있는가? 이상치가 있는가? 흡연자가 비흡연자에게 미치는 영향에 대해 어떻게 결론을 내릴 수 있는가? 결론에 대한 간략한 보고서를 작성하고 통계적 증거를 제시하라.

그룹 활동

1. 수업 중 활동 수업 시간에 각 학생들은 1분 동안의 심박수를 세어 두 번의 맥박수를 기록한다. 학생이 앉아있을 때 첫 번째 맥박수를 측정하고 서있는 동안 두 번째 맥박수를 측정한다. 이 장의 방법을 사용하여 결과를 비교하라. 남성과 여성은 맥박수가 다른가? 앉아 있는 동안 측정한 맥박수는 서 있는 동안 측정한 맥박수와 다른 것으로 보이는가?

2. 수업 외 활동 3명 또는 4명의 학생으로 구성된 각 군에서 간격 또는 비율 수준을 가지는 데이터 값의 값들을 수집하라. 다음을 내용을 작성하라: (1) 표본 값의 목록; (2) 소프트웨어가 산출한 기술통계와 그래프; (3) 자료의 성격, 수집 방법, 중요한 특성에 대한 서면 설명.

4 확률
Probability

이 장의 문제

구직 신청자의 약물 검사

미국 기업의 약 85%가 취업 지원자와 직원들의 마약 사용을 검사한다. 일반적이고 저렴한 약 50달러의 소변 검사는 마리화나, 코카인, 암페타민, 아편제, 펜시클리딘의 5가지 약제의 존재 여부를 검사하는 EMIT(효소 증폭 면역 분석법) 검사이다. 대부분의 회사는 양성 결과에 대해서 좀 더 신뢰할 수 있는 GC-MS(가스 크로마토그래피 질량 분석) 검사를 통해 결과를 재확인한다.

거의 모든 의료 검사와 마찬가지로 약물 검사는 때때로 잘못된 결과를 산출한다. 잘못된 결과는 두 가지 유형으로 나누어진다: (1) 위양성 결과와 (2) 위음성 결과. 오늘날의 사회에서 이러한 용어는 명확하게 이해되어야 한다. 위양성 결과를 얻는 구직자나 직원은 마약을 실제로 사용하지 않았는데 마약을 사용하는 것처럼 보이는 사람이다. 이러한 유형의 실수는 불공정하게 채용 거부나 고용 종료를 초래할 수 있다.

결과 분석하기

표 4-1은 미국 성인 555명을 대상으로 한 것이다. 표 4-1의 대상 중 마약을 사용하지 않는 사람들 중에서 한 명을 무작위로 선택하면 위양성 결과의 확률은 어떻게 될까? 표 4-1의 대상 중 마약을 사용하지 않는 사람들 중에서 한 명을 무작위로 선택하면 진음성 결과의 확률은 얼마일까? 이 장에서는 이러한 질문을 다룬다.

- **유병률:** 모집단에서 조건(마약 사용 또는 질병 등)이 있는 비율
- **위양성:** 검사 대상이 해당 조건을 가지고 있지 않음에도 검사 결과 조건을 가지고 있다고 잘못 나타남
- **위음성:** 검사 대상이 해당 조건을 가지고 있음에도 검사 결과 조건을 가지고 있지 않다고 잘못 나타남
- **진양성:** 검사 대상이 해당 조건을 가지고 있을 때, 검사 결과 조건을 가지고 있다고 올바르게 나타남
- **진음성:** 검사 대상이 해당 조건을 가지고 있지 않을 때, 검사 결과 조건을 가지고 있지 않다고 올바르게 나타남
- **검사 민감도:** 검사 대상이 해당 조건을 가지고 있을 때 진양성의 검사 결과가 나오는 확률
- **검사 특이도:** 검사 대상이 해당 조건을 가지고 있지 않을 때 진음성의 검사 결과가 나오는 확률
- **양의 예측값:** 검사 결과가 양성인 경우(조건이 존재함을 나타냄), 검사 대상이 실제로 조건을 가지고 있을 확률
- **음의 예측값:** 검사 결과가 음성인 경우(조건이 존재하지 않음을 나타냄), 검사 대상이 실제로 조건을 가지고 있지 않을 확률

표 4-1 구직자의 약물 검사 결과

	양성 검사 결과 (검사 결과 마약을 사용)	**음성 검사 결과** (검사 결과 마약 사용 없음)
마약을 사용한 대상자	45 (진양성)	5 (위음성)
마약을 사용하지 않은 대상자	25 (위양성)	480 (진음성)

이 장의 목표

이 장의 주요 목표는 확률 값에 대한 올바른 이해를 키우는 것이다. 왜냐하면 그 값이 추론 통계 방법의 기본 토대가 되기 때문이다. 가설 검증의 중요한 방법은 0과 1 사이의 숫자로 표현된 확률 값인 P값을 사용하는 것이다. 0.01과 같은 작은 확률 값은 매우 희박한 사건에 해당한다. 0.99와 같은 더 큰 확률 값은 매우 가능성이 있는 사건에 해당한다. 다음은 이 장의 목표이다.

4-1 확률의 기본 개념

- 확률을 0과 1 사이의 값으로 인식하고 이러한 값을 사건 발생 가능성의 표현으로 해석한다.
- 사건의 확률을 계산하는 능력을 개발한다.
- 여사건을 정의하고 여사건의 확률을 계산한다.

4-2 덧셈 법칙과 곱셈 법칙

- 하나의 시행에서 어떤 사건 A가 발생하거나 어떤 사건 B가 발생하거나 둘 다 일어날 확률을 계산하는 능력을 개발한다. 배반하지 않는 (또는 겹치는) 사건에 대하여 덧셈 법칙을 적용하여 올바르게 조정한다.
- 첫 시행에서 사건 A가 발생하고 두 번째 시행에서 사건 B가 발생하는 확률을 계산하는 능력을 개발한다. 독립되지 않은 사건에 대하여 곱셈 법칙을 적용하여 조정한다.
- 독립 사건과 종속 사건을 구분한다.

4-3 보, 조건부확률, 베이즈 정리

- 사건 A가 "적어도 한 번" 발생할 확률을 계산한다.

- 다른 사건이 이미 발생한 경우, 어떤 사건의 확률을 계산하는데 곱셈 법칙을 적용한다.

4-4 위험과 오즈

- 절대위험감소와 상대위험 측정을 사용하여 두 가지 확률을 비교한다.
- 오즈비를 계산하여 위험을 측정한다.
- 어떤 사건의 한 번 발생을 예방하기 위해 처치해야 하는 대상자의 수인 처치필요수를 결정하여 처치의 실질적인 효과를 측정한다.

4-5 사망률, 출산율, 질병률

- 율을 사용하여 사건의 가능도를 설명한다.
- 사망률, 출산율, 질병률을 결정한다.

4-6 계수

- 기본 계수 법칙, 계승 법칙, 순열 법칙, 조합 법칙을 적용하는 능력을 개발한다.
- 순열 법칙이 필요한 상황과 조합 법칙이 필요한 상황을 구별한다.

4-1 확률의 기본개념

핵심 개념

이 장의 가장 중요한 목적은 0과 1 사이의 값으로 표현되는 확률 값을 해석하는 방법을 배우는 것이다. 0.001과 같은 작은 확률은 거의 발생하지 않는 사건에 해당한다.

통계에서 확률의 역할

확률은 8장에서 소개되는 **가설 검증**이라는 중요한 통계 방법에서 핵심적인 역할을 한다. 통계학자는 데이터를 사용하여 매우 낮은 **확률**을 기반으로 설명(예를 들면, 우연)을 기각하는 것으로 의사 결정을 내린다. 다음 예제는 확률의 역할과 통계학자가 생각하는 근본적인 방법을 보여준다.

직감에 도전하는 확률

때때로 확률 값의 주관적 추정치가 실제 확률과 크게 다른 경우가 있다. 몇 가지 고전적인 예를 보자. 숨을 깊이들이 마시면, 죽는 시저 황제의 마지막 호흡에서 숨을 내쉬는 분자를 흡입할 확률이 99% 이상이다. 병적이고 비직관적인 생각이긴 하지만, 소크라테스의 치명적인 독미나리 컵이 대부분 물이라면, 다음에 당신이 마시는 물 잔에 소크라테스의 컵의 분자 중 하나가 들어 있다. 검증할 수 있는 또 다른 병적인 사례는, 25명의 학생으로 구성된 반에서 적어도 2명의 학생이 같은 생일(월과 일)일 확률이 50% 이상이다.

예제 1 주장 분석

연구원들은 다음과 같이 주장하였다(실제로, 그들은 근거를 가지고 있다).

> 주장: "우리는 아기가 여자가 될 확률을 크게 높이는 성별 선택 방법을 개발했다."
>
> **이 주장을 검증하는 가설:** 성별 선택 방법은 **효과가 없으므로** 이 방법을 사용하는 부부의 경우 출생의 약 50%가 여아가 된다.

(미국에서 여아의 확률은 실제로 0.488이지만, 여기서는 남아와 여아의 확률은 똑같다고 가정한다.)

그림 4-1은 성별 선택 방법을 사용한 100쌍의 시험 2번에서 표본 데이터와 각 시험에서 도달한 결론을 보여준다.

(계속)

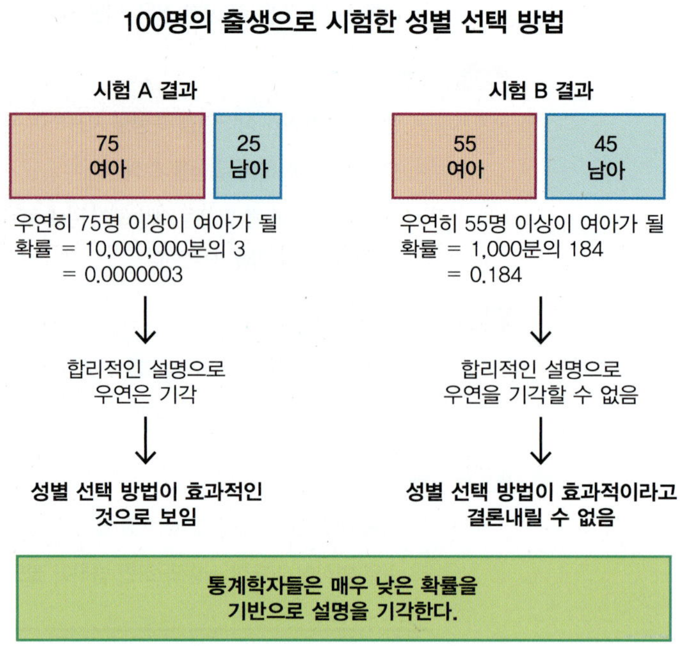

그림 4-1 성별 선택 방법의 시험 데이터 및 결론

해석

100명의 아기 중에 75명의 여아와 55명의 여아가 일반적으로 기대하는 50명의 여아보다 많다. 그러나 75명의 여아만이 성별 선택 방법이 효과적이라고 믿게 한다. 특별한 처치 없이 우연히 100명의 출생자 중 75명 이상이 여아일 확률은 매우 적어서 (0.0000003) 합리적 설명으로 우연을 기각해야 한다. 대신에, 그 결과는 성별 선택 방법이 효과적이라는 주장에 대한 강력한 지지를 제공한다는 것을 일반적으로 인정할 수 있다. 이것은 정확하게 통계학자들이 생각하는 방식이다. 매우 낮은 **확률**에 근거하여 설명(예를 들면, 우연)을 기각한다.

확률의 기초

확률론에서는 결과를 산출하는 절차(예: 출생에서 남아/여아, 임신 검사 키트 제작에서 결함/정상)를 다룬다.

정의

사건(event)은 절차의 결과 또는 출현의 모음이다.

단순사건(simple event)은 더 간단한 구성 요소로 세분화 할 수 없는 출현 또는 사건이다.

절차의 **표본공간(sample space)**은 가능한 모든 단순사건으로 구성된다. 즉, 표본공간은 더 이상 분해할 수 없는 모든 출현들로 구성된다.

[예제 2]는 위에 정의된 개념을 설명한다.

예제 2 단순사건과 표본공간

다음 표에서는 "b"는 남아를 나타내고 "g"는 여아를 나타낸다.

절차	사건의 예	표본공간: 단순사건의 전체 목록
단일 출생	1명의 여아(단순사건)	{b, g}
3명의 출생	2명의 남아와 1명의 여아(bbg, bgb, gbb는 모두 2명의 남아와 1명의 여아로 구성된 단순사건임)	{bbb, bbg, bgb, bgg, gbb, gbg, ggb, ggg}

단순사건:

- 1명의 출생에서 1명의 여아 결과는 단순사건이고 1명의 남아 결과는 또 다른 단순사건이다. 이들은 더 이상 세분화될 수 없기 때문에 각각 단순사건이다.
- 3명의 출생에서 2명의 여아 이후에 1명의 남아의 결과(ggb)는 단순사건이다.
- 하나의 주사위를 굴릴 때, 5의 출현은 단순사건이지만, 짝수의 출현은 단순사건이 아니다.

단순사건이 아님: 3명의 출생에서 "2명의 여아와 1명의 남아"의 사건은 단순사건이 아니다. 다른 단순사건인 ggb, gbg, bgg가 발생할 수 있기 때문이다.

표본공간: 3명의 출생 표본공간은 위의 표에 나열된 8가지 단순사건으로 구성된다.

사건의 확률을 구하는 세 가지 일반적인 접근법

먼저 몇 가지 기본 표기법을 나열하고, 사건의 확률을 구하는 세 가지 일반적인 방법을 제시한다.

확률 표기법

P는 확률을 나타낸다.

A, B, C는 특정 사건을 나타낸다.

$P(A)$는 "사건 A의 발생 확률"을 나타낸다.

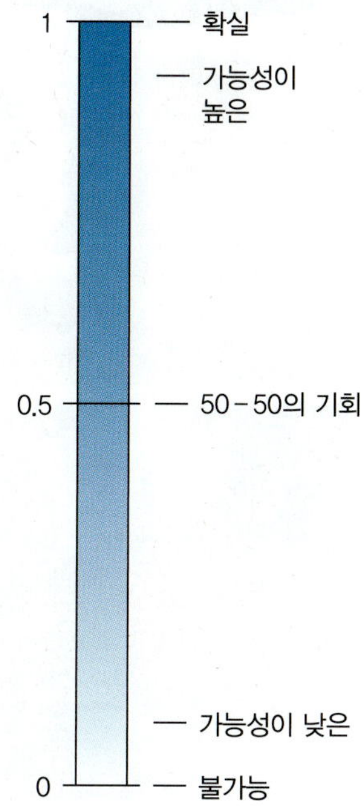

그림 4-2 확률에 가능한 값

확률을 구하는 다음의 세 가지 접근법은 0과 1 사이의 값 $0 \le P(A) \le 1$을 산출한다. 그림 4-2는 확률의 가능한 값과 가능도에 대한 친숙하고 일반적인 표현을 보여준다.

1. **확률의 상대 빈도에 근사** 절차를 수행(또는 관찰)하고 사건 A가 발생하는 횟수를 헤아린다. $P(A)$는 다음과 같이 근사된다.

$$P(A) = \frac{A\text{가 발생한 횟수}}{\text{절차가 반복된 횟수}}$$

확률의 상대 도수 근사를 언급할 때, 이 책에서는 정확한 확률이 되는 결과와 근사치인 결과를 구별하지 않는다. 따라서 "확률을 구하라"는 것은 실제로 "확률을 추정하라"는 의미이다.

2. **확률에 대한 고전적 접근(등확률 출현이 필요함)** 절차의 n개의 단순사건이 등확률이

고 사건 A가 s가지 방법으로 발생할 수 있는 경우,

$$P(A) = \frac{A\text{가 발생할 수 있는 방법의 수}}{\text{다른 단순사건의 수}} = \frac{s}{n}$$

주의 고전적 접근법을 사용할 때 출현이 등확률인지 항상 확인하라.

3. 주관적 확률 사건 A의 확률인 $P(A)$는 관련 상황에 대한 지식을 사용하여 추정된다.

그림 4-3은 앞의 세 가지 정의의 접근법을 보여준다.

모의시행 때로는 앞의 세 가지 방법 중 어느 것도 사용할 수 없는 경우가 있다. 절차의 모의시행은 절차 자체와 동일한 방식으로 작동하여 유사한 결과가 산출되는 과정이다. 확률은 때때로 모의시행을 사용하여 발견할 수 있다. 이 장의 끝 부분에 있는 기술 프로젝트를 참조하라.

확률의 반올림 확률을 반올림하기 위한 보편적인 규칙을 개발하는 것은 어렵지만, 다음의 지침을 이 책의 대부분의 문제에서 적용된다.

1. 상대 도수 접근법: 1년 동안 한 차량이 충돌할 확률을 구할 때, 1년 동안 사용된 차량의 수와 충돌한 차량의 수를 알기 위해 과거 결과를 조사해야 한다. 그런 후 차의 총수에 대한 충돌한 차의 수의 비율을 구한다. 최근 1년 동안 결과는 0.0480의 확률이다. ([예제 3] 참조)

2. 고전적 접근법: 3명의 아이들을 무작위로 선택할 때 같은 성별을 가질 아이가 선택될 확률을 구할 때, 8가지 등확률 출현 중 동일한 성별이 되는 두 가지 방법(남남남 또는 여여여)이 있다. 결과는 2/8 혹은 1/4이다. ([예제 4] 참조)

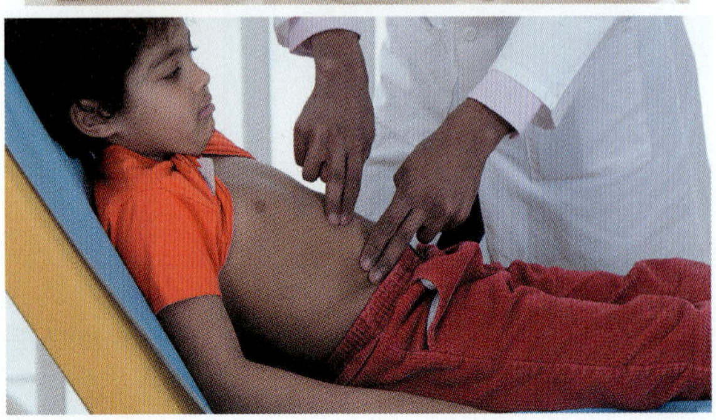

3. 주관적 확률: 내년에 맹장을 가진 사람이 급성 맹장염에 걸릴 확률을 예측하려고 할 때, 우리는 개인적인 경험을 통해 확률이 매우 낮다는 것을 알고 있다. 예를 들어, 0.001(1,000번 중에 한 번)으로 추정해 볼 수 있다. ([예제 5] 참조)

그림 4-3 확률을 구하는 세 가지 접근법

확률의 반올림

확률 값을 표현할 때 정확한 분수 또는 소수를 제공하거나 최종 소수 결과를 유효 숫자 3자리로 반올림하라. (**제안:** 확률이 2/3, 5/9와 같은 단순한 분수가 아닌 경우 숫자를 더 잘 이해할 수 있도록 소수로 표현하라.) 소수점을 올바르게 배치하기 위해 포함된 0을 제외하고는 수의 모든 숫자는 유효하다. 다음 예제를 참조하라.

- [예제 6]에서 확률 0.4450323339는 10자리 유효 숫자(4450323339)이며, 유효 숫자 3자리로 반올림하여 0.445로 표시할 수 있다.
- 1/3의 확률은 분수로 두거나 0.333으로 반올림할 수 있다. (하지만 0.3으로 반올림하지 마라.)
- 확률 2/8는 1/4 또는 0.25로 표현될 수 있다. (0.25가 정확하므로 3자리 유효 숫자 0.250로 표시할 필요는 없다.)

확률은 백분율로 표시되는가? 수학적으로 0.25의 확률은 25%와 같다. 그러나 백분율을 사용하지 않고 분수 또는 소수로 사용하는 몇 가지 이유가 있다. 전문학술지는 보편적으로 확률을 백분율이 아니라 소수로 표현한다. 이 책에서 사용하는 통계 소프트웨어는 항상 소수 형태의 확률 값을 생성한다.

상대 도수 접근법을 사용하여 확률을 구할 때 정확한 값 대신 **근사값**을 구한다. 관측의 총수가 증가함에 따라, 대응하는 근사치는 실제 확률에 더 가깝게 되는 경향이 있다. 이 속성은 **큰 수의 법칙**이라고도 한다.

큰 수의 법칙

절차가 계속 반복될 때 사건의 상대 도수 확률은 실제 확률에 근접하는 경향이 있다.

큰 수의 법칙은 더 많은 관측을 할 때 상대 도수 근사가 더 좋아지는 경향이 있음을 알려준다. 이 법칙은 상식에 의해 뒷받침되는 단순한 개념을 반영한다. 몇 번의 시행만을 근거로 한 확률 추정은 상당히 벗어날 수 있지만 매우 많은 횟수의 시행을 하면 추정치가 훨씬 더 정확해지는 경향이 있다.

주의

1. 큰 수의 법칙은 많은 수의 시행에 대한 행동에 적용되며, 어떤 개별적인 출현에 적용되어서는 안 된다. 도박꾼은 손실의 연속이 다음 내기에서 승리할 확률을 높이거나 일련의 승리가 계속될 가능성이 있다고 잘못 판단하여 막대한 돈을 잃는다.
2. 다른 가능한 출현의 가능도에 대해 알지 못하는 경우, 등확률로 가정해서는 안 된다. 예를 들어, 다음번 통계학 시험을 통과할 확률이 1/2 또는 0.5라고 생각해서는 안 된다(아직 시험을 통과하였거나 또는 통과하지 않은 것이 아니기 때문에). 실제 확률은 준비량이나 시험의 난이도와 같은 요인에 영향을 받는다.

예제 3 상대 도수 확률: 스카이다이빙

스카이다이빙으로 사망할 확률을 구하라.

풀이

최근 몇 년 동안 약 300만 건의 스카이다이빙 점프가 있었고 그 중 21건의 사망이 있었다. 상대 도수 접근법은 다음과 같다.

$$P(\text{스카이다이빙 사망}) = \frac{\text{스카이다이빙 사망자 수}}{\text{스카이다이빙 점프 수}} = \frac{21}{3{,}000{,}000} = 0.000007$$

두 가지 결과(사망/생존)가 등확률이 아니어서 고전적인 접근법을 사용할 수 없다. 주관적인 확률은 역사적인 데이터가 없을 때 추정될 수 있다.

예제 4 고전적 확률: 같은 성별의 세 자녀

3명의 자녀가 태어났을 때, 성별의 표본공간은 [예제 2]에서 같다. {bbb, bbg, bgb, bgg, gbb, gbg, ggb, ggg}. 남녀의 출생이 등확률이라면, 8가지 단순사건도 등확률이다. 남녀의 출생이 등확률이라고 가정하고, 세 자녀가 태어날 때 세 명의 자녀가 같은 성별을 가질 확률을 구하라. (실제로 남아의 확률은 0.5가 아닌 0.512이다.)

풀이

표본공간 {bbb, bbg, bgb, bgg, gbb, gbg, ggb, ggg}에는 8개의 등확률 출현이 있다. 세 자녀가 동일한 성별인 경우는 bbb와 ggg의 두 가지 출현이 있다. 고전적인 접근법을 사용하여 다음과 같이 구할 수 있다.

$$P(\text{같은 성별의 세 자녀}) = \frac{2}{8} = \frac{1}{4} \text{ 또는 } 0.25$$

예제 5 주관적 확률: 급성맹장염

어떤 사람이 내년에 급성맹장염이 생길 확률은 얼마인가?

풀이

과거의 결과를 찾는다면 도수 접근법을 사용하겠지만, 급성맹장염에 대한 과거 데이터가 없을 때 주관적인 추정을 한다. 경험에 따르면 그 확률은 매우 적다. 예를 들어, 0.001(1,000번 중에 한 번)으로 추정해 볼 수 있다. 관련 상황에 대한 지식의 정도에 따라 주관적인 추정은 합리적으로 정확할 수도 있고 심하게 틀릴 수도 있다.

주의 작은 숫자를 큰 숫자로 무의식적으로 나누어 확률 값을 구하는 일반적인 실수를 저지르지 마라. 관련된 수와 그 표현에 대해 신중히 생각하라. [예제 6]에서 설명한 것처럼 고려할 총 항목 수를 신중하게 확인하라.

예제 6 운전 중 문자 메시지

미국 고등학생 운전자에 대한 연구에서 지난 30일간 운전 중에 3785명은 문자 메시지를 보내고, 같은 기간 동안 4720명은 문자 메시지를 보내지 않은 것으로 나타났다. (Olsen, Shults, Eaton가 *Pediatrics* 제131권 제6호에 발표한 "Texting While Driving …"에서 뽑은 데이터임) 이 결과에 따라 고등학생 운전자를 무작위로 선택한 경우 지난 30일 동안 운전하는 동안 문자 메시지를 보낼 확률을 구하라.

풀이

주의 일반적인 실수는 맹목적으로 숫자를 사용하여 3785/4720 = 0.802라는 잘못된 확률을 얻는 것이다. 우리는 우리가 하는 일이 무엇인지를 생각해야 한다.

주어진 문장에서 직접 답을 구하는 대신, 먼저 이해가 명확해지도록 다음 형식과 같이 정보를 요약한다.

3785	운전 중 문자 메시지 보냄
4720	운전 중 문자 메시지 사용 안함
8505	표본의 총 운전자 수

이제 상대 도수 접근법을 다음과 같이 사용할 수 있다.

$$P(\text{운전 중 문자 메시지}) = \frac{\text{운전 중에 문자 메시지를 보낸 운전자의 수}}{\text{표본의 운전자의 총수}}$$

$$= \frac{3785}{8505} = 0.445$$

해석

고등학교 운전자를 무작위로 선택하면 지난 30일 동안 운전하는 동안 문자 메시지를 쓰게 될 확률은 0.445이다.

예제 7 추수감사절

연도를 무작위로 선택하였을 때 미국 추수감사절이 (a) 수요일 또는 (b) 목요일에 있을 확률을 구하라.

(계속)

풀이

a. 미국에서 추수감사절은 항상 11월 네 번째 목요일이다. 따라서 추수감사절이 수요일에 있을 수 없다. 사건이 불가능할 때 그 확률은 0이다.
P(수요일 추수감사절) = 0.

b. 미국에서 추수감사절이 목요일에 있는 것이 확실하다. 사건의 발생이 확실할 때 확률은 1이다.
P(목요일 추수감사절) = 1.

상상할 수 있는 모든 사건이 불가능하거나, 확실하거나 또는 그 사이에 있기 때문에 사건 A의 수학적 확률은 0, 1 또는 0과 1 사이의 수이다(그림 4-2 참조). 즉, $0 \le P(A) \le 1$.

보사건

때로는 사건 A가 발생하지 않을 확률을 찾을 필요가 있다.

정의

$\overline{A}$로 표기하는 A의 **보(complement)**는 사건 A가 발생하지 않는 모든 출현으로 구성된다.

예제 8 스카이다이빙 사망의 보

[예제 3]은 최근 몇 년 동안 300만 건의 스카이다이빙 점프가 있었고 그 중 21건은 사망에 이른 것으로 나타났다. 스카이다이빙을 할 때 죽지 않을 확률을 구하라.

풀이

3,000,000번 점프 중에 21명이 사망했으므로 다른 2,999,979번의 점프에서는 살아남았다.

$$P(\text{스카이다이빙할 때 죽지 않음}) = \frac{2{,}999{,}979}{3{,}000{,}000} = 0.999993$$

해석

스카이다이빙을 할 때 죽지 않을 확률은 0.999993이다.

$P(A)$와 $P(\overline{A})$ 사이의 관계 스카이다이빙 점프에서 사망하는 사건을 D로 나타낼 경우, [예제 3]은 $P(D) = 0.000007$이고 [예제 8]은 $P(\overline{D}) = 0.999993$임을 보여준다. $P(\overline{D})$의 확률은 1에서 $P(D)$를 뺀 값으로 구할 수 있다.

확률로 유의한 결과 식별: 추론 통계에 대한 희귀사건법칙

주어진 가정 하에서 관찰된 특정 사건의 확률이 매우 작고 관찰된 사건이 우리가 일반적으로 예측한 것보다 유의하게 낮거나 유의하게 높게 발생한 경우, 가정이 올바르지 않았을 것이라고 결론을 내린다.

다음과 같이 확률을 사용하여 유의하게 낮거나 유의하게 높은 값을 확인할 수 있다.

확률을 사용하여 결과가 유의하게 높거나 유의하게 낮은지를 결정

- **유의하게 높은 수의 성공:** n번의 시행에서 x번 이상의 성공 확률이 0.05 이하일 경우, x번의 성공은 유의하게 높은 수의 성공이다. 즉, P(x번 이상) $\leq 0.05^*$인 경우 x는 유의하게 높은 수의 성공이다.
- **유의하게 낮은 수의 성공:** n번의 시행에서 x번 이하의 성공 확률이 0.05 이하일 경우, x번의 성공은 유의하게 낮은 수의 성공이다. 즉, P(x번 이하) $\leq 0.05^*$인 경우 x는 유의하게 낮은 수의 성공이다.

다음을 보여주는 앞의 [예제 1]을 참조하라.

- 100명의 출생자 중 75명 이상의 여아의 확률은 0.0000003이며 이는 0.05 이하이므로, 75명의 여아는 유의하게 높다(성별 선택 방법이 효과적이라고 나타났다).
- 100명의 출생자 중 55명 이상의 여아의 확률은 0.184이며 이는 0.05보다 크기 때문에, 55명의 여아는 유의하게 높지 않다(성별 선택은 효과적이지 않게 나타났다).

확률 복습

확률에 대한 중요한 원칙과 표기법

- **사건의 확률은 0과 1 사이의 분수 또는 소수이다.**
- **불가능한 사건의 확률은 0이다.**
- **확실히 발생하는 사건의 확률은 1이다.**
- **표기: $P(A)$ = 사건 A의 확률.**
- **표기: $P(\bar{A})$ = 사건 A가 발생하지 않을 확률.**

4-1 기본적인 기술 및 개념

통계적 해석 및 비판적 사고

1. 확률 다음 문장을 10진수 형식의 확률로 다시 작성하라. "파란 눈을 가진 사람을 선택할 확률은 35%이다."

2. 출생 [예제 4] "같은 성별의 세 자녀"에서 실제로 남아의 확률은 0.5가 아닌 0.512이라고 하였

* 값 0.05를 절대적으로 사용해야 하는 것은 아니다. 우연히 쉽게 발생할 수 있는 결과와 유의한 사건을 구별하기 위해 0.01과 같은 다른 값을 사용할 수 있다.

다. 아기가 태어날 때 남아를 낳는 사건을 A라고 하면, $P(\bar{A})$의 값은 얼마인가?

3. 확률 값 식별 다음 중 확률은 어느 것인가?

0　3/5　5/3　−0.25　250%　7:3　1　50-50　5:1　0.135　2.017

4. 아보가드로 상수 퀴즈에서 아보가드로 상수의 첫 번째(가장 왼쪽) 0이 아닌 숫자를 말하라는 질문을 받고, 대답을 알지 못하면 임의로 추측한다. 당신의 답이 6일 확률은 얼마인가?

연습문제 5~6에서, 50명의 출생이 무작위로 선택되었다고 가정한다. 주관적인 판단을 통해 주어진 수의 여아를 (a) 유의하게 낮음, (b) 유의하게 높음, (c) 유의하게 낮거나 높지 않음으로 서술하라.

5. 47명의 여아.　　**6.** 23명의 여아.

연습문제 7~10에서 표시된 가능도를 0과 1 사이의 확률 값으로 표현하라.

7. 시험 진실/거짓 질문에 대한 답을 임의로 추측하면 맞을 가능성이 50-50이다.

8. 유전자 A, G, C, T의 4개의 DNA 염기 중 하나가 무작위로 선택하면 그 결과는 G이다. 4개의 DNA 염기가 등확률이라고 가정한다.

9. 임의성 설문조사를 위해 전화할 전화번호의 마지막 자리를 컴퓨터를 사용하여 무작위로 생성할 때 마지막 자리가 0인 경우는 10번 중에 1번의 기회가 있다.

10. 사각 못 시드니 스미스는 "The Conduct of Understanding"에서 둥근 구멍에 사각 못을 맞추는 것은 불가능하다고 썼다.

연습문제 11~12에서는 이 장의 문제에 포함된 표 4-1의 표본 데이터를 참조한다. 표 4-1에 포함된 555명의 대상자 중 1명을 무작위로 선택한다고 가정한다.

표 4-1 구직자의 약물 검사 결과

	양성 검사 결과 (검사 결과 마약을 사용)	**음성 검사 결과** (검사 결과 마약 사용 없음)
마약을 사용한 대상자	45 (진양성)	5 (위음성)
마약을 사용하지 않은 대상자	25 (위양성)	480 (진음성)

11. 구직자의 약물 검사 위음성 결과를 얻은 사람을 선택할 확률을 구하라. 위음성의 결과로 누가 고통을 겪을까? 왜 그런가?

12. 구직자의 약물 검사 마약을 사용하는 사람을 선택할 확률을 구하라. 그 결과는 이 장의 문제에서 설명된 "유병률"의 합리적인 추정으로 보이는가?

연습문제 13~16에서 확률을 구하고 질문에 답하라.

13. XSORT 성별 선택 MicroSort의 XSORT 성별 선택 기술은 아기가 여아가 될 가능성을 높이기 위해 고안되었다. XSORT 성별 선택 기술의 임상시험이 중단되기 전에 한 시점에서, 945명의

출생자는 879명의 여아와 66명의 남아로 구성되었다. (Genetics & IVF Institute의 데이터를 기반으로 함.) 이 결과를 바탕으로 MicroSort의 XSORT 방법을 사용한 부부가 여아를 낳을 확률은 얼마인가? 이 기술은 아기가 여아가 될 가능성을 높이는데 효과적인 것으로 보이는가?

14. 멘델 유전학 멘델이 완두콩으로 유명한 유전학 실험을 수행했을 때, 자손의 표본은 녹색 완두콩 428개와 노란색 완두콩 152개로 구성되었다. 그 결과를 토대로 녹색인 자손 완두콩을 얻을 확률을 추정하라. 이 결과는 멘델이 주장한 기댓값 3/4에 상당히 가까운가?

15. 온라인 의학 설문조사에서 933명의 응답자는 온라인으로 의료 정보를 찾아본다고 답했으며 139명의 다른 응답자는 온라인으로 의료 정보를 찾지 않는다고 했다. 무작위로 선택된 사람이 온라인으로 의료 정보를 찾지 않는 사람일 확률은 얼마인가? 온라인으로 의료 정보를 찾지 않는 사람은 예외적인 사람인가? 이러한 결과는 이 설문조사가 AOL이 인터넷에 게시한 설문에 응답하기로 결정한 대상자의 응답에서 온 것이라는 사실에 어떤 영향을 주는가?

16. 유전학: 눈의 색 두 부모는 각각 눈 색깔을 결정하는 대립형질 쌍인 갈색/파란색 유전자형을 가지고 있으며 각 부모는 그 대립형질 중 하나를 자식에게 준다. 아이가 적어도 하나의 갈색 대립형질을 가지고 있다면 그 색깔이 우성이어서 눈은 갈색이라고 가정한다. (눈 색깔의 실제 결정은 훨씬 복잡하다.)

a. 가능한 모든 출현을 나열하라. 출현은 등확률이라고 가정한다.

b. 이 부모의 자녀가 파란색/파란색 유전자형을 가질 확률은 얼마인가?

c. 아이가 갈색 눈을 가질 확률은 얼마인가?

표본공간으로 부터의 확률 **연습문제 17~18에서 주어진 표본공간을 사용하거나 표시된 표본공간을 구성하여 표시된 확률을 구하라.**

17. 세 자녀 세 명의 자식이 있을 때 가능한 8개의 단순사건으로 구성된 표본공간은 {bbb, bbg, bgb, bgg, gbb, gbg, ggb, ggg}이다([예제 2] 참조). 남녀가 등확률이라고 가정하면 8개의 단순사건도 등확률이다. 부부가 세 자녀를 가질 때, 정확히 한 소녀가 있을 확률을 구하라.

18. 네 자녀 연습문제 17에서 세 자녀를 둔 부부의 표본공간을 보였다. 4명의 자녀가 있는 부부의 표본공간을 알아보고, 3명의 소녀와 1명의 소년(임의의 순서)을 가질 확률을 구하라.

확률을 사용하여 결론을 도출 **연습문제 19~20에서 주어진 확률 값을 사용하여 표본 결과가 우연에 의해 쉽게 발생할 수 있는지 결정한 다음 결론을 도출하라.**

19. 성별 예측 한 연구에서 임산부가 아기의 성별을 정확하게 예측할 수 있는지 여부에 대한 문제를 다루었다. 104명의 임산부 중 57명은 아기의 성별을 정확하게 예측했다. (Perry 등이 *Birth*지 제26권 제3호에 발표한 "Are Women Carrying 'Basketballs'…"의 데이터에 근거) 임신한 여성에게 그러한 능력이 없다면 우연히 그러한 표본 결과를 얻는 확률은 0.327이다. 이 결과에서 어떠한 결론을 도출할 수 있는가?

20. 졸음 통증 완화에 사용된 옥시콘틴의 임상시험에서 227명의 대상자가 옥시콘틴으로 치료받았고 52명이 졸음을 경험했다(퍼듀 파마사의 데이터를 기반으로 함). 옥시콘틴이 졸음에 아무런 영향을 주지 않는데도 우연히 이러한 표본 결과를 얻을 확률은 0.001보다 작다(이 표본 군을 옥시콘틴으로 치료하지 않은 다른 군과 비교). 이 결과에서 어떠한 결론을 도출할 수 있는가?

4-2 덧셈 법칙 및 곱셈 법칙

남녀의 비율

아기가 태어났을 때 남아와 여아가 동 확률이 아니라는 것은 잘 알려져 있다. 현재 여아 100명당 105명의 남아가 태어났다고 믿기 때문에 남아의 확률은 0.512이다. 조지아 대학의 크리스틴 나바라(Kristen Navara)는 전 세계에서 여아보다 더 많은 남아가 태어났음을 보여주는 연구를 실시했으며, 적도에 더 가까이 위치함에 따라 그 차이가 더 작아지는 것을 보여주었다. 그녀는 200개국의 위도, 기온, 실업률, 국민 총생산을 사용하였는데 남아의 비율이 위도와 관련 기후에 의해서만 영향을 받는 것으로 나타나는 통계 분석을 내놓았다. 지금까지 아무도 이 현상에 대한 합리적인 설명을 하지 못하고 있다.

핵심 개념

이 절에서는 $P(A$ 또는 $B)$를 구하는 도구로 **덧셈 법칙**을 설명한다. $P(A$ 또는 $B)$는 절차의 단일 출현으로서 사건 A가 발생하거나 사건 B가 발생(또는 둘 다 발생)할 확률이다. $P(A$ 또는 $B)$를 구하려면 A가 발생할 수 있는 방법의 수와 B가 발생할 수 있는 방법의 수를 중복 계수 없이 더하면 된다. 덧셈 법칙에서 "또는"이라는 단어는 확률의 덧셈과 관련이 있다.

이 절에서는 또한 $P(A$ 및 $B)$를 구하는 데 사용되는 기본 곱셈 법칙을 제시한다. $P(A$ 및 $B)$는 사건 A가 발생하고 또 사건 B가 발생할 확률이다. 사건 A의 결과가 사건 B의 확률에 어느 정도 영향을 준다면 사건 A의 발생을 반영하여 사건 B의 확률을 조정하는 것이 중요하다. $P(A$ 및 $B)$를 구하는 법칙을 사건 A의 확률과 사건 B의 확률의 곱셈이 간여(필요한 경우, 사건 B의 확률은 사건 A의 결과로 인해 조정)하므로 곱셈 법칙이라고 부른다. 곱셈 법칙에서 단어 "및"은 확률 곱셈과 관련된다.

4-1절에서는 단순사건만을 고려했지만 이 절에서는 복합사건을 고려한다.

정의

복합사건(compound event)은 두 개 이상의 단순사건을 결합한 사건이다.

덧셈 법칙

덧셈 법칙 표기법

$P(A$ 또는 $B) = P($단일 시행에서 사건 A가 발생하거나 사건 B가 발생하거나 둘 다 발생함$)$

앞의 표기법에서 사용된 단어 "또는"은 둘 중의 어느 하나 혹은 둘 다를 의미하는 "포함적 또는"이다. 덧셈 법칙은 공식으로 주어지는 경우가 많지만 공식을 맹목적으로 사용하는 것은 좋지 않다. 대신 다음의 직관적인 덧셈 법칙에서처럼 법칙의 원리를 이해하고 그 이해를 바탕으로 사용한다.

직관적인 덧셈 법칙

$P(A$ 또는 $B)$를 구하려면 사건 A가 발생할 수 있는 방법의 수와 사건 B가 발생할 수 있는 방법의 수를 더하되 **모든 출현은 한 번만 계산되도록** 한다. $P(A$ 또는 $B)$는 그 합계를 표본공간의 총 출현의 수로 나눈 값과 같다.

공식적인 덧셈 법칙

$$P(A \text{ 또는 } B) = P(A) + P(B) - P(A \text{ 및 } B)$$

여기서 $P(A \text{ 및 } B)$는 절차 시행의 출현으로 A와 B가 둘 다 동시에 발생할 확률을 나타낸다.

덧셈 법칙을 적용하는 한 가지 방법은 사건 A의 확률과 사건 B의 확률을 더하고 중복 계수를 유발하는 겹침이 있으면 두 번 포함된 출현의 확률을 뺀 값을 보상하는 것이다. 이 접근법은 위의 공식적인 덧셈 법칙에 반영되었다.

예제 1 구직 신청자의 약물 검사

편리하고 보기에 편하도록 여기에 **표 4-1**을 다시 나타내었다. 주어진 약물 검사의 555명의 대상자 중에서 1명을 무작위로 선택하였을 때, 양성의 검사결과가 나오거나 또는 마약을 사용한 대상자가 선택될 확률을 구하라.

표 4-1 구직자의 약물 검사 결과

	양성 검사 결과 (검사 결과 마약을 사용)	음성 검사 결과 (검사 결과 마약 사용 없음)
마약을 사용한 대상자	**45** (진양성)	**5** (위음성)
마약을 사용하지 않은 대상자	**25** (위양성)	480 (진음성)

* 굵은 숫자는 마약을 사용한 대상자이거나 양성 검사 결과의 수에 해당하며 총수는 75이다.

풀이

표 4-1에서 양성 시험 결과를 낸 대상자의 수(1열)와 마약을 사용한 대상자의 수(1행)를 계산한다. 각 대상자는 한 번만 헤아려야지 두 번 헤아리면 안 된다. 첫 열과 첫 행의 도수를 더할 때 45의 도수는 한번만 포함되어야 한다. **표 4-1**에는 양성 검사 결과가 있거나 마약을 사용한 $45 + 25 + 5 = 75$명의 대상자가 있다.

$$P(\text{양성 검사 결과 또는 마약 사용}) = 75/555 = 0.135$$

배반사건과 덧셈 법칙

사건이 배반일 때 덧셈 법칙은 단순화된다.

정의

사건 A와 B가 동시에 발생할 수 없는 경우 **배반(disjoint)**[또는 **상호배타적(mutually exclusive)**]이라고 한다. (즉, 배반사건은 겹치지 않는다.)

예제 2 **배반사건**

배반사건: **사건 A** — 임상시험을 위해 남성 중에서 무작위로 선택
사건 B — 임상시험을 위해 여성 중에서 무작위로 선택
(한 사람이 두 사건 모두에서 선택될 수 없다.)

배반사건 아님: **사건 A** — 통계 과목을 수강 중인 사람 중에서 무작위로 선택
사건 B — 여자 중에서 무작위로 선택
(한 사람이 두 사건 모두에서 선택될 수 있다.)

A와 B가 배반이면, 덧셈 법칙의 공식에서 $P(A$ 및 $B)$가 0이 된다. 따라서 배반사건 A와 B에 대해 $P(A$ 또는 $B) = P(A) + P(B)$가 된다. 공식을 맹목적으로 사용하지 말고 직관적인 덧셈 법칙을 이해하고 사용하는 것이 좋다.

다음은 덧셈 법칙의 핵심에 대한 요약이다.

1. **$P(A$ 또는 $B)$를 구하려면 먼저 단어 "또는"을 덧셈과 연관시킨다.**
2. **$P(A$ 또는 $B)$의 값을 구하기 위해 A가 발생할 수 있는 방법의 수와 B가 발생할 수 있는 방법의 수를 더하되 중복 계수 없이 더한다.**

보사건과 덧셈 법칙

4-1절에서 $\overline{A}$를 사건 A가 발생하지 않음을 나타내는 데 사용하였다. 상식적으로 보았을 때 사건 A가 발생하거나 또는 발생하지 않거나 하는 두 가지 중의 한 가지는 확실히 일어난다(확률 1). 따라서 $P(A$ 또는 $\overline{A}) = 1$이 된다. 사건 A와 $\overline{A}$는 배반이므로 덧셈 법칙을 사용하여 다음과 같이 표현할 수 있다.

$$P(A \text{ 또는 } \overline{A}) = P(A) + P(\overline{A}) = 1$$

이 덧셈 법칙의 결과는 같은 원리를 다른 형태로 나타낸 다음 세 식을 유도한다.

보사건의 규칙

$$P(A) + P(\overline{A}) = 1 \qquad P(\overline{A}) = 1 - P(A) \qquad P(A) = 1 - P(\overline{A})$$

예제 3 **몽유병**

저널 기사에 따르면, 몽유병 환자를 무작위로 선택할 확률은 0.292이므로 P(몽유병 환자) = 0.292이다. (Ohayon 등이 *Neurology* 제78권 제20호에 발표한 "Prevalence and Comorbidity of Nocturnal Wandering in the U.S. General Population"에서 가져온 데이터) 어떤 사람이 무작위로 선택되었을 때, 몽유병이 없는 사람이 선택될 확률을 구하라.

풀이

보사건의 규칙을 사용하면

$$P(\text{몽유병 없음}) = 1 - P(\text{몽유병 환자}) = 1 - 0.292 = 0.708$$

몽유병이 없는 사람을 무작위로 선택할 확률은 0.708이다.

곱셈 법칙

곱셈 법칙 표기법

먼저 기본 표기법을 보고 곱셈 법칙을 살펴보자. 공식을 맹목적으로 사용하기보다는 이해하는 것이 중요하므로 직관적인 곱셈 법칙을 사용하는 것을 추천한다.

표기법

$P(A$ 및 $B) = P$(하나의 시행에서 사건 A가 발생하고 다른 시행에서 사건 B가 발생함)

$P(B|A)$는 사건 A가 이미 발생했다고 가정하고 사건 B가 발생할 확률을 나타낸다. ($B|A$를 "사건 B는 사건 A가 이미 발생한 후에 발생한다"라고 해석하라.)

주의 표기법 $P(A$ 및 $B)$는 문맥에 따라 두 가지 의미가 있다. 곱셈 법칙의 경우 $P(A$ 및 $B)$는 하나의 시행에서 사건 A가 발생하고 다른 사건에서 사건 B가 발생함을 나타낸다. 덧셈 법칙의 경우 $P(A$ 및 $B)$를 사용하여 A와 B가 모두 동일한 시행에서 발생함을 나타낸다.

직관적인 곱셈 법칙

하나의 시행에서 사건 A가 발생하고 다른 시행에서 사건 B가 발생할 확률을 구하려면, 사건 A의 확률에 사건 B의 확률을 곱한다. 단, 사건 B의 확률은 사건 A가 이미 발생했다고 가정한 상태에서의 사건 B의 확률이다.

공식적인 곱셈 법칙

$$P(A \text{ 및 } B) = P(A) \cdot P(B|A)$$

독립성과 곱셈 법칙

곱셈 법칙을 적용할 때 사건 B의 확률이 이전에 발생한 사건 A에 의해서 조정되어야 하는지는 사건 A와 B가 독립적인지 여부에 달려 있다.

정의

하나의 사건이 다른 사건의 발생 확률에 영향을 미치지 않으면 두 사건 A와 B는 **독립적(independent)**이다. (각 사건이 다른 사건들의 발생 확률에 영향을 미치지 않으면 여러 사건들은 독립적이다.) A와 B가 독립적이지 않다면, 그들은 **종속적(dependent)**이라고 한다.

주의 두 사건의 종속성이 한 사건이 다른 사건의 직접적인 원인이라는 것을 의미하지는 않는다. 부엌에서 전등을 사용하는 것과 침실에서 전등을 사용하는 것은 동일한 전원 공급원을 공유하기 때문에 종속 사건이다. 하나의 전등이 여러 가지 이유로 작동을 멈출 수 있지만 하나의 전등이 꺼지면 다른 전등이 꺼질 확률이 높아진다(공통 전원으로 인해).

[예제 4]는 (a) 독립 사건과 (b) 종속 사건이 있는 기본 곱셈 법칙을 보여준다.

예제 4 약물 스크리닝과 기본 곱셈 법칙

표 4-1에서 마약을 사용한 대상자의 50개 검사 결과만 고려하자.

양성 검사 결과:	45
음성 검사 결과:	5
총:	50

a. 이 50명 중 2명을 무작위로 복원하여 선택할 때, 첫 번째 사람이 양성 검사 결과를 보이고 두 번째 사람이 음성 검사 결과를 보일 확률을 구하라.

b. (a)와 같지만, 복원 없이 선택할 때의 확률을 구하라.

풀이

a. 복원하는 경우: 첫 번째 선택은 (총 50개의 결과 중 45개의 양성 결과)

$$P(\text{양성 검사 결과}) = \frac{45}{50}$$

두 번째 선택은 (동일한 총 50개의 결과 중에서 5개의 음성 검사 결과)

$$P(\text{음성 검사 결과}) = \frac{5}{50}$$

이제 곱셈 법칙을 다음과 같이 적용한다.

$$P(\text{첫 선택은 양성이고 두 번째는 음성}) = \frac{45}{50} \cdot \frac{5}{50} = 0.0900$$

b. 복원하지 않는 경우: 첫 번째 선택을 복원하지 않으면, 다음의 사항을 제외하고는 (a)의 계산과 동일하다: 첫 번째 선택이 양성이고 두 번째 선택에 사용할 수 없다는 사실을 반영하여 두 번째 확률을 조정해야 한다. 첫 번째 양성인 결과가 선택되면 49개의 테스트 결과가 남게 되고 그 중 5개가 음성이다. 따라서 두 번째

확률은 아래와 같이 5/49이다.

$$P(\text{첫 선택은 양성이고 두 번째는 음성}) = \frac{45}{50} \cdot \frac{5}{49} = 0.0918$$

[예제 4] (b)의 요점은 다음과 같다. 첫 번째 사건의 출현을 반영하기 위해 두 번째 사건의 확률을 조정해야 한다. 두 번째 대상의 선택은 첫 번째 대상의 복원 없이 이루어지기 때문에, 첫 번째 선택에서 양성 결과를 보인 대상자를 제거하여 두 번째 선택에는 49명의 대상자만 사용할 수 있으며, 그 중 5명이 음성 검사 결과를 가진다. [예제 4] (a)는 복원추출을 하므로 사건이 독립적이다. [예제 4] (b)는 비복원추출을 하므로 사건이 종속적이다.

표본추출 통계 세계에서 표본추출 방법은 매우 중요하며 다음과 같은 관계가 있다.

- 복원추출: 선택들은 독립사건이다.
- 비복원추출: 선택들은 종속사건이다.

예외: 종속사건을 독립사건인양 취급하기

큰 모집단에서 복원 없이 작은 표본을 추출할 때 사건들을 독립적인 것으로 취급하는 일반적인 관행을 사용하여 성가신 계산을 크게 단순화할 수 있다. 이 경우 동일한 항목이 두 번 선택되는 경우는 드물기 때문이다. 다음은 설문 조사 결과 분석과 같은 응용에서 일상적으로 사용되는 지침이다.

종속사건을 독립사건인양 취급하기: 성가신 계산을 막는 5% 지침

표본의 크기가 모집단 크기의 5%를 넘지 않을 때 비복원 추출하는 선택들은 (실제로는 종속적이지만) 독립적인 것으로 취급할 수 있다.

[예제 5]는 성가신 계산을 막는 5% 지침을 사용하는 것을 보여 주며, 또한 기본 곱셈 법칙이 세 개 이상의 사건으로 쉽게 확장된다는 것을 보여준다.

예제 5 약물 스크리닝과 성가신 계산을 막는 5% 지침

미국 성인 247,436,830명 중에서 복원하지 않고 3명을 무작위로 선택한다고 하자. 또한 미국 성인의 10%가 마약을 사용한다고 가정하자. 3명의 선택된 성인이 모두 마약을 사용할 확률을 구하라.

풀이

3명의 성인은 복원하지 않고 무작위로 선택하였기 때문에 세 사건은 종속적이지만 여기서는 성가신 계산을 막는 5% 지침을 적용하여 독립적으로 취급할 수 있다. 표본 크기 3은 분명히 247,436,830의 모집단 크기의 5%를 넘지 않는다.

(계속)

$$
\begin{aligned}
P(\text{성인 3명 모두 마약 사용}) &= P(\text{첫 선택이 마약 사용 및 두 번째 선택이} \\
&\quad \text{마약 사용 및 세 번째 선택이 마약 사용}) \\
&= P(\text{첫 선택이 사용}) \cdot P(\text{두 번째 선택이 마약 사용}) \cdot \\
&\quad P(\text{세 번째 선택이 마약 사용}) \\
&= (0.10)\,(0.10)\,(0.10) = 0.00100
\end{aligned}
$$

선택한 3명의 성인 모두가 마약을 사용하는 확률은 0.00100이다.

[예제 5]에서 5% 지침을 사용하지 않고 사건을 종속적으로 처리하면, 247,436,830명의 성인으로 시작하여 약물을 사용하는 10%(또는 24,743,683)의 성가신 계산이 발생한다.

$$
\begin{aligned}
\left(\frac{24{,}743{,}683}{247{,}436{,}830}\right)\left(\frac{24{,}743{,}682}{247{,}436{,}829}\right)\left(\frac{24{,}743{,}681}{247{,}436{,}828}\right) &= 0.0009999998909 \\
&= 0.00100 \text{ (반올림됨)}
\end{aligned}
$$

전형적으로 여론 조사에서 일반적으로 행해지는 것처럼 3명 대신 무작위로 1000명을 선택한다고 상상해 보자. 위의 계산을 3가지 인자 대신 1000가지 인자를 포함하도록 확장하면 "고통스러운" 계산이 될 것이다.

주의 어떠한 확률 계산에서도 고려해야 할 사건을 신중하게 파악하는 것이 매우 중요하다. [예제 6]의 (a)와 (b)는 상당히 유사하게 보이지만 해법이 매우 다르다.

예제 6 생일

생일이 각 요일에 동일한 빈도로 발생한다고 가정하고, 한 학급에서 두 명을 무작위로 선택하였을 때 다음의 확률을 구하라.

a. 두 사람이 같은 요일에 태어났을 확률을 구하라.

b. 두 사람이 모두 월요일에 태어났을 확률을 구하라.

풀이

a. 특정 요일을 지정하지 않으므로 첫 번째 사람은 7요일 중 어느 날에 태어날 수 있다. 첫 번째 사람과 같은 날에 두 번째 사람이 태어났을 확률은 1/7이다. 같은 날에 두 사람이 태어났을 확률은 1/7이다.

b. 첫 번째 사람이 월요일에 태어날 확률은 1/7이며 두 번째 사람도 월요일에 태어날 확률은 1/7이다. 두 가지 사건이 독립적이기 때문에 두 사람이 모두 월요일에 태어날 확률은

$$\frac{1}{7} \cdot \frac{1}{7} = \frac{1}{49}$$

말조심 하세요! [예제 6]은 정확하거나 적절한 확률 값을 찾는 데 종종 계산 기술보다 더 많은 언어 기술이 필요하다는 것을 보여준다. [예제 6]에서 "같은 요일"이란 정확히 무엇을 의미하는가? [예제 6]의 (a)와 (b)가 어떻게 다른지 보라.

중복: 곱셈 법칙의 중요한 응용

중복의 원칙은 많은 시스템에서 신뢰성을 높이기 위해 사용된다. 우리의 눈은 한쪽이 안 보이더라도 계속 사물을 볼 수 있는 수동적인 중복이 있다. 현대 생물학의 중요한 발견 중의 하나는 유기체의 유전자들이 종종 서로를 대체하여 작용할 수 있다는 것이다. 공학자는 다음 예제와 같이 단일 구성요소의 오류로 인해 전체 시스템이 실패하지 않도록 중복 구성요소를 설계하는 경우가 많다.

예제 7 에어버스 310: 더 나은 안전을 위한 중복

현대의 항공기는 현재 매우 신뢰성이 높으며 안정성에 기여하는 하나의 설계 특징은 중복을 사용하는 것이다. 중요한 구성요소를 이중으로 구성하여 하나가 고장이 나면 다른 것이 작동하도록 한다. 예를 들어, 에어버스 310쌍-엔진 여객기에는 3개의 독립적인 유압 시스템이 있기 때문에 하나의 시스템에 장애가 발생하면 다른 시스템이 기능을 하여 전체 비행 제어가 유지된다. 이 예에서는 일반적인 비행의 경우 유압 시스템의 고장 확률이 0.002라고 가정한다.

a. 에어버스 310에 하나의 유압 시스템이 있다면 항공기의 비행 제어 장치가 비행을 할 수 있는 확률은 얼마인가?

b. 에어버스 310에는 실제로 3개의 독립적인 유압 시스템이 있다. 일반적인 비행에서 잘 작동되는 유압 시스템으로 비행 제어가 유지되는 확률은 얼마인가?

풀이

a. 유압 시스템의 고장 확률이 0.002이므로 실패하지 않을 확률은 0.998이다. 즉, 비행 제어가 유지될 확률은 다음과 같다:

$$P(\text{유압 시스템 고장 없음}) = 1 - P(\text{실패}) = 1 - 0.002 = 0.998$$

b. 세 개의 독립적인 유압 시스템으로 세 시스템이 모두 실패하지 않으면 비행 제어가 유지된다. 3가지 유압 시스템이 모두 고장 날 확률은 $0.002 \cdot 0.002 \cdot 0.002 = 0.000000008$이다. 비행 제어를 유지할 확률은 다음과 같다.

$$P(\text{3개의 유압 시스템이 모두 고장 난 것이 아님}) = 1 - 0.000000008 = 0.999999992$$

(계속)

해석

하나의 유압 시스템만으로는 0.002의 고장 확률을 갖지만, 3개의 독립적인 유압 시스템을 사용하면 3개의 시스템 모두가 고장 나서 비행 제어가 유지될 수 없는 확률은 0.000000008에 불과하다. 하나가 아닌 세 유압 시스템을 사용함으로써 고장 위험은 1/3이 아니라 1/250,000로 감소한다. 3개의 독립적인 유압 시스템을 사용함으로써 위험이 급격히 감소되고 안전성이 극적으로 향상된다.

곱셈 법칙의 이론적 근거

곱셈 법칙의 기초가 되는 추론을 보려면 다음 두 가지 질문으로 구성된 퀴즈를 생각해 보라.

1. 진실 또는 거짓: 1 파운드의 깃털은 1 파운드의 금보다 무겁다.
2. 다음 중 누가 "작은 표본으로 전체 조각을 판단할 수 있을까?"라고 말하였는가?
   (a) 판사 주디; (b) 판사 드레드; (c) 세르반테스; (d) 조지 갤럽; (e) 간디

답은 진실(T)과 c이다. (첫 번째 답은 깃털의 무게는 상형 단위로서 파운드가 453.59 g인 반면 금과 다른 귀금속의 무게는 트로이 단위로서 파운드가 373.24 g이다. 두 번째 질문의 글은 돈키호테에서 인용하였기 때문에 답은 세르반테스.)

가능한 답변의 표본공간은 다음과 같다.

Ta Tb Tc Td Te Fa Fb Fc Fd Fe

두 답을 모두 무작위로 추측하면 10가지 가능한 결과가 등확률이므로,

$$P(\text{모두 맞음}) = P(T \text{ 및 } c) = \frac{1}{10} = 0.1$$

$P(T \text{ 및 } c) = 1/10$, $P(T) = 1/2$, $P(c) = 1/5$이므로

$$\frac{1}{10} = \frac{1}{2} \cdot \frac{1}{5}$$

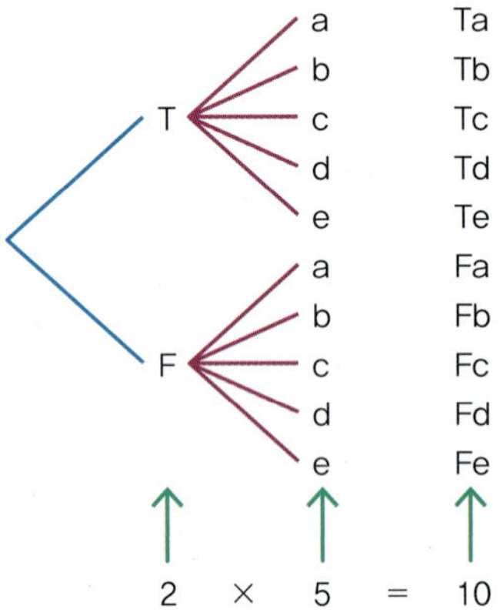

그림 4-4 퀴즈 답의 수형도

수형도는 절차의 가능한 출현을 그림 4-4와 같이 그래프로 나타낸 것이다. 그림 4-4는 두 답이 모두 무작위 추측이면 10개 분기 모두 등확률이고 정답 쌍 (T, c)을 얻을 확률이 1/10임을 보여준다. 첫 번째 질문에 대한 각각의 답에 대해 두 번째 답에는 5개의 답이 있다. 총 출현 수는 5 곱하기 2로 10이다. 그림 4-4의 수형도는 곱셈 사용에 대한 시각적 그림을 제공한다.

덧셈 법칙과 곱셈 법칙 요약

***P*(*A* 또는 *B*)에 대한 덧셈 법칙**: 단어 "또는"는 덧셈을 의미한다. $P(A)$와 $P(B)$를 더할 때 각 출현이 한 번만 계수되도록 한다.

***P*(*A* 및 *B*)에 대한 곱셈 법칙**: 두 시행에서 단어 "및"은 곱셈을 의미한다. $P(A)$와 $P(B)$를 곱할 때 사건 B의 확률은 사건 A의 이전 출현을 고려해야 한다.

4-2 기본적인 기술 및 개념

통계적 해석 및 비판적 사고

1. 표기법 무작위로 성인을 선택할 때, A는 파란 눈을 가진 사람을 선택하는 사건을 나타낸다. $P(A)$와 $P(\overline{A})$는 무엇을 나타내는가?

2. 설문조사 표본 플로리다에는 15,524,971명의 성인이 있다. 갤럽이 1068명의 성인을 복원하지 않고 무작위로 선택하면, 선택은 독립적인가 종속적인가? 선택이 종속적이라면 계산 목적에 따라 독립적으로 취급될 수 있는가?

보 구하기 **연습문제 3~4에서 표시된 보를 구하라.**

3. LOL 미국 스마트폰 사용자의 설문조사에 따르면, 문자 메시지를 보낼 때 약어(예: LOL)가 성가신 것인지 묻는 질문에 26%의 응답자가 "예"라고 응답했다. 무작위로 스마트폰 사용자를 선택하였을 때 "예" 이외의 응답을 받을 확률은 얼마인가?

4. 임상시험 비아그라를 임상시험을 할 때, 117명의 환자가 두통을, 617명은 그렇지 않다고 보고하였다. 이 환자 중 한 명이 무작위로 선택할 때 두통을 보고하지 않은 환자를 얻을 확률을 구하라.

연습문제 5~10에서는 무작위로 선택한 대상자의 혈액형과 Rh 유형을 요약한 다음 표의 데이터를 사용하라. 대상자는 표에 포함된 대상 중에서 무작위로 선택한다고 가정한다.

		O	A	B	AB
유형	Rh^+	59	53	12	6
	Rh^-	9	8	3	2

5. 혈액형과 유형 한 사람을 선택할 때 A군이 아닌 사람을 얻을 확률을 구하라.

6. 혈액형과 유형 한 사람을 선택할 때 A군 또는 Rh^+ 유형인 사람을 얻을 확률을 구하라. A군인 사람을 선택하는 사건과 Rh^+ 유형인 사람을 선택하는 사건은 배반사건인가?

7. 혈액형과 유형 두 사람을 선택할 때 두 사람 모두 B군일 확률을 구하라.

a. 복원하면서 선택한다고 가정한다. 사건이 독립적인가?

b. 복원하지 않고 선택한다고 가정한다. 사건이 독립적인가?

8. 혈액형과 유형 두 사람을 선택할 때 두 사람 모두 Rh^+ 유형일 확률을 구하라.

a. 복원하면서 선택한다고 가정한다. 사건이 독립적인가?

b. 복원하지 않고 선택한다고 가정한다. 사건이 독립적인가?

9. 혈액형과 유형 한 사람을 선택할 때 A군 또는 B군 또는 Rh^- 유형인 사람을 얻을 확률을 구

하라.

10. 혈액형과 유형 3명의 다른 사람들을 선택할 때 모두 A군일 확률을 구하라.

연습문제 11~12에서 Drug Test Success사가 제공한 마리화나 사용에 대한 "1-Panel-THC" 검사 결과를 사용하라. 양성 결과를 가진 143명의 대상자 중 24명은 위양성 결과이다. 157명의 음성 결과 중 3명은 위음성이다. (힌트: 이 장의 문제에 포함된 표 4-1과 유사한 표를 작성하라.)

11. 마리화나 사용 검사

a. 연구에 몇 명의 대상자가 포함되어 있는가?

b. 얼마나 많은 대상자가 진음성 결과를 가졌는가?

c. 무작위로 선택된 시험 대상자가 진음성 결과를 가질 확률은 얼마인가?

12. 마리화나 사용 검사 대상자 중 한 명을 무작위로 선택할 때, 대상자가 양성 반응을 보였으나 마리화나를 사용하지 않은 확률을 구하라.

중복 연습문제 13은 중복을 다룬다.

13. 컴퓨터 하드디스크의 중복 일반적으로 컴퓨터의 데이터는 백업하는 것이 좋다. lifehacker.com을 포함한 다양한 출처의 데이터를 기반으로, 1년 동안 하드디스크의 고장률이 3%라고 가정한다.

a. 모든 컴퓨터 데이터를 단일 하드디스크에 저장하는 경우, 1년 동안 하드디스크가 고장날 확률은 얼마인가?

b. 모든 컴퓨터 데이터를 하드디스크에 저장하고 두 번째 하드디스크에 사본을 저장하는 경우, 1년 동안 두 드라이브가 모두 고장날 확률은 얼마인가?

c. 모든 컴퓨터 데이터의 복사본을 3개의 독립적인 하드디스크에 저장하는 경우, 1년 동안이 세 개가 모두 고장날 확률은 얼마인가?

d. 백업 디스크로 얻은 향상된 안정성을 설명하라.

합격 표본추출 합격 표본추출은 항목의 표본을 복원하지 않고 무작위로 선택하고 표본의 모든 항목이 정상(또는 합치)인 것으로 판명되면 전체 묶음을 일괄적으로 받아들인다. 연습문제 14는 합격 표본추출을 다룬다.

14. 심장박동기 결함 심장박동기 오작동 8834건 중 504건이 장치에 프로그램된 소프트웨어인 펌웨어로 인해 발생된다. (마이셀 등이 *Journal of the American Medical Association*지 제295권 제16호에 발표한 "Pacemaker and ICD Generator Malfunctions"의 데이터) 8834개의 묶음 중 무작위로 세 개의 다른 심장박동기를 선택하여 펌웨어를 검사하여 고장이 없으면 전체 묶음을 승인한다. 전체 묶음의 펌웨어가 승인될 확률은 얼마인가? 이 절차로 전체 묶음이 승인될 가능성이 있는가?

연습문제 15에서는 확률을 구하고 "성가신 계산을 막는 5% 지침"이 언제 사용되는지 표시하라.

15. 의료용 헬리콥터 헬리콥터 사용과 환자 생존에 관한 연구에서, 헬리콥터로 운송된 47,637명의 환자와 지상에서 운송된 111,874명의 환자로부터 결과를 얻었다. (갈바그노 등이 *Journal of the American Medical Association*지 제307권 제15호에 발표한 "Association Between Helicopter vs Ground Emergency Medical Services and Survival for Adults with Major Trauma"의 데이터)

a. 이 연구의 159,511명 환자 중 1명을 무작위로 선택하면, 대상자가 헬리콥터로 운송될 확률은 얼마인가?

b. 연구 대상자 중 5명을 복원하지 않고 무작위로 선택하면, 이들 모두가 헬리콥터로 운송될 확률은 얼마인가?

4-2 기초를 넘어서

16. MRI 신뢰성 병원에서 사용되는 값 비싼 장비인 자기공명영상(MRI) 스캐너를 보호하는 데 사용되는 과전압보호기 p와 q를 보여주는 아래의 그림을 참조하라. 과전압이 있으면 과전압보호기가 전압을 안전한 수준으로 낮춘다. 과전압이 발생할 때 각 과전압보호기가 올바르게 작동할 확률은 0.985라고 가정한다.

a. 2개의 과전압보호기가 직렬로 배열되어 있다면 과전압이 MRI를 손상시키지 않을 확률은 얼마인가? 답을 반올림하지 마라.

b. 2개의 과전압보호기가 병렬로 배열되어 있다면 과전압이 MRI를 손상시키지 않을 확률은 얼마인가? 답을 반올림하지 마라.

c. 더 나은 보호를 위해 어떤 배열을 사용해야 하는가?

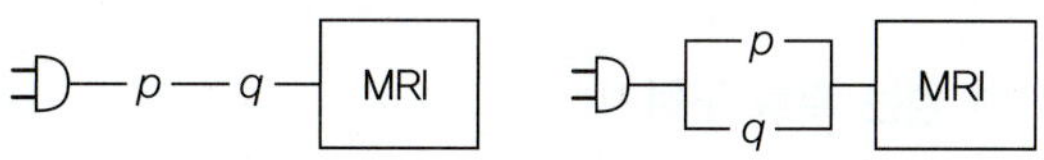

직렬 구성　　　병렬 구성

17. 배타적 또는 "배타적 또는"이란 한 사건 또는 다른 사건이 발생하지만 둘 다 발생하지 않음을 의미한다.

a. 공식적인 덧셈 법칙에서, "또는" 대신에 "배타적 또는"을 사용하는 덧셈 법칙을 가정하고 $P(A$ 또는 $B)$에 대한 공식을 다시 작성하라.

b. "또는" 대신에 "배타적 또는"을 사용하여 연습문제 6 "혈액형과 유형"을 반복하라.

4-3 보, 조건부확률, 베이즈 정리

핵심 개념

이 절의 PART 1에서는 여러 번의 시도 중에서 특정 사건을 적어도 한 번 얻을 확률을 포함하도록 곱셈 법칙을 확장한다. PART 2에서는 다른 사건이 이미 발생했다는 정보가 있을 때 사건이 발생할 확률인 **조건부확률**을 다룬다. PART 3에서는 베이즈 정리를 간단히 소개한다.

PART 1 보: "적어도 하나"의 확률

"적어도 한 번" 발생하는 사건의 확률을 구할 때는 다음을 이해해야 한다.

- "적어도 하나"는 "하나 이상"과 같은 의미이다.
- 어떤 사건을 "적어도 한 번" 얻는 것의 보는 그 사건이 발생하지 않는다는 것이다.

예를 들어, 10명의 출생 중 적어도 1명을 여아를 얻지 않았다는 것은 여아가 없다는 것과 동일하다. 이것은 또한 10명의 남아를 얻는 것과 같다.

10명의 출생 중에 적어도 1명의 여아가 없다 = 여아를 얻지 않았다 = 10명의 남아를 얻었다

다음 단계는 어떤 사건을 적어도 한 번 얻는 확률을 구하는 역방향 방법의 세부 사항이다.

사건을 적어도 한 번 얻는 확률 구하기:

1. **A = 어떤 사건을 적어도 한 번을 얻음.**
2. **$\overline{A}$ = 해당 사건을 얻지 못함.**
3. **사건 A가 발생하지 않을 확률인 $P(\overline{A})$을 구함(곱셈 법칙을 사용).**
4. **다음의 식에서와 같이 1에서 결과를 뺀다.**

$$P(\text{적어도 한 번 사건 } A \text{ 발생}) = 1 - P(\text{사건 } A\text{의 발생 없음})$$

예제 1 모수, 통계량

AB 혈액형을 가진 사람을 무작위로 선택할 확률은 0.0526이다(앞 절의 연습문제 5에 있는 표에 근거). 어떤 연구원이 AB 혈액형을 가진 적어도 1명의 대상자를 필요로 한다고 하자. 20명의 대상자를 무작위로 선택하면, AB 혈액형을 가진 사람이 적어도 한 명일 확률을 구하라. 연구원이 AB 혈액형을 가진 사람을 구하는 것이 상당한 확실성이 있을 만큼 확률이 충분히 높은가?

풀이

1단계: A = 20명 중 적어도 한 명이 AB 혈액형을 가짐

2단계: A의 보사건 구하기

$\overline{A}$ = 20명 중 AB 혈액형을 가진 대상자를 적어도 한 명을 얻지 못함
= 모든 20명의 대상자가 AB가 아닌 혈액형을 가짐

3단계: $P(\overline{A})$를 계산하면 보의 확률이 구해진다. AB 혈액형을 가진 사람의 확률이 0.0526이면, AB 혈액형을 갖지 않은 사람의 확률은 0.9474이다.

$$P(\overline{A}) = P(20\text{명의 대상자 모두 AB가 아닌 혈액형을 가짐})$$
$$= 0.9474 \cdot 0.9474 \cdot \cdots \cdot 0.9474$$
$$= 0.9474^{20} = 0.339365436$$

4단계: $1 - P(\overline{A})$를 계산하여 $P(A)$를 구한다.

$$P(A) = 1 - P(\overline{A}) = 1 - 0.339365436 = 0.661(\text{반올림})$$

해석

20명의 대상자의 경우, AB 혈액형을 가진 사람이 적어도 한 명 있을 확률은 0.661이다. 이 확률은 그리 높지 않으므로 연구원이 AB 혈액형을 가진 사람을 필요로 한다면 20명 이상의 대상자를 사용해야 한다.

PART 2 조건부확률

한 사건의 확률은 다른 사건이 발생했다는 사실에 영향을 받는다는 원칙을 살펴보자. 예를 들어, 골퍼가 홀인원을 할 가능성은 1/12,000(과거 결과 기준)이지만 선택한 사람이 프로골퍼라는 추가 정보가 있는 경우 확률은 1/2,375로 변경된다(*USA Today*의 데이터).

정의

한 사건의 **조건부확률(conditional probability)**은 이미 발생한 다른 사건에서 추가 정보로 얻어지는 확률이다.

표기법

$P(B \mid A)$는 사건 A가 이미 발생한 상황에서 사건 B가 발생하는 조건부확률을 나타낸다.

$P(B \mid A)$를 구하는 직관적인 접근

A가 발생한 경우 B가 발생하는 조건부확률은 [예제 2]가 보여주는 것처럼 사건 A가 발생했다고 가정하고 사건 B가 발생할 확률을 계산하여 알 수 있다.

검사의 착오

검사의 착오는 두 가지 조건부확률의 오해 또는 혼동이다: (1) 법의학 증거가 일치하는 경우 피고인이 무죄가 될 확률; (2) 사람이 결백한데도 법의학이 일치를 나타내는 확률. 검사의 착오는 일부 무고한 사람들을 잘못된 유죄 판결을 이끌어 투옥했다.

루시아 버크는 살인 혐의로 유죄 판결을 받아 네덜란드에서 감옥형을 선고받은 간호사였다. 병원 관리자는 버크가 있었던 병원 병동에서 발생한 의심스러운 사망을 관찰했다. 한 전문가는 그녀가 그곳에 우연히 존재하는 것은 342백만 분의 1이라고 증언하였다. 그러나 수학자 리처드 길은 확률이 1/150에 가깝거나 또는 1/5보다 작을 수도 있음을 계산하였다. 법원은 그녀가 결백하다는 가정 하에 버크가 그곳에 있을 때 의심스러운 죽음이 일어났을 확률을 사용했다. 그러나 법원은 그녀가 그곳에 있을 때 의심스러운 사망이 일어난 경우에 버크가 무죄일 확률을 고려했어야만 했다. 이와 같은 검찰의 착오 오류는 미묘하여, 이해하고 인식하기가 어려울 수 있지만, 무고한 사람들을 감옥에 보낼 수 있다.

$P(B|A)$를 구하는 공식적인 접근

확률 $P(B|A)$는 사건 A와 사건 B가 모두 발생하는 확률을 사건 A의 확률로 나누어 구할 수 있다.

$$P(B|A) = \frac{P(A \text{ 및 } B)}{P(A)}$$

앞의 수식은 조건부확률의 공식적인 표현이지만 수식의 사용을 권장하지는 않는다. 대신 [예제 2]에서 설명한 것처럼 직관적인 방법을 사용하는 것이 좋다.

예제 2 고용전 약물 스크리닝

표 4-1을 참조하여 다음을 구하라.

a. 555명의 대상자 중 1명을 무작위로 선택한다. 그 대상자가 마약을 실제로 사용한다고 가정할 때 검사 결과가 양성일 확률을 구하라. 즉, P(양성 검사 결과| 대상자가 마약을 사용함)를 구한다.

b. 555명의 대상자 중 1명을 무작위로 선택한다. 양성 검사 결과를 얻었을 때 대상자가 실제로 마약을 사용할 확률을 구하라. 즉, P(대상자가 마약을 사용함 | 양성 검사 결과)를 구한다.

표 4-1 구직자의 약물 검사 결과

	양성 검사 결과 (검사 결과 마약을 사용)	음성 검사 결과 (검사 결과 마약 사용 없음)
마약을 사용한 대상자	45 (진양성)	5 (위음성)
마약을 사용하지 않은 대상자	25 (위양성)	480 (진음성)

풀이

a. **직관적인 접근법**: 선택된 대상자가 마약을 사용한다고 가정할 때 양성 검사 결과를 얻을 확률인 P(양성 검사 결과|대상자가 마약을 사용함)를 구한다. 요점은 다음과 같다. 선택한 대상자가 실제로 약물을 사용한다고 가정하면 표 4-1의 첫 번째 행에 있는 50명의 대상자만 다루면 된다. 50명의 대상자 중 45명이 양성 검사 결과를 얻으므로,

$$P(\text{양성 검사 결과}|\text{대상자가 마약을 사용함}) = \frac{45}{50} = 0.900$$

공식적인 접근법: 공식적인 접근법에서 주어진 $P(B|A)$의 수식을 사용하여 동일한 결과를 찾을 수 있다. 다음 표기법을 사용한다.

$$P(B|A) = P(\text{양성 검사 결과}|\text{대상자가 마약을 사용함})$$

여기서 B = 양성 검사 결과이고 A = 대상자가 마약을 사용함이다.

다음 계산에서 P(대상자가 마약을 사용하고 양성 검사 결과) = 45/555와 P(대상자가 마약을 사용함) = 50/555를 사용하여 다음 결과를 얻는다.

$$P(B|A) = \frac{P(A \text{ 및 } B)}{P(A)}$$

는

$$\begin{aligned} &P(\text{양성 검사 결과}|\text{대상자가 마약을 사용함}) \\ &= \frac{P(\text{대상자가 마약을 사용하고 양성 검사 결과})}{P(\text{대상자가 마약을 사용})} \\ &= \frac{45/555}{50/555} = 0.900 \end{aligned}$$

직관적인 접근법과 공식적인 접근법을 비교하면 직관적인 접근법이 훨씬 사용하기 쉽고 오류가 발생할 가능성이 적다. 직관적인 접근법은 수식 조작보다는 조건부확률에 대한 이해를 기반으로 하며 이해가 훨씬 낫다.

b. 여기서는 P(대상자가 마약을 사용함 | 양성 검사 결과)를 원한다. 대상자가 양성 결과를 얻은 것으로 가정하면 **표 4-1**의 첫 번째 열에 있는 70명의 대상자를 다룬다. 그 70명의 대상자 중 45명은 마약을 사용한다.

$$P(\text{대상자가 마약을 사용함}|\text{양성 검사 결과}) = \frac{45}{70} = 0.643$$

조건부확률에 대한 공식을 적용하여 동일한 결과를 구할 수 있다. 하지만 이는 공식을 사용하는 조작을 특별히 좋아하는 사람들에게만 숙제로 남긴다.

해석

P(양성 검사 결과 | 대상자가 마약을 사용함) = 0.900의 첫 번째 결과는 마약을 사용하는 대상자가 0.900의 양성 시험 결과를 얻을 가능성이 있음을 나타낸다. P(대상자가 마약을 사용함 | 양성 검사 결과) = 0.643의 두 번째 결과는 양성 결과를 얻은 대상자의 경우 이 대상자가 실제로 마약을 사용할 확률이 0.643임을 나타낸다. P(양성 검사 결과 | 대상자가 마약을 사용함)와 P(대상자가 마약을 사용함 | 양성 검사 결과)가 같지 않음에 유의하라. 이어지는 "역의 혼란"을 참조하라.

역의 혼란

[예제 2]에서 P(양성 검사 결과 | 대상자가 마약을 사용함) ≠ P(대상자가 마약을 사용함 | 양성 검사 결과)임을 보았다. 이 예제는 일반적으로 $P(B|A) \neq P(A|B)$인 것을 증명하였다. (개별적으로 $P(B|A)$와 $P(A|B)$가 같을 수는 있지만 일반적으로는 같지 않다.) $P(B|A)$와 $P(A|B)$가 같다고 생각하거나 $P(B|A)$를 $P(A|B)$로 대신하여 사용하는 잘못

집단검사

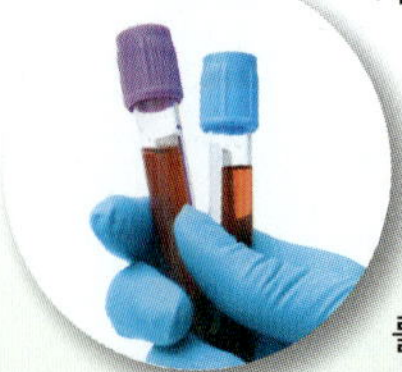

제2차 세계대전 중 미군은 각 군인에게 개별적으로 혈액 검사를 실시하여 매독 검사를 했다. 한 연구원은 혈액 표본을 혼합하는 방법을 제안했다. 혼합 쌍을 검사한 후, 양성 반응을 보인 쌍에 있는 혈액 표본을 재검사하여 매독 환자를 확인할 수 있었다. 혈액 표본을 짝 지음으로써 총 분석 횟수가 줄어드는데 3~4명 또는 그 이상의 군으로 조합하지 않을 이유가 있겠는가? 군으로 표본을 결합하고 양성 검사 결과에 대해서만 재검사하는 실시하는 이 기술을 집단검사, 풀검사, 복합검사 등으로 부른다. 네브래스카 대학의 통계학자인 크리스토퍼 빌더는 *Chance* 지에서 이 주제에 관한 기사를 썼다. 그는 미국 적십자사가 간염과 같은 특정 질병을 검사하기 위해 집단검사를 사용하고, 수의사가 소 바이러스성 설사 바이러스에 대해 소를 검사할 때 집단검사를 사용한다고 지적했다.

을 역의 혼란이라고 한다.

예제 3 역의 혼란

다음 사건을 고려하자.

D: 밖은 어둡다.

M: 자정이다.

알래스카 겨울과 같은 예외 사항은 무시하고,

$P(D|M) = 1$(자정이면 어둡다는 것은 확실하다.)

$P(M|D) = 0$ (어두울 때 정확히 자정이 될 확률은 거의 제로이다.)

여기서, $P(D|M) \neq P(M|D)$. 역의 혼란은 우리가 확률 값을 잘못 전환하거나 동등하다고 생각할 때 발생한다.

PART 3 베이즈 정리

이 절에서 조건부확률에 대한 논의를 확장하여 **베이즈 정리**(또는 **베이즈 규칙**)의 응용을 포함한다. 베이즈 정리는 추후에 얻을 수 있는 추가 정보를 기반으로 확률 값을 수정하는 데 사용된다.

의사가 역의 혼란을 경험할 때 종종 매우 오도된 정보를 제공한다는 연구 결과를 고려해 보자. 의사는 P(암|양성 검사 결과)와 P(양성 검사 결과|암)를 혼동하는 경향이 있었다. 약 95%의 의사는 P(암|양성 검사 결과)를 약 10배나 높게 추정하였으며, 결과적으로 환자는 오도된 진단을 받았고 환자는 불필요하게 잘못된 정보에 시달리게 되었다. 이 고전적인 예를 자세히 살펴보고 의사가 이해하기 쉬운 형식으로 정보를 제공하는 것을 알아보자.

예제 4 의료 검사 결과의 해석

암의 발병률은 1%라고 가정한다. 이는 모집단의 1%가 암에 걸렸다는 것을 의미한다. 암이 발생된 사건을 C로 표현하면, 모집단에서 무작위로 선택된 대상자에 대해 $P(C) = 0.01$이다. 이 결과는 다음과 같은 암 검사의 성능 특성 중 하나이다(캠브리지 대학 출판부에서 발간하고 데이비드 에디가 저술한 *Probabilistic Reasoning in Clinical Medicine*에서 가져옴).

- 암 발병률은 1%이다. 즉, $P(C) = 0.01$이다.
- 오진율은 10%이다. 즉, P(암이 없는데도 양성 검사 결과) = 0.10.
- 진양성의 비율은 80%이다. 즉, P(암이 있는 경우 양성 검사 결과) = 0.80.

$P(C|$양성 검사 결과)를 구해보자. 즉, 양성 검사 결과를 얻었을 때 대상자가 실제로

암에 걸렸을 확률을 구한다.

풀이

주어진 정보를 사용하여 위의 특성을 가진 가상의 모집단을 만들 수 있다. **표 4-2**를 참조하여,

- 1000명의 대상자가 있다고 가정한다. 1%의 발병률로 10명에게 암이 발생할 것으로 예상된다. 따라서 값의 첫 번째 행에 있는 항목의 합은 10이다.
- 다른 990명의 대상자는 암이 없다. 따라서 두 번째 행에 있는 항목의 합은 990이다.
- 암이 없는 990명의 대상자 중 10%가 양성 결과를 얻으므로 두 번째 행의 암이 없는 대상자 990명 중 10%가 양성 결과를 얻는다. 두 번째 행의 99 항목.
- 두 번째 행에 있는 990명의 대상자 중 99명의 검사가 양성이므로 다른 891명은 음성으로 나타난다. 두 번째 행의 891 항목.
- 첫 번째 행에 암을 가진 10명의 대상자 중 검사 결과의 80%가 양성이므로 첫 번째 행의 10명의 대상자 중 80%가 양성 반응을 나타낸다. 첫 번째 행에 8 항목.
- 첫 번째 행에 있는 다른 2명의 대상자는 음성으로 나타난다. 첫 번째 행의 2 항목.

$P(C|$양성 검사 결과)를 구하려면 첫 번째 열에 있는 양성 검사 결과를 본다. 그 첫 열에서 암이 있는 대상자를 무작위로 선택할 확률은 8/107 또는 0.0748이므로 $P(C|$양성 결과) = 0.0748이다.

해석

이 예에서 주어진 데이터의 경우, 무작위로 선택된 대상자의 1%가 암을 갖지만, 양성 검사 결과를 받은 무작위로 선택된 대상자의 경우 암의 확률은 7.48%로 증가한다. 이 예에서 주어진 데이터를 근거로 양성 검사 결과를 치명적인 것으로 생각하면 안 된다. 검사가 잘못되었을 가능성이 여전히 있기 때문이다.

표 4-2 검사 결과

	양성 검사 결과 (암이 있는 것으로 나타남)	음성 검사 결과 (암이 없는 것으로 나타남)	합계
암이 있음	8 (진양성)	2 (위음성)	10
암이 없음	99 (위양성)	891 (진음성)	990

[예제 4]의 풀이는 그다지 어렵지 않다. 또 다른 접근법은 베이즈 정리에 주어진 공식을 사용하여 확률을 계산하는 것이다.

$$P(A|B) = \frac{P(A) \cdot P(B|A)}{[P(A) \cdot P(B|A)] + [P(\bar{A}) \cdot P(B|\bar{A})]}$$

A를 C로 대체하고 B를 "양성"으로 대체하면 [예제 4]에 대한 답을 얻을 수 있다.

$$P(\text{C}|\text{양성}) = \frac{P(\text{C}) \cdot P(\text{양성}|\text{C})}{P(\text{C}) \cdot P(\text{양성}|\text{C}) + P(\overline{\text{C}}) \cdot P(\text{양성}|\overline{\text{C}})}$$

$$= \frac{0.01 \cdot 0.80}{(0.01 \cdot 0.80) + (0.99 \cdot 0.10)} = 0.0748$$

연구 결과 진정으로 놀라운 사실은, 100명의 의사가 [예제 4]의 정보를 받았을 때 95명은 $P(C|\text{양성})$를 0.70 내지는 0.80으로 10배나 틀리게 추정한다는 것이다. 의사는 지능이 매우 뛰어나지만 그들은 아마도 역의 혼란으로 고생했을 것이다. 진양성의 사람들에게 양성 결과에 대한 80%의 비율은 $P(\text{양성}|C) = 0.80$을 의미하지만, 이는 $P(C|\text{양성})$와는 매우 다르다. 의사들은 주어진 정보를 표 4-2와 같은 표 형태로 보았다면 훨씬 더 잘 이해했을 것이다.

베이즈 정리의 중요성과 유용성은 후속 사건에 대해 새로운 추가 정보가 얻어지는 순차적 사건과 함께 사용될 수 있고 새로운 정보가 초기 사건의 확률을 수정하는 데 사용된다는 것이다. 이 맥락에서 **사전확률**과 **사후확률**이라는 용어가 일반적으로 사용된다.

정의

사전확률(prior probability)은 임의의 추가 정보가 얻어지기 전에 원래 획득된 초기 확률 값이다.

사후확률(posterior probability)은 추후에 얻어진 추가 정보를 사용하여 수정된 확률 값이다.

[예제 4]와 관련하여, $P(C) = 0.01$은 무작위로 선택된 대상자가 암에 걸릴 확률이다. $P(C)$는 사전확률의 한 예이다. 대상자가 양성 결과를 얻었음을 나타내는 추가 정보를 사용하여 $P(C|\text{양성 검사 결과}) = 0.0748$을 구했으며, 이는 양성 검사 결과라는 추가 정보를 사용하기 때문에 사후확률이다.

4-3 기본적인 기술 및 개념

통계적 해석 및 비판적 사고

1. "적어도 한 번"의 보 사건 A를 배터리의 묶음에서 3개의 배터리를 무작위로 복원하여 선택할 때 적어도 한 개의 결함이 있는 배터리를 얻는 사건이라 하자. 사건 $\overline{A}$를 설명하는 문장을 써 보라.

2. 표기법 G = 대상자가 녹내장(눈병의 한 종류)을 가지고 있는 사건, Y = 대상자가 녹내장을 가지고 있다는 양성 검사 결과인 사건이라고 하자. 표기법 $P(Y|G)$를 구어체 문장으로 써 보라.

적어도 한 번 연습문제 3~6에서 확률을 구하라.

3. 세 자녀 부부가 세 자녀를 가질 때 적어도 한 자녀는 소녀일 확률을 구하라. (남아와 여아는 등확률이라고 가정한다.)

4. 미국에서의 출생 미국에서 아기가 남아가 되는 실제 확률은 0.512이다(이 책을 쓰는 시점에서 사용가능한 데이터를 기준으로 함). 미국에서 무작위로 선택된 여섯 출생 중 적어도 한 명이 여아일 확률은 얼마인가?

5. 전화 설문조사 캘리포니아 건강면담조사에서 대상자는 마지막 4자리 숫자를 무작위로 복원하여 선택한 전화번호를 사용하여 연락한다. 하나의 전화번호에 대해 마지막 4자리 숫자에 적어도 하나의 0이 포함될 확률을 구하라.

6. 적어도 하나의 결함 있는 초음파 변환기 연구에 따르면 39.8%의 초음파 변환기가 결함이 있는 것으로 나타났다. (Martensson 등이 *European Journal of Echocardiography*지 제10권 제1093호에 발표한 "High Incidence of Defective Ultrasound Transducers in Use in Routine Clinical Practice"의 데이터를 기반으로 함.) 엔지니어는 결함의 원인을 파악하고자 적어도 하나의 결함 있는 초음파 변환기가 필요하다. 그가 매우 많은 초음파 변환기 중에서 무작위로 10개의 초음파 변환기를 선택한다면, 하나 이상의 결함이 있는 초음파 변환기가 선택될 확률은 얼마인가? 결함이 있는 변환기를 확실히 얻을 수 있다고 합리적으로 생각할 수 있을 만큼 그 확률이 충분히 높은가?

일란성 쌍둥이와 이란성 쌍둥이 연습문제 7~8에서 다음 표의 데이터를 사용하라. 이 표는 관찰된 결과를 요약한 것이 아니고 쌍둥이의 출생에 근거한 실제 확률을 반영한 것이다. (북캘리포니아 쌍둥이 등록부와 Bradley Efron이 *American Statistical Association* 저널 제100권 제469호에 발표한 "Bayesians, Frequentists, and Scientists"의 데이터에 근거함.) 일란성 쌍둥이는 하나의 알에서 두 개의 배아로 나누어져서 생기고, 이란성 쌍둥이는 별도의 수정란으로 생긴다. 표 항목은 쌍둥이 중 1/3은 일란성 쌍둥이이고 2/3는 이란성 쌍둥이라는 원칙을 반영한다. 또한 일란성 쌍둥이는 동일한 성별이어야 하고 성별은 (대략) 등확률이며, 이란성 쌍둥이의 성별은 등확률이다.

	남아/남아	남아/여아	여아/남아	여아/여아
일란성 쌍둥이	5	0	0	5
이란성 쌍둥이	5	5	5	5

7. 일란성 쌍둥이

a. 초음파 진단을 받은 임신부가 쌍둥이를 가졌음을 알았다. 일란성 쌍둥이일 확률은?

b. 의사는 초음파 검사를 더 자세히 조사한 후 임신부에게 쌍둥이 남아를 출산할 것이라고 한다. 그녀가 일란성 쌍둥이를 가질 확률은 얼마인가? 즉, 쌍둥이가 두 명의 남아로 구성된다면 일란성 쌍둥이의 확률을 구하라.

8. 이란성 쌍둥이 임신부가 이란성 쌍둥이를 낳을 것이라는 말을 듣는다면, 각 성별 한 명씩의 자녀를 갖게 될 확률은 얼마인가?

연습문제 9~10에서는 HIV 감염 환자 중 C형 간염에 대한 생화학 검사의 결과를 보여주는 다음 표를 참조하라(다양한 출처의 데이터를 기반으로 함).

	양성 검사 결과	음성 검사 결과
C형 간염	335	10
C형 간염 없음	2	1153

9. 위양성 C형 간염을 갖고 있지 않는데도 양성 결과인 대상자를 선택할 확률을 구하라. 이러한 경우가 검사 대상자에게 문제가 되는 이유는 무엇인가?

10. 양의 예측값 검사의 양의 예측값을 구하라. 즉, 검사에서 양성 결과가 나왔을 때 대상자가 C형 간염이 있을 확률을 구하라. 이 결과는 검사가 효과적이라는 것을 의미하는가?

11. 컴퓨터 하드디스크의 중복 lifehacker.com을 포함한 다양한 출처의 데이터를 기반으로 하여 1년 동안 디스크 드라이브 고장률이 3%라고 가정한다.

a. 컴퓨터의 모든 데이터가 하드디스크에 들어 있고 두 번째 하드디스크 드라이브에 사본이 저장되어 있는 경우, 1년 동안 적어도 하나의 드라이브가 작동되어 재앙을 피할 수 있는 확률은 얼마인가? 결과를 소수점이하 네 자리로 표현하라.

b. 컴퓨터의 모든 데이터의 사본이 세 개의 독립 하드디스크 드라이브에 저장되어 있는 경우, 1년 동안 적어도 하나의 드라이브가 작동되어 재앙을 피할 수 있는 확률은 얼마인가? 결과를 소수점 이하 여섯 자리로 표현하라. 이 경우 확률에 대한 일반적인 반올림 규칙을 사용하는 것이 잘못된 이유는 무엇인가?

12. 복합 약물 검사 표 4-1에 있는 데이터에 근거하여 무작위로 선택된 사람이 마약 사용에 대해 양성 반응을 보일 확률은 0.126이라고 가정한다. 약물 스크리닝 표본을 5명의 무작위 대상자에서 수집하여 결합한 경우, 결합된 표본이 양성 결과를 나타내는 확률을 구하라. 그 확률이 충분히 낮아서 개별 표본에 대한 추가 테스트가 거의 필요하지 않는가?

4-3 기초를 넘어서

13. 같은 생일 무작위로 선택된 25명의 사람들 중 적어도 2명이 같은 생일일 확률을 구하라.

4-4 위험과 오즈

핵심 개념

이 절에서는 확률 값을 비교하고 위험을 측정하는 데 유용한 척도로서 절대위험감소, 상대위험, 오즈비를 소개한다. 또한 이 절에서는 질병과 같은 어떤 사건의 단일 발생을 방지하기 위해 처치해야 하는 대상자의 수를 나타내는 척도인 "처치필요수"를 소개한다.

위험을 측정하는 하나의 간단한 방법은 확률 값을 사용하는 것이다. 예를 들어, 지금까지 수행된 가장 큰 의료 실험 중의 하나인 소아마비 연구에서, 소크 백신을 투여한 200,745명 어린이 중 33명이 마비성 소아마비(급성 회백수염)를 일으킨 것으로 나타났다. 이 처치군에서 P(소아마비) = 33/200,745 = 0.000164가 나온다. 그러나 이와 같은 단일 측정은 위약을 주사한 어린이들에 대한 소아마비 비율에 관한 어떠한 정보도 제공하지 않는다. 소크 백신을 투여한 어린이의 소아마비 발병 위험은 위약을 투여한 어린이의 소아마비 발병 위험과 비교되어야 한다. 표 4-3에 데이터를 요약하였다.

표 4-3 소아마비와 소크 백신에 대한 전향적 연구

	소아마비	소아마비 없음	합계
소크 백신	33	200,712	**200,745**
위약	115	201,114	**201,229**

표 4-3의 데이터를 기반으로 다음 확률을 확인할 수 있다.

$$\text{처치군의 소아마비 비율: } P(\text{소아마비} \mid \text{소크 백신}) = \frac{33}{200{,}745} = 0.000164$$

$$\text{위약군의 소아마비 비율: } P(\text{소아마비} \mid \text{위약}) = \frac{115}{201{,}229} = 0.00571$$

이 두 확률을 대강 비교하면 두 소아마비 비율 간에 상당한 차이가 있음을 알 수 있다. 이후의 장에서는 명백한 차이가 실제로 유의한지 여부를 결정하는 보다 효과적인 방법을 사용하겠지만, 이 절에서는 두 비율을 비교하기 위한 간단한 방법을 소개한다.

앞의 표는 다음 형식으로 일반화할 수 있다.

표 4-4 전향적 연구의 결과를 요약한 일반화된 표

	질병	아니오
처치	a	b
위약	c	d

이 절에서는 두 비율(예: 소크 백신 처치군의 소아마비 비율과 위약군의 소아마비 비율)을 비교하기 위한 **표 4-3**에 요약된대로 간단한 척도를 소개한다. 우선 **절대위험감소**를 살펴보자.

절대위험감소

정의

두 확률 또는 비율을 비교할 때 **절대위험감소(absolute risk reduction)**는 단순히 다음 차이의 절댓값이다.

$$\text{절대위험감소} = |P(\text{처치군에서 발생하는 사건}) - P(\text{대조군에서 발생하는 사건})|$$

데이터가 **표 4-4**의 일반화된 형식이면 다음과 같이 절대위험감소를 나타낼 수 있다.

$$\text{절대위험감소} = |P(\text{처치군에서 발생하는 사건}) - P(\text{대조군에서 발생하는 사건})|$$
$$= \left| \frac{a}{a+b} - \frac{c}{c+d} \right|$$

(위의 표현에서 "처치"는 "어떤 상태의 존재" 또는 다른 동등한 설명으로 대체될 수 있다.)

원숭이 타이피스트

고전적인 주장 중의 하나는 무작위로 키보드를 때리는 원숭이가 몇 세기에 걸쳐 타이핑을 하다가 보면 결국 셰익스피어의 완전한 작품을 만들어 낸다는 것이다. 확률에 대한 곱셈 법칙은 그러한 추정치를 찾는데 사용되었다. 하나의 결과는 1,000,000,000,000,000,000,000,000,000,000,000,000년인데, 일부 사람들은 너무 짧은 것이라고 생각한다. 같은 방식으로, 아더 에딩턴 경은 다음과 같은 시를 썼다. "항상 바순에 숨을 쉬는 똑똑한 개코원숭이가 있었다. 그는 이렇게 말했다. '수십억 년 후에 나는 분명히 선율을 맞출 것이다'."

주의 절대위험감소에 대한 위의 정의는 항상 처치군에서의 확률과 대조군에서의 확률 사이에 양의 차이를 가져온다. 처치의 효과성(도움이 되거나 해로움을 주거나)을 해석할 때 이 사항을 고려해야 한다. 연습문제 7~8은 아토르바스타틴 처치군이 위약군보다 감염률이 높은 사례를 다룬다. 결과를 정확하게 해석하도록 주의해야 한다.

예제 1 절대위험감소 구하기

표 4-3에 요약된 데이터를 사용하여 소크 백신의 효과를 측정하는 데 사용할 수 있는 절대위험감소를 구하라.

풀이

표 4-3의 데이터를 바탕으로, P(소아마비 | 소크 백신) = 0.000164, P(소아마비 | 위약) = 0.000571를 이미 구했다.

$$\text{절대위험감소} = |P(\text{소아마비} \mid \text{소크 백신}) - P(\text{소아마비} \mid \text{위약})|$$

$$= |0.000164 - 0.000571| = 0.000407$$

소크 백신을 투여한 대상자의 경우 위약을 투여한 대상자와 비교했을 때 0.000407의 절대위험감소가 있다. 즉, 소크 백신을 투여한 대상자는 위약을 투여한 대상자보다 소아마비 발병률이 0.0407% 더 적다. 이것이 많은 감소처럼 보이지 않을 수 있지만 큰 모집단에서 발생하는 소아마비 사건의 수를 고려할 때 상당한 감소이다.

상대위험

1-3절에 회고적 연구와 전향적 연구의 정의가 있다.

- 회고적 연구: 시간을 거슬러 올라가서 과거의 시간에서 (기록, 면담 등의 조사를 통해) 데이터를 수집한다.
- 전향적 연구: 공통적인 요소를 가진 군 또는 "코호트"로부터 미래의 데이터를 수집한다.

전향적 연구에서 위험을 비교하기 위해 일반적으로 사용되는 척도는 **상대위험**이다. 먼저 다음 표기법을 소개한 다음 상대위험을 정의한다.

표기법

p_t = 처치군의 일부 특성의 비율(또는 발생률)

p_c = 대조군의 일부 특성의 비율(또는 발병률)

정의

전향적 연구에서 특성의 **상대위험**[relative risk 또는 **위험비(risk ratio, RR)**]은 비율 p_t/p_c인데, 여기서 p_t는 처치군(또는 노출군)에서의 특성의 비율이고 p_c는 대조군(또는 비노출군)에서의 비율이다. 데이터가 일반화된 **표 4-4**와 동일한 형식이면 다음을 계산하여 상대위험을 구한다.

$$\frac{p_t}{p_c} = \frac{\dfrac{a}{a+b}}{\dfrac{c}{c+d}}$$

상대위험의 해석 상대위험 값 1은 처치군과 대조군(또는 위약군)의 위험이 동일함을 보여준다. 1보다 훨씬 큰 상대위험 값은 처치군이 훨씬 더 큰 위험이 있음을 보여준다. 다음 예에서 상대위험 0.287은 처치군의 소아마비 위험이 위약군의 소아마비 위험보다 훨씬 적은 것을 보여준다.

예제 2 상대위험 계산

표 4-3의 데이터를 사용하여 상대위험을 구하라.

풀이

표 4-3의 표본 데이터의 경우, 처치군은 소크 백신을 투여한 어린이들이며 대조군은 위약을 투여한 어린이들이다. 위의 표기법을 사용하여,

$$p_t = \text{처치군의 소아마비 비율} = \frac{33}{33 + 200{,}712} = 0.000164$$

$$p_c = \text{대조(위약)군의 소아마비 비율} = \frac{115}{115 + 201{,}114} = 0.000571$$

위의 값을 사용하여 다음과 같이 상대위험을 찾을 수 있다.

$$\text{상대위험} = \frac{p_t}{p_c} = \frac{0.000164}{0.000571} = 0.287$$

해석

이 결과는 다음과 같이 해석할 수 있다: 소크 백신을 투여한 어린이의 소아마비 비율은 위약을 투여한 어린이의 소아마비 비율의 0.287이다. (상대위험이 1보다 작으면 처치가 위험을 줄인다는 것을 의미한다.) 역수인 0.000571/0.000164 = 3.48을 고려하면, 위약군의 어린이가 소아마비에 걸릴 확률이 3.48배 더 높다.

주의 상대위험을 해석할 때 발생률을 고려하여야 한다. 노출군의 질병 확률이 5/1,000,000이고 비노출군의 질병 확률이 1/1,000,000이면 상대위험은 5.0으로 매우 나빠 보이지만, 발생률이 매우 낮으므로 두 군 모두에서 위험이 크지는 않다.

처치필요수

상대위험의 한 가지 문제는 비율의 절대 차이가 크지 않은 경우에도 처치가 우월하거나 열등하다는 것을 암시하여 오도하는 것일 수 있다. 예를 들어, 10,000명의 아스피린 사용자 중 3명이 즉각적인 감기치료를 경험하였고 위약을 복용한 사람이 10,000명 중 1명에 불과하였다면 3.00의 상대위험이 나타나고 이는 아스피린의 감기치료 효과가 3배가 높음을 나타낸다. 그러나 0.0003과 0.0001의 치료율은 차이가 매우 작아서 실제적으로는 아스피린이 감기의 즉각적인 치료에 영향을 미치는 요인으로 간주되어서는 안 된다. 치료율이 0.0003과 0.0001인 경우 절대위험감소는 0.0002이다. 절대위험감소가 너무 작기 때문에 아스피린 처치의 효과는 무시할 수 있다. 그러한 상황에서 "처치필요수"는 오도하지 않는 하나의 효과적인 척도가 된다.

정의

처치필요수(number needed to treat, NNT)는 질병이나 부작용과 같은 하나의 사건을 예방하기 위해 처치해야 하는 대상자의 수이다. 1을 절대위험감소로 나눈 값이다.

$$\text{처치에 필요한 숫자} = \frac{1}{\text{절대위험감소}}$$

반올림 규칙 처치필요수의 계산된 값이 정수가 아닌 경우 다음 더 큰 정수로 올림한다.

표본 데이터가 일반화된 표 4-4의 형식이면,

$$\text{치료필요수} = \frac{1}{\left|\frac{a}{a+b} - \frac{c}{c+d}\right|} \quad \text{(다음 큰 정수로 올림됨)}$$

10,000명의 아스피린 사용자 중 3명이 그리고 10,000명의 위약 사용자 중 1명만이 즉시 감기치료를 경험하였다면, 절대위험감소는 $|0.0003 - 0.0001| = 0.0002$이고 처치필요수는 $1/0.0002 = 5000$이다. 이는 즉각적인 감기치료를 경험한 한 사람을 얻기 위해서는 5000명의 감기환자를 처치해야 한다는 뜻이다.

예제 3 처치필요수 계산

표 4-3의 소아마비 데이터를 사용하여 처치필요수를 구하고 결과를 해석하라.

풀이

[예제 1]에서 절대위험감소를 0.000407로 구했다. 처치필요수는 쉽게 구할 수 있다.

$$\text{처치필요수} = \frac{1}{\text{절대위험감소}} = \frac{1}{0.000407} = 2457.002457$$

$$= 2458(\text{올림됨})$$

해석

2458의 결과는 다음과 같이 해석할 수 있다: 어린이 중 1명이 소아마비에 걸리지 않도록 하려면 위약 대신에 소크 백신으로 2458명의 어린이에게 예방 접종해야 한다. 소아마비의 심각한 결과를 감안할 때, 소크 백신은 매우 효과적이고 중요하다.

오즈

지금까지 이 장에서는 다양한 사건의 가능도를 나타내기 위해 확률 값을 사용했다. 확률 값은 0과 1 사이의 수이다. 그러나 가능도 표현은 종종 50 : 1(또는 "50 대 1")과 같은 오즈로 주어진다.

정의

사건 A의 **역오즈(actual odds against)**는 보통 a:b (또는 "a 대 b") 형태로 표현되는 비율 $P(\overline{A})/P(A)$이며, 여기서 a와 b는 정수이다. (최대공약수를 사용하여 수를 줄인다. $a = 16$, $b = 4$인 경우 16 : 4 대신 4 : 1로 오즈를 표현한다.)

사건 A의 **정오즈(actual odds in favor)**는 비율 $P(A)/P(\overline{A})$이며, 이는 사건에 대한 역오즈의 역수이다. 사건에 대한 역오즈가 a:b이면, 정오즈는 b:a이다.

앞의 역오즈와 정오즈의 정의는 실제 사건의 가능도를 나타낸다. (겜블링은 베팅 액수에 비례하여 이익을 나타내는 **배당오즈**를 전형적으로 사용한다. 예를 들어, 룰렛에서 7에 베팅하면 실제 오즈는 37 : 1이지만 배당오즈는 35 : 1이다. 경마장과 카지노는 이익을 창출하는 사업이기 때문에 보통 실제 오즈와 배당오즈는 다르다.)

예제 4 재입원과 퇴원

표 4-5의 데이터(노박 등이 *Journal of the American Medical Association*지 제278권 제4호에 발표한 "The Safety of Newborn Early Discharge"의 결과에 기반)를 참고하여,

a. 조기 퇴원한 아기가 1주일 이내에 재입원할 확률을 구하라.

b. 조기 퇴원한 아기가 1주일 이내에 재입원하는 정오즈를 구하라.

표 4-5 신생아 퇴원과 재입원에 대한 회고적 연구

	1주일 이내에 재입원	1주일 이내에 재입원하지 않음	합계
조기 퇴원(30시간 미만)	457	3199	3656
만기 퇴원(30시간 이상)	260	2860	3120

풀이

a. 조기 퇴원한 3656명의 아기가 있었고, 457명이 일주일 이내에 재입원했다.

(계속)

$$P(\text{재입원}) = \frac{457}{3656} = \frac{1}{8}$$

b. $P(\text{재입원}) = 1/8$이기 때문에 $P(\overline{\text{재입원}}) = 1 - 1/8 = 7/8$이 된다. 이제 다음과 같이 재입원의 정오즈를 구할 수 있다.

$$\text{조기 퇴원군의 재입원 정오즈} = \frac{P(\text{재입원})}{P(\overline{\text{재입원}})} = \frac{1/8}{7/8} = \frac{1}{7}$$

이 결과는 종종 1 : 7로 표현된다.

조기 퇴원한 아기들이 재입원 하는 정오즈는 1 : 7이므로, 조기 퇴원의 재입원에 대한 역오즈는 7 : 1이다.

오즈비

표 4-5의 데이터에 대해, 조기 퇴원군과 만기 퇴원군 간에 재입원의 가능도는 어떻게 다른가? 이 문제를 해결하는 한 가지 방법은 오즈비를 사용하는 것이다.

정의

회고적 또는 전향적 연구에서, **오즈비**[odds ratio, OR 또는 **상대오즈(relative odds)**]는 처치군(또는 위험 요소에 노출된 군)의 정오즈와 대조군의 정오즈의 비율로 계산되는 위험의 척도이다.

$$\text{오즈비} = \frac{\text{처치군(또는 노출군)의 정오즈}}{\text{대조군의 정오즈}}$$

데이터가 일반화된 **표 4-4**의 형식인 경우 다음과 같이 오즈비를 계산할 수 있다.

$$\text{오즈비} = \frac{ad}{bc}$$

예제 5 오즈비의 계산

표 4-5의 데이터를 사용하여 재입원의 오즈비를 구하라.

풀이

이 예에서는 사례군은 조기에 퇴원한 아기이고 대조군은 늦게 퇴원한 아기이다. 앞의 예에서 조기 퇴원군의 재입원 정오즈는 1 : 7이었다. 만기 퇴원군에 대해 유사한 계산을 사용하면 1/11 또는 1:11의 재입원 정오즈를 구할 수 있다.

$$\text{오즈비} = \frac{\text{조기 퇴원군의 재입원 정오즈}}{\text{만기 퇴원군의 재입원 정오즈}} = \frac{1/7}{1/11}$$

$$= \frac{11}{7} \text{ 또는 } 1.571$$

표 4-5가 일반화된 표 4-4에 해당한다는 사실을 이용하면 다음과 같이 오즈비를 계산할 수 있다.

$$\text{오즈비} = \frac{ad}{bc} = \frac{(457)(2860)}{(3199)(260)} = 1.571$$

해석

이 결과는 재입원 정오즈가 늦게 퇴원한 아기에 비해 일찍 퇴원한 아기의 경우 1.571배 더 높음을 나타낸다. 이는 조기에 퇴원한 신생아가 재입원 할 위험이 상당히 높다는 것을 의미한다.

회고적 연구에 왜 상대위험을 사용하지 않는가?

상대위험은 전향적 연구에서와 같이 관련 확률이 실제 발생률의 좋은 추정치일 때만 의미가 있다. 회고적 연구에서 상대위험을 사용하면서 연구자들은 실제 발생률과는 매우 다른 질병 사례를 선택할 수 있으며, 그 결과 상대위험이 매우 잘못 될 수 있다. 그것이 상대위험이 전향적 연구에서만 정의되는 이유이다. 오즈비는 전향적 및 회고적 연구에 대해 정의된다.

상대위험: 전향적 연구

오즈비: 전향적 연구 또는 회고적 연구

표 4-6은 흡연으로 인한 폐암의 위험을 조사하기 위해 실시된 무작위로 선정된 1000명의 대상자에 대한 전향적 연구 결과이다. 표 4-6은 현재 발생률을 기반으로 현실적인 내용이 포함된다. 그러나 표 4-7은 연구원이 폐암이 있는 985명의 대상자와 폐암이 없는 985명의 대상자를 찾아 시간을 거슬러 올라가는 회고적 연구를 기반으로 하므로, 표 4-7은 실제 발생률을 반영하지 않는다.

표 4-6에서: $P(\text{폐암} \mid \text{흡연자}) = 13/180 = 0.0722$

표 4-7에서: $P(\text{폐암} \mid \text{흡연자}) = 854/1021 = 0.836$

위의 확률은 매우 다르므로 둘 다 흡연으로 폐암에 걸릴 가능도를 추정할 수는 없다. 위의 확률 0.0722는 현실적인 발병률을 보이는 전향적 연구에 기반을 두고 있기 때문에 좋은 추정치이지만, 0.836의 확률은 같은 수의 폐암이 있는 대상자와 폐암이 없는 대상자를 포함하도록 설계된 회고적 연구를 기반으로 하기 때문에 좋은 추정치가 아니다.

표 4-6 전향적 연구

	상대위험 = 29.6; 오즈비 = 31.8	
	폐암	폐암 아니오
흡연자	13	167
비흡연자	2	818

표 4-7 회고적 연구

	상대위험 = 6.1; 오즈비 = 31.9	
	폐암	폐암 아니오
흡연자	854	167
비흡연자	131	818
합계	**985**	**985**

이제 표 4-6과 4-7의 상대위험 값과 오즈비 값을 비교하여 보자. 오즈비 값은 거의 같지만 상대위험 값은 크게 다르다. 전향적 연구에서 29.6의 상대위험 값은 좋은 척도이지만, 회고적 연구에서 6.1의 상대위험은 좋지 않은 척도이다.

핵심 사항 요약

	질병	질병 아님
치료	a	b
위약	c	d

- 절대위험감소 $= \left|\dfrac{a}{a+b} - \dfrac{c}{c+d}\right|$
- 처치필요수(NNT) $= \dfrac{1}{\text{절대위험감소}}$
- 사건 A의 역오즈 $= \dfrac{P(\overline{A})}{P(A)}$
- 사건 A의 정오즈 $= \dfrac{P(A)}{P(\overline{A})}$

$$\text{상대위험(RR)} = \frac{p_t}{p_c} = \frac{\dfrac{a}{a+b}}{\dfrac{c}{c+d}}$$

(전향적 연구만 해당)

$$\text{오즈비(OR)} = \frac{ad}{bc}$$

4-4 기본적인 기술 및 개념

통계적 해석 및 비판적 사고

1. 표기법 특성의 상대위험은 비율 p_t/p_c이다. p_t와 p_c는 무엇을 나타내는가?

2. 처치필요수 독감 백신의 유효성 척도의 한 가지는 처치필요수이고, 그 값은 (특정 조건 하에서) 37이다. 이 수를 해석하라. 이 결과는 37명의 대상자를 가진 모든 군에 적용되는가?

두통과 비아그라 **연습문제 3~6에서는 다음 표의 데이터를 사용한다(화이자사의 데이터를 기반으로 함). 이 표는 비아그라 약물의 임상 실험 결과를 기술한다. 일부 대상자는 비아그라로 치료 받고 다른 일부는 위약을 투여 받은 후, 두통 사건이 기록되었다.**

	두통	두통 없음
비아그라 치료	117	617
위약	29	696

3. 연구 유형 연구는 회고적인가 전향적인가?

4. 확률 비교 P(두통 | 비아그라 치료)와 P(두통 | 위약)를 비교하라.

5. 처치필요수 한 번의 두통을 예방하기 위해 비아그라 사용을 중단해야 하는 비아그라 사용자 수를 구하라.

6. 상대위험 위약군에 속한 사람들에 대한 처치군에 속한 사람들의 두통의 상대위험을 구하라. 결과를 해석하라.

아토르바스타틴(리피토)의 임상시험 **연습문제 7~8에서 아토르바스타틴의 임상시험 결과를 요약한 다음 표의 자료를 사용하라(Parke-Davis의 데이터에 근거).**

	감염	감염 없음
아토르바스타틴 (10 mg)	89	774
위약	27	243

7. 절대위험감소

a. 아토르바스타틴 처치군에서 감염될 확률은 얼마인가?

b. 위약군에 감염될 확률은 얼마인가?

c. 위약군과 아토르바스타틴 처치군에서 감염의 절대위험감소 값을 구하라. 결과를 해석하는 간략한 문장을 작성하라.

8. 오즈 아토르바스타틴으로 치료받은 사람들을 대상으로 감염의 오즈를 구하라. 또한 위약을 투여한 사람들에게 감염의 오즈를 구하라. 이 두 결과의 차이가 큰가?

9. 오즈비와 상대위험 Nasonex(모메타손) 치료를 받은 2103명의 대상자에 대한 임상시험에서 26명이 두통을 보고하였다. 위약을 투여한 1671명의 대조군에서는 22명이 두통을 보고하였다. 두통 데이터에 대한 상대위험과 오즈비를 구하라. 이 결과는 Nasonex 치료로 인한 두통의 위험에 대해 무엇을 암시하는가?

4-5 사망률, 출산율, 질병률

생물학과 건강 과학에서, 율은 사건의 발생 가능도를 설명하기 위해 자주 사용된다. 율은 연구원과 보건 전문가가 지역 사회나 모집단의 건강 상태를 관찰하는 데 사용된다. 어떠한 시간 간격이든 사용할 수 있지만 이 절에서는 1년 간격으로 가정한다.

정의

율(rate)은 어떤 사건의 발생 도수를 나타낸다. 사건의 상대 도수에 1000나 100,000과 같은 특정 수를 곱한 값이다. 비율은 다음과 같이 표현될 수 있다.

$$\left(\frac{a}{b}\right)k$$

여기에서

a = 사건이 발생한 사람 수의 도수

b = 사건 발생의 위험에 노출된 사람들의 총수

k = 1000나 100,000과 같은 곱하는 수

위의 일반적인 정의는 사망, 출산, 질병의 측정에 적용된다. 다음 율에서 사망은 죽음, 출산은 태어남, 질병은 병을 의미한다. 추가의 용어와 그 의미는 다음과 같다.

- 유아: 태어난 아기
- 신생아: 28일 미만의 유아
- 태아 사망: 임신 20주 이후에 태아가 생명 없이 분만한 경우에 발생
- 신생아 사망: 유아가 28일이 되기 전에 사망한 경우에 발생

사망률

$$\textbf{조(또는 조정되지 않은) 사망률} = \left(\frac{\text{사망자}}{\text{모집단 크기}}\right)k$$

$$\textbf{유아 사망률} = \left(\frac{\text{1세 미만 유아의 사망자}}{\text{태어난 유아의 수}}\right)k$$

$$\textbf{신생아 사망률} = \left(\frac{\text{28일 미만 유아의 사망자}}{\text{태어난 유아의 수}}\right)k$$

$$\textbf{태아 사망률} = \left(\frac{\text{임신 20주 이후 생명없이 분만한 태아의 수}}{\text{태어난 태아의 수} + \text{임신 20주 이후 생명없이 분만한 태아의 수}}\right)k$$

$$\textbf{출산전후 사망률} = \left(\frac{\text{태아 사망자} + \text{신생아 사망자}}{\text{출생자} + \text{태아 사망자}}\right)k$$

출산율

$$\textbf{조 출생률} = \left(\frac{\text{출생자}}{\text{모집단 크기}}\right)k$$

$$\textbf{일반 출산율} = \left(\frac{\text{출생자}}{\text{15～44세 여성 수}}\right)k$$

질병률

$$\textbf{발생률} = \left(\frac{\text{질병의 새로운 사례가 보고됨}}{\text{모집단 크기}}\right)k$$

$$\textbf{유병률} = \left(\frac{\text{주어진 시간에 질병이 있는 사람의 수}}{\text{주어진 시점에서의 모집단 크기}}\right)k$$

예제 1 조 사망률

최근 미국에서 312,799,495명의 모집단에서 2,515,458명이 사망했다. 조 사망률을 구하기 위해 배율 1000의 값을 사용하라.

풀이

사망자 2,515,458명, 모집단 312,799,495명, $k = 1000$이라면 다음과 같이 조 사망률을 계산한다.

$$\textbf{조 사망률} = \left(\frac{\text{사망자}}{\text{모집단 크기}}\right)k = \left(\frac{2{,}515{,}458}{312{,}799{,}495}\right)1000$$

$$= 8.0(\text{반올림})$$

해석

이 특정 연도의 사망자는 모집단 1000명당 8.0명이다. 4-1절에 주어진 확률의 상대도수를 사용하면, 무작위로 선택된 사람의 사망 확률은 2,515,458/312,799,495 = 0.00804이다. 사망률 8.0명(인구 1000 명당)의 중요한 이점 중 하나는 소수점 이하의 자릿수가 적어서 결과를 일반적으로 사용하고 이해하기 쉽다는 것이다.

예제 2 유아 사망률

유아 사망률은 지역의 건강 상태를 측정하는 매우 중요한 척도이다. (유엔에 따르면 전 세계 유아 사망률은 출생 1000명당 49.4명이다.) 최근 몇 년 동안 미국에서 3,953,590명의 출산이 있었고 1세 미만의 유아 사망자는 23,910명이었다. $k = 1000$의 배율을 사용하여 미국의 유아 사망률을 구하고 이를 일본의 2.1의 율과 비교하라.

풀이

유아 사망률은 다음과 같이 계산된다.

$$\textbf{유아 사망률} = \left(\frac{\text{1세 미만 유아의 사망자}}{\text{태어난 유아의 수}}\right)k$$

$$= \left(\frac{23{,}910}{3{,}953{,}590}\right)1000$$

$$= 6.0(\text{반올림됨})$$

해석

1세 미만의 유아 1000명당 6.0명의 유아 사망률은 일본의 유아 사망률 2.1보다 훨씬 높다.

조정되지 않은 율은 조정되지 않은 합계를 기준으로 한 하나의 값이다. 플로리다주와 콜로라도주와 같은 두 지역을 비교할 때, 율에 영향을 줄 수 있는 연령과 같은 요소의 차이 때문에 율의 비교는 오도될 수 있다. 최근 몇 년 동안, 조 사망률(인구 1000명당)은 플로리다에서는 9.1이었고 콜로라도에서는 6.4였다. 이는 플로리다는 인구의 약 18%가 65세 이상이며 콜로라도는 11%에 불과하다는 점을 고려하면 그리 놀라운 일은 아니다. 플로리다의 사망률이 더 높다고 해서 플로리다가 덜 건강하다는 의미는 아니다. 이 경우 플로리다는 고령층 거주자 비율이 높기 때문에 플로리다주 사망률이 높은 것이다. 조정되지 않은 율을 사용하는 대신 **특정률**이나 **조정률**을 사용할 수 있다.

특정률(specific rates)은 18~24세와 같은 특정 군에 한정된 율, 또는 심근경색으로 인한 사망과 같은 특정 사망 원인에 한정된 율이다.

조정률(adjusted rates)은 매우 복잡할 수 있는 계산을 포함하지만 기본적으로 연령, 성별, 인종과 같은 중요한 요인을 조정한다.

나이는 일반적으로 사망률에 가장 큰 영향을 미치는 특성이기 때문에 조정의 기초로 사용되는 가장 일반적인 요인이다. 조정률의 계산에는 비교되는 지역에 사용되는 이론적인 표준화된 모집단의 생성이 포함된다. 미국의 인구 구성과 같은 구성을 가진 1,000,000명의 모집단이 표준화된 모집단으로 자주 사용된다. 조정률은 여러 지역을 비교할 때 유용하지만 실제 조 사망률을 반드시 반영하지는 않는다. 조정률은 사망률로 사용되어서는 안되며 조정되지 않은 율과 비교해서도 안 된다.

율의 정확성을 평가할 때는 출처를 고려해야 한다. 사망률의 경우에, 정부의 공식 보고서는 작성하는데 몇 년이 걸리는 데 반하여, 미국 통계청에서 발표하는 "*Statistical Abstract of the United States*"과 같은 출처에서 나타나는 사망률은 각 주에 의무 사망 보고 체계가 있기 때문에 꽤 정확한 것으로 보인다. 반면에 일부 질병에 대하여 축소되어 보고되거나 전혀 보고되지 않았기 때문에 질병률은 덜 정확하다. 일부 질병률은 매우 의심스러운 설문 조사의 결과일 수도 있다. 그러나 매년 실시하는 국가보건조사와 같은 설문 조사는 매우 신중하게 선택되는 사람들의 대규모 표본을 포함하므로 결과가 매우 정확할 수 있다.

4-5 기본적인 기술 및 개념

통계적 해석 및 비판적 사고

1. 출생률 중국의 출생률은 1000명당 12.3명이다. 이것이 정확히 무엇을 의미하는가?

2. 출생 예정 중국의 출생률은 1000명당 12.3명이고 인구는 1,360,762,587명이라면 연간 예정된 출생은 몇 명인가?

율 찾기 연습문제 3~6에서, 표시된 율을 찾기 위해 아래 표의 데이터를 사용하라(미국 인구조사국 및 국립보건원을 포함한 여러 출처의 최근 연도 데이터를 기반으로 함). 결과를 하나의 소수점 이하 자릿수로 반올림하고 달리 명시하지 않는 한 k = 1000의 배율을 사용하라.

1년간의 미국 인구 동태 통계

인구: 312,799,495	사망: 2,515,458
15~44세 여성: 61,488,227	자동차 사망자: 33,783
출생: 3,953,590	임신 20주 이후에 생명 없이 출산한 태아: 26,148
1세 미만 유아 사망: 23,910	28일 미만 유아 사망: 15,973
HIV 감염자: 1,155,792	HIV 감염으로 사망: 7683

3. 신생아 사망률을 구하라.

4. 주산기(출산전후)의 사망률을 구하라.

5. 일반 출산율을 구하라.

6. HIV 감염 유병률을 구하라.

7. 확률 찾기 이 절의 예제에서 조 사망률이 1000명당 8.0명인 것으로 밝혀졌다. 무작위로 누군가를 선택하였을 때 그 해에 사망한 사람일 확률을 구하라. 조 사망률이 확률 값보다 어떤 이점이 있는가?

8. 확률 찾기 스페인의 조 사망률은 최근 8.3이며, 이 율은 $k = 1000$의 배율을 사용하여 계산되었다.

a. 무작위로 선택된 스페인 사람이 그 해에 사망했을 확률을 구하라.

b. 스페인 사람 두 명을 무작위로 선택하였을 때 둘 다 그 해에 사망했을 확률을 구하라. 결과를 3자리 유효 숫자를 사용하여 표현하라.

c. 스페인 사람 두 명을 무작위로 선택하였을 때 그 중 적어도 한 명이 살아남았을 확률을 구하여 결과를 소수점 이하 여섯 자리를 사용하여 표현하라. 3자리 유효 숫자를 사용하여 답을 표현할 때 잘못된 점은 무엇인가?

9. 사망원인 비 최근 미국에서 2,515,458명이 사망했으며, 787,650명이 심혈관 질환으로 사망했다. 사망원인 비는 다음과 같이 표현된다.

$$\left(\frac{\text{특정 질병으로 인한 사망자 수}}{\text{총 사망자 수}}\right)k, \qquad k = 100$$

a. 심혈관 질환의 사망원인 비를 구하라.

b. 사망자 중 3명을 무작위로 선택하였을 때, 모두 심혈관 질환에 기인하지 않았을 확률을 구하라.

10. 사망자 수 미국의 사망자 수는 매년 꾸준히 증가하고 있다. 이것은 국가의 건강이 쇠퇴하고 있다는 것을 의미하는가? 그 이유는 무엇인가?

4-5 기초를 넘어서

11. 조정 사망률 다음의 표에 나열된 데이터를 참조하라. 3가지 연령대에 대하여 미국 인구의 연령 분포에 맞도록 플로리다의 인구 크기를 변경하라. 다음으로 그에 상응하는 사망자 수를 비례적으로 조정하라. (각 연령대에 대해 동일한 플로리다 사망률을 사용하지만, 조정된 인구 크기에

해당 율을 적용하라.) 마지막으로 조정된 값을 사용하여 플로리다 사망률을 계산하라. 결과는 나이 변수에 맞게 조정된 사망률이다. (더 많은 연령대를 사용하면 더 나은 결과를 얻을 수 있다.) 플로리다의 조정 사망률과 미국의 사망률은 어떻게 다른가? (참고: 여기에서 사용한 것과는 다른 조정된 율을 계산하는 방법도 있다.)

	나이		
	0~24	25~64	65세 이상
플로리다 사망자	3625	39,820	129,395
플로리다 인구	5,716,861	9,842,031	3,375,303
미국 사망자	63,208	619,982	1,832,268
미국 인구	103,542,603	163,960,163	45,296,729

4-6 계수

핵심 개념

확률 문제는 일반적으로 단순 사건의 총수를 알아야 하는데, 이 수를 구하는 데는 종종 이 절에서 제시하는 다섯 가지 규칙 중 하나가 필요하다. 4-2절에서는 덧셈 법칙, 곱셈 법칙, 조건부확률을 사용하여 이해를 기반으로 한 직관적인 규칙을 권장하고 공식의 맹목적 사용을 권장하지 않았지만, 이 절에서는 다양한 상황에서 가능한 출현의 수를 헤아리는 다섯 가지 계산 방법을 다룰 때 공식을 훨씬 더 많이 사용해야 한다. 이 다섯 가지 방법으로 모든 계산 문제를 해결할 수는 없지만 일반적인 실제 응용 프로그램의 대부분에서 강력한 토대를 제공한다.

1. 곱셈 계수 법칙

곱셈 계수 법칙은 일련의 사건 열에서 총 가능성 수를 구하는 데 사용된다.

곱셈 계수 법칙:

사건의 열에서 첫 사건이 n_1가지 방식, 두 번째 사건이 n_2가지 방식, 세 번째 사건이 n_3가지 방식 등으로 발생할 수 있으면, 사건 열의 가능한 총 횟수는 $n_1 \cdot n_2 \cdot n_3 \cdots$ 이다.

예제 1 곱셈 계수 법칙: DNA

3개의 DNA 뉴클레오타이드로 구성된 선형 삼중항에서, 뉴클레오타이드 각각은 A(아데닌), C(시토신), G(구아닌), T(티민)의 4개의 염기 중 어느 하나일 수 있다(반복 가능). 삼중항의 두 예는 CTA와 TTG이다. 가능한 삼중항의 총수는 얼마인가? 네 개의 뉴클레오타이드가 등확률이라면, AAA 삼중항이 나오는 확률은 얼마인가?

풀이

3개의 뉴클레오타이드 각각에 대해 4가지 가능성이 있으므로, 가능한 다른 상중항의 총수는 $n_1 \cdot n_2 \cdot n_3 = 4 \cdot 4 \cdot 4 = 64$이다.

네 개의 뉴클레오타이드가 동등하게 존재한다면, AAA 삼중항을 얻을 확률은 1/64 또는 0.0156이다.

2. 계승 법칙

계승 법칙은 동일한 항목을 별도로 계산하여 n개의 항목을 배열할 수 있는 총 방법의 수를 구하는 데 사용된다. 계승 법칙은 다음 표기법을 사용한다.

표기법

계승 기호(factorial symbol)(!)는 양의 정수가 감소하면서 곱한 결과를 나타낸다. 예를 들어, $4! = 4 \cdot 3 \cdot 2 \cdot 1 = 24$이다. $0! = 1$로 특별히 정의한다.

계승 법칙

n개의 항목을 모두 선택하면서 순서를 고려하여 배열할 수 있는 방법의 수는 $n!$이다.

계승 법칙은 첫 항목이 n개, 두 번째 항목이 $n - 1$개, 등의 방법으로 선택 가능하다는 원칙을 기초로 한다.

경로 문제는 다음 예제와 같이 계승 법칙의 적용과 관련이 있다.

예제 2 자발적인 응답 표본

퀘스트사는 여러 실험실에서 혈액 표본을 수집한다. 한 명의 운전사가 5곳의 다른 장소에서 수거한다. 얼마나 많은 다른 경로가 가능한가?

풀이

5개의 위치의 경우, 경로의 수는 $5! = 5 \cdot 4 \cdot 3 \cdot 2 \cdot 1 = 120$이다.

이 풀이는 곱셈 계수 법칙을 적용하여 수행할 수도 있다. 첫 수거지는 5개의 위치 중 하나일 수 있으며 두 번째 수거지는 나머지 4개의 위치 중 하나일 수 있다. 결과는 $5 \cdot 4 \cdot 3 \cdot 2 \cdot 1 = 120$이다. 계승 법칙을 사용하면 계승 기호를 포함할 수 있다는 장점이 있다.

순열과 조합: 순서를 따지는가?

계수 방법을 사용할 때, 동일한 항목의 다른 배열이 한 번만 계산되는지 또는 별도로 계산되는지를 아는 것이 중요하다. 이 문맥에서 **순열**과 **조합**이라는 용어는 표준이며 다음과 같이 정의된다.

정의

항목의 **순열(permutations)**은 동일한 항목의 다른 순서가 별도로 계산되는 배열이다. (abc, acb, bac, bca, cab, cba의 문자 배열은 모두 여섯 개의 다른 순열로 별도로 계산된다.)

항목의 **조합(combinations)**은 같은 항목의 다른 순서가 동일하게 간주되는 배열이다. (abc, acb, bac, bca, cab, cba의 문자 배열은 모두 같은 하나의 조합으로 간주된다.)

순열과 조합에 대한 연상 기호

- "**순**열 **순**서"를 기억하라. 이는 순열에서 항목의 순서가 차이를 만든다는 것을 상기시켜 준다.
- "**조**원 **조**합"을 기억하라. 프로젝트 팀을 구성할 때, 조원들을 재배열하더라도 여전히 같은 조가 되므로, 조원들의 순서만 다른 경우는 따로 계산하지 않는다.

3. 순열 법칙(모든 항목이 다른 경우)

순열 법칙은 선택 가능한 n개의 항목이 있을 때 사용되며, 복원하지 않고 r을 선택해야 하며 항목 순서가 중요하다. 결과는 가능한 배열(또는 순열)의 총수이다. (동일한 항목의 재배치는 다른 순열로 계산된다.)

순열 법칙

n개의 항목을 사용할 수 있고 r을 복원하지 않고 선택하는 순열(순서 계산)의 수는

$$_nP_r = \frac{n!}{(n-r)!}$$

예제 3 순열 법칙: 신약의 임상시험

신약을 시험할 때 제1상은 5명의 지원자만 필요하며 목표는 약물의 안전성을 평가하는 것이다. 매우 신중하게, 5명의 대상자를 순서대로 치료할 계획이므로 어떤 부작용이 있으면 다른 대상자를 치료하기 전에 치료를 중단할 수 있다. 8명의 자원자가 있다면 얼마나 많은 수의 5 대상자의 순서가 가능한가?

풀이

$n = 8$명의 자원자로부터 $r = 5$ 대상자를 선택해야 한다. 배열의 순서의 수는 다음과 같다.

$$_nP_r = \frac{n!}{(n-r)!} = \frac{8!}{(8-5)!} = 6720$$

이용 가능한 8명에서 선택된 5명의 대상자는 6720가지의 가능한 배열이 있다.

4. 순열 법칙(일부 항목이 다른 항목과 동일한 경우)

n개의 항목이 모두 복원되지 않고 선택되지만 일부 항목이 동일한 경우 다음 규칙을 사용하여 가능한 순열(순서를 고려)의 수를 구한다.

순열 법칙(일부 항목이 다른 항목과 동일한 경우)

n개의 항목 모두를 복원하지 않고 선택하는 순열(순서 계산)의 수는 다음과 같다.

$$\frac{n!}{n_1!n_2!\ldots n_k!}$$

여기서, n_1개가 같고, n_2개가 같고, ⋯, n_k개가 같다.

예제 4 순열 법칙: 설문 조사

설문 조사를 디자인할 때, 응답자가 설문을 빨리 끝내기 위하여 생각 없이 답을 하는지를 보기 위하여 설문조사자는 가끔 하나의 질문을 반복하기도 한다. 10개의 질문이 있는 특정 설문 조사에서 질문 중 2개는 서로 동일하며 다른 3개의 질문도 서로 동일하다. 이 설문 조사에서는 몇 가지 배열이 가능한가? 가능한 모든 배열이 사용되도록 충분한 대상자를 조사하는 것이 현실적인가?

풀이

2개의 서로 동일한 질문과 3개의 질문이 서로 동일한 순열의 수를 원한다. 일부 항목이 다른 항목과 동일한 순열 법칙을 사용하면

$$\frac{n!}{n_1!n_2!\ldots n_k!}=\frac{10!}{2!3!}=\frac{3{,}628{,}800}{2\cdot 6}=302{,}400$$

해석

10개의 질문에 대해 302,400개의 서로 다른 가능한 배열이 있다. 모든 가능한 순열을 수용하는 것은 실용적이지 않다. 일반적인 설문 조사의 경우 응답자 수는 약 1000명이다.

5. 조합 법칙

조합 법칙은 선택 가능한 n개의 항목 중에서 r개를 복원 없이 선택하며 **순서는 중요하지 않은** 경우에 사용된다. 결과는 가능한 조합의 총수이다. (동일 항목의 재배치는 동일한 조합으로 간주된다.)

조합 법칙

n개의 다른 항목을 사용할 수 있고 그 중 r개만 복원하지 않고 선택하는 조합 수(순서는 중요하지 않음)는 다음과 같다.

$${}_nC_r=\frac{n!}{(n-r)!r!}$$

예제 5 조합 법칙: 임상시험 제1상

사람에 대한 신약을 시험할 때, 임상시험은 일반적으로 3단계로 수행된다. 제1상은 상대적으로 소수의 건강한 지원자들과 함께 실시된다. 20명의 건강한 사람을 신약으로 처치하고 30명의 적절한 자원자를 이용할 수 있다고 가정한다. 사용 가능한 30명 중에서 20명을 선택하고 20명을 동시에 처치할 경우 얼마나 많은 처치군이 가능한가?

풀이

모든 대상자가 동시에 처치되므로 순서는 부적합하다. 가능한 조합의 수를 구해야 한다. 이용 가능한 $n = 30$명의 대상자에 대하여 $r = 20$명의 대상자를 선택하는 조합의 수는 다음과 같다.

$${}_nC_r = \frac{n!}{(n-r)!r!} = \frac{30!}{(30-20)!20!} = \frac{30!}{10! \cdot 20!} = 30{,}045{,}015$$

해석

가능한 조합은 30,045,015가지이다.

순열 또는 조합? 순열과 조합 중에서 선택하는 것은 종종 까다로울 수 있다. 이들의 차이점을 강조하는 다음 예제를 살펴보자.

예제 6 순열과 조합: 임원 및 위원회

포틀랜드 메디컬 센터는 최고경영자(CEO), 집행위원장, 최고운영책임자(COO)의 3명의 임원을 임명해야 한다. 또한 3명의 다른 위원으로 구성된 기획위원회를 임명해야 한다. 자격을 갖춘 후보자는 8명이며 임원도 기획위원회에서 봉사할 수 있다.

a. 임원을 임명할 수 있는 방법은 몇 가지가 있는가?

b. 위원을 임명할 수 있는 방법은 몇 가지가 있는가?

풀이

(a)에서는 임원이 매우 다른 기능을 하기 때문에 순서가 중요하다. 그러나 (b)에서는 위원회 위원들이 모두 동일한 기능을 수행하기 때문에 선택 순서는 무의미하다.

a. 순서가 중요하기 때문에 $n = 8$명 중에서 선택된 $r = 3$명의 순열의 수가 필요하다.

$${}_nP_r = \frac{n!}{(n-r)!} = \frac{8!}{(8-3)!} = 336$$

b. 순서는 고려하지 않으므로 $n = 8$명 중에서 선택된 $r = 3$명의 조합의 수가 필요하다.

$$_nC_r = \frac{n!}{(n-r)!r!} = \frac{8!}{(8-3)!3!} = 56$$

순서를 고려하면 임원을 임명할 수 있는 336가지 방법이 있지만 순서를 고려하지 않고 56가지의 가능한 위원회가 있다.

4-6 기본적인 기술 및 개념

통계적 해석 및 비판적 사고

1. 표기법 기호 !는 무엇을 의미하는가! 6명의 환자가 엑스레이를 찍는 순서는 6! 가지 방법이 있을 수 있다. 6명의 사람들이 엑스레이를 찍는 순서는 몇 가지나 있는가?

2. 표기법 $_9C_4$를 계산하라. 결과는 무엇을 나타내는가?

연습문제 3~15에서 모든 확률을 분수로 표현하라.

3. 핀 번호 Kinsale사는 직원들에게 온라인 데이터베이스에 액세스할 수 있는 핀 번호를 발급한다. 해커는 정보기술 감독자의 핀 번호를 임의로 추측하고자 하는데, 핀 번호는 올바른 순서로 입력해야 하는 4자리 숫자(0~9)로 구성된다. 숫자의 반복은 허용된다. 첫 번째 시도에서 올바르게 추측할 확률은 얼마인가?

4. 근무조 지정 웰링턴 의료센터의 직원 감독관은 토요일 밤에 응급실에서 일할 두 명의 의사로 구성된 팀을 지정해야 한다. 19명의 의사가 있고 그 중 2명을 무작위로 선발한 경우 가장 어린 두 명의 의사가 선택될 확률은 얼마인가?

5. 혈액 검사 Quest Diagnostics는 방금 8개의 혈액 표본을 받았다. 무작위 순서로 검사를 할 때 표본을 제공한 대상자의 알파벳순으로 검사할 확률은 얼마인가?

6. 경로 스케줄링 재향군인 건강관리국의 새 책임자는 5개주마다 한 병원을 방문할 계획이다. 50개 주 전체에서 5개 주를 복원 없이 무작위로 선택하고 순서를 임의로 선택하면 아이다호, 오리건, 알래스카, 뉴저지, 오하이오를 순차적으로 방문할 가능성은 얼마나 되는가?

7. 숫자 금고 금고 "조합"은 0과 99 사이의 네 개의 수로 구성되며 금고는 수를 반복할 수 있도록 설계되었다. 누군가가 금고에 접근하려고 시도할 때 처음 시도에서 올바른 조합을 얻을 확률은 얼마인가? 수는 무작위로 선택되었다고 가정한다. 가능성의 수를 감안할 때, 조합에 대한 임의의 추측으로 금고를 열어 볼 수 있을 것 같은가?

8. 임상시험 아토르바스타틴(리피토)의 임상시험에서 한 군의 대상자는 위약을, 두 번째 군에게는 10 mg의 치료를, 세 번째 군에게는 20 mg의 치료를, 네 번째 군에게는 40 mg의 치료를, 다섯 번째 군에게는 80 mg의 치료를 받았다. 제1상 임상시험에서 15명의 대상자를 각 군당 3명씩 무작위로 5개의 군에 배정할 경우, 군을 구성할 수 있는 방법의 수는 얼마인가?

9. 우편번호 0과 9 사이의 5개의 숫자를 반복을 허용하며 무작위로 선택할 경우, 보건복지부 장관의 우편 번호를 얻을 확률은 얼마인가?

10. 전화번호 미국의 전화 지역번호에 대한 현재 규칙에 따라 첫 번째 숫자는 2~9, 두 번째 및 세 번째 숫자는 0~9를 사용할 수 있다. 이 규칙으로 얼마나 많은 다른 지역번호가 가능한가? 같은 규칙이 전화번호의 마지막 네 자리 숫자 바로 앞의 세 자리 숫자인 교환번호에도 적용된다. 이 두 규칙을 모두 감안할 때 10자리 전화번호는 몇 개까지 가능한가? 이 규칙이 미국과 캐나다 및 일부 섬에 적용될 경우 충분한 전화번호가 있을 수 있는가? (전체 인구는 약 400,000,000이라고 가정한다.)

11. 회사 임원 및 위원회 뉴포트 의료공급사는 사장, 최고 경영자(CEO), 최고 운영책임자(COO), 최고 재무책임자(CFO)를 임명해야 한다. 또한 4명으로 구성된 전략기획위원회 위원을 임명해야 한다. 자격을 갖춘 후보자는 10명이며 임원도 위원을 맡을 수 있다.

a. 4명의 임원을 지명하는 방법은 몇 가지 있는가?

b. 4명의 위원을 지명하는 방법은 몇 가지 있는가?

c. 무작위로 위원회 위원을 선택하였을 때, 자격을 갖춘 후보자 중 가장 젊은 4명을 얻게 될 확률은 얼마인가?

12. 아미노산 8개의 서로 다른 아미노산이 있으며, 5개를 선택하여 순서가 정해지는 사슬(폴리펩타이드 사슬이라고 함)을 형성해야 한다. 얼마나 많은 사슬이 가능한가?

13. 놀라운 단어 표준 통계용어 중 가장 긴 단어 중 하나는 등분산성이라는 의미를 가지는 "homoscedasticity"이다. 이 단어의 문자를 몇 가지 방법으로 배열할 수 있는가?

14. 번개와 복권 이 책을 쓰는 시점에서 미국의 메가밀리언 복권은 44개주에서 운영된다. 1등에 당첨되려면 1에서 75 사이의 올바른 5개의 다른 숫자를 선택해야 하며, 별도의 추첨에서 1에서 15 사이의 올바른 단일 숫자를 선택해야 한다. 하나의 티켓을 구입하여 1등에 당첨될 확률을 구하라. 국립 기상청이 1/960,000으로 추정하는 1년 안에 번개에 맞을 확률과 어떻게 비교되는가?

15. 모스 부호 국제 모스 부호는 음을 온/오프하는 시퀀스를 사용하여 부호화된 문장을 전송하는 방법이다. 각 문자는 1 또는 2 또는 3 또는 4 또는 5개의 분절로 구성되며 각 분절은 점 또는 대시이다. 예를 들어, 문자 *G*는 — — • 와 같이 두 개의 대시와 하나의 점으로 전송된다. 이 방법으로 몇 개의 다른 문자가 가능한가? 알파벳과 숫자를 포함하기에 충분한 문자가 있는가?

4-6 기초를 넘어서

16. 컴퓨터 변수 이름 일반적인 컴퓨터 프로그래밍 규칙은 변수 이름이 1~8자여야 한다는 것이다. 첫 번째 문자는 26개의 영문자 중 하나일 수 있지만 이어지는 문자는 26개의 영문자 또는 10개의 숫자 중 하나일 수 있다. 예를 들어, 허용되는 변수 이름에는 A, BBB, M3477K가 포함된다. 얼마나 많은 변수 이름이 가능한가? (대문자와 소문자의 차이는 무시하라.)

장별 퀴즈

1. 표준 시험 MCAT와 같은 표준 시험에서는 소프트웨어를 사용하여 쉽게 채점할 수 있기 때문에 선다형 질문을 광범위하게 사용하는 경향이 있다. 선다형 문제 중 하나가 a, b, c, d, e의 정답

을 가질 수 있다면, 무작위 추측에 의한 답이 틀린 답일 확률은 얼마인가?

2. 월 달력에서 페이지를 섞은 다음 한 달을 무작위로 선택한 경우 문자 y가 포함된 달인 확률은 얼마인가?

3. 주관적 확률 다음 번에 상처를 입어 꿰멜 확률을 추정해 보라.

연습문제 4~5에서는 어린이에 대한 실험용 백신의 효과를 검사한 실험을 통해 얻은 다음의 결과를 이용한다(USA Today의 데이터에 근거). 모든 확률을 소수 형태로 표현하라.

	독감 감염	독감 비감염
백신 치료	14	1056
위약	95	437

4. 1602명의 대상자 중 1명을 무작위로 선택하였을 때, 백신 치료를 받았거나 독감에 걸린 사람이 1명 나올 확률을 구하라.

5. 복원하지 않고 무작위로 2명의 대상자를 선택하였을 때, 둘 다 독감에 걸렸을 확률을 구하라.

복습문제

연습문제 1~5에서 아래 표의 데이터를 사용하고 모든 결과를 소수로 표현하라. (Gerritsen 등이 *Journal of the American Medical Association* 제288권 제10호에 발표한 "Splinting vs Surgery in the Treatment of Carpal Tunnel Syndrome"의 결과에 근거함.)

손목 관절 증후군 치료

	성공한 치료	실패한 치료
부목 치료	60	23
수술 치료	67	6

1. 성공 환자 중 1명을 무작위로 선택할 때, 치료를 성공한 사람을 선택할 확률을 구하라.

2. 성공 수술 치료를 받고 치료를 성공한 환자 1명을 무작위로 선택할 확률을 구하라.

3. 실패 또는 부목 환자 중 1명을 무작위로 선택할 때, 치료를 실패하였거나 부목 치료를 받은 사람을 선택할 확률을 구하라.

4. 둘 다 성공 환자 중 2명을 복원하여 무작위로 선택할 때, 두 환자 모두 치료가 성공한 사람일 확률을 구하라.

5. 보 A를 표에 포함된 환자 1명을 무작위로 선택하였을 때 그가 치료가 성공한 사람인 사건이라 하자. $\overline{A}$는 무엇을 나타내는가? $P(\overline{A})$의 값을 구하라.

6. 시력 교정 미국 인구의 약 75%는 시력 교정(안경이나 콘택트 렌즈 등)을 사용한다.

a. 누군가를 무작위로 선택하면, 시력 교정을 사용하지 않을 확률은 얼마인가?

b. 4명의 사람을 무작위로 선택하면, 모두가 시력 교정을 사용할 확률은 얼마인가?

c. 4명을 무작위로 선택하였을 때 모두가 시력 교정을 사용하고 있는 것은 있음직하지 않은 일인가? 그 이유는 무엇인가?

7. 당뇨병 결합 표본추출 현재 1년 동안 당뇨병에 걸린 새로운 사례의 비율은 1000명당 3.4명이다(미국 질병통제예방센터의 데이터 기준). 포틀랜드 진단실험실에서는 당뇨병 여부를 검사할 때 검사용 혈액 표본을 결합하여 비용을 절약한다. 결합된 표본은 적어도 한 사람이 당뇨병을 앓고 있다면 양성 반응을 보인다. 결합된 표본 검사가 양성이면 개별 혈액 검사가 수행된다. 당뇨병 검사를 위해 무작위로 선택된 10명의 대상자의 혈액 표본을 결합한다. 10명 중 당뇨병을 앓고 있는 최소 1명으로 인해 결합된 표본이 양성 반응을 보일 확률을 구하라.

누적 복습문제

1. 치명적인 음주 운전 다음은 치명적인 자동차 사고에서 음주 운전으로 유죄 판결 받은 운전자의 혈중 알코올농도(g/dL)이다(미국 국도교통안전국의 데이터를 기반으로 함).

0.09 0.11 0.11 0.13 0.14 0.15 0.17 0.17 0.18 0.18 0.23 0.35

다음 통계량의 값을 구하고 적절한 단위를 포함하라.

a. 평균 b. 중앙값 c. 범위의 중앙 d. 범위

e. 표준편차 f. 분산

2. 장기 기증자 *USA Today*는 성인 인터넷 사용자 5100명을 대상으로 실시한 설문조사에 대한 정보를 제공했다. 응답자 중 2346명이 사망 후 장기 기증을 기꺼이 하겠다고 응답했다. 이 설문조사에서는 각 주와 콜롬비아 DC에서 100명의 성인을 대상으로 설문조사를 실시했으며, 결과는 각 주의 인구 규모를 고려하여 가중치를 적용했다.

a. 사망 후 장기 기증을 기꺼이 하겠다고 대답한 응답자는 몇 퍼센트인가?

b. 여론 조사 결과를 토대로, 성인을 무작위로 선택하였을 때 사망 후 장기 기증을 기꺼이 하겠다는 사람이 선택될 확률은 얼마인가?

c. 각 주와 워싱턴 DC에서 100명의 성인을 무작위로 선택하는 표본추출 방법을 설명하는 데 사용되는 용어는 무엇인가?

3. 혈압과 혈소판 부록 B의 데이터 세트 1 "신체 자료"에 포함된 처음 몇 대상자의 수축기 혈압 측정치(mm Hg)와 혈소판 수(1000 세포/mL)를 아래에 제시한다. 수축기 혈압과 혈소판 수 사이의 연관성을 탐색하기에 적합한 그래프를 구성하라. 그래프는 연관성에 대해 무엇을 암시하는가?

수축기	100	112	134	126	114	134	118	138	114	124
혈소판	319	187	297	170	140	192	191	286	263	193

기술 프로젝트

모의실험 확률을 계산하는 것은 때로는 힘들다. 확률 계산에 대한 실용적인 대안으로 공식 규칙을 기반으로 모의실험을 할 수 있다. 절차의 모의실험은 절차와 동일한 방식으로 동작하여 유사한 결과가 생성되는 과정이다. 10명의 출생에서 정확히 5명의 남아를 얻는 확률을 계산하는 대신, 10개의 동전을 반복적으로 던지고 정확히 5번의 앞면(모의실험 된 "남아")이 발생하는 횟수를 셀 수 있다. 컴퓨터나 계산기의 난수생성기로 모의실험을 수행하여 1(모의실험 된 "남아")과 0(모의실험된 "여아")을 무작위로 생성할 수 있다. 이 확률 연습을 해 보자.

무작위로 선택된 50명의 사람들 중에서 최소한 3명이 같은 생일을 가질 확률을 구하라.

이 문제의 모의실험에서 생일을 1에서 365 사이의 정수로 나타낸다. 여기서 1은 1월 1일의 생일을 나타내고 2는 1월 2일을 나타낸다. 계산기나 컴퓨터를 사용하여 1~365 사이의 50개의 임의의 수(반복 허용)를 생성하여 50개의 생일을 모의실험할 수 있다. 이 수를 정렬할 수 있으므로 모의실험 된 생일 중 3개가 동일한지 여부를 쉽게 확인할 수 있다. (정렬 후, 같은 수는 인접한다.) 확률의 추정이 잘 되었다고 만족할 때까지 원하는 만큼 얼마든지 많은 과정을 반복할 수 있다. 기술적 도구를 사용하여 50개의 생일을 가진 20개의 서로 다른 군을 모의실험하라. 결과를 사용하여 무작위로 선택된 50명의 사람들 중에서 적어도 3명이 같은 생일을 가질 확률을 추정하라.

모의실험 기능 요약

Statdisk: 상단 메뉴에서 **Data**를 선택하고, 드롭다운 메뉴에서 **Uniform Generator**를 선택

Excel: **함수 삽입** f_x를 클릭 → **수학/삼각**을 선택 → **RANDBETWEEN**을 선택한 후, 추가 셀로 복사

TI-83/84 Plus: MATH를 누름 → 상단 메뉴에서 **PROB**를 선택 → 메뉴에서 **randInt**를 선택

StatCrunch: 최상위 메뉴에서 **Data**를 선택하고, 드롭다운 메뉴에서 **Simulate**를 선택한 다음, 하위 메뉴에서 **Discrete Uniform**을 선택

Minitab: 상단 메뉴에서 **Calc**를 선택하고, 드롭다운 메뉴에서 **Random Data**를 선택한 다음, 하위 메뉴에서 **Integer**를 선택

자료로부터의 결정

비판적 사고: 흡연 검사의 결과 해석

흡연자에게 담배를 피우는지 물어보면 약 절반이 거짓말을 하는 것으로 추정된다. CO 산소농도측정기는 환자의 진술에 의존하지 않고 흡연에 대한 정보를 얻는 방법이 될 수 있다. CO 산소농도측정기는 손톱을 통과하는 빛을 사용하여 카복시헤모글로빈(혈액 내의 일산화탄소)을 측정한다. 이 장치는 소방관과 응급실에서 일산화탄소 중독을 감지하는 데 사용되지만 흡연자를 식별하는 데에도 사용할 수 있다. 첨부된 표는 CO 산소농도측정기가 6% 이상의 카복시헤모글로빈을 검출하도록 설정된 18~44세의 사람들의 결과이다(웬들링이 *Internal Medicine News*지 제40권 제1호에 발표한 "Carbon Monoxide Test Can Be Used to Identify Smoker"과 질병통제예방센터에서 가져온 자료).

흡연의 CO 산소농도측정 검사

	양성 시험 결과	음성 시험 결과
흡연자	49	57
비흡연자	24	370

결과 분석하기

1. 위양성 표의 결과에 근거하여 시험 결과가 양성인 경우 대상자가 흡연자가 아닐 확률을 구하라.

2. 위음성 표의 결과에 근거하여 시험 결과가 음성인 경우 대상자가 흡연자일 확률을 구하라.

3. 민감도 대상자가 실제로 흡연자일 경우 진양성의 확률을 찾아서 검사의 **민감도**를 구하라.

4. 양의 예측값 검사 결과 양성 결과를 얻었을 때 대상자가 흡연자일 확률을 구하여 검사의 **양의 예측값**을 구하라.

5. 역의 혼란 다음 값을 찾아 비교하라. 이 경우 역의 혼란은 무엇인가?

- P(흡연자|양성 시험 결과)
- P(양성 시험 결과|흡연자)

그룹 활동

1. 수업 중 활동 3~4명으로 구성된 군을 구성하고 동전 던지기를 사용하여 다음의 법령을 준수하는 왕국을 모방한 모의실험을 개발하라: 어머니가 아들을 낳은 후에는 다른 아이를 가질 수 없다. 이 법령이 지켜지면 여아의 비율이 증가하는가?

2. 수업 외 활동 해양생물학자들은 호수의 물고기 수와 같은 모집단의 크기를 추정하는 방법으로 종종 **포획-재포획 방법**을 사용한다. 이 방법은 모집단에서 표본을 포획하고 표본의 각 구성원에게 태그를 지정한 다음 이를 모집단으로 반환한다. 두 번째 표본이 나중에 포획되고 태그가 지정된 구성원이 이 두 번째 표본의 전체 크기와 함께 계산된다. 결과는 모집단의 크기를 추정하는 데 사용될 수 있다.

실제 물고기를 잡아내는 대신 색칠된 구슬, M&M 초콜릿, 색인 카드 등과 같은 균등한 집합을 사용하여 절차를 모의실험하라. 최소한 200개의 항목으로 구성된 대규모 집합에서 시작한다. 50개의 표본을 수집하여 각각에 "태그"하는 표식을 사용한다. 태그가 달린 항목을 복원하고 전체 모집단을 섞은 다음 두 번째 표본을 선택하고 모집단 크기를 추정한다. 결과를 모든 항목을 헤아려서 얻은 실제 모집단 크기와 비교하라.

5 이산 확률분포
Discrete Probability Distributions

이 장의 문제

XSORT 성별 선택 방법이 효과적일까?

우리는 기술, 의학 및 건강 관리 분야에서 엄청난 발전이 이루어지는 시대에 살고 있다. 복제는 더 이상 과학 소설이 아니다. 우리는 iPads, iPhone, 가상현실 헤드셋 및 자율운전 자동차를 가지고 있다. 또한 많은 복잡한 통계 계산을 즉시 실행할 수 있는 계산기를 가지고 있다. 심장 박동기에는 정지된 심장에 충격을 주어 다시 시작하게 하는 세동 제거기가 있다. 부부들은 원하는 성별의 아기를 가질 가능성을 크게 증가시키는 것으로 일려진 방법을 사용하기도 한다.

어떤 사람들은 성별 선택 방법이 어떠한 이유를 막론하고 금지되어야 한다고 주장하는 반면, 또 어떤 사람들은 그러한 방법의 사용을 열정적으로 지지한다. Lisa Belkin은 *New York Times Magazine*에서 "오늘날 부모가 자녀의 성별을 선택할 수 있게 한다면, 아이의 눈 색깔, 머리카락 색깔, 성격 특성 및 IQ를 주문하는 데까지는 얼마나 걸릴까요?" 최소한의 성별 선택의 제한된 사용에 찬성하는 설득력 있는 주장을 하는 사람도 있다. 그러한 사람들 중 하나는 X-염색체 열성 유전자를 가진 부부들이다. 이 부부들 중 일부에서 남자아이는 이 장애를 물려받을 확률이 50%이지만 여자아이는 장애를 상속받지 않는다. 이 부부들은 성별 선택을 사용하여 여아를 가지게 되고, 그로 인해 장애를 자녀들에게 물려주지 않을 것임을 보장한다.

버지니아주 페어팩스에 있는 Genetics & IVF Institute는 부부가 원하는 성별의 아기를 가질 가능성을 높이는 MicroSort라는 기술을 개발하였다. (MicroSort의 임상시험은 중단되었다.) MicroSort XSORT 방법은 부부가 여자아이를 가질 가능성을 높이며, MicroSort YSORT 방법은 남자아이의 기회를 높인다고 주장하였다. XSORT 방법에 대한 최신 결과는 여아를 원하는 945쌍의 부부로 구성되어 있다. XSORT 기법을 사용한 후 879명의 부부가 여아를 낳았다. (결과를 보여주는 막대그래프는 그림 5-1을 참조.) 우리는 일반적으로 945명의 출생자 중 여아의 수가 472명 내지는 473명 정도가 될 것으로 기대한다. 945쌍 중 879명이 여아를 낳았다면, XSORT 기법이 효과적이라고 결론내릴 수 있을까? 아니면 표본이 우연히 그렇게 된 것으로 설명할 수 있을까? 이 질문에 답하기 위해 관찰된 출생 결과가 무작위 우연으로 예상되는 결과와 다른지 여부를 확률의 원리를 사용하여 판단하고자 한다. 이것은 추론 통계의 일반적인 목표이다: 무작위 확률로 결과를 합리적으로 설명할 수 있는지 또는 무작위 확률로는 가능한 설명이 되지 않는지를 판단하여 다른 요인들이 결과에 영향을 미치는지 알고자 한다. 이 장에서는 XSORT 결과가 의미가 있는지를 결정하는 데 필요한 확률을 구하는 방법들을 제시하고 그 방법이 효과적임을 제안한다.

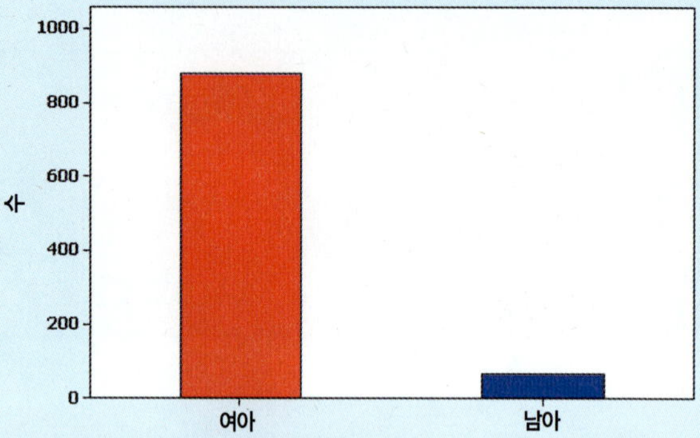

그림 5-1 XSORT 방법의 성별 선택 결과

이 장의 목표

다음 쪽의 그림 5-2는 이 장의 내용을 시각적으로 보여준다. 두 개의 동전 던지기에서 앞면의 수를 조사할 때 다음과 같은 두 가지 접근 방식을 사용할 수 있다.

- **실제의 결과를 구하기 위해 실 표본 데이터를 사용:** 2장과 3장의 접근법은 실제 동전 던지기에서 표본 데이터를 수집한 다음 도수분포를 나타내는 표에 결과를 요약한 다음 표본평균 $\overline{X}$와 표본 표준편차 s와 같은 통계치를 구한다.
- **기대되는 결과를 찾기 위해 확률을 사용:** 4장의 확률 원리를 사용하여 두 번의 던지기에서 가능한 앞면 수에 대한 확률을 구할 수 있다. 그런 다음 결과를 확률분포를 나타내는 표로 요약할 수 있다.

이 장에서는 (일어난 일이 아닌) 일어날 것으로 예상되는 것을 설명하는 표를 위의 두 가지 접근법으로 병합한 다음, 모집단 평균 μ와 모집단 표준편차 σ를 구한다. 그림 5-2의 맨 오른쪽 표는 도수 대신에 확률을 사용하여 분포를 설명하기 때문에 "확률분포"이다. 이 책의 나머지 부분과 추론 통계의 핵심은 확률분포에 대한 지식을 기반으로 한다. 이 장에서는 이산 확률분포에 초점을 맞춘다.

다음은 5장의 목적이다.

5-1 확률분포

- 확률변수 및 확률분포를 정의한다.
- 잠재적 확률분포가 실제로 필요한 요구 사항을 만족시키는지 판단한다.
- 확률분포가 주어지면 평균과 표준편차를 계산한 다음 그 결과를 사용하여 결과가 유의하게 낮은지 또는 유의하게 높은지를 판단한다.

5-2 이항확률분포

- 이항확률분포를 설명하고 이항분포에 대한 확률 값을 구한다.

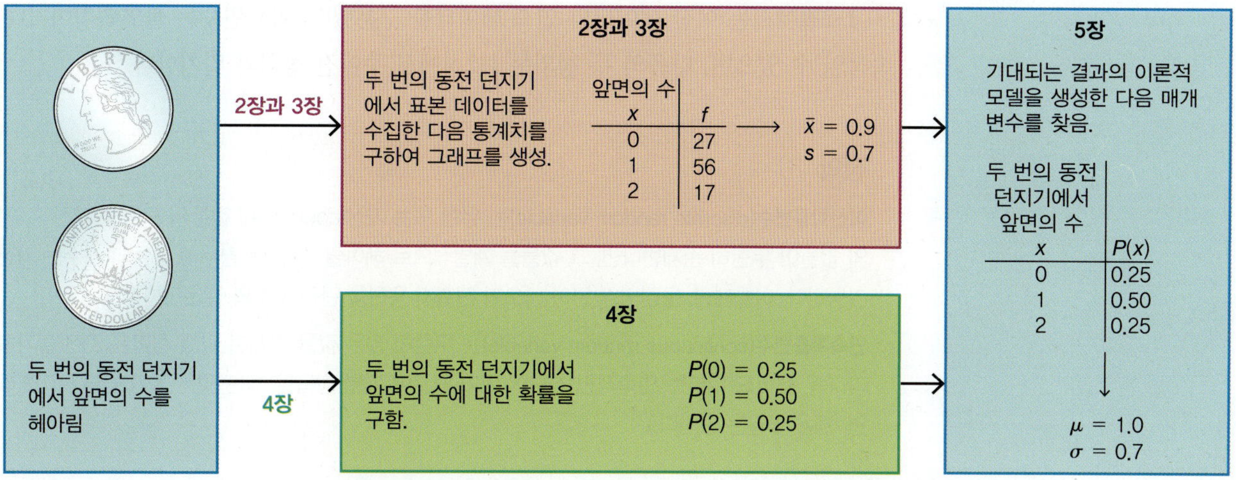

그림 5-2

- 이항분포에 대한 평균과 표준편차를 계산한 다음 그 결과를 사용하여 결과가 유의하게 낮은지 또는 유의하게 높은지를 판단한다.

5-3 포아송 확률분포

- 포아송 확률분포를 설명하고 포아송 분포의 확률 값을 구한다.

5-1 확률분포

핵심 개념

이 절에서는 **확률변수**의 개념과 **확률분포**의 개념을 소개한다. **확률 히스토그램**이 확률분포를 시각적으로 어떻게 묘사하는지 설명한다. 확률분포에 대한 중요한 매개변수인 평균, 표준편차, 분산을 구하는 방법을 보여준다. 가장 중요한 것은, 결과가 유의미한지를 (유의하게 낮은지 또는 유의하게 높은지) 결정하는 방법을 설명한다. **확률변수** 및 **확률분포**와 관련된 개념으로 시작하자.

PART 1 확률분포의 기본 개념

정의

확률변수(random variable)는 절차의 각 결과에 대해 우연히 결정되는 단일 숫자 값을 갖는 변수이다. (일반적으로 x로 표시)

확률분포(probability distribution)는 확률변수의 각 값에 대한 확률을 제공하는 서술이다. 표, 수식, 그래프의 형식으로 표현된다.

1-2절에서는 이산 데이터와 연속 데이터를 구분했다. 확률변수는 불연속적이거나 연속적일 수 있으며, 다음의 두 정의는 1-2절에서 주어진 정의와 일치한다.

정의

이산확률변수(discrete random variable)는 유한 또는 가산(countable) 값들의 모음을 가진다. (만약 값들이 무한히 존재한다면, 그 값들을 개별적으로 헤아릴 수 있는 경우에 값들의 개수는 가산 가능하다. 이를테면, 동전의 앞면이 나오기 전까지 동전을 던진 횟수와 같은 값이다.)

연속확률변수(continuous random variable)는 무한히 많은 값을 가지며 값의 집합은 가산 불가하다. (즉, 적어도 일부는 연속적인 척도에 있기 때문에 개별 항목을 세는 것은 불가능하다. 이를테면, 체온과 같은 값이다.)

이 장에서는 이산확률변수만을 다루지만 다음 장부터는 연속확률변수에 대해 다룬다.

확률분포: 요구 사항

모든 확률분포는 다음 세 가지 요구 사항을 반드시 충족해야 한다.

1. 숫자형(범주형이 아닌) 확률변수 x가 있으며, 그 숫자 값은 대응하는 확률과 연관되어 있다.
2. x가 모든 가능한 값이라면, $\Sigma P(x) = 1$이다. (모든 확률의 합은 1이어야 하지만 반올림 오류로 인해 합이 0.999 또는 1.001과 같은 경우도 허용된다.)
3. 확률변수 x의 모든 값에 대해 $0 \le P(x) \le 1$. (즉, 각 확률 값은 0과 1을 포함하여 0과 1 사이에 있어야 한다.)

두 번째 요구 사항은 확률변수 x가 전체 표본공간에서 가능한 모든 사건을 나타내므로 그 중 하나가 발생한다는 것이(확률 1로) 확실하다는 사실에서 유추된다. 세 번째 요구 사항은 모든 확률 값은 0, 1이거나 0과 1 사이의 값이어야 한다는 기본 원칙에서 비롯된다.

예제 1 유전학

이 장의 문제에서 945명 출생을 포함하였지만, 간단한 예제로서 2명의 출생만을 가지고 확률변수를 고려해 보자.

$$x = \text{두 출생에서 여아의 수}$$

위의 x는 그 숫자 값이 우연에 달려 있기 때문이 확률변수이다. 두 출생의 경우, 여아의 수는 0, 1, 2일 수 있으며, 표 5-1은 확률변수 x의 각 값에 대한 확률을 제공하고 앞서 나열한 세 가지 요구 사항을 충족하므로 확률분포이다.

표 5-1 두 출생에서 여아의 수에 대한 확률분포

x: 여아의 수	$P(x)$
0	0.25
1	0.50
2	0.25

1. 변수 x는 표 5-1에서와 같이 수치 확률변수이며 그 값은 확률과 연관되어 있다.
2. $\Sigma P(x) = 0.25 + 0.50 + 0.25 = 1$

3. $P(x)$의 각 값은 0과 1 사이에 있다. (구체적으로 0.25, 0.50, 0.25는 모두 0과 1 사이이다.)

표 5-1의 확률변수 x는 3개의 가능한 값(0, 1, 2)을 갖고 있기 때문에 이산확률변수이며, 3은 유한 수이므로 유한 또는 가산하다는 요구 사항을 충족한다.

0+ 표기법

표 5-1과 같은 표 또는 부록 A의 표 A-1에 나열된 이항확률의 경우, 0+를 사용하여 0.000000123와 같이 양수이지만 매우 작은 확률 값을 나타내는 경우가 있다. 이러한 표에 확률 값을 반올림하여 포함할 때, 0으로 반올림하게 되면 사건이 일어나지 않았다고 암시하게 되어 잘못된 판단을 이끌 수 있다.

확률 히스토그램: 확률분포의 그래프

확률분포를 그래프로 나타낼 수 있는 다양한 방법이 있지만, 당분간은 **확률 히스토그램(probability histogram)**만 고려한다. 그림 5-3은 표 5-1에 해당하는 확률 히스토그램이다. 이는 2-2절의 상대 도수 히스토그램과 유사하지만 수직축은 실제 표본 결과를 기반으로 한 상대 도수가 아니라 **확률**을 나타낸다.

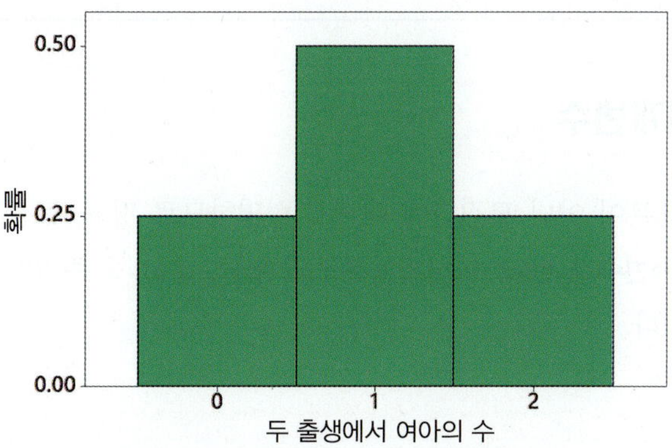

그림 5-3 두 출생에서 여아의 수에 대한 확률 히스토그램

그림 5-3에서 수평축을 따라 0, 1, 2의 값이 직사각형의 가운데에 위치함을 볼 수 있다. 직사각형이 각각 1 단위 폭이므로 직사각형의 면적은 각각 0.25, 0.50, 0.25가 된다. 이 직사각형의 면적은 표 5-1의 확률과 같다. 6장 이후에는 면적과 확률 사이의 대응이 매우 유용하다는 것을 보게 된다.

확률 공식 [예제 1]에서 확률분포를 표로 서술하였지만, 확률분포는 식의 형태일 수도 있다. 공식 $P(x) = \dfrac{1}{2(2-x)!x!}$를 고려해 보자(여기에서 x는 0, 1, 2일 수 있음). 이 식을 사용하면 $P(0) = 0.25$, $P(1) = 0.50$, $P(2) = 0.25$가 된다. 이 식을 사용하여 구한 확률은 표 5-1의 확률과 같다. 이 공식은 [예제 1]에 표시된 것처럼 세 가지 요구 사항을 충족하기 때문에 확률분포를 서술하고 있다.

예제 2 병원 면접 실수

취업 지원자가 인터뷰하는 동안 행한 가장 큰 실수가 무엇이었는지를 고용 관리자에게 물어보았다. 표 5-2는 Adecco 설문조사의 데이터를 기반으로 한 응답이다. 표 5-2는 확률분포를 서술하는가?

표 5-2 병원 면접 실수

x	$P(x)$
부적당한 복장	0.50
지각	0.44
눈 마주침 부족	0.33
전화 또는 문자 메시지 확인	0.30
합계	**1.57**

풀이

표 5-2는 x가 수치 확률변수가 아니기 때문에 첫 번째 요구 사항을 위반한다. x의 "값"은 숫자가 아닌 범주형 자료이다. 또한 표 5-2는 확률의 합이 1.57여서 합이 1이라는 두 번째 요구 사항을 위반한다. 세 가지 요구 사항이 모두 만족되지 않았기 때문에 표 5-2에서 확률분포를 서술하지 않는다고 결론지을 수 있다.

확률분포의 매개변수

확률분포에서는 표본이 아닌 모집단에 대해서 설명하므로 평균, 표준편차, 분산의 값은 통계량이 아닌 **매개변수**가 된다. 이산확률분포의 평균, 분산, 표준편차는 다음 공식을 사용하여 구할 수 있다.

공식 5-1

확률분포에 대한 **평균 μ**

$$\mu = \Sigma[x \cdot P(x)]$$

공식 5-2

확률분포에 대한 **분산 σ^2**

$$\sigma^2 = \Sigma[(x-\mu)^2 \cdot P(x)]$$ (이 형식은 이해하기 쉽다.)

공식 5-3

확률분포에 대한 **분산 σ^2**

$$\sigma^2 = \Sigma[x^2 \cdot P(x)] - \mu^2$$ (이 형식은 수동 계산이 쉽다.)

공식 5-4

확률분포에 대한 **표준편차** σ

$$\sigma = \sqrt{\Sigma[x^2 \cdot P(x)] - \mu^2}$$ (수동 계산의 경우 이 형식이 더 쉽다.)

공식 5-1~5-4를 적용할 때는 다음 규칙을 사용하여 결과를 반올림한다.

확률분포에서 μ, σ, σ^2의 반올림 규칙

확률변수 x의 소수 자릿수보다 하나 많은 자릿수로 결과를 반올림한다. x의 값이 정수인 경우, μ, σ, σ^2를 소수점 이하 한 자릿수로 반올림한다.

반올림 규칙의 예외 특별한 경우에 위의 반올림 규칙은 오해의 소지가 있거나 부적절한 값이 된다. 예를 들어, 4기통 제트엔진의 경우 비행 중 성공적으로 작동하는 엔진의 평균 수는 3.999714286이며 반올림하면 4.0이 된다. 이는 모든 제트엔진이 항상 성공적으로 작동함을 암시하게 되어 잘못된 결론에 이른다. 실제 평균을 올바르게 반영하려면 3.999714와 같이 더 많은 정밀도가 필요하다.

기대값

이산확률변수 x의 평균은 무한히 많은 시행에 대한 이론적 평균 결과이다. 시행을 무한히 계속할 때 얻을 수 있는 평균적인 값의 의미에서 평균을 기대값으로 생각할 수 있다.

정의

이산확률변수 x의 **기대값(expected value)**은 E로 표기하며 결과의 평균값이므로 $E = \mu$이고, E는 공식 5-1에서와 같이 $\Sigma[x \cdot P(x)]$를 계산하여 구할 수 있다.

주의 x의 가능한 값이 모두 정수일지라도 기대값은 정수가 될 필요는 없다. 특정한 5명의 출생을 보았을 때 2.5명의 여아가 태어날 수는 없을지라도 5명의 출생에서 기대되는 여아의 수는 2.5명이다. 5명의 자녀가 있는 많은 부부를 조사해 보면 평균 여아가 2.5명일 것으로 기대된다.

예제 3 **평균, 분산, 표준편차 찾기**

표 5-1은 두 출생에서 여아의 수에 대한 확률분포를 서술한다(남녀가 동일하다고 가정할 때). [예제 1]의 표 5-1에 서술된 확률분포에 대한 평균, 분산, 표준편차를 구하라.

풀이

표 5-3에서 왼쪽의 두 열은 앞의 표 5-1에 나와 있는 확률분포를 나타낸다. 필요한 계산을 위해 오른쪽에 두 개의 열을 더 만들었다.

(계속)

공식 5-1, 5-2와 표 결과를 이용하여 다음을 계산할 수 있다.

$$\text{평균: } \mu = \Sigma[x \cdot P(x)] = 1.0$$
$$\text{분산: } \sigma^2 = \Sigma[(x - \mu)^2 \cdot P(x)] = 0.5$$

표준편차는 분산의 제곱근이므로

$$\text{표준편차: } \sigma = \sqrt{0.5} = 0.707107 = 0.7(\text{반올림})$$

반올림: 표 5-3에서 $\mu = 1.0$을 사용한다. μ가 1.23456인 경우, μ를 1.2로 반올림할 수 있지만 표 5-3의 계산에서는 1.23456의 반올림되지 않은 값을 사용해야 한다. 계산 중간에 반올림하면 큰 오류가 있는 결과가 발생할 수 있다.

표 5-3 확률분포에 대한 μ와 σ 계산

x	$P(x)$	$x \cdot P(x)$	$(x-\mu)^2 \cdot P(x)$
0	0.25	$0 \cdot 0.25 = 0.00$	$(0-1)^2 \cdot 0.25 = 0.25$
1	0.50	$1 \cdot 0.50 = 0.50$	$(1-1)^2 \cdot 0.50 = 0.00$
2	0.25	$2 \cdot 0.25 = 0.50$	$(2-1)^2 \cdot 0.25 = 0.25$
합계		1.00 ↑ $\mu = \Sigma[x \cdot P(x)]$	0.50 ↑ $\sigma^2 = \Sigma[(x-\mu)^2 \cdot P(x)]$

해석

두 번의 출생에서 남녀가 똑같이 나타난다고 가정하면, 평균 여아의 수는 1.0이고, 분산은 0.50 여아^{2}이며, 표준편차는 0.7 여아이다. 또한 두 출생에서 여아의 기대값은 평균과 같은 값인 1.0 여아이다. 두 번의 출생을 무수히 많이 관찰하여 데이터를 수집한다면 평균 1.0명의 여아가 태어날 것으로 기대된다.

결과의 해석: 유의값

확률변수 x의 값이 유의하게 낮거나 또는 높은지 여부를 결정하는 다음과 같은 두 가지 접근 방식이 있다.

범위경험법칙으로 결과의 유의성 확인

3-2절에서 소개한 범위경험법칙은 표준편차의 값을 해석하는 데 도움이 될 수 있다. 범위경험법칙에 따르면 대다수의 값은 평균의 2 표준편차 내에 있어야 하므로 평균에서 2 표준편차 이내이면 유의하다고 간주할 수 있다. 따라서 다음과 같이 "유의한" 값을 확인할 수 있다.

유의값을 확인하기 위한 범위경험법칙

유의하게 낮은 값은 $(\mu - 2\sigma)$ 이하이다.

유의하게 높은 값은 $(\mu + 2\sigma)$ 이상이다.

유의하지 않은 값 : $(\mu - 2\sigma)$와 $(\mu + 2\sigma)$ 사이

3-2절의 그림 3-3은 위의 기준을 보여준다.

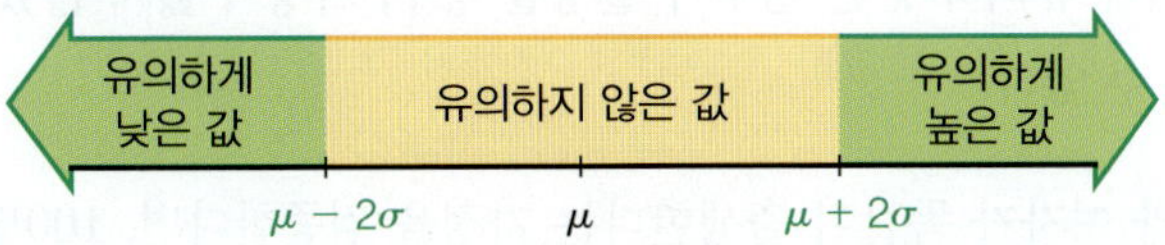

힌트 범위경험법칙에 있는 숫자 2의 사용은 다소 임의적이며 이것은 절대적인 규칙이 아니라 지침 정도이다.

예제 4 범위경험법칙으로 결과의 유의성 확인

[예제 3]에서 두 번의 출생으로 여아의 평균 수 $\mu = 1.0$ 여아이며 표준편차 $\sigma = 0.7$ 여아임을 보았다. 그 결과와 범위경험법칙을 사용하여 2명의 여아가 유의하게 많은 수의 여아인지 확인해 보자.

풀이

범위경험법칙을 사용하면 2 여아가 $\mu + 2\sigma$보다 크거나 같으면 유의하게 높은 값이 된다. $\mu = 1.0$ 여아, $\sigma = 0.7$ 여아의 경우,

$$\mu + 2\sigma = 1 + 2(0.7) = 2.4 \text{ 여아}$$

유의하게 많은 여아의 수는 2.4 이상이다.

해석

이 결과를 바탕으로, 2명의 여아는 유의하게 많은 여아의 수는 아니다(2가 2.4보다 크지 않기 때문에).

확률로 결과의 유의성 확인

- **유의하게 높은 성공 횟수:** n번의 시행에서 x번 성공하였는데, x번 이상 성공할 확률이 0.05 이하이면 x는 유의하게 높은 성공 횟수이다. 즉, $P(x \text{ 이상}) \leq 0.05$일 경우 x는 유의하게 높은 성공 횟수이다.*
- **유의하게 낮은 성공 횟수:** n번의 시행에서 x번 성공하였는데, x번 이하로 성공할 확률이 0.05 이하이면 x는 유의하게 낮은 성공 횟수이다. 즉, $P(x \text{ 이하}) \leq 0.05$일 경우 x는 유의하게 낮은 성공 횟수이다.*

* 값 0.05를 절대적으로 사용해야 하는 것은 아니다. 유의한 결과와 그렇지 않은 결과를 구별하기 위해 0.01과 같은 다른 값을 사용할 수도 있다.

유의하게 낮은 또는 유의하게 높은 수의 성공을 확인하는 것은 다음의 희귀사건 규칙에 명시된 것처럼 주어진 가정을 거부하기 위한 목적으로 종종 사용된다.

추론 통계에 대한 희귀사건 규칙

주어진 가정 하에서 특정 결과에 대한 확률이 매우 작고 그 결과가 가정한 것보다 유의하게 작거나 유의하게 큰 경우가 발생할 경우, 가정이 옳지 않았을 수도 있다고 결론 내릴 수 있다.

예를 들어, 남자와 여자가 똑같이 출생한다는 가정을 검증한다면, 100명의 출생에서 20명의 여아가 태어난 결과는 유의하게 낮게 되어 그 가정을 거부할 근거가 된다.

예제 5 확률로 결과의 유의성 확인

945명의 출생자 중 879명의 여아는 유의하게 많은 수의 여아인가?
성별 선택을 하는 XSORT 방법의 결과를 포함하는 이 장의 문제가 암시하는 결과는 무엇인가? (XSORT 방법을 사용하는 부모의 945명의 출생자 중 879명의 여아가 있었는데, 945명의 출생자 중 879명의 여아는 유의하게 높은가?)

풀이

945명의 출생에서 879명 여아의 결과는 무작위로 예상한 것보다 크지만, 879명의 여아가 유의하게 높은지를 결정해야 한다. 여기서, 해당 확률은 945명의 출생자 중 879명 이상의 여아가 나타날 확률이다. 나중에 5-2절에서 다루는 방법을 사용하여 P(945명의 출생에서 879명 이상의 여아) = 0.0000(반올림됨)임을 알 수 있다. 879명 이상의 여아가 생길 확률이 0.05 이하이기 때문에 945명의 출생자 중 879명의 여아는 유의하게 높은 여아의 수라고 결론 내릴 수 있다. 그림 5-4의 확률 히스토그램은 각 여아의 수에 대한 확률을 보여주고 있다.

해석

우연히 945명의 출생자 중 879명 이상의 여아가 태어날 가능성은 거의 없다. 945명

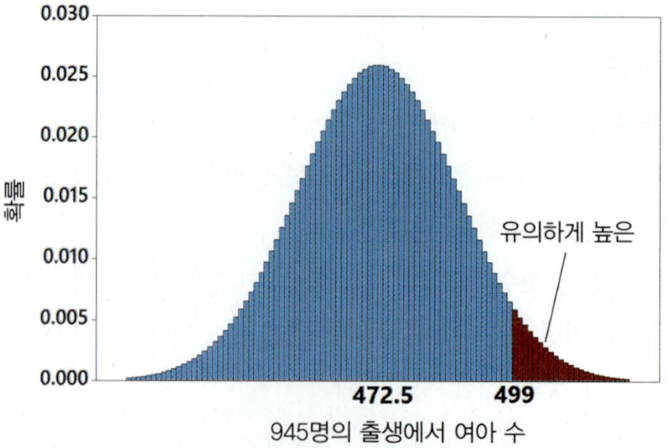

그림 5-4 945명의 출생에서 여아 수의 확률 히스토그램

의 출생의 879명의 여아는 유의하게 높기 때문에 XSORT 방법은 효과적인 것으로 보인다. (그러나 이것이 XSORT 방법이 많은 수의 여아에 대한 원인인 것을 **증명**하는 것은 아니다.)

"정확히"가 아닌, "최소한"

945명의 출생자 중 879명의 여아 유의하게 높은 반면 475명의 여아는 유의하게 높지 않다는 것은 분명하다. 무슨 근거로 479명의 여아는 유의하게 높지 않고 879명의 여아는 유의하게 높다고 하는가? **정확히** 879명의 여아와 정확히 475명의 여아의 확률 때문은 아니다(둘 다 0.026보다 작다). 그것은 879명 이상의 여아의 확률은 매우 낮지만 (0.0000), 475명 이상의 여아의 확률은 낮지 않기(0.448) 때문이다.

PART 2 기대값과 공식의 근거

기대값

이 절의 PART 1에서는 확률변수 x의 기대값이 평균 μ와 같다고 언급했다. 따라서 우리는 μ 값을 구할 때처럼 $\Sigma[x \cdot P(x)]$를 계산하여 기대값을 구할 수 있다.

예제 6 출생

남자와 여자가 똑같이 출생한다고 가정하고, 945명의 출생에서 기대되는 여아의 수를 구하라. 공식 5-1을 사용하는 대신, 945명의 출생에서 기대되는 여아의 수를 생각해보라.

풀이

945명의 출생에서 기대되는 여아의 수는 472.5명이다.

해석

어떤 특정 표본의 945명의 출생에서 472.5명의 여아를 얻을 수 없다. 그러나 945명의 출생 표본을 많이 보았을 때의 평균이 된다는 의미에서 472.5명의 여아는 기대값이다.

공식 5-1부터 5-4까지의 근거

맹목적으로 공식을 받아들이고 사용하는 것보다 공식이 어떻게 작동하는지 이해하는 것이 훨씬 좋다. 도수분포에서 평균을 계산할 때 f는 계급의 도수를 나타내고 N은 모집단 크기를 나타낸다. 아래의 식에서는 도수 표의 평균에 대한 공식을 다시 작성하여 모집단에 적용한다. 분수 f/N에서 f의 값은 값 x가 발생하는 도수이며 N은 모집단 크기이므로 f/N은 x의 값에 대한 확률이다. f/N을 $P(x)$로 대치할 때, 제한된 수의 관측을 기반으로 하는 상대적 도수를 무한히 많은 시행에서의 확률로 전환한다. 이 결과는 이 절의 앞부

소년/소녀가 가족 내에서 연속되는가?

이 책의 저자 중 한 명, 그의 형제들, 그의 형제들의 자식은 11명의 남성과 1명의 여성으로 구성되어 있다. 이것은 한 특정 성별이 한 가족 내에서 연속되는 현상의 사례인가? 이 문제는 미국에 있는 8770 가구의 무작위 표본을 조사하여 연구되었다. 그 결과는 *Chance* 잡지에 Joseph Rodgers와 Debby Doughty가 기고한 "소년/소녀가 가족 내에서 연속되는가"라는 글에서 발표되었다. 그들의 분석 중 일부는 이 절에서 논의된 이항확률분포를 사용하였다. 그들의 결론은 "우리는 가족 내에서 성별이 치우치게 연속된다는 강력한 증거는 발견하지 못했다"이다.

분에 나온 공식 5-1이 왜 그렇게 주어졌는지를 보여준다.

$$\mu = \frac{\Sigma(f \cdot x)}{N} = \Sigma\left[\frac{f \cdot x}{N}\right] = \Sigma\left[x \cdot \frac{f}{N}\right] = \Sigma[x \cdot P(x)]$$

유사한 추론으로 3장에서의 분산 공식을 가지고 이를 확률분포에 대한 확률변수에 적용할 수 있다. 결과는 공식 5-2이다. 공식 5-3은 공식 5-2와 동일한 결과를 얻을 수 있는 짧은 버전이다. 공식 5-3은 일반적으로 사용하기가 쉽지만 공식 5-2는 직접 이해하기가 쉽다. 공식 5-2에 기초하여 표준편차를 다음과 같이 나타낼 수 있다.

$$\sigma = \sqrt{\Sigma[(x - \mu)^2 \cdot P(x)]}$$

또는 공식 5-4에서 주어진 등가 형태로 사용된다.

5-1 기본적인 기술 및 개념

통계적 해석 및 비판적 사고

4명의 출생에서 여아의 수

여아의 수 x	$P(x)$
0	0.063
1	0.250
2	0.375
3	0.250
4	0.063

1. 확률변수 첨부된 표는 4명의 출생에서 여아의 수에 대한 확률을 나열한다. 확률변수는 무엇이며 가능한 값은 무엇인가? 값은 수치인가?

2. 확률분포 첨부한 표에서 $P(x)$의 값의 합은 확률분포의 조건인 1인가? 이 표는 확률분포를 서술하는가?

이산 및 연속 확률변수 **연습문제 3에서 주어진 값을 참조한 후 이산확률변수, 연속확률변수, 확률변수 아님 중 가장 적합한 것을 선택하라.**

3. a. 미국에서 태어난 다음 100명의 아기의 정확한 몸무게

b. "건강 플랜이 있습니까?"라는 설문조사 질문에 대한 답변

c. 10명의 자녀가 있는 가족을 찾을 때까지 조사해야 하는 가족의 수

d. 인간의 정확한 발 길이

e. 인간의 신발 크기(예: 8, $8\frac{1}{2}$)

확률분포의 이해 **연습문제 4~6에서 확률분포인지 아닌지를 결정하라. 확률분포라면 평균과 표준편차를 구하라. 확률분포가 아닌 경우, 어떤 요건 때문인지를 알아보라.**

4. 유전자 장애 X-염색체 유전자 장애가 있는 남성 5명이 각각 1명의 자녀가 있다. 확률변수 x는 5명 중에서 X-염색체 유전자 장애를 상속한 어린이의 수이다.

x	$P(x)$
0	0.031
1	0.156
2	0.313
3	0.313
4	0.156
5	0.031

5. 유전학 실험 자손 완두콩을 4개의 군으로 나누어 유전학 실험을 하였다. 연구원은 하나의 군에 대하여 흰 꽃을 가진 완두콩의 수를 다음 표에 주어진 확률분포로 나타냈다.

x	$P(x)$
0	0.04
1	0.26
2	0.36
3	0.20
4	0.08

6. 유전자 장애 X-염색체 유전자 장애가 있는 남성 3명이 각각 1명의 자녀가 있다. 확률변수 x는 3명 중에서 X-염색체 유전자 장애를 상속한 어린이의 수이다.

x	$P(x)$
0	0.4219
1	0.4219
2	0.1406
3	0.0156

유전학 연습문제 7~9에서는 8쌍의 부모 집합의 8명의 출생 군의 결과를 설명하는 오른쪽의 표를 참조하라. 확률변수 x는 8명의 자녀 중 여아의 수를 나타낸다.

여아의 수 x	$P(x)$
0	0.004
1	0.031
2	0.109
3	0.219
4	0.273
5	0.219
6	0.109
7	0.031
8	0.004

7. 평균과 표준편차 8명의 출생에서 여아 수에 대한 평균과 표준편차를 구하라.

8. 범위경험법칙으로 유의미한 사건 판단 범위경험법칙을 사용하여 8명의 출생에서 6명의 여아가 유의하게 많은 수의 여아인지 결정하라.

9. 확률로 유의미한 사건 판단

a. 8명의 출생에서 정확히 6명의 여아를 얻는 확률을 구하라.

b. 8명의 출생에서 6명 이상의 여아를 얻는 확률을 구하라.

c. 8명의 출생에서 6명의 여아가 유의하게 많은 수의 여아인지를 결정하는데 어떤 확률이 더 적절한가? (a)의 결과 또는 (b)의 결과.

d. 8명의 출생에서 6명의 여아는 유의하게 많은 수인가? 그 이유는 무엇인가?

몽유병 연습문제 10~12에서는 5명으로 구성된 군에서 몽유병을 보고한 성인의 수를 나타낸 오른쪽의 표를 참조하라(Ohayon 등이 *Neurology* 제78권 제20호에 발표한 "Prevalence and Comorbidity of Nocturnal Wandering In the U.S. Adult General Population"의 데이터를 기반).

x	$P(x)$
0	0.172
1	0.363
2	0.306
3	0.129
4	0.027
5	0.002

10. 평균과 표준편차 5명으로 구성된 군의 몽유병 환자 수의 평균과 표준편차를 구하라.

11. 범위경험법칙으로 유의미한 사건 판단 범위경험법칙을 사용하여 5명의 성인 군에서 3명의 몽유병 환자는 유의하게 많은 수인지를 결정하라.

12. 확률로 유의미한 사건 판단

a. 5명의 성인 중에서 정확히 1명의 몽유병 환자가 있을 확률을 구하라.

b. 5명의 성인 중에서 1명 이상의 몽유병 환자가 있을 확률을 구하라.

c. 5명의 성인 중에서 1명의 몽유병 환자가 유의하게 적은 수의 환자인지를 결정하는데 어떤 확률이 더 적절한가? (a)의 결과 또는 (b)의 결과.

d. 5명의 성인 중에서 1명의 몽유병 환자는 유의하게 적은 수인가? 그 이유는 무엇인가?

5-2 이항확률분포

핵심 개념

5-1절에서는 이산확률분포의 중요한 개념을 소개했다. 존재하는 다양한 이산확률분포 중에서 이 절의 초점은 **이항확률분포**이다. 이 절의 PART 1에서는 확률을 찾는 방법과 함께 이항확률분포를 소개한다. PART 2에서는 이항분포의 평균 및 표준편차를 쉽게 찾을 수 있는 방법을 제시한다. 다른 절들에서와 마찬가지로 사건들이 **유의하게 낮거나 유의하게 높은지**를 결정하기 위해 확률 값을 해석하는 것의 중요성을 강조한다.

PART 1 이항확률분포의 기초

이항확률분포는 결과가 두 가지 범주에 속하는 상황을 처리 할 수 있게 한다. (예를 들면, 치료 결과가 치유/치료되지 않거나, 수용 가능/결함, 생존/사망 등과 같이.)

정의

이항확률분포(binomial probability distribution)는 다음 네 가지 요구 사항을 충족하는 절차로부터 나온 결과이다.

1. 이 절차는 정해진 횟수만큼 시행된다. (하나의 시행은 하나의 관찰을 의미한다.)
2. 시행은 독립적이어야 한다. 즉, 하나의 시행의 결과가 다른 시행의 확률에 영향을 주지 않아야 한다.
3. 각 시행은 반드시 성공 또는 실패라는 두 가지 범주로 분류된 결과를 가져야 한다.
4. 모든 시행에서 성공 확률은 동일하게 유지된다.

이항확률분포의 표기법

S와 F(성공과 실패)는 모든 결과의 두 가지 범주를 나타낸다.

$P(S) = p$	(p = 성공 확률)
$P(F) = 1 - p = q$	(q = 실패 확률)
n	정해진 시행의 수

x	n번의 시행에서 특정 횟수의 성공. x는 0과 n을 포함하는 0과 n 사이의 임의의 정수
p	n번의 시행 중 하나에서 성공할 확률
q	n번의 시행 중 하나에서 실패할 확률
$P(x)$	n번의 시행 중 정확히 x번의 성공 확률

여기서 사용된 **성공**이라는 단어는 임의적이며 반드시 좋은 것을 나타내는 것은 아니다. 가능한 두 가지 범주 중에서 확률이 p인 경우를 성공 S라고 한다. (q의 값은 항상 $q = 1 - p$로 구할 수 있다. $p = 0.95$이면 $q = 1 - 0.95 = 0.05$이다.)

주의 이항확률분포를 사용할 때, x와 p는 둘 다 성공이라는 동일한 범주를 참조하는지 항상 확인하여야 한다.

예제 1 교배 실험

그레고르 멘델은 유명한 교배 실험을 수행할 때 녹색 완두콩과 노란색 완두콩을 사용했다. 녹색이 우성이고 노란색이 열성이기 때문에 두 부모를 녹색/노란색 유전자 쌍으로 교차할 때 자손 완두콩의 3/4에 녹색일 것으로 기대한다. 즉, P(녹색 완두콩) = 3/4이다. 모든 부모는 녹색과 노란색이 조합된 유전자를 가지고 있다고 가정하고 5개의 자손 완두콩 중 3개가 녹색일 확률을 구하고자 한다.

a. 이 절차로 인해 이항분포가 발생하는가?

b. 이 절차로 이항분포가 발생하면 n, x, p, q의 값은 무엇인가?

풀이

a. 이 절차는 아래에 표시된 것처럼 이항분포에 대한 요구 사항을 충족한다.

1. 시험 횟수(5)가 고정되어 있다.
2. 녹색 완두콩을 자손으로 가질 확률은 다른 자손 완두콩의 결과에 영향을 받지 않기 때문에 5번의 시행은 독립적이다.
3. 5번의 시행의 결과는 두 가지 범주에 속한다. 녹색 완두콩이거나 그렇지 않거나.
4. 자손이 녹색 완두콩일 확률은 3/4 또는 0.75이며 그 확률은 5개의 완두콩마다 동일하게 유지된다.

b. 주어진 절차가 이항분포를 발생시킨다는 결론을 얻었으므로 n, x, p, q의 값을 찾는다.

1. 5개의 자손 완두콩이 있으므로 $n = 5$이다.
2. 정확히 3개의 녹색 완두콩의 확률을 원하므로 $x = 3$이다.

(계속)

집에 없다

여론조사원은 처음 전화했을 때 집에 없었던 사람들을 무시할 수 없다. 한 해결책은 그 사람에게 연락될 때까지 반복적으로 전화를 시도하는 것이다. Alfred Politz와 Willard Simmons는 반복되는 전화 없이 이러한 부재중 전화를 보상하는 방법을 설명한다. 그들은 사람들이 얼마나 자주 집에 없는지에 근거하여 가중치를 제시한다. 예를 들어, 6일 중 2일만 집에 있는 사람은 처음으로 전화할 때 집에 있을 확률이 2/6 또는 1/3이다. 이러한 사람에게 첫 전화가 연결되면 그의 결과는 항상 집에 있는 사람보다 세 배로 가중치로 계산된다. 이 가중치는 6일 중 2일만 집에 있는 다른 사람들이 첫 전화를 받지 못한데 대한 보상이다. 이 영리한 해결책은 1949년에 처음 발표되었다.

3. 하나의 선택에서 성공(녹색 완두콩을 얻음)의 확률은 0.75이므로 $p = 0.75$이다.

4. 실패(녹색 완두콩이 아님)의 확률은 0.25이므로 $q = 0.25$이다.

다시, x와 p가 “성공”이라는 동일한 개념을 참조하는지 확인하는 것이 매우 중요하다. 이 예에서 x는 녹색 완두콩 수를 헤아리므로 p는 반드시 녹색 완두콩의 확률이어야 한다. 따라서 x와 p는 동일한 개념의 성공(녹색 완두콩)을 사용한다.

종속 사건을 독립적인 것으로 다루기

설문조사 중에서 표본을 선택할 때 보통 복원을 하지 않고 표본을 구한다. 복원을 하지 않고 표본을 취하면 종속 사건이 발생하게 되고 이는 이항분포의 요구 사항을 위반한다. 그러나 종종 4-2절에서 소개된 5% 지침을 적용하여 사건이 독립성이 있는 것처럼 취급할 수 있다.

성가신 계산을 막는 5% 지침

복원하지 않고 표본을 취하는 경우에 표본 크기가 모집단 크기의 5%를 초과하지 않으면 그 선택은 독립적인 것으로 간주한다(실제로는 종속적 임에도 불구하고).

이항확률을 찾는 방법

이제 이항분포에서 확률변수 x에 해당하는 확률을 찾는 세 가지 방법을 알아보자. 첫 번째 방법은 이항확률 공식을 사용하여 계산하며, 이는 다른 두 방법의 기초가 된다. 두 번째 방법은 소프트웨어 또는 계산기를 사용하며, 세 번째 방법은 부록의 표 A-1을 사용한다. (기술이 널리 보급되면서 표는 점점 쓸모없어 지고 있다.) 이항확률을 자동으로 생성하는 기술을 사용하는 경우, 계산 방법의 기초를 더 잘 이해하기 위해 방법 1을 사용하여 1~2개의 연습문제를 풀어 볼 것을 추천한다.

방법 1: 이항확률 공식 사용

이항확률분포에서 공식 5-5를 사용하여 확률을 계산할 수 있다.

공식 5-5 이항확률 공식

$$P(x) = \frac{n!}{(n-x)!x!} \cdot p^x \cdot q^{n-x}, \qquad x = 0, 1, 2, \ldots, n$$

여기에서,

$n =$ 시행 횟수

$x = n$번의 시도 중 성공 횟수

$p =$ 어느 한 시행에서 성공할 확률

$q =$ 어느 한 시행에서 실패할 확률($q = 1 - p$)

공식 5-5는 또한 $P(x) = {}_nC_x \cdot p^x \cdot q^{n-x}$로 나타낼 수 있다. x개의 항목이 동일하고 $n-x$개의 다른 항목이 동일한 경우, 순열의 수는 ${}_nC_x = n!/[(n-x)!x!]$이므로 이 방정식의 두 면은 서로 바꿔서 사용할 수 있다. 계승 기호 !는 4-6절에서 소개되었으며 감소하는 인자들의 곱을 의미한다. 계승의 예를 보면, $3! = 3 \cdot 2 \cdot 1 = 6$이고 $0! = 1$(정의에 의하여)이다.

예제 2 **교배 실험**

([예제 1]에서와 같이)완두콩이 녹색일 확률이 0.75라고 가정할 때, 이항확률 공식을 사용하여 5개의 자손 완두콩이 생산될 때 녹색 완두콩으로 정확하게 3개 얻을 확률을 구하라. 즉, $n=5$, $x=3$, $p=0.75$, $q=0.25$일 때의 $P(3)$을 구한다.

풀이

이항확률 공식(공식 5-5)에서 n, x, p, q의 주어진 값을 사용하여

$$\begin{aligned} P(3) &= \frac{5!}{(5-3)!3!} \cdot 0.75^3 \cdot 0.25^{5-3} \\ &= \frac{5!}{2!3!} \cdot 0.421875 \cdot 0.0625 \\ &= (10)(0.421875)(0.0625) = 0.263671875 \end{aligned}$$

5개의 자손 완두콩 중 정확히 3개의 완두콩이 녹색일 확률은 0.264(3자리의 유효 자릿수로 반올림)이다.

계산 힌트: 이항확률 공식으로 확률을 계산할 때, $n!/[(n-x)!x!]$ 또는 ${}_nC_x$에 해당하는 하나의 수, p^x에 해당하는 하나의 수, q^{n-x}에 해당하는 하나의 수를 구하고 이 세 수를 단순히 곱한다. 위의 예제에서 마지막 계산을 이렇게 하였다. 이들 세 수는 반올림하지 말고 마지막 계산 결과를 3자리의 유효 자릿수로 반올림한다.

방법 2: 소프트웨어 또는 계산기 사용

이항확률을 찾기 위해 소프트웨어와 계산기를 사용할 수 있다. 다음의 화면은 [예제 2]에서의 $n = 5$ 및 $p = 0.75$에 대한 이항확률을 표시한다. 각 표시에서 확률분포는 표로 주어진다.

방법 3: 부록 A의 표 A-1 사용

소프트웨어나 계산기를 사용할 수 있으면 이 방법을 건너뛸 수 있다. 부록 A의 표 A-1은 n과 p의 선택 값에 대한 이항확률을 나열한다. $n > 8$이거나 확률 p가 표에 포함된 13개의 값 중 하나가 아닌 경우에는 사용할 수가 없다.

이항확률 표를 사용하려면 먼저 n과 원하는 x 값의 위치를 찾아야 한다. 이 단계에서 하나의 행이 선택된다. 이제 상단에 있는 열을 사용하여 이 행에서 p 확률을 찾는다. 그곳의 수가 원하는 확률을 나타낸다. 0.000064와 같은 매우 작은 확률은 0+로 표시된다.

Statdisk

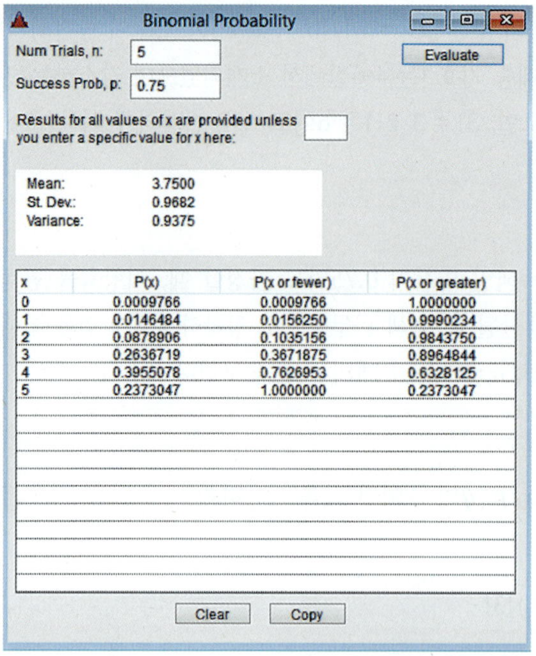

Excel

	A	B
1	0	0.000977
2	1	0.014648
3	2	0.087891
4	3	0.263672
5	4	0.395508
6	5	0.237305

Minitab

x	P(x)
0	0.000977
1	0.014648
2	0.087891
3	0.263672
4	0.395508
5	0.237305

TI-83/84 Plus

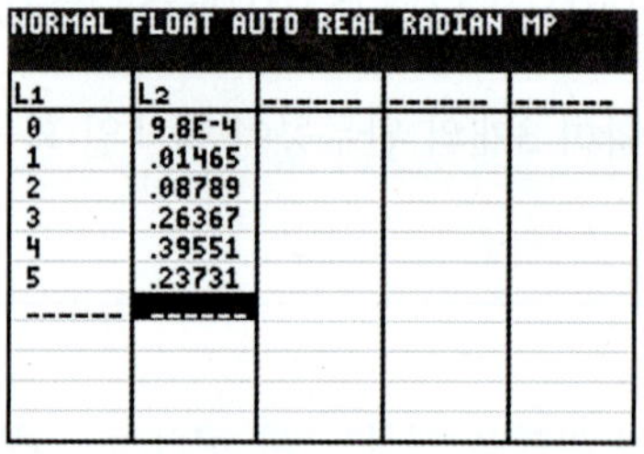

예제 3 출생

남자와 여자가 등확률로 출생한다고 가정하고, 무작위로 선택한 8명의 출생에서 정확하게 5명이 남아일 확률을 구하라.

풀이

남자와 여자가 등확률로 출생한다고 가정하기 때문에 $p = 0.5$이다. 8명의 출생자가 있기 때문에 $n = 8$이다. 정확히 5명의 남아 확률을 원하기 때문에 $x = 5$이다.

표 A-1에서 $n = 8$, $x = 5$, $p = 0.5$를 참조하면 된다. 왼쪽에서 $n = 8$을 찾은 다음 $x = 5$에 대한 확률 행을 찾는다. 다음으로 맨 위에서 $p = 0.50$에 해당하는 열을 찾는다. 표 A-1에 $P(5\ 남아) = 0.219$가 있다.

PART 2 비판적 사고를 위한 평균 및 표준편차 사용

5-1절에서 이산확률분포로부터 평균, 분산, 표준편차를 구하는 공식을 보았다. 이항분포는 이산확률분포의 한 유형이므로 동일한 공식을 사용할 수 있지만, n, p의 값을 알고 있는 경우 다음의 식을 사용하는 것이 훨씬 쉽다.

이항분포의 경우

공식 5-6 평균: $\mu = np$

공식 5-7 분산: $\sigma_2 = npq$

공식 5-8 표준편차: $\sigma = \sqrt{npq}$

앞선 절에서와 마찬가지로 μ와 σ에 대한 값을 찾는 것은 재미있을 수 있지만 이러한 값을 해석하고 이해하는 것이 특히 중요하므로 범위경험법칙과 추론 통계에 대한 희귀사건 법칙이 매우 유용할 수 있다. 다음은 범위경험법칙을 간략하게 요약한 것이다. 평균으로부터 2 표준편차를 초과하는 경우 값이 유의하게 낮거나 높다.

범위경험법칙

유의하게 낮은 값 $\le (\mu - 2\sigma)$

유의하게 높은 값 $\ge (\mu + 2\sigma)$

유의하지 않은 값: $(\mu - 2\sigma)$와 $(\mu + 2\sigma)$ 사이

예제 4 교배 실험

5개의 자손 완두콩 군이 생산될 때 녹색 완두콩 수에 대한 평균과 표준편차를 찾기 위해 공식 5-6와 5-8을 사용하라. 자손 완두콩이 녹색일 확률은 0.75라고 가정한다.

풀이

$n = 5$, $p = 0.75$, $q = 0.25$의 값을 사용하면 공식 5-6와 5-8을 다음과 같이 적용할 수 있다.

$$\mu = np = (5)(0.75) = 3.8$$

$$\sigma = \sqrt{npq} = \sqrt{(5)(0.75)(0.25)} = 1.0 \text{ (반올림)}$$

평균에 대한 공식 5-6은 직관적으로 의미가 있다. 75%가 녹색 완두콩이고 5개의 자손이 생산될 때, 대략 $5 \cdot 0.75 = 3.8$개의 녹색 완두콩을 기대할 수 있다. 이 결과는 $\mu = np$로 일반화 될 수 있다. 분산과 표준편차는 쉽게 정당화될 수 없으며 공식 5-7과 5-8로 이어지는 복잡한 대수 조작은 생략한다. 대신, 앞의 예제와 표 5-3을 다시 참조하여 이항분포의 공식 5-6, 5-7, 5-8이 공식 5-1, 5-3, 5-4와 동일한 결과를 생성하는지 확인하여 보라.

예제 5 유전학

멘델은 실제 실험에서 580개의 자손 완두콩을 생산했다. 그는 75%(435개)가 녹색 완두콩일 것이라고 주장했다. 실제 실험 결과 녹색 완두콩이 428개가 나왔다.

a. 580개의 자손 완두콩 군이 생산되었다고 가정하면 녹색 완두콩 수에 대한 평균과 표준편차를 구하라.

b. 범위경험법칙을 사용하여 유의하지 않은 값, 유의하게 낮은 값, 유의하게 높은 값을 구분하라. 그 숫자를 바탕으로 멘델의 428개 녹색 완두콩의 실제 결과가 유의하게 낮거나 높다고 결론지을 수 있는가? 이것이 멘델의 75% 값이 잘못되었음을 시사하는가?

풀이

a. $p = 0.75$, $q = 0.25$인 $n = 580$ 자손 완두콩의 경우 녹색 완두콩 수에 대한 평균과 표준편차를 다음과 같이 구할 수 있다.

$$\mu = np = (580)(0.75) = 435.0$$
$$\sigma = \sqrt{npq} = \sqrt{(580)(0.75)(0.25)} = 10.4$$

580개의 자손 완두콩 그룹에서 녹색 완두콩의 평균 수는 435.0이고 표준편차는 10.4이다.

b. 멘델의 실제 결과인 428개의 완두콩이 우연히 발생될 수 있는 결과인지 아니면 그 결과가 75%의 가정 비율이 잘못일 가능성이 있는지 여부를 판단한다. 다음과 같이 범위경험법칙을 사용한다.

유의하게 낮은 값 $\le (\mu - 2\sigma) = 435.0 - 2(10.4) = 414.2$

유의하게 높은 값 $\ge (\mu + 2\sigma) = 435.0 + 2(10.4) = 455.8$

해석

이 결과에 따르면 유의하게 낮은 값은 414.2 이하이고 유의하게 높은 값은 455.8 이상이다. 즉, 멘델이 580개의 자손 완두콩을 여러 군으로 만들었고 75% 비율이 정확하다면 녹색 완두콩 수는 일반적으로 414.2에서 455.8 사이에 있어야 한다. 멘델은 실제로 녹색 완두콩을 428개 얻었는데, 그 값은 유의하게 낮거나 높지 않으므로 실험 결과는 75%와 일치한다. 이 결과는 멘델이 주장한 75%의 비율이 잘못되지 않았음을 시사한다.

통계의 다양성 [예제 5]는 통계에서의 다양성의 중요성을 잘 보여주고 있다. 전통적인 대수학 과정에서는 428이 435(580의 75%)와 같지 않기 때문에 428이 580의 75%가 아니라는 결론을 내릴 수 있다. 그러나 통계에서는 표본의 결과가 다양하다는 것을 알고 있다. 우리는 녹색 완두콩이 정확히 75%가 되기를 기대하지 않는다. 주장하는 비율인

75%에서 너무 떨어져 있지만 않으면 그 결과는 주장된 75%의 비율과 일치한다고 한다.

이 절에서 이항확률분포로부터 평균 μ와 표준편차 σ의 값을 구하는 쉬운 절차를 제시했다. 그러나 값을 구별하는 범위경험법칙 등을 이용하여 값이 유의하게 높거나 낮은지 또는 유의하지 않는지를 해석하는 것은 매우 중요하다.

범위경험법칙을 대신하여 확률을 사용하여 값이 유의하게 높은지 또는 유의하게 낮은지를 결정할 수 있다.

확률을 사용하여 결과가 유의하게 높거나 낮은지 결정

- **유의하게 높은 수의 성공:** n번의 시행 중 x번 이상의 성공 확률이 0.05 이하이면 x번의 성공은 유의하게 높다. $P(x$ 이상$) \leq 0.05$일 경우 x는 유의하게 높은 성공 횟수이다.*
- **유의하게 낮은 수의 성공:** n번의 시행 중 x번 이하의 성공 확률이 0.05 이하이면 x번의 성공은 유의하게 낮다. $P(x$ 이하$) \leq 0.05$일 경우 x는 유의하게 낮은 성공 횟수이다.*

*값 0.05를 절대적으로 사용해야 하는 것은 아니다. 유의한 결과와 그렇지 않은 결과를 구별하기 위해 0.01과 같은 다른 값을 사용할 수도 있다.

이항확률 공식의 근거

이항확률 공식은 이 절에서 제시된 모든 방법들에 대한 기초이다. 맹목적으로 공식을 받아들이고 사용하기보다는 그것이 원리를 살펴보자.

[예제 2]에서는 이항확률 공식을 사용하여 5개의 자손 완두콩이 생산될 때 녹색 완두콩으로 정확히 3개 나타날 확률을 구했다. P(녹색 완두콩) = 0.75로 놓고, 4-2절의 곱셈 법칙을 사용하여 첫 3개의 완두콩이 녹색이고 뒤 2개의 완두콩이 녹색이 아닐 확률을 구할 수 있다. 결과는 다음과 같다.

$$\begin{aligned} &P(\text{녹색 완두콩 3개 이후에 녹색이 아닌 완두콩 2개}) \\ &\quad = 0.75 \cdot 0.75 \cdot 0.75 \cdot 0.25 \cdot 0.25 \\ &\quad = 0.75^3 \cdot 0.25^2 \\ &\quad = 0.0264 \end{aligned}$$

이 결과는 3개의 녹색 완두콩을 있는 5개의 자손 완두콩이 생산될 확률이다. 그러나 3개의 녹색 완두콩을 특정 배치로 가정하였기 때문에 정확히 3개의 녹색 완두콩을 얻을 확률은 아니다. 녹색 완두콩을 3개 생산하는 다른 배치도 가능하다.

4-6절에서 3개의 대상(예: 녹색 완두콩)이 서로 같고 다른 2개의 대상(예: 녹색 완두콩이 아닌)이 또 서로 같은 경우에, 전체 배치의 수는 순열로서 $5!/[(5-3)!\ 3!] = 10$임을 보았다. 이들 10개의 배치는 각각 $0.75^3 \cdot 0.25^2$의 확률을 가지므로 총 확률은 다음과 같다.

$$P(\text{5개 중 녹색 완두콩이 3개}) = \frac{5!}{(5-3)!3!} \cdot 0.75^3 \cdot 0.25^2$$

이 특정 결과는 이항확률 공식(공식 5-5)으로 일반화할 수 있다. 즉, 이항확률 공식은 x개의 항목이 서로 같고 다른 $(n - x)$개의 항목이 동일할 때, 확률의 곱셈 법칙과 n개의 항목을 배치하는 방법의 수에 대한 계수 법칙의 조합이다.

n번의 시행 중 정확히 x번 성공할 결과의 수

n번의 시행 중 임의의 특정 순서로 x번 성공할 확률

$$P(x) = \underbrace{\frac{n!}{(n-x)!x!}} \cdot \underbrace{p^x \cdot q^{n-x}}$$

테크 센터

이항분포

www.TriolaStats.com에서 기술 지침, 비디오, 데이터 집합을 참조하십시오.

5-2 기본적인 기술 및 개념

통계적 해석 및 비판적 사고

1. 교배 자손 완두콩의 75%가 녹색이라고 가정한다. 5개의 자손 완두콩을 무작위로 선택했을 때 정확히 2개가 녹색인 확률을 찾고 싶다. 다음과 같이 곱셈 규칙을 사용하여 녹색 완두콩 2개와 노란색 완두콩 3개를 얻는 확률을 계산하는 것은 무엇이 잘못인가?
(0.75) (0.75) (0.25) (0.25) (0.25) = 0.00879?

2. 독립 사건 KRC 연구소의 설문 조사에 따르면, 1020명의 성인이 손 위생에 관해 물었을 때 44%는 대중교통을 이용한 후에 손을 씻었다고 답했다. 설문 조사에 참여한 1020명 중 무작위로 선택한 30명의 성인들 중에서 대중교통을 이용한 후에 10명 이상이 손을 씻을 확률을 고려해 보자. 대상자를 복원하지 않고 선택한다면 30명의 선택은 독립적인가? 이들은 독립적으로 처리될 수 있는가? 이항확률 공식을 사용하여 확률을 구할 수 있는가?

이항분포 판단 연습문제 3~6에서는 주어진 절차의 결과가 이항분포(또는 이항으로 취급될 수 있는 분포)인지를 판단하라. 이항이 아닌 경우는 어떤 조건 때문인지를 하나 이상 제시하라.

3. YSORT의 임상시험 Genetics & IVF Institute가 개발한 YSORT 성별 선택 방법은 아기가 남아가 될 확률을 높이기 위해 고안되었다. 291쌍이 YSORT 방법을 사용하고 291명의 아기를 낳았을 때, 아기의 몸무게를 기록하였다.

4. 리피토의 임상시험 리피토(아토르바스타틴)로 863명의 대상자를 치료하고, 각자에게 두통을 경험했는지 묻는 질문에 "예"라는 대답이 있는지 기록한다(Pfizer의 데이터에 근거).

5. 니코렛 50명의 흡연자를 니코렛으로 치료하고 입과 목의 느낌을 묻는다.

6. 제세동기 500개의 제세동기가 정상인지 고장인지를 결정한다.

이항확률 공식 **연습문제 7에서 이항확률 공식의 원리를 이해하도록 설계된 질문에 답하라.**

7. 답 추측 SAT, ACT, 의대입학시험(MCAT)과 같은 표준 시험은 일반적으로 객관식 질문을 사용하며 각각 5가지 가능한 답(a, b, c, d, e) 중 하나가 맞는 답이다. 첫 3개의 질문에 대한 답을 추측했다고 가정해 보자.

a. 곱셈 법칙을 사용하여 첫 두 추측이 잘못되고 세 번째가 맞을 확률을 구하라. 즉, $P(\text{WWC})$를 구한다. 여기서 W는 오답을 나타내고 C는 정답을 나타낸다.

b. WWC를 시작으로, 두 오답과 하나의 정답으로 구성되는 다른 가능한 배치의 전체 목록을 작성하라. 그런 다음 목록의 각 항목에 대한 확률을 구하라.

c. 앞의 결과를 바탕으로 3개를 추측하였을 때 정확히 하나의 정답을 얻을 확률은 얼마인가?

MCAT 시험 **연습문제 8~10에서, MCAT 시험에서 8개의 객관식 문제에 대해 무작위 추측을 한다고 가정한다. $n = 8$이며 성공 확률 $p = 0.20$이다. 정답의 수에 관한 제시된 확률을 구하라.**

8. 정답의 수가 정확하게 7개인 확률을 구하라.

9. 정답의 수가 3보다 작을 확률을 구하라.

10. 정답이 없을 확률을 구하라.

연습문제 11~12에서는 성인을 무작위로 선택하였을 때 21%는 시력교정을 필요로 하지 않는다고 가정한다(시력위원회 설문조사의 데이터를 기반).

11. 성인 8명을 무작위로 선택하였을 때, 정확히 2명이 시력교정을 필요로 하지 않을 확률을 구하라.

12. 성인 10명을 무작위로 선택하였을 때, 적어도 3명은 시력 교정을 필요로 하지 않을 확률을 구하라.

범위경험법칙으로 유의성 판단 **연습문제 13에서는 다른 군들의 부부가 성별을 선택하는 XSORT 방법을 사용하고 각 부부가 1명의 아기를 낳는다고 가정한다. XSORT 방법은 아기가 여아가 될 가능성을 높이기 위해 고안되었지만 그 방법이 효과가 없다고 가정할 때 여아의 확률은 0.5이다.**

13. 성별 선택 군은 36쌍 부부로 구성된다고 가정한다.

a. 36명의 출생에서 여아의 수의 평균과 표준편차를 구하라.

b. 범위경험법칙을 사용하여 유의하게 낮거나 유의하게 높은 결과를 분리하는 값을 구하라.

c. 26명의 여아는 유의하게 높은 결과인가? 이것은 XSORT 방법의 효과에 대해 무엇을 암시하는가?

범위경험법칙으로 유의성 판단 **연습문제 14에서는 (Mendel의 유명한 실험처럼) 자손 완두콩 중 녹색 완두콩의 확률이 0.75인 완두콩으로 교배실험을 한다고 가정한다.**

14. 잡종 자손 완두콩을 무작위로 10개씩 선택했다고 가정한다.

a. 10개씩 들어있는 군에서 녹색 완두콩 수의 평균과 표준편차를 구하라.

b. 범위경험법칙을 사용하여 유의하게 낮거나 유의하게 높은 결과를 분리하는 값을 구하라.

c. 녹색 완두콩이 9개 있는 결과는 유의하게 높은 결과인가? 그 이유는 무엇인가?

결합 표본추출 **연습문제 15는 결합 표본추출 방법과 관련되어 있다. 의료검사 실험실은 여러 명의 사람들을 대상으로 한 번의 검사만 수행하도록 검사용 혈액 표본을 결합하여 시간과 돈을 절약한다. 적어도 한 명이 질병에 걸렸다면 양성 반응을 보인다. 결합된 표본이 양성 반응을 보이면 개별 혈액 검사를 사용하여 질병이 있는 개체를 확인한다.**

15. HIV 전 세계적으로 15~49세의 1%가 인간 면역결핍 바이러스(HIV)에 감염된 것으로 추산된다(미국 국립보건원의 자료에 근거). HIV 검사에서 36명의 혈액 표본을 결합한다. 결합된 표본 검사가 HIV에 양성 반응을 보일 확률은 얼마인가? 결합된 표본이 양성 반응을 보이는 것은 있음직하지 않은 일인가?

합격 표본추출 **연습문제 16은 합격 표본추출 방법과 관련되어 있다. 이는 대량의 물품으로 구성된 화물의 합격 여부는 물품 표본의 시험 결과에 따라 결정되는 방식이다.**

16. 아스피린 MedAssist 제약 회사는 대량의 아스피린 정제를 배송받을 때 합격 표본추출을 사용할 계획이다: 배송 전체 중에서 40개의 정제를 무작위로 선택하여 시험한 후 요구사항을 만족하지 않는 정제가 1개 이하인 경우에 전체를 일괄적으로 합격시킨다. 실제로 3%의 결함률이 있는 5000개의 아스피린 정제가 배송될 경우, 이 전체 배송이 합격될 확률은 얼마인가? 거의 모든 배송이 합격될 것인가? 아니면 거부될 것인가?

최고의 이항 연습문제 **연습문제 17~18은 이항 확률을 구하고, 매개변수를 구하며, 범위경험법칙과 확률을 사용하여 값이 유의하게 높거나 낮은지 여부를 결정하는 것과 관련되어 있다.**

17. 성별 선택 성별 선택을 하는 XSORT 방법의 임상시험의 초기 단계에서, 그 방법을 사용하는 14쌍의 부부는 13명의 여아와 1명의 남아를 낳았다.

a. XSORT 방법이 효과가 없고 남녀가 등확률이라고 가정하면, 범위경험법칙을 사용하여 (14명의 출생에서 여아의 수에 대한) 유의하게 낮은 값과 유의하게 높은 값을 구분하는 한계는 얼마인가? 결과에 따르면, 13명의 여아는 유의하게 높은 값인가?

b. XSORT 방법이 효과가 없다고 가정할 때, 14명의 출생에서 정확히 13명의 여아의 확률을 구하라.

c. XSORT 방법이 효과가 없다고 가정할 때, 14명의 출생에서 13명 이상의 여아의 확률을 구하라.

d. 13명의 여아가 유의하게 높은지 여부를 결정하는데 적합한 확률은 (b)인가 (c)인가? 적합한 확률을 기반으로, 13명의 여아의 결과는 유의하게 높은가?

e. 이 결과는 XSORT 방법의 효과에 대해서 무엇을 암시하는가?

18. 잡종 완두콩에 대한 멘델의 유명한 실험 중 하나에서 47개의 자손 완두콩 중 34개는 줄기가 길었다. 멘델은 같은 조건에서 자손 완두콩의 75%가 긴 줄기를 가질 것이라고 주장했다. 멘델의 75% 주장이 사실이라 가정하고, 표본이 47개의 자손 완두콩으로 구성되어 있다고 가정하자.

a. 범위경험법칙을 사용하여 유의하게 낮은 값과 높은 값을 분리하는 한계를 구하라. 그 결과를 토대로, 줄기가 긴 완두콩 34개는 유의하게 낮거나 유의하게 높은가?

b. 줄기가 긴 완두콩이 정확히 34개일 확률을 구하라.

c. 줄기가 긴 완두콩이 34개 이하일 확률을 구하라.

d. 줄기가 긴 34개의 완두콩이 유의하게 낮은지 여부를 결정하는데 적합한 확률은 (b)인가 (c)인가? 적합한 확률을 기반으로, 줄기가 긴 완두콩 34개의 결과는 유의하게 낮은가?

e. 이 결과는 멘델의75% 주장에 대해 무엇을 암시하는가?

5-2 기초를 넘어서

19. 기하분포 절차의 시행 횟수가 고정되어 있지 않다는 것을 제외하고 이항분포의 모든 조건을 충족하면 **기하분포**가 사용될 수 있다. 한번 시행에서 성공할 확률이 p일 때, x번째 시도에서 처음으로 성공할 확률 $P(x)=p(1-p)^{x-1}$로 주어진다. 실험 대상자는 미국 질병통제예방센터와 국립보건통계센터에서 실시한 국민건강 및 영양조사 설문조사에서 무작위로 선택된다. 어떤 사람이 보편적인 헌혈자(O형 및 Rh− 혈액형을 가진 사람)일 확률은 0.06이다. 처음으로 보편적인 헌혈자가 되는 대상자는 다섯 번째로 선택된 사람인 확률을 구하라.

20. 초기하분포 작은 한정된 모집단에서 복원 없이 표본추출하는 경우는 사건이 독립적이지 않아서 이항분포를 사용할 수 없다. 복원 없이 표본추출하고 결과가 두 가지 유형만 가진다면 **초기하분포(hypergeometric distribution)**를 사용할 수 있다. 모집단에 한 유형의 객체가 A개 있고 다른 유형의 객체가 B개 있는데 n개의 객체를 복원 없이 표본추출 하였다면, A 유형의 객체 x개와 B 유형의 객체 $n-x$개를 얻는 확률은 다음과 같다.

$$P(x) = \frac{A!}{(A-x)!x!} \cdot \frac{B!}{(B-n+x)!(n-x)!} \div \frac{(A+B)!}{(A+B-n)!n!}$$

한 의학연구 프로젝트에서 20명의 대상자가 있는데 그 중 4명은 HIV에 감염되었고 16명은 감염되지 않았다. 8명의 대상자를 복원하지 않고 무작위로 선택하였을 때 3명이 HIV에 감염되었고 8명이 감염되지 않았을 확률은 얼마인가? 복원하면서 표본추출할 경우의 확률은 얼마인가?

5-3 포아송 확률분포

핵심 개념

5-1절에서는 일반적인 이산확률분포를 소개하고 5-2절에서는 이산확률분포의 특정 범주인 이항확률분포를 알아보았다. 이 절에서는 이산확률분포의 다른 범주인 **포아송 확률분포**를 소개한다.

다음의 정의는 포아송 분포가 지정된 구간 동안에 일어난 사건에 사용된다는 것을 나타낸다. 몇 가지 응용을 보면,

- 하루 중 WebMD에 로그인하는 인터넷 사용자 수
- 1시간 동안 응급실에 도착하는 환자 수
- 1년 동안의 대서양 허리케인 수

정의

포아송 확률분포(Poisson probability distribution)는 특정 구간 동안 어떤 사건의 발생에 적용되는 이산확률분포이다. 확률변수 x는 구간에서 발생한 사건의 횟수이다. 구간은 시간, 거리, 면적, 부피 또는 유사한 단위 일 수 있다. 일정 구간 동안 x번 발생하는 사건의 확률은 공식 5-9와 같다.

공식 5-9 포아송 확률분포

$$P(x) = \frac{\mu^x \cdot e^{-\mu}}{x!}$$

여기에서,

$e \approx 2.71828$

μ = 해당 구간에서의 사건 발생의 평균 횟수

포아송 확률분포에 대한 요구사항

1. 확률변수 x는 일정 구간에서 사건이 발생하는 횟수이다.
2. 발생은 임의적이어야 한다.
3. 발생은 서로 독립적이어야 한다.
4. 발생은 사용된 구간 동안 균일하게 분포되어야 한다.

포아송 확률분포의 매개변수

- 평균은 μ이다.
- 표준편차는 $\sigma = \sqrt{\mu}$이다.

포아송 확률분포의 성질

1. 특정 포아송 분포는 평균 μ에 의해서만 결정된다.
2. 포아송 분포에서 x의 값은 0, 1, 2, ...이 가능하며 상한은 없다.

예제 1 병원 출생

최근 1년 동안 NYU Langone Medical Center에서 4229명의 출생이 있었다(NYU Langone 웹 사이트의 데이터). 하루 동안의 출생 수가 거의 같고 포아송 분포가 적당한 모델이라고 가정한다.

a. 하루 동안의 평균 출생 수인 μ를 구하라.

b. 무작위로 선택한 날에 정확히 10명의 출생자가 있을 확률을 구하라. 즉, $P(10)$을 구하라. 여기서 $P(x)$는 하루 동안의 x명이 태어날 확률이다.

풀이

a. 일정 구간(하루)에서 사건(출생)이 발생한 것을 다루기 때문에 포아송 분포가 적용된다. 하루 평균 출생 수는 다음과 같다.

$$\mu = \frac{\text{출생 수}}{\text{날의 수}} = \frac{4229}{365} = 11.5863$$

b. 공식 5-9를 사용하면 하루에 $x = 10$의 출생 확률은 다음과 같다. ($x = 10$, $\mu = 11.5863$, $e = 2.71828$)

$$P(10) = \frac{\mu^x \cdot e^{-\mu}}{x!} = \frac{11.5863^{10} \cdot 2.71828^{-11.5863}}{10!} = 0.112$$

하루에 정확히 10명의 출생 확률은 0.112이다.

이항분포의 근사치로서의 포아송 분포

포아송 분포는 n이 크고 p가 작은 경우 이항분포를 근사하기 위해 사용된다. 경험법칙의 하나로 다음의 두 가지 요구 사항이 모두 충족될 때 이러한 근사를 사용한다.

포아송을 이항에 근사로 사용하기 위한 요구 사항

1. $n \geq 100$
2. $np \leq 10$

두 가지 요구 조건이 모두 충족되고 이항분포에 대한 근사치로 포아송 분포를 사용하려면 μ 값이 필요하다. 이 값은 5-2절의 공식 5-6을 사용하여 계산할 수 있다.

공식 5-6 이항에 대한 근사로서의 포아송에 대한 평균

$$\mu = np$$

예제 2 독감

1년 동안 독감 감염 비율은 5%이다. 120명을 무작위로 선택하면 최소 1명이 독감에 걸릴 확률을 구하라.

풀이

시간 구간은 1년이다. $n = 120$이고 $p = 0.05$인 경우, $n \geq 100$과 $np \leq 10$의 조건이 모두 충족되므로 이항분포에 대한 근사로서 포아송 분포를 사용할 수 있다. 먼저 μ의 값이 필요한데 다음과 같이 구할 수 있다.

(계속)

$$\mu = np = (120)(0.05) = 6$$

μ의 값을 알게 되면 x의 특정 값에 대한 확률을 구할 수 있다. x가 "최소 하나"인 확률을 구해야 하므로 영리한 전략을 써서 독감에 걸린 대상이 없는 $P(0)$을 먼저 구한다. 독감에 걸린 사람이 1명 이상 있을 확률은 1에서 그 결과를 뺀 값이다. $x = 0$, $\mu = 6$, $e = 2.71828$을 사용하여 $P(0)$을 구한다.

$$P(0) = \frac{\mu^x \cdot e^{-\mu}}{x!} = \frac{6^0 \cdot 2.71828^{-6}}{0!} = \frac{1 \cdot 0.00248}{1} = 0.00248$$

포아송 분포를 이항분포의 근사치로 사용하면 독감이 없는 사람이 0.00248 확률을 가지므로 독감에 걸린 사람이 최소 1명 있을 확률은 $1 - 0.00248 = 0.998$이다. 만약 이항분포를 사용했다면 같은 값인 0.998의 확률을 얻으므로, 이 예제에서는 포아송 근사가 잘 적용되었다.

테크 센터

포아송 분포

www.TriolaStats.com에서 기술 지침, 비디오, 데이터 집합을 참조하십시오.

5-3 기본적인 기술 및 개념

통계적 해석 및 비판적 사고

1. 표기법 NYU Langone 의료센터에서 환자의 입원을 분석한 결과, 최근 1년 동안 31,645명의 환자가 입원했다(NYU Langone 웹사이트의 데이터에 기반). 무작위로 선택한 날에 정확히 85명의 환자가 입원할 확률을 구하고 싶다. 공식 5-9를 적용할 때 μ, x, e의 값을 알아보라. 또한 각 기호가 무엇을 나타내는지 간략히 기술하라.

2. 포아송 확률분포 확률변수 x는 연습문제 1에서 다루었던 환자의 하루 동안의 입원 횟수를 나타낸다. 확률변수 x는 포아송 분포를 가진다고 가정한다. x의 가능한 값은 무엇인가? $x = 90.3$ 값이 가능한가? x는 이산확률변수인가 연속확률변수인가?

출생 **연습문제 3~4에서는 포아송 분포가 적용된다고 가정한다. NYU Langone 의료센터에서의 하루 출생 횟수의 평균은 11.5863이라고 가정한다. 무작위로 선택한 날의 출생 횟수가 주어질 때의 확률을 구하라.**

3. 출생 하루에 정확하게 12명의 출생이 있을 확률을 구하라.

4. 출생 하루에 최소한 1명의 출생이 있을 확률을 구하라.

5. 살인 최근 몇 년 동안 뉴욕시에서는 333건의 살인 사건이 있었다. 1일 평균 살인 건수를 구하라. 그 결과를 사용하여 하루 안에 살인이 없을 확률을 구하라. 살인이 없는 날이 며칠 계속 될 것으로 예상되는가?

6. 제2차 세계대전 폭탄 제2차 세계대전 시 V-1 버즈 폭탄에 의한 타격 분석에서 런던 남부를 각각 0.25 km^2의 면적을 가진 576개의 지역으로 나누었다. 총 535개의 폭탄이 576개의 지역을 공격했다.

a. 무작위로 선택된 지역에 정확히 2번의 타격이 있을 확률을 구하라.

b. 576개의 지역 중 정확히 2번의 타격이 예상되는 지역의 수를 구하라.

c. (b)의 결과는 실제 결과와 어떻게 비교되는가? 실제 결과는 93개의 지역에서 정확히 2번의 타격이 있었다.

7. 자동차 사망자 최근의 자동차 사망자 비율은 2969억 마일 동안 33,561명의 사망자가 발생했다(미국 도로교통안전국의 데이터를 기반). 다음번 10억 마일을 여행할 때 적어도 한 명의 사망자가 발생할 확률을 구하라. 그 결과는 적어도 한 명의 사망의 가능성에 대해 무엇을 나타내는가?

8. 풍진 지난 13년 동안 미국에서 138명의 풍진이 발생했다.

a. 연간 평균 풍진의 수를 구하라. 결과를 소수점 이하 4 자릿수로 반올림하라.

b. 1년 안에 풍진이 발생하지 않을 확률을 구하라.

c. 1년 안에 풍진이 정확히 9명 발생할 확률을 구하라. 13년 중 2년에 걸쳐 풍진이 정확히 9명 발생할 확률과 비교하여 보라.

장별 퀴즈

연습문제 1~3에서는 성인 남성의 20.6%가 담배를 피운다는 미국 국립건강통계센터의 자료를 사용한다. 남성 성인 64명의 무작위 표본이 있다.

1. 흡연 무작위로 선택한 성인 남성 64명을 대상으로 평균 흡연자 수를 구하라.

2. 흡연 연습문제 1의 결과가 통계량인가 매개변수인가?

3. 흡연 무작위로 선택한 첫 8명 중 정확히 3명이 담배를 피울 확률을 구하라.

연습문제 4~5에서는 5명의 남성 성인이 무작위로 선택되었을 때 과음하는 사람의 수에 대한 확률이 표시된 다음의 표를 사용하라(미국 국립건강통계센터의 데이터를 기반). 남성이 일주일에 평균적으로 14잔 이상을 마시면 "과음자"으로 간주한다.

x	$P(x)$
0	0.762
1	0.213
2	0.024
3	0.001
4	0+
5	0+

4. 음주 무작위로 선택된 성인 남성 5명의 군에서 과음자 수의 평균을 구하라.

5. 음주 0+의 확률은 무엇을 나타내는가? 무작위로 선택한 5명의 성인 남성 모두가 과음자가 되는 것은 불가능하다는 것을 나타내는가?

복습문제

연습문제 1~3에서는 미국 국립건강통계센터의 데이터를 토대로 무작위로 선택된 성인의 28%가 고콜레스테롤(수준이 240 mg/dL 이상이거나 콜레스테롤을 줄이기 위해 약을 복용하는 경우)이라고 가정한다. 성인 5명을 무작위로 선택했다고 가정한다.

1. 콜레스테롤 5명의 성인 중 정확히 2명이 고콜레스테롤일 확률을 구하라.

2. 콜레스테롤 5명의 성인 중 고콜레스테롤인 사람의 수의 평균과 표준편차를 구하라.

3. 콜레스테롤 성인 5명 중 고콜레스테롤인 사람이 정확히 1명을 있다면 이는 유의하게 낮은 수인가?

x	$P(x)$
0	0.304
1	0.400
2	0.220
3	0.064
4	0.011
5	0.001
6	0+

4. 콘돔 결함률 미국 보건복지부에 따르면 남성용 콘돔의 결함률은 18%이다. 왼쪽의 표는 18%의 결함률을 기반으로 한다. 여기서 x는 6개를 검사할 때 결함이 있는 콘돔의 수이다.

a. 표는 확률분포를 기술하는가? 그 이유는 무엇인가?

b. 표가 확률분포를 기술한다고 가정하고 평균을 구하라.

c. 표이 확률분포를 기술한다고 가정하고 표준편차를 구하라.

d. 6개의 콘돔을 검사하여 그 중 5개가 결함이면 유의하게 많은 수의 결함인가? 그 이유는 무엇인가?

e. 0+ 기호는 무엇을 나타내는가?

누적 복습문제

1. 바다소 죽음 아래 목록은 지난 10년 동안 연간 플로리다에서 보트에 의해서 죽음을 당한 바다소의 수를 연도 순으로 나열한 것이다.

69 79 92 73 90 97 83 88 81 72

a. 평균을 구하라.

b. 중앙값을 구하라.

c. 범위를 구하라.

d. 표준편차를 구하라.

e. 분산을 구하라.

f. (a)에서 (e)까지의 통계량에서 다루지 않은, 데이터의 중요한 특성은 무엇이 있는가?

g. 범위경험법칙을 사용하여 유의한 값과 유의하지 않은 값을 구분하는 값을 알아보라.

h. (g)의 결과에 따르면, 유의하게 낮거나 높은 바다소 죽음을 기록한 해가 있는가?

i. 데이터의 측정 수준은 명목형, 순서형, 구간형, 비율형 중 어느 것인가?

j. 데이터는 연속적인가 이산적인가?

2. 정부 의료보험 Fox News는 여기에 표시된 것과 유사한 그래프를 방송한다. 이 그래프는 실제로 정부 의료보험에 등록한 사람들의 수(왼쪽 막대)와 등록자 수의 목표(오른쪽 막대)를 비교하기 위한 것이다. 그래프가 데이터를 올바르게 표현하고 있는가? 아니면 오해의 소지가 있는가? 설명하라.

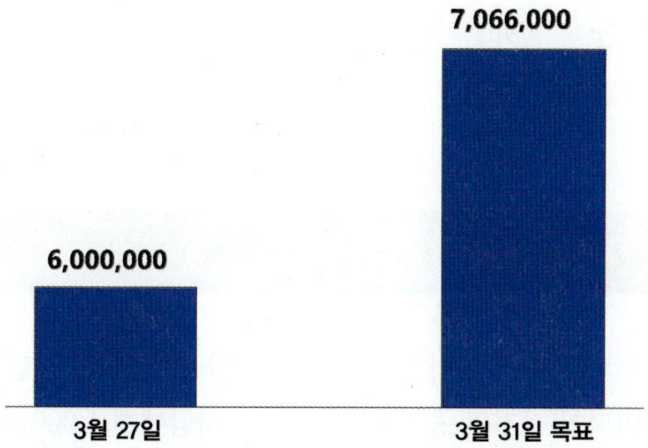

출처: 미국보건복지부

기술 프로젝트

멘델의 교배 실험 멘델의 한 유명한 완두콩 실험에서 1064개의 자손 중에서 787개가 긴 줄기를 가졌다. 멘델은 동일한 조건 하에서 자손 완두콩의 75%가 긴 줄기를 가질 것이라고 주장했다. 멘델의 75% 주장이 사실이라고 가정하고 표본은 1064개의 자손 완두콩으로 구성되어 있다고 가정하자.

- 범위경험법칙을 사용하여 유의하게 낮은 값과 유의하게 높은 값을 구분하는 한계를 알아보자. 그 결과를 토대로 긴 줄기를 가지는 787개의 완두콩은 유의하게 낮거나 유의하게 높은가?
- 정확히 787개의 완두콩이 긴 줄기를 가질 확률을 구하라.
- 787개 이하의 완두콩이 긴 줄기를 가질 확률을 구하라.
- 위의 두 경우 중에서 787개의 긴 줄기 완두콩이 유의하게 낮은지 여부를 결정하는 데 어느 확률이 더 적절한가? 적절한 확률을 근거로 긴 줄기를 가진 완두콩 787개는 유의하게 낮은 결과인가?
- 멘델의 75% 주장은 이 결과에 대해 무엇을 암시하는가?

자료로부터의 결정

비판적 사고: 성별 선택 방법이 효과적이라고 결론짓는 기준을 결정

당신은 새로운 성별 선택 방법의 효과에 대한 임상시험의 결과를 분석할 책임이 있다. 표본의 크기는 $n = 75$ 부부로 이미 정해져 있고, 각 부부는 1명의 아이를 가진다고 가정한다. 또한 각각의 부부는 여아를 낳을 가능성을 증가시키는 치료를 받게 된다고 가정한다. 치료를 받지 않을 경우, 여아의 가능성은 현재 미국에서의 올바른 값인 0.488이라고 가정한다.

결과를 먼저 얻은 다음 결과에 대해 결론을 내리는 것이 위험하다. 만약 얻은 결과가 치료의 효과를 나타내는 것에 가깝다면, 실제로 효과가 없을지라도 효과가 있다고 결론을 내릴 수 있다. 결과를 얻기 전에 기준을 설정하는 것이 좋다.

a. 이 장에서 소개한 방법을 사용하여 치료가 여아의 가능성을

높이는 데 효과적이라는 결론을 내리는데 사용해야 할 기준을 결정하라. 75명의 출생자 중 성별 선택 절차가 효과적이라고 결론짓기 위해 몇 명의 여아가 필요한가? 어떻게 이 결과에 도달하였는지 설명하라.

b. 75명의 아기 중 60%가 여아인 경우 성별 선택 방법이 효과적이라고 결론을 내릴만큼 높은 결과인가? 그 이유는 무엇인가?

c. 75명의 아기 중 64%가 여아인 경우 성별 선택 방법이 효과적이라고 결론을 내릴만큼 높은 결과인가? 그 이유는 무엇인가?

그룹 활동

1. 수업 중 활동 $1,000,000를 획득하자! 제임스 랜디 교육 재단은 "적절한 관찰 조건하에서, 불가사의한, 초자연적인, 신비적인 사건의 증거"를 보여주는 사람에게 1,000,000 달러의 상금을 제공한다. 학생들을 세 명으로 구성된 그룹으로 나눈다. 한 사람을 선택하여 그룹의 다른 구성원에 의해 무작위로 선택된 숫자(0~9)를 정확하게 알아내려고 초감각 지각(ESP)을 테스트하게 한다. 20회 이상을 시행한다. 또 다른 그룹 구성원은 무작위로 선택한 숫자, 피험자가 추측한 숫자, 추측이 맞는지 틀린지를 기록한다. 무작위로 생성된 숫자의 확률분포에 대한 표를 만들고, 실제로 얻은 임의의 숫자에 대한 상대 도수 표를 만들고, 피험자의 추측에 대한 상대도수 표를 만든다. 3개의 표를 비교한 후 무엇을 결론으로 내릴 수 있는가? 추측의 비율은 정확한가? 피험자가 우연히 예상되는 것보다 유의하게 더 자주 정확한 숫자를 선택할 수 있는 것 같은가?

2. 수업 중 활동 앞의 활동을 보고 표준 카드 덱에서 선택한 카드의 색상을 알아내는 능력이 있다고 주장하는 사람을 검증하는 데 효과적인 실험을 디자인하라. $1,000,000의 상금이 목전에 있기 때문에 우리는 어떤 사람이 초자연적인 힘을 실제로 가지지 않음에도 그 힘을 가지고 있다는 결론을 내리는 심각한 실수를 피하기 위해 주의를 기울인다. 피험자가 무작위로 추측하였음에도 매번 정확할 수 있는 가능성이 있으므로 피험자가 무작위 추측으로 검증을 통과한 경우에 적합한 확률을 확인해 보자. 이 확률이 선택한 확률 값 이하가 되도록 검증을 설계해야 한다.

3. 수업 중 활동 적어도 한 명의 자녀를 둔 가정에 있는 아이의 수에 대한 확률분포를 알고자 한다. 반에 속한 각 학생에 대해 형제자매의 수를 조사하여 각 가족에 있는 학생을 포함한 전체 아이의 수를 기록하라. 얻은 결과에 대한 상대 도수 표를 만든다. (확률변수 x의 값은 1, 2, 3, …이 된다.) 무작위로 선택된 가족의 아이 수에 대한 확률분포의 추정치로서 이러한 도수 표를 사용하는 것이 잘못된 이유는 무엇인가?

4. 수업 외 활동 데이터의 마지막 자릿수를 분석하면 데이터가 실제 측정값에서 수집되었는지 아니면 피험자에 의해 기록되었는지를 때로는 알 수 있다. 연감이나 인터넷을 참조하여 데이터(전 세계의 강의 길이 등)를 찾은 후 마지막 자릿수 분포를 분석하여 그 값들이 실제 측정을 통해 얻었는지를 확인하라.

5. 수업 외 활동 다음 사진은 데이비드와 존의 이름을 가진 유명한 통계학자들로 반드시 순서대로 표시되는 것은 아니다. 다음의 질문으로 설문조사를 실시한다: "누가 데이비드이고 누가 존인가?" 응답자가 무작위 추측으로 예상되는 결과와 유의하게 다른 결과를 나타내는 것으로 보이는

가? (Lea, Thomas, Lamkin, Bell이 *Psychonomic Bulletin & Review*의 제14권 제5호에 발표한 "Who Do You Look Like? Evidence of Facial Stereotypes for Male Names"을 참고하라.)

6 정규 확률분포
Normal Probability Distributions

이 장의 문제 — 정상적인 맥박수는?

부록 B의 데이터 세트 1 "신체 자료"에서 성인 남성과 여성의 맥박수를 조사하면 다음과 같은 결과가 나타난다.

- 성인 남성의 평균 맥박은 69.6 bpm (분당 박동수), 표준편차는 11.3 bpm, 분포는 대략 정규분포를 따른다.
- 성인 여성의 평균 맥박은 74.0 bpm, 표준편차는 12.5 bpm, 분포는 대략 정규분포를 따른다.
- 남성과 여성의 맥박수 간에는 유의한 차이가 있는 것으로 보인다.

이 장의 목적을 위해 위의 결과를 모집단 매개 변수의 합리적인 추정치로 사용할 것이다. 다음을 참조하라.

	μ	σ	분포
성인 남성의 맥박수(bpm)	69.6	11.3	정규
성인 여성의 맥박수(bpm)	74.0	12.5	정규

의사는 정기적으로 환자의 맥박수를 측정하며, 정상 범위는 일반적으로

60 bpm에서 100 bpm 사이인 것으로 간주된다. 다음은 범위 밖의 맥박수에 대한 조건이다. :

빈맥(Tachycardia): 맥박이 100 bpm 이상
서맥(Bradycardia): 맥박이 60 bpm 미만

일반적으로 지나치게 높은 맥박수(빈맥)는 과도하게 낮은 맥박수(서맥)보다 문제가 된다. 지나치게 높은 맥박수는 뇌졸중, 심장병, 심지어 사망의 위험성까지 나타날 수 있다. 과도하게 낮은 맥박은 신체 상태가 가장 좋은 운동선수에게 발생할 수 있으며, 베타 차단제와 같은 일부 약은 지나치게 낮은 맥박을 유발할 수 있다.

이 장의 방법으로 해결할 수 있는 몇 가지 질문은 다음과 같다:

- 맥박이 100 bpm을 초과할 것으로 예상되는 성인 남성의 비율은 얼마인가?
- 맥박이 60 bpm 미만일 것으로 예상되는 성인 남성의 비율은 얼마인가?
- 남성의 경우 맥박수의 상위 1%를 기준으로 도입한다면 그것은 유의하게 높은 것으로 간주된다. 그 절사 값은 얼마인가?
- 남성의 경우 맥박수의 하위 1%를 기준으로 도입한다면 그것은 유의하게 낮은 것으로 간주된다. 그 절사 값은 얼마인가?

이 같은 질문은 성인 여성을 대상으로 제기될 수 있으며 이 장의 방법을 사용하여 이러한 질문을 제시할 것이다.

이 장의 목표

5장에서는 이산 확률분포를 소개하였지만, 이 장에서는 연속 확률분포를 소개하고 대부분은 정규분포를 중점적으로 다룰 것이다. 이 장의 주요 목표는 아래와 같다:

6-1 표준 정규분포

- 표준 정규분포의 특성을 설명한다.
- 표준 정규분포에서 z 값의 일부 구간의 확률을 찾는다.
- 표준 정규분포를 나타내는 곡선 아래의 면적에 해당하는 z 값을 찾는다.

6-2 정규분포의 실제 응용

- 정규분포(반드시 표준 정규분포 일 필요는 없음)를 설명하는 능력을 키운다.
- 정규분포에서 어떤 값의 범위에 대한 확률을 구한다.
- 정규분포를 나타내는 곡선 아래의 면적에 해당하는 x 값을 찾는다.

6-3 표집분포 및 추정량

- 통계의 표집분포를 설명하는 능력을 키운다.
- 통계가 해당 모집단 모수의 좋은 추정량 역할을 하는지를 결정한다.

6-4 중심극한정리

- 중심극한정리에 대해 설명한다.
- 표본평균이 특정 값 범위 내에 있을 확률을 구함으로써 중심극한정리를 적용한다.
- 표본평균의 분포에 대해 정규분포를 사용하는 것이 적절한지에 대해 조건을 확인한다.

6-5 정규성 평가

- 히스토그램, 이상치 및 정규 분위 그림을 조사하여 샘플 데이터가 대략 표준 분포를 갖는 모집단에서 나오는지를 결정하는 능력을 개발한다.

6-6 이항에 대한 근사치로서의 정규

- 이항 확률분포에 대한 근사치로서 정규분포를 사용하는 것이 적절한지에 대해 조건을 확인한다.
- 이항 분포에 대한 확률의 근사치를 계산하기 위해 정규분포를 사용한다.

6-1 표준 정규분포

핵심 개념

이 절에서는 다음의 세 가지 특성을 갖는 특정 정규분포인 표준 정규분포를 소개한다.

1. 종 모양(Bell-shaped): 표준 정규분포의 그래프는 종 모양이다(**그림 6-1**).
2. $\mu = 0$: 표준 정규분포는 평균이 0이다.
3. $\sigma = 1$: 표준 정규분포의 표준편차는 1이다.

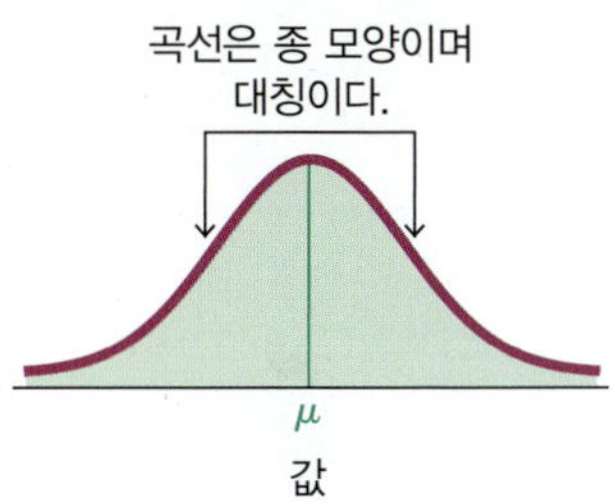

그림 6-1 정규분포

이 절에서는 표준 정규분포 그래프 아래의 다양한 면적에 해당하는 면적(또는 확률 또는 상대 빈도)을 찾는 기술을 익힌다. 또한 그래프 아래의 면적에 해당되는 z 값을 찾는다. 이러한 기술들은 비표준 정규분포와 관련된 실제적이고 중요한 응용을 하는 다음 절에서 중요하다.

정규분포

평균 및 표준편차에 사용되는 값에 따라 무한히 다양한 정규분포가 있다. 정규분포에 대한 간단한 소개로 시작한다.

정의

연속 확률 변수의 분포가 **그림 6-1**과 같이 대칭 및 종 모양의 그래프를 갖고, 공식 6-1과 같은 식으로 설명할 수 있는 경우 **정규분포(normal distribution)**라고 한다.

공식 6-1

$$y = \frac{e^{-\frac{1}{2}\left(\frac{x-\mu}{\sigma}\right)^2}}{\sigma\sqrt{2\pi}}$$

이 책에서 우리는 공식 6-1을 실제로 사용하지는 않지만 방정식의 오른쪽을 보면 특정 정규분포가 두 모수(모평균, μ, 모집단 표준편차, σ)에 의해 결정된다는 것을 알 수 있다. (공식 6-1에서 x는 변수, $\pi = 3.14159$, $e = 2.71828$) 일단 μ과 σ에 대해 특정 값이 선택되면 공식 6-1은 x와 y에 관련된 방정식이며, 이를 그래프로 나타내어 **그림 6-1**

과 같은 결과를 얻을 수 있다. 이는 공식 6-1만 알면 된다.

균등 분포

이 절의 주요 초점은 정규 확률분포의 개념이지만 균등 분포로 시작하여 다음과 같은 두 가지 매우 중요한 속성을 볼 수 있다.

1. 연속 확률분포 그래프 아래의 면적은 1이다.
2. 면적과 확률 사이에는 대응 관계가 있으므로 직사각형 면적에 대한 이 식을 사용하면 그래프에서 해당 면적을 식별하여 확률을 구할 수 있다.

$$면적 = 높이 \times 너비$$

정의

연속 확률 변수는 그 값이 가능 범위에 고르게 퍼지면 **균등 분포(uniform distribution)**를 갖는다. 균등 분포의 그래프는 직사각형 모양이 된다.

밀도 곡선 연속적인 확률분포의 그래프를 밀도 곡선이라고 부르며, 모든 **밀도 곡선(density curve)**은 곡선 아래의 전체 면적이 정확히 1이어야 한다는 조건을 충족해야 한다. 영역이 1과 같아야 한다는 조건은 확률 문제를 단순화하므로 다음과 같은 문장은 매우 중요하다.

밀도 곡선 아래의 총면적이 1이기 때문에 면적과 확률 사이에는 대응 관계가 있다.

예제 1 응급실 체크인 대기 시간

뉴욕의 한 병원에서 특정 시간대에 응급실에 도착한 환자는 **그림 6-2**와 같이 대기 시간은 0에서 5분 사이에 균등하게 분포한다.

이러한 속성을 보려면 **그림 6-2**를 참고하라.

- 모든 다른 대기 가능 시간이 똑같을 가능성이 있다.
- 대기 시간은 0분에서 5분 사이의 값이 될 수 있으므로 대기 시간은 1.234567분이 될 수 있다.

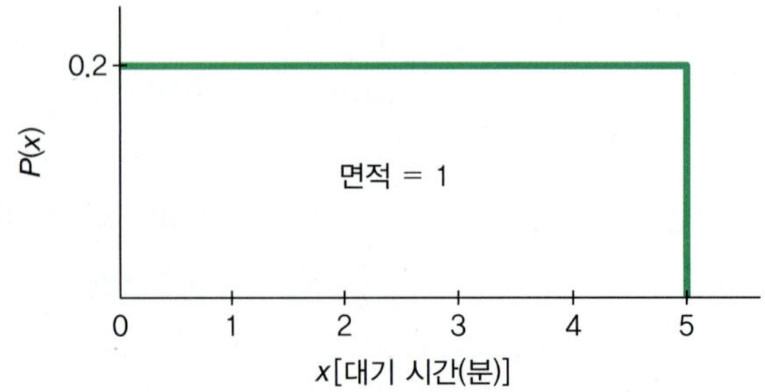

그림 6-2 대기 시간의 균등 분포

- 그림 6-2에서 수직선의 높이에 0.2의 확률을 대입하면 이의 면적은 정확하게 1이 된다. (일반적으로 균등 분포에서 수직선의 높이를 1/범위와 동일하게 만들어야 한다.)

예제 2 응급실에서의 대기 시간

주어진 그림 6-2의 균등 분포에서 임의로 선택된 환자의 대기 시간이 최소 2분 이상일 확률을 구한다.

풀이

그림 6-3의 음영 부분은 최소 2분의 대기 시간을 나타낸다. 밀도 곡선 아래의 총면적이 1이기 때문에 면적과 확률 사이에는 대응 관계가 있다. 다음과 같이 면적을 사용하여 원하는 확률을 쉽게 찾을 수 있다.

$$P(\text{최소 2분의 대기시간}) = \text{높이} \times \text{그림 6-3의 음영 영역의 너비}$$
$$= 0.2 \times 3$$
$$= 0.6$$

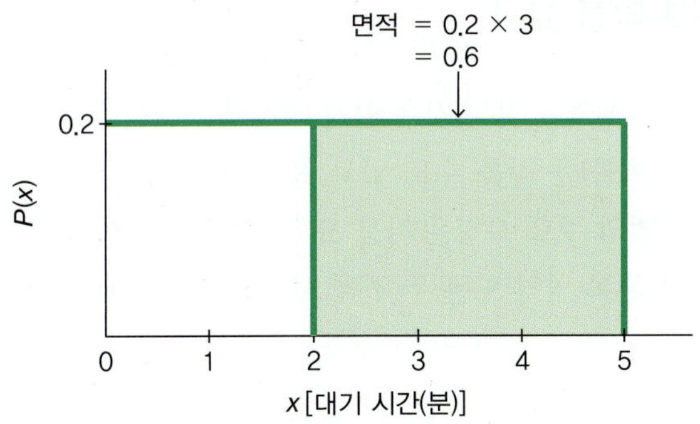

그림 6-3 면적을 사용하여 확률 찾기

해석

대기 시간이 최소 2분 이상인 환자를 임의로 선택할 확률은 0.6이다.

표준 정규분포

균등 분포의 밀도 곡선은 수평 직선이므로 다음 공식을 적용하여 직사각형 영역의 면적을 구할 수 있다.

$$\text{면적} = \text{높이} \times \text{너비}$$

그림 6-1에서 볼 수 있듯이 정규분포의 밀도 곡선은 더 복잡한 종 모양이기 때문에 면적을 찾기 더 어렵다. 그러나 기본 원칙은 동일하다: 면적과 확률 사이에는 대응 관계가

있다. 그림 6-4는 표준 정규분포의 밀도 곡선 아래의 영역이 1과 같다는 것을 보여준다. 그림 6-4에서는 "z 값"을 가로 축의 레이블로 사용하며, 이는 다음과 같이 정의된 표준 정규분포에서 일반적이다.

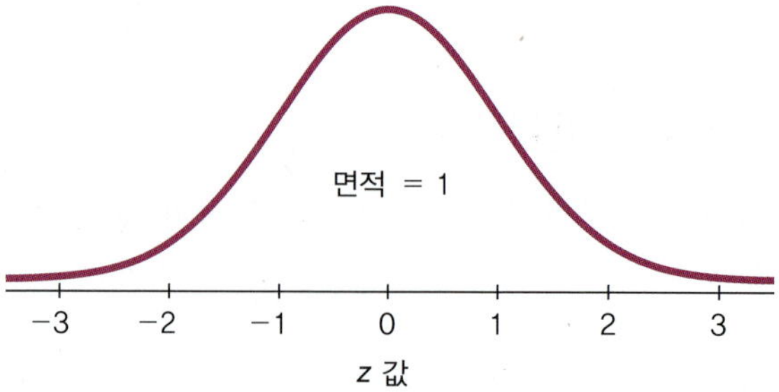

그림 6-4 표준 정규분포

> **정의**
>
> **표준 정규분포**는 $\mu = 0$ 및 $\sigma = 1$의 모수를 갖는 정규분포다. 밀도 곡선 아래의 총면적은 1과 같다(그림 6-4와 같이).

z 값이 주어질 때 확률 찾기

그림 6-4에서 수동으로 영역을 찾는 것은 쉽지 않지만 기술을 사용하여 그림 6-4에서 여러 지역의 영역(또는 확률)을 찾을 수도 있고 표 A-2를 사용할 수도 있다(삽입된 부록 A, 식, 표). 다양한 방법의 주요 특징은 다음 표 6-1에 요약되어 있다. (StatCrunch는 누적 왼쪽 영역, 누적 오른쪽 영역 또는 두 경계 사이의 영역에 대한 옵션을 제공한다.) 계

표 6-1 정규분포 영역을 찾는 데 사용되는 형식

왼쪽에서부터 누적된 면적 다음은 왼쪽에서부터 z의 특정 값 위의 수직선까지의 누적 면적을 제공한다. • 표 A-2 • Statdisk • Minitab • Excel • StatCrunch	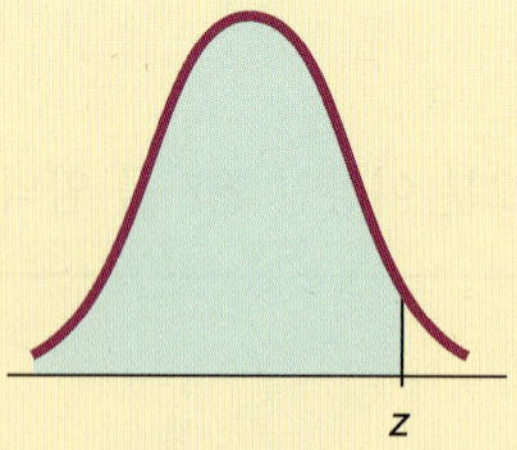 **누적된 왼쪽 영역**
두 경계 사이의 면적 다음은 특정 값 위의 수직선에 의해 왼쪽과 오른쪽에 경계를 이루는 면적을 제공한다. • TI-83/84 Plus calculator • StatCrunch	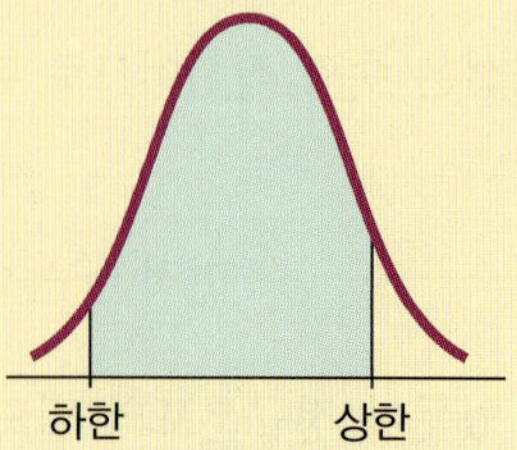 **두 경계 사이의 면적**

산기와 소프트웨어는 일반적으로 표 A-2보다 정확한 결과를 제공하기 때문에 기술사용을 강력히 권장한다. (불일치가 있는 경우, 부록 D의 답은 일반적으로 기술 기반 결과뿐만 아니라 표 A-2에 기반을 둔 답도 포함된다.)

표 A-2: 표 A-2를 사용하는 경우 이러한 점을 이해하는 것이 필수적이다.

1. 표 A-2는 평균은 0이고 표준편차가 1인 **표준** 정규분포에 대해서만 설계되었다.
2. 표 A-2의 왼쪽에는 **음의** z 값, 오른쪽에는 **양의** z 값인 두 면으로 구성되어 있다.
3. 표 본문의 각 값은 **왼쪽부터** 특정 z 값 위의 수직 경계까지 **누적된 영역**이다.
4. 그래프로 작업할 때 z 값과 면적 사이의 혼동을 피해라.

   z 값: 표준 정규분포의 수평 눈금 거리(평균의 위 또는 아래의 표준편차 수에 해당). 표 A-2의 맨 왼쪽 열과 맨 윗줄을 참조해라.

   면적: 곡선 아래 지역. 표 A-2의 본문을 참조해라.
5. 백분율을 나타내는 z 값 부분은 표 A-2의 맨 윗줄에 표시된다.

주의 정규분포로 작업할 때 z 값과 면적 사이의 혼동을 피하라.

다음 예제는 다음 절에서 소개될 실제 및 중요한 응용 프로그램에서 사용할 수 있는 절차를 보여준다.

예제 3 골밀도 검사

골밀도 검사는 뼈가 부러지기 쉽고 부러질 가능성이 높아지는 골다공증의 존재 또는 발병 가능성을 확인하는 데 도움이 될 수 있다. 골밀도 검사의 결과는 일반적으로 z 값으로 측정된다. z 값의 모집단은 평균 0과 표준편차 1로 정규분포되어 있으므로, 표준 정규분포의 조건을 충족하여 골밀도 검사 결과의 그래프는 **그림 6-5**와 같다.

임의로 선택된 성인은 골밀도 검사를 받는다. 이 사람의 골밀도 검사 결과가 1.27보다 낮을 확률을 구해라.

표 A-2 왼쪽에서부터의 누적 면적

z	.00	.01	.02	.03	.04	.05	.06	.07	.08	.09
0.0	.5000	.5040	.5080	.5120	.5160	.5199	.5239	.5279	.5319	.5359
0.1	.5398	.5438	.5478	.5517	.5557	.5596	.5636	.5675	.5714	.5753
0.2	.5793	.5832	.5871	.5910	.5948	.5987	.6026	.6064	.6103	.6141
1.0	.8413	.8438	.8461	.8485	.8508	.8531	.8554	.8577	.8599	.8621
1.1	.8643	.8665	.8686	.8708	.8729	.8749	.8770	.8790	.8810	.8830
1.2	.8849	.8869	.8888	.8907	.8925	.8944	.8962	.8980	.8997	.9015
1.3	.9032	.9049	.9066	.9082	.9099	.9115	.9131	.9147	.9162	.9177
1.4	.9192	.9207	.9222	.9236	.9251	.9265	.9279	.9292	.9306	.9319

(계속)

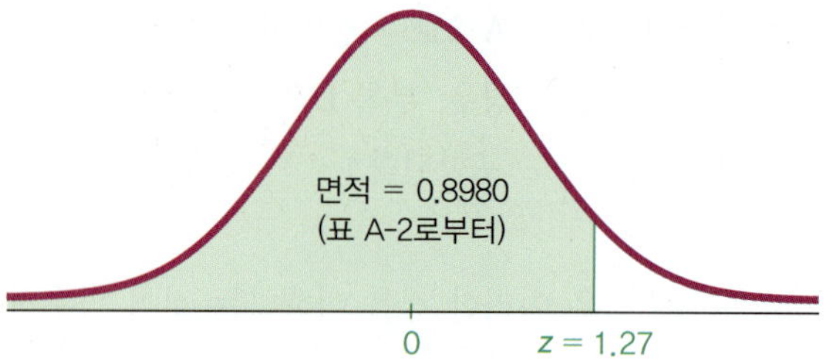

그림 6-5 $z = 1.27$의 왼쪽 면적 찾기

풀이

다음은 동일하다. (앞서 언급한 확률과 면적의 관계 때문에)

- 골밀도 검사 결과가 1.27보다 낮을 **확률**
- **그림 6-5**의 음영 영역

따라서 **그림 6-5**에서 z = 1.27 이하의 영역을 찾아야 한다. 표 A-2를 사용하는 경우 z 값 1.27이 시작하는 1.2를 왼쪽 열에서 찾고 맨 위의 발췌 부분처럼 옆의 확률 행에서 0.07 아래의 값을 찾는다. 표 A-2는 z=1.27에 해당되는 면적이 0.8980 임을 보여준다. 1.27 이하의 영역을 찾길 원하고 표 A-2는 왼쪽에서부터 누적된 면적을 나타내므로 우리가 원하는 값은 0.8980이다. 면적과 확률 사이의 대응 관계 때문에, 1.27 이하의 z 값의 확률은 0.8980이라는 것을 알 수 있다.

해석

임의로 선택된 사람의 골밀도 검사 결과가 1.27 미만일 **확률**은 0.8980이며, **그림 6-5**에서 음영 영역으로 표시된다. 이 결과를 해석하는 또 다른 방법은 사람들의 89.80%가 1.27 이하의 골밀도 수준을 갖는다고 할 수 있다.

예제 4 골밀도 검사: 값의 오른쪽 영역 찾기

[예제 3]과 동일한 골밀도 검사 결과를 사용하여 임의로 선택된 사람이 −1.00 이상의 결과를 얻을 확률을 찾아라. −1.00 이상의 값은 골밀도 결과 값의 "정상" 범위에 있는 것으로 간주된다.

풀이

우리는 다시 해당 영역을 찾아 원하는 확률을 찾아야 한다. **그림 6-6**에서 음영으로 표시된 $z = -1.00$의 오른쪽의 면적을 찾고 있다. 다음 페이지 상단의 Statdisk은 $z = -1.00$의 오른쪽 영역이 0.8413445임을 보여준다.

표 A-2를 사용한다면 이는 왼쪽에서부터 누적된 영역에만 적용되도록 설계되었음을 알아야 한다. 음의 z 값을 가진 페이지를 참조하면, 왼쪽에서부터 $z = -1.00$까지의 누적 영역이 **그림 6-6**과 같이 0.1587이라는 것을 알 수 있다. 곡선 아래의 총면적이 1이기 때문에 음영 처리된 영역은 1에서 0.1587을 뺀 값으로 구할 수 있다. 결과는

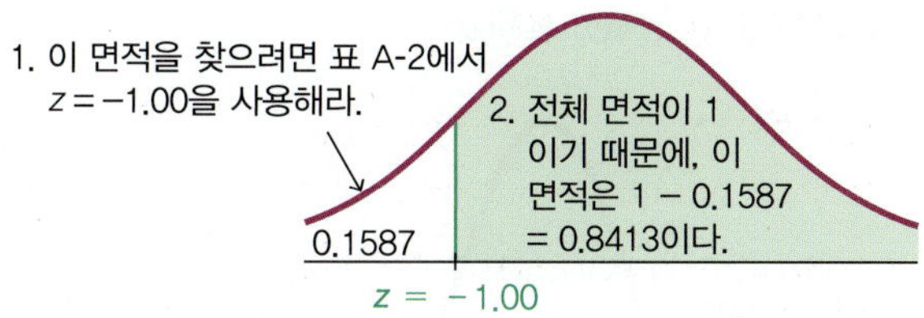

그림 6-6 $z = -1$의 오른쪽 면적 찾기

0.8413이다. 표 A-2는 왼쪽에서부터 누적된 영역에 대해서만 설계되었지만, 그림 6-6과 같이 오른쪽에서부터 누적된 영역을 찾는 데 사용할 수도 있다.

Statdisk

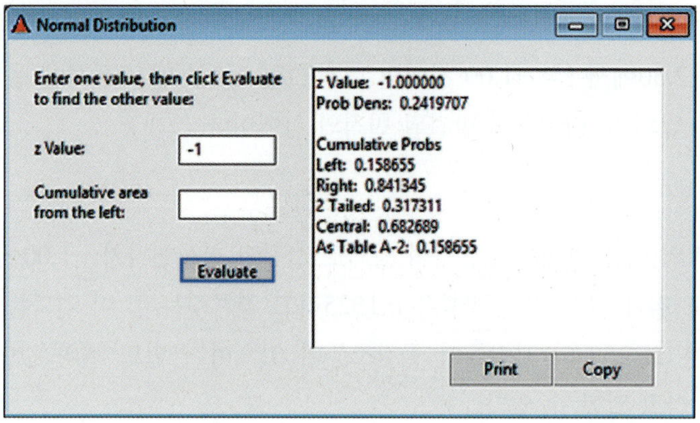

해석

면적과 확률을 대응 관계 때문에, 우리는 −1보다 큰 골밀도를 가진 사람을 임의로 선택할 확률은 0.8413($z = -1.00$의 오른쪽 면적)이라고 결론짓는다. 또한 84.13%의 사람들이 −1.00 이상의 골밀도를 가지고 있다고 할 수 있다.

[예제 4]는 표 A-2를 오른쪽에서부터의 간접적으로 누적 면적을 찾는 데 사용할 수 있는 방법을 보여준다. 다음 예제는 표 A-2를 사용하여 간접적으로 면적을 찾을 수 있는 또 다른 방법을 보여준다.

예제 5 골밀도 검사: 두 값 사이의 면적 찾기

−1.00에서 −2.50 사이의 골밀도 검사 결과는 피실험자가 골감소증(osteopenia)임을 나타내는데, 이는 골손실이다. 임의로 선택된 피실험자가 −1.00에서 −2.50 사이에 있을 확률을 구해라.

풀이

우리는 다시 평균이 0이고 표준편차가 1인 정규분포 값을 다룬다. −1.00에서 −2.50 사이의 값은 그림 6-7에 포함된 세 번째 그래프의 음영영역에 해당한다. 표 A-2는 해당 면적을 직접 찾는데 사용할 수 없지만 이 표를 사용하여 다음을 찾을 수 있다.

(계속)

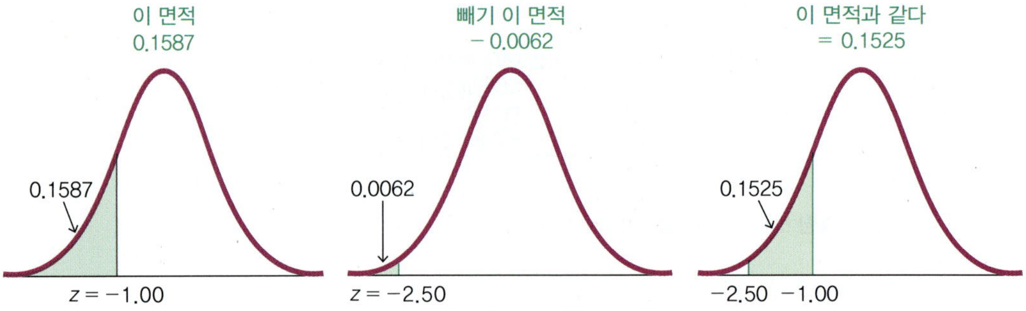

그림 6-7 2개의 z 값 사이의 면적 찾기

1. $z=-1.00$의 왼쪽 면적은 0.1587이다.
2. $z=-2.50$의 왼쪽 면적은 0.0062이다.
3. $z=-2.50$에서 $z=-1.00$ 사이의 면적(그림 6-7의 맨 오른쪽에 음영 처리된 면적)은 앞의 두 단계에서 발견된 면적의 차이이다.

해석

확률과 면적의 대응 관계를 이용하여 임의로 선택된 피실험자가 −1.00에서 −2.50 사이의 골밀도 결과 값을 가질 확률은 0.1525라고 결론짓는다. 이 결과를 해석하는 또 다른 방법은 15.25%의 사람들이 골감소증이 있으며 골밀도 결과 값이 −1.00에서 −2.50 사이라고 말할 수 있다.

[예제 5]는 다음 규칙으로 일반화할 수 있다.

두 개의 z 값 사이의 면적은 표 A-2에서 두 면적의 차이를 찾아서 알 수 있다.

그림 6-8은 이러한 일반적인 규칙을 보여준다. 음영 처리된 면적 B는 표 A-2에서 찾은 두 면적의 차이를 계산해서 구할 수 있다.

힌트 이 경우 규칙이나 식을 암기하지 마라. 그래프를 사용하여 이해하는 것에 집중해라. 그래프를 그려 원하는 면적을 음영 처리한 다음 왼쪽에서부터 누적 면적을 사용하여 원하는 면적을 찾는 방법을 생각해라.

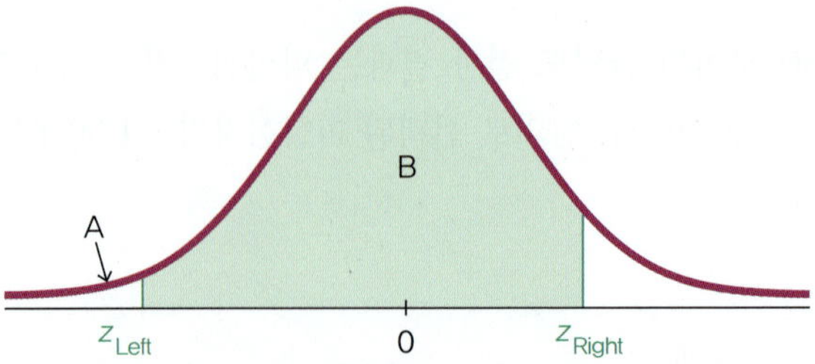

음영 처리된 면적 B = (면적 A와 B 결합) − (면적 A)

그림 6-8 2개의 z 값 사이의 면적 찾기

이전 예제의 확률은 다음 표기로도 표현할 수 있다.

표기

$P(a<z<b)$는 z 값이 a와 b 사이에 있을 확률을 나타낸다.

$P(z>a)$는 z 값이 a보다 클 확률을 나타낸다.

$P(z<a)$는 z 값이 a보다 작을 확률을 나타낸다.

이 표기에서 $P(-2.50<z<-1.00)=0.1525$는 z 값이 -2.50과 -1.00 사이에 있을 확률이 0.1525라는 것을 기호로 나타낸다([예제 5]와 같이).

알려진 면적에 대해 z 값 찾기

[예제 3, 4, 5]는 모두 표준 정규분포를 포함하고 있으며 주어진 z 값으로 면적을 찾는 형식이다. 많은 경우, 면적(또는 확률)이 주어지면 해당 z 값을 찾는 반대되는 방법이 필요하다. 이러한 경우 z 값과 면적 사이의 혼동을 피하는 것이 중요하다. z 값은 수평 눈금의 거리이지만 면적(또는 확률)은 밀도 곡선 아래의 영역이라는 것을 기억해라. (표 A-2에는 왼쪽 열과 맨 위의 행에 z 값이 나열되어 있지만, 면적은 표의 본문 영역에서 찾을 수 있다.) 곡선의 절반의 왼쪽에 위치한 z 값은 항상 음수라는 것을 기억해야 한다. 확률을 이미 알고 있고 해당되는 z 값을 찾고 싶다면 다음 절차를 따라 해라.

알려진 면적에 대해 z 값을 찾는 절차

1. 종 모양의 곡선을 그리고 주어진 확률에 해당하는 곡선 아래의 영역을 확인한다. 해당 영역이 왼쪽에서부터 누적된 영역이 아닌 경우 알려진 영역인 왼쪽에서부터 누적된 영역을 사용해라.
2. 기술을 사용하거나 표 A-2를 사용하여 z 값을 찾는다. 표 A-2의 왼쪽에서부터 누적된 면적을 사용하고, 표 본문에서 가장 가까운 확률을 찾아 해당되는 z 값을 식별한다.

특수한 상황들 다음 [예제 6]에 대한 풀이에서 표 A-2는 z 값 1.645로, 1.64에서 1.65 사이의 중간 값이다. 표 A-2를 사용할 때 일반적으로 가장 가까운 값을 선택하여 보간을 피할 수 있다. 다음 표에는 다양한 응용 프로그램에서 자주 사용되는 특수한 경우가 나열되어 있다. (이런 특별한 경우 중 하나는, $z=2.576$는 0.9950에 약간 더 가까운 면적을 제공하지만 $z=2.575$는 $z=2.57$와 $z=2.58$ 사이의 정확히 중간 값이라는 이점이 있다.) 이러한 특수한 경우를 제외하고는 일반적으로 표에서 가장 가까운 값을 선택한다. (찾는 값이 두 값의 중간에 있으면 더 큰 값을 선택한다.) z 값이 3.49 이상인 경우 0.9999를 왼쪽의 누적 면적에 대한 근사치로 사용할 수 있고, z 값이 -3.49 이하인 경우 왼쪽의 누적 면적에 대한 근사치로 0.0001을 사용할 수 있다.

표 A-2의 특수한 상황들

z 값	왼쪽에서부터의 누적 면적
1.645	0.9500
−1.645	0.0500
2.575	0.9950
−2.575	0.0050
3.49 이상	0.9999
−3.49 이하	0.0001

예제 6 골밀도 검사: 결과 값 찾기

이전 예제에서 사용한 것과 동일한 골밀도 검사 결과를 사용해라. 이 값들은 평균 0과 표준편차 1로 정규분포하고 있으므로 표준 정규분포의 조건을 충족한다. 95 백분위수 P_{95}에 해당하는 골밀도 값을 찾아라. 즉, 상위 5%와 하위 95%를 구분하는 골밀도 값을 찾아라. 그림 6-9를 참조하라.

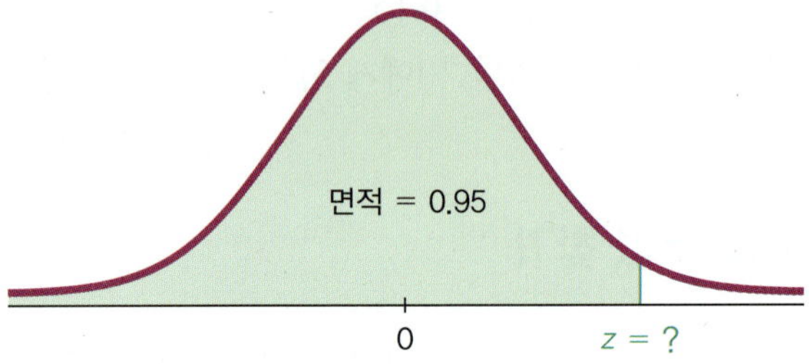

그림 6-9 95 백분위수 찾기

풀이

그림 6-9는 95 백분위 수를 나타내는 z 값과 그 아래에 있는 95%(또는 0.95)의 면적을 보여준다.

기술: 기술을 사용하여 z 값을 찾을 수 있다. 다음 Excel 화면은 왼쪽 0.95의 z 값이 z = 1.644853627 또는 반올림된 경우 1.645임을 보여준다.

Excel

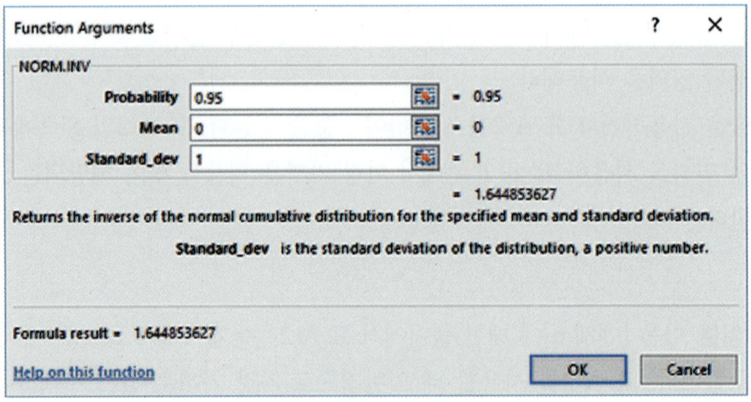

표 A-2: 표 A-2를 사용하는 경우, 표의 본문에서 0.95의 면적을 찾은 다음 해당 z 값을 찾는다. 표 A-2에서 0.9495와 0.9505의 영역을 찾았지만 0.9500이 1.645의 z 값에 해당한다는 것을 나타내는 특별한 메모가 있는 별표가 있다. 그림 6-9의 z 값이 1.645이므로 95 백분위 수는 z = 1.645라고 결론지을 수 있다.

해석

골밀도 검사 결과, 검사 결과의 95%가 1.645 이하이며, 그중 5%는 1.645 이상이다.

예제 7 골밀도 검사

평균이 0이고 표준편차가 1인 표준 정규분포를 갖는 [예제 3]의 골밀도 테스트 결과를 사용한다. 하위 2.5%와 상위 2.5%를 구분하는 골밀도 테스트 결과를 찾아라.

풀이

필요한 z 값은 **그림 6-10**에 나와 있다. z 값은 기술을 사용하여 찾을 수 있다. 표 A-2를 사용하여 왼쪽에 있는 z 값을 찾으려면, **표 본문**에서 0.025인 면적을 찾는다. 결과는 $z = -1.96$이다. 표 A-2를 사용하여 오른쪽에 있는 z 값을 찾으려면, **표 본문**에서 0.975인 면적을 찾는다. (표 A-2는 항상 **왼쪽**에서부터 누적된 면적을 제공한다는 것을 기억해라.) 결과는 $z = 1.96$이다. **그림 6-10**과 같이 $z = -1.96$과 $z = 1.96$의 값은 하위 2.5 %와 상위 2.5 %를 구분한다.

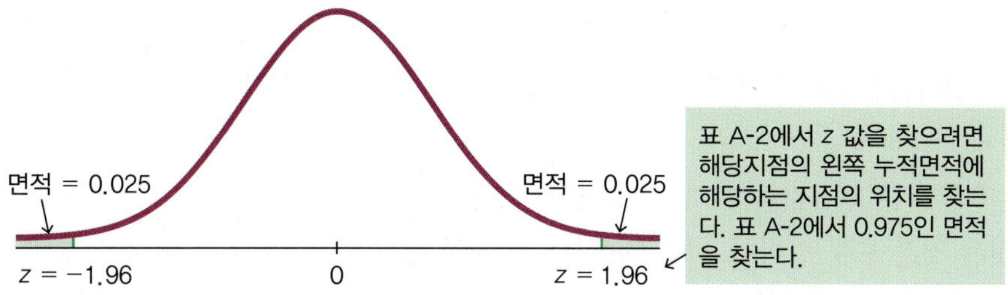

그림 6-10 z **값 찾기**

해석

모집단의 골밀도 검사 결과, 2.5%는 −1.96 이하, 2.5%는 1.96 이상이다. 또 다른 해석은 골밀도 검사 결과의 95%가 1.96과 −1.96 사이에 있다.

임계값 정규분포의 경우, 임계값은 유의하게 낮거나 높은 z 값을 구분하는 경계선상의 z 값이다. 일반적인 임계값은 $z = -1.96$와 $z = 1.96$이며, 이는 [예제 7]에서와 같이 얻어진다. [예제 7]에서 모집단의 2.5%만이 $z = -1.96$ 이하의 결과를 갖기 때문에 유의하게 낮고, 모집단의 2.5%만이 $z = 1.96$ 이상의 결과를 갖기 때문에 유의하게 높다. 임계값은 다음 절에서 매우 중요하다. 다음 표기는 표준 정규분포를 사용하여 발견된 임계 z 값에 사용된다.

정의

표준 정규분포의 경우, **임계값(critical value)**은 유의하게 낮거나 유의하게 높은 z 값을 구분하는 경계선상의 z 값이다.

표기

z_α라는 표현은 오른쪽에 α의 면적이 있는 z 값을 나타낸다. (α는 그리스 문자 알파다.)

예제 8 **임계값 z_α 찾기**

$z_{0.025}$ 값을 찾아라. (z_α에서 $\alpha = 0.025$로 한다.)

풀이

$z_{0.025}$는 오른쪽에 0.025의 면적이 있는 z 값을 나타내는 데 사용된다. 그림 6-10을 참고하여 $z = 1.96$의 값은 오른쪽에 0.025의 면적을 가지므로 $z_{0.025} = 1.96$이 된다. $z_{0.025}$는 누적된 왼쪽 면적 0.975에 해당된다는 것을 유의해라.

주의 α의 특정 값에 대해 z_α의 값을 찾을 때 α는 z_α의 오른쪽에 있는 면적이지만, **표 A-2**와 일부 기술들은 z 값 왼쪽의 누적 면적을 제공한다는 것을 유의해라. z_α 값을 찾으려면 $1-\alpha$ 값을 사용하여 갈등을 해결해라. 예를 들어 $z_{0.1}$을 찾으려면 왼쪽에 0.9의 면적이 있는 z 값을 참조한다.

이 절의 [예제 3~7]은 평균 0 표준편차 1로 정규분포하는 골밀도 검사 결과의 실제 응용에 기초하며 표준 정규분포를 갖는다. 골밀도 검사 결과를 제외한 일반적인 정규분포는 0과 다른 평균값을 가지며 1과 다른 표준편차를 가지므로 이와 같이 편리한 모수를 찾는 것은 드문 일이다. 다음 절에서는 이러한 정규분포를 다루는 방법이 제시된다.

테크 센터

z 값/면적 찾기(표준 정규분포)

www.TriolaStats.com에서 기술 지침, 비디오, 데이터 집합을 참조하십시오.

6-1 기본적인 기술 및 개념

통계적 해석 및 비판적 사고

1. **정규분포** 다음 문장의 잘못된 점은? "숫자 0, 1, 2, …, 9는 복권 추첨의 일반적인 결과이므로 임의로 선택된 숫자는 정규분포를 가진다."

2. **표준 정규분포** 정규분포가 표준 정규분포가 되는 데 필요한 두 가지 조건을 찾아라.

연속 균등 분포 연습문제 3~4에서는 그림 6-2와 [예제 1]에 설명된 연속 균등 분포를 참조해라. 환자가 임의로 선택되었다고 가정하고 대기 시간이 주어진 범위 내에 있을 확률을 찾아라.

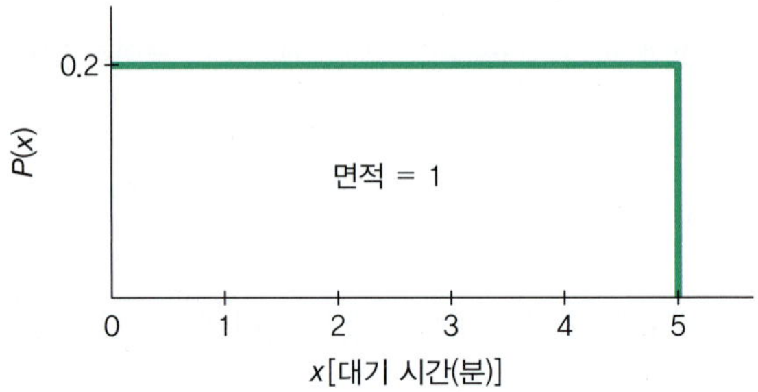

그림 6-2 대기 시간의 균등 분포

3. 3.00분 이상

4. 2분에서 3분 사이

표준 정규분포 연습문제 5~6에서는 음영 처리된 영역의 면적을 찾아라. 그래프는 평균이 0이고 표준편차가 1인 골밀도 검사 결과의 표준 정규분포를 나타낸다.

5.

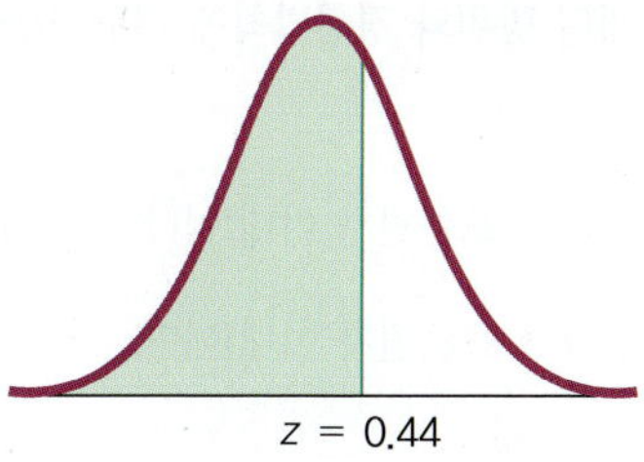

6.

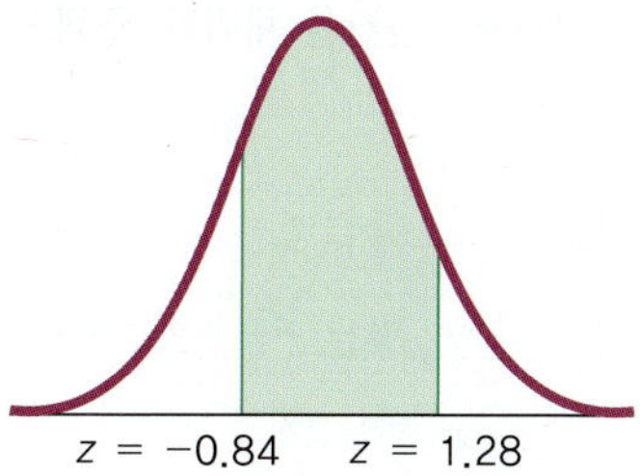

표준 정규분포 연습문제 7~8에서 표시된 z 값을 찾아라. 그래프는 평균이 0이고 표준편차가 1인 골밀도 검사 결과의 표준 정규분포를 나타낸다.

7.

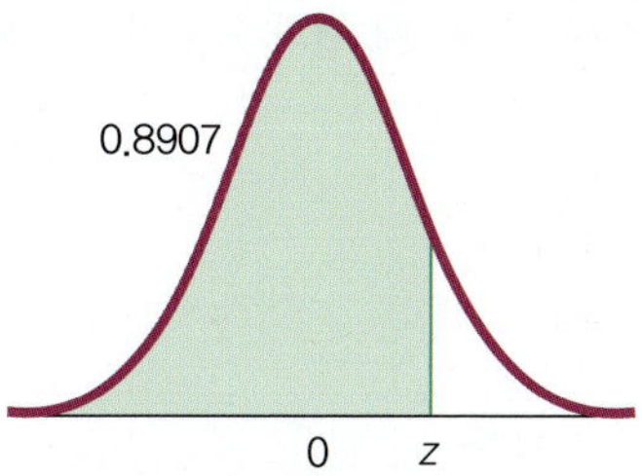

8.

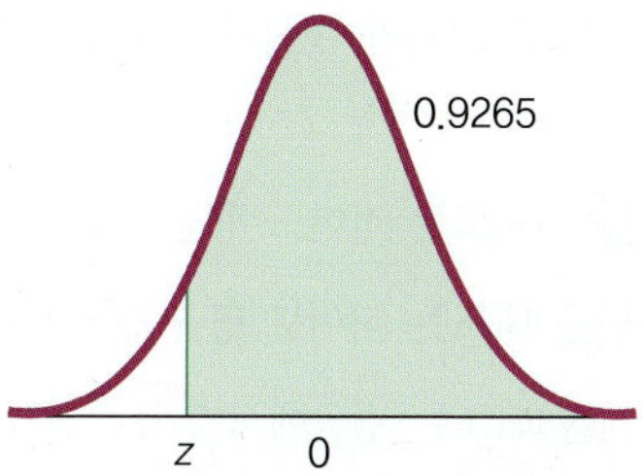

표준 정규분포 연습문제 9~18에서는 임의로 선정된 피실험자가 골밀도 검사를 받는다고 가정한다. 이러한 검사 결과는 평균이 0이고 표준편차가 1인 정규분포로 되어있다. 각 문제에 대해 그래프를 그린 다음 주어진 골밀도 검사 결과의 확률을 찾아라. 표 A-2 대신 기술을 사용하는 경우 소수점 네 자리까지 반올림한다.

9. −1.23 미만

10. 1.28 미만

11. 0.25 이상

12. −2.00 이상

13. 2.00에서 3.00 사이

14. −2.55에서 −2.00 사이

15. −2.00에서 2.00 사이

16. −1.00에서 5.00 사이

17. 4.55 미만

18. 0 이상

골밀도 결과 찾기 연습문제 19~20에서는 임의로 선정된 피실험자가 골밀도 검사를 받는다고 가정한다. 골밀도 검사 결과는 평균이 0이고 표준편차가 1인 정규분포로 되어있다. 각 문제에 대해 그래프를 그린 다음 주어진 정보에 해당하는 골밀도 검사 결과를 찾아라. 소수점 두 자리까지 반올림한다.

19. 99 백분위수인 P_{99}를 찾아라. 이것은 골밀도 결과의 상위 1%와 하위 99%를 구분한다.

20. 골밀도 결과에서 너무 낮거나 너무 높은 하위 2%와 상위 2%를 절사 값으로 사용한다면, 절사 값인 두 개의 값을 찾아라.

임계값 연습문제 21~22에서 임계값을 찾아라. 소수점 두 자리까지 반올림한다.

21. $z_{0.10}$

22. $z_{0.04}$

범위와 경험법칙의 기초 연습문제 23~24에서는 표준 정규분포 곡선의 아래에 표시된 영역을 찾아 백분율로 변환하고 빈칸을 채워라. 결과는 3-2절에서 소개된 범위와 경험법칙에 대한 기초를 형성한다.

23. 면적의 약 _______%는 $z = -1$과 $z = 1$ 사이(또는 평균의 1 표준편차 이내)이다.

24. 면적의 약 _______%는 $z = -3$과 $z = 3$ 사이(또는 평균의 3 표준편차 이내)이다.

6-1 기초를 넘어서

25. **유의성** 골밀도 결과가 평균이 0이고 표준편차가 1인 정규분포할 때 결과가 차지하는 비율을 찾아라.

a. 유의하게 높을 때(또는 적어도 평균보다 2 표준편차 이상일 때)

b. 유의하게 낮을 때(또는 적어도 평균보다 2 표준편차 이하일 때)

c. 유의하지 않을 때(또는 평균에서 2 표준편차 미만일 때)

6-2 정규분포의 실제 응용

핵심 개념

이전 절의 방법에 연장하여 **비표준 정규분포**(0과 다른 평균 및 / 또는 1과 다른 표준편차)를 이용하여 실제로 적용할 수 있다. 핵심은 정규분포를 "표준화"하여 x 값을 z 값으로 변환할 수 있도록 하는 간단한 전환(공식 6-2)이다. 그런 다음 이전 절의 방법을 사용할 수 있다.

공식 6-2

$$z = \frac{x - \mu}{\sigma} \quad (z \text{ 값을 소수점 둘째 자리까지 반올림한다})$$

그림 6-11은 비표준 정규분포에서 정규분포로 전환되는 것을 설명한다. x 값(그림 6-11a와 같이) 이하의 정규분포의 면적은 표준 정규분포에서 해당 z 값(그림 6-11b) 이하의 면적과 같다.

계산기 및 소프트웨어는 확률을 바로 계산하기 때문에 공식 6-2를 사용할 필요가 없다. 그러나 표 A-2를 사용하는 경우 먼저 표준 z 값으로 전환해야 한다.

비표준 정규분포에서 해당 면적을 찾을 때, 다음 절차를 사용한다.

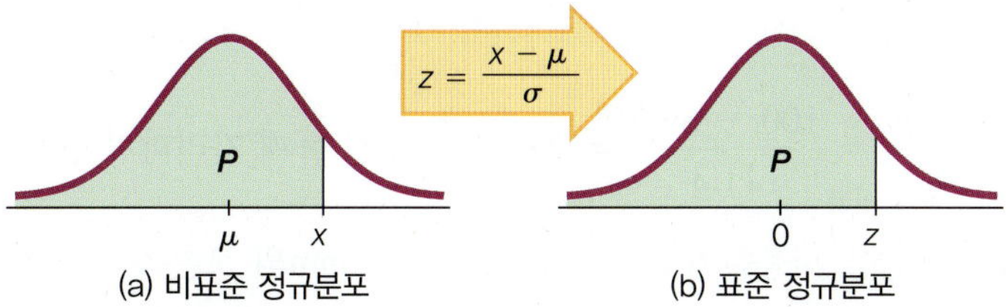

(a) 비표준 정규분포 (b) 표준 정규분포

그림 6-11 분포 전환

비표준 정규분포에서 해당 면적을 찾는 절차

1. 정규분포 곡선을 그리고 평균 및 임의의 특정 x 값을 표시한 다음 원하는 확률을 나타내는 영역을 음영 처리한다.
2. 음영 영역의 경계인 x 값에 대해 공식 6-2를 사용하여 z 값으로 전환한다. (많은 기술을 통해 이 단계를 건너뛸 수 있다.)
3. 기술(소프트웨어 또는 계산기) 또는 표 A-2를 사용하여 음영 처리된 영역의 면적을 찾는다. 이 면적은 원하는 확률이다.

다음 예제는 위의 절차를 보여준다.

예제 1 맥박수가 100 Bpm을 초과하는 성인 남성의 비율은?

이 장의 문제에서 성인 남성의 맥박수가 평균 69.6 bpm 표준편차가 11.3 bpm으로 정규분포하는 것을 주목해라. 맥박이 100 bpm을 초과하는 성인 남성의 비율을 찾아라. 이 남성들은 뇌졸중, 심장 질환, 심장사의 확률이 높다고 간주된다.

풀이

1단계: 이 정보가 통합된 그림 6-12를 참조해라. 남성의 맥박수는 평균 69.6 bpm 표준편차는 11.3 bpm으로 정규분포하고 있다. 음영 영역은 맥박수가 100 bpm을 초과하는 남성을 나타낸다.

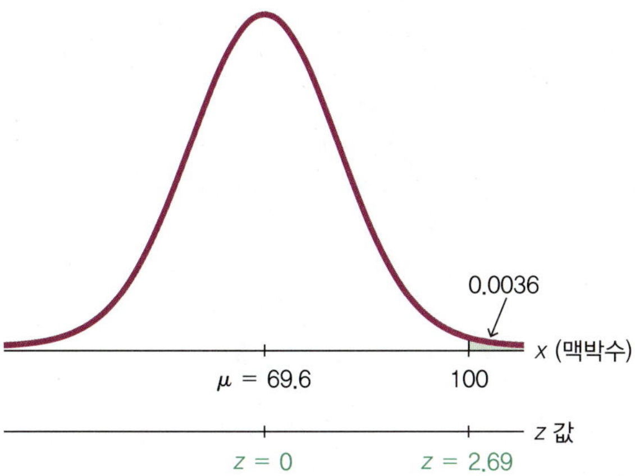

그림 6-12 남성의 맥박수

2단계: 다음과 같은 공식 6-2를 사용하여 100 bpm의 맥박을 z 값 2.69로 전환할 수

(계속)

낮은 품질의 높은 비용

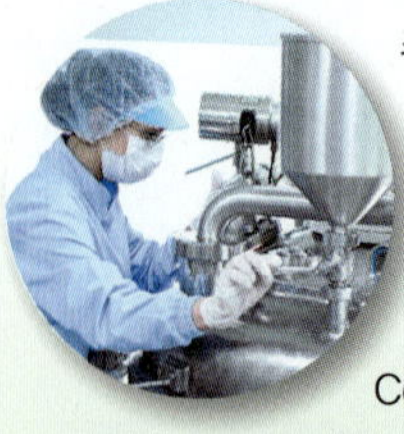

최근 연방 의약국(Federal Drug Administration)은 제약회사인 Schering-Plough Corporation이 의약품 제조상의 문제를 시정하지 못하여 사상 최대인 5억 달러를 지불하기로 합의했다. New York Times 기자 Melody Petersen에 따르면 "문제의 일부는 결함이 있는 의약품을 식별할 수 있는 제어 장치가 없는 반면, 다른 문제들은 오래된 장비에서 기인한다. Schering의 베스트셀러 제품인 알레르기 약 클라리틴(Claritin)을 포함해 약 200종의 의약품이 포함된다"고 말했다.

있다.

$$z = \frac{x - \mu}{\sigma} = \frac{100 - 69.6}{11.3} = 2.69 \quad \text{(소수점 둘째 자리까지 반올림한다)}$$

3단계: 기술: 기술을 사용하여 **그림 6-12**에서 100 bpm의 오른쪽 면적이 0.0036임을 알 수 있다. (많은 기술들을 사용하면 2단계를 건너뛸 수 있다.)

표 A-2: 표 A-2를 사용하여 $z = 2.69$의 왼쪽 누적 면적이 0.9964임을 확인해라. (표 A-2는 모든 면적이 왼쪽에서부터 누적된 면적임을 기억해라) 곡선 아래의 총면적이 1이기 때문에 **그림 6-12**의 음영 영역은 $1 - 0.9964 = 0.0036$이다.

해석

맥박수가 100 bpm 이상인 남성의 비율은 0.0036이며, 이는 천명에 대략 4명 정도이다. 이것은 매우 드문 사건으로, 100 bpm 이상의 맥박수를 나타내는 남성은 극히 드물 거나, 높은 맥박수를 유발하는 의학적인 질병이 있다.

예제 2 정상 맥박수

정상 맥박수는 일반적으로 60 bpm에서 100 bpm 사이인 것으로 간주된다. 성인 남성의 맥박수가 평균 69.6 bpm 표준편차가 11.3 bpm으로 정규분포하고 있는 경우 정상 맥박수를 가진 남성의 백분율을 구하라.

풀이

그림 6-13은 맥박수가 60 bpm에서 100 bpm 사이인 남성을 나타내는 음영 영역을 나타낸다.

1단계: 이 정보를 통합한 다음 **그림 6-13**을 참조해라.: 남성의 맥박수는 평균 69.6 bpm 표준편차 11.3 bpm인 정규분포를 한다. 음영 영역은 맥박이 60 bpm에서 100 bpm 사이인 남성을 나타낸다.

2단계: 일부 기술의 경우 **그림 6-13**의 음영 영역을 바로 찾을 수 있으며 60 bpm 및

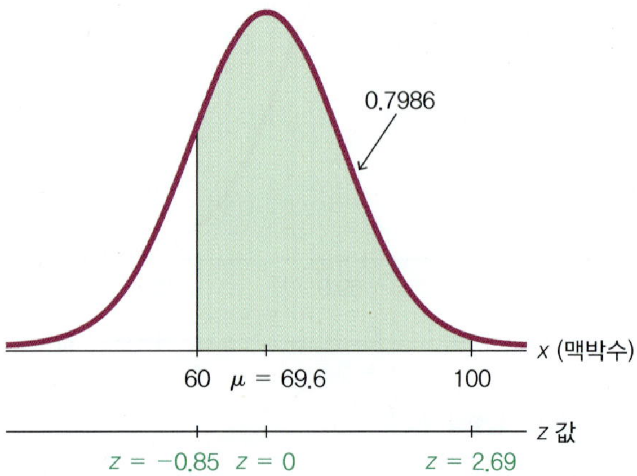

그림 6-13 남성의 맥박수

100 bpm의 x 값을 z 값으로 변환할 필요가 없다. (3단계를 참조해라.)

표 A-2를 사용하는 경우 음영 영역을 바로 찾을 수는 없지만 다음과 같이 6-1절과 동일한 절차를 사용하여 간접적으로 찾을 수 있다: (1) 왼쪽에서부터 100 bpm(또는 $z = 2.69$)까지의 누적 면적을 찾아라. (2) 왼쪽에서부터 60 bpm(또는 $z = -0.85$)까지의 누적 면적을 찾아라. (3) 그 두 면적의 차이를 찾아라. 맥박수 100 bpm 및 60 bpm은 다음과 같은 공식 6-2를 사용하여 z 값으로 전환된다.

$$x = 100 \text{ bpm}: z = \frac{x - \mu}{\sigma} = \frac{100 - 69.6}{11.3} = 2.69$$

($z = 2.69$는 0.9964로 산출된다)

$$x = 60 \text{ bpm}: z = \frac{x - \mu}{11.3} = \frac{60 - 69.6}{11.3} = -0.85$$

($z = -0.85$는 0.1977로 산출된다)

3단계: 기술: 기술은 그림 6-13의 음영 영역이 0.7986임을 보여준다.

표 A-2: 표 A-2에서 $z = 2.69$를 참조하여 $z = 2.69$의 **왼쪽**에서부터 누적된 면적이 0.9964임을 알 수 있다.(표 A-2는 모든 면적이 **왼쪽**에서부터 누적된 면적임을 기억해라) 표 A-2는 $z = -0.85$가 0.1977에 해당하는 것을 보여준다. 0.9964와 0.1977은 **왼쪽에서부터 누적된 면적**이기 때문에 그림 6-13의 음영 부분의 면적은 다음과 같이 나타난다.

그림 6-13의 음영 부분의 면적 = 0.9964 − 0.1977 = 0.7987

기술에서 찾은 0.7986과 표 A-2에서 찾은 0.7987의 면적 사이에는 약간의 차이가 있다. 기술로 얻어진 면적은 z 값을 반올림하지 않기 때문에 더 정확한 반면, 표 A-2는 z 값이 소수 둘째 자리로 반올림 되었다.

해석

결과를 백분율로 표시하면 약 80%의 남성이 60 bpm에서 100 bpm 사이의 맥박수를 갖는다.

알려진 면적에서 값 찾기

면적(또는 확률 또는 비율)이 알려져 있고 이와 관련된 값(s)을 찾아야 하는 경우 도움이 되는 힌트는 다음과 같다.

1. 그래프는 정규 확률분포를 시각화하고 이해하며 성공적으로 작업하는데 매우 유용하므로 항상 사용해야 한다.
2. **z 값과 면적을 혼동하지 마라.** z 값은 수평 눈금의 거리지만, 면적은 정규 곡선 아래의 영역이라는 것을 기억해라. 표 A-2에서 왼쪽 열과 맨 위의 행에는 z 값이 나열

되어 있지만 표의 본문에는 면적이 있다.

3. **그래프의 올바른 (오른쪽/왼쪽) 면을 선택해라.** 상위 10%를 다른 값들과 구분하는 값은 그래프의 오른쪽에 위치하지만 하위 10%를 구분하는 값은 왼쪽에 있다.
4. z 값은 정규분포 절반의 **왼쪽**에 위치할 때는 **음수**여야 한다.
5. 면적(혹은 확률)은 항상 0과 1 사이이며 절대 음수가 아니다.

알려진 면적 또는 확률로부터 값을 찾는 절차

1. 정규분포 곡선을 그리고 그래프의 적절한 영역에 주어진 확률 또는 백분율을 표시하여 원하는 x 값(s)을 식별한다.
2. 기술을 사용해라. 기술을 사용할 수 없는 경우 표 A-2의 본문을 참조해서 x의 왼쪽 면적을 찾고 그 면적에 해당되는 z 값을 확인한다.
3. z를 알고 이에 대응하는 x 값으로 전환해야 한다면 μ, α 및 2단계에서 찾은 z 값을 공식 6-2에 대입해서 x를 구한다. 공식 6-2를 기반으로 다음과 같이 x를 계산할 수 있다.

$$x = \mu + (z \cdot \sigma) \quad \text{(공식 6-2의 또 다른 형태)}$$

↑

(만약 z 값이 평균의 왼쪽에 위치한다면, 그것이 음수인지 확인해라)

4. 곡선의 스케치를 참고하여 그래프의 맥락과 문제의 맥락에서 문제의 풀이가 타당한지 확인해라.

다음 예제에서 이 절차를 사용하여 알려진 면적에 대한 값을 찾는다.

예제 3 맥박수

성인 남성의 맥박수가 평균 69.6 bpm이고 표준편차가 11.3 bpm인 정규분포를 하는 경우 최고 1%와 최저 99%를 구분하는 맥박수를 찾아라. 즉, P_{99}를 찾아라.

풀이

1단계: 그림 6-14는 우리가 확인하고자 하는 맥박수 x의 정규분포를 나타낸다. 음영 영

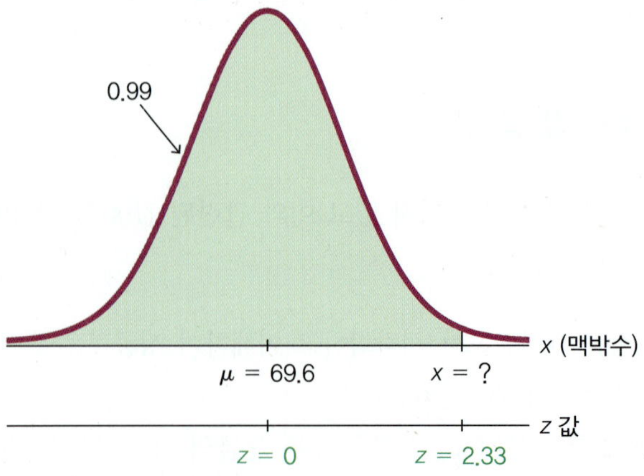

그림 6-14 99 백분위수 찾기

역은 맥박수의 최저 99%를 나타낸다.

2단계: 기술: 기술은 그림 6-14에서 x 값을 제공한다. 예를 들어 $x = 95.88773098$ bpm 또는 반올림한 95.9 bpm으로 이를 나타내는 Excel 화면을 참조해라.

Excel

표 A-2: 표 A-2를 사용하는 경우 표 본문에서 0.9900의 면적을 찾아라. 0.9900의 면적은 $z = 2.33$에 해당된다.

3단계: $z = 2.33$, $\mu = 69.6$ bpm, $\sigma = 11.3$ bpm으로 공식 6-2를 사용하여 x를 구할 수 있다.

$$z = \frac{x - \mu}{\sigma} \quad \text{becomes} \quad 2.33 = \frac{x - 69.6}{11.3}$$

$x = 95.929$ bpm의 결과는 직접 또는 다음 버전의 공식 6-2를 사용하여 찾을 수 있다.

$$x = \mu + (z \cdot \sigma) = 69.6 + (2.33 \cdot 11.3) = 95.929 \text{ bpm}$$

4단계: 그림 6-14에서 $x = 95.9$ bpm(반올림)의 답은 평균인 69.6 bpm보다 크기 때문에 타당하다.

해석

남성 맥박수의 95.9(반올림)는 상위 1%와 하위 99%를 구분한다.

유의성

4장에서 우리는 확률이 값이 유의하게 높거나 유의하게 낮은지를 결정하는 데 사용될 수 있음을 보았다. 4장에서는 n번의 시도 중 x번의 성공을 언급했지만, 이러한 기준을 다음과 같이 연속적인 변수에 적용할 수 있다.

유의하게 높음: $P(x$ 이상$) \le 0.05$이면 x 값이 유의하게 높다.*
유의하게 낮음: $P(x$ 이하$) \ge 0.05$이면 x 값이 유의하게 낮다.*

*0.05의 값은 절대적인 것이 아니며 0.01과 같은 값을 대신 사용할 수 있다.

예제 4 유의하게 낮거나 유의하게 높은 여성의 맥박수

위의 기준을 사용하여 유의하게 낮거나 유의하게 높은 여성의 맥박수를 확인해라. 부록 B의 데이터 세트 1 "신체 자료"에 근거하여 여성의 맥박수는 분당 평균 74.0회, 분당 표준편차 12.5회로 정규분포하고 있다고 가정한다.

(계속)

풀이

1단계: 그림 6-15와 같은 그래프로 시작한다. 평균 74.0을 입력했으며, 하위 5%와 상위 5%를 구분하는 x 값을 확인했다.

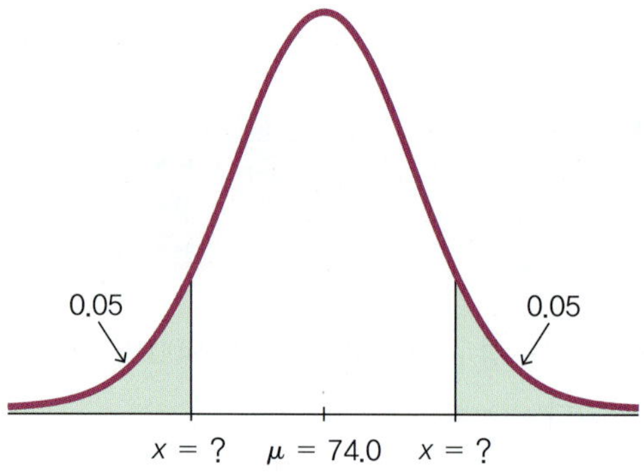

그림 6-15 여성의 맥박수

2단계: 기술: 기술은 그림 6-15의 x 값이 반올림하여 분당 53.4회 및 분당 94.6회라는 것을 보여준다.

표 A-2: 표 A-2를 사용하는 경우 왼쪽에서부터 누적된 면적을 사용해야 한다. 가장 왼쪽에 있는 x 값은 왼쪽에서부터 누적된 면적이 0.05이므로, 표 본문에서 0.05의 면적을 찾아 $z = -1.645$(별표로 식별된 0.0505와 0.0495의 사이)를 얻는다. 가장 오른쪽에 있는 x 값은 왼쪽에서부터 누적된 면적이 0.95이므로 표 본문에서 0.9500의 면적을 찾아 $z = 1.645$(별표로 식별된 0.9495와 0.9505의 사이)를 얻는다. 두 개의 z 값을 찾은 후 이를 맥박수로 변환시킨다.

3단계: 공식 6-2를 직접 사용하거나 다음 버전의 공식 6-2를 사용하여 x의 두 값을 찾는다.

x의 가장 왼쪽 값: $x = \mu + (z \cdot \sigma) = 74.0 + (-1.645 \cdot 12.5) = 53.4$

x의 가장 오른쪽 값: $x = \mu + (z \cdot \sigma) = 74.0 + (1.645 \cdot 12.5) = 94.6$

4단계: 그림 6-15를 보면 $x = 53.4$의 가장 왼쪽 값은 평균 74.0보다 작기 때문에 타당하다. 또한 가장 오른쪽 값은 평균 74.0보다 높기 때문에 타당하다.

해석

다음은 유의한 여성의 맥박수다.

- 유의하게 낮음: 분당 53.4회 이하
- 유의하게 높음: 분당 94.6회 이상

의사들은 맥박수를 유의하게 낮추거나 높일 수 있는 건강 문제를 조사하기 위해 이 결과를 사용할 수 있다.

테크 센터

x 값/면적 찾기

www.TriolaStats.com에서 기술 지침, 비디오, 데이터 집합을 참조하십시오.

6-2 기본적인 기술 및 개념

통계적 해석 및 비판적 사고

1. **출생체중** 부록 B의 데이터 세트 3 "출생"에 근거하여, 출생체중은 평균 3152.0 g, 표준편차는 693.4 g인 정규분포한다.

a. $z = (x - \mu)/\sigma$를 사용하여 모든 출생체중을 z 값으로 전환시킨 후 평균 및 표준편차는 얼마인가?

b. 원래 체중은 그램으로 나타낸다. z 값의 단위는 무엇인가?

2. **정규분포** 표준 정규분포와 비표준 정규분포의 차이점은 무엇인가?

IQ점수 연습문제 3~4에서 음영 영역의 면적을 찾아라. 그래프는 성인의 IQ점수를 나타내며 평균 100, 표준편차 15로 정규분포한다(Wechsler IQ 테스트와 같이).

3.

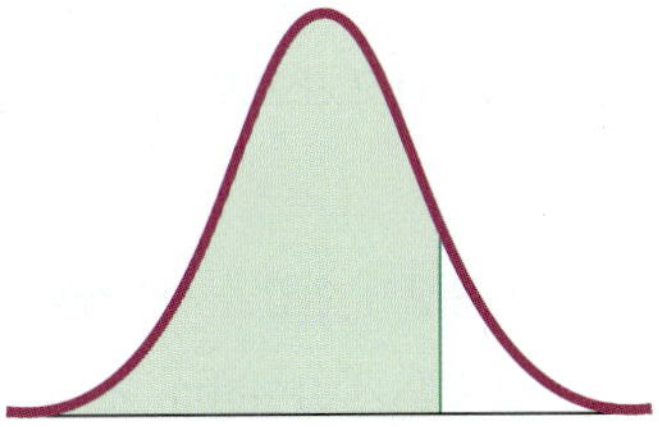

4.

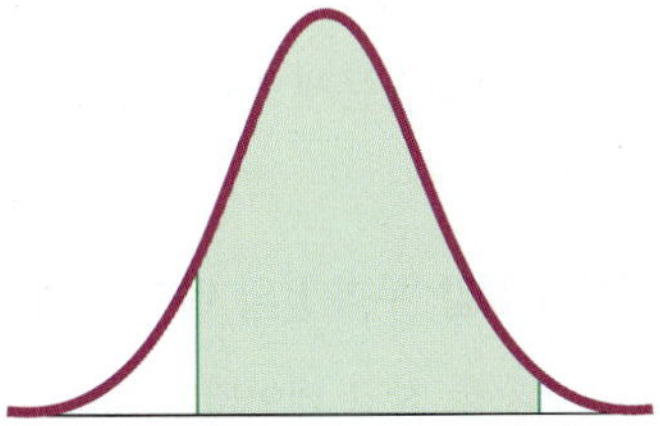

IQ점수 연습문제 5~6에서 표시된 IQ점수를 찾아 가장 가까운 정수로 반올림해라. 그래프는 성인의 IQ점수를 나타내며 평균 100 표준편차 15로 정규분포한다. (Wechsler IQ 테스트와 같이)

5.

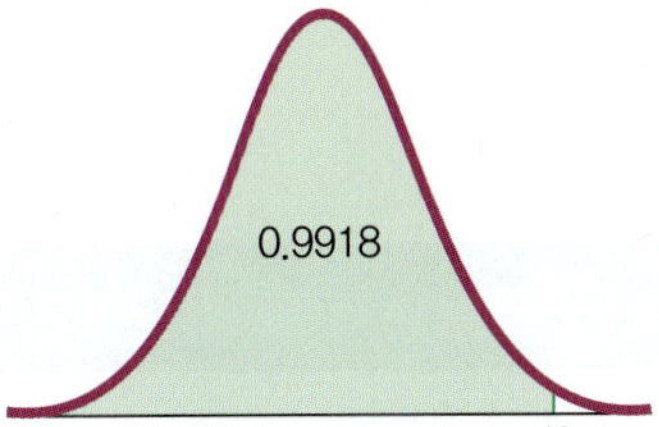

6.

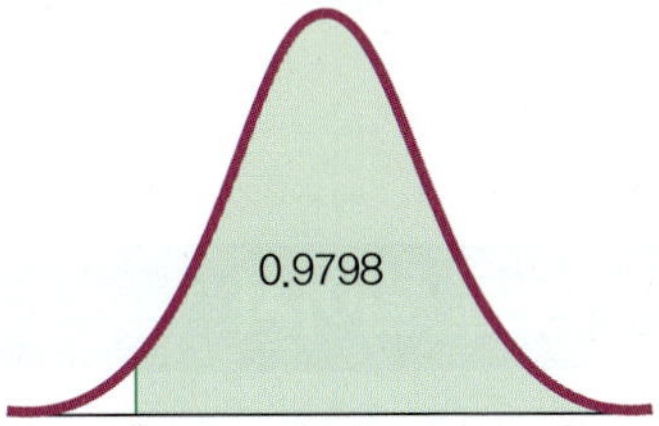

여성 맥박수 연습문제 7~12에서는 성인 여성이 임의로 선택되었다고 가정한다. 여성은 분당 평균 74.0회 표준편차 12.5회로 정규분포하는 맥박수를 가진다(부록 B의 데이터 세트 1 "신체 자료"를 기반으로 한다). (힌트: 각각의 경우 그래프를 그린다.)

7. 맥박수가 분당 100회 미만일 확률을 구해라.

8. 맥박수가 분당 60회에서 70회 사이일 확률을 구해라.

9. 하위 90%와 상위 10%를 구분하는 맥박수인 P_{90}을 찾아라.

10. 유의성 유의한 값을 식별하기 위해 0.05를 사용하는 대신 P(x 이상) 0.01이면 x 값이 유의하게 높고 P(x 이하) 0.01이면 x 값이 유의하게 낮다는 기준을 사용해라. 유의하지 않은 값에서 유의한 값을 구분하는 맥박수를 찾아라. 이 기준을 사용하면 분당 102회의 맥박수는 유의하게 높은가?

11. 눈 맞춤 안면 행동 연구에서, 대조군 사람들은 5분 동안 눈을 맞출 시간을 갖는다. 그 시간들은 평균 184.0초 표준편차 55.0초로 정규분포한다(Pittman, Olk, Orr, Singh, *Psychiatry*, Vol. 144, No. 1의 "Ethological Study of Facial Behavior in Nonparanoid and Paranoid Schizophrenic Patients," 자료에 근거). 대조군에서 임의로 선택된 사람에 대해 눈 접촉 시간이 편집적 조현병 환자의 평균인 230.0초 보다 클 확률을 찾아라. 개인적인 경험에 비추어 볼 때, 결과는 편집적 조현병 환자의 비율과 같아 보이는가?

12. 저체중아 University of Maryland Medical Center는 저체중아를 5.5 lb 또는 2495 g 미만인 것으로 간주한다. 출생체중은 평균 3152.0 g 표준편차 693.4 g(부록 B의 데이터 세트 3 "출생"을 기반으로 한다)으로 정규분포한다.

a. 출생체중이 임의로 선택된다면 "저체중아"일 확률은 얼마인가?

b. 0.05 이하의 확률 기준을 사용하여 유의하게 낮은 것으로 간주되는 무게를 찾는다. 이 결과는 2495 g의 기준과 어떻게 비교되는가?

c. (a) 부분과 (b) 부분의 결과를 비교해라.

대용량 데이터 세트 연습문제 13에서는 부록 B의 데이터 세트를 참조하고 소프트웨어 또는 계산기를 사용해라.

13. 남성의 확장기 혈압 부록 B의 데이터 세트 1을 참조하고 남성의 확장기 혈압을 사용해라.

a. 평균 및 표준편차를 찾고 데이터가 대략적으로 정규분포를 가지고 있는지 확인한다. 소수점 셋째 자리에서 반올림한다.

b. 평균과 표준편차의 반올림하지 않은 값을 모수로 사용하고 확장기 혈압이 정규분포한다고 가정하면, 하위 2.5%와 상위 2.5%를 구분하는 확장기 혈압을 찾아라. 이 값들은 의사가 확장기 혈압이 유의하게 낮은지 유의하게 높은지를 결정할 때 도움이 될 수 있다.

6-2 기초를 넘어서

14. 이상치 3-3절에서 설명된 바와 같이 수정된 상자 그림을 작성하기 위해 이상치는 Q_3 보다 1.5 × IQR 이상 큰 데이터 값이거나 Q_1보다 1.5 × IQR 이상 작은 데이터 값으로 정의된다. 여기서 IQR은 사분위 범위다. 이상치의 정의를 사용하여 값이 정규분포로부터 임의로 선택될 때 이상치일 확률을 구해라.

6-3 표집분포 및 추정량

핵심 개념

이제 통계의 **표집분포 개념**을 고려하여 원래 모집단의 값 대신 모집단에서 얻어진 통계(표본비율 또는 표본평균 등)에 중점을 두고자 한다. **그림** 6-16은 우리가 알아야 할 핵심 사항들을 보여주므로, **그림** 6-16을 이해하도록 정말 열심히 노력해라.

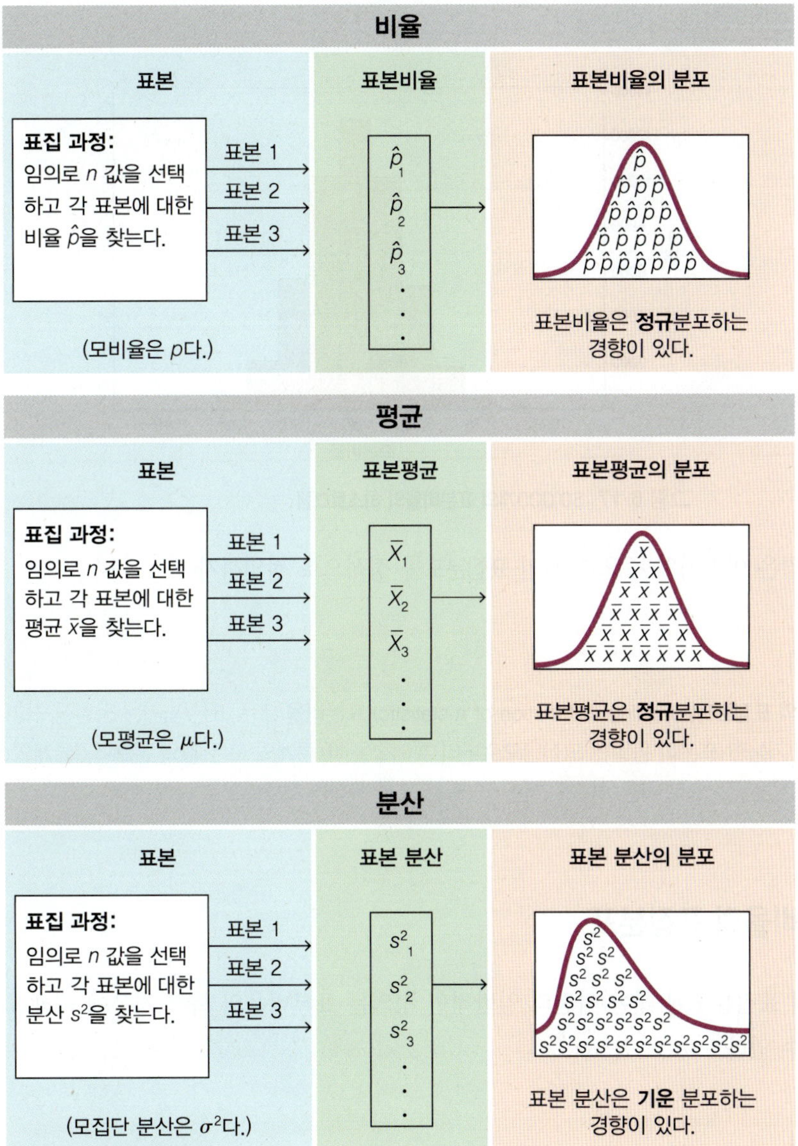

그림 6-16 표집분포의 일반적인 거동

짧은 이야기 성인 모집단 중 정확히 40%는 갈색 눈동자를 가지고 있다. 1000명의 성인을 대상으로 설문 조사를 실시한 결과, 42%의 피실험자가 갈색 눈동자인 것으로 나타났다. 이것에 매우 흥미를 느껴서 50,000명의 사람들이 임의로 선택된 1000명의 성인을 대상으로 개별 설문조사를 할 정도로 열광했다. 50,000명의 새로운 조사자들이 각각 발견한 비율은 38%, 39%, 43%로 보고됐다. 저자는 50,000개의 표본 백분율을 각각 구하여 비율로 변경한 다음, 그림 6-17에 표시된 히스토그램을 구성했다. 히스토그램의 모양에 대해 알아차린 것이 있는가? 이것은 정규분포한다. 표본비율의 평균에 대해 알아차린 것이 있는가? 그들은 모비율인 0.40 값을 중심으로 하고 있다. 교훈: 동일한 모집단에서 같은 크기 표본을 취한 경우 다음 두 가지 특징이 적용된다.

1. 표본비율은 정규분포하는 경향이 있다.
2. 표본비율의 평균은 모집단의 평균과 동일하다. 이전 특징의 의미는 다음 장에서 광범위하게 나타난다.

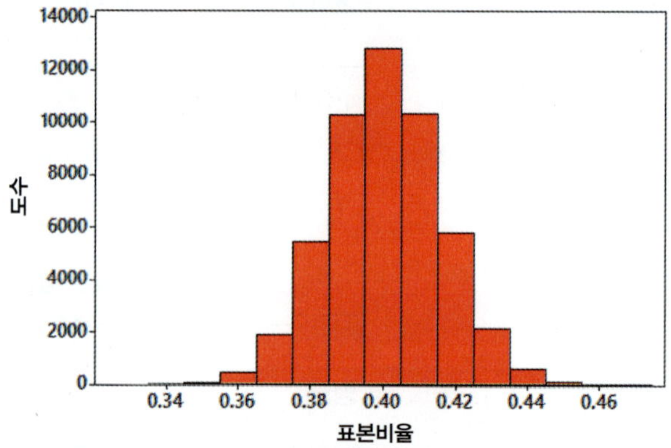

그림 6-17 50,000개의 표본비율의 히스토그램

위의 짧은 이야기의 주요 특징인 **표집분포**를 정식으로 정의하자.

> **정의**
>
> **통계의 표집분포(sampling distribution of a statistic)**(표본비율 또는 표본평균)는 동일한 크기 n의 모든 가능한 표본이 동일한 모집단으로부터 취해졌을 때 통계의 모든 값의 분포다. (통계의 표집분포는 일반적으로 확률 히스토그램, 식, 또는 표의 형식인 확률분포로 나타낸다.)

표본비율의 표집분포

통계의 표집분포에 대한 이전의 일반적인 정의는 표본비율의 특정 경우에 대해 다시 설명할 수 있다.

> **정의**
>
> **표본비율의 표집분포(sampling distribution of the sample proportion)**는 표본비율의 분포(또는 변수 $\hat{p}$의 분포)이며, 모든 표본은 동일한 표본 크기 n을 동일한 모집단으로부터 취한다. (표본비율의 표집분포는 일반적으로 확률 히스토그램, 식, 또는 표의 형식인 확률분포로 나타낸다.)

모비율 p와 표본비율을 구별해야 하며, 다음 표기는 일반적이며 이 책의 나머지 부분에서 사용되므로 매우 중요하다.

비율 표기

p = 모비율

$\hat{p}$ = 표본비율

> **힌트** $\hat{p}$은 "p-hat"으로 발음된다. $\bar{x}$ 및 $\hat{p}$과 같이 문자 위에 기호가 사용되면 모수가 아닌 통계량을 나타낸다.

표본비율의 거동

1. 표본비율의 분포는 대략 정규분포하는 경향이 있다.
2. 표본비율은 모든 표본비율 $\hat{p}$이 모비율 p와 같다는 의미에서 모비율의 값을 대상으로 한다. 표본비율의 기댓값은 모비율과 같다.

예제 1 표본비율의 표집분포

이 과정을 반복해라: 주사위를 5번 굴려 홀수(1또는 3또는 5)가 나오는 비율을 찾아라. 이 과정이 무한정 지속될 때 생성되는 모든 표본의 거동에 대해 무엇을 알 수 있는가?

풀이

그림 6-18은 주사위를 5번 굴려 홀수가 나오는 비율을 찾는 과정을 보여준다. (그림 6-18은 이 과정이 10,000번 반복된 결과를 보여주지만 표본비율의 실제 표집분포에서는 이 과정이 무한정 반복되는 것을 포함된다.) 그림 6-18은 표본비율이 대략 정규분포하고 있음을 보여준다. (1, 2, 3, 4, 5, 6의 값은 모두 똑같은 가능성이 있으므로 모집단의 홀수 비율은 0.5이며 그림 6-18에서 표본비율이 평균 0.50임을 보여준다.)

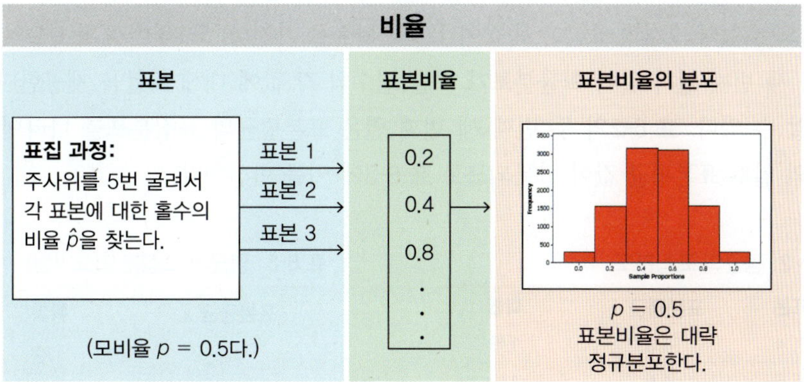

그림 6-18 10,000번의 시도의 표본비율

표본평균의 표집분포

이제 표본평균에 대해 생각해보자.

정의

표본평균의 표집분포(sampling distribution of the sample mean)는 가능한 모든 표본평균의 분포(또는 변수 $\bar{x}$의 분포)이며, 모든 표본은 동일한 모집단으로부터 동일한 표본 크기 n을 가진다. (표본평균의 표집분포는 일반적으로 확률 히스토그램, 식, 또는 표의 형식인 확률분포로 나타낸다.)

표본평균의 거동

1. 표본평균의 분포는 정규분포하는 경향이 있다. (이것은 다음 절에서 더 논의될 것이지만, 표본 크기가 클수록 분포는 정규분포에 가까워지는 경향이 있다.)
2. 표본평균은 모평균 값을 대상으로 한다. (즉, 표본평균의 평균은 모평균이며 표본평균의 기댓값은 모집단의 평균과 같다.)

예제 2 표본평균의 표집분포

소아과 의사는 세 명의 홍역 환자가 있으며 그들은 4, 5, 9살이다. {4, 5, 9}를 모집단이라 생각한다. 모집단 {4, 5, 9}에서 두 개가 임의로 복원 추출된다면, 표본평균의 확률분포를 나타내는 표를 작성하여 표본평균의 표집분포를 식별해라. 표본평균의 값이 모평균의 값을 대상으로 하는가?

풀이

모집단 {4, 5, 9}에서 두 개의 값이 복원 추출된다면, 이때의 가능한 9개의 서로 다른 표본이 표 6-2의 가장 왼쪽 열에 나열되어 있다. 두 번째 열에는 해당 표본의 평균이 나열되어 있다. 9개의 표본은 똑같이 1/9의 확률을 가진다. 5-1절에서 표 6-2의 두 번째와 세 번째 열과 같이 확률분포가 확률 변수의 각 값에 대해 확률을 제공한다는 것을 알 수 있다. 표 6-2의 두 번째 세 번째 열은 표본평균의 표집분포를 나타낸다. 표 6-2의 일부 표본평균 값이 반복되므로 표 6-3에 이를 합산했다.

표 6-2 평균의 표집분포

표본	표본평균 $\bar{x}$	확률
4, 4	4.0	1/9
4, 5	4.5	1/9
4, 9	6.5	1/9
5, 4	4.5	1/9
5, 5	5.0	1/9
5, 9	7.0	1/9
9, 4	6.5	1/9
9, 5	7.0	1/9
9, 9	9.0	1/9

표 6-3 평균의 표집분포(요약된)

표본평균 $\bar{x}$	확률
4.0	1/9
4.5	2/9
5.0	1/9
6.5	2/9
7.0	2/9
9.0	1/9

해석

표 6-3에는 표본평균의 가능한 값과 해당 확률이 나열되어 있기 때문에 표 6-3은 표본평균의 표집분포의 예다.

모집단 {4, 5, 9}의 평균값은 μ = 6.0이다. 표 6-2 또는 표 6-3을 사용하여 표본값의 평균을 계산할 수 있으며 이는 6.0이 된다. 표본평균의 평균 (6.0)은 모집단의 평균 (6.0)과 같기 때문에 표본평균의 값은 모평균의 값을 대상으로 한다고 결론 내린다. 이것은 모호하게 들리겠지만, **표본평균의 평균이 모평균 μ와 같다는 것을 보여준다.**

> **힌트** 이해할 때까지 위 단락의 마지막 문장을 여러 번 읽어라.

표 6-2로 확률 히스토그램을 작성한다면 정규분포의 특징인 종 모양이 나타나지 않을 것이다. 그러나 이는 우리가 작은 표본을 사용하고 있기 때문이다. 모집단 {4, 5, 9}가 훨씬 더 크고 n = 2보다 훨씬 큰 표본을 선택한다면 [예제 3]에서처럼 종 모양에 가까운 확률 히스토그램을 얻을 수 있을 것이다.

예제 3 표본평균의 표집분포

이 과정을 반복해라: 주사위를 5번 굴려 모집단 {1, 2, 3, 4, 5, 6}에서 임의로 5개의 값을 선택한 다음 결과의 평균 $\bar{x}$를 찾아라. 이 과정이 무한정 지속될 때 생성되는 모든 표본평균의 거동에 대해 무엇을 알고 있는가?

풀이

그림 6-19는 주사위를 5번 굴려 결과의 평균을 찾는 과정을 보여준다. 그림 6-19는 이 과정이 10,000번 반복된 결과를 보여주지만 평균의 실제 표집분포에서는 이 과정이 무한정 반복되는 것을 포함된다. 1, 2, 3, 4, 5, 6의 값은 모두 똑같은 가능성이 있으므로 모집단은 μ = 3.5의 평균을 가진다. 그림 6-19에 포함된 10,000개 표본평균의 평균은 3.5다. 이 과정이 무한정 반복된다면 표본평균의 평균은 3.5가 된다. 또한 그림 6-19는 표본평균의 분포가 대략 정규분포하는 것을 보여준다.

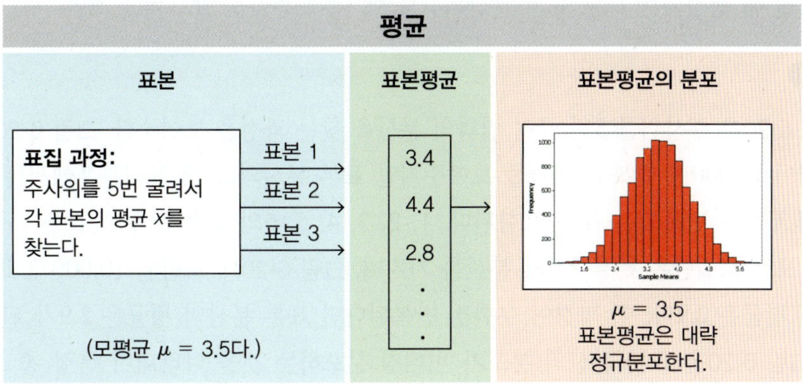

그림 6-19 10,000번 시도의 표본평균

표본 분산의 표집분포

이제 표본 분산의 표집분포에 대해 생각해보자.

정의

표본 분산의 표집분포(sampling distribution of the sample variance)는 표본 분산의 분포(변수 s^2)이며 모든 표본은 동일한 모집단으로부터 동일한 표본 크기 n을 갖는다. (표본 분산의 표집분포는 일반적으로 확률 히스토그램, 식, 또는 표의 형식인 확률분포로 나타낸다.)

주의 모집단 표준편차 또는 분산을 사용할 때는 정확하게 평가해야 한다. 3-2절에서 모집단 표준편차 또는 분산에 대한 계산이 여기에 표시된 것처럼 $n-1$ 대신 모집단의 크기 N으로 나뉘는 것을 보았다.

$$\text{모집단 표준편차: } \sigma = \sqrt{\frac{\Sigma(x-\mu)^2}{N}}$$

$$\text{모집단 분산: } \sigma^2 = \frac{\Sigma(x-\mu)^2}{N}$$

계산은 일반적으로 소프트웨어나 계산기로 수행되기 때문에 표본의 분산과 모집단의 분산을 정확하게 구별하는 것이 중요하다.

표본 분산의 거동

1. 표본 분산의 분포는 오른쪽으로 기운 분포하는 경향이 있다.
2. 표본 분산은 모집단 분산의 값을 대상으로 한다. (즉, 표본 분산의 평균은 모집단 분산이다. 표본 분산의 예측 값은 모집단 분산과 같다.)

예제 4 표본 분산의 표집분포

이 과정을 반복해라: 주사위를 5번 굴리고 결과의 분산 s^2을 찾아라. 이 과정이 무한정 지속될 때 생성되는 모든 표본 분산의 거동에 대해 무엇을 알고 있는가?

풀이

그림 6-20은 주사위를 5번 굴려 결과의 분산을 찾는 과정을 보여준다. 그림 6-20은 이 과정이 10,000번 반복된 결과를 보여주지만 표본 분산의 실제 표집분포에서는 이 과정이 무한정 반복되는 것을 포함된다. 1, 2, 3, 4, 5, 6의 값은 모두 똑같은 가능성이 있으므로 모집단은 $s^2 = 2.9$의 분산을 가지며, 그림 6-20에 포함된 10,000개 표본 분산의 평균은 2.9다. 이 과정이 무한정 반복된다면 표본 분산의 평균은 2.9가 된다. 또한 그림 6-20은 표본 분산의 분포가 비대칭 분포하는 것을 나타내며 특정 종 모양의 정규분포가 아닌 것을 보여준다.

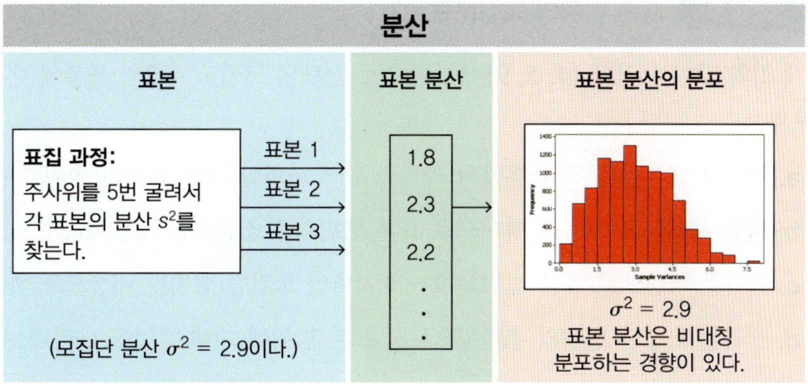

그림 6-20 10,000번 시도의 표본 분산

추정량 : 비편향과 편향

앞의 예는 표본비율, 평균, 분산이 해당 모집단 모수를 대상으로 하는 경향이 있음을 보여준다. 보다 형식적으로 표본비율, 평균 및 분산은 **비편향 추정량**이라고 말할 수 있다. 다음 두 가지 정의를 봐라.

정의

추정량(estimator)은 모집단 모수의 값을 추측(또는 추정) 하는데 사용되는 통계다.

비편향 추정량(unbiased estimator)은 통계의 표집분포가 해당 모집단 모수와 동일한 평균을 갖는다는 의미에서 해당 모집단 모수를 대상으로 하는 통계다.

비편향 추정량 이 통계는 비편향 추정량이다. 즉, 각각은 해당 모집단 모수를 대상으로 한다. (모집단 모수와 평균이 같은 표집분포를 가짐)

- 비율 $\hat{p}$
- 평균 $\bar{x}$
- 분산 s^2

편향 추정량 이 통계는 편향 추정량이다. 즉, 해당 모집단 모수를 대상으로 하지 않는다.

- 중앙값
- 범위
- 표준편차 s

  중요 사항: 표본 표준편차는 모집단 표준편차 σ를 대상으로 하지 않지만 큰 표본에서는 편향이 상대적으로 작기 때문에 s는 종종 s가 $\boldsymbol{\sigma}$의 편향된 추정량임에도 불구하고 σ를 평가하는 데 사용된다.

예제 5 표본 범위의 표집분포

[예제 2]와 같이 모집단 {4, 5, 9}에서 임의로 선택된 크기 $n = 2$의 표본에 대해 생각해보자.

a. 가능한 표본들을 각 표본들의 확률과 함께 나열한 다음 표본의 범위를 찾아라.

b. 확률분포를 요약한 표 형식으로 표본 범위의 표집분포를 설명해라.

c. 결과를 바탕으로 표본 범위는 9 − 4 = 5인 모집단 범위를 대상으로 하는가?

d. 결과는 모집단 범위의 추정량으로서 표본 범위에 대해 무엇을 나타내는가?

풀이

a. 표 6-4에 모집단 {4, 5, 9}에서 복원 추출된 크기 $n = 2$의 9가지 표본을 나열한다. 9개의 표본은 모두 똑같은 가능성이 있으므로 각각의 확률은 1/9이다. 표 6-4는 9개의 표본 각각에 대한 범위를 보여준다.

표 6-4 표집분포의 범위

표본	표본 범위	확률
4, 4	0	1/9
4, 5	1	1/9
4, 9	5	1/9
5, 4	1	1/9
5, 5	0	1/9
5, 9	4	1/9
9, 4	5	1/9
9, 5	4	1/9
9, 9	0	1/9

b. 표 6-4의 마지막 두 열에는 범위 값과 그에 따른 확률이 나열되어 있으므로 확률분포를 요약한 표를 구성한다. 따라서 표 6-4는 표본 범위의 **표집분포**를 설명한다.

c. 표 6-4의 표본 범위의 평균은 20/9 또는 2.2다. 모집단 {4, 5, 9}는 9 − 4 = 5의 범위를 갖는다. 표본 범위의 평균(2.2)이 모집단 범위(5)와 같지 않기 때문에 표본 범위는 모집단 범위 값을 대상으로 하지 않는다.

d. 표본 범위는 모집단 범위를 대상으로 하지 않기 때문에 표본 범위는 모집단 범위의 **편향된 추정량**이다.

해석

표본 범위는 모집단 범위의 편향된 추정량이므로 표본 범위는 일반적으로 모집단 범위 값을 추정하는 데 사용되지 않아야 한다.

복원 추출의 이유? 이 절의 모든 예제는 복원 추출을 포함한다. 비복원 추출을 하면 동일한 항목이 두 번 이상 선택될 때마다 낭비되는 중복을 피하는 매우 실용적인 이점을 가진다. 다음 장에서 논의되는 많은 통계적 절차는 두 가지 매우 중요한 이유 때문에 복원 추출을 한다고 가정한다.

1. 큰 모집단에서 상대적으로 작은 표본을 선택할 때 복원 추출과 비복원 추출은 큰 차이가 없다.
2. 복원 추출하면 이전 결과에 의해 영향을 받지 않는 독립적인 사건이 발생하고 독립적인 사건은 분석하기가 더 쉽고 계산 공식이 더 간단해진다.

6-3 기본적인 기술 및 개념

통계적 해석 및 비판적 사고

1. 출생 미국은 매일 약 11,000명이 태어나며, 그중 남자아이의 비율은 0.512이다. 매일 100건의 출생을 임의로 선택하여 남자아이의 비율을 기록한다고 가정한다.

a. 표본비율의 평균에 대해 무엇을 알고 있는가?

b. 표본비율의 분포 형태에 대해 무엇을 알고 있는가?

2. 비편향 추정량 부록 B의 데이터 세트 3 "출생"에는 400명의 아기의 출생체중이 포함되어 있다. 그 표본으로부터 표본 통계의 값을 계산한다면, 다음 통계는 해당 모집단 모수에 대해 비편향 추정량인가? 표본평균; 표본 중앙값; 표본 범위; 표본 분산; 표본 표준편차; 표본비율

3. 좋은 표본? 유전학자가 전 세계에서 남자아이가 태어나는 비율을 조사하고 있다. 그녀는 중국에 거주하기 때문에 그 나라에서 표본 자료를 얻는다. 결과로 나타난 표본비율은 전 세계에서 태어난 남자아이의 모비율에 대해 좋은 추정량인가? 그 이유는 무엇인가?

연습문제 4~5에서는 [예제 2]와 [예제 5]에서 사용된 모집단 {4, 5, 9}를 사용한다. [예제 2]와 [예제 5]와 같이 크기 $n = 2$인 표본을 임의로 복원 추출한다고 가정한다.

4. 표본 분산의 표집분포

a. 모집단 분산 σ^2 값을 찾아라.

b. 표 6-2는 표본평균의 표집분포를 설명한다. 표본 분산 s^2의 표집분포를 나타내는 유사한 표를 작성해라. 그 다음 표 6-3과 같이 동일한 s^2 값을 결합해라. (힌트: 표본평균의 표집분포를 설명하는 [예제 2]에 있는 표 6-2 및 표 6-3을 참고해라.)

c. 표본 분산의 표집분포 평균을 구해라.

d. 앞의 결과에 근거하여, 표본 분산은 모집단 분산의 비편향 추정량인가? 그 이유는 무엇인가?

5. 표본 중앙값의 표집분포

a. 모집단의 중앙값을 찾아라.

b. 표 6-2는 표본평균의 표본 분포를 설명한다. 표본 중앙값의 표집분포를 나타내는 유사한 표를

작성해라. 그 다음 **표 6-3**과 같이 동일한 중앙값을 결합해라. (힌트: 표본평균의 표집분포를 설명하는 [예제 2]에 있는 **표 6-2** 및 **표 6-3**을 참고해라.)

c. 표본 중앙값의 표집분포의 평균을 구해라.

d. 앞의 결과에 근거하여, 표본 중앙값은 모집단 중앙값의 비편향 추정량인가? 그 이유는 무엇인가?

연습문제 6~7에서는 Coca-Cola Zero, Diet Pepsi, Dr Pepper, Mellow Yello Zero**의 카페인 양**(mg/12 oz)**의 모집단** {34, 36, 41, 51}**을 사용한다. 크기** $n = 2$**인 임의의 표본을 복원 추출한다고 가정한다.**

6. 표본 중앙값의 표집분포

a. 16가지 가능한 표본을 확인한 후 각 표본의 평균을 찾아서 표본평균의 표집분포를 나타내는 표를 작성해라. 표에서 동일한 표본평균 값을 결합해라. (힌트: [예제 2]에 있는 **표 6-3** 참조.)

b. 모집단 {34, 36, 41, 51}의 평균을 표본평균의 표집분포의 평균과 비교해라.

c. 표본평균은 모평균값을 대상으로 하는가? 일반적으로, 표본평균은 모평균에 대해 좋은 추정량인가? 그 이유는 무엇인가?

7. 범위의 표집분포 평균 대신 범위를 사용하여 연습문제 6을 반복해라.

8. 출생: 표본비율의 표집분포 2건의 출생을 임의로 선택하면, 성별의 표본 공간은 bb, bg, gb, gg다(b = 남자아이, g = 여자아이). 네 가지의 결과는 모두 똑같은 가능성이 있다고 가정한다. 2건의 출생에서 여자아이의 표본비율에 대한 표집분포를 설명하는 표를 작성해라. 표본비율의 평균은 2건의 출생에서 여자아이의 비율과 동일한가? 결과는 표본비율이 모비율의 비편향 추정량이라고 할 수 있는가?

9. MCAT 테스트 MCAT 또는 GRE Biology 테스트와 같이 표준화된 테스트에서는 답변을 평가하는 효율적인 절차를 사용할 수 있기 때문에 객관식 문제를 사용한다. 이러한 질문에는 일반적으로 다섯 가지 선택지가 있으며, 그중 하나가 올바른 것이다. 그런 질문 두 개에 대한 답을 임의로 추측해야 한다고 가정하자. 두 질문 모두 정답이 "a"라고 가정하자.

a. 25가지 가능한 표본을 나열한 후 각 표본에서 정답의 비율을 찾아라. 올바른 답의 표본비율의 표집분포를 설명하는 표를 작성해라.

b. 표본비율의 표집분포의 평균을 구해라.

c. 표집분포의 평균[(b)로부터]은 올바른 답의 모비율과 동일한가? 비율의 표집분포의 평균은 항상 모비율과 같은가?

6-3 기초를 넘어서

10. 식을 사용하여 표집분포 설명 연습문제 8 "출생"은 2건의 출생에서 여자아이의 비율의 표집분포를 설명하는 표의 작성을 요구한다. 여기 표시된 식을 고려하여 표본비율(x로 표시) 0, 0.5, 1을 사용하여 식을 평가한다. 결과에 근거하여, 식은 표집분포를 설명하는가? 그 이유는 무엇인가?

$$P(x) = \frac{1}{2(2-2x)!(2x)!} \quad \text{where} \quad x = 0, 0.5, 1$$

6-4 중심극한정리

핵심 개념

앞 절에서 표본평균의 표집분포는 표본의 크기가 증가함에 따라 정규분포하는 경향이 있음을 보았다. 이 절에서는 **중심극한정리**를 소개하고 적용한다. 중심극한정리는 매우 의미 있고 중요한 응용에 대해 정규분포를 사용할 수 있게 해준다.

중심극한정리

$n > 30$과 같은 크기인 모든 표본에 대해 $\bar{x}$의 표집분포는 평균 μ와 표준편차 $\sigma/\sqrt{n}$을 갖는 정규분포에 가깝다.

어떤 분포를 가진 어떤 모집단(균등, 기운 등등)이 주어지면, 표본평균 $\bar{x}$의 분포는 표본이 $n > 30$으로 충분히 클 때 정규분포에 가깝다. ($n > 30$의 조건이 충분하지 않은 매우 비정규분포하는 특별한 경우가 있으므로 이때는 숫자가 30보다 더 커야 하지만, 이러한 경우는 상대적으로 드물다.)

예제 1 여성의 HDL 콜레스테롤

그림 6-21과 그림 6-22는 중심극한정리를 보여준다.

- **원본 데이터:** 그림 6-21은 부록 B의 데이터 세트 1 "신체 자료"에 나열된 147명의 여성들의 고밀도 지단백(HDL) 콜레스테롤 측정치(mg/dL)의 히스토그램이며, 이러한 측정치는 정규분포가 아닌 오른쪽으로 기운 분포한다.
- **표본평균:** 그림 6-22는 100개의 **표본평균**의 히스토그램이다. 각 표본에는 여성의 HDL 콜레스테롤 측정치가 100개 포함되어 있으며, 이 히스토그램은 표본평균

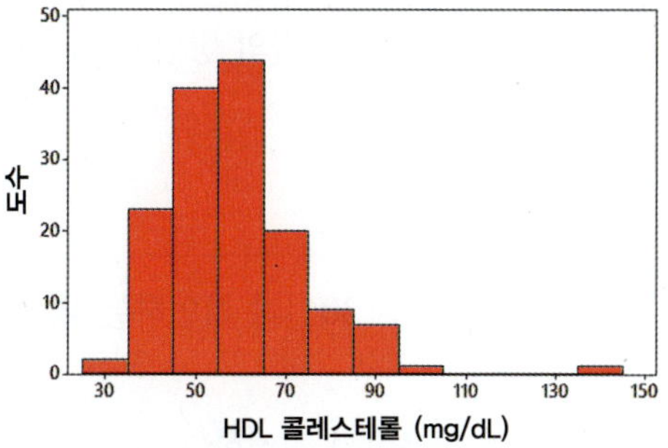

그림 6-21 비정규분포: 147명의 여성들의 HDL 콜레스테롤

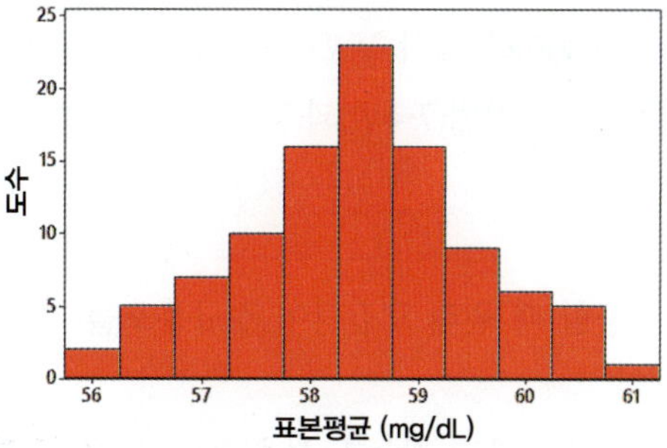

그림 6-22 대략적인 정규분포: 크기 n = 100인 여성의 HDL 콜레스테롤 표본의 평균

(계속)

이 정규분포에 가까운 분포를 가짐을 보여준다.

해석

그림 6-21에 묘사된 원본 HDL 콜레스테롤 측정치는 기운 분포를 갖지만, 표본을 수집하고 평균을 계산하면 표본평균은 정규분포하는 경향이 있다.

보편적 진리 [예제 1]과 중심극한정리는 우주 전체에서 작용하는 자연의 법칙을 묘사하기 때문에 주목할 만하다. 은하계에서 멀리멀리 떨어진 행성에 우주선을 보내 암석 표본(모두 같은 크기의 표본)을 모아서 무게를 측정할 수 있다면, 표본평균은 대략 표준 분포할 것이다. 그 의미에 대해 생각해봐라!

다음 핵심요소는 모집단 모수 추정 및 가설검정을 위한 기초를 형성한다. 다음 장에서 자세히 설명한다.

핵심요소

중심극한정리와 $\bar{x}$의 표집분포

주어진 조건

1. 모집단(분포가 있는)은 평균 μ와 표준편차 σ를 가진다.
2. 같은 크기 n의 모든 단순 임의표본이 모집단에서 선택된다.

표본평균 $\bar{x}$와 관련된 실제 응용의 실제 규칙

요구 사항: 모집단은 정규분포하거나 $n > 30$이다:

모든 $\bar{x}$ 값의 평균: $\mu_{\bar{x}} = \mu$

모든 $\bar{x}$ 값의 표준편차: $\sigma_{\bar{x}} = \dfrac{\sigma}{\sqrt{n}}$

$\bar{x}$의 z 값 변환: $z = \dfrac{\bar{x} - \mu}{\dfrac{\sigma}{\sqrt{n}}}$

원래 모집단은 정규분포하지 않으며 $n > 30$이다: $\bar{x}$의 분포는 정규분포에 근사하지 않을 수 있으며 이 절의 방법이 적용되지 않을 수 있다. 비모수적 방법이나 붓스트랩 방법(7-4절)과 같은 다른 방법을 사용해라.

실질적인 문제 해결을 위한 고려 사항

1. **요구 사항 확인:** 표본의 평균을 사용할 때 원래 모집단이 정규분포를 하거나 표본 크기가 $n > 30$인지 확인하는 데 정규분포를 사용할 수 있는지 확인해라.
2. **표본의 개별 값 또는 평균?** 정규분포하는 개별 값 x를 사용할지 n값의 표본의 평균 $\bar{x}$를 사용할지 결정한다. 다음을 참조해라.

- 개별 값: 정규분포하는 모집단의 개별 값을 사용할 때, 6-2절의 $z = \dfrac{x-\mu}{\sigma}$를 사용해라.
- 표본 값의 평균: n 값의 일부 표본의 평균을 사용할 때, 표본평균의 표준편차 $\sigma/\sqrt{n}$ 값을 사용해야 하므로 $z = \dfrac{\bar{x}-\mu}{\dfrac{\sigma}{\sqrt{n}}}$를 사용해라.

다음의 새로운 표기는 $\bar{x}$의 분포의 평균 및 표준편차에 사용된다.

$\bar{x}$의 표집분포에 대한 표기

크기가 n인 가능한 모든 단순 임의표본이 평균 μ과 표준편차 σ를 가진 모집단에서 선택된다면, 모든 표본평균의 평균은 $\mu_{\bar{x}}$로 표시되고 모든 표본평균의 표준편차는 $\sigma_{\bar{x}}$로 표시된다.

모든 $\bar{x}$ 값의 평균: $\mu_{\bar{x}} = \mu$

모든 $\bar{x}$ 값의 표준편차: $\sigma_{\bar{x}} = \dfrac{\sigma}{\sqrt{n}}$

주의: $\sigma_{\bar{x}}$는 평균의 표준오차라고 하며 때때로 SEM으로 표시된다.

중심극한정리의 적용

많은 실질적인 문제는 중심극한정리로 풀 수 있다. [예제 2]는 (a)의 개별 값을 이용하는 것과 (b)의 표본에 대한 평균을 이용하는 것의 차이를 알 수 있기 때문에 중심극한정리의 좋은 예다. (a)와 (b)에서 사용된 절차 간의 중요한 차이를 이해하기 위해 [예제 2]를 주의 깊게 학습해라. 특히, 개별 값을 사용할 때는 $z = \dfrac{x-\mu}{\sigma}$를 사용하지만, 표본 값의 평균 $\bar{x}$를 사용할 때는 $z = \dfrac{\bar{x}-\mu}{\sigma/\sqrt{n}}$를 사용한다는 것을 주의해라.

예제 2 여성의 맥박수

이 장의 문제에서 여성들은 평균 74.0 bpm 표준편차 12.5 bpm을 가진 정규분포하는 맥박수를 가진다.

a. 임의로 선택된 1명의 여성이 맥박이 80 bpm보다 클 확률을 찾아라.

b. 임의로 선택된 16명의 여성 평균 맥박이 80 bpm보다 클 확률을 찾아라.

c. (b)의 표본 크기가 30보다 작은 것을 고려할 때 중심극한정리를 사용할 수 있는 이유는 무엇인가?

풀이

a. 개별 값에 사용되는 접근법: 평소에 정규분포하는 모집단의 개별 값을 다루기 때문에 6-2절에서 제시된 방법을 사용한다. 그림 6-23(a)에서 녹색 음영 영역의 면적을 찾는다.

(계속)

퍼지 중심극한정리

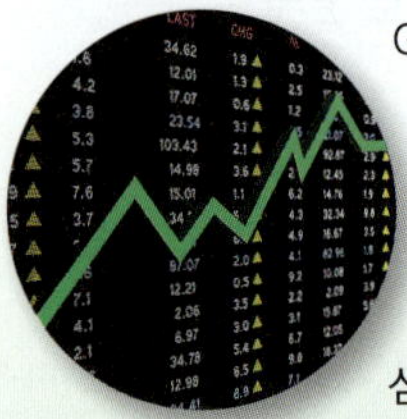

Gonick과 Smith의 The Cartoon Guide to Statistics에서 저자들은 퍼지 중심극한정리를 다음과 같이 기술한다.: "매우 작고 관련이 없는 임의 효과의 영향을 받는 데이터는 대략 정규분포한다. 이는 주식 시장의 변동, 학생의 몸무게, 연간 평균 기온, SAT 점수 등 모든 것이 정규분포인 이유를 설명한다. 모든 것은 다양한 효과의 결과물이다." 예를 들어, 사람들의 키는 유전적 요인, 환경 요인, 영양, 건강관리, 지리적 영역 및 기타 영향들의 결과로서 결합되었을 때 정규분포하는 값을 나타낸다.

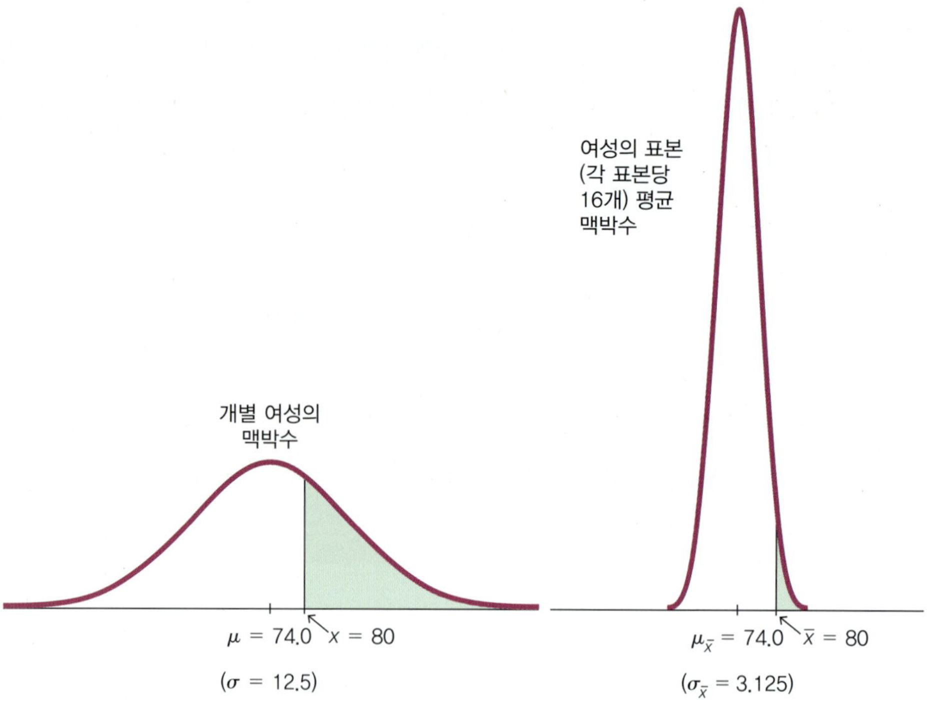

그림 6-23 여성의 맥박수

기술: 기술을 사용하는 경우(6-2절 끝부분에 설명), 그래프의 오른쪽 녹색 음영의 면적은 0.3156이다.

표 A-2: 표 A-2를 사용하는 경우 80 bpm을 z 값으로 전환한다.

$$z = \frac{x - \mu}{\sigma} = \frac{80 - 74.0}{12.5} = 0.48$$

표 A-2를 참조하여 $z = 0.48$의 왼쪽 누적 면적은 0.6844이므로, 그림 6-23(a)의 녹색 음영 영역의 면적은 $1 - 0.6844 = 0.3156$이다.

b. 표본 값의 평균에 사용되는 접근법: 개별 여성이 아닌 16명의 여성 표본의 평균을 다루기 때문에 중심극한정리를 사용한다.

b에 대한 요구 사항 확인: 원래 모집단이 정규분포하거나 $n > 30$인 경우 정규분포를 사용할 수 있다. 표본 크기는 30보다 크지 않지만 여성 맥박수의 모집단이 정규분포하므로 어떤 크기의 표본도 정규분포하는 평균을 산출한다. ✓

이제 표본평균의 분포를 다루기 때문에 다음과 같이 평가되는 모수 $\mu_{\bar{x}}$ 및 $\sigma_{\bar{x}}$를 사용해야 한다.

$$\mu_{\bar{x}} = \mu = 74.0$$

$$\sigma_{\bar{x}} = \frac{\sigma}{\sqrt{n}} = \frac{12.5}{\sqrt{16}} = 3.125$$

그림 6-23(b)의 녹색 음영 영역의 면적을 찾고자 한다.

기술: 기술을 사용하는 경우 그림 6-23(b)의 녹색 음영 영역의 면적은 0.0274이다.

표 A-2: 표 A-2를 사용하는 경우 $\bar{x}$ = 80 bpm을 해당 z 값 z = 1.92로 전환한다.

$$z = \frac{x - \mu_{\bar{x}}}{\sigma_{\bar{x}}} = \frac{80 - 74.0}{\frac{12.5}{\sqrt{16}}} = \frac{6}{3.125} = 1.92$$

표 A-2에서 z = 1.92의 왼쪽 누적 면적은 0.9726이므로, 그림 6-23(b)의 녹색 음영 영역의 면적은 1 − 0.9726 = 0.0274이다.

c. 표본 크기가 30보다 크지 않아도 여성의 맥박수가 정규분포하므로 중심극한정리를 사용할 수 있다. (b)에 대한 요구 사항 확인에서 언급했듯이, 어떤 크기의 표본이라도 정규분포하는 평균을 산출할 것이다.

해석

개별 여성이 80 bpm보다 큰 맥박수를 가질 확률은 0.3156이며, 임의로 선택된 16명의 여성 평균 맥박수가 80 bpm보다 클 확률은 0.0274이다.

[예제 2]는 6-2절과 동일한 기본 절차를 사용할 수 있음을 보여주지만 개별 표본 값 대신 표본평균을 사용할 때는 표준편차를 올바르게 조정해야 한다는 것을 기억해야 한다.

가설검정의 소개

가설검정의 중요한 절차(8장에서 공식적으로 소개됨)의 기초가 되는 생각의 유형을 보여주는 다음 예제에서 도달된 결론을 주의 깊게 검토해라. [예제 3]은 4-1절에서 처음 제시된 추론 통계의 희귀 사건 규칙을 사용한다.

확률로 중요한 결과 식별: 추론 통계의 희귀 사건 규칙

주어진 가정 하에서 특정 관찰된 사건의 확률이 매우 작고 관측된 사건이 우리가 일반적으로 가정한 것보다 유의하게 작거나 클 경우 우리는 가정이 맞지 않는다고 결론짓는다.

다음 예제는 위의 희귀 사건 규칙을 보여준다.

예제 3 체온

모집단의 평균 체온은 일반적으로 믿는 바와 같이 98.6°F라고 가정한다. 또한 모집단 표준편차가 0.62°F(University of Maryland 자료에 근거)라고 가정한다. 크기 n = 106인 표본을 임의로 선택한다면 평균이 98.2°F 이하가 될 확률을 구해라. (98.2°F의 값은 실제 연구자로부터 얻어졌으며, 부록 B의 데이터 세트 2 "체온"의 2일 동안 자정 온도를 참조해라.)

(계속)

풀이

인체 평균 체온이 98.6°F라는 가정 하에 작업한다. 모집단의 분포가 주어지지 않았지만 표본 크기 $n = 106$이 30을 초과하기 때문에, 중심극한정리를 사용하고 표본평균 분포가 이러한 모수를 갖는 정규분포한다고 결론짓는다:

$$\mu_{\bar{x}} = \mu = 98.6 \text{ (가정)}$$

$$\sigma_{\bar{x}} = \frac{\sigma}{\sqrt{n}} = \frac{0.62}{\sqrt{106}} = 0.0602197$$

그림 6-24는 우리가 찾는 확률에 대해 음영 처리된 영역(그래프의 작은 왼쪽 끝부분 참조)을 보여준다. 그림 6-24에 표시된 분포에 적용되는 모수를 이미 찾았으므로, 6-2절과 동일한 절차를 사용하여 음영 영역의 면적을 찾을 수 있다.

기술: 기술을 사용하여 그림 6-24에서 음영 처리된 면적을 찾으면 0.0000000000155가 되며, 0+로 표시된다.

표 A-2: 표 A-2를 사용하여 그림 6-24에서 음영 처리된 면적을 찾으려면 먼저 $x =$ 98.20°F 값을 해당 z 값으로 전환해야 한다:

$$z = \frac{\bar{x} - \mu_{\bar{x}}}{\sigma_{\bar{x}}} = \frac{98.20 - 98.6}{0.0602197} = -6.64$$

표 A-2를 보면 $z = -6.64$가 차트에서 벗어난 것을 알 수 있다. 하지만 z 값이 -3.49 미만인 경우 왼쪽에서부터 $z = -3.49$까지 누적된 면적 0.0001을 사용한다. 따라서 그림 6-24의 음영 처리된 면적은 0.0001이다.

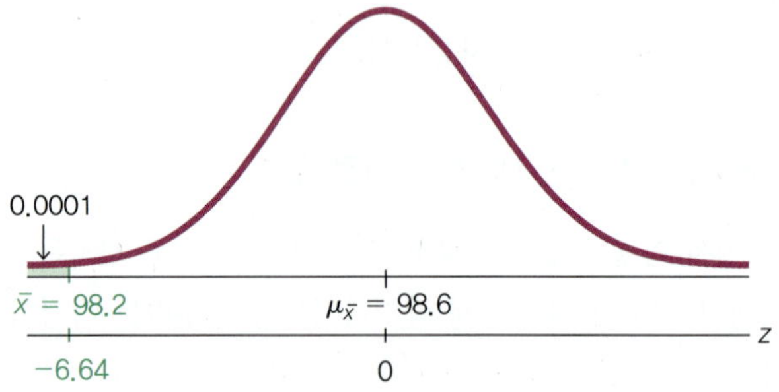

그림 6-24 크기 n = 106인 표본의 평균 체온

해석

우리가 가정한 것처럼 체온의 평균이 실제로 98.6°F일 때, 106명의 피실험자를 임의로 선택하여 98.2°F 이하의 표본평균을 얻을 확률은 매우 낮다. University of Maryland 연구자들은 이러한 표본평균을 얻었으며 표본이 정상적인 것을 확인한 후 두 가지 가능한 설명이 있다: (1) 모평균은 98.6°F이며 그 표본들은 극히 드문 경우를 나타낸다. (2) 모평균은 가정된 값 98.6°F보다 실제로 낮으므로 표본은 전형적이다. 확률이 너무 낮기 때문에 모평균이 98.6°F보다 낮다는 결론을 내리는 것이 더 합리적이다. 실제로 나타난 평균 체온은 98.2°F다.

이것은 8장에서 소개될 **가설검증**에 사용되는 추론 유형이다. 지금은 0.0001의 확률을 찾기 위한 중심극한정리의 사용에 초점을 맞춰야 하지만, 이 정리는 통계에서 몇 가지 매우 중요한 개념을 적용하는 데 나중에 사용된다는 것을 인지해야 한다.

유한 모집단 보정

중심극한정리를 적용할 때, $\sigma_{\bar{x}} = \sigma/\sqrt{n}$의 사용은 그 집단에서 무한히 많은 구성원이 있다고 가정한다. 대체로 복원 추출할 때 모집단은 사실상 무한하다. 유한 모집단에서 비 복원 추출할 때 $\sigma_{\bar{x}}$를 보정해야 할 수도 있다. 일반적인 경험 법칙(rule of thumb)은 다음과 같다.

비복원 추출할 때 샘플 크기 n이 유한 모집단 크기 N의 5%보다 큰 경우(즉, $n > 0.05N$) 유한 모집단 보정 계수를 곱하여 표본평균의 표준편차 $\sigma_{\bar{x}}$를 보정한다. 보정 계수:

$$\sqrt{\frac{N-n}{N-1}}$$

연습문제 21 "유한 모집단 보정"을 제외하고 이 절의 예제와 연습문제에서는 복원 추출하거나 모집단이 무한하거나 표본 크기가 모집단 크기의 5%를 초과하지 않기 때문에 유한 모집단 보정 계수가 적용되지 않는다고 가정한다.

6-4 기본적인 기술 및 개념

통계적 해석 및 비판적 사고

1. 요구 사항 연구원은 생물 통계학과 학생들의 평균 평점의 단순 임의표본을 수집하고 이 표본의 평균을 계산한다. 그 표본평균은 어떤 조건 하에서 정규분포를 갖는 모집단의 값으로 취급될 수 있는가?

2. 표기 일반적으로 $\mu_{\bar{x}}$와 $\sigma_{\bar{x}}$는 무엇을 나타내는가? 평균이 100이고 표준편차가 15인 IQ점수의 모집단에서 크기 64인 표본을 임의로 선택할 때 $\mu_{\bar{x}}$ 및 $\sigma_{\bar{x}}$ 값은 무엇인가?

중심극한정리 사용 **연습문제 3~4에서는 여성의 맥박수는 평균 분당 74.0회 표준편차 분당 12.5회로 정규분포한다고 가정한다(부록 B의 데이터 세트 1 "신체 자료" 참조).**

3. a. 여성 1명이 임의로 선택될 때 맥박수가 분당 80회 미만일 확률을 찾아라.

b. 16명의 여성이 임의로 선택될 때 평균 맥박수가 분당 80회 미만일 확률을 찾아라.

c. 표본 크기가 30을 초과하지 않았는데 (b)에서 정규분포를 사용할 수 있는 이유는?

4. a. 여성 1명이 임의로 선택될 때 맥박수가 분당 72회와 76회 사이일 확률을 찾아라.

b. 4명의 여성이 임의로 선택될 때 평균 맥박수가 분당 72회와 76회 사이일 확률을 찾아라.

c. 표본 크기가 30을 초과하지 않았는데 (b)에서 정규분포를 사용할 수 있는 이유는?

5. 남성의 헤모글로빈 수치 남성의 헤모글로빈 수치는 평균 14.7 g/dL 표준편차 1.3 g/dL로 표준분포한다(국민 건강 및 영양 조사 설문 조사 자료 기준).

a. 남성의 정상 헤모글로빈 범위는 13.6 g/dL~17.7 g/dL이다. 몇 퍼센트의 남성이 정상 범위의 헤모글로빈 수치를 가지는가?

b. 각 표본에서 9명의 남성 표본을 임의로 선택할 때 그 표본의 몇 퍼센트가 정상 범위의 헤모글로빈 평균 수치를 가지는가?

6. 여성의 확장기 혈압 확장기 혈압은 동맥이 심박 박동 사이에 쉬고 있을 때의 압력을 측정한 값이다. 여성의 확장기 혈압은 평균 70.2 mm Hg 표준편차 11.2 mm Hg로 정규분포하고 있다(부록 B의 데이터 세트 1 "신체 자료" 참조).

a. 확장기 혈압이 90 mm Hg 이상일 때 고혈압으로 간주된다. 고혈압이 있는 여성은 몇 퍼센트인가?

b. 각 표본에서 4명의 여성 표본을 임의로 선택할 때 그 표본의 몇 퍼센트가 90 mm Hg 이상의 평균을 가지는가?

7. 멘사 멘사 회원 자격은 표준 지능 검사에서 상위 2%의 점수가 필요하다. Wechsler IQ 검사는 평균 100 표준편차 15로 설계되었으며 점수는 정규분포한다.

a. 멘사의 조건을 충족하는 최소 Wechsler IQ 검사 점수를 찾아라.

b. 4명을 임의로 선택하여 Wechsler IQ 검사 결과 평균 점수가 131점 이상일 확률을 찾아라.

c. 4명의 피실험자가 Wechsler IQ 검사 결과 평균 132점이지만 개인의 점수는 손실된 경우 4명 모두 멘사 자격이 있다고 결론 내릴 수 있는가?

인체 공학 연습문제 8~10은 안전하고 편안하며 효율적으로 사용할 수 있도록 공구 및 장비 설계에 중점을 둔 학문인 인체 공학의 적용을 포함한다.

8. 수상 택시의 안전성 승객은 수상 택시가 Baltimore의 내항에서 침몰했을 때 사망했다. 남성은 일반적으로 여성과 어린이보다 무거우므로 수상 택시를 타는 경우 모든 승객이 남성인 최악의 시나리오를 가정한다. 남성의 체중은 평균 189 lb 표준편차 39 lb로 정규분포한다고 가정한다(부록 B의 데이터 세트 1 "신체 자료" 기준). 침몰한 수상 택시는 승객 25명의 수용력을 가지며 보트의 적재 한도는 3500 lb이다.

a. 침몰한 수상 택시의 적재 한도가 3500 lb인 것을 감안할 때, 보트에 정해진 25명의 승객을 태우는 경우 승객의 최대 평균 무게는 얼마인가?

b. 수상 택시가 임의로 선택된 25명의 남성으로 채워지는 경우 평균 무게가 (a)의 값을 초과할 확률은 얼마인가?

c. 수상 택시가 침몰한 후, 수상 택시의 수용 인원은 20명이 되도록 수정되었다. 수상 택시가 임의로 선택된 20명의 남성으로 채워지는 경우 평균 무게가 175 lb를 초과할 확률은 얼마인가? 총 하중이 3500 lb를 초과하지 않는 최대 평균 무게는 얼마인가?

d. 새로운 수용 인원 20명은 안전한가?

9. Southwest Airlines 좌석 Southwest Airlines의 좌석 너비는 17 in.이다. 남성의 엉덩이 너비는 평균 14.4 in. 표준편차 1.0 in.로 정규분포한다(Gordon, Churchill 등의 인체 측정 데이터를 기준으로).

a. 남성이 임의로 선택될 때 엉덩이 너비가 17 in. 이상일 확률을 찾아라.

b. Southwest Airlines은 일부 항공편에 Boeing 737기를 사용하며 이 항공기는 승객 122명의 좌석이 있다. 비행기가 임의로 선택된 122명의 남성으로 가득 차면 남성의 평균 엉덩이 너비가 17 in. 이상일 확률을 찾아라.

c. 좌석 설계 변경 시 (a)를 고려해야 하는가? (b)를 고려해야 하는가?

10. 출입구 높이 Boeing 757-200 ER 여객기는 200명의 승객을 태우고 72 in. 높이의 문을 가지고 있다. 남성의 신장은 평균 68.6 in. 표준편차 2.8 in.로 정규분포한다(부록 B의 데이터 세트 1 "신체 자료" 기준).

a. 남성 승객이 임의로 선택될 때 숙이지 않고 출입구를 통과할 확률을 찾아라.

b. 200명의 승객 중 절반이 남성이라면 100명의 남성의 평균 신장이 72 in. 미만일 확률을 찾아라.

c. 승객의 편안함과 안전성을 고려할 때 (a)와 (b)의 결과 중 더 관련성이 큰 것은? 그 이유는 무엇인가?

d. 승객의 편안함과 안전성을 고려할 때 왜 여성들은 이 사건에서 무시되는가?

6-4 기초를 넘어서

11. 유한 모집단 보정 저체중아에 대한 연구에서, 275명의 아이들이 8세에 IQ 검사를 받았고 그들의 점수는 $\mu = 95.5$ $\sigma = 16.0$으로 대략 정규분포한다("Neurobehavioral Outcomes of School-Age Children Born Extremely Low Birth Weight or Very Preterm," by Anderson et al., *Journal of the American Medical Association*, Vol. 289, No. 24 자료에 근거). 50명의 아이들이 추적조사를 위해 임의로 비복원 추출된다.

a. 50명의 아이들의 표본에 대한 평균 IQ점수 분포를 고려하여 유한 인구 보정 계수를 사용하여 $\sigma_{\bar{x}}$ 를 보정해야 하는가? 그 이유는 무엇인가? $\sigma_{\bar{x}}$ 의 값은 무엇인가?

b. 추적 표본의 평균 IQ점수가 95에서 105 사이에 있을 확률을 찾아라.

6-5 정규성 평가

핵심 개념

다음 장에는 표본 자료가 정규분포를 갖는 모집단에 속해야 한다는 중요한 통계 방법이 포함되어 있다. 이 절에서는 정규분포의 요구 사항이 충족되는지를 결정하기 위한 기준을 제시한다. 기준은 (1) 히스토그램이 대략 종 모양인지 육안 검사, (2) 이상치 확인, (3) 정규 분위 그림이 있다.

PART 1 정규성 평가의 기본 개념

데이터 콜렉션이 대략 정규분포를 하는지를 판단하려고 할 때, 히스토그램을 육안으로 검사하여 그것이 종 모양인지(2-2절에서 논의된 바와 같이), 이상치를 식별할 수 있는지, 정규 분위 그림(2-2절에서 간단히 설명함)을 사용하여 확인할 수 있다.

정의

정규 분위 그림(normal quantile plot)[또는 **정규 확률 그림(normal probability plot)**]은 (x, y)의 그래프로 각각의 x 값은 원래 표본 자료 세트로부터의 값이고, 각각의 y 값은 표준 정규분포에서 예상되는 해당 z 값이다.

표본 자료가 정규분포를 갖는 모집단으로부터 추출된다고 가정하는 것이 맞는지를 결정하는 절차

1. 히스토그램: 히스토그램을 작성한다. 히스토그램이 종 모양에서 크게 벗어나는 경우 데이터가 정규분포하지 않는다고 결론 내린다.
2. 이상치: 이상치를 확인해라. 하나 이상의 이상치가 존재할 경우, 데이터가 정규분포하지 않는다고 결론 내린다. (단, 하나의 이상치는 오류 또는 우연한 변화의 결과라고 할 수 있지만 단 하나의 이상치라도 결과에 큰 영향을 미칠 수 있기 때문에 조심해야 한다.)
3. 정규 분위 그림: 히스토그램이 기본적으로 대칭이고 이상치가 0개 또는 1개면 기술을 사용하여 **정규 분위 그림**을 만든다. 다음 기준을 적용하여 정규분포하는지를 결정해라. (이러한 기준은 작은 표본에는 막연하게 사용할 수 있지만 큰 표본에는 더 엄격하게 사용해야 한다.)

   정규분포: 점들의 패턴이 직선에 가깝고 직선이 아닌 조직적인 패턴이 아닐 때 모집단의 분포는 정규분포한다.

   정규분포가 아닐 때: 이 두 조건 중 하나 또는 둘 모두가 적용되면 모집단의 분포는 정규분포하지 않는다.
   - 점들이 직선에 가깝지 않다.
   - 점들이 직선이 아닌 **조직적인** 패턴을 나타낸다.

히스토그램 및 정규 분위 그림

이 절의 PART 2에서는 정규 분위 그림을 구성하는 과정을 설명하지만, 지금은 정규 분위 그림을 해석하는 데 초점을 맞춘다. 다음 화면은 데이터의 히스토그램과 해당되는 정규 분위 그림을 나타낸다.

정규: 첫 번째 사례는 종 모양에 가까운 IQ점수 히스토그램을 보여주므로 히스토그램은 IQ점수가 정규분포한다는 것을 나타낸다. 해당 정규 분위 그림은 점들의 패턴이 직선에 가까우며, 직선이 아닌 다른 조직적인 패턴을 나타내지 않는다. 이 IQ점수는 정규분포를

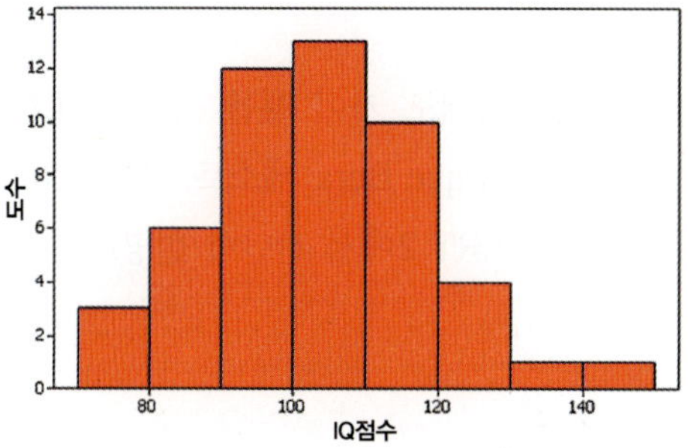

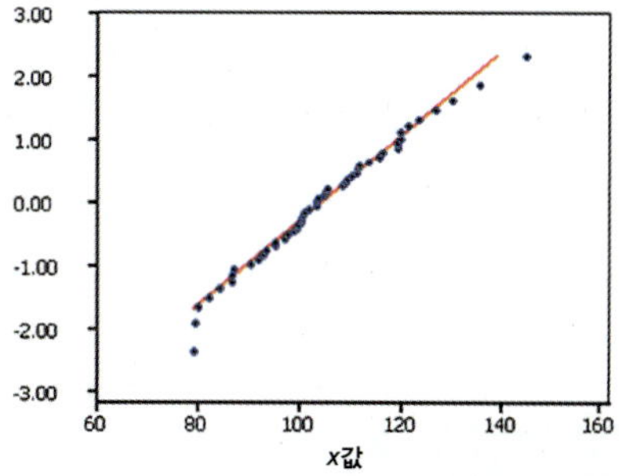

가지는 모집단에서 나오는 것으로 가정한다.

균등: 두 번째 사례는 균일한(평평한) 분포를 갖는 데이터의 히스토그램이다. 해당 정규 분위 그림은 데이터가 정규분포를 하지 않는다는 것을 나타낸다. 점들의 패턴이 직선에 가깝지만 직선이 아닌 또 다른 조직적인 패턴이 있다. 이러한 표본 값이 정규분포가 아닌 분포를 가진 집단에 속한다고 결론을 내린다.

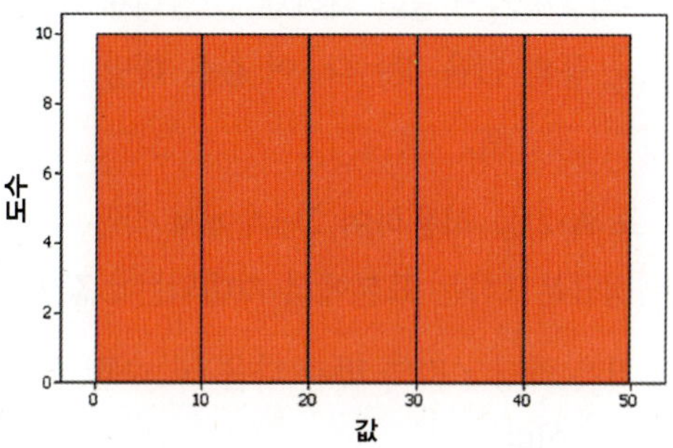

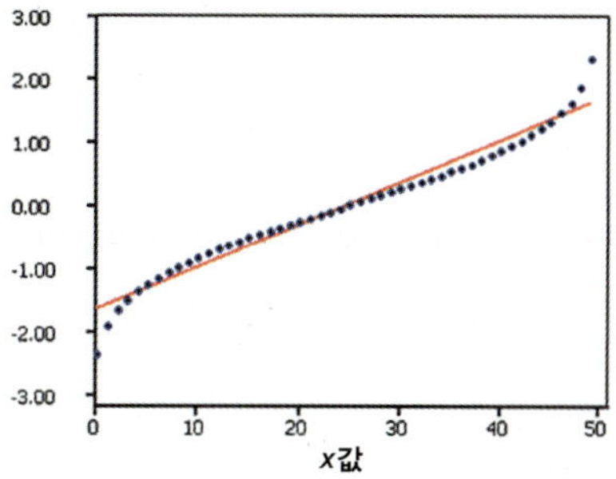

비대칭: 세 번째 사례는 HDL 콜레스테롤 측정의 히스토그램을 보여준다. 히스토그램이 오른쪽으로 기울었다. 해당 정규 분위 그림은 점들의 패턴이 직선에 가깝지 않다. 이 HDL 콜레스테롤 측정은 정규분포가 아닌 모집단에서 측정한 것이다.

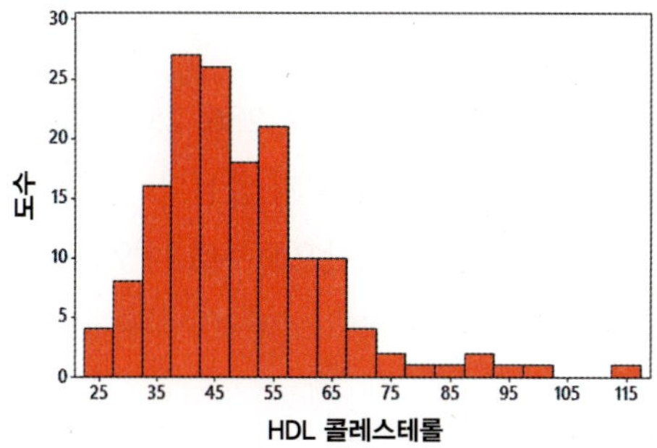

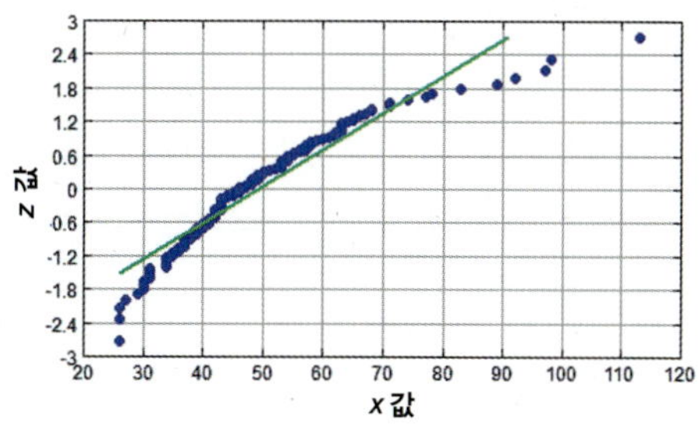

정규성 결정을 위한 도구

- **히스토그램/이상치:** 정규분포의 조건이 까다롭지 않은 경우 히스토그램을 보고 이상치의 개수를 찾아라. 히스토그램이 대략 종 모양이고 이상치가 0개 또는 1개면 모집단을 정규분포라고 한다.
- **정규 분위 그림:** 정규 분위 그림은 혼자 그리기는 어렵지만 적절한 기술을 사용하

위약 효과

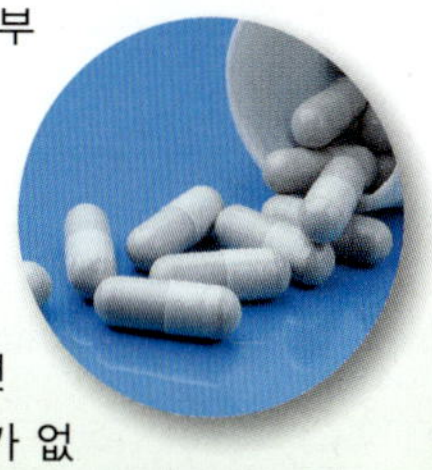

위약이 실제로 일부 환자들에게 도움이 된다고 오랫동안 믿어져 왔다. 사실, 일부 공식적인 연구에 따르면 위약(의학적 가치가 없는 치료법)을 투여했을 때 많은 피실험자들이 어느 정도 개선된 모습을 보인다고 나타났다. 개선율 추정치는 일반적으로 환자의 3분의 1에서 3분의 2에 이른다. 그러나 더 최근의 연구에 따르면 위약이 실제 효과가 없다고 시사한다. *New England Journal of Medicine* (Vol. 334, No. 21)의 한 기사는 50년 동안 114건의 의학 연구를 기반으로 했다. 이 기사의 저자들은 위약이 통증 완화에는 효과가 있지만 다른 신체적 증상에는 영향을 미치지 않는다고 결론지었다. 그들은 임상시험과 별개로 위약 사용을 권장할 수 없다고 결론지었다.

여 만들 수 있다.

- **Advanced Methods:** 이 절에서 논의된 절차 외에도 카이 제곱 적합도 테스트, Lilliefors 테스트, Anderson-Darling 테스트, Jarque-Bera 테스트, Ryan-Joiner 테스트 등 정규성 평가를 위한 절차들이 있다(PART 2에서 간단히 설명).

PART 2 정규 분위 그림 매뉴얼 구성

다음은 정규 분위 그림을 수동으로 작성하는 비교적 간단한 절차이며 Statdisk, TI-83/84 Plus 계산기에서 사용되는 것과 동일한 절차다. 일부 통계 패키지는 다양한 다른 접근법을 사용하지만 그래프의 해석은 본질적으로 동일하다.

정규 분위 그림 매뉴얼 구성

1단계: 먼저 가장 낮은 값에서 가장 높은 값 순으로 데이터를 정렬한다.

2단계: 크기가 n인 표본의 경우 각 값은 표본의 $1/n$의 비율을 나타낸다. 알려진 표본 크기 n을 사용하여 n 값을 찾을 때까지 $\frac{1}{2n}, \frac{3}{2n}, \frac{5}{2n}$ 등의 값을 찾는다. 이 값은 해당 표본 값의 왼쪽에 누적된 면적이다.

3단계: 표준 정규분포(소프트웨어, 계산기, 표 A-2)를 사용하여 2단계에서 찾은 누적된 왼쪽 면적에 해당하는 z 값을 찾는다. (이는 정규분포하는 표본에서 기대되는 z 값이다.)

4단계: 원래 정렬된 데이터 값을 3단계에서 찾은 해당 z 값과 맞춘 다음 (x, y)를 그린다. 각각의 x는 원래 표본 값이고 y는 해당하는 z 값이다.

5단계: 정규 분위 그림을 확인하고 PART 1에서 주어진 기준을 사용해라. 점들의 패턴이 직선에 가깝고 직선이 아닌 조직적인 패턴을 나타내지 않으면 모집단은 정규분포한다고 가정한다.

예제 1 혈소판 수

환자 5명의 혈소판 수(1000 cells/μL) 표본을 고려해라 : 125, 229, 236, 257, 234. 5개의 값으로 히스토그램은 데이터 분포를 나타내는 데 도움이 되지 않는다. 대신, 이 5개의 값에 대한 정규 분위 그림을 만들고 정규분포하는 모집단으로부터 나오는지를 결정해라.

풀이

다음 단계는 정규 분위 그림을 작성하기 위한 위의 절차에 나열된 단계에 해당된다.

1단계: 먼저 데이터를 순서대로 정렬한다. 125, 229, 234, 236, 257.

2단계: 크기가 $n = 5$인 표본을 사용하여 각 값은 표본의 $1/5$ 비율을 나타내므로 해당 표본 값의 누적된 왼쪽 면적을 확인한다. 일반적으로 $\frac{1}{2n}, \frac{3}{2n}, \frac{5}{2n}$ 등으로 표현되는 누적된 왼쪽 면적은 이 예제의 $n = 5$: $\frac{1}{10}, \frac{3}{10}, \frac{5}{10}, \frac{7}{10}, \frac{9}{10}$인 특정 영역이 된다. 이러한 누적 왼쪽 면적을 소수로 표현하면 0.1, 0.3, 0.5, 0.7, 0.9이다.

3단계: 이제 기술(또는 표 A-2)을 사용하여 누적 왼쪽 면적이 0.1000, 0.3000, 0.5000, 0.7000, 0.9000인 면적의 해당 z 값 −1.28, −0.52, 0, 0.52, 1.28을 찾는다. (예를 들어, z 값 −1.28은 왼쪽에 0.1000의 면적이 있다.)

4단계: 이제 원래 분류된 혈소판 수와 해당 z 값을 쌍으로 만든다. 다음 Statdisk 화면에 구성된 (x, y) 좌표를 구한다.

$$(125, -1.28),\ (229, -0.52),\ (234, 0),\ (236, 0.52),\ (257, 1.28)$$

Statdisk

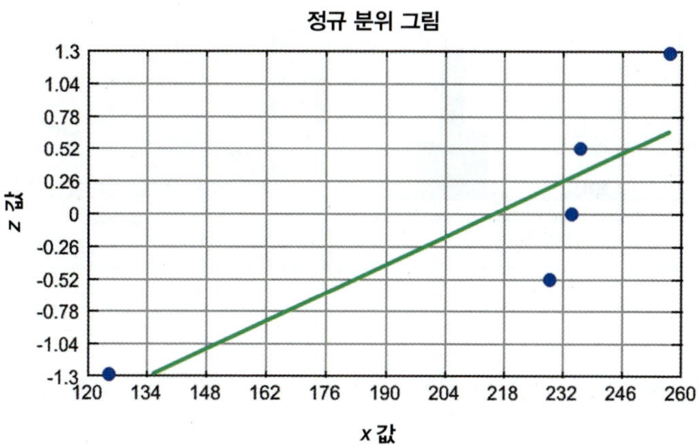

해석

Statdisk 화면에서 정규 분위 그림을 확인한다. 이 점들은 직선에 가깝게 나타나지 않으므로 5개의 혈소판 수의 표본은 정규분포하는 모집단으로부터 나온 것이 아니라고 결론 내린다.

Ryan-Joiner 테스트 Ryan-Joiner 테스트는 정규성에 대한 몇 가지 테스트 중 하나이며 각 테스트에는 장점과 단점이 있다. Statdisk은 히스토그램, 정규 분위 그림, 잠재적인 이상치 개수 및 Ryan-Joiner 테스트 결과가 표시되는 **정규성 평가(Normality Assessment)** 기능이 있다.

예제 2 혈소판 수

[예제 1]에서는 5개의 혈소판 수 표본을 사용하였다. 부록 B의 데이터 세트 1 "신체 자료"의 300개의 혈소판 수를 표본으로 Statdisk의 **정규성 평가** 기능을 사용할 수 있다. 정규성 평가의 세 가지 기준과 함께 화면을 사용하자.

1. **히스토그램:** 히스토그램은 종 모양이 아닌 왼쪽으로 기운 분포를 하고 있다.
2. **이상치:** 화면에 20개의 가능한 이상치가 있다고 표시되어 있다. 정렬된 300개의 혈소판 수를 검토하면, 이상치로 보이는 혈소판 수가 있다.
3. **정규 분위 그림:** 정규 분위 그림은 직선 패턴과 잘 맞지 않는다. 300개의 혈소판 수

(계속)

Statdisk

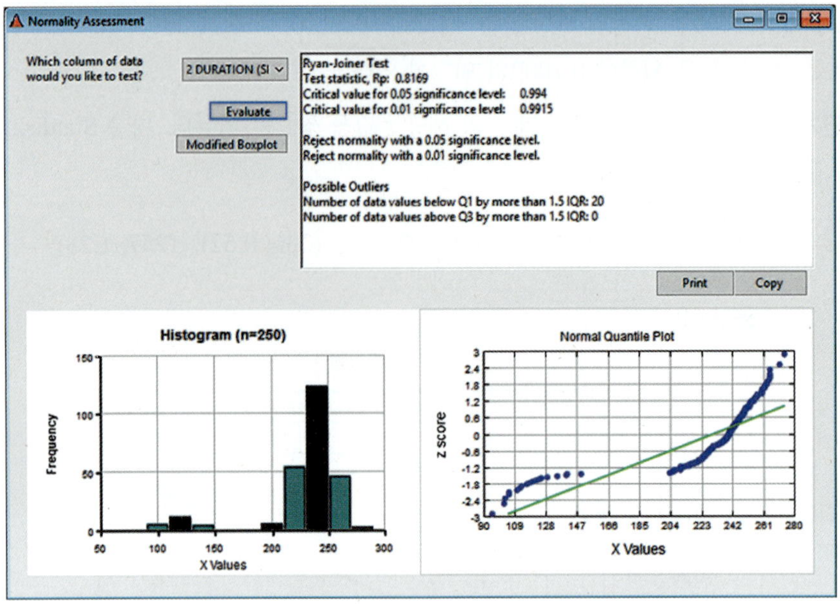

가 정규분포하는 모집단으로부터 나온 것이 아니라고 결론 내린다.

데이터 변환 많은 데이터 세트들은 정규분포가 아니지만 수정된 값이 정규분포하도록 데이터를 **변환**시킬 수 있다. 하나의 일반적인 변환은 로그를 취하여 각 x 값을 변환하는 것이다. (자연 로그 또는 10을 밑으로 가지는 로그를 사용할 수 있다. 원래 값이 0이면 $x+1$의 값을 로그로 변환한다.) 값의 로그 분포가 정규분포인 경우 원래 값의 분포를 **로그 정규분포(lognormal distribution)**라고 한다. (연습문제 10 "변환" 참조) 로그를 사용한 변환 외에도 각 x 값을 $\sqrt{x}$, $1/x$, x^2으로 바꾸는 것과 같은 다른 변환들이 있다. 원래 데이터 값이 정규분포를 하지 않을 때 필요한 정규분포를 얻는 것 외에도 이러한 변환은 다른 데이터 세트가 동일한 분산을 갖는 조건(다음 장에서 찾을 수 있음)과 같은 결함을 수정하는데 사용할 수 있다.

테크 센터

정규 분위 그림

www.TriolaStats.com에서 기술 지침, 비디오, 데이터 집합을 참조하십시오.

6-5 기본적인 기술 및 개념

통계적 해석 및 비판적 사고

1. 정규 분위 그림 부록 B의 데이터 세트 1 "신체 자료"에는 임의로 선택된 147명의 여성들의 키가 포함되며 여성들의 키는 정규분포한다. 데이터 세트 1의 여성 147명의 키에 대한 히스토그램을 작성한다면 히스토그램은 어떤 모양일 것 같은가? 그 키에 대해 정규 분위 그림을 작성한다면

정규 분위 그림에는 어떤 패턴이 있을 것 같은가?

2. 작은 표본 기사에는 응급실에 온 갑작스럽고 심한 "벼락 두통"이 있는 19명의 환자의 요추 천자에 경과된 시간이 포함되어 있다("Thunderclap Headache and Normal Computed Tomographic Results: Value of Cerebro-spinal Fluid Analysis," by DuPont et al., Mayo *Clinic Proceedings*, Vol. 83, No. 12 자료에 근거). 표본 크기가 30보다 작을 때 표본평균을 정규분포하는 모집단에서 나온 값으로 취급하기 위해 충족되어야 하는 조건은 무엇인가? 해당 조건을 확인하기 위한 세 가지 방법을 확인해라.

정규 분위 그림 해석 연습문제 3~4에서는 정규 분위 그림을 검토하고 표본 자료가 정규분포하는 모집단으로부터 추출되는지를 결정해라.

3. 곰의 머리 길이 정규 분위 그림은 데이터 세트 11 "곰 측정"에 나열된 곰의 머리 길이(in.)를 나타낸다.

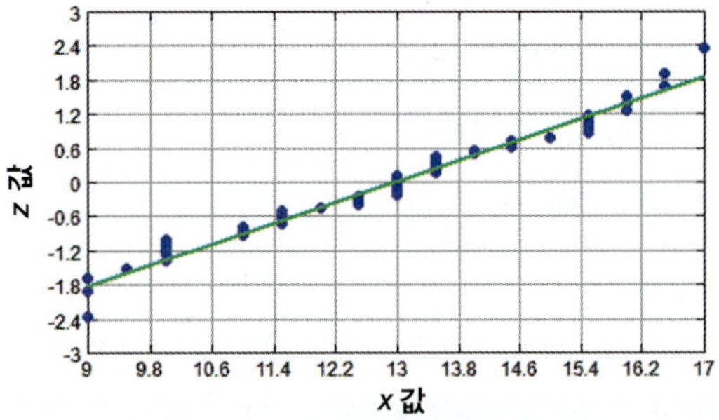

4. 환자 서비스 시간 정규 분위 그림은 임의로 선택된 환자의 서비스 시간(분)을 나타낸다.

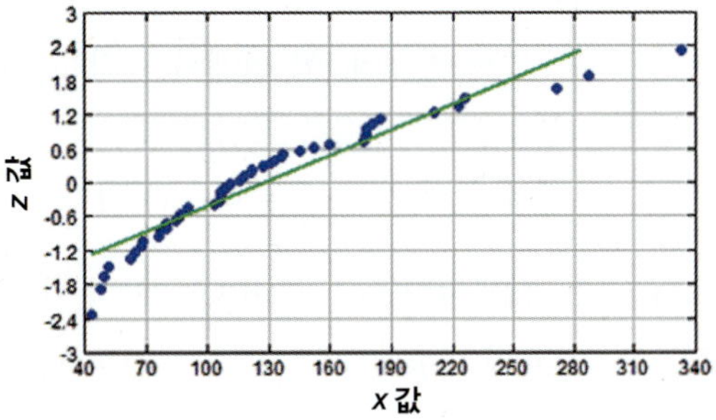

정규성 결정 연습문제 5~6에서는 표시된 표본 자료를 참고하여 그들이 정규분포하는 모집단으로부터 나타나는지를 결정해라. 요구 사항은 모집단 분포가 정확하게 정규분포일 필요는 없지만 대략 종 모양이어야 한다는 점에서 까다롭지 않다고 가정한다.

5. 붓꽃 부록 B의 데이터 세트 16 "붓꽃 측정"에 나열된 붓꽃의 꽃잎 길이다.

6. 뻐꾸기 알 길이 부록 B의 데이터 세트 17 "뻐꾸기 알 길이"에 나열된 굴뚝새 둥지에 있는 뻐꾸기 알의 길이다.

기술을 사용하여 정규 분위 그림 작성 연습문제 7~8에서는 정규 분위 그림을 작성하는 기술을 사용해라. 그 후 데이터가 정규분포하는 모집단으로부터 나타나는지를 결정해라.

7. 부록 B의 데이터 세트 3 "출생"에 나열된 출생체중

8. 부록 B의 데이터 세트 1 "신체 자료"에 나열된 여성의 백혈구 수

정규 분위 그림 작성 연습문제 9에서는 주어진 데이터 값을 사용하여 정규 분위 그림에 사용되는 해당 z 값을 확인해라. 그 후 정규 분위 그림에서 각 점의 좌표를 확인해라. 정규 분위 그림을 작성한 후 표본 자료가 정규분포하는 모집단으로부터 나타나는지를 결정해라.

9. **여성의 팔 둘레** 부록 B의 데이터 세트 1 "신체 자료"에 나열된 여성 표본의 팔 둘레(cm) 40.7, 44.3, 34.2, 32.5, 38.5

6-5 기초를 넘어서

10. **변환** 부록 B의 데이터 세트 1 "신체 자료"에 나열된 남성의 키 (in.)는 대략 정규분포하므로 정규분포하는 모집단으로부터 나타난 것이다.

a. 각 키에 2인치를 더해도 정규분포하는가?

b. 각 키가 인치에서 센티미터로 변환되어도 정규분포하는가?

c. 정규분포하는 키를 로그로 변환시켜도 정규분포하는가?

6-6 이항에 대한 근사치로서의 정규

핵심 개념

5-2절에서는 이항 확률분포를 소개하였으며, 이 절에서는 정규분포를 이항 확률분포의 근사치로서 사용하는 방법을 제시하므로 비율을 포함한 몇 가지 문제점들을 정규분포를 사용하여 해결할 수 있다. 이 절의 두 가지 요점은 다음과 같다.

- 확률 p와 $q(q = 1 - p)$, 표본 크기 n이 주어졌을 때, 조건 $np \ge 5$, $nq \ge 5$가 모두 만족되면 이항 확률분포의 확률은 다음 모수를 갖는 정규분포를 사용함으로써 합리적으로 근사화될 수 있다.

$$\mu = np$$
$$\sigma = \sqrt{npq}.$$

- 이항 확률분포는 이산적이지만(확률 변수 x에 대해 정수) 정규 근사는 연속적이다. 이를 보완하기 위해서 $x - 0.5$에서 $x + 0.5$ 사이의 간격으로 표현되는 정수 x로 "연속성 보정"을 사용한다.

이항 확률분포에 대한 간략한 검토 5-2절에서 이항 확률분포가 (1) 고정된 횟수의 시행, (2) 독립시행, (3) 일반적으로 성공과 실패라고 하는 두 가지 범주로 분류되는 시행, (4) 성공 확률이 일정한 특징을 가진 시행이라는 것을 보았다. 5-2절에서도 다음 표기를 소개했다.

표기

n = 고정된 횟수의 시행

x = n번의 시행에서 성공한 특정 횟수

p = n번의 시행 중 임의로 추출한 한 번의 시행이 성공할 확률

q = n번의 시행 중 임의로 추출한 한 번의 시행이 실패할 확률($q = 1 - p$)

정규 근사치를 사용하는 이유 6-3절에서 표본비율의 표집분포가 정규분포에 근사하는 경향이 있음을 보았다. 또한 $n = 580$, $p = 0.25$인 이항 분포에 대한 다음 페이지의 히스토그램을 참고해라. (멘델의 교배 실험 중 하나에서 그는 580개의 완두콩 중 25%가 황색일 것이라고 예상했다.) 이 그래프의 종 모양은 정규분포를 이항 분포의 근사치로 사용할 수 있음을 나타낸다.

Minitab

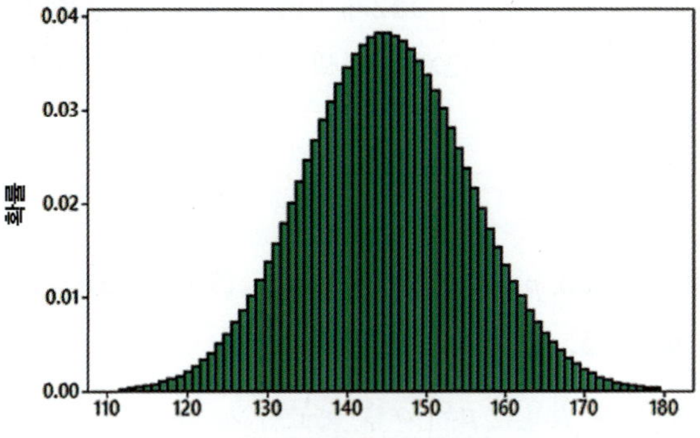

핵심요소

이항 분포에 대한 근사치로서의 정규분포

조건

1. 표본은 성공 확률이 p인 모집단에서 크기가 n인 단순 임의표본이거나 성공 확률이 p인 이항 실험의 n번의 독립적인 시행 결과다.
2. $np \geq 5$, $nq \geq 5$
   ($np \geq 5$, $nq \geq 5$의 조건은 일반적이지만, 일부는 5 대신 10을 사용하는 것을 추천한다.)

정규 근사

위의 조건이 충족되면 임의의 변수 x의 확률분포는 다음과 같은 모수를 가진 정규분포에 의해 근사화될 수 있다.

- $\mu = np$
- $\sigma = \sqrt{npq}$

연속성 보정

정규 근사치를 사용할 때 **연속성 보정**을 사용하여 이산된 정수 x를 조정하여 각 x 값은 $x - 0.5$에서 $x + 0.5$ 사이의 간격으로 정규분포한다.

이항 분포에 대한 근사치로서 정규분포를 사용하는 절차

1. 조건 $np \geq 5$, $nq \geq 5$를 확인해라.
2. 정규분포에 사용될 $\mu = np$, $\sigma = \sqrt{npq}$를 찾아라.
3. 고려 중인 이항 확률 문제와 관련된 이산 정수 x를 확인하고 $x - 0.5$와 $x + 0.5$ 사이의 영역에 의해 그 값을 나타낸다.
4. 정규분포를 그래프로 나타내고 $x - 0.5$ 또는 $x + 0.5$를 경계로 원하는 영역을 적절하게 음영 처리한다.

예제 1 멘델이 틀렸는가?

멘델의 교배 실험 중 하나에서 그는 580개의 자손 완두콩 중 145개(또는 25%)가 황색일 것으로 예상했지만 실제로는 152개가 황색이었다. 멘델의 25% 비율이 맞다고 가정할 때 임의로 선택된 완두콩이 152개 이상 황색일 확률을 찾아라. 즉, $n = 580$이고 $p = 0.25$일 때 P(적어도 152개의 황색 완두콩)를 찾아라. 152개의 황색 완두콩은 유의하게 높은가?

풀이

1단계: 조건 확인: $n = 580$, $p = 0.25$인 경우 $np = (580)(0.25) = 145$, $nq = (580)(0.75) = 435$가 되므로 $nq \geq 5$, $nq \geq 5$가 모두 만족된다.

2단계: 이제 정규분포에 필요한 μ와 σ를 찾는다.

$$\mu = np = 580 \cdot 0.25 = 145$$
$$\sigma = \sqrt{npq} = \sqrt{580 \cdot 0.25 \cdot 0.75} = 10.4283$$

3단계: 적어도 152개의 황색 완두콩일 확률을 찾는다. 따라서 이 예제와 관련된 이산 정수는 $x = 152$가 된다. 151.5와 152.5 사이 간격으로 정규분포 그래프에서 이산값 152를 표현할 때 연속성 보정을 사용한다. (그림 6-25의 맨 위에 표시된 것처럼)

4단계: 그림 6-25의 하단 부분을 보면 정규분포와 151.5의 오른쪽 면적을 보여준다. (152개 이상 황색 완두콩을 나타냄)

그림 6-25의 하단 부분의 151.5 오른쪽 면적을 찾는다.

기술: 기술을 사용하면 음영 처리된 면적은 0.2665다.

표 A-2: 표 A-2를 사용하는 경우 다음과 같이 $x = 151.5$, $\mu = 145$, $\sigma = 10.4283$을 사용하여 z 값을 먼저 찾아야 한다.

$$z = \frac{x - \mu}{\sigma} = \frac{151.5 - 145}{10.4283} = 0.62$$

표 A-2를 사용하면 $z = 0.62$의 왼쪽 누적 면적은 0.7324에 해당하므로 그림 6-25 하단의 음영 면적은 $1 - 0.7324 = 0.2676$이다. (기술을 사용한 결과 0.2665가 더 정확하다.)

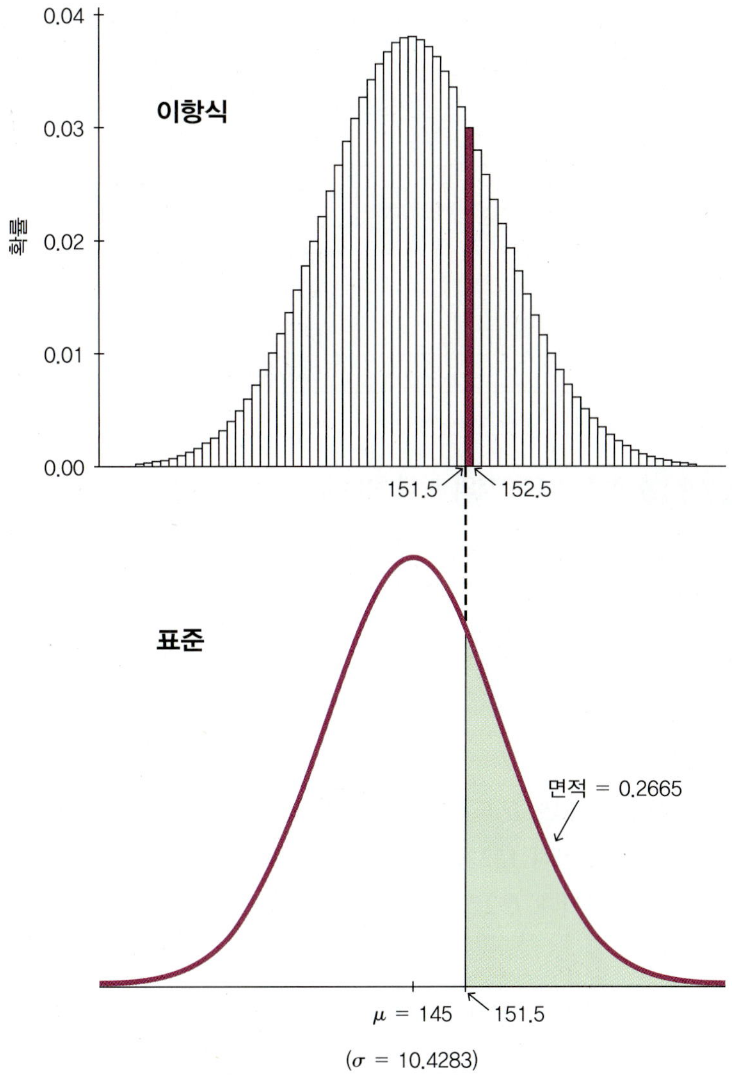

그림 6-25 580개 중 황색 완두콩 수

해석

152개의 황색 완두콩 결과는 이론으로 기대했던 145개의 황색 완두콩보다 컸지만 P(152개 이상의 황색 완두콩) = 0.2665로 152개의 완두콩이 유의하게 높지 않다는 것을 알 수 있다. 이는 황색 완두콩에 대한 실제 비율 25%로 쉽게 발생할 수 있는 결과다. 이 실험은 멘델의 이론에 위배되지 않는다.

연속성 보정

정의

이항 분포(이산적)에 대한 근사치로서 정규분포(연속 확률분포)를 사용할 때, 이산 정수 x를 $x-0.5$에서 $x+0.5$(즉, 0.5를 더하거나 뺌)까지의 간격으로 나타냄으로써 이항 분포에서 이산 정수 x에 **연속성 보정(continuity correction)**이 이루어진다.

[예제 1]은 이산 값 152이 151.5와 152.5 사이의 영역에 의해 정규분포로 표현될 때 연속성 보정을 사용했다. “152개 또는 그 이상”의 황색 완두콩의 확률을 찾기 때문에 151.5의 오른쪽 면적을 사용했다. 연속성 보정의 다른 용도는 다음과 같다.

이산 값	연속 정규분포의 면적
152 이상	151.5의 오른쪽
152 초과	152.5의 오른쪽
152 이하	152.5의 왼쪽
152 미만	151.5의 왼쪽
152	151.5와 152.5 사이

예제 2 정확히 252개의 황색 완두콩

[예제 1]과 동일한 정보를 사용하여 580개의 자손 완두콩 중 황색 완두콩이 정확히 152개일 확률을 찾는다. 즉, $n = 580$, $p = 0.25$라고 가정할 때 P(정확히 152개의 황색 완두콩)를 찾아라. 이 결과는 152개의 황색 완두콩이 유의하게 높은지를 결정하는 데 유용한가?

풀이

그림 6-26에서 $\mu = 145$, $\sigma = 10.4283$인 정규분포를 볼 수 있다. 음영 처리된 면적은 황색 완두콩이 정확히 152개일 확률과 비슷하다. 이 면적은 그림과 같이 151.5와 152.5사이의 수직선이다. 6-2절에서 소개된 것과 같은 방법을 사용하여 해당 면적을 찾을 수 있다.

기술: 기술을 사용하면 음영 처리된 면적은 0.0305다.

표 A-2: 표 A-2를 사용하여 151.5와 152.5를 $z = 0.62$와 $z = 0.72$로 변환시킨다. 누적 왼쪽 면적은 0.7324와 0.7642다. 둘 다 누적 왼쪽 면적이기 때문에, 그림 6-26의

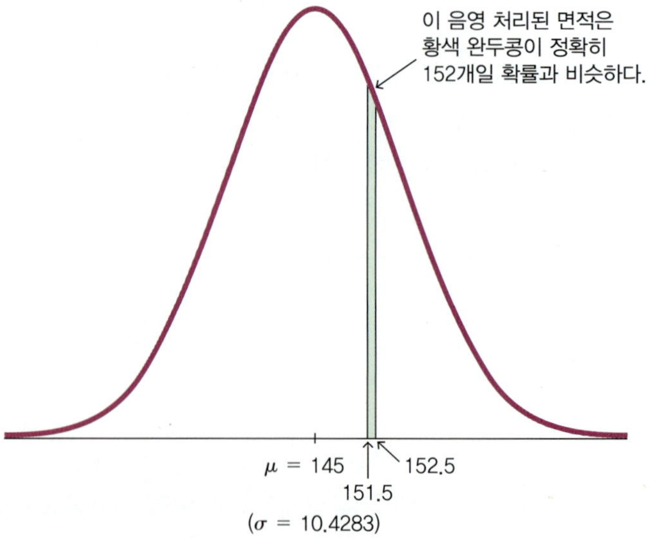

그림 6-26 황색 완두콩이 정확하게 152개일 확률

음영 면적은 0.7642 − 0.7324 = 0.0318이다. 황색 완두콩이 정확하게 152개일 확률은 0.0318이다.

해석

4-1절에서 x회 이상의 성공 확률이 0.05 이하의 확률과 같지 않다면 n회 시행 중 x회의 성공이 유의하게 높다는 것을 확인했다. 자손의 25%가 황색 완두콩이어야 한다는 멘델의 이론과 152개의 황색 완두콩 결과가 모순되는가를 판단할 때 정확하게 152개 완두콩의 확률이 아닌 152개 이상인 황색 완두콩의 확률을 고려해야 한다. 0.0305는 관련 확률이 아니다. 관련 확률은 [예제 1]에서 찾은 0.2665다. 일반적으로 관련 결과는 적어도 극단적인 결과를 얻을 확률이다.

이항 확률에 대한 기술

이항 분포에 대한 근사치로서 정규분포를 사용하는 주제는 한때 매우 중요했지만 이를 뛰어넘는 이항 확률을 찾기 위해 기술을 사용할 수 있다. 예를 들어, 다음 Statdisk 화면은 [예제 1]의 152개 이상인 황색 완두콩의 확률은 0.2650이고, [예제 2]의 정확히 152개인 황색 완두콩의 확률은 0.0301이라는 것을 알 수 있으므로 정규 근사치를 사용할 필요가 없다. 그러나 정규 근사치를 사용해야 하는 경우가 있으며, 8-3절에서는 이 절에 소개된 중요한 통계 방법인 이항 분포에 대한 근사치로서의 정규분포를 사용한다.

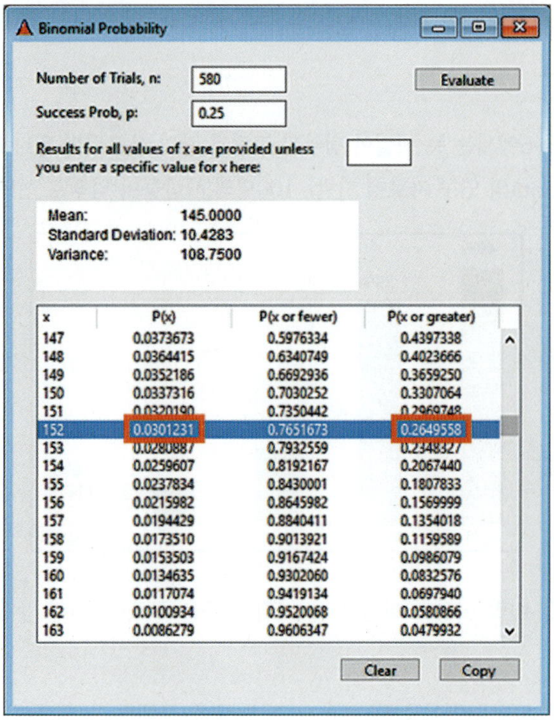

6-6 기본적인 기술 및 개념

통계적 해석 및 비판적 사고

1. 연속성 보정 남자아이일 확률이 0.512라는 가정을 테스트할 때, 유전학자는 1000명의 출생자를 임의로 추출하여 502명이 남자아이라는 것을 발견했다. 연속성 보정을 사용하여 다음에 해당되는 정규분포 그래프의 아래 영역을 설명해라. (예를 들어 "적어도 502명이 남자아이일 확률"에 해당되는 영역은 501.5의 오른쪽 영역이다.)

a. 남자아이가 502명 이하일 확률

b. 남자아이가 정확히 502명일 확률

c. 남자아이가 502명 이상일 확률

2. 표기 SAT, ACT, LSAT, MCAT와 같은 일반적인 시험은 a, b, c, d, e와 같은 답을 가진 객관식 시험 문제를 사용하며 각 질문에는 단 하나의 정답이 있다. 100개의 질문에 대한 답을 임의로 추측한 사람들의 p, q, μ, σ값을 찾아라. μ와 σ는 무엇을 측정하는가?

정규 근사치 사용 **연습문제 3~4에서는 다음을 수행하여라. $np \geq 5$, $nq \geq 5$의 조건이 모두 충족되면 이항 분포에 대한 근사치로서의 정규분포를 사용하여 표시된 확률을 계산해라: $np < 5$, $nq < 5$인 경우 정규 근사치를 사용하면 안 된다.**

3. 남자아이의 출생 $n = 20$, $p = 0.512$인 경우 P(8명 미만의 남자아이)를 찾아라.

4. 미국의 의료 면허 시험에 대한 추측 $n = 20$의 추측, $p = 0.2$의 정답인 경우 P(적어도 6개의 정답)를 찾아라.

눈 색깔 **연습문제 5~6에서는 눈 색깔이 첨부된 그림과 같이 분포되어 있다고 가정하고(Indiana University의 Dr. Sorita의 연구 자료에 기반), 100명의 사람들이 임의로 선택되었다고 가정한다.**

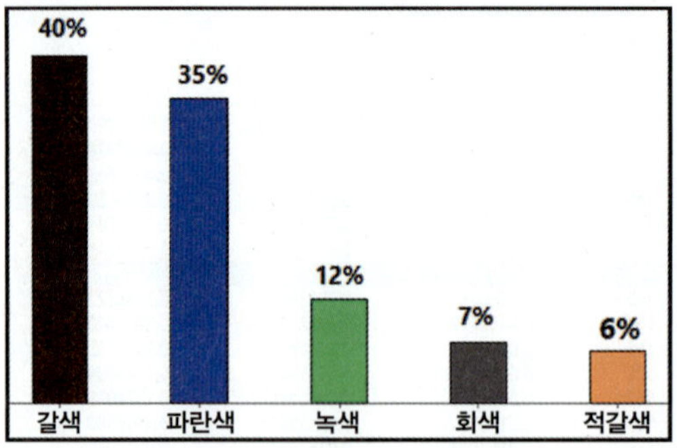

5. 파란 눈 100명 중 40명 이상이 파란 눈을 가질 확률을 구해라. 파란 눈을 가진 40명은 유의하게 높은가?

6. 녹색 눈 100명 중 5명 미만이 녹색 눈을 가질 확률을 구해라. 녹색 눈을 가진 4명은 유의하게 낮은가?

7. 타미플루 타미플루(오셀타미비르)로 치료받은 피실험자의 10%가 구역질의 부작용을 경험했다고 가정한다(임상시험을 기준으로 함).

a. 임의로 선정된 타미플루로 치료받은 250명의 피실험자 중, 정확히 17명이 구역질을 경험할 확률을 찾아라.

b. 임의로 선정된 타미플루로 치료받은 250명의 피실험자 중, 17명 이하가 구역질을 경험할 확률을 찾아라.

c. 250명의 피실험자 중 17건의 구역질 사례는 유의하게 낮은가?

8. 몽유병 29.2%의 사람들이 몽유병을 경험했다고 가정한다(Ohayon et al., *Neurology*, Vol.78, No.20의 "Prevalence and Comorbidity of Nocturnal Wandering in the U.S. Adult General Population"에 근거). 성인 1480명의 확률표본 중 455명이 몽유병을 경험했다고 가정한다.

a. 29.2%의 비율이 맞다고 가정한다면, 1480명의 성인 중 455명 이상이 몽유병을 경험할 확률을 찾아라.

b. 그 결과는 유의하게 높은가?

c. 결과는 29.2%의 비율에 대해 무엇을 의미하는가?

6-6 기초를 넘어서

9. 출생 남자아이가 태어날 확률은 0.512다. 11건의 출생에서 정확히 7명이 남자아이일 확률을 구하는 문제에 대해 고려해라. (1) 표 A-2를 사용하여 이항분포의 정규 근사치, (2) 표 A-2 대신 기술을 사용하여 이항분포의 정규 근사치, (3) 정규 근사치 대신 이항 분포를 갖는 기술을 사용하여 문제를 풀고 결과를 비교해라. 정규 근사를 사용하기 위한 조건이 간신히 충족되었다는 가정하에 근사치는 많이 벗어났는가?

장별 퀴즈

골밀도 검사 연습문제 1~2에서 골밀도 검사 결과는 평균 0 표준편차 1로 정규분포한다고 가정한다.

1. 골밀도 골밀도 검사 결과의 분포 모양을 보여주는 그래프를 작성해라.

2. 골밀도 임의로 선택된 피실험자의 골밀도 값이 −2.93보다 클 확률을 찾아라.

3. 표기

a. 표준 정규분포에 대해 μ와 σ값을 구해라.

b. $\mu_{\bar{x}}$와 $\sigma_{\bar{x}}$는 무엇을 나타내는가?

연습문제 4~5에서는 여성의 확장기 혈압은 평균 70.2 mmHg 표준편차 11.2 mmHg(부록 B의 데이터 세트 1 "신체 자료"기준)로 정규분포한다고 가정한다.

4. 확장기 혈압 임의로 선택된 여성의 혈압이 60 mmHg에서 80 mmHg 사이일 확률을 찾아라.

5. 확장기 혈압 16명의 여성이 임의로 선택될 때 확장기 혈압의 평균이 75 mmHg 미만일 확률을 구해라.

복습문제

1. 골밀도 검사 골밀도 검사는 뼈 관련 질병을 확인하는 데 사용된다. 골밀도 검사의 결과는 일반적으로 z 값으로 측정되며 모집단의 z 값은 평균 0 표준편차 1로 정규분포한다.

a. 임의로 선택된 피실험자의 골밀도 검사 결과가 1.54 미만일 확률을 찾아라.

b. 임의로 선택된 피실험자의 골밀도 검사 결과가 −1.54 이상일 확률을 찾아라.

c. 임의로 선택된 피실험자의 골밀도 검사 결과가 −1.33에서 2.33 사이일 확률을 찾아라.

d. 골밀도 검사 결과의 하위 25%와 상위 75%를 구분하는 Q_1을 찾아라.

e. 임의로 선택된 피실험자 9명의 골밀도 검사 평균이 0.50보다 클 확률을 찾아라.

2. 생체 보안 기술 남성이 서있을 때 눈높이는 평균 64.3 in. 표준편차 2.6 in.로 정규분포한다 (Gordon, Churchill 등의 인체 측정 조사 자료에 근거).

a. 눈 인식 보안 시스템이 눈높이가 70 in. 이상인 남성들에게 불편한 높이에 위치한다면, 남성의 몇 퍼센트가 그 높이가 불편한가?

b. 눈 인식 보안 시스템을 배치할 때 남성 눈높이의 최대 98%에 적합하도록 배치하고 싶다. 남성이 서 있을 때 눈높이의 상위 98%와 하위 2%를 구분하는 값은 무엇인가?

3. 비편향 추정량

a. 비편향 추정량이란 무엇인가?

b. 다음 통계에 대해 비편향 추정량인지 확인해라: 평균, 중앙값, 범위, 분산, 비율.

c. 다음 진술이 참인지 거짓인지 판단해라. "표본 표준편차는 편향 추정량이지만 편향은 큰 표본에서 상대적으로 작기 때문에 s는 종종 σ를 추정하는 데 사용된다."

4. 디즈니 모노레일 Disney World에서 사용되는 Mark VI 모노레일의 높이는 72 in.이다. 남성의 키는 평균 68.6 in. 표준편차 2.8 in.로 정규분포한다고 가정한다.

a. 적절한 모노레일의 문 높이를 결정할 때 여성의 키를 무시하고 남성의 키를 고려하는 것이 왜 합리적인가?

b. Mark VI 모노레일은 60명의 승객을 수용할 수 있다. 임의로 선택된 60명의 남성을 차에 태우는 경우 평균 키가 72 in. 미만일 확률은?

c. 왜 (b)의 결과를 사용하여 출입구 높이가 남성에게 충분한 공간을 제공하는지 판단할 수 없는가?

5. 교배 실험 멘델의 실험에서 1064개의 자손 식물 중 787개는 긴 줄기로 구성되어 있다. 멘델의 이론에 따르면 자손 식물 중 3/4은 긴 줄기를 가지고 있어야 한다. 멘델의 3/4 비율이 맞다고 가정하면, 1064개의 자손 식물 중 787개 이하가 긴 줄기를 가질 확률을 찾아라. 그 결과에 따르면 긴 줄기를 가진 787개의 자손 식물은 유의하게 낮은가? 결과는 멘델이 주장한 3/4의 비율에 대해 무엇을 의미하는가?

누적 복습문제

연습문제 1~2에서 여성의 왼쪽 귀의 역치 청력검사 값을 사용해라(부록 B의 데이터 세트 4 "청력검사" 근거).

15.9 18.7 24.2 28.7 28.8 28.9 28.9 28.9 29.0 29.1 29.3 31.4

1. **청력검사**

a. 평균 $\bar{x}$를 구해라.

b. 중앙값을 구해라.

c. 표준편차 s를 구해라.

d. 가장 높은 값을 z 값으로 변환해라.

e. 이 데이터 세트는 어떤 측정 수준(명목, 순서, 간격, 비율)으로 설명되는가?

f. 청력 측정값은 이산인가 연속적인 데이터인가?

2. **왼손잡이** American Medical Association의 데이터에 따르면 우리 중 10%는 왼손잡이다.

a. 3명이 임의로 선택될 때 모두 왼손잡이일 확률을 구해라.

b. 3명이 임의로 선택될 때 적어도 한 명이 왼손잡이일 확률을 구해라.

c. 왜 이항 분포의 정규 근사치를 사용하여 (b)를 풀 수 없는가?

d. 50명으로 구성된 그룹이 임의로 선택될 때 그 그룹의 왼손잡이 수의 평균은 얼마인가?

e. 50명으로 구성된 그룹이 임의로 선택될 때 그 그룹의 왼손잡이 수의 표준편차는 얼마인가?

f. 경험 법칙을 사용하여 임의로 선택된 50명으로 구성된 그룹에서 8명의 왼손잡이가 유의하게 높은 수인지 판별해라.

3. **여성의 발 길이** U.S. Army Anthropometry Survey(ANSUR)의 자료를 근거로 여성의 발 길이는 평균 9.6 in. 표준편차 0.5 in.로 정규분포한다고 가정한다.

a. 임의로 선택된 여성의 발 길이가 10.0 in. 미만일 확률을 구해라.

b. 임의로 선택된 여성의 발 길이가 8.0 in. 와 11.0 in. 사이일 확률을 구해라.

c. P_{95}를 구해라.

d. 여성 25명의 발 길이의 평균이 9.8 in. 이상일 확률을 구해라.

기술 프로젝트

이 장의 일부 방법은 기술을 사용하면 쉽지만 없으면 매우 어렵다. 다음 두 프로젝트는 정규성을 평가하고 이항 확률을 찾는데 기술을 사용하면 얼마나 쉬운 지를 보여준다.

1. **정규성 평가** 표본 자료가 정규분포하는 모집단으로부터 나오는지를 결정하는 것이 종종 필요하며, 그 결정은 히스토그램 및 정규 분위 그림의 도움을 받는다. 부록 B의 데이터 세트 1 "신체 자료"를 참조해라. 데이터의 13개 열(연령, 성별 제외) 각각에 대해 데이터가 정규분포하는 모

집단으로부터 나오는지 판단해라. Statdisk 또는 다른 기술을 사용해라. (www.statdisk.org에서 Statdisk의 무료 사본을 다운로드해라.)

자료로부터의 결정

비판적 사고 캠퍼스 기숙사 엘리베이터 설계

Ohio 대학의 한 학생은 24명의 승객을 과적한 기숙사 엘리베이터를 탈출하려고 할 때 사망했다. 엘리베이터의 최대 무게는 2500파운드다. 허용되는 무게가 2500파운드인 엘리베이터를 고려해라. 첨부된 표(부록 B의 데이터 세트 1 "신체 자료"를 기반으로 함)에 표시된 대로 성인의 무게에 대한 모수도 고려해라.

성인의 무게

	남성	여성
μ	189 lb	171 lb
σ	39 lb	46 lb
분포	표준	표준

엘리베이터에서 재생할 수 있는 음악의 유형과 같은 디자인 기능을 고려할 수 있다. "Imagine"이나 "Daydream Believer"와 같은 노래를 선택할 수 있다. 그 대신 무게의 중요한 설계 기능에 초점을 맞춘다.

a. 첫 번째, 엘리베이터는 일반적으로 25%의 오차 범위를 가지기 때문에 명시된 것보다 25% 큰 하중을 안전하게 운반할 수 있다. 2500파운드보다 25% 큰 값은 얼마인가? 이 값을 "최대 안전하중"이라고 하며 2500파운드 제한은 "placard maximum load"라고 한다.

b. 이제 허용될 수 있는 승객의 최대 숫자를 결정해야 한다. 최대 안전하중 또는 2500파운드의 placard maximum load에 기초하여 계산해야 하는가?

c. 첨부된 표에 주어진 무게는 옷이나 책을 제외한 성인의 무게다. 각 학생의 옷과 책에 10파운드를 더한다. 엘리베이터 승객의 최대 수는 얼마인가?

d. 대학생의 무게가 일반 성인 무게와 다르다고 생각하는가? 그렇다면 어떻게 다른가? 그것이 엘리베이터 설계에 어떤 영향을 미치는가?

그룹 활동

1. 교실 내 활동 3명 또는 4명으로 구성된 그룹으로 나누고 맨홀 뚜껑의 디자인에 관한 문제를 해결해라.

- 다음 중 맨홀 뚜껑 직경이 24 in.인지 결정하는데 가장 관련이 있는 것은? 남성의 체중, 여성의 체중, 남성의 키, 여성의 키, 남성의 엉덩이 너비, 여성의 엉덩이 너비, 남성의 어깨너비, 여성의 어깨너비.
- 왜 맨홀은 보통 둥근 모양인가? (IBM의 지원자에게 옛날에 인기 있는 인터뷰 질문이었으며 적어도 세 가지 답변이 있다. 한 가지만 대답해도 충분하다.)

2. 교실 내 활동 3명 또는 4명으로 구성된 그룹으로 나눈다. 출산을 시뮬레이션하기 위해 동전을 사용하여 각 그룹은 25명의 출산을 시뮬레이션하여 여자아이의 수를 기록한다. 그룹의 모든 결과를 합하고 n = 총 출생 수와 여자아이의 수를 기록한다. n개의 출산을 고려하여 여자아이의 수에 대한 평균 및 표준편차를 계산해라. 시뮬레이션 결과가 특이한가? 그 이유는 무엇인가?

7 모수 추정 및 샘플 크기 결정
Estimating Parameters and Determining Sample Sizes

이 장의 문제 터치 테라피는 효과 있는가?

실제 신체 접촉을 하지 않고 환자의 신체 몇 인치 이내에서 손을 움직이는 터치 테라피에 대해 많은 환자들은 30~60달러를 지불한다. 암, 에이즈, 천식, 심장병, 두통, 화장, 뼈 골절 등 다양한 건강 상태를 치료하는 것이 목표다. 그 의미는 전문적으로 훈련된 터치 테라피사가 환자의 에너지 분야에서 잘못된 정렬을 감지할 수 있고, 치료 영역을 재배치하여 치유 과정을 촉진시키는 에너지 균형을 만들 수 있다는 것이다.

Emily Rosa는 그녀가 4학년 때 과학 박람회 프로젝트에 터치 테라피에 관한 주제를 선택했다. 그녀는 21명의 터치 테라피사에게 인간 에너지 분야를 탐지하는 능력에 대한 간단한 테스트에 참여하도록 설득했다. Emily는 손을 위한 두 개의 구멍이 있는 판지 칸막이를 만들었다. 각 터치 테라피사는 두 개의 구멍에 두 손을 넣었으며 Emily는 테라피사의 손 위에 손을 얹었다. 그리고 테라피사는 Emily가 선택한 손을 식별하도록 요청받았다. Emily는 동전 던지기를 사용하여 사용할 손을 임의로 선택했다. 이 테스트는 280번 반복되었다. 터치 테라피사가 실제로 인간의 에너지 분야를 감지할 수 있는 능력이 있다면, 50%보다 유의하게 높게 옳은 손을 식별해야 한다. 그들이 에너지 분야를 감지하는 능력이 없고 단지 추측 한 경우, 약 50%가 정확해야 한다. Emily의 결과는 다음과 같다. 280건의 시도 중 터치 테라피사가 옳은 손을 123번 식별하여 43.9%의 성공률이 나타났다. Emily는 그녀의 어머니, 통계학자, 의사의 도움을 받아 *American Medical Association* 저널에 자신의 연구 결과를 발표했다. 실험 설계 및 결과에 대한 신중하고 철저한 검토 후, "A Close Look at Therapeutic Touch"라는 논문이 출판되었다. (*Journal of the American Medical Association*, Vol. 279, No. 13) Emily는 저널에 출판한 가장 어린 연구원이 되었다. 그리고 그녀는 과학 박람회 프로젝트에 대해 파란 리본을 받았다.

Emily 프로젝트의 주요 결과에 대해 생각해보자. 280건의 임상시험 중 터치 치료사는 123번 정확했다. $n=280$, $x=123$인 표본비율을 가진다. 연구의 타당성에 대한 논쟁에는 실험 횟수가 너무 적어서 의미가 없거나, 터치 치료사들이 단지 하루를 잘못 보냈고, 우연한 기회 때문에 모든 터치 치료사의 모집단만큼 성공적이지 못했다는 주장이 포함될 수 있다.

이 장의 목표

이 장에서는 추론 통계에 대해 알아보자. 다음은 추론 통계의 주요 활동들이며, 이 장에서는 표본 자료를 사용하여 모집단 모수를 추정하는 첫 번째 활동에 대한 방법을 설명한다. 8장에서는 모집단 모수에 대한 주장(또는 가설)을 시험하기 위한 기본 방법을 소개할 것이다.

추론 통계의 주요 활동

1. 표본 자료를 사용하여 모집단 모수의 값(예: 모비율 또는 모평균)을 추정한다.
2. 표본 자료를 사용하여 모집단 모수에 대한 가설(또는 주장)을 테스트한다.

다음은 장의 목적이다.

7-1 모비율 추정

- 모비율의 신뢰구간 추정치를 구성하고 그러한 신뢰구간 추정치를 해석한다.
- 사용되는 절차에 필요한 조건을 확인하고 해당 조건이 충족되는지 여부를 결정한다.
- 모비율을 추정하는 데 필요한 표본 크기를 결정하는 능력을 개발한다.

7-2 모평균 추정

- 모평균의 신뢰구간 추정치를 구성하고 그러한 신뢰구간 추정치를 해석할 수 있다.
- 모평균을 추정하는 데 필요한 표본 크기를 결정한다.

7-3 모집단 표준편차 또는 분산 추정

- 모집단 표준편차 또는 분산의 신뢰구간 추정치를 구성하고 그러한 신뢰구간 추정치를 해석할 수 있는 능력을 개발한다.

7-4 붓스트랩: 추정을 위한 기술사용

- 붓스트랩 방법과 함께 기술을 사용하는 능력을 개발하여 모비율, 모평균, 모집단 표준편차 및 모집단 분산에 대한 신뢰구간 추정치를 작성한다.

7-1 모비율 추정

핵심 개념

이 절에서는 표본비율을 사용하여 해당 모비율의 값을 추론하는 방법을 제시한다. 이 절에서는 모비율 p에 초점을 맞추지만 확률 또는 백분율로도 작업할 수 있다. 백분율을 사용할 때 동등한 비율 값으로 계산을 수행할 것이다. 다음은 이 절에 포함된 세 가지 주요 내용이다.

- **점 추정치:** 표본비율($\hat{p}$로 표시)은 모비율 p의 최적의 점 추정치(또는 단일 값 추정치)이다.
- **신뢰구간:** 표본비율을 사용하여 모비율의 참값에 대한 신뢰구간 추정치를 구성할 수 있으며 그러한 신뢰구간을 구성하고 해석하는 방법을 알아야 한다.
- **표본 크기:** 모비율을 추정하는 데 필요한 표본 크기를 찾는 방법을 알아야 한다.

이 절에서 제시된 개념은 다음 절과 다음 장에서 사용되므로 이해하는 것이 중요하다.

PART 1 점 추정치, 신뢰구간 및 표본 크기

점 추정치

단일 값으로 모비율을 추정하고자 한다면, 가장 좋은 추정치는 표본비율 $\hat{p}$이다. $\hat{p}$는 선상의 점에 해당하는 단일 값으로 구성되기 때문에 **점 추정치**라고 한다.

정의

점 추정치(point estimate)는 모집단 모수를 추정하는 데 사용되는 단일 값이다.

표본비율 $\hat{p}$은 모비율 p의 최적의 추정치이다.

비편향 추정량: p의 점 추정치로 $\hat{p}$을 사용하는 이유는 비편향적이고 사용할 수 있는 추정량 중 가장 일관적이기 때문이다. (비편향 추정량은 통계량의 표집분포가 해당 모집단 모수와 같은 평균을 갖는다는 의미에서 해당 모집단 모수의 값에 해당하는 통계량이다. 통계량 $\hat{p}$은 모비율 p를 대상으로 한다.) 표본비율 $\hat{p}$은 표본비율의 표준편차가 p의 다른 비편향적 추정량의 표준편차보다 작아지는 경향이 있다는 점에서 p의 가장 일관된 추정량이다.

예제 1 터치 테라피

이 장의 문제는 터치 테라피 테스트를 설명한다. 터치 테라피사가 인간의 에너지 분야를 감지할 수 있는 능력이 있다면, 50% 이상 옳은 손을 식별해야 한다. 만약 그들이

(계속)

임의로 추측한다면 성공률은 약 50%가 되어야 한다. 280번의 시도 중 123번이 정답인 결과를 사용하여 정답의 비율에 대한 최적의 점 추정치를 찾는다.

풀이

표본비율은 모비율의 최적 추정치기 때문에 p의 최적 추정치는 123/280 또는 0.439라고 결론 내린다. (표본 결과를 사용하여 정답인 백분율을 계산할 경우 최적의 점 추정치는 43.9%다.)

신뢰구간

신뢰구간이 왜 필요한가? [예제 1]에서 0.439가 모비율 p의 최적 추정치임을 알았지만, 최적의 추정치가 얼마나 좋은지 알 수 없다. 신뢰구간은 추정치가 얼마나 좋은지 잘 보여준다.

정의

신뢰구간(confidence interval)[또는 **구간 추정치(interval estimate)**]는 모집단 모수의 실제 값을 추정하는 데 사용되는 값의 범위(또는 간격)이다. 신뢰구간은 종종 CI로 간략하게 쓰인다.

정의

신뢰수준(confidence level)은 추정 과정이 여러 번 반복된다고 가정할 때, 신뢰구간이 실제로 모집단 모수를 포함하는 확률 $1-\alpha$(예: 0.95, 또는 95%)이다. [신뢰수준은 **신뢰도(degree of confidence)** 또는 **신뢰 계수(confidence coefficient)**라고도 한다.]

다음 표는 신뢰수준과 α에 해당되는 값 사이의 관계를 보여준다. 신뢰수준 95%는 가장 자주 사용되는 값이다.

가장 일반적인 신뢰수준	α에 해당되는 값
90%(또는 0.90) 신뢰수준:	$\alpha = 0.10$
95%(또는 0.95) 신뢰수준:	$\alpha = 0.05$
99%(또는 0.99) 신뢰수준:	$\alpha = 0.01$

다음은 나중에 [예제 3]에서 확인할 수 있는 신뢰구간의 예다.

모비율 p의 0.95(또는 95%) 신뢰구간 추정치는 $0.381 < p < 0.497$이다.

신뢰구간 해석

신뢰구간을 정확하게 해석하는 것에 주의해야 한다. 신뢰구간 $0.381 < p < 0.497$에 대해 올바른 해석과 다양한 잘못된 해석이 있다.

인터넷 설문 조사의 편향?

기술과 소셜 미디어의 광범위한 사용을 활용하여 임의로 선택한 피실험자에 대해 직접 인터뷰나 전화를 사용하는 대신 인터넷을 사용하여 설문 조사를 수행하는 추세가 증가하고 있다. 인터넷 설문 조사는 더 빠르고 훨씬 저렴하며 설문 조사 계획 및 관리에 중요한 이점을 제공한다. 그러나 인터넷 설문 조사는 인터넷을 사용하는 미국 인구의 90%에서만 피실험자를 임의로 선택하기 때문에 편향적인가? Pew Research Center는 온라인 설문 조사 결과와 오프라인 모집단을 포함한 설문 조사를 비교하여 이 문제를 연구했다. 둘의 차이는 전반적으로 작았지만 인터넷과 기술에 관련된 주제는 훨씬 더 큰 차이가 나타났다. 인터넷 설문 조사에서 편향된 결과는 신중하게 고려해야 한다.

올바른 해석: **"0.381에서 0.497까지의 구간에 실제로 모비율 p의 참값이 포함되어 있다고 95% 신뢰한다."**

이것은 크기가 280인 많은 다른 임의의 표본을 선택하고(이 장의 문제와 같이) 해당 신뢰구간을 구성한다면 그 중 95%가 모비율 p를 포함할 것이라고 말하는 짧고 허용되는 표현이다. 이 해석에서 신뢰수준 95%는 모비율을 추정하는 데 사용된 과정의 성공률이다.

잘못된 해석: **"p의 실제 값이 0.381에서 0.497 사이가 될 확률은 95%다."**

p는 고정 값을 가지는 모집단 모수이므로 잘못되었다. 값이 변하는 임의의 변수가 아니다.

잘못된 해석: **"표본비율의 95%는 0.381과 0.497 사이가 될 것이다."**

0.381과 0.497의 값이 하나의 표본으로 인해 발생하기 때문에 잘못되었다. 이들은 모든 표본의 거동을 설명하는 모수가 아니다.

신뢰수준: 프로세스 성공률 95% 신뢰수준은 사용하는 프로세스가 장기적으로 실제 모비율 95%를 포함하는 신뢰구간 한계의 결과를 나타내야 한다는 것을 보여준다. 터치 테라피사의 실제 정답 비율이 $p = 0.50$이라고 가정한다. 그림 7-1을 보면 20명 중 19명(또는 95%)의 다른 신뢰구간은 $p = 0.50$의 가정된 값을 포함한다. 그림 7-1이 말하려고 하는 이야기는 95% 신뢰수준에서, 20개 중 19개(또는 95%)가 실제 P값을 포함할 것이라고 예상한다.

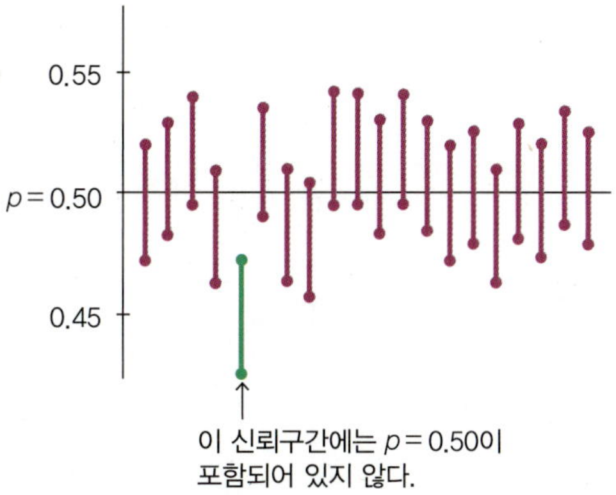

그림 7-1 20개의 서로 다른 표본의 신뢰구간

임계값

임계값은 다음 페이지에서 정의되며 다음과 같은 관측을 기반으로 한다.

1. 특정 조건이 충족되면 그림 7-2와 같이 표본비율의 표집분포는 정규분포로 근사될 수 있다.
2. 표본비율과 관련된 z 값은 그림 7-2의 오른쪽 꼬리 부분의 $\alpha/2$의 확률을 갖는다.
3. 오른쪽 꼬리 부분의 경계에서 z 값은 일반적으로 $z_{\alpha/2}$로 표시되며 유의하게 큰 z 값을 구분하는 경계선에 있기 때문에 임계값이라고 한다.

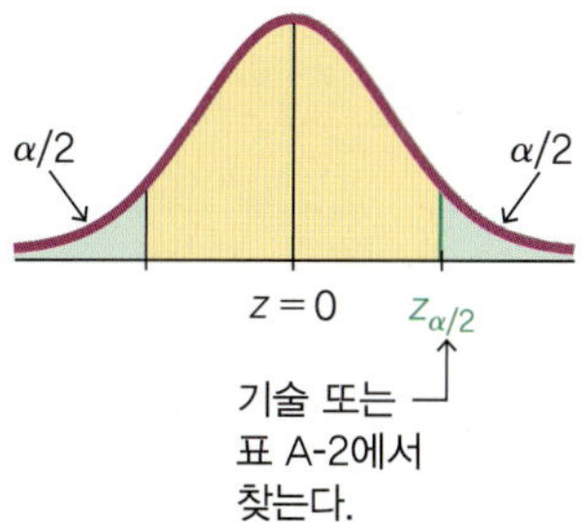

그림 7-2 표준 정규분포에서 임계값 $z_{\alpha/2}$

설문 조사 실시 방법

*New York Times*는 여론 조사 결과 보고에 능숙하다. 이 신문사는 종종 "설문 조사 실시 방법"이라는 제목을 가진 기사와 함께 여론 조사 결과를 보고한다. 설명에는 일반적으로 표본 크기, 오차 범위, 신뢰수준이 95%임을 나타내는 다음 문장이 포함된다.: "이론상 20건 중 19건의 사례에서, 이러한 표본에 기초한 전체적인 결과는 ... 보다 크게 달라지지 않을 것이다." 최근 한 보고서는 투표 등록한 성인이 설문 조사에 포함되었다는 정보를 제공했다. 유선 전화번호는 컴퓨터에 의해 임의로 선택되었고 휴대 전화 번호도 임의로 생성되었다. 결과는 지리적 지역, 성별, 인종, 결혼 여부, 연령 및 교육에 따라 가중치가 적용되었다. "설문 조사 실시 방법" 설명은 여론 조사에 대해 보고하는 모든 미디어의 견본이다.

정의

임계값(critical value)은 중요하지 않은 통계량과 유의하게 높거나 낮은 표본 통계량을 구분하는 경계선상의 수다. $z_{\alpha/2}$는 표준 정규분포의 오른쪽 꼬리 부분에 $\alpha/2$ 영역을 구분하는 경계선에 있는 특성을 갖는 z 값인 임계값이다(**그림 7-2**와 같이).

예제 2 임계값 찾기

95% 신뢰수준에 해당되는 임계값 $z_{\alpha/2}$을 찾으시오.

풀이

95% 신뢰수준은 $\alpha = 0.05$이므로 $\alpha/2 = 0.025$에 해당된다. **그림 7-3**은 각 꼬리 부분의 초록색 음영 처리된 면적이 $\alpha/2 = 0.025$임을 보여준다. 왼쪽의 누적 면적은 $1 - 0.025$ 또는 0.975라는 점에 주의하여 $z_{\alpha/2} = 1.96$을 찾는다. 기술을 사용하거나 표 A-2를 참고하여 0.9750의 누적 왼쪽 면적이 $z = 1.96$에 해당한다는 것을 알 수 있다. 따라서 95% 신뢰수준에서 임계값은 $z_{\alpha/2} = 1.96$이다.

95% 신뢰수준에서 임계 z 값을 찾을 때 누적 왼쪽 면적은 0.9750이다(0.95가 아님). 이것을 다음과 같이 생각하라.

신뢰수준		양쪽 꼬리의 면적		오른쪽 꼬리의 면적		오른쪽 꼬리를 제외한 누적 면적
95%	→	$\boldsymbol{\alpha = 0.05}$	→	$\boldsymbol{\alpha/2 = 0.025}$	→	$\mathbf{1 - 0.025 = 0.975}$

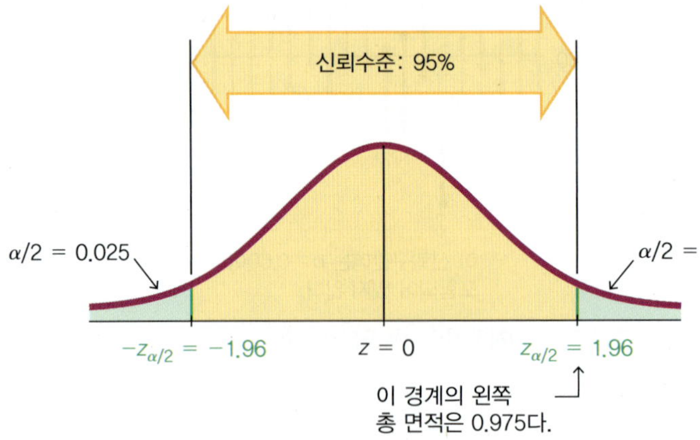

그림 7-3 95% 신뢰수준에서 임계값 $z_{\alpha/2}$ 찾기

[예제 2]는 95% 신뢰수준에서 임계값 $z_{\alpha/2} = 1.96$을 나타낸다. 이것은 가장 일반적인 임계값이며 다음 표에 두 개의 다른 일반적인 값과 함께 나열된다.

신뢰수준	α	임계값, $z_{\alpha/2}$
90%	0.10	1.645
95%	0.05	1.96
99%	0.01	2.575

오차 범위

이제 언론 보도에서 자주 들었던 **오차 범위** E에 대해 정의한다.

정의

단순 임의표본의 자료가 모비율 p를 추정하는 데 사용될 때 표본비율 $\hat{p}$와 모비율 p의 차이는 오차이다. 이 오차의 최대 가능성은 E로 표시된 **오차 범위(margin of error)**다. $\hat{p}$와 p의 차이가 E 이하인 확률은 $1-\alpha$(0.95와 같이)이다. 오차 E는 추정치의 최대 오차라고도 불리며, 공식 7-1에 나타난 바와 같이 임계값과 표본비율의 추정된 표준편차를 곱하여 구할 수 있다.

공식 7-1

$$E = z_{\alpha/2}\sqrt{\frac{\hat{p}\hat{q}}{n}}$$ **비율의 오차 범위**

↑ 임계값 ↑ 표본비율의 추정된 표준편차

핵심요소

모비율 p를 추정하기 위한 신뢰구간

목표

모비율 p를 추정하는 데 사용되는 신뢰구간을 작성한다.

표기

p = 모비율

$\hat{p}$ = 표본비율

n = 표본 값 개수

E = 오차 범위

$z_{\alpha/2}$ = 임계값: 표준 정규분포의 오른쪽 꼬리 부분에서 $\alpha/2$의 면적을 구분하는 z 값

조건

1. 표본은 단순 임의표본이다.
2. 이항 분포의 조건이 만족된다: 고정된 횟수의 시험이 있으며 시험은 독립적이다. 결과에는 두 가지 범주가 있으며 확률은 각 시험에 대해 일정하게 유지된다(5-2절과 같이).
3. 적어도 5번의 성공과 5번의 실패가 있다. (이 조건은 $np \ge 5$와 $nq \ge 5$를 검증하는 방법이므로 정규분포는 이항 분포에 적합하게 근사한다.)

p의 신뢰구간 추정치

$$\hat{p} - E < p < \hat{p} + E \quad \text{where} \quad E = z_{\alpha/2}\sqrt{\frac{\hat{p}\hat{q}}{n}}$$

신뢰구간은 종종 다음과 같은 두 가지 형식으로 표현된다.

$$\hat{p} \pm E \quad \text{또는} \quad (\hat{p} - E,\ \hat{p} + E)$$

p의 신뢰구간 추정치에 대한 반올림 규칙

p에 대한 신뢰구간 한계를 3자리 유효 숫자로 반올림한다.

p에 대한 신뢰구간 작성 절차

1. 위의 핵심요소의 조건이 충족되는지 확인한다.
2. 기술 또는 표 A-2를 사용하여 원하는 신뢰수준에 해당하는 임계값 $z_{\alpha/2}$를 찾는다.
3. 오차 범위를 평가한다. $E = z_{\alpha/2}\sqrt{\hat{p}\hat{q}/n}$
4. 계산된 오차 범위 E 값과 표본비율 $\hat{p}$ 값을 사용하여 신뢰구간 한계 $\hat{p} - E$와 $\hat{p} + E$ 값을 찾는다. 이러한 값들을 신뢰구간의 일반적인 형식으로 교체해라.
5. 신뢰구간 한계 결과를 유효 숫자 3자리까지 반올림한다.

예제 3 신뢰구간 작성: 터치 테라피

이 장의 문제에서 터치 테라피사에 관한 실험은 280번의 시도 중 123번이 올바른 반응인 것으로 나타났다. 표본 결과는 $n = 280$, $\hat{p} = 123/280$ 또는 0.439이다.

a. 95% 신뢰수준에 해당하는 오차 E를 찾아라.

b. 모비율 p의 95% 신뢰구간 추정치를 찾아라.

c. 결과는 터치 테라피사가 동전 던지기와 같은 성공률을 보인다고 결론 내릴 수 있는가?

풀이

조건 확인 (1) 실험을 조사한 결과 정상적이라는 것이 밝혀졌기 때문에 결과를 단순 임의표본으로 다룬다. (2) 고정된 횟수의 실험(280번)이 있기 때문에 이항 실험 조건이 만족되며, 그 실험은 독립적이고(터치 테라피사의 결과가 다른 터치 테라피사의 결과에 영향을 미치지 않기 때문에) 결과에는 두 범주가 있으며(옳고 그름) 확률은 일정하게 유지되며 시간이 지나도 변하지 않는다. (3) 성공 횟수(123번)와 실패 횟수(157번) 모두 5 이상이다. 조건 확인이 성공적으로 완료되었다. ✓

기술 신뢰구간과 오차 범위는 기술을 사용하여 쉽게 찾을 수 있다. Statdisk 화면의 왼쪽에서 요구되는 기재 사항을 볼 수 있으며 오른쪽에 결과가 표시된다. 결과는 오차 범위가 $E = 0.0581$(반올림됨)이고 신뢰구간이 $0.381 < p < 0.497$(반올림됨)으로 나

타났다. (화면에 포함된 Wilson 점수 신뢰구간은 이 절의 PART 2에서 나중에 논의될 것이다.)

Statdisk

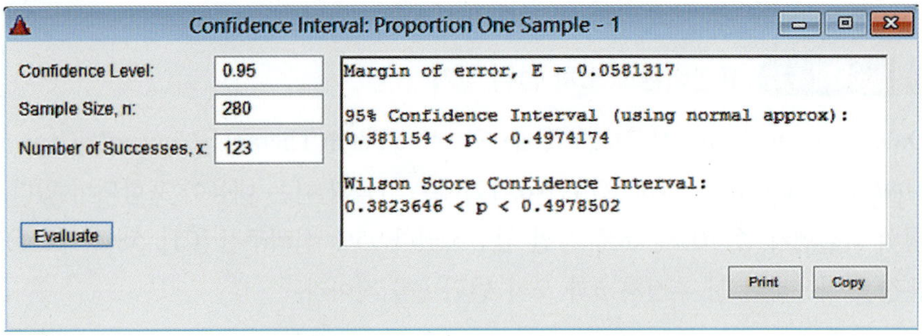

수동 계산 수동 계산으로 신뢰구간을 찾는 방법은 다음과 같다.

a. 오차 범위는 $z_{\alpha/2} = 1.96$([예제 2]에서와 같이), $\hat{p} = 0.439$, $\hat{p} = 0.561$, $n = 280$과 공식 7-1을 사용하여 찾을 수 있다.

$$E = z_{\alpha/2}\sqrt{\frac{\hat{p}\hat{q}}{n}} = 1.96\sqrt{\frac{(0.439)\,(0.561)}{280}} = 0.058129$$

b. $\hat{p} = 0.439$, $E = 0.058129$라는 것을 알고 있으므로 신뢰구간을 구성하는 것은 매우 쉽다. 이러한 결과를 얻으려면 단순히 값들을 대체하여라.

$$\hat{p} - E < p < \hat{p} + E$$
$$0.439 - 0.058129 < p < 0.439 + 0.058129$$
$$0.381 < p < 0.497 \quad \text{(3자리 유효 숫자로 반올림 됨)}$$

이 같은 결과는 0.439 ± 0.058 또는 (0.381, 0.497)의 형식으로 표현될 수 있다. 실제 모집단 **백분율**에 대한 95% 신뢰구간을 원한다면 $38.1\% < p < 49.7\%$의 결과로 나타낼 수 있다.

c. (b)에서 얻은 신뢰구간에 근거하여 터치 테라피사의 결과는 50% 미만인 것으로 나타난다(0.381에서 0.497 사이의 구간은 0.50보다 작은 구간이기 때문에).

신뢰구간에서 점 추정치와 E 찾기

때때로 우리는 저널 기사나 기술로부터 얻었을 수도 있는 신뢰구간을 더 잘 이해하기를 원한다. 이미 신뢰구간 한계를 알고 있다면 표본비율(또는 최적의 점 추정치) $\hat{p}$와 오차 범위 E는 다음과 같이 구할 수 있다.

점 추정치 p:

$$\hat{p} = \frac{(\text{상위 신뢰구간 한계}) + (\text{하위 신뢰구간 한계})}{2}$$

오차 범위:

$$E = \frac{(\text{상위 신뢰구간 한계}) - (\text{하위 신뢰구간 한계})}{2}$$

예제 4 표본비율과 오차 범위 찾기

Dale, Hurt, et al.의 기사 "High-Dose Nicotine Patch Therapy" (*Journal of American Medical Association*, Vol. 274, No. 17)에는 다음과 같은 내용이 포함되어 있다. "71명의 피실험자 중 70%는 8주 동안 금연하였다(95% 신뢰구간 [CI], 58%~81%)." 이 문장을 사용하여 점 추정치 $\hat{p}$과 오차 범위 E를 찾아라.

풀이

"58%에서 81%"라는 주어진 문장에서 95% 신뢰구간이 $0.58 < p < 0.81$임을 알 수 있다. 점 추정치 $\hat{p}$은 신뢰구간의 상한 값과 하한 값의 중간 값이므로

$$\hat{p} = \frac{(\text{상위 신뢰 한계}) + (\text{하위 신뢰 한계})}{2} = \frac{0.81 + 0.58}{2} = 0.695$$

임을 알 수 있다.

오차 범위는 다음과 같이 찾을 수 있다:

$$E = \frac{(\text{상위 신뢰 한계}) - (\text{하위 신뢰 한계})}{2} = \frac{0.81 - 0.58}{2} = 0.115$$

가설검정을 위한 신뢰구간의 사용

신뢰구간은 모비율 p에 대한 일부 주장을 비공식적으로 해결하는 데 사용될 수 있다. 예를 들어 표본 결과가 100건의 출생 중 70명의 여자아이로 구성된 경우 95% 신뢰구간 $0.610 < p < 0.790$을 사용하여 여자아이의 비율이 50%와 다르다는 주장을 비공식적으로 지지할 수 있다(왜냐하면 0.50이 신뢰구간 내에 포함되어 있지 않기 때문).

표본 크기 결정

모비율을 추정하기 위해 표본 자료를 수집할 계획이라면 얼마나 많은 표본 단위를 확보해야 하는지 어떻게 알 수 있는가? 오차 범위 E(공식 7-1)에 대한 식을 표본 크기 n에 대해 풀면 다음과 같은 공식 7-2가 나온다. 공식 7-2는 모비율 p의 추정치로 $\hat{p}$을 요구하지만 그러한 추정치가 알려져 있지 않은 경우(흔히 그렇듯이) $\hat{p}$을 0.5로 대체하고 $\hat{q}$을

0.5로 대체하여 공식 7-3의 결과를 얻게 된다. $\hat{p}$과 $\hat{q}$을 0.5로 대체하면 가능한 가장 큰 표본 크기가 되므로 표본 크기가 p를 추정하기에 적합하다고 확신할 수 있다.

핵심요소

모비율을 추정하는 데 필요한 표본 크기 찾기

목표

모비율 p를 추정하기 위해 표본 크기 n이 얼마나 커야 하는지 결정한다.

표기

p = 모비율

$\hat{p}$ = 표본비율

n = 표본 값 개수

E = 원하는 오차 범위

$z_{\alpha/2}$ = 표준 정규분포의 오른쪽 꼬리 부분에서 $\alpha/2$의 면적을 구분하는 z 값

조건

표본은 독립 표본의 단순 임의표본이어야 한다.

추정치 $\hat{p}$이 알려져 있을 때: **공식 7-2** $n = \dfrac{[z_{\alpha/2}]^2 \hat{p}\hat{q}}{E^2}$

추정치 $\hat{p}$이 알려져 있지 않을 때: **공식 7-3** $n = \dfrac{[z_{\alpha/2}]^2 0.25}{E^2}$

이전 표본, 시험 연구 또는 다른 사람의 전문 지식을 사용하여 $\hat{p}$의 합리적인 추정이 가능하다면 공식 7-2를 사용해라. $\hat{p}$의 값에 대해 알려진 것이 없으면 공식 7-3을 사용해라.

표본 크기를 결정하기 위한 반올림 규칙

계산된 표본 크기 n이 정수가 아니면 n의 값을 더 큰 정수로 올림하므로 표본의 크기는 약간 부족한 것이 아닌 충분한 상태이다. 예를 들어 384.16은 385로 올림한다.

예제 5 홍역 예방 접종을 받은 어린이의 비율은?

홍역 예방 접종을 받은 어린이(1살 이상)의 비율을 알기 위해 조사를 실시한다면, 표본 백분율이 3% 이하의 오차에 있다는 것을 95% 신뢰하기 위해 조사해야 하는 어린이는 몇 명인가?

a. 최근 조사에서 90%의 어린이가 홍역 예방 접종을 받았다고 가정한다.

b. 모비율의 가능한 값을 제안하는 사전 정보가 없다고 가정한다.

(계속)

풀이

a. 95% 신뢰수준에서 $\alpha = 0.05$이므로 $z_{\alpha/2} = 1.96$이다. 또한 오차 범위는 $E = 0.03$으로 "3%"의 소수치이다. 선행 조사에 따르면 $\hat{p} = 0.90$이므로 $\hat{q} = 0.10(\hat{q} = 1 - 0.90)$이다. 추정 값 $\hat{p}$을 알고 있기 때문에 다음과 같이 공식 7-2를 사용한다.

$$n = \frac{[z_{\alpha/2}]^2 \hat{p}\hat{q}}{E^2} = \frac{[1.96]^2 (0.90)(0.10)}{0.03^2}$$
$$= 384.16 = 385 \text{ (올림)}$$

적어도 385명의 아이들이 포함된 단순 임의표본을 얻어야 한다.

b. $\hat{p}$(또는 $\hat{q}$)에 대한 사전 지식이 없으면 다음과 같이 공식 7-3을 사용한다.

$$n = \frac{[z_{\alpha/2}]^2 \cdot 0.25}{E^2} = \frac{[1.96]^2 \cdot 0.25}{0.03^2}$$
$$= 1067.11 = 1068 \text{ (올림)}$$

적어도 1068명의 아이들이 포함된 단순 임의표본을 얻어야 한다.

해석

표본비율이 어린이들에 대한 실제 백분율의 3% 이내에 있다고 95% 확신하기 위해서는 사전 지식이 없다고 가정할 때 1068명의 어린이들에 대해 단순 임의표본을 얻어야 한다. 이 결과를 (a)에서 찾은 표본 크기 385와 비교하면 이전 연구에 대해 지식이 없는 경우 $\hat{p}$ 값을 추정할 수 있을 때와 비교하여 동일한 결과를 얻기 위해서는 더 큰 표본이 필요하다는 것을 알 수 있다.

주의 표본 크기를 계산할 때 세 가지 일반적인 오류가 발생하지 않도록 해라.

1. $E = 3$을 "3%"에 해당하는 오차 범위로 사용하는 실수를 하지 마라. 오차 범위가 3%인 경우 $E = 0.03$을 사용해라.
2. $z_{\alpha/2}$의 임계 z 값을 반드시 교체해라. 예를 들어 95% 신뢰도로 작업할 때 $z_{\alpha/2}$를 1.96으로 교체해라. $z_{\alpha/2}$를 0.95 또는 0.05로 교체하는 실수를 하지 마라.
3. 일반적인 반올림 규칙을 사용하지 않고 더 큰 정수로 올림해라. 1067.11을 1068로 올림해라.

모집단 크기 N의 역할 공식 7-2와 7-3은 표본 크기가 모집단의 크기(N)에 의존하지 않는다는 것을 보여주기 때문에 주목할 만하다. 표본 크기는 원하는 신뢰수준, 오차 범위 및 때로는 알려진 $\hat{p}$의 추정치에 따라 달라진다. (유한 모집단에서 비복원 추출되는 비교적 큰 표본을 선택하여 표본 크기 n이 모집단 크기 N에 따라 달라지는 경우를 다루려면 연습문제 37을 참조해라.)

PART 2 더 나은 신뢰구간

왈드 신뢰구간의 단점

포함 확률 신뢰구간의 포함 확률은 실제 모비율을 포함하는 신뢰구간의 실제 비율이다. 0.95(또는 95%)와 같은 특정 신뢰수준을 선택하면 실제 포함 확률을 원하는 신뢰수준과 동일하게 얻고자 한다. 그러나 PART 1에 설명된 신뢰구간("왈드 신뢰구간"이라고 함)의 경우 실제 포함 확률은 일반적으로 우리가 선택한 신뢰수준보다 작거나 같으며 상당히 작을 수 있다. 예를 들어 95% 신뢰수준을 선택하면, 일반적으로 모비율 p를 포함하는 95% 이하의 신뢰구간을 얻는다. (이를 "너무 관대하다"라고도 한다.) 이러한 이유로 왈드 신뢰구간은 전문 응용 및 전문 저널에서 거의 사용되지 않는다.

더 나은 신뢰구간

연습문제에 대한 중요한 참고 사항: 일부 Beyond the Basics 연습문제를 제외하고 7-1절의 연습문제는 여기에 기술된 신뢰구간이 아니라 PART 1에 기술된 왈드 신뢰구간을 구성하는 방법에 기초한다. 학생들은 앞에서 설명한 방법을 배우는 것을 추천하지만 이용 가능한 더 나은 방법이 있고 이는 적절한 기술로 사용할 수 있다는 것을 인지해야 한다.

Plus Four 방법 *Plus Four* 신뢰구간은 포함 확률이 사용되는 신뢰수준에 더 가깝다는 의미에서 왈드 신뢰구간보다 우수하다. Plus Four 신뢰구간은 다음과 같이 매우 간단한 절차를 사용한다. 성공 횟수 x에 2를 더하고 실패 횟수에 2를 더한 다음 (횟수 n이 4만큼 증가하도록) 이 절의 PART 1에서 설명한 대로 왈드 신뢰구간을 찾는다. Plus Four 신뢰구간은 계산하기 매우 쉽고 뒤에 나오는 Wilson score 신뢰구간과 유사한 포함 확률을 갖는다.

Wilson score 왈드 신뢰구간보다 우수한 또 다른 신뢰구간은 *Wilson score* 신뢰구간이다.

$$\frac{\hat{p} + \dfrac{z_{\alpha/2}^2}{2n} \pm z_{\alpha/2}\sqrt{\dfrac{\hat{p}\hat{q} + \dfrac{z_{\alpha/2}^2}{4n}}{n}}}{1 + \dfrac{z_{\alpha/2}^2}{n}}$$

Wilson score 신뢰구간은 포함 확률이 신뢰수준에 더 가깝다는 의미에서 왈드 신뢰구간보다 우수하다. 95% 신뢰수준에서, Wilson score 신뢰구간은 모수 p를 포함할 확률을 0.95에 가까워지게 한다. 위 식의 복잡함은 Wilson score 신뢰구간 결과를 제공하는 Statdisk 또는 XLSTAT와 같은 일부 기술을 사용하여 피할 수 있다.

Clopper-Pearson 방법 Clopper-Pearson 방법은 분포의 근사치 대신 정확한 이항 분포를 기반으로 한다는 점에서 "정확한" 방법이다. 이러한 점에서 지나치게 보수적이라는 비난을 받고 있다: 특정 신뢰수준을 선택할 때 일반적으로 포함 확률은 선택한 신뢰수준보다 크거나 같다. 신뢰수준을 0.95로 선택하고, 실제 포함 확률은 일반적으로 0.95 이상이므로 이러한 신뢰구간의 95% 이상에 p가 포함된다. 이 방법을 사용한 계산은 여기서 생각하기에는 너무 복잡하다.

어떤 방법이 가장 좋은가? 여기서 논의되지 않은 신뢰구간을 구성하는 다른 방법들이 있다. p의 신뢰구간 추정에 어떤 방법이 최선인지에 대한 보편적인 합의는 없다.

- 왈드 신뢰구간은 학생들에게 신뢰구간을 소개하기 위한 교육 도구로서 가장 좋다.
- plus four 신뢰구간은 왈드만큼 쉽고 선택된 신뢰수준에 더 가까운 포함 확률을 가지므로 왈드보다 우수하다.

다시 말하지만, 일부 Beyond the Basics 연습문제를 제외한 다음의 연습문제들은 여기서 논의되는 우수한 신뢰구간이 아니라 앞에서 설명한 왈드 신뢰구간을 기반으로 한다.

테크 센터

비율: 신뢰구간 및 표본 크기 결정

www.TriolaStats.com에서 기술 지침, 비디오, 데이터 집합을 참조하십시오.

7-1 기본적인 기술 및 개념

통계적 해석 및 비판적 사고

1. 결과 보고 다음은 미디어에서 일반적으로 사용되는 정해진 결과 형식이다. "옥시콘틴(옥시코돈)으로 치료받은 227명의 피실험자를 대상으로 한 임상시험에서 13%가 어지럼증을 호소했다. 오차 범위는 ±4%다." 어떤 중요한 특징이 생략되었는가?

2. 표기 연습문제 1에서 $\hat{p}$, $\hat{q}$, n, E, p의 값은? 신뢰수준이 95%라면 α의 값은?

임계값 찾기 연습문제 3~4에서는 주어진 신뢰수준에 해당하는 임계값 $z_{\alpha/2}$를 찾아라.

3. 90%

4. 99.5%

신뢰구간 형식 연습문제 5~6에서는 표시된 형식을 사용하여 신뢰구간을 표현해라. (신뢰구간은 눈 색깔의 비율에 기반을 둔다.)

5. 갈색 눈 $\hat{p} \pm E$의 형태로 $0.375 < p < 0.425$를 표현해라.

6. 초록색 눈 $\hat{p} - E < p < \hat{p} + E$의 형태로 신뢰구간 (0.0780, 0.162)을 표현해라.

신뢰구간 작성 및 해석 연습문제 7~8에서는 주어진 표본 자료와 신뢰수준을 사용해라. 각각 (a) 모비율 p에 대한 최적의 점 추정치 찾기, (b) 오차 범위 E 값 확인, (c) 신뢰구간 작성하기, (d) 신뢰구간을 올바르게 해석하는 문장 작성하기

7. 옥시콘틴 옥시콘틴(옥시코돈)의 임상시험에서, 옥시콘틴으로 치료받은 227명의 피실험자 중 16명의 피실험자는 두통을 앓았다. 두통을 겪은 피실험자의 비율에 대해 95% 신뢰구간을 작성해라.

8. 조사 회수율 휴대 전화 사용과 뇌의 반구상 우성에 관한 연구에서, 귀를 중심으로 한 온라인 그룹에서 임의로 선발된 5000명의 피실험자들에게 인터넷 설문조사를 이메일 보냈다. 717건의 설문조사가 반환되었다. 회수된 조사 비율에 대한 90% 신뢰구간을 작성해라.

비판적 사고 연습문제 9~14에서는 데이터 및 신뢰수준을 사용하여 p의 신뢰구간 추정치를 작성한 다음 주어진 질문에 답해라.

9. 출생 뉴욕에서 860건의 출생을 임의로 추출한 표본에서 426건이 남자아이였다. 전체 출생에서 남자아이의 비율의 95% 신뢰구간 추정치를 작성해라. 전체 출생 중 남자아이의 비율은 0.512로 추정된다. 표본 결과는 그러한 믿음에 강력한 증거를 제공하는가?

10. 옥시콘틴 옥시콘틴(옥시코돈)은 통증 치료에 사용되지만 중독의 위험이 있으며 치명적일 수 있기 때문에 위험하다. 임상시험에서 227명의 피실험자는 옥시콘틴으로 치료받았고 그 중 52명은 메스꺼움이 생겼다. (Purdue Pharma L.P. 자료에 근거)

a. 메스꺼움이 발생한 옥시콘틴 사용자의 95% 신뢰구간 추정치를 작성해라.

b. 옥시콘틴 대신 위약으로 치료한 45명의 피실험자 중 메스꺼움을 일으킨 5명의 피실험자의 95% 신뢰구간과 (a)의 결과를 비교하라. $1.93\% < p < 20.3\%$. 어떤 결론을 내릴 것인가?

11. 휴대 전화 및 암 덴마크의 휴대 전화 사용자 420,095명을 대상으로 한 연구 결과 0.0321%가 뇌 또는 신경계에 암이 발생한 것으로 밝혀졌다. 휴대 전화 사용에 대한 연구 이전에, 휴대 전화를 사용하지 않는 사람들의 이러한 암에 대한 발생률은 0.0340%이었다. 이 자료는 *National Cancer Institute* 저널의 자료다.

a. 표본 자료를 이용하여 뇌 또는 신경계 암에 걸린 휴대 전화 사용자의 비율에 대한 90% 신뢰구간 추정치를 작성해라.

b. 휴대 전화 사용자의 뇌 또는 신경계 암의 발병률은 휴대 전화를 사용하지 않는 사람들의 암 발병률과 다른가? 그 이유는 무엇인가?

12. 성별 선택 임상시험이 중단되기 전에, Genetics & IVF institute는 여자아이를 임신할 확률을 높이기 위해 고안된 XSORT 방법에 대한 임상시험을 실시하였으며, XSORT 방법을 사용하여 태어난 945명의 아기들 중 879명이 여자였다. 성공 비율에 대한 95% 신뢰구간 추정치를 작성해라. 어떤 결론을 지을 수 있는가?

13. 죽음 연기 흥미로운 가설은 주요 명절이나 생일과 같은 중요한 행사에서 살아 있기 위해 일시적으로 죽음을 연기할 수 있다는 것이다. 이런 현상에 대한 연구 결과 추수 감사절 전 주와 다음 주에 총 12,000명이 사망했고, 이 중 6062명이 추수 감사절 전 주에 사망한 것으로 나타났다 ("Holidays, Birthdays, and Postponement of Cancer Death," by Young and Hade, *Journal of the American Medical Association*, Vol. 292, No. 24. 자료에 근거). 추수 감사절 전 주와 다음 주의 총 사망자 수에 대해 추수 감사절 전 주의 사망자 수의 비율에 대한 95% 신뢰구간 추정치를 작성해라. 그 결과에 따르면, 추수 감사절에 살아 있기 위해 일시적으로 죽음을 연기할 수 있다고 할 수 있는가? 그 이유는 무엇인가?

14. 금연 환자의 금연을 돕기 위해 고안된 프로그램에서 198명의 환자들이 지속적인 치료를 받았고 그 중 82.8%가 한 달 후 흡연을 하지 않았다. 통상적 치료를 받은 199명의 환자 중 62.8%는 한 달 후에 흡연을 하지 않았다. ("Sustained Care Intervention and Postdischarge Smoking

Cessation Among Hospitalized Adults," by Rigotti et al., *Journal of the American Medical Association*, Vol. 312, No.7 자료에 근거) 두 성공률에 대한 95% 신뢰구간 추정치를 작성하고 결과를 비교해라. 어떤 결론을 지을 수 있는가?

표본 크기 결정 연습문제 15~18에서는 주어진 데이터를 사용하여 모집단의 비율이나 백분율을 추정하는 데 필요한 최소 표본 크기를 찾아라.

15. 왼손잡이 왼손잡이인 캘리포니아 주민의 비율을 추정하는 데 필요한 표본 크기를 찾아라. 오차 범위는 3%이며, 신뢰수준은 99%를 사용해라.

a. $\hat{p}$과 $\hat{q}$을 모른다고 가정한다.

b. 이전 연구에 따르면, 캘리포니아 주민의 약 10%가 왼손잡이라고 가정해라.

c. 캘리포니아 대신 미국 전체를 사용하는 경우 (a)와 (b)의 결과는 어떻게 변하는가?

16. 4년제 학사 학위 대학생을 위한 정부 재정 지원에 관한 연구에서는 4년 이내에 학사 학위를 취득하는 대학생의 비율을 추정하는 것이 필요하다. 백분율을 추정하는 데 필요한 표본 크기를 찾아라. 오차 범위는 0.05, 신뢰수준은 95%를 사용해라.

a. 추정할 백분율에 대해 알려진 것이 없다고 가정해라.

b. 이전 연구에 따르면, 학생의 약 40%가 4년 이내에 학사 학위를 취득하는 것으로 가정해라.

c. 추가된 (b)의 내용은 표본 크기에 많은 영향을 미치는가?

17. 생체 보안 기술 암호를 대체하기 위해 지문과 같은 생체 보안 기술을 고려할 때, 암호를 생체 보안 기술로 대체해야 한다고 생각하는 성인의 비율을 추정하고자 한다. 임의로 선정된 성인 중 몇 명을 대상으로 조사해야 하는가? 표본비율이 실제 모비율의 2.5% 이내임을 95% 신뢰할 수 있도록 가정한다.

a. 암호가 생체 보안 기술로 대체되어야 한다고 생각하는 성인의 비율에 대해서 알려진 것이 없다고 가정해라.

b. 이전 연구에 따르면, 성인의 약 53%가 생체 보안 기술이 암호를 대체해야 한다고 생각한다고 가정해라(*USA Today* 보고서 자료에 근거).

c. 추가된 (b)의 내용은 표본 크기에 많은 영향을 미치는가?

18. 시력 교정 제조 회사가 새로운 안경 시장 진출을 고려하고 있다. 안경을 낀 성인의 비율 추정치가 실제 모비율의 3% 이내임을 90% 확신하기 위해 얼마나 많은 사람들을 조사해야 하는가?

a. 안경을 낀 성인의 비율에 대해 알려진 것이 없다고 가정해라.

b. 성인의 약 53%가 안경을 착용한다고 가정해라(Vision Council 사전 조사 자료에 근거).

c. 요구되는 표본 크기가 비교적 작을 때, 단순히 알고 있는 성인에 대해서만 조사할 수 있는가?

7-1 기초를 넘어서

19. 유한 모집단 보정 계수 공식 7-2와 7-3에 대해 우리는 모집단이 무한하거나 매우 크고 복원

추출한다고 가정한다. 크기가 N인 비교적 작은 모집단에서 비복원 추출될 때, 여기에 표시된 유한 모집단 보정 계수를 포함하도록 E를 수정하고, 다음과 같은 결과를 얻기 위해 n을 풀 수 있다. 출산할 수 있는 시기가 끝난 여성 2500명이 있는 지역으로 모집단을 제한한다고 가정하여 다음 문제를 풀어라.

출산 여성 유행병학자는 출산 여성의 비율을 추정하기 위한 조사를 계획하고 있다. 추정된 비율의 오차가 2%를 넘지 않는다는 것을 99% 확신하기 위해 몇 명의 여성을 조사해야 하는가? 단, U.S. Census Bureau에서 실시한 이전 연구에서 82%가 출산했다고 가정해라.

$$E = z_{\alpha/2}\sqrt{\frac{\hat{p}\hat{q}}{n}}\sqrt{\frac{N-n}{N-1}} \qquad n = \frac{N\hat{p}\hat{q}[z_{\alpha/2}]^2}{\hat{p}\hat{q}[z_{\alpha/2}]^2 + (N-1)E^2}$$

20. 성공하지 못하는 것에 대처하기 3의 법칙에 따르면 $x=0$의 성공률을 가진 표본 크기 n을 가질 때 실제 모비율이 $3/n$의 상한을 가진다는 95% 확신을 가지고 있다. ("A Look at the Rule of Three," by Jovanovic and Levy, *American Statistician*, Vol. 51, No. 2. 자료에 근거)

a. n개의 독립적인 실험이 성공하지 못한다면, 이 절에서 설명된 방법을 사용하여 신뢰구간 한계를 찾을 수 없는 이유는 무엇인가?

b. 40쌍의 부부가 성별 선택 방법을 사용하고 각각의 부부가 여자아이를 갖는다면, 남자아이인 비율 p에 대한 95% 상한은 얼마인가?

7-2 모평균 추정

핵심 개념

이 절의 주요 목표는 표본평균 $\bar{x}$를 사용하여 해당 모평균 μ를 추론하는 방법을 제시하는 것이다. 이 절에는 세 가지 주요 개념이 포함되어 있다.

- **점 추정치:** 표본평균 $\bar{x}$는 모평균 μ의 최적의 점 추정치(또는 단일 값 추정치)이다.
- **신뢰구간:** 표본 자료를 사용하여 모평균 μ의 참값에 대한 신뢰구간 추정치를 작성하고 해석한다.
- **표본 크기:** 모평균을 추정하는 데 필요한 표본 크기를 찾는다.

이 절의 PART 1은 μ를 추정하고자 하고 모집단 표준편차 σ를 알 수 없을 때 매우 현실적이고 일반적으로 사용되는 경우를 다룬다. PART 2에서는 매우 드물게 σ를 알 때 사용되는 절차에 대한 간략한 설명이 포함되어 있다.

PART 1 σ를 알 수 없을 때 모평균 추정

모평균 μ의 미지의 값을 추정하고자 하지만 모집단 표준편차 σ의 값을 아는 것은 드문 일이므로 PART 1은 σ를 알 수 없는 현실적인 상황에 초점을 맞춘다.

점 추정치 6-3절에서 논의된 것처럼, 표본평균 $\bar{x}$는 모평균 μ의 **비편향 추정량**이다. 또한 많은 모집단의 경우 표본평균은 다른 중심 측도보다 덜 변화하는 경향이 있다. 이러한 이유로 표본평균 $\bar{x}$는 일반적으로 모평균 μ에 대한 최적의 점 추정치다.

표본평균 $\bar{x}$는 모평균 μ에 대한 최적의 점 추정치다.

최적의 점 추정치도 그것이 얼마나 정확한지 알려주지 않기 때문에 단일 값 대신 범위(또는 구간)로 구성된 **신뢰구간**(또는 **구간추정**)을 사용한다.

신뢰구간 다음의 핵심요소에는 σ를 알 수 없는 일반적인 상황에서 모평균 μ의 신뢰구간 추정치를 작성하기 위한 핵심 요소가 포함된다.

핵심요소

σ를 알 수 없을 때 모평균을 추정하기 위한 신뢰구간

목표

모평균을 추정하는 데 사용되는 신뢰구간을 작성한다.

표기

μ = 모평균

$\bar{x}$ = 표본평균

s = 표본 표준편차

n = 표본 값의 수

E = 오차 범위

조건

1. 표본은 단순 임의표본이다.
2. 다음 조건 중 하나 또는 둘 모두 충족한다: 모집단이 정규분포하거나 $n > 30$이다.

신뢰구간

형식: $\bar{x} - E < \mu < \bar{x} + E$ 또는 $\bar{x} \pm E$ 또는 $(\bar{x} - E, \bar{x} + E)$

- **오차 범위:** $E = t_{\alpha/2} \cdot \dfrac{s}{\sqrt{n}}$ (자유도$= n - 1$)
- **신뢰수준:** 신뢰구간은 0.95(또는 95%)와 같은 신뢰수준과 α는 연관되며 신뢰수준을 보완한다. 0.95(또는 95%) 신뢰수준의 경우 $\alpha = 0.05$이다.
- **임계값:** $t_{\alpha/2}$는 스튜던트 t 분포의 오른쪽 꼬리 부분에 $\alpha/2$ 영역을 구분하는 임계값이다.
- **자유도:** $df = n - 1$은 자유도다. 임계값을 찾을 때 사용된다.

반올림 규칙

1. 원본 데이터: 원래의 데이터 값 집합을 사용하는 경우 신뢰구간 한계를 원래 데이터 집합에 사용되는 것보다 한 자리 이상의 소수점으로 반올림한다.
2. 요약 통계: n, $\bar{x}$, s 요약 통계를 사용하는 경우 신뢰구간 한계를 표본평균에 사용된 소수 자릿수로 반올림한다.

"정규성 또는 $n > 30$"의 조건

정규성 μ의 신뢰구간 추정치를 찾는 방법은 정규성으로부터의 이탈에 대해 로버스트하며, 이는 정규성 조건이 느슨함을 의미한다. 분포가 완벽하게 종 모양일 필요는 없지만 하나의 최빈값과 이상치가 없는 어느 정도 대칭으로 보여야 한다.

표본 크기 $n > 30$ 이는 일반적인 가이드라인이지만 모집단이 정규분포와 멀지 않은 분포를 보이고 이상치가 없는 경우 15~30의 표본 크기가 적당하다. 정규분포와 심하게 먼 모집단 분포의 경우 표본 크기가 30보다 커야 할 수도 있다. 이 텍스트는 표본평균의 분포를 정규분포로 처리하는 것을 정당화하기 위해 $n > 30$이라는 단순화된 기준을 사용한다.

스튜던트 t 분포

이 절에서는 일반적으로 t 분포라고 하는 **스튜던트 t 분포**를 사용한다. 작은 표본으로도 사용할 수 있는 분포가 필요한 기네스 양조장 직원이었던 William Gosset(1876~1937)에 의해 개발되었다. 양조장은 연구 결과의 출판을 금지했지만 Gosset은 "Student"라는 필명으로 출판함으로써 이를 해결했다. 다음은 스튜던트 t 분포에 대한 몇 가지 핵심 사항이다.

- **스튜던트 t 분포** 모집단이 정규분포를 가진다면,

$$t = \frac{\bar{x} - \mu}{\frac{s}{\sqrt{n}}}$$

  분포는 크기 n의 모든 표본에 대한 **스튜던트 t 분포(Student t distribution)**다. 스튜던트 t 분포는 일반적으로 **t 분포(t distribution)**라고 한다.

- **자유도** 임계값 $t_{\alpha/2}$를 찾는 것은 **자유도**(**degrees of freedom** 또는 **df**) 값을 필요로 한다. 일반적으로 표본 자료 수집의 자유도는 모든 데이터 값에 특정 제약이 적용된 후 달라질 수 있는 표본 값의 수다. (예: 10개의 테스트 점수에 평균이 80이라는 제약이 있는 경우 그 합계는 800이 되어야 하며, 처음 9개의 테스트 점수에 값을 자유롭게 할당할 수 있지만 10번째 점수도 결정되므로 이런 경우 자유도는 9가 된다.) 이 절의 방법에 있어 자유도는 표본 크기 -1이다.

$$\textbf{자유도} = n - 1$$

- **임계값 $t_{\alpha/2}$ 찾기** 임계값 $t_{\alpha/2}$은 기술 또는 표 A-3을 이용하여 찾을 수 있다. 기술은 자유도에 상관없이 사용할 수 있지만 표 A-3은 선택한 자유도 수에 대해서만 사용할 수 있다. 임계값 $t_{\alpha/2}$을 찾기 위해 표 A-3을 사용할 때 표에 정확한 자유도가 포함되어 있지 않은 경우 가장 가까운 값을 사용할 수도 있고 그 다음으로 낮은 자유도를 사용할 수도 있고, 보간할 수도 있다.

- 스튜던트 t 분포는 표본 크기에 따라 다르다. ($n = 3$, $n = 12$인 다음 페이지의 그림 7-4를 참조해라.)

야생 동물 모집단 크기 추정

National Forest Management Act는 점박이 올빼미를 포함하여 멸종 위기에 처한 종을 보호함으로써 태평양 북서부의 광대한 지역의 나무를 자르지 못하게 되었다. 생물학자들과 통계학자들은 이 문제를 분석하도록 요청받았으며 종의 생존에 중요한 역할을 하는 암컷 부엉이의 생존율과 모집단 크기가 줄어들고 있다고 결론지었다. 생물학자들과 통계학자들은 워싱턴의 Snake와 Columbia 강에서 연어와, 뉴질랜드에서 펭귄도 연구했다. Bryan Manly와 Lyman McDonald는 "Sampling Wildlife Populations"(*Chance*, Vol. 9, No. 2) 기사에서 이러한 연구에서 "생물학자들은 좋은 통계의 특징인 모델링 기술의 사용을 통해 얻는다. 통계학자들은 중요한 문제가 무엇인지 아는 생물학자들에 의해 문제의 현실을 소개함으로써 얻는다."라고 말했다.

- 스튜던트 t 분포는 표준 정규분포와 동일하게 대칭적인 종 모양을 갖지만, 작은 표본에서 예상한 대로 변동성이 더 크다(더 넓은 분포).
- 스튜던트 t 분포는 $t = 0$의 평균을 갖는다(표준 정규분포가 $z = 0$인 평균을 갖는 것처럼).
- 스튜던트 t 분포의 표준편차는 표본 크기에 따라 다르지만 1보다 크다(표준 정규분포 $\sigma = 1$과는 다름).
- 표본 크기 n이 커질수록 스튜던트 t 분포는 표준 정규분포에 가까워진다.

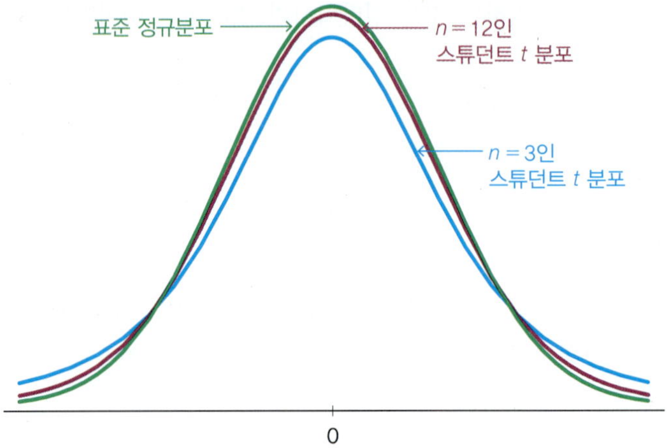

그림 7-4 $n = 3$, $n = 12$인 스튜던트 t 분포

스튜던트 t 분포는 표준 정규분포의 일반적인 분포와 동일하고 대칭을 갖지만 작은 표본에서는 더 큰 변동성을 보인다.

μ에 대한 신뢰구간 작성 절차

신뢰구간은 기술로 쉽게 작성하거나 다음 절차에 따라 수동으로 작성할 수 있다.

1. 두 가지 조건이 충족되는지 확인한다. 표본은 단순 임의표본이며 모집단은 정규분포하거나 $n > 30$이다.
2. σ를 알 수 없는 경우(일반적으로 그렇듯이), $n - 1$ 자유도를 사용하고 기술이나 t 분포 테이블(표 A-3과 같은)을 사용하여 원하는 신뢰도에 해당하는 임계값 $t_{\alpha/2}$을 찾는다.
3. $E = t_{\alpha/2} \cdot s/\sqrt{n}$을 사용하여 오차 범위를 평가한다.
4. 계산된 오차 범위 E와 표본평균 $\bar{x}$의 값을 사용하여 다음 신뢰구간 중 한 형식에 대입한다: $\bar{x} - E < \mu < \bar{x} + E$ 또는 $\bar{x} \pm E$ 또는 $(\bar{x} - E, \bar{x} + E)$.
5. 신뢰구간 한계 결과를 다음과 같이 반올림한다. 원래 데이터 값 세트를 사용하면 신뢰구간 한계를 원래 데이터 세트에 사용되는 것보다 소수점 이하 1자리로 반올림하지만 n, $\bar{x}$, s와 같은 요약 통계를 사용할 때는 신뢰구간 한계를 표본평균에 사용하는 소수 자릿수와 동일하게 반올림한다.

예제 1 임계값 $t_{\alpha/2}$ 찾기

표본 크기 $n = 15$인 경우 95% 신뢰수준에서 해당되는 임계값 $t_{\alpha/2}$을 찾아라.

풀이

$n = 15$이기 때문에 자유도는 $n - 1 = 14$다. 95% 신뢰수준은 $\alpha = 0.05$에 해당하므로 그림 7-5와 같이 t 분포의 두 꼬리 각각에 0.025의 면적이 있다.

기술사용 기술을 사용하여 자유도 14와 각 꼬리의 면적 0.025에 대한 임계값은 $t_{\alpha/2} = t_{0.025} = 2.145$임을 확인할 수 있다.

표 A-3 사용 표 A-3을 사용하여 임계값을 찾으려면 "두 꼬리의 면적"이 0.05인 열을 사용해라. (또는 "하나의 꼬리 면적"이 0.025인 동일한 열) 자유도는 $\text{df} = n - 1 = 14$다. $t_{\alpha/2} = t_{0.025} = 2.145$임을 찾을 수 있다.

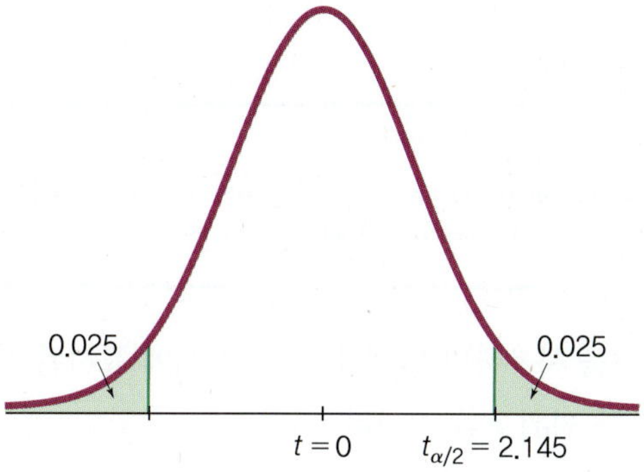

그림 7-5 임계값 $t_{\alpha/2}$

예제 2 출생체중을 사용한 신뢰구간

National Center for Health Statistics의 데이터에 근거하여 출생 시 임의로 선택된 여자아이들의 체중(헥토그램 또는 hg)이 아래에 나열되어 있다. 요약 통계는 다음과 같다. $n = 15$, $\bar{x} = 30.9$ hg, $s = 2.9$ hg. 표본 자료를 사용하여 여자아이의 평균 출생체중에 대한 95% 신뢰구간을 작성해라.

33 28 33 37 31 32 31 28 34 28 33 26 30 31 28

풀이

조건 확인 먼저 요구 사항이 충족되는지 확인해야 한다.

(1) 표본은 단순 임의표본이다. (2) 표본 크기가 $n = 15$이기 때문에 표본 자료가 정규분포하는 모집단에서 추출된 것으로 보이는 경우에만 "모집단은 정규분포하거나 표본 크기가 30보다 크다" 조건을 만족할 수 있으므로 정규성을 조사해야 한다. 첨부된 정규 분위 그림은 표본 자료가 정규분포 모집단에서 온 것으로 보이므로 두 번째 조건이 충족된다. ✓

(계속)

오렌지의 당도 추정

플로리다에서 감귤 업계의 구성원은 통계적 방법을 광범위하게 사용한다. 한 가지 특별한 적용은 재배업자들이 오렌지 주스를 만드는 데 사용되는 오렌지에 대해 지불하는 방식이다. 도착하는 오렌지의 트럭 적재량은 먼저 수용 공장에서 무게를 측정한 다음 약 12개의 오렌지 표본을 임의로 선택한다. 표본의 무게를 측정한 다음 압착하여 주스의 당도를 측정한다. 표본 결과를 바탕으로 전체 트럭 적재량의 총 당도를 추정한다. 오렌지 중량에 대한 지불은 당도의 추정치를 기준으로 한다. 주스의 양은 동일할 수 있다.

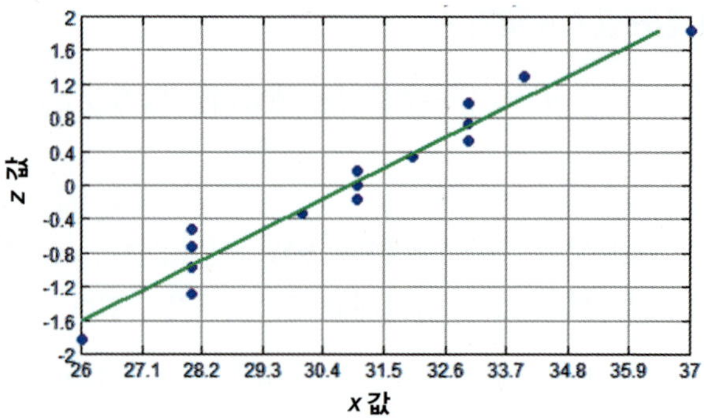

기술사용 기술을 사용하여 신뢰구간을 자동으로 작성할 수 있다. 여기에는 15개의 출생체중으로 인한 StatCrunch 화면이 나와 있다. 화면에는 신뢰구간 하한 (29.247163) 및 신뢰구간 상한 (32.486171)이 나타난다. 소수점 이하 한 자리로 반올림한 후 (표본평균과 같이) 95% 신뢰구간을 29.2 hg $< \mu <$ 32.5 hg로 표현할 수 있다.

StatCrunch

95% confidence interval results:
μ : Mean of variable

Variable	Sample Mean	Std. Err.	DF	L. Limit	U. Limit
BirthWt	30.866667	0.75508856	14	29.247163	32.486171

***t* 분포 표 사용** 표 A-3을 사용하면 임계값은 [예제 1]에 표시된 것처럼 $t_{0.025} = 2.145$다. 이제 다음과 같이 오차 범위 E를 찾아라.

$$E = t_{\alpha/2}\frac{s}{\sqrt{n}} = 2.145 \cdot \frac{2.9}{\sqrt{15}} = 1.606126$$

$\bar{x} = 30.9$ hg, $E = 1.606126$ hg인 경우 다음과 같이 신뢰구간을 작성한다.

$$\bar{x} - E < \mu < \bar{x} + E$$

$$30.9 - 1.606126 < \mu < 30.9 + 1.606126$$

$$29.3\text{ hg} < \mu < 32.5\text{ hg} \quad (\text{소수점 이하 한 자리로 반올림})$$

신뢰구간 하한 29.3 hg은 기술을 사용하거나 앞의 계산에 사용된 소수점 이하 자리보다 더 많은 소수점을 가지는 요약 통계를 사용하는 경우 실제로 29.2 hg이다.

해석

한계 29.2 hg 및 32.5 hg에 실제 모평균 μ의 값이 포함되어 있다고 95% 신뢰한다. 만약 15명의 여자 신생아를 대상으로 다양한 임의표본을 수집하고 각 표본에서 평균 무게를 찾으려면 결과적인 신뢰구간의 약 95%는 모든 신생아의 평균 무게 값을 포함해야 한다.

신뢰구간 해석 신뢰구간은 0.95(또는 95%)와 같은 신뢰수준과 연관된다. μ에 대한 신뢰구간 추정치를 해석할 때, 신뢰수준은 신뢰구간을 작성하는 데 사용된 절차의 성공률을 제공한다는 것을 알고 있어야 한다. 예를 들어 29.2 hg $< \mu <$ 32.5 hg의 95% 신뢰구간 추정치는 다음과 같이 해석될 수 있다.

"29.2 hg에서 32.5 hg까지의 구간에 실제 μ값이 포함되어 있다고 95% 신뢰한다."

"95% 신뢰"에 의해 동일한 크기의 여러 표본을 선택하고 해당 신뢰구간을 작성하는 경우 장기적으로 신뢰구간의 95%에 실제로 μ값이 포함되어야 함을 의미한다.

신뢰구간에서 점 추정치 및 오차 범위 E 찾기

기술 및 저널 기사는 종종 (10.0, 30.0)과 같은 형식으로 신뢰구간을 표현한다. 표본평균 $\bar{x}$는 해당 한계 사이의 중간 값이며, 오차 범위 E는 해당 한계 간 차이의 절반이다. (상한은 $\bar{x}+E$이고 하한은 $\bar{x}-E$이므로 이들의 차이는 $2E$다.)

$$\text{점 추정치 } \mu: \quad \bar{x} = \frac{(\text{상위 신뢰 한계}) + (\text{하위 신뢰 한계})}{2}$$

$$\text{오차 범위:} \quad E = \frac{(\text{상위 신뢰 한계}) - (\text{하위 신뢰 한계})}{2}$$

예를 들어 신뢰구간 (10.0, 30.0)은 $\bar{x} = 20.0$과 $E = 10.0$을 산출한다.

신뢰구간을 사용하여 데이터 설명, 탐색, 또는 비교

경우에 따라, 신뢰구간은 다음 예와 같이 데이터 세트를 설명, 탐색 또는 비교하는 데 사용되는 여러 도구 중 하나일 수 있다.

예제 3 간접흡연

그림 7-6은 세 가지 표본 각각의 평균 코티닌(cotinine) 수준의 신뢰구간 추정 그래프를 보여준다. (1) 흡연자, (2) 흡연을 하지 않지만 집이나 직장에서 담배 연기에 노출된 사람들, (3) 흡연을 하지 않고 담배 연기에 노출되지 않는 사람들. (표본 자료는 부록 B의 데이터 세트 14 "직접 및 간접 흡연"에 나열되어 있다.) 코티닌은 니코틴이 흡수될 때 신체에서 생성되기 때문에 코티닌은 니코틴 흡입의 좋은 지표가 된다. 그림 7-6은 간접흡연의 영향을 확인하는 데 도움이 된다. 그림 7-6에서 흡연자에 대한 신뢰구간이 다른 신뢰구간과 겹치지 않으므로 흡연자의 평균 코티닌 수준이 다른 두 그룹과

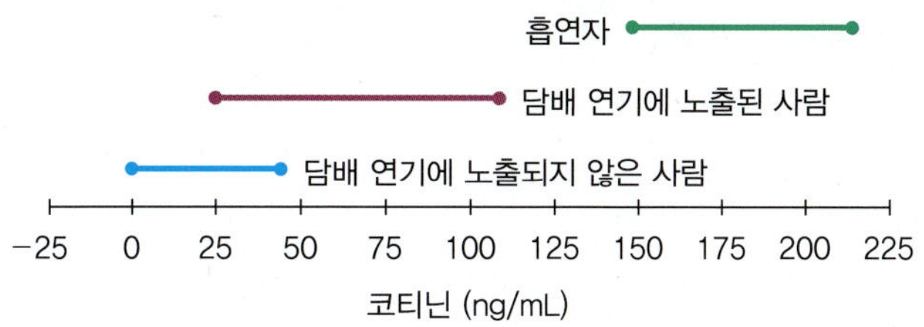

그림 7-6 신뢰구간 비교

(계속)

다른 것으로 보인다. 두 비흡연 그룹은 겹치는 신뢰구간을 가지므로 평균 코티닌 수준이 동일할 수 있다. 신뢰구간 또는 그래프를 비교하는 것은 도움이 되지만 이러한 비교는 평균의 동일성 대해 공식적이고 최종적인 결론을 내리는 데 사용해서는 안 된다. 9장과 12장은 평균의 공식적인 비교를 위해 더 나은 방법을 소개한다.

주의 신뢰구간은 비공식적으로 사용하여 여러 데이터 세트를 비교할 수 있지만, 신뢰구간의 겹침은 평균의 동일성에 대한 공식적이고 최종적인 결론을 내리는데 사용해서는 안 된다.

표본 크기 결정

모평균 μ를 추정하는 데 사용할 표본을 수집하려면 얼마나 많은 표본 값이 필요한가? 모평균을 추정하는 데 필요한 표본 크기를 결정할 때 핵심요소에 표시된 공식 7-4를 사용하기 위해서 모집단 표준편차 σ의 추정치 또는 알려진 값을 알아야 한다.

핵심요소

모평균을 추정하는 데 필요한 표본 크기 찾기

목표

모평균 μ를 추정하는 데 필요한 표본 크기 n을 결정한다.

표기

μ = 모평균

σ = 모집단 표준편차

$\bar{x}$ = 표본평균

E = 원하는 오차 범위

$z_{\alpha/2}$ = 표준 정규분포의 오른쪽 꼬리에서 $\alpha/2$의 영역을 구분하는 z 값

조건

표본은 단순 임의표본이어야 한다.

표본 크기

필요한 표본 크기는 공식 7-4를 이용하여 찾을 수 있다.

공식 7-4 $$n = \left[\frac{z_{\alpha/2}\sigma}{E}\right]^2$$

올림 규칙

계산된 표본 크기 n이 정수가 아닌 경우 n보다 큰 가장 가까운 정수로 올림한다.

모집단 크기 공식 7-4는 모집단의 크기(N)에 의존하지 않는다(유한 모집단을 대체하지 않고 비교적 큰 표본을 선택하는 경우 제외).

반올림 표본 크기는 찾아야 하는 표본값의 수이므로 정수여야 하지만 일반적으로 공식 7-4는 정수가 아닌 결과를 나타낸다. 올림 규칙은 올림이 필요할 때 필요한 표본 크기를 큰 쪽으로 올림하여 약간 부족한 대신 적당히 커지도록 올림해야 한다는 원칙에 기초한다.

표본 크기를 찾을 때 알 수 없는 σ 다루기 공식 7-4에서는 모집단 표준편차 σ에 대해 알고 있는 값으로 대체해야 하지만 사실 일반적으로 알 수 없다. 다음은 필요한 표본 크기를 결정할 때(신뢰구간을 작성하지 않음) σ값을 모르는 문제를 해결할 수 있는 몇 가지 방법이다.

1. rule of thumb(3-2절 참조)을 사용하여 다음과 같이 표준편차를 추정해라. 표준편차 범위 $\sigma \approx$ 범위/4, 여기서 범위는 표본 자료에서 결정된다. (정규분포하는 모집단에서 임의로 선택한 87개 이상의 값을 가진 표본은, 범위/4는 최소 95%의 경우 σ 이상의 값을 산출한다.)
2. σ를 모르는 상태에서 표본 수집 과정을 시작하고, 처음 몇 개의 값을 사용하여 표본 표준편차 s를 계산하고 σ 대신 사용해라. σ의 추정치는 더 많은 표본 자료를 얻을수록 개선될 수 있으며 더 많은 표본 자료를 수집할 때 필요한 표본 크기를 조절할 수 있다.
3. 다른 초기 연구 결과를 사용하여 σ값을 추정해라. 또한 다른 알려진 결과를 사용하여 창의력을 발휘할 수도 있다. 예를 들어, Wechsler IQ 테스트는 표준편차가 15가 되도록 설계되었다. 생물 통계학 학생들은 일반 모집단에서 임의로 선택된 사람들보다 더 동질적인 그룹이기 때문에 표준편차가 15 미만인 IQ점수를 얻는다. 생물 통계학 학생들의 정확한 σ 값은 모르지만 $\sigma = 15$를 사용하면 안전하다. 실제 값보다 큰 σ값을 사용하면 표본 크기가 필요 이상으로 커지지만 너무 작은 σ값을 사용하면 표본 크기가 부족하다. **표본 크기 n을 결정할 때, 오류는 표본 크기를 너무 작게 만드는 대신 너무 크게 만든다는 점에서 항상 보수적이어야 한다.**

예제 4 흡연자의 IQ점수

흡연하는 성인의 평균 IQ점수를 추정한다고 가정한다. 표본평균이 모평균 3 IQ 지점 내에 있다고 95% 신뢰하길 원한다면 IQ 테스트를 위해 얼마나 많은 흡연자가 임의로 선택되어야 하는가?

풀이

95% 신뢰구간의 경우 $\alpha = 0.05$이므로 $z_{\alpha/2} = 1.96$이다. 표본평균이 μ의 3 IQ 지점 내에 있기를 원하므로 오차 범위 $E = 3$이다. 또한 $\sigma = 15$라고 가정할 수 있다(바로 앞의 설명 참조). 공식 7-4를 사용하면,

(계속)

$$n = \left[\frac{z_{\alpha/2}\sigma}{E}\right]^2 = \left[\frac{1.96 \cdot 15}{3}\right]^2 = 96.04 = 97 \text{ (올림)}$$

해석

수천 명의 흡연자들 중 최소 97명의 IQ점수에 대한 단순 임의표본을 구해야 한다. 97명의 흡연자에 대한 단순 임의표본을 사용하면 표본평균 $\bar{x}$가 실제 모평균 μ의 3 IQ 지점 내에 있음을 95% 확신할 수 있다.

PART 2 σ를 알 때 모평균 추정

전문 통계학자 및 전문 저널 및 보고서의 실제 세계에서는 모평균 μ의 미지의 값을 추정하고자 하는 경우는 드물지만 모집단 표준편차 σ의 값은 어떻게든 알고 있다. σ 값을 어떻게든 알면, 신뢰구간은 스튜던트 t 분포 대신 표준 정규분포를 사용하여 작성하므로 오차 범위와 함께 PART 1의 동일한 절차를 사용할 수 있다.

$$\text{오차 범위: } E = z_{\alpha/2} \cdot \frac{\sigma}{\sqrt{n}} \text{ (알려진 } \sigma\text{를 이용)}$$

예제 5 σ를 알 때 μ의 신뢰구간 추정

[예제 2]에서 주어진 $n = 15$, $\bar{x} = 30.9$ hg인 15개의 여자아이의 출생체중을 사용한다. σ가 2.9 hg로 가정하여 모든 여자아이의 평균 출생체중에 대한 95% 신뢰구간 추정치를 작성해라.

풀이

조건 확인 조건은 [예제 2]에서 확인되었고 조건은 충족되었다. ✓

95% 신뢰수준에서, $\alpha = 0.05$, $z_{\alpha/2} = 1.96$(7-1절의 [예제 2]와 같이)을 얻는다. $z_{\alpha/2} = 1.96$, $\sigma = 2.9$ hg, $n = 15$를 사용하여 오차 범위 E를 찾을 수 있다.

$$E = z_{\alpha/2} \cdot \frac{\sigma}{\sqrt{n}}$$
$$= 1.96 \cdot \frac{2.9}{\sqrt{15}} = 1.46760$$

$\bar{x} = 30.9$, $E = 1.46760$이면 다음과 같이 95% 신뢰구간을 찾는다.

$$\bar{x} - E < \mu < \bar{x} + E$$
$$30.9 - 1.46760 < \mu < 30.9 + 1.46760$$
$$29.4 \text{ hg} < \mu < 32.4 \text{ hg (소수점 이하 1자리로 반올림)}$$

정규분포를 사용하여 여기에서 찾은 신뢰구간은 [예제 2]의 t 분포를 사용하여 찾은 신뢰구간보다 약간 좁다. $z_{\alpha/2} = 19.6$은 $t_{\alpha/2} = 2.145$보다 작기 때문에 오차 범위 E는 작고 신뢰구간은 더 좁다. 임계값 $t_{\alpha/2}$가 더 큰 이유는 t 분포가 더 작은 표본에서 얻어지는 많은 양의 변동을 포함하기 때문이다.

이 예제는 드물게 모집단 표준편차 σ를 알 때의 상황을 보여준다는 것을 기억해라. 더 현실적인 σ를 알 수 없을 때의 상황은 이 절의 PART 1에 나타난다.

적절한 분포 선택

모평균 μ의 신뢰구간을 작성할 때 올바른 분포를 사용하는 것은 중요하다. 표 7-1에는 고려해야 할 핵심 사항들이 요약되어 있다.

표 7-1 스튜던트 t 분포와 z (정규) 분포 중에서 선택

조건	방법
σ를 모르고 모집단이 정규분포함 또는 σ를 모르고 $n > 30$	스튜던트 t 분포 사용
σ를 알고 모집단이 정규분포함 또는 σ를 알고 $n > 30$ (실제로 σ를 아는 일은 드물다)	정규 (z) 분포 사용
모집단이 정규분포하지 않고 $n \le 30$	붓스트랩 방법 (7-4절) 또는 비모수적 방법 사용

테크 센터

평균: 신뢰구간 및 표본 크기 결정

www.TriolaStats.com에서 기술 지침, 비디오, 데이터 집합을 참조하십시오.

7-2 기본적인 기술 및 개념

통계적 해석 및 비판적 사고

연습문제 1~3에서는 임의로 선택된 성인 여성 100명의 헤모글로빈 수치(g/dL)를 측정한 결과가 나타난 화면 디스플레이를 참조해라. 95% 신뢰수준이 사용되었다.

TI-83/84 Plus

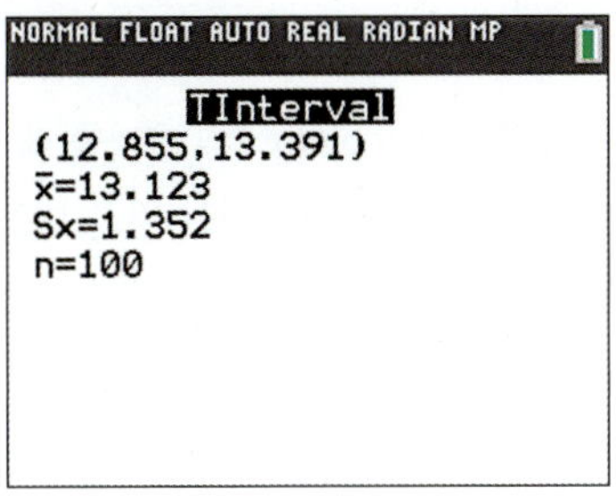

1. 헤모글로빈 첨부된 화면 디스플레이를 참조해라.

a. "미만" 기호를 사용하는 형식으로 신뢰구간을 표현해라. 원래 나열된 데이터가 소수점 이하 두 자리를 사용하는 경우 그에 따라 신뢰구간 한계를 반올림한다.

b. μ와 오차 범위의 최적의 점 추정치를 찾아라.

c. μ의 신뢰구간 추정치를 작성할 때 표본 자료가 정규분포하는 모집단으로부터 나오는지 확인할 필요가 없는 이유는 무엇인가?

2. 신뢰구간 해석 화면 디스플레이 결과는 95% 신뢰수준을 기준으로 한다. 신뢰구간을 올바르게 해석하는 문장을 작성해라.

올바른 분포 사용 연습문제 3~4에서는 신뢰구간을 작성한다고 가정한다. 다음 중 하나를 적절하게 수행해라. (a) 임계값 $t_{\alpha/2}$을 찾아라. (b) 임계값 $z_{\alpha/2}$을 찾아라. (c) 정규분포와 t 분포 모두 적용되지 않는다고 명시해라.

3. 청력 검사 신뢰수준은 95%이고 σ는 알 수 없으며, 임의로 선택된 성인 여성 10명으로부터 측정된 오른쪽 귀 청력 역치에 대한 표준 분위 그림이 다음에 표시된다.

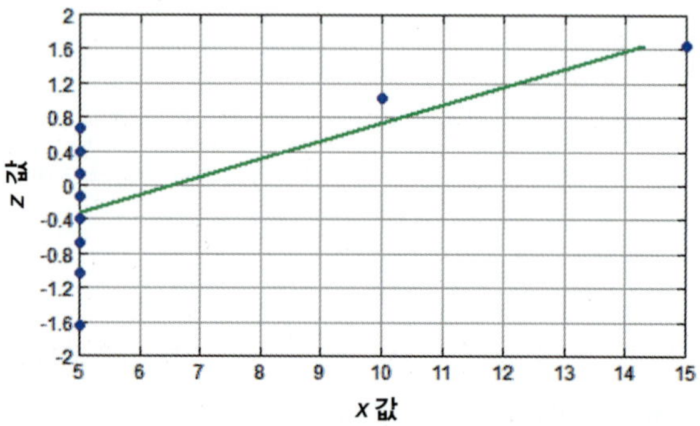

4. 시력 신뢰수준은 99%이고 σ=24.8이며, 임의로 선택된 성인 남성 61명으로부터 측정된 오른쪽 눈 시력 측정값이 연습문제 6에 나타나 있다.

신뢰구간 연습문제 5~12에서는 평균의 신뢰구간 추정치를 작성해라.

5. 여자아이의 출생체중 $n = 205$, $\bar{x} = 30.4$ hg, $s = 7.1$ hg, 95% 신뢰수준 사용. 결과는 표본 값이 15개만 있는 [예제 2]와 매우 다른가?

6. 평균 체온 부록 B의 데이터 세트 2 "체온"에는 평균 98.20°F, 표준편차 0.62°F인 106개의 체온 표본이 포함되어 있다. 전체 모집단에 대한 평균 체온의 95% 신뢰구간 추정치를 작성해라. 결과는 98.6°F가 평균 체온이라는 상식에 대해 무엇을 의미하는가?

7. 불면증 치료 노인의 불면증 치료 약물인 zopiclone의 효과를 테스트하기 위해 임상시험이 수행되었다. Zopiclone으로 치료하기 전, 16명의 피실험자는 평균 102.8분 깨어 있었다. Zopiclone으로 치료한 후, 피실험자 16명의 깨어 있는 시간은 평균 98.9분 표준편차 42.3분이었다("Cognitive Behavioral Therapy vs Zopiclone for Treatment of Chronic Primary Insomnia in Older Adults," by Sivertsen et al., *Journal of the American Medical Association*, Vol. 295, No. 24 자료에 근거). 16개의 표본 값이 정규분포하는 모집단에서 나온 것으로 가정하고, zopiclone 치료

를 받은 모집단의 평균 깨어 있는 시간에 대한 98% 신뢰구간 추정치를 작성해라. 결과는 치료 전 평균 102.8분 깨어 있는 시간에 대해 무엇을 설명하는가? Zopiclone은 효과적인가?

8. 유전자 DNA 표본이 수집되고, A, G, C, T 4개의 DNA 염기가 각각 1,2,3,4로 코딩된다. 결과는 아래와 같다. 평균의 95% 신뢰구간 추정치를 작성해라. 신뢰구간의 실제 용도는 무엇인가?

2 2 1 4 3 3 3 3 4 1

9. 핸드폰 방사선 아래에는 해당 휴대 전화에서 측정되는 방사선 방출량(W/kg)이다. Samsung SGH-tss9, Blackberry Storm, Blackberry Curve, Motorola Moto, T−Mobile Sidekick, Sanyo Katana Eclipse, Palm Pre, Sony Ericsson, Nokia 6085, Apple iPhone 3GS, Kyocera Neo E1100. 자료는 Environmental Working Group에서 나온 것이다. 언론은 종종 암의 원인으로 휴대 전화 방사선의 위험성에 대한 보도를 내놓는다. 모평균의 90% 신뢰구간 추정치를 작성해라. 휴대 전화 방사선이 1.6 W/kg 이하여야 한다는 Federal Communications Commission(FCC) 기준에 대해 그 결과는 무엇을 의미하는가?

0.38 0.55 1.54 1.55 0.50 0.60 0.92 0.96 1.00 0.86 1.46

10. 초밥에 포함된 수은 미국 식품의약국(FDA) 지침에 의하면 생선에 포함된 수은은 백만 분의 일(ppm) 미만이어야 한다. 아래에는 뉴욕의 각각 다른 상점의 참치 초밥에 함유된 수은(ppm)의 양이 나열되어 있다. 이 연구는 *New York Times*의 후원했으며, 가게는 순서대로 D'Agostino, Eli's Manhattan, Fairway, Food Emporium, Gourmet Garage, Grace's Marketplace, Whole Foods 다. 모집단의 평균 수은의 양에 대한 98% 신뢰구간 추정치를 작성해라. FDA 지침에 따라 생선의 수은 최대 함량이 1ppm이라는 것을 감안할 때 신뢰구간은 무엇을 의미하는가?

0.56 0.75 0.10 0.95 1.25 0.54 0.88

11. 청량음료의 카페인 아래에는 20개의 브랜드(7-UP, A&W Root Beer, Cherry Coke, ⋯, TaB) 한 캔에 들어 있는 카페인(음료 12 oz 당 mg)의 양이 나열되어 있다. 99% 신뢰수준을 사용해라. 신뢰구간은 소비되는 20개 브랜드의 모든 캔의 모집단에 대한 좋은 정보를 제공하는가? 표본이 정규분포하는 모집단에서 나온 것으로 보이는가? 그렇지 않은 경우 결과에 어떤 영향을 미치는가?

0 0 34 34 34 45 41 51 55 36 47 41 0 0 53 54 38 0 41 47

12. 에키네시아(Echinacea) 치료법 아이들의 상기도 감염을 치료할 때 에키네시아의 효과를 테스트하기 위한 연구에서 337명의 아이들은 에키네시아로 치료되었고 370명의 아이들은 위약이 투여되었다. 에키네시아 치료군의 증상 최대 심각성 일수는 평균 6.0 표준편차 2.3이다. 위약군의 증상 최대 심각성 일수는 평균 6.1 표준편차 2.4이다("Efficacy and Safety of Echinacea in Treat- ing Upper Respiratory Tract Infections in Children," by Taylor et al., *Journal of the American Medical Association*, Vol. 290, No. 21 자료에 근거).

a. 에키네시아 치료를 받는 사람들의 증상 최대 심각성 일수의 평균에 대한 95% 신뢰구간을 작성해라.

b. 위약을 투여받은 사람들의 증상 최대 심각성 일수의 평균에 대한 95% 신뢰구간을 작성해라.

c. 두 신뢰구간을 비교해라. 에키네시아의 효과에 대한 결과는 무엇을 의미하는가?

부록 B의 데이터 세트 연습문제 13에서는 부록 B의 데이터 세트를 사용하여 평균의 신뢰구간 추정치를 작성해라.

13. **맥박수** 부록 B의 데이터 세트 1 "신체 자료"를 참조하여 성인 여성의 평균 맥박수에 대한 95 % 신뢰구간 추정치를 작성하고 성인 남성도 마찬가지로 작성해라. 두 결과를 비교해라.

표본의 크기 연습문제 14~17에서는 모평균을 추정하는 데 필요한 표본의 크기를 찾아라.

14. **간호사의 평균 IQ** Wechsler IQ 테스트는 일반 성인 모집단의 평균이 100이고 표준편차가 15가 되도록 설계되었다. 간호사의 평균 IQ점수를 추정하는 데 필요한 표본의 크기를 찾아라. 표본평균이 실제 평균의 4IQ 지점 내에 있다고 99% 신뢰하고 싶다. 이 모집단의 평균은 분명히 100보다 크다. 이 모집단의 표준편차는 일반 모집단에서 임의로 선택된 그룹보다 변동이 적은 그룹이므로 15보다 작다. 그러므로 $\sigma = 15$를 사용하면 표본 크기를 적어도 필요한 만큼 크게 만드는 값을 사용하여 작아진다. $\sigma = 15$로 가정하고 필요한 표본 크기를 결정해라. 표본 크기는 실용적인가?

15. **평균 평점 평균** 모든 평균 평점이 0과 4 사이의 척도로 표준화되어야 한다고 가정한다. 표본평균이 모평균의 0.01 내에 있도록 얼마나 평균 평점을 얻어야 하는가? 95% 신뢰수준이 이상적이라고 가정해라. Range rule of thumb을 사용하는 경우, σ를 범위/4 = (4 − 0)/4 = 1으로 추정할 수 있다. 표본 크기는 실용적인가?

16. **여자 의대생의 평균 연령** 부록 B의 데이터 세트 1 "신체 자료"에는 임의로 선택된 147명의 성인 여성의 나이가 있으며, 나이의 표준편차는 17.7년이다. 여자 의대생의 연령이 일반 여성 모집단의 연령보다 변동이 적으므로 표본 크기를 계산하는데 $\sigma = 17.7$년이라고 가정해라. 모든 여자 의대생의 평균 연령을 추정하기 위해 몇 명의 여자 의대생을 조사해야 하는가? 표본평균이 모평균의 반 년 내에 있다고 95% 신뢰한다고 가정해라. 여자 의대생 연령이 성인 여성 모집단 연령보다 변동이 적다고 가정하는 것이 합리적인가?

17. **남성의 평균 맥박수** 부록 B의 데이터 세트 1 "신체 자료"에는 임의로 선택된 153명의 성인 여성의 맥박수가 있으며, 맥박은 최소 40 bpm에서 최대 104 bpm까지 다양하다. 성인 남성의 평균 맥박수를 추정하는 데 필요한 최소 표본 크기를 찾아라. 표본평균이 모평균의 2 bpm 내에 있다고 99% 신뢰한다고 가정해라.

a. σ를 추정하기 위해 range rule of thumb을 사용해라.

b. 153명의 남성 맥박수 표본의 값 $s = 11.3$bpm을 기반으로 $\sigma = 11.3$ bpm이라고 가정해라.

c. (a)와 (b)의 결과를 비교해라. 어떤 결과가 더 좋을 것 같은가?

7-2 기초를 넘어서

18. **유한 모집단 보정 계수** 크기가 N인 유한 모집단에서 복원되지 않고 크기가 n인 단순 임의표본이 선택되고 표본 크기가 모집단 크기의 5%를 초과($n > 0.05N$)하면, 오차 범위 E에 $\sqrt{(N-n)/(N-1)}$를 곱하는 유한 모집단 보정 계수를 사용하여 더 나은 결과를 얻을 수 있다. 부록 B의 데이터 세트 1 "신체 자료"에서 40개의 여성의 혈소판 수 표본에 대해 $\bar{x} = 255.1$과

$s = 65.4$를 얻는다. 모든 혈소판 수는 1000 세포/μL이다.

a. 모집단이 크다고 가정하고 μ에 대한 95% 신뢰구간 추정치를 작성해라.

b. 표본이 500명의 여성 모집단에서 복원되지 않고 선택되었다고 가정하고 μ에 대한 95% 신뢰구간 추정치를 작성해라.

c. 결과를 비교해라.

7-3 모집단 표준편차 또는 분산 추정

핵심 개념

이 절에서는 표본 표준편차 s(또는 표본 분산 s^2)를 사용하여 해당 모집단 표준편차 σ(또는 모분산 σ^2)값을 추정하는 방법을 제시한다. 이 절에 포함된 주요 개념은 다음과 같다.

- **점 추정치:** 표본 분산 s^2는 모분산 σ^2의 가장 좋은 **점 추정치**(또는 단일 값 추정치)이다. 표본 표준편차 s는 6-3절에 설명된 것처럼 편향된 추정량이지만 일반적으로 σ의 점 추정치로 사용된다.
- **신뢰구간:** 모집단 표준편차(또는 모분산)의 **신뢰구간**을 추정할 때 χ^2 분포를 사용하여 신뢰구간을 작성한다. (그리스 문자 χ는 "카이"로 발음된다.)

카이 제곱 분포

χ^2 분포에 대한 핵심 사항은 다음과 같다.

- 분산이 σ^2인 정규분포 모집단에서 크기가 n인 독립 표본을 임의로 선택하고 각 표본에 대해 표본 분산 s^2을 계산하면 표본 통계량 $\chi^2 = (n-1)s^2/\sigma^2$은 공식 7-5와 같이 **카이 제곱 분포(chi-square distribution)**라고 하는 표본 분포를 갖는다.

공식 7-5

$$\chi^2 = \frac{(n-1)s^2}{\sigma^2}$$

- **χ^2의 임계값** 오른쪽 꼬리 임계값을 χ^2_R로 표시하고 왼쪽 꼬리 임계값을 χ^2_L로 표시한다. 이러한 임계값은 기술 또는 표 A-4를 사용하여 찾을 수 있으며, 제일 먼저 자유도 값을 결정해야 한다.
- **자유도** 이 절의 방법에서 자유도는 표본 크기에서 1을 뺀 값이다.

자유도: $\mathrm{df} = n - 1$

- 카이 제곱 분포는 정규분포와 스튜던트 t 분포와 달리 오른쪽으로 기울어 있다. (그림 7-7 참조)

- 카이 제곱의 값은 0 또는 양수일 수 있지만 그림 7-7에 표시된 것처럼 음수일 수는 없다.
- 카이 제곱 분포는 그림 7-8에 표시된 것처럼 각 자유도에 따라 다르다. 자유도가 증가함에 따라 카이 제곱 분포는 정규분포와 가까워진다.

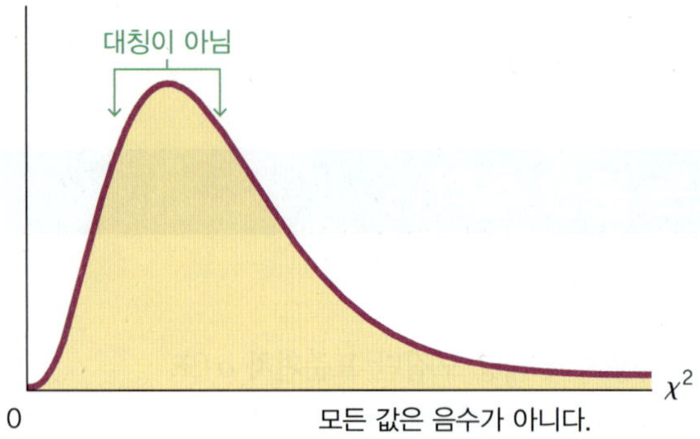

그림 7-7 카이 제곱 분포

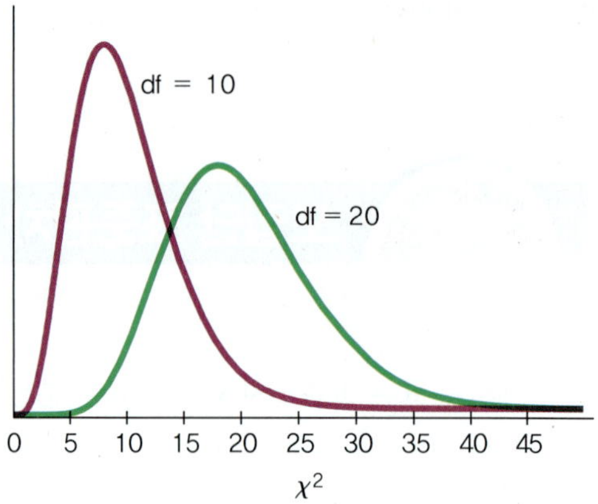

그림 7-8 df = 10, df = 20에 대한 카이 제곱 분포

카이 제곱 분포는 대칭이 아니기 때문에 σ^2의 신뢰구간 추정치는 $s^2 - E < \sigma^2 < s^2 + E$ 형식에 맞지 않으므로 신뢰구간 상한 및 하한에 대해 별도의 계산을 해야 한다. 임계값을 찾기 위해 표 A-4를 사용하는 경우 해당 표의 다음 설계 특징에 유의해라.

표 A-4에서 표의 본문에 있는 χ^2의 각 임계값은 표의 맨 윗줄에 주어진 영역에 해당하며, 맨 윗줄의 각 영역은 임계값의 오른쪽의 누적 면적이다.

주의 표준 정규분포의 표 A-2는 왼쪽의 누적 면적을 제공하지만 카이 제곱 분포의 표 A-4는 오른쪽의 누적 면적을 사용한다.

예제 1 χ^2의 임계값 찾기

22개의 IQ점수의 단순 임의표본이 얻어진다(다음 [예제 2]와 같이). 모집단 표준편차 σ에 대한 신뢰구간을 구성하려면 95% 신뢰수준 및 표본 크기 $n = 22$에 해당하는 χ^2의 왼쪽 오른쪽 임계값이 필요하다. χ^2_L(왼쪽 꼬리에서 0.025 영역을 구분하는 χ^2의 임계값)을 찾고 χ^2_R(오른쪽 꼬리에서 0.025 영역을 구분하는 χ^2의 임계값)을 찾아라.

풀이

표본 크기가 $n = 22$인 경우 자유도 $df = n - 1 = 21$이다. 그림 7-9를 참조해라.

오른쪽의 임계값($\chi^2_R = 35.479$)은 표 A-4에서 왼쪽 자유도 열에 21을, 위쪽 행에 0.025에 배치하는 간단한 방법으로 구한다. $\chi^2_L = 10.283$인 가장 왼쪽 임계값 또한 자유도 열에 21을 배치하지만 위쪽 행의 값은 항상 임계값의 오른쪽의 면적이기 때문에 위쪽 행에서 0.975(또는 $1 - 0.025$)를 찾아야 한다. 그림 7-9를 참조하여 $\chi^2_L = 10.283$

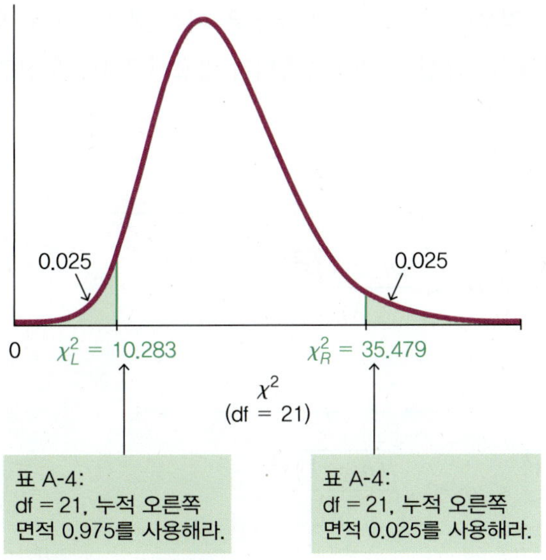

그림 7-9 χ^2의 임계값 찾기

의 오른쪽 총면적이 0.975인지 확인해라.

표 A-4에서 χ^2의 임계값을 얻을 때 표에서 자유도 값을 찾을 수 없으면 그 다음으로 낮은 자유도를 사용하거나 표에서 가장 가까운 임계값을 사용하거나 보간법으로 대략적인 결과를 얻을 수 있다. 100보다 큰 자유도의 경우 연습문제 12에 나와 있는 방정식을 사용하거나 더 광범위한 표를 사용하거나 기술을 사용하라.

s^2가 σ^2의 가장 좋은 점 추정치이지만 얼마나 좋은지를 나타내는 지표는 없으므로 신뢰수준과 관련된 값의 범위를 제공하는 신뢰구간을 사용한다.

핵심요소

모집단 표준편차 또는 분산 추정을 위한 신뢰구간

목표

모집단 표준편차 또는 분산의 신뢰구간 추정치를 작성한다.

표기

σ = 모집단 표준편차	σ^2 = 모분산
s = 표본 표준편차	s^2 = 표본 분산
n = 표본 값 수	E = 오차 범위
$\chi_L^2 = \chi^2$의 왼쪽 꼬리 임계값	$\chi_R^2 = \chi^2$의 오른쪽 꼬리 임계값

조건

1. 표본은 단순 임의표본이다.

2. 모집단은 정규분포하는 값을 가져야 한다(표본이 큰 경우에도). 정규분포 조건은 이전 절보다 훨씬 엄격하므로 정규분포에서 크게 벗어나는 경우 큰 오류가 발생할 수 있다. (정규성 조건이 충족되지 않으면 7-4절에 설명된 붓스트랩 방법을 사용해라.)

모분산 σ^2에 대한 신뢰구간

$$\frac{(n-1)s^2}{\chi_R^2} < \sigma^2 < \frac{(n-1)s^2}{\chi_L^2}$$

모집단 표준편차 σ에 대한 신뢰구간

$$\sqrt{\frac{(n-1)s^2}{\chi_R^2}} < \sigma < \sqrt{\frac{(n-1)s^2}{\chi_L^2}}$$

반올림 규칙

1. 원래 데이터: 원래 데이터 값 세트를 사용하는 경우 신뢰구간 한계를 원래 데이터에 사용된 것보다 소수점 이하 1 자리로 반올림해라.
2. 요약 통계: 요약 통계(n, s)를 사용하는 경우 신뢰구간 한계를 표본 표준편차에 사용된 것과 동일한 소수 자리로 반올림한다.

주의 신뢰구간은 $11.0 < \sigma < 20.4$ 또는 (11.0, 20.4)와 같은 형식으로 표현할 수 있지만 $s \pm E$와 같은 형식으로는 표시할 수 없다.

σ 또는 σ^2에 대한 신뢰구간 작성 절차

신뢰구간은 기술로 쉽게 작성하거나 다음 절차에 따라 표 A-4를 사용하여 작성할 수 있다.

1. 두 가지 조건이 충족되는지 확인한다. 표본은 정규분포 모집단에서 추출된 임의 표본이다.
2. $n-1$의 자유도를 사용하여 원하는 신뢰수준에 해당하는 임계값 χ_L^2 및 χ_R^2를 찾는다([예제 1]에서와 같이).
3. 다음을 사용하여 σ^2에 대한 신뢰구간 추정치를 작성해라.

$$\frac{(n-1)s^2}{\chi_R^2} < \sigma^2 < \frac{(n-1)s^2}{\chi_L^2}$$

4. σ의 신뢰구간 추정치를 얻으려면 신뢰구간의 각 성분의 제곱근을 구해라.
5. 앞의 핵심요소에 나타난 반올림 규칙을 사용하여 신뢰구간 한계를 반올림해라.

비교 또는 가설검정에 신뢰구간 사용

비교 신뢰구간은 비공식적으로 다른 데이터 세트의 변수를 비교하는데 사용할 수 있지만, 신뢰구간의 겹침은 분산 또는 표준편차의 동일성 대한 공식적이고 최종적인 결론을 내리는 데 사용해서는 안 된다.

예제 2 IQ점수의 σ 추정을 위한 신뢰구간

부록 B의 데이터 세트 8 "IQ와 납"에는 세 개의 서로 다른 납 노출 그룹의 피실험자에 대한 IQ점수가 있다. 납의 중간 노출 그룹(그룹 2)의 22개 전체 IQ점수의 표준편차는 14.29263이다. 표본을 단순 임의표본으로 간주하고 표본이 얻어진 모집단의 표준편차 σ의 95% 신뢰구간 추정치를 작성해라.

풀이

조건 확인

1단계: 조건 확인. (1) 표본은 단순 임의표본으로 취급될 수 있다. (2) 첨부된 히스토그램은 정규분포의 종 모양에 매우 가까운 모양을 가지므로 정규성 조건이 충족된다.

Minitab

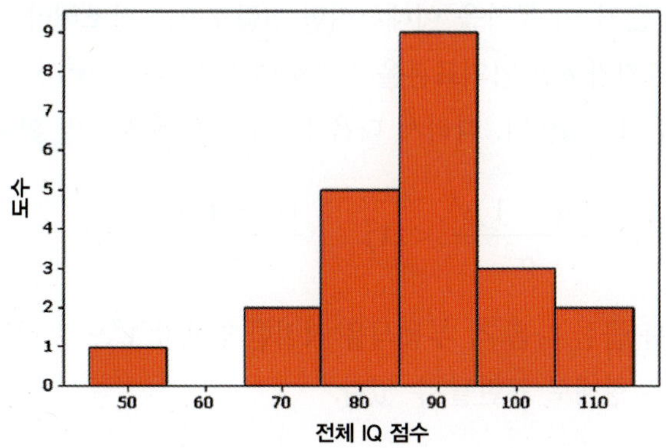

2단계: 기술사용 신뢰구간은 기술을 사용하여 찾을 수 있다. StatCrunch 화면은 σ^2의 95% 신뢰구간 추정치에 대한 신뢰구간 하한과 상한을 보여주므로 $120.9 < \sigma^2 < 417.2$를 얻을 수 있다. 제곱근을 구하면 $11.0 < \sigma < 20.4$를 얻는다.

StatCrunch

95% confidence interval results:
σ^2 : Variance of variable

Variable	Sample Var.	DF	L. Limit	U. Limit
IQ	204.27922	21	120.91318	417.18431

표 A-4 사용 표 A-4를 사용하는 경우 먼저 자유도를 찾기 위해 $n = 22$인 표본 크기를 사용한다.: $\mathrm{df} = n - 1 = 21$. 표 A-4에서 자유도 21에 해당하는 행을 참조하고, 면적이 0.975와 0.025인 열을 참조한다. (95% 신뢰수준의 경우 카이 제곱 분포의 두 꼬리 사이에 $\alpha = 0.05$를 균등하게 나누고 표 A-4의 맨 위의 행에서 0.975와 0.025 값을 참조

(계속)

한다.) 임계값은 $\chi_L^2 = 10.283$, $\chi_R^2 = 35.479$이다([예제 1]과 같이).

3단계: 임계값 10.283, 35.479, 표본 표준편차 $s = 14.29263$, 표본 크기 $n = 22$를 사용하여 다음을 평가하여 95% 신뢰구간을 작성한다.

$$\frac{(n-1)s^2}{\chi_R^2} < \sigma^2 < \frac{(n-1)s^2}{\chi_L^2}$$

$$\frac{(22-1)(14.29263)^2}{35.479} < \sigma^2 < \frac{(22-1)(14.29263)^2}{10.283}$$

4단계: 위의 표현을 평가하면 결과는 $120.9 < \sigma^2 < 417.2$가 된다. 각각의 제곱근을 찾은 다음 (반올림 전) 소수점 이하 한자리로 반올림하면 모집단 표준편차의 95% 신뢰구간 추정치가 산출된다.: $11.0 < \sigma < 20.4$

해석

이 결과를 바탕으로 11.0과 20.4의 한계에 σ의 실제 값이 포함된다고 95% 신뢰한다. 신뢰구간은 (11.0, 20.4)로 표현할 수 있지만 $s \pm E$ 형식으로는 표현할 수 없다.

신뢰구간의 이론적 근거 이 문장을 이해하려면 그림 7-9를 참조해라. 분산이 σ^2인 정규분포 모집단에서 크기가 n인 임의표본을 선택하면 통계 $(n-1)s^2/\sigma^2$이 임계값 χ_L^2와 χ_R^2 사이에 있을 확률은 $1-\alpha$이다. 따라서 다음 두 가지 모두 사실일 확률은 $1-\alpha$이다.

$$\frac{(n-1)s^2}{\sigma^2} < \chi_R^2, \quad \frac{(n-1)s^2}{\sigma^2} > \chi_L^2$$

앞의 부등식에 σ^2를 곱한 다음 각 부등식을 적절한 임계값 χ^2으로 나눈다. 따라서 두 부등식은 다음과 같은 형태로 표현될 수 있다.

$$\frac{(n-1)s^2}{\chi_R^2} < \sigma^2, \quad \frac{(n-1)s^2}{\chi_L^2} > \sigma^2$$

이 절에서 사용된 신뢰구간의 형식을 얻기 위해 앞의 두 부등식을 하나의 부등식으로 결합할 수 있다.

$$\frac{(n-1)s^2}{\chi_R^2} < \sigma^2 < \frac{(n-1)s^2}{\chi_L^2}$$

표본 크기 결정

σ 추정에 필요한 표본 크기를 찾는 절차는 이전에 제시된 평균과 비율에 대한 절차보다 훨씬 더 복잡하다. 정규분포하는 모집단의 경우 표 7-2를 사용할 수 있다.

표 7-2 표본 크기 결정

σ	
s가 … 안에 있음을 95% 신뢰	**σ값 중 표본 크기 n은 최소**
1%	19,205
5%	768
10%	192
20%	48
30%	21
40%	12
50%	8
s가 … 안에 있음을 99% 신뢰	**σ값 중 표본 크기 n은 최소**
1%	33,218
5%	1,336
10%	336
20%	85
30%	38
40%	22
50%	14

예제 3 σ 추정을 위한 표본 크기 찾기

납에 노출된 사람들의 모든 IQ점수의 표준편차 σ를 추정하려고 한다. 추정치가 σ의 실제 값의 5% 내에 있다고 99% 신뢰하고 싶다. 표본은 얼마나 커야 하는가? 모집단은 정규분포한다고 가정한다.

풀이

표 7-2에서 1336 크기의 표본에 대한 99% 신뢰도와 5% 오차를 확인할 수 있다. 납에 노출된 피실험자의 모집단에서 1336개의 IQ점수에 대한 단순 임의표본을 얻어야 한다.

테크 센터

표준 편차 또는 분산에 대한 신뢰 구간 추정

www.TriolaStats.com에서 기술 지침, 비디오, 데이터 집합을 참조하십시오.

7-3 기본적인 기술 및 개념

통계적 해석 및 비판적 사고

1. 뇌 용량 데이터 세트 9 "IQ와 뇌 크기"에 나열된 모든 뇌 용량을 사용하여 다음과 같은 95% 신뢰구간 추정치를 얻는다. $9027.8 < \sigma^2 < 33{,}299.8$ 측정 단위는 $(\text{cm}^3)^2$이다. σ의 해당 신뢰구간 추정치를 확인하고 적절한 단위를 포함해라. 원래 값이 정수인 경우 이 절에 제시된 반올림 규칙을 사용하여 한계를 반올림해라. σ의 신뢰구간 추정치를 올바르게 해석하는 문장을 작성해라.

2. 마지막 자릿수 분석 첨부된 점 그림은 데이터 세트 1 "신체 자료"에 있는 남성 153명의 체중의 마지막 숫자를 나타낸다. 이 숫자는 정규분포하는 모집단에서 나온 것으로 보이는가? 그렇지 않다면 $n = 153$의 큰 표본 크기는 값을 정규분포에서 나온 것처럼 취급하는 것을 정당화하는가? 표본은 모든 자릿수 모집단에 대해 σ의 95% 신뢰구간 추정치를 작성하는데 사용될 수 있는가?

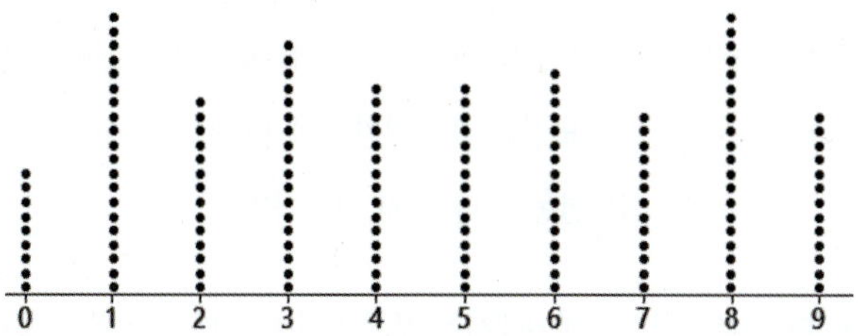

임계값과 신뢰구간 찾기 연습문제 3~4에서는 주어진 정보를 사용하여 자유도, 임계값 χ^2_L와 χ^2_R, σ의 신뢰구간 추정치를 찾아라. 표본은 부록 B에 나와 있으며 정규분포하는 모집단에서 단순 임의표본을 선택했다고 가정하는 것이 적절하다.

3. Menthol 담배의 니코틴 95% 신뢰; $n = 25$, $s = 0.24$ mg

4. 여성의 혈소판 수 99% 신뢰; $n = 147$, $s = 65.4$

신뢰구간 찾기　연습문제 5~8에서는 각 표본이 정규분포하는 모집단에서 얻은 단순 임의표본이라고 가정한다.

5. 체온 부록 B의 데이터 세트 2 "체온"에는 평균 98.20°F 표준편차 0.62°F인 106개의 체온 표본이 있다. (2일 동안 오전 12시에) 전체 모집단에 대한 체온의 표준편차에 대한 95% 신뢰구간 추정치를 작성해라.

6. 불면증 치료 노인의 불면증 치료 약물인 zopiclone의 효과를 테스트하기 위해 임상시험이 수행되었다. Zopiclone으로 치료한 후, 피실험자 16명의 깨있는 시간은 평균 98.9분 표준편차 42.3분이었다("Cognitive Behavioral Therapy vs Zopiclone for Treatment of Chronic Primary Insomnia in Older Adults," by Sivertsen et al., *Journal of the American Medical Association*, Vol. 295, No. 24 자료에 근거). 16개의 표본 값이 정규분포하는 모집단에서 나온 것으로 가정하고, zopiclone 치료를 받은 모집단의 깨어 있는 시간의 표준편차에 대한 98% 신뢰구간 추정치를 작성해라. 결과는 치료의 효과 여부를 나타내는가?

7. 세계에서 가장 작은 포유류 세계에서 가장 작은 포유류는 키티돼지코박쥐(또는 *Craseonycteris thonglongyai*라고도 함)로 알려진 뒤영벌박쥐(bumblebee bat)다. 이 박쥐는 대략 큰 꿀벌의 크기다. 아래에는 이 박쥐 표본의 무게(그램)가 나와 있다. 박쥐 무게의 표준편차 대한 95% 신뢰구간 추정치를 작성해라.

1.7　1.6　1.5　2.0　2.3　1.6　1.6　1.8　1.5　1.7　2.2　1.4　1.6　1.6　1.6

8. 삽질할 때 심박수 폭설이 내린 후 심장 사망률이 증가하는 것으로 나타나기 때문에, 한 실험은 눈 삽질할 때 심박수와 전기 제설기를 사용할 때를 비교하기 위해 설계되었다. 10명의 피실험자들이 두 방법 모두 사용하여 눈 제설을 하였으며 두 활동 중 최대 심박수(분당 박동 수, 또는 BPM)가 기록되었다. 아래와 같은 결과를 얻었다("Cardiac Demands of Heavy Snow Shoveling," by Franklin et al., *Journal of the American Medical Association*, Vol. 273, No. 11 자료에 근거).

수동 눈 삽질 최대 심박수:　$n = 10$, $\bar{x} = 175$ BPM, $s = 15$ BPM

전기 제설기 최대 심박수:　$n = 10$, $\bar{x} = 124$ BPM, $\bar{x} = 124$, $s = 18$ BPM

a. 눈을 수동으로 삽질하는 사람들의 모집단 표준편차 σ에 대한 95% 신뢰구간 추정치를 찾아라.

b. 전기 제설기를 사용하는 사람들의 모집단 표준편차 σ에 대한 95% 신뢰구간 추정치를 찾아라.

c. 결과를 비교해라. 두 그룹에 대한 변동이 다른 것 같은가?

부록 B의 대용량 데이터 세트　연습문제 9에서는 부록 B의 데이터 세트를 사용해라. 각 표본이 정규분포하는 모집단에서 얻은 단순 임의표본이라고 가정한다.

9. 체류기간 부록 B의 데이터 세트 3 "출생"을 참조해라.

a. 205명의 여자아이의 머무는 기간(일)을 사용하여 표본을 얻은 모집단의 표준편차에 대한 95% 신뢰구간 추정치를 작성해라. 임계값의 경우 $\chi^2_L = 166.337$과 $\chi^2_R = 245.449$를 사용해라. 데이터의

분포가 대략적으로 정규분포하는가? 결과에 어떤 영향을 미치는가?

b. 195명의 남자아이를 사용하여 (a)를 반복하고 임계값의 경우 $\chi_L^2 = 157.321$과 $\chi_R^2 = 234.465$를 사용해라.

c. (a)와 (b)의 결과를 비교해라.

표본 크기 결정 **연습문제 10~11에서는 각 표본이 정규분포하는 모집단에서 얻은 단순 임의표본이라고 가정한다. 해당 표본의 크기를 찾으려면 표 7-2를 사용해라.**

10. 생물 통계학 교수의 IQ 생물 통계학 교수의 IQ점수 모집단에 대한 σ를 추정하려고 한다. 표본 표준편차 s가 σ의 1% 이내임을 95% 신뢰하는 데 필요한 최소 표본 크기를 찾아라. 이 표본 크기는 실용적인가?

11. 통계학 학생들의 수입 현재 통계학 학생들의 연간 소득의 표준편차를 추정하려고 한다. 표본 표준편차가 모집단 표준편차의 20% 이내에 있다고 95% 신뢰하는 데 필요한 최소 표본 크기를 찾아라. 이 소득이 정규분포 조건을 충족할 가능성이 있는가?

7-3 기초를 넘어서

12. 임계값 찾기 σ 또는 σ^2에 대한 신뢰구간을 작성할 때 표 A-4를 사용하여 101까지 선택된 n값에 대해서 임계값 χ_L^2과 χ_R^2을 찾을 수 있으므로 자유도는 100 이하이다. 더 큰 자유도는 다음을 사용하여 χ_L^2과 χ_R^2의 근사치를 계산할 수 있다.

$$\chi^2 = \frac{1}{2}\left[\pm z_{\alpha/2} + \sqrt{2k - 1}\right]^2$$

여기서 k는 자유도 $z_{\alpha/2}$는 7-1절에서 설명한 임계 z값이다. 이 근사치 사용하여 다음의 연습문제 16 "편두통에 대한 침술"에서 $n = 142$인 침술 치료 그룹에 대한 95% 임계값 χ_L^2과 χ_R^2을 찾아라. 실제 임계값 $\chi_L^2 = 11.020$, $\chi_R^2 = 175.765$와 비교한 결과는?

편두통에 대한 침술 편두통 치료를 위한 침술의 효과를 테스트하기 위한 연구에서 142명의 환자는 침술로 치료되었고 80명의 환자는 가짜로 치료했다. 침술 치료군의 편두통 발병 횟수는 평균 1.8 표준 편차 1.4이다.

7-4 붓스트랩: 추정을 위한 기술사용

핵심 개념

이전 절에서는 모비율, 평균, 표준편차(또는 분산)를 추정하는 방법을 나타냈다. 이러한 모든 방법에는 사용할 수 있는 상황을 제한하는 특정 조건이 있다. 일부 조건이 충족되지 않으면 붓스트랩 방법을 사용하여 신뢰구간이 있는 모수를 추정할 수 있다. 붓스트랩 방법은 일반적으로 소프트웨어를 사용해야 한다.

얼마나 많은 사람들을 알고 있는가?

누구나 알고 있는 사람의 수를 세기는 어렵지만, 통계적 방법을 사용하여 우리 모두가 알고 있는 사람의 평균 수를 추정할 수 있다. 사람들에게 몇 명을 알고 있는지 묻는 간단한 접근 방식은 과거에 제대로 작동하지 않았다. 훨씬 더 좋은 방법은 대표 표본을 선택하여 각 사람들에게 Marc, Mario, Jason, Ginny, Rachel, Todd라는 사람을 얼마나 많은 사람들이 알고 있는지 묻는 것이다. (일반적인 이름을 가진 사람들은 정확하게 기억하기가 더 어렵기 때문에 일반적이지 않은 이름이 더 효과적이다.) 응답은 알려진 총 인원수를 나타내는 데 사용된다. (표본 피실험자가 그러한 이름을 가진 사람 평균 1.76명을 알고 모집단의 0.288%가 그 이름을 가지고 있다는 것을 알고 있다면 알고 있는 사람 수의 평균은 1.76/0.00288 = 611이다.) 한 추정치에 따르면 알고 있는 사람 수의 평균은 611명이고 중앙값은 472명이다. ("How Many People Do You Know? Efficiently Estimating Personal Network Size," by McCormick, Salganik, and Zheng, *Journal of the American Statistical Association*, Vol. 105, No. 4 자료에 근거).

표집 조건 이 장의 앞 방법들은 모두 표본이 단순 임의표본이라는 조건을 가지고 있다. 표본이 적절한 방식으로 수집되지 않으면 모수의 사용 가능한 신뢰구간 추정치를 얻기 위해 아무것도 할 수 없을 가능성이 크다. 붓스트랩 방법은 잘못된 표집 방법을 수정하지 않는다.

조건 다음은 이 장의 앞 절에서 제시한 중요한 조건이다.

- **비율에 대한 신뢰구간(7-1절)**: 적어도 5번의 성공과 5번의 실패가 있다. 또는 $np \geq 5$, $nq \geq 5$
- **평균에 대한 신뢰구간(7-2절)** : 모집단은 정규분포하거나 $n > 30$이다.
- **σ 또는 σ^2에 대한 신뢰구간(7-3절)**: 표본이 크더라도 모집단은 정규분포하는 값을 가져야 한다.

위의 조건이 충족되지 않으면 이 장의 앞 절에서 설명한 방법을 사용하지 말고 붓스트랩 방법을 사용할 수 있다. 붓스트랩 방법에는 큰 표본을 필요로 하지 않는다. 이 방법은 표본을 정규분포 또는 다른 특정 분포에서 수집할 필요가 없으므로 **비모수적(nonparametric)** 또는 **분포 무관 방법(distribution-free method)**이라고 한다. 다른 비모수적 방법은 13장에 포함되어 있다.

정의

크기가 n인 단순 임의표본을 고려할 때, **붓스트랩 표본(bootstrap sample)**은 원래 표본에서 복원하여 얻은 n값의 또 다른 임의표본이다.

복원하지 않으면 모든 표본이 원래 표본과 동일하므로 비율, 평균, 표준편차 또는 분산이 모두 동일하며 신뢰 "구간"이 없을 것이다.

주의 붓스트랩 표본은 복원과 함께 표집을 수행하므로 표본 값을 선택하면 다음 선택 전에 표본 값이 교체된다.

예제 1 수입에 대한 붓스트랩

저자 중 한 명이 통계학 학생들의 수입을 수집하여 다음과 같은 결과를 얻었다. (수천 달러): 0, 2, 3, 7.

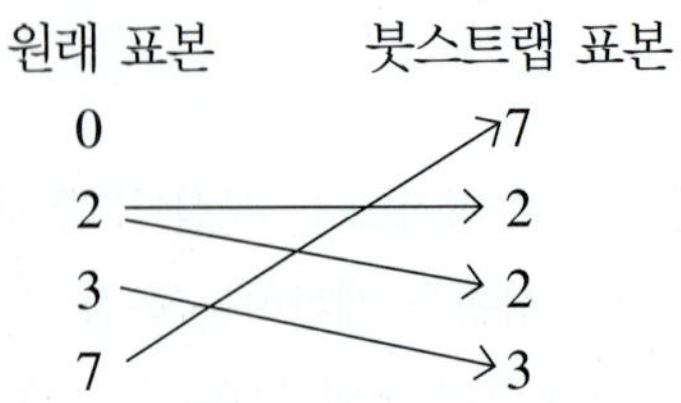

{7, 2, 2, 3}의 표본은 원래의 표본에서 얻은 하나의 붓스트랩 표본이다. 다른 붓스트랩 표본은 다를 수 있다.

수입은 정규분포가 아닌 기운 분포를 갖는 경향이 있으므로, 수입의 작은 표본은 7-2절의 방법을 사용해서는 안 된다. 이것은 붓스트랩 방법이 구조하는 상황이다.

왜 "붓스트랩"이라 부르는가? "붓스트랩"이라는 용어는 데이터가 "자신의 붓스트랩에 의해 스스로 당겨져" 새로운 데이터 세트를 생성하기 때문에 사용된다. 옛날에는 "붓스트랩 스스로 당기는 것"은 불가능한 작업이 어떻게든 이루어졌음을 의미했고, 이 절에서 설명된 붓스트랩 방법은 불가능해 보이지만 효과가 있다.

얼마나 많이? 여러 페이지를 차지하지 않는 관리 가능한 예제를 제공하기 위해, 이 절의 예제는 매우 작은 데이터 세트와 20개 이하의 붓스트랩 표본을 포함하지만, 실제 응용에서 붓스트랩 방법을 사용할 때는 적어도 1,000개의 붓스트랩 표본을 사용해야 한다. 전문 통계학자들은 일반적으로 10,000개 이상의 붓스트랩 표본을 사용한다.

모수의 신뢰구간 추정을 위한 붓스트랩 절차

1. 크기가 n인 단순 임의표본이 주어지면 동일한 크기 n의 많은(예: 1,000 이상) 붓스트랩 표본을 얻는다.
2. 모수를 추정하려면 각 붓스트랩 표본에 해당하는 통계를 찾아라. (예: 신뢰도 μ의 추정치는 각 붓스트랩 표본에서 **표본평균** $\bar{x}$를 찾아라.)
3. 표본 통계를 낮음에서 높음으로 정렬해라.
4. 정렬된 통계 목록을 사용하여 해당 백분위 수 값을 찾아 신뢰구간을 작성한다. 백분위 수를 찾는 절차는 3-3절에 나와 있다. (예: 정렬된 표본평균 목록을 사용하면 90% 신뢰구간 한계는 P_5와 P_{95}이다. μ의 신뢰구간 추정치는 $P_5 < \mu < P_{95}$이다.)

결과의 유용성 붓스트랩 절차를 설명하기 위해 [예제 2, 3, 4]는 붓스트랩 표본이 20개밖에 없는 매우 작은 표본을 포함한다. 결과적으로 신뢰구간은 거의 모든 표본 값 범위가 포함되며 이러한 신뢰구간은 그다지 유용하지 않다. 1,000개 이상의 붓스트랩 표본이 있는 큰 표본은 [예제 2, 3, 4]의 표본보다 훨씬 나은 결과를 제공할 것이다.

비율

비율로 작업할 때는 다음 예제와 같이 0과 1을 사용하여 두 범주의 데이터를 나타내는 것이 매우 유용하다.

예제 2 눈 색깔 조사: 비율을 위한 붓스트랩 신뢰구간

설문 조사에서 임의로 선택된 4명의 피실험자에게 갈색 눈인지 물어본 결과는 다음과 같다. 0, 0, 1, 0 (0 = 아니오, 1 = 예) 붓스트랩 재표집 절차를 사용하여 모집단에서 갈색 눈을 가진 사람의 비율인 모비율 p의 90% 신뢰구간 추정치를 작성해라.

(계속)

풀이

조건 확인 표본은 단순 임의표본이다. (적어도 5번의 성공과 5번의 실패, 또는 $np \geq 5$, $nq \geq 5$ 외의 조건은 없다. 표본이 정규분포하는 모집단에서 추출되어야 한다는 조건은 없다.) ✓

1단계: 표 7-3에서 원래 표본 0, 0, 1, 0에서 20개의 붓스트랩 표본을 생성했다.

2단계: 모비율 p의 신뢰구간 추정치를 원하므로 20개의 붓스트랩 표본 각각에 대한 표본비율 $\hat{p}$을 원하며 해당 표본비율은 붓스트랩 표본의 오른쪽 열에 표시된다.

3단계: 가장 오른쪽 열의 데이터는 가장 낮은 것부터 높은 것까지 순서대로 정렬된 20개의 표본비율 목록이다.

4단계: 90% 신뢰수준을 원하므로 P_5와 P_{95}의 백분위수를 찾고자 한다. P_5는 가장 낮은 5% 구분하고 P_{95}는 가장 높은 5% 값을 구분한다. 백분위수를 찾기 위해 3-3절의 방법을 사용하고 정렬된 붓스트랩 표본비율 목록을 사용하여 $P_5 = 0.00$, $P_{95} = 0.75$를 찾는다. 모비율의 90% 신뢰구간 추정치는 $0.00 < p < 0.75$이다.

표 7-3 p의 붓스트랩 표본

붓스트랩 표본				$\hat{p}$	Sorted $\hat{p}$
1	0	0	1	0.50	0.00
1	0	1	0	0.50	0.00
0	1	1	1	0.75	0.00
0	0	0	0	0.00	0.00
0	1	0	0	0.25	0.25
1	0	0	0	0.25	0.25
0	1	0	1	0.50	0.25
1	0	0	0	0.25	0.25
0	0	0	0	0.00	0.25
0	0	1	1	0.50	0.25
0	0	0	1	0.25	0.25
0	0	1	0	0.25	0.25
1	1	1	0	0.75	0.50
0	0	0	0	0.00	0.50
0	0	0	0	0.00	0.50
0	1	1	0	0.50	0.50
0	0	1	0	0.25	0.50
1	0	0	0	0.25	0.75
1	1	1	0	0.75	0.75
0	0	0	1	0.25	0.75

$P_5 = 0.00$

90% 신뢰구간
$0.00 < p < 0.75$

$P_{95} = 0.75$

해석

$0.00 < p < 0.75$의 신뢰구간은 유의하게 넓다. 어쨌든 모든 비율에 대한 모든 신뢰구간은 0과 1 사이에 있어야 하므로 $0.00 < p < 0.75$의 90% 신뢰구간은 도움이 되지 않는 것 같지만 단지 4개의 표본 값을 기준으로 한다.

힌트 [예제 2]는 20개의 붓스트랩 표본만 사용하지만 붓스트랩 방법을 효과적으로 사용하려면 일반적으로 1,000개 이상의 붓스트랩 표본을 생성하기 위해 소프트웨어를 사용해야 한다.

방법

7-2절에서 모평균의 신뢰구간 추정할 때 표본이 정규분포하는 모집단에서 추출되거나 표본의 크기가 30보다 커야 한다는 조건이 있었다. 이 조건이 충족되지 않을 경우 붓스트랩 방법을 사용할 수 있다.

예제 3 수입: 평균에 대한 붓스트랩 신뢰구간

저자 중 한 명이 통계학 학생들의 연간 소득에 대해 단순 임의표본을 수집했을 때 다음과 같은 결과를 얻었다. (수천 달러): 0, 2, 3, 7. 붓스트랩 재표집 절차를 사용하여 저자의 모든 통계학 학생 모집단의 평균 연간 소득에 대한 90% 신뢰구간 추정치를 작성해라.

풀이

조건 확인 표본은 단순 임의표본이며 정규분포하는 모집단에서 추출되어야 한다는 조건은 없다. 수입은 정규분포가 아닌 기운 분포를 갖는 경향이 있으므로, 신뢰구간을 찾기 위해 7-2절의 방법이 아닌 붓스트랩 방법을 사용할 수 있다. ✓

1단계: 표 7-4에서 원래 표본 0, 2, 3, 7에서 20개의 붓스트랩 표본(복원 표집하여)을 생성했다. (여기서는 20개의 붓스트랩 표본만 사용하여 여러 페이지를 차지하지 않는 관리 가능한 예제가 있지만 일반적으로 최소 1,000개 이상의 붓스트랩 표본을 원한다.)

2단계: 모평균 μ의 신뢰구간 추정치를 원하므로 20개의 붓스트랩 표본 각각에 대한 표본평균 $\bar{x}$를 원하며 해당 표본평균은 붓스트랩 표본의 오른쪽 열에 표시된다.

3단계: 가장 오른쪽 열의 데이터는 가장 낮은 것부터 높은 것까지 순서대로 정렬된 20개의 표본평균 목록이다.

4단계: 90% 신뢰수준을 원하므로 P_5와 P_{95}의 백분위수를 찾고자 한다. P_5는 가장 낮은 5% 구분하고 P_{95}는 가장 높은 5% 값을 구분한다. 백분위수를 찾기 위해 3-3절의 방법을 사용하고 정렬된 붓스트랩 표본평균 목록을 사용하여 $P_5 = 1.75$, $P_{95} = 4.875$를 찾는다. 모평균의 90% 신뢰구간 추정치는 $1.75 < p < 4.875$이며, 값은 수천 달러다.

표 7-4 μ의 붓스트랩 표본

붓스트랩 표본				$\bar{x}$	Sorted $\bar{x}$	
3	3	0	2	2.00	1.75	→ $P_5 = 1.75$
0	3	2	2	1.75	1.75	
7	0	2	7	4.00	1.75	
3	2	7	3	3.75	2.00	
0	0	7	2	2.25	2.00	
7	0	0	3	2.50	2.25	
3	0	3	2	2.00	2.50	
3	7	3	7	5.00	2.50	
0	3	2	2	1.75	2.50	
0	3	7	0	2.50	2.75	90% 신뢰구간:
0	7	2	2	2.75	3.00	$1.75 < \mu < 4.875$
7	2	2	3	3.50	3.25	
7	2	3	7	4.75	3.25	
2	7	2	7	4.50	3.50	
0	7	2	3	3.00	3.75	
7	3	7	2	4.75	4.00	
3	7	0	3	3.25	4.50	
0	0	3	7	2.50	4.75	
3	3	7	0	3.25	4.75	→ $P_{95} = 4.875$
2	0	2	3	1.75	5.00	

표준편차

7-3절에서 모집단 표준편차 또는 분산의 신뢰구간을 추정할 때 표본이 정규분포하는 모집단에서 추출되어야 한다는 조건이 있다. 표본이 크더라도 이 정규성 조건은 모평균 추정에 사용되는 정규성 조건보다 훨씬 더 엄격하다. 따라서 σ 또는 σ^2의 신뢰구간 추정에는 붓스트랩 방법이 더 중요하다.

예제 4 수입: 표준편차에 대한 붓스트랩 신뢰구간

[예제 3]과 동일한 수입(수천 달러)을 사용해라. 0, 2, 3, 7. 붓스트랩 재표집 절차를 사용하여 저자의 모든 통계학 학생 모집단의 연간 소득의 표준편차인 모집단 표준편차 σ의 90% 신뢰구간 추정치를 작성해라.

풀이

조건 확인 [예제 3]과 동일한 조건 확인이 여기에 적용된다. ✓

[예제 3]에서 사용된 것과 동일한 기본 절차가 사용된다. [예제 3]에는 이미 20개의 붓스트랩 표본이 포함되어 있으므로 각 붓스트랩 표본의 **표준편차**를 찾은 다음 정렬하여 표본 표준편차의 정렬된 목록을 얻는다.

1.26	1.26	1.26	1.41	1.41	2.22	2.31	2.38	2.63	2.63
2.87	2.87	2.89	2.94	2.99	3.30	3.32	3.32	3.32	3.56

분류된 표준편차 목록에서 P_5와 P_{95}를 찾아 90% 신뢰구간 한계를 찾는다. 3-3절의 방법을 사용하여 $P_5 = 1.26$, $P_{95} = 3.44$를 찾는다. 모집단 표준편차 σ의 90% 신뢰구간 추정치는 $1.26 < \sigma < 3.44$이며, 값은 수천 달러다.

다시 말하지만, 현실적인 이유로 이 절의 예제는 매우 작은 데이터 세트와 20개 이하의 붓스트랩 표본이 포함되었지만 적어도 1,000개의 붓스트랩 표본을 사용해라. 10,000개 이상의 붓스트랩 표본을 사용하는 것이 일반적이다.

테크 센터

붓스트랩 리샘플링

www.TriolaStats.com에서 기술 지침, 비디오, 데이터 집합을 참조하십시오.

7-4 기본적인 기술 및 개념

통계적 해석 및 비판적 사고

1. 복원 붓스트랩 방법에 복원 표집이 필요한 이유는? 이 절의 방법을 사용했지만 복원 표집하지 않으면 어떻게 되는가?

2. 붓스트랩 표본 연습문제 2의 표본 자료를 고려할 때 다음 중 붓스트랩 표본이 아닌 것은?

a. 12, 19, 13, 43, 15 **b.** 12, 19, 15 **c.** 12, 12, 12, 43, 43

d. 14, 20, 12, 19, 15 **e.** 12, 13, 13, 12, 43, 15, 19

연습문제 3~4에서는 비교적 작은 수의 주어진 붓스트랩 표본을 사용하여 신뢰구간을 작성해라.

3. 설문 응답 의사 사무실에서 4명의 환자들은 퇴원 전에 설문 조사에 기꺼이 응할 것인지 질문

을 받는다. 응답은 다음과 같다. 아니오, 예, 아니오, 아니오. "예" = 1, "아니오" = 0으로 설정하면 응답에 대한 10개의 붓스트랩 표본이 있다. {0, 0, 0, 0}, {1, 0, 1, 0}, {1, 0, 1, 0}, {0, 0, 0, 0}, {0, 0, 0, 0}, {0, 1, 0, 0}, {0, 0, 0, 0}, {0, 0, 0, 0}, {0, 1, 0, 0}, {1, 1, 0, 0}. 주어진 붓스트랩 표본 10개만 사용하여 설문 조사에 기꺼이 응할 것이라고 말한 환자의 비율에 대한 90% 신뢰구간 추정치를 작성해라.

4. 신입생 15 신입생 1학년 때 대학생의 체중 변화량(kg) 표본은 다음과 같다(부록 B 데이터 세트 10 "신입생 15" 참조). 11, 3, 0, −2. 여기서 −2는 2kg의 손실을 나타내며 양수 값은 체중 증가를 나타낸다. 다음은 10개의 붓스트랩 표본이다. {11, 11, 11, 0}, {11, −2, 0, 11}, {11, −2, 3, 0}, {3, −2, 0, 11}, {0, 0, 0, 3}, {3, −2, 3, −2}, {11, 3, −2, 0}, {−2, 3, −2, 3}, {−2, 0, −2, 3}, {3, 11, 11, 11}.

a. 주어진 붓스트랩 표본 10개만 사용하여 모집단의 평균 체중 변화에 대한 80% 신뢰구간 추정치를 작성해라.

b. 주어진 붓스트랩 표본 10개만 사용하여 모집단의 체중 변화의 표준편차에 대한 80% 신뢰구간 추정치를 작성해라.

연습문제 5~11에서는 기술을 사용하여 수많은 붓스트랩 표본을 만들어라.

5. 신입생 15 연습문제 7 "신입생 15"에 주어진 10개 대신 1,000개의 붓스트랩 표본을 사용하고 신뢰수준 90%를 사용하여 (a)와 (b)를 반복해라.

6. 응급실 대기 시간 컬럼비아는 미국에서 응급실 대기 시간이 가장 길다. 다음은 컬럼비아에서 의사를 만나기 전 환자의 대기 시간(분)이다. 40, 68, 72, 67, 54, 59, 68, 47, 55, 74, 63, 73. 붓스트랩 방법과 1,000개의 붓스트랩 표본을 사용해라.

a. 모평균의 99% 신뢰구간 추정치를 작성해라. 결과는 7-2절과 같이 t 분포를 사용하여 작성한 99% 신뢰구간과 많이 다른가?

b. 모집단 표준편차의 95% 신뢰구간 추정치를 작성해라. 결과는 7-3절과 같이 χ^2 분포를 사용하여 작성한 95% 신뢰구간과 많이 다른가?

7. 리피토 리피토(아토르바스타틴)의 임상시험에서 863명의 피실험자에게 10 mg의 약물로 치료했으며 그 중 8명이 알레르기 반응을 나타냈다. 알레르기 반응을 경험한 피실험자의 백분율에 대한 95% 신뢰구간 추정치를 작성하기 위해 붓스트랩 방법을 사용해라. 1,000개의 붓스트랩 표본을 사용해라.

8. 조사 회수율 휴대 전화 사용과 뇌의 반구상 우성에 관한 연구에서, 귀를 중심으로 한 온라인 그룹에서 임의로 선발된 5000명의 피실험자들에게 인터넷 설문조사를 이메일 보냈으며 717건의 설문조사가 반환되었다. 회수된 조사 비율에 대한 90% 신뢰구간을 작성하기 위해 붓스트랩 방법을 사용해라. 1,000개의 붓스트랩 표본을 사용해라. 7-1절 연습문제 8 "조사 회수율"에서 구한 신뢰구간과 비교한 결과는?

9. 학생 평가 아래에는 학생 평가 등급으로 5는 "우수"이다. 등급은 오스틴에 있는 텍사스 대학교에서 얻었다. 1,000개의 붓스트랩 표본과 붓스트랩 방법을 사용하여 μ의 90% 신뢰구간 추정치를 작성해라. 7-2절의 방법을 사용하여 얻은 결과와 비교한 결과는?

3.8 3.0 4.0 4.8 3.0 4.2 3.5 4.7 4.4 4.2 4.3 3.8 3.3 4.0 3.8

10. 핸드폰 방사선 각각 다른 휴대폰에서 측정된 방사선 방출량(W/kg)이다. 0.38, 0.55, 1.54, 1.55, 0.50, 0.60, 0.92, 0.96, 1.00, 0.86, 1.46. 1,000개의 붓스트랩 표본과 붓스트랩 방법을 사용하여 μ의 90% 신뢰구간 추정치를 작성해라. 7-2절 연습문제 9에서 구한 신뢰구간과 비교한 결과는?

11. 마지막 자릿수 분석 응답자의 체중은 California Health Interview Survey의 일부로 기록되었다. 임의로 선택된 50명의 응답자 체중의 마지막 자릿수는 다음과 같다.

5 0 1 0 2 0 5 0 5 0 3 8 5 0 5 0 5 6 0 0 0 0 0 0 8
5 5 0 4 5 0 0 4 0 0 0 0 0 8 0 9 5 3 0 5 0 0 0 5 8

a. 1,000개의 붓스트랩 표본과 붓스트랩 방법을 사용하여 σ의 95% 신뢰구간 추정치를 작성해라.

b. 7-3절의 방법을 사용하여 구한 σ의 95% 신뢰구간 추정치를 작성해라.

c. 결과를 비교해라. 두 신뢰구간이 다른 경우 어느 것이 더 나은가? 그 이유는 무엇인가?

7-4 기초를 넘어서

12. 붓스트랩 표본 수의 효과 1,000개 대신 10,000개의 붓스트랩 표본을 사용하여 연습문제 11 "마지막 자릿수 분석"을 반복해라. 어떻게 되는가?

장별 퀴즈

1. 시력 교정 콘택트렌즈를 착용하여 시력을 교정하는 성인의 비율에 대한 95% 신뢰구간 추정치는 다음과 같다. $0.110 < p < 0.150$(Vision Council survey 자료에 근거). 콘택트렌즈를 착용하여 시력을 교정하는 성인 모집단의 비율에 대한 가장 좋은 점 추정치는 무엇인가?

2. 임계값 연습문제 1의 설문 조사에서 모비율의 99% 신뢰구간 추정치를 작성하는 데 사용되는 임계값을 찾아라.

3. 비율에 대한 표본 크기 통계 과목을 수강하는 대학생의 비율을 추정하는 데 필요한 표본 크기를 찾아라. 표본의 비율이 실제 모집단 백분율의 4% 내에 있다고 95% 신뢰한다고 가정해라.

4. 조건 품질 관리 분석가는 심장 박동 조절기에 사용되는 12개의 배터리 임의표본을 수집하여 전압 레벨을 테스트하고 배터리 모집단의 평균 전압 레벨에 대한 95% 신뢰구간 추정치를 작성할 계획이다. t 분포의 방법을 사용하여 신뢰구간을 작성하려면 어떤 조건을 충족해야 하는가?

5. 임계값 연습문제 4를 참고하여 조건이 충족되었다고 가정해라. t 분포를 사용하여 μ의 95% 신뢰구간 추정치를 작성할 때 사용되는 임계값을 찾아라.

복습문제

1. 뇌암 환자군 Pratt & Whitney 공장에 뇌암 환자군이 존재하는지 여부를 확인하기 위한 연구에서 223,000명의 직원을 조사했고 뇌종양이 있는 직원 723명 발견했다. 그 직원들을 임의표본으로 취급하고 그러한 암이 있는 모든 성인의 비율에 대한 95% 신뢰구간 추정치를 작성해라. 해당 신뢰구간을 해석하는 간단한 문장을 작성해라.

2. 뻐꾸기 알의 길이 아래는 뻐꾸기 알의 길이(mm)다.

a. 모평균 μ의 최적의 점 추정치를 찾아라.

b. 모든 뻐꾸기 알의 길이의 평균에 대한 95% 신뢰구간 추정치를 작성해라.

c. 신뢰구간을 해석하는 문장을 작성해라.

22.05 22.05 22.05 22.05 22.05 22.05 22.05 22.05 22.05 22.05 22.25 22.25

3. 분포 다음 각 상황에서 사용해야 하는 분포(정규, 스튜던트 t, 카이 제곱)를 식별해라. 세 가지 분포 중 어느 것도 사용할 수 없는 경우 다른 방법을 사용할 수 있는가?

a. μ의 신뢰구간을 작성할 때 75개의 표본 값을 가지며 이 표본은 기운 분포하는 모집단에서 추출되었다. 모집단의 표준편차는 알려져 있지 않다.

b. μ의 신뢰구간 추정치를 작성할 때 75개의 표본 값을 가지며 이 표본은 기운 분포하는 모집단에서 추출되었다. 모집단 표준편차는 18.2 cm다.

c. σ의 신뢰구간 추정치를 작성할 때 75개의 표본 값을 가지며 이 표본은 기운 분포하는 모집단에서 추출되었다.

d. σ의 신뢰구간 추정치를 작성할 때 75개의 표본 값을 가지며 이 표본은 정규분포하는 모집단에서 추출되었다.

e. p의 신뢰구간 추정치를 작성할 때 1200명의 설문 응답자가 있고 그 중 5%가 첫 번째 질문에 "예"라고 대답했다.

4. 아스피린 일반 아스피린 알약은 352 mg의 아스피린을 함유하고 있어야 한다. 아래에는 임의로 선택된 알약의 아스피린(mg) 측정량이다. 알약의 평균 아스피린 양에 대한 95% 신뢰구간 추정치를 작성해라. 이 알약은 허용되는 것 같은가?

330 358 318 338 317 329 339 324 409 248 357 315

5. 아프피린의 붓스트랩 1,000개의 붓스트랩 표본을 사용하여 연습문제 4를 반복해라. 연습문제 4에서 구한 신뢰구간과 비교한 결과는?

누적 복습문제

발. 성인 남성의 발 길이(cm)는 다음과 같다. 연습문제 1~5에서 이 값을 사용해라.

26.7 25.9 26.4 29.2 26.8 28.1 25.4 27.9 27.5 28.8

1. 통계 평균, 중앙값, 표준편차, 범위를 찾아라. 결과는 통계인가 모수인가?

2. 측정 수준 발 길이(명목, 순서, 간격, 비율)의 측정 수준은 무엇인가? 반올림되지 않은 원래의 발 길이는 연속 데이터인가 이산 데이터인가?

3. 신뢰구간 모든 성인 남성의 평균 발 길이에 대한 95% 신뢰구간 추정치를 구해라.

4. 발 길이 데이터 세트 7 "발과 신장"을 기준으로 여성의 발 길이의 평균은 24.20 cm, 표준편차는 1.12 cm이다.

a. 무작위로 선택된 여성의 발 길이가 25.00 cm보다 클 확률을 찾아라.

b. 임의로 선택된 25명의 여성의 평균 발 길이가 25.00 cm보다 클 확률을 찾아라.

c. 여성의 발 길이 모집단에 대해 95 백분위수를 찾아라.

기술 프로젝트

체온 부록 B의 데이터 세트 2 "체온"에는 건강한 성인 표본의 체온(°F)이 있다. 기술을 사용하여 다음 문제들을 풀어라.

a. 2일 동안 오전 8시에 체온의 평균 및 표준편차를 찾아라.

b. 2일 동안 오전 8시의 체온에 대한 히스토그램 및 정규 분위 그림을 작성해라. 체온이 정규분포하는 모집단에서 추출된 것으로 보이는가? 설명해라.

c. 모든 성인의 체온에 대한 95% 신뢰구간 추정치를 작성할 때 t 분포를 사용하기 위한 조건이 충족되는가? 설명해라.

d. 모든 성인의 평균 체온에 대한 95% 신뢰구간 추정치를 작성해라.

e. 1,000개의 붓스트랩 표본을 사용하여 모든 성인의 평균 체온에 대한 95% 신뢰구간 추정치를 작성해라.

d. 평균 체온이 98.6°F이라는 일반적인 믿음에 대해 어떤 결론을 내릴 수 있는가?

자료로부터의 결정

비판적 사고 설문 조사는 무엇을 알려주는가?

설문 조사는 우리 삶에 필수적인 부분이 되었다. 모든 시민이 설문 조사 결과를 해석할 수 있는 능력을 갖는 것이 매우 중요하므로 이 프로젝트는 설문조사에 초점을 맞춘다.

4명의 연구원이 717명을 대상으로 설문 조사를 실시했다. 다음은 몇 가지 조사 결과다. ("Hemispheric Dominance and Cell Phone Use," by Seidman et al., *JAMA Otolaryngology -Head Neck Surgery*, Vol. 139, No. 5 자료에 근거):

- 응답자 중 642명은 오른손잡이 69명은 왼손잡이 6명은 양손잡이다.
- 오른손잡이 642명 중 436명은 휴대 전화를 사용할 때 오른쪽 귀를 선호하고 166명은 왼쪽 귀를 선호하며 40명은 선호하는 것이 없다.
- 왼손잡이 69명 중 16명은 휴대 전화를 사용할 때 오른쪽 귀를 선호하고 50명은 왼쪽 귀를 선호하며 3명은 선호하는 것이 없다.

데이터 분석

1. 설문 조사 결과를 사용하여 휴대 전화 사용에 오른쪽 귀를 선호하는 모든 오른손잡이 비율의 95% 신뢰구간 추정치를 작성해라.

2. (a)의 결과를 사용하여 오차 범위를 찾아라.

3. 설문 조사에 대한 일반적인 비판은 설문 조사가 모집단의 매우 낮은 비율에 대해서만 설문 조사를 실시하므로 정확하지 않다는 것이다. 큰 모집단으로부터 717명만 추출한 표본은 너무 작은 표본 크기인가? 717의 표본 크기가 너무 작거나 작지 않은 이유에 대한 간략한 설명을 작성해라.

4. 대부분의 오른손잡이 사람들은 휴대 전화 사용에 오른쪽 귀를 선호하는 것 같은가? 대부분의 왼손잡이 사람들은 휴대 전화 사용에 왼쪽 귀를 선호하는 것 같은가?

5. 설문 조사는 5,000명에게 이메일로 발송되었으며 717개의 설문조사 응답을 받았다. 응답률은 결과에 대해 무엇을 의미하는가? 표집 방법은 결과에 대해 무엇을 의미하는가?

그룹 활동

1. **수업 외 활동** 표본 자료를 수집하고 이 장의 방법을 사용하여 모집단 모수의 신뢰구간 추정치를 작성해라. 다음은 모수에 대한 제안 사항이다.

- 다른 눈썹을 올리지 않고 한 쪽 눈썹을 올릴 수 있는 대학생의 비율.
- 남자 대학생의 평균 맥박수 또는 여자 대학생의 평균 맥박수.
- *New York Times* 사설의 평균 단어 길이와 *Journal of the American Medical Association*과 같은 전문 저널의 평균 단어 길이.
- 지난 7일 이내에 알코올음료를 마신 대학생의 비율.
- 대학생들이 매주 공부하는 평균 시간.

2. **교실 내 활동** 성별 선택 방법은 아기가 여자아이가 될 확률에 영향을 줄 수 있기 때문에 그 확률은 1/4가 된다고 가정한다. 각 학생들은 뒤섞인 카드에서 20장의 카드를 뽑아 20명의 출생 시뮬레이션한다. 카드를 뽑은 후 복원하여 다시 섞어라. 하트 모양은 여자아이로 생각하고 다른 모든 카드는 남자아이로 생각해라. 20개를 선택하고 아이의 "성별"을 기록한 후, 여자아이의 비율에 대한 신뢰구간 추정치를 작성해라. 결과가 모비율의 실제 값을 식별하는 데 효과적인가? (카드를 사용할 수 없는 경우 계산기에서 임의 번호 생성기를 사용하거나 전화번호나 사회 보장 번호 숫자를 사용하는 것과 같은 다른 방법을 사용해라.)

3. **교실 내 활동** 각 학생은 교실의 길이를 추정한다. 값은 실제 측정이 수행되지 않은 상태로 시각적 추정치에 기초한다. 추정치가 수집된 후 신뢰구간을 작성하고 교실의 길이를 측정한다. 신뢰구간에 실제 교실의 길이가 포함되는가? 학급 평균이 실제 교실 길이와 거의 비슷한 "집단 지혜"가 있는가?

4. **수업 외 활동** 일반적인 관심 주제를 파악하고 모든 학급 구성원과 협력하여 설문 조사를 수행해라. 임의 선택의 원칙을 사용한 "과학적인" 설문 조사 대신 친구, 친척 및 다른 학생들과 같이 쉽게 구할 수 있는 응답자로 구성된 편의 표본을 이용해라. 결과를 분석하고 해석하고 모집단을 확인해라. 편의 표본 사용의 단점을 확인하고 모집단에서 임의로 선택한 피실험자 표본과 어떻게 다른지 확인해라.

8 가설검정
Hypothesis Testing

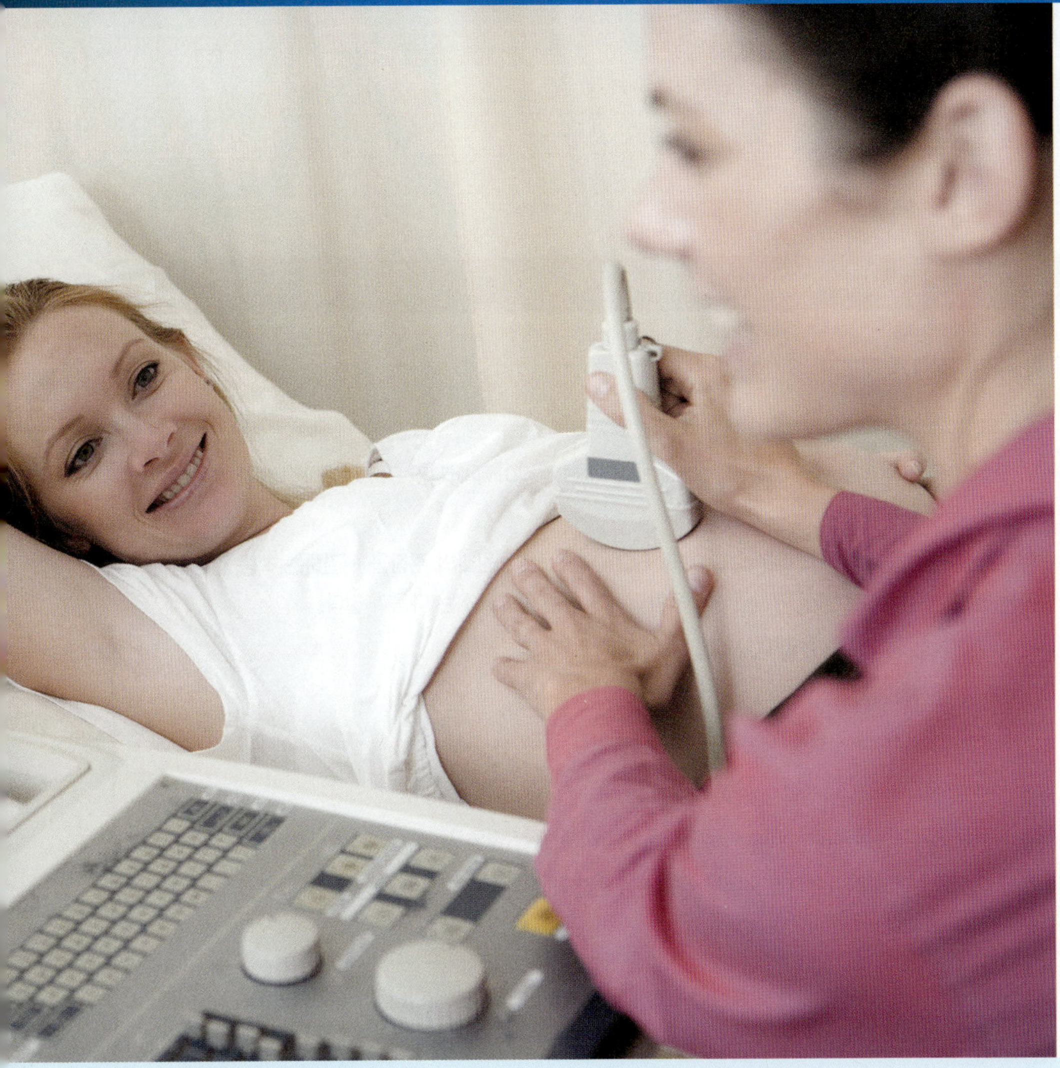

이 장의 문제

MicroSort 성별 선택 방법은 아기가 여자아이가 될 가능성을 높이는가?

성별 선택 방법은 다소 논란의 여지가 있다. 어떤 사람들은 이유와 상관없이 그러한 방법의 사용을 금지해야 한다고 생각한다. 다른 사람들은 성별에 따른 유전적 질환 예방과 같은 의학적 이유로 제한적인 사용을 허용해야 한다고 생각한다. 예를 들어 일부 부부는 X-연관 열성 유전자를 가지고 있어 남자아이가 심각한 장애를 물려받을 확률이 50%이고 여자아이는 장애를 물려받을 가능성이 없다. 이러한 부부는 자녀 중 누구도 장애를 물려받지 않도록 여자아이를 낳을 가능성을 증가시키기 위한 성별 선택 방법을 사용하기를 원할 것이다.

성별 선택 방법은 수년 동안 사용되어 왔다. 1980년대에 ProCare Industries는 Gender Choice라는 제품을 판매했다. 가격은 \$49.95에 불과했지만 미국 식품의약국은 80% 신뢰성이 있다는 주장을 뒷받침할 증거가 없어 Gender Choice 배포를 중단하라고 지시했다.

Genetics & IVF Institute는 MicroSort라는 새로운 종류의 성별 선택 방법을 개발했다. 이 방법에 대한 임상시험은 완료되지 않았으며

MicroSort는 시장에 출시되지 않았다. MicroSort XSORT 방법은 여자아이의 가능성을 높이기 위해 고안되었으며 YSORT 방법은 남자아이의 가능성을 높이기 위해 고안되었다. MicroSort 웹 사이트에는 다음과 같은 문장이 있다. : "Genetics & IVF Institute는 부부에게 원하는 성별의 아이를 가질 기회를 늘려 X-연관 질병 발생 가능성을 낮추거나 가족 균형을 유지할 수 있는 능력을 제공한다." $3,000를 초과하는 비용으로 Genetics & IVF Institute는 부부가 선호하는 성별의 아이를 낳을 확률을 높일 수 있다고 주장했다. 임상시험에서 여자아이를 낳기 위해 XSORT 방법을 사용한 부모에서 태어난 945명의 아기 중 879쌍이 여자아이를 낳았으며 성공률은 93%이다. 특별한 처치가 없는 정상적인 상황에서 여자아이의 출생률은 약 50%다. (사실 현재 여자아이의 출생률은 48.8%지만 단순하게 하기 위해 50%를 사용할 것이다.) 이 결과는 우리에게 흥미로운 질문을 제공한다. 945쌍 중 879쌍이 여자아이를 가졌다는 것을 고려하면 XSORT 기술이 여자아이의 확률을 높이는 데 효과적이라는 주장을 실제로 뒷받침할 수 있는가? Genetics & IVF Institute가 임상시험을 중단하기로 결정했을 때 주요 원인은 방법이 비효과적이기 때문으로 보이는가?

이 장의 목표

다음은 이 장의 목표다.

8-1 가설검정의 기초

- 모집단 모수(예: 비율, 평균, 표준편차 또는 분산)에 대한 주장이 주어지면 귀무가설 및 대립가설을 식별하는 능력을 개발한다.
- 검정통계량을 계산하고, 임계값을 찾고, P값을 계산하고, 원래의 주장을 해결하는 최종 결론을 제시하는 능력을 개발한다. 가설검정에 포함되어야 하는 구성요소는 다음과 같다.
    - 기호 형태로 표현된 귀무가설 및 대립가설 서술
    - 검정통계량 값
    - 가설검정에 사용될 표본 분포의 선택
    - *P*값과/또는 임계값(s) 식별
    - 귀무가설을 기각하거나 귀무가설을 기각하지 못한 결론 서술
    - 단순하고 비기술적인 용어를 사용하여 원래의 주장을 해결하는 최종 결론 서술

8-2 비율에 대한 주장 검정

- 모비율에 대한 주장에 대해 전형적인 가설을 검정하는 능력을 개발한다. 이 절차에는 8-1절의 목표와 함께 위에서 나열된 구성 요소가 포함되어야 한다.

8-3 평균에 대한 주장 검정

- 표본 자료를 사용하여 모평균에 대한 주장에 대해 전형적인 가설검정을 수행할 수 있는 능력을 개발한다.

8-4 표준편차 또는 분산에 대한 주장 검정

- 표본 자료를 사용하여 모집단 표준편차 또는 분산에 대한 주장에 대해 전형적인 가설검정을 수행할 수 있는 능력을 개발한다. 이 절차에는 8-1절의 목표와 함께 위에서 나열된 구성 요소가 포함되어야 한다.

8-1 가설검정의 기초

핵심 개념

이 절에서는 전형적인 가설검정의 주요 구성 요소를 제시한다. 이 절의 개념은 일반적이며 비율, 평균, 표준편차 또는 분산을 포함하는 가설검정에 적용된다. PART 1에서는 가설검정에 대한 기본적이고 근본적인 접근 방식을 이해하기 위한 "큰 그림"으로 시작한다. 그 다음 귀무가설, 대립가설, 유의수준, 검정 유형(양쪽 꼬리, 왼쪽 꼬리, 오른쪽 꼬리), 검정통계량, *P*값, 임계값, 결론에 대해 설명한다. PART 2에서는 오류 유형(제1종 오류, 제2종 오류)에 대해 설명한다. PART 3에서는 검정력에 대해 설명한다.

PART 1 가설검정의 기본 개념

두 가지 매우 기본적인 정의로 시작한다.

> **정의**
>
> 통계학에서 **가설(hypothesis)**은 모집단의 성질에 대한 주장 또는 서술이다. **가설검정(hypothesis test)**[또는 **유의성 검정(test of significance)**]은 모집단의 성질에 대한 주장을 검정하기 위한 절차다.

앞의 정의에서 언급된 "모집단의 성질"은 종종 모집단 모수의 값이므로 대표적인 가설(또는 주장)의 몇 가지 예가 있다.

- $\mu < 98.6°\text{F}$ "사람의 평균 체온이 98.6°F 미만이다."
- $p > 0.5$ "XSORT 성별 선택 방법을 사용한 부모에게서 태어난 여자아이의 비율은 0.5보다 크다."
- $\sigma = 15$ "간호사 모집단의 IQ점수의 표준편차는 15이다."

예제 1 XSORT 성별 선택 방법

"XSORT 기술이 여자아이의 확률을 높이는 데 효과적"이라는 이 장의 문제를 고려해라. 성별 선택의 XSORT 방법을 사용한 부모에게서 태어난 여자아이의 비율을 나타내기 위해 p를 사용하면 "효과적인"이라는 주장은 그 비율이 절반보다 유의하게 크다 또는 $p > 0.5$이다. $p > 0.5$ 표현은 원래 주장의 기호 형태다.

큰 그림 [예제 1]에서 비율 p가 $p > 0.5$라는 주장이 있다. 945명의 아이 중에서 얼마나 많은 여자아이의 수가 필요한가?

- 473명의 여자아이(또는 50.1%)의 결과는 특별한 처치가 없는 정상적인 상황에서 우연히 쉽게 발생할 수 있으므로 476은 유의하게 크지 않다.

아스피린은 쌍둥이자리와 천칭자리에 도움이 되지 않는다

의사 Richard Peto는 영국 의학 저널인 *Lancet*에 논문을 제출했다. 그 기사는 환자가 심장 마비 후 몇 시간 내에 아스피린으로 치료를 받으면 생존할 가능성이 더 높다는 것을 보여준다. *Lancet* 편집자들은 Peto에게 그의 결과를 남성과 여성 같은 하위 그룹으로 분류하여 회복이 다른 그룹에 대해 더 좋은지 또는 더 나쁜지 물었다. Peto는 자신이 너무 많은 하위 그룹을 사용해야 한다고 믿었으나 편집자들은 고집하였다. Peto는 그 후 동의했지만 그의 환자들이 12궁 별자리로 분류될 때, 아스피린은 쌍둥이자리와 천칭자리 심장 마비 환자들에게는 쓸모없지만 다른 사람들에게는 생명의 은인이라는 것을 보여줌으로써 그의 반대 의견을 뒷받침하였다. 이는 여러 하위 그룹으로 가설검정을 수행할 때 잘못된 결과를 얻을 가능성이 매우 높다는 것을 보여준다.

- 879명의 여자아이(또는 93.0%)의 실제 결과는 유의하게 큰 것으로 보인다.

가설검정 방법은 이러한 결과가 유의한지 여부를 결정하는 표준적이고 널리 받아들여지는 절차를 제공한다.

기술사용 기술을 사용하여 가설검정 결과를 쉽게 얻을 수 있다. 함께 제공되는 화면에는 다양한 기술의 결과가 표시되므로 컴퓨터나 계산기를 사용하여 모든 힘든 계산 작업을 수행할 수 있다. 화면 디스플레이를 보면 몇 가지 공통 요소가 있다. 모두 $z = 26.45$(반올림)의 "검정 통계량"을 표시하며 모두 0.0000(반올림)인 "*P*값"을 포함한다. 이 두 결과도 중요하지만 가설검정 절차를 이해하는 것이 매우 중요하다. 가설검정 절차가 어떻게 작동하는지 이해하는 데 초점을 맞추고 관련 용어를 학습해라. 그래야만 기술의 결과가 의미 있다.

Statdisk

Alternative Hypothesis:
p > p(hyp)

Sample proportion: 0.9301587
Test Statistic, z: 26.4469
Critical z: 1.6449
P-Value: 0.0000

Minitab

Test of p = 0.5 vs p > 0.5

Sample	X	N	Sample p	95% Lower Bound	Z-Value	P-Value
1	879	945	0.930159	0.916521	26.45	0.000

TI-83/84Plus

```
NORMAL FLOAT AUTO REAL RADIAN MP
1-PropZTest
prop>.5
z=26.44689198
p=0
p̂=.9301587302
n=945
```

XLSTAT

Difference	0.4302
z (Observed value)	26.4469
z (Critical value)	1.6449
p-value (one-tailed)	< 0.0001
alpha	0.05

StatCrunch

Hypothesis test results:
p : Proportion of successes
$H_0 : p = 0.5$
$H_A : p > 0.5$

Proportion	Count	Total	Sample Prop.	Std. Err.	Z-Stat	P-value
p	879	945	0.93015873	0.016265001	26.446892	<0.0001

유의성 가설검정은 유의성 검정이라고도 한다. 4-1절에서 표본 결과가 유의하게 낮은지 높은지를 결정하기 위해 확률을 사용했다. 이 장에서는 이러한 개념을 여러 응용 분야에서 자주 사용되는 통합 절차로 공식화한다. 다음 페이지의 **그림 8-1**은 전형적인 가설검정을 수행하기 위해 약간 다른 두 가지 방법으로 사용된 절차를 요약한 것이다. $p > 0.5$라는 [예제 1]의 주장에 대해 전형적인 검정을 할 것이다. 그 주장을 검정할 때 이 장의 문제에 인용된 결과의 표본 자료를 사용하며 $n = 945$의 출생 중 $x = 879$의 여자아이를 사용한다.

그림 8-1 가설검정 절차

1. 주장 확인
검정할 주장을 확인하고 기호 형태로 표현한다.

↓

2. 기호 형태 제공
원래의 주장이 거짓일 때 반드시 참이어야 하는 기호 형태를 제시한다.

↓

3. 귀무가설과 대립가설 확인
지금까지 얻은 두 가지 상징적 표현을 고려한다.
- **대립가설 H_1**은 등식을 포함하지 않는 것이므로 H_1은 기호 >, <, ≠를 사용한다.
- **귀무가설 H_0**는 모수가 고려 중인 고정값과 동일하다는 기호 표현이다.

↓

4. 유의수준 선택
제1종 오류의 심각성에 따라 **유의수준 α**을 선택한다. 실제 H_0값 기각 결과가 심각하면 α를 작게 한다.
- 0.05와 0.01이 매우 일반적인 값이다.

↓

5. 검정통계량 확인
검정과 관련된 검정통계량을 확인하고 표집 표본(예: 정규, t, 카이 제곱)을 결정한다.

↓

*P*값 방법

6. 값 찾기
검정통계량과 ***P*값**을 찾는다(그림 8-3 참조). 그래프를 그리고 검정통계량과 *P*값을 표시한다.

↓

7. 결론 내리기
- *P*값 $\le \alpha$인 경우 **H_0 기각.**
- *P*값 $> \alpha$인 경우 **H_0 기각 못함.**

임계값 방법

6. 값 찾기
검정통계량과 **임계값**을 찾는다. 검정통계량, 임계값(s), 기각역을 나타내는 그래프를 그린다.

↓

7. 결론 내리기
- 검정통계량이 기각역 내에 있는 경우 **H_0 기각.**
- 검정통계량이 기각역 내에 있지 않은 경우 **H_0 기각 못함.**

↓

8. 비기술적 용어로 다시 결론 내리기
이전의 결론을 간단한 비기술적 용어로 다시 결론 내리고 원래의 주장을 설명한다.

신뢰구간 방법

표 8-1에서 선택한 신뢰수준으로 신뢰구간을 작성한다.

모집단 모수의 신뢰구간 추정치에는 해당 모수의 가능성이 있는 값이 포함되므로 모집단 모수에 신뢰구간에 포함되지 않는 값이 있다는 주장을 기각한다.

표 8-1 신뢰구간에 대한 신뢰수준

		양쪽 꼬리 검정	한쪽 꼬리 검정
가설검정을 위한 유의수준	0.01	99%	98%
	0.05	95%	90%
	0.10	90%	80%

1, 2, 3단계: 원래 주장을 사용하여 귀무가설 H_0와 대립가설 H_1 만들기

1, 2, 3단계의 목적은 전형적인 가설검정에 여러 다른 분야에서 자주 사용되는 표준 구성 요소가 포함되도록 **귀무가설** 및 **대립가설**을 확인하는 것이다. 귀무가설에는 검정을 수행하기 위한 실제 가정이 포함된다.

> **정의**
>
> **귀무가설**(null hypothesis, H_0로 표시)은 모집단 모수(예: 비율, 평균, 표준편차)의 값이 일부 주장 값과 동일하다는 것을 나타내는 문장이다.
>
> **대립가설**(alternative hypothesis, H_1, H_a, H_A로 표시)은 모수에 귀무가설과는 다른 값을 가진다는 것을 말한다. 이 장의 방법에서 대립가설의 기호 형식은 다음 기호 중 하나를 사용해야 한다.
> $<$, $>$, $\neq$

귀무(*null*)라는 용어는 변화가 없거나 효과가 없거나 차이가 없음을 나타내는 데 사용된다. 특정 값을 갖는 단일 분포로 작업할 수 있도록 모수가 특정 값과 같다고 가정하여 가설검정을 수행한다.

예: 다음은 비율과 관련된 귀무가설의 예다.

$$H_0: p = 0.5$$

예: 다음은 비율과 관련된 대립가설의 다른 예다.

$$H_1: p > 0.5 \qquad H_1: p < 0.5 \qquad H_1: p \neq 0.5$$

[예제 1]의 성별 선택 방법이 아이가 여자아이일 확률을 높이는 데 효과적이라는 주장을 감안할 때, 그림 8-1의 1, 2, 3단계를 다음과 같이 적용할 수 있다.

1단계: 검정할 주장을 확인하고 기호 형태로 표현한다. 여자아이를 선택할 확률을 표시하기 위해 p를 사용하여 성별 선택이 효과적이라는 주장은 기호 형태로 $p > 0.5$로 표현할 수 있다.

2단계: 원래 주장이 거짓일 때 참이어야 하는 기호 형태를 제시한다. 원래 주장 $p > 0.5$이 거짓이면 $p \leq 0.5$는 반드시 참이어야 한다.

3단계: 이 단계는 두 부분으로 구성된다. 대립가설 H_1을 확인하고 귀무가설 H_0를 확인한다.

- H_1 확인: 두 가지 기호 표현인 $p > 0.5$와 $p \leq 0.5$를 사용하여 대립가설 H_1은 등식을 포함하지 않는다. 이 두 가지 표현 중 $p > 0.5$는 등식을 포함하지 않으므로

$$H_1: p > 0.5$$

- H_0 확인: 귀무가설 H_0는 모수가 고려 중인 고정 값과 동일하다는 기호 표현이므로

$$H_0: p = 0.5$$

처음 세 단계의 결과는 귀무가설과 대립가설을 확인하는 것이다.

$$H_0\text{: } p = 0.5 \text{ (귀무가설)}$$
$$H_1\text{: } p > 0.5 \text{ (대립가설)}$$

주장(가설) 형성에 대한 참고 사항: 연구를 수행하고 있고 주장을 뒷받침하기 위해 가설검정을 하려는 경우 그 주장이 대립가설이 되도록 주장해야 한다($<$, $>$, $\neq$ 기호만 사용하여 표현할 수 있음). 모수가 특정 값과 같다는 주장을 지지할 수 없다.

4단계: 유의수준 α 선택

정의

가설검정 대한 **유의수준 α(significance level α)**는 표본 증거가 귀무가설에 대한 유의한 증거를 구성하는 시점을 결정하기 위한 절사 값으로 사용되는 확률 값이다. 본질적으로 유의수준 α는 귀무가설이 참일 때 잘못 기각될 확률이다.

유의수준 $\alpha = P(H_0$가 참일 때 H_0 기각)

유의수준 α는 "임계값"을 정의한 7-1절에 소개된 α와 동일하다. α는 일반적으로 0.05, 0.01, 0.10이며 가장 일반적으로는 0.05를 선택한다.

5단계: 검정과 관련된 통계량 확인 및 표본 분포(정규, t, χ^2) 결정

표 8-2에는 해당 표집분포와 함께 모수가 나열되어 있다.

예: 주장 $p > 0.5$는 모비율 p에 대한 주장이므로 조건이 충족되는 경우 정규분포를 사용한다([예제 1]의 $n = 945$, $p = 0.5$, $q = 0.5$인 경우 $np \geq 5$, $nq \geq 5$는 참이다).

표 8-2

모수	표집분포	조건	검정통계량
비율 p	정규(z)	$np \geq 5$, $nq \geq 5$	$z = \dfrac{\hat{p} - p}{\sqrt{\dfrac{pq}{n}}}$
평균 m	t	σ를 알 수 없고 정규분포하는 모집단 또는 σ를 알고 $n > 30$	$t = \dfrac{\bar{x} - \mu}{\dfrac{s}{\sqrt{n}}}$
평균 μ	정규(z)	σ를 알고 정규분포하는 모집단 또는 σ를 알고 $n > 30$	$z = \dfrac{\bar{x} - \mu}{\dfrac{\sigma}{\sqrt{n}}}$
표준편차 σ 또는 분산 σ^2	χ^2	엄격한 조건: 정규분포하는 모집단	$\chi^2 = \dfrac{(n-1)s^2}{\sigma^2}$

6단계: 검정통계량 값 찾은 다음 *P*값 또는 임계값 찾기

정의

검정통계량(test statistic)은 귀무가설에 대한 결정을 내리는 데 사용되는 값이다. 귀무가설이 참이라는 가정하에 표본 통계량 ($\hat{p}$, $\bar{x}$, s)을 점수 (z, t, χ^2)로 변환하면 알 수 있다.

이 장에서 표 8-2의 마지막 열에 나열된 검정통계량을 사용한다.

예: 성별 선택의 XSORT 방법에 의한 예비 결과는 14명의 아이와 관련되어 있으며 그 중 13명은 여자아이이다. $n = 14$, $x = 13$이므로 $\hat{p} = x/n = 13/14 = 0.929$다. H_0: $p = 0.5$의 귀무가설로 $p = 0.5$라고 가정하고 $q = 1 - p = 0.5$가 된다. 아래 그림과 같이 검정통계량을 평가할 수 있다(또는 기술으로 검정통계량을 찾을 수 있다).

$$z = \frac{\hat{p} - p}{\sqrt{\dfrac{pq}{n}}} = \frac{\dfrac{13}{14} - 0.5}{\sqrt{\dfrac{(0.5)(0.5)}{14}}} = 3.21$$

*P*값 그리고/또는 임계값(s)을 찾으려면 먼저 가설검정이 양쪽 꼬리, 왼쪽 꼬리, 오른쪽 꼬리 여부를 확인해야 하며, 이는 다음과 같이 설명된다.

양쪽 꼬리, 왼쪽 꼬리, 오른쪽 꼬리

정의

임계역(critical region)[또는 **기각 역(rejection region)**]은 귀무가설을 기각하게 하는 검정통계량의 모든 값에 해당하는 영역이다.

검정 중인 주장에 따라 임계역이 두 개의 극단적인 꼬리에 있거나 왼쪽 꼬리에 있거나 오른쪽 꼬리에 있을 수 있다.

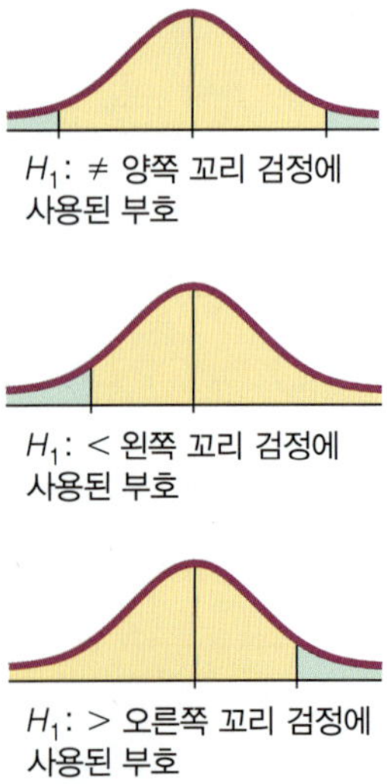

그림 8-2 양쪽 꼬리, 왼쪽 꼬리, 오른쪽 꼬리 검정의 임계역

- **양쪽 꼬리 검정:** 임계역은 곡선 아래 두 극단 영역(꼬리)에 있다(**그림 8-2**의 상단 그래프와 같이).
- **왼쪽 꼬리 검정:** 임계역은 곡선 아래 가장 왼쪽 영역(꼬리)에 있다(**그림 8-2**의 가운데 그래프와 같이).
- **오른쪽 꼬리 검정:** 임계역은 곡선 아래 가장 오른쪽 영역(꼬리)에 있다(**그림 8-2**의 아래쪽 그래프와 같이).

힌트 대립가설 H_1에 사용된 기호를 봐라.

- >는 오른쪽을 가리키고 검정은 오른쪽 꼬리 검정이다.
- <는 왼쪽을 가리키고 검정은 왼쪽 꼬리 검정이다.
- ≠는 양쪽 꼬리 검정에 사용된다.

예: H_0: $p = 0.5$와 H_1: $p > 0.5$의 경우 귀무가설을 기각하고 표본비율이 유의한 양 만큼 0.5 이상일 경우에만 대립가설을 지지하므로 가설검정은 오른쪽 꼬리 검정이다.

*P*값 방법

가설검정하는 ***P*값 방법(*P*-value method)**을 사용하여 *P*값을 유의수준과 비교하여 결정한다.

정의

가설검정에서 ***P*값(*P*-value)**은 귀무가설이 참이라고 가정할 때 최소한 표본 자료에서 얻은 검정통계량보다 극단적인 검정통계량 값을 얻을 확률이다.

*P*값을 찾으려면 먼저 검정통계량을 벗어난 영역을 찾은 다음 **그림 8-3**에 제공된 절차를 사용해라. 이 절차는 다음과 같이 요약할 수 있다.

- 왼쪽 꼬리 검정의 임계역: *P*값 = 검정통계량의 왼쪽 영역
- 오른쪽 꼬리 검정의 임계역: *P*값 = 검정통계량의 오른쪽 영역
- 양쪽 꼬리 검정의 임계역: *P*값 = 검정통계량을 넘어서 꼬리 부분의 두 배

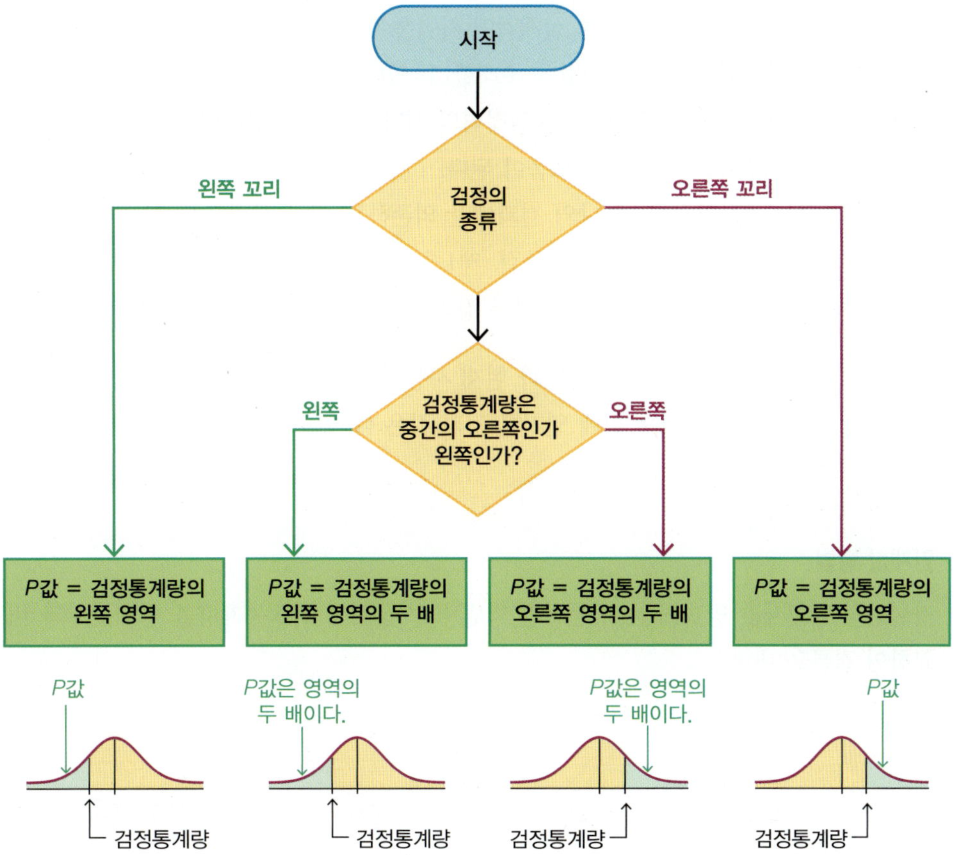

그림 8-3 ***P*값 찾기**

저널의 *P*값 금지!

가설을 검정하는 *P*값 방법은 연구 커뮤니티에서는 널리 받아들여졌지만 *Basic and Applied Social Psychology* 저널의 편집자들은 더 이상 *P*값이 포함된 기사를 출판하지 않을 것이라고 강력하게 주장했다. David Trafimow와 Michael Marks는 사설에서 "*P*값의 기준은 통과하기 쉽고 때로는 품질이 낮은 연구에 대한 변명으로 작용한다."고 말했다. David Trafimow는 *P*값을 대체할 통계적 방법을 모른다고 말했다.

*P*값 금지에 대한 많은 반응은 P값이 오용되고 잘못 해석될 수 있지만 가치 있는 연구 도구로서의 사용은 여전히 남아 있음을 인정했다.

예: 성별 선택의 XSORT 방법의 예비 결과만 사용하여 14명의 출생에서 13명이 여자아이였고 검정통계량은 $z = 3.21$이며 오른쪽에 정규분포 면적이 0.0007이므로 오른쪽 꼬리 검정통계량을 사용한 검정통계량 $z = 3.21$의 P값은 0.0007이다.

주의 P값을 모수 p 또는 통계량 $\hat{p}$과 혼동하지 마라. 다음 식을 숙지해라.

P값 = 산정한 검정통계량보다 극단적인 값을 얻을 확률

p = 모비율

$\hat{p}$ = 표본비율

P값과 가설검정 논쟁

가설을 검정하는 표준 방법과 P값을 사용하는 것은 광범위하게 수용되고 사용되지만 모든 사람이 이러한 방법이 옳다고 확신하지는 않는다. *Basic and Applied Social Psychology* 저널 편집자들은 더 이상 P값이 포함된 기사를 출판하지 않을 것이라고 강력하게 주장했다. 그들은 P값은 저품질 연구에 대한 변명이며 P값 기준은 너무 통과하기 쉽다고 말했다. 과거에 P값이 잘못 해석되고 잘못 사용되어 왔기 때문에 심각하고 중요한 통계 분석은 P값 결과에만 의존해서는 안 된다. 대신 다음과 같은 다른 측면을 고려하는 것이 좋다.

- 표본 크기: 표본이 너무 크면 실제적인 차이를 별로 만들지 않을 때 결과가 유의하다는 것을 암시하는 작은 P값을 초래할 수 있다.
- 검정력: 이 절의 PART 3에서는 검정력의 개념에 대해 설명하며 종종 분석의 일부로 검정력을 분석하는 것이 도움이 된다.
- 기타 요소: P값과 같은 하나의 결과에만 의존하는 대신 신뢰구간, 모의실험 결과, 실제 유의성, 연구 설계, 표본 품질, 제1종 오류, 제2종 오류 결과(이 절의 PART 2에 논의됨), 결과 반복과 같은 다른 결과도 고려하는 것이 좋다.

이 장에서는 가설검정의 동일한 방법과 현재 사용되고 있는 P값의 동일한 사용법을 제시하지만 중요한 적용에서는 위에 열거한 것과 같은 다른 요소도 고려해야 한다는 점을 다시 강조해야 한다.

임계값 방법

가설검정의 임계값 방법(또는 전통적인 방법)을 사용하여 검정통계량을 임계값(s)과 비교하여 결론을 내린다.

정의

가설검정에서 **임계값(critical value, s)**은 귀무가설을 기각하지 않는 검정통계량과 임계역(귀무가설을 기각하는 곳)을 구분한다.

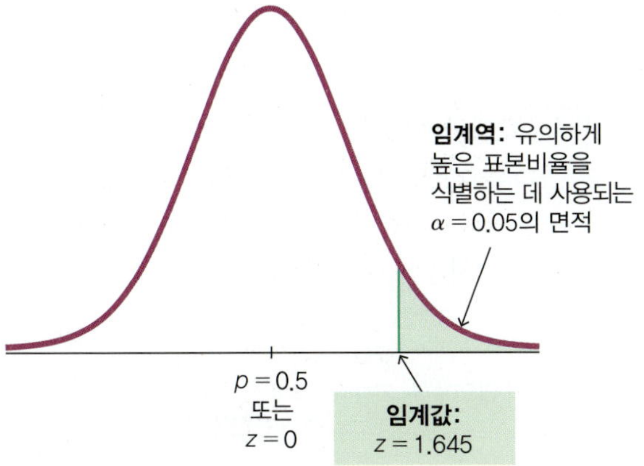

그림 8-4 임계값과 임계역

임계값은 귀무가설, 표본 분포 및 유의수준 α에 따라 다르다.

예: 그림 8-4의 임계역은 녹색으로 음영 처리되어 있다. 그림 8-4는 $\alpha = 0.05$의 유의수준에서 임계값은 $z = 1.645$임을 보여준다.

7단계: H_0 기각 여부 결정

P값 방법의 결정 기준:

- P값 $\leq \alpha$인 경우 H_0 기각 ("낮은 P 값이라면 귀무가설을 버려야만 한다.")
- P값 $> \alpha$인 경우 H_0 기각 안 함

예: 유의수준이 $\alpha = 0.05$이고, P값이 0.0007이면 P값 $\leq \alpha$이므로 H_0를 기각한다. P값은 산정한 것보다 극단적인 표본 결과를 얻을 확률이므로 P값이 낮으면(α 이하) 표본 통계량은 유의하게 낮거나 높다.

임계값 방법의 결정 기준:

- 검정통계량이 기각 역에 있는 경우 H_0 기각
- 검정통계량이 기각 역에 있지 않은 경우 H_0 기각 못함

예: 검정통계량 $z = 3.21$이고 임계역이 $z = 1.645$부터 무한대인 경우 검정통계량은 기각 역 내에 있으므로 H_0를 기각한다.

8단계: 비기술적 용어로 다시 결론 내리기

대부분의 사람들이 이해하지 못하는 기술적 용어를 사용하지 않고 통계 절차에 대한 지식이 없는 사람들도 이해할 수 있는 문장으로 원래 주장을 서술하는 최종 결론을 작성해라.

예: 성별 선택 XSORT 방법을 사용하면 여자아이를 가질 확률이 0.5보다 크다는 주장을 뒷받침할 만한 충분한 증거가 있다.

거짓말 탐지기와 법

모든 범죄 용의자들이 거짓말 탐지기 검사를 하고 배심원들에 의한 재판을 없애도록 요구하는 것은 어떨까? Scientific Affairs of the American Medical Association 위원회에 따르면 거짓말 탐지기를 사용하여 유죄임을 결정할 때 정확도는 75%에서 97%까지 다양하다. 그러나 97%의 높은 정확도는 여전히 높은 비율의 가양성(false positive)을 초래할 수 있기 때문에 무죄 대상자의 50%가 유죄로 보일 가능성이 있다. 이러한 가양성의 가능성이 높기 때문에 거짓말 탐지기 검사를 유죄 판결의 단일 기준으로 사용하지 않는다.

최종 결론 말하기 최종 결론을 말하는 데 도움이 필요하면 네 가지 가능한 상황과 그에 해당하는 결론을 나열한 **표 8-3**을 참조해라. 첫 번째 경우만 원래 결론에 대한 지지를 나타내는 문구로 이어진다는 점에 유의해라. 어떤 주장을 뒷받침하고 싶다면 대립가설이 될 수 있도록 진술하고, 그다음 귀무가설이 기각되기를 기대해라.

표 8-3 최종 결론 말하기

조건	결론
원래 주장에는 등식이 포함되어 있지 않으며 H_0 기각	"그 주장 ……. (원래 주장)을 뒷받침할 만한 충분한 증거가 있다."
원래 주장에는 등식이 포함되어 있지 않으며 H_0 기각 못 함	"그 주장 ……. (원래 주장)을 뒷받침할 만한 충분한 증거가 없다."
원래 주장에는 등식이 포함되어 있으며 H_0 기각	"그 주장 ……. (원래 주장)을 기각할 만한 충분한 증거가 있다."
원래 주장에는 등식이 포함되어 있으며 H_0 기각 못 함	"그 주장 ……. (원래 주장)을 기각할 만한 충분한 증거가 없다."

기각 또는 실패? 우리는 "귀무가설을 수락한다."라는 말 대신 "귀무가설을 기각하지 못한다."라고 말해야 한다. 수락이라는 용어는 오해의 소지가 있는데, 그것은 귀무가설이 입증되었음을 잘못 암시하지만 우리는 귀무가설을 증명할 수 없다. **기각하지 못한다**는 문구는 사용 가능한 증거가 귀무가설을 기각할 만큼 충분히 강력하지 않다는 것을 보다 정확하게 말하고 있다.

다수의 부정적 측면들 최종 결론에는 최대 3개의 부정적인 용어가 포함될 수 있다. (예: "0.5와 모비율의 차이가 없다는 주장을 기각할 만한 충분한 증거가 없다.") 이러한 혼란스러운 결론에 대해서는 이해하기 쉽게 다시 작성하는 것이 좋다. "0.5와 모비율 사이의 차이가 없다는 주장을 기각할 만한 충분한 증거가 없다."라고 말하는 대신, 더 나은 진술은 다음과 같다. "더 강력한 증거가 얻어질 때까지 모비율이 0.5와 같다고 가정한다."

주의 "귀무가설 기각" 또는 "귀무가설 기각 못함"이라는 진술로 가설검정의 결론을 내리지 마라. 원래의 주장을 다루는 단순한 비기술적 표현을 사용하는 문장으로 결론을 이해해라.

가설검정에 대한 신뢰구간

이 절에서는 가설검정에 사용된 개별 구성 요소에 대해 설명했지만 다음 절에서는 이러한 구성 요소를 포괄적인 절차로 결합한다. **그림 8-1**에 요약된 *P*값 방법 또는 임계값 방법을 사용하여 모집단 모수에 대한 주장을 검정하거나 신뢰구간을 사용할 수 있다.

모집단 모수의 신뢰구간 추정치에는 해당 모수의 가능한 값을 포함한다. 신뢰구간에 모집단 모수의 요구된 값이 포함되지 않으면 해당 주장을 기각한다. 양쪽 꼬리 가설검정의 경우 신뢰수준이 $1-\alpha$인 신뢰구간을 구성하고 유의수준이 α인 한쪽 꼬리 가설검정의 경우 신뢰수준이 $1-2\alpha$인 신뢰구간을 구성한다. (일반적인 경우 표 8-1 참고) 왼쪽 꼬리 검정 또는 오른쪽 꼬리 검정의 경우 단측 신뢰구간을 사용할 수도 있다. 신뢰구간을 구성한 후 다음 기준을 사용해라.

모집단 모수의 신뢰구간 추정치에는 해당 모수의 가능한 값이 포함되어 있다. 따라서 모집단 모수의 신뢰구간에 포함되지 않은 값이 있다는 주장을 기각해야 한다.

동등한 방법

경우에 따라 신뢰구간 기반 결론은 가설검정 기반 결론과 다를 수 있다. P값 방법과 임계값 방법은 항상 동일한 결론으로 이어진다는 점에서 동일하다. 다음 표는 이 장에 포함된 방법의 경우 비율에 대한 신뢰구간 추정치가 가설검정과 다른 결론을 낼 수 있음을 보여준다.

모수	신뢰구간은 항상 같은 결론으로 이어진다는 점에서 가설검정과 동일한가?
비율	아니오
평균	예
표준편차 또는 분산	예

PART 2 제1종 오류, 제2종 오류

귀무가설을 검정할 때 이를 기각하거나 기각하지 못한다는 결론에 도달한다. 우리의 결론은 때로는 정확하고 때로는 틀리기도 한다(모든 절차를 올바르게 적용하더라도). 표 8-4에는 두 가지 유형의 오류가 있으며 여기서 설명한 바와 같이 제1종 오류 제2종 오류로 구분한다.

- **제1종 오류:** 귀무가설이 실제로 참일 때 기각하는 실수. 기호 α(알파)는 제1종 오류 확률을 나타내는 데 사용한다.

$$\alpha = P(\text{제1종 오류}) = P(H_0\text{가 참일 때 } H_0 \text{ 기각})$$

표 8-4 제1종 오류, 제2종 오류

		진실된 상태	
		귀무가설 참	**귀무가설 거짓**
예비 결론	**H_0 기각**	**제1종 오류:** 참인 H_0 기각. P(제1종 오류) $=\alpha$	올바른 결론
	H_0 기각 못함	올바른 결론	**제2종 오류:** 거짓인 H_0 기각 못함 P(제2종 오류) $=\beta$

- **제2종 오류:** 귀무가설이 실제로 거짓일 때 귀무가설을 기각하지 못하는 실수. 기호 β(베타)는 제2종 오류 확률을 나타내는 데 사용한다.

$$\beta = P(\text{제2종 오류}) = P(H_0\text{가 거짓일 때 } H_0 \text{ 기각 못함})$$

메모리 힌트: 제1종 오류와 제2종 오류의 경우 "routine for fun"을 기억하고 해당 단어의 자음(**R**ou**T**i**N**e **F**o**R** **F**u**N**)을 사용하여 제1종 오류 RTN: Reject True Null(hypothesis), 제2종 오류 FRFN: Fail to Reject a False Null (hypothesis)을 기억해라.

제1종 오류 및 제2종 오류를 설명하기 위한 힌트 제1종 오류 및 제2종 오류에 대한 설명은 귀무가설이 참 또는 거짓인 것을 의미하지만 제1종 오류 및 제2종 오류를 나타내는 문장을 표현할 때 결론이 원래 주장(귀무가설일 수도 있고 아닐 수도 있음)을 다루는지 확인해라. [예제 2]를 참고해라.

예제 2 제1종 오류 및 제2종 오류 설명

XSORT 성별 선택 방법이 여자아이를 가질 가능성을 증가시키는 데 효과적이므로 여자아이의 확률이 $p > 0.5$라는 주장을 생각해라. 다음과 같은 귀무가설과 대립가설이 주어지면 (a) 제1종 오류, (b) 제2종 오류를 설명하는 문장을 작성해라.

H_0: $p = 0.5$

H_1: $p > 0.5$ (최종 결론에서 다루어질 원래 주장)

풀이

a. **제1종 오류:** 제1종 오류는 참인 귀무가설을 기각하는 실수로 다음은 제1종 오류이다. 실제로 $p = 0.5$이지만 표본 증거로 인해 $p > 0.5$라고 결론 내린다.

- 이 경우 제1종 오류는 XSORT 성별 선택 방법이 실제로 효과가 없을 때 효과적이라는 결론을 내리는 것이다.

b. **제2종 오류:** 제2종 오류는 귀무가설이 거짓일 때 귀무가설을 기각하지 못하는 실수로 다음은 제2종 오류이다. 실제로 $p > 0.5$이지만 그 결론을 지지하지 못한다.

- 이 경우 제2종 오류는 XSORT 성별 선택 방법이 실제로 여자아이의 가능성을 높이는 데 효과적일 때 아무런 효과가 없다고 결론 내리는 것이다.

제1종 오류 및 제2종 오류 제어 가설검정을 위한 표준 절차 중 4단계는 제1종 오류의 가능성인 유의수준 α(0.05와 같은)를 선택하는 것이다. α, β와 표본 크기 n의 값은 모두 관련되어 있으므로 그들 중 두 개를 선택하면 세 번째가 자동으로 결정된다(모집단 모수의 대체 값이 α와 n과 함께 지정될 때까지 β는 결정할 수 없지만). 한 가지 일반적인 관행은 유의수준 α를 선택한 다음 실제 표본 크기를 선택하여 β의 값을 결정하는 것이다. 일반적으로 허용할 수 있는 가장 큰 α를 사용하려고 하지만 보다 심각한 결과가 있는 제

1종 오류의 경우 더 작은 α값을 선택한다. 그런 다음 시간, 비용 및 기타 관련 요소들을 고려하여 합리적인 표본 크기 n을 선택한다. 또 다른 일반적인 관행은 α와 β를 선택하여 필요한 표본 크기 n을 자동으로 결정하는 것이다. (이 절의 PART 3 [예제 4] 참조)

PART 3 가설검정의 검정력

우리는 β를 사용하여 거짓 귀무가설을 기각하지 못할 확률을 나타내므로 P(제2종 오류) $= \beta$다. $1 - \beta$는 거짓 귀무가설을 기각할 확률이므로 $1 - \beta$는 가설검정의 효과를 측정하는 확률이다.

정의

가설검정의 **검정력(power)**은 거짓인 귀무가설을 기각할 확률 $1 - \beta$다. 검정력의 값은 귀무가설에서 참으로 가정된 값에 대한 대안으로 특정 유의수준 α와 모집단 모수의 특정 값을 사용하여 계산한다.

검정력 결정에는 귀무가설에서 가정한 값에 대한 대안인 특정 값이 필요하기 때문에 귀무가설에 대한 대안으로 선택된 모집단 모수의 특정 값에 따라 가설검정에서 여러 가지 검정력 값을 가질 수 있다.

예제 3 가설검정의 검정력

XSORT 성별 선택 방법의 예비 결과를 고려해라.: XSORT 방법을 사용한 부모에서 태어난 14명의 아이 중 13명이 여자아이이다. XSORT 방법으로 여자아이의 가능성이 높다는 주장($p > 0.5$)을 검정하려면 다음과 같은 귀무가설, 대립가설이 있다.

$$H_0: p = 0.5 \quad H_1: p > 0.5$$

유의수준 $\alpha = 0.05$를 사용해라. 주어진 모든 검정 구성 요소 외에도 검정력을 구하려면 귀무가설 $H_0: p = 0.5$에서 가정한 값 대신 p의 특정 값을 선택해야 한다. p: 0.6, 0.7, 0.8, 0.9의 대체 값에 해당하는 검정력을 찾아라.

풀이

다음 표의 검정력 값은 Minitab을 사용하여 확인되었으며, 이항 분포에 대한 일반적인 근삿값 대신 정확한 계산을 사용한다.

p의 특정 대체 값	β	검정력 $1-\beta$
0.6	0.820	0.180
0.7	0.564	0.436
0.8	0.227	0.773
0.9	0.012	0.988

(계속)

해석

위에 열거된 검정력 값을 기반으로 이 가설검정의 모비율 p가 실제로 0.6인 경우 H_0: $p = 0.5$를 기각하는 검정력은 0.180(또는 18.0%)이다. 즉, 실제 모비율이 0.6인 경우 $p = 0.5$라는 거짓 귀무가설을 기각하는 올바른 결론을 내릴 확률이 18.0%이다. 18.0%는 낮은 검정력이므로 그다지 좋지 않다.

P값이 실제로 0.7일 때 $p = 0.5$를 기각할 확률은 0.436이다. 모비율이 0.6일 때 보다 모비율이 0.7일 때 $p = 0.5$의 주장을 기각하는 데 더 효과적이다. (말로 추정되는 동물을 식별하는 경우 노새를 말로 기각하는 것보다 코끼리가 더 큰 차이로 인해 기각될 가능성이 더 높다.) 일반적으로 가정된 모수 값과 실제 모수 값 사이의 차이를 증가시키면 위의 표에 표시된 것처럼 검정력이 증가한다.

검정력 계산은 매우 복잡하므로 기술사용을 적극 권장한다. (이 절에서 연습문제 17~18만 검정력을 포함한다.)

검정력과 실험 설계

0.05가 유의수준에 대한 일반적인 선택인 것처럼 최소 0.80의 검정력은 가설검정이 유효하다는 결정을 위한 공통 조건이다. (일부 통계학자들은 0.85 또는 0.90과 같이 검정력이 더 높아야 한다고 주장한다.) 실험을 설계할 때 모수의 주장 값과 실제 값 사이의 차이가 얼마나 중요한 차이인지 고려할 수 있다. XSORT 성별 선택 방법의 효과를 검정하는 경우 여자아이의 비율을 0.5에서 0.501로 변경하는 것은 중요하지 않지만 0.5에서 0.9로 변경하는 것은 매우 중요하다. 이러한 정도의 차이는 검정력에 영향을 미친다. 실험을 설계할 때 최소 0.80의 검정력을 갖는 목표는 종종 다음 예제와 같이 필요한 최소 표본 크기를 결정할 수 있다.

예제 4 80%의 검정력을 얻는 데 필요한 표본 크기 찾기

다음은 *American Medical Association* 저널의 기사와 비슷한 내용이다: "실험 설계는 유의수준이 0.05라고 가정하여 관상동맥 심장 질환 발생률이 0.5에서 0.4로 감소하는 것을 감지하기 위해서 80%의 검정력을 달성하려면 임의로 선정된 153명의 피실험자가 필요하다고 가정했다." 이러한 문장에서 다음을 알고 있다.

- 실험을 수행하기 전에 연구원들은 0.05의 유의수준과 0.80 이상의 검정력을 선택했다.
- 연구자들은 관상 동맥 심장 질환의 비율을 0.5에서 0.4로 감소시키는 것이 중요하고 그들이 감지하고자 했던 임상적으로 중요한 차이라고 결정했다(거짓 귀무가설을 바르게 기각함으로써).
- 유의수준 0.05, 검정력 0.80, 대체 비율 0.4를 사용하여 Minitab과 같은 기술로 필요한 최소 표본 크기가 153임을 알 수 있었다.

그 다음 연구원들은 임의로 선택된 최소 153명의 피실험자 표본을 획득하여 진행할 수 있다. 중퇴율과 같은 이유로 연구원들은 153명 이상의 피실험자를 필요로 한다(연습문제 18 참조).

8-1 기본적인 기술 및 개념

통계적 해석 및 비판적 사고

1. 비타민 C와 아스피린 한 병은 500 mg의 비타민 C가 함유된 Spring Valley 약이 들어 있다는 라벨이 있고 다른 병에는 325 mg의 아스피린이 함유된 Bayer 약이 들어 있다는 라벨이 있다. 알약의 평균 함량에 대한 주장을 검정할 때 Spring Valley 비타민 C 주장 기각 또는 Bayer 아스피린 주장 기각 중 더 심각한 영향을 미치는 것은? 평균 비타민 C 양과 평균 아스피린 양에 대한 가설검정에 동일한 유의수준을 사용하는 것이 현명한가?

2. 남성의 평균 신장 남성의 평균 신장이 174.1 cm라는 주장을 사용하여 형식적인 가설검정을 실시해라.

a. 귀무가설은 무엇이며 어떻게 표시하는가?

b. 대립가설은 무엇이며 어떻게 표시하는가?

c. 귀무가설에 대해 내릴 수 있는 결론은 무엇인가?

d. "남성의 평균 키가 174.1 cm라는 주장을 뒷받침할 만한 충분한 증거가 있다."라고 결론을 내릴 수 있는가?

H_0 및 H_1 식별하기 **연습 문제 3~4에서는 다음을 수행해라.**

a. 원래의 주장을 기호 형태로 나타내라.

b. 귀무가설과 대립가설을 식별하라.

3. 고혈압 주장: 대부분의 성인은 고혈압이 없다. 임의로 선택된 983명의 성인을 대상으로 검사한 결과 70.9%가 고혈압이 없는 것으로 나타났다.

4. 맥박수 주장: 성인 남성의 평균 맥박수(분당 맥박수 또는 bpm)는 69 bpm이다. 부록 B의 데이터 세트 1 "신체 자료"에 있는 성인 남성 153명의 임의표본의 경우 평균 맥박수는 69.9 bpm이고 표준편차는 11.3 bpm이다.

결론 **연습문제 5~6에서는 식별된 연습문제를 참조해라. 결과가 유의하게 낮은지 또는 높은지를 결정하기 위해 주관적인 추정을 한 다음 원래의 주장에 대한 결론을 진술해라. 예를 들어 동전이 앞면을 선호하고 표본 결과가 20번 던졌을 때 11번 앞면으로 구성되어 있다는 주장이라면, 동전이 앞면을 선호한다는 주장을 뒷받침할 충분한 증거가 없다고 결론짓는다. (공정한 동전으로 20번 던졌을 때 11번 앞면을 우연히 얻는 것이 쉽기 때문이다.)**

5. 연습문제 3 "고혈압"

6. 연습문제 4 "맥박수"

검정통계량 **연습문제 7~8에서는 식별된 연습문제를 참조하고 검정통계량의 값을 찾아라. (검정통계량을 평가하기 위한 올바른 표현을 선택하려면 표 8-2를 참조해라.)**

7. 연습문제 3 "고혈압"

8. 연습문제 4 "맥박수"

P값 연습문제 9~10에서는 다음을 수행해라.

a. **가설검정이 양쪽, 왼쪽, 오른쪽 꼬리인지 확인해라.**

b. P값을 찾아라.(그림 8-3 참조)

c. 유의수준 $\alpha = 0.05$를 사용하여 H_0를 기각하는가 기각하지 못하는가?

9. **검정통계량** $z = 1.00$은 $p > 0.3$이라는 주장을 검정할 때 얻어진다.

10. **검정통계량** $z = 2.01$은 $p \neq 0.345$라는 주장을 검정할 때 얻어진다.

임계값 연습문제 11~12에서는 주어진 연습문제의 정보를 참조하고 다음을 수행해라.

a. 임계값(s)을 찾아라.

b. 유의수준 $\alpha = 0.05$를 사용하여 H_0를 기각하는가 기각하지 못하는가?

11. 연습문제 9

12. 연습문제 10

최종 결론 연습문제 13~14에서는 유의수준 $\alpha = 0.05$를 사용하고 다음에 주어진 정보를 사용해라.

a. 귀무가설에 대한 결론을 작성해라. (H_0를 기각하는지 못하는지.)

b. 기술적 용어나 기호를 사용하지 않고 원래 주장을 설명하는 최종 결론을 작성해라.

13. **원래 주장** 성인의 70% 이상은 고혈압이 없다. 가설검정 결과 P값은 0.2678이다.

14. **원래 주장** 성인 남성의 평균 맥박수(분 당 맥박수)는 72 bpm이다. 가설검정 결과 P값은 0.0095이다.

제1종 오류 및 제2종 오류 연습문제 15~16에서는 주어진 주장에 해당하는 제1종 오류와 제2종 오류에 대한 문장을 작성해라. (결론은 일반적으로 구두 형식으로 표현되지만, 여기서는 $p = 0.1$과 같은 부호 형식을 포함하는 문장으로 표현할 수 있다.)

15. 왼손으로 글을 쓰는 사람의 비율은 0.1이다.

16. 인터넷을 사용하는 성인의 비율은 0.87보다 크다.

8-1 기초를 넘어서

17. **검정력 해석** 챈틱스(바레니클린) 약은 사람들이 담배를 끊는 것을 돕는 보조제로 사용된다. 임상시험에서 129명의 피실험자는 12주 동안 하루 두 번 챈틱스로 치료했고, 16명의 피실험자가 복통을 경험했다. (Pfizer, Inc 데이터에 근거) 만약 누군가가 챈틱스 사용자의 8% 이상이 복통을 경험한다고 주장하는 경우 그 주장은 0.05 유의수준으로 수행된 가설검정으로 뒷받침된다. p의 대체 값으로 0.18을 사용하면 검정의 검정력은 0.96이다. 이 검정의 검정력을 해석해라.

18. **검정력을 얻는데 필요한 표본 크기 찾기** 연구원들은 성별 선택 방법에 대한 검정을 수행할 것이다. H_1: $p > 0.5$의 대립가설과 $\alpha = 0.05$의 유의수준을 사용할 계획이다. p가 0.50에서 0.55로 증가하는 것을 감지하기 위해 최소 80%의 검정력을 달성하려면 필요한 표본 크기를 구해라. (이것은 매우 어려운 연습문제다.)

8-2 비율에 대한 주장 검정

핵심 개념

이 절에서는 모비율 p에 대한 주장을 검정하기 위한 전체 절차를 설명한다. P값 방법, 임계값 방법, 신뢰구간을 사용한 가설검정을 설명한다. 이 절의 방법은 모비율, 확률 또는 백분율의 소수치에 대한 주장에 사용될 수 있다.

모비율에 대한 주장을 검정하는 방법에는 여러 가지가 있다. 이 절의 PART 1에서는 이항분포에 대한 정규 근사를 사용하며 이 방법은 기본 개념을 소개하는 데 도움이 되지만 전문 통계학자가 사용하는 방법은 아니다. PART 2에서는 기술사용이 필요할 수 있는 다른 방법들에 대해 설명한다.

PART 1 정규 근사 방법

다음은 이항 분포에 대한 근사치로 정규분포를 사용하여 모비율에 대한 주장을 검정하는 데 사용되는 핵심 요소가 포함되어 있다. 검정통계량은 연속성에 대한 보정이 포함되어 있지 않는데 (6-6절에 설명된 것처럼) 그 효과가 큰 표본에서는 매우 작기 때문이다.

핵심요소

비율에 대한 주장 검정(정규 근사 방법)

목표

모비율 p에 대한 공식 가설검정을 수행한다.

표기

n = 표본 크기 또는 시행 횟수

$\hat{p} = \frac{x}{n}$ (표본비율)

p = 모비율(p는 귀무가설에 사용된 값이다.)

$q = 1 - p$

조건

1. 표본은 단순 임의표본이다.
2. 이항 분포 조건이 충족된다.
   - 정해진 횟수의 시험이 있다.
   - 시험은 독립적이다.
   - 각 시험에는 "성공"과 "실패"의 두 가지 범주가 있다.
   - 모든 시험에서 성공 확률은 동일하다.
3. 조건 $np \ge 5$, $nq \ge 5$가 모두 만족되므로 **표본비율의 이항 분포는 $\mu = np$, $\sigma = \sqrt{npq}$인 정규분포에 의해 근사될 수 있다**(6-6절에 설명됨). 사용된 p는 표본비율 $\hat{p}$이 아니라 주장에 사용된 가정된 비율이다.

비율에 대한 주장 검정을 위한 검정통계량

$$z = \frac{\hat{p} - p}{\sqrt{\frac{pq}{n}}}$$

***P*값:** *P*값은 기술에 의해 자동으로 계산된다. 기술을 사용할 수 없는 경우 표준 정규분포 (표 A-2)를 사용하고 그림 8-1을 참조해라.

임계값: 표준 정규분포 사용(표 A-2)

동등한 방법

비율에 대한 주장을 검정할 때 신뢰구간 방법은 *P*값 방법, 임계값 방법과 같지 않으므로 다른 결론을 내릴 수 있다. (*P*값 방법과 임계값 방법은 주장하는 비율 p를 기준으로 동일한 표준편차를 사용하므로 서로 동일하지만 신뢰구간 방법은 표본비율을 기준으로 추정된 표준편차를 사용한다.) 추천: 모비율을 추정하려면 신뢰구간을 사용하지만 비율에 대한 주장을 검정하려면 *P*값 방법 또는 임계 값 방법을 사용해라.

주장: XSORT 성별 선택 방법은 효과적이다

성별 선택의 XSORT 방법에 대한 예비 시험 결과를 사용한다. 이 예비 결과는 XSORT 방법을 사용한 부부에게서 태어난 14명의 아이로 구성되었으며 이 중 13명은 여자아이다. XSORT 방법을 사용한 부부에서 태어난 대부분의 아이가 여자아이라는 주장을 검정하기 위해 이 결과를 사용해라. “대부분”은 “반 이상” 또는 “0.5 이상”을 의미한다.

조건 확인 제일 먼저 세 가지 조건을 확인한다.

1. 14명의 아이는 임의로 선정된 것이 아니지만 임상시험의 설계에 따라 임의로 취급될 수 있다.
2. 두 가지 범주(아이가 여자아이인지 아닌지)에 대한 고정된 횟수(14)의 시험이 있다.
3. 조건 $np \geq 5$, $nq \geq 5$ 모두 $n = 14$, $p = 0.5$, $q = 0.5$로 만족된다. [$p = 0.5$의 값은 주장에서 나온다. $np = (14)(0.5) = 7$을 얻는데 이는 5보다 크거나 같으며, $nq = (14)(0.5) = 7$을 얻으며 이 또한 5보다 크거나 같다.]

세 가지 조건이 만족된다. ✓

풀이: *P*값 방법

기술 컴퓨터 프로그램 및 계산기는 일반적으로 *P*값을 제공하므로 *P*값 방법이 사용된다. 다른 기술은 $z = 3.21$의 테스트 통계량과 0.0007의 *P*값을 표시한다.

표 A-2 기술을 사용할 수 없는 경우 그림 8-1에 *P*값 방법을 사용하는 단계가 나와 있다. 그림 8-1의 단계를 사용하여 다음과 같이 “XSORT 방법을 사용한 부부에게서 태어난 대부분의 아이는 여자아이이다."라는 주장을 검정할 수 있다.

1단계: 원래 주장은 XSORT 방법이 여자아이의 가능성을 높이는 데 효과적이며 그 주장은 $p > 0.5$로 표시할 수 있다.

2단계: 원래 주장의 반대는 $p \leq 0.5$다.

3단계: 앞의 두 가지 표현 중 표현 $p > 0.5$는 등식을 포함하지 않으므로 대립가설이 된다. 귀무가설은 p가 고정 값 0.5와 같다는 주장이다. 따라서 다음과 같이 H_0와 H_1을 표현할 수 있다.

$$H_0: p = 0.5$$

$$H_1: p > 0.5 \text{ (원래 주장)}$$

4단계: 유의수준은 매우 일반적인 선택인 $\alpha = 0.05$를 선택한다.

5단계: 모비율 p에 대한 주장을 검정하고 있으므로 표본 통계량 $\hat{p}$은 이 검정과 관련이 있다. 표본 분포 $\hat{p}$의 표본 분포는 이러한 경우 정규분포로 근사될 수 있다(6-3절에 설명).

6단계: 검정통계량 $z = 3.21$은 기술을 사용하여 찾거나 $\hat{p} = 13/14$ (표본비율), $n = 14$(표본 크기), $p = 0.5$(추정되는 귀무가설), $q = 1 - 0.5 = 0.5$으로 계산될 수 있다.

$$z = \frac{\hat{p} - p}{\sqrt{\frac{pq}{n}}} = \frac{\frac{13}{14} - 0.5}{\sqrt{\frac{(0.5)(0.5)}{14}}} = 3.21$$

P값은 기술에서 찾거나 그림 8-3에 나타난 절차를 사용하여 찾을 수 있다.

왼쪽 꼬리 검정:	P값 = 검정통계량 z 왼쪽의 면적
오른쪽 꼬리 검정:	P값 = 검정통계량 z 오른쪽의 면적
양쪽 꼬리 검정:	P값 = 검정통계량 z에 의해 경계된 맨 끝 면적의 두 배

이 가설검정은 검정통계량이 $z = 3.21$인 오른쪽 꼬리 검정이므로 P값은 $z = 3.21$의 오른쪽 면적이다. 표 A-2를 참조하면 $z = 3.21$의 왼쪽에 있는 누적 면적이 0.9993이므로 검정통계량의 오른쪽 면적은 $1 - 0.9993 = 0.0007$이다. P값 = 0.0007을 얻는다. 그림 8-5는 이 예의 검정통계량 및 P값을 보여준다.

7단계: P값 0.0007이 유의수준 $\alpha = 0.05$보다 작거나 같으므로 귀무가설을 기각한다.

8단계: $H_0: p = 0.5$를 기각하므로 $p > 0.5$의 대립가설을 지지한다. XSORT 방법이 여자아이의 가능성을 높이는 데 효과적이라는 주장을 뒷받침할만한 표본 증거가 있다고 결론 내린다. (최종 결론을 표현하는 데 도움이 되는 표 8-3을 참조해라.)

의약품 승인 과정

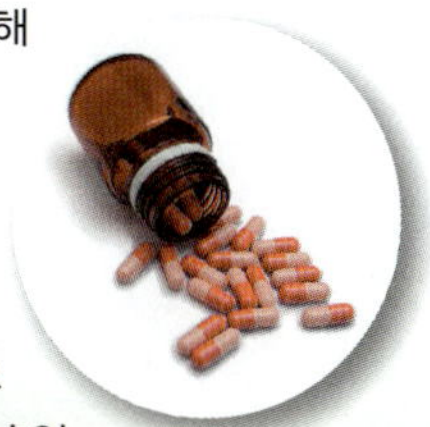

새로운 약물에 대해 Food and Drug Administration (FDA)의 승인을 받는 것은 많은 시간과 돈이 소요된다. 신약에 대해 승인 받는 단계는 다음과 같다.

- **Phase I:** 약물의 안전성은 소규모(20~100)의 자원봉사자들에게 시험한다.
- **Phase II:** 이 약물은 더 많은(100~300) 피실험자 그룹을 포함하는 임의 시험에서 효과가 있는지 시험한다. 이 단계에는 종종 치료 그룹이나 위약그룹에 임의로 배정된 피실험자가 있다.
- **Phase III:** 목표는 약물의 효과와 부작용을 더 잘 이해하는 것이다. 이 단계에는 일반적으로 1,000~3,000명의 피실험자가 포함되며 몇 년의 시험이 필요할 수 있다.

Lisa Gibbs는 *Money* 매거진에서 "(약물) 산업은 5,000건의 치료 시험에 대해 5건만 임상시험하고 1건만 약국으로 들어간다고 지적한다."고 했다. 총비용은 4천만 달러에서 15억 달러까지 다양하다.

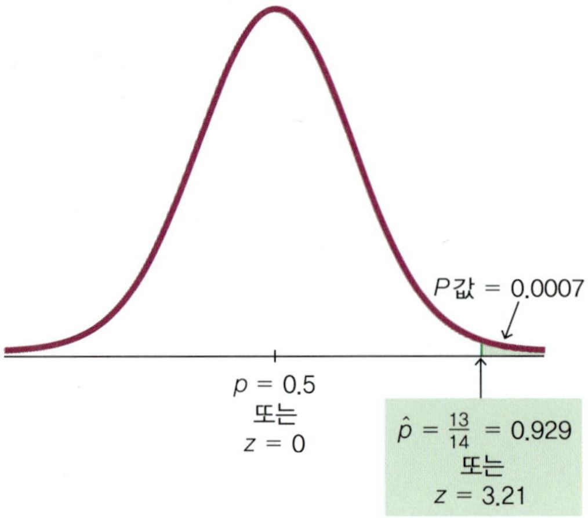

그림 8-5 *P*값 방법

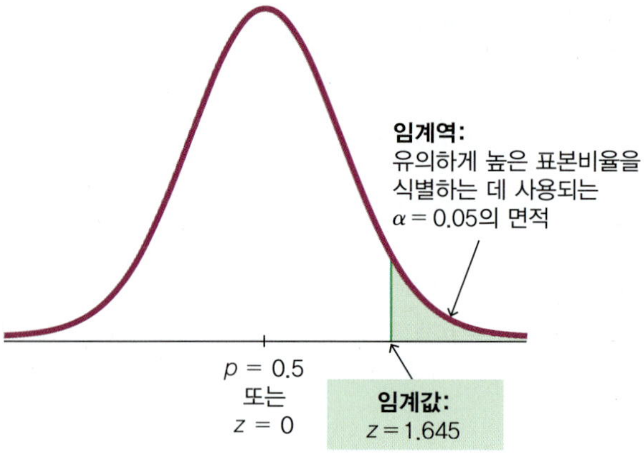

그림 8-6 임계값 방법

주의 다음 표기를 혼동하지 마라.

- *P*값 = 귀무가설 H_0이 참이라고 가정할 때 적어도 표본 자료를 나타내는 것보다 극단적인 검정통계량을 얻을 확률
- p = 모비율
- $\hat{p}$ = 표본비율

풀이: 임계값 방법

가설검정의 임계값 방법은 8-1절의 **그림 8-1**에 요약되어 있다. "XSORT 방법을 사용한 부부에게서 태어난 대부분의 아이는 여자아이이다."라는 주장에 대해 임계값 방법을 사용하는 경우 1~5단계는 그림과 같이 *P*값 방법의 1~5단계와 동일하다. 임계값 방법으로 6단계를 이어서 한다.

6단계: 이전의 *P*값 방법과 같이 검정통계량은 $z = 3.21$로 계산된다. 임계값 방법을 사용하여 임계값을 찾는다. (*P*값 대신) 오른쪽 꼬리 검정이므로 임계역의 영역은 오른쪽 꼬리의 $\alpha = 0.05$ 영역이다. 표 A-2를 참고하고 6-1절의 방법을 적용하면 임계값은 **그림 8-6**과 같이 임계역의 경계에 있는 $z = 1.645$이다.

7단계: 검정통계량이 임계역에 속하므로 귀무가설을 기각한다.

8단계: H_0: $p = 0.5$를 기각하므로 XSORT 성별 선택 방법을 사용한 부부에게서 태어난 대부분의 아이(절반 이상)가 여자아이라는 주장을 뒷받침할만한 충분한 표본 증거가 있다고 결론 내린다.

풀이: 신뢰구간 방법

"XSORT 방법으로 태어난 대부분의 아이는 여자아이이다."라는 주장은 90% 신뢰구간을

구성하여 0.05의 유의수준으로 검정할 수 있다. (0.05의 유의수준이 90% 신뢰구간에 해당하는 이유는 **표 8-1**을 참조해라.)

모비율 p의 90% 신뢰구간 추정치는 $n = 14$, $\hat{p} = 13/14$로 구성된 표본 자료를 사용하여 찾는다. 7-1절의 방법을 사용하여 $0.815 < p < 1.042$를 찾을 수 있다. 이 신뢰구간의 전체 값 범위는 0.5보다 크다. 0.815와 1.042의 한계에 p의 실제 값이 포함되어 있다고 90% 확신하기 때문에 표본 자료는 대부분 (0.5 이상) XSORT 아이가 여자아이라는 주장을 지지하는 것으로 보인다. 이러한 경우 결론은 P값 방법 및 임계값 방법과 동일하지만 항상 그런 것은 아니다. 신뢰구간을 기반으로 한 결론은 P값 방법 또는 임계값 방법을 기반으로 하는 결론과 다를 수 있다.

0.05는 안 좋은 선택인가?

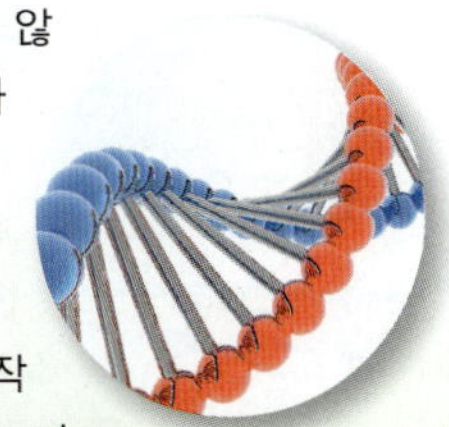

0.05는 유의하지 않은 결과와 유의하다고 간주되는 결과를 구분하는 데 매우 일반적인 선택이다. 과학 작가 John Timmer는 *Ars Technica*에서 과학의 결론에 대한 몇 가지 문제점은 유의수준 0.05를 일반적으로 사용하기 때문에 통계가 때때로 약하다고 지적했다. 그는 P값이 0.05보다 훨씬 낮아야 하는 입자 물리학 및 유전학 실험을 예로 들었다. 그는 *P*값이 0.005 이하가 되도록 기준을 강화해야 한다고 제안한 통계학자 Valen Johnson의 연구를 인용했다. 우리는 0.05를 선택하는 이유는 대부분 임의적이고 유의수준을 낮추는 것은 잘못된 결론을 줄이면서 유의성에 대한 결론을 줄인다는 것을 알고 있다.

성공 횟수 x 찾기

비율에 대한 가설검정에 기술을 사용할 때는 일반적으로 표본 크기 n과 성공 횟수 x를 입력해야 하지만 실제 응용에서는 종종 표본비율 $\hat{p}$가 x 대신 제공된다. 성공 횟수 x는 [예제 1]에 설명된 대로 $x = n\hat{p}$로 찾을 수 있다. [예제 1]에서 5587.712 성인의 결과는 가장 가까운 정수 5588로 반올림되어야 한다.

예제 1 성공 횟수 x 찾기

신경학 저널에 몽유병 또는 "야행성 방랑"에 대한 연구가 설명되어 있으며 19,136명의 미국 성인 중 29.2%가 몽유병이 있다는 정보가 포함되어 있다. 몽유병이 있는 실제 성인 수는 몇 명인가?

풀이

몽유병 환자 수는 19,136명 중 29.2% 또는 0.292 19,136 = 5587.712지만 결과는 정수여야 하므로 가장 가까운 정수인 5588로 반올림한다.

주의 비율에 대한 주장을 가설검정할 때 $x = n\hat{p}$를 사용하여 찾은 x의 반올림된 값 대신 주어진 표본비율을 사용하여 검정통계량을 계산하면 약간 다른 결과를 얻을 수 있다.

예제 2 성인의 30% 미만이 몽유병 환자다

[예제 1]과 동일한 몽유병 데이터($n = 19{,}136$, $p = 29.2\%$)를 사용하여 기자가 "성인의 30% 미만이 몽유병 환자다."라고 말하는 것이 정당화될 수 있는가? 성인 모집단의 몽유병 환자의 비율이 0.30 미만이라는 주장을 검정하기 위해 0.05의 유의수준을 사용해라.

풀이

조건 확인 (1) 표본은 단순 임의표본이다. (2) 두 가지 범주(피실험자의 몽유병 유무)

(계속)

왼손잡이가 빨리 죽는가?

심리학자 Diane Halpern과 Stanley Coren의 연구는 왼손잡이가 오른손잡이만큼 오래 살지 않는다는 결론을 내렸을 때 상당한 언론의 조명을 받았고 상당한 관심을 불러일으켰다. 그들의 연구에 따르면 왼손잡이는 오른손잡이보다 평균 9년 적게 사는 것으로 나타났다. Halpern/Coren 연구는 결함이 있는 데이터를 사용했다는 비판을 받아왔다. 그들은 최근에 사망한 친척들을 조사하여 오래된 데이터를 사용하였다. 어려서 죽어가는 왼손잡이의 미신은 수년 동안 지속되었다. 그러나 최근의 연구는 왼손잡이가 오른손잡이보다 수명이 짧지 않다는 것을 보여준다.

를 가진 고정된 횟수(19,136)의 독립적인 시험이 있다. (3) 조건 $np \geq 5$, $nq \geq 5$ 모두 $n = 19{,}136$, $p = 0.30$으로 충족된다. [5보다 크거나 같은 $np = (19{,}136)(0.30) = 5740.8$을 구할 수 있고 $nq = (19{,}136)(0.70) = 13{,}395.2$를 구할 수 있으며 이는 5보다 크거나 같다.] 세 가지 조건이 모두 충족된다. ✓

1단계: 원래 주장은 $p < 0.30$으로 표현된다.

2단계: 원래 주장의 반대는 $p \geq 0.30$이다.

3단계: $p < 0.30$은 등식을 포함하지 않으므로 H_1이 된다.

$$H_0: p = 0.30 \text{ (귀무가설)}$$
$$H_1: p < 0.30 \text{ (대립가설, 원래 주장)}$$

4단계: 유의수준은 $\alpha = 0.05$이다.

5단계: 주장에 비율 p가 포함되기 때문에 이 검정과 관련된 통계량은 표본비율 $\hat{p}$이며 표본비율의 표집분포는 정규분포로 근사될 수 있다.

6단계: 기술 기술을 사용하는 경우 검정통계량과 P값이 제공된다. 검정통계량이 $z = -2.41$(반올림)이고 P값이 0.008임을 나타내는 StatCrunch의 다음 결과를 참조해라.

StatCrunch

Hypothesis test results:
p : Proportion of successes
H_0 : p = 0.3
H_A : p < 0.3

Proportion	Count	Total	Sample Prop.	Std. Err.	Z-Stat	P-value
p	5588	19136	0.29201505	0.0033127149	-2.4103945	0.008

표 A-2: 기술을 사용할 수 없는 경우 그림 8-1에 요약된 P값 방법을 사용하여 가설검정을 수행한다.

검정통계량 $z = -2.41$은 다음과 같이 계산된다.

$$z = \frac{\hat{p} - p}{\sqrt{\frac{pq}{n}}} = \frac{\frac{5588}{19{,}136} - 0.30}{\sqrt{\frac{(0.30)(0.70)}{19{,}136}}} = -2.41$$

P값을 찾는 절차는 그림 8-3을 참조해라. 그림 8-3은 왼쪽 꼬리 검정의 경우 P값은 검정통계량의 왼쪽 면적을 나타낸다. 표 A-2를 사용하여 $z = -2.41$의 왼쪽 면적이 0.0080이므로 P값은 0.0080이다.

7단계: P값 0.0080이 유의수준 0.05보다 작거나 같기 때문에 귀무가설을 기각한다.

해석

귀무가설을 기각하기 때문에 대립가설을 지지한다. 따라서 우리는 성인의 30% 미만이 몽유병이 있다는 주장을 뒷받침할 충분한 증거가 있다고 결론 내린다.

임계값 방법 가설을 검정하는 임계값 방법을 사용하여 [예제 2]를 반복한다면 6단계에서 임계값은 기술 또는 표 A-2에서 찾을 수 있는 $z = -1.645$다. 7단계에서 $z = -2.41$의 검정통계량이 $z = -1.645$인 임계역에 속하므로 귀무가설을 기각한다. 그 다음 [예제 2]에 제시된 것과 같은 결론에 도달한다.

신뢰구간 방법 신뢰구간 방법을 사용하여 [예제 2]를 반복한다면 왼쪽 꼬리 검정이므로 90% 신뢰수준을 사용한다(표 8-1 참조). 우리는 이 90% 신뢰구간을 얻는다. $0.287 < p < 0.297$. 신뢰구간의 전체 범위가 0.30 아래이므로 성인의 30% 미만이 몽유병에 걸렸다는 주장을 뒷받침할 충분한 증거가 있다.

PART 2 모비율 p에 대한 주장을 검정하기 위한 정확한 방법

이항 분포에 대한 **근사치**로 정규분포를 사용하는 대신 이항 확률분포 자체를 사용하여 **정확한** 결과를 얻을 수 있다. 이항 확률을 수동으로 계산하는 것은 귀찮은 일이지만 기술은 이 방법을 매우 간단하게 한다. 또한 이 정확한 접근 방식은 $np \geq 5$, $nq \geq 5$가 필요하지 않으므로 해당 조건이 충족되지 않을 때 적용되는 방법이다. 정확한 방법을 사용하여 가설검정하려면 다음과 같이 P값을 찾아라.

정확한 방법 표본 크기 n, 성공 횟수 x, 모비율 p의 주장 값(귀무가설에 사용된)을 확인한다. 그 후 다음과 같이 이항확률을 찾기 위한 기술을 사용하여 P값을 찾아라.

왼쪽 꼬리 검정: P값 $= P$(n번의 시도 중 x회 이하의 성공)
오른쪽 꼬리 검정: P값 $= P$(n번의 시도 중 x회 이상의 성공)
양쪽 꼬리 검정: P값 $= P$(앞의 왼쪽 및 오른쪽 꼬리의 작은 값의 두 배)

참고: 위의 양쪽 꼬리의 정확한 경우는 보편적으로 받아들여지는 방법이 없으므로 이 경우 다른 접근 방식으로 처리할 수 있으며 그 중 일부는 매우 복잡하다. 예를 들어 Minitab에서는 일반적으로 사용되는 위의 방법과 다른 "우도비 검정(likelihood ratio test)"을 사용한다.

예제 3 정확한 방법 사용

성별 선택 방법을 검정할 때 임의로 선택된 10쌍의 부부가 이 방법으로 치료를 받아 낳은 아이 중 9명이 여자아이이다. 0.05 유의수준을 사용하여 이 방법으로 아이가 여자아이일 확률이 0.75보다 크다는 주장을 검정해라.

(계속)

풀이

조건 확인 이 절의 PART 1에 설명된 정규 근사법은 $np \geq 5$, $nq \geq 5$의 조건이 필요하지만 $nq = (10)(0.25) = 2.5$이므로 조건을 위반한다. 정확한 방법의 조건은 단순 임의표본이고 이항 분포 조건을 만족시키는 조건만 있으며 두 조건이 충족된다. ✓

귀무가설과 대립가설이다.

$$H_0\colon p = 0.75 \text{ (귀무가설)}$$

$$H_1\colon p > 0.75 \text{ (대립가설, 원래 주장)}$$

정규분포를 사용하는 대신 기술을 사용하여 $p = 0.75$인 이항 분포의 확률을 찾는다. 이것은 오른쪽 꼬리 검정이므로 P값은 $p = 0.75$라고 가정하면 10번의 시도 중 9번 이상의 성공 확률이다. 이항 분포에서 정확한 확률은 다음 Statdisk 화면을 참조해라. 이 Statdisk 화면은 소수점 7자리로 반올림할 때 9개 이상의 성공 확률이 0.2440252임을 나타내므로 P값은 0.2440252이다. P값이 높으므로(0.05보다 큼) 귀무가설을 기각할 수 없다. 성별 선택 방법으로 여자아이의 확률이 0.75보다 크다는 주장을 뒷받침할 충분한 증거가 없다.

Statdisk

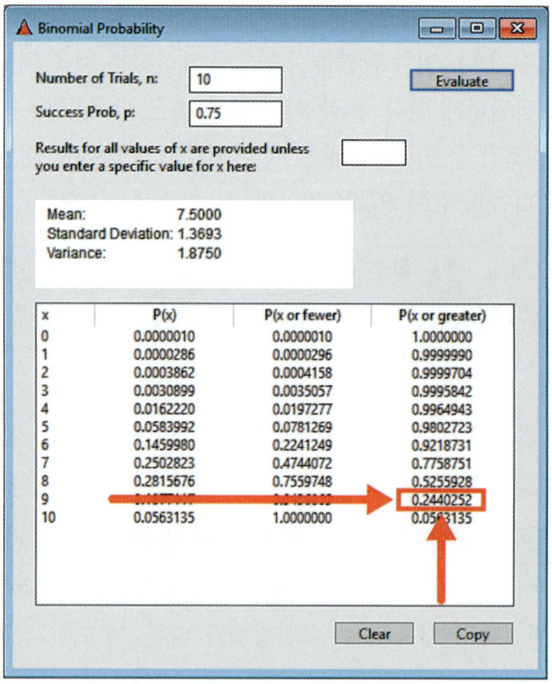

x	P(x)	P(x or fewer)	P(x or greater)
0	0.0000010	0.0000010	1.0000000
1	0.0000286	0.0000296	0.9999990
2	0.0003862	0.0004158	0.9999704
3	0.0030899	0.0035057	0.9995842
4	0.0162220	0.0197277	0.9964943
5	0.0583992	0.0781269	0.9802723
6	0.1459980	0.2241249	0.9218731
7	0.2502823	0.4744072	0.7758751
8	0.2815676	0.7559748	0.5255928
9	[illegible]	[illegible]	0.2440252
10	0.0563135	1.0000000	0.05[illegible]3135

정확한 방법의 개선 정확한 방법에 대한 비판은 제1종 오류의 실제 확률이 일반적으로 α보다 작거나 같고 α보다 훨씬 낮을 수 있다는 점에서 너무 보수적이라는 것이다.

정확한 방법에서 제1종 오류의 실제 확률은 제1종 오류의 원하는 확률인 α보다 작거나 같다.

간단한 연속성 보정은 아래 수식과 같이 경계에서 이항 확률의 절반인 값을 그 값에서 빼서 얻은 *P*값을 조정하여 정확한 방법의 보수적 경향을 개선한다. (연습문제 17 참조) 이 방법은 이항 확률을 찾기 위해 기술을 사용할 수 있는 경우 적용하기 쉽다.

정확한 방법에 대한 간단한 연속성 보정

왼쪽 꼬리 검정: P값 $= P(x$ 이하$) - \frac{1}{2}P$ (정확히 x)

오른쪽 꼬리 검정: P값 $= P(x$ 이상$) - \frac{1}{2}P$ (정확히 x)

양쪽 꼬리 검정: P값 = 앞의 왼쪽 및 오른쪽 꼬리의 작은 값의 두 배

위의 "간단한 연속성 보정"은 Alan Huston의 "이항 비율과 다른 접근법과의 비교를 위한 정확한 검정 수정"에 설명되어 있다. (*Journal of Applied Statistics*, Vol. 33, No. 7.) 왜도 측정에 따라 가중 꼬리 면적을 사용하는 또 다른 개선 사항은 Alan Huston의 이전 논문을 참조하라.

테크 센터

가설검정: 비례

www.TriolaStats.com에서 기술 지침, 비디오, 데이터 집합을 참조하십시오.

8-2 기본적인 기술 및 개념

통계적 해석 및 비판적 사고

연습문제 1~2에서는 USA Today 웹 사이트에 게시된 이 질문에 510명이 응답하기로 선택한 *USA Today* 설문 조사의 결과를 사용해라. "미국인들은 암호를 생체 보안 기술(지문 등)으로 대체해야 하는가?" 응답자들 중 53%가 그렇다고 대답했다. 모집단의 절반 이상이 암호가 생체 보안 기술로 대체되어야 한다고 믿는다는 주장을 검정하려고 한다.

1. 수와 비율

a. 예라고 대답한 실제 응답자 수를 확인해라.

b. 표본비율과 이를 나타내는 기호를 확인해라.

2. 방법의 동등 동일한 유의수준을 사용하여 *P*값 방법, 임계값 방법, 신뢰구간을 사용하여 가설검정을 수행하면 어떤 방법이 다른 두 방법과 동등하지 않는가?

기술사용 **연습문제 3~4에서 표시된 값을 식별하거나 주어진 화면을 해석해라. 이 절의 PART 1에서 설명한 대로 정규분포를 이항 분포의 근사치로 사용해라. 0.05의 유의수준을 사용하고 다음 사항에 답해라.**

a. 검정은 양쪽 꼬리, 왼쪽 꼬리, 오른쪽 꼬리 중 무엇인가?

b. 검정통계량은 무엇인가?

c. P값은 무엇인가?

d. 귀무가설은 무엇이며, 그것에 대해 어떤 결론을 내리는가?

e. 최종 결론은 무엇인가?

3. 약물 대한 부작용 리피터(아토르바스타틴)는 고 콜레스테롤 치료에 사용된다. 리피터의 임상 시험에서 863명의 치료 대상 중 47명이 두통을 경험했다(Pfizer 자료에 근거). 함께 제공되는 TI-83/84 Plus 계산기 화면은 치료 대상의 10% 미만이 두통을 경험한다는 주장의 검정 결과를 보여준다.

TI-83/84 Plus

```
NORMAL FLOAT AUTO REAL RADIAN MP
      1-PropZTest
prop<.1
z=-4.45929186
p=4.1151493E-6
p̂=.0544611819
n=863
```

4. 위생 임의로 선발된 1020명의 KRC Research 여론 조사에 따르면 65%가 동물을 만진 후에 손을 씻는 것으로 나타났다. 다음 Minitab 화면은 성인의 67%가 동물을 만진 후에 손을 씻었다는 주장의 검정 결과다.

Minitab

Test of p = 0.67 vs p ≠ 0.67

Sample	X	N	Sample p	95% CI	Z-Value	P-Value
1	663	1020	0.650000	(0.620729, 0.679271)	-1.36	0.174

비율에 대한 주장 검정 연습문제 5~14에서는 주어진 주장을 검정해라. 귀무가설, 대립가설, 검정 통계량, P값, 임계값(s)을 확인한 다음 귀무가설에 대한 결론과 원래 주장을 설명하는 최종 결론을 작성해라. 따로 지시가 없는 한 P값 방법을 사용해라. 이 절의 PART 1에서 설명한 대로 정규분포를 이항 분포에 대한 근사치로 사용해라.

5. 성별 선택 Genetics & IVF Institute는 남자아이를 임신할 확률을 높이기 위해 고안된 YSORT 방법의 임상시험을 수행했다. YSORT 방법으로 291명의 아이가 태어났으며 그 중 239명이 남자아이였다. 0.01의 유의수준을 사용하여 YSORT 방법이 남자아이일 가능성을 높이는 데 효과적이라는 주장을 검정해라.

6. 줄기세포 Newsweek 설문 조사에서 성인이 임의로 선정되었다. 그들은 "인간 배아에서 얻은 줄기세포를 사용한 의료 연구에 자금을 대기 위해 연방 세금을 사용하는 것을 찬성하는지 반대하는지"를 질문받았다. 설문 조사에 참여한 481명이 찬성했고 401명은 반대했으며 120명은 확신이 없었다. 정치인은 사람들이 줄기세포 문제를 실제로 이해하지 못하고 있으며 그러한 질문에 대한 그들의 반응은 동전 던지기와 같은 임의 반응이라고 주장한다. 0.01의 유의수준을 사용하여 확신이 없는 120명의 피실험자를 제외하고 호의적인 반응을 보이는 피실험자의 비율이 0.5와 같다는 주장을 검정해라. 결과는 정치인의 주장에 대해 무엇을 나타내는가?

7. 옥시콘틴 약물 옥시콘틴(옥시코돈)은 통증을 치료하는 데 사용되지만 중독성이 있고 치명적일 수 있으므로 위험하다. 임상시험에서 227명의 피실험자들이 옥시콘틴으로 치료되었고 그 중 52명은 구역질을 경험했다(Purdue Pharma L.P. 자료에 근거). 0.05의 유의수준을 사용하여 옥시콘틴 사용자의 20% 이상이 구역질을 한다는 주장을 검정해라. 구역질하는 비율이 너무 높아 보이는가?

8. 설문 조사 회수율 휴대 전화 사용과 뇌의 반구상 우성에 관한 연구에서, 온라인 그룹에서 임의로 선발된 5000명의 피실험자들에게 인터넷 설문조사를 이메일을 보냈으며 717건의 설문조사가

반환되었다. 0.01의 유의수준을 사용하여 회수율이 15% 미만이라는 주장을 검정해라.

9. 출생 뉴욕에서 태어난 임의표본 860명 중 남자아이 426명이 포함되어있다. 0.05의 유의수준을 사용하여 신생아의 51.2%가 남자아이라는 주장을 검정해라. 결과는 신생아의 51.2%가 남자아이라는 주장을 지지하는가?

10. 아기 성별 예측 한 연구는 임산부가 아기의 성별을 정확하게 추측할 수 있는지에 대한 문제를 다루었다. 104명의 모집 대상 중 55%가 아기의 성별을 정확하게 추측했다("Are Women Carrying 'Basketballs' Really Having Boys? Testing Pregnancy Folklore," by Perry, DiPietro, and Constigan, *Birth*, Vol. 26, No. 3 자료에 근거). 이 표본 자료를 사용하여 이러한 추측의 성공률이 임의 확률 추측에서 예상되는 50% 성공률과 다르지 않다는 주장을 검정해라. 0.05의 유의수준을 사용해라.

11. 접촉 요법 Emily Rosa는 9살 때 전문 접촉 요법사를 대상으로 그녀의 에너지 장을 감지할 수 있는지 테스트하는 실험을 했다. 그녀는 동전을 던져 오른손이나 왼손을 선택한 다음 요법사들의 손을 Emily의 손바로 아래에 놓아서 보지도 않고 만지지도 않고 선택한 손을 식별하도록 했다. 280번의 시도 중 123번 정확하게 맞췄다("A Close Look at Therapeutic Touch," *Journal of the American Medical Association*, Vol. 279, No. 13 자료에 근거). 0.10의 유의수준을 사용하여 접촉 요법사가 임의의 추측과 동등한 방법을 사용한다는 주장을 검정해라. 결과는 접촉 요법사가 효과적으로 보이는가?

12. 휴대 전화 및 암 덴마크의 420,095명의 휴대 전화 사용자를 대상으로 한 연구에서 135명의 피실험자의 뇌 또는 신경계에서 암을 발견했다(*Journal of the National Cancer Institute* as reported in *USA Today* 자료에 근거). 이러한 암이 휴대 전화 사용에 영향을 받는다는 믿음에 대한 주장을 검정해라. 즉, 휴대 전화를 사용하지 않는 사람들의 0.0340% 비율과 휴대 전화 사용자가 다른 비율로 뇌 또는 신경계의 암을 유발한다는 주장을 검정해라. 이 문제는 매우 중요하므로 0.005의 유의수준을 사용해라. 이러한 결과를 바탕으로 휴대 전화 사용자는 뇌 또는 신경계 암에 관심을 가져야 하는가?

13. 니코틴 패치의 효과 테스트 니코틴 패치로 금연을 시도한 흡연자에 대한 연구에서 39명은 치료 1년 후 담배를 피우고 32명은 담배를 피우지 않는다("High-Dose Nicotine Patch Therapy," by Dale et al., *Journal of the American Medical Association*, Vol. 274, No. 17 자료에 근거). 0.05의 유의수준을 사용하여 니코틴 패치로 금연을 시도 한 흡연자 중 대다수가 치료 1년 후 흡연을 하고 있다는 주장을 검정해라. 이 결과는 금연을 하려는 사람들에게 니코틴 패치의 효과에 대해 무엇을 암시하는가?

14. 금연 환자가 금연할 수 있도록 고안된 프로그램에서 198명의 환자에게 지속적인 치료제가 제공되었고 82.8%는 한 달 후에 더 이상 흡현을 하지 않았다("Sustained Care Intervention and Postdischarge Smoking Cessation Among Hospitalized Adults," by Rigotti et al., *Journal of the American Medical Association*, Vol. 312, No. 7 자료에 근거). 0.01의 유의수준을 사용하여 환자의 80%가 지속적인 치료를 받을 때 금연을 한다는 주장을 검정해라. 지속적인 치료가 효과적인 것 같은가?

8-2 기초를 넘어서

15. 정확한 방법 세 가지 가설검정 방법 (왼쪽 열에 표시) 각각에 대해 주어진 대립가설 및 표본 자료에 해당하는 P값을 작성해라. 결과에 대해 설명해라.

	H_1: $p \neq 0.5$ $n = 10$, $x = 9$	H_1: $p \neq 0.4$ $n = 10$, $x = 9$	H_1: $p \neq 0.5$ $n = 1009$, $x = 545$
정규 근사법			
정확한 방법			
간단한 연속성 보정과 정확한 방법			

16. 검정력 지정된 유의수준 α를 갖는 가설검정의 경우 제1종 오류의 확률은 α인 반면 제2종 오류의 확률 β는 귀무가설의 대립으로 사용되는 p의 특정 값에 따라 달라진다.

a. $p < 0.4$의 대립가설을 사용하여 표본 크기 $n = 50$, p의 실제 값이 0.25라고 가정하여 검정의 검정력을 찾아라. 8-1절의 연습문제 34 "검정력 계산"을 참조해라. [힌트: $p = 0.25$, $pq/n = (0.25)(0.75)/50$]

b. 제2종 오류의 확률인 β의 값을 찾아라.

c. (a)에 인용된 조건이 주어질 때 검정의 검정력을 찾아라. 검정의 효과에 대해 검정력은 무엇을 알려주는가?

8-3 평균에 대한 주장 검정

핵심 개념

모평균에 대한 주장을 검정하는 것이 이 책에 제시된 가장 중요한 방법 중 하나이다. 이 절에서는 모집단 표준편차 σ를 알 수 없는 매우 사실적이고 일반적인 경우를 다룬다. 실제로 모집단 표준편차 σ의 값을 알고 모평균 μ의 값에 대한 주장을 검정하는 것은 매우 드문 일이다.

실제 상황은 모집단 표준편차의 값을 알 수 없는 조건에서 모평균에 대한 주장을 검정하는 것이다. σ를 알 수 없는 경우 표본 표준편차 s로 추정한다. 중심극한정리(6-4절)에서 표본평균 $\bar{x}$의 분포가 평균 $\mu_{\bar{x}} = \mu$이고 표준편차 $\sigma_{\bar{x}} = \sigma/\sqrt{n}$인 정규분포인 것을 알 수 있지만 σ를 알 수없는 경우 $\sigma/\sqrt{n}$를 "t-test"에 대한 검정통계량에 사용되는 $s/\sqrt{n}$로 추정한다. 이 검정통계량은 Student t 분포라는 분포를 따른다. 요구 사항, 검정통계량, P값 및 임계값은 다음의 핵심 요소 상자에 요약되어 있다.

동등한 방법

이 절에서 설명하는 t 검정의 경우, P값 방법, 임계값 방법 및 신뢰구간 방법은 모두 동일한 결론으로 이어진다는 점에서 모두 동등하다.

핵심요소

σ를 모르는 모평균에 대한 주장의 검정

목표

모평균 μ에 대한 주장을 검정하려면 가설검정을 사용하라.

표기

n = 표본 크기

s = 표본 표준편차

$\bar{x}$ = 표본평균

$\mu_{\bar{x}}$ = 모평균(이 값은 주장에서 가져오며 귀무가설 H_0의 설명에 사용됨)

요구 사항

1. 표본은 단순 임의표본이다.
2. 다음 조건 중 하나 또는 둘 다가 충족된다. 모집단이 정규분포 또는 $n > 30$이다.

평균에 대한 주장의 검정을 위한 검정통계량

$$t = \frac{\bar{x} - \mu_{\bar{x}}}{\frac{s}{\sqrt{n}}}$$ (표 A-3에서와 같이 소수점 세 자리로 반올림)

P값: 기술을 사용하거나 df = $n - 1$로 주어진 자유도를 가진 t 분포(표 A-3)를 사용하라. 8-1절의 그림 8-3에는 P값을 찾는 절차가 요약되어 있다.

임계값: 자유도가 df = $n - 1$인 t 분포(표 A-3)를 사용하라. (표 A-3에 자유도가 포함되지 않은 경우, 실제보다 작지만 표에서 찾을 수 있는 다음으로 작은 자유도를 사용하거나 표에서 가장 가까운 자유도를 사용하거나 보간법을 사용할 수도 있다.)

정규성 요구 사항 또는 $n > 30$ t 검정은 정규성 이탈에 대해 강력하다. 즉, 정규성 이탈이 너무 심하지 않으면 테스트가 합리적으로 잘 작동한다. 특이치가 없고 히스토그램 또는 산점도가 정규분포와 그리 멀지 않은 모양인지 확인하라.

원래 모집단 자체가 정규분포를 따르지 않는 경우 정규분포의 사용을 정당화하기 위해 조건 $n > 30$을 사용하지만 모든 경우에 맞는 정확한 특정 최소 표본크기는 없다. 모집단이 정규분포와 멀지 않은 분포를 갖는 경우 15에서 30까지의 표본크기이면 충분하지만 일부 모집단은 정규분포와 상당한 차이가 있는 분포를 가지며 30보다 큰 표본크기가 필요할 수 있다. 이 교제에서는 분포가 정규분포에서 얼마나 멀리 떨어져 있는지에 관계없이 표본평균 분포를 정규분포로 처리하기 위한 정당화로 $n > 30$의 단순화된 기준을 사용한다.

Student t 분포의 중요한 속성

다음은 7-2절에서 처음 제시된 Student t 분포의 중요한 속성에 대한 간단한 검토이다.

1. Student t 분포는 표본크기에 따라 다르다(7-2절의 그림 7-4 참조).
2. Student t 분포는 표준 정규분포와 동일한 종 모양을 갖는다. 그것의 더 넓은 모양은 s가 추정에 사용될 때 예상되는 더 큰 변동성을 반영한다.
3. Student t 분포의 평균은 $t = 0$이다. (표준 정규분포의 평균이 $z = 0$인 것처럼).
4. Student t 분포의 표준편차는 표본 크기에 따라 다르며 1보다 크다($\sigma = 1$인 표준 정규분포와 달리).
5. 표본크기 n이 커질수록 Student t 분포는 표준 정규분포에 가까워진다.

기술을 이용한 P값 방법

적절한 기술을 사용할 수 있다면 가설을 테스트하는 P값 방법이 사용된다.

예제 1 성인 수면: 기술을 이용한 P값 방법

저자들은 국가 건강영양 조사연구에 포함된 임의로 선택된 성인 피험자들의 수면시간을 얻었으며, 그 시간(시간)은 아래에 나열되어 있다. 이 표본에 대한 반올림되지 않은 통계는 다음과 같다. $n = 12$, $\bar{x} = 6.83333333$시간, $s = 1.99240984$시간. 일반적인 권장사항은 성인이 매일 밤 7시간에서 9시간 정도 자야 한다는 것이다. 성인의 평균 수면량이 7시간 미만이라는 주장을 검정하기 위해 0.05 유의수준의 P값 방법을 사용하시오.

4 8 4 4 8 6 9 7 7 10 7 8

풀이

조건 확인 (1) 표본은 단순 임의표본이다. (2) 두 번째 요구 사항은 "집단이 정규분포 또는 $n > 30$이어야 한다는 것이다. 표본크기는 $n = 12$이며 30을 초과하지 않으므로 표본 자료가 정규분포 모집단에서 나온 것으로 판단해야 한다. 아래에 나와있는 히스토그램 및 정규 분위수 그림에서 특이치가 없는 것으로 보이면 표본이 대략 정규분포를 가진 모집단에서 나온 것으로 나타난다. 두 요구 사항이 모두 충족되었다. ✓

Statdisk

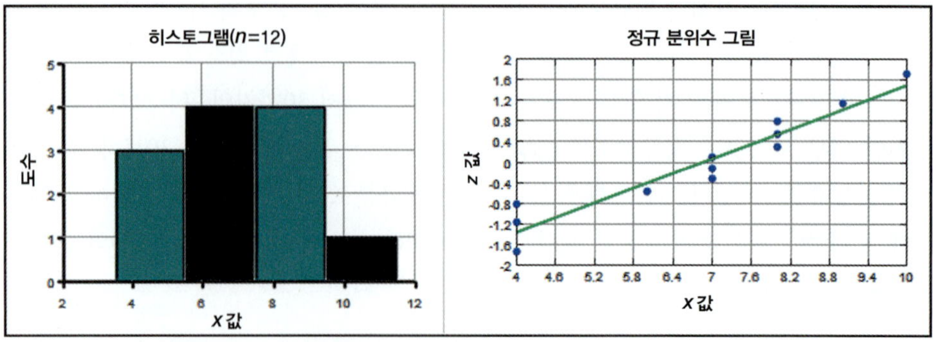

다음은 그림 8-1에 요약된 절차를 따르는 단계이다.

"어떻게 통계가 심장마비를 구하는 데 도움 되는가"

David Leonhardt에 의해 뉴욕타임즈 헤드라인을 "어떻게 통계가 심장마비를 구하는 데 도움되는가"라는 기사가 장식했다. Leonhardt는 심장마비 후 2시간 이내에 막힌 동맥이 열리면 환자가 회복 가능성이 가장 높다고 말한다. 2005년 미국 보건복지부(Department of Health and Human Services)는 웹사이트 www.hospitalcompare.hhs.gov에 병원 데이터를 게시하기 시작했으며 병원 도착 후 2시간 이내에 동맥 막힘 치료를 받은 심장마비 환자의 비율을 포함하고 있다. 좋지 않은 데이터로 인해 당황하지 않기 위해 의사와 병원은 막힌 동맥을 뚫는 데 걸리는 시간을 단축하고 있다. Leonhardt는 캘리포니아 대학교의 샌프란시스코 의료센터(San Francisco Medical Center, University of California)에 대해 기록하였는데, 이 시간이 거의 3시간에서 90분으로 절반으로 줄었다. 간단한 통계를 효과적으로 사용하면 생명을 구할 수 있다.

1단계: "성인의 평균 수면시간이 7시간 미만"이라는 주장은 기호의 형태로 표현하면 $\mu < 7$시간이 된다.

2단계: 원래의 주장에 대한 대안(기호 형태)은 $\mu \geq 7$시간이다.

3단계: $\mu < 7$ 시간의 진술에 등호 조건이 포함되어 있지 않기 때문에 대립가설 H_1이 된다. 귀무가설 H_0은 $\mu = 7$시간이다.

$$H_0\text{: } \mu = 7\text{시간 (귀무가설)}$$

$$H_1\text{: } \mu < 7\text{시간 (대립가설 그리고 원래 주장)}$$

4단계: 문제의 설명에 지정된 대로 유의수준은 $\alpha = 0.05$이다.

5단계: 모평균 μ에 대한 주장이 이루어지기 때문에 이 검정과 가장 관련이 있는 표본통계량은 표본평균 $\bar{x}$이며 t 분포를 사용한다.

6단계: $n = 12$, $\bar{x} = 6.83333333$시간, $s = 1.99240984$시간의 표본 통계는 다음과 같이 검정통계량을 계산하는 데 사용되지만 기술은 $t = -0.290$의 검정통계량을 제공한다. 다음과 같은 계산에서는 반올림하지 않고 소수점 이하 자릿수를 가져가는 것이 좋다.

$$t = \frac{\bar{x} - \mu_{\bar{x}}}{\frac{s}{\sqrt{n}}} = \frac{6.83333333 - 7}{\frac{1.99240984}{\sqrt{12}}} = -0.290$$

기술이 적용된 P값 기술을 사용하여 P값을 얻을 수 있다. 다음에 여러 기술의 결과가 나와 있으며 P값이 0.388(반올림)임을 알 수 있다. (SPSS는 0.777의 양쪽꼬리 P값을 나타내므로 이 한쪽 꼬리 검정에서는 반으로 줄여야 한다.)

7단계: P값 0.3887이 유의수준 $\alpha = 0.05$보다 크기 때문에 귀무가설을 기각할 수 없다.

해석

8단계: 귀무가설을 기각하지 않기 때문에 평균 수면시간이 7시간 미만이라는 주장을 뒷받침할 만한 충분한 증거가 없다고 결론을 내린다.

메타 분석

메타 분석이라는 용어는 본질적으로 다른 연구의 결과를 결합한 연구를 수행하는 기술을 말한다. 별도의 작은 샘플을 하나의 큰 샘플로 결합하여 집합적인 결과를 보다 의미 있게 만들 수 있다는 이점이 있다. 또한 이미 수행한 작업을 사용하는 이점이 있다. 메타 분석은 분석에 사용된 연구만큼만 좋다는 단점이 있다. 사용된 연구에 결함이 있으면 "쓰레기가 들어가면, 쓰레기가 나온다."는 현상이 발생할 수 있다. 메타 분석의 사용은 현재 의학 연구 및 심리연구에서 인기가 있다. 예를 들어, 편두통 치료에 대한 연구는 46개의 다른 연구의 데이터를 기반으로 했다. (Dominici 등, *Journal of the American Statistical Association*, Vol. 94, No.445의 "편두통 치료법의 메타 분석: 이종 설계의 정보 결합" 참조)

TI-83/84 Plus

```
NORMAL FLOAT AUTO REAL RADIAN MP
T-Test
μ<7
t=-.2897748534
p=.3886888459
x̄=6.833333333
Sx=1.99240984
n=12
```

Excel (XLSTAT)

Difference	-0.1667
t (Observed value)	-0.2898
t (Critical value)	-1.7959
DF	11
p-value (one-tailed)	0.3887
alpha	0.05

Statdisk

t Test
Test Statistic, t: -0.2898
Critical t: -1.7959
P-Value: 0.3887

90% Confidence interval:
5.800414 < μ < 7.866252

Minitab

Test of μ = 7 vs < 7

Variable	N	Mean	StDev	SE Mean	95% Upper Bound	T	P
Sleep	12	6.833	1.992	0.575	7.866	−0.29	0.389

JMP

Hypothesized Value	7
Actual Estimate	6.83333
DF	11
Std Dev	1.99241
t Test	
Test Statistic	-0.2898
Prob > |t|	0.7774
Prob > t	0.6113
Prob < t	0.3887

StatCrunch

Hypothesis test results:
μ : Mean of variable
H_0 : μ = 7
H_A : μ < 7

Variable	Sample Mean	Std. Err.	DF	T-Stat	P-value
Sleep	6.8333333	0.57515918	11	-0.28977485	0.3887

SPSS

	Test Value = 7					
					95% Confidence Interval of the Difference	
	t	df	Sig. (2-tailed)	Mean Difference	Lower	Upper
SLEEP	-.290	11	.777	-.16667	-1.4326	1.0993

기술 결과 화면을 살펴보면 그들 중 2개에서만이 임계값을 포함하지만 모두 *P*값을 포함하는지 확인할 수 있다. 이것이 최근에 *P*값 가설검정 방법이 널리 사용되는 주요 이유이다.

기술의 적용이 없는 *P*값 방법

적합한 기술을 사용할 수 없는 경우 표 A-3을 사용하여 *P*값을 포함하는 범위를 식별할 수 있다. 표 A-3을 사용하는 경우 오른쪽 꼬리 영역의 양수 t 값만 찾을 수 있도록 설계되었지만 왼쪽 꼬리 영역은 음수 부호가 있는 동일한 t 값에 해당된다.

예제 2 성인 수면: 기술의 적용이 없는 *P*값 방법

[예제 1]은 검정통계량이 $t = -0.290$(반올림)이고 표본 크기가 $n = 12$인 왼쪽 꼬리 검정이므로 자유도는 $\text{df} = n - 1 = 11$이다. 표 A-3에서 $t = -0.290$의 검정통계량을 사용하여 $\text{df} = 11$에 대한 행의 t 값을 검사하여 0.290이 행에 나열된 모든 t 값보다 작은지 확인하시오. $t = -0.290$의 검정통계량 아래의 왼쪽 꼬리가 0.10보다 크다. 이 경우 표 A-3에서는 *P*값 > 0.10이라고 결론지을 수 있지만 기술은 *P*값 0.3887을 제공했다. *P*값 > 0.10의 경우 결론은 [예제 1]과 동일하다.

힌트 표 A-3을 사용하여 *P*값을 포함하는 값 범위를 찾는 것은 약간 까다로울 수 있으므로 적절한 기술을 사용할 수 없는 경우 임계값 방법([예제 3] 참조)이 *P*값 방법보다 더 쉬울 수 있다.

임계값 방법

예제 3 **성인 수면: 임계값 방법**

[예제 1]은 검정통계량 $t=-0.290$(반올림)을 사용한 왼쪽 꼬리 검정이다. 표본크기는 $n=12$이므로 자유도는 $df=n-1=11$이다. $\alpha=0.05$의 유의수준이 주어지면 11 자유도에 해당하는 표 A-3의 행을 참조하고 0.05의 "한 꼬리 영역"을 식별하는 열(유의수준)을 참조하시오. 행과 열의 교차점은 임계값 $t=1.796$을 산출하지만 이 검정은 왼쪽 꼬리에 해당하므로 실제 임계값은 $t=-1.796$이다. 그림 8-7은 $t=-0.290$의 검정통계량이 임계값 $t=-1.796$에 의해 제한되는 임계 영역에 속하지 않으므로 귀무가설을 기각하지 않는다. 결론은 [예제 1]과 동일하다.

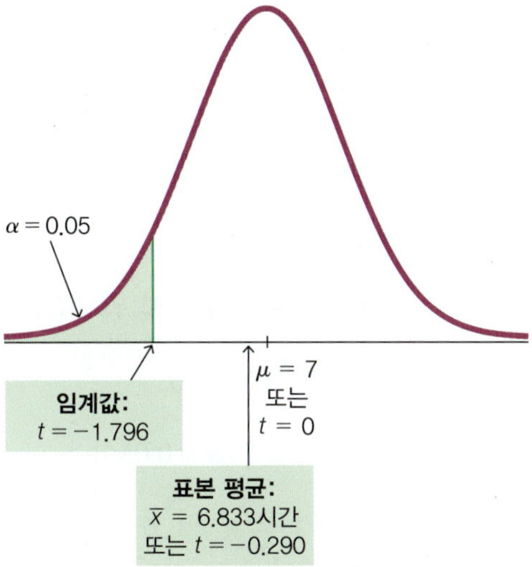

그림 8-7 t 검정: 임계값 방법

신뢰구간 방법

예제 4 **성인 수면: 신뢰구간 방법**

[예제 1]은 유의수준 $\alpha=0.05$인 왼쪽 꼬리 검정이므로 신뢰수준으로 90%를 사용해야 한다(표 8-1에 표시). [예제 1]에 주어진 표본 자료에 대해, μ의 90% 신뢰구간 추정치는 다음과 같다: 5.80시간 $<\mu<$ 7.87시간. $\mu<7$시간이라는 주장을 검정할 때 우리는 H_0: $\mu=7$시간을 사용하지만 $\mu=7$시간의 가정된 값은 신뢰구간 한계 내에 포함되므로 신뢰구간은 7시간이 μ값이 될 수 있음을 알려준다. 우리는 H_0: $\mu=7$시간을 기각할 충분한 증거가 없기 때문에 이 귀무가설을 기각하지 못하며 [예제 1]과 동일한 결론을 얻는다.

인간 거짓말 탐지기

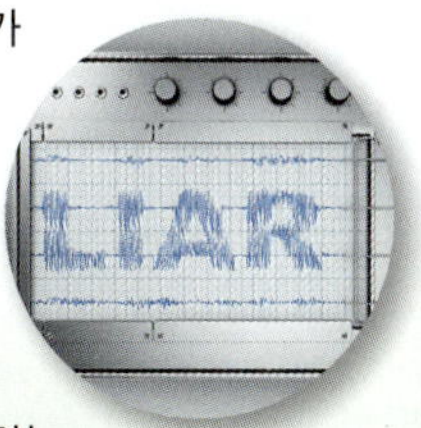

연구원들은 누군가가 언제 거짓말하는지 판단할 수 있는 능력에 대해 13,000명을 테스트했다. 그들은 거짓말을 식별하는 데 탁월한 기술을 가진 31명의 사람들을 발견했다. 이 인간 거짓말 탐지기의 정확도는 약 90%였다. 또한 연방 공무원과 보안관이 거짓말 탐지에 능숙했으며 정확도는 약 80%라는 것을 알았다. 심리학 교수 Maureen O'Sullivan은 거짓말을 식별하는 데 능숙한 사람들에게 질문을 했으며 다음과 같이 말했다 "그들 모두는 비언어적 단서와 단어 사용의 뉘앙스에 주의를 기울이고 다른 사람들마다 다르게 적용하였다. 그들은 2초짜리 테이프를 본 후 누군가에 대해 여덟 가지를 말할 수 있었다. 무섭다, 이 사람들이 알아챈 것들.". 거짓말을 감지할 수 없는 사람들과 그 능력을 가진 사람들을 구별하기 위해 통계 방법을 사용할 수 있다.

예제 5 평균 체온이 실제로 98.6°F인가?

부록 B의 데이터 세트 2 "체온"에는 2일차 오전 12시에 측정된 체온이 포함되어 있다. $n = 106$, $\bar{x} = 98.20$°F, $s = 0.62$°F. 모평균이 98.6°F라는 일반적인 믿음을 검정하기 위해 0.05 유의수준을 사용하라.

풀이

조건 확인 (1) 사용된 연구 설계를 보면 단순 임의표본으로 취급할 수 있다. (2) 두 번째 요건은 "모집단이 정규분포 또는 $n > 30$"이어야 한다는 것이다. 표본크기는 $n = 106$이므로 두 번째 요구 사항이 충족되며 데이터의 정규성을 조사할 필요가 없다. 두 요구 사항이 모두 충족된다. ✓

다음은 그림 8-1에 요약된 절차를 따르는 단계이다.

1단계: "모평균이 98.6°F"라는 주장은 기호의 형태로 표현될 때 $\mu = 98.6$°F가 된다.

2단계: 원래 주장에 대한 대안(기호 형태)은 $\mu \neq 98.6$°F이다.

3단계: $\mu \neq 98.6$°F의 표현에는 등호 조건이 포함되어 있지 않으므로 대립가설 H_1이 된다. 귀무가설 H_0은 $\mu = 98.6$°F이다.

H_0: $\mu = 98.6$°F (귀무가설 및 원래주장)

H_1: $\mu \neq 98.6$°F (대립가설)

4단계: 문제 설명에 지정된 대로 유의수준은 $\alpha = 0.05$이다.

5단계: 모평균 μ에 대한 주장이 이루어지므로 이 검정과 가장 관련성이 높은 표본 통계량은 표본평균 $\bar{x}$이다. 관련 표본통계량이 $\bar{x}$이고 t 분포를 사용하기 위한 요구 사항이 충족되므로 t 분포를 사용한다.

6단계: 표본 통계는 다음과 같이 검정통계량을 계산하는 데 사용되지만 기술은 반올림된 값을 사용하여 $t = -6.61$의 검정통계량을 제공한다.

$$t = \frac{\bar{x} - \mu_{\bar{x}}}{\frac{s}{\sqrt{n}}} = \frac{98.20 - 98.6}{\frac{0.62}{\sqrt{106}}} = -6.64$$

***P*값:** P값은 0.0000 또는 0+(또는 표 A-3을 사용하는 경우 "0.01 미만")이다.

임계값: 임계값은 ±1.983(또는 표 A-3을 사용하는 경우 ±1.984)이다.

신뢰구간: 95% 신뢰구간은 $98.08°\text{F} < \mu < 98.32°\text{F}$이다.

7단계: 세 가지 접근 방식 모두 동일한 결론으로 이어진다: Reject H_0.

- ***P*값:** 0.0000의 P값은 $\alpha = 0.05$의 유의수준보다 작다.
- **임계값:** 검정통계량 $t = -6.64$는 ±1.983으로 경계가 지정된 임계 영역에 속한다.
- **신뢰구간:** 평균 98.6°F는 신뢰구간 $98.08°\text{F} < \mu < 98.32°\text{F}$에 속하지 않는다.

해석

8단계: 모평균체온이 98.6°F라는 일반적인 믿음을 거부할만한 충분한 증거가 있다.

모집단이 정규분포하지 않고 $n \le 30$일 때 사용되는 대안적 방법

이 절의 방법에는 두 가지 요구 사항이 포함된다. (1) 표본은 단순 임의표본이다. (2) 모집단이 정규분포 또는 $n > 30$ 중 하나이다. 자발적 응답 표본과 같이 적절한 방식으로 수집되지 않은 표본 자료가 있는 경우 데이터를 구제하기 위해 수행할 수 있는 방법이 없는 것 같고, 이 절의 방법을 사용해서는 안 된다. 데이터가 단순 임의표본이지만 두 번째 조건을 위반하는 경우 다음 세 가지 대안 방법을 포함하여 사용할 수 있는 대안 방법이 있다.

- **붓스트랩 리샘플링** 가설을 테스트하는 신뢰구간 방법을 사용하지만 7-4절에 설명된 대로 붓스트랩 리샘플링을 사용하여 신뢰구간을 얻는다. 표 8-1에 표시된 대로 적절한 신뢰수준을 사용하시오. 신뢰구간 한계에 귀무가설에서 주장한 평균값이 포함되어 있지 않으면 귀무가설을 기각하시오. [예제 6]을 참조하시오.
- **부호 검정** 13-2절을 참조하시오.
- **Wilcoxon 부호 순위 검정** 13-3절을 참조하시오.

예제 6 붓스트랩 리샘플링

아래는 애니메이션 어린이 영화에서 담배 사용시간(초)의 임의표본이다(데이터 세트 13 "영화 속 술과 담배"). 표본이 평균 1분(또는 60초)보다 큰 모집단에서 추출되었다는 주장을 검정하기 위해 0.05 유의수준을 사용하시오.

0 223 0 176 0 548 0 37 158 51 0 0 299 37 0 11 0 0 0 0

풀이

조건 확인 이 절에 설명된 t 검정은 모집단이 정규분포 또는 $n > 30$이어야 하지만, 우리는 $n = 20$이며 아래에 나타난 정규 분위 그림은 표본이 정규분포 모집단에서 나온 것으로 보이지 않음을 보여준다. t 검정은 사용하지 않아야 한다. ✔

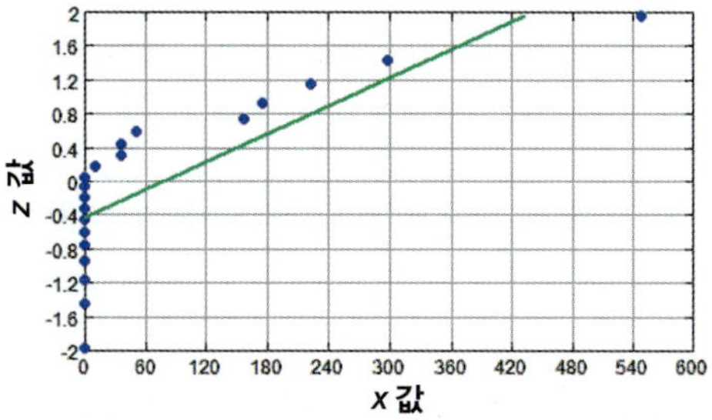

t 검정을 잘못 사용하는 대신 7-4절에 설명된 붓스트랩 리샘플링 방법을 사용한다.

(계속)

붓스트랩 표본 1000개를 얻고 각 표본의 평균을 찾은 후 평균을 정렬한다. 검정은 0.05 유의수준으로 우측 단측 검정이므로 1000개의 정렬된 표본평균을 사용하여 $P_5 = 29.9$초 및 $P_{95} = 132.9$초의 90% 신뢰구간 한계를 찾는다. 90% 신뢰구간은 29.9초 $< \mu <$ 132.9초이다. (이 값들은 다소 다를 수 있다.) 60초의 가정된 평균이 해당 신뢰구간 한계 내에 포함되므로 귀무가설 H_0: $\mu = 60$초를 거부하지 못한다. 대립가설 H_1: $\mu > 60$초를 지지할 충분한 증거가 없다.

해석

주어진 표본이 평균 60초보다 큰 모집단에서 추출되었다는 주장을 뒷받침할 만한 충분한 증거가 없다.

테크 센터

가설검정: 평균

www.TriolaStats.com에서 기술 지침, 비디오, 데이터 집합을 참조하십시오.

8-3 기본적인 기술 및 개념

통계적 해석 및 비판적 사고

1. 알코올 사용 및 비디오게임: 요구 사항 확인 알코올 사용을 보여주는 12가지 비디오 게임이 관찰되었다. 알코올 사용시간은 아래에 나열된 시간(초)으로 기록되었다(Haninger and Thompson의 *Journal of the American Medical Association*, Vol. 291, No. 7, "십 대 청소년 등급의 비디오 게임의 내용 및 등급"의 데이터를 기반으로). 표본이 평균 90초보다 큰 모집단에서 추출되었다는 주장을 검정하기 위해 어떤 요구 사항을 충족해야 하는가? 요구 사항이 모두 충족되었는가?

84 14 583 50 0 57 207 43 178 0 2 57

2. *t* 검정 t 검정이란 무엇인가? 문자 t가 왜 사용되는가?

***P*값 찾기** **연습 3~4에서 기술을 사용하여 *P*값을 찾거나 표 A-3을 사용하여 *P*값의 범위를 찾으시오.**

3. 체온 주장은 오전 12시 체온의 평균이 $\mu < 98.6°$이다. 표본 크기는 $n = 4$이고 검정통계량은 $t = -2.503$이다.

4. 혈소판 주장은 성인 여성 모집단의 경우 평균 혈소판 수는 $\mu < 300$이다. 표본크기는 $n = 15$이고 검정통계량은 $t = -0.666$이다.

가설검정 **연습문제 5~12에서 단순 임의표본이 선택되었다고 가정하고 주어진 주장을 검정하시오. 강사가 지정하지 않는 한 *P*값 방법 또는 임계값 방법을 사용하여 가설을 테스트하시오. 귀무가설 및 대립가설, 검정통계량, *P*값 (또는 *P*값 범위) 또는 임계값을 구하고 원래 주장을 해결하**

는 최종 결론을 진술하시오.

5. 체온 데이터 세트 2 부록 B의 "체온"에는 연구일 1일 오전 8시에 측정된 38개의 체온이 포함되며, 이러한 데이터를 사용한 XLSTAT 결과 화면은 평균 체온은 98.60°F와 같다는 결과를 나타내고 있다. 이 결과를 사용하여 가설검정을 수행하시오.

Difference	-0.4737
t (Observed value)	-3.8654
|t| (Critical value)	2.0262
DF	37
p-value (Two-tailed)	0.0004
alpha	0.05

6. 혈소판 부록 B의 데이터 세트 1 "신체 자료"에는 147명의 성인 여성에서 측정한 혈소판 수(1000 세포/mL)가 포함되어 있다. 성인 여성 모집단의 평균 혈소판 수가 270 미만이라는 주장을 테스트할 때 0.05의 유의수준을 가정하여 오른쪽에 나타내고 있는 Statdisk 결과 화면을 얻었다.

Test Statistic, t:	−2.7637
Critical t:	−1.6554
P-Value:	0.0032

7. 출생체중 부록 B의 데이터 세트 3 "출생"에는 205명의 여성 출생체중이 포함되며 요약 통계는 $\bar{x} = 3037.1$ g 및 $s = 706.3$ g이다. 여성의 출생체중이 3000 g보다 크다는 주장을 검정하기 위해 0.01 유의수준을 사용하시오.

8. 콜레스테롤 감소를 위한 마늘 콜레스테롤을 낮추기 위한 마늘의 효과를 검정하는 실험에서 49명의 환자를 생마늘로 치료하였다. 콜레스테롤 수치는 처리 전후에 측정되었다. 저밀도 지질 단백질(LDL) 콜레스테롤 수치(mg/dL)의 변화는 평균 0.4이고 표준편차는 21.0이었다. (Gardner et al., *Archives of Internal Medicine*, Vol. 167, No. 4에 실린 "중간 고 콜레스테롤 혈증 성인에서 혈장 지질 농도에 대한 생마늘 대 상업용 마늘 보충제의 효과"데이터에 근거함). 마늘 치료의 경우 LDL 콜레스테롤의 평균 변화가 0보다 크다는 주장을 검정하기 위해 0.05 유의수준을 사용하시오. 결과는 마늘 치료의 효과에 대해 무엇을 제안하는가?

9. 다이어트는 실용적인가? 40명의 사람들이 1년 동안 Weight Watchers 다이어트를 사용했을 때, 평균 체중 감소는 3.0 lb이고 표준편차는 4.9 lb였다. (Dansinger 등, *Journal of the American Medical Association*, Vol. 293, No. 1의 "체중 감량 및 심장 질환 감소를 위한 Atkins, Ornish, Weight Watchers의 Zone Diets 비교" 데이터에 기초함). 평균 체중 감소가 0보다 크다는 주장을 검정하기 위해 0.01 유의수준을 사용하시오. 이러한 결과에 기초하여, 다이어트는 통계적 유의성을 갖는 것으로 보는가? 다이어트는 실질적인 의미가 있는 것으로 보이는가?

10. 과정 평가 학생 과정 평가의 데이터는 오스틴의 텍사스 주립대학교에서 얻었다. 요약 통계는 $n = 436$, $\bar{x} = 3.97$, $s = 0.55$이다. 학생 과정 평가 모집단의 평균이 4.00이라는 주장을 검정하기 위해 0.05 유의수준을 사용하시오. 결과가 모든 학생들의 모집단에 적용될까?

11. 의약품의 납 아래는 다양한 Ayurveda 의약품에서 측정된 납 농도(μg/g)이다. Ayurveda는 인도에서 일반적으로 사용되는 전통적인 의료 시스템이다. 여기에 나열된 납 농도는 미국에서 제조된 의약품에서 나온 것이다(Saper 등, *Journal of the American Medical Association*, Vol. 300, No. 8에 의해 "인터넷을 통해 판매되는 미국 및 인도 제조 Ayurveda 의약품의 납, 수은 및 비소의 데이터에 기초함"). 이러한 모든 의약품의 평균 납 농도가 14 μg/g 미만이라는 주장을 검정하기 위해 0.05 유의수준을 사용하시오.

3.0 6.5 6.0 5.5 20.5 7.5 12.0 20.5 11.5 17.5

12. 자동차 승압기 좌석 전국 고속도로 교통 안전국(National Highway Traffic Safety Administration)은 자동차용 아동 승압기 좌석의 충돌 테스트를 실시했다. 아래 목록은 hic (표준 "머리 부상 상태" 단위)로 측정한 테스트 결과이다. 안전 요구 사항은 hic 측정값이 1000 hic 미만이어야 한다는 것이다. 0.01 유의수준을 사용하여 표본이 평균이 1000 hic 미만의 모집단에서 추출되

었다는 주장을 검정하시오. 결과에 따라 모든 어린이 승압기 좌석이 지정된 요구 사항을 충족한다고 제안하는가?

774 649 1210 546 431 612

부록 B의 큰 데이터세트 연습 13~14에서 부록 B의 데이터 세트를 사용하여 주어진 주장을 검정하시오. 강사가 달리 명시하지 않는 한 P값 방법을 사용하시오.

13. 맥박수 부록 B의 데이터 세트 1 "신체 자료"에 나열된 성인 여성의 맥박수를 사용하여 평균이 75 bpm 미만이라는 주장을 검정하시오. 0.05 유의수준을 사용하시오.

14. 여성의 이완기 혈압 부록 B의 데이터 세트 1 "신체 자료"에 나열된 성인 여성의 이완기 혈압 측정값을 사용하여 성인 여성 모집단의 평균 이완기 혈압 수준이 90 mmHg 미만이라는 주장을 검정하시오. 90 이상의 이완기 혈압은 고혈압으로 간주된다. 0.05 유의수준을 사용하고 결과를 바탕으로 샘플의 성인 여성 중 어느 누구도 고혈압이 없다는 결론을 내릴 수 있는가?

8-3 기초를 넘어서

15. 임계값 찾기 임계값을 찾을 때 종종 표 A-3에서 사용할 수 있는 것 이외의 중요한 레벨이 필요하다. 한 가지 방법은 $t = \sqrt{\mathrm{df} \cdot (e^{A^2/\mathrm{df}} - 1)}$를 계산하여 임계 t 값을 근사화하는 것이다. 여기서 $\mathrm{df} = n - 1$, $e = 2.718$, $A = z(8 \cdot \mathrm{df} + 3)/(8 \cdot \mathrm{df} + 1)$, $z =$ 임계 z 점수이다. 이 근사값을 사용하여 유의수준 0.05를 사용하여 연습문제 6 "혈소판"에 대한 임계 t 점수를 찾으시오. 결과를 Statdisk 결과 화면에 표시된 임계 t값과 비교하시오. 이 근사치가 합리적으로 잘 작동하는가?

8-4 표준편차 또는 분산에 대한 주장 검정

핵심 개념

이 절은 모집단 표준편차 또는 모집단 분산 σ^2에 관한 주장에 대한 전형적인 가설검정을 수행하는 방법을 제시한다. 이 절의 방법은 7-3절에서 처음 소개된 카이제곱 분포를 사용한다.

주의 이 절의 χ^2(카이 제곱) 검정은 정규성 이탈에 대해 강력하지 않으므로 모집단이 정규분포와 거리가 멀면 검정이 제대로 수행되지 않는다. 따라서 정규분포 모집단의 조건은 모평균 μ에 대한 주장을 검정할 때보다 σ 또는 σ^2에 대한 주장을 검정할 때 훨씬 더 엄격한 요구 사항이 된다.

동등한 방법

σ 또는 σ^2에 대한 주장을 검정할 때 P값 방법, 임계값 방법 및 신뢰구간 방법은 항상 동일한 결론으로 이어질 것이라는 점에서 모두 동등하다.

핵심요소

σ 또는 σ^2에 대한 주장을 검정

목적:

모집단 표준편차 또는 모집단 분산 σ^2에 대한 주장에 대한 가설검정을 수행하시오.

표기

n = 표본 크기

σ = 모집단 표준편차

σ^2 = 모집단 분산

s = 표본 표준편차

s^2 = 표본 분산

요구 사항

1. 표본은 단순 임의표본이다.
2. 모집단의 정규분포를 하고 있다. (이것은 유의하게 엄격한 요구 사항이다.)

검정통계량

$$\chi^2 = \frac{(n-1)s^2}{\sigma^2} \quad \text{(round to three decimal places, as in 표 A-4)}$$

***P*값:** 자유도가 df = $n - 1$을 가지고 기술 또는 표 A-4를 사용하라.

임계값: 자유도 df = $n - 1$을 가지고 표 A-4를 사용하라.

카이-제곱 분포의 속성

카이-제곱 분포는 7-3절에서 소개되었으며, 여기서 우리는 다음과 같은 중요한 특성에 주목한다.

1. χ^2의 모든 값은 음이 아니고 분포는 대칭이 아니다(그림 8-8 참조).
2. 자유도마다 다른 χ^2 분포가 있다(그림 8-9 참조).
3. 임계값은 다음의 자유도를 사용하여 표 A-4에 있다.

$$\text{자유도} = n - 1$$

임계값을 찾기 위해 표 A-4를 사용하는 경우 중요한 참고 사항은 다음과 같다.

표 A-4에서 표의 본문에 있는 χ^2의 각 임계값은 표의 맨 윗줄에 지정된 영역에 해당하며, 맨 윗줄의 각 영역은 임계값의 오른쪽에 있는 누적 영역(확률)**이다.**

주의 카이-제곱 분포의 표 A-4는 오른쪽의 누적 영역을 사용한다(왼쪽에서부터 누적 영역을 제공하는 표준 정규분포의 표 A-2와 달리). 7-3절의 [예제 1]을 참조하시오.

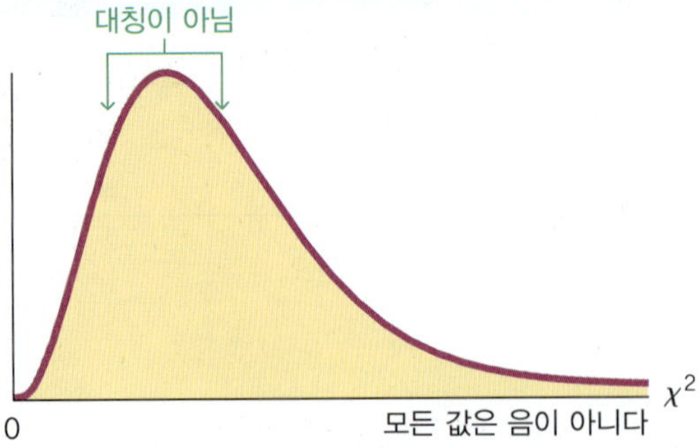

그림 8-8 카이-제곱 분포의 속성

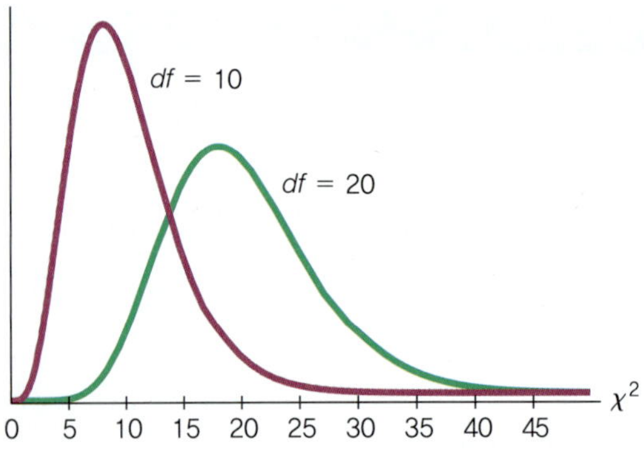

그림 8-9 df = 10 및 df = 20에 대한 카이-제곱 분포

예제 1 *P*값 방법: 슈퍼모델의 키의 변이가 더 적은가?

리마, 번천, 앰브로시오, 이뱅크스, 이만, 루빅스, 쿠르코바, 커, 크로스, 스와네포엘, 프린슬루, 호스크, 클로스, 로빈슨, 헤더턴, 레파엘리 등 여성 슈퍼모델의 단순 임의표본에 대한 키(cm)는 다음과 같다. 슈퍼모델의 키의 표준편차가 여성 모집단에 대한 표준편차 $\sigma = 7.5$ cm보다 적다는 주장을 검정하기 위해 0.01 유의수준을 사용하시오. 슈퍼모델의 키가 모집단의 여성 키보다 작은 변이를 보이는가?

178 177 176 174 175 178 178 175 178 178 177 180 176 180 178 180 176

풀이

조건 확인 (1) 표본은 단순 임의표본이다. (2) 정규성을 검사할 때 표본에 특이치가 없고, 동반되는 정규 분위수 그림은 직선 패턴에 가까우며 직선이 아닌 다른 패턴은 없다. 두 요구 사항이 모두 충족된다.

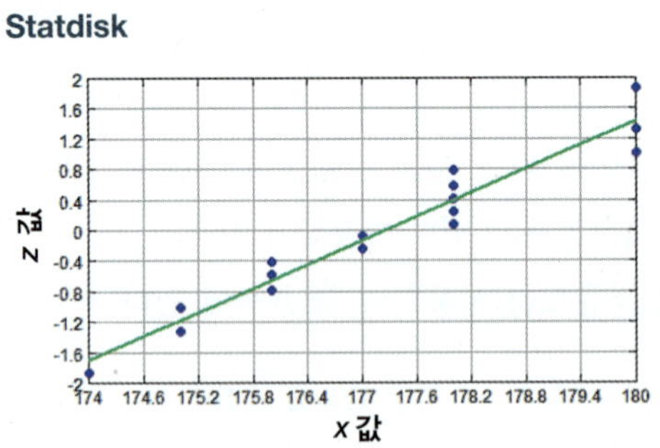

기술 이 검정을 수행할 수 있는 기술은 일반적으로 *P*값을 표시한다. StatCrunch 결과는 다음에 표시되었다. StatCrunch는 H_0 및 H_1에 대해 가정된 σ값 대신 σ^2를 사용한다. 귀무가설의 경우 $\sigma = 7.5$는 $\sigma^2 = 7.5^2 = 56.25$와 같다. 결과 화면은 검정통계량 $\chi^2 = 0.907$(반올림)이고 *P*값이 0.0001보다 작음을 나타낸다.

StatCrunch

Hypothesis test results:
σ^2 : Variance of population
$H_0 : \sigma^2 = 56.25$
$H_A : \sigma^2 < 56.25$

Variance	Sample Var.	DF	Chi-Square Stat	P-value
σ2	3.4000004	15	0.90666677	<0.0001

1단계: "표준편차가 7.5 cm보다 작다"는 주장은 상징적인 형태로 $\sigma < 7.5$ cm로 표시된다.

2단계: 원래의 주장이 거짓인 경우 $\sigma \geq 7.5$ cm

3단계: 식 $\sigma < 7.5$ cm에 등호이 포함되지 않으므로 대립가설이 된다. 귀무가설은 $\sigma = 7.5$ cm라는 진술이다.

$$H_0\text{: } \sigma = 7.5 \text{ cm}$$

$$H_1\text{: } \sigma < 7.5 \text{ cm (원래 주장)}$$

4단계: 유의수준은 $\alpha = 0.01$이다.

5단계: 표준편차에 대한 주장이므로 χ^2(카이 제곱) 분포를 사용한다.

6단계: StatCrunch 결과 화면에 $\chi^2 = 0.907$(반올림)의 검정통계량이 표시되고 P값이 0.0001보다 작음을 나타내고 있다.

7단계: P값이 유의수준 $\alpha = 0.01$ 보다 작으므로 H_0을 기각한다.

해석

8단계: 여성 슈퍼모델의 키의 표준편차는 여성 모집단에 대한 표준편차인 7.5 cm보다 작다는 주장을 뒷받침할 만한 충분한 증거가 있다. 슈퍼모델의 키의 변이는 일반 인구의 여성의 키의 변이보다 작다.

임계값 방법

기술은 일반적으로 P값을 제공하므로 P값 방법이 사용된다. 기술을 사용할 수 없는 경우 표 A-4를 통해 P값에 대한 값 범위만 찾을 수 있으므로 가설을 테스트하는 P값 방법은 다소 까다롭다. 대신 임계값 방법을 사용할 수 있다. [예제 1]의 1단계에서 5단계는 동일할 것이다. 6단계에서, 검정통계량은 $\sigma = 7.5$ cm를 사용하여 계산된다. ([예제 1]의 귀무가설에서 가정된 것과 같이); $n = 16$, $s = 1.843909$, 이는 원래의 16개 키 목록에서 계산된 반올림된 표준편차이다. 다음의 검정통계량을 얻는다.

$$\chi^2 = \frac{(n-1)s^2}{\sigma^2} = \frac{(16-1)(1.843909)^2}{7.5^2} = 0.907$$

$\chi^2 = 5.229$의 임계값은 표 A-4에 나와 있으며 자유도는 15이고 "오른쪽 영역"은 0.99이다(왼쪽 꼬리 검정의 유의수준 0.01 기준). 그림 8-10을 참조하라. 7단계에서는 그림

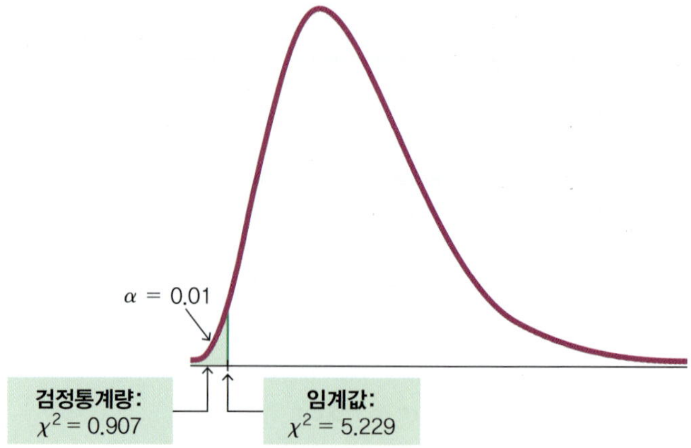

그림 8-10 $\sigma < 7.5$ cm 주장에 대한 검정

8-10에 표시된 것처럼 $\chi^2 = 0.907$의 검정통계량이 임계 영역에 포함되므로 귀무가설을 기각한다. 우리는 슈퍼모델 키의 표준편차는 여성 모집단에 대한 표준편차인 7.5 cm보다 작다는 주장을 뒷받침할 만한 충분한 증거가 있다고 결론지었다.

신뢰구간 방법

앞에서 언급했듯이 σ 또는 σ^2를 대한 주장을 검정할 때 P값 방법, 임계값 방법 및 신뢰구간 방법은 항상 동일한 결론으로 이어질 것이라는 점에서 모두 동일하다. [예제 2]를 참고하시오.

예제 2 슈퍼모델 키: 신뢰구간 방법

적절한 신뢰구간을 구성하여 [예제 1]의 가설검정을 반복하라.

풀이

먼저 올바른 신뢰수준을 신중하게 선택해야 한다. 가설검정은 왼쪽이고 유의수준은 0.01이므로 신뢰수준은 98% 또는 0.98을 사용해야 한다. (올바른 신뢰수준을 선택하는 데 도움이 필요하면 표 8-1을 참조하라.)

7-3절에 설명된 방법을 사용하여 [예제 1]에 나열된 표본 자료를 사용하여 σ의 98% 신뢰구간 추정치를 구성할 수 있다. 우리는 $n = 16$, $s = 1.843909$ cm, $\chi_L^2 = 5.229$ 및 $\chi_R^2 = 30.578$를 사용한다. 임계값 χ_L^2 및 χ_R^2는 표 A-4에 나와 있다. $df = n - 1 = 15$인 행을 사용한다. 0.98 신뢰수준은 $\alpha = 0.02$에 해당하며 임계값의 오른쪽에 있는 영역이 0.99 및 0.01이 되도록 두 꼬리 부분에 0.02의 영역을 똑같이 나눈다. 표 A-4를 참조하여 면적이 0.99 및 0.01인 열을 사용하고 15행을 사용하라.)

$$\sqrt{\frac{(n-1)s^2}{\chi_R^2}} < \sigma < \sqrt{\frac{(n-1)s^2}{\chi_L^2}}$$

$$\sqrt{\frac{(16-1)(1.843909^2)}{30.578}} < \sigma < \sqrt{\frac{(16-1)(1.843909^2)}{5.229}}$$

$$1.3 \text{ cm} < \sigma < 3.1 \text{ cm}$$

이 신뢰구간을 사용하면 신뢰구간의 모든 값이 7.5 cm 미만이므로 $\sigma < 7.5$ cm라는 주장을 지원할 수 있다. 우리는 P값 방법과 임계값 방법에서 발견된 것과 동일한 결론에 도달한다.

모집단이 정규분포하지 않는 경우에 사용되는 대안 방법

이 절의 방법에는 두 가지 요구 사항이 포함된다: (1) 표본은 단순 임의표본이다. (2) 모집단은 정규분포이다. 표본 자료가 임의로 수집되지 않으면 이 절의 방법은 적용되지 않는다. 표본이 정규분포를 갖지 않는 모집단에서 온 것으로 보이면 가설을 검정하는 신뢰구간 방법을 사용할 수 있지만 7-4절에 설명된 대로 붓스트랩 리샘플링을 사용하여 신뢰구간을 얻을 수 있다. 표 8-1에 표시된 대로 적절한 신뢰수준을 사용하도록 주의하라. 신뢰구간 한계에 귀무가설에서 주장한 평균값이 포함되어 있지 않으면 귀무가설을 기각한다. 이 장 끝에 있는 기술 과제를 참조하라.

테크 센터

가설검정: 표준편차 또는 분산

www.TriolaStats.com에서 기술 지침, 비디오, 데이터 집합을 참조하십시오.

8-4 기본적인 기술 및 개념

통계적 해석 및 비판적 사고

1. 출생체중 아래는 특별한 비타민 보충제를 복용하는 어머니에게서 태어난 남자아이의 출생체중(킬로그램)이다(뉴욕주 보건부 데이터를 기반으로 함). 표본 자료를 사용하여 표본이 표준편차가 0.470 kg인 특별한 비타민 보충제가 제공되지 않은 모집단에서 추출되었다는 주장을 검정한다고 가정한다. 어떤 요구 사항을 충족해야 하는가? 표준편차에 대한 주장의 가설검정에 대한 정규성 요구 사항은 평균에 대한 주장의 가설검정에 대한 정규성 요구 사항과 어떻게 다른가?

3.73	4.37	3.73	4.33	3.39	3.68	4.68	3.52
3.02	4.09	2.47	4.13	4.47	3.22	3.43	2.54

2. 출생체중 연습문제 1의 표본 자료에 대해 표본이 표준편차가 0.470 g인 모집단에서 추출한 주장을 검정할 때 P값이 0.0291이다. 테스트가 $\alpha = 0.05$로 지정된 유의수준으로 수행되었다고 가정하시오.

a. 귀무가설에 대해 무엇을 결론 내려야 하는가?

b. 원래의 주장에 대해 무엇을 결론 내려야 하는가?

c. 비타민 보충제가 출생체중의 변화에 영향을 미치는 것으로 보이는가?

분산에 대한 주장 검정 연습문제 3~8에서 주어진 주장을 검정한다. 귀무가설, 대립가설, 검정통계량, *P*값 또는 임계값을 밝힌 다음 귀무가설에 대한 결론과 원래 주장을 해결하는 최종 결론을 진술하시오. 정규분포의 모집단에서 단순 임의표본을 선택한다고 가정한다.

3. 남성의 맥박수 153명의 단순 임의표본은 분당 11.3비트의 표준편차를 나타낸다(부록 B의 데이터 세트 1 "신체 자료" 기준). 성인의 맥박수의 정상 범위는 일반적으로 분당 60~100이다. 경험법칙으로 어림하여 그 정상 범위에 적용하면 결과는 분당 10비트의 표준편차이다. 남성의 맥박수는 분당 10비트의 표준편차를 가지고 있다는 주장을 검정하기 위해 0.05 유의수준을 가지고 표본 결과를 사용하시오. 이 검정은 함께 제공되는 StatCrunch 결과 화면을 참조하시오. 이 경우의 σ의 추정을 위해 분당 60에서 100비트의 "정상 범위"와 함께 경험법칙을 사용하는 효과에 대한 결과는 무엇을 나타내는가?

One sample variance hypothesis test:
σ^2 : Variance of variable
$H_0 : \sigma^2 = 100$
$H_A : \sigma^2 \neq 100$

Hypothesis test results:

Variable	Sample Var.	DF	Chi-Square Stat	P-value
PULSE	128.40282	152	195.17229	0.0208

4. 체온 8-3절의 [예제 5]는 인간의 체온이 평균 98.6°F와 동일하다는 주장의 검정을 포함했다. 106개 체온 표본의 표준편차는 0.62°F이다. 이 예제의 결론은 표본 표준편차 *s*가 2.08°F 이상인 경우 변경된다. 106개 체온 표본이 표준편차가 2.08°F 미만인 모집단에서 추출되었다는 주장을 검정하기 위해 0.01 유의수준을 사용하시오. 결과는 8-3절의 [예제 5]에서 가설검정의 타당성에 대해 무엇을 알려주는가?

5. 의사 IQ점수 18명의 의사에 대한 임의 IQ점수 표본의 경우 평균은 124.2이고 표준편차는 9.6이다(위스콘신 의과대학교에서 수행된 연구의 데이터에 근거함). 의사가 일반 모집단보다 균질한 모집단이기 때문에 IQ점수는 표준편차가 일반 모집단의 표준편차 15보다 작다는 주장을 검정하기 위해 0.05 유의수준을 사용하시오.

6. 새로운 충전 공정 Orange Machine Company는 내용물의 표준편차가 4.25 g이 되도록 병에 차가운 약을 충전하는 도구를 공급한다. 새로운 충전 공정은 71병에서 테스트되었으며 이 샘플의 표준편차는 3.87 g입니다. 새 프로세스가 이전 프로세스의 표준편차 4.25 g 미만의 표준편차를 갖는 양을 분배한다는 주장을 검정하기 위해 0.05의 유의수준을 사용하시오. 더 일정한 양을 분배한다는 의미에서 새로운 프로세스가 더 좋은가?

7. 다이어트로 인한 체중 감량 40명의 사람들이 1년 동안 Weight Watchers 다이어트를 사용했을 때 체중 감량의 표준편차는 4.9lb였다(Dansinger, et al., *Journal of the American Medical Association*, Vol. 293, No. 1의 "체중 감량 및 심장질환 감소를 위한 Atkins, Ornish, Weight Watcher 및 Zone Diets의 비교"의 데이터를 기반으로 함). 체중 감량의 표준편차가 Zone Diets에서 체중 감량의 표준편차 6.0 lb와 같다는 주장을 검정하기 위해 0.01 유의수준을 사용하시오.

8. 대기선 프로비던스 병원은 입원을 위해 도착하는 환자를 위해 분리된 여러 대기선을 가지고 있었지만 이제는 빈자리가 생길 때 처리부서에 안내하는 단일 대기선이 있다. 기존의 여러 대기선 구성에서 대기시간의 표준편차는 109.3초이었다. 아래에는 단일 대기선에서의 대기시간(분)의 단순 임의표본이 나열되어 있다. 단일 대기선에서 대기시간의 표준편차가 109.3초 미만이라는 주장을 검정하기 위해 0.05의 유의수준을 사용하시오. 여러 대기선이 단일 대기선으로 교체될 때 어떤 개선이 있었나?

390 396 402 408 426 438 444 462 462 462

8-4 기초를 넘어서

9. χ^2의 임계값 찾기 큰 자유도에 대해 다음과 같이 χ^2의 임계값을 근사할 수 있다.

$$\chi^2 = \frac{1}{2}\left(z + \sqrt{2k - 1}\right)^2$$

여기서 k는 자유도이고 z는 기술 또는 표 A-2에서 찾은 임계값이다. 연습문제 12 "말한 단어"에는 df = 55이므로 표 A-4에는 정확한 임계값이 나와 있지 않다. 우측 단측 검정에서 $\alpha = 0.01$이고 표본 크기가 56인 임계값 χ^2를 근사하려면 $k = 55$로 $z = 2.33$으로 놓는다(또는 보다 정확한 $z = 2.326348$ 기술에서 찾음). 이 근사법을 사용하여 연습문제 12의 χ^2 임계값을 추정하시오. Statdisk 및 Minitab을 사용하여 얻은 $\chi^2 = 82.292$의 임계값에 얼마나 근접한가?

장별 퀴즈

1. 분포 이 장의 방법을 사용하여 주어진 모집단 모수에 대한 주장을 검정하는 데 사용해야 하는 분포를 식별하시오.

a. 평균

b. 비율

c. 표준편차

2. Instagram 설문조사 18~29세 인터넷 사용자에 대한 Pew Research Center 여론조사에서 53%는 Instagram을 사용한다고 응답했다. 18~29세의 대다수 인터넷 사용자가 Instagram을 사용한다는 주장을 검정하기 위해 0.05의 유의수준을 사용하려고 한다.

a. 귀무가설과 대립가설을 식별하시오.

b. 532의 표본크기를 사용하여 검정통계량의 값을 찾으시오.

c. 기술은 검정의 P값이 0.0827임을 찾는데 사용된다. 귀무가설에 대해 무엇을 결론 내려야 하는가?

d. 원래의 주장에 대해 무엇을 결론 내려야 하나?

3. 결론 참 또는 거짓: 가설검정에서 귀무가설을 뒷받침하는 결론을 형성하는 것은 결코 타당하

지 않다.

4. 불확실성 참 또는 거짓: 가설검정의 올바른 방법이 검정 요구 사항을 만족하는 큰 단순 임의표본과 함께 사용되는 경우 결론은 항상 참이다.

5. 강력함 μ에 관한 주장에 대한 t 테스트는 강력하지만 σ^2에 관한 주장에 대한 χ^2 검정은 강력하지 않다는 진술의 의미를 설명하시오.

복습문제

1. 참/거짓 다음 각 진술을 참 또는 거짓으로 특징 지어라.

a. 가설검정에서 P값이 매우 높으면 대립가설을 강력하게 지지함을 나타낸다.

b. t 분포는 표본 자료가 정규분포 모집단에서 임의로 선택될 때마다 모평균에 대한 주장을 검정하는 데 사용할 수 있다.

c. 모집단 표준편차에 대한 주장을 검정하기 위해 χ^2 분포를 사용하는 경우 표본 자료가 정규분포를 갖는 모집단의 것이어야 한다는 요구 사항이 매우 느슨하다.

d. 현행 여권을 소지한 외과 의사의 비율에 대한 가설검정을 수행할 때 편의표본의 문제는 더 큰 표본크기를 사용하여 극복할 수 있다.

e. 같은 크기의 다른 임의표본으로 동일한 가설검정을 반복하면 결론이 모두 동일하다.

2. 적혈구 수 40명의 성인 남성으로 구성된 단순 임의표본을 채취하여 적혈구 수(마이크로리터 당 세포 수)를 측정하였다. 이러한 결과로 $n = 40$, $\bar{x} = 4{,}932{,}000$ 세포/μL (부록 B의 데이터 세트 1" 신체 자료"에서). 0.01 유의수준을 사용하여 표본이 종종 정상 값 범위의 상한으로 사용되는 5,400,000세포/μL 미만의 모집단에서 추출되었다는 주장을 검정하라. 그 결과 40명의 남성 각각이 적혈구 수가 5,400,000 세포/μL 이하에 있다고 암시하는가?

3. 콜레스테롤 관리 Westbrook Pharmaceutical Company는 콜레스테롤 수치를 낮추기 위해 고안된 아토르바스타틴 알약을 제조한다. 알약의 임의표본에서 아토르바스타틴의 양(mg)이 아래에 나열되어 있다. 아토르바스타틴의 평균량이 25 mg과 같은 집단에서 알약이 나온다는 주장을 검정하기 위해 0.05의 유의수준을 사용하시오.

24.1 24.4 24.3 24.9 24.1 26.2 25.1 24.7 24.4 25.0 24.7 25.1 25.3 25.5 25.5

4. 미스 아메리카의 BMI 아래는 최근 미스 아메리카 우승자에 대한 체질량지수(BMI)이다. 0.01 유의수준을 사용하여 최근 미스 아메리카 수상자의 표준편차가 1920년대와 1930년대 수상자에 대한 BMI의 표준편차인 1.34와 같은 값을 갖는 모집단에서 얻은 것인지를 검정하시오. 최근 수상자들이 1920년대와 1930년대와 다른 분산을 가지고 있는가?

19.5 20.3 19.6 20.2 17.8 17.9 19.1 18.8 17.6 16.8

누적 복습문제

1. 낙뢰 사망 아래 목록은 최근 14년 연속으로 미국에서 매년 낙뢰로 인한 사망자 수이다. 표시된 통계의 값을 찾으시오.

51 44 51 43 32 38 48 45 27 34 29 26 28 23

a. 평균 **b.** 중앙값 **c.** 표준편차 **d.** 차이 **e.** 범위

f. 통계를 검토하면 데이터의 어떤 중요한 면이 드러나지 않았으며, 이를 드러나게 하는 데 도움이 되는 도구는 무엇인가?

2. 낙뢰 사망에 대한 신뢰구간 누적 복습문제 1에 제공된 표본 자료를 사용하여 모평균의 99% 신뢰구간 추정치를 구성하시오. 모집단 정규분포한다고 가정한다. 신뢰구간을 해석하는 간단한 설명을 작성하시오.

3. 낙뢰 사망 아래 첨부된 막대그래프는 최근 9년 동안 성별로 분류된 낙뢰 사망자의 수를 보여준다. 그래프에 어떤 문제가 있는가?

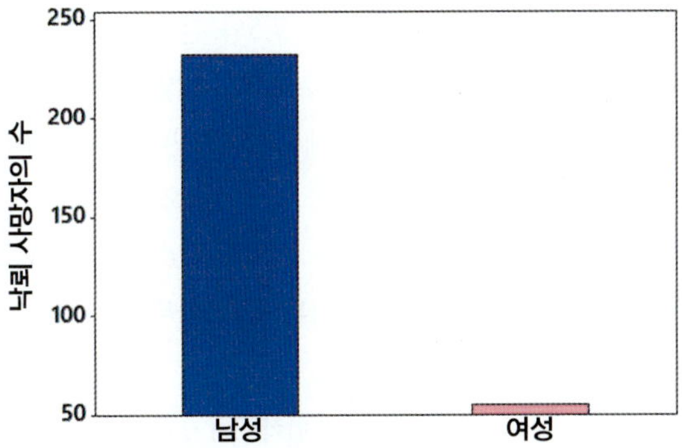

4. 낙뢰 사망 누적 복습문제 5의 그래프는 낙뢰로 인한 232명의 남성 사망과 낙뢰로 인한 55명의 여성 사망으로 구성된 데이터를 사용하여 작성되었다. 이 데이터가 임의로 선택된 낙뢰 사망이라고 가정하고 모든 낙뢰 사망자 중 남성의 비율에 대한 95% 신뢰구간 추정치를 구성하시오. 결과에 따르면, 남성과 여성이 낙뢰에 의해 사망 할 가능성이 동일한 것으로 보이는가?

5. 교차비 두통과 체중의 관계를 조사한 결과 과체중은 4489명이었고 이중 편두통은 331명이었다. 체중이 정상인 5487명의 피험자 중 358명이 편두통을 경험했다(Bigal et al., *Archives of Internal Medicine*, Vol. 167, No. 18의 "Body Mass Index and Episodic Headaches"의 데이터를 기반으로 함). 교차비를 찾아 결과를 해석하시오.

기술 프로젝트

1. 붓스트래핑 및 강력함 $P(x) = \dfrac{3x^2}{1000}$으로 정의된 확률분포를 고려하시오. 여기서 x는 정수뿐만 아니라 0에서 10사이의 값일 수 있다. 이 확률분포의 아래 그래프는 그 형태가 정규분포의 종

모양과 매우 거리가 멀다는 것을 보여준다. 이 확률분포에는 모수 $\mu = 7.5$ 및 $\sigma = 1.93649$를 가지고 있다. 아래는 이 분포에서 추출한 단순 임의표본이며 이 표본의 정규 분위 그림이 표시되어 있다. 분포에 비정규성이 있다면 직선 패턴과 멀리 떨어진 점이 있는 정규 분위 그림을 볼 수 있으며, 표본이 정규분포 모집단에서 나온 것이 아님을 확인한다.

8.69	2.03	9.09	7.15	9.05	9.40	6.30	7.89	7.98	7.67
7.77	7.17	8.86	8.29	9.21	7.80	7.70	8.12	9.11	7.64

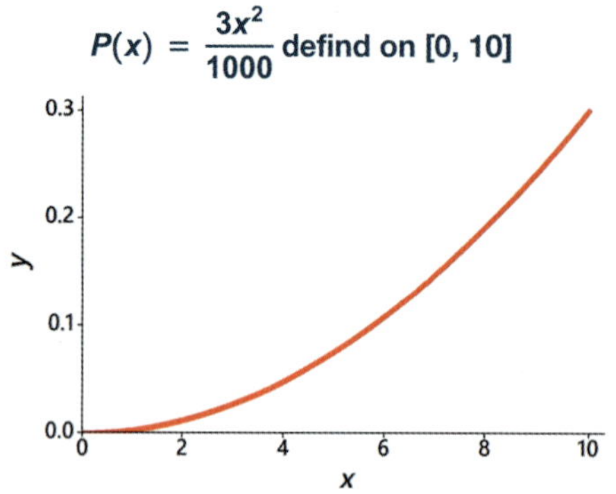

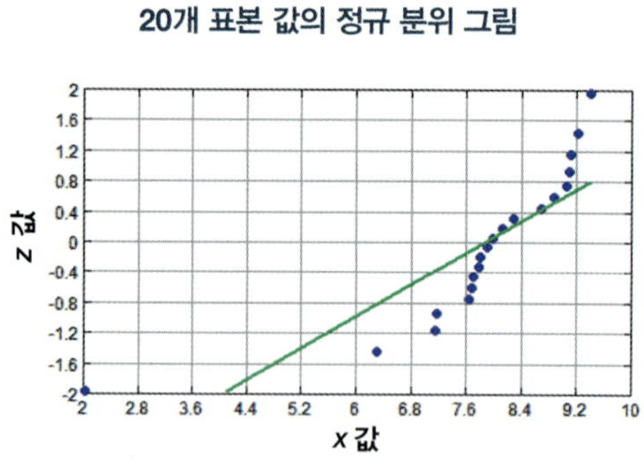

a. 평균 주어진 20개의 표본 값이 알려진 모평균인 7.5와 같은 평균을 갖는 모집단에서 온다는 주장을 검정하시오. 표본이 정규분포 모집단에서 추출되지 않았으며 $n = 20$이 $n > 30$의 요구 사항을 충족하지 않기 때문에 8-3절의 방법을 사용해서는 안 된다. 대신, 크기가 1000인 붓스트랩 표본을 기반으로 신뢰구간 방법을 사용하여 주장을 검정하시오(7-4절 참조). 0.05 유의수준을 사용하며, 붓스트랩 신뢰구간에 알려진 모평균 7.5가 포함되어 있는가? 붓스트랩 방법이 이 검정에 효과적인가? 7-2절에 설명된 대로 t 분포를 사용하되 온갖 주의를 다하여 95% 신뢰구간을 구성하여 이 검정을 수행하면 어떻게 될까?

b. 표준편차 20개의 표본 값이 알려진 모집단 표준편차인 1.93649와 동일한 표준편차를 가진 모집단에서 온다는 주장을 검정하라. 크기가 1000인 붓스트랩 표본을 기반으로 하는 신뢰구간 방법을 사용하시오(7-4절 참조). 0.05 유의수준을 사용하며, 붓스트랩 신뢰구간에 알려진 모집단 표준편차 1.93649가 포함되어 있는가? 붓스트랩 방법이 이 검정에 효과적인가? 7-3절에 설명된 대로 χ^2 분포를 사용하되 온갖 주의를 다하여 95% 신뢰구간을 구성하여 이 검정를 수행하면 어떻게 될까?

자료로부터의 결정

비판적 사고: Salk 백신의 임상시험

지금까지 실시된 가장 큰 건강 실험은 소아마비의 치명적인 영향으로부터 어린이를 보호하기 위해 고안된 Salk 백신의 임상시험을 포함하고 있다. 이 임상시험에는 Salk 백신을 접종 한 201,229명의 어린이가 포함되었으며 그 중 33명이 소아마비가 발생했습니다. Salk 백신이 효과적이라는 주장은 예방접종을 받은 어린이에서 소아마비가 발병한 비율이 Salk 백신을 접종하지 않은 어린이들 사이의 소아마비 발병 비율인 0.0000573보다 적다는 것과 같다. (참고: 실제 Salk 백신 실험에는 Salk 백신 대신 효과가 없는 염 용액을 주사한 200,745명의 다른 어린이 그룹이 참여했다. 이 연구 계획은 치료그룹과 위약그룹을 사용한 매우 일반적이며 효과적인 방법이다. 두 비율을 비교하는 방법은 9장에 제시되어 있다.)

결과 분석

a. 0.05 유의수준을 사용하여 주어진 주장을 검정하시오. Salk 백신은 효과적인가?

b. (a) 부분의 가설검정의 경우 다음 두 가지 오류를 고려하시오.

- Salk 백신이 효과적이지 않을 때 효과적이라는 결론을 내린다.

위의 두 가지 오류 중 제I형 오류를 판별하고 제II형 오류를 판별하시오. 어떤 오류가 더 나쁜 결과를 초래할까? 더 심각한 오류가 발생할 가능성을 줄이기 위해 가설검정을 어떻게 수행할 수 있을까?

그룹 활동

1. 수업 외 활동 인디애나 대학교의 P. Sorita Soni 박사에 따르면 미국에서는 40%가 갈색 눈을 가지고 있다고 한다. 3~4명으로 구성된 학생 그룹을 임의로 선택하고 눈의 색을 식별하시오. 우리의 40%가 갈색 눈을 가졌다는 주장을 검정할 수 있다.

2. 수업 중 활동 측정 장치를 사용하지 않고 각 학생은 3인치 길이의 선과 3 cm 길이의 선을 그리도록 한다. 그런 다음 눈금자를 사용하여 그린 선의 길이를 측정하고 기록하시오. 두 길이의 평균과 표준편차를 찾으시오. 3인치로 추정되는 선의 평균 길이가 3인치와 같은 주장을 검정하시오. 3 cm로 추정되는 선의 평균 길이가 3 cm인 주장을 검정하시오. 결과를 비교하시오. 3인치의 추정 선이 3 cm 선보다 정확한가? 이 결과는 무엇을 제안하는가?

3. 수업 외 활동 3~4명의 학생으로 구성된 그룹은 도서관에 가서 책의 나이(저작권 날짜 기준)로 구성된 표본을 수집하도록 한다. 표본 추출 계획을 계획하고 설명하고 표본 추출 절차를 실행한 다음 결과를 사용하여 도서관의 평균 책 연령이 20년 이상이라는 주장을 검정하시오.

4. 수업 중 활동 각 학생은 교실의 길이를 추정하도록 한다. 값은 실제 측정을 수행하지 않은 시각적 추정치를 기반으로 해야 한다. 추정치가 수집된 후 방의 길이를 측정한 다음 표본평균이 실제 교실 길이와 동일하다는 주장을 검정한다. 반의 평균이 실제 방 길이와 거의 같은 "집단의 지혜"가 있는가?

5. 수업 중 활동 3명 또는 4명으로 구성된 그룹에서 그룹 구성원 중 하나를 대상으로 선택하여 초감각지각(ESP) 실험을 수행한다. 작은 종이 한 장에 원을 그리고 같은 크기의 다른 장에 사각형을 그린다. 이 실험을 20번 반복하시오. 원이나 사각형을 임의로 선택하고 보이지 않도록 대상자의 손등 뒤에 놓으시오. 그런 다음 대상자가 보이지 않는 모양을 식별하도록 요청하시오. 응답이 올바른지 기록하고 정답의 비율이 0.5보다 커서 피험자가 ESP를 가지고 있다는 주장을 검정하시오.

9 두 표본의 추론
Inferences from Two Samples

이 장의 문제 '신입생 15'는 진짜일까, 아니면 미신일까?

대학생들은 전형적으로 1학년 때 15파운드(또는 6.8 kg)가 증가한다는 공통의 대중적인 믿음이 있다. 이 15파운드 무게의 증가는 "신입생 15"로 불렸다. 이 현상에 대한 합리적인 설명으로는 대학 생활의 새로운 스트레스(통계 수업은 포함되지 않음, 그것은 그냥 재미있음), 새로운 식습관, 덜 자유로운 신체활동 시간, 지방과 탄수화물이 풍부한 구내식당 음식, 다양한 음식들 중에서 선택할 수 있는 새로운 자유(전화만으로도 훌륭한 피자 포함); 그리고 식욕과 신진대사를 조절하는 데 도움이 되는 렙틴의 낮은 수치를 초래하는 수면 부족. 그러나 신입생 15는 진짜일까, 아니면 일화적인 증거나 결함이 있는 데이터를 통해 지속된 미신일까?

몇몇 연구는 신입생 15의 믿음의 신뢰성에 초점을 맞추고 있다. 우리는 "대학 1학년 남녀 체중 및 비만 질량의 변화: '신입생 15'에 관한 연구: Daniel Hoffman, Peggy Policastro, Virginia Quick, and Soo-Kyung Lee, *Journal of American College Health*, Vol. 55, No. 1"라는 논문으로 발표된 평판이 좋은 한 연구를 고려할 것이다. 이 논문의 저

자는 연구에서 얻은 데이터를 제공했으며 그 중 많은 부분이 부록 B의 데이터 세트 10 "신입생 15"에 나와 있다. 데이터 세트 10의 몸무게 자료를 분석하는 경우 다음 사항에 유의해야 한다.

- 데이터 세트 10의 몸무게는 파운드가 아닌 킬로그램 단위이며 15파운드는 6.8 kg에 해당한다. "신입생 15(파운드)"는 "신입생 6.8킬로그램"과 같다.
- 데이터 세트 10에는 67명의 각 학생에 대해 2개의 몸무게가 포함되어 있다. 각 학생은 신입생 연도의 9월, 신입생 연도의 4월에 몸무게가 측정되었다. 이 두 가지 측정은 측정 사이의 7개월간의 캠퍼스 생활의 시작과 끝에서 이루어졌다. 측정 전후의 각 개별 쌍이 동일한 학생의 것임을 인식하는 것이 중요하므로 67 "이전" 무게 및 67 "이후" 무게 목록은 연구에서 67명의 피험자로부터 쌍을 이룬 데이터를 구성한다.
- 신입생 15는 체중 증가를 나타내므로 다음과 같은 형식으로 체중 변화를 사용한다. (4월 무게) − (9월 무게) 학생의 체중이 15파운드인 경우 (4월 체중) − (9월 체중)의 값은 15파운드 또는 6.8 kg이다. (음수의 체중 "증가"는 학생이 체중을 줄었음을 나타낸다.)
- 신입생 15 연구에 관한 출판된 논문에는 다음을 포함한 몇 가지 제한 사항이 있다.
  1. 모든 대상자는 연구에 자원한 것임.
  2. 모든 대상자는 뉴저지 주립 대학인 Rutgers University에 재학생임.

신입생 15는 대학생 모집단에 대한 주장으로 구성된다. 만약 우리가 μ_d를 사용하여 대학의 모든 (4월 가중치) − (9월 가중치) 차이의 평균을 나타내는 경우 신입생 1학년 학생인 경우 신입생 15는 μ_d = 15 lb 또는 μ_d = 6.8 kg이라는 주장이다. 샘플의 몸무게는 킬로그램으로 측정되므로 μ_d = 6.8 kg인 것으로 간주한다. 이 장의 뒷부분에서 공식 가설 테스트를 사용하여 주장을 테스트한다. 그러면 다음 두 가지 가능한 결론 중 하나에 도달할 수 있다. 우리는 μ_d = 6.8 kg이라는 주장의 거부를 보증할 충분한 증거가 있거나(따라서 신입생 15는 거부됨), 주장의 거부를 보증할 충분한 증거가 없다고 결론 내릴 것이다(신입생 15는 거부할 수 없음). 그러면 신입생 15가 미신인지 더 잘 판단할 수 있을 것이다.

이 장의 목표

추론 통계에는 모집단 모수에 대한 결론(또는 추론)을 형성하는 것이 포함된다. 추론 통계의 두 가지 주요 활동은 신뢰구간(7장 참조)을 사용하여 모집단 모수의 값을 추정하고 모집단 모수에 대한 주장을 테스트하는 것이다(8장). 7장과 8장에는 한 모집단의 표본을 다루는 방법이 포함되어 있지만 이 장에서는 이러한 방법을 두 모집단이 관련된 상황으로 확장된다. 이 장의 목표는 다음과 같다.

9-1 두 비율

- 두 모집단 비율에 대한 주장에 대한 전형적인 가설검정을 수행한다.
- 두 모집단 비율의 차이에 대한 신뢰구간 추정치를 산정한다.

9-2 두 개의 평균: 독립 표본

- 두 개의 독립적인 표본과 관련된 상황과 독립적이지 않은 두 개의 표본과 관련된 상황을 구별한다.
- 두 개의 독립 모집단에 대한 주장에 대한 전형적인 가설검정을 수행한다.
- 두 개의 독립 모집단의 평균 차이에 대한 신뢰구간 추정값을 산정한다.

9-3 두 개의 종속 표본(짝을 이룬 표본)

- 일치하는 짝으로 구성된 샘플 데이터를 확인한다.
- 일치하는 짝 간의 차이의 평균에 대한 주장에 대해 전형적인 가설검정을 수행한다.
- 일치하는 짝 간의 평균 차이에 대한 신뢰구간 추정값을 산정한다.

9-4 두 개의 분산 또는 표준편차

- 2개의 모집단 표준편차 또는 분산에 대해 주장에 대해 전형적인 가설검정을 수행할 수 있는 능력을 개발한다.

9-1 두 비율

핵심 개념

이 절에서는 (1) 두 모집단 비율에 대한 주장을 검정하고 (2) 두 모집단 비율 간의 차이에 대한 신뢰구간 추정을 구성하는 방법을 제시한다. 이 장의 방법은 확률 또는 백분율을 사용할 수 있다.

핵심요소

두 비율에 대한 추론

목적

1. **가설검정:** 두 모집단 비율에 대한 주장에 대해 가설검정을 수행한다.
2. **신뢰구간:** 두 모집단 비율의 차이에 대한 신뢰구간 추정치를 산정한다.

두 비율에 대한 표기법

모집단 1에 대해 다음과 같이

p_1 = 모집단 비율 $\qquad \hat{p}_1 = \frac{x_1}{n_1}$ (표본 비율)

n_1 = 첫 번째 표본의 크기 $\qquad \hat{q}_1 = 1 - \hat{p}_1$ (첫 번째 표본의 여사건의 비율)

x_1 = 첫 번째 표본에서 성공의 수

p_2, n_2, x_2, $\hat{p}_2$ 그리고 $\hat{q}_2$는 모집단 2에 대한 표기법

합병 표본비율

합병된 표본비율(pooled sample proportion)은 $\overline{p}$로 표시되며 다음과 같이 두 표본비율을 하나의 비율로 합병한다.

$$\overline{p} = \frac{x_1 + x_2}{n_1 + n_2}$$

$$\overline{q} = 1 - \overline{p}$$

요구사항

1. 표본비율은 두 개의 단순임의표본에서 나옴.
2. 두 표본은 독립적이다. (한 모집단에서 선택한 표본 값이 다른 모집단에서 선택한 표본 값과 관련이 없거나 자연스럽게 짝을 이룬 경우 표본은 독립적이다.)
3. 두 표본 각각에 대해 5회 이상의 성공과 5회 이상의 실패가 있다. (즉, 두 표본 각각에 대해 $n\hat{p} \geq 5$ 그리고 $n\hat{q} \geq 5$.)

두 비율에 대한 검정통계량(H_0: $p_1 = p_2$ 사용)

$$z = \frac{(\hat{p}_1 - \hat{p}_2) - (p_1 - p_2)}{\sqrt{\frac{\overline{p}\,\overline{q}}{n_1} + \frac{\overline{p}\,\overline{q}}{n_2}}} \quad \text{여기서} \quad p_1 - p_2 = 0 \text{ (귀무가설에서 가정)}$$

(계속)

$$여기서\ \ \bar{p} = \frac{x_1 + x_2}{n_1 + n_2} \text{(합병 표본 비율)}\ \ 그리고\ \ \bar{q} = 1 - \bar{p}2$$

P값: P값은 대부분 기술에 의해 자동으로 제공된다. 기술을 사용할 수 없는 경우 표 A-2(표준 정규분포)를 사용하고 8-1절의 그림 8-3에 제공된 절차를 사용하여 P값을 찾자.

임계값: 표 A-2를 사용하라. (유의수준 α를 기준으로 8-1절에서 소개된 것과 동일한 절차를 사용하여 임계값을 찾자.)

$p_1 - p_2$의 신뢰구간 추정

$p_1 - p_2$의 신뢰구간 추정값은

$$(\hat{p}_1 - \hat{p}_2) - E < (p_1 - p_2) < (\hat{p}_1 - \hat{p}_2) + E$$

여기서 오차한계 E는 다음과 같이 주어짐.

$$E = z_{\alpha/2}\sqrt{\frac{\hat{p}_1\hat{q}_1}{n_1} + \frac{\hat{p}_2\hat{q}_2}{n_2}}$$

반올림: 신뢰구간 제한을 유효 숫자 3자리로 반올림한다.

동등한 방법

두 인구 비율에 대한 주장을 테스트할 때:

- P값 방법과 임계값 방법은 동일하다.
- 신뢰구간 방법은 P값 방법 또는 임계값 방법과 동일하지 않다.

권장 사항: 두 모집단 비율에 대한 주장을 테스트하려면 P값 방법 또는 임계값 방법을 사용하라. 두 모집단 비율의 차이를 추정하려면 신뢰구간 방법을 사용하라.

가설검정

두 모집단 비율에 대한 가설검정의 경우, 귀무가설이 $p_1 = p_2$인 검정만 고려한다(따라서 귀무가설은 H_0: $p_1 = p_2$). $p_1 = p_2$라고 가정하면 $\hat{p}_1$과 $\hat{p}_2$의 추정값은 $\hat{p}_1$과 $\hat{p}_2$의 공통값을 가장 잘 추정할 수 있도록 결합되며, 결합된 값은 이전의 핵심요소 상자에 제공된 합병된 표본비율 $\bar{p}$이다. 다음 예는 x_1, n_1, p_1, $\bar{p}$ 등의 역할을 명확히 하는 데 도움이 된다. 동일한 모집단 비율을 가정하면 공통 모집단 비율의 최상의 추정치는 두 표본을 하나의 큰 표본으로 모아서 계산하는 것이므로 $\bar{p}$가 공통 모집단 비율의 추정치이다.

P값 방법

예제 1 에어백이 생명을 구할까?

아래 표는 자동차 사고와 관련된 앞 좌석 탑승자 무작위 표본의 결과이다(Meyer and Finney, *Chance*, Vol.18, No. 2의 "Who Wants Airbags?"의 데이터를 기반으로 함). 에어백이 장착된 차량의 탑승자 사망률이 낮다는 주장을 검정하기 위해 0.05 유의수준을 사용하라.

	에어백 장착	에어백 미장착
탑승자 사망	41	52
총 탑승자 수	11,541	9,853

풀이

조건 확인 먼저 세 가지 필수 요건이 충족되는지 확인한다. (1) 데이터는 두 개의 간단한 무작위 샘플에서 얻은 것이다. (2) 두 샘플은 서로 독립적이다. (3) 에어백 그룹에는 사망한 41명의 탑승자와 사망하지 않은 11,500명의 탑승자가 포함되어 있으므로 성공 횟수는 5 이상, 실패 횟수는 5 이상이다. 두 번째 그룹에는 사망한 52명의 탑승자가 있고 9801명은 사망하지 않았으므로 성공 횟수는 5 이상이고 실패 횟수는 5 이상이다. 요구사항이 충족된다. ✓

그림 8-1에 요약된 대로 *P*값 가설검정 방법을 사용한다. 다음 단계에서는 에어백이 있는 그룹이 표본 1이고 에어백이 없는 그룹이 표본 2로 지정한다.

1단계: 에어백이 있는 사람들의 사망률이 낮다는 주장은 $p_1 < p_2$로 표현할 수 있다.

2단계: 만약 $p_1 < p_2$가 거짓이면 $p_1 \geq p_2$이다.

3단계: $p_1 < p_2$의 주장은 같음을 포함하지 않으므로 대체로 가설은 다음과 같다. 귀무가설은 같음의 진술이므로

$$H_0: p_1 = p_2, \qquad H_1: p_1 < p_2 \quad \text{(원래의 주장)}$$

4단계: 유의수준은 $\alpha = 0.05$이다.

5단계:이 단계와 다음 단계는 기술을 사용하여 쉽게 계산할 수 있다. 이 예제 다음에 나오는 결과 화면을 참조하라. 기술을 사용하지 않는 경우 정규분포(핵심 요소 상자에서 미리 제공된 검정 통계 포함)를 이항 분포에 대한 근사값으로 사용한다. 우리는 p_1과 p_2의 공통 값을 아래에 나타낸 대로 계산된 합병 표본 추정값 $\bar{p}$로 계산한다. 추후 계산에서 반올림 오차를 최소화하는 데 사용되는 소수점 이하 자릿수를 추가하였다.

$$\bar{p} = \frac{x_1 + x_2}{n_1 + n_2} = \frac{41 + 52}{11{,}541 + 9{,}853} = 0.004347$$

여기서 $\bar{p} = 0.004347$ 이것은 $\bar{q} = 1 - 0.004347 = 0.995653$.

(계속)

6단계: 이제 검정통계량의 값을 계산할 수 있다. 귀무가설은 $p_1 = p_2$의 가정은 다음 계산에서 $p_1 - p_2 = 0$임을 나타낸다.

$$z = \frac{(\hat{p}_1 - \hat{p}_2) - (p_1 - p_2)}{\sqrt{\frac{\bar{p}\bar{q}}{n_1} + \frac{\bar{p}\bar{q}}{n_2}}} = \frac{\left(\frac{41}{11,541} - \frac{52}{9,853}\right) - 0}{\sqrt{\frac{(0.004347)(0.995653)}{11,541} + \frac{(0.004347)(0.995653)}{9,853}}} = -1.91$$

이것은 왼쪽 꼬리검정이므로 P값은 검정통계량의 왼쪽 영역이다. $z = -1.91$(그림 8-3으로 표시). 표 A-2를 참조하여 검정통계량 $z = -1.91$의 왼쪽 영역이 0.0281이므로 P값이 0.0281. (통계 프로그램은 0.0280의 보다 정확한 P값을 제공한다.) 검정통계 및 P값은 그림 9-1 (a)에 나와 있다.

7단계: P값 0.0281이 유의수준 $\alpha = 0.05$보다 작기 때문에 $p_1 = p_2$의 귀무가설을 기각한다. ("P가 낮으면 귀무가설을 기각한다.")

해석

우리는 에어백이 장착된 차량의 탑승자에 대한 사망률이 낮다는 최초 주장을 다루어야 한다. 우리는 귀무가설을 기각하기 때문에 에어백이 장착된 차량의 탑승자에 대한 사고 사망률이 에어백이 없는 차량의 탑승자에 대한 사망률보다 낮다는 주장을 뒷받침할 충분한 증거가 있다고 결론을 내린다. (최종 결론을 말하면 표 8-3을 참조하라.) 이러한 결과를 바탕으로 에어백이 장착된 차량의 운전자가 사망 위험이 낮다는 강력한 증거가 된다.

이 예에서 사용된 샘플 데이터는 문제의 진술에서 인용한 기사에서 주어진 데이터의 일부일 뿐이다. 사용 가능한 데이터를 모두 사용할 경우 검정통계량 $z = -57.76$이 되고 P값이 0에 매우 근접하기 때문에 모든 데이터를 활용하면 생명을 구하는데 에어백의 효과성에 대한 훨씬 더 강력한 증거가 된다.

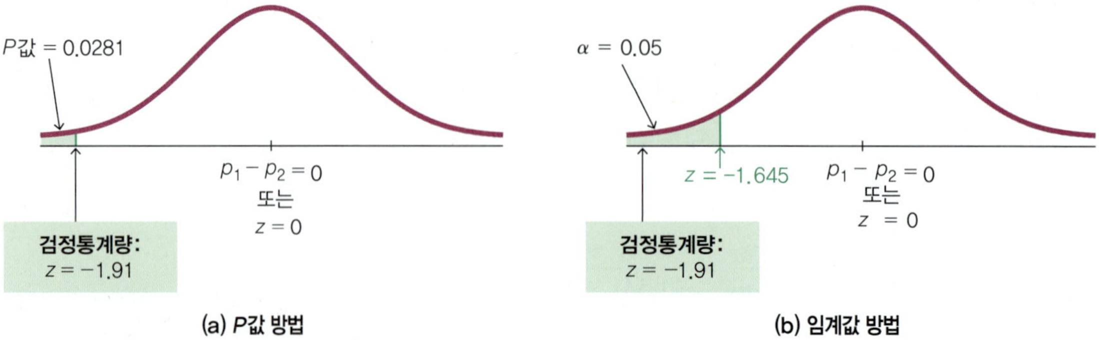

그림 9-1 에어백으로 사망률이 낮다는 주장 테스트

기술(테크놀로지) 소프트웨어 및 계산기는 일반적으로 *P*값을 제공하므로 *P*값 방법은 일반적으로 두 가지 비율의 주장을 검정하는 데 사용된다. 테스트 통계량 $z=-1.91$(반올림) 및 *P*값 0.0280을 보여주는 [예제 1]의 Statdisk 결과를 참조하라.

Statdisk

```
Pooled proportion: 0.004347
Test Statistic, z:    -1.9116
Critical z:           -1.6449
P-Value:              0.0280
90% Confidence interval:
-0.0032321  < p1-p2 < -0.0002179
```

임계값 방법

가설을 검정하는 임계값 방법도 [예제 1]에 사용할 수 있다. 6단계에서 *P*값을 찾는 대신 임계값을 찾자. 정규분포를 기반으로 한 왼쪽꼬리 검정에서 유의수준이 $\alpha=0.05$인 경우 표 A-2를 참조하고 왼쪽 꼬리에서 $\alpha=0.05$의 영역이 $z=-1.645$의 임계값에 해당함을 알 수 있다. 그림 9-1(b)에서 $z=-1.91$의 검정통계량이 임계값 -1.645를 넘어 임계 영역 내에 있음을 알 수 있다. 우리는 다시 귀무가설을 기각하고 결론은 [예제 1]에서와 동일하다.

신뢰구간

앞의 핵심요소 상자에 주어진 형식을 사용하여 모집단 비율 간의 차이에 대한 신뢰구간 추정값을 구성할 수 있다. (p_1-p_2). p_1-p_2의 신뢰구간 추정치에 0이 포함되어 있지 않으면 p_1과 p_2의 값이 서로 다르다는 증거가 된다. 신뢰구간은 표본비율 사용을 기준으로 표준편차를 사용하는 반면, 가설검정은 두 모집단 비율이 같고 표본비율을 모아 공통값을 추정한다는 가정에 따라 합병된 표준편차를 사용한다. 결과적으로 신뢰구간을 기반으로 한 결론은 가설검정을 기반으로 한 결론과 다를 수 있다. [예제 2]에 따르는 주의사항을 참조하라.

예제 2 두 가지 비율의 주장에 대한 신뢰구간

두 모집단 비율 간의 차이에 대한 90% 신뢰구간 추정치를 구성하려면 [예제 1]에 제공된 표본 데이터를 사용하라. "에어백이 장착된 차량의 탑승자 사망률이 낮다"는 주장에 대한 결과는 무엇을 제안하는가?

풀이

조건 확인 우리는 [예제 1]과 동일한 데이터를 사용하고 있으며 동일한 요구사항이 여기에 적용되므로 요구사항이 충족된다. 신뢰구간은 기술을 사용하여 찾을 수 있다.

(계속)

위의 Statdisk 결과화면을 참조하라. 기술을 사용하지 않는 경우 다음과 같이 진행된다.

90% 신뢰수준에서 $z_{\alpha/2} = 1.645$(표 A-2에서). 먼저 여기에 표시된 대로 오차 한계 E의 값을 계산한다.

$$E = z_{\alpha/2}\sqrt{\frac{\hat{p}_1\hat{q}_1}{n_1} + \frac{\hat{p}_2\hat{q}_2}{n_2}} = 1.645\sqrt{\frac{\left(\frac{41}{11,541}\right)\left(\frac{11,500}{11,541}\right)}{11,541} + \frac{\left(\frac{52}{9,853}\right)\left(\frac{9801}{9,853}\right)}{9,853}}$$
$$= 0.001507$$

$\hat{p}_1 - \hat{p}_2 = 41/11,541 - 52/9,853 = -0.001725$와 $E = 0.001507$의 경우 신뢰구간은 다음과 같이 평가되며 신뢰구간 한계는 유효 숫자 세 자리로 반올림된다.

$$(\hat{p}_1 - \hat{p}_2) - E < (p_1 - p_2) < (\hat{p}_1 - \hat{p}_2) + E$$
$$-0.001725 - 0.001507 < (p_1 - p_2) < -0.001725 + 0.001507$$
$$-0.00323 < (p_1 - p_2) < -0.000218$$

여기에서 얻은 동일한 신뢰구간을 나타내는 앞의 Statdisk 결과치를 참조하라.

해석

신뢰구간 한계치 사이에는 0이 포함되지 않으므로 두 비율 간에 유의한 차이가 있음을 나타낸다. 신뢰구간은 에어백이 없는 차량의 탑승자에 비해 에어백이 있는 차량의 탑승자에 대한 사망률이 낮음을 나타낸다. 신뢰구간은 또한 두 치사율 사이의 차이의 추정치를 제공한다.

신뢰구간은 가설을 기각할지 여부에 대한 결정 외에 추가 정보를 제공한다. 또한 실제 위험도 차이에 대한 그럴듯한 범위에 대한 정보도 제공한다. 이 예에서 신뢰구간의 값 범위는 대략 −0.003에서 −0.002이다. 1000과 같은 인구 수를 곱하여 이 숫자를 적정 인구당 요율로 변환할 수 있다. 90% 신뢰구간에서, 치명적인 자동차 사고로 인하여 에어백이 없는 운전자는 1000명당 2~3명의 추가 사망자가 발생할 수 있는 위험이 증가한 것으로 추정된다.

주의 **하나의 신뢰구간 사용:** 두 개의 개별 모집단 비율에 대한 두 개의 개별 신뢰구간 추정치가 겹치는지 여부를 판별하여 두 모집단 비율이 동일한지 테스트하지 마시오. $p_1 - p_2$의 신뢰구간 추정치와 비교할 때 두 개별 신뢰구간 간의 겹침 분석은 더 보수적이며 (귀무가설을 덜 자주 기각함으로써) 더 낮은 검정력을 갖는다(실제로는 $p_1 \neq p_2$일 때, $p_1 - p_2$를 거부할 가능성이 적기 때문에). 연습문제 13 "신뢰구간의 중첩"을 참조하라.

요구사항이 충족되지 않으면 어떻게 해야 할까?

잘못된 표본 두 개의 단순 무작위 표본이 있다는 요구사항을 위반은 큰 문제가 발생할 수 있다. 예를 들어, 만약 우리가 두 개의 편의 표본을 가지고 있다면 이를 복구하기 위해 수행할 수 있는 작업이 없을 것이다.

가설검정에서 5회 미만 성공 또는 5회 미만 실패: 두 표본 각각에 5회 이상의 성공 및 5회 이상의 실패가 있어야 한다는 요구사항을 위반하는 경우 Fisher의 정확한 검정을 사용할 수 있다. 정규분포 근사에 기반한 방법을 사용하는 대신 정확한 *P*값을 제공할 수 있다. Fisher의 정확한 테스트에는 매우 복잡한 계산이 포함되므로 기술을 사용하는 것이 좋다. Statdisk, Minitab, XLSTAT 및 StatCrunch는 Fisher의 정확한 테스트를 수행할 수 있다. (11-2절 참조)

신뢰구간에서 5회 미만 성공 또는 5회 미만 실패 두 표본 각각에 5회 이상의 성공과 5회 이상의 실패가 있어야 한다는 요구사항을 위반하는 경우 붓스트랩 리샘플링 방법을 사용하여 신뢰구간을 구성할 수 있다. 7-4절을 참조하라.

근거: 이 절의 절차가 작동하는 이유는 무엇일까?

가설검정 $n_1\hat{p}_1 \geq 5$ 및 $n_1\hat{q}_1 \geq 5$로 가정하면 $\hat{p}_1$의 분포는 평균 p_1, 표준편차 $\sqrt{p_1q_1/n_1}$ 및 분산 p_1q_1/n_1인(6-6절과 7-1절에 기초) 정규분포로 근사할 수 있다. 이것은 두 번째 샘플에도 적용된다. p_1과 p_2의 분포는 각각 정규분포에 의해 근사되므로, $\hat{p}_1 - \hat{p}_2$의 차이는 평균이 $p_1 - p_2$이고 다음의 분산을 갖는 정규분포에 의해 근사된다.

$$\sigma^2_{(\hat{p}_1-\hat{p}_2)} = \sigma^2_{\hat{p}_1} + \sigma^2_{\hat{p}_2} = \frac{p_1q_1}{n_1} + \frac{p_2q_2}{n_2}$$

(위의 결과는 다음의 속성을 기반으로 한다. 두 개의 독립적인 랜덤 변수 간 차이의 분산은 개별 분산의 합이다.)

p_1과 p_2의 공통 값의 합병 추정치는 $\bar{p} = (x_1 + x_2)/(n_1 + n_2)$이다. p_1과 p_2를 $\bar{p}$로 바꾸고 q_1과 q_2를 $\bar{q} = 1 - \bar{p}$로 바꾸면 위의 분산은 다음의 표준편차로 나타낼 수 있다:

$$\sigma_{(\hat{p}_1-\hat{p}_2)} = \sqrt{\frac{\bar{p}\,\bar{q}}{n_1} + \frac{\bar{p}\,\bar{q}}{n_2}}$$

우리는 이제 $\hat{p}_1 - \hat{p}_2$의 분포가 평균이 $p_1 - p_2$와 위에 나타낸 표준편차를 갖는 거의 정규적임을 알기 때문에 z 검정통계량은 이 절의 시작 부분에 있는 핵심요소 상자에 주어진 형태를 갖는다.

신뢰구간 신뢰구간의 형태는 위에 주어진 것과 다른 분산에 대한 표현이 필요하다. 두 비율의 차이에 대한 신뢰구간 추정치를 구성할 때 두 비율이 같다고 가정하지 않고 표준편차를 다음과 같이 추정된다.

$$\sqrt{\frac{\hat{p}_1\hat{q}_1}{n_1} + \frac{\hat{p}_2\hat{q}_2}{n_2}}$$

검정통계량에서는

$$z = \frac{(\hat{p}_1 - \hat{p}_2) - (p_1 - p_2)}{\sqrt{\frac{\hat{p}_1\hat{q}_1}{n_1} + \frac{\hat{p}_2\hat{q}_2}{n_2}}}$$

z의 양수 및 음수 값(두 개의 꼬리에 해당)을 사용하고 $p_1 - p_2$에 대해 푼다. 결과는 이 절의 시작 부분에 있는 핵심요소 상자에 제공된 신뢰구간의 한계이다.

테크 센터

두 비율의 추론

www.TriolaStats.com에서 기술 지침, 비디오, 데이터 집합을 참조하십시오.

9-1 기본적인 기술 및 개념

통계적 해석 및 비판적 사고

1. **조건 확인** 지금까지 시행되었던 임상시험 중에서 가장 큰 임상시험에서 401,974명의 어린이가 두 그룹에 무작위로 배정되었다. 처리 그룹은 소아마비 백신을 제공받은 201,229명의 어린이로 구성되었으며, 그 어린이들 중 33명은 소아마비가 발병했다. 다른 200,745명의 어린이들에게는 위약이 주어졌으며 그 중 115명의 어린이들은 소아마비를 앓았다. 이 절의 방법을 사용하여 Salk 백신을 접종한 소아의 소아마비 비율이 낮다는 주장을 검정하려면 가설검정 요건이 충족되는가? 설명하라.

2. **가설 및 결론** 연습문제 1에서 설명한 가설검정을 참조하라.

a. 귀무가설과 대립가설을 확인하라.

b. 테스트의 P값이 "0.001 미만"으로 보고된 경우 원래 주장에 대해 무엇을 결론 내려야 하나?

결과화면 해석 **연습 3에서 다음에 주어진 결과화면의 결과값을 사용하라.**

3. **실험실 장갑 테스트** *New York Times*는 Denise Korniewicz 교수와 다른 Johns Hopkins 연구원이 실험실 장갑에 스트레스를 가한 연구에 관한 논문을 발표했다. 240개의 비닐장갑 중 63%가 바이러스를 누출했다. 라텍스 장갑 240개 중 바이러스가 7% 누출되었다. Statdisk 결과를 참조하라. 0.01 유의수준을 사용하여 비닐장갑이 라텍스 장갑보다 바이러스 누출률이 더 높다는 주장을 검정하라.

Statdisk

```
Pooled proportion: 0.35
Test Statistic, z: 12.8231
Critical z: 2.3264
P-Value: 0.0000

98% Confidence interval:
0.4762035 < p1-p2 < 0.6404632
```

비율에 대한 검정 **연습문제 4~11에서 주어진 주장을 검정하라. 귀무가설, 대립가설, 검정통계량, P값 또는 임계값을 확인한 다음 귀무가설에 대한 결론과 원래의 주장을 다루는 최종 결론을 진술하라.**

4. **치매에 대한 은행나무** 허브 은행잎 추출물은 일반적으로 치매를 예방하는 치료법으로 사용된

다. 이 치료의 효과에 대한 연구에서 1545명의 노인 피험자에게는 은행잎 추출물을, 1524명의 노인 피험자는 위약을 받았다. 은행잎 추출물 치료 그룹의 환자들 중 246명은 치매가 발병되었고, 위약 그룹의 사람들 중 277명이 치매가 발병하였다(DeKosky 등의 "치매 예방을 위한 은행잎 추출물"의 데이터에 근거하여, *American Medical Association*, Vol.300, No. 19). 은행나무가 치매 예방에 효과적이라는 주장을 검정하기 위해 0.01 유의수준을 사용하려고 한다.

a. 가설검정을 사용하여 주장을 검정하라.

b. 적절한 신뢰구간을 구성하여 주장을 검정하라.

c. 결과를 바탕으로 은행나무가 치매 예방에 효과적인가?

5. 금연 프로그램 "지속적인 치료" 프로그램을 받은 198명의 흡연자 중 51명이 6개월 후에 더 이상 흡연하지 않았다. "표준 치료 프로그램을 받은 199명의 흡연자 중 30명은 6개월 후에 더 이상 흡연하지 않았다("입원한 성인들 사이에서 지속 치료 개입 및 퇴원 후 흡연 중단"의 데이터에 기초함, Rigotti et al., *Journal of the American Medical Association*, Vol. 312, No. 7). 우리는 0.01 유의수준을 사용하여 흡연 치료 성공률이 지속적인 치료 프로그램에서 더 크다는 주장을 검정하고자 한다.

a. 가설검정을 사용하여 주장을 검정하라.

b. 적절한 신뢰구간을 구성하여 주장을 검정하라.

c. 두 프로그램의 차이점이 실질적인 의미가 있는가?

6. 흑백으로의 꿈 컬러 대신 흑백으로 꿈을 꾸는 사람들의 비율을 결정하기 위한 연구가 수행되었다. 55세 이상의 306명 중 흑백의 꿈이 68명, 25세 이하 298명 중 13명의 흑백으로 꿈을 꾸었다. (Eva Murzyn의 "우리는 컬러로 꿈을 꾸는가?". *Consciousness and Cognition*, Vol. 17, No. 4, 데이터를 바탕으로). 흑백으로 꿈을 꾸는 55세 이상의 사람들의 비율이 25세 미만의 사람들보다 높다는 주장을 검정하기 위해 0.01 유의수준을 사용하려고 한다.

a. 가설검정을 사용하여 주장을 검정하라.

b. 적절한 신뢰구간을 구성하여 주장을 검정하라.

c. 결과에 대한 설명은 55세 이상의 사람들이 주로 흑백으로 표시되는 미디어에 노출되어 자랐다는 것이다. (a)와 (b)의 결과를 사용하여 해당 설명을 확인할 수 있는가?

7. 안전벨트는 효과적인가? 자동차 사고 시에 탑승했던 앞좌석 탑승자의 간단한 무작위 샘플을 얻었다. 안전벨트를 착용하지 않은 2823명의 탑승자 중 31명이 사망했다. 안전벨트를 착용한 7765명의 탑승자 중 16명이 사망했다(Meyer and Finney, *Chance*, Vol. 18, No. 2의 "Who Wants Airbags"의 데이터를 기반으로 함). 안전벨트가 사망자를 줄이는 데 효과적이라는 주장을 테스트하기 위해 0.05 유의수준을 사용하려고 한다.

a. 가설검정을 사용하여 주장을 검정하라.

b. 적절한 신뢰구간을 구성하여 주장을 검정하라.

c. 안전벨트의 효과에 대한 결과는 무엇을 제안하는가?

8. 에키네시아(국화과의 여러해살이 허브식물)는 감기에 효과적일까? Rhinovirus는 일반적으로 감기를 유발한다. 에키네시아의 효과를 테스트한 결과, 에키네시아로 치료된 45명의 대상 중 40명이 Rhinovirus 감염을 일으켰다. 위약그룹에서 103명의 대상 중 88명이 Rhinovirus 감염을 일으

켰다(Turn et al., "실험적인 Rhinovirus 감염에서 *Echinacea angustifolia*의 평가" *New England Journal of Medicine*, Vol. 353, No. 4,의 데이터에 근거함). 우리는 에키네시아가 Rhinovirus 감염에 영향을 미친다는 주장을 검정하기 위해 0.05 유의수준을 사용하고자 한다.

a. 가설검정을 사용하여 주장을 검정하라.

b. 적절한 신뢰구간을 구성하여 주장을 검정하라.

c. 결과에 따르면 에키네시아는 감염률에 영향을 미치는 것으로 보이는가?

9. 휴대전화와 잘 쓰는 손 휴대전화 사용과 반구형 뇌 우위와의 연관성을 조사하기 위한 연구가 수행되었다. 휴대전화로 왼쪽 귀를 사용하는 것을 선호하는 216명의 대상자 중 166명이 오른손잡이였다. 휴대전화에 오른쪽 귀를 선호하는 452명의 환자 중 436명이 오른 손잡이였다(Seidman 등, "Hemispheric Dominance and Cell Phone Use," *JAMA Otolaryngology Head & Neck Surgery*, Vol. 139, No. 5"의 데이터를 기반으로 함). 휴대전화에 왼쪽 귀를 사용하는 사람들의 오른 손잡이 비율이 오른쪽 귀를 사용하는 사람들의 오른 손잡이 비율보다 낮다는 주장을 테스트하기 위해 0.01 유의수준을 사용하려고 한다.

a. 가설검정을 사용하여 주장을 검정하라.

b. 적절한 신뢰구간을 구성하여 주장을 검정하라.

10. 두통 치료 매우 고통스러운 "클러스터" 두통 치료에 대한 연구에서 150명의 환자가 산소로 치료되었고 148명의 다른 환자에게 일반 공기로 구성된 위약이 제공되었다. 산소 치료군의 150명 환자 중 116명은 치료 15분 후에 두통이 없었다. 위약을 투여한 148명의 환자 중 29명은 치료 15분 후에 두통이 없었다(Cohen, Burns 및 Goadsby, *Journal of the American Medical Association*, Vol. 302, No. 22의 "클러스터 두통 치료를 위한 고유량 산소"의 데이터를 기반으로 함). 산소 처리가 효과적이라는 주장을 테스트하기 위해 0.01 유의수준을 사용하려고 한다.

a. 가설검정을 사용하여 주장을 검정하라.

b. 적절한 신뢰구간을 구성하여 주장을 검정하라.

c. 결과를 바탕으로 산소 처리가 효과적인가?

11. 왼손잡이 남성의 무작위 표본에서 23명은 왼손으로 쓰고 217명은 그렇지 않다는 것을 알았다. 무작위로 추출한 여성 표본에서 왼손으로 65명, 455명은 그렇지 않은 것으로 밝혀졌다(Elaine Fowler Costas, 교육 자원 정보 센터, 논문 399519의 "왼손잡이 불길한 역사"의 데이터를 기반으로 함). 남성의 왼손잡이 비율이 여성의 왼손잡이 비율보다 낮다는 주장을 검정하기 위해 0.01의 유의수준을 사용하려고 한다.

a. 가설검정을 사용하여 주장을 검정하라..

b. 적절한 신뢰구간을 구성하여 주장을 검정하라.

c. 결과에 따르면 남성의 왼손잡이 비율이 여성의 왼손잡이 비율보다 낮은가?

9-1 기초를 넘어서

12. 표본 크기 결정 신뢰수준이 $1-\alpha$인 오차 한계 E 내에서 두 모집단 비율 간의 차이를 추정하

는 데 필요한 표본 크기는 다음 식을 사용하여 찾을 수 있다.

$$E = z_{\alpha/2}\sqrt{\frac{p_1q_1}{n_1} + \frac{p_2q_2}{n_2}}$$

위의 공식에서 n_1과 n_2를 n으로 바꾸고 (두 샘플의 크기가 같다고 가정) p_1, q_1, p_2 및 q_2를 각각 0.5로 바꾼다(값을 알 수 없기 때문에). n을 해결하면 다음 식이 된다.

$$n = \frac{z_{\alpha/2}^2}{2E^2}$$

매일 약물을 섭취하는 남녀의 비율 차이를 추정하려 이 식을 사용하여 각 표본의 크기를 찾아라. 95% 신뢰한다는 것은 오차가 0.03을 넘지 않는다는 것으로 가정하라.

13. 신뢰구간의 중첩 Schenker와 Gentleman(*American Statistician*, Vol. 55, No. 3)의 "신뢰구간 간 중복을 조사하여 차이의 유의성을 판단하는 방법"의 논문에서 저자는 다음의 표본 데이터를 고려한다. "각각 크기가 200인 독립적인 단순 무작위 표본이 추출되었으며 첫 번째 표본의 112명은 속성을 갖고, 두 번째 표본의 88명이 속성을 가졌다."

a. 이 절의 방법을 사용하여 차이 $p_1 - p_2$의 95% 신뢰구간 추정치를 구성하라. p_1과 p_2의 동등성에 대한 결과는 무엇을 제안하는가?

b. 7-1절의 방법을 사용하여 두 모집단 비율 각각에 대한 95% 신뢰구간 추정치를 산정하시오. 두 신뢰구간 간의 중첩을 비교한 후 p_1과 p_2의 동등성에 대해 무엇을 결론 내릴까?

c. 두 모집단 비율이 같다는 주장을 검정하려면 0.05 유의수준을 사용하라. 무슨 결론을 내리는가?

d. 앞의 결과를 바탕으로 p_1과 p_2의 동등성에 대해 무엇을 결론 내려야 할까? p_1과 p_2의 동등성을 테스트하는 데 가장 효과적인 3가지 방법은 무엇일까?

9-2 두 개의 평균: 독립 표본

핵심 개념

이 절에서는 두 개의 독립 표본에 대한 가설을 검정하거나 두 모집단 평균의 차이에 대한 신뢰구간 추정치를 구성하기 위해 두 개의 독립 표본에서 얻은 표본 데이터를 사용하는 방법을 제시한다. PART 1에서는 두 모집단의 표준편차를 알 수 없고 같지 않은 상황에 대해 논의한다. PART 2에서는 두 가지 다른 상황에 대해 간략하게 논의한다. (1) 두 모집단 표준편차는 알려져 있지 않지만 동일하다고 가정, (2) 두 모집단 표준편차가 모두 알려진 비현실적인 경우.

PART 1 독립적인 표본: σ_1 및 σ_2 알 수 없고 동일하지 않은 것으로 가정

이 절에는 두 개의 독립적인 표본이 포함되며 다음 절에서는 종속적인 표본을 다룬다.

독립 표본과 종속 표본의 차이를 아는 것이 중요하다.

정의

한 모집단의 표본값이 다른 모집단의 표본값과 관련이 없거나 자연스럽게 짝을 이룬 경우 두 표본은 **독립적(independent)**이다.

표본값이 어떻게든 일치하면 두 개의 샘플은 **종속적(dependent)**이거나 **일치하는 쌍(matched pairs)**으로 구성된다. 여기서 일치하는 것은 내재하는 관계를 기반으로 한다. [즉, 각 표본값 쌍이 동일한 개체에 대한 전후의 데이터처럼 두 개의 측정값으로 구성되거나 일치하는 항목(예: 남편-아내 자료)으로 구성되어 있다. 이때 쌍은 의미 있는 관계로 이루어진 쌍을 의미한다. **주의:** "종속성"에는 직접적인 원인-효과 관계가 필요하지 않다.]

힌트 두 표본의 크기가 다르고 누락된 데이터가 없으면 독립적이어야 한다. 두 표본의 크기가 동일하면 표본이 독립적이거나 독립적이지 않을 수 있다.

다음은 독립 표본의 예와 종속 표본의 다른 예이다

- **독립 표본: 남성과 여성의 신장** 데이터 세트 1 부록 B의 "신체 자료"에는 다음과 같은 남성과 여성의 표본 신장(cm)이 포함되며 두 표본은 고유한 관계에 따라 일치하지 않는다. 그것들은 실제로 우리가 그것들이 일치한다고 잘못 생각하게 만들 수 있는 방식으로 나열되어 있는 두 개의 독립적인 표본이다.

남성의 신장(cm)	172	154	156	158	169
아내의 신장(cm)	186	161	179	167	179

- **종속 표본: 남편과 아내의 키** 한 저자의 학생들은 남편의 키(cm)와 아내의 키(cm)로 구성된 데이터를 수집했다. 이러한 신장 자료 쌍 중 5개가 아래에 나열되어 있다. 이 두 표본은 각 남편의 키가 아내의 키와 매치되기 때문에 종속적이다.

남편의 신장(cm)	175	180	173	176	178
여성의 신장(cm)	160	165	163	162	166

두 개의 독립 모집단의 평균에 대한 추론을 위해 다음 상자에 가설검정의 핵심 요소와 모집단 평균의 차이에 대한 신뢰구간 추정값을 요약하였다.

핵심요소

두 가지 평균에 대한 추론: 독립 표본

목표

1. **가설검정:** 두 개의 독립 모집단 평균에 대한 주장에 대해 가설검정을 수행한다.

2. 신뢰구간: 두 독립 모집단 평균의 차이에 대한 신뢰구간 추정치를 구성한다.

표기법

모집단 1에 대해 다음과 같이

μ_1 = 모집단 평균 $\bar{x}_1$ = 표본 평균

σ_1 = 모집단 표준편차 s_1 = 표본 표준편차

n_1 = 첫 번째 표본의 크기

해당 표기법 μ_2, σ_2, $\bar{x}_2$, s_2 및 n_2는 모집단 2에 적용된다.

요구사항

1. σ_1과 σ_2의 값을 알 수 없으며 값이 같다고 가정하지 않는다.
2. 두 샘플은 독립적이다.
3. 두 샘플 모두 단순 무작위 표본이다.
4. 이 두 조건 중 하나 또는 둘 다 충족된다. 두 표본 크기가 모두 크거나 ($n_1 > 30$ 및 $n_2 > 30$) 두 표본 모두 정규분포를 갖는 모집단에서 나온다. (여기에서 사용된 방법은 정규성 이탈에 대해 강력하므로 작은 표본의 경우 특이치가 없고 정규성 이탈이 너무 크지 않은 한 절차가 잘 수행된다는 의미에서 정규성 요구사항이 느슨하다.)

두 가지 평균에 대한 가설검정통계량: 독립 표본 (H_0: $\mu_1 = \mu_2$)

$$t = \frac{(\bar{x}_1 - \bar{x}_2) - (\mu_1 - \mu_2)}{\sqrt{\dfrac{s_1^2}{n_1} + \dfrac{s_2^2}{n_2}}}$$ (여기서 $\mu_1 - \mu_2$ 는 종종 0으로 가정한다)

자유도: 임계값 또는 P값을 찾을 때 df로 표시된 자유도 수를 결정하려면 다음을 사용하라. (이 두 방법은 일반적으로 다른 자유도를 산정하지만 가설검정의 결론은 선택의 영향을 거의 받지 않는다.)

1. 다음의 단순하고 보수적인 추정치를 사용하라.

   df = smaller of $n_1 - 1$ and $n_2 - 1$

2. 기술은 일반적으로 공식 9-1에 제시된 보다 정확하지만 어려운 추정치를 사용한다.

공식 9-1

$$\text{df} = \frac{(A + B)^2}{\dfrac{A^2}{n_1 - 1} + \dfrac{B^2}{n_2 - 1}}$$

여기서 $A = \dfrac{s_1^2}{n_1}$, $B = \dfrac{s_2^2}{n_2}$

참고: 부록 D의 답변에는 공식 9-1을 기반으로 하는 기술 답변과 위의 옵션 1에 제공된 간단한 df 추정치가 있는 표 A-3을 사용하는 "테이블" 답변이 포함된다.

P값: P값은 기술에 의해 자동으로 제공된다. 기술을 사용할 수 없으면 표 A-3의 t 분포를 참조하라. 그림 8-3에 요약된 절차를 사용하라.

임계값: 표 A-3의 t 분포를 참조하라.

$\mu_1 - \mu_2$의 신뢰구간 추정: 독립 표본

$\mu_1 - \mu_2$의 신뢰구간 추정치는 다음과 같다.

$$(\bar{x}_1 - \bar{x}_2) - E < (\mu_1 - \mu_2) < (\bar{x}_1 - \bar{x}_2) + E$$

(계속)

여기서

$$E = t_{\alpha/2}\sqrt{\frac{s_1^2}{n_1} + \frac{s_2^2}{n_2}}$$

자유도(df)는 가설검정에서 전술한 바와 같다. (이 책에서는 $n_1 - 1$ 및 $n_2 - 1$ 중에 작은 수를 사용한다.)

동등한 방법

가설검정의 *P*값 방법, 가설검정의 임계값 방법 및 신뢰구간은 모두 동일한 분포 및 표준오차를 사용하므로 동일한 결론을 도출한다는 의미에서 모두 동등하다.

*P*값 방법

예제 1 간접흡연

데이터 세트 14 "직접 및 간접 흡연"에는 여러 그룹의 피험자에게서 측정된 코티닌(ng/mL)값이 포함되었다. 코티닌은 니코틴이 신체에 흡수될 때 생성되므로 코티닌은 니코틴의 좋은 지표이다. 아래는 흡연자 그룹과 흡연하지는 않지만 집이나 직장에서 환경 담배 연기에 노출된 피험자 그룹의 요약 통계이다. 흡연자의 모집단이 흡연에 노출된 비흡연자 모집단보다 평균 코티닌 수준이 높다는 주장을 검정하기 위해 0.05의 유의수준을 사용하라. 흡연자는 흡연에 노출된 비흡연자보다 코티닌 수치가 더 높은 것으로 보이는가?

흡연자 $n = 40$, $\bar{x} = 172.5$ ng/mL, $s = 119.5$ ng/mL

흡연에 노출된 비흡연자 $n = 40$, $\bar{x} = 60.6$ ng/mL, $s = 138.1$ ng/mL

풀이

조건 확인 (1) 두 모집단 표준편차의 값은 알려져 있지 않으며 우리는 이들이 같다고 가정하지 않는다. (2) 두 표본은 독립적이다. 그들은 어떤 식으로도 일치하거나 쌍을 이루지 않는다. (3) 표본은 단순 무작위 표본이다. (4) 두 표본 모두 30명 이상의 피험자가 있다. 요구사항이 모두 충족된다. ✔

그림 8-1에 요약된 *P*값 방법을 사용하여 다음과 같이 가설검정할 수 있다.

1단계: "흡연자 집단이 담배에 노출된 비흡연자보다 높은 평균 코티닌 수치를 가졌다"는 주장은 $\mu_1 > \mu_2$로 표현될 수 있다.

2단계: 가설상의 주장이 거짓인 경우 $\mu_1 \le \mu_2$

3단계: 대립가설은 등호를 포함하지 않는 표현이고 귀무가설은 등호의 표현이다.

$$H_0: \mu_1 = \mu_2 \qquad H_1: \mu_1 > \mu_2$$

이제 $\mu_1 = \mu_2$ 또는 $\mu_1 - \mu_2 = 0$이라는 가정을 가지고 진행된다.

4단계: 유의수준은 $\alpha = 0.05$이다.

5단계: 두 개의 독립 표본이 있고 두 모집단 평균에 대한 주장을 검정하기 때문에 이 절의 앞부분에 제공된 검정통계량과 함께 t 분포를 사용한다.

6단계: 검정통계량은 문제의 설명에서 제공된 통계량을 사용하여 계산된다.

$$t = \frac{(\bar{x}_1 - \bar{x}_2) - (\mu_1 - \mu_2)}{\sqrt{\dfrac{s_1^2}{n_1} + \dfrac{s_2^2}{n_2}}} = \frac{(172.5 - 60.6) - 0}{\sqrt{\dfrac{119.5^2}{40} + \dfrac{138.1^2}{40}}} = 3.875$$

***P*값:** 검정통계량 $t = 3.875$인 경우 표 A-3(t 분포)을 참조하라. 자유도는 $n_1 - 1$ 및 $n_2 - 1$에서 작은 값 또는(40 − 1)과 (40 − 1)에서 작은 값 39이다. df = 39 및 오른쪽 꼬리검정에서 표 A-3은 검정통계량 $t = 3.875$는 0.005 미만의 P값을 나타낸다. 기술은 원자료 또는 반올림되지 않은 표본 통계량을 사용할 때 0.0001의 P값을 제공한다.

7단계: P값이 유의수준 0.05보다 작기 때문에 귀무가설을 기각한다. ("P가 낮으면 귀무가설이 기각된다.")

해석

8단계: 흡연자 집단이 흡연에 노출된 비흡연자보다 평균 코티닌 수준이 높다는 주장을 뒷받침할 충분한 증거가 있다. 흡연은 흡연에 노출된 비흡연자보다 높은 수준의 코티닌과 관련이 있는 것으로 보인다.

비싼 다이어트 약

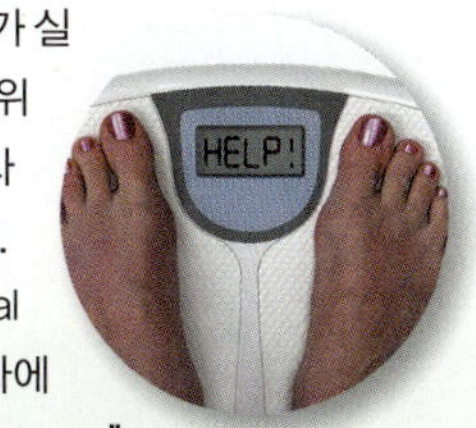

비효율적인 치료가 실질적인 이익을 위해 판매된 과거 사례가 많이 있다. Enforma Natural Products 회사에서 제조한 "Fat Trapper" 및 "Exercise in a Bottle" 캡슐은 체중 감소를 위한 효과적인 치료제로 광고되었다. 캡슐을 복용한 후에는 운동을 하지 않아도 지방이 차단되고 칼로리가 연소될 것이라고 광고는 주장했다. 미연방 무역위원회는 주장이 근거 없는 것으로 확인했기 때문에 회사는 사기성 광고에 대해 1천만 달러의 벌금을 물었다.

이러한 치료의 효과는 무작위로 선택된 한 그룹의 피험자가 치료를 받는 반면, 무작위로 선택된 피험자의 다른 그룹에는 위약이 제공되는 실험으로 결정될 수 있다. 결과적인 체중 감량은 이 절에서 설명한 것과 같은 통계적 방법을 사용하여 비교할 수 있다.

기술 앞의 P값 접근법에 대한 까다로운 부분은 표 A-3이 P값의 범위만 제공할 수 있으며 또한 해당 범위를 결정하는 것이 종종 까다롭다는 것이다. 기술은 자동으로 P값을 제공하므로 기술은 P값 방법을 매우 쉽게 만든다. 검정통계량 $t = 3.8755$ 및 P값 0.0001을 표시하는 여백의 XLSTAT 결과 표시를 참조하라.

XLSTAT

Difference	111.9000
t (Observed value)	3.8755
t (Critical value)	1.6650
DF	76
p-value (one-tailed)	0.0001
alpha	0.05

임계치 방법

기술을 사용할 수 없는 경우 일반적으로 P값 방법보다 두 개의 평균에 대한 주장을 검정하는 임계값 방법이 더 쉽다. 임계값 방법을 사용하여 [예제 1]을 해결할 수 있다. 표 A-3에서 임계값을 찾을 때 공식 9-1에 필요한 복잡한 계산을 피하기 위해 비교적 쉬운 방법인 $n_1 - 1$ 및 $n_2 - 1$ 중에 작은 수를 df로 사용한다. 표본 크기가 $n_1 = 40$이고 $n_2 = 40$인 [예제 1]에서 자유도의 수는 39이므로 오른쪽 꼬리검정에 df = 39 및 $\alpha = 0.05$인 표 A-3을 사용하면 t의 임계값을 얻는다. $t = 1.685$. 기술은 공식 9-1을 사용하여 $t = 1.665$의 보다 정확한 임계값을 찾는다. 그림 9-2를 참조하시오. $t = 3.875$의 검정통계량은 임

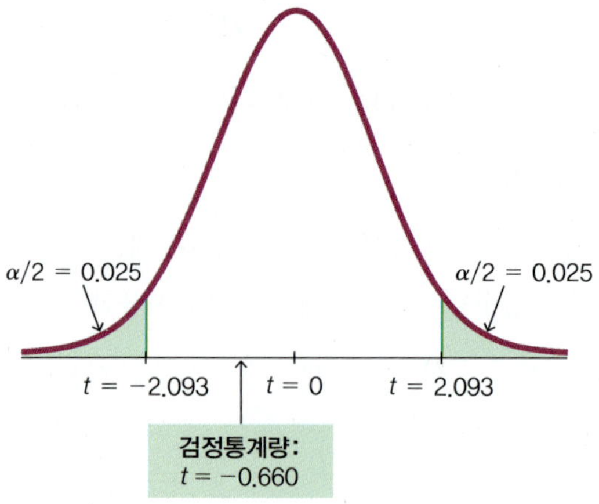

그림 9-2 두 독립 모집단 평균의 가설검정

계 영역에 속하므로 [예제 1]에서와 같이 귀무가설을 기각한다.

신뢰구간

예제 2 간접흡연에 대한 신뢰구간

[예제 1]에 주어진 표본 데이터를 사용하여 흡연자의 평균 코티닌 수준과 흡연에 노출된 비흡연자의 평균 코티닌 수준의 차이에 대한 90% 신뢰구간을 산정하라.

풀이

조건 확인 [예제 1]과 동일한 데이터를 사용하고 동일한 조건 확인이 적용되므로 요구사항이 충족된다. ✓

먼저 오차항 E의 값을 찾는다. 표 A-3에서 $\text{df} = 39$이고 양측검정이므로 $\alpha = 0.10$이면 임계값 $t = \pm 1.685$를 얻는다. (기술은 $t = \pm 1.665$의 보다 정확한 임계값을 찾기 위해 사용될 수 있다.)

$$E = t_{\alpha/2}\sqrt{\frac{s_1^2}{n_1} + \frac{s_2^2}{n_2}} = 1.685\sqrt{\frac{119.5^2}{40} + \frac{138.1^2}{40}} = 48.655276$$

$E = 48.655276$, $\bar{x}_1 = 172.5$ 및 $\bar{x}_2 = 60.6$을 사용하여 다음과 같이 신뢰구간을 찾을 수 있다.

$$(\bar{x}_1 - \bar{x}_2) - E < (\mu_1 - \mu_2) < (\bar{x}_1 - \bar{x}_2) + E$$
$$63.2\text{ ng/mL} < (\mu_1 - \mu_2) < 160.6\text{ ng/mL}$$

보다 정확한 결과를 얻기 위해 기술을 사용하는 경우 신뢰구간이 $63.8\text{ ng/mL} < (\mu_1 - \mu_2) < 160.0\text{ ng/mL}$의 값을 얻으므로 자유도를 찾는 방법을 단순화해도 위의 신뢰구간이 상당히 양호함을 알 수 있다(공식 9-1을 사용하여 보다 정확한 결과를 얻

는 대신).

해석

우리는 63.2 ng/mL 및 160.6 ng/mL의 한계에 실제 두 모집단 평균의 차이가 포함되어 있다고 90% 확신한다. 이러한 한계에 0이 포함되어 있지 않기 때문에 이 신뢰구간은 흡연자의 평균 코티닌 수준이 흡연에 노출된 비흡연자의 평균 코티닌 수준보다 크다는 것을 나타낸다.

약물 테스트에서 성별 차이

심장 마비와 아스피린 복용량 사이의 관계에 대한 연구에는 22,000명의 남성 의사가 참여했다. 이 연구는 다른 많은 연구들과 마찬가지로 여성을 배제했다. 일반 회계 사무국(General Accounting Office)은 남성에 대한 의학적 검사 결과가 반드시 여성에게 적용되는 것은 아니기 때문에 많은 연구에서 두 성별을 모두 포함하지 않았다고 국립보건원(National Institutes of Health)을 비판했다. 표본 결과를 기반으로 결론을 만들 때 표본을 추출한 집단보다 더 큰 집단으로 확장되는 추론에 주의해야 한다.

PART 2 대안적인 방법

이 절의 PART 1에서는 두 모집단 표준편차가 알려지지 않았고 같지 않은 상황에 대해 다뤘다. PART 2에서 우리는 두 가지 다른 상황을 다룬다:

1. 두 모집단 표준편차는 알려져 있지 않지만 동일하다고 가정한다.
2. 두 모집단 표준편차는 모두 알려져 있다.

대안 방법: $\sigma_1 = \sigma_2$라고 가정하고 표본 분산 합병

σ_1 및 σ_2의 특정 값을 알 수 없는 경우에도 동일한 값을 가지고 있다고 가정할 수 있는 경우 표본 분산 s_1^2 및 s_2^2를 합병하여 σ^2의 공통 모집단 분산 추정치를 산정할 수 있다. **σ^2의 합병 추정치(pooled estimate of σ^2)**는 s_p^2로 표시되며 s_1^2 및 s_2^2의 가중평균이며, 이 경우 검정통계에 다음 식과 같이 사용된다.

$$\textbf{감정통계}\quad t = \frac{(\bar{x}_1 - \bar{x}_2) - (\mu_1 - \mu_2)}{\sqrt{\dfrac{s_p^2}{n_1} + \dfrac{s_p^2}{n_2}}}$$

$$\text{여기서}\quad s_p^2 = \frac{(n_1 - 1)s_1^2 + (n_2 - 1)s_2^2}{(n_1 - 1) + (n_2 - 1)} \quad \text{(합병 표본 분산)}$$

그리고 자유도는 $\mathrm{df} = n_1 + n_2 - 2$이다.

첫 번째 요구사항이 σ_1과 σ_2가 알려져 있지 않지만 동일하다고 가정한다는 점을 제외하면 이 경우의 요구사항은 PART 1과 동일합니다. 신뢰구간은 다음 식의 오차 한계 E를 이용하여 $(\bar{x}_1 - \bar{x}_2) - E < (\mu_1 - \mu_2) < (\bar{x}_1 - \bar{x}_2) + E$와 같이 구한다.

$$\textbf{신뢰구간에 대한 오차 한계}\quad E = t_{\alpha/2}\sqrt{\frac{s_p^2}{n_1} + \frac{s_p^2}{n_2}}$$

여기서 s_p^2는 위의 검정통계량에 주어진 것이고 $\mathrm{df} = n_1 + n_2 - 2$.

언제 $\sigma_1 = \sigma_2$라고 가정해야 하나? 무작위를 사용하여 치료 및 위약 그룹에 피험자를 배정하면 동일한 모집단에서 표본이 추출된다는 것을 알고 있다. 따라서 두 모집단 평균이 같다고 가정하여 가설검정을 수행하는 경우 표본이 표준편차가 동일한 모집단에서 추출되었다고 가정하는 것은 무리가 없다(그러나 여전히 그 가정을 확인해야 함).

합병의 장점 표본 분산을 합병하는 이 대안적인 방법의 장점은 자유도의 수가 약간 높아서 가설검정의 검정력이 높고 신뢰구간이 약간 좁아진다는 것이다.

"2 표본평균 검정에서 분산의 동질성"(Moser and Stevens, *American Statistician*, Vol. 46, No. 1)의 논문에서 저자는 $\sigma_1 = \sigma_2$를 거의 알지 못한다고 지적한다. 그들은 표본 크기와 검정력을 고려하여 다른 검정의 성능을 분석하였다. 그들은 PART 1에 제시된 방법을 배우는 데 더 많은 노력을 기울여야 하며, $\sigma_1 = \sigma_2$의 가정에 근거한 방법에 대한 강조가 더 적어야 한다는 결론을 내렸다.

σ_1과 σ_2를 알고 있을 때 사용되는 대체 방법

실제로 모집단 표준편차 σ_1 및 σ_2는 거의 알려져 있지 않지만, 어떻게든 알려진 경우 검정통계량 및 신뢰구간은 t 분포 대신 정규분포를 기반으로 한다. 요구사항은 첫 번째 요구사항을 제외하고 PART 1과 동일하다. σ_1 및 σ_2가 알려져 있다. 임계값 및 P값은 기술 또는 표 A-2를 사용하여 확인되며 이 경우의 검정통계량은 다음과 같다.

$$\textbf{검정통계}\quad z = \frac{(\bar{x}_1 - \bar{x}_2) - (\mu_1 - \mu_2)}{\sqrt{\dfrac{\sigma_1^2}{n_1} + \dfrac{\sigma_2^2}{n_2}}}$$

신뢰구간은 다음과 같이 구해진다.

$$(\bar{x}_1 - \bar{x}_2) - E < (\mu_1 - \mu_2) < (\bar{x}_1 - \bar{x}_2) + E, \text{ 여기서:}$$

$$\textbf{신뢰구간에 대한 오차 한계}\quad E = z_{\alpha/2}\sqrt{\frac{\sigma_1^2}{n_1} + \frac{\sigma_2^2}{n_2}}$$

하나의 표준편차를 알고 있고 다른 표준편차를 알 수 없으면 어떻게 하나? σ_1은 알려져 있지만 σ_2는 알 수 없는 경우 이 절의 PART 1의 절차를 다음과 같이 변경하시오. s_1을 알려진 σ_1 값으로 바꾸고 아래 식에서 찾은 자유도를 사용하시오. ("The Two-Sample t Test with One Variance Unknown," by Maity and Sherman, *The American Statistician*, Vol. 60, No. 2.).

$$df = \frac{\left(\dfrac{\sigma_1^2}{n_1} + \dfrac{s_2^2}{n_2}\right)^2}{\dfrac{(s_2^2/n_2)^2}{n_2 - 1}}$$

두 개의 독립적인 평균에 대한 권장 전략

이 절의 방법에 권장되는 전략은 다음과 같습니다.

> **σ_1과 σ_2를 알 수 없다고 가정하며 $\sigma_1 = \sigma_2$라고 가정하지 말고 이 절의 PART 1에서 주어진 검정통계량과 신뢰구간을 사용하라.**

테크 센터

두 가지 평균을 사용한 추론: 독립 표본

www.TriolaStats.com에서 기술 지침, 비디오, 데이터 집합을 참조하십시오.

9-2 기본적인 기술 및 개념

통계적 해석 및 비판적 사고

1. **독립 표본 및 종속 표본** 다음 중 독립 표본과 관련된 것은 무엇인가?

a. 부록 B의 데이터 세트 2 "체온"은 관찰일 1일 오전 8시와 오전 12시에 측정된 대상자의 체온을 포함한다.

b. 부록 B의 데이터 세트 6 "가족 신장"에는 아버지의 키와 딸의 키가 포함된다.

c. 부록 B의 데이터 세트 1 "신체 자료"에는 여성 147명과 남성 153명의 맥박이 포함된다.

2. **헤모글로빈에 대한 가설검정 및 신뢰구간**

a. 연습문제 2에는 신뢰구간이 포함된다. 이 절의 PART 1의 *P*값 방법 또는 임계값 방법을 사용하여 여성과 남성의 평균 헤모글로빈 수준이 같다는 주장을 검정할 경우 가설검정과 신뢰구간이 동일한 결론을 내리는가?

b. 일반적으로 이 절의 PART 1의 방법을 사용하여 가설검정을 수행하면 *P*값 방법, 임계값 방법 및 신뢰구간 방법이 동일한 결론을 내리는가?

c. 여성의 평균 헤모글로빈 양이 남성의 평균 헤모글로빈 양보다 적다는 주장을 검정하기 위해 0.01 유의수준을 사용한다고 가정하라. 신뢰구간을 사용하여 해당 주장을 검정하려면 어떤 신뢰수준을 사용해야 하는가?

연습문제 3~11에서 두 표본이 정규분포 모집단에서 선택한 독립적인 단순 무작위 표본이라고 가정하고 모집단 표준편차가 같다고 가정하지 마라. (참고: 부록 D의 답변에는 공식 9-1을 기반으로 하는 기술 답변과 표 A-3을 기반으로 한 "테이블" 답변, df = n_1 − 1과 n_2 − 1 중 더 작은 값을 사용.)

3. **크룹(기침병)을 치료할 때 습도의 효과에 대한 가설검정** 바이러스성 크룹을 앓고 있는 어린이를 대상으로 한 무작위 대조시험에서 46명의 어린이는 습도가 낮은 치료를 받았으며 46명의 다른 어린이는 습도가 높은 치료를 받았다. 연구원들은 Westley Croup Score를 사용하여 1시간 후 결과를 평가했다. 낮은 습도 그룹은 표준편차가 1.22 평균 점수는 0.98이고 높은 습도 그룹은 표준편차가 1.11 평균 점수는 1.09였다(Scolnik et al., *Journal of the American Medical Association*, Vol. 295, No. 11의 "Cropup Emergency Departments에 대한 고습 vs 저습 vs 미스트 요법의 제어된 이송"의 데이터를 기반으로 함). 0.05 유의수준을 사용하여 두 그룹이 같은 평균을 가진 모집단에서 왔다는 주장을 검정하라. 결과는 일반적인 습도 처리에 대해 무엇을 제안하는가?

4. **어린이에 대한 코카인의 영향** 어린이가 출생 전에 코카인에 노출될 때 발생하는 영향을 평가하기 위한 연구가 수행되었다. 아이들은 4세에 물체 조립기술에 대해 테스트를 받았으며, 이는 "수학적 역량과 관련된 시각적 공간기술이 필요한 작업"으로 설명되는 것이었다. 코카인 사용자에게서 태어난 190명의 어린이는 평균 7.3, 표준편차는 3.0이다. 코카인에 노출되지 않은 186명의 어

린이는 평균이 8.2이고 표준편차는 3.0이다. (이 데이터는 Singer et al., *Journal of the American Medical Association*, Vol. 291, No. 20의 "출생전 코카인에 노출된 미취학 아동의 인지 결과"를 기반으로 함.)

a. 태아 코카인 노출이 물체 조립기술 검사에서 4세 아동의 낮은 점수와 관련이 있다는 주장을 검정하기 위해 0.05 유의수준을 사용하라.

b. 신뢰구간을 사용하여 (a) 부분에 대한 주장을 검정하라.

5. 담배 타르 25개의 여과되지 않은 특대형 담배의 단순 무작위 표본의 평균 타르 함량은 21.1 mg이며, 표준편차는 3.2 mg이다. 25개의 여과된 100 mm 담배의 단순 무작위 시료의 평균 타르 함량은 13.2 mg이고 표준편차가 3.7 mg이다. (부록 B의 데이터 세트 15 "담배 내용물"에서).

a. 여과되지 않은 특대형 담배의 평균 타르 함량이 여과된 100 mm 담배의 평균 타르 함량보다 높다는 주장을 검정하기 위해 0.05 유의수준을 사용하라. 담배 필터의 효과에 대한 결과는 무엇을 제안하는가?

b. 여과되지 않은 특대형 담배의 평균 타르 함량과 여과된 100 mm 담배의 평균 타르 함량 사이의 차이에 대한 90% 신뢰구간 추정치를 구성하라. 그 결과 100 mm 여과 담배는 여과되지 않은 특대형 담배보다 타르가 적다는 것을 나타내는가?

처리 그룹	제어 그룹
$n_1 = 22$	$n_2 = 22$
$\bar{x}_1 = 4.20$	$\bar{x}_2 = 1.71$
$s_1 = 2.20$	$s_2 = 0.72$

6. 알코올의 영향 알코올의 효과를 테스트하기 위한 실험이 수행되었다. 에탄올을 마신 치료 그룹과 위약을 투여한 다른 그룹에 대한 시각 및 운동 기술의 테스트에서 오류가 기록되었다. 결과는 오른편에 첨부된 표에 표시되어 있다(Streufert et al., *Journal of Applied Psychology*, Vol. 77, No. 4에 의한 "Visuomotor 성능의 위험 감수, 전략 및 오류율에 대한 알코올 중독의 영향" 데이터에 근거함).

a. 처리 그룹과 제어 그룹 간에 차이가 있다는 주장을 검정하기 위해 0.05 유의수준을 사용하라. 유의한 차이가 있는 경우, 치료로 인해 시각 및 운동 기술이 저하된다고 결론 내릴 수 있는가?

b. 두 모집단 평균의 차이에 대한 95% 신뢰구간 추정 값을 구성하라. 결과는 음주가 운전사, 조종사, 선장 등에 유해하다는 상식을 지지하는가? 그 이유는 무엇인가?

7. 간접흡연 부록 B의 데이터 세트 14 "직접 및 간접 흡연"에는 담배연기에 노출된 비흡연자 그룹에서 측정된 코티닌 수치($n = 40$, $\bar{x} = 60.58$ ng/mL, $s = 138.09$ ng/mL) 및 담배 연기에 노출되지 않은 비흡연자 그룹($n = 40$, $\bar{x} = 16.35$ ng/mL, $s = 62.53$ ng/mL)의 수치가 포함되어 있다. 코티닌은 니코틴 대사산물로 니코틴이 신체에 흡수되면 코티닌이 생성된다.

a. 담배연기에 노출된 비흡연자가 담배 연기에 노출되지 않은 비흡연자보다 평균 코티닌 수준이 더 높다는 주장을 검정하기 위해 0.05 유의수준을 사용하라.

b. (a) 부분에서 가설검정에 적합한 신뢰구간을 구성하라.

c. 간접흡연의 영향에 대해 어떤 결론을 내릴까?

8. IQ 및 납 노출 부록 B의 데이터 세트 8 "IQ와 납"에는 혈액 내 납 농도가 낮은 대상체의 무작위 표본과 혈액 내 납 수치가 높은 대상체의 무작위 표본에 대한 전체 IQ점수가 나와 있다. 통계는 아래에 요약되어 있다.

a. 혈중 납 농도가 낮은 사람의 평균 IQ점수가 혈중 납 농도가 높은 사람의 평균 IQ점수보다 높다는 주장을 검정하기 위해 0.05 유의수준을 사용하라.

b. (a) 부분의 가설검정에 적합한 신뢰구간을 구성하라.

c. 납 노출이 IQ점수에 영향을 미치는 것으로 보이는가?

낮은 혈중 납 농도: $n = 78,\ \bar{x} = 92.88462,\ s = 15.34451$

높은 혈중 납 농도: $n = 21,\ \bar{x} = 86.90476,\ s = 8.988352$

9. 어린이 영화의 나쁜 점들 부록 B의 데이터 세트 13 "영화 속 술과 담배"에는 애니메이션 어린이 영화에 나타난 담배 사용시간(초)이 포함되어 있다. 디즈니 영화의 경우 $n = 33$, $\bar{x} = 61.6$ sec, $s = 118.8$ sec 다른 동영상의 경우 $n = 17$, $\bar{x} = 49.3$ sec, $s = 69.3$ sec이다. 디즈니 이외의 영화에 대한 정렬된 시간은 다음과 같다.

a. 0.05의 유의수준을 사용하여 디즈니 애니메이션 어린이 영화 및 기타 애니메이션 어린이 영화의 평균 담배 사용시간이 동일하다는 주장을 검정하라.

b. (a) 부분의 가설검정에 적합한 신뢰구간을 구성하라.

c. 디즈니 영화 이외의 영화에 대한 나열된 시간을 신속하게 육안으로 검사하고 정규정 요구사항에 대한 의견을 말하라. 17번의 디즈니영화 이외의 영화에서 시간의 정규성은 결과에 어떤 영향을 미치는가?

0 0 0 0 0 0 1 5 6 17 24 55 91 117 155 162 205

10. 장수 아래는 교황과 영국 군주(1690년 이후)가 선거나 대관식 이후에 살았던 연수이다. (Linn과 McNeil의 "컴퓨터 대화형 데이터 분석", John Wiley & Sons의 데이터를 기반으로 함). 더 큰 모집단에서 추출한 단순한 무자위 표본으로 취급하라.

a. 교황의 평균수명이 대관식 후 영국 군주 평균보다 낮다는 주장을 검정하기 위해 0.05 유의수준을 사용하시오.

c. 부분 (a)에서 주장을 검정하기 위한 신뢰구간을 구성하라.

교황:	2	9	21	3	6	10	18	11	6	25	23	6		
	2	15	32	25	11	8	17	19	5	15	0	26		
왕과 왕비:	17	6	13	12	13	33	59	10	7	63	9	25	36	15

11. 남자와 여자는 같은 이완기 혈압을 가지고 있는가? 부록 B의 데이터 세트 1 "신체 자료"를 참조하고 0.05 유의수준을 사용하여 여성과 남성의 평균 이완기 혈압이 같은지 검정하라.

9-2 기초를 넘어서

12. 병합 두 모집단 표준편차가 같다고 즉, $\sigma_1 = \sigma_2$라고 가정하여 연습문제 8 "IQ 및 납 노출"을 다시 검정하라. 이 절의 PART 2에서 적절한 방법을 사용하라. 표준편차를 병합하면 더 큰 유의도를 나타내는 결과가 산출되는가?

13. 표본의 변위가 없음 알코올의 효과를 테스트하기 위한 실험을 수행하였다. 연구자들은 에탄올을 마신 사람들과 위약을 투여받은 다른 그룹의 호흡 알코올 수준을 측정했다. 결과는 다음과 같다(Streufert et al., *Journal of Applied Psychology*, Vol. 77, No. 4에 의한 "Visuomotor 성능의

위험 감수, 전략 및 오류율에 대한 알코올 중독의 영향" 데이터에 근거함). 0.05 유의수준을 사용하여 두 표본 그룹이 동일한 평균을 가진 모집단에서 나왔다는 주장을 검정하라.

처리 그룹: $n_1 = 22,\ \bar{x}_1 = 0.049,\ s_1 = 0.015$

위약 그룹: $n_2 = 22,\ \bar{x}_2 = 0.000,\ s_2 = 0.000$

9-3 두 개의 종속 표본(짝을 이룬 표본)

핵심 개념

이 절에서는 데이터가 일치하는 짝으로 구성되어 있다는 의미에서 종속적인 두 모집단으로부터 얻은 값의 차이에 대한 가설을 검정하고 신뢰구간을 구성하는 방법을 제시한다. 짝은 같은 대상에 대한 처리 전/후 측정 또는 남편과 아내와 같은 관계에 따라 쌍을 이루어야 한다.

좋은 실험 디자인

혈압을 낮추기 위한 약물의 효과를 검정하길 원한다고 가정하자. 약물로 치료받지 않은 한 그룹의 피험자가 약물로 치료받은 별도의 그룹에서 측정한 것을 사용하는 것보다 약물로 치료된 단일 그룹의 피험자로부터 치료 전후의 측정값을 사용하는 것이 좋다. 짝(치료 전/후 측정)을 사용하면 서로 다른 두 가지 독립 샘플에서 발생할 수 있는 외부 변동을 줄일 수 있다는 이점이 있다. 실험 설계 전략은 다음과 같은 설계 원칙으로 일반화할 수 있다.

실험을 설계하거나 관측 연구를 계획할 때 일치 쌍이 있는 종속 샘플을 사용하는 것이 일반적으로 두 개의 독립 샘플을 사용하는 것보다 좋다.

데자뷔(모든 것이 반복됨) 이 절의 가설검정 방법은 일치하는 표본 데이터의 짝의 차이를 사용한다는 점을 제외하고 모집단 평균(8-3절의 PART 1)에 대한 주장을 검정하는 방법과 동일하다.

종속 표본에 대한 정확한 처리 절차는 없지만, 다음과 같은 근사 방법이 일반적으로 사용된다.

핵심요소

일치하는 쌍과의 차이 값에 대한 추론

목표

1. **가설검정:** 이러한 모든 차이의 모집단 평균에 대한 주장 을 검정하기 위해 두 개의 종속 표본 (일치 짝)의 차이를

사용한다.

2. **신뢰구간:** 이러한 모든 차이의 모집단 평균에 대한 신뢰구간 추정치를 구성하기 위해 두 개의 종속 표본(일치 짝)의 차이를 사용한다.

종속 표본에 대한 표기법

d = 단일 일치 짝에서 두 값 사이의 차이

μ_d = 일치하는 모든 데이터 짝의 모집단에 대한 차이 d의 평균값

$\overline{d}$ = 짝을 이룬 표본 데이터의 차이 d의 평균값

s_d = 짝을 이룬 표본 데이터의 차이 d의 표준편차

n = 표본 데이터 짝의 수

요구사항

1. 샘플 데이터는 종속적이다(일치 짝).
2. 일치하는 쌍은 단순 무작위 표본이다.
3. 다음 조건 중 하나 또는 둘 다가 충족된다: 표본 데이터 짝의 수가 크거나($n > 30$) 짝이 대략 정규분포를 갖는 모집단으로부터 나온 차이를 가지고 있다. 이러한 방법은 정규성 위반에 대해 견고하므로 정규성 요구사항이 느슨하다.

종속 샘플에 대한 검정통계량(H_0: $\mu_d = 0$)

$$t = \frac{\overline{d} - \mu_d}{\frac{s_d}{\sqrt{n}}}$$

P값: P값은 기술에 의해 자동으로 제공된다. 기술을 사용할 수 없으면 표 A-3의 t 분포를 참조하라. 그림 8-3에 요약된 절차를 사용하라.

임계값: 표 A-3의 t 분포를 참조하라. 자유도는 $\text{df} = n - 1$

종속 표본에 대한 신뢰구간

$$\overline{d} - E < \mu_d < \overline{d} + E$$

여기서 $E = t_{\alpha/2}\frac{s_d}{\sqrt{n}}$ (자유도: $\text{df} = n - 1$).

종속 표본에 대한 추론 절차

1. 표본 데이터가 종속 샘플(또는 일치하는 짝)로 구성되어 있는지 확인하고 위의 핵심요소 상자의 요구사항이 충족되는지 확인하라.
2. 각 표본 값 짝의 차이 d를 산정한다. (주의: "전−후"와 같이 일관된 방식으로 빼라.)
3. $\overline{d}$ (차이의 평균) 및 s_d(차이의 표준편차) 값을 산정하라.
4. 가설검정 및 신뢰구간의 경우 단일 모집단 평균에 사용된 것과 동일한 t 검정 절차를 사용하라(8-3절의 PART 1에서 설명).

동등한 방법

이 절의 가설검정과 신뢰구간은 동일한 분포 및 표준오차를 사용하므로 동일한 결론을 내린다는 점에서 동등하다. 결과적으로 신뢰구간이 0을 포함하는지 여부를 판별하여 평균 차이가 0이라는 귀무가설을 검정할 수 있다.

예제 1 아침과 밤에 체온이 다른가?

표 9-1에는 오전 8시와 오전 12시에 5명의 피험자의 체온이 나와 있다. 각 온도 쌍이 동일한 사람에서 측정되기 때문에 데이터가 일치하는 짝이다. 부록 B의 데이터 세트 2에는 관찰 2일째에 해당하는 69쌍의 데이터가 나열되어 있지만 절차의 단계를 쉽게 표시할 수 있도록 5쌍만 사용한다.

오전 8시와 오전 12시에 측정한 체온에 차이가 없다는 주장을 검정하기 위해 표 9-1의 데이터를 0.05 유의수준으로 사용하라.

표 9-1 같은 날 5명의 피험자의 체온

오전 8시 체온(°F)	98.0	97.6	97.2	97.0	98.0
오전 12시 체온(°F)	97.0	98.8	97.6	97.7	98.8
차이 d	1.0	−1.2	−0.4	−0.7	−0.8

풀이

조건 확인 우리는 앞부분의 핵심요소 상자에서 나열된 세 가지 요구사항을 확인한다. (1) 두 값이 같은 사람의 것으로 일치하기 때문에 각 온도 쌍의 표본은 종속적이다. (2) 데이터 쌍이 무작위로 선택된다. 우리는 데이터를 단순한 무작위 표본으로 간주할 것이다. (3) 데이터 쌍의 수가 $n = 5$이므로 크지 않기 때문에 차이의 정규성을 확인하고 이상치를 확인해야 한다. 특이치가 없으며 정규 분위수 그림은 다른 패턴이 없는 직선 패턴에 가깝다는 것을 보여 주므로 차이는 정규분포 모집단의 느슨한 요구사항을 충족시킨다. 모든 요구사항이 충족되었다. ✓

평균에 대한 주장을 검정하는데 사용한 것과 동일한 가설검정 방법(그림 8-1 참조)을 따르지만 원래 표본자료 대신 차이 값을 사용한다.

1단계: 오전 8시와 오전 12시에 측정한 체온에 차이가 없다는 주장은 $\mu_d = 0$으로 표현할 수 있다.

2단계: 원래 주장이 사실이 아닌 경우 $\mu_d \neq 0$이다.

3단계: 귀무가설은 등호를 포함해야 하며 대립가설은 등호를 포함할 수 없으므로

$$H_0:\ \mu_d = 0 \text{ (원래 주장: 귀무가설)} \qquad H_1:\ \mu_d \neq 0$$

4단계: 유의수준은 $\alpha = 0.05$이다.

5단계: Student t 분포를 사용한다.

6단계: 검정통계량의 값을 찾기 전에 먼저 $\bar{d}$ 및 s_d 값을 찾아야 한다. 표 9-1로부터 구한 차이 값(1, −1.2, −0.4, −0.7, −0.8)을 사용하여 다음 표본 통계량을 산정한다. $\bar{d} = -0.42$°F 및 $s_d = 0.84$°F. 이러한 표본 통계량과 귀무가설에서 $\mu_d = 0$이라는 가정을 사용하여 이제 검정통계량의 값을 찾을 수 있다. ($t = -1.113$의 값은 반올림되지 않은 $\bar{d}$ 및 s_d 값을 사용하는 경우에 얻어진다. 기술은 $t = -1.113$의 검정통계량을 제공한다.)

$$t = \frac{\bar{d} - \mu_d}{\frac{s_d}{\sqrt{n}}} = \frac{-0.42 - 0}{\frac{0.84}{\sqrt{5}}} = -1.118$$

***P*값 방법**

기술 기술은 0.3281의 P값을 제공한다

표 t 분포를 사용하기 때문에 $\text{df} = 4$인 행에 대해 표 A-3을 참조하고 검정통계량 $t = -1.118$은 0.20보다 큰 "두 꼬리 부분의 영역"에 해당하므로 $P\text{값} > 0.20$이다. 그림 9-3(a)를 참조하라.

임계값 방법: 다음과 같이 $t = \pm 2.776$의 임계값을 찾으려면 표 A-3을 참조하라. 0.05에 해당하는 열(두 꼬리 부분의 영역)을 사용하고 자유도가 $n - 1 = 4$인 행을 사용하시오. 표 A-3은 2.776의 값을 보여주지만 이 검정은 양측검정이므로 임계값은 두 가지가 있다: $t = \pm 2.776$. 그림 9-3(b)를 참조하라.

7단계: P값 방법을 사용하는 경우 0.3281의 P값은 유의수준 0.05보다 커서 H_0를 기각하지 않는다. 임계값 방법을 사용하면 검정통계량이 임계 영역에 속하지 않기 때문에 H_0를 기각할 수 없다.

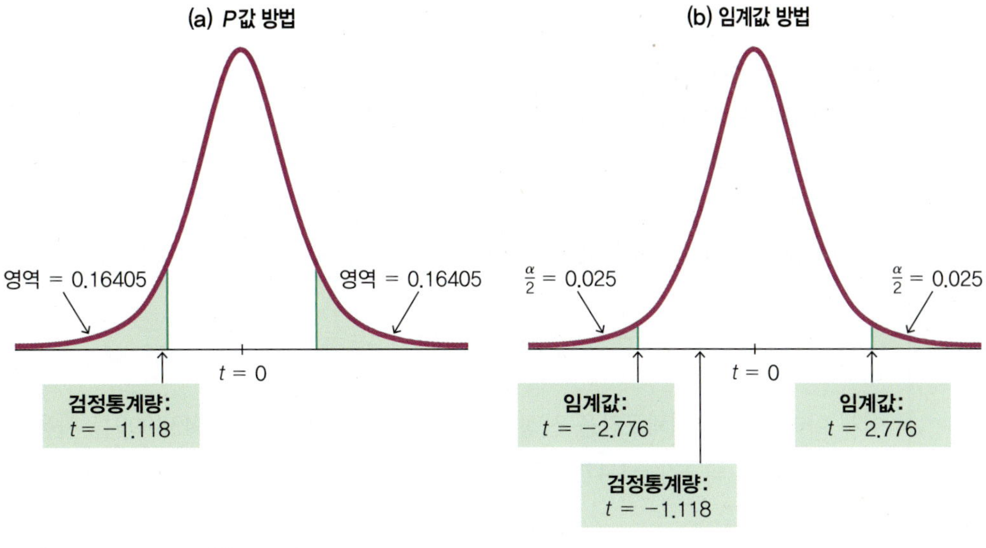

그림 9-3 종속 표본에 대한 가설 검정

(계속)

크레스트(치약)와 종속표본

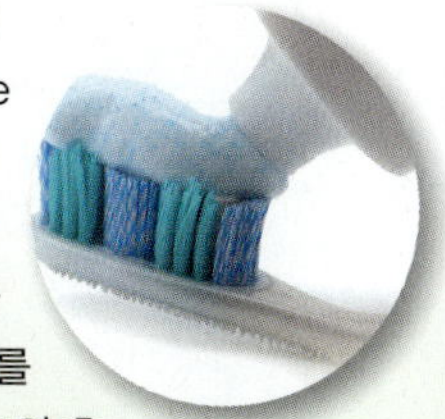

1950년대 후반에 Procter & Gamble은 불소를 함유한 최초의 제품으로 크레스트 치약을 소개했다. 충치를 줄이는데 크레스트의 효과를 테스트하기 위해 연구자들은 여러 쌍의 쌍둥이로 실험을 수행했다. 각 세트의 쌍둥이 중 한 사람에게는 불소가 함유된 크레스트가 제공되었고 다른 쌍둥이는 불소가 없는 일반 치약을 계속 사용했다. 쌍둥이의 각 쌍은 비슷한 식사, 칫솔질 및 유전적 특성을 가질 것으로 믿어졌다. 결과에 따르면 크레스트를 사용한 쌍둥이는 그렇지 않은 사람보다 충치가 훨씬 적었다. 쌍둥이를 종속 표본으로 사용함으로써 연구원들은 충치에 영향을 미치는 다양한 변수를 제어할 수 있었다.

해석

우리는 $\mu_d = 0$이라는 귀무가설의 기각을 보증하기에 충분한 증거가 없다고 결론을 내린다. 오전 8시와 오전 12시에 측정된 체온의 차이가 없다는 주장을 기각할만한 충분한 증거가 없다.

기술 소프트웨어 및 계산기는 일반적으로 P값을 제공하므로 가설을 테스트하는데 P값 방법이 일반적으로 사용된다. 검정통계량 $t = -1.113$ 및 P값 0.3281을 보여주는 Statdisk 결과를 참조하라. 0.3281의 P값이 0.05의 유의수준보다 크므로 귀무가설을 기각할 수 없으며 오전 8시와 오전 12시에 측정한 체온의 차이가 없다는 주장을 기각할 충분한 증거가 없다고 결론을 내린다.

Statdisk

Sample size, n:	5
Difference Mean, d:	–0.42
Difference St. Dev., sd:	0.8438009
Test Statistic, t:	–1.1130
Critical t:	±2.7764
P-Value:	0.3281
95% Confidence interval:	
-1.467718 < μd < 0.6277183	

예제 2 온도 차이의 평균을 추정하기 위한 신뢰구간

표 9-1의 동일한 표본 데이터를 사용하여 온도 차이의 평균인 μ_d의 95% 신뢰구간 추정 값을 구성하라. 95%의 신뢰수준을 사용함으로써 [예제 1]의 가설검정에 사용할 수 있는 결과를 얻는다.

풀이

조건 확인 [예제 1]의 풀이에 요구사항이 충족되었는지 확인한 것이 포함되어 있다. ✔

위의 Statdisk 결과 화면에 95% 신뢰구간을 보여준다. $\bar{d} = -0.42$, $s_d = 0.84$ 및 $t_{\alpha/2} = 2.776$의 값을 사용하여 구할 수 있다(표 A-3에서 $n - 1 = 4$ 자유도 및 0.05의 면적이 양측 꼬리에 균등하게 나뉘어져 있음). 먼저 오차 한계 E의 값을 계산한다.

$$E = t_{\alpha/2}\frac{s_d}{\sqrt{n}} = 2.776 \cdot \frac{0.84}{\sqrt{5}} = 1.042831$$

이제 아래와 같이 신뢰구간을 산정한다. 반올림되지 않은 s_d=0.8438009를 사용하면 보다 정확한 신뢰구간 −1,47°F < μ_d < 0.62°F를 얻을 수 있다.

$$\bar{d} - E < \mu_d < \bar{d} + E$$
$$-0.42 - 1.042831 < \mu_d < -0.42 + 1.042831$$
$$-1.46°\text{F} < \mu_d < 0.62°\text{F}$$

해석

$-1.47°F$ 및 $0.63°F$의 한계에는 오전 8시와 오전 12시의 체온 차이의 평균값이 포함된다고 95% 확신한다. 장기적으로, 그러한 표본의 95%는 실제로 차이의 실제 모집단평균을 포함하는 신뢰구간 한계로 이어질 것이다. 신뢰구간에 0값이 포함되므로 차이의 평균이 0과 같을 수 있다. 이는 오전 8시 체온과 오전 12시 체온 사이에 큰 차이가 없음을 나타낸다. 이 결론은 표 9-1에 포함된 매우 작은 표본을 기반으로 한다.

예제 3 "Freshman 15"가 실제일까, 아니면 미신일까?

이 장의 문제에서 "Freshman 15"에 따르면 대학생들은 신입생 동안 일반적으로 15파운드(또는 6.8 kg)의 체중이 증가한다. 데이터 세트 10 "신입생 15"에는 이러한 일반적 믿음을 테스트하도록 설계된 연구의 결과가 포함되었다. 0.05 유의수준을 사용하여 해당 주장을 검정하라.

풀이

조건 확인 우리는 세 가지 요구사항을 확인한다. (1) 두 값이 같은 사람의 것이기 때문에 각 몸무게 쌍은 짝을 이루고 있으므로 표본은 종속적이다. (2) 표본은 실제로 단순한 무작위 표본은 아니지만 이 예제에서는 단순 무작위 표본으로 취급한다. (3) 데이터 쌍의 수는 $n=67$으로 큰 편이므로 세 번째 요구사항을 충족한다. 모든 요구사항이 충족되었다. ✓

주장은 대학생이 신입생 동안 15파운드(또는 6.8 kg)의 체중이 증가한다는 것이다. "4월 무게 − 9월 무게" 형식의 차이 값을 사용하며 해당 주장이 $\mu_d = 6.8$ kg으로 표시되므로 다음과 같은 귀무가설과 대립가설을 사용한다.

$$H_0: \mu_d = 6.8 \text{ kg} \quad H_1: \mu_d \neq 6.8 \text{ kg}$$

기술을 사용하면 차이의 95% 신뢰구간 추정 값이 $0.2 \text{ kg} < \mu_d < 2.1 \text{ kg}$임을 쉽게 알 수 있다. 이 신뢰구간에는 6.8 kg의 값이 포함되지 않으므로 귀무가설을 기각할 수 있는 충분한 증거가 있다. 이 신뢰구간은 양의 값으로만 구성되므로 체중 증가가 있는 것으로 보이지만 15 lb가 아닌 0.4 lb(또는 0.2 kg)와 4.6 lb(또는 2.1 kg) 사이일 수 있다. "Freshman 15"의 개념은 전형적인 신입생 체중 증가를 크게 과장하는 것으로 보인다. 따라서 "Freshman 15"는 미신이지만 67명의 표본에는 Rutgers University의 지원자가 포함되어 있으며 이는 단순한 무작위 표본이 아니기 때문에 결론이 맞지 않을 수 있다.

트윈스버그의 쌍둥이

매년 8월 첫 주말 동안 오하이오주 트윈스버그는 연중행사인 "트윈스버그에서 트윈스 데이" 축제가 열린다. 전 세계에서 수천 명의 쌍둥이가 이 축제에 참석한다. 과학자들은 이 축제를 쌍둥이를 연구할 수 있는 기회로 보았다. 그들은 동일한 기본 유전자 구조를 가지고 있기 때문에, 쌍둥이는 남성 대머리, 심장병 및 귀머거리(최근 트윈스 버그 축제에서 연구된 특성)와 같은 다양한 특성에 대한 유전과 환경의 다양한 영향을 연구하는 데 이상적이다. 쌍둥이에 대한 연구에 따르면 근시는 텔레비전 시청, 인터넷 서핑 또는 컴퓨터 또는 비디오 게임과 같은 환경적 요인이 아니라 유전적 요인에 의해 크게 영향을 받는다.

모집단이 정규분포가 아니고 $n \leq 30$일 때 사용되는 대안 방법

붓스트랩 이 절의 시작 부분에 있는 핵심요소 상자에는 다음 요구사항이 포함되어 있다. 표본 데이터 쌍의 수가 크거나($n > 30$) 값들의 쌍이 대략 정규분포를 갖는 모집단에서 추출되었다. 해당 조건을 위반하면 7-4절에 포함된 "매개 변수의 신뢰구간 추정을 위한 붓스트랩 절차"를 사용할 수 있다. 각 데이터 값 쌍에 대해 차이 값 d를 찾은 다음 차이 값 목록을 사용하고 7-4절에 설명된 붓스트랩 방법을 적용하라. 백분위 수를 사용하여 가설검정에 사용할 수 있는 신뢰구간을 찾아라.

테크 센터

두 개의 평균에 대한 추론: 종속 표본

www.TriolaStats.com에서 기술 지침, 비디오, 데이터 집합을 참조하십시오.

9-3 기본적인 기술 및 개념

통계적 해석 및 비판적 사고

1. 진실한 진술? 이 절의 방법에 대해 다음 중 어느 것이 맞는가?

a. 10개의 일치하는 키 쌍의 단순 임의표본을 사용하여 주장을 검정할 때 P값 방법, 임계값 방법 및 신뢰구간 방법을 사용한 가설검정은 모두 동일한 결론을 내린다.

b. 이 절의 방법은 정규성 이탈에 대해 견고하므로 표본 차이 분포가 정규분포에 매우 근접해야 한다.

c. 신뢰구간을 사용하여 0.01 유의수준으로 $\mu_d < 0$라는 주장을 검정하려면 신뢰구간의 신뢰수준이 98%여야 한다.

d. 이 절의 방법은 노스캐롤라이나에서 무작위로 선택된 50명의 간호사와 사우스캐롤라이나에서 무작위로 선택된 50명의 간호사의 연간 소득을 함께 사용할 수 있다.

e. 간호사의 키가 일치하는 쌍이 10개인 경우 이 절의 방법에서는 표본크기 $n = 20$을 사용해야 한다.

2. 측정 단위 아래에는 오전 8시에 그리고 다시 오전 12시에 측정된 5명 대상자 체온이 나와 있다(데이터 세트 2 "체온"). 나열된 값이 화씨 대신 섭씨로 표시되도록 변경한다면 가설검정 결과는 어떻게 영향을 받는가?

오전 8시 체온(°F)	97.8	99.0	97.4	97.4	97.5
오전 12시 체온(°F)	98.6	99.5	97.5	97.3	97.6

연습문제 3~8에서 나열된 쌍을 이룬 표본 데이터를 사용하고 표본이 단순 임의표본이고 차이 값이 거의 정규분포라고 가정하라.

3. 양팔의 혈압이 같은가? 아래는 같은 여성의 오른쪽 팔과 왼쪽 팔에서 얻은 수축기 혈압 측정값(mmHg)이다(Eguchi et al., *Archives of Internal Medicine*, Vol. 167의 "왼팔과 오른팔의 혈압 차이의 일관성"의 데이터에 기초 함). 양팔의 측정값 사이의 차이를 검정하기 위해 0.01 유의수준을 사용하라. 무슨 결론을 내릴 수 있는가?

오른팔	102	101	94	79	79
왼팔	175	169	182	146	144

4. 체온 다음은 하루에 두 번 다른 시간에 측정된 7명의 대상자에 대한 체온 값이다(부록 B의 데이터 세트 2 "체온" 참조).

a. 오전 8시와 오전 12시에 측정된 체온 간에 차이가 없다는 주장을 검정하기 위해 0.05 유의수준을 사용하라.

b. (a) 부분에서 설명된 가설검정에 사용할 수 있는 신뢰구간을 구성하라. 신뢰구간의 어떤 특징이 (a)에서와 동일한 결론에 도달하게 하는가?

오전 8시 체온(°F)	96.6	97.0	97.0	97.8	97.0	97.4	96.6
오전 12시 체온(°F)	99.0	98.4	98.0	98.6	98.5	98.9	98.4

5. 어머니와 딸의 키 아래는 어머니와 첫딸의 키(인치)이다. 데이터는 Francis Galton이 보관하고 있는 저널에서 가져온 것이다. (데이터 세트 6 "가족 신장"을 참조하라.) 0.05 유의수준을 사용하여 어머니와 첫딸 사이의 키에 차이가 없다는 주장을 검정하라.

어머니의 키	68.0	60	61.0	63.5	69	64.0	69	64	63.5	66
딸의 키	68.5	60	63.5	67.5	68	65.5	69	68	64.5	63

6. 13일의 금요일 연구원들은 자동차 사고로 인한 입원 수에 대한 데이터를 수집했으며 같은 달 6일의 금요일과 13일의 금요일에 대한 결과가 다음에 나타나 있다(Scanlon et al., *British Medical Journal*, Vol. 307의 "13일의 금요일은 당신의 건강에 좋지 않은가?"의 데이터를 기반으로 함). 같은 달 6일의 금요일과 13일의 금요일에 입원한 환자 수 차이의 평균에 대한 95% 신뢰구간 추정치를 구성하라. 그 달의 13일이 금요일이 될 때 자동차 사고로 인한 입원 수는 영향을 받지 않는다는 주장을 검정하기 위해 신뢰구간을 사용하라.

6일의 금요일	9	6	11	11	3	5
13일의 금요일	13	12	14	10	4	12

7. 두 머리가 하나보다 낫다 아래는 부록 B의 데이터 세트 9 "IQ와 뇌 크기"에서 쌍둥이의 뇌 부피(cm^3)이다. 먼저 태어난 쌍둥이와 나중에 태어난 쌍둥이의 뇌 부피 차이의 평균에 대한 99% 신뢰구간 추정치를 구성하라. 신뢰구간은 무엇을 제안하는가?

먼저 태어난 쌍둥이	1005	1035	1281	1051	1034	1079	1104	1439	1029	1160
나중에 태어난 쌍둥이	963	1027	1272	1079	1070	1173	1067	1347	1100	1204

8. 자가 보고 및 측정된 남성 신장 국가보건 및 영양검사 조사의 일환으로, 보건복지부(Department of Health and Human Services)는 12~16세 남성의 자가 보고 신장(in.)과 측정된 신장(in.)을 얻었다. 아래에 표본 결과가 나와 있다. 보고된 신장과 측정된 신장 사이의 차이의 평균에 대한 99% 신뢰구간 추정 값을 구성하라. 신뢰구간의 결과를 해석하고 신뢰구간 한계에 0이 포함되는지 여부에 대한 의견을 제시하라.

보고된 신장	68	71	63	70	71	60	65	64	54	63	66	72
측정된 신장	67.9	69.9	64.9	68.3	70.3	60.6	64.5	67.0	55.6	74.2	65.0	70.8

더 큰 데이터 세트 연습문제 9~10에서 부록 B에 나타낸 데이터 세트를 사용하라. 전체 데이터 세트는 www.TriolaStats.com에서 찾을 수 있다. 쌍을 이룬 표본 데이터가 단순 임의표본이고 차이가 대략 정규분포를 따른다고 가정하라.

9. 체온 부록 B의 데이터 세트 2 "체온"에 나열된 2일차 오전 8시와 오전 12시의 체온을 모두 사용하여 연습문제 4의 "체온"를 반복 수행하라. 유의수준은 0.05이다.

10. 아버지와 아들의 키 부록 B의 데이터 세트 6 "가족 신장"에 나열된 모든 아버지와 아들의 키를 모두 사용하여 0.05 유의수준에서 아버지와 첫아들 사이의 키에 차이가 없다는 주장을 검정하라.

9-3 기초를 넘어서

11. 체온 부록 B의 데이터 세트 2 "체온"을 참조하고 1일차 오전 8시와 오전 12시에 측정된 서로 일치하는 모든 체온 쌍을 사용하라. 1일차 오전 8시와 오전 12시 사이의 온도 차이에 대한 주장을 검정하기 위해 0.05 유의수준을 사용할 때 온도가 화씨에서 섭씨로 변환되면 가설검정 결과와 신뢰구간 결과에 어떤 영향이 있는가? 화씨온도의 신뢰구간 한계와 섭씨온도의 신뢰구간 한계 사이의 관계는 무엇인가?

힌트: $C = \frac{5}{9}(F - 32)$.

9-4 두 개의 분산 또는 표준편차

핵심 개념

이 절에서는 두 개의 모집단 분산(또는 표준편차)에 대한 주장을 검정하기 위한 F 검정을 제시한다. F 검정(통계학자인 로널드 피셔경이 명명)은 이 절에서 소개하는 F 분포를 사용한다. F 검정은 두 모집단 모두 정규분포를 갖도록 요구한다. 이 검정은 견고(robust)하지 않고 정규분포에서 벗어나는데 매우 민감하므로 정규성 요구사항이 매우 엄격하다. PART 1에서는 가설검정을 수행하기 위한 F 검정 절차를 설명하고 PART 2에서는 두 표본의 분산을 비교하기 위한 두 가지 대안 방법에 대해 간략하게 설명한다.

PART 1 두 개의 분산 또는 표준편차에 대한 가설검정으로서의 F 검정

다음의 핵심요소 상자에는 2개의 모집단 분산 또는 2개의 모집단 표준편차에 대한 가설검정 요소가 포함된다. 이 절차는 두 가지 표본 분산을 사용하지만 두 가지 모집단 표준편차에 대한 주장에도 동일한 절차가 사용된다.

실제 F 검정은 양측, 좌측 또는 우측일 수 있지만 두 표본분산 중 더 큰 값이 s_1^2로 표시되도록 계산하면 훨씬 쉽게 계산할 수 있다. 더 작은 표본분산은 s_2^2로 표시된다. s_1^2에 의해 더 큰 표본분산을 나타내는 이러한 규정은 왼쪽 꼬리에 대한 임계값 F를 찾는 다소 복잡한 문제를 피할 수 있게 한다.

핵심요소

두 개의 분산 또는 표준편차에 대한 가설검정

목표

두 모집단 분산 또는 표준편차에 대한 주장을 가설검정한다. (2개의 모집단 표준편차에 대한 모든 주장은 2개의 모집단 분산에 대한 동등한 주장으로 재조정될 수 있으므로, 동일한 절차가 2개의 모집단 표준편차 또는 2개의 모집단 분산에 사용된다.)

표기법

s_1^2 = 두 표본 분산 중 더 큰 값

n_1 = 분산이 큰 표본의 크기

σ_1^2 = 분산이 큰 표본을 추출한 모집단의 분산

s_2^2, n_2 및 σ_2^2는 또 다른 표본 및 모집단에 사용된다.

요구사항

1. 두 모집단은 **독립적**이다.
2. 두 표본은 단순 임의표본이다.
3. 두 모집단 각각은 표본 크기에 관계없이 **정규분포**를 따라야 한다. F 검정은 정규성에서 벗어나는 것에 대해 견고하지 않으므로 모집단 중 하나 또는 둘 모두가 정규분포를 갖지 않는 경우 성능이 저하된다. 정규분포의 요구사항은 F 검정에 있어서 매우 엄격하다.

두 개의 분산에 대한 가설검정에 사용되는 검정통계량(H_0: $\sigma_1^2 = \sigma_2^2$)

$$F = \frac{s_1^2}{s_2^2}$$ (s_1^2는 두 표본분산 중 더 큰 값)

***P*값:** P값은 기술에 의해 자동으로 제공된다. 기술을 사용할 수 없는 경우 표 A-5와 함께 F 검정통계량의 계산된 값을 사용하여 P값의 범위를 찾으라.

임계값: 표 A-5를 사용하여 다음에 의해 결정되는 중요 F 값을 찾으라.

1. 유의수준 α(표 A-5에는 $\alpha = 0.025$ 및 $\alpha = 0.05$의 임계값이 포함되어 있다.)
2. **분자 자유도 = $n_1 - 1$** (표 A-5의 열 결정)
3. **분모 자유도 = $n_2 - 1$** (표 A-5의 행을 결정). 유의수준 $\alpha = 0.05$인 경우 표 A-5를 참조하여 다음과 같이 검정 유형에 따라 오른쪽 꼬리 영역을 0.025 또는 0.05로 사용하라.

- **양쪽 꼬리 검정:** 오른쪽 꼬리에 0.025의 표 A-5를 사용하라. (유의수준 0.05는 양측으로 나누어지므로 오른쪽 꼬리의 면적은 0.025이다.)
- **한쪽 꼬리 검정:** 오른쪽 꼬리에 $\alpha = 0.05$인 표 A-5를 사용하라.

오른쪽 꼬리의 임계 *F* 값을 찾으라. 우리는 더 큰 표본분산이 s_1^2라고 규정하고 있기 때문에 모든 단측 검정은 오른쪽이 되고 모든 양측 검정은 오른쪽에 위치한 임계값만 찾으면 된다. (왼쪽 꼬리에서 임계값을 찾을 필요는 없다. 그러나 그것은 그리 어렵지 않다. 연습문제 10 "낮은 임계값 F 찾기"를 참조하라.)

데이터를 탐색하라! F 검정의 정규분포에 대한 요구사항이 매우 엄격하므로 히스토그램과 정규 분위수 그림을 사용하여 두 표본의 분포를 조사하고 특이치가 없는지 확인하라. (6-5절의 "정규성 평가" 참조)

F 분포

분산이 같은($\sigma_1^2 = \sigma_2^2$) 정규분포하는 2개의 모집단의 경우 검정통계량 $F = s_1^2/s_2^2$의 표본분포는 **그림 9-4**에 나와 있는 ***F* 분포**를 따른다(더 큰 표본 분산이라는 규정을 아직 부과하지 않은 경우). 분산이 동일한 정규분포를 갖는 두 모집단에서 표본을 선택하는 과정을 반복하면 비율 s_1^2/s_2^2의 분포는 F 분포이다.

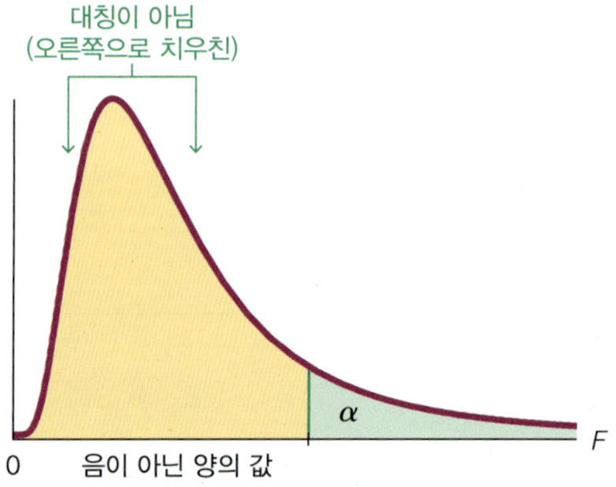

F 분포값 $= \dfrac{s_1^2}{s_2^2}$

그림 9-4 *F* 분포

분자와 분모에 대한 서로 다른 자유도 쌍마다 다른 F 분포가 있다.

그림 9-4를 참조하고 F 분포의 다음 특성을 참고하라.

- F 분포는 대칭이 아니다.
- F 분포값은 음수일 수 없다.
- F 분포의 정확한 모양은 두 가지 다른 자유도에 따라 다르다.

F 검정통계량의 값 해석

두 모집단의 분산이 같으면 s_1^2/s_2^2의 비는 1에 가까워지는 경향이 있다. s_1^2이 더 큰 표본 분산이라고 규정하고 있기 때문에 s_1^2과 s_2^2이 멀리 떨어져 있을 때 s_1^2/s_2^2의 비는 큰 숫자가 된다. 결과적으로 1에 가까운 F 값은 $\sigma_1^2 = \sigma_2^2$에 유리한 증거가 되지만 큰 값의 F는 $\sigma_1^2 = \sigma_2^2$에 반대되는 증거이다.

큰 값의 F는 $\sigma_1^2 = \sigma_2^2$에 반대되는 증거

예제 1 출생체중이 IQ점수에 미치는 영향

출생체중과 IQ의 관계를 조사한 결과, 연구원들은 출생체중이 극히 낮은(1000 g 미만) 258명의 대상자들이 8세에 평균이 95.5이고 표준편차가 16.0의 Wechsler IQ점수를 받았다는 것을 발견했다. 출생체중이 정상인 220명의 피험자에서는 8세의 평균 IQ 점수는 104.9이고 표준편차는 14.1이었다. (Anderson 등, *Journal of the American Medical Association*, Vol. 289, No. 24. "출생체중이 극도로 낮거나 미숙아로 태어난 학령기 아동의 신경 행동 결과"에 근거한 자료.) 0.05 유의수준을 사용하여 출생체중이 극히 낮은 아기와 체중이 정상인 아기는 분산 다르다는 주장을 검정하라.

풀이

조건 확인 (1) 두 모집단은 서로 독립적이다. 두 표본은 어떤 식으로도 일치하지 않는다. (2) 연구를 위한 설계를 고려할 때, 우리는 두 표본이 단순 임의표본으로 취급될 수 있다고 가정한다. (3) 원 데이터의 분석에 기초하여 두 표본이 정규분포를 갖는 모집단에서 추출되었다고 가정한다. ✓

동일한 모집단 표준편차에 대한 주장을 검정하기 위해 표본 표준편차를 사용하는 대신 표본 분산을 사용하여 동일한 모집단 분산에 대한 주장을 검정하지만 가설과 결론을 표준편차로 표시할 수 있다. 이 절에서는 더 큰 분산이 s_1^2로 표시되어 있으므로 $s_1^2 = 16.0^2$ 및 $s_2^2 = 14.1^2$으로 나타낸다.

1단계: 다른 분산에 대한 주장은 다른 표준편차에 대한 주장과 동일하며 이는 $\sigma_1 \neq \sigma_2$로 표시된다.

2단계: 원래 주장이 거짓이면 $\sigma_1 = \sigma_2$이다.

3단계: 귀무가설이 등호에 대한 진술이고 대립가설이 등호를 포함할 수 없기 때문에

$$H_0: \sigma_1 = \sigma_2 \qquad H_1: \sigma_1 \neq \sigma_2 \text{ (최초 주장)}$$

4단계: 유의수준은 $\alpha = 0.05$이다.

5단계: 이 검정에는 두 모집단 분산이 포함되므로 F 분포를 사용한다.

6단계: 검정통계량은

$$F = \frac{s_1^2}{s_2^2} = \frac{16.0^2}{14.1^2} = 1.2877$$

*P*값 방법

기술 기술을 사용하면 P값이 0.0537이므로 H_0를 기각할 수 없다. (여백에 나타낸 Statdisk 결과 화면을 참조하라.)

Statdisk

Test Statistic, F: 1.2877
Lower Critical F: 0.7755348
Upper Critical F: 1.292841
P-Value: 0.0537
95% Confidence interval:
0.9979949 < SD1/SD2 < 1.288547

표 표 A-5의 형식과 한계는 P값 방법을 조금 까다롭게 만들 수 있긴 하지만 살펴보도록 하자, 유의수준 0.05의 양측검정의 경우 오른쪽 꼬리에 0.025의 면적이 있으므로 F 분포(표 A-5)에 대해 분자 자유도$= n_1 - 1 = 257$ 및 분모 자유도$= n_2 - 1 = 219$이

(계속)

며 "오른쪽 꼬리 부분 0.025"에 해당하는 값을 사용한다. 표 A-5에서는 자유도가 너무 커 F의 임계값이 1.0000과 1.4327 사이임을 나타낸다. $F = 1.2877$의 검정통계량은 1.000과 1.4327 사이이므로 표 A-5는 이 예제에서 도움이 되지 않는다.

임계값 방법: 기술을 사용하여 임계값이 0.7755 및 1.2928임을 알 수 있다. 검정통계량 $F = 1.2877$은 두 임계값 사이에 있으므로 검정통계는 임계 영역에 포함되지 않으며 H_0를 기각하지 못한다.

해석

두 모집단의 분산이 다르다는 주장을 뒷받침할 만한 충분한 증거가 없다.

주의 9-2절의 PART 2에는 2개의 모집단 평균에 대한 주장을 검정하는 방법이 포함되어 있으며 이러한 방법 중 하나에는 $\sigma_1 = \sigma_2$가 필요하다. 이 요구사항이 충족되는지 여부를 결정하는 방법으로 F 테스트를 사용하지 않는 것이 좋다. 9-2절의 경우 F 검정을 사용하면 두 개의 독립적인 표본에 대한 t 검정에 영향을 주기엔 너무 작은 차이를 사용할 위험이 있다. 이 접근 방식은 종종 바다가 원양 정기선(t 테스트)에 안전한지 결정하기 위해 노 젓는 보트(예비 F 테스트)로 누군가를 바다로 보내는 것과 유사한 것으로 묘사된다.

PART 2 대안적인 방법

이 절의 PART 1에서는 두 독립 모집단의 표준편차(또는 분산)에 대한 주장을 검정하기 위한 F 검정을 제시한다. 이 검정은 정규성 이탈에 매우 민감하기 때문에 이제 정규성 이탈에 그다지 민감하지 않은 두 가지 대안을 간단히 설명한다.

카운트 5

카운트 5 방법은 F 검정에 대한 비교적 간단한 대안이며 정규분포 모집단이 필요하지 않다. (McGrath and Yeh, *American Statistician*, Vol. 59, No. 1의 "빠르고 컴팩트한 2 표본 분산 검정:카운트 5" 참조.) 두 표본 크기가 같고 하나의 표본에 최소 5개의 최대평균절대편차(MAD)가 있는 경우 그 모집단의 분산이 더 크다는 결론을 내린다. 구체적인 절차는 연습문제 9 "카운트 5 검정"을 참조하라.

Levene-Brown-Forsythe 검정

Levene-Brown-Forsythe 검정(또는 수정된 Levene 검정)은 F 검정의 또 다른 대안이며 정규성에서 벗어나는 것에 대해 훨씬 견고하다. 이 검정은 각 표본 값 세트의 변환으로 시작한다. 첫 번째 샘플 내에서 각 x값을 $|x - \text{median}|$로 바꾸고 두 번째 샘플에 동일한 변환을 적용한다. 변환된 값을 사용하여 9-2절의 PART 1에서 설명한 대로 독립 표본에 대해 평균이 같다는 검정을 한다. 변환된 값은 편차이므로 평균의 동등성 t 검정은

실제로 두 표본의 변동을 비교하는 검정이다.

F 검정의 다른 대안과 *F* 검정의 성능을 향상시키는 조정이 있다. 슈 메이커(Shoemaker)의, *American Statistician*, Vol. 57, No. 2.의 "동일한 편차에 대한 *F* 검정 수정"을 참조하라.

테크 센터

두 표준편차로부터의 추론

www.TriolaStats.com에서 기술 지침, 비디오, 데이터 집합을 참조하십시오.

9-4 기본적인 기술 및 개념

통계적 해석 및 비판적 사고

1. *F* 검정통계량

a. s_1^2이 큰 표본 분산일 경우 *F* 검정통계량이 1보다 작을 수 있는가?

b. *F* 검정통계량이 음수일 수 있는가?

c. $\sigma_1^2 \neq \sigma_2^2$라는 주장을 검정하는 경우 검정통계량 *F*가 1에 매우 가까운 경우 두 표본에 대해 무엇을 알고 있는가?

d. *F* 분포가 대칭인가 아니면 왼쪽이나 오른쪽으로 치우쳐 있는가?

2. 정규성 검정 아래에서 설명한 가설검정의 경우 표본크기는 $n_1 = 147$ 및 $n_2 = 153$이다. 이 데이터와 함께 *F* 테스트를 사용할 때 $n_1 > 30$ 및 $n_2 > 30$ 때문에 정규성을 확인할 필요가 없다고 판단하는 것이 맞는가?

F 테스트 남성의 키와 여성의 키가 다른 분산을 가지고 있다는 주장을 검정하기 위해 부록 B의 데이터세트 1 "신체 데이터"의 표본데이터를 사용하라. 여기에서 여성의 경우 s = 7.48296 cm이고 남성의 경우 s = 7.10098 cm 임을 알 수 있다

연습문제 3~8에서 주어진 주장을 검정하라.

3. 알코올의 효과 테스트 연구원들은 알코올의 효과를 검정하기 위한 실험을 수행했다. 에탄올을 마신 22명의 처리 그룹과 위약을 투여한 22명으로 구성된 또 다른 그룹의 시각 및 운동 능력 테스트에서 오류가 기록되었다. 처리그룹의 오류는 표준편차가 2.20이고, 위약그룹의 오류는 표준편차가 0.72이다(Streufert et al., *Journal of Applied Psychology*, Vol. 77, No. 4의 "Visuomotor 성능의 위험 감수, 전략 및 오류율에 대한 알코올 중독의 영향"의 데이터에 기초함). 처리 그룹이 위약그룹보다 훨씬 더 많은 오류가 있다는 주장을 검정하기 위해 0.05 유의수준을 사용하라.

4. 기본 특성 임상실험에 관한 저널 논문에서 서로 다른 치료 그룹의 기본 특성을 포함하여 비교할 수 있도록 하는 것이 일반적이다. 다양한 식이요법의 영향에 관한 논문에서 기본특성 표는 Atkins 식이요법으로 치료받은 40명의 피험자가 평균연령이 47세이고 표준편차가 12세로 나타났다. 또한, 존 식이요법으로 치료된 40명의 피험자는 평균연령이 51세이고 표준편차는 9세였다. 두 치료

군의 피험자가 같은 양의 변화량을 가지고 있다는 주장을 검정하기 위해 0.05 유의수준을 사용하라. 처리 그룹의 특성이 다른 경우 처리에 대한 비교가 어떻게 영향을 받는가?

5. 통증의 자석 치료 연구원들은 자석이 요통 치료에 효과적인지 여부를 결정하기 위한 연구를 수행했으며, 그 결과는 다음과 같다(Collacott, Zimmerman, White, and Rindone, *Journal of the American Medical Association*, Vol. 283, No. 10,의 "만성 요통 치료를 위한 양극성 영구자석: 파일럿 연구"의 데이터를 기반으로 함). 이 값은 시각적 아날로그 척도를 사용하여 통증 측정을 나타낸다. 가짜 치료(위약과 유사)를 받은 환자는 자석으로 치료한 환자의 통증 감소보다 더 다양한 통증 감소가 있다는 주장을 검정하기 위해 0.05 유의수준을 사용하라.

가짜 치료를 받은 환자의 통증 감소: $n = 20, \bar{x} = 0.44, s = 1.4$

자석으로 치료한 환자의 통증 감소: $n = 20, \bar{x} = 0.49, s = 0.96$

6. 담배 필터와 니코틴 아래에 무작위로 선택된 필터가 있는 그리고 필터가 없는 특대형 담배에 대해 측정된 니코틴 성분에 대한 통계가 나와 있다(연방무역위원회의 데이터를 기반으로 함). 필터가 있는 특대형 담배에는 필터가 없는 특대형 담배의 니코틴 양보다 더 다양한 양의 니코틴이 있다는 주장을 검정하기 위해 0.05의 유의수준을 사용하라.

필터가 있는 특대형 담배 $n = 21, \bar{x} = 0.94$ mg, $s = 0.31$ mg

필터가 없는 특대형 담배 $n = 8, \bar{x} = 1.65$ mg, $s = 0.16$ mg

7. 남성과 여성의 체온 아래 목록은 부록 B의 데이터 세트 2 "체온"에 나열된 2일차 오전 8시에 남성에게서 측정된 체온(°F)이다. 동시에 측정된 여성의 체온의 경우 $n = 59$, $\bar{x} = 97.45$°F 및 $s = 0.66$°F이다. 남성이 여성의 체온보다 더 다양한 체온을 가지고 있다는 주장을 검정하기 위해 0.05 유의수준을 사용하라.

97.0 98.0 96.4 98.2 98.8 98.6 97.8 98.7 97.8 96.4 96.9

8. 장수 아래는 교황과 영국 군주(1690년 이후)가 선출이나 대관식 이후에 살았던 연수이다. 큰 모집단에서 추출한 단순한 무작위 표본으로 취급하라. 장수 시간의 두 모집단이 동일한 분산을 가지고 있다는 주장을 검정하기 위해 0.05 유의수준을 사용하라.

교황:	2	9	21	3	6	10	18	11	6	25	23	6	2	
	15	32	25	11	8	17	19	5	15	0	26			
왕과 왕비:	17	6	13	12	13	33	59	10	7	63	9	25	36	15

9-4 기초를 넘어서

9. 두 모집단의 분산을 비교하기 위한 카운트 5 검정 다음 자료를 이용하여 분석하되 F 검정을 사용하는 대신 동일한 분산의 "카운트 5" 검정의 다음 절차를 사용하라(보이는 것만큼 복잡하지는 않다).

시험 때 멍함 첫 번째 질문이 매우 어려워서 많은 학생들이 시험에 당황한 경험을 했을 것이다. 시험 항목의 배열이 불안에 미치는 영향에 대해 연구되었다. 다음 점수는 대부분의 사람들이 공황

상태 또는 공란상태라고 부르는 "심각한 불안감"의 척도이다. (Klimko, Journal of Experimental Education, Vol. 52, No. 4의 "시험성과 성취의 예측인자로서의 항목 배열, 인지 진입 특성, 성 및 시험 불안"의 데이터에 기초함) 0.05 유의수준을 사용하여 두 점수 집단이 다른 양의 분산을 가지고 있다는 주장을 검정하라.

Questions Arranged from Easy to Difficult				
24.64	39.29	16.32	32.83	28.02
33.31	20.60	21.13	26.69	28.90
26.43	24.23	7.10	32.86	21.06
28.89	28.71	31.73	30.02	21.96
25.49	38.81	27.85	30.29	30.72

Questions Arranged from Difficult to Easy			
33.62	34.02	26.63	30.26
35.91	26.68	29.49	35.32
27.24	32.34	29.34	33.53
27.62	42.91	30.20	32.54

a. 첫 번째 표본의 각 값 x에 대해 절대편차 $|x - \bar{x}|$를 찾은 다음 절대편차 값을 정렬한다. 두 번째 표본에 대해서도 동일하게 수행하라.

b. c_1은 첫 번째 표본에서 두 번째 표본의 가장 큰 절대편차 값보다 큰 절대편차 값의 개수를 산정한다. 반대로 c_2는 첫 번째 표본의 가장 큰 절대편차 값보다 큰 두 번째 표본에서의 절대편차 값의 개수를 산정한다. (이 카운트 중 하나는 항상 0이다.)

c. 표본들의 크기가 같은($n_1 = n_2$) 경우 임계값 5를 사용하라. 만약 ($n_1 \neq n_2$)인 경우 아래 표시된 임계값을 계산하라.

$$\frac{\log(\alpha/2)}{\log\left(\dfrac{n_1}{n_1 + n_2}\right)}$$

d. c_1 임계값이면 $\sigma_1^2 > \sigma_2^2$이고, c_2 임계값이면 $\sigma_2^2 > \sigma_1^2$이다. 그렇지 않으면 $\sigma_1^2 = \sigma_2^2$의 귀무가설을 기각하지 못한다.

10. 낮은 쪽 임계 *F* 값 찾기 양측 가설검정의 경우, PART 1의 방법에서는 상위 임계값만 찾았다. 아래첨자는 오른쪽 꼬리의 임계값을 나타내며 F_R은 높은 쪽 임계값을 나타냅니다. 낮은 쪽(좌측) 임계값 F_L(왼쪽 꼬리)은 다음과 같이 찾을 수 있다. (1) F_R을 찾는 데 사용되는 자유도를 서로 바꾼다. (2) 그런 다음 1단계에서 찾은 자유도를 사용하여 표 A-5에서 F 값을 찾으시오. (3) 2단계에서 찾은 F 값의 역수를 취하면 결과는 F_L이 된다. 앞의 9번 문제 "시험 때 멍함"에 대한 임계값 F_L 및 F_R을 찾아라.

장별 퀴즈

연습문제 1~3에서 다음 설문 결과를 사용하라. 무작위로 선택된 피험자들에게 지난 50년 동안 지구가 야생생물 개체 수의 절반을 잃어버렸다는 것을 알고 있는지 물었다. 1121명의 여성 중 23%가 자신이 알고 있다고 답했다. 1084명의 남성 중 26%가 자신이 알고 있다고 응답했다 (해리스 설문 조사의 데이터에 근거함).

1. 생물 다양성 진술을 알고 있는 사람들의 경우 여성의 비율이 남성의 비율과 같다는 주장에서

비롯된 귀무가설과 대립가설을 확인하라.

2. 생물 다양성 $p_1 = p_2$라는 주장을 테스트할 때 $z = -1.64$의 검정통계량을 얻는다. 가설검정에 대한 P값을 찾으라.

3. 생물 다양성 연습문제 1 "생물 다양성"에 제시된 주장을 테스트할 때 P값이 0.1이라고 가정하라. 귀무가설에 대해 무엇을 결론 내려야 하는가? 마지막 결론은 무엇인가?

4. 맞는가? 미국의 여성 외과의사 비율이 미국 이외의 여성 외과의사 비율과 같다는 주장을 검정하기 위해 무작위 표본을 수집할 때, $np \geq 30$ 및 $nq \geq 30$에 대한 요구사항이 있다.

5. 가설 오른쪽 눈 측정치와 왼쪽 눈 측정치의 차이는 평균이 0인 모집단에서 온다는 주장을 검정할 때 다음의 표본 데이터를 사용하기 위한 귀무가설 및 대립가설을 세워라.

오른쪽 눈:	60	25	20	50	30
왼쪽 눈:	80	20	25	50	25

복습문제

1. 저자 가림 저자가 가려져서 평가된 13,200개의 제출된 초록 중(저자와 저자가 확인되지 않은) 26.7%가 출판을 위해 수락되었다. 저자가 가려지지 않고 평가된 13,433개의 초록 중 29.0%가 수락되었다(Ros et al., *Journal of the American Medical Association*, Vol. 295, No. 14의 "Blinded Peer Review of Abstract Acceptance의 효과"에 근거). 0.01 유의수준을 사용하여 수락률이 저자를 가리거나 그렇지 않은 경우 같다는 주장을 검정하라. 결과는 어떻게 설명될 수 있는가?

2. 신장 아래는 여성 표본에서 무작위로 선택한 신장(cm)과 남성 표본에서 무작위로 선택한 신장(cm)이다 (부록 B의 데이터 세트 1 "신체 자료"에서). 95% 신뢰수준을 사용하여 여성의 평균 신장과 남성의 평균 신장의 차이의 크기를 추정하라.

여성:	160.3	167.7	166.9	153.3	160.0	177.3	169.1	134.5	163.3	171.1
남성:	190.3	169.8	179.8	179.8	177.0	178.5	173.5	178.7	179.0	181.3

3. 신체 운동의 효과 신체 운동의 효과를 조사하기 위한 연구가 수행되었다. 10명의 피험자의 표본 데이터가 아래에 나열되어 있으며 모든 무게는 킬로그램으로 표시되어 있다. (Casaburi et al., *Journal of Applied Physiology*, Vol. 62, No. 1의 "과중한 운동 중 VO_2의 결정 요인에 대한 지구력 훈련의 효과"를 참조.)

a. 운동 전후 몸무게 사이에 차이가 있다는 결론을 내릴 충분한 증거가 있나? 운동이 체중에 미치는 영향에 대해 무엇을 결론 내릴까?

b. 운동 전후 몸무게 차이의 평균에 대해 95% 신뢰구간을 구성하라.

운동 전:	99	57	62	69	74	77	59	92	70	85
운동 후:	94	57	62	69	66	76	58	88	70	84

누적 복습문제

가족 신장 연습문제 1~5에서 아버지, 어머니 및 성인 아들의 신장(인치)을 사용하라(데이터 세트 6 "가족 신장"). 각 열이 동일한 가족의 높이로 구성되도록 데이터가 연결되어 있다.

아버지	68.0	68.0	65.5	66.0	67.5	70.0	68.0	71.0
어머니	64.0	60.0	63.0	59.0	62.0	69.0	65.5	66.0
아들	71.0	64.0	71.0	68.0	70.0	71.0	71.7	71.0

1. a. 세 가지 표본이 독립적 아니면 종속적인가?

b. 아들들의 키의 평균, 중앙값, 범위, 표준편차 및 분산을 찾는다. 적절한 단위로 결과를 표현하라.

c. 표본 데이터의 측정 수준(명목, 순서, 간격, 비율 척도)은 무엇인가?

d. 원래의 반올림되지 않은 값이 이산 데이터인가 연속 데이터인가?

2. **신뢰구간** 아들의 평균 키에 대한 95% 신뢰구간 추정치를 구성하라. 신뢰구간을 해석하는 간단한 설명을 작성하라.

3. **정규성 평가** 아버지들의 신장 표본이 정규분포 모집단에서 나온 것인지 여부를 확인하기 위해 함께 제공되는 정규 분위수 그림을 참조하라.

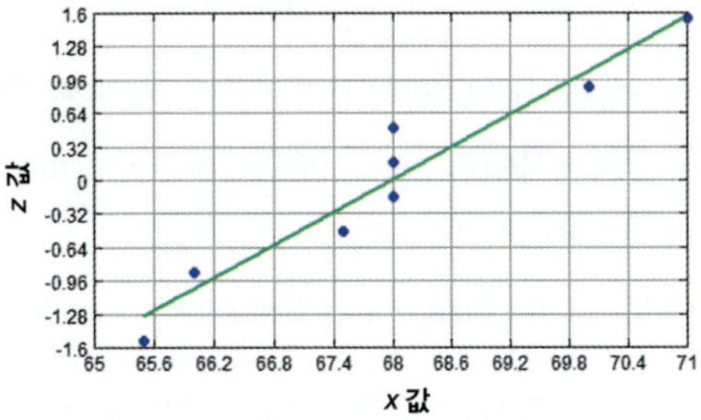

4. **제동 반응시간: 정규분포?** 아래에 나와 있는 정규 분위수 그림은 여성의 제동 반응시간에 대한 조사자료를 사용하여 얻었다. 여성의 제동 반응시간을 사용하여 얻었다. 이 그래프를 해석하라.

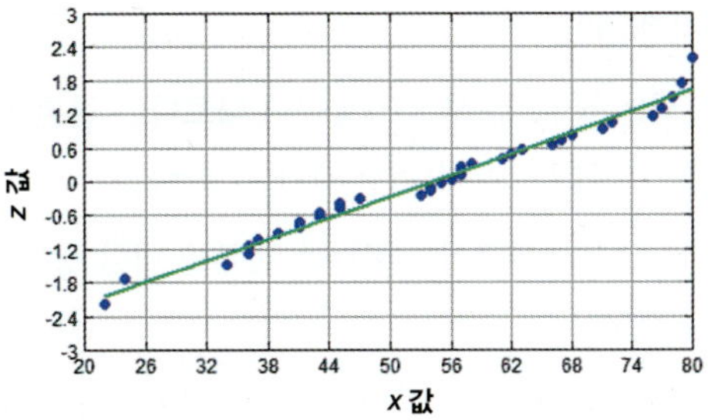

5. **제동 반응시간: 가설검정** 남성과 여성의 평균 제동 반응시간이 같다는 주장을 검정하기 위해 다음의 표본 데이터를 0.01 유의수준을 가지고 사용하라.

제동 반응시간(히스토그램) 아래에 나열된 목록은 남성과 여성 피험자에 대한 분류된 제동 반응시간 (1/10,000 초)이다 (RT-2S 제동 반응 시간 테스터의 데이터 기준).

남성	28	30	31	34	34	36	36	36	36	38	39	40	40	40	40	41	41	41
	42	42	44	46	47	48	48	49	51	53	54	54	56	57	60	61	61	63
여성	22	24	34	36	36	37	39	41	41	43	43	45	45	47	53	54	54	55
	56	57	57	57	58	61	62	63	66	67	68	71	72	76	77	78	79	80

기술 프로젝트

많은 기술은 지정된 평균 및 표준편차를 가진 모집단에서 추출한 정규분포 데이터를 생성할 수 있다. 6-1절의 [예제 3]에서, 골 밀도 시험 점수는 평균이 0이고 표준편차가 1인 정규분포를 갖는 z 점수로서 측정됨을 주목하였다. 아래와 같이 시뮬레이션 된 골밀도 점수를 나타내는 두 개의 표본 데이터 세트를 생성한다.

- **치료 그룹** 평균이 0이고 표준편차가 1인 정규분포 골 밀도 점수 모집단에서 10개의 표본 값을 생성한다.
- **위약그룹** 평균이 0이고 표준편차가 1인 정규분포 골 밀도 점수 집단에서 15개의 표본 값을 생성한다.

Statdisk:	Select **Data**, then **Normal Generator**.
Minitab:	Select **Calc**, **Random Data**, **Normal**.
Excel:	Select **Data Analysis**, **Random Number Generation**.
TI-83/84 Plus:	Press **MATH**, select **PROB**, then use **randNorm** function with the format of $(\bar{x}, s, n)$.
StatCrunch:	Click on **Data**, select **Simulate**, select **Normal**.

두 표본 각각은 평균이 0이고 표준편차가 1인 정규분포 모집단에서 무작위 선택으로 구성되므로, 두 데이터 세트가 실제로 동일한 모집단에서 나올 수 있도록 데이터가 생성되었기 때문에 두 표본평균 간에 차이가 없어야 한다.

a. 두 데이터 세트를 생성한 후 0.10의 유의수준을 사용하여 두 샘플이 동일한 평균을 가진 모집단에서 나온다는 주장을 검정하라.

b. 이 실험이 여러 번 반복되는 경우, 두 모집단 평균이 다르다는 결론으로 이어지는 예상되는 시험 비율은 얼마일까? 이것은 유형 I 오류와 어떤 관련이 있는가?

c. 생성된 데이터로 인해 두 모집단 평균이 다르다는 결론을 내릴 경우 실제로 이 결론이 정확한가? 당신은 어떻게 알 수 있는가?

d. (a) 부분을 20번 반복하면 가설검정이 귀무가설을 기각하지 않을 확률은 얼마일까?

e. (a) 부분을 20번 반복하라. 평균이 같다는 귀무가설은 얼마나 자주 거부 되었는가? 이것이 예상한 결과인가?

자료로부터의 결정

비판적 사고: 트라이앵글 팩토리 화재로 사망한 근로자의 연령

1911년 3월 25일 맨해튼에서 발생한 트라이앵글 팩토리 화재로 사망한 146명의 직원의 연령(년)은 다음과 같다(Kheel Center 및 *New York Times*의 데이터를 기반으로 함). 많은 수의 사망에 원인이 된 한 가지 요인은 거의 모든 출구가 잠겨져 있으며 이는 직원이 업무가 끝날 때 도난 여부를 점검할 수 있도록 한 것이다. 그 화재는 건축법과 노동법의 변화를 가져온 심하게 열악하고 안전하지 않은 노동조건을 드러냈다.

결과 분석

1. 먼저 적절한 통계와 그래프를 사용하여 남녀 연령을 합친다. 평균 연령은 얼마인가? 최소 및 최대 연령은 얼마인가? 연령의 표준편차는 무엇인가? 특이치가 있는가? 연령 분포를 설명하라.

2. 남성 평균연령의 95% 신뢰구간 추정치를 구성하고 여성 평균연령의 95% 신뢰구간 추정치를 구성하고 결과를 비교하라.

3. 연령을 표본 데이터로 취급하고 남녀의 연령이 표준편차가 다르다는 주장을 뒷받침할 만한 충분한 증거가 있는지 판단하라.

그룹 활동

1. 수업 외 활동 표본 데이터를 수집하고 운동을 하는 사람이 운동을 하지 않는 사람보다 맥박수가 낮은 경향이 있다는 주장을 검정하시오.

2. 수업 외 활동 여러 커플의 남녀의 키를 측정하고 기록하시오. 남성의 키와 파트너의 키 사이의 차이의 평균을 추정하시오. 부록 B의 데이터 세트 1 "신체 자료"에 포함된 남성의 평균 신장과 여성의 평균 신장의 차이와 결과를 비교하시오. 사람들이 파트너를 선택할 때 키가 중요한 요소라는 결과가 나오는가?

3. 수업 외 활동 남학생과 여학생을 무작위로 선택하고 선택된 각 개인에게 연방 정부가 줄기세포 연구에 자금을 지원해야 하는지 여부와 같은 질문을 예/아니오로 대답하도록 한다. 응답 내용, 응답자의 성별 및 질문을 하는 사람의 성별을 기록하시오. 가설검정을 사용하여 남성과 여성의 응답 비율 사이에 차이가 있는지 확인하시오. 또한 면접관의 성별에 의해 반응이 영향을 받는지 여부를 결정하시오.

4. 수업 중 활동 측정 장치를 사용하지 않고 각 학생에게 3인치 길이의 선과 3 cm 길이의 선을 그리도록 요청한다. 그런 다음 눈금자를 사용하여 그린 선의 길이를 측정하고 기록하시오. 학생들의 성별과 함께 오차를 기록하시오. 3인치 라인의 길이를 추정할 때 남성의 평균 오차는 여성의 평균 오차와 같은지를 검정하시오. 또한 결과를 관찰하여 SI 시스템(센티미터)보다 영국 측정 시스템(인치)에 대해 더 잘 이해하고 있는지를 결론 내리시오?

5. 수업 외 활동 결혼한 커플을 조사하고 각자의 신용카드 수를 기록한다. 쌍을 이룬 데이터를 분석하여 남편이 더 많은 신용카드를 가지고 있는지, 아내가 더 많은 신용카드를 가지고 있는지, 또는 둘 다 거의 같은 수의 신용카드를 가지고 있는지 확인하시오. 불일치의 이유를 밝히시오.

6. 수업 외 활동 일반 수돗물과 다른 브랜드의 생수 간에 맛의 차이가 없다는 주장을 검정하기 위해 실험을 수행하고 데이터를 수집한다.

10 상관과 회귀
Correlation and Regression

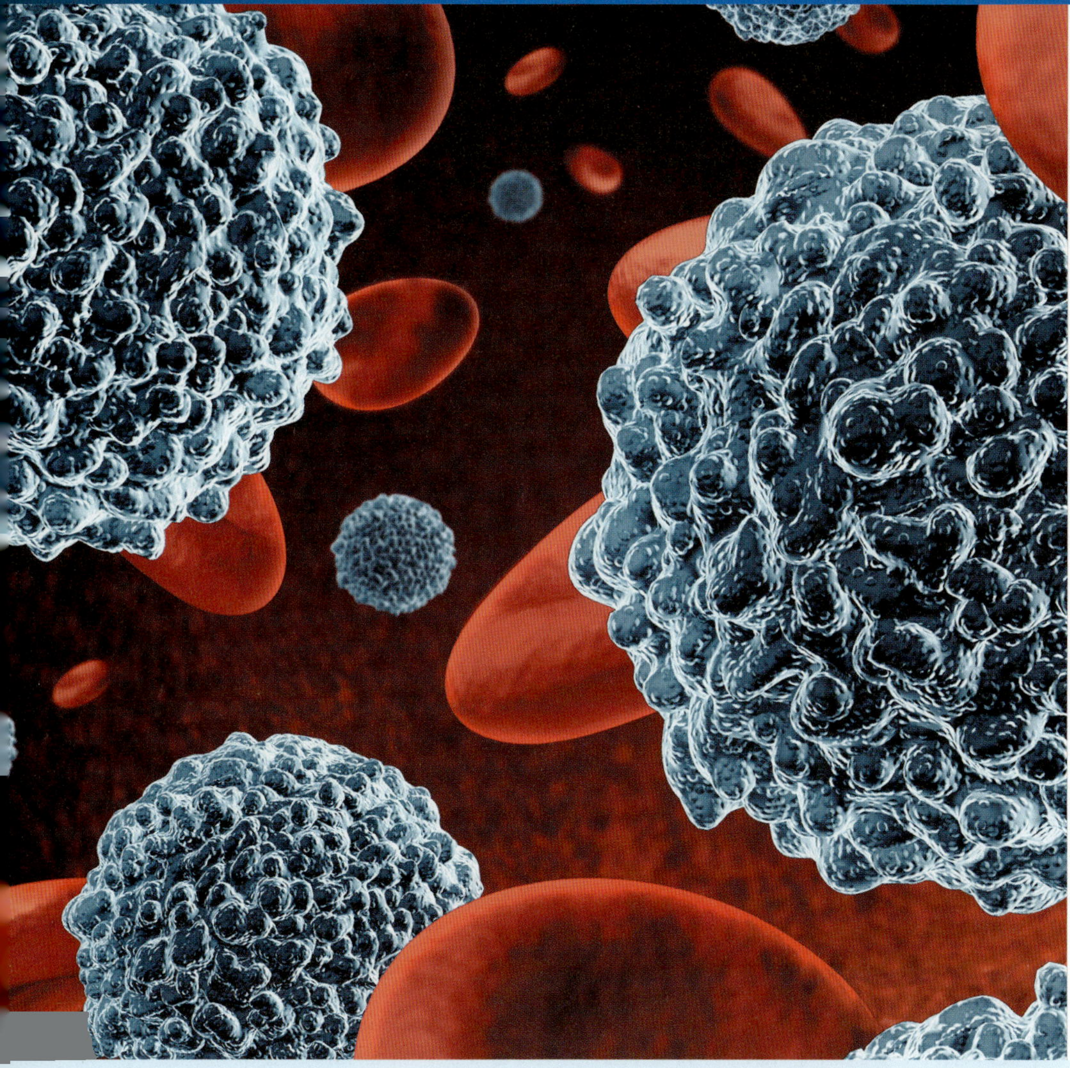

이 장의 문제

간단한 건강검진으로 돈과 시간을 절약할 수 있을까?

한 사람의 건강을 평가할 때, 일부 신체 측정은 비교적 쉽고 빠르며 값이 싸다. 반면에 어떤 것들은 상당히 비싸고 시간도 많이 소요된다. 맥박수를 측정하는데 1분밖에 걸리지 않으며, 시계 등의 도구만 있어도 가능하다. 하지만 사람의 백혈구 수를 측정하려면 실험실로 보내야 하는 혈액 표본을 채취해야 한다. 백혈구 수를 모니터링하는 것은 중요한데 이는 백혈구가 감염을 퇴치하는 데 도움이 되기 때문이다. 만일 맥박수와 백혈구 수 사이에 강한 상관이 있다면, 맥박수를 사용하여 백혈구 수를 예측함으로써 비용과 시간을 절약할 수 있다. 이 장에서는 여성의 맥박수와 백혈구 수 사이의 상관에 대해서 알아볼 것이다. 여기에서는 부록 B의 데이터 세트 1 "신체 자료"에 있는 5개의 자료를 사용하는 것부터 시작하고자 한다. 이 장의 통계적 방법을 설명하기 위해 해당 데이터 세트를 활용하고자 하는데, 맥박수는 분당 박동 수로 측정되며 백혈구 수는 1,000 cells/μL 단위로 측정되었다.

표 10-1 성인 여성의 맥박수와 백혈구 수

맥박수	56.0	82.0	78.0	86.0	88.0
백혈구 수	6.9	8.1	6.4	6.3	10.9

이 장에서 설명하는 통계적 방법을 사용하는데 있어, 다음과 같은 질문들을 제기할 수 있다.

- 여성의 맥박수와 백혈구 수치 간에 상관이 있나요?
- 만일 여성의 맥박수와 백혈구 수 사이에 상관이 있다면, 주어진 백혈구 수를 예측할 수 있도록 방정식으로 표현될 수 있는가? 만일 그렇다면 예측의 정확도는 얼마인가?

이 장의 목표

이 장의 주요한 사항은 짝으로 묶여진 자료를 분석하는 것이다. 9-3절에서 대응짝으로 구성된 표본자료를 다루었지만, 9-3절의 목표는 대응짝으로부터 차이의 평균에 대한 추론을 하는 것이었다. 10장에서는 다시 짝으로 묶여진 표본자료를 다루겠지만, 목적은 9-3절과 근본적으로 다르다. 10장에서는 두 변수 사이에 상관 또는 관련성이 있는지 여부를 결정하는 방법을 제시한다. 선형 상관이 존재하는 경우에 자료에 가장 잘 맞는 직선의 방정식을 제시할 수 있으며, 이 방정식을 사용하여 한 변수의 값이 주어진 경우에 다른 변수의 값을 예측할 수 있다. 이 장의 목표는 다음과 같다.

10-1 상관

- 짝을 이룬 자료를 사용하여 선형 상관계수 r의 값을 찾는다.
- 두 변수 사이에 선형 상관이 있다는 결론을 뒷받침할 충분한 증거가 있는지 확인한다.

10-2 회귀

- 짝을 이룬 표본자료를 사용하여 회귀식을 찾는다.
- 다른 변수의 어떤 값이 주어질 때 특정 변수의 가장 좋은 예측값을 찾는다.

10-3 예측구간과 변동

- 짝을 이룬 표본자료를 사용하여 결정계수 r^2의 값을 결정하고 그 값을 해석한다.
- 짝을 이룬 표본자료를 사용하여 한 변수의 주어진 값을 사용하여 두 번째 변수의 예측값과 예측구간을 찾는다.

10-4 다중회귀

- 다중 회귀식이 예측하기에 적합한지 여부를 결정하기 위해 통계패키지의 결과를 해석한다.
- 다양한 예측변수 조합의 결과를 비교하고 최상의 다중 회귀식이 되는 조합을 제시한다.

10-5 가변수와 로지스틱 회귀

- 가변수를 포함하는 회귀식을 찾는다. 여기에서 가변수는 가능한 두 개의 이산형 값만 갖는다.
- 가변수가 반응변수(y)일 때 로지스틱 회귀의 방법을 적용한다.

10-1 상관

핵심 개념

PART 1에서는 **선형 상관계수** r을 소개한다. r은 짝을 이룬 표본자료가 그래프로 표시될 때 직선적인 경향이 얼마나 잘 맞는지 측정하는 숫자이다. r의 값(보통 통계패키지 등을 사용하여 찾음)을 찾기 위해 짝을 이룬 자료[**두 변수 자료(bivariate data)**라고도 함]의 표본을 사용하고, 두 변수 사이에 선형 상관이 있는지 여부를 결정하기 위해 이 값을 사용한다. 이 절에서는 산점도로 그래프를 그릴 때 해당 점들이 **직선적인**(*straight-line*) 경향을 가지는 선형의 관련성만을 고려한다. PART 2에서는 2개 변수 관련한 모집단 값 사이에 선형 상관이 있는지 여부를 결정하는 데 사용할 수 있는 공식적인 가설검정의 수행방법을 논의한다.

PART 1 상관의 기본 개념

여기서는 보통 두 변수 간의 관련성에 대한 정도에 사용되는 용어로서 **상관**의 정의와 함께 시작한다.

> **정의**
>
> **상관(correlation)**은 한 변수의 값이 어떻게든 다른 변수의 값과 관련될 때, 두 변수 사이에 존재한다.
>
> **선형 상관(linear correlation)**은 두 변수 간에 상관이 존재하고 짝을 이룬 자료의 도식화된 점들이 직선으로 근사될 수 있을 때 존재한다.

예를 들어, 표 10-1에는 5명의 성인 여성의 맥박수와 백혈구 수로 구성된 짝을 이룬 표본자료가 포함되어 있는데, 여기에서 변수 x(맥박수)와 변수 y(백혈구 수)간에 선형 상관이 있는지 여부를 결정하게 된다. 단순히 선형 상관계수 r을 맹목적으로 계산하지 않고, 먼저 자료를 **탐색**(*explore*)하는 것이 좋다.

탐색!

공식적인 통계적 절차를 적용하기 전에 표본자료를 탐색하는 것이 항상 바람직하기 때문에, 짝을 이룬 자료를 시각적으로 탐색하기 위해 산점도를 작성해야 한다. 그림 10-1은 자료의 산점도를 보여준다. 도식화된 점들은 직선적인 경향을 잘 따르지 않는 것처럼 보이므로 선형 상관이 나타나지 않을 수도 있다.

산점도 해석하기

그림 10-2는 특성이 다른 4개의 산점도를 보여준다.

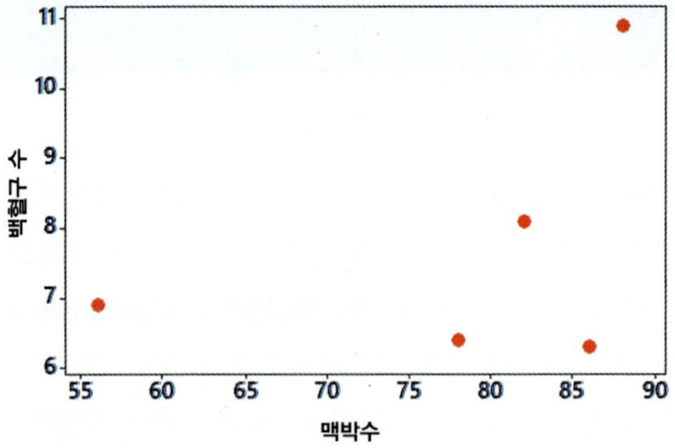

그림 10-1 맥박수와 백혈구 수의 산점도

- **그림 10-2(a)**: 뚜렷한 직선 또는 선형의 경향. *x*값이 증가할수록 *y*값도 증가하기 때문에 *x*와 *y* 사이에 양(*positive*)의 선형 상관이 있다고 말한다.
- **그림 10-2(b)**: 뚜렷한 직선 또는 선형의 경향. *x*값이 증가하면 해당 *y*값이 감소하기 때문에 *x*와 *y* 사이에는 음(*negative*)의 선형 상관이 있다고 말한다.
- **그림 10-2(c)**: *x*와 *y* 사이에 상관이 없음. 뚜렷한 경향이 없다.
- **그림 10-2(d)**: *x*와 *y* 사이의 상관을 암시하는 뚜렷한 경향이 있음. 하지만 그 경향은 직선의 경향이 아니다.

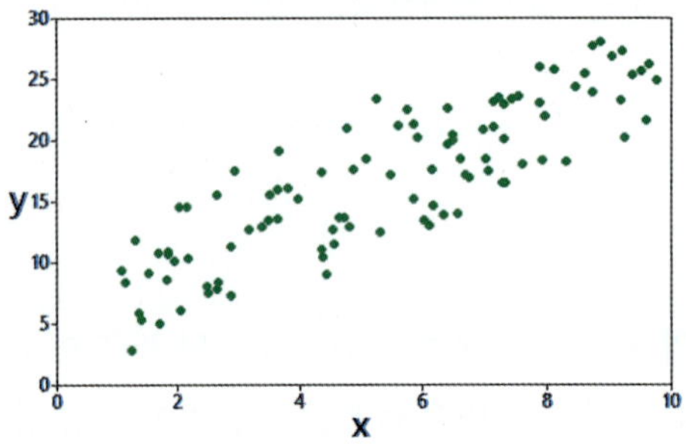

(a) 양의 상관: $r = 0.859$

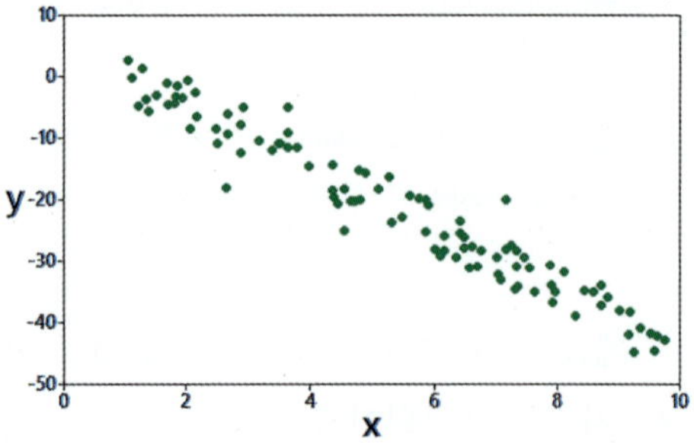

(b) 음의 상관: $r = -0.971$

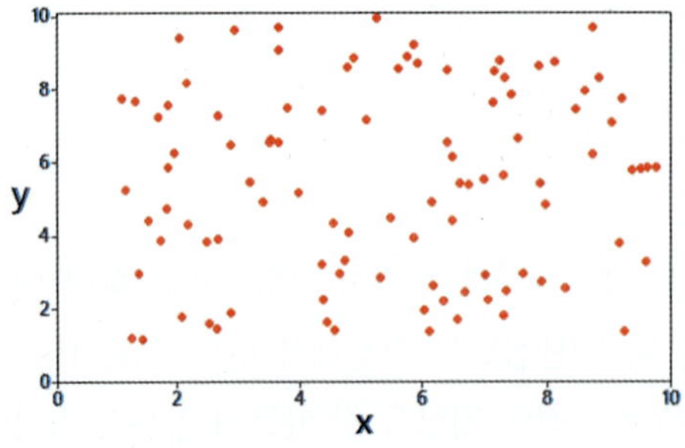

(c) 상관 없음: $r = 0.074$

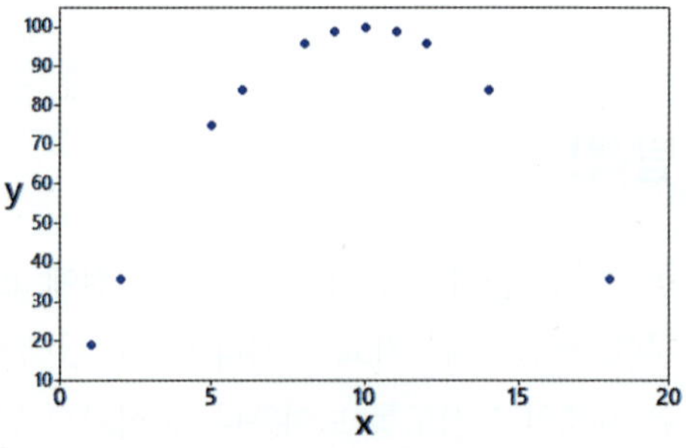

(d) 비선형 상관: $r = 0.330$

그림 10-2 산점도

r을 활용한 선형 상관 정도의 측정

산점도의 시각적 판단을 기반으로 한 결론은 매우 주관적이기 때문에 보다 객관적인 측정방법이 필요하다. 선형 상관계수 r을 사용하는데, 이 r은 두 변수 사이의 선형 관련성 정도를 측정하는 숫자이다.

정의

선형 상관계수(linear correlation coefficient) r은 하나의 표본을 구성하는 짝을 이룬 양적자료로서 x값들과 y값들의 선형 상관의 정도를 측정한다. 선형 상관계수 r은 다음 핵심요소 상자에 포함된 공식 10-1 또는 공식 10-2를 사용하여 계산된다. [선형 상관계수는 가끔 그것을 개발한 Karl Pearson(1857~1936)을 기리기 위해 **Pearson product moment correlation coefficient**라고도 한다.]

선형 상관계수 r은 표본자료를 사용하여 계산되기 때문에 x와 y 간의 선형 상관의 강도를 측정하는 데 사용되는 표본 통계량이다. 만일 전체 모집단으로부터 x와 y의 모든 값을 가졌다면, 공식 10-1 또는 공식 10-2의 결과는 ρ(그리스 문자 rho)으로 표시되는 모수가 된다.

핵심요소

선형 상관계수 r의 계산과 해석

목적

두 변수 사이에 선형 상관이 있는지 확인한다.

선형 상관계수 표기

n	짝을 이룬 표본자료의 수.
Σ	표시된 항목의 더하기를 표현한 것.
Σx	모든 x값들의 더하기를 표현한 것.
Σx^2	각 x값을 제곱한 다음에 모두 더하기를 표현한 것.
$(\Sigma x)^2$	x값을 모두 더하기 한 후에 제곱을 표현한 것. Σx^2와 $(\Sigma x)^2$을 혼동하지 말 것.
Σxy	먼저 각 x값에 y값을 곱하고 이를 모두 더하기 하는 것을 표현한 것. 모든 값들을 곱한 후에 더하기 한 것.
r	표본자료에 대한 선형 상관계수.
ρ	모집단에 대한 선형 상관계수.

요구사항

짝을 이룬 자료가 주어졌을 때에 선형 상관계수 r은 항상 계산될 수 있다. 하지만 짝을 이룬 자료를 사용하여 해당 모집단에서 선형 상관에 대한 결론을 내릴 때에는 다음 요구사항을 충족해야 한다.

1. 짝을 이룬 (x, y) 자료의 표본은 양적자료로서 하나의 단순임의표본이다. (자발적 응답 표본과 같이 표본이 부적절한 방법에 따라 수집되지 않는 것이 중요하다.)

2. 산점도의 시각적 탐색을 통해 직선적 경향을 확인하여야 한다.*

3. 이상치는 결과에 큰 영향을 줄 수 있으므로, 이상치가 오류로 판단되면 제거해야 한다. 특정 이상치의 영향은 이상치가 포함 또는 포함되지 않았을 때 r을 계산하여 고려해야 한다.*

*주: 위의 요구사항 2와 3은 공식적인 요구사항을 점검하기 위한 단순화된 시도이다. 짝을 이룬 (x, y) 자료는 **이변량 정규분포(bivariate normal distribution)** 이어야 한다. 정규분포는 6장에서 논의되었다. 그러나 이 가정은 기본적으로 x의 고정된 값에 대해 y의 상응하는 값들은 대략의 정규분포를 따르며, y의 고정된 값에 대해 x의 상응하는 값들은 대략의 정규분포를 따른다는 것을 의미한다. 이 요구사항은 일반적으로 확인하기가 어렵기 때문에, 위에 제시된 요구사항 2와 3을 사용한다.

r을 계산하는 공식

공식 10-1 $$r = \frac{n(\Sigma xy) - (\Sigma x)(\Sigma y)}{\sqrt{n(\Sigma x^2) - (\Sigma x)^2}\sqrt{n(\Sigma y^2) - (\Sigma y)^2}}$$ (계산하기에 좋은 형태)

공식 10-2 $$r = \frac{\Sigma(z_x z_y)}{n - 1}$$ (이해하기에 좋은 형태)

여기서 z_x는 개별적인 표본 값 x에 대한 z점수를 나타내며, z_y는 개별적인 표본 값 y에 대한 z점수이다.

선형 상관계수 r의 반올림

선형 상관계수 r을 소수점 셋째 자릿수에서 반올림하여, 표 A-6의 임계값과 직접 비교할 수 있다.

선형 상관계수 r의 해석

- **통계패키지 등에서 도출되는 P값을 사용하여 r 해석:** 다음과 같이 P값 또는 유의수준을 사용한다.

  P값 $\le \alpha$: 선형 상관의 주장을 뒷받침한다.

  P값 $> \alpha$: 선형 상관의 주장을 지지하지 못한다.

- **표 A-6을 사용하여 r 해석:** 표 A-6 또는 통계패키지 등에서 제공하는 임계값을 양수 및 음수로 간주하고, [예제 4]와 함께 제공되는 그림 10-3과 유사한 그래프를 그린 다음에 아래의 의사결정 기준을 따른다.

  상관 만일 계산된 선형 상관계수 r이 가장 왼쪽 임계값을 초과하는 왼쪽 꼬리에 있거나 가장 오른쪽 임계값을 초과하는 오른쪽 꼬리에 있는 경우(즉, $|r| \ge$ 임계값)에 있다면, 선형 상관에 대한 충분한 증거가 있다고 결론을 내린다.

  상관 없음 만일 계산된 선형 상관계수가 두 임계값 사이에 있는 경우(즉, $|r| <$ 임계값), 선형 상관에 대한 주장을 뒷받침할 증거가 충분하지 않다고 결론을 내린다.

주의 이 절의 방법은 선형 상관에만 적용된다는 것을 기억하라. 선형 상관이 없는 것으로 판단되어도 그림 10-2(d)와 같이 선형이 아닌 다른 관련성이 있을 수도 있다. 선형이 아닌 관련성을 확인하기 위해서는 항상 산점도를 작성하는 것이 좋다.

선형 상관계수 r의 특성

1. r의 값은 항상 -1과 1 사이이다. 즉, $-1 \le r \le 1$이다.
2. 어느 한 변수의 모든 값이 다른 척도로 변환되어도, r의 값은 변하지 않는다.
3. r의 값은 x 또는 y의 선택에 영향을 받지 않는다. 모든 x값과 y값을 교환하여도 r의 값은 변경되지 않는다.
4. r은 선형 상관의 강도를 측정한다. 그림 10-2(d)에서와 같이 직선이 아닌 관계의 강도를 측정하도록 설계되지는 않았다.
5. r은 하나의 이상치가 극단적으로 그 값에 영향을 미칠 수 있다는 점에서 이상치에 매우 민감하다.

손금보기

어떤 사람들은 손바닥의 생명줄 길이가 장수를 예측하는 데 사용될 수 있다고 믿는다. *Association Medical Association*에 게재된 letter을 보면, 저자 ME Wilson과 LE Mather는 시체 연구를 통해 그 믿음을 반박했다. 손바닥 생명선의 길이와 함께 사망시기가 기록되었다. 저자들은 사망 시 나이와 수명 사이에는 아무런 상관관계가 없다고 결론지었다.

선형 상관계수 r 계산하기

다음 세 가지 사례는 선형 상관계수 r의 값을 찾는 세 가지 방법을 보여주지만, 한 가지 방법만을 필요로 할 것이다. **통계패키지 등의 사용을 권장한다([예제 1]에서와 같이).** 만일 수동 계산이 절대적으로 필요한 경우에는 공식 10-1이 권장된다([예제 2]에서처럼). 만일 r에 대해 더 잘 이해하려면, 공식 10-2가 권장된다([예제 3]에서처럼).

예제 1 통계패키지 등을 사용하여 r 구하기

r의 계산을 보다 잘 설명하기 위해, 표 10-1의 자료를 사용한다. 통계패키지 등을 사용하여 표 10-1의 자료에 대한 상관계수 r의 값을 찾아보라.

표 10-1 성인 여성의 맥박수와 백혈구 수

맥박수	56.0	82.0	78.0	86.0	88.0
백혈구 수	6.9	8.1	6.4	6.3	10.9

풀이

r의 값은 소프트웨어 또는 계산기로 자동 계산된다. $r = 0.405$(반올림 됨)를 나타내는 각종 통계패키지 결과들은 아래와 같다.

Statdisk

Correlation Results:
Correlation coeff, r: 0.4050369
Critical r: ±0.8783393
P-value (two-tailed): 0.49876

Minitab

Pearson correlation of Pulse and White = 0.405
P-Value = 0.499

StatCrunch

Correlation between Pulse and White is:
0.40503693

XLSTAT

Variables	Pulse	White
Pulse	1	0.4050
White	0.4050	1

(계속)

TI-83/84 PLUS

```
NORMAL FLOAT AUTO REAL RADIAN MP
        LinRegTTest
 y=a+bx
 β≠0 and ρ≠0
↑df=3
 a=3.021204819
 b=.0602409639
 s=2.023063802
 r²=.1640549125
 r=.4050369273
```

SPSS

		Pulse	White
Pulse	Pearson Correlation	1	.405
	Sig. (2-tailed)		.499
	N	5	5
White	Pearson Correlation	.405	1
	Sig. (2-tailed)	.499	
	N	5	5

JMP

Correlations

	Pulse	White
Pulse	1.0000	0.4050
White	0.4050	1.0000

Correlation Probability

	Pulse	White
Pulse	<.0001	0.4988
White	0.4988	<.0001

예제 2 공식 10-1 사용하여 r 구하기

공식 10-1을 사용하여 표 10-1에 제시된 다섯 개의 짝을 이룬 자료에 대한 선형 상관계수 r의 값을 구해보라.

풀이

공식 10-1을 사용하여 r의 값은 다음과 같이 계산된다. 여기서 변수 x는 맥박수에 사용되며, 변수 y는 백혈구 수에 사용된다. 다섯 개의 짝을 이룬 자료가 있으므로 $n=5$이다. 다른 값들은 표 10-2에서 계산되어 있다.

표 10-2 공식 10-1을 사용하여 r 계산하기

x(맥박수)	y(백혈구 수)	x^2	y^2	xy
56	6.9	3136	47.61	386.4
82	8.1	6724	65.61	664.2
78	6.4	6084	40.96	499.2
86	6.3	7396	39.69	541.8
88	10.9	7744	118.81	959.2
$\Sigma x=390$	$\Sigma y=38.6$	$\Sigma x^2=31{,}084$	$\Sigma y^2=312.68$	$\Sigma xy=3050.8$

공식 10-1을 사용하여 표 10-2의 짝을 이룬 자료에 대한 선형 상관계수 r는 아래와 같이 계산된다.

$$r=\frac{n\Sigma xy-(\Sigma x)(\Sigma y)}{\sqrt{n(\Sigma x^2)-(\Sigma x)^2}\sqrt{n(\Sigma y^2)-(\Sigma y)^2}}$$

$$= \frac{5(3050.8) - (390)(38.6)}{\sqrt{5(31{,}084) - (390)^2}\sqrt{5(312.68) - (38.6)^2}}$$

$$= \frac{200}{\sqrt{3320}\sqrt{73.44}} = 0.405$$

예제 3 공식 10-2 사용하여 r 구하기

공식 10-2를 사용하여 표 10-1에 제시된 다섯 개의 짝을 이룬 자료에 대한 선형 상관 계수 r의 값을 구하라.

풀이

만일 수작업을 통한 계산이 필요하다면, 공식 10-1은 공식 10-2보다 훨씬 쉽지만 공식 10-2는 r이 작동하는 방식을 더 쉽게 이해할 수 있는 장점이 있다. (이 절의 뒷부분에서 설명할 r에 대한 이론적 근거를 참조하라.) [예제 2]에서와 같이 변수 x 가 맥박수에 사용되고, 변수 y는 백혈구 수에 사용된다. 공식 10-2에서 각 표본 값은 해당 z점수로 대체된다. 예를 들어, 반올림되지 않은 숫자를 사용하면 맥박수의 평균 $\bar{x} = 78.0$ 및 표준편차 $s_x = 12.884099$이므로, 첫 번째 맥박수 56은 다음과 같이 z점수 1.707531로 변환된다.

$$z_x = \frac{x - \bar{x}}{s_x} = \frac{56 - 78.0}{12.884099} = -1.707531$$

표 10-3에는 모든 맥박수에 대한 z점수(세 번째 열 참조)와 모든 백혈구 수에 대한 z점수(네 번째 열 참조)를 나열한 것이다. 표 10-3의 마지막 열에는 $z_x \cdot z_y$가 나열되어 있다.

표 10-3 공식 10-2을 사용하여 r 계산하기

x(맥박수)	y(백혈구 수)	z_x	z_y	$z_x \cdot z_y$
56	6.9	−1.707531	−0.427920	0.730687
82	8.1	0.310460	0.198304	0.061566
78	6.4	0	0.688847	0
86	6.3	0.620920	−0.741032	0.460122
88	10.9	0.776151	1.659495	1.288018
				$\Sigma(z_x \cdot z_y) = 1.620148$

표 10-3에 제시된 $\Sigma(z_x \cdot z_y) = 1.620148$을 사용하여 공식 10-2에 적용한 r의 계산과정은 아래와 같다.

$$r = \frac{\Sigma(z_x \cdot z_y)}{n - 1} = \frac{1.620148}{4} = 0.405$$

선형 상관이 있는가?

앞 세 가지 예제에서 표 10-1의 다섯 개 짝을 이룬 표본자료에 대한 선형 상관계수는 $r = 0.405$임을 알 수 있다. 이제 5개의 짝을 이룬 표본자료에서 발견된 $r = 0.405$의 의미를 해석할 것이다. 사실 분석의 목표는 모든 성인 여성의 맥박수와 백혈구 수 사이에 선형 상관이 있는지 여부를 결정하는 것이었다. 앞의 핵심요소 상자에서 주어진 기준을 적용하면, 표 A-6의 P값 또는 임계값에 대한 해석을 기반으로 할 수 있다. 위의 핵심요소 상자에 있는 "선형 상관계수 해석"에 대한 기준을 참조하라.

예제 4 선형 상관이 존재하는가?

표 10-1 5개의 짝을 이룬 값에 대해 $r = 0.405$의 값을 사용하고 유의수준 0.05를 사용하면, 맥박수와 백혈구 수 사이에 선형 상관이 있다는 주장을 뒷받침하는 충분한 증거가 있는가?

풀이

조건 확인 체크 단순임의표본의 첫 번째 요구사항은 연구 설계에 의해 충족된다. 자료는 양적이다. 그림 10-1의 산점도를 보면 직선적인 경향을 보여주는 산점도의 두 번째 요구사항은 매우 의문스럽다. 또한 가장 먼 지점의 자료가 다른 지점과 상대적으로 멀리 떨어져 있기 때문에 이상치가 없다는 세 번째 요구사항도 의심스럽다. 하지만 여기 예제에서는 요구사항이 충족되는 것처럼 분석을 진행할 것이다. ✓

상관에 대한 결론은 통계패키지 등으로 얻은 P값 또는 표 A-6에 있는 임계값 중의 하나에 기초할 수 있다(위의 핵심요소 상자에 제공된 "선형 상관계수 r 해석"에 대한 기준을 참조하라).

- **통계패키지 등에서 도출되는 P값을 사용하여 r 해석:** 다음과 같이 P값 또는 유의수준을 사용한다.

  P값 $\leq \alpha$: 선형 상관의 주장을 뒷받침한다.
  P값 $> \alpha$: 선형 상관 주장을 지원하지 못한다.

  표 10-1의 자료에 대해 통계패키지 등을 사용하면 P값이 0.4988로서 P값이 유의수준 0.05보다 크기 때문에 모든 성인 여성의 맥박수와 백혈구 수 사이의 선형 상관의 결론을 뒷받침하는 충분한 증거가 없다는 결론을 얻는다.

- **표 A-6을 사용하여 r 해석:** 표 A-6의 임계값을 양수 및 음수로 간주하고 그림 10-3과 같은 그래프를 그린다. 표 10-1의 자료에 대해서 표 A-6은 0.878의 임계값을 산출한다(유의수준 0.05의 경우). 이제 그림 10-3과 같이 $r = 0.405$의 계산된 값과 $r = \pm 0.878$의 임계값을 비교한다.

  상관 만일 계산된 선형 상관계수 r이 가장 왼쪽 임계값을 초과하는 왼쪽 꼬리에 있거나 가장 오른쪽 임계값을 초과하는 오른쪽 꼬리에 있는 경우(즉, $|r| \geq$ 임계값)에 있다면, 선형 상관에 대한 충분한 증거가 있다고 결론을 내린다.

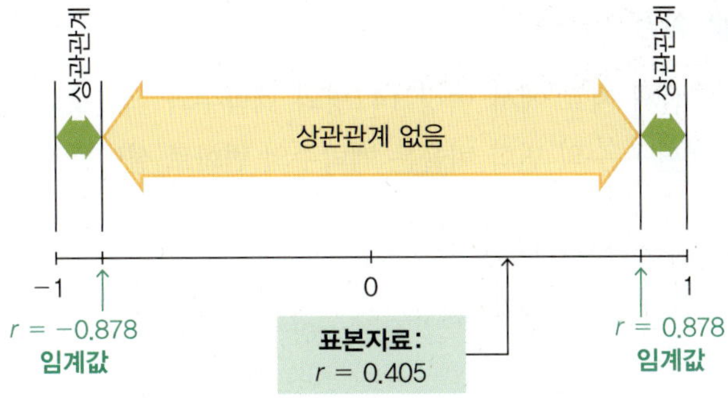

그림 10-3 r의 계산된 값과 임계값

상관 없음 만일 계산된 선형 상관계수가 두 임계값 사이에 있는 경우(즉, $|r| <$ 임계값), 선형 상관에 대한 주장을 뒷받침할 증거가 충분하지 않다고 결론을 내린다.

그림 10-3은 $r = 0.405$의 계산된 값이 두 임계값 사이에 있다는 것을 보여주기 때문에, 성인 여성의 맥박수와 백혈구 수간의 선형 상관을 뒷받침하는 충분한 증거가 없다는 결론을 얻을 수 있다.

해석

표 10-1 다섯 개의 짝을 이룬 자료를 기반으로, 맥박수와 백혈구 수 사이에는 선형 상관이 있다고 결론을 내릴만한 충분한 증거가 확보되지 못했다(그러나 더 큰 데이터 세트는 다른 결론을 이끌어 낼 수 있다).

[예제 4]에서는 선형 상관이 나타나지 않았지만 부록 B의 데이터 세트 1 "신체 자료"에 포함된 모든 여성의 147개 짝을 이룬 맥박수와 백혈구 수를 사용하면 $r = 0.221$이고 P값이 0.007이므로 더 큰 데이터 세트는 선형 상관이 있다는 주장을 뒷받침하는 충분한 증거가 있다는 결론을 이끌어 낸다. 그러나 선형 상관 주장을 뒷받침할 만한 증거가 있지만, $r = 0.221$의 낮은 값은 상관이 그리 강하지 않다는 것을 의미한다. r^2의 값에 대한 다음 해석을 참조할 필요가 있다.

r 해석하기: 설명된 변동

x와 y 사이에 선형 상관이 있다고 결론을 내리면, y를 x로 표현하는 선형 방정식을 찾을 수 있으며 방정식을 사용하여 x의 주어진 값에 대한 y의 값을 예측할 수 있다. 10-2절에서는 이러한 방정식을 찾고 x의 값이 주어졌을 때 y의 값을 예측하는 방법을 설명한다. 그러나 y에 대한 예측치는 반드시 x뿐만 아니라 추가로 y에 영향을 주는 다른 요인(예: 임의 변동 및 연구에 포함되지 않은 다른 특성)이 있기 때문에 정확한 결과는 아니다. 10-3절에서 이 원리에 대한 이론적 근거와 세부 사항들을 제시할 것이다.

r^2의 값은 x와 y 사이의 선형 관련성에 의해 설명되는 y 변동의 비율이다.

예제 5 **설명된 변동**

데이터 세트 1 "신체 자료"에서 여성 147명의 맥박수와 백혈구 수를 사용하면 $r = 0.221$이 된다. 백혈구 수의 변화 비율은 맥박수의 변화로 설명될 수 있는가?

풀이

$r = 0.221$인 경우 $r^2 = 0.049$가 된다.

해석

백혈구 수치의 변화 중 0.049(또는 약 5%)가 맥박수와 백혈구 수 사이의 선형 관련성에 의해 설명될 수 있다고 결론짓는다. 그것은 충분한 정도가 아니다. 이것은 또한 백혈구 수치 변화의 약 95%가 맥박수로는 설명될 수 없다는 것을 암시한다.

원인적 연관성에 대한 *r*의 해석: 그렇게 하면 안됨!

부록 B의 데이터 세트 1 "신체 자료"에서 147개의 짝을 이룬 맥박수와 여성의 백혈구 수를 사용하여 선형 상관이 있다고 결론 내렸다. 하지만 두 변수 사이의 인과관계(cause-effect relationship)에 대한 관련성에 대해 어떤 진술을 포함하는 결론을 내릴 수 없다. 더 높은 맥박수가 높은 백혈구 수를 일으키는 것으로 결론 내어서는 아니된다. 다음의 일반적인 오류 중 첫 번째 오류를 확인하고 이를 이해하여야 한다.

상관(correlation)은 인과성(causality)을 함의하지 않는다!

상관과 관련한 일반적인 오류

다음은 상관이 포함된 결과를 해석할 때 가장 많이 발생하는 세 가지 오류이다.

1. **상관이 인과성을 함의한다고 가정.** 하나의 일반적인 사례는 코펜하겐의 짝을 이룬 황새 개체수와 인간 출생아 수의 자료에 대한 것이다. 몇 년 동안 그 자료는 선형 상관을 보였다. 주의: 황새는 실제로 출산을 유발하지 않으며, 출산은 황새를 유발하지 않는다. 두 변수 모두에 잠복해 있는 또 다른 변수의 영향을 받았다[**잠복변수(lurking variable)**는 연구 중인 변수에 영향을 미치지만 연구에 포함되지 않는 변수다]. 여기서 인구수의 증가는 더 많은 출산이 야기되고 지붕이 있는 건축이 증가하였으며, 이는 황새의 개체 수 증가를 가져왔다.
2. **평균에 근거한 자료의 이용.** 평균은 개별 자료의 변동을 억제하며, 상관계수가 낮아질 수 있다. 한 연구에서는 개인별 소득 및 교육과 관련된 짝을 이룬 자료에 대해 0.4의 선형 상관계수를 도출했지만, 지역 평균 자료를 사용할 때에는 선형 상관계수가 0.7이었다.
3. **비선형 관련성의 가능성 무시.** 만일 선형 상관이 없는 경우에 그림 10-2(d)와 같이 선형적이지 않은 다른 상관이 있을 수 있다.

PART 2 가설검정

가설 두 변수 사이에 유의한 선형 상관이 있는지 여부를 결정하기 위한 가설검정을 수행하는 경우, ρ을 사용하여 모집단의 선형 상관계수를 나타내는 다음의 귀무가설 및 대립가설을 사용하라.

귀무가설 H_0: $\rho = 0$ (상관 없음)

대립가설 H_1: $\rho \neq 0$ (상관)

검정통계량 PART 1과 동일한 방법이 r 통계량을 검정하는 데 사용될 수 있다. t 검정통계량은 다음의 공식으로 계산될 수 있다.

$$\textbf{검정통계량}\ t = \frac{r}{\sqrt{\frac{1 - r^2}{n - 2}}} \quad (\text{자유도 } n - 2)$$

만일 위의 t 검정통계량이 사용되면 앞장에서 설명한 통계패키지 또는 표 A-3을 사용하여 P값과 임계값을 사용할 수 있다. 다음 예제를 참조하라.

예제 6 t 검정의 P값을 사용한 가설검정

표 10-1에 제시된 짝을 이룬 자료로서 맥박수와 백혈구 수를 사용하여, 두 변수 사이에 선형 상관이 있다는 주장에 대한 가설검정을 수행하라. 가설을 검증하는 데 있어 P값을 이용하는 방법으로 유의수준 0.05을 적용하라.

풀이

조건 확인 체크 요구사항은 [예제 4]에서 설명했다. ✔

선형 상관이 있다고 주장하는 것은 모집단 선형 상관계수 ρ가 0과 다르다는 것이다. 아래의 가설을 설정할 수 있다.

H_0: $\rho = 0$ (상관 없음)

H_1: $\rho \neq 0$ (상관)

선형 상관계수는 $r = 0.405$이며 $n = 5$이므로(표본자료가 5개의 짝), 검정통계량은

$$t = \frac{r}{\sqrt{\frac{1 - r^2}{n - 2}}} = \frac{0.405}{\sqrt{\frac{1 - 0.405^2}{5 - 2}}} = 0.767$$

이다. 자유도가 $n - 2 = 3$이므로 표 A-3은 검정통계량의 값 $t = 0.767$은 0.20보다 큰 P값을 산출한다. 통계패키지 등은 반올림한 경우에 P값이 0.499임을 보여준다. 0.499의 P값이 유의수준 0.05보다 크기 때문에 H_0을 기각하지 못한다. ("만일 P값이 낮다면 귀무가설을 기각할 수 있다." 여기에서 P값 0.499는 낮은 값이 아니다.)

(계속)

해석

성인 여성의 맥박수와 백혈구 수 사이에 선형 상관에 대한 주장을 뒷받침하는 충분한 증거가 없다고 결론 내린다.

단측검정 이 절의 예제 및 연습은 일반적으로 양측검정을 포함하지만, 양의 선형 상관 또는 음의 선형 상관의 주장으로 단측검정을 수행할 수도 있다. 이 경우에 가설은 아래와 같다.

음의 상관 주장 (왼쪽 꼬리 검정)	양의 상관 주장 (오른쪽 꼬리 검정)
$H_0: \rho = 0$	$H_0: \rho = 0$
$H_1: \rho < 0$	$H_1: \rho > 0$

이러한 단측검정의 경우에 앞의 장에서 설명한 것과 같이 *P*값 방법을 사용할 수 있다.

이 절의 방법에 대한 이론적 근거 r을 계산하기 위해서 공식 10-1과 공식 10-2를 설명하고 그 사례를 제시하였다. 그 공식은 다음 쪽에 나와 있으며, 모두 동일한 값을 산출한다는 점에서 "동일한" 공식이라 할 수 있다.

공식 10-1 $$r = \frac{n\Sigma xy - (\Sigma x)(\Sigma y)}{\sqrt{n(\Sigma x^2) - (\Sigma x)^2}\sqrt{n(\Sigma y^2) - (\Sigma y)^2}}$$

공식 10-2 $$r = \frac{\Sigma(z_x z_y)}{n - 1}$$

$$r = \frac{\Sigma(x - \bar{x})(y - \bar{y})}{(n - 1)s_x s_y} \qquad r = \frac{\Sigma\left[\frac{(x - \bar{x})}{s_x}\frac{(y - \bar{y})}{s_y}\right]}{n - 1}$$

$$r = \frac{s_{xy}}{\sqrt{s_{xx}}\sqrt{s_{yy}}}$$

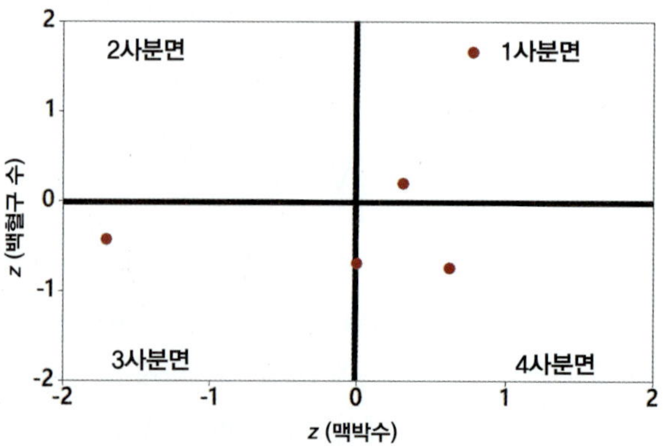

그림 10-4 표 10-1의 맥박수와 백혈구 수에 대한 z점수의 산점도

선형 상관계수의 값에 대한 이해를 위해 공식 10-2를 사용할 것이다. 공식 10-2는 z점수를 사용하기 때문에, $\Sigma(z_x z_y)$의 값은 x와 y값에 사용되는 척도에 따라 달라지지 않는다. **그림 10-1**은 **표 10-1**의 맥박수와 백혈구 수 자료의 산점도, **그림 10-4**는 동일한 표본자료에서 z점수의 산점도 등을 나타낸다. **그림 10-1**과 **그림 10-4**를 비교해보면 그것들이 본질적으로 다른 척도를 가진 동일한 산점도임을 확인할 수 있다. **그림 10-4**는 예전의 수학 교과목에서 배운 익숙한 좌표축을 보여준다. **그림 10-4**는 4개의 사분면으로 분할된 산점도를 나타낸다.

산점도의 점이 오르막 선에 가깝다면, $z_x \cdot z_y$의 개별 값들은 양의 값을 가지는 경향을 가진다[z_x와 z_y의 값이 모두 양수 또는 모두 음수인 1사분면 및 3사분면에서 대부분의 점이 발견되기 때문에 $\Sigma(z_x z_y)$는 양수일 경향을 가진다]. 만일 산점도가 내리막 선에 가깝다면, 대부분의 점들은 2사분면과 4사분면에 있으며 여기서 z_x와 z_y는 부호에서 반대가 된다. 따라서 $\Sigma(z_x z_y)$는 음수일 경향을 가진다. 선형적인 경향을 따르지 않는 점들은 사분면 모두에 산재하는 경향이 있어 $\Sigma(z_x z_y)$의 값은 0에 가까울 수 있는 경향을 가진다.

그러므로 4개의 사분면들 사이에서 점들이 어떻게 구성되는지를 측정하기 위해 $\Sigma(z_x z_y)$을 사용할 수 있다. 큰 양의 합은 점들이 주로 1사분면과 3사분면에 있다는 것을 암시하고, 큰 음의 합은 점들이 주로 2사분면과 4사분면에 있다는 것을 암시한다. 그리고 그 합이 0에 가깝다는 것은 점들이 4개의 사분면에 골고루 흩어져 있음을 나타낸다(선형 상관 없음). 많은 수의 자료 값이 있기 때문에 단순히 각 값들을 더하게 되면 계속해서 커지게 된다. 이에 이러한 단점을 보완하기 위해 $\Sigma(z_x z_y)$을 $n-1$로 나눈다(n 대신 $n-1$로 나눈 이유는 표준편차와 관련된 이유와 동일함). 최종 결과는 공식 10-2와 같으며 이들은 대수학적으로 r에 대한 다른 표현식으로 변경될 수 있다.

테크 센터

상관

www.TriolaStats.com에서 기술 지침, 비디오, 데이터 집합을 참조하십시오.

10-1 기본적인 기술 및 개념

통계적 해석 및 비판적 사고

1. 표기 20명의 통계학 학생을 임의로 선택되었다. 그들 각각에 대해 체온(℃) 및 머리 둘레(cm)를 측정했다.

a. 짝을 이룬 표본에 대해 r은 무엇을 나타내며, ρ은 무엇을 나타내는가?

b. 조사나 계산을 하지 않고 r의 값을 추정하라.

c. 체온이 화씨로 변환되면 r의 값은 변화하는가?

2. 지구온난화 대기 중 이산화탄소(CO_2) 농도와 지구 평균온도 사이에 선형 상관이 있는 것을 발견하면, CO_2의 변화가 지구 평균온도의 변화를 일으킨다는 것을 나타내는 것인가? 왜 그런가? 혹은 왜 그렇지 않은가?

r 해석하기 연습문제 3~4에서는 유의수준 $\alpha = 0.05$를 사용하고 함께 첨부된 결과를 참조하라.

3. 곰 체중과 가슴 크기 54마리의 야생 곰을 마취한 다음에 체중과 가슴 크기를 측정하여, 데이터 세트 11 "곰 측정"에 기록했다. 결과는 함께 제공된 Statdisk에 제시되어 있다. 곰의 체중과 가슴 크기 사이에 선형 상관이 있다는 주장을 뒷받침할 충분한 증거가 있는가? 마취된 곰을 측정할 때 가슴의 크기를 체중보다 쉽게 측정할 수 있는가? 그렇다면 측정된 가슴 크기를 사용하여 체중을 예측할 수 있는가?

```
Correlation Results:
Correlation coeff,    r: 0.963141
Critical r:           ±0.2680855
P-value (two-tailed): 0.000
```

4. 아버지와 아들의 신장 134개 짝을 이룬 아버지와 아들 대상자 표본의 신장(인치)을 측정한 결과는 부록 B의 데이터 세트 6 "가족 신장"에 제시되어 있다. XLSTAT 결과는 아래에 나와 있다. 아버지의 신장과 아들의 신장 사이에 선형 상관이 있다는 주장을 뒷받침할 충분한 증거가 있는가? 설명하라.

Correlation matrix (Pearson):		
Variables	Father	Son
Father	1	**0.5516**
Son	**0.5516**	1
Values in bold are different from 0 with a significance level alpha=0.05		
p-values:		
Variables	Father	Son
Father	0	**0.0000**
Son	**< 0.0001**	0
Values in bold are different from 0 with a significance level alpha=0.05		

탐색! 연습문제 5는 "Graphs in Statistical Analysis, by F. J. Anscombe, The American Statistician, Vol. 2"에서 제공되는 데이트 세트를 바탕으로 각각의 문제를 풀어라.

a. 산점도를 그려라.

b. 선형 상관계수 r의 값을 찾은 다음에 두 변수 간의 선형 상관에 대한 주장을 뒷받침하는 충분한 증거가 있는지 확인하라.

c. 산점도를 그리지 않고 (b)에 대해 답한 경우, 잘못 분석할 수 있는 자료의 특징은 무엇인가?

5.

x	10	8	13	9	11	14	6	4	12	7	5
y	9.14	8.14	8.74	8.77	9.26	8.10	6.13	3.10	9.13	7.26	4.74

6. 이상치 Minitab에서 생성된 산점도를 참조하라.

a. 모든 10개 점들의 경향을 조사하고, x와 y 사이에 상관이 있는지 주관적으로 판단하라.

b. 10개 점들에 해당하는 10개의 짝을 이룬 좌표를 확인한 후, 상관계수 r의 값을 찾아서 선형 상관이 있는지를 결정하라.

c. 이제 좌표 (10, 10)에 해당하는 점을 제거하고, (a)와 (b)를 반복하여 수행하라.

d. 하나의 짝을 이룬 값에서 가능한 효과에 대해 어떤 결론을 내릴 수 있는가?

Minitab

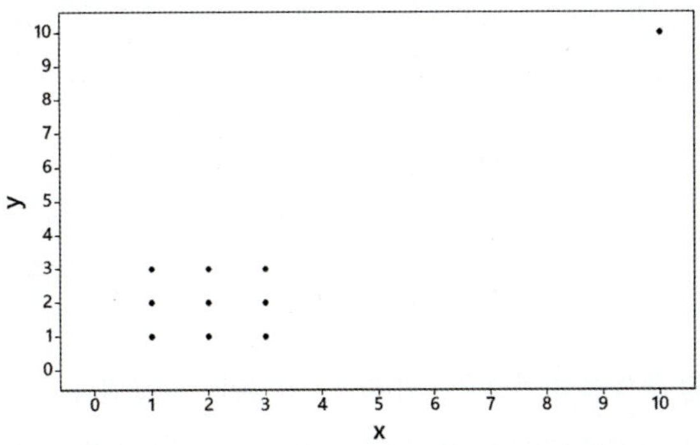

선형 상관에 대한 검정 **연습문제 7~12에서는 산점도를 그리고, 선형 상관계수 r의 값을 찾아라. 또한 P값을 찾거나 표 A-6에서 r의 임계값을 찾아라. 유의수준 $\alpha = 0.05$를 사용하라. 두 변수 사이의 선형 상관 주장을 뒷받침하는 충분한 증거가 있는지 여부를 판단하라(10-2절 연습문제에서 동일한 데이터 세트가 사용되므로 작업시간을 단축하기 바람).**

7. IQ 및 뇌 용적 아래 표에는 IQ점수와 뇌 용적(cm^3) 및 체중(kg)이 나열되어 있다(부록 B의 데이터 세트 9 "IQ와 뇌 크기" 참조). IQ점수와 뇌 용적 사이에 선형 상관이 있다고 결론을 내리는데 충분한 증거가 있는가? 큰 두뇌를 가진 사람들이 IQ점수가 더 높은 것으로 나타났는가?

IQ점수	87	101	103	96	101	96	93	88	97	114	113
뇌 용적	1027	1281	1051	1079	1173	1079	1067	1104	1029	1100	1204
체중	58.514	63.958	133.358	107.503	61.236	61.236	83.916	79.38	81.648	88.452	79.38

8. CSI 통계량 경찰은 가끔 범죄 현장에서 발자국 길이를 측정하여 범죄자에 관한 뭔가를 알 수 있도록 하고 있다. 아래 목록에는 발자국 길이, 발 길이 및 남성의 신장이 나와 있다(부록 B의 데이터 세트 7 "발과 신장" 참조). 발자국 길이와 남성의 신장 사이에는 선형 상관이 있다고 결론을 내릴 충분한 증거가 있는가? 이러한 결과를 토대로 경찰이 남성의 신장을 계산할 때 발자국 길이를 사용할 수 있는 것으로 보이는가?

발자국 길이(cm)	29.7	29.7	31.4	31.8	27.6
발 길이(cm)	25.7	25.4	27.9	26.7	25.1
신장(cm)	175.3	177.8	185.4	175.3	172.7

9. 레몬 및 차량 사고 다음은 매년 수년간의 연간 자료이다. 자료는 멕시코에서 수입된 레몬의 무게(메트릭 톤) 및 미국 자동차 사고에 대한 인구 10만 명당 사망률에 대한 것이다[Stephen Johnson에 의한 "The Trouble with QSAR(or How I Learned to Stop Worrying and Embrace Fallacy", *Journal of Chemical Information and Modeling*, Vol.48, No.1)의 자료에 근거함]. 멕시코에서 수입되는 레몬의 무게와 미국 자동차 치사율 사이에 선형 상관이 있다고 결론지을 충분한 증거가 있는가? 그 결과는 수입 레몬이 자동차 사망을 일으킨다는 것을 말해주는가?

레몬 수입	230	265	358	480	530
충돌 치사률	15.9	15.7	15.4	15.3	14.9

10. 맥박수와 혈압 아래 표에는 성인 여성의 맥박수, 수축기 혈압(mmHg) 및 이완기 혈압(mmHg)이 나열되어 있다(부록 B의 데이터 세트 1 "신체 자료"). 맥박수와 수축기 혈압 사이에 선형 상관이 있다고 결론지을 충분한 증거가 있는가?

맥박수	86	72	82	82	64	68	70	78	96	72	60	98
수축기 혈압	126	104	130	106	158	96	156	112	122	114	102	126
이완기 혈압	70	66	74	64	74	52	90	70	68	74	60	68

11. 카메라로 바다표범 무게 측정 아래에는 카메라로 측정된 바다표범의 머리 폭(cm)과 바다표범의 무게(kg)이다("Mass Estimation of Weddell Seals Using Techniques of Photogrammetry," by R. Garrott of Montana State University). 이 연구의 목적은 바다표범의 머리 위 사진으로부터 바다표범의 무게가 결정될 수 있는지를 알아내기 위한 것이었다. 사진으로 제공되는 바다표범의 머리 폭과 바다표범의 무게 사이에 선형 상관이 있다고 결론지을 충분한 증거가 있는가?

머리 폭 길이	7.2	7.4	9.8	9.4	8.8	8.4
무게	116	154	245	202	200	191

12. 미국 대통령(POTUS) 미디어는 주기적으로 대통령 후보의 신장과 주요 경쟁자의 신장에 관한 이슈를 논의하였다. 다음은 최근의 여러 대선에서 그들의 신장(cm)에 대한 자료이다. 대통령 후보자의 신장과 주요 경쟁자의 신장 사이에 선형 상관이 있다고 결론지을 충분한 증거가 있는가? 그런 상관이 있어야 하는가?

대통령	178	182	188	175	179	183	192	182	177	185	188	188	183	188
경쟁자	180	180	182	173	178	182	180	180	183	177	173	188	185	175

부록 B 데이터 세트들 **연습문제 13~16에서는 부록 B의 자료를 사용하여 산점도를 그리고, 선형 상관계수 r의 값을 찾은 다음에 P값 또는 유의수준 $\alpha = 0.05$를 적용한 임계값을 찾아라. 두 변수 사이에 선형 상관의 주장을 뒷받침할 충분한 증가가 있는지를 판단하라(10-2절 연습문제에서 동일한 데이터 세트가 사용되므로 작업시간을 단축하기 바람).**

13. IQ 및 뇌 용적 부록 B의 데이터 세트 9 "IQ와 뇌 크기"의 모든 짝을 이룬 IQ점수와 뇌 용적을 사용하라.

14. CSI 통계량 데이터 세트 7 "발과 신장"의 남성 19명에 대한 발자국 길이와 신장을 사용하라.

15. 맥박수와 혈압 부록 B 데이터 세트 1 "신체 자료"에서 성인 여성의 모든 맥박수와 수축기 혈압을 사용하라.

16. 청력검사 부록 B의 데이터 세트 4 "청력검사"에서 대상자별 오른쪽 귀 임계 측정값 및 왼쪽 귀 임계 측정값을 사용하라. 선형 상관의 주장을 뒷받침할 충분한 증거가 있는가?

10-1 기초를 넘어서

17. 변환된 자료 x와 y 사이의 선형 상관을 검정하는 것 외에도 다른 관련성을 탐색하기 위해 종종 자료 변환을 사용할 수 있다. 예를 들어 각 x값을 x^2로 바꾸고, 이 절에서 적용한 방법을 사용하여 y와 x^2 사이에 선형 상관이 있는지 여부를 결정할 수 있다. 첨부된 아래의 짝을 이루는 자료에 대해서 산점도를 그리고 다음 각각에 대해서 y와의 선형 상관을 검정하라. 어떤 경우에 r^2의 값이 가장 큰가?

a. x **b.** x^2 **c.** $\log x$ **d.** $\sqrt{x}$ **e.** $1/x$

x	2	3	20	50	95
y	0.3	0.5	1.3	1.7	2.0

10-2 회귀

핵심 개념

이 절에서는 짝을 이룬 표본자료의 산점도에서 점들에 가장 적합한 직선 방정식을 찾는 방법을 제시한다. 여기에서 가장 잘 맞는 직선은 **회귀선**(*regression line*)이라고 불리며, 그 방정식은 **회귀식**(*regression equation*)이라고 불린다. 회귀식을 사용하여 주어진 변수의 특정 값을 고려하여 관심 있어 하는 변수 중 하나의 값에 대한 예측을 할 수 있다. 이 절의 PART 2에서 상관과 회귀 결과를 분석하기 위한 도구로서 한계변화(marginal change), 영향치(influential points) 및 잔차그림(residual plot)에 대해 논의한다.

PART 1 회귀에 대한 기본 개념

어떤 경우에는 두 변수가 **결정론적**(*deterministic*)으로 관련되어 있는데, 이는 한 변수에 대해 값을 부여하면 다른 변수의 값이 어떠한 오차 없이 결정된다는 것을 의미한다. 예를 들어 $y = 2.54x$ 등식처럼 인치(inch)에서 센티미터(centimeters)로의 거리 x를 변환하기 위한 것처럼 정확히 결정된다는 것이다. 이러한 방정식은 대수학 과정에서는 고려되지만 통계 과정에서는 **확률론적**(*probabilistic*) 모형에 중점을 둔다. 다른 변수에 의해 완전히 결정되지 않은 변수의 방정식을 의미이다. 예를 들어, 아이의 신장은 아버지 또는 어머니의 신장에 의해 완전히 결정될 수 없다. Francis Galton경(1822~1911)은 유전적인 현상에 대해 연구했는데, 신장이 크거나 작은 부부가 아이를 낳으면 그 아이들의 신장은 동일한 성별을 가진 사람들의 평균에 복귀(revert)하거나 **회귀**(*regress*)하는 경향이 있다는 것을 보였다. 자료가 항상 Galton경에 연구된 것과 같이 신장의 유전적인 현상을 수반하는 것은 아니지만, Galton의 “회귀” 용어를 계속 사용한다.

정의

짝을 이룬 표본자료에서 **회귀선(regression line)**(또는 최량 적합 직선 또는 최소 제곱 직선)은 자료의 산점도를 가장 잘 적합시키는 직선이다("최량 적합" 직선의 구체적인 기준은 나중에 기술한 "최소제곱(least-squares)"의 특성이다).

회귀식(regression equation) $\hat{y} = b_0 + b_1x$은 회귀선을 대수적으로 표현한 것이다. 회귀식은 x [**설명변수(explanatory variable)** 또는 **예측변수(predictor variable)** 또는 **독립변수(independent variable)**]와 y[**반응변수(response variable)** 또는 **종속변수(dependent variable)**라고 함] 사이의 관계를 나타낸다.

앞의 정의는 통계량에 대한 것으로서 직선 $y = mx + b$의 전형적인 방정식은 $\hat{y} = b_0 + b_1x$ 형식으로 표현되고, 여기서 b_0은 y절편, b_1은 기울기이다. 기울기 b_1과 y절편 b_0의 값은 [예제 1]에서 제시하는 다양한 값들과 컴퓨터 프로그램과 계산기 중의 하나를 사용하여 쉽게 찾을 수 있다. 또한 기울기 b_1과 y절편 b_0의 값은 [예제 2]와 같이 수작업의 계산으로도 확인할 수 있다.

핵심요소

회귀선의 방정식 찾기

목표

회귀선의 방정식을 찾는다.

회귀선의 방정식 표기

	표본 통계량	모집단 모수
회귀식의 y절편	b_0	β_0
회귀식의 기울기	b_1	β_1
회귀선의 방정식	$\hat{y} = b_0 + b_1x$	$y = \beta_0 + \beta_1x$

요구사항

1. 짝을 이룬 (x, y) 자료의 표본은 양적 자료의 임의표본이다.
2. 산점도를 육안으로 검사 시 점들이 대략적으로 직선적인 경향을 보인다.*
3. 이상치는 회귀식에 강한 영향을 미칠 수 있으므로, 만일 이상치가 오류로 확인되면 삭제하라. 만일 오류로 알려지지 않으면 이상치의 영향을 고려하여야 한다.*

*참고: 위의 요구사항 2와 3은 회귀에 대한 다음의 일반적인 요구사항을 확인하기 위한 간단한 시도이다.

- x의 각 고정 값에 대응하는 y의 값들은 정규분포를 따른다.
- x의 고정 값이 다른 경우에 해당되는 y값들의 분포는 모두 동일한 표준편차를 갖는다. (산점도의 일부가 회귀선에 매우 가까운 지점을 나타내지만 산점도의 다른 부분은 회귀선에서 훨씬 먼 지점에 나타나는 경우라면 이 사항에 위배된다. 이 절의 PART 2에서 잔차그림에 대한 설명 참조.)
- x의 고정 값이 다른 경우에 해당되는 y값들의 분포는 같은 직선을 따라 위치한다.

이 절에서 제시하는 방법들은 정규분포 및 동일한 표준편차라는 것에서 완전히 벗어나지 않는다면 회귀의 결과에 그렇게 심각한 영향을 끼치지는 않는다.

회귀식 $\hat{y} = b_0 + b_1x$에서 기울기 b_1 및 y절편 b_0을 산출하는 공식

공식 10-3 **기울기:** $b_1 = r\dfrac{s_y}{s_x}$

여기에서 r은 선형 상관계수, s_y는 y값들의 표준편차, s_x는 x값들의 표준편차를 의미한다.

공식 10-4 **y절편:** $b_0 = \bar{y} - b_1\bar{x}$

또한 기울기 b_1 및 y절편 b_0는 수작업이나 컴퓨터 프로그램을 활용한 다음의 공식들에 의해서 산출될 수 있다.

$$b_1 = \frac{n(\Sigma xy) - (\Sigma x)(\Sigma y)}{n(\Sigma x^2) - (\Sigma x)^2} \qquad b_0 = \frac{(\Sigma y)(\Sigma x^2) - (\Sigma x)(\Sigma xy)}{n(\Sigma x^2) - (\Sigma x)^2}$$

기울기 b_1 및 y절편 b_0의 반올림

b_1 및 b_0은 소수점 아래 세 번째 자리에서 반올림하라. b_1 및 b_0의 값을 반올림하는 간단하면서도 보편적 규칙을 제공하기는 어렵지만, 이 규칙은 이 책의 대부분의 상황에서 적용된다. (당신이 어떻게 반올림하느냐에 따라서 예제 및 연습문제에 대한 당신의 답변이 약간 다를 수 있다.)

예제 1 회귀식을 찾기 위한 통계패키지 등 사용

10장 문제로 표 10-1에 제시된 표본자료를 참조하라. 설명변수(또는 x변수)가 맥박수이고 반응변수(또는 y변수)가 해당 백혈구 수로 적용한 회귀식을 찾기 위해 통계패키지 등을 사용하여라.

풀이

조건 확인 체크 (1) 자료는 단순임의표본으로 가정한다. (2) 그림 10-1은 자료의 산점도이다. 점들이 대략적인 직선적 경향을 따르는지 여부는 매우 의문스럽다. (3) 이상치들은 없다. 하지만 여기 분석에서는 요구사항들이 충족되는 것처럼 진행할 것이다. ✓

통계패키지 회귀선의 방정식을 찾는 데 있어서 통계패키지 등의 사용을 권장한다. 아래는 다양한 통계패키지에서의 결과물을 보여준다. 어떤 것들은 정확한 방정식을 제공하고 있지만 다른 것들은 y절편 및 기울기만을 보여준다. 제시된 결과들은 모두 회귀식은 $\hat{y} = 3.02 + 0.0602x$로 표현될 수 있음을 보여준다. 여기서 y는 예측된 백혈구 수이고 x는 맥박수이다.

Statdisk

Regression Results:	
Y= b0 + b1x:	
Y Intercept, b0:	3.021205
Slope, b1:	0.060241

Excel (XLSTAT)

```
Equation of the model:

White BCC = 3.02120+0.06024*Pulse
```

(계속)

지연되는 사망

몇몇 연구는 사람들이 중요한 사건의 종료 후까지 그들의 죽음을 연기할 수 있는 능력에 대해 다루었다.

예를 들어, 사회학자 David Phillips가 유월절(Passover) 시기 전후의 유대인 남성의 사망률을 분석한 결과, 유월절 전 주에 사망률이 급격히 떨어졌으나 그 다음 주에는 상승한다는 사실을 발견했다. 암 환자에 대한 다른 연구진은 "'죽음이 휴가를 필요로 한다'라는 것을 뒷받침하는 그 어떤 경향도 없다"라는 결론을 내렸다("Holidays, Birthdays, and Postponement of Cancer Death, by Young and Hade, *Journal of the American Medical Association*, Vol.292, No.24." 참조). 130만 명의 사망자를 대상으로 수행한 가장 최근의 연구는 죽음을 맞이하는 시점은 크리스마스, 추수감사절, 그리고 연휴와 관련성이 없음을 발견했다. 이러한 연구결과는 David Phillips에 의해 논란이 있었는데, 그는 해당 연구결과가 암 환자들에 초점을 맞추고 있으며 사망자들에게 심리적인 영향을 미칠 가능성이 가장 낮다고 말했다.

Minitab

```
Regression Equation
White BCC = 3.02 + 0.0602 Pulse
```

StatCrunch

```
Simple linear regression results:
Dependent Variable: White BCC
Independent Variable: Pulse
White BCC = 3.0212048 + 0.060240964 Pulse
```

TI-83/84 Plus

```
NORMAL FLOAT AUTO REAL RADIAN MP
LinRegTTest
y=a+bx
β>0 and ρ>0
t=.767302074
p=.2493804256
df=3
a=3.021204819
b=.0602409639
↓s=2.023063802
```

SPSS

Model		Unstandardized Coefficients		Standardized Coefficients	t	Sig.
		B	Std. Error	Beta		
1	(Constant)	3.021	6.190		.488	.659
	Pulse	.060	.079	.405	.767	.499

JMP

```
Linear Fit
WhiteBCC = 3.0212048 + 0.060241*Pulse
```

회귀식은 짝을 이룬 자료의 모집단에 대한 실제 회귀식의 추정치라는 것을 알아야 한다. 따라서 이 추정은 하나의 특정 표본자료 세트를 기반으로 한 것이며, 만일 동일한 모집단에서 가져온 다른 표본은 아마도 약간 다른 방정식을 유도할 수도 있다.

예제 2 회귀식을 찾기 위한 수동 계산기 사용하기

이 장의 문제와 관련한 **표 10-1**에 제시된 표본자료를 참조하라. 공식 10-3 및 공식 10-4를 사용하여 설명변수(또는 x변수)가 맥박수이고 반응변수(또는 y변수)가 해당 백혈구 수인 회귀식을 찾아라.

풀이

조건 확인 체크 요구사항들은 [예제 1]에서 설명되었다. ✓

아래에 제시된 공식 10-3을 사용하여 기울기 b_1을 찾는 것부터 시작한다(정확도를 높이기 위해서는 계산기 단위가 높아야 됨). r은 선형 상관계수, s_y는 표본 y값들의 표준편차, s_x는 표본 x값들의 표준편차이다.

$$b_1 = r\frac{s_y}{s_x} = 0.405037 \cdot \frac{1.916246}{12.884099} = 0.060241$$

기울기 b_1을 찾은 후, 공식 10-4를 사용하여 아래와 같이 y절편을 찾을 수 있다.

$$b_0 = \bar{y} - b_1\bar{x} = 7.72 - (0.060241)(78.0) = 3.021202$$

반올림한 후 기울기는 $b_1 = 0.0602$이고 y절편은 $b_0 = 3.02$이다. 회귀식은 $\hat{y} = 3.02 + 0.0602x$으로 표현될 수 있다. 여기서 $\hat{y}$는 예측된 백혈구 수이고 x는 맥박수이다.

예제 3 회귀선 그리기

표 10-1의 맥박수와 백혈구 수의 산점도 위에 회귀식 $y = 3.02 + 0.0602x$를 그래프로 나타내라([예제 1]과 [예제 2]에서 관련 자료를 찾을 수 있음). 그리고 회귀선이 자료에 얼마나 잘 맞는지를 주관적으로 판단하라.

풀이

아래에 표시된 것은 회귀선의 그래프가 포함된 산점도의 Minitab 결과이다. 회귀선이 점에 잘 맞지 않는다는 것을 확인할 수 있다.

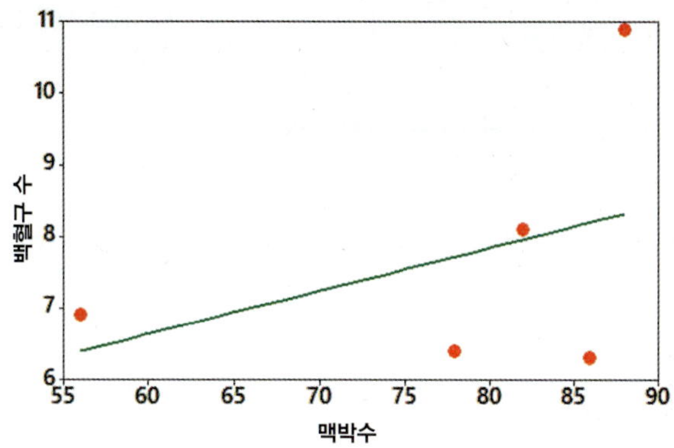

임상시험 중단

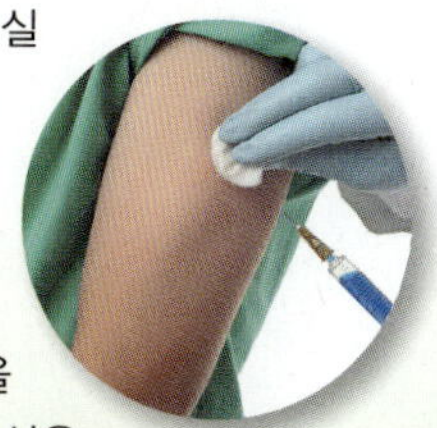

새로운 치료제를 실험할 때에 연구가 끝나기도 전에 그것이 효과적이라는 것을 알았다면 당신은 무엇을 해야 하는가? 당신은 연구를 짧게 하면서도 모든 참가자에게 확인된 치료의 효과를 알려야 한다. 이 사례는 겸상 적혈구 빈혈증(sickle cell anemia) 치료제로 실험에 적용된 hydroxy-urea를 검사했을 때 발생했다. 이 연구는 약 40개월 동안 지속될 예정이었으나, 치료의 효과가 분명히 확인되어 36개월 후에 연구가 중단되었다. ("Trial Halted as Sickle Cell Treatment Proves Itself, by Charles Marwick, *Journal of the American Medical Association*, Vol. 273, No. 8"을 참조.)

예측하기

회귀식은 다른 변수의 특정 값이 주어지면 한 변수의 값을 **예측**하는 데 종종 유용하다. 예측을 할 때에는 다음을 고려해야 한다.

1. **나쁜 모형:** 회귀식이 예측을 하는 데 유용하지 않은 것으로 나타나면, 회귀식을 사용하여 예측을 하지 말라. 나쁜 모형의 경우에 변수의 가장 좋은 예측값은 단순히 표본의 평균이다.
2. **좋은 모형:** 산점도에 있는 회귀선의 그래프가 해당 점들을 잘 적합시키는 경우에만 예측에 회귀식을 사용하라.
3. **상관:** 선형 상관계수 r이 두 변수 사이에 선형 상관이 있음을 나타내는 경우에만 예측에 회귀식을 사용하라(10-1절에서 설명).
4. **범위:** 자료가 이용 가능한 표본자료의 범위를 크게 벗어나지 않는 경우에만 예측에 회귀식을 사용하라. [이용 가능한 표본자료의 범위를 넘어서는 예측은 **외삽**(*extrapolation*)이라 불리며 예측이 잘못될 수도 있다.]

그림 10-5는 x의 특정 값이 주어질 때 변수 y의 값을 예측하기 위한 전략을 요약한 것이다. 그림 10-5는 회귀식이 좋은 모형이면, y의 예측값을 찾기 위해 회귀식에 x값을 대입한다는 것을 보여준다. 그러나 회귀식이 좋은 모형이 아니면, y의 가장 좋은 예측값은 단순히 $\bar{y}$, 즉 y값의 평균값이다. 하지만 이 전략은 산점도의 점들이 선형의 경향을 보

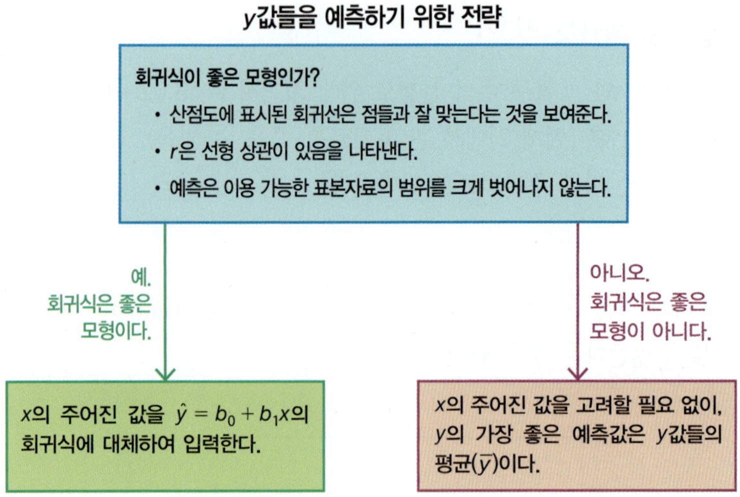

그림 10-5 *y*값들을 예측하기 위해 추천되는 전략

일 때 적용된다는 것을 기억해야 한다. 만일 산점도가 비선형(직선이 아님)의 경향을 보일 경우에는 다른 방법을 적용해야 한다.

예제 4 예측하기

a. 표 10-1의 5개 짝을 이룬 맥박수와 백혈구 수를 사용하여, 분당 80번의 맥박수를 가진 성인 여성의 백혈구 수를 예측하라.

b. 부록 B의 데이터 세트 1 "신체 자료"의 여성에 대한 맥박수와 백혈구 수를 사용하여, 분당 80번의 맥박수를 가진 성인 여성의 백혈구 수를 예측하라. 이 데이터 세트는 147개 짝을 이룬 값을 포함하고 선형 상관계수는 $r = 0.221$이며 P값은 0.007이다. 또한 회귀식은 $\hat{y} = 4.06 + 0.0345x$이다.

풀이

a. 나쁜 모형: 예측에 $\bar{y}$를 사용하라. 회귀선은 [예제 3]에서와 같이 점들에 잘 맞지 않는다. 또한 10-1절에 표시된 것처럼 맥박수와 백혈구 수 사이에는 선형 상관이 존재하지 않는다. 회귀식이 좋은 모형이 아니기 때문에 가장 잘 예측된 백혈구 수는 $\bar{y} = 7.72$로 표 10-1의 5개의 백혈구 수의 평균이다.

b. 좋은 모형: 예측에 회귀식을 사용하라. 회귀식 $\hat{y} = 4.06 + 0.0345x$가 좋은 모형이기 때문에 방정식에 $x = 80$을 대입하면 예상 백혈구 수 6.8을 얻을 수 있다.

해석

(a)에서 짝을 이룬 자료는 회귀모형이 좋지 않으므로 가장 잘 예측되는 백혈구 수는 5개의 백혈구 수의 표본평균($\bar{y} = 7.72$)이다. 그러나 (b)에서는 맥박수와 백혈구 수 사이에는 선형 상관이 있으므로 회귀식에 $x = 80$을 대입하면 가장 좋은 예측값을 구할 수 있다.

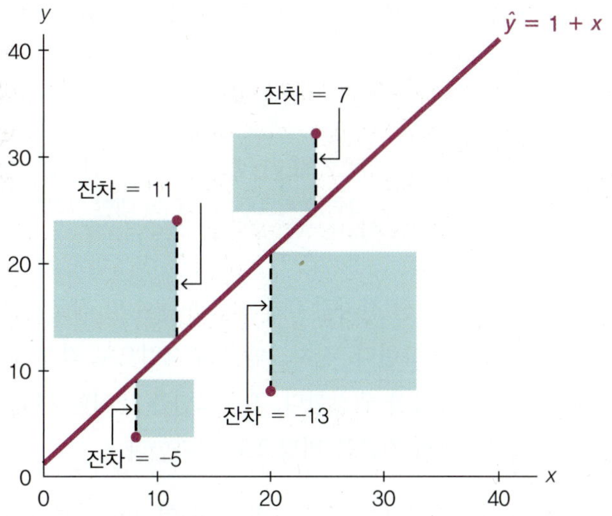

그림 10-6 잔차와 잔차의 제곱

x	8	12	20	24
y	4	24	8	32

좌표가 (8, 4)인 표본자료의 값을 고려하여, 회귀식 $\hat{y} = 1 + x$에 $x = 8$을 대입하면 $\hat{y} = 9$의 예측값을 얻는다. 그러나 $x = 8$일 때 실제 관측된 표본 값은 $y = 4$이다. $y - \hat{y} = 4 - 9 = -5$의 차이는 잔차이다.

회귀식은 다음의 최소제곱 특성에 따라 점들을 가장 적합시키는 선을 표현한 것이다.

> **정의**
>
> 직선은 잔차 제곱의 합이 가능한 가장 작은 합인 경우에 **최소제곱 특성(least-squares property)**을 충족시킨다.

그림 10-6에서 잔차는 −5, 11, −13 및 7이므로, 그들 각각 제곱의 합은

$$(-5)^2 + 11^2 + (-13)^2 + 7^2 = 364$$

이다. 그림 10-6을 참조하여 최소제곱 특성을 시각화할 수 있다. 그림 10-6에서는 잔차의 제곱을 음영 처리된 사각형 영역으로 나타내고 있다. 음영 처리된 정사각형 영역의 합계는 가능한 가장 작은 합계인 364이다. 다른 직선을 사용하면 음영이 있는 사각형이 합쳐져 364의 음영 처리된 영역보다 큰 영역이 생성된다.

다행히도, 회귀선의 방정식을 찾고 싶을 때 최소제곱 특성을 직접 다룰 필요가 없다. 미적분학은 최소제곱 특성을 공식 10-3 및 공식 10-4로 구성해 낼 수 있다. 이 공식들에는 미적분이 필요한데 여기에서는 다루지 않는다.

잔차그림

이 절과 앞 절에서 상관과 회귀에 대한 효과적인 분석을 위한 간단한 요구사항을 제시했다. 항상 산점도 작성을 시작으로 분석해야 하는데, 점들의 경향이 대략적인 직선적임을 확인해야 한다. 또한 이상치를 고려해야 한다. **잔차그림**은 상관 및 회귀 결과를 분석하

고, 상관 및 회귀에 대해 추론하기 위한 필요한 요구사항을 확인하는데 유용한 도구이다.

정의

잔차그림(residual plots)는 y축 값들 각각이 잔차값 $y - \hat{y}$로 대체된 후의 (x, y) 값에 대한 산점도이다(여기에서 $\hat{y}$는 y의 예측값임). 즉, 잔차그림은 자료 $(x, y - \hat{y})$에 대한 그래프이다.

잔차그림을 작성하기 위해서는, 우선 잔차값 0에 해당하는 수평 참조선을 그리고 난 후에 $(x, y - \hat{y})$에 대응하는 점들을 그린다. 잔차그림을 수작업으로 작성하는 것은 지루할 수 있으므로, 통계패키지 등의 사용을 권장한다. 잔차그림을 분석할 때에는 점들이 구성되는 방식에서 경향을 찾고 아래의 기준을 바탕으로 평가한다.

- 잔차그림은 명백한 경향(직선적인 경향 조차도)이 없어야 한다. (경향이 없다라는 것은 표본자료의 산점도가 다른 경향보다는 직선적인 경향이 있음을 보여주는 것이다.)
- 왼쪽에서 오른쪽으로 볼 때 잔차그림은 차츰 훨씬 더 넓어지거나 더 얇아지지 않아야 한다. (이것은 x의 여러 고정 값에 대응하는 y값들의 분포가 모두 동일한 표준편차를 갖는다는 요구사항을 확인하는 것이다.)

예제 6 잔차그림

부록 B의 데이터 세트 1 "신체 자료"에 제시된 성인 여성에 대한 147개의 짝을 이룬 맥박수 및 백혈구 수 자료가 Minitab에서 생성된 잔차그림을 얻는 데 사용되었다. 첫 번째 표본의 x값인 80을 $\hat{y} = 4.06 + 0.0345x$의 회귀식([예제 1] 및 [예제 2]에서 확인 가능)에 대입하면 $\hat{y} = 6.8$의 예측값을 얻을 수 있다. 첫 번째 x값이 80인 경우에 실제로 해당하는 y값은 8.7이므로 잔차의 값은

$$(\text{관측된 } y\text{값} - \text{예측된 } y\text{값}) = y - \hat{y} = 8.7 - 6.8 = 1.9$$

이다. x값 80과 1.9의 잔차를 사용하여 점의 좌표 (80, 1.9)를 얻을 수 있으며, 나머지 값들에 대한 것도 이와 같이 계산하여 아래와 같은 잔차그림을 작성할 수 있다.

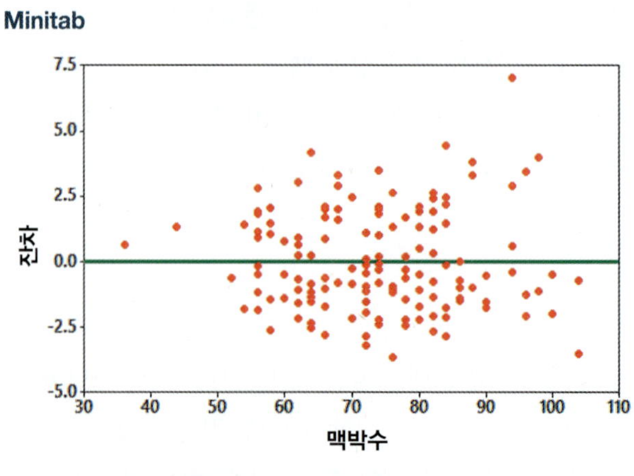

회귀식이 좋은 모형임을 시사하는 잔차그림

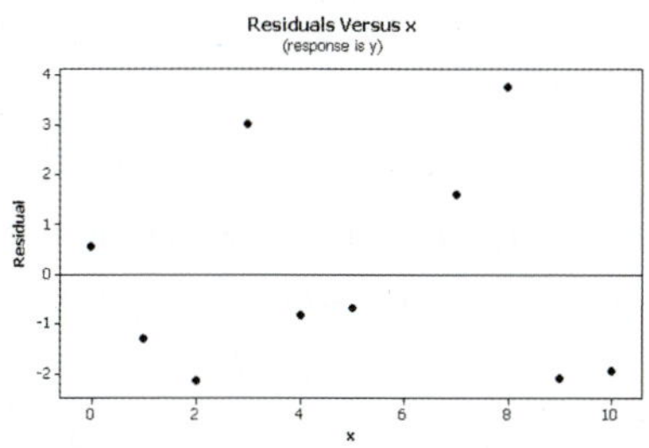

뚜렷한 경향을 가진 잔차그림, 회귀식이 좋은 모형이 아니라는 것을 시사

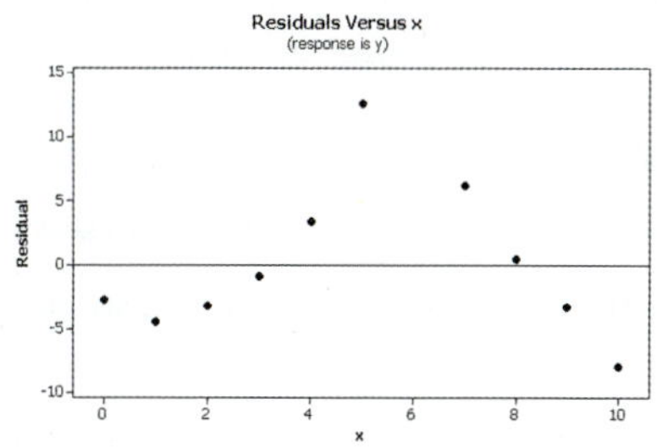

오른쪽을 갈수록 두꺼워지는 잔차그림, 회귀식이 좋은 모형이 아니라는 시사

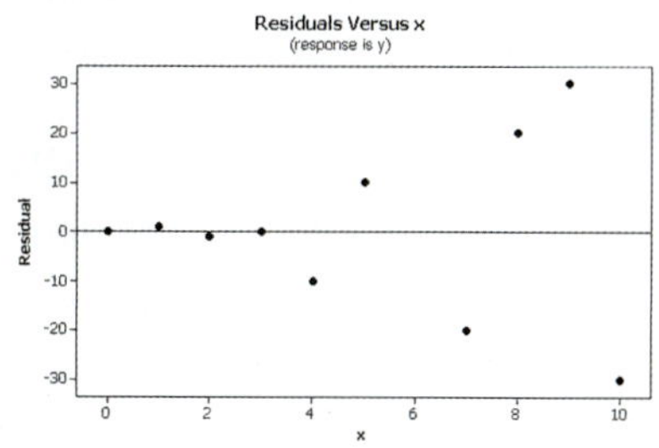

위에 있는 3개의 잔차그림을 살펴보자.

- **왼쪽에 있는 잔차그림:** 이 그래프는 회귀식이 좋은 모형임을 보여준다.
- **중간에 있는 잔차그림:** 이 그래프는 표본자료가 필요에 따라 직선 경향을 따르지 않는다는 것을 나타내는 뚜렷한 경향을 보여준다.
- **오른쪽에 있는 잔차그림:** 이 그래프는 오른쪽으로 갈수록 더 두꺼워지고 있는데, 이는 동일한 표준편차 요구사항에 위배됨을 나타낸다.

테크 센터

회귀

www.TriolaStats.com에서 기술 지침, 비디오, 데이터 집합을 참조하십시오.

10-2 기본적인 기술 및 개념

통계적 해석 및 비판적 사고

1. 표기 다양한 환자를 임의로 선택하여 맥박수와 체온을 측정한다. 맥박수를 나타내는 x와 체온을 나타내는 y에 대해 통계패키지 등을 사용하여 회귀식의 기울기는 -0.001이고 y절편은 98.3이라는 것을 알아냈다

a. 회귀식은 작성하라?

b. 기호 $\hat{y}$는 무엇을 나타내는가?

2. 최량 적합선

a. 잔차는 무엇인가?

b. 산점도에 있는 점들을 "가장 잘 적합시키는" 회귀선은 무엇을 말하는가?

예측하기 연습문제 3~4에서는 변수 x를 주어진 첫 번째 변수로 놓고, 주어진 자료를 사용하여 회귀식과 반응변수의 가장 좋은 예측값을 찾아라. 그림 10-5에 제시된 예측 절차를 따라 진행하라. 유의수준은 0.05을 사용하라.

3. 팔 둘레와 신장 팔 둘레(cm)와 신장(cm)는 임의로 선택된 성인 여성에게서 측정되었다(데이

터 세트 1 "신체 자료" 참조). 147개의 짝을 이룬 측정값은 $\bar{x} = 32.49$ cm, $\bar{y} = 161.69$ cm, $r = 0.066$, P값 $= 0.428$ 및 $\hat{y} = 159 + 0.0916x$을 산출했다. 팔 둘레가 40.0 cm인 성인 여성을 대상으로 $\hat{y}$ (신장)의 가장 좋은 예측값을 찾아라.

4. 신장과 체중 임의로 선택된 성인 남성 100명에 대해 신장(cm)과 체중(kg)을 측정했다(데이터 세트 1 "신체 자료" 참조). 100개의 짝을 이룬 측정치는 $\bar{x} = 173.79$ cm, $\bar{y} = 85.93$ kg, $r = 0.418$, P값 $= 0.000$, $\hat{y} = -106 + 1.10x$을 180 cm의 성인 남성에 대해서 $\hat{y}$ (체중)의 가장 좋은 예측값을 찾아라.

회귀선의 방정식 찾기 **연습문제 5에서는 주어진 자료를 사용하여 회귀식을 찾아라. 산점도를 조사하고 회귀선에 의해 무시될 수 있는 자료의 특징을 확인하라.**

5.

x	10	8	13	9	11	14	6	4	12	7	5
y	9.14	8.14	8.74	8.77	9.26	8.10	6.13	3.10	9.13	7.26	4.74

6. 이상치의 효과 10-1절의 연습문제 6에 주어진 Minitab에서 생성된 산점도를 참조하라.

a. 모든 10개 자료를 사용하여 회귀식을 찾아라.

b. 좌표 (10, 10)가 있는 점을 제거한 후에는 나머지 9개 값을 사용하여 회귀식을 찾아라.

c. (a)와 (b)의 결과를 비교하라.

회귀와 예측 **연습문제 7~12에서는 10-1절의 연습문제 13~24와 동일한 데이터 세트를 사용하라. 첫 번째 변수가 예측변수(x)가 되도록 하여 각각의 경우에 회귀식을 찾아라. 그림 10-5의 요약된 예측 절차에 따라 예측값을 찾아라.**

7. 뇌 용적과 IQ 다음의 뇌 용적(x) 및 IQ점수(y)를 사용하라. 만일 한명의 대상자 뇌 용적이 1200 cm^3인 경우에 가장 잘 예측된 IQ점수는 얼마인가?

IQ점수	87	101	103	96	101	96	93	88	97	114	113
뇌 용적	1027	1281	1051	1079	1173	1079	1067	1104	1029	1100	1204
체중	58.514	63.958	133.358	107.503	61.236	61.236	83.916	79.38	81.648	88.452	79.38

8. 신장 예측 31.3 cm의 발자국 길이를 가진 남성의 가장 잘 예측된 신장 길이를 찾기 위해서 발자국 길이와 신장 자료를 사용하라. 그 결과가 범죄현장의 수사관들에게 해당 남성들을 파악하는데 도움이 될 수 있는가?

발자국 길이(cm)	29.7	29.7	31.4	31.8	27.6
발 길이(cm)	25.7	25.4	27.9	26.7	25.1
신장(cm)	175.3	177.8	185.4	175.3	172.7

9. 레몬과 자동차 충돌 제시된 레몬/자동차 충돌 자료를 사용하여, 레몬 수입량이 500톤인 해의 1년 동안 가장 잘 예측된 자동차 충돌 치사율을 찾아라. 이러한 예측은 의미가 있는가?

레몬 수입	230	265	358	480	530
자동차 충돌 치사율	15.9	15.7	15.4	15.3	14.9

10. 맥박수와 수축기 혈압 다음에 제시된 맥박수와 수축기 혈압을 사용하라. 만약 대상자의 맥박수가 분당 80회라면 가장 잘 예측된 수축기 혈압은 얼마인가?

맥박수	86	72	82	82	64	68	70	78	96	72	60	98
수축기 혈압	126	104	130	106	158	96	156	112	122	114	102	126
이완기 혈압	70	66	74	64	74	52	90	70	68	74	60	68

11. 카메라로 바다표범 무게 측정 제시된 폭/무게 자료를 사용하여, 사진에서 측정한 머리 폭이 2 cm일 때의 바다표범에 대해 가장 잘 예측된 무게를 찾아라. 예측이 올바르다고 할 수 있는가? 만약 그렇지 않다면, 무엇이 잘못되었는가?

머리 폭	7.2	7.4	9.8	9.4	8.8	8.4
무게	116	154	245	202	200	191

12. 미국 대통령(POTUS) 대통령/경쟁자의 신장 자료를 사용하라. 한 대통령의 신장이 190 cm일 경우에 가장 잘 예측된 경쟁자의 신장 크기를 찾아라. 경쟁자의 신장이 대통령의 신장으로부터 예측될 수 있는 것으로 보이는가?

대통령	178	182	188	175	179	183	192	182	177	185	188	188	183	188
경쟁자	180	180	182	173	178	182	180	180	183	177	173	188	185	175

대형 데이터 세트 **연습문제 13~16에서는 10-1절의 연습문제 13~16과 동일한 부록 B 데이터 세트를 사용하라. 각각의 경우에 첫 번째 변수가 예측변수(x)가 되도록 하여 회귀식을 찾아라. 그림 10-5에 요약된 예측 절차에 따라 예측값을 찾아라.**

13. 뇌 용적과 IQ 부록 B의 데이터 세트 9 "IQ와 뇌 크기"에서 뇌 용적과 IQ점수를 모두 사용하여 연습문제 7을 반복하라.

14. 신장 예측 데이터 세트 7 "발과 신장"에서 19명의 남성의 발자국 길이와 신장 자료를 사용하라. 발자국 길이가 31.3 cm인 남성의 가장 잘 예측된 신장 크기를 찾아라.

15. 맥박수와 수축기 혈압 부록 B의 데이터 세트 1 "신체 자료"에서 성인 여성에 대한 모든 맥박수와 수축기 혈압 자료를 사용하라. 만약 대상자의 맥박수가 분당 80회라면 가장 잘 예측된 수축기 혈압은 얼마인가?

16. 청력검사 부록 B의 데이터 세트 4 "청력검사"의 오른쪽 귀 임계 청력 값과 해당하는 왼쪽 귀 임계 청력 값을 사용하라. 오른쪽 귀의 측정값이 20일 때에 가장 잘 예측된 왼쪽 귀의 예측 임계 청력 값은 얼마인가?

10-2 기초를 넘어서

17. 최소제곱 특성 최소제곱 특성에 따라서 회귀선은 잔차 제곱합을 최소화한다. 표 10-1의 자료를 참조하라.

a. 잔차 제곱합을 산출하라.

b. 회귀식 $\hat{y} = 3.00 + 0.0500x$은 더 큰 잔차 제곱합 결과를 도출함을 보여라.

10-3 예측구간 및 분산

핵심 개념

10-2절에서 회귀식을 사용하여 y 예측값을 찾는 방법을 제시했지만 이러한 예측에 있어 **정확도**(*accuracy*)를 결정하는 방법이 필요하다. 이 절에서는 y 예측값의 **구간 추정치**인 예측구간을 소개한다. **신뢰구간**과 **예측구간**의 구분에 대해서는 다음의 정의를 참조하라.

> **정의**
>
> **예측구간(prediction interval)**은 하나의 변수(예를 들어, 회귀식에서 y의 예측값)를 추정하는 데 사용된 값들의 범위이다.
>
> **신뢰구간(confidence interval)**은 모집단의 모수(예를 들어 μ 또는 ρ 또는 σ)를 추정하는 데 사용된 값들의 범위이다.

앞 절의 [예제 4(b)]에서 여성의 맥박수와 백혈구 수 147개 짝을 이룬 자료를 사용할 때의 회귀식은 $\hat{y} = 4.06 + 0.0345x$라는 것을 보였다. 여성 맥박수가 80($x = 80$)이라고 했을 때에 가장 잘 예측된 백혈구 수는 6.8(회귀식에서 $x = 80$을 대입하여 산출)이다. $x = 80$의 경우에 가장 잘 예측된 백혈구 수는 6.8이지만, 그 추정치의 정확성에 대한 어떠한 정보가 없기 때문에 구간 추정이 필요하다. 예측값 y의 예측구간 추정치는 다음 핵심요소 상자의 구성요소를 사용하여 확인할 수 있다. 계산의 특성상 통계패키지 등의 사용을 권고한다.

핵심요소

예측구간

목표

y 예측값의 구간 추정치인 예측구간을 찾는다.

요구사항

x의 각 고정값에 대해 y의 해당 표본값은 일반적으로 회귀선의 주변에 분포되며 정규분포로서 동일한 분산을 갖는다.

예측구간 산출을 위한 공식

고정되고 알려진 값 x_0이 주어지면 개별 y값의 예측구간은 다음과 같다.

$$\hat{y} - E < y < \hat{y} + E$$

여기서 오차의 한계는

$$E = t_{\alpha/2} s_e \sqrt{1 + \frac{1}{n} + \frac{n(x_0 - \bar{x})^2}{n(\Sigma x^2) - (\Sigma x)^2}}$$

이다. 그리고 x_0는 x의 주어진 값이고, $t_{\alpha/2}$는 자유도가 $n-2$이며, s_e는 공식 10-5 또는 공식 10-6에 의해 산출되는 추정치의 **표준오차(standard error of estimate)**이다. (추정치의 표준오차는 잔차의 변동을 측정한 것으로서, 잔차는 관측값 y와 회귀식에서 산출된 예측값 $\hat{y}$ 차이값들이다.)

공식 10-5 $$s_e = \sqrt{\frac{\Sigma(y - \hat{y})^2}{n - 2}}$$

공식 10-6 $$s_e = \sqrt{\frac{\Sigma y^2 - b_0 \Sigma y - b_1 \Sigma xy}{n - 2}}$$ (공식 10-5와 동일한 형태로서 수동 계산 시에 유용하다.)

예제 1 맥박수와 백혈구 수: 예측구간 산출

부록 B의 데이터 세트 1 "신체 자료"에서 여성에 대한 147개의 짝을 이룬 맥박수와 백혈구 수에 대해서 두 변수 사이의 선형 상관의 주장을 뒷받침할 충분한 증거가 있다는 것을 발견했다. 그리고 회귀식은 $\hat{y} = 4.06 + 0.0345x$이였다. 맥박이 80인 여성의 경우에 가장 잘 예측된 백혈구 수는 6.8이다(회귀식에 $x = 80$을 대입하여 산출). 맥박이 80인 여성의 경우에 백혈구 수에 대한 95% 예측구간을 산출하라.

풀이

본 서적과 함께 제공되는 StatCrunch와 Minitab은 95% 예측구간을 산출하여 제공하는데, 반올림 시에 $3.0 < y < 10.6$으로 확인되었다.

Minitab

Fit	SE Fit	95% CI	95% PI
6.82625	0.175652	(6.47908, 7.17342)	(3.01085, 10.6416)

StatCrunch

Predicted values:

X value	Pred. Y	s.e.(Pred. y)	95% C.I. for mean	95% P.I. for new
80	6.826247	0.17565207	(6.4790777, 7.1734162)	(3.0108531, 10.641641)

다음과 같은 요소들을 사용하여 동일한 95% 예측구간을 수동으로 계산할 수 있다.

$x_0 = 80$(주어진 값)

$s_e = 1.92241$(Statdisk, Minitab, 엑셀, StatCrunch, TI-83/84 Plus 계산기를 포함한 많은 통계패키지 등이 해당 값을 제공)

$\hat{y} = 6.82624$($x = 80$을 회귀식에 대입하여 산출한 y의 예측값)

$t_{\alpha/2} = 1.976$(df = 145이고 양측검정으로 0.05의 면적)

$n = 147,\ \bar{x} = 74.04082,\ \Sigma x = 10{,}884,\ \Sigma x^2 = 828{,}832$

(계속)

해석

95% 예측구간은 $3.0 < y < 10.6$이다. 맥박이 $80(x = 80)$인 임의 여성을 선택하면 그 여성의 백혈구 수치는 3.0과 10.6의 사이일 가능성이 95%라는 것을 의미한다. 그것은 값들에 대한 광범위한 범위이다. 만일 선형 상관이 훨씬 더 강하면, 예측구간은 훨씬 더 좁아지고 추정된 백혈구 수는 훨씬 더 나은 값이 될 것이다.

설명된 변동과 설명되지 않은 변동

그림 10-7에 다음과 같은 속성을 가진 짝으로 구성된 표본을 가지고 있다고 가정하자.

- x와 y 사이의 선형 상관에 대한 주장을 뒷받침할 충분한 증거가 있다.
- 회귀선방정식은 $\hat{y} = 3 + 2x$이다.
- y값의 평균은 $\bar{y} = 9$이다.
- 표본자료 짝의 하나는 $x = 5$ 및 $y = 19$이다.
- 점 (5, 13)은 회귀선 위에 존재하는 하나의 값으로서, 회귀식에 $x = 5$를 대입하면 $\hat{y} = 3 + 2x$을 통해 $\hat{y} = 13$을 도출할 수 있다.

그림 10-7은 점 (5, 13)이 회귀선 위에 있지만 원래 자료 집합의 점 (5, 19)는 회귀선 위에 있지 않음을 나타낸다. 만약 상관과 회귀의 개념을 완전히 무시하고, 주어진 x의 값에 대한 y값 또는 짝을 이룬 (x, y) 자료를 예측하길 원한다면 최선의 예측은 평균 $\bar{y} = 9$가 될 것이다. 하지만 이 경우에 x와 y 사이에는 선형 상관이 존재함으로, $x = 5$일 때 y의 값을 예측하는 더 좋은 방법은 $x = 5$를 회귀식에 대입하여 $\hat{y} = 13$을 구하는 것이다. 회귀선이 가장 잘 설명할 수 있는 선형적인 관련성이 있다는 점에 주목함으로

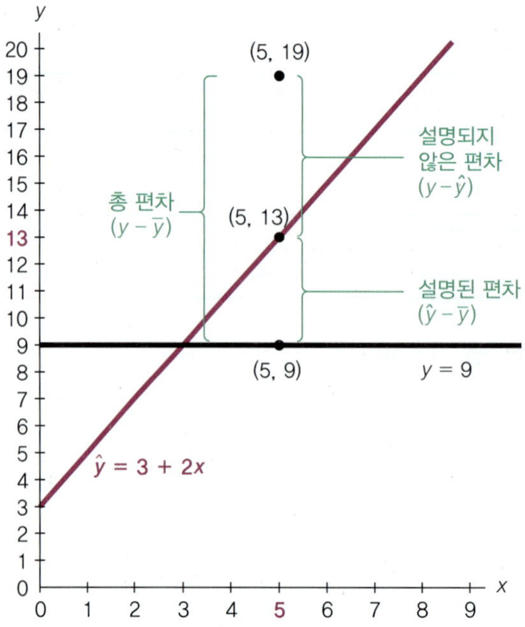

그림 10-7 전체, 설명되는, 설명되지 않는 편차

써 $y = 9$와 $\hat{y} = 13$ 사이의 차이를 설명할 수 있다. 결과적으로 $x = 5$일 때 y의 예측값은 13으로 9의 평균값이 아니다. $x = 5$인 경우에 y의 예측값은 13이지만 y의 관측 값은 실제로 19이다. $y = 9$와 $\hat{y} = 13$ 사이의 차이는 회귀선으로 설명될 수 없다. 이것은 **잔차**(*residual*) 또는 **설명되지 않은 편차**(*unexplained deviation*)라고 부르는데, 일반으로 $y - \hat{y}$의 형식으로 표현된다.

표준편차를 정의한 3-2절에서와 같이, 다시 한번 편차를 어떤 하나의 자료 값과 평균의 차이로 간주한다(이 경우 평균은 $\bar{y} = 9$). 그림 10-7을 주의 깊게 살펴보고, 이 특정한 편차들을 $\bar{y} = 9$를 활용해 산출해보자.

$\bar{y} = 9$에서부터 자료 (5, 19)까지의 **총 편차** $= y - \bar{y} = 19 - 9 = 10$

$\bar{y} = 9$에서부터 자료 (5, 19)까지의 **설명된 편차** $= \hat{y} - \bar{y} = 13 - 9 = 4$

$\bar{y} = 9$에서부터 자료 (5, 19)까지의 **설명되지 않은 편차** $= y - \hat{y} = 19 - 13 = 6$

평균으로부터의 이러한 편차는 일반화될 수 있으며, 공식적으로 다음과 같이 정의된다.

정의

표본자료의 하나인 (x, y)를 포함하는 짝을 이룬 자료에 대해서, $\hat{y}$은 y의 예측값(회귀식을 사용하여 산출)이며, 표본 y값들의 평균은 $\bar{y}$라고 가정하자.

(x, y)의 **총 편차(total deviation)**는 표본자료의 하나인 (x, y)와 표본평균 $\bar{y}$를 통과하는 수평선 사이의 거리인 수직거리 $y - \bar{y}$이다.

설명된 편차(explained deviation)는 예측된 $\hat{y}$값과 표본평균 $\bar{y}$를 통과하는 수평선 사이의 거리인 수직거리 $\hat{y} - \bar{y}$이다.

설명되지 않은 편차(unexplained deviation)는 수직거리 $y - \hat{y}$로서 표본자료의 하나인 (x, y)와 회귀선 사이의 수직거리 이다(거리 $y - \hat{y}$는 10-2절에서 정의한 대로 잔차(residual)라고도 한다).

그림 10-7에서 개별 자료 (x, y)에 대해 다음 관계를 볼 수 있다.

$$\begin{aligned} &(\text{총 편차}) &&= (\text{설명된 편차}) &&+ (\text{설명되지 않은 편차}) \\ &(y - \bar{y}) &&= (\hat{y} - \bar{y}) &&+ (y - \hat{y}) \end{aligned}$$

이전 식들은 평균으로부터 벗어난 편차를 포함하며 특정 자료 (x, y)에 적용된다. 모든 자료 (x, y)을 사용하여 편차의 제곱을 합하면 **변동**(*variation*)을 얻을 수 있다. 아래의 공식 10-7이 대수학적으로 동일하지 않더라도, 공식 10-7에 표시된 제곱의 합계에 동일한 관계가 적용될 수 있다. 공식 10-7에서 **총 변동(total variation)**은 총 편차 값들의 제곱합이고, **설명된 변동(explained variation)**은 설명된 편차 값들의 제곱합이며, **설명되지 않은 변동(unexplained variation)**은 설명되지 않은 편차 값들의 제곱합이다.

공식 10-7

$$\begin{aligned} &(\text{총 변동}) &&= (\text{설명된 변동}) &&+ (\text{설명되지 않은 변동}) \\ &\Sigma(y - \bar{y})^2 &&= \Sigma(\hat{y} - \bar{y})^2 &&+ \Sigma(y - \hat{y})^2 \end{aligned}$$

죄수들을 실험하는 것이 윤리적인가?

기업이 죄수들을 대상으로 연구할 수 있는 시대가 있었다. 예를 들어, 1962년부터 1966년 사이에 33개 제약회사가 필라델피아 Holmesburg 교도소에서 153개 실험용 약품을 실험했다("Biomedical Research Involving Prisoners, by Lawrence Gostin, *Journal of the American Medical Association*, Vol. 297, No. 7"을 참조).

공통 규칙(Common Rule)이 인간 대상자를 포함하는 생명 의학 및 행동 연구에 있어 윤리 표준으로 미국에서 제정되었다. 공통 규칙의 핵심은 다음과 같다: (1) 참가 대상자는 공정하게 선택되고, 충분한 정보를 제공하고, 전적으로 자발적인 서면 동의에 의해서 선택되어야 한다. (2) 제안된 연구는 독립적인 감독 집단에 의해 검토되어야 하며, 대상자에 대한 위험이 최소화되고, 기대되는 혜택 및 연구의 결과로 이어질 것으로 예상되는 지식의 중요성에 있어 타당한 경우에만 승인되어야 한다. 공통 규칙에 대한 자세한 내용은 미국 보건복지부 홈페이지(www.hhs.gov)에서 확인할 수 있다.

결정계수

10-1절에서 선형 상관계수 r을 사용하여 선형 상관을 설명할 수 있는 y의 총 변동의 비율을 찾을 수 있다. 이 진술은 10-1절에 이미 언급한 바 있다.

r^2의 값은 x와 y 사이의 선형 관련성에 의해 설명되는 y의 변동의 비율이다.

설명된 변동에 대한 이 문장은 다음과 같은 정의로 공식화될 수 있다.

정의

결정계수(coefficient of determination)는 회귀선에 의해 설명되는 y의 변동의 비율이다. 그것은 다음과 같이 계산된다.

$$r^2 = \frac{\text{설명된 변동}}{\text{총 변동}}$$

공식 10-7에 주어진 정의를 바탕으로 r^2을 계산할 수 있다. 또한 선형 상관계수 r을 단순 제곱함으로서 계산할 수도 있다.

예제 2 맥박수와 백혈구 수: 결정계수 산출

부록 B의 데이터 세트 1 "신체 자료"에서 147개의 짝을 이룬 맥박수와 여성의 백혈구 수를 사용하여 선형 상관계수는 $r = 0.221$이라는 것을 알 수 있었다. 결정계수를 계산하라. 또한 맥박수와 백혈구 수 사이의 선형 상관으로 설명할 수 있는 y(백혈구 수)의 전체 변동의 비율을 산출하라.

풀이

$r = 0.221$인 경우에 결정계수 $r^2 = 0.049$이다.

해석

r^2는 설명할 수 있는 전체 변동의 비율이기 때문에 백혈구 수의 총 변동 중에서 4.9%는 맥박수로 설명할 수 있으며, 나머지 95.1%는 맥박수로 설명할 수 없다고 결론 내린다. 95.1%는 다른 요인들과 임의적인 변동에 의해 설명될 수 있다.

테크 센터

예측구간

www.TriolaStats.com에서 기술 지침, 비디오, 데이터 집합을 참조하십시오.

10-3 기본적인 기술 및 개념

통계적 해석 및 비판적 사고

1. s_e 표기 부록 B의 데이터 세트 1 "신체 자료"를 사용하여, 예측변수 x가 남성의 신장을 나타내고 반응변수 y가 남성의 체중을 나타내는 경우에 153개의 신장 및 체중 표본은 $s_e = 16.27555$ cm을 도출할 수 있다. s_e의 값이 표현하는 의미를 기술하라.

2. 결정계수 연습문제 1에 제시된 신장과 체중 자료를 사용할 경우에, 선형 상관계수 r은 0.394이다. 결정계수 값을 산출하라. 결정계수는 어떤 정보를 제공하는가?

결정계수의 해석 **연습문제 3~4에서는 선형 상관계수 r의 값을 사용하여 결정계수를 산출하고, 두 변수 사이의 선형 관련성으로 설명될 수 있는 총 변동에의 비율을 산출하라.**

3. 귀뚜라미와 기온 $r = 0.874$ (x = 1분 동안 귀뚜라미 울음 횟수, y = 화씨 단위의 온도)

4. 곰의 목 둘레 및 무게 $r = 0.934$ (x = 목 둘레, y = 무게)

컴퓨터 분석결과 해석 **연습문제 5~6에서는 수년간의 플로리다에 등록된 보트 수와 보트와의 충돌로 인해 죽은 바다소의 수로 구성된 짝을 이룬 자료를 사용하여 얻은 결과를 참조하라(부록 B의 데이터 세트 12). 짝을 이룬 보트 수와 죽은 바다소 수의 표본자료에 대해서 StatCrunch가 85개 보트 수의 주어진 값에 대해서 예측된 바다소 수의 결과를 제시하고 있다.**

StatCrunch

Manatees = −49.048987 + 1.4062442 Boats
Sample size: 24
R (correlation coefficient) = 0.85014394
Estimate of error standard deviation: 9.6605284

Predicted values:

X value	Pred. Y	s.e.(Pred. y)	95% C.I. for mean	95% P.I. for new
85	70.481772	1.9724935	(66.391071, 74.572473)	(50.033706, 90.929839)

5. 상관 검정 위에 제시된 결과를 사용하여 선형 상관계수 값을 결정하라. 등록된 보트 수와 보트와의 충돌로 인한 죽은 바다소 수 사이의 선형 상관을 뒷받침할 만한 충분한 증거가 있는가?

6. 바다소 치사율 예측 $x = 85$ (등록된 보트 수 85,000개)를 사용하면 보트와의 충돌로 인해 죽은 바다소 수에 대해 가장 큰 예측된 값은 얼마인가?

예측구간 산출 **연습문제 7~8에서는 등록된 플로리다 보트 수(단위 10,000)와 보트와의 충돌로 죽은 바다소 수의 짝을 이룬 자료를 사용하라. 부록 B에 있는 데이터 세트 12 "바다소 죽음"에서 x는 등록된 보트의 수를 나타내며, y는 이에 대응하는 연도에 죽은 바다소 수를 나타낸다. 죽**

은 바다소 죽음의 수에 대한 예측구간을 산출하기 위해 주어진 등록 보트 수와 주어진 신뢰수준을 사용하라.

7. **보트 수** 99% 신뢰수준으로 $x = 85$(등록된 보트 수 850,000개)를 사용하라.

8. **보트 수** 95% 신뢰수준으로 $x = 96$(등록된 보트 수 960,000개)을 사용하라.

변동 및 예측구간 **연습문제 9~10에서는 (a) 설명된 변동, (b) 설명되지 않은 변동, (c) 요구되는 예측구간을 산출하라. 각각의 경우에 선형 상관의 주장에 대한 충분한 증거가 있으므로, 예측을 할 때 회귀식을 사용하는 것이 합리적임을 알려둔다.**

9. **혈압** 아래 표는 성인 여성의 수축기 혈압(mmHg)과 이완기 혈압(mmHg)을 보여준다(부록 B의 데이터 세트 1 "신체 자료" 참조). 예측구간을 산출하는데 있어 수축기 혈압 120 mmHg 및 95% 신뢰수준을 사용하라.

수축기 혈압	126	104	130	106	158	96	156	112	122	114	102	126
이완기 혈압	70	66	74	64	74	52	90	70	68	74	60	68

10. **귀뚜라미와 기온** 아래 표에는 1분 동안의 귀뚜라미 울음 횟수와 기온(화씨)이 나열하고 있다. 예측구간을 산출하는데 있어 1분에 1,000번의 귀뚜라미 울음 및 90% 신뢰수준을 사용하라.

1분 동안 귀뚜라미 울음 횟수	882	1188	1104	864	1200	1032	960	900
온도(°F)	69.7	93.3	84.3	76.3	88.6	82.6	71.6	79.6

10-3 기초를 넘어서

11. **평균 예측값에 대한 신뢰구간** 이 절의 [예제 1]은 y의 개별 값에 대한 예측구간을 산출하는 절차를 설명하고 있다. 특정한 x_0에 대한 y의 모든 값들에 대한 평균을 예측하기 위해서는 아래의 신뢰구간을 사용하라.

$$\hat{y} - E < \bar{y} < \hat{y} + E$$

여기에서

$$E = t_{\alpha/2} \cdot s_e \sqrt{\frac{1}{n} + \frac{n(x_0 - \bar{x})^2}{n(\Sigma x^2) - (\Sigma x)^2}}$$

임계값 $t_{\alpha/2}$는 자유도 $n - 2$에 따라서 결정된다. 부록 B의 데이터 세트 1 "신체 자료"에서 147개의 짝을 이룬 성인 여성 맥박수와 백혈구 수를 사용하여, 여성의 맥박이 (a) 분당 80회, (b) 분당 70회 일 때의 백혈구 수의 평균에 대한 95% 신뢰구간 추정치를 산출하라.

10-4 다중회귀

핵심 개념

지금까지 이 장에서는 두 변수 간의 선형 상관에 대해 논의했다. 이 절에서는 두 개 이상의 변수가 있는 선형의 관련성을 분석하는 방법을 제시한다. 여기에서는 이 두 가지 핵심요소에 초점을 맞추고 있다: (1) 다중 회귀식을 찾고 (2) 다중 회귀식이 표본자료에 얼마나 잘 맞는지를 측정하기 위해 Adjusted R^2값과 P값을 사용한다. 필요한 계산이 어렵기 때문에 수동 계산이 실용적이지 않다. 따라서 이 절에서는 통계패키지 등에서 산출된 결과의 해석에 집중할 것이다.

이 장의 이전 절에서와 마찬가지로 **선형**의 관련성만을 고려한다. 다음의 **다중 회귀식**은 두 개 이상의 변수가 포함된 선형의 관련성을 설명한다.

> **정의**
>
> **다중 회귀식(multiple regression equation)**은 반응변수 y와 2개 이상의 예측변수 $(x_1, x_2, \cdots, x_k)$ 간의 선형 관련성을 나타낸다. 표본자료로부터 얻어진 다중 회귀식의 일반적인 형태는 다음과 같다.
>
> $$\hat{y} = b_0 + b_1x_1 + b_2x_2 + \cdots + b_kx_k$$

다음의 핵심요소 상자는 이 절에서의 핵심 사항들을 포함하고 있다. 표기 형태로서 계수 $b_0, b_1, b_2, \cdots, b_k$는 상응하는 모집단의 모수 $\beta_0, \beta_1, \beta_2, \cdots, \beta_k$를 추정하는 데 사용되는 표본 통계량이다. 또한 다중 회귀식은 단 하나의 독립변수 x_1을 갖는 회귀식에 대해 10-2절에서 사용된 $\hat{y} = b_0 + b_1x_1$ 형식의 자연스러운 확장이라고 할 수 있다. 10-2절에서 왜 $y = mx + b$의 보다 보편적이고 익숙한 형식을 사용하지 않았는지에 대해 의문을 제기했을 것이다. 사실 $\hat{y} = b_0 + b_1x_1$을 사용하면 쉽게 확장할 수 있어 예측변수들을 추가로 포함할 수 있다.

핵심요소

다중 회귀식 도출하기

목표

반응변수 y의 값을 예측하는 데 유용한 다중 회귀식을 도출하기 위해 3개 또는 그 이상의 변수들이 짝을 이룬 표본을 사용한다.

표기

$\hat{y} = b_0 + b_1x_1 + b_2x_2 + \cdots + b_kx_k$ (표본자료로부터 산출한 다중 회귀식)

$y = \beta_0 + \beta_1x_1 + \beta_2x_2 + \cdots + \beta_kx_k$ (모집단의 자료로부터 산출한 다중 회귀식)

$\hat{y} = y$의 예측값 (다중 회귀식을 사용하여 계산)

(계속)

k = 예측변수 (또는 독립변수 또는 x변수들이라고도 함)의 수

n = 표본크기 (어느 변수에 속한 값들의 수)

요구사항

x값의 특정 집합에 대해 회귀식은 흔히 ε로 표기되는 임의적 오차와 관련된다. 이러한 오차는 평균이 0이고 표준편차가 σ이며, 그 임의적 오차들은 독립적이라고 가정한다.

다중 회귀식을 산출하는 절차

수작업을 통한 계산은 실용적이지 않기 때문에 통계패키지 등을 사용해야 한다.

예제 1 체중 예측하기

데이터 세트 1 "신체 자료"는 남성 153명을 대상으로 신장(cm), 허리둘레(cm) 및 체중(kg) 측정 자료를 포함하고 있다. 반응변수(y)가 남성의 체중이고 예측변수가 신장(x_1)과 허리둘레(x_2)인 다중 회귀식을 찾아라.

풀이

데이터 세트 1 "신체 자료"의 표본자료에 대해 Statdisk를 사용하여, 아래에 표시된 결과를 얻을 수 있다. 계수 b_0, b_1 그리고 b_2는 다중 회귀식에 사용된다.

$$\hat{y} = -149 + 0.769x_1 + 1.01x_2$$

또는 무게 = −149 + 신장 0.769 + 허리 1.01

위의 두 번째 형식으로의 표현은 해당 변수가 수행하는 역할이 무엇인지를 쉽게 알 수 있다.

Statdisk

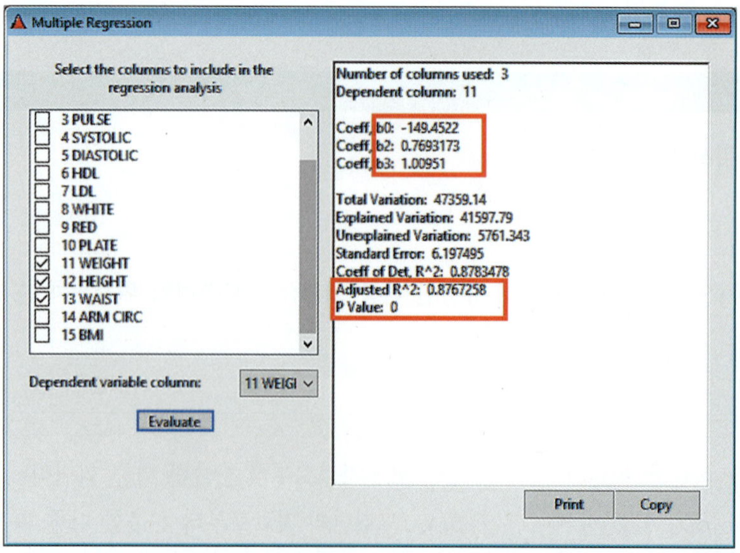

만일 다중 회귀식이 표본자료를 잘 적합시킨다면, 예측에 사용할 수 있다. 예를 들어, [예제 1]의 다중 회귀식이 예측에 적합하다고 결정되면 남성의 체중을 예측하기 위해 남성의 신장 크기와 허리둘레 값을 사용할 수 있다. 그러나 다중 회귀식이 표본자료에 잘 맞는지 여부를 어떻게 결정할 수 있을까? 두 가지 매우 유용한 도구는 Adjusted R^2와 P값이다.

R^2와 Adjusted R^2

R^2는 다중 회귀식이 표본자료에 얼마나 잘 맞는지 측정하는 **다중 결정계수(multiple coefficient of determination)**를 나타낸다. 완벽한 적합은 $R^2 = 1$의 결과를 도출하며, 매우 좋은 적합은 1에 가까운 값이 된다. R^2의 값이 0에 가까울수록 좋은 적합이 아니다. [예제 1]에 대한 Statdisk 결과에 제시된 $R^2 = 0.878$("Coeff of Det, R^2")은 남성의 체중 변동의 87.8%가 신장크기와 허리둘레로 설명될 수 있음을 나타낸다. 그러나 결정계수 R^2는 심각한 결점이 있다. 더 많은 변수가 포함되면 될수록 R^2값은 증가한다(R^2는 동일하게 유지될 수도 있지만 일반적으로 증가한다). 가장 큰 R^2는 사용 가능한 모든 변수를 회귀식에 포함시킴으로써 얻을 수 있다. 하지만 최량 다중 회귀식은 반드시 모든 사용 가능한 변수를 사용하지는 않는다. 이 결함으로 인해 변수 수와 표본크기에 맞게 R^2가 수정된 Adjusted R^2을 사용하는 것이 좋다.

정의

수정된 결정계수(adjusted coefficient of determination)는 변수 수와 표본크기를 고려하여 수정된 다중 결정계수 R^2은 공식 10-8을 사용하여 계산한다.

공식 10-8

$$\text{Adjusted } R^2 = 1 - \frac{(n-1)}{[n-(k-1)]}(1-R^2)$$

여기에서 n = 표본크기

k = 예측변수의 수

앞의 Statdisk 결과는 수정된 결정계수를 "Adjusted R^2" = 0.877 (rounded)로 표시하고 있다. 만약 $R^2 = 0.8783478$, $n = 153$, $k = 2$를 공식 10-8에 대입하면, Adjusted $R^2 = 0.877$(반올림된)을 얻을 수 있다. 이 다중 회귀식을 다른 회귀식과 비교할 때 0.877의 Adjusted R^2을 사용하는 것이 더 좋다. 0.877의 Adjusted R^2 그 자체만을 보면, 상당히 높은(1에 가까운) 것을 알 수 있어 다중 회귀식이 표본자료에 잘 들어맞는 것을 알 수 있다.

*P*값

*P*값은 다중 회귀식의 전체적인 유의성을 나타내는 하나의 측정값이다. 결과로 제시되는 0(반올림된)의 *P*값은 상당히 작은 값이기 때문에, 다중 회귀식이 전체적으로 유의하다는 것으로 말해주며 예측에 사용할 수 있음을 나타낸다. 그들의 신장크기와 허리둘레에 근거하여 남자의 체중을 예측할 수 있다. Adjusted R_2와 마찬가지로, *P*값은 방정식이 표본자료에 얼마나 잘 맞는지 나타내는 좋은 측정값이다. *P*값은 $\beta_1 = \beta_2 = 0$이라는 귀무가설을 검정한다. $\beta_1 = \beta_2 = 0$에 대한 기각은 β_1, β_2 중에서 최소한 어느 하나는 0이 아니므로, 해당 다중 회귀식이 남성의 체중을 예측하는 데 효과적이라는 것을 의미한다. 분석결과에 대한 완전한 분석을 위해서는 개별 계수에 대한 유의성과 같은 다른 중요한 것들을 고려하여 분석해야 한다. 하지만 여기에서는 다중 회귀식, R_2, *P*값에만 한정하여 단순한(!) 분석결과만을 제시하고자 한다.

최량 다중 회귀식 찾기

최량 다중 회귀식을 찾으려 할 때, 반드시 모든 가능한 예측변수를 포함시킬 필요는 없다. 최량 다중 회귀식을 찾으려면 판단력과 상식을 풍부하게 사용해야 하는데, 최량 다중 회귀식을 찾는데 사용할 수 있는 정확하고 자동적인 절차는 없다. 최량 다중 회귀식의 결정은 상당히 어려운 경우가 많으며, 이 절의 범위를 벗어나지만 다음과 같은 가이드라인이 도움이 될 수 있다.

최량 다중 회귀식 찾는 가이드라인

1. **변수를 포함하거나 제외하는 것에 있어서 일반 상식과 실제적인 사항을 고려하라.** 예를 들어, 딸의 신장을 예측하기 위한 좋은 다중 회귀식을 찾으려 할 때, 딸을 낳을 때 도움을 준 의사의 신장은 제외하여야 한다. 왜냐하면 그 의사의 신장은 분명히 관련이 없기 때문이다.
2. ***P*값을 고려하라.** 통계패키지 등의 결과에 제시되는 것들에서 낮은 *P*값에 의해 제시되는 전체적인 유의성 있는 방정식을 선택하라.
3. **가능한 적은 수의 변수만을 포함하되, 높은 Adjusted R^2의 값을 가지는 방정식을 선택하라.** 거의 모든 가용 변수들을 포함하는 대신에 상대적으로 적은 수의 예측변수(x)를 포함하도록 노력하라. 다음의 절차를 따라 수행하라.
   - 만일 추가되는 예측변수에도 불구하고 Adjusted R^2의 값이 그렇게 많이 증가하지 않는다면, 그때의 방정식을 선택하라.
   - 특정한 수의 예측변수(x)에 대해서 Adjusted R^2의 값이 가장 큰 방정식을 선택하라.
   - 반응변수(y)에 큰 영향을 미치지 않는 예측변수(x)를 제외할 경우에 고려 중인 변수들의 자료에 대한 선형 상관계수 r을 찾는 데 도움이 될 수 있다. 만약 두 예측변수가 매우 높은 선형 상관계수[**다중공선성**(*multi-collinearity*)]를 가지고

있다면, 둘 다 포함할 필요는 없으며 Adjusted R^2의 값이 상대적으로 낮은 변수는 제외하는 것이 좋다.

다음 예제는 상식과 비판적 사고가 통계의 효과적인 사용을 위한 필수적인 도구임을 보여준다.

예제 2 발자국 증거로부터의 신장 예측하기

부록 B의 데이터 세트 7 "발과 신장"에는 40명의 여러 대상자별로 나이, 발 길이, 발자국 길이, 신발 크기 및 신장 크기가 포함되어 있다. 이 표본자료를 사용하여 신장 예측에 가장 적합한 회귀식을 찾아라. 최량 회귀식은 신장크기를 예측하기 위한 하나의 좋은 방정식인가?

풀이

신장크기의 반응변수와 나이, 발 길이, 발자국 길이 및 신발 크기의 가능한 예측변수를 사용하면, 예측변수의 가능한 조합은 15가지이다. 표 10-4에는 다섯 가지 조합의 주요 결과가 나와 있다. 맹목적이고 생각 없는 회귀 방법을 적용하면, 가장 좋은 회귀식은 4개의 예측변수를 모두를 사용하고 있다는 것을 알려준다. 왜냐하면 그 조합이 가장 높은 Adjusted R^2인 0.7585를 산출하기 때문이다. 그러나 용의자의 신장을 추정하기 위해 증거를 사용한다는 목표를 감안할 때, **비판적 사고는** 다음과 같이 이루어질 수 있다.

1. 범죄 사건들은 나이를 확인할 수 있는 증거를 거의 남기지 않으므로 연령 변수를 삭제하라.
2. 실제적으로 신발 길이는 반올림된 자료이기 때문에 신발 크기의 변수를 삭제하라.
3. 남겨진 발 길이와 발자국 길이에 있어서, 발 길이에 대한 Adjusted R^2값 0.7014이 발자국 길이에 대한 Adjusted R^2값 0.6520보다 크기 때문에, 발 길이 변수만 사용하라. 이 값은 발 길이 및 발자국 길이 모두를 사용한 방정식의 Adjusted R^2값인 0.7484보다 크게 작지 않다. 이 경우에 2개 대신 하나의 예측변수만을 사용하는 것이 좋다.
4. 비록 발 길이의 단일 변수를 사용하는 것이 가장 좋음에도 불구하고, 범죄자는 일반적으로 신발을 착용하므로 발 길이보다는 발자국 길이에 대한 정보를 더 찾기 쉽다.

표 10-4 부록 B 데이터 세트 7 "발과 신장"에 대한 선택된 결과

예측변수	Adjusted R^2	P값	
나이	0.1772	0.004	← **최량이 아님:** Adjusted R^2는 발 길이에 대한 0.7014보다 크게 작다.
발 길이	**0.7014**	**0.000**	← **최량:** 높은 Adjusted R^2 및 낮은 P값

(계속)

예측변수	Adjusted R^2	P값	
발자국 길이	0.6520	0.000	← **최량이 아님:** Adjusted R^2는 발 길이에 대한 0.7014보다 작다.
발 길이 / 발자국 길이	0.7484	0.000	← **최량이 아님:** Adjusted R^2는 발 길이 하나의 변수만을 포함한 0.7014보다 매우 많이 크지 않다.
나이 / 발 길이 / 발자국 길이 / 신발 길이	0.7585	0.000	← **최량이 아님:** Adjusted R^2가 그렇게 작지 않으면서도 더 적은 변수들을 사용한 방정식들이 존재한다.

해석

회귀 방법에 대한 맹목적인 사용은 대상자의 신장을 추정할 때 나이, 발 길이, 발자국 길이, 신발 길이 네 가지 예측변수를 모두 포함시켜 사용하도록 제안한다. 하지만 다른 실제적인 고려방법은 발 길이의 단일 예측변수를 사용하는 것이 가장 최적이라고 제안한다. 따라서 여기에서 가장 최량 회귀식은 '신장 = 64.1 + 4.29 (발 길이)'이다. 그러나 범죄자는 일반적으로 신발을 착용하기 때문에 발자국 길이의 단일 예측변수를 사용하는 것이 가장 최적이라고 할 수 있다. 따라서 최량 실용적인 회귀식은 '신장 = 80.9 + 3.22(발자국 길이)'이다. 0.000의 P값은 해당 회귀식이 신장을 추정하는 데 있어 좋은 모형임을 나타낸다.

이 예제의 결과는 단지 40개 대상자의 표본자료를 기반으로 하기 때문에, 신장의 추정은 정확하지 않을 수 있다. 일반적으로 큰 표본을 사용하면 더 나은 결과를 얻을 수 있다.

회귀계수의 검정

최량 다중 회귀식을 찾는 위의 가이드라인은 Adjusted R^2와 P값을 기반으로 한다. 하지만 회귀계수의 값을 기반으로 개별적인 가설검정을 수행할 수도 있다. β_1의 회귀계수를 고려해보자. 귀무가설 $\beta_1 = 0$에 대한 검정은 대응하는 예측변수가 회귀식에 포함되어야 하는지를 말해 줄 수 있다. $\beta_1 = 0$에 대한 기각은 β_1이 0이 아닌 값을 가지므로 반응변수의 값을 예측하는 데 도움이 된다는 것이다. 이러한 검정절차는 연습문제 9에 설명되어 있다.

다중회귀의 예측

10-2절의 회귀에 관해 논의할 때, 회귀식을 사용한 예측을 할 때 고려해야 할 4가지 사항을 나열하였다. 여기에서도 동일하게 4가지 사항이 다중 회귀식을 사용할 때에 고려되어야 한다.

테크 센터

다중회귀

www.TriolaStats.com에서 기술 지침, 비디오, 데이터 집합을 참조하십시오.

10-4 기본적인 기술 및 개념

통계적 해석 및 비판적 사고

1. 용어 부록 B의 데이터 세트 11 "곰 측정"의 곰 길이(in), 흉부 크기(in), 무게(lb)를 사용하여 다음과 같은 회귀식을 얻었다. 무게 = −274 + 0.426(길이) + 12.1(가슴 크기). 반응변수와 예측변수은 무엇인가?

2. 수정된 결정계수 Adjusted R^2을 사용하는 것이 더 나은 이유는 무엇인가?

컴퓨터 분석결과 해석 **연습문제 3~4에서는 아버지와 어머니의 신장과 아들의 신장 사이에 상관을 고려하고자 한다. 다음 StatCrunch 결과물을 참조하여 주어진 질문에 답하거나 표시된 항목을 제시하여라. 이 결과는 부록 B의 데이터 세트 6 "가족 신장"에 기초한다.**

Parameter estimates:

Parameter	Estimate	Std. Err.	Alternative	DF	T-Stat	P-value
Intercept	17.966577	6.4779134	≠ 0	131	2.7735131	0.0064
Father	0.50354896	0.067077219	≠ 0	131	7.507004	<0.0001
Mother	0.27714316	0.078318967	≠ 0	131	3.5386467	0.0006

Analysis of variance table for multiple regression model:

Source	DF	SS	MS	F-stat	P-value
Model	2	320.94662	160.47331	37.637221	<0.0001
Error	131	558.54293	4.2636865		
Total	133	879.48955			

Summary of fit:
Root MSE: 2.0648696
R-squared: 0.3649
R-squared (adjusted): 0.3552

3. 아들의 신장 아버지와 어머니의 신장으로 아들의 신장을 표현하는 다중 회귀식을 찾아라.

4. 아들의 신장 아버지와 어머니의 신장에 따라 아들의 신장을 예측할 때 다중 회귀식을 사용해야 하는가? 그 이유는 무엇인가?

남성의 체중 예측 **연습문제 5~6에서는 부록 B의 데이터 세트 1 "신체 자료"에서 성인 자료를 사용하여 얻은 첨부된 표를 참조하라. 응답변수(y)는 체중(kg)이고, 예측변수(x)는 HT(신장, cm), WAIST(허리둘레, cm) 및 ARM(팔 둘레, cm)이다.**

예측변수(x)	P값	R^2	Adjusted R^2	회귀식
HT, WAIST, ARM	0.000	0.941	0.939	$\hat{y} = -147 + 0.632$ HT + 0.697 WAIST + 1.58 ARM
HT, WAIST	0.000	0.878	0.877	$\hat{y} = -149 + 0.769$ HT + 1.01 WAIST
HT, ARM	0.000	0.777	0.774	$\hat{y} = -124 + 0.541$ HT + 3.44 ARM

(계속)

예측변수(x)	P값	R^2	Adjusted R^2	회귀식
WAIST, ARM	0.000	0.879	0.878	$\hat{y}$ = −45.0 + 0.659 WAIST + 1.92 ARM
HT	0.000	0.155	0.150	$\hat{y}$ = −85.1 + 0.980 HT
WAIST	0.000	0.784	0.782	$\hat{y}$ = −19.1 + 1.05 WAIST
ARM	0.000	0.732	0.731	$\hat{y}$ = −37.1 + 3.65 ARM

5. 만일 하나의 예측변수(x)만이 체중을 예측하는 데 사용되는 경우에 어떤 단일변수가 가장 최량인가? 그 이유는 무엇인가?

6. 어떤 회귀식이 체중을 예측하는 데 가장 최량인가? 그 이유는 무엇인가?

부록 B의 데이터 세트 연습문제 7~8에서는 부록 B의 표시된 자료를 참조하라. 그리고 통계패키지 등을 사용하여 결과를 도출하라.

7. 담배 내 니코틴 예측 부록 B의 데이터 세트 15 "담배 내용물"을 참조하여, 100 mm 길이, 여과된, 비멘톨 및 독한(측정의 마지막 세트) 담배의 타르, 니코틴 및 일산화탄소 함량을 사용하라. 예측변수 (1) 타르, (2) 일산화탄소, (3) 타르 및 일산화탄소를 포함하여 담배 내 니코틴의 양을 예측할 수 있는 최량 회귀식을 산출하라. 왜 해당 회귀식인 최량인가? 최량 회귀식은 니코틴 양을 예측하기에 좋은 회귀식의 하나인가? 그 이유는 무엇인가?

8. IQ점수 예측 부록 B의 데이터 세트 9 "IQ와 뇌 크기"를 참조하여, IQ점수를 응답변수(y)로 하는 최량 회귀식을 찾아라. 뇌 용적 및/또는 체중을 예측변수로 사용하라. 이 방정식이 왜 가장 최량인가? 이러한 결과를 바탕으로 뇌 용적과 체중을 알고 있다면, 해당 사람의 IQ점수를 예측할 수 있는가? 이러한 결과를 바탕으로 큰 두뇌를 가진 사람들의 IQ점수가 더 높은 것으로 볼 수 있는가?

10-4 기초를 넘어서

9. 회귀계수에 대한 가설검정 계수 β_1이 0이 아닌 값을 가지면 반응변수의 값을 예측하는 데 도움이 된다. 만일 $\beta_1 = 0$이면 반응변수의 값을 예측하는 데 도움이 되지 않으며 회귀식에서 제거될 수 있다. $\beta_1 = 0$이라는 주장을 검정하려면 검정통계량 $t = (b_1 - 0)/s_{b_1}$을 사용한다. 임계값 또는 P값은 자유도 $n - (k+1)$에 대한 t 분포를 사용하여 찾을 수 있다. 여기서 k는 예측변수(x)의 수이고, n은 표본의 관측 수이다. 표준오차 s_{b_1}은 통계패키지 등에서 확인할 수 있다. 예를 들어, [예제 1]의 StatCrunch 결과에서는 $s_{b_1} = 0.071141412$("Std. Err."라는 제목의 열과 "Height"의 첫 번째 예측변수에 해당하는 행에 있음)라는 것을 확인할 수 있다. 데이터 세트 1 "신체 자료"의 표본자료를 사용한 StatCrunch 결과를 보고 $\beta_1 = 0$이라는 주장을 검정하라. 또한 $\beta_2 = 0$이라는 주장도 검정하라. 검정결과는 회귀식에 있어 무엇을 암시하는가?

Parameter estimates:

Parameter	Estimate	Std. Err.	Alternative	DF	T-Stat	P-value
Intercept	-149.45217	12.523494	≠ 0	150	-11.933743	<0.0001
Height	0.76931731	0.071141412	≠ 0	150	10.813917	<0.0001
Waist	1.0095102	0.033812346	≠ 0	150	29.856261	<0.0001

10-5 가변수와 로지스틱 회귀

지금까지 10장에서 모든 변수들은 연속자료였다. 하지만 많은 경우에 두 가지 질적인 값만(남성 / 여성, 죽은 / 살아 있는, 치료된 / 치료되지 않은)을 가지는 변수들이다. 그러한 변수들을 포함하는 회귀식을 얻으려면 어떻게든 각 범주에 숫자 값을 할당해야 한다. 일반적인 절차는 0 또는 1로 가능한 값을 할당한다. 여기서 0은 "실패"를 의미하고 1은 "성공"을 의미한다. 질병 이완의 경우에 1은 종종 질병의 발병 또는 죽음을 의미하는 데 사용되며, 0은 아무것도 발생하지 않은 것을 의미한다.

정의

가변수(dummy variable)는 질적 변수의 두 개의 서로 다른 범주를 나타내는데 사용되는 0과 1 값만 갖는 변수이다.

변수에 실제적인 양적 값이 없기 때문에 "dummy"라는 단어가 사용되지만, 질적 변수의 다른 범주를 나타내기 위해 사용된다.

예측변수로서의 가변수

회귀분석의 절차는 가변수가 예측변수(x) 또는 반응변수(y)인지 여부에 따라 크게 달라진다. 예측변수(x)로서 가변수를 회귀분석에 포함하는 경우에 [예제 1]에서 설명한 것처럼 10-4절의 동일한 방법을 사용할 수 있다.

예제 1 예측변수로서 가변수 사용하기

다음 쪽의 표 10-5는 데이터 세트 6 "가족 신장"에서 가져온 것인데, 여기에서는 분석에 보다 편리한 형태로 변경하였다. 성별의 가변수(0 = 여성, 1 = 남성으로 코딩됨)를 사용해보라. 아버지는 신장이 69인치, 어머니는 신장이 63인치라고 할 때, (a) 딸과 (b) 아들의 신장을 예측하기 위한 다중 회귀식을 산출하고 이를 사용해보라.

풀이

통계패키지 등을 사용하여 10-4절의 다중회귀 방법을 적용한 회귀식을 얻을 수 있다.

자녀의 신장 = 36.5 − 0.0336 (아버지의 신장) + 0.461 (어머니의 신장) + 6.14 (성별)

여기에서 성별에 대한 가변수의 값은 딸의 경우 0이고 아들의 경우 1이다.

a. 딸의 신장을 예측하기 위해서 성별 변수에 0을 대입하고 아버지의 신장에 69인치 및 어머니의 신장에 63인치를 대입하라. 딸의 예측된 신장은 63.2인치이다.

b. 아들 신장을 예측하기 위해서 성별 변수에 1을 대입하고 아버지의 신장 69인치 및 어머니의 신장에 63인치를 대입하라. 아들의 예측된 신장은 69.4인치이다.

(계속)

회귀식에서 계수 6.14는 아버지의 신장과 어머니의 신장이 주어졌을 때, 아들의 신장이 딸의 신장보다 6.14인치 더 높다는 것을 보여준다.

표 10-5 아버지, 어머니, 그리고 그들의 자녀에 대한 신장(인치)

아버지의 신장	어머니의 신장	자녀의 신장	자녀의 성별(1 = 남자)
66.5	62.5	70.0	1
70.0	64.0	68.0	1
67.0	65.0	69.7	1
68.7	70.5	71.0	1
69.5	66.0	71.0	1
70.0	65.0	73.0	1
69.0	66.0	70.0	1
68.5	67.0	73.0	1
65.5	60.0	68.0	1
69.5	66.5	70.5	1
70.5	63.0	64.5	0
71.0	65.0	62.0	0
70.5	62.0	60.0	0
66.0	66.0	67.0	0
68.0	61.0	63.5	0
68.0	63.0	63.0	0
71.0	62.0	64.5	0
65.5	63.0	63.5	0
64.0	60.0	60.0	0
71.0	63.0	63.5	0

반응변수로서의 가변수: 로지스틱 회귀

[예제 1]에서는 성별의 가변수가 예측변수이기 때문에 10-4절과 동일한 방법을 사용하였다. 그러나 더비변수가 반응변수(y)인 경우에는 10-4절의 방법을 사용할 수 없으므로, 로지스틱 회귀로 알려진 방법을 사용해야 한다.

정의

로지스틱 회귀(logistic regression)는 반응변수가 가변수인 회귀식을 찾는 데 사용되는 절차이다.

더미 반응변수는 반응변수가 당뇨병, 암, 고혈압 또는 만성신장질환과 같은 질병의 발생에 대해서 예(yes) 또는 아니오(no)로 나타나는 임상연구에서 많이 사용된다. 다른 더미 반응변수로는 입원, 사망 또는 신장 이식의 필요성에 대한 예 또는 아니오 등이 있다. 더미 예측변수와 마찬가지로 더미 반응변수는 일반적으로 0과 1로 코딩된다. 예를 들어, "입원"의 반응변수는 입원 환자의 경우 1로, 입원하지 않은 환자의 경우 0으로 코딩될 수 있다.

단순 로지스틱 회귀(Simple Logistic Regression) 아래의 조건이 충족되면 **단순 로지스틱 회귀**를 적용한다.

- 하나의 예측변수 x 변수가 있다.
- 표본 y 자료의 값은 0과 1이다.

y 자체의 예측값을 산출하는 대신에 단순 로지스틱 회귀는 다음 형식의 방정식으로 도출된다.

$$\ln\left(\frac{p}{1-p}\right) = b_0 + b_1 x$$

위의 식에서, p는 $y = 1$의 확률이다. x에 대한 특정 값이 주어지면, 위의 방정식의 오른쪽 부분 v를 산출하기 위해서 x값을 먼저 대입하여 p를 산출해 낼 수 있다. 그런 다음에 아래의 공식을 활용하여 p에 대해 풀 수 있다. 여기서 $e = 2.71828$이다.

$$p = \frac{e^v}{1 + e^v}$$

예제 2 단순 로지스틱 회귀

단순 로지스틱 회귀식을 산출하기 위해서 데이터 세트 1 "신체 자료"의 짝으로 된 신장/성별 자료를 사용하고, 반응변수(y)는 0 = 여성 및 1 = 남성으로 하여라. 그런 다음 신장이 190 cm(또는 74.8인치)인 사람이 남성일 확률을 찾아라.

풀이

아래의 방정식을 도출하기 위해서 성별/신장자료에 대해 통계패키지 등을 사용할 수 있다.

$$\ln\left(\frac{p}{1-p}\right) = -40.6 + 0.242\,(\text{신장})$$

$x = 190$ cm으로 주어진 신장에 대해서, v을 산출하면 $v = -40.6 + 0.242(190) = 5.38$가 되며, 이를 이용하여 다음과 같이 p를 산출해 낼 수 있다($e = 2.71828$ 사용).

$$p = \frac{e^v}{1 + e^v} = \frac{e^{5.38}}{1 + e^{5.38}} = 0.995$$

여기 단순 로지스틱 회귀모형을 기반으로, 신장이 190 cm(또는 74.8인치) 사람은 남성일 확률이 0.995이다.

비율 $p/(1-p)$는 $y = 1$에 대한 오즈(odds)이다(4-4절에서 정의함). 그리고 $\ln(p/(1-p))$은 y = 1에 대한 오즈의 자연로그이다. x가 선형으로 가정되는 것은 오즈의 자

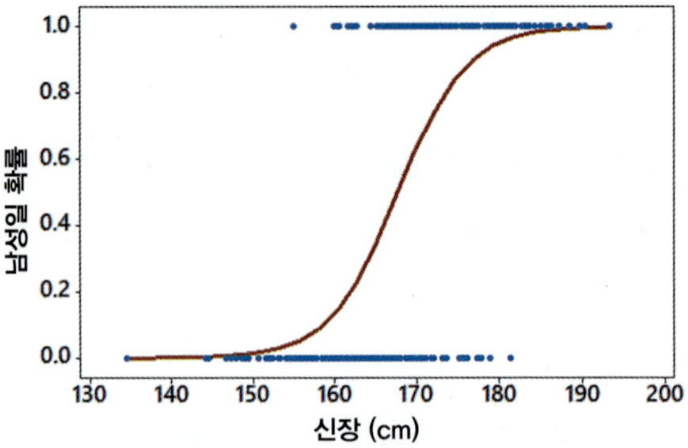

그림 10-8 단순 로지스틱 회귀 곡선

연로그 때문이다. 하지만 x와 p의 관계는 그림 10-8과 같이 0과 1을 오가는 경계의 곡선을 가진다. 그림 10-8은 [예제 2]의 동일한 성별/신장 자료를 사용한 것이다. 단순 로지스틱 회귀곡선은 확장된 "S"의 형태를 취한다. x가 작아질수록 곡선은 0에 가까워지지만 결코 도달하지 않는다. 마찬가지로 x가 증가함에 따라 곡선은 1에 가까워진다. 단순 로지스틱 회귀 곡선은 x(신장)의 각 가능한 값에 대해 $y = 1$(남성)일 확률을 나타낸다고 생각할 수 있다. 이 경우 x와 y는 양의 관계를 가지기 때문에 신장 x가 높아질수록 남성($y = 1$)일 확률도 높아진다. 이것은 또한 $\beta_1 > 0$을 암시한다. 만약 x와 y가 음의 관계를 가지고 있다면, 곡선은 역 "S" 형태가 될 것이고, x가 증가함에 따라 $y = 1$일 확률은 감소할 것이다.

다중 로지스틱 회귀

더미 반응변수와 둘 이상의 예측변수가 있는 경우에 다중 로지스틱 회귀를 적용한다. y 자체의 예측값을 산출하는 대신에 다중 로지스틱 회귀는 다음 형식의 방정식으로 도출된다.

$$\ln\left(\frac{p}{1-p}\right) = b_0 + b_1x_1 + b_2x_2 + \ \ldots \ + b_kx_k$$

위의 식에서 p는 $y = 1$일 확률이다. 다른 x 예측변수들에 대한 특정 값들이 주어지면, 위의 방정식의 오른쪽의 부분 v를 산출하기 위해서 x값을 먼저 대입하여 p를 산출해 낼 수 있다. 그런 다음에 아래의 공식을 활용하여 p에 대해 풀 수 있다.

$$p = \frac{e^v}{1 + e^v}$$

예제 3 다중 로지스틱 회귀

부록 B의 데이터 세트 1 "신체 자료"에 제시된 여성과 남성의 신장(cm)과 팔 둘레(cm)로 구성된 표본자료를 고려해보라. 반응변수 y는 성별(0 = 여성, 1 = 남성) 변수이다. 성별, 신장 및 팔 둘레 자료에 통계패키지 등을 활용하면 아래와 같은 로지스틱 회귀 모형을 얻을 수 있다.

$$\ln\left(\frac{p}{1-p}\right) = -40.6 + 0.242(\text{HT}) + 0.00129\,(\text{ArmCirc})$$

위 식에서 p는 남성의 확률이므로 P값이 1에 가깝다는 것은 그 사람이 남성일 가능성이 높다는 것을 의미하며, P값이 0에 가까울수록 사람이 남성이 아닐 가능성이 높다는 것을 의미한다(따라서 그 사람이 여성일 가능성이 높음). 다음 두 가지 결과를 보라.

- 위 모형에 183 cm(또는 72.0 in.)의 신장과 33 cm(또는 13.0 in.)의 팔 둘레를 대입하면 $p = 0.977$을 구할 수 있다. 이는 여기에 적용된 큰 사람이 남성일 가능성이 97.7%임을 의미한다.
- 반대로 신장이 150 cm(또는 59.1 in.)이며 팔 둘레가 20 cm(또는 7.9 in.)인 작은 사람의 경우에는 $p = 0.014$로 계산되어 그 사람은 남성이 될 가능성이 매우 낮다.

임상연구에서는 질병 발생에 대한 좋은 예측인자인 바이오마커(biomarkers)를 찾는 데 많은 관심이 많다. 특히, 새로운 바이오마커가 예측을 향상시킬 수 있다고 한다면, 이 가설을 검정하는 한 가지 방법은 다중 로지스틱 회귀에 예측변수의 하나로서 바이오마커를 포함시키는 것이다. 모형의 다른 예측인자로는 나이와 성별과 같은 위험요소들을 고려할 수 있다. 만일 새로운 바이오마커가 예측 능력을 향상시킨다면 로지스틱 회귀모형에서 해당 바이오마커에 대한 계수는 0과 달라야 한다. [예제 4]를 참조하라.

예제 4 다중 로지스틱 회귀

연구자들은 "distortion product otoacoustic emissions(DPOAEs)"이 신생아의 청력 손상을 식별하는 데 유용한 도구인지 여부를 결정하는 데 관심이 있었다. 더미 반응변수는 영아가 8개월 이상일 때 황금기준(Gold Standard) 검정에서 정의된 대로 청력손상(1 = 손상됨, 0 = 손상되지 않음)이었다. 다중 로지스틱 회귀모형은 예측변수로서 DPOAE(연속변수), 나이(주 단위), 성별(0 = 여아, 1 = 남아)을 고려했다. 다중 로지스틱 회귀를 사용하여 다음 모형을 산출했다("Identification of Neonatal Hearing Impairment, by Norton et al., *Ear and Hearing*, Vol. 21" 자료를 참조).

$$\ln\left(\frac{p}{1-p}\right) = 3.84 - 0.06(\text{DPOAE}) + 0.02(\text{Sex}) - 0.02(\text{Age})$$

위의 식에서 p는 청각장애의 발생확률이다. 통계패키지로부터 P값을 얻을 수 있는데, 위의 방정식은 다음과 같은 P값을 도출했다.

변수	P값
DPOAE	< 0.01
성별	0.91
나이	0.4

(계속)

변수 DPOAE에 대한 *P*값은 매우 작아서, DPOAE는 청력손상의 예측변수가 아니라는 귀무가설을 기각할 수 있는 강력한 증거를 보여준다. DPOAE는 신생아의 청력손상에 대한 유용한 검사일 수 있다. 성별변수의 경우에 *P*값 0.91은 성별이 청력손상의 예측변수라는 주장을 뒷받침할 충분한 증거가 없다는 것을 나타낸다. 마찬가지로, 연령 또한 통계적으로 중요한 예측변수가 아니었다.

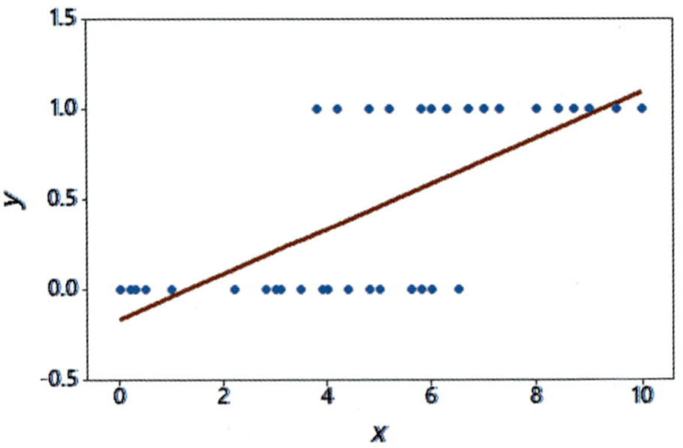

그림 10-9 더미 반응변수와 선형 회귀선

가변수가 반응변수일 때 이전 절과 동일한 회귀방법을 사용할 수 없는 이유는 무엇인가? 하나의 독립변수를 가지고 있다고 가정하고, 10-2절의 방법으로 *y*값이 0 또는 1인 표본자료를 사용하여 선형 회귀식을 도출해보자. 예측된 *y*값 중 일부가 1보다 크거나 0보다 작지는 않지만, 확률이 0과 1 사이여야 한다는 요구사항은 만족하지 못할 것이다. 다음 쪽의 그림 10-9를 참조하라. 더미 반응변수 *y*(0 = 여성 및 1 = 남성의 성별)와 연속된 예측변수 *x*(신장)의 산점도를 보여준다. 그림 10-9는 [예제 2]에서와 동일한 성별/신장 자료를 사용한다. 그림 10-9의 직선적인 회귀선은 10-2절의 선형 회귀 방법을 사용한다. *y*의 예측값은 *x*의 작은 값에 대해 0 이하로 떨어지고, *x*의 큰 값에 대해 1을 초과한다. 이 결과는 확률 값이 0과 1 사이여야 한다는 요구사항을 위반한다. 선형 회귀에서 직선은 좋은 모형이 아니다. 로지스틱 회귀의 "S형태" 곡선(그림 10-8)은 훨씬 좋은 모형이다.

예측의 품질 평가 로지스틱 회귀를 수행한 예측의 품질을 평가할 때, 하나의 고려사항은 회귀식의 전체적인 유의성을 나타내는 *P*값이 될 수도 있다. 또 다른 방법은 모형이 표본자료에서 관측된 위험이 예측된 위험과 얼마나 잘 일치되는가를 평가하는 Hosmer-Lemeshow 검정이 사용될 수 있다. 하지만 잘 일치되는 것 이외에도 모형은 고위험의 관측과 저위험의 관측을 구분해야 한다. Receiver operating characteristic(ROC) 곡선의 area under the curve(AUC)는 모형의 품질 척도로 사용된다. 이러한 방법 및 다른 보다 자세한 방법들은 로지스틱 회귀와 관련된 많은 책들에 포함되어 있다.

10-5 기본적인 기술 및 개념

통계적 해석 및 비판적 사고

1. 가변수 가변수란 무엇인가?

2. 단순 로지스틱 회귀 단순 로지스틱 회귀는 다중 로지스틱 회귀와 어떻게 다른가?

연습문제 3~4에서는 부록 B의 데이터 세트 11 "곰 측정"에서 찾은 다음의 로지스틱 회귀식을 사용하라. p는 곰이 수컷일 확률이다.

$$\ln\left(\frac{p}{1-p}\right) = 2.40 - 0.0553(\text{신장}) + 0.008262(\text{무게})$$

3. 곰 예측변수와 반응변수는 무엇인가? 이 변수들 중에서 가변수는 무엇인가?

4. 곰 길이가 60 in.이고 무게가 300 lb인 곰이 수컷일 확률은 얼마인가? 또한 곰이 암컷일 확률은 얼마인가?

5. 곰의 무게 부록 B의 데이터 세트 11 "곰 측정"을 참조하여, 곰의 성별, 나이 및 무게를 사용하라. 성별의 경우에 0은 암컷을 나타내고 1은 수컷을 나타낸다. 반응변수(y)를 체중으로 두고, 다중 회귀식을 찾기 위해 나이 변수와 가변수 성별을 사용하라. 방정식을 사용하여 아래 주어진 특성을 가진 곰의 예측 무게를 찾아라. 성별은 곰의 무게에 많은 영향을 미치는가?

a. 20살인 암컷 곰

b. 20살인 수컷 곰

6. 성별, 신장, 체중 부록 B에 있는 데이터 세트 1 "신체 자료"를 참조하고, 신체의 성별, 신장, 체중을 사용하라. 반응변수(y)를 성별(0 = 여성, 1 = 남성)로 두고, 다중 회귀식을 찾기 위해서 신장과 체중 변수를 사용하라. 산출된 방정식을 사용하여 대상자의 신장이 170 cm이고 체중이 90 kg인 경우에 대상자가 남성일 확률을 구하라.

7. 성별, 발의 길이 및 신장 부록 B의 데이터 세트 7 "발과 신장"을 참조하고, 대상자의 성별, 발의 길이 및 신장을 사용하라. 반응변수(y)를 성별(0 = 여성, 1 = 남성)로 두고, 다중 회귀식을 찾기 위해서 발의 길이와 신장 변수를 사용하라. 산출된 방정식을 사용하여 대상자의 발 길이가 28 cm이고 신장이 190 cm인 경우에 대상자가 남성일 확률을 구하라.

장별 퀴즈

다음의 연습문제들은 같은 여성에게서 얻은 수축기 혈압 측정치(mmHg)로 구성된 다음 표본자료를 기반으로 한다("Consistency of Blood Pressure Differences Between the Left and Right Arms, by Eguchi et al., Archives of Internal Medicine, Vol. 167"을 참조).

오른쪽 팔	102	101	94	79	79
왼쪽 팔	175	169	182	146	144

1. **결론** 선형 상관계수 r은 0.867, P값은 0.057, 유의수준 0.05에 대한 임계값은 ±0.878이었다. 유의수준 0.05에서 어떤 결론을 내릴 수 있는가?

2. **척도의 변화** 연습문제 1은 r이 0.867이라고 했다. 만일 오른쪽 팔에 대한 혈압 측정의 눈금이 mmHg에서 in.Hg로 변경되거나, 오른쪽 팔의 모든 측정값에 0.0394가 곱해지면 r값은 어떻게 변경되는가?

3. **예측** 표본자료는 $r = 0.867$의 선형 상관계수와 회귀식 $\hat{y} = 43.6 + 1.31x$라는 결과를 도출했다. 오른쪽 팔의 측정값이 100 mmHg이면 왼쪽 팔의 가장 좋은 예측값은 무엇인가?

4. **설명된 변동** 선형 상관계수 r이 0.867인 것으로 판명되면, 왼쪽 팔 측정의 변동 중에서 오른쪽 팔과 왼쪽 팔 측정의 관련성에 의해 설명되는 변동의 비율은 얼마인가?

5. **원인적 연관성** 참 또는 거짓: 만일 표본자료를 통해 오른쪽 팔 측정과 왼쪽 팔 측정 간의 선형 상관이 존재한다는 주장을 뒷받침할 충분한 증거가 있다고 결론을 내린다면, 오른쪽 팔 측정값의 증가는 왼쪽 팔의 측정값 증가를 야기할 수 있다는 결론을 내릴 수 있다.

복습문제

1. **담배 타르 및 니코틴** 아래 표는 서로 다른 브랜드의 킹사이즈 담배 내 타르, 일산화탄소 및 니코틴의 함량을 측정한 것을 보여준다(데이터 세트 15 "담배 내용물" 참조).

a. 타르와 니코틴 사이에 선형 상관을 뒷받침할 충분한 증거가 있는가?

b. 타르와 니코틴 사이의 선형 상관으로 설명될 수 있는 니코틴의 변동 비율은 어느 정도인가?

c. y를 니코틴의 양으로 하고 x를 타르의 양으로 가정하여 회귀식을 산출하라.

d. Raleigh 브랜드의 킹사이즈 담배는 표에 포함되어 있지 않은데, 23 mg의 타르가 함유되어 있다. 니코틴을 가장 잘 예측한 양은 얼마인가? 예측된 양은 실제 양인 1.3 mg과 어떻게 비교될 수 있는가?

타르	25	27	20	24	20	20	21	24
일산화탄소	18	16	16	16	16	16	14	17
니코틴	1.5	1.7	1.1	1.6	1.1	1.0	1.2	1.4

2. **담배 타르 및 일산화탄소** 연습문제 1에 제시된 표의 자료를 참고하여, 타르 및 일산화탄소(CO)의 양을 사용하라.

a. 타르의 양을 수평축에 적용하여 산점도를 작성하라. 산점도는 무엇을 말해 주는가?

b. 산점도는 8개의 짝을 이룬 표본자료에 해당하는 여덟 개의 점으로 표시되었는가? 그렇지 않다면 왜 아닌가?

c. 선형 상관계수의 값을 찾고, 타르의 양과 일산화탄소의 양 사이의 선형 상관을 뒷받침할 충분한 증거가 있는지 여부를 결정하라.

d. y를 일산화탄소의 양으로 하고, x를 니코틴의 양으로 가정하여 회귀식을 구하라.

e. Raleigh 브랜드의 킹사이즈 담배는 표에 포함되어 있지 않은데, 23 mg의 타르가 함유되어 있

다. 일산화탄소의 예측된 양은 얼마인가? 예측된 양은 실제 양인 15 mg과 어떻게 비교되는가?

3. **박테리아 성장** 실험을 통해 통제된 환경에의 박테리아 수가 시간대별로 기록되었다. 아래 표는 경과된 시간(일)과 집단 크기(천)를 제시한 것이다. 시간과 규모의 관계에 대해 어떻게 결론을 내릴 수 있는가? 해당 분석이 산점도 없이 수행된다면 어떤 끔찍한 실수를 범할 수 있겠는가?

시간(일)	1	3	5	7	9	11	13	15	17	19
규모(천)	0.1	1.8	3.2	4.0	4.6	4.8	4.7	4.2	3.4	2.2

누적 복습문제

다이어트의 효과 **아래는 Zone 다이어트 전후의 대상자 체중(lb)이다**("Comparison of the Atkins, Ornish, Weight Watchers, and Zone Diets for Weight Loss and Heart Disease Risk Reduction, by Dansinger et al., ***Journal of the American Medical Association***, Vol. 293, No.1."을 참조). **연습문제 1~5에서는 해당 자료를 사용하라.**

다이어트 이전	183	212	177	209	155	162	167	170
다이어트 이후	179	198	180	208	159	155	164	166

1. **다이어트 임상시험: 통계량** "다이어트 전후 체중 차이"의 평균 및 표준편차를 산출하라.

2. **다이어트 임상시험: 가설검정** 유의수준 0.05를 사용하여 다이어트가 효과적이라는 주장을 검정하라.

3. **다이어트 임상시험: 상관** 위에 제시된 다이어트 이전 및 이후의 체중을 사용하라.

a. 다이어트 이전 이후 체중 사이의 상관을 검정하라.

b. 각 대상자가 다이어트 이후의 체중이 이전과 같이 똑같은 무게로 측정되었다면, 선형 상관계수의 값은 얼마인가?

c. 모든 대상자가 다이어트로 인해 체중의 5%를 줄일 수 있다면, 다이어트 전후 체중에서 도출할 수 있는 선형 상관계수의 값은 얼마일까?

d. 앞의 결과는 다이어트의 효과를 검정하기 위한 도구로서 상관의 적합성에 대해 무엇을 말해주는가?

4. **폐 용량 측정** 폐 용량 측정에 사용되는 기술들에 대한 연구에서 10명의 대상자에 대한 물리학적 자료가 수집되었다. 첨부된 표에 주어진 값은 리터 단위로서 앉은 자세와 누워 있는 자세에 있는 10명의 대상자에게 측정된 강제 활력 용량을 나타낸다("Validation of Esophageal Balloon Technique at Different Lung Volumes and Postures, by Baydur et al., *Journal of Applied Physiology*, Vol. 62, No. 1"을 참조). 여기에서 조사하고자 하는 것은 자세(앉거나 누운 자세)에 따라서 측정된 값에 영향을 미치는지 여부이다.

a. 만일 앉은 자세에서의 값과 누운 자세에서의 값에 대한 상관을 검정한다면, 해당 결과는 측정할 때의 자세가 측정값에 영향을 미치는지 여부를 결정할 수 있게 하는가? 그 이유는 무엇인가?

b. 측정 당시의 자세는 측정값에 영향을 미치지 않는다는 검정을 수행하라. 즉 그 차이가 0이라는 것을 검정하라.

대상자	A	B	C	D	E	F	G	H	I	J
앉은 자세	4.66	5.70	5.37	3.34	3.77	7.43	4.15	6.21	5.90	5.77
누운 자세	4.63	6.34	5.72	3.23	3.60	6.96	3.66	5.81	5.61	5.33

기술 프로젝트

부록 B의 데이터 세트 1 "신체 자료"에는 300명의 대상자에 대한 저밀도 지방단백질(LDL) 및 고밀도 지방단백질(HDL) 콜레스테롤 측정값을 포함하고 있다. 자료를 다운로드하고(www.TriolaStats.com), 산점도 및 상관, 회귀를 수행하라. HDL과 LDL 사이에는 선형 상관이 있는가? 회귀선의 방정식은 무엇인가? 만일 성별에 따라 측정값이 분리된다면 해당 분석결과가 많이 변경되는가? 통계패키지 등을 이용한 적절한 결과를 포함하는 간략한 보고서를 작성하라.

자료로부터의 결정

비판적 사고: 진통제 Duragesic이 통증을 줄이는 데 효과적일까?

아래에 Duragestic(fentanly) 사용 전후의 통증강도 측정값이 나열되어 있다(Janssen Pharmaceutical Products, L.P.의 자료에 기초). 자료는 행별로 차례차례 나열되어 있고, 이에 상응하는 측정값은 치료 전후에 같은 대상자의 것이다. 예를 들어, 첫 번째 대상자는 치료 전 측정값 1.2, 치료 후 측정값 0.4였다. 각각의 짝별 측정값은 동일한 대상자에서 측정하였으며, 통증의 강도는 standard visual analog score를 사용하여 측정하였다. 점수가 높으면 통증 강도가 높아진다.

Duragesic 치료 전의 통증 강도

1.2	1.3	1.5	1.6	8.0	3.4	3.5	2.8	2.6	2.2
3.0	7.1	2.3	2.1	3.4	6.4	5.0	4.2	2.8	3.9
5.2	6.9	6.9	5.0	5.5	6.0	5.5	8.6	9.4	10.0
7.6									

Duragesic 치료 후의 통증 강도

0.4	1.4	1.8	2.9	6.0	1.4	0.7	3.9	0.9	1.8
0.9	9.3	8.0	6.8	2.3	0.4	0.7	1.2	4.5	2.0
1.6	2.0	2.0	6.8	6.6	4.1	4.6	2.9	5.4	4.8
4.1									

결과 분석

1. 상관 산점도를 만들기 위해 주어진 자료를 사용하라. 치료 전과 후의 통증강도 사이에 상관을 검정하기 위해서 10-1절의 방법을 사용하라. 만일 선형 상관이 있는 것처럼 보인다면, 약물치료가 효과적이라고 주장할 수 있는가?

2. 두 개의 독립적인 표본 9-2절의 방법을 사용하여 두 모집단의 평균이 동일하다는 주장을 검정할 수 있다. 치료가 효과적이라는 구체적인 주장을 제시하고, 9-2절의 방법을 사용하여 해당 주장을 검정하라. 9-2절의 방법은 표본이 독립적이라는 요건에 기초한다. 이러한 경우에 그들은 독립적인가?

3. 가장 좋은 방법? 통증을 완화하는데 약물치료가 효과적인지 여부를 판단하는 데 가장 좋은 결과는 앞의 결과 중에서 어느 것인가? 앞의 결과를 근거로 하면 약효가 있는 것처럼 보이는가?

그룹 활동

1. 수업 활동 반 학생 모두는 각각의 발자국 길이와 신장을 측정한다. 선형 상관을 검정하고 회귀식을 찾아라. 교수의 발자국 길이를 측정하여 신장을 예측하는 데 사용하라. 예측된 신장은 실제 신장과 얼마나 가까운가?

2. 수업 활동 8명에서 12명으로 집단을 나누어라. 각 집단 구성원들에 대해 신장과 팔의 길이를 측정하라. 팔 길이 측정 시에 대상자는 비행기의 날개처럼 팔을 뻗은 채로 서 있어야 한다. 짝을 이룬 표본자료를 사용할 경우에 신장과 팔 길이 사이에 상관이 있는가? 만일 그렇다면 팔 길이 단위로 표현되는 신장에 대한 회귀식을 찾아라. 팔 길이가 신장을 예측하는 데 있어 합리적으로 좋은 예측변수로 사용될 수 있는가?

3. 수업 활동 반응시간에 대한 측정기로 자를 사용해보자. 한 사람이 맨 위에 자를 매달아 놓은 상태에서 자를 놓을 때, 아래 사람은 자를 잡을 준비자세로서 아래 가장자리에 엄지손가락과 집게손가락을 들고 있는 상태이어야 한다. 자가 잡히기 전에 떨어진 거리를 기록하라. 그 거리를 대상자가 반응하여 자를 잡는 데 걸린 시간(초)으로 변환하라. (만일 거리를 인치로 측정하는 경우에 $t = \sqrt{d/192}$을 사용하고, 만일 거리를 센티미터로 측정하는 경우에 $t = \sqrt{d/487.68}$을 사용하라.) 각 대상자들은 오른손으로 한 번, 왼손으로 한 번 시행한 후에 짝을 이룬 자료로 구성하라. 상관을 검정하라. 회귀식을 찾하라. 회귀식은 주로 사용하는 손이 더 빠르다는 것을 말해 주는가?

4. **수업 활동** 3명에서 4명으로 집단을 나누어라. 부록 B는 10장의 예제나 연습문제에 사용되지 않은 많은 자료를 포함한다. 부록 B에서 관심 변수들의 짝을 검색한 후, 상관 및 회귀를 조사하라. 결론을 작성해보고, 실질적인 응용에 대해서 생각해보라.

11 적합도와 분할표
Goodness-of-Fit and Contingency Tables

이 장의 문제 — 어떤 치료가 최선인가?

발 피로골절을 치료하는 방법으로는 수술, 체중 보조 깁스, 6주 동안 비체중 보조 깁스, 6주 미만 비체중 보조 깁스 등이 있다.

표 11-1은 4행과 2열로 된 분할표이다. 분할표의 셀에는 빈도가 들어 있다. 행 변수는 발 피로골절에 적용될 수 있는 치료를 나타내며, 열 변수는 치료의 성공여부를 나타낸다. 이 표는 "Management of Tarsal Navicular Stress Fractures: Conservative Versus Surgical Treatment: A Meta-Analysis, by Torc et al., *American Journal of Sports Medicine*, Vol. 38, No. 5."의 자료에 기초한 것이다. 이 장에서는 **표 11-1**의 자료를 사용하여 다음과 같은 문제를 해결하고자 한다.

- 네 가지 치료법은 다른 성공률을 보이는가?
- 가장 좋은 치료법이 있는가?
- 발 피로골절을 치료하는 데 수술을 권장해야 하는가?

표 11-1 발 피로골절에 대한 치료들

	성공	실패
수술	54	12
체중 보조 깁스	41	51
6주 동안의 비체중 보조 깁스	70	3
6주 미만의 비체중 보조 깁스	17	5

이 장의 목표

7장 및 8장에서는 모집단 모수 추정을 위한 신뢰구간(7장)과 가설검정(8장)을 포함한 추론 통계의 중요한 통계적 방법들을 소개했다. 그런 다음에 두 모집단에 대한 추론을 고려했으며(9장) 짝을 이룬 자료의 상관 및 회귀에 대해서도 고려했다(10장). 이 장에서 여러 개의 셀들로 분할될 수 있는 범주형(또는 질적 또는 속성) 자료 분석 관련한 통계적 방법을 다룬다. 본 장의 방법은 7-3절에 소개되었고, 8-4절에 한 번 더 언급된 것과 동일한 χ^2(chi-square)분포를 사용한다. 분포의 속성에 대한 것은 7-3절 또는 8-4절을 참조하기 바란다. 다음은 11장의 목표이다.

11-1 적합도

- 여러 개의 범주로 분할된 범주형자료의 빈도를 사용하여 자료가 주장되는 분포에 적합한지 여부를 결정한다.

11-2 분할표

- 행 변수와 열 변수 사이의 독립성을 검정하기 위해 최소 2개의 행과 최소 2개의 열이 있는 이원 분할표내 빈도로 요약된 범주형자료를 사용한다.
- 여러 모집단마다 일정한 특성에 대해 동일한 비율을 가진다는 주장을 검정한다.

11-1 적합도

핵심 개념

"적합도(goodness-of-fit)"란 단일 행 또는 열에 배열된 관측빈도로 구성된 표본자료(일원빈도표)가 특정 분포(예: 정규분포 또는 균등분포)와 일치한다는 것을 의미한다. 여기에서는 관측빈도가 주장하는 분포와 일치한다는 주장에 대한 가설검정을 할 것이다.

정의

적합도 검정(goodness-of-fit test)은 관측빈도의 분포가 주장되는 분포에 적합하다는(또는 따른다는) 가설을 검정하는 데 사용된다.

핵심요소

적합도 검정하기

목표

단일 행(또는 열)의 빈도가 특정한 분포(정규분포 또는 균등분포)와 일치하는지 여부를 결정하는 가설검정으로서 적합도 검정을 수행한다.

표기

O는 표본자료에서 획득한 결과의 **관측빈도**를 나타낸다.

E는 주장되는 분포를 가정한 결과의 **기대빈도**를 나타낸다.

k는 여러 개의 **범주** 또는 셀의 수를 나타낸다.

n은 총 **시행 횟수**(또는 관측된 표본 값들의 합계)를 나타낸다.

p는 표본 값이 특정 범주에 속할 **확률**을 나타낸다.

요구사항

1. 자료는 임의로 선택되었다.
2. 표본자료는 서로 다른 범주 각각에 대한 빈도로 구성된다.
3. 각 범주에 대해 기대빈도는 최소 5개이다(한 범주에 대한 기대빈도는 자료가 주장되는 분포를 갖는 경우에 발생하는 빈도이며, 각 범주에 대한 **관측빈도**가 최소 5개이어야 한다는 요구사항은 없다).

귀무가설과 대립가설

H_0: 빈도는 주장되는 분포와 일치한다.

H_1: 빈도는 주장되는 분포와 일치하지 않는다.

적합도 검정을 위한 통계량

$$\chi^2 = \sum \frac{(O - E)^2}{E}$$

P값: P값은 일반적으로 통계패키지 등에서 제공되거나 표 A-4에서 P값의 범위를 찾을 수 있다.

임계값:

1. 임계값은 자유도 $k - 1$을 사용하여 표 A-4에서 찾을 수 있다. 여기서 k는 범주의 수이다.
2. 적합도 가설검정은 언제나 **오른쪽 꼬리** 검정이다.

기대빈도 찾기

적합도 검정을 수행하는 것은 O로 표시된 관측빈도를 확인한 후 주장되는 분포로 예상되는 기대빈도(E로 표시)를 찾아야 한다. 기대빈도 E를 찾는 데에는 다음의 두 가지 접근법이 있다.

- 예상되는 기대빈도가 모두 같으면 $E = n/k$을 계산하라.
- 예상되는 기대빈도가 모두 같지 않으면 각 개별 범주에 대한 $E = np$를 계산하라.

E를 산출하는 데 있어 앞의 두 가지 방법이 가장 좋으나, 다음의 질문에 답하는 것과 같이 비공식적인 접근법을 사용하는 것이 더 좋을 수도 있다. 관측빈도가 다른 범주들 사이에서 어떻게 분리되어 주장되는 분포와 가장 완벽하게 일치할 수 있는가? 또한 관측빈도는 실제 빈도를 나타내는 것이므로 모두 정수(whole number)이나 예상되는 빈도는 정수가 될 필요는 없다는 것을 알아야 한다.

자동차의 어떤 좌석이 가장 안전한가?

많은 사람들은 차의 뒷좌석이 가장 안전한 좌석이라고 믿지만, 과연 그럴까? Buffalo 대학교의 연구원들은 6만 개보다 더 많은 치명적인 자동차 충돌에 대해 분석하여 가운데 뒷좌석이 가장 안전한 곳이라는 것을 발견했다. 그들은 그 좌석에 앉는 것이 앞좌석에 앉는 사람들보다 생존할 가능성이 86% 더 높으며, 뒷좌석의 창문 가까이 앉는 사람들보다 생존할 가능성이 25% 더 높다는 것을 발견했다. 안전벨트 사용에 대한 분석은 뒷좌석 안전벨트를 착용하지 않을 때, 같은 좌석에 안전벨트를 착용한 사람들보다 충돌로 사망할 가능성이 세 배 더 높다는 것을 보여주었다. 안전을 생각하는 승객은 뒷좌석 가운데에 앉고 안전벨트를 매야 한다.

예제들:

a. **동등한 가능성** 하나의 주사위를 45번 던져, 아래의 결과를 얻었다. 주사위는 공평하고 모든 결과가 동등하게 발생가능하다고 했을 때에 아래의 비워 있는 각 셀에 대해서 기대빈도를 구하라.

결과	1	2	3	4	5	6
관측빈도 O	13	6	12	9	3	2
기대빈도 E						

$n = 45$의 시행횟수 및 $k = 6$ 범주를 바탕으로 각 셀의 기대빈도는 동일하다: $E = n/k = 45/6 = 7.5$. 만일 주사위가 공평하고 그 결과가 모두 동등하게 발생가능하다면 각각의 결과는 약 7.5번씩 발생하는 것을 기대할 수 있다.

b. **동등하지 않은 가능성** (a)에서와 동일한 결과를 사용하여, 공정한 주사위 대신에 1의 발생 결과가 횟수의 50%, 다른 5개의 결과가 횟수의 각 10%가 발생한다고 가정하자. 확률은 아래 두 번째 행에 나열되어 있다. 아래에 제시된 $n = 45$ 및 제시된 확률을 사용하여, 첫 번째 셀에 대해 $E = np = (45)(0.5) = 22.5$임을 알 수 있다. 다른 5개의 셀 각각은 $E = np = (45)(0.1) = 4.5$의 기대빈도를 가진다.

결과	1	2	3	4	5	6
확률	0.5	0.1	0.1	0.1	0.1	0.1
관측빈도 O	13	6	12	9	3	2
기대빈도 E	22.5	4.5	4.5	4.5	4.5	4.5

주장되는 분포와의 불일치 측정

표본 빈도는 이론적으로 기대하는 값과 다소 다르다는 것을 알고 있다. 아래의 핵심질문을 고려해보자.

실제 관측빈도 O와 이론적으로 기대빈도 E의 차이가 유의한가?

O와 E값 사이의 불일치를 측정하기 위해, 앞의 핵심요소 상자에 주어진 검정통계량을 사용할 수 있다. (나중에 이 검정통계량이 어떻게 개발되었는지 설명하겠지만, $O - E$의 차이들이 핵심요소이다.)

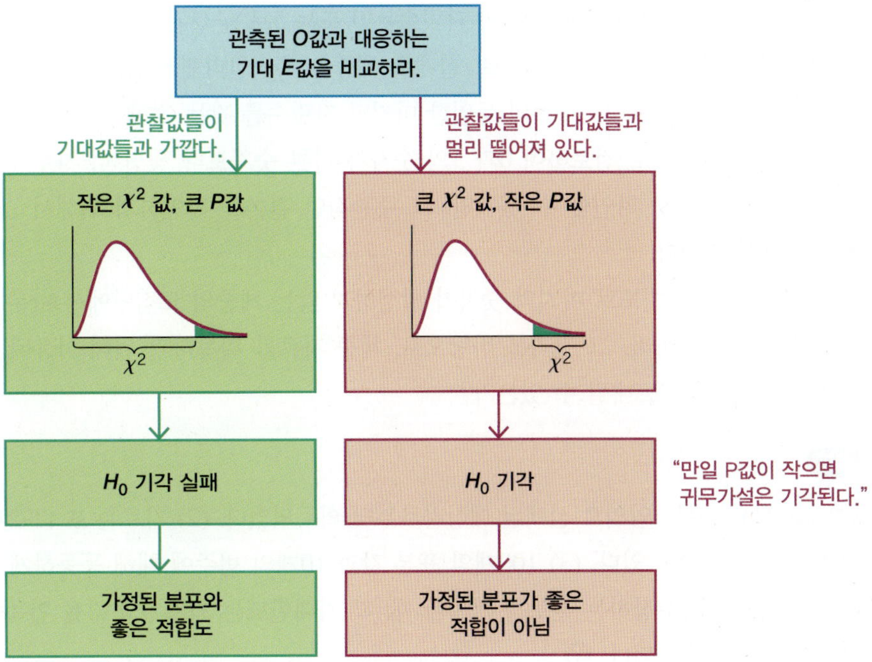

그림 11-1 χ^2 **검정통계량, P값, 그리고 적합도와의 관련성**

$$\chi^2 = \sum \frac{(O - E)^2}{E}$$

χ^2 검정통계량은 관찰 값과 예상 값의 차이에 기반한다. 관측된 값과 예상된 값이 가까울 경우 χ^2 검정통계량이 작아지고 P값이 커진다. 관측빈도와 기대빈도가 멀리 떨어져 있으면 χ^2 검정통계량이 커지고 P값은 작아진다. 다음 쪽의 그림 11-1은 이 관계를 요약한 것이다. 이 절에서의 가설검정은 항상 오른쪽 꼬리 검정이다. 이는 임계값과 임계역이 분포의 가장 오른쪽에 있기 때문이다. 만약 혼란스럽다면 아래의 기억법을 생각하라:

"*P*가 낮으면 귀무가설은 기각해야 한다."
(만일 *P*값이 작은 경우에 해당 분포가 주장된 분포라는 귀무가설을 기각해야 한다.)

예제 1 체중에 대한 제일 마지막 자릿수

캘리포니아인에 대한 100개 체중의 임의표본을 입수하여, 표 11-2(캘리포니아 공공보건부 자료 기준)에 그 체중의 마지막 자릿수를 요약하였다. 대상자의 체중을 측정할 때, 대상자들에게 그들의 체중을 보고하도록 요구하는 대신에 대상자들의 체중을 직접 측정하는 것이 매우 중요하다. 연구자들은 체중의 마지막 자릿수를 분석함으로써, 체중이 보고된 것인지 또는 실제로 측정된 것인지를 확인할 수 있다. 사람들이 체중을 보고할 때, 그들은 반올림 또는 반내림하는 경향이 있으며, 종종 아래로 반내림하기 때문에 197파운드 체중은 반내림하여 그들이 원하는 170파운드로 보고될 수도 있

(계속)

표 11-2 체중의 마지막 자릿수

마지막 자릿수	빈도
0	46
1	1
2	2
3	3
4	3
5	30
6	4
7	0
8	8
9	3

다. 이에 따라 보고된 체중의 마지막 자릿수는 0 또는 5로 구성된 마지막 자릿수가 많은 경향이 있다. 이와는 대조적으로, 실제로 체중을 측정한다면, 체중은 거의 동일한 빈도로 발생하는 0, 1, 2, ⋯, 9의 동일한 마지막 자릿수를 갖는 경향이 있다. 표 11-2의 빈도를 주관적으로 검토하여 0과 5의 숫자가 다른 숫자보다 훨씬 더 자주 발생하는 것처럼 보이는지 확인할 수 있지만, 그 주관적인 결론을 확인하기 위해서 가설검정을 진행할 것이다.

표본이 동일한 빈도로 마지막 숫자가 발생하지 않는 체중의 모집단에서 나온 것이라는 주장을 검정하라. 그 결과를 바탕으로, 체중 자료를 획득하기 위해 사용된 과정에 대해 어떤 결론을 내릴 수 있는가?

풀이

조건 확인 (1) 자료는 임의로 선택된 대상자로부터 획득되었다. (2) 자료는 표 11-2과 같이 빈도로 구성되어 있다. (3) 100개의 표본 값과 10개의 범주에 대해 동등하게 발생 가능성이 있다고 주장하는 분포를 가정할 때, 각 기대빈도는 최소 5의 값을 만족한다. 모든 요건들이 충족된다. ✓

자릿수가 같은 빈도로 발생하지 않는다는 주장은 10개 셀($p_0, p_1, \cdots, p_9$)의 상대적인 빈도 또는 확률이 모두 같지 않다는 주장과 같다. (이것은 자릿수의 분포가 균등분포가 아니라는 주장을 검정하는 것과 동일하다.)

1단계: 원래 주장은 자릿수가 같은 빈도로 발생하지 않는다는 것이다. 즉, 적어도 하나의 확률 $p_0, p_1, \cdots, p_9$는 다른 것들과 다르다.

2단계: 만일 원래 주장이 거짓이라면, 모든 확률은 동일하다.
즉, $p_0 = p_1 = p_2 = p_3 = p_4 = p_5 = p_6 = p_7 = p_8 = p_9$이다.

3단계: 귀무가설은 동등의 조건을 포함해야 하므로, 다음과 같다.

$$H_0\colon p_0 = p_1 = p_2 = p_3 = p_4 = p_5 = p_6 = p_7 = p_8 = p_9$$

H_1: 적어도 하나의 확률은 다른 것들과 다르다.

4단계: 유의수준이 지정되지 않았으므로, 일반적인 유의수준 $\alpha = 0.05$를 선택한다.

5단계: 마지막 자릿수의 분포가 균등분포(모든 숫자가 동일한 확률을 갖는)라는 주장을 검정하기 때문에, 이 절에서 설명한 적합도 검정을 사용한다. χ^2 분포는 앞의 핵심요소 상자에 주어진 검정통계량과 같다.

XLSTAT

Chi-square (Observed value)	212.8000
Chi-square (Critical value)	16.9190
DF	9
p-value	< 0.0001
alpha	0.05

6단계: 관측빈도 O는 표 11-2에 제시되어 있다. 해당하는 기대빈도 E는 각각 10과 같다(100개의 자릿수는 10개 범주에 균일하게 분포되기 때문). Excel에 포함된 XLSTAT는 함께 제공되는 화면의 결과를 제시해 줄 수 있으며, 다음 쪽의 표 11-3은 χ^2 검정통계량의 수작업 계산을 보여준다. 검정통계량 $\chi^2 = 212.800$이다. 임계값은 $\chi^2 = 16.919$이다(표 A-4에서 찾을 수 있는데, 자유도 $k - 1 = 9$에 대한 오른쪽 꼬리 검정의 유의수준 0.05를 참조). 검정통계량과 임계값은 그림 11-2에 제시되어 있다.

표 11-3 체중의 마지막 자릿수에 대한 χ^2 검정통계량 계산하기

마지막 자릿수	관측빈도 O	기대빈도 E	$O-E$	$(O-E)^2$	$\frac{(O-E)^2}{E}$
0	46	10	36	1296	129.6
1	1	10	−9	81	8.1
2	2	10	−8	64	6.4
3	3	10	−7	49	4.9
4	3	10	−7	49	4.9
5	30	10	20	400	40.0
6	4	10	−6	36	3.6
7	0	10	−10	100	10.0
8	8	10	−2	4	0.4
9	3	10	−7	49	4.9

$$\chi^2 = \sum \frac{(O-E)^2}{E} = 212.8$$

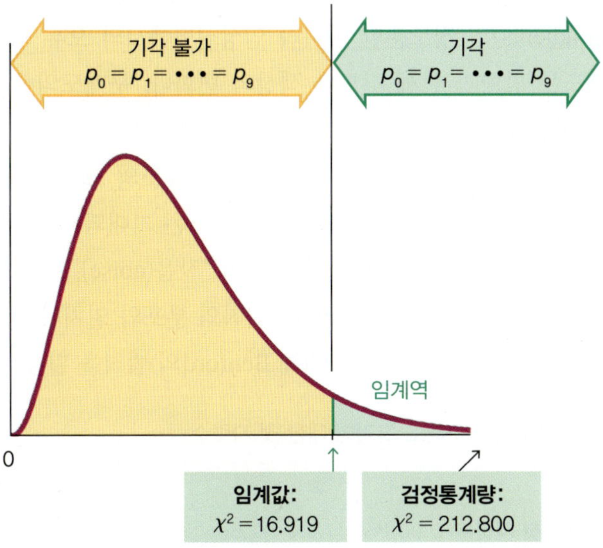

그림 11-2 $p_0 = p_1 = p_2 = p_3 = p_4 = p_5 = p_6 = p_7 = p_8 = p_9$**에 대한 검정**

7단계: 가설검정에 있어 P값 방법을 사용하면, P값이 상당히 작은 값(0.0001 미만)임을 알 수 있어 귀무가설을 기각한다. 가설검정에 있어 임계값 방법을 사용하면, **그림 11-2**에서와 같이 검정통계량 값이 임계역에 존재하므로 귀무가설을 기각할 수 있는 충분한 증거가 있다.

8단계: 마지막 자릿수가 동일한 상대적 빈도로 발생하지 않는다는 주장을 뒷받침할 충분한 증거가 있다.

(계속)

상업용 제트기의 가장 안정한 좌석

항공 작가와 연구원인 David Noland의 연구는 상업용 제트기에 더 멀리 앉아 있는 것이 충돌 시 생존의 가능성을 증가시킬 것이라는 것을 보여주었다. 이 연구는 생존의 가능성이 각 좌석마다 같지 않기 때문에 적합도 검정은 모든 좌석의 승객 생존이 동일한 확률을 가지고 있다는 귀무가설을 기각하게 되는 것을 보여주었다. 1971년 이후 발생한 20차례의 민간 항공기 추락 기록을 분석했다. 비즈니스 좌석이나 일등 좌석에 앉으면 추락에서 살아남을 확률이 49%이고, 날개 위나 앞쪽에 앉으면 56%이고, 날개 뒤쪽에 앉으면 69%의 생존확률이 있는 것으로 분석되었다.

이 연구에 대한 논평에서, David Noland는 그가 비행기를 탈 때에 굳이 뒷좌석을 선호하지 않는다고 말했다. 그는 비행기 추락 확률이 너무 작아서 어디에 앉는지는 걱정할 필요가 없으며, 단지 그는 창가 좌석을 선호한다고 했다.

해석

이 적합도 검정은 마지막 자릿수가 똑같게 발생할 가능성을 가지는 균등분포와 잘 맞지 않는다는 것을 보여준다. 실제로 대상자의 체중을 측정하는 대신에 대상자 자신이 그들의 체중을 측정한 것으로 보인다. 사실, 체중은 California Health Interview Survey(CHIS)에서 얻은 것이며, 조사 제목을 보면 대상자에 대해서 측정하지 않고 인터뷰한 것을 알 수 있다. 이것과 같이 만일 체중이 보고되었다면 자료의 신뢰성에 심각한 문제가 발생할 수 있다.

[예제 1]은 '여러 범주들에 대한 기대빈도 E가 모두 동일하다'라는 상황에 대한 것이다. 이 절의 방법은 [예제 2]에서와 같이 기대빈도가 다른 경우에도 사용될 수 있다.

예제 2 Benford의 법칙과 초음파 이미지

Benford의 법칙에 따르면, 다양한 자료 집합에는 표 11-4의 처음 두 행에 나타난 분포를 따르는 것과 같은 자릿수를 가진다. Benford의 법칙을 따르는 경향이 있는 데이터 세트에는 자기공명영상(MRI), 컴퓨터단층촬영(CT) 영상, 초음파 영상 등에서 발생하는 구배도(gradients)의 정도뿐만 아니라 임상실험에서의 오류 등급이 포함된다. (이미지의 구배도는 방향과 함께 강도나 색상의 변화다. 구배도의 크기는 방향 없이 변화의 양만 포함한다.)

표 11-4의 하단 행에는 초음파 이미지에서 구배도의 크기에 대한 첫 자릿수의 빈도가 나열되어 있다. 맨 아래 행의 첫 자릿수 빈도는 기대되는 Benford 법칙의 분포에 적합한 것처럼 보이는가? 아니면 상당한 양의 "잡음(noise)"으로 이미지가 훼손된 것처럼 보이는가? 즉, 첫 자릿수가 Benford 법칙의 분포와 일치하지 않기 때문인가? (잡음으로 손상된 이미지를 향상시키기 위해 Benford의 법칙을 활용하는 방법들이 있다.)

표 11-4 초음파 이미지의 구배도 크기에 대한 첫 자릿수

첫 자릿수	1	2	3	4	5	6	7	8	9
Benford의 법칙: 첫 자릿수	30.1%	17.6%	12.5%	9.7%	7.9%	6.7%	5.8%	5.1%	4.6%
초음파 이미지의 구배도 크기에 대한 첫 자릿수	69	40	42	26	25	16	16	17	20

풀이

조건 확인 (1) 표본자료는 하나의 큰 모집단에서 임의로 선택된 것이다. (2) 표본자료는 빈도로 구성되어 있다. (3) 기대빈도는 적어도 6이다. 가장 낮은 기대빈도는 $271 \times 0.046 = 12.466$이다. 모든 요구사항들이 충족된다. ✓

1단계: 원래의 주장은 선행 자릿수가 Benford의 법칙에 의해 주어진 분포와 적합하다는 것이다. 아랫첨자를 사용하여 선행 자릿수와 일치하는 확률은 $p_1 = 0.301$, $p_2 = 0.176$, $p_3 = 0.125$ 및 $p_9 = 0.046$으로 나타낼 수 있다.

2단계: 원래 주장이 거짓이면, 해당 비율들 중에서 적어도 하나는 주장하는 값들과 다를 것이다.

3단계: 귀무가설에는 동일하다는 조건이 포함되어야 하므로

H_0: $p_1 = 0.301,\ p_2 = 0.176,\ p_3 = 0.125,\ \cdots\ p_9 = 0.046.$

H_1: 적어도 하나의 비율이 주어진 주장에서의 비율과 동일하지 않다.

4단계: 유의수준이 지정되지 않았으므로, 일반적인 유의수준 $\alpha = 0.05$를 선택한다.

5단계: 선행 자릿수의 분포가 Benford의 법칙에 의해 주어진 분포에 적합하다는 주장을 검정하기 때문에 이 절에서 설명한 적합도 검정을 사용한다. χ^2 분포는 앞의 핵심 요소 상자에 주어진 검정통계량과 같다.

6단계: 표 11-5는 1과 2의 선행 자릿수에 대한 χ^2 검정통계량의 구성 요소의 계산을 보여준다. 9개의 선행 자릿수 모두를 포함한 $\chi^2 = 11.2792$의 검정통계량 값은 TI-84 Plus 계산기에서 얻을 수 있다. 임계값은 $\chi^2 = 15.507$이다(표 A-4에서 찾을 수 있는데, 자유도 $k - 1 = 8$에 대한 오른쪽 꼬리 검정의 유의수준 0.05를 참조). TI-84 Plus 계산기는 검정통계량 값과 0.186의 P값을 제시해준다. (결과의 맨 아래 모든 사항은 오른쪽에서 내리면 표시된다. CNTRB는 "contribution"의 축약된 형태로서 그 값은 χ^2 검정통계량의 전체 값에 개별적인 기여 정도를 의미한다.)

표 11-5 표 11-4의 선행 자릿수에 대한 χ^2 검정통계량 계산하기

첫 자릿수	관측빈도 O	기대빈도 $E = np$	$O - E$	$(O - E)^2$	$\frac{(O - E)^2}{E}$
1	69	$271 \cdot 0.301 = 81.5710$	−12.5710	158.0300	1.9373
2	40	$271 \cdot 0.176 = 47.6960$	−7.6960	59.2284	1.2418

7단계: P값 0.186은 유의수준 0.05보다 크므로, 귀무가설을 기각할 증거가 충분하지 않다. (또한 $\chi^2 = 11.2792$의 검정통계량 값은 임계값 15.507로 제한되는 임계역에 속하지 않으므로 귀무가설을 기각할 충분한 증거가 없다.)

8단계: 271개 선행 자릿수가 Benford의 법칙에 의해 주어진 분포에 부합한다는 주장을 기각할 만한 충분한 증거가 없다.

해석

선행 자릿수의 표본은 Benford의 법칙에 따른 분포를 따르지 않는다고 할 만한 충분한 증거를 제시하지 못했다. 따라서 초음파 이미지가 상당한 양의 "잡음(noise)"으로 손상되었다는 결론을 뒷받침하는 증거는 충분하지 않다.

멘델의 자료가 조작되었다?

멘델의 유명한 유전학 실험에서 나온 멘델의 일부 자료가 사실이라고 하기는 너무 완벽해 보였기 때문에, 통계학자 R. A. Fisher는 그 자료가 아마도 조작되었을 것이라고 결론지었다. 그는 χ^2 분포를 사용하여 검정통계량이 왼쪽으로 매우 멀고 P값이 1에 매우 가까울 때 표본자료가 주장되는 분포와 거의 완벽하게 일치한다는 것을 보여주었으며, 이는 표본자료가 임의로 선택되지 않았다는 증거라는 것을 보였다. 멘델의 정원사가 멘델의 이론이 어떤 결과를 예측했는지 알고 그 이론에 맞게 결과를 조정했다는 주장이 제기되었다.

Ira Philgrim은 *The Journal of Heredity*에 이런 χ^2 분포의 사용은 적절하지 않다고 썼다. 그는 해당 검정은 특정 분포의 적합도에 관한 것이 아니라 자료가 정말로 임의적인 표본에서 나온 것인지의 여부에 관한 것이라고 지적한다. Ira Philgrim은 멘델의 실험에서 얻은 결과의 가능성을 찾기 위해 이항확률 공식(binomial probability formula)을 사용했다. 그의 결과를 근거로 Ira Philgrim은 "멘델의 정직성에 대해 이의를 제기할 이유가 없다"고 결론짓는다. 멘델의 결과가 사실이 되기에는 그렇게 좋지 않은 것으로 보이며, 그것들은(표본자료들은) 정말 임의 과정으로부터 얻어진 것이었다.

TI-84 Plus C

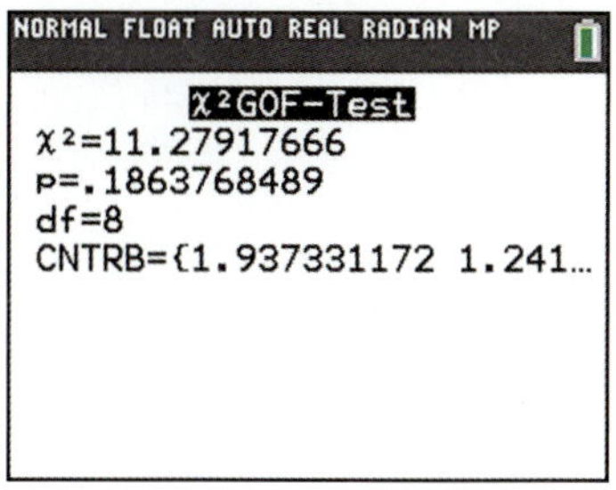

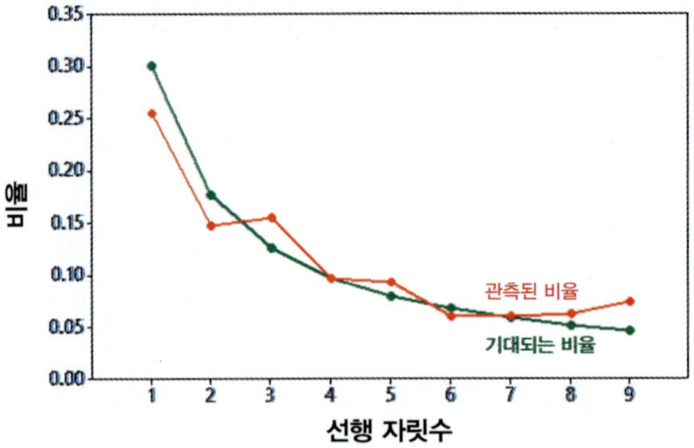

그림 11-3 관측된 비율과 Benford의 법칙에 의해 기대되는 비율

그림 11-3은 표 11-4에서 관측된 비율과 Benford의 법칙에 의해 주어진 기대 비율을 각각 빨간색 선과 녹색 선을 사용하여 그렸다. 그림 11-3은 Benford의 법칙에 의해 주어진 분포와 관측빈도 사이의 "적합도"를 시각화한 것이다. 그림 11-3에서 녹색 선과 빨간색 선은 합리적으로 잘 일치하므로, 관측된 자료가 기대되는 값과 합리적으로 잘 들어맞는 것으로 보인다.

검정통계량의 타당성 [예제 1]과 [예제 2]는 χ^2 검정통계량이 관측빈도와 기대빈도 간의 불일치를 측정하는 것임을 보여준다. 단순히 관측된 값과 기대된 값 사이의 차이$(O - E)$를 합산하는 것은 아무것도 말해주지 않는다. 왜냐하면 그 합은 항상 0이기 때문이다. $O - E$ 값을 제곱하는 것은 더 나은 통계량을 제공한다. ($O - E$ 값을 제곱하는 것은 본질적으로 표준편차 수식에서 $x - \bar{x}$ 값을 제곱하는 이유와 동일하다.) $\Sigma(O - E)^2$의 값은 차이의 크기만을 측정하지만, 기대했던 것과 비교하여 차이의 크기를 찾는 것이 필요하다. 누적된 전체보다는 일종의 평균이 필요하다. 이 상대적인 크기는 검정통계량과 같이 기대빈도를 통해 나누어주는 것으로 통해 산출할 수 있다.

$\Sigma(O - E)^2/E$의 이론적 분포는 가능한 값의 수가 한정되어 있기 때문에 이산자료의 분포다. 분포는 연속적인 χ^2 분포로 근사할 수 있다. 이 근사치는 일반적으로 모든 기대값 E가 최소 5인 경우(일부 범주를 조합하는 등의 방법으로 기대빈도가 최소 5 또는 5보다 작은 기대빈도의 문제 회피 가능하며, 만일 기대되는 모든 빈도가 적어도 5보다 작을 경우에는 적용하는 절차가 다르다)에 가능하다.

자유도의 수는 모든 범주에 대한 빈도가 결정되기 전에 $k - 1$ 범주의 빈도에 자유로이 할당할 수 있다는 사실을 반영한다. (비록 $k - 1$ 범주에 빈도를 "자유롭게" 할당할 수 있다고는 하지만, 음수의 빈도는 할당할 수 없고 그 합계가 모든 관측빈도 합계를 초과할 수 없다.)

테크 센터

적합도 검정

www.TriolaStats.com에서 기술 지침, 비디오, 데이터 집합을 참조하십시오.

11-1 기본적인 기술 및 개념

통계적 해석 및 비판적 사고

1. 병원 사이버 보안 아래 표에는 병원 컴퓨터에 대한 317개의 내부 인터넷 통신량 시간 및 Benford의 법칙으로 예상되는 선행 자릿수의 빈도가 나열되어 있다.

a. 관측값과 기대값에 사용되는 표기를 확인하라.

b. 선행 자릿수 2에 대한 관측값과 기대값은 무엇인가?

c. 선행 자릿수 2를 나타내는 범주의 χ^2 검정통계량 기여도를 찾기 위해 (b)의 결과를 사용하라.

선행 자릿수	1	2	3	4	5	6	7	8	9
Benford의 법칙	30.1%	17.6%	12.5%	9.7%	7.9%	6.7%	5.8%	5.1%	4.6%
내부 인터넷 통신량 시간의 선행 자릿수	76	62	29	33	19	27	28	21	22

2. 병원 사이버 보안 오른쪽 여백에 제시된 Statdisk 결과는 연습문제 1에서 주어진 자료로부터 얻어진 것이다. 선행 자릿수가 Benford의 법칙에 잘 맞는 분포를 가지고 있다는 주장을 검정할 때 어떤 결론을 내야 하는가?

Test Statistic, X^2:	20.9222
Critical X^2:	15.5073
P-Value:	0.0074

연습문제 3~7에서는 가설검정을 수행하여 검정통계량 및 P값 또는 임계값을 제시하고 결론을 내려라.

3. 직업적 손상 임의로 선택된 직업상 재해 중 비치명적 직업상 부상 및 질병은 처음 발생한 요일에 따라 분류되는데, 그 결과는 다음과 같다(노동통계국 자료 기준). 유의수준 0.05를 사용하여 그러한 부상과 질병이 다른 요일에도 동일한 빈도로 발생한다는 주장을 검정하라.

요일	월요일	화요일	수요일	목요일	금요일
빈도	23	23	21	21	19

4. 오토바이 치사율 오토바이 운전자의 임의 선택된 사망사고가 아래 표에 요약되어 있다(도로안전보험연구소 자료를 바탕으로). 유의수준 0.05를 사용하여 그러한 사망자가 모든 달에 동일한 빈도로 발생한다는 주장을 검정하라. 결과는 어떻게 설명될 수 있는가?

월	1월	2월	3월	4월	5월	6월	7월	8월	9월	10월	11월	12월
빈도	6	8	10	16	22	28	24	28	26	14	10	8

5. 야구선수 출생 Malcolm Gladwell이 작성한 책 *Outliers*에서 7월 31일 바로 다음 달에는 더 많은 야구선수들이 출생한다고 주장한다. 왜냐하면 그 때가 미취학 야구 리그의 나이 차단 기간이었기 때문이다. 다음은 1월부터 시작되는 미국 메이저리그 선수들의 출생일의 월에 대한 빈도의 표본 자료이다: 387, 329, 366, 344, 336, 313, 313, 503, 421, 434, 398, 371. 유의수준 0.05를 사용한

다면, 미국 태생의 메이저 리그 야구 선수들이 모든 달에서 같은 빈도로 태어난다는 주장을 기각할 충분한 증거가 있는가? 표본의 값이 Malcolm Gladwell의 주장을 뒷받침하는 것처럼 보이는가?

6. 눈동자 색 한 연구원은 눈동자 색 예측을 위한 이론적 모형을 개발했다. 부모의 임의표본을 검사한 후에 부모의 첫 아이의 눈동자 색깔을 예측한다. 아래 표에는 자식의 눈동자 색깔이 나열되어 있다. 그녀의 이론에 근거하여, 그녀는 자식의 87%가 갈색 눈동자를 가지고 있고, 8%는 파란색 눈동자를 가지고 있고, 5%는 녹색 눈동자를 가질 것이라고 예측했다. 유의수준 0.05를 사용하여 실제 빈도가 사전 예측된 분포와 일치한다는 주장을 검정하라.

	갈색 눈동자	파란색 눈동자	녹색 눈동자
빈도	132	17	0

7. 임상실험에서의 편향 연구자들은 인종과 임상실험의 접근성 평등에 관한 이슈를 조사했다. 다음 표는 폐암과 관련된 임상실험 참가자의 수와 모집단 분포를 보여준다("Participation in Cancer Clinical Trials, by Murthy, Krumholz, and Gross, *Journal of the American Medical Association*, Vol. 291, No. 22"를 참조). 유의수준 0.01을 사용하여 임상실험 참가자의 분포가 모집단 분포와 잘 일치한다는 주장을 검정하라. 임상실험에 있어 매우 불충분한 것으로 보이는 인종/민족 집단이 있는가?

인종/민족	백인 비 히스패닉	히스패닉	흑인	아시아인, 태평양 섬사람	아메리카 인디언, 알래스카 원주민
모집단의 분포	75.6%	9.1%	10.8%	3.8%	0.7%
폐암 임상실험에서의 수	3855	60	316	54	12

Benford의 법칙 Benford의 법칙에 따르면 다양한 자료의 집합에는 아래 표에 나타난 분포를 따르는 선행(첫 번째) 숫자를 포함한다. 연습문제 8번에서는 해당 자료가 Benford의 법칙에 의해 기술된 분포에 적합한지 여부를 검정하라.

첫 자릿수	1	2	3	4	5	6	7	8	9
Benford의 법칙: 선행 자릿수의 분포	30.1%	17.6%	12.5%	9.7%	7.9%	6.7%	5.8%	5.1%	4.6%

8. MRI 환자의 MRI(자기공명영상)에서 구배도 크기의 선행 자릿수를 분석한 결과, 빈도는 0, 15, 0, 76, 479, 183, 8, 23, 0으로 나타났으며, 그들 각각 1, 2, 3, 4, 5, 6, 7, 8, 9의 선행 자릿수에 해당했다. 유의수준 0.01을 사용하여 Benford의 법칙에 적합한지 검정하라. 선행 자릿수는 예상대로 Benford의 법칙 분포에 잘 일치하는 것처럼 보이는가, 아니면 선행 자릿수가 Benford 법칙의 분포에 맞지 않아 이미지가 훼손된 것이 인정되는가?

연습문제 9에서는 부록 B에 포함된 데이터 세트를 기반으로 한다. 전체 자료는 www.TriolaStats.com에서 찾을 수 있다.

9. 출생을 위한 입원 데이터 세트 3 "출생"은 예비 엄마들이 출산을 위해 병원에 입원한 요일을 포함하고 있다. 한 의사는 많은 출산이 제왕절개를 유도하거나 필요하기 때문에 토요일이나 일요일이 아닌 다른 요일에 출산이 예정되고 이로 인해서 출산은 모든 요일에 같은 빈도로 일어나지 않는다고 주장한다. 유의수준 0.01을 사용하여 그 주장을 검정하라.

11-2 기초를 넘어서

10. 정규분포에 대한 적합도 검정 부록 B의 데이터 세트 1 "신체 자료"를 참조하라.

신장(cm)	155.45 미만	155.45~162.05	162.05~168.65	168.65 초과
빈도				

a. 위의 표에 관측빈도를 입력하라.

b. 평균 및 표준편차가 표본의 평균 및 표준편차로 주어진 정규분포라고 가정할 때, 6장의 방법을 사용하여 각 범주에 속하는 임의로 선택된 신장의 확률을 구하라.

c. (b)에서 발견된 확률을 사용하여 각 범주의 기대빈도를 찾아라.

d. 유의수준 0.01을 사용하여 신장이 정규분포 집단에서 임의로 선택되었다는 주장을 검정하라. 적합도 검정에서 자료가 정규분포의 모집단에 속한다고 제안할 수 있는가?

11-2 분할표

핵심 개념

여기에서는 최소 2개 이상의 행과 최소 2개 이상의 열이 있는 표에 제시된 범주형자료의 빈도를 포함하는 분할표(또는 이원빈도표)의 분석 방법을 다룬다. 이 절의 PART 1에서는 행 변수와 열 변수가 서로 독립적이라는 귀무가설에 대한 가설검정을 수행하는 방법을 제시한다. 이 독립성검정은 실제 사회에서 널리 응용된다. PART 2에서는 PART 1에서 제시한 기본방법의 3가지 변형된 방법으로서 (1) 동질성검정, (2) 피셔의 정확검정, (3) 대응짝에 대한 맥니머의 검정 방법에 대해서 제시한다.

PART 1 독립성검정의 기본개념

이 절에서는 표준적인 통계적 방법을 사용하여 분할표(또는 이원빈도표)의 빈도를 분석한다.

> **정의**
>
> **분할표(contingency table)**[또는 **이원빈도표(two-way frequency table)**]는 두 개의 다른 변수에 해당하는 범주형자료의 빈도로 구성된 표이다. (한 변수는 행을 분류하는데 사용되고 두 번째 변수는 열을 분류하는 데 사용된다.)

분할(*contingent*)이라는 단어는 몇 가지 다른 의미를 지니며, 그 중 하나는 다른 요소에 의존함(*dependence*)을 의미한다. 분할표라는 용어는 행과 열 변수 사이의 독립성을 검정하기 때문에 사용된다. 여기에서 먼저 독립성검정을 정의하고, 그 다음에 나오는 핵심요소 상자에서 검정의 핵심요소에 대한 사항을 제시한다.

정의

독립성검정(test of independence)은 분할표에서 행과 열 변수가 독립적이라는 귀무가설을 검정한다. (즉 행 변수와 열 변수 사이에 종속성이 없다.)

핵심요소

분할표

목적

분할표에서 행 변수와 열 변수 사이의 독립성에 대한 가설검정을 수행한다.

표기

O는 분할표의 한 셀에 대한 **관측빈도**를 나타낸다.

E는 행 및 열 변수가 독립적이라고 가정한 상태에서 발생 가능한 셀의 **기대빈도**를 나타낸다.

r은 분할표(행 이름 및 행 합계의 행은 제외)에서 행의 수를 나타낸다.

c는 분할표(열 이름 및 열 합계의 열은 제외)에서 열의 수를 나타낸다.

요구사항

1. 표본자료는 임의로 선택된 것이다.
2. 표본자료는 이원빈도표에서 빈도로 표시된다.
3. 분할표의 모든 셀에 대해 기대빈도 E는 적어도 5이다. (관측빈도가 적어도 5이어야 한다는 요구사항은 없다.)

귀무가설과 대립가설

귀무가설과 대립가설은 다음과 같다.

H_0: 행과 열 변수는 독립이다.

H_1: 행과 열 변수는 종속이다.

독립성검정을 위한 검정통계량

$$\chi^2 = \sum \frac{(O - E)^2}{E}$$

여기에서 O는 셀의 관측빈도를 의미하며, E는 아래의 계산 과정에 의해 산출되는 기대빈도를 의미한다.

$$E = \frac{(\text{행 합계})(\text{열 합계})}{(\text{전체 합계})}$$

***P*값**

P값은 일반적으로 통계패키지 등에 의해 제공되거나 표 A-4에서 P값의 범위를 찾을 수 있다.

임계값

1. 임계값은 표 A-4에서 다음의 자유도를 사용하여 찾을 수 있다.

$$\text{자유도} = (r - 1)(c - 1)$$

여기서 r은 행의 수이고 c는 열의 수이다.

2. 분할표를 사용한 독립성검정은 항상 오른쪽 꼬리 검정이다.

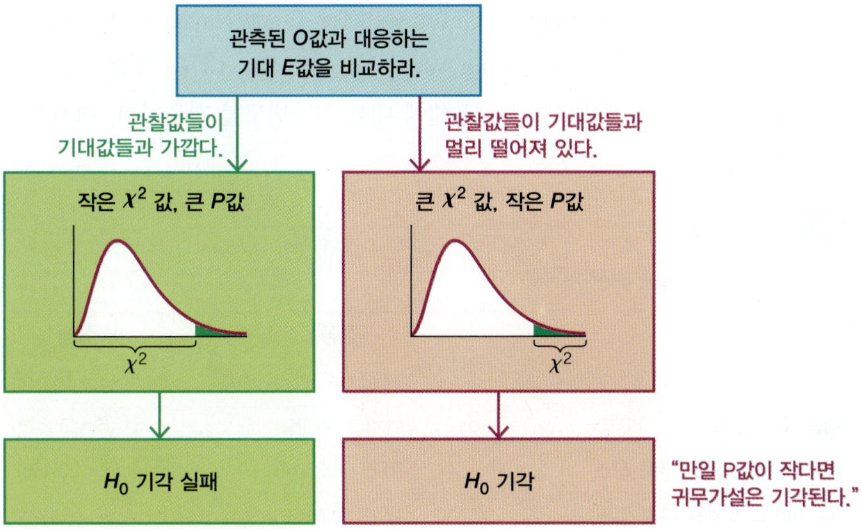

그림 11-4 독립성검정에서 핵심요소들 사이의 관련성

검정통계량 χ^2은 모든 셀이 최소 5 이상의 기대빈도를 갖는 경우에 χ^2 분포로 근사될 수 있다. 자유도 $(r-1)(c-1)$은 분할표에 있는 모든 빈도의 합계를 알기 때문에 모든 셀의 빈도가 결정되기 전에 $(r-1)$행과 $(c-1)$열에만 빈도를 자유롭게 할당할 수 있다는 사실을 반영한 것이다. 단, 어떤 행(또는 열) 합계가 해당 행(또는 열)에 대해 관측빈도 총계를 초과하거나 음의 빈도를 가질 수는 없다.

관측빈도 및 기대빈도 검정통계량은 실제로 관측빈도와 이론적으로 두 변수가 독립적일 때 기대빈도 간의 불일치 정도를 측정할 수 있게 한다. χ^2 검정통계량의 큰 값은 χ^2 분포의 가장 오른쪽 영역에 있으며, 관측빈도와 기대빈도 간의 유의미한 차이를 반영한다. 11-1절과 같이 관측빈도 및 기대빈도가 가까우면 χ^2 검정통계량이 작고 P값이 커진다. 관측빈도와 기대빈도가 크게 차이가 나면 χ^2 검정통계량이 크고 P값이 작아진다. 이러한 관계들은 **그림 11-4**에 요약되어 있다.

기대값 *E* 산출하기

한 셀에 대한 개별 기대빈도 E는 행 빈도의 합계에 열 빈도의 합계를 곱하고 그 다음에 [예제 1]에 표시된 것처럼 모든 빈도의 총합으로 나누면 산출할 수 있다.

$$E = \frac{(\text{행 합계})(\text{열 합계})}{(\text{전체 합계})}$$

예제 1 기대빈도 찾기

11장 문제의 **표 11-1**(다음 쪽 상단에 재차 표시함)은 4행 2열로 구성된 분할표이다. 표의 셀에는 빈도가 들어 있다. 빈도는 관측값이며 기대값은 괄호 안에 표시되어 있다. 행 변수는 발 피로골절에 사용되는 치료법을 나타내며, 열 변수는 그 결과를 성공

(계속)

임상실험의 대안

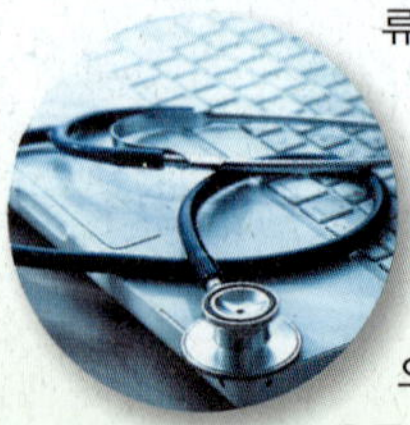

류마티스 전문의 Jennifer Frankovich는 한 환자에게서 낭창(lupus)을 진단했으며, 과거에 혈전으로 이어지는 특정한 증상들의 조합을 발견했다. Stanford Packard 어린이 병원에서의 동료들은 그녀에게 "항 응고 약으로 치료하지 말라"라고 권유하며, 그에 대한 연구를 했지만 관련 연구들을 찾을 수는 없었다. 이후 그녀는 5년 동안 해당 병원에서 치료된 모든 낭창 환자들에게서 자료를 획득하고 혈액 응고 위험이 더 높다는 것을 발견하기 위한 기본적인 통계량들을 사용했다. 그 후 그녀는 항 응고 약으로 치료를 진행하였다. 치료와 위약 처리집단에 대한 임의 임상실험을 하는 것이 좋겠지만, 이런 특정 합병증에 대해서는 그런 임상실험이 거의 이뤄지지 않는다.

과 실패로 나타낸 것이다("Surgery Unfounded for Tarsal Navicular Stress Fracture, by Bruce Jancin, *Internal Medicine News*, Vol. 42, No. 14"을 참조). **표 11-1**을 참조하여, 첫 번째 행과 첫 번째 열에서 셀에 대한 기대빈도를 산출하라. 여기서 관측빈도는 54이다.

풀이

표 11-1 발 피로골절에 대한 치료들

	성공	실패
수술	54 (E = 47.478)	12 (E = 18.522)
체중 부하 깁스	41 (E = 66.182)	51 (E = 25.818)
6주 동안의 비체중 부하 깁스	70 (E = 52.514)	3 (E = 20.486)
6주 미만의 비체중 부하 깁스	17 (E = 15.826)	5 (E = 6.174)

첫 번째 셀은 첫 번째 행(총 행 빈도 66)과 첫 번째 열(총 열 빈도 182)에 있다. "전체 합계"는 표의 모든 빈도를 합한 것으로서 253이다. 첫 번째 셀의 기대빈도는

$$E = \frac{(\text{행 합계})(\text{열 합계})}{(\text{전체 합계})} = \frac{(66)(182)}{253} = 47.478$$

이다.

해석

첫 번째 셀은 관측빈도가 $O = 54$이고 기대빈도가 $E = 47.478$을 가진다. 만일 치료의 성공여부가 치료 종류와는 별개라고 가정할 경우에 대상자 중 47.478명이 수술로 치료되고 치료가 성공한다는 점을 고려하여 기대값을 해석할 수 있다. $O = 54$와 $E = 47.478$ 사이에는 차이가 있으며, 그러한 불일치는 관측빈도와 행과 열 변수 사이의 독립성으로 기대빈도 사이의 전체적인 불일치를 측정하는 것이 검정통계량의 핵심 구성요소들이다.

[예제 2]는 분할표에서 행과 열 변수 사이의 독립성에 대한 가설검정을 수행하는 절차를 설명한다.

예제 2 골절 치료방법의 선택은 성공에 영향을 주는가?

표 11-1의 자료에 유의수준 0.05를 사용하여 치료 유형이 치료 성공유무와 무관하다는 주장을 검증하라. 결과는 수술 치료방법의 사용 증가 추세에 대해 무엇을 말해 주는가?

풀이

조건 확인 (1) 연구 설명을 토대로, 대상자들이 임의로 선택되고 서로 다른 치료 집단에 임의로 배정되었다. (2) 결과는 **표 11-1**에서와 같이 빈도로 표시되었다. (3) 기대빈

도는 모두 5 이상이다(기대 최저 빈도는 6.174임). 요구사항들을 모두 만족한다.

귀무가설 및 대립가설은 다음과 같다.

H_0: 성공은 치료방법과 무관하다.

H_1: 성공과 치료방법에 의존적이다.

유의수준은 $\alpha = 0.05$이다.

표 11-1의 자료는 분할표 형식이므로, 검정통계량으로 χ^2 분포를 사용한다.

$$\chi^2 = \sum \frac{(O - E)^2}{E} = \frac{(54 - 47.478)^2}{47.478} + \cdots + \frac{(5 - 6.174)^2}{6.174}$$
$$= 58.393$$

통계패키지 등으로부터 *P*값 만일 통계패키지 등을 사용할 경우에 일반적으로 해당 결과는 χ^2 검정통계량과 *P*값이 포함한다. 예를 들어, 검정통계량 $\chi^2 = 58.393$이고 *P*값이 0.0001 미만임을 나타내는 XLSTAT 결과를 참조해 볼 수 있다.

XLSTAT

Chi-square (Observed value)	58.3933
Chi-square (Critical value)	7.8147
DF	3
p-value	< 0.0001
alpha	0.05

표 A-4의 *P*값 통계패키지 등을 사용하는 대신 표 A-4를 사용할 경우, 자유도 $(r - 1)(c - 1) = (4 - 1)(2 - 1) = 3$의 숫자를 찾아야 한다. $\chi^2 = 58.393$의 검정통계량 값은 자유도 3도에 해당하는 행에 대한 표 A-4에서의 가장 높은 값 12.838을 초과하기 때문에 *P*값은 0.05보다 작다는 것을 알 수 있다.

*P*값이 유의수준인 0.05보다 작기 때문에 성공과 치료 사이에 독립성이라는 귀무가설을 기각할 수 있다.

임계값 가설검정에 있어 임계값 방법을 사용하는 경우, $\chi^2 = 7.815$의 임계값은 $\alpha = 0.05$이고 자유도가 $(r - 1)(c - 1) = (4 - 1)(2 - 1) = 3$인 경우에 표 A-4에서 찾을 수 있다. 검정통계량과 임계값은 그림 11-5에 나타나 있다. 검정통계량 값이 임계역 내에 속하기 때문에 성공과 치료방법 사이의 독립성에 대한 귀무가설을 기각할 수 있다.

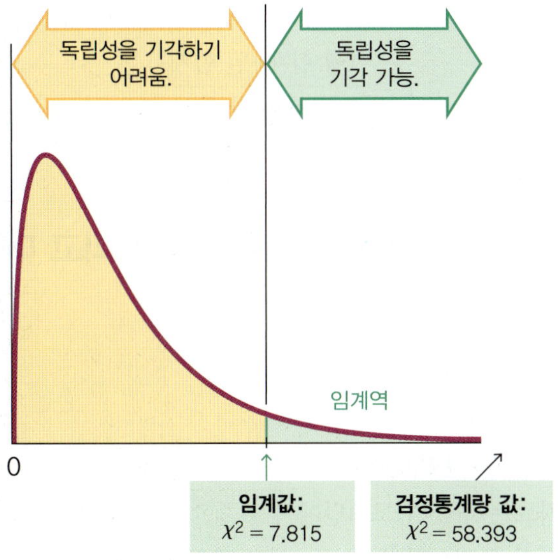

그림 11-5 독립성에 대한 χ^2 검정

(계속)

해석

성공은 치료방법에 달려 있는 것으로 보인다. 이 검정 결과는 어떤 치료가 가장 좋은지 알 수는 없지만 **표 11-1**에서 성공률이 81.8%, 44.6%, 95.9%, 77.3%로 계산되는 것을 알 수 있다. 이는 6주 동안 비체중 부하 깁스의 치료방법이 최선의 치료법임을 보여준다. 이러한 결과는 수술 치료방법의 사용증가는 증거로 뒷받침되지 않는 치료 전략임을 보여준다.

기대빈도 E의 이론적 근거 기대빈도를 더 잘 이해하기 위해 **표 11-1**의 행 및 열 합계만을 알고 있는 것으로 가정해보자. 행과 열 변수가 독립적이며 253개의 연구 대상 중 1개가 임의로 선택되었다고 가정해보자. **표 11-1**의 첫 번째 셀에서 어떤 이가 얻게 될 확률은 다음과 같다.

$$P(\text{수술}) = 66/253\text{과} \quad P(\text{성공}) = 182/253$$

만일 가정하고 있는 것처럼 행과 열 변수가 독립적이라면, 독립 사건에 대해 곱셈규칙을 사용할 수 있다(4-2절 참조).

$$P(\text{수술 치료방법과 성공}) = \frac{66}{253} \cdot \frac{182}{253} = 0.187661$$

첫 번째 셀에 대한 0.187661의 확률을 253명의 대상자에게 적용할 경우, 첫 번째 셀에 대한 빈도는 $253 \cdot 0.187661 = 47.478$을 기대할 수 있다. 이 계산을 일반화하면 다음과 같다.

$$\text{기대빈도 } E = (\text{전체 합계}) \cdot \frac{(\text{행 합계})}{(\text{전체 합계})} \cdot \frac{(\text{열 합계})}{(\text{전체 합계})}$$

위의 표현은 아래와 같이 정리될 수 있다.

$$E = \frac{(\text{행 합계})(\text{열 합계})}{(\text{전체 합계})}$$

PART 2 동질성검정, 피셔의 정확검정, 그리고 대응짝에 대한 맥니머의 검정

동질성검정

이번 절의 PRAT 1에서는 분할표에서 행과 열 변수 간의 독립성검정에 초점을 맞췄다. PART 1에서 표본자료는 하나의 모집단에서 추출한 것이며, 개별 표본 결과는 행과 열 변수로 분류된다. χ^2의 동질성검정에서는, 서로 다른 모집단에서 임의로 표본이 선택되었다고 할 때에 그 모집단이 고려되는 특징과 관련하여 동일한 비율을 가지고 있는지 여부를 결정한다(동질성이라는 단어는 "동일한 성질을 가지고 있다"라는 뜻으로서 여기에서는 관련한 비율이 동일한지 여부를 결정하는 검정을 의미함). 9-1절에서는 가능한 두 가지 결과를 가진 범주형자료를 가진 두 모집단에 대한 주장을 검정하는 절차를 설명하였다. 하지만 χ^2의 동질성검정은 여러 범주에서 나온 두 개 이상의 모집단에 대한 검정이 가능하다.

정의

동질성의 카이제곱 검정(chi-square test of homogeneity)은 여러 모집단이 일부 특징에 대한 동일한 비율을 가지고 있다는 주장을 검정하는 것이다.

여러 모집단으로부터의 표집 이 절의 PART 1에서 설명한 독립성검정에서는 표본 대상자는 하나의 모집단(발 피로골절에 대해 치료받는 사람들처럼)으로부터 임의로 추출되고 변수들의 값들이 관측된다(서로 다른 치료방법을 받는 사람들의 성공여부처럼). 전형적인 카이제곱 동질성검정에서 대상자들은 서로 다른 모집단에서 임의로 선택된다.

절차 동질성검정을 수행할 때 이 절의 482쪽 PART 1에 주어진 것과 동일한 표기, 요구사항, 검정통계량, 임계값 및 절차들을 사용할 수 있다. 다만, 행과 열 변수 사이의 독립성에 대한 귀무가설을 검정하는 것 대신에 여기에서는 "다른 모집단들이 일부 특징에 대해 동일한 비율을 가지고 있다"라는 귀무가설을 검정한다.

여론조사 및 심리학자

여론조사 결과는 질문의 표현에 의해 극단적으로 영향을 받을 수 있다. "지난 몇 년 동안"과 같은 구절은 사람들마다 다르게 해석될 수 있다. 지난 몇 년 동안(실제로 1980년 이후), 조사 연구자들과 심리학자들은 편향을 줄이고 정확도를 높임으로써 조사를 개선하기 위해 협력해왔다. 한 가지 사례에서, 심리학자들은 조사 대상자의 10~15%가 지난 선거에서 투표하지 않았을 때 투표했다고 말하는 것을 연구했다. 그들은 투표를 하지 않았음에도 불구하고 잘못된 기억력, 책임감 있게 보이려는 욕망, 그리고 그들이 가장 최근의 선거에서 투표했다고 말하는 경향 관련한 이론들에 대해 실험했다. 실제로는 마지막 이론만이 심리적 문제의 일부인 것으로 밝혀졌다.

피셔의 정확검정

분할표를 사용하여 가설검정을 위한 절차는 모든 셀이 최소한 5의 기대빈도를 가져야 한다는 요구사항을 가지고 있다. 이 요건은 χ^2 분포가 χ^2 검정통계량의 정확한 분포에 대한 적절한 근사치가 되기 위해 필요한 조건이다. **피셔의 정확검정**은 5 미만의 하나 이상 기대빈도를 가진 2×2 분할표에서 종종 사용된다. 피셔의 정확검정은 정확한 P값을 제공하기 때문에 근사 기술을 요구하지 않는다. 계산이 상당히 복잡하기 때문에 피셔의 정확검정을 사용할 때는 통계패키지 등을 사용하는 것이 좋다. Statdisk, Minitab, XLSTAT 및 StatCrunch는 모두 피셔의 정확검정을 수행하는 기능을 제공한다.

예제 3 하품은 다른 사람들을 하품하게 하는가?

호기심 해결사(*MythBusters*)는 디스커버리 채널에서 어떤 이들이 하품을 할 때 다른 이들도 하품을 할 가능성이 더 높다는 이론을 실험했다. 그 결과는 표 11-6에 요약되어 있다. 이 절의 PART 1의 방법은 모든 셀 중 하나의 기대빈도가 4.480이며, 이는 모든 셀이 최소 5의 기대빈도 E를 가져야 한다는 요구사항을 위반하기 때문에 사용해서는 안 된다. 피셔의 정확검정을 이용하면 P값 0.513이 되기 때문에 하품에 노출된 사람이 하품에 노출되지 않은 사람보다 실제로 하품을 더 많이 한다는 속설을 뒷받침할 충

(계속)

분한 증거가 되지 못한다. (차이가 없다는 주장에 대한 검정에서 P값이 1.000이 되어, 양 집단 간에 큰 차이가 없음을 나타낸다.)

표 11-6 하품에 대한 속설 실험

		하품에 노출되는 대상자의 하품 여부	
		네	아니오
대상자가 하품을 했는가?	네	10	4
	아니오	24	12

대응짝에 대한 맥니머의 검정

이 절의 PART 1의 방법은 독립된 자료에 근거한다. 대응짝에서 발생하는 빈도 자료로 구성된 2 × 2 표에 대해 각 대응짝 내에서의 빈도는 독립적이지 않은데, 그러한 경우 다른 범주의 빈도가 동일한 비율로 발생한다는 귀무가설의 맥니머의 검정을 사용할 수 있다.

표 11-7은 대응짝으로부터의 빈도로 구성된 자료 결과를 요약하기 위한 일반적인 형식을 보여주고 있다. 표 11-7은 각 대상자의 서로 다른 두 부위(좌안, 우안 등)에 적용되는 두 가지 치료법(두 가지 서로 다른 안약 등)에 대한 것을 보여준다. 표 11-7과 같은 표를 읽을 때는 조심해야 한다. 만일 $a = 100$이면 두 가지 치료로 100개의 대상자를 치료했다는 것이다. 만일 표 11-7의 $b = 50$이면 50명의 대상자 각각은 치료법 X에 대해서는 치료되지 않았지만 치료법 Y에 대해서는 치료된 것을 의미한다. 총 대상자 수는 $a + b + c + d$이며, 각 대상자는 대응짝의 두 부분 각각에서 결과를 산출한다. 알아두어야 할 것으로 표 11-7의 전체는 대상자에 대한 전체 빈도이지 대응짝의 개별 구성요소의 총 수가 아니다. 만일 500명이 각각 다른 두 개의 연고로 눈을 치료했다면, $a + b + c + d$의 값은 1000명(치료 대상 수)이 아니라 500명(대상 수)이다.

표 11-7 대응짝의 빈도에 대한 2 × 2 표

		치료법 X	
		치료됨	치료되지 않음
치료법 Y	치료됨	a	b
	치료되지 않음	c	d

맥니머의 검정은 표 11-7과 같은 표에 대해 빈도가 $b + c \geq 10$인 것을 요구한다. 이 검정은 다음의 검정통계량에 대한 χ^2 오른쪽 꼬리 검정이다.

$$\chi^2 = \frac{(|b - c| - 1)^2}{b + c}$$

P값은 일반적으로 소프트웨어에 의해 제공되며 임계값은 표 A-4에서 자유도 1를 사용하여 확인할 수 있다. 주의: 맥니머의 검정을 적용할 때, 표 11-7의 빈도 b(치료되거

나 치료되지 않은 다른 짝)와 표 11-7의 빈도 c (치료되지 않거나 치료된 다른 짝)와 같이 불일치(다른) 짝의 두 빈도만을 사용한다는 것에 주의하라.

예제 4 엉덩이 보호대는 효과적인가?

하나의 임의 통제실험이 고령자의 고관절 골절을 예방하는데 있어 엉덩이 보호대의 효과성을 검정하기 위해 설계되었다. 요양원 거주자들은 각각 한쪽 엉덩이에 보호대를 착용했지만 다른 한쪽에는 보호대를 착용하지 않았다. 결과는 표 11-8에 요약되어 있다(*Journal of the American Medical Association*의 자료를 기반으로 함). 맥니머의 검정은 다음 두 비율이 동일하다는 귀무가설을 검증하는 데 사용될 수 있다.

- 엉덩이 보호대 착용 시의 고관절 골절이 없는 대상자와 엉덩이 보호대가 없는 상태에서의 고관절 골절이 있는 대상자의 비율.
- 엉덩이 보호대 착용 시의 고관절 골절이 있는 대상자와 엉덩이 보호대가 없는 상태에서의 고관절 골절이 없는 대상자의 비율.

표 11-7의 일반 형식과 같이 일치하지 않는(다른) 짝을 사용하면 $b = 10$ 및 $c = 15$이므로, 검정통계량 값은 다음과 같이 계산된다.

$$\chi^2 = \frac{(|b - c| - 1)^2}{b + c} = \frac{(|10 - 15| - 1)^2}{10 + 15} = 0.640$$

유의수준 0.05 및 자유도 df = 1인 경우에 표 A-4를 참조하여 오른쪽 꼬리 검정에 대한 임계값 $\chi^2 = 3.841$을 찾을 수 있다. $\chi^2 = 0.640$의 검정통계량 값은 $\chi^2 = 3.841$의 임계값을 초과하지 않으므로 귀무가설을 기각하지 못한다. (또한 P값은 0.424으로 0.05보다 크기 때문에 귀무가설을 기각하지 못함을 나타낸다.) 엉덩이 보호대 착용한 대상자의 고관절 골절 비율은 엉덩이 보호대를 착용하지 않은 고관절 골절 비율과 크게 다르지 않다. 엉덩이 보호대는 고관절 골절을 예방하는 데 효과적이지 않은 것으로 보인다.

표 11-8 엉덩이 보호대에 대한 임의 통제실험

		엉덩이 보호대 없음	
		고관절 골절 없음	고관절 골절 발생
엉덩이 보호대	고관절 골절 없음	309	10
	고관절 골절 발생	15	2

테크 센터

분할표

www.TriolaStats.com에서 기술 지침, 비디오, 데이터 집합을 참조하십시오.

11-2 기본적인 기술 및 개념

통계적 해석 및 비판적 사고

1. 잘 사용하는 손과 휴대전화 사용 여기 제시된 표는 휴대전화의 사용에 있어 특정 귀를 사용하는 이유에 대한 이해를 통해 휴대전화 안전성에 대해 설명하는 것을 목적으로 행해진 연구로부터 나온 것이다("Hemispheric Dominance and Cell Phone Use, by Seidman, Siegel, Shah, and Bowyer, *JAMA Otolaryngology—Head & Neck Surgery*, Vol. 139, No. 5."를 참조). 연구의 목표는 귀 선택이 청각 또는 언어 관련한 뇌 반구 우위성과 관련이 있는지 여부를 판단하는 것이었다. 잘 사용하는 손과 휴대전화의 귀 선택 선호도가 서로 독립되어 있다는 주장을 검정하고 싶다고 가정하라.

a. 표의 자료를 사용하여 3의 관측빈도를 가지는 셀에 대한 기대빈도를 산출하라. 소수점 아래 3자리에서 반올림하라.

b. 기대값은 가설검정하기 위한 요구사항과 관련하여 무엇을 말해주는가?

	오른쪽 귀	왼쪽 귀	선호되는 것 없음
오른손잡이	436	166	40
왼손잡이	16	50	3

```
NORMAL FLOAT AUTO REAL RADIAN MP
χ²-Test
χ²=64.5172694
p=9.778066E-15
df=2
```

2. 가설검정 첨부된 TI-83/84 Plus 계산기 결과는 연습문제 1에서 기술한 가설검정에 대한 결과이다. 가설검정 요건이 모두 충족된다고 가정하라. 검정통계량 및 *P*값(표준 형태로 표현되고 소수점 3자릿수로 반올림)을 확인한 후, 귀무가설에 대한 결론을 기술하라.

연습문제 3~10에서는 주어진 주장을 검정하라.

3. 부목설치 또는 수술? 하나의 임의 통제실험이 손목터널증후군의 치료에서 부목설치와 수술의 효과를 비교하기 위해 설계되었다. 결과는 아래 표에 기재되어 있다("Splinting vs. Surgery in the Treatment of Carpal Tunnel Syndrome, by Gerritsen et al., *Journal of the American Medical Association*, Vol. 288, No. 10"을 참조). 결과는 치료 후 1년 만에 이뤄진 평가를 바탕으로 한 것이다. 유의수준 0.01을 사용하여 성공이 치료 유형과 무관하다는 주장을 검정하라. 그 결과는 손목터널증후군 치료에 대해 무엇을 말해주는가?

	성공적인 치료	치료 실패
부목설치 치료	60	23
수술치료	67	6

4. 치아 치료와 부정적 건강상태 아래 표에서는 일부 치과환자를 아말감복원제로 치료하고, 다른 치과환자는 수은을 함유하지 않은 복합복원제로 치료한 연구 결과를 보여주고 있다("Neuropsychological and Renal Effects of Dental Amalgam in Children, by Bellinger et al., *Journal of the American Medical Association*, Vol. 295, No. 15"을 참조). 복구 유형과 부정적인 건강상태와의 독립성을 검정하기 위해 유의수준 0.05를 사용하라. 아말감 복원은 건강상태에 영향을 미치는 것처럼 보이는가?

	아말감	복합체
보고된 부정적 건강상태	135	145
보고된 부정적이지 않는 건강상태	132	122

5. 개는 암을 탐지할 수 있는가? 개들이 방광암을 발견할 수 있는 능력을 알아보기 위한 실험을 실시하였다. 개들은 방광암 환자와 방광암이 없는 대조군 사람들에게서 소변 표본으로 검사를 받았다. 결과는 아래 표에 나와 있다(뉴욕타임스 자료를 바탕으로). 유의수준 0.01을 사용하여 표본의 출처(건강한 환자 또는 방광암 환자)가 개의 선택과는 무관하다는 주장을 검정하라. 그 결과는 개들이 방광암을 발견할 수 있는 능력에 대해 무엇을 말해 주는가? 만약 개들이 임의 추측보다 훨씬 더 잘했다면, 정확한 진단을 위해 사용될 수 있을 만큼 충분히 잘 했을까?

	방광암 환자로부터 표본	방광암이 없는 환자로부터의 표본
개가 방광암의 존재를 확인	22	32
개가 방광암의 존재를 미확인	32	282

6. Chantix에 대한 임상실험 Chantix(varenicline)는 금연 희망자를 위한 보조약으로 쓰이는 약이다. 메스꺼움의 부작용이 임상실험에서 연구되었는데, 아래 표에는 결과(Pfizer의 데이터를 바탕으로)가 요약되어 있다. 유의수준 0.01을 사용하여 매스꺼움은 대상자가 위약 복용 또는 Chantix 복용과 무관하다는 주장을 검정하라. Chantix를 사용하는 사람들에게는 메스꺼움이 걱정으로 보일 수 있는가?

	위약	Chantix
매스꺼움 있음	10	30
매스꺼움 없음	795	791

7. 문자보내기와 안전띠 사용 최소 16세 이상 고교생을 대상으로 한 연구에서, 연구자가 아래 첨부된 조사 결과를 얻었다("Texting While Driving and Other Risky Motor Vehicle Behaviors Among U. S. High School Students, by O'Malley, Shults, and Eaton, *Pediatrics*, Vol. 131, No. 6"을 참조). 유의수준 0.05를 사용하여 운전 중 문자보내기와 불규칙한 안전띠 사용 간의 독립성을 검정하라. 두 가지 위험한 행동은 서로 독립적인가?

	불규칙한 안전띠 사용?	
	네	아니오
운전 중에 문자 보냄	1737	2048
운전 중에 문자 보내지 않음	1945	2775

8. Campral에 대한 임상실험 Campral(acamprosate)은 알코올 섭취를 계속하는 환자들을 돕기 위해 사용되는 약이다. Campral의 부작용이 임상실험에서 연구되어 왔는데, 아래 표에는 여러 치료 집단(Forest 제약회사의 자료를 바탕으로) 환자들 사이의 소화시스템 효과에 대한 결과가 요약되어 있다. 유의수준 0.01을 사용하여 소화시스템의 부작용을 경험하는 것은 치료 집단과 무관하다는 주장을 검정하라. Campral 치료는 소화 시스템에 영향을 미치는 것처럼 보이는가?

	위약	Campral 1332 mg	Campral 1998 mg
소화시스템에의 부작용	344	89	8
소화시스템에의 부작용 없음	1362	774	71

9. 안전띠 사용은 흡연과는 무관한가? 안전벨트 사용자 및 비사용자에 대한 연구에서 아래에 제시된 표에 요약된 임의로 선택된 표본자료를 산출했다("What Kinds of People Do Not Use Seat Belts? by Helsing and Comstock, *American Journal of Public Health*, Vol. 67, No. 11"을 참조). 흡연량이 안전벨트 사용과 무관하다는 주장을 검정하라. 그럴듯한 이론은 담배를 더 많이 피우는 사람들은 건강과 안전에 대해 덜 염려하게 되고, 이에 따라 안전벨트를 매는 경향이 덜하다는 것이다. 이 이론은 표본자료에 의해 뒷받침되고 있는가?

	하루당 흡연하는 담배의 양			
	0	1~14	15~34	35 이상
안전벨트 착용	175	20	42	6
안전벨트 미착용	149	17	41	9

10. 부상 및 오토바이 헬멧 색상 하나의 환자-대조군(또는 회고적) 연구를 실시하여 오토바이 운전자가 착용하는 헬멧의 색상과 충돌 시 부상 또는 사망 여부와의 관계를 조사했다. 결과는 아래 표에 제시되어 있다("Motorcycle Rider Conspicuity and Crash Related Injury: Case-Control Study, by Wells et al., *BMJ USA*, Vol. 4"을 참조). 부상이 헬멧 색상과 무관하다는 주장을 검정하라. 오토바이 운전자들은 특정한 색상의 헬멧을 선택해야 하는가? 그렇다면, 안전상 어떤 색이 가장 좋은가?

	헬멧 색상				
	검은색	흰색	노란색/오렌지색	빨간색	파란색
대조군(부상당하지 않음)	491	377	31	170	55
환자군(부상 또는 사망함)	213	112	8	70	26

11-2 기초를 넘어서

11. 동일한 검정 2×2표를 포함하는 χ^2 검정은 9-1절에 설명한 두 비율 사이의 차이에 대한 검정과 동일하다. 연습문제 5의 "부목치료 또는 수술"에 대한 주장과 표를 이용해서 χ^2 검정통계량과 z 검정통계량(관련 내용은 두 비율의 동질성검정에서 찾을 수 있음)이 다음과 같은 관계가 있는지 확인하라: $z^2 = \chi^2$. 또한 임계값도 같은 관계를 가지고 있다는 것을 보여라.

장별 퀴즈

연습문제 1~3에서는 다음 표의 표본자료를 참조하는데, 임의로 선택한 300명의 대상자(데이터 세트 1 "신체 자료")의 신장(cm)에 대한 마지막 자릿수를 요약한 것이다. 마지막 자릿수가 모두

동일한 특성을 가지는 모집단으로부터 추출한 자료라는 주장을 검정하기 위해서 유의수준 0.05를 사용하라.

마지막 자릿수	0	1	2	3	4	5	6	7	8	9
빈도	30	35	24	25	35	36	37	27	27	24

1. 제시된 주장에 해당하는 귀무가설과 대립가설은 무엇인가?

2. 가설검정은 왼쪽 꼬리 검정, 오른쪽 꼬리 검정, 또는 양측검정인가?

3. 가설검정의 P값이 0.501이라고 가정하면, 당신은 무엇을 결론지을 수 있나? 측정을 통해 신장 값을 확인한 것인가 또는 대상자가 신장을 보고한 것처럼 보이는가?

연습문제 4~5에서는 타이타닉이 1912년 4월 15일에 침몰했을 때 타이타닉 탑승자와 승무원의 운명을 설명하는 다음 표의 표본자료를 참조하라. 이 자료는 큰 모집단으로부터 추출한 표본인데, 유의수준 0.05를 사용하여 그 사람이 남자인지, 여자인지, 소년인지, 소녀인지에 상관없이 생존한다는 주장을 검정하라.

	남자	여자	소년	소녀
생존	332	318	29	27
사망	1360	104	35	18

4. 제시된 주장을 검정하기 위해서 어떤 분포(정규분포, t분포, F분포, χ^2 분포, 균등분포)가 사용되는가?

5. 자유도는 얼마인가?

복습문제

1. 기상 관련 사망 최근 한 해 동안 기상과 관련된 사망자 수는 매월 28, 17, 12, 24, 88, 61, 104, 32, 20, 13, 26, 25(1월부터 순서대로)이다. 유의수준 0.01을 사용하여, 기상 관련된 사망은 매월 같은 확률로 발생한다는 주장을 검정하라. 해당 결과에 대해 설명하라.

2. NYC 살인 사건 최근 1년 동안 뉴욕에서 발생한 1월부터 매월 살인 사건의 숫자는 다음과 같다: 38, 30, 46, 40, 46, 49, 47, 50, 50, 42, 37, 37. 유의수준 0.05를 사용하여, 뉴욕시의 살인은 12개월 모두 똑같이 발생한다는 주장을 검정하라. 날씨가 더 따뜻할 때 인 여름에 살인 사건이 더 자주 발생한다는 경찰의 주장을 뒷받침할 충분한 증거가 있는가?

3. 차량 충돌과 연령대 작년 한 해 동안 교통사고를 당한 운전자 중 88명을 임의로 선택하고 연령대별로 분류한 결과는 첨부한 표와 같다(보험정보원 자료 기준). 만약 모든 연령대가 같은 차량 충돌 비율을 가지고 있다면, 주어진 범주들의 비율은 각각 16%, 44%, 27%, 13%가 될 것이라고 예상할 수 있다. 유의수준 0.05를 사용하여, 차량 충돌 비율의 분포가 연령의 분포에 부합한다는 주장을 검정하라. 어떤 연령대에서 차량 충돌 횟수가 불균형한 것으로 보이는가?

연령대	25세 미만	25~44	45~64	65세 이상
충돌사고 운전자	36	21	12	19

누적 복습문제

1. 중환자실 환자 아래 제시된 것은 임의 선택된 중환자실 환자의 연령이다("A Multifaceted Intervention for Quality Improvement in a Network of Intensive Care Units, by Scales et al., *Journal of the American Medical Association*, Vol. 305, No. 4"을 참조). 평균, 중앙값, 표준편차 및 분산을 산출하라. 그 결과를 보면 16세는 유의미하게 낮은 것인가? 그 이유는 무엇인가?

38 64 35 67 42 29 68 62 74 58

2. 자전거 헬멧 531명을 대상으로 자전거 충돌사고로 인한 부상자 조사를 실시하여, 임의 선택된 표본 결과를 첨부된 표와 같이 획득하였다("A Case-Control Study of the Effectiveness of Bicycle Safety Helmets in Preventing Facial Injury, by Thompson et al., *American Journal of Public Health*, Vol. 80, No. 12"을 참조). 유의수준 0.05를 사용하여 헬멧 착용은 안면부상 여부와 관련 없다는 주장을 검정하라. 이러한 결과를 근거로 한다면, 헬멧이 충돌 시 안면부상 예방에 효과적인 것으로 볼 수 있는가?

	헬멧 착용	헬멧 착용하지 않음
안면부상으로 보고	30	182
모든 부상에서의 비 안면부상	83	236

3. 전방 손잡이 도달거리와 인체공학 기기 제어장치, 자동차 대시보드, 항공기 조종석 등을 설계할 때 여성의 전방 손잡이 도달거리를 고려해야 한다. 여성의 전방 손잡이 도달거리는 일반적으로 686 mm의 평균과 34 mm의 표준편차를 가지는 정규분포를 따른다(Gordon, Churchill 등의 인체측정학적 조사 자료에 근거함).

a. 만약 자동차 대시보드가 여성의 95%가 도달할 수 있도록 위치한다면, 대시보드에 접근할 수 있는 최단 전방 손잡이 도달거리는 얼마인가?

b. 만약 자동차 대시보드가 650 mm 이상의 도달거리를 가진 여성이 접근할 수 있도록 위치한다면, 여성의 몇 퍼센트가 대시보드에 도달할 수 없는가? 그 비율이 너무 높은가?

c. 임의 선택된 16명의 여성이 680 mm 이상의 평균으로 전방 손잡이에 도달할 확률을 찾아라. 이 결과가 설계에 어떤 영향을 주는가?

기술 프로젝트

0과 9 사이의 균등한 임의 숫자를 생성할 수 있는 소프트웨어 통계패키지 또는 계산기를 사용하라. 5,000개의 숫자를 생성하고 첨부된 표에 결과를 기록하여라. 유의수준 0.05를 사용하여 추출된 모든 숫자가 똑같이 분포하는 균등분포를 가진 모집단에서 온다는 주장을 검정하라. 난수

생성기가 정상적으로 작동하는 것처럼 보이는가?

숫자	0	1	2	3	4	5	6	7	8	9
빈도										

자료로부터의 결정

비판적 사고: 백신이 효과적인지 판단하기

가장 큰 공중보건 실험에는 두 집단에 임의로 배정된 401,974명의 어린이가 참여한 바 있다. 한 집단에는 201,229명의 어린이에게 위약을 투여했고, 다른 집단에는 200,745명의 소아마비 예방을 위한 소아마비 백신을 투여했다. 위약 집단의 어린이들 중 115명이 소아마비를 일으켰고, 소아마비 백신 치료 집단의 어린이들 중 33명이 소아마비를 일으켰다.

결과 분석하기

a. 실험은 이중눈가림(double blind)의 실험이었다. 그게 무슨 뜻인가?

b. 일반적인 방법으로 결과를 비교하라. 소아마비 백신이 효과적인가? 그 이유는 무엇인가?

c. 소아마비 백신이 효과적이라는 주장을 뒷받침할 충분한 증거가 있는지 여부를 결정하기 위해 9-1절의 방법을 사용하라. 소아마비 백신이 효과적인 것으로 보이는가? 그 이유는 무엇인가?

d. 11-2절의 방법을 사용하여 치료(백신 또는 위약)가 소아마비 발생과 무관한지 판단하라.

e. (c)와 (d)의 결과를 비교하라.

그룹 활동

1. 수업 외 활동 4명에서 5명으로 집단을 나누어라. 각 집단 구성원은 같은 대학의 남학생 최소 15명과 여학생 15명을 대상으로 다음에 대해 조사를 실시해라: 당신이 자동차 펑크로 결석을 변명했을 때에 강사가 물어본다면 어떤 타이어가 펑크가 난 것으로 말할 것인가(11-1절의 연습문제 8 참조)? 대상자에게 질문에 대한 답을 써달라고 하고, 대상자의 성별과 대상자가 오른손 또는 왼손으로 작성했는지도 기록해라. 이 장의 방법을 사용하여 수집된 자료를 분석하라. 다음과 같은 주장들에 대해서 검정하라.

- 펑크가 난 타이어에 대해 가능한 네 가지 선택사항은 동일한 빈도로 선택된다.
- 펑크가 난 타이어로 선택하는 것은 대상자의 성별과 무관하다.
- 펑크가 난 타이어로 선택하는 것은 대상자가 오른손잡이인지 왼손잡이인지와 무관하다.
- 성별은 대상자가 오른손잡이인지 왼손잡이인지와 무관하다.

2. 수업 활동 3명에서 4명으로 집단을 나누어라. 각 집단에게는 "공정성"을 검정해야 한다는 지시와 함께 주사위가 주어져야 한다. 주사위는 공정한가 또는 편향되었는가? 분석과 결과를 기술하라.

3. 수업 외 활동 4명에서 5명으로 집단을 나누어라. 11-1절의 [예제 2]는 Benford의 법칙에 따라 아래 표에 나타난 분포를 따르는 선행(첫 번째) 자릿수에 대한 다양한 자료 집합에 주목했다. 원본 자료를 수집하고 11-1절의 방법을 사용하여, 다음의 자료가 Benford의 법칙에 적합하다는 주

장을 지지하거나 반박하라. 다음의 자료는 (1) 각 주별 현역 의사 수의 앞자리, (2) 스마트폰 암호의 앞자리, (3) 페이스북 친구 수의 앞자리 등이다.

첫 자릿수	1	2	3	4	5	6	7	8	9
Benford의 법칙	30.1%	17.6%	12.5%	9.7%	7.9%	6.7%	5.8%	5.1%	4.6%

12 분산분석
Analysis of Variance

이 장의 문제

납 노출은 어린이의 IQ점수에 영향을 줍니까?

어떤 중요한 환경보건 연구는 텍사스 엘파소의 대형 광석 용광로로부터 7 km(약 4마일) 이내에 살고 있는 아이들을 대상으로 했다. 용광로는 광석의 금속을 분리하기 위해 광석을 녹이는 데 사용된다. 용광로는 납을 배출했기 때문에, 이 아이들이 어떻게든 고통을 받을 것이라는 우려가 있었다. 이 장의 문제 핵심은 Wechsler의 지능 척도로 측정한 동작성 IQ점수에 대한 납 노출의 가능한 영향을 조사하는 것이다. (전체 IQ점수는 동작성 IQ점수와 언어성 IQ점수의 조합으로 구성된다. 동작성에 대한 검사는 사진 분석, 사진 배열, 일치 패턴 등의 평가요소들을 포함한다.)

본 연구의 자료는 부록B의 데이터 세트 8."IQ와 납"에 포함되어 있다. 측정된 혈중 납 수준을 바탕으로, 아이들을 낮은 납 수준 집단, 중간 납 수준 집단 또는 높은 납 수준 집단으로 분류되었다. (특정 혈중 납 수준의 집단별 값은 데이터 세트 8을 참조하라.) **표 12-1**에 집단별 동작성 IQ점수가 제시되어 있다("Neuropsychological Dysfunction in Children with Chronic Low-Level Lead Absorption, by P. J. Landrigan, R.

표 12-1 어린이들의 동작성 IQ점수

낮은 혈중 납 수준															
85	90	107	85	100	97	101	64	111	100	76	136	100	90	135	104
149	99	107	99	113	104	101	111	118	99	122	87	118	113	128	121
111	104	51	100	113	82	146	107	83	108	93	114	113	94	106	92
79	129	114	99	110	90	85	94	127	101	99	113	80	115	85	112
112	92	97	97	91	105	84	95	108	118	118	86	89	100		
중간 혈중 납 수준															
78	97	107	80	90	83	101	121	108	100	110	111	97	51	94	80
101	92	100	77	108	85										
높은 혈중 납 수준															
93	100	97	79	97	71	111	99	85	99	97	111	104	93	90	107
108	78	95	78	86											

H. Whitworth, R. W. Baloh, N. W. Staehling, W. F. Barthel, and B. F. Rosenblum, *Lancet*, Vol. 1, Issue 7909"을 참조).

특정 통계적 방법을 적용하기에 앞서 자료를 탐색해야 한다. 표본 통계량들은 아래 표에 수록되어 있다. 또한 다음 3세트의 동작성 IQ점수에 대한 상자그림을 참조하라. 주관적인 관점에서 비교해보면 낮은 혈중 납 수준 집단이 중간 집단과 높은 집단의 평균보다 다소 높다는 것을 보여준다. 상자그림은 모두 겹치기 때문에 차이가 극적으로 보이지는 않는다. 그러나 중요한 차이를 인식할 수 있는 좀 더 수식적인 방법이 필요하다. 일반적으로 다른 두 모집단으로부터 수집된 표본의 평균을 비교하기 위해 9-2절의 방법을 사용할 수 있지만, 여기서는 세 모집단으로부터 수집된 표본의 평균을 비교할 필요가 있다. 3개 이상의 모집단에서 표본을 수집할 때, 12-1절에 소개된 분산분석 방법을 사용하여 모집단 평균의 동일성을 검정할 수 있다. 12-1절에서는 표본 3개가 동일한 평균을 가진 모집단에서 왔다는 주장을 검정하기 위해 분산분석을 사용할 것이다.

	낮은 혈중 납 수준	중간 혈중 납 수준	높은 혈중 납 수준
표본크기 n	78	22	21
$\bar{x}$	102.7	94.1	94.2
s	16.8	15.5	11.4
분포	대략적으로 정규분포	대략적으로 정규분포	대략적으로 정규분포
이상치	잠재적으로 낮은 이상치 51과 높은 이상치 146 및 149, 하지만 다른 값들과 그렇게 많이 떨어져 있지 않음	없음	없음

동작성 IQ점수에 대한 Minitab 상자그림

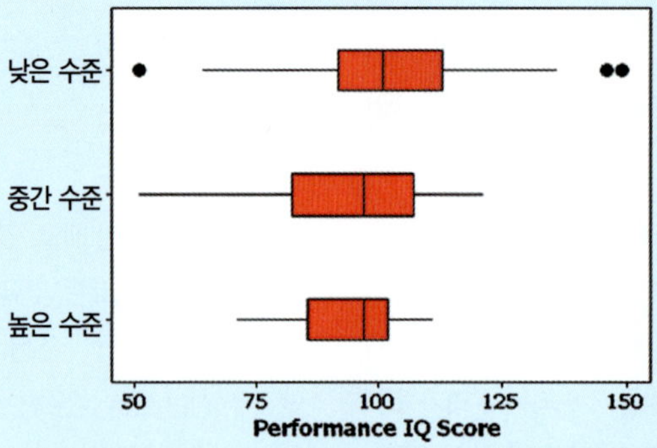

이 장의 목표

9-2절에는 2개의 독립적인 모집단으로부터 평균의 동일성을 검정하는 방법이 설명되었다. 하지만 이 장에서는 3개 이상 모집단 평균의 동일성을 검정하기 위한 방법을 설명한다. 다음은 이 장의 목적이다.

12-1 일원분산분석

- 일원분산분석 방법을 적용하여 3개 이상 모집단 평균의 동일성에 대한 가설검정을 실시한다. 이 절은 통계패키지 등에서 산출되는 결과물의 해석에 초점을 맞춘다.

12-2 이원분산분석

- 성별, 눈동자 색 등 2가지 특성(또는 요인)으로 구분된 모집단의 표본자료를 분석한다.
- 다음의 사항들에 이원분산분석 방법을 적용한다: (1) 두 요인 간의 상호작용에 대한 검정, (2) 행 요인으로부터의 영향 검정, (3) 열 요인으로부터의 영향 검정. 이 절은 통계패키지 등에서 산출되는 결과물의 해석에 초점을 맞춘다.

12-1 일원분산분석

핵심 개념

이 절에서는 H_0: $\mu_1 = \mu_2 = \mu_3$과 같이 3개 이상의 모집단이 모두 동일한 평균을 갖는다는 가설을 검정하는 데 사용되는 일원분산분석 방법을 소개한다. 특히 여기에서는 계산이 매우 복잡하기 때문에 통계패키지 등을 사용하여 얻은 결과의 해석에 초점을 맞춘다.

F 분포

이 장의 분산분석(ANOVA) 방법에는 9-4절에 처음 소개한 *F* 분포가 필요하다. 9-4절에서 *F* 분포는 다음과 같은 속성을 가지고 있다는 것을 언급했다(**그림 12-1** 참조).

분자 및 분모에 대한 자유도 짝마다 다른 *F* 분포가 있다.

1. *F* 분포는 대칭이 아니다. 그것은 왼쪽으로 치우쳐 있다.
2. *F* 분포를 갖는 변수의 값은 음수일 수 없다.
3. *F* 분포의 정확한 모양은 두 개(분모 및 분자) 자유도에 따라 다르다.

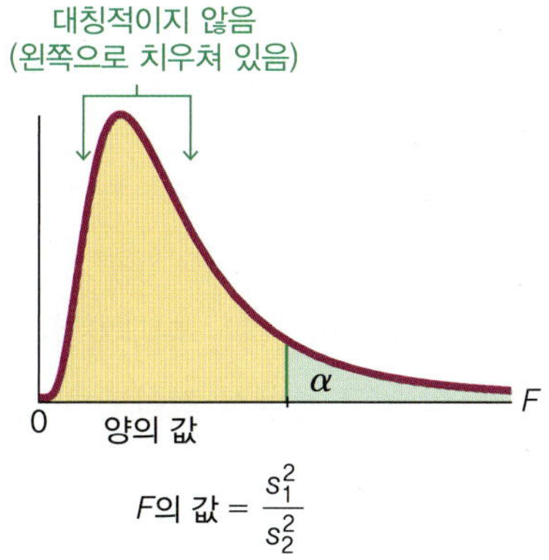

그림 12-1 *F* 분포

PART 1 일원분산분석의 기본사항

3개 이상 모집단 평균의 동일성을 검정할 때 일원분산분석 방법을 사용하라.

정의

일원분산분석(one-way analysis of variance, ANOVA)은 표본 분산을 분석하여 3개 이상 모집단 평균의 동일성을 검정하는 방법이다. 일원분산분석은 하나의 **요인(factor)**[또는 **치료(treatment)**]으로 분류된 자료와 함께 사용되므로, 그 요인은 표본자료를 여러 범주로 구분하는데 사용되는 특성이 있다.

처리(*treatment*)라는 용어는 농지의 여러 구역들을 다른 비료, 종자, 살충제 등으로 처리한 초기 농업 실험에 적용한 것에서 유래한다. 표 12-1은 혈중 납 수준을 "처리"(또는 요인)로 사용한다. 이 요인은 혈중 납 수준의 저, 중, 고 세 가지 범주를 가지고 있다(부록 B의 자료세트 8에서 정의).

핵심요소

3개 또는 그 이상의 모집단 평균에 대한 동일성을 검정하기 위한 일원분산분석

목표

세 개 이상의 다른 모집단의 표본을 사용하여, 모집단의 평균들이 같다라는 주장을 검정한다.

요구사항

1. 모집단의 분포는 대략적으로 정규분포이다. (모집단이 정규분포와 매우 다른 분포를 가지지 않는 한 해당 분석방법은 대체적으로 잘 적용된다. 이 요구사항은 완벽히 요구하는 사항은 아니다. 모집단이 정규분포와 크게 다르면 13장에 설명된 크루스칼-왈리스 검정을 사용하라.)
2. 모집단들의 분산은 σ_2(또는 표준편차 σ)으로 동일하다. 모집단의 분산이 그렇게 크게 다르지 않는 한 해당 분석방법은 대체적으로 잘 적용된다. 따라서 이 요구사항은 완벽히 요구되는 사항은 아니다. 통계학자 George E. P. Box는 표본크기가 같으면(또는 거의 동일), 가장 큰 분산은 가장 작은 분산의 최대 9배가 될 수 있고, ANOVA의 결과는 본질적으로 신뢰할 수 있다라는 것을 보였다.
3. 표본들은 양적자료의 단순임의표본들이다.
4. 표본들은 서로 독립적이다(표본은 어떤 방식으로도 일치되거나 연결되어 있지 않다).
5. 여러 표본들은 오직 한 가지 방법으로만 범주화된 모집단에서 나온 것이다.

H_0: $\mu_1 = \mu_2 = \mu_3 = \cdots = \mu_k$을 검정하기 위한 절차

1. 검정통계량 및 P값을 포함하는 결과를 획득하기 위해 통계패키지 등을 사용하라.
2. 결과에서 P값을 확인하라(분산분석 검정은 검정통계량의 큰 값만이 모집단 평균의 동일성을 기각하기 때문에 오른쪽 꼬리 검정이다).
3. 유의수준 α를 사용하고 아래의 기준들에 근거하여 결론을 내려라.
   - **기각:** P값 $\le \alpha$이면, 평균들이 동일하다는 귀무가설을 기각할 수 있으며, 모집단의 평균 중에서 적어도 하나가 다른 것과 다르다는 결론을 내릴 수 있다.
   - **기각할 수 없음:** P값 $> \alpha$이면, 평균들이 동일하다는 귀무가설을 기각할 수 없다.

일원분산분석을 수행하기 위해 요구되는 계산이 복잡하기 때문에 일반적으로 아래와 같은 전략으로서 통계패키지 등의 사용이 추천된다.

1. 작은 P값(예: 0.05 이하 등)이 평균들이 동일하다는 귀무가설을 기각할 수 있음을 기억하라(만일 P값이 작으면 귀무가설은 기각). 큰 P값(예: 0.05보다 큰 값 등)은 평균이 동일하다는 귀무가설을 기각할 수 없음을 기억하라.
2. 이 절의 예제들을 공부하면서 분산분석의 기본 이론들을 이해하는 데 노력하라.

예제 1 납과 동작성 IQ점수

표 12-1에 제시된 동작성 IQ점수와 유의수준 $\alpha = 0.05$를 사용하여, 세 가지 표본이 모두 같은 평균치를 가진 집단으로부터 나온 것이라는 주장을 검증하라.

풀이

조건 확인 (1) 표 12-1에 제시된 세 가지 표본을 기반으로, 세 집단은 정규 분위수 그림으로 표시된 것처럼 거의 정규분포를 갖는 것으로 나타난다. (2) 표 12-1에 제시된 세 가지 표본의 표준편차는 극단적으로 다르지 않으므로, 세 가지 모집단 분산은 거의 동일해 보인다. (3) 연구 설계를 바탕으로 표본을 단순임의표본으로 간주할 수 있다. (4) 표본은 서로 독립이다. 즉 동작성 IQ점수는 어떤 식으로든 일치 또는 연계되어 있지 않다. (5) 3개 표본은 혈중 납 수준의 단일 요소(낮음, 중간, 높음)에 따라 분류된 모집단 표본이다. 요구사항들이 모두 충족된다.

귀무가설 및 대립가설은 다음과 같다.

$$H_0: \mu_1 = \mu_2 = \mu_3$$

H_1: 평균들의 최소 하나는 다른 것들과 차이가 있다.

유의수준은 $\alpha = 0.05$이다.

1단계: 아래와 같은 통계패키지 등을 사용하여, 분산분석 결과를 산출하라.

Statdisk

Source:	DF:	SS:	MS:	Test Stat, F:	Critical F:	P-Value:
Treatment:	2	2022.729906	1011.364953	4.071122	3.073087	0.01951
Error:	118	29314.046953	248.424127			
Total:	120	31336.77686				

Minitab

One-way ANOVA: Low, Medium, High

Source	DF	SS	MS	F	P
Factor	2	2023	1011	4.07	0.020
Error	118	29314	248		
Total	120	31337			

S = 15.76 R-Sq = 6.45% R-Sq(adj) = 4.87%

TI-83/84 Plus

```
NORMAL FLOAT AUTO REAL RADIAN MP
One-way ANOVA
F=4.071122103
p=.0195103826
Factor
 df=2
 SS=2022.72991
 MS=1011.36495
Error
↓ df=118
```

(계속)

왜 0.05인가?

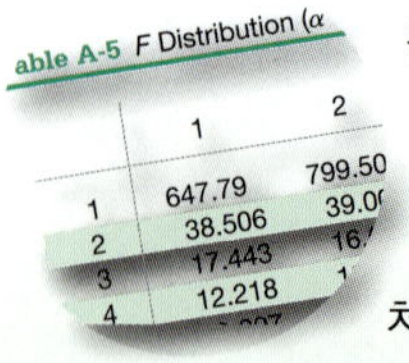

1925년 R. A. Fisher는 분산분석 방법을 소개하는 책을 출판했는데, 부록 A의 표 A-5처럼 분모의 자유도와 분자의 자유도에 기초한 임계값의 표가 필요했다. 표는 두 가지 다른 자유도를 사용하기 때문에 많은 다른 임계값이 사용되면 매우 길어지기 때문에 피셔는 0.05만 사용하여 표를 작성했다. 후기 판에서 그는 또한 0.01의 유의수준을 포함했다.

저명한 통계사학자인 Stephen Stigler는 *Chance* 매거진에 유의수준 0.05의 선택은 다소 자의적으로 편리한 숫자라고 썼다. 비록 임의지만 0.05의 선택은 다음의 중요한 목표를 가진다: (1) 유의수준 0.05의 값은 너무 크지 않으면서도 타당한 표본크기를 필요로 한다. (2) 유의수준 0.05의 선택은 중요한 효과를 확인할 수 있는 합리적인 가능성을 줄 만큼 충분히 크다(실제로 효과가 있을 때 효과가 없다는 귀무가설을 올바르게 기각하는 것). (3) 유의수준 0.05의 선택은 중요한 효과를 놓칠 정도로 그다지 작지 않다(실제로 효과가 있을 때, 효과가 없다는 귀무가설을 기각하는 데 실패하는 오류).

Excel

ANOVA						
Source of Variation	SS	df	MS	F	P-value	F crit
Between Groups	2022.729906	2	1011.364953	4.071122103	0.019510383	3.073090341
Within Groups	29314.04695	118	248.4241267			
Total	31336.77686	120				

StatCrunch

ANOVA table

Source	df	SS	MS	F-Stat	P-value
Treatments	2	2022.7299	1011.3649	4.071122	0.0195
Error	118	29314.047	248.42413		
Total	120	31336.777			

SPSS

	Sum of Squares	df	Mean Square	F	Sig.
Between Groups	2022.730	2	1011.365	4.071	.020
Within Groups	29314.047	118	248.424		
Total	31336.777	120			

JMP

Source	DF	Sum of Squares	Mean Square	F Ratio
Model	2	2022.730	1011.36	4.0711
Error	118	29314.047	248.42	Prob > F
C. Total	120	31336.777		0.0195*

2단계: $F = 4.0711$의 검정통계량 이외에 결과에서는 반올림된 P값 0.020임을 보여준다.

3단계: P값 0.020은 유의수준 $\alpha = 0.05$보다 작으므로, 표본들의 평균이 동일하다는 귀무가설을 기각할 수 있다(만약 P값이 작으면 귀무가설 기각해야 한다).

해석

3개 표본이 모두 동일한 평균을 가진 모집단에서 추출된 것이라는 주장을 기각할 만한 증거가 충분하다. 표 12-1에 나와 있는 측정된 표본을 사용하면, 이들 값이 모두 동일하지 않은 평균을 가진 집단에서 나온 것이라고 결론을 내릴 수 있다. 이 분산분석 검정을 토대로 특정 평균이 다른 평균과 다르다는 결론을 내릴 수는 없지만, 낮은 혈중 납 수준 집단의 동작성 IQ점수는 중간 및 높은 혈중 납 수준 집단의 동작성 IQ점수보다 높다는 것을 언급할 수 있다. 혈중 납 농도가 높을수록 동작성 IQ점수가 낮아지는 것으로 보인다.

주의 동일한 모집단의 평균에 대한 주장을 기각할 충분한 증거가 있다고 결론을 내릴 때, 어떤 표본의 평균값이 다른 평균값들과 다르다는 것을 분산분석으로부터 결론 내릴 수는 없다. (특정한 표본의 평균이 다른 표본들의 평균값들과 다르다고 할 수 있는 것에는 여러 다른 분석방법들이 있다. 그것과 관련된 사항들은 이 절의 PART2에서 설명한다.)

P값은 검정통계량과 어떤 관련이 있는가? 검정통계량의 값이 클수록 P값이 작아지는데 이는 분산분석 검정이 오른쪽 꼬리 검정이기 때문이다. 그림 12-2는 F 검정통계량과 P값 간의 관계를 보여준다. 모집단의 모분산이 σ^2으로 동일한 분산을 가지고 있다고 가

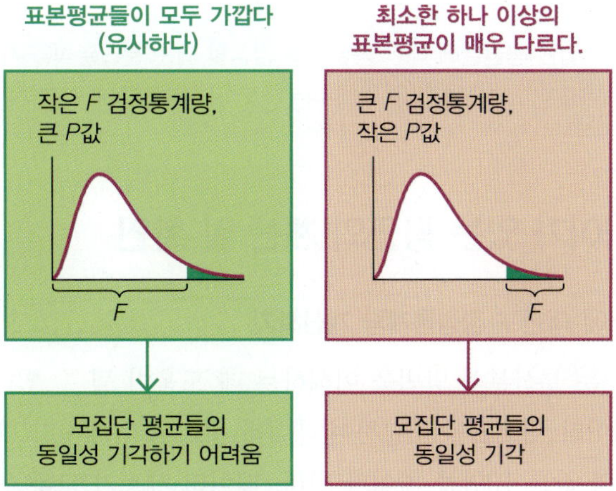

그림 12-2 *F* **검정통계량과** *P***값 사이의 관련성**

정하면, F 검정통계량은 σ^2의 두 추정 값: (1) 표본 간의 변동(표본평균 간의 변동에 근거), (2) 표본 내 변동(표본 분산에 근거)에 대한 비율이다.

일원분산분석을 위한 검정통계량

$$F = \frac{\text{표본 간 분산}}{\text{표본 내 분산}}$$

F 검정통계량의 분자는 표본평균 간의 변동을 측정한다. 분모의 분산 추정치는 표본 분산에만 의존하며, 표본평균 간의 차이에 영향을 받지 않는다. 결과적으로, F 검정통계량의 값이 작고 P값이 큰 경우에는 표본평균들이 서로 값이 가까운 것을 의미한다. 이에 표본평균 간에 유의한 차이가 없다고 결론짓는다. F 검정통계량의 값이 크고 P값이 작은 경우에는 표본평균들이 매우 다른 것을 의미하므로 동일한 평균이라는 주장을 기각하게 된다.

한 번에 표본 두 개를 검정하는 것은 왜 안되는가? 만약 세 개 이상의 모집단 평균에 대한 동일성 검정을 하고 싶다면, 9-2절에 제시된 방법을 사용하여 두 가지 평균의 동일성 검정을 할 수 있는데 왜 새로운 방법이 필요한 것인가? 예를 들어, **표 12-1**의 표본자료를 사용하여 세 모집단의 평균이 동일하다는 주장을 검정하기 위해, 한 번에 2개씩 짝을 지어 H_0: $\mu_1 = \mu_2$, H_0: $\mu_2 = \mu_3$ 및 H_0: $\mu_1 = \mu_3$을 검정하는 것은 어떠한가? **표 12-1**의 자료에 대해서는 한 번에 두 평균의 동일성을 검정하는 접근방식에 3가지 가설검정이 필요하다. 이 세 가지 가설검정 각각에 대해 유의수준 0.05를 사용하면, 실제 전체 신뢰도는 0.95^3 (또는 0.857)까지 낮아질 수 있다. 일반적으로 유의성 있는 개별 검정의 수를 증가시킴에 따라 우연(평균의 실질적인 차이 대신)에 의한 차이를 발견하는 가능성이 증가된다. 즉 제1종 오류의 가능성(실제로 그러한 차이가 존재하지 않을 때 여러 짝들 중에서 하나의 차이를 찾는 것)이 너무 높다. 분산분석 방법은 각각 한 번에 두 개의 평균을 비교하는 여러 번의 검정을 수행하는 대신에 여러 개의 평균에 대한 동일성 검정을 한 번에 수행함으로써 눈에 잘 띄지 않는 위험의 함정을 피할 수 있도록 도와준다.

주의 3개 이상의 모집단 평균들에 대한 동일성을 검정할 때는 분산분석을 사용한다(한 번에 두 개의 표본에 대한 여러 번의 가설검정을 수행하는 경우에 신뢰수준에 악영향을 미칠 수 있다).

PART 2 차이가 있는 평균의 계산 및 확인

동일한 표본크기 n에 대한 F 검정통계량 계산하기

다음 쪽의 표 12-2는 분산분석 방법을 이해하는 데 도움이 될 수 있다. 표 12-2에서 데이터 세트 A와 데이터 세트 B를 비교하여 데이터 세트 A가 데이터 세트 B와 동일한 지 확인한다. 표본 1의 값은 10만큼 차이가 난다. 데이터 세트가 모두 동일한 표본크기(표 12-2의 경우 $n = 4$)로서, 다음 계산은 여기에 표시된 것처럼 아주 어렵지는 않다

1단계: 표본 간 분산 산출하기

표본 간 변동은 $ns_{\bar{x}}^2$을 계산하여 산출가능하다. 여기에서 $s_{\bar{x}}^2$는 표본평균의 분산을 의미하며, n은 표본 각각의 크기를 의미한다. 즉, 표본평균들이 일반적인 값들의 집합이라고 간주하고 분산을 계산해 보라(중심극한 정리에 의해서 $\sigma_{\bar{x}} = \sigma/\sqrt{n}$은 $\sigma = \sqrt{n}\cdot\sigma_{\bar{x}}$으로 치환하여 σ을 산출할 수 있음). 예를 들어, 표 12-2의 자료 집합 A의 표본은 5.5,

표 12-2 F 검정통계량에 있어 평균의 영향

(표본 1의 데이터에 10을 추가: 데이터 세트 A 표본 1 → 데이터 세트 B 표본 1)

	데이터 세트 A			데이터 세트 B		
	표본 1	표본 2	표본 3	표본 1	표본 2	표본 3
	7	6	4	17	6	4
	3	5	7	13	5	7
	6	5	6	16	5	6
	6	8	7	16	8	7
	$n_1 = 4$	$n_2 = 4$	$n_3 = 4$	$n_1 = 4$	$n_2 = 4$	$n_3 = 4$
	$\bar{x}_1 = 5.5$	$\bar{x}_2 = 6.0$	$\bar{x}_3 = 6.0$	$\bar{x}_1 = 15.5$	$\bar{x}_2 = 6.0$	$\bar{x}_3 = 6.0$
	$s_1^2 = 3.0$	$s_2^2 = 2.0$	$s_3^2 = 2.0$	$s_1^2 = 3.0$	$s_2^2 = 2.0$	$s_3^2 = 2.0$
	데이터 세트 A			데이터 세트 B		
단계 1: 표본 간 분산	$ns_{\bar{x}}^2 = 4(0.0833) = 0.3332$			$ns_{\bar{x}}^2 = 4(30.0833) = 120.3332$		
단계 2: 표본 내 분산	$s_p^2 = \frac{3.0 + 2.0 + 2.0}{3} = 2.3333$			$s_p^2 = \frac{3.0 + 2.0 + 2.0}{3} = 2.3333$		
단계 3: F 검정통계량	$F = \frac{ns_{\bar{x}}^2}{s_p^2} = \frac{0.3332}{2.3333} = 0.1428$			$F = \frac{ns_{\bar{x}}^2}{s_p^2} = \frac{120.3332}{2.3333} = 51.5721$		
P값	P값 = 0.8688			P값 = 0.0000118		

6.0 및 6.0이며 이 세 값의 분산은 $s_{\bar{x}}^2 = 0.0833$이다. 이를 통해 표본 간 분산은 아래와 같이 산출가능하다.

$$\text{표본 간 분산} = ns_{\bar{x}}^2 = 4(0.0833) = 0.3332$$

2단계: 표본 내 분산 산출하기

표본 내 분산은 s_p^2을 계산하여 산출가능하다. 여기에서 s_p^2은 표본 분산의 평균을 구함으로써 얻을 수 있는 합동분산(pooled variance)을 의미한다. 표 12-2의 표본 분산은 3.0, 2.0 및 2.0이므로 표본 내 분산은 아래와 같이 산출가능하다.

$$\text{표본 내 분산} = s_p^2 = \frac{3.0 + 2.0 + 2.0}{3} = 2.3333$$

3단계: 검정통계량 계산

F 검정통계량은 다음과 같이 계산한다.

$$F = \frac{\text{표본 간 분산}}{\text{표본 내 분산}} = \frac{ns_{\bar{x}}^2}{s_p^2} = \frac{0.3332}{2.3333} = 0.1428$$

임계값 찾기

F 임계값은 F의 큰 값이 평균값 사이의 유의한 차이에 해당하기 때문에 오른쪽 꼬리 검정을 가정하여 결정된다. n개의 값을 갖는 k개의 표본들에 자유도는 아래와 같이 결정된다.

자유도 (k = 표본의 수, n = 표본의 크기)

분자의 자유도 $= k - 1$

분모의 자유도 $= k(n - 1)$

표 12-2의 데이터 세트 A에 대해 $k = 3$ 및 $n = 4$이므로, 분자의 자유도는 2이고 분모의 자유도는 $3(4 - 1) = 9$이다. 유의수준 $\alpha = 0.05$, 분자에 대한 자유도 2, 분모에 대한 자유도 9를 사용하면, 표 A-5의 F값은 4.2565이다. 표 12-2의 데이터 세트 A에 대해 임계값을 활용한 가설검정 방법을 적용해보면, 오른쪽 꼬리 검정의 검정통계량 $F = 0.1428$이고 임계값은 $F = 4.2565$이므로, 해당 검정통계량 값이 임계역에 존재하지 않는다. 그러므로 동일한 평균들이라는 귀무가설을 기각하지 못한다.

***F* 검정통계량에 대한 한 평균의 영향 이해** 분산분석 방법이 실제로 어떻게 작동하는지 이해하려면 표 12-2의 데이터 세트 A와 데이터 세트 B를 고려하고 다음을 참고하라.

- 데이터 세트 A의 3개 표본은 다음을 제외하고 데이터 세트 B의 3개 표본과 동일하다. 데이터 세트 B의 표본 1의 각 값은 데이터 세트 A의 해당 값보다 10 크다.
- 데이터 세트 A의 첫 번째 표본에서 각 자료 값에 10을 더하는 것은 F가 0.1428에서 51.5721로 변하는 검정통계량에 중요한 영향을 준다.

- 데이터 세트 A의 첫 번째 표본에서 각 자료 값에 10을 더하면, P값에 큰 영향을 주는데 0.8688 (중요하지 않음)에서 0.0000118(중요)로 변경된다.
- 데이터 세트 A의 3개 표본평균값(5.5, 6.0, 6.0)은 매우 가깝지만, 데이터 세트 B의 표본평균값(15.5, 6.0, 6.0)은 상대적으로 떨어져 있다.
- 데이터 세트 A의 3개 표본의 변동은 데이터 세트 B의 3개 표본의 변동과 동일하다.
- 데이터 세트 A의 표본 간 차이는 0.3332이지만 데이터 세트 B의 경우에 120.3332이다(B의 표본평균이 더 멀리 떨어져 있음을 나타냄).
- 표본 내 분산은 데이터 세트 A와 데이터 세트 B 모두에서 2.3333이다. 이는 모든 표본 값에 어떤 상수 값을 더하기 할 때에 표본 내의 분산이 영향을 미치지 않기 때문이다. F 검정통계량과 P값의 변화는 $\bar{x}_1$의 변화에 기인한 것이다. 이것은 일원분산분석 방법의 핵심사항을 보여준다.

F 검정통계량은 비록 공통의 모집단 분산에 대한 두 가지 다른 추정치를 통해 얻어지더라도 표본평균들에 매우 민감하다.

동일하지 않은 표본크기일 때의 계산

표본크기가 동일한 사례에 대한 계산은 다소 타당하지만, 표본크기가 모두 같지 않은 경우에 다소 복잡해진다. 하지만 동일한 기본 논리가 적용될 수 있다. 표본크기가 서로 다른 경우에는 계산하는 수식이 복잡하기 때문에 분산분석을 위한 P값을 획득하기 위해 통계패키지 등을 사용하는 것이 현명하고 편리하다. 여기에서는 복잡한 계산상의 제약을 받지 않고, 분석 시 요구사항을 확인하고 결과를 해석하는 데 집중할 것이다.

공통인 모집단 분산 σ^2의 두 가지 다른 추정치의 비율인 F 검정통계량을 계산해 볼 수 있다. 표본크기가 같지 않은 경우에는 표본크기를 고려한 가중된 측정값을 사용해야 한다. 검정통계량은 기본적으로 앞에서 제시한 것과 동일하며, 해석도 앞에서 기술한 바와 같다.

실험 설계하기

일원(또는 단일 요인)분산분석에서는 자료를 여러 범주로 분할하기 위해 하나의 요인을 사용한다. 평균 간의 차이가 유의하다고 결론짓는다고 해서 그 차이가 해당 요인에 의해 설명될 수 있다고 확신할 수는 없다. 다른 알려지지 않은 요인의 변화가 원인일 수도 있다. 외부 요인의 영향을 줄이는 한 가지 방법은 실험을 설계하여 각 표본 값이 여러 요인 집단에 속할 기회가 주어지는 **완전임의설계(completely randomized design)**를 갖는 것이다. 예를 들어, 동일한 임의 선택 과정을 통해 두 개의 다른 치료 집단과 세 번째 위약 집단에 대상자들을 할당할 수 있다. 외부 요인의 영향을 줄이는 또 다른 방법은 다른 모든 요인들이 변동성이 없도록 표본 값을 신중하게 선택하는 엄격하게 **제어되는 설계(rigorously controlled design)**를 사용하는 것이다. 일반적으로 좋은 결과를 얻으려면 실험을 신중하게 설계하고 실행해야 한다.

차이가 있는 평균 확인하기

분산분석을 실시한 후, 동일한 모집단의 평균이라는 주장을 기각할 수 있는 충분한 증거가 있다고 결론을 내릴 수 있지만, 분산분석에서는 어떤 **특정** 평균이 다른 평균과 다르다는 결론을 내릴 수는 없다. 서로 다른 특정 평균을 식별하기 위해 사용할 수 있는 공식적인 또는 비공식적인 절차가 있다. 평균 비교를 위한 두 가지 **비공식적**인 방법은 다음과 같다.

- 서로 다른 표본의 상자그림을 작성하고, 겹치는 부분이 있는지 검사하여 하나 이상의 상자그림이 다른 것과 매우 다른지 확인한다.
- 서로 다른 표본 각각에 대한 평균의 신뢰구간 추정치를 산출한 다음, 그 신뢰구간을 비교하여 하나 이상의 표본이 다른 표본과 중복되지 않는지 확인한다.

어떤 평균이 다른지 알아내기 위한 몇 가지 공식적인 절차가 있다. **범위검정(range test)**이라고 불리는 검정은 서로 크게 다르지 않은 평균의 하위 집합을 식별할 수 있게 해준다. **다중비교검정(multiple comparison test)**이라고 하는 검정에서는 평균의 쌍을 사용하지만, 개별 검정의 수가 증가함에 따라 증가하는 신뢰도를 가지는 문제를 극복하기 위해 조정을 실시한다. 어떤 검정이 최선인지에 대해서는 의견이 일치하지는 않지만, 일반적인 검정으로는 Duncan test, Student-Newman-Keuls test(또는 SNK test), Tukey test(또는 Tukey honestly significant difference test), Sheffe test, Dunnett test, least significant difference test, 그리고 본페로니 검정(Bonferroni test)이 있다. 다중비교검정의 한 사례로서 본페로니 검정은 아래와 같다.

본페로니의 다중비교검정

1단계: 각 쌍의 표본에 대해 개별적인 t검정을 수행하라. 하지만 다음 단계에서 조정하여야 한다.

2단계: 모든 관련 모집단에 공통인 분산 σ^2의 추정치에 대해서는 사용 가능한 표본자료를 모두 사용하는 MS(오차)값을 사용한다. MS(오차)값은 일반적으로 분산분석을 실시할 때 산출된다. MS(오차)값을 사용하여 아래와 같이 t 검정통계량 값을 계산한다. 아래에 계산한 특정 검정통계량은 표본 1과 표본 2를 선택한 경우이다. 가능한 모든 표본 쌍이 검정될 때까지 첨자를 변경하여 다른 표본 쌍에 적용될 수 있다.

$$t = \frac{\bar{x}_1 - \bar{x}_2}{\sqrt{\text{MS}(\text{error}) \cdot \left(\dfrac{1}{n_1} + \dfrac{1}{n_2}\right)}}$$

3단계: 특정 표본 쌍에 대한 t 검정통계량 값을 계산한 후에 t 임계값 또는 P값을 찾되 전체 유의수준이 증가하지 않도록 다음과 같이 조정한다.

P값: 자유도 df $= N - k$인 t 검정통계량을 사용한다. 여기서 N은 표본 값들의 총수이고 k는 표본의 수이다. 통계패키지나 표 A-3을 이용하여 P값을 찾아라. 하지만 P값을 2개 표본의 서로 다른 쌍의 수로 곱하여 조정하라(예를 들어, 3개의 표본으로는 3개의 가능한 쌍이 있으므로, P값을 3을 곱하여 조정한다).

임계값: 임계값을 찾을 때는 2개의 표본에서 가능한 다른 쌍의 수로 나누어 유의수준 α를 조정하라(예를 들어, 표본이 3개인 경우 3개의 다른 쌍이 있으므로, 3으로 나누어 유의수준을 조정한다).

본페로니 절차의 3단계에서 개별 검정이 훨씬 낮은 유의수준으로 수행되거나 P값이 크게 증가한다는 점에 알아야 한다. 그러므로 평균의 동일성을 기각하는 것은 훨씬 더 멀리 떨어져 있는 차이를 요구한다. 단계 3의 이러한 조정은 단 한 번의 검정 대신에 여러 번의 검정을 하고 있다는 사실을 반영한 것이다.

예제 2 본페로니 검정

이 절의 [예제 1]은 표 12-1의 표본자료와 분산분석을 사용한 것이다. 여기에서 동일한 평균이라는 주장을 기각할 충분한 증거가 있다고 결론 내렸다. 유의수준 0.05의 본페로니 검정을 사용하여 어떤 평균이 다른 평균들과 다른지 확인하라.

풀이

본페로니 검정은 가능한 세 쌍의 표본 각각에 대해 별도의 t 검정을 요구한다. 검정할 귀무가설은 다음과 같다.

$$H_0\colon \mu_1 = \mu_2 \qquad H_0\colon \mu_1 = \mu_3 \qquad H_0\colon \mu_2 = \mu_3$$

$H_0\colon \mu_1 = \mu_2$부터 시작해볼 수 있다. 표 12-1에 주어진 표본자료를 사용하고 더 정확한 소수점 자리에서 계산해보면, $n_1 = 78$ 및 $\bar{x}_1 = 102.705128$, $n_2 = 22$ 및 $\bar{x}_2 = 94.136364$를 산출 가능하다. [예제 1]에 표시된 통계패키지 등의 결과로부터 MS(오차) $= 248.424127$임을 알 수 있다. 아래와 같이 반올림되지 않은 표본평균값들을 활용하여 검정통계량을 계산하면 다음과 같다.

$$t = \frac{\bar{x}_1 - \bar{x}_2}{\sqrt{\text{MS}(\text{error}) \cdot \left(\dfrac{1}{n_1} + \dfrac{1}{n_2}\right)}}$$

$$= \frac{102.705128 - 94.136364}{\sqrt{248.424127 \cdot \left(\dfrac{1}{78} + \dfrac{1}{22}\right)}} = 2.252$$

자유도는 df $= N - k = 121 - 3 = 118$이다. ($N = 121$인데 이는 3개의 모든 표본이 결합되어 121개의 다른 표본 값을 가지기 때문이다. $k = 3$인데 3개의 다른 표본이 있기 때문이다.) $t = 2.252$의 검정통계량 값과 $df = 118$의 경우에 양측 P값은 0.026172이지만 이 값에 3을 곱하여(가능한 여러 표본 쌍의 수) 반올림했을 때 최종 P값은 0.079이다. 이 P값이 작지 않기 때문에(0.05 미만) 귀무가설을 기각하지 못한다. 표본 1과 표본 2에는 유의미한 의미가 없는 것으로 보인다.

다른 두 개의 쌍에 대한 별도의 가설검정을 계속하는 대신, 모든 본페로니 검정 결과를 보여주는 SPSS 결과를 참고하라. 이 결과에서 혈중 낮은 납 수준은 1로 표시되고 중간 수준은 2로 표시되며 높은 수준은 3으로 표시된다(첫 번째 행의 결과는 여기에 있는 결과 P값 0.079와 일치한다). 해당 결과에서 제시된 low/high의 쌍에 대한 P값은 0.090인데, 혈중 낮은 납 수준과 높은 납 수준의 차이는 크지 않았다. 또한 SPSS 결과는 medium/high의 쌍에 대한 P값이 1.000으로서 혈중 중간 납 수준과 높은 납 수준의 차이가 유의한 차이가 없음을 보여준다.

SPSS Bonferroni Results

(I) Level	(J) Level	Mean Difference (I-J)	Std. Error	Sig.	95% Confidence Interval	
					Lower Bound	Upper Bound
1.00	2.00	8.56876	3.80486	.079	-.6717	17.8092
	3.00	8.51465	3.87487	.090	-.8958	17.9251
2.00	1.00	-8.56876	3.80486	.079	-17.8092	.6717
	3.00	-.05411	4.80851	1.000	-11.7320	11.6238
3.00	1.00	-8.51465	3.87487	.090	-17.9251	.8958
	2.00	.05411	4.80851	1.000	-11.6238	11.7320

해석

분산분석은 최소한 하나의 평균이 다른 평균들과 다르다는 것을 말해주지만, 본페로니 검정 결과는 다른 표본과 유의하게 다른 하나의 표본평균을 확인하지는 못한다. 이러한 결과를 논의하는 논문들에서, 저자들은 "우리의 발견은 미립자 납을 만성적으로 흡수하는 것이 Wechsler 지능검사의 동작성 척도로 측정한 비언어 인지 및 지각 운동 기술에서 미묘하지만 통계적으로 중요한 손상을 초래할 수 있다는 것을 나타낸다"고 기술하고 있다. 이러한 결과는 다음과 같다. 분산분석을 통해 최소한 하나의 평균이 다른 평균들과 다르다는 것을 알 수 있지만, 본페로니 검정은 하나의 특정 평균이 크게 다른 것으로 확인하지 못했다[동작성 IQ점수에 대한 표본평균이 102.7(낮은 납 수준, 94.1(중간 납 수준), 94.2(높은 납 수준)임에도 불구하고].

테크 센터

일원분산분석

www.TriolaStats.com에서 기술 지침, 비디오, 데이터 집합을 참조하십시오.

12-1 기본적인 기술 및 개념

통계적 해석 및 비판적 사고

연습문제 1~2에서는 소형차, 중형차, 대형차 표본에서 다음과 같이 열거한 chest deceleration (흉부 압박) 측정값(중압감으로서 g단위)을 사용하라(자료는 미국 도로교통안전청 자료). 분산분석을 위한 SPSS 결과가 제시되어 있다. 유의수준 0.05를 사용하여 표준 충돌 시험에서 자동차 종류별로 동일한 평균 흉부 압박감을 가진다는 주장을 검정하라.

표준 충돌 시험에서의 흉부 압박감(*g*)

소형	44	39	37	54	39	44	42
중형	36	53	43	42	52	49	41
대형	32	45	41	38	37	38	33

SPSS

	Sum of Squares	df	Mean Square	F	Sig.
Between Groups	200.857	2	100.429	3.288	.061
Within Groups	549.714	18	30.540		
Total	750.571	20			

1. 분산분석

a. 위의 자료의 어떤 특성이 단측 분산분석을 실시하여야 한다고 말해 주는가?

b. 세 가지 범주가 동일한 평균의 흉부 압박감을 갖는다는 주장을 검정하는 것이 목적이라면 왜 방법에 분산에 대한 분석이라는 용어를 사용하는가?

2. 검정통계량 검정통계량의 값은 얼마인가? 검정통계량의 분포는 무엇인가?

연습문제 3~7에서는 제시된 검정에 대해 분산분석을 수행하라.

3. 납과 언어성 IQ점수 [예제 1]은 세 가지 다른 혈중 납 수준에 대해 동작성 IQ점수 측정값을 사용했다. 만약 동일한 세 범주의 혈중 납 수치와 언어성 IQ점수를 사용한다면, 다음과 같은 Minitab 결과를 얻을 수 있다(부록 B의 데이터 세트 8 "IQ와 납"에 기재되어 있다). 유의수준 0.05를 사용하여, 혈중 납 수준 3개 범주의 언어성 IQ점수 평균이 동일하다는 주장을 검정하라. 납 노출이 언어성 IQ점수에 영향을 미치는 것처럼 보이는가?

Minitab

```
Source   DF     SS   MS     F      P
LEAD      2    142   71  0.39  0.677
Error   118  21441  182
Total   120  21584
```

4. 머리 부상 충돌 시험 자료 연습문제 1~2에서는 세 가지 크기 범주(소형차, 중형차, 대형차)에 대해 흉부 압박감 자료를 사용했다. 만일 동일한 3가지 크기 범주로 머리 부상 측정값(표준 머리 부상 기준인 HIC에서)을 사용한다면, 다음과 같은 SPSS 결과를 얻을 수 있다. 유의수준 0.05를 사용하여, 세 가지 크기 범주가 동일한 머리 부상 측정값의 평균을 가진다는 주장을 검정하라. 자동차의 크기가 머리 부상에 영향을 미치는 것처럼 보이는가?

SPSS

	Sum of Squares	df	Mean Square	F	Sig.
Between Groups	7366.952	2	3683.476	.161	.852
Within Groups	411540.286	18	22863.349		
Total	418907.238	20			

5. 남성 맥박수와 연령 18~25세, 26~40세, 41~80세의 세 가지 연령대별로 분할된 부록 B의 데이터 세트 1 "신체 자료"에서 남성의 맥박수를 사용하여 다음과 같은 SPSS 결과를 얻었다. 유의수준 0.05를 사용하여, 세 연령대 남성들의 맥박수 평균이 동일하다는 주장을 검정하라. 어떤 결론을 내릴 수 있는가?

	Sum of Squares	df	Mean Square	F	Sig.
Between Groups	333.464	2	166.732	1.304	.275
Within Groups	19183.765	150	127.892		
Total	19517.229	152			

6. 골반 부상 충돌 시험 자료 연습문제 1~2에서는 세 가지 크기 범주(소형차, 중형차, 대형차)에 대한 흉부 압박감 자료를 사용했다. 만일 동일한 3가지 크기 범주로 골반 부상 측정값을 사용한다면, 다음과 같은 XLSTAT 결과를 얻을 수 있다. 유의수준 0.05를 사용하여, 세 가지 크기 범주가 동일한 골반 부상 측정값 평균을 가진다는 주장을 검정하라. 자동차의 크기가 골반 부상에 영향을 미치는 것처럼 보이는가?

XLSTAT

Source	DF	Sum of squares	Mean squares	F	Pr > F
Model	2	79.1429	39.5714	0.3476	0.7111
Error	18	2049.4286	113.8571		
Corrected	20	2128.5714			

7. 포플러 나무 무게 포플러 나무 무게(kg)는 영양이 풍부하고 습한 지역에 심은 나무에서 얻었다. 나무들에게는 아래 표에서 제시된 다른 처리들이 제공되었다. (부록 B의 데이터 세트 18에서 나온 것으로, 펜실베이니아 주립대학교의 연구원들이 수행한 연구에서 얻어졌고, Minitab, Inc.에서 제공한 것이다.) 유의수준 0.05를 사용하여, 4개의 처리들은 동일한 평균 무게를 가지는 포플러 나무를 생산한다는 주장을 검정하라. 가장 효과가 있어 보이는 처리방법이 있는가?

처리 없음	비료	관개	비료와 관개
1.21	0.94	0.07	0.85
0.57	0.87	0.66	1.78
0.56	0.46	0.10	1.47
0.13	0.58	0.82	2.25
1.30	1.03	0.94	1.64

연습문제 8에서는 부록 B에 있는 자료를 사용하라.

8. 담배 내 니코틴 부록 B의 데이터 세트 15 "담배 내용물"을 참조하여, 킹사이즈 담배, 100 mm 멘톨 담배, 100 mm 비멘톨 담배에 대한 니코틴의 양(담배당 mg)을 사용하라. 킹사이즈의 담배는

필터로 여과되지 않고 비멘톨이며 독한 담배이다. 100 mm 멘톨 담배는 필터로 여과되고 독한 담배이다. 100 mm 비멘톨 담배는 필터로 여과되고 독한 담배이다. 유의수준 0.05를 사용하여 세 가지 범주의 담배가 동일한 평균 니코틴 양을 가지고 있다는 주장을 검정하라. 킹사이즈 담배만 필터로 여과되지 않는 것을 감안하면 필터가 이러한 차이를 가져오는 것으로 보이는가?

12-1 기초를 넘어서

9. 튜키 검정(Tukey Test) 표 12-1에 대한 본페로니 검정 결과는 509쪽에 제시되어 있다(12장 문제의 일부). 여기에 동일한 자료를 사용하여 도출된 튜키 검정의 결과가 SPSS 산출물로 제시되어 있다. 튜키 검정 결과를 본페로니 검정 결과와 비교하라.

SPSS

(I) Level	(J) Level	Mean Difference (I-J)	Std. Error	Sig.	95% Confidence Interval	
					Lower Bound	Upper Bound
1.00	2.00	8.56876	3.80486	.067	-.4626	17.6002
	3.00	8.51465	3.87487	.076	-.6830	17.7123
2.00	1.00	-8.56876	3.80486	.067	-17.6002	.4626
	3.00	-.05411	4.80851	1.000	-11.4678	11.3596
3.00	1.00	-8.51465	3.87487	.076	-17.7123	.6830
	2.00	.05411	4.80851	1.000	-11.3596	11.4678

12-2 이원분산분석

핵심 개념

12-1절에서는 하나의 요인을 사용한 분할자료를 고려했지만, 이 절에서는 두 가지 요인에 따라 범주로 분할된 자료에 대해 사용되는 **이원분산분석**에 대해 설명한다. 이 절의 방법에서는 먼저 두 요인 간의 **상호작용**(*interaction*)을 검정한 다음, 행 요인의 영향 및 열 요인의 영향을 각각 검정한다.

표 12-3은 두 가지 요인으로 분류된 맥박수(분당 박동수) 자료의 사례이다.

1. 연령대(연령대): 하나의 요인은 연령대(18~29, 30~49, 50~80)이다.
2. 성별: 두 번째 요인은 성별(여성, 남성)이다.

표 12-3의 하위 범주는 셀이라고 하며, 표 12-3에는 각각 10개의 값을 포함하는 6개의 셀이 있다.

표 12-3의 표본자료를 분석할 때 단일 요인에 대한 일원분산분석을 이미 논의했으므로, 연령대 요인에 대한 일원분산분석 그리고 성별 요인에 대한 일원분산분석을 간단히 진행하는 것이 합리적일 수 있다. 하지만 이러한 접근법은 매우 중요한 특징인 두 요인

표 12-3 두 요인(연령대 및 성별)에 따른 맥박수

	여성										남성									
18~29	104	82	80	78	80	84	82	66	70	78	72	64	72	64	64	70	72	64	54	52
30~49	66	74	96	86	98	88	82	72	80	80	80	90	58	74	96	72	58	66	80	92
50~80	94	72	82	86	72	90	64	72	72	100	54	102	52	52	62	82	82	60	52	74

사이의 상호작용을 완전히 무시한다.

정의

어떤 요인 하나의 효과가 다른 요인의 범주들에 대해 변경되면, 두 요인 간에 **상호작용(interaction)**이 있다고 한다.

두 개 요인 사이의 **상호작용** 예로서, 음식 짝짓기를 고려해보라. 땅콩 버터와 젤리는 잘 어울리지만, 케첩과 아이스크림이 상호작용하여 나쁜 맛을 내기 때문에 케첩을 얹은 아이스크림을 먹는 사람은 거의 없다. 의사는 부작용을 유발하는 상호작용으로 약물을 처방하지 않도록 조심해야 한다. 항진균제 Nizoral(ketoconazole)는 항히스타민제 Seldane(terfenadine)과 상호작용하여 Seldane이 적절하게 대사되지 않아 일부 환자에서 비정상적인 심장 박동을 유발한다는 사실이 밝혀졌다. Seldane은 이후 제약시장에서 사라졌다. 일반적으로 상호작용 효과는 두 요인의 결합으로 인한 영향이라고 생각하라.

평균 및 상호작용 그래프를 통한 자료 탐색

각 셀의 평균을 계산하고 그래프를 작성함으로써 표 12-3의 자료를 탐색해보자. 개별 셀 평균은 다음 쪽의 표 12-4에 표시되어 있다. 이들 평균은 최저 64.8에서 최고 82.2으로 매우 다양하다. 다음 쪽의 그림 12-3은 평균들의 그래프를 보여주는 상호작용 그래프다. 상호작용 그래프는 다음과 같이 해석될 수 있다.

- **상호작용 효과:** 직선들이 평행하지 않을 때 상호작용 효과가 존재하는 것으로 제

표 12-4 표 12-3의 셀별 평균

	여성	남성
18~29	80.4	64.8
30~49	82.2	76.6
50~80	80.4	67.2

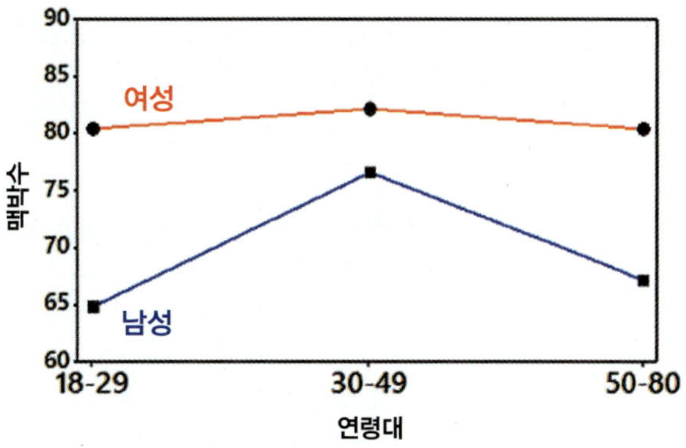

그림 12-3 표 12-4의 평균을 활용한 연령대와 성별에 따른 상호작용 그래프

안될 수 있다.

- **상호작용 효과 없음:** 그림 12-3과 같이 직선들이 거의 평행한 경우에 한 변수의 여러 범주가 다른 변수의 여러 범주에 대해서도 동일한 효과를 가지므로 상호작용이 나타나지 않는 것으로 본다.

표 12-4의 평균과 그림 12-3의 상호작용 그래프를 검토하는 주관적 판단에만 의존하는 대신에 이원분산분석의 보다 객관적인 절차를 설명하고자 한다. 다음은 이원분산분석에 대한 요구사항과 기본 절차이다. 절차는 핵심요소 상자에 뒤따르는 그림 12-4에 요약되어 있다.

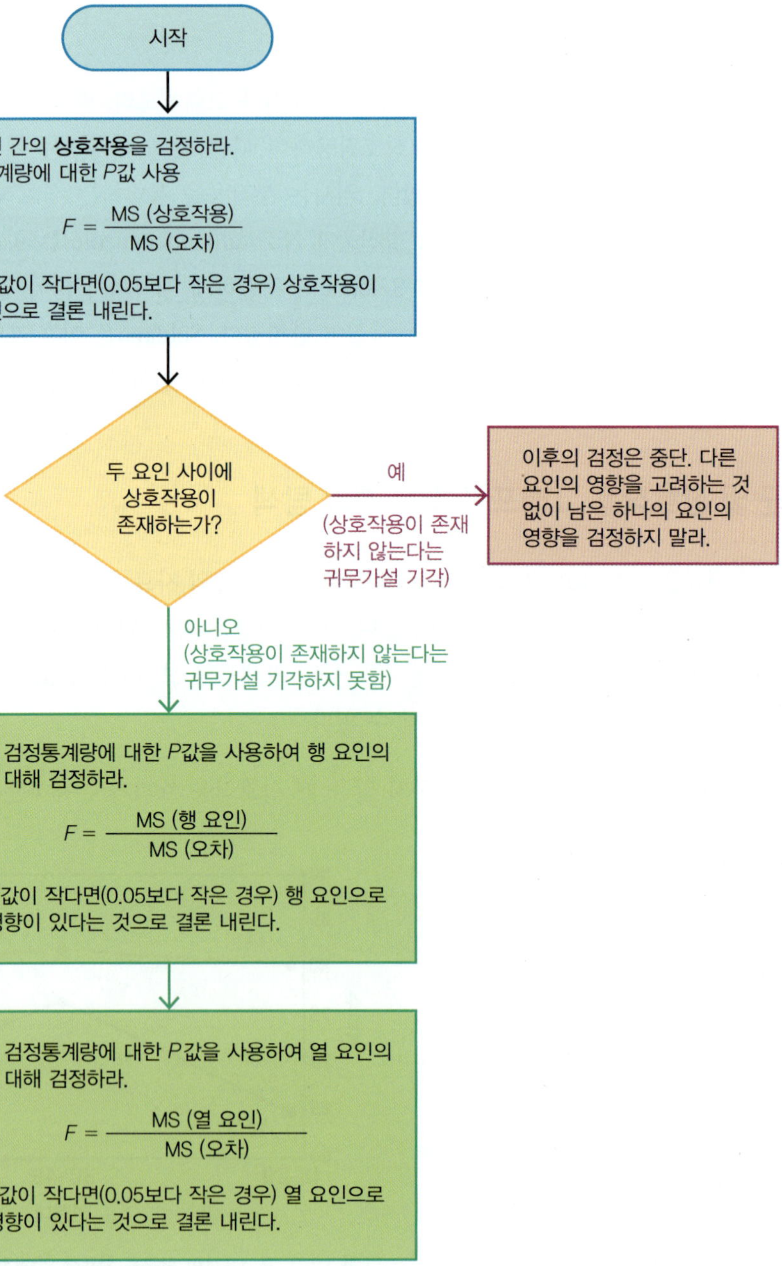

그림 12-4 이원분산분석의 절차

핵심요소

이원분산분석

목표

두 가지 요인(행 변수 및 열 변수)으로 분류된 표본자료를 사용하여, 다음의 3가지 검정을 위한 이원분산분석을 수행한다.

1. 행 요인과 열 요인의 상호작용으로 인한 영향을 검정한다.
2. 행 요인으로 인한 영향을 검정한다.
3. 열 요인으로 인한 영향을 검정한다.

요구사항

1. **정규성** 각 셀에 대해 표본 값들은 대략적인 정규분포를 갖는 모집단에서 추출된 것이다. (이 절차는 일반적으로 정규분포라는 가정에서부터 시작된다.)
2. **변동** 모집단은 동일한 분산 σ^2(또는 표준편차 σ)을 가진다. (이 절차는 일반적으로 분산이 동일하다라는 가정에서부터 시작된다.)
3. **표집** 표본들은 양적자료로서 단순임의표본이다.
4. **독립성** 표본들은 서로 독립적이다. (이 절차는 독립성이 없는 표본에는 적용되지 않는다.)
5. **이원** 표본 값들은 2가지의 요인에 의해 분류된다. (이것은 방법론의 이름과 관련 된다: 이원분산분석.)
6. **균형 잡힌 설계** 모든 셀에는 동일한 수의 표본 값들이 있다. (이를 균형 잡힌 설계라고 한다. 이 절에는 균형이 맞지 않는 설계에 대해서는 그 방법을 제시하지 않는다.)

이원분산분석의 절차(그림 12-4 참조)

단계 1: 상호작용 효과: 이원분산분석에서는 두 가지 요인 사이에 상호작용이 없다는 귀무가설을 검정하는 것부터 시작한다. 통계패키지 등을 사용하여 다음 검정통계량에 해당하는 P값을 찾아보라.

$$F = \frac{\text{MS(상호작용)}}{\text{MS(오차)}}$$

결론:

- **기각:** 위의 검정통계량에 해당하는 P값이 작은 경우(예: 0.05 이하), 상호작용이 없음을 나타내는 귀무가설을 기각한다. 상호작용 효과가 있다는 결론을 내린다.
- **기각 실패:** P값이 큰 경우(예: 0.05보다 큰 경우), 두 요인 간에 상호작용이 없다는 귀무가설을 기각하지 못한다. 상호작용 효과가 없다는 결론을 내린다.

단계 2: 행/열 효과: 만일 상호작용 효과가 있다고 결론을 내면 이후의 검정은 중단해야 한다. 두 가지 추가 검정을 진행해서는 아니 된다. (요인들 사이에 상호작용이 있는 경우에 다른 요인의 영향을 고려하지 않고 두 요인의 영향을 각각 고려하면 아니 된다.)

만일 상호작용 효과가 없다고 결론을 내리면 다음의 두 가지 가설검정을 진행해야 한다.

행 요인

행 요인의 경우에 다음의 귀무가설을 검정한다: H_0: 행 요인의 효과는 없다(즉, 행의 값들은 같은 평균을 갖는 모집단의 값들이다). 검정통계량 $F = \text{MS(행)}/\text{MS(오차)}$에 해당하는 P값을 찾아보라.

(계속)

결론:

- **기각:** 위의 검정통계량에 해당하는 P값이 작은 경우(예: 0.05 이하), 행 요인에의 영향이 없다는 귀무가설을 기각한다. 행 요인의 영향이 있다는 것을 의미한다.
- **기각 실패:** P값이 큰 경우(예: 0.05보다 큰 경우), 행 요인에의 영향이 없다는 귀무가설을 기각하지 못한다. 행 요인의 영향이 없다는 것을 의미한다.

열 요인

열 요인의 경우에 다음의 귀무가설을 검정한다: H_0: 열 요인의 효과는 없다(즉, 열의 값들은 같은 평균을 갖는 모집단의 값들이다). 검정통계량 $F = \text{MS}(\text{열})/\text{MS}(\text{오차})$에 해당하는 P값을 찾아보라.

결론:

- **기각:** 위의 검정통계량에 해당하는 P값이 작은 경우(예: 0.05 이하), 열 요인에의 영향이 없다는 귀무가설을 기각한다. 열 요인의 영향이 있다는 것을 의미한다.
- **기각 실패:** P값이 큰 경우(예: 0.05보다 큰 경우), 열 요인에의 영향이 없다는 귀무가설을 기각하지 못한다. 열 요인의 영향이 없다는 것을 의미한다.

예제 1 맥박수

표 12-3에 제시된 맥박수 자료를 이용하여(부록 B의 데이터 세트 1 "신체 자료"에서), 연령대에 대한 행 요인과 성별에 대한 열 요인의 상호작용을 검정하라, 유의수준 0.05를 사용하라.

풀이

조건 확인 (1) 각 셀에 대해 표본 값들은 정규 분위수 그림과 같이 대략적인 정규분포를 따르는 것으로 보인다. (2) 셀들의 분산(100.3, 51.7, 103.5, 183.2, 138.5, 293.5)은 매우 다르지만 동일한 분산이 아니더라도 해당 검정은 가능하다. (3) 표본은 단순임의 표본이다. (4) 표본들은 서로 독립적이다. 대상자가 어떤 식으로든 일치 또는 연결되어 있지 않다. (5) 표본 값은 두 가지 요인(연령대와 성별)에 의해 분류된다. (6) 모든 셀은 동일한 수(10)의 표본크기를 가진다. 모든 요구사항이 충족된다. ✓

계산은 상당히 복잡하므로, 통계패키지 등을 사용한다. 표 12-3의 자료에 대한 StatCrunch 이원분산분석 결과가 아래와 같다.

StatCrunch

ANOVA table

Source	DF	SS	MS	F-Stat	P-value
Age	2	526.93333	263.46667	1.8156202	0.1725
Gender	1	1972.2667	1972.2667	13.591424	0.0005
Interaction	2	272.53333	136.26667	0.93905054	0.3973
Error	54	7836	145.11111		
Total	59	10607.733			

1단계: 상호작용 효과: 두 요인 간에 상호작용이 없다는 귀무가설을 검정한다. 표 12-3의 자료에 대한 StatCrunch을 사용하면 앞의 StatCrunch 결과를 얻을 수 있는데, 상호작용에 대한 검정통계량 $F = 0.9391$(반올림됨)임을 알 수 있다. 이 검정통계량 값은

다음과 같이 계산될 수 있다.

$$F = \frac{\text{MS}(\text{상호작용})}{\text{MS}(\text{오차})} = \frac{136.26667}{145.11111} = 0.9391$$

해석: 해당 P값은 StatCrunch 결과에 0.3973으로 표시되어 있는데, 두 요인 간에 상호작용이 없다라는 귀무가설을 기각하지 못한다. 맥박수는 연령대(18~29, 30~49, 50~80)와 성별 간의 상호작용에 의해 영향을 받는 것으로 나타나지 않았다. 상호작용 효과가 없는 것으로 보인다.

2단계: 행/열 효과: 상호작용 효과가 나타나지 않으므로 행 및 열 요인의 영향을 검정한다. 두 가지 가설검정은 다음과 같은 귀무가설을 사용한다.

H_0: 행 요인의 효과는 없다(즉, 행 값들은 동일한 평균을 가진 모집단의 값들이다).

H_0: 열 요인의 효과는 없다(즉, 열 값들은 동일한 평균을 가진 모집단의 값들이다).

행 요인: 행 요인(연령대)의 경우 앞의 StatCrunch 결과를 참조하면, 행 요인에 대한 검정통계량 $F = 1.81856$(반올림됨)으로 확인가능하다. 이 검정통계량은 다음과 같이 계산될 수 있다.

$$F = \frac{\text{MS}(\text{연령대})}{\text{MS}(\text{오차})} = \frac{263.4667}{145.11111} = 1.8156$$

결론: 해당 P값은 StatCrunch 결과에 0.1725로 표시되어 있는데, P값이 유의수준 0.05보다 크기 때문에 연령에 영향이 없다는 귀무가설을 기각하지 못한다. 즉, 맥박수는 연령대에 영향을 받지 않는 것으로 보인다.

열 요인: 열 요인(성별)의 경우 앞의 StatCrunch 결과를 참조하면, 행 요인에 대한 검정통계량 $F = 13.5914$(반올림됨)로 확인가능하다. 이 검정통계량은 다음과 같이 계산될 수 있다.

$$F = \frac{\text{MS}(\text{성별})}{\text{MS}(\text{오차})} = \frac{1972.2667}{145.11111} = 13.5914$$

결론: 해당 P값은 StatCrunch 결과에 0.0005로 표시되어 있는데, P값이 유의수준 0.05보다 작기 때문에 성별에 영향이 없다는 귀무가설을 기각할 수 있다. 즉, 맥박수는 성별에 영향을 받는 것으로 보인다.

해석

표 12-3의 표본자료를 근거로 맥박수는 성별에 영향을 받는 것으로 나타났으며, 연령대와 성별 간의 상호작용 및 연령대의 영향은 없는 것으로 나타났다.

테크 센터

이원분산분석

www.TriolaStats.com에서 기술 지침, 비디오, 데이터 집합을 참조하십시오.

12-2 기본적인 기술 및 개념

통계적 해석 및 비판적 사고

1. **이원분산분석** [예제 1]의 표 12-3에 제시된 맥박수는 30~49세 여성의 맥박수에 대해 조작하여(빨간색으로) 아래에 제시되어 있다. 적절한 분석 방법이 이원분산분석임을 나타내는 자료의 특징은 무엇인가? 즉, 아래 표에 입력된 자료에서 두 가지 요인은 무엇인가?

	여성										남성									
18~29	104	82	80	78	80	84	82	66	70	78	72	64	72	64	64	70	72	64	54	52
30~49	46	54	76	66	78	68	62	52	60	60	80	90	58	74	96	72	58	66	80	92
50~80	94	72	82	86	72	90	64	72	72	100	54	102	52	52	62	82	82	60	52	74

2. **상호작용**

a. 두 요인 사이의 상호작용은 무엇인가?

b. 일반적으로 이원분산분석을 사용할 때, 상호작용 효과가 있다는 것을 발견하면 그것이 이후의 검정 절차에 어떤 영향을 미치는가?

c. 아래는 연습문제 1의 자료로 구성한 상호작용 그래프다. 그래프는 무엇을 보여주는가?

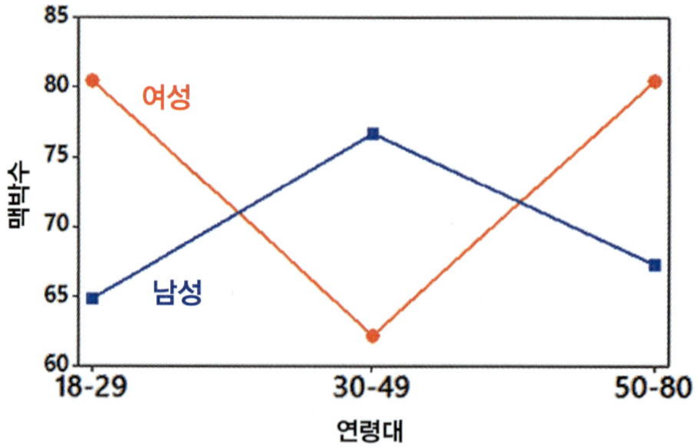

3. **맥박수** 연습문제 1에 주어진 자료를 이용하여 이원분산분석 수행하면 다음과 같은 결과를 얻을 수 있다. 어떤 결론을 내릴 수 있는가?

Statdisk

Source:	DF:	SS:	MS:	Test Stat, F:	Critical F:	P-Value:
Interaction:	2	2779.2	1389.6	9.58	3.1682	0.0003
Row Variable:	2	206.9333	103.4667	0.7130	3.1682	0.4947
Column Variable:	1	345.6	345.6	2.3816	4.0195	0.1286

4. 신장 데이터 세트 1 "신체 자료"에서 가져온 다음 표의 신장(㎝)은 아래에 제시된 것과 같은 이원분산분석 결과를 도출한다. 제시된 결과를 사용하고 유의수준을 0.05를 사용하라. 어떤 결론을 내릴 수 있는가?

	여성	남성
18~29	161.2 170.2 162.9 155.5 168.0 153.3 152.0 154.9 157.4 159.5	172.8 178.7 183.1 175.9 161.8 177.5 170.5 180.1 178.6 178.5
30~49	169.1 170.6 171.1 159.6 169.8 169.5 156.5 164.0 164.8 155.6	170.1 165.4 178.5 168.5 180.3 178.2 174.4 174.6 162.8 174.4
50~80	146.7 160.9 163.3 176.1 163.1 151.6 164.7 153.3 160.3 134.5	181.9 166.6 171.7 170.0 169.1 182.9 176.3 166.7 166.3 160.5

XLSTAT

Source	DF	Sum of squares	Mean squares	F	Pr > F
Age	2	222.0610	111.0305	2.0403	0.1399
Gender (1=M)	1	2365.0482	2365.0482	43.4607	< 0.0001
Age*Gender (1=M)	2	195.5803	97.7902	1.7970	0.1756

5. 자부심 측정 아래 표에는 Vassar 대학의 Jannay Morrow가 감독하는 학생 프로젝트에서 얻은 자부심의 측정치가 나열되어 있다(Richard Lowry의 자료에 근거함). 이 프로젝트의 목적은 대상자에 대한 자부심의 수준이 글로 묘사된 다른 대상자들의 자부심에 대한 그들의 인식과 어떻게 연관되는지를 연구하는 것이었다. 자부심 수준은 Coopersmith Self-Esteem 인벤토리를 사용하여 측정되었는데, 여기서의 검사는 자료가 순서형 측정 수준이지만 해당 검정은 적절히 수행될 수 있다. 유의수준 0.05를 사용하여 이원분산분석을 적용하라. 어떤 결론을 내릴 수 있는가?

		대상자의 자부심		
		낮음	중간	높음
타킷의 자부심	낮음	4 4 3 5 4 4 5 4 2 4 4 2	3 3 3 4 4 2 4 4 1 2 2 3	3 1 3 3 3 5 3 2 3 3 3 3
	높음	2 2 4 2 2 3 2 4 2 2 2 3	4 3 1 2 1 3 2 4 3 1 1 4	3 2 3 2 3 4 3 4 4 3 3 4

12-2 기초를 넘어서

6. 자료의 변환 [예제 1]은 표 12-3 표본자료를 분석하기 위한 이원분산분석하는 방법을 보여준다. 다음과 같은 각각의 경우에 결과는 어떻게 영향을 받는가?

a. 동일한 상수가 각 표본 값에 더해진다.

b. 각 표본 값에는 동일한 0이 아닌 상수가 곱해진다.

c. 표의 형식은 행 및 열 요인이 상호 교환될 수 있도록 전치된다.

d. 첫 번째 셀의 첫 번째 표본 값이 바뀌어 이상치로 처리된다.

장별 퀴즈

1. **분산분석** 다음 3개 다른 시대의 이집트 남성 두개골의 폭에 대한 자료가 있다. 유의수준 0.05와 함께 분산분석을 사용하여 서로 다른 시대들이 모두 같지 않은 두개골의 폭을 가지고 있다는 주장을 검정할 계획이라고 가정하자. XLSTAT의 결과는 다음 쪽에 표시되어 있다. 자료의 어떤 특성이 일원분산분석이 필요함을 나타내는가?

400 B.C.	131	138	125	129	132	135	132	134	138
1850 B.C.	129	134	136	137	137	129	136	138	134
150 A.D.	128	138	136	139	141	142	137	145	137

Source	DF	Sum of squares	Mean squares	F	Pr > F
Model	2	138.7407	69.3704	4.0497	0.0305
Error	24	411.1111	17.1296		
Corrected Total	26	549.8519			

2. **검정통계량** 연습문제 1에 제시된 결과에서 검정통계량의 값을 제시하라. 일반적으로 큰 검정통계량 값은 큰 *P*값 또는 작은 *P*값을 도출하는가? 아니면 *P*값과 관련이 없는가?

3. **검정의 형태** 연습문제 1에서 설명한 가설검정은 왼쪽 꼬리 검정, 오른쪽 꼬리 검정, 또는 양측검정인가? 모든 일원분산분석은 왼쪽 꼬리 검정, 오른쪽 꼬리 검정, 또는 양측검정인가?

4. **일원분산분석과 이원분산분석** 일원분산분석과 이원분산분석의 근본적인 차이점은 무엇인가?

자동차 충돌에서의 머리 부상 연습문제 5에서는 차량 충돌 시험에서 인체모형의 머리 부상 측정값과 해당 자료 분석결과의 통계패키지 등의 결과 값을 사용하라. 측정은 HIC(머리 부상 기준) 단위로 한다.

	자동차 크기		
	소형	중형	대형
외제차	290	245	342
	544	502	698
	501	393	332
국산차	406	474	216
	371	368	335
	376	349	169

Minitab

```
Source       DF   Adj SS   Adj MS  F-Value  P-Value
  Type        1    34060    34060     2.25    0.159
  Size        2    13255     6627     0.44    0.655
  Type*Size   2    42744    21372     1.41    0.281
Error        12   181603    15134
Total        17   271663
```

5. 자동차 종류에 의한 영향 머리 부상 측정값은 자동차 종류(외제차, 국산차)와 자동차 크기(소형, 중형, 대형)의 상호작용에 의해 영향을 받지 않는다고 가정하자. 자동차의 종류가 머리 부상 측정값에 영향을 미친다는 주장을 뒷받침할 충분한 증거가 있는가?

복습문제

1. 기준 특성들 여러 치료군들을 가지는 실험 및 임상실험들은 일반적으로 여러 치료군들의 특성들에 관한 정보를 구성하는 “기준 특성들”을 포함한다. 4개의 체중 감량 프로그램을 대상으로 수행한 연구에서 각각의 프로그램은 40명의 대상자를 가지고 있다. 각 집단의 연령별 평균과 표준편차는 다음과 같다: Atkins ($\bar{x}=47$년, $s=12$년), Zone($\bar{x}=51$년, $s=9$년), Weight Watchers ($\bar{x}=49$년, $s=10$년), Ornish($\bar{x}=49$년, $s=12$년)와 같다. 이 통계량들은 0.41의 P값과 함께 제시되어 있다. “Comparison of the Atkins, Ornish, Weight Watchers, and Zone Diets for Weight Loss and Heart Disease Risk Reduction, by Dansinger et al., *Journal of the American Medical Association*, Vol. 293, No. 1.”의 결과에서 나온 것이다.

a. 대상자의 연령으로 구성된 표본자료를 분류하는 데 얼마나 많은 변수가 사용되었는가?

b. P값 0.41을 찾는데 사용되는 구체적인 방법은 무엇인가?

c. P값 0.41은 연령의 기준 특성에 대해 무엇을 말해 주는가?

d. 작은 P값(예: 0.001)은 나이에 대해 무엇을 나타내며, 그것이 연구 결과에 어떤 영향을 미치는가?

2. 차량 충돌 실험 차량 충돌 실험을 실시할 때 왼쪽 대퇴골과 오른쪽 대퇴골의 충돌 실험 하중(파운드)으로 구성된 자료를 수집했다. 이러한 하중을 소형, 중형, 대형의 세 가지 자동차 사이즈 범주로 분할했을 때, 이원분산분석에 대한 XLSTAT의 결과는 아래와 같다. (행 요인의 대퇴골은 좌측 대퇴골과 우측 대퇴골의 두 가지 값을 가지며, 열 요인은 자동차 사이즈로서 소형, 중형, 대형의 세 가지 값을 가진다.) 이원분산분석을 적용하기 위해서 유의수준 0.05를 사용하라. 어떤 결론을 내릴 수 있는가?

Source	DF	Sum of squares	Mean squares	F	Pr > F
Femur	1	166068.5952	166068.5952	1.3896	0.2462
Size	2	532911.8571	266455.9286	2.2296	0.1222
Femur*Size	2	410435.7619	205217.8810	1.7171	0.1940

누적 복습문제

연습문제 1~3에서는 미국 대통령, 교황, 영국 군주들이 각각 취임, 선출 또는 대관식 후에 살았던 연수의 다음 목록을 참조하라(이 글을 기준으로 마지막 대통령은 제럴드 포드, 마지막 교황은 요한 바오로 2세, 마지막 영국 국왕은 조지 6세). 자료가 더 큰 모집단에서 임의로 선택되었다고 가정하라.

대통령	10	29	26	28	15	23	17	25	0	20	4	1	24	16	12
	4	10	17	16	0	7	24	12	4	18	21	11	2	9	36
	12	28	3	16	9	25	23	32							
교황	2	9	21	3	6	10	18	11	6	25	23	6	2	15	32
	25	11	8	17	19	5	15	0	26						
영국 군주	17	6	13	12	13	33	59	10	7	63	9	25	36	15	

1. 기술 통계 모든 대답에 적절한 단위를 포함하여 답하라.

a. 세 집단 각각에 대한 평균을 산출하라

b. 세 집단 각각에 대한 표준편차를 산출하라.

c. 세 집단 각각에 대한 분산을 산출하라

d. 자료의 측정 수준(명목, 순서, 구간, 비율)은 무엇인가?

2. 정규성 평가 대통령의 수명을 이용하여 표본이 정규분포에서 추출된 것인지의 여부를 결정하라. 표본이 정규분포를 따르는 것 같거나 또는 그렇지 않은 이유를 설명하라.

3. 분산분석 아래 표시된 결과는 세 표본에 대한 일원분산분석을 사용하여 얻은 것이다.

a. 귀무가설은 무엇인가?

b. 유의수준 0.05를 가정하면, 표시된 결과에 의해 어떤 결론을 내릴 수 있는가?

Minitab

```
Source  DF     SS   MS     F      P
Factor   2    839  419  3.11  0.051
Error   73   9843  135
Total   75  10682
```

4. 혈소판: 정규분포 성인 여성의 혈소판(모든 단위는 1000 cells/μL) 수는 평균 280, 표준편차 65인 정규분포를 따른다고 가정하라.

a. 임의 선택된 성인 여성의 혈소판 개수가 345개보다 클 확률을 찾아라.

b. 임의 선택된 성인 여성이 215와 345 사이의 혈소판 숫자를 가질 확률을 찾아라.

c. 25명의 성인 여성이 임의 선택된다면, 혈소판의 평균이 319보다 작을 확률을 찾아라.

d. 80번째 백분위수 P_{80}의 값을 찾아라.

5. 푸른 유전자 일부 부부는 유전적 특성이 있어 그들 자손의 4분의 1이 푸른 눈을 갖게 된다. 이 같은 특성을 가진 것으로 추정되는 100쌍을 대상으로 한 연구결과, 그들의 100명 자녀 중에서 19명이 파란 눈을 가진 것으로 나타났다. 전체 아동의 4분의 1이 푸른 눈을 가졌다고 가정하면, 100명 자녀 중에서 19명 이하가 푸른 눈을 가졌을 확률을 추정하라. 그 확률을 기초로 할 경우에 1/4 확률은 잘못된 것으로 보이는가? 왜 그런가? 혹은 왜 그렇지 않은가?

기술 프로젝트

연령에 따른 체중 변화가 있는가? 부록 B의 데이터 세트 1 "신체 자료"를 참조하여, 18~25, 26~40 및 41~80의 세 가지 연령대로 구분된 남성의 체중을 사용하라. 이 장의 방법을 사용하여 세 연령대의 남성이 동일한 평균 체중을 갖는다는 주장을 검증하라.

정렬 이 프로젝트의 한 가지 과제는 3개 연령대 남성의 체중을 확인하는 것이다. 먼저, 통계 패키지 등에서 제공하는 정렬(*sorting*) 기능을 사용하여 *Gender*를 정렬 기준으로 모든 열을 정렬하라. 여성을 나타내는 모든 행을 삭제할 수 있다. 그런 다음 정렬 기준으로 Age를 정렬 기준으로 모든 열을 정렬하라. 여러 연령대의 체중을 확인하는 것이 훨씬 쉬울 것이다.

자료로부터의 결정

비판적 사고: Lipitor이 LDL 콜레스테롤을 낮추는 데 효과적인가?

해마다 130억 달러를 초과하는 Lipitor의 판매는 지금까지 가장 많이 판매된 약품이다. 저자 중 한 명은 Pfizer에게 Lipitor의 임상약품실험의 원본자료를 요구했지만 자료 제공을 거부했다. 제시된 자료는 임상실험에서 의료팀 리더인 David G. Orloff으로부터 Parke-Davis 메모에 제공된 결과를 기반으로 한 것이다. 자료는 atorvastatin을 지칭하고, Lipitor은 atorvastatin의 상표명이다. 저밀도지질(LDL) 콜레스테롤은 나쁜 콜레스테롤로 간주되므로 LDL 콜레스테롤이 낮아지면 일반적으로 대상자의 상태가 개선된다. 표에 나와 있는 LDL 콜레스테롤의 변화는 mg/dL로 측정된다. 기준치와 비교했을 때, 다음 자료에서 음의 값은 LDL 콜레스테롤이 낮아졌음을 나타낸다.

결과 분석

자료를 분석하라. Atorvastatin 치료가 효과적인 것으로 보이는가? Atorvastatin 치료가 효과적이라면 원하는 효과인가? 다량의 atorvastatin 치료가 더 많은 유익한 효과를 나타내는 것으로 보이는가? 분석 결과를 요약한 간략한 보고서를 작성하되 특정 통계적 검정 및 결과를 포함하라.

LDL 콜레스테롤의 기준치로부터의 변화(음의 값은 감소를 나타냄)

위약 집단:

−3 5 6 −2 −7 8 5 −6 −1 7 −4 3

아토르바스타틴 10 mg으로 치료된 집단:

−28 −27 −23 −25 −27 −29 −22 −22 −26 −23 −23
−22 −24 −21 −25 −26 −23 −24 −23 −22 −22 −20 −29
−29 −27 −24 −28 −26 −22 −26 −23 −26 −25 −29 −27
−27 −23

아토르바스타틴 20 mg으로 치료된 집단:

−28 −32 −29 −39 −31 −35 −25 −36 −35 −26 −29
−34 −30

아토르바스타틴 80 mg으로 치료된 집단:

−42 −41 −38 −42 −41 −41 −40 −44 −32 −37 −41
−37 −64 −31

그룹 활동

1. 수업 외 활동 Flesch Reading Ease 점수 및 Flesch-Kincaid Grade Level 점수는 문자 가독성을 측정한다. Microsoft Word와 같은 일부 프로그램에는 가독성 점수를 자동으로 얻을 수 있는 기능이 포함되어 있다. 3명 또는 4명의 학생 집단으로 구분하라. *Journal of American Medical Association*, *American Journal of Nursing* 및 *American Journal of Public Health*에서 작성한 표본들을 사용하여, 각 저널 출처로부터 텍스트 10개 표본에 대한 가독성 점수를 획득하라. 이 장

의 방법을 사용하여 차이점이 있는지 확인하라.

2. 수업 외 활동 Biographyonline.net에는 주목할 만한 예술가, 정치인, 과학자, 배우 등의 삶에 대한 정보가 포함되어 있다. 선별된 집단의 표본을 선택하는 것으로 시작하는 관측연구를 설계 및 수행하고, 여러 집단의 사람들 수명을 비교하라. 특정 집단이 다른 집단의 수명과 다른 것으로 나타나는가? 그런 차이점을 설명할 수 있는가?

13 비모수적 검정
Nonparametric Tests

이 장의 문제

간접흡연의 영향

부록 B의 데이터 세트14는 다른 3개 집단의 대상자에게서 측정된 코티닌 수준(mg/ml)을 포함하고 있다: (1) 흡연자, (2) 담배 연기에 노출된 비흡연자, 그리고 (3) 담배 연기에 노출되지 않은 비흡연자. 코티닌은 니코틴의 대사산물로서 니코틴이 신체에 흡수되면 코티닌이 생성된다. 3개 집단의 코티닌 수준은 다르다는 것을 검정하고자 한다. 해당 검정에서는 12-1절에 제시된 일원분산분석 방법이 잘 적용될 것으로 보인다. 그러나 분산분석 요구사항을 체크해보면 3개의 표본은 분포가 대략적인 정규분포의 모집단에 속해야 한다. 아래에 제시된 정규 분위수 그림은 3번째 집단인 담배에 노출되지 않은 비흡연자에게서 측정한 코티닌 수치의 표본에 근거한 것이다. 분산분석을 위한 정규성 요구사항은 확실한 정규분포를 요구하지는 않지만, 정규 분위수 그림은 정규성과의 매우 큰 차이를 나타내기 때문에 해당 요구사항을 충족하지 않는 것처럼 보인다.

이 장에서는 정규성 또는 특정 분포의 가정이 필요 없는 "비모수적" 또는 "분포에 무관한" 통계적 방법을 제시한다. 이 장에서는 3가지 표본이 정규분포가 아닌 모집단에서 추출된 것처럼 보이지만, 3개 집단의 코티닌 수준을 비교할 수 있는 방법을 제시한다. 비모수적인 방법은 분포에 대한 요구사항을 갖는 모수적인 방법으로는 수행될 수 없는 분석들에 대한 하나의 도구라고 할 수 있다.

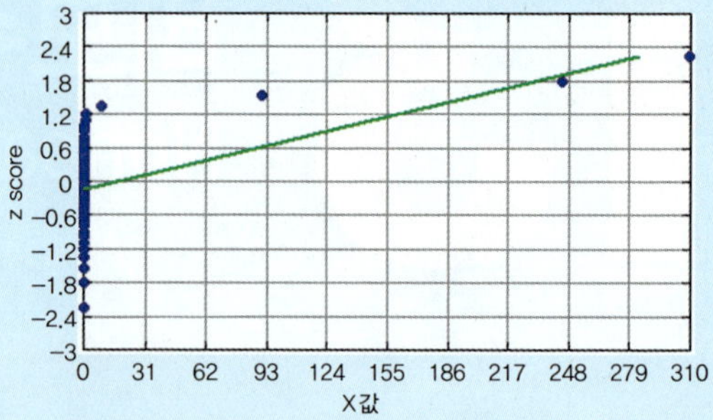

이 장의 목표

13장의 주요 목표는 다음과 같다.

13-1 비모수적 검정의 기본사항

- 모수적 검정과 비모수적 검정의 차이점을 설명하는 능력을 개발한다.
- 비모수적 검정의 장점과 단점을 확인한다.
- 비모수적 검정이 관련되는 모수적인 검정보다 어떻게 비효율적인지를 확인한다.
- 자료를 순위(*rank*)로 변환하는 능력을 개발한다.

13-2 부호검정

- 대응짝으로 구성된 표본자료를 포함하는 주장, 명목자료를 포함하는 주장, 또는 모집단의 중앙값에 대한 주장과 관련된 검정을 수행할 수 있는 능력을 개발한다.

13-3 대응짝에 대한 윌콕슨 부호순위검정

- 대응짝으로 구성된 표본자료에 대해 윌콕슨 부호순위검정을 적용할 수 있는 능력을 개발한다.

13-4 독립 이표본의 윌콕슨 순위합검정

- 2개의 독립 표본자료에 대해 윌콕슨 순위합검정을 적용할 수 있는 능력을 개발한다.

13-5 세 표본 또는 그 이상의 표본들을 위한 크루스칼-왈리스 검정

- 3개 이상 독립 표본자료에 대해 크루스칼-왈리스 검정에 적용할 수 있는 능력을 개발한다.

13-6 순위상관

- 순위상관(r_s)의 값을 계산하는 능력을 개발하고, 두 변수 사이에 상관계수가 있는지 여부를 결정하는 데 사용한다.

13-1 비모수적 검정의 기본사항

13장에서는 **비모수적**(*nonparametric*) 검정방법을 소개한다. 비모수적 검정은 μ 또는 σ와 같은 특정 모수들을 가진 모집단의 표본에 기초하는 모수적인(parametric) 검정 방법에서의 엄격한 요건들을 필요로 하지 않는다.

> **정의**
>
> **모수적 검정(parametric test)**은 모집단과 관련된 분포에 관한 요구사항들을 가지고 있다. **비모수적**(또는 **분포에 무관한**) **검정(nonparametric test)**은 표본이 정규분포 또는 다른 특정 분포를 가진 모집단에서 추출되었다는 것을 요구하지 않는다.

잘못된 용어 분포에 무관한 검정(*distribution-free test*)이라는 용어는 해당 검정이 특정한 분포를 가정하지 않는다는 것을 의미한다. **비모수적 검정**(*non-parametric test*)이라는 용어는 검정이 모집단의 모수에 기초하지 않는다는 의미로 잘못 이해되는 경우가 있는데, 중앙값과 같은 모수에 기초하는 일부 비모수적인 검정이 있다. **비모수적 검정**이라는 용어가 널리 사용되고 있기 때문에 해당 용어를 그대로 사용하지만, 실질적 의미로는 특정 분포를 필요로 하지 않는 검정이라고 정의해야 한다.

장점과 단점

비모수적 검정의 장점

1. 비모수적 검정은 모수적 검정에 비해 엄격한 요구사항이 적기 때문에 보다 다양한 상황에 적용할 수 있다.
2. 비모수적 검정은 모수적 검정보다 더 많은 자료 유형에 적용될 수 있다. 예를 들어 비모수적 검정은 순위로 구성된 자료에 사용될 수 있으며, 조사 응답자의 성별과 같은 범주형자료와 함께 사용될 수 있다.

비모수적 검정의 단점

1. 비모수적 검정은 정확한 수치 자료가 질적(qualitative) 형태로 축소되는 경우가 많기 때문에 정보를 낭비하는 경향이 있다. 예를 들어 비모수 부호검정(13-2절)을 사용하면, 다이어트에 의한 체중 감량을 단순히 음(negative)의 표시로 기록하고 실제 체중 감량의 규모는 무시된다.
2. 비모수적 검정은 모수적 검정만큼 **효율적**(*efficient*)이지 않으므로, 비모수적 검정은 일반적으로 귀무가설을 기각하기 위해서 보다 강력한 근거(예: 더 큰 표본 또는 더 큰 차이)를 필요로 한다.

비모수적 검정의 효율성 모집단 분포의 요구사항이 충족되는 경우에 비모수적 검정은 일반적으로 해당 모수적 검정보다 효율적이지 않다. 예를 들어 13-6절은 10-1절의 선형 상관계수와 비교했을 때 0.91의 효율 등급을 갖는 순위상관 개념을 설명한다. 이것은 다른 모든 것들이 동일할 때, 13-6절의 비모수적 상관계수 분석 방법은 10-1절의 모수적인 선형 상관계수 분석을 통해 분석된 91개의 표본 관찰과 동일한 결과를 획득하기 위해 100개의 표본 관찰을 필요로 한다는 것을 의미한다. 표 13-1은 모수적 검정 및 **효율(efficiency)** 등급과 함께 관련된 비모수적 검정을 나열한 것이다. 표 13-1은 몇 가지 비모수적 검정의 효율이 0.90 이상임을 보여주고 있는데, 이는 모수적 검정과 비모수적 검정 중에서 어느 하나를 선택하는 것이 그렇게 효율성이 떨어지지 않는다는 것을 보여준다. 그러나 모수적 검정은 비모수적 검정보다 높은 효율 등급을 가지므로, 필요한 요구사항들의 가정이 충족될 때 모수적 검정을 사용하는 것이 일반적이다.

표 13-1 효율성: 모수적 검정과 비모수적 검정의 비교

적용 대상	모수적 검정	비모수적 검정	정규 모집단에 대한 비모수적 검정의 효율성
대응짝에 대한 표본	*t* 검정	부호검정 또는 윌콕슨 부호순위 검정	0.63 0.95
2개의 독립표본	*t* 검정	윌콕슨 순위합검정	0.95
3개 이상의 독립 표본	분산분석(*F* 검정)	크루스칼-왈리스 검정	0.95
상관계수	선형 상관계수	순위상관 검정	0.91

순위

13-2절에서 13-6절은 다음과 같이 정의된 순위에 기반하는 방법을 사용한다.

정의

자료는 가장 작거나, 가장 크거나, 또는 최악의 경우이거나 등 일부 기준에 따라 정렬될 수 있다. **순위(rank)**는 정렬된 순서에 따라 개별 표본 항목에 할당된 번호이다. 첫 번째 표본 항목을 1의 순위로 하고 두 번째 표본 항목을 2의 순위 등으로 할당할 수 있다.

순위에서의 동점 처리 순위를 매기는 과정에서 동점이 발생할 경우에 가장 일반적인 절차 중 하나는 동점의 평균을 구한 다음에 해당 평균 순위를 다음 예제와 같이 각각의 동점 표본 항목에 할당하는 것이다.

예제 1 순위에서의 동점 처리

숫자 4, 5, 5, 5, 10, 11, 12 및 12에는 각각 1, 3, 3, 5, 6, 7.5 및 7.5의 순위가 지정된다. 아래 표는 동점을 처리하는 절차를 보여준다.

정렬된 자료	예비 순위	순위
4	1	**1**
5 5 5	2 3 평균은 3. 4	**3** **3** **3**
10	5	**5**
11	6	**6**
12 12	7 평균은 7.5. 8	**7.5** **7.5**

13-2 부호검정

핵심 개념

이 절에서는 자료 값을 양수(positive) 또는 음수(negative) 부호(sign)로 변환한 후에 두 부호 중에서 어느 것이 다른 부호보다 훨씬 자주 발생하는지 여부를 판별하는 검정을 소개한다.

정의

부호검정(sign test)은 양수 및 음수 부호를 사용하여 다음과 같은 다양한 주장을 검정하는 비모수(분포에 무관한) 검정이다.

1. 대응짝으로 구성된 표본자료를 포함하는 주장
2. 2개의 범주로 구분된 명목자료를 포함하는 주장
3. 단일 모집단의 중앙값 관련한 주장

부호검정의 기본 개념 부호검정의 기본 아이디어는 양수와 음수 부호의 빈도를 분석하여 부호의 발생 빈도가 크게 다른지 여부를 판별하는 것이다. 예를 들어, 성별 선택 관련한 MicroSort 방법의 임상실험 결과를 고려해보자. 여아를 낳기 위해 XSORT 방법을 사용한 726쌍 부부 중에서 668쌍의 부부는 여아를 출생시켰다. 726명의 출생자 중 668명의 여아가 유의한 값인가? 상식적으로 726명의 출생자 중 668명의 여아는 유의하다. 그러면 726명의 출생자 중에서 365명의 여아는 어떠한가? 또는 726명의 출생자 중에서 400명의 여아는 어떠한가? 부호검정을 통해 그러한 결과가 유의한지 여부를 판별할 수 있다. 그림 13-1은 부호검정의 절차를 요약한 것이다.

일관성과 단순성을 위해서 덜 빈번한(*less frequent*) 부호가 발생하는 횟수에 기초하여 검정통계량을 사용할 것이다.

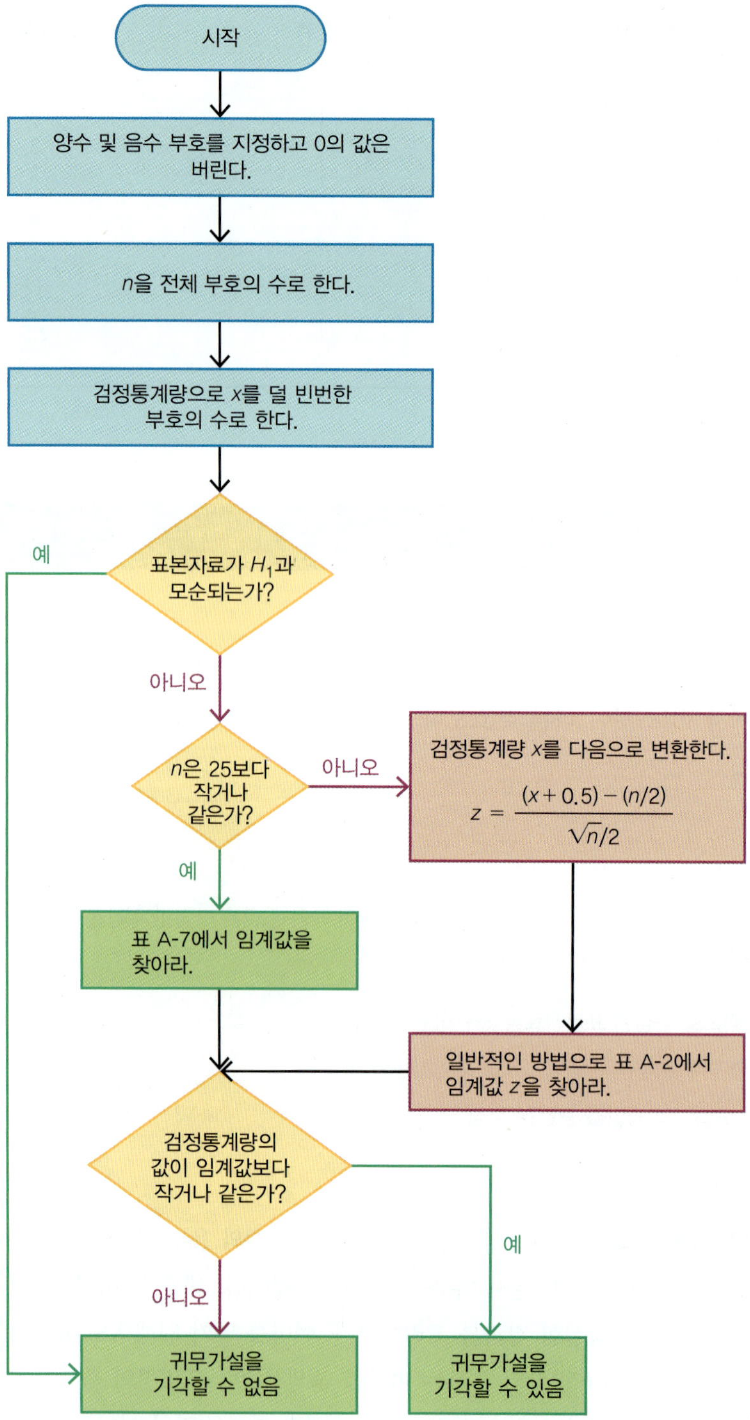

그림 13-1 부호검정의 절차

핵심요소

부호검정

목표

다음 3가지 범주 중 어느 하나에 해당하는 주장을 검정하려면 양수 및 음수 부호를 사용한다.

1. 대응짝

- 짝을 이룬 자료의 첫 번째 값에서 두 번째 값을 뺀 다음에 차이의 부호를 기록하고 0은 무시한다.

2. 두 범주에 대한 명목자료

- 한 범주의 각 구성원을 양의 기호로 나타내고, 다른 범주의 각 구성원을 음의 기호로 나타낸다.

3. 단일 모집단에 대한 중앙값

- 각 표본 값에서 중앙값을 뺀 다음에 차이의 부호를 기록하고 0은 무시한다.

표기

x = 덜 빈번한 부호가 일어나는 횟수

n = 결합된 양수 및 음수 부호의 총수

요구사항

표본자료는 단순임의표본이다.

참고: 정규분포 등과 같이 특정 분포를 가진 모집단에서 표본자료가 추출되었다고 가정할 필요는 없다.

검정통계량

만일 $n \le 25$이면 x는 덜 빈번한 부호의 횟수가 된다.

만일 $n > 25$이면 검정통계량은 $z = \dfrac{(x+0.5)-\left(\dfrac{n}{2}\right)}{\dfrac{\sqrt{n}}{2}}$ 가 된다.

P값

P값은 통계패키지 등에서 제공되며, 또는 z 검정통계량에 기반하여 산출할 수도 있다.

임계값

1. 만일 $n \le 25$이면 x는 표 A-7에서 찾을 수 있다.
2. 만일 $n > 25$이면, z는 표 A-2에서 찾을 수 있다.

힌트: z는 덜 빈번한 부호에 기초하기 때문에 단방향 검정은 마치 왼쪽 꼬리 검정과 같이 처리된다.

주의 단방향 검정으로 부호검정을 수행 시 한쪽 부호가 다른 부호에 비해 상당히 자주 또는 현저히 적게 발생하지만 표본자료가 대립가설과 모순되는 경우에 잘못된 결론을 내리지 않도록 매우 주의해야 한다. [예제 1]에서와 같이 7% 남아의 표본은 남아가 태어날 확률이 50% 이상이라는 주장을 뒷받침하는 데 결코 사용될 수 없다.

예제 1 대립가설과 모순되는 자료

성별 선택 관련한 XSORT의 방법을 사용한 945쌍의 부부는 66명의 남아를 출생시켰다. 그래서 남아의 표본비율은 66/945 또는 0.0698이다(Genetics & IVF 연구소 자료 기준). XSORT의 성별 선택 방법은 남아의 출생 가능성을 증가시켜, 남아의 확률은 $p > 0.5$이라는 주장을 고려해보자. 이러한 $p > 0.5$의 주장은 대립가설이 된다.

상식적인 측면에서 0.0698의 남아 표본비율로는 $p > 0.5$라는 주장을 결코 지지할 수 없다는 것을 알 수 있다. (유의한 정도가 되기 위해서는 기본적으로 0.5 이상의 남아 표본비율이 필요.) 여기서 66/945, 즉 0.0698의 표본비율은 0.5보다 크지 않기 때문에 대립가설과 모순된다.

해석

대립가설은 그것과 모순되는 자료로는 결코 뒷받침될 수 없다. 부호검정에서 945명의 출생아 중에서 66명의 남아 출산은 유의미한 값이지만, 잘못된 방향의 유의미성을 가진다. 결코 $p > 0.5$의 표본비율이 66/945, 즉 0.0698로 0.5보다 낮다는 주장을 결코 지지할 수 없다.

대응짝에 대한 주장

대응짝으로 구성된 자료에 부호검정을 수행하는 경우에는 원시자료를 다음과 같이 양수 및 음수의 부호로 변환한다.

1. 각각의 짝에 대해 첫 번째 값에서 일치하는 두 번째 값을 뺀다.
2. 1단계에서 찾은 차이의 부호만 기록한다. 두 값(첫 번째 값과 두 번째 값)이 모두 동일한 대응짝은 삭제하여 동점을 제외한다.

부호검정을 수행하는데 있어 기본이 되는 주요 개념은 다음과 같다.

만일 두 데이터 세트가 동일한 중앙값을 가진 경우에 양수의 부호 수(the number of positive sign)는 음수의 부호 수(the number of negative sign)와 거의 같아야 한다.

예제 2 신입생의 체중 증가

표 13-2는 부록 B의 데이터 세트 10에 제시된 체중의 일부이다. 이 체중은 신입 대학생으로부터 9월과 그 다음해의 4월에 측정되었다. 표 13-2의 표본자료를 사용해 9월 체중과 4월 체중 사이에 차이가 없다는 주장을 검정하라. 유의수준 0.05를 사용하여 부호검정을 수행하라.

표 13-2 신입생의 체중(kg) 측정

9월 체중	67	53	64	74	67	70	55	74	62	57
4월 체중	66	52	68	77	67	71	60	82	65	58
차이의 부호	+	+	−	−	0	−	−	−	−	−

풀이

조건 확인 부호검정의 유일한 요구사항은 표본자료가 단순임의표본이라는 것이다. 선택된 학생들은 단순한 임의표본이 아니라 모든 대상자들이 자발적으로 연구에 참여했기 때문에 해당 요구사항을 만족하지는 않는다. 이러한 제한사항이 연구결과를 기술하는 저널에 인용되어 있다. 여기에서는 단순임의표본이라는 요구사항이 충족된 것으로 간주하고 진행한다. ✓

만일 4월 체중과 9월 체중 사이에 차이가 없는 경우에 양 및 음의 부호 개수는 거의 같아야 한다. 표 13-2에는 7개의 음의 부호가 있고, 2개의 양의 부호가 있으며, 1개는 0의 차이가 있다. 부호검정은 양의 부호 개수와 음의 부호 개수가 대략적으로 같은지 여부를 알려준다.

귀무가설은 4월 체중과 9월 체중에 차이가 없다는 주장이고, 대립가설은 차이가 있다는 주장이다.

H_0: 차이가 없다(차이의 중앙값은 0과 같다).

H_1: 차이가 있다(차이의 중앙값이 0과 같지 않다).

그림 13-1에 요약된 부호검정의 절차에 따라, $n=9$(부호의 전체 총수) 및 $x=2$(덜 빈번한 부호의 개수, 2와 7 중에서 더 작은 수)로 할당할 수 있다.

표본자료는 H_1과 모순되지 않는다. 왜냐하면 2개의 양의 부호 수와 7개의 음의 부호 수 사이에는 차이가 있기 때문이다. 표본자료는 차이를 나타내며, 그 차이가 유의미한지 여부를 결정하기 위해 검정한다.

검정통계량 $n \le 25$이므로 검정통계량 값 $x=2$이다. 여기에서는 x를 z의 값으로 변환하지 않는다.

임계값 그림 13-1은 $n=9$인 경우에 표 A-7에서 임계값을 찾는 작업을 진행해야 한다는 것을 보여주고 있다. 표 A-7을 참조하면, $n=9$ 및 유의수준 0.05인 경우에 양측검정으로 1의 임계값을 확인할 수 있다.

결론 $x=2$의 검정통계량과 1의 임계값으로, "차이가 없다"라는 귀무가설을 기각하지 못한다. (표 A-7에 포함된 참고 2를 보면, "덜 빈번한 빈도의 부호의 x가 표의 값보다 작거나 같으면 귀무가설을 기각"을 하는데 $x=2$가 1의 임계값보다 크거나 같지 않기 때문에 귀무가설을 기각하지 못함.) 차이의 중앙값이 0과 같다는 주장에 대해 기각할 만한 충분한 증거가 없다.

해석

9월과 4월의 체중은 거의 같은 것으로 보인다고 결론짓는다. [만일 대응짝에 대해 모

(계속)

수적 검정인 t 검정(9-3절)을 사용하면 평균 차이가 0이 아니므로, 9월의 체중과 4월의 체중이 다른 것으로 보인다고 결론내린다.]

결론은 해당 연구에서 명시된 제한사항을 고려하여 제시되어야 한다. 단지 Rutger의 학생들만 분석에 사용되었고, 해당 대상자는 단순임의표본이 아니라 자발적인 대상자로 구성되어 있다는 것이다.

두 범주의 명목자료를 포함하는 주장

1장에서 명목자료를 이름, 라벨 또는 범주로만 구성된 자료로 정의했다. 명목자료는 산술적인 계산이 불가능하지만, 특정 범주에 속하는 표본자료의 비율을 파악할 수 있으며, 해당 모집단 비율 p에 대한 주장을 검정할 수 있다. 다음 예제는 성별(여자/남자)로 구성된 명목자료를 사용한다. 부호검정은 양(+)의 부호로 여자 및 음(−)의 부호로 남자를 표현한 것을 사용한다(여기에서 이들 부호는 임의로 정한 것이다).

예제 3 성별 선택

Genetics & IVF 연구소는 아기들을 위한 성별 선택 방법에 대한 임상실험을 실시했다. 임상실험이 마무리되기 전에, XSORT 방식의 성별 선택 방법을 이용해 부모가 낳은 945명의 아기 중에서 879명이 여아였다. 부호검정 및 유의수준 0.05를 사용하여, 이러한 성별 선택 방법이 여아의 가능성을 증가시키는 데 효과적이라는 주장을 검정하라.

풀이

조건 확인 유일한 요구사항은 표본이 단순임의표본이라는 것이다. 실험설계에 근거해 표본자료가 단순임의표본이라고 가정할 수 있다. ✓

확률 p는 여아에 대한 모집단 비율이라고 하자. 여아들이 XSORT 방법을 사용하여 더 출생할 가능성이 더 높다는 주장은 $p > 0.5$로 표현할 수 있으므로, 귀무가설 및 대립가설은 다음과 같이 작성될 수 있다.

H_0: $p = 0.5$ (여아의 비율이 0.5와 같다).

H_1: $p > 0.5$ (여아의 출생 가능성이 더 높다).

여아의 출생에 대해서 양(+)의 부호 및 남아의 출생에 대해서 음(−)의 부호를 할당하는 것으로, 879개의 양의 부호와 66개의 음의 부호를 확인할 수 있다. 그림 13-1에 요약된 부호검정 절차에 따라, 검정통계량 x는 879와 66 중에서 작은 것이므로, $x = 66$의 남아로 하였다. 여아 879명이 현저하게 높은지 판단하기보다는 66명의 남아가 현저하게 낮을 만큼 낮은지를 판단하기 위해서 왼쪽 꼬리 검정을 수행한다.

표본자료는 대립가설과 모순되지 않는다. 이는 여아의 표본비율이 879/945, 즉 0.930으로서 위의 대립가설에 제시된 0.05보다 더 크기 때문이다. 그림 13-1의 절차를 계속하면, n은 945로서 25보다 크므로 검정통계량 값 $x = 66$은 다음과 같이 검정통계량 z로 변환(연속성을 위한 보정 사용)될 수 있다.

$$z = \frac{(x + 0.5) - \left(\frac{n}{2}\right)}{\frac{\sqrt{n}}{2}}$$

$$= \frac{(66 + 0.5) - \left(\frac{945}{2}\right)}{\frac{\sqrt{945}}{2}} = -26.41$$

***P*값** $z = -26.41$의 검정통계량 값을 사용하여 왼쪽 꼬리 검정에 대한 P값 0.0000을 찾을 수 있다(표: 0.0001). 여기에서는 P값이 충분히 작아 귀무가설을 기각할 수 있다.

임계값 왼쪽 꼬리 검정에서 유의수준 $\alpha = 0.05$이면, 임계값은 $z = -1.645$이다.

결론 그림 13-2는 검정통계량 값 $z = -26.41$이 $z = -1.645$로 경계된 임계역에 존재하고 있음을 보여주므로, 여아 비율이 0.5와 같다는 귀무가설을 기각한다. 여아들이 XSORT 방식을 통해 더 많이 출생 가능하다는 주장을 뒷받침할 충분한 표본 증거가 있다.

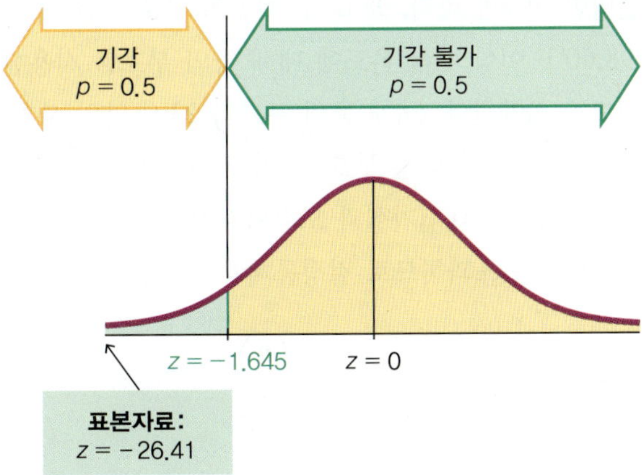

그림 13-2 XSORT 성별 선택 방법의 효과성 검정

해석

성별 선택의 XSORT 방법은 여아 출생 가능성 증가와 관련이 있는 것으로 보이므로, 이 방법이 효과적이라고 보인다. (그러나 이 가설검정은 XSORT 방법이 여아 출생 증가를 증명하지는 않는다.)

단일 모집단의 중앙값에 관한 주장

다음 예제는 단일 모집단의 중앙값에 관한 주장을 검정할 때에 부호검정을 수행하는 절차를 보여준다. 음과 양의 부호가 중앙값 관련한 주장에 어떻게 기초하는지 확인해 보라.

예제 4 체온

부록 B의 데이터 세트 2는 성인 체온을 측정한 자료를 포함하고 있다. 2일째 오전 12시에 제시된 106개 체온 자료를 사용한 부호검정을 수행하여 중앙값이 98.60°F 미만이라는 주장을 검정하라. 106명의 대상자 중에서 68명은 98.60°F 아래였고, 23명은 98.60°F를 초과했으며, 15명은 98.60°F과 같았다.

풀이

조건 확인 유일한 요구사항은 표본이 단순임의표본이라는 것이다. 실험설계에 근거하여 표본자료는 단순임의표본이라고 가정한다. ✓

중앙값이 98.60°F보다 작다는 주장은 대립가설인 반면에, 귀무가설은 중앙값이 98.60°F이라는 주장이다.

H_0: 중앙값은 98.60°F이다(중앙값 = 98.60°F)

H_1: 중앙값은 98.60°F 미만이다(중앙값 < 98.60°F)

그림 13-1에서 설명한 절차에 따라, 98.60°F 미만의 각 온도를 나타내기 위해 음의 부호를 사용하고, 98.60°F 이상의 각 온도에 대해 양의 부호를 사용한다. 98.60°F의 15개 자료 값은 0이므로 삭제한다. 68개 음의 부호와 23개 양의 부호를 가지고 있기 때문에, $n = 91$ 및 $x = 23$(빈도가 낮은 부호 수)이 된다. 91개 체온의 대부분이 98.60°F 미만이기 때문에 표본자료는 대립가설과 모순되지 않는다.

검정통계량 n의 값이 25를 초과하므로 검정통계량 x를 검정통계량 z로 변환한다.

$$z = \frac{(x + 0.5) - \left(\frac{n}{2}\right)}{\frac{\sqrt{n}}{2}}$$

$$= \frac{(23 + 0.5) - \left(\frac{91}{2}\right)}{\frac{\sqrt{91}}{2}} = -4.61$$

***P*값** 왼쪽 꼬리 검정에서 검정통계량 값 $z = -4.61$은 0.0000의 P값을 가진다(표: 0.0001).

임계값 유의수준 $\alpha = 0.05$인 왼쪽 꼬리 검정에서 표 A-2의 z 임계값은 1.645이다.

결론 0.000의 낮은 P값 또는 그림 13-3에 표시된 것처럼 $z = -4.61$의 검정통계량 값이 임계역에 존재하고 있다는 것에 근거하여, 귀무가설을 기각할 수 있다.

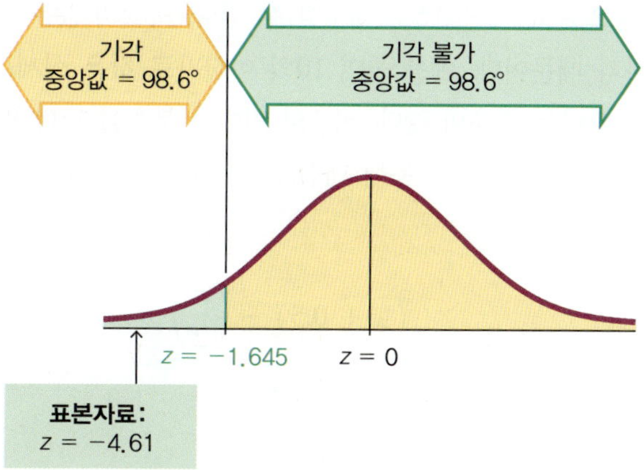

그림 13-3 중앙값이 98.6°F 미만이라는 주장의 검정

해석

건강한 성인의 체온 중앙값이 98.60°F 미만이라는 주장을 뒷받침할 만한 충분한 증거가 있다. 그것은 흔히 알려져 있는 98.6°F과 같지 않다.

비모수 vs 모수 [예제 4]에서 중앙값이 98.60°F 미만이라고 주장하는 부호검정에서는 $z = -4.61$의 검정통계량 값과 0.00000202의 P값이 산출되었다. 그러나 모수적 검정에서는 $\mu < 98.6$°F에 대한 $t = -6.611$의 검정통계량 값 및 0.000000000813의 P값을 산출했다. 부호검정에서의 P값은 모수적 검정에서의 P값만큼 작지 않은 것으로 나타났다. 이에 부호검정은 모수적 검정만큼이나 민감하지 않은 것을 짐작할 수 있다. 두 가지 검정에서 모두 귀무가설을 기각하게 만들지만, 부호검정은 자료의 값 크기를 무시하고 자료의 검정방향에 대한 정보만을 사용하기 때문에, 표본자료를 극단적으로 간주하지 않는다. 다음 절에서는 윌콕슨 부호순위검정을 소개한다. 이 검정은 이러한 단점을 대체로 해결한 것이라고 볼 수 있다.

$n > 25$일 때에 사용되는 검정통계량에 대한 이론적 근거 부호검정에서 임계값은 표 A-7에서 n부터 25까지만 사용한다. $n > 25$일 때 검정통계량 z는 $p = q = 1/2$의 확률의 이항확률분포에 대한 대략적인 정규분포에 기초한다. 6-6절에서 이항분포에 대한 정규분포 근사는 $np \geq 5$ 및 $nq \geq 5$일 때 모두 허용된다는 것을 보였다. 5-2절에서 이항분포에서 $\mu = np$ 및 $\sigma = \sqrt{npq}$임을 보였다. 이 부호검정은 $p = q = 1/2$에서 $n \geq 10$이면 $np \geq 5$ 및 $nq \geq 5$를 만족하며, 더불어 $p = q = 1/2$을 가정하면 $\mu = np = n/2$ 및 $\sigma = \sqrt{npq} = \sqrt{n/4} = \sqrt{n}/2$가 되고, 이를 통해

$$z = \frac{x - \mu}{\sigma} = \frac{x - \left(\frac{n}{2}\right)}{\frac{\sqrt{n}}{2}}$$

을 얻을 수 있다.

연속성에 대한 보정으로 x를 $x+0.5$로 대체할 수 있다. 즉 x의 값은 이산자료이나 연속 확률분포를 사용하기 때문이다. 예를 들어 10의 이산자료 값은 실제로는 9.5에서 10.5 사이의 간격으로 나타나는 경우와 같다. x는 덜 빈번한 부호를 나타내기 때문에 $x+0.5$의 값으로만 변환될 수 있다. 이를 통해 핵심요소 상자에 제시된 검정통계량 z를 얻을 수 있다.

$$z = \frac{(x + 0.5) - \left(\frac{n}{2}\right)}{\frac{\sqrt{n}}{2}}$$

테크 센터

부호검정

www.TriolaStats.com에서 기술 지침, 비디오, 데이터 집합을 참조하십시오.

13-2 기본적인 기술 및 개념

통계적 해석 및 비판적 사고

1. 체온에 대한 부호검정 아래 표는 5명의 대상자에 대한 오전 8시와 오전 12시의 체온을 측정한 것이다(부록 B의 데이터 세트 2). 각 체온 짝은 동일한 사람으로부터 측정되었으므로 자료는 짝을 이룬 자료이다. 오전 8시와 12시 사이의 체온 차이가 없다는 주장을 검정하기 위해 부호검정을 계획하고 있다.

a. 이 검정에서 어떤 요구사항이 충족되어야 하는가?

b. 표본이 정규분포를 가진 모집단 또는 다른 특정 분포를 가진 모집단에서 추출되어야 한다는 요구사항이 있는가?

c. 부호검정은 어떤 의미에서 '분포에 무관한' 검정이라고 하는가?

오전 8시의 체온(°F)	98.0	97.6	97.2	98.0	97.0	98.0
오전 12시의 체온(°F)	97.0	98.8	97.6	98.0	97.7	98.8

2. 모순되는 H_1 부호검정을 실시함에 있어 중요한 단계는 표본자료가 대립가설 H_1과 모순되는지 여부를 판단하는 것이다. 연습문제 1에서 기술한 부호검정에 대해서 귀무가설과 대립가설을 제시하고, 표본자료가 대립가설과 모순되는지 여부에 대해 설명하라.

대응짝 연습문제 3~4에서는 대응짝으로 구성된 자료에 대해 부호검정을 수행하라.

3. 엄마와 딸의 신장 아래 제시된 자료는 엄마와 첫째 딸 신장(인치)에 대한 것이다. 그 자료는 Francis Galton이 작성한 논문에서 추출한 것이다(데이터 세트 6 "가족 신장"). 유의수준 0.05를 사용하여 엄마와 첫째 딸 신장에 차이가 없음을 검정하라.

엄마의 신장	68.0	60	61.0	63.5	69	64.0	69	64	63.5	66
딸의 신장	68.5	60	63.5	67.5	68	65.5	69	68	64.5	63

4. 13일의 금요일 연구진은 금요일 자동차 사고로 인한 병원 입원 건수 자료를 수집했는데, 같은 달의 6일 금요일과 13일 금요일에 대한 자료는 아래와 같다("Is Friday the 13th Bad for Your Health? by Scanlon et al., *British Medical Journal*, Vol. 307", as listed in the *Data and Story Line* online resource of data sets). 자동차 사고로 인한 병원 입원의 수는 13일의 금요일에 영향을 받지 않는다는 주장을 검정하라.

매월 6일의 금요일	9	6	11	11	3	5
매월 13일의 금요일	13	12	14	10	4	12

명목자료 연습문제 5~6에서는 명목자료를 포함하는 주장에 대한 부호검정을 수행하라.

5. 줄기세포 조사 *Newsweek*는 "인간 배아에서 얻은 줄기세포를 이용한 의학 연구에 자금을 지원하기 위해 연방세금을 사용하는 것에 찬성 또는 반대하는가?"에 대한 여론조사를 실시했다. 여론조사 대상자 중에서 481명이 찬성했고 401명이 반대했으며 120명이 확신하지 못했다. 유의수준 0.01을 사용하여 반대와 찬성에 차이가 없다는 주장을 검정하라.

6. 출생 미국 뉴욕주의 860명 임의 출생아 표본에는 426명의 남아와 434명의 여아가 포함되어 있다. 유의수준 0.05를 사용하여 아기가 태어났을 때 남아와 여아가 동등하게 태어날 가능성이 있다는 주장을 검정하라.

부록 B 데이터 세트 연습문제 7~8에서는 부록 B에 표시된 데이터 세트를 참조하라. 해당 모집단의 중앙값에 관한 주장에 대해 부호검정을 수행하라.

7. IQ점수 데이터 세트 9 "IQ와 뇌 크기"에 제시된 20개의 IQ점수를 사용하여, 해당 표본은 IQ점수 중앙값이 100인 모집단에서 추출된 것이라는 주장을 검정하라. 유의수준 0.05를 사용하라.

8. 이완기 혈압 데이터 세트 1 "신체 자료"의 이완기 혈압 측정의 전체 목록을 사용하여, 해당 표본은 중앙값 72와 같은 모집단에서 추출된 것이라는 주장을 검정하라. 유의수준 0.05를 사용하라.

13-2 기초를 넘어서

9. 동점 처리 절차 이 절에서 설명하는 부호검정 절차에서 + 또는 − 부호가 아닌 0으로 표시되는 동점 자료는 제외했다. 여기에서는 이를 처리하는 두 번째 방법을 제시한다. 0의 절반을 양의 부호로 나머지 절반은 음의 부호로 처리하는 것이다(만일 0의 개수가 홀수인 경우에는 균등하게 나눌 수 있도록 1개를 제외하라). 이를 처리하는 세 번째 방법은 다음과 같다. 양측검정의 경우에 0의 개수 절반을 양의 수로 나머지 절반을 음의 개수로 지정하고, 단측검정의 경우에는 귀무가설을 지지하는 방향으로 0을 양의 개수 또는 음의 개수로 지정하는 것이다. [예제 4]의 '체온' 자료를 활용하여 동점을 처리하는 두 번째 방법 및 세 번째 방법으로 부호검정을 반복하여 수행하라. 여기에서는 동점 처리에 대한 다른 접근방법들이 매우 다른 검정통계량, *P*값 및 결론을 이끌어내고 있는가?

13-3 대응짝에 대한 윌콕슨 부호순위검정

핵심 개념

이 절에서는 표본자료를 순위로 변환하는 것부터 시작하는 **윌콕슨 부호순위검정**을 소개한다. 이 검정은 다음 정의에서 설명하는 두 가지 응용과정에 사용할 수 있다.

정의

윌콕슨 부호순위검정(Wilcoxon signed-ranks test)은 아래의 응용과정에 순위를 사용하는 비모수적 검정이다.

1. 대응짝을 이룬 자료의 모집단이 짝별 차이값에 대해 0의 중앙값을 갖는 특성을 갖는지 여부를 검정
2. 독립된 값들의 단일 모집단이 어떤 주장된 값과 동일한 중앙값을 갖는다는 주장 검정

독립된 값들의 한 모집단에 대해 주장된 값의 중앙값을 검정할 때 각 표본 값을 주장된 중앙값과 짝을 지어 대응짝을 구성하므로, 위의 두 응용과정에 대해서는 동일한 절차가 적용된다.

대응짝과 관련된 주장

부호검정(13-2절)은 대응짝을 이룬 자료에 사용할 수 있지만 부호검정은 차이값의 부호만을 사용한다. 윌콕슨 부호순위검정은 부호 대신 순위를 사용하여 차이의 크기까지 고려한다. 이에 부호검정보다 더 많은 정보를 포함하고 이를 사용하므로 자료의 본질을 더 잘 반영하는 결론을 내리는 경향이 있다.

핵심요소

윌콕슨 부호순위검정

목표: 다음의 검정에 윌콕슨 부호순위검정을 사용한다

- **대응짝:** 대응짝을 이룬 자료의 모집단이 짝별 차이값에 대해 0의 중앙값을 갖는 특성을 갖는지 여부 검정
- **독립적인 값들의 단일 모집단:** 독립된 값들의 단일 모집단이 어떤 주장된 값과 동일한 중앙값을 갖는지 여부 검정 (각 표본 값과 주장된 중앙값이 짝을 지음으로써 짝을 이룬 자료로 작업)

표기

T = 다음 두 합계 중에서 작은 값:

1. 0이 아닌 차이값들인 d 중에서 양의 순위 합
2. 0이 아닌 차이값들인 d 중에서 음의 순위 합의 절대값

(T를 평가하는 세부 사항은 핵심요소 상자의 절차에서 제시됨.)

요구사항

1. 자료는 단순임의표본이다.
2. 차이값들의 모집단은 대략적으로 대칭적(*symmetric*)인 분포를 가진다. 즉 히스토그램의 왼쪽 절반은 대략적으로 오른쪽 절반과 대칭적이다(대응짝을 이룬 표본에 대해서는 각 짝의 첫 번째 값에서 두 번째 값을 빼서 차이를 구한다. 만면에 독립적인 값들의 표본에 대해서는 각 표본 값에서 주장되는 중앙값의 값을 빼서 차이를 구한다).

주: 자료가 정규분포를 따를 필요는 없다.

검정통계량

만일 $n \le 30$이면, 검정통계량은 T이다.

만일 $n > 30$이면, 검정통계량은 $z = \dfrac{T - \dfrac{n(n+1)}{4}}{\sqrt{\dfrac{n(n+1)(2n+1)}{24}}}$이다.

P값

P값은 종종 통계패키지로 제공되거나, z 검정통계량과 표 A-2를 사용하여 찾을 수 있다.

임계값

만일 $n \le$ 이면, 임계값 T는 표 A-8에서 찾을 수 있다.

만일 $n > 30$이면, 임계값 z는 표 A-2에서 찾을 수 있다.

다음 절차는 자료를 정렬하고 순위를 할당하는 것을 필요로 한다. 큰 데이터 세트로 작업할 때, 정렬과 순위를 할당하는 것은 매우 지루한 과정일 수 있다. 통계패키지 등의 사용을 권고한다. 스템플롯(stemplot)은 자료 정렬에 큰 도움이 될 수 있다.

윌콕슨 부호순위 절차 다음 단계가 적용되는 방법을 보려면 **표 13-3**의 처음 두 행에 제시된 대응짝을 이룬 표본을 참조하라. 대응짝별 값의 차이가 0인 중앙값을 갖는 모집단에서 추출된 것이라는 귀무가설을 검정하고 싶다고 가정하라.

표 13-3 신입생의 체중(kg)

9월 체중	67	53	64	74	67	70	55	74	62	57
4월 체중	66	52	68	77	67	71	60	82	65	58
d(차이)	1	1	−4	3	0	−1	5	−8	3	−1
$\lvert d \rvert$의 순위	2.5	2.5	7	5.5		2.5	8	9	5.5	2.5
부호화된 순위	2.5	2.5	7	−5.5		2.5	−8	9	−5.5	2.5

1단계: 각 자료의 짝에 대해 첫 번째 값에서 두 번째 값을 빼서 차이값들 d를 찾는다. 차이가 0인 짝은 모두 폐기한다.

예제: 표 13-3의 세 번째 행에는 9월 체중에서 4월 체중을 뺀 값을 나열하고 있다.

2단계: 차이값의 부호는 무시한 후, 가장 낮은 값에서 가장 높은 값까지의 차이를 정렬하고 해당 순위 값으로 대체한다(13-1절 참조). 차이가 동일한 숫자 값을 가질 경우에 순위의 평균을 부여한다.

예제: 표 13-3의 네 번째 행은 d의 절대값에 대한 순위를 나타낸다. d값으로 1, 1, −1, −1을 고려해 보자. 만약 그들의 부호를 무시하면 1, 2, 3, 4의 순위 값들이 동점이므로 그들은 각각 2.5의 순위를 할당받는데, 이것은 동점에 대한 순위의 평균이다(또는 1, 2, 3, 4의 평균).

3단계: 각각의 순위에 부호를 할당한다. 즉, 2단계에서 무시된 부호를 삽입한다.

예제: 표 13-3의 제일 하단 행에는 4번째 행에서 찾은 동일한 순위가 나열되어 있지만, 3번째 행에 제시된 차이의 부호가 삽입되어 있다.

4단계: 양의 값을 가지는 순위의 합을 찾아라. 또한 음의 값을 가지는 순위의 합에 대한 절대값도 찾아라.

예제: 표 13-3의 제일 하단 행에는 부호화된 순위가 제시되어 있다. 양의 값을 가지는 순위의 합은 $2.5+2.5=5$이다. 음의 값을 가지는 순위의 합은 $(-7)+(-5.5)+(-2.5)+(-8)+(-9)+(-5.5)+(-2.5)=-40$이며, 이 합의 절대값은 40이다. 따라서 2개의 순위 합은 5와 40이다.

5단계: T를 4단계에서 찾은 두 개의 합계 중에서 작은 값이 되도록 한다. 어느 값이든 사용할 수 있지만, 간단한 절차를 위해 두 개의 합계 중에서 더 작은 값을 임의로 선택한다.

예제: 표 13-3의 자료는 순위 합계가 5와 40이 되기 때문에, 이 두 합계 중 작은 것은 5이다.

6단계: 차이값 d가 0이 아닌 자료의 짝수가 n이 되도록 한다.

예제: 표 13-3의 자료에는 0이 아닌 9개의 차이가 있으므로 $n=9$이다.

7단계: 앞의 핵심요소 상자에서와 같이 표본크기에 기초하여 검정통계량과 임계값을 결정한다.

예제: 표 13-3의 자료에 대해 검정통계량 $T=5$이다. 표본크기는 $n=9$이므로 임계값은 표 A-8에서 찾을 수 있다. 양측검정에서 유의수준 0.05를 사용할 경우에 표 A-8의 임계값은 6이다.

8단계: 결론을 내릴 때 표본자료가 임계역에 있는 검정통계량 값을 제시 또는 검정통계량 값이 임계값보다 작거나 같은 경우에 귀무가설을 기각한다. 그렇지 않으면 귀무가설을 기각하지 못한다.

예제: 만일 검정통계량이 T(z 대신)인 경우, T가 임계값 이하일 경우에 귀무가설을 기각한다. 만일 T가 임계값보다 크면 귀무가설을 기각하지 못한다. $T=5$이고 임계값이 6이므로 대응짝별 값의 차이가 0인 중앙값을 갖는 모집단에서

추출된 것이라는 귀무가설을 기각한다.

예제 1 신입생 체중 증가

표 13-3의 처음 두 행에는 부록 B의 데이터 세트 10 "신입생 15"의 체중이 포함되어 있다. 이 체중은 신입 대학생들을 대상으로 9월과 그 다음해 4월에 측정되었다. 표 13-3의 처음 두 행에 있는 표본자료를 사용해 9월 체중과 4월 체중에 차이가 없다는 주장을 검정하고자 한다. 유의수준 0.05의 윌콕슨 부호순위검정을 수행하라.

풀이

조건 확인 (1) 자료는 단순임의표본이어야 한다. 선택된 학생들은 단순임의표본이 아니라 모두 자원자인데 이에 대해서는 해당 연구 결과를 발표한 학술지에서 논의되었다. 여기에서는 마치 단순임의표본이라는 요구사항이 충족되는 것처럼 진행하였다. (2) 표 13-3의 3행의 차이값에 대한 히스토그램이 아래에 제시되어 있다. 그래프의 왼쪽은 대략적으로 오른쪽과 대칭적이어야 하는데, 여기에서는 그렇지 않은 것 같다. 그러나 단 9개의 차이값만 있을 뿐, 좌우의 차이가 너무 심한 것은 아니므로 요구사항이 충족되는 것으로 간주한다.

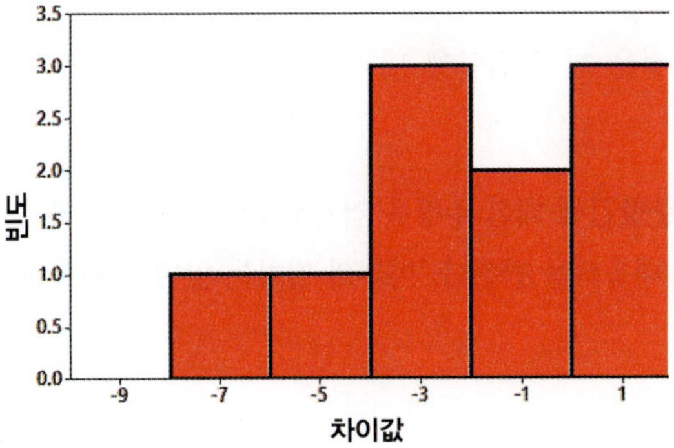

귀무가설은 4월 체중과 9월 체중의 차이가 없다는 주장이고, 대립가설은 차이가 있다는 주장이다.

H_0: 차이가 없다(차이의 중앙값은 0과 같다).

H_1: 차이가 있다(차이의 중앙값은 0과 같지 않다).

검정통계량 윌콕슨 부호순위검정을 사용하고 있기 때문에, 검정통계량은 이 절의 앞부분에서 제시한 8단계 절차를 사용하여 계산한다. 그러한 단계에는 표 13-3의 표본자료와 함께 검정통계량을 계산하는 예시가 포함되어 있는데, 그 결과는 $T = 5$이다.

임계값 표본크기는 $n = 9$이므로 임계값은 표 A-8에서 찾을 수 있다. 양측검정으로 유의수준 0.05를 적용할 경우에 표 A-8에서 임계값은 6으로 확인된다.

결론 표 A-8에는 검정통계량 T가 임계값 이하일 경우에 귀무가설을 기각해야 한다는 내용이 수록되어 있다. $T = 5$의 검정통계량이 임계값 6보다 작기 때문에 귀무가설

(계속)

을 기각한다.

해석

9월과 4월의 체중은 거의 같지 않다고 결론짓는다. 음의 차이값이 많이 나타나는 것은 대부분의 학생들이 신입생 때 살이 쪘다는 것을 보여준다. 결론은 해당 연구에서 명시된 제한사항을 고려하여 제시되어야 한다. 단지 Rutger의 학생들만 분석에 사용되었고, 해당 대상자는 단순임의표본이 아니라 자발적인 대상자로 구성되어 있다는 것이다.

[예제 1]에서 만일 대응짝에 대해 모수적인 t 검정(9-3절)을 사용할 경우, 평균 차이가 0이 아니라는 결론을 내리고 [예제 1]에서와 같이 9월의 체중과 4월의 체중이 다른 것으로 보일 수 있다. 그러나 13-2절의 부호검정은 아무런 차이가 없는 결론을 내렸다. 부호검정은 양의 부호와 음의 부호만을 사용하므로 차이값들의 크기를 사용하지 않았지만, 윌콕슨 부호순위검정은 순위들을 사용함으로서 그 크기에 더 민감하다.

단일 모집단의 중앙값에 대한 주장

윌콕슨 부호순위검정은 한 모집단에 대해 주어진 중앙값을 가진다는 주장을 검정하는데 사용될 수 있다.

단일 모집단의 중앙값에 대한 주장을 검정할 때, 각 표본 값과 주장된 중앙값의 값을 짝으로 하여 대응짝을 만든다. 이후의 절차는 앞에서 제시된 것을 그대로 사용할 수 있다.

예제 2 체온

부록 B의 데이터 세트 2 "체온"에는 성인의 체온 측정 자료가 포함되어 있다. 2일째 오전 12시에 측정한 106개 체온 값의 중앙값이 98.60°F 미만이라는 주장을 검정하기 위해서 윌콕슨 부호순위검정을 수행하라. 유의수준 0.05를 사용하라.

풀이

조건 확인 (1) 데이터 세트 2의 자료를 이끌어 낸 실험설계를 보면 해당 표본을 단순임의표본으로 취급하는 것이 적절하다. (2) 차이값(즉 개별 체온 값과 중앙값의 차이)에 대한 히스토그램이 대략적으로 대칭이기 때문에 대칭적인 분포의 요구사항이 만족된다. ✓

각각의 개별 표본 값을 98.60°F의 중앙값과 짝을 지어서 대응짝으로 만든다. 오른쪽 여백에는 검정통계량 $z=-5.67$로 변환되는 $T=661$의 검정통계량을 보여주는 Statdisk 결과가 제시되어 있다. (결과는 양측검정에서 나온 것이며, 왼쪽 꼬리 검정의

Statdisk

```
Num Unequal pairs: 91

Using Approximation
Test Statistic, T: 661.0000
Mean, μ: 2093
Standard Deviation: 252.6589
Test Statistic, z: -5.6677
Critical z: ±1.959962
```

경우에 임계값은 1.645이다.) 검정통계량 $z = -5.67$는 0.000의 P값을 산출하므로, 체온과 98.60°F의 중앙값 차이는 0이라는 귀무가설을 기각하게 된다. 체온의 중앙값이 98.60°F 미만이라는 주장을 뒷받침할 충분한 증거가 있다. 이것은 13-2절의 [예제 4]에서 부호검정의 결과와 동일한 결론이다.

이론적 근거: [예제 1]에서 부호가 할당되지 않은 1에서 9까지의 순위는 총 45이므로, 만일 유의한 차이가 없을 경우에 부호화된 2개의 순위 합계는 각각 $45 \div 2 = 22.5$ 정도여야 한다. 즉, 음의 순위 합계와 양의 순위 합계는 22.5 vs 22.5로 나누어지거나, 24 vs 21과 같이 가까운 순위 합계이어야 한다. 표 A-8에서 9개 짝을 이룬 자료에 대해 유의수준 0.05에서의 임계값은 6이므로, 6 vs 39의 분할은 귀무가설에서 유의미한 차이를 나타내며, 더 떨어져 있는 분할도 귀무가설에서 유의한 차이를 나타낸다. 반대로, 7 vs 38과 같은 분할은 22.5 vs 22.5의 분할과 비교하여 유의한 차이를 나타내지 않으며, 귀무가설의 기각을 할 수 없도록 한다. 윌콕슨 부호순위검정은 낮은 순위 합계에 기초하고 있기 때문에, 분할된 숫자로 분석하는 대신에 낮은 숫자만을 고려한다.

모든 순위 $1 + 2 + 3 + \cdots + n$의 합계가 $n(n+1)/2$와 같다. 만일 이 순위 합계를 두 범주(양의 수 및 음의 수)로 균등하게 나누면, 두 합계는 각각 $n(n+1)/4$에 가까워야 하는데 이는 $n(n+1)/2$의 절반이다. 이러한 원리는 $n > 30$일 때 사용되는 검정통계량을 이해하는 데 도움이 된다.

테크 센터

윌콕슨 부호순위검정

www.TriolaStats.com에서 기술 지침, 비디오, 데이터 집합을 참조하십시오.

13-3 기본적인 기술 및 개념

통계적 해석 및 비판적 사고

1. 체온에 대한 윌콕슨 부호순위검정 아래 표에는 7명의 대상자에 대한 오전 8시와 오전 12시의 체온 측정값이 나열되어 있다(부록 B의 데이터 세트 2에서). 자료는 각 체온 짝이 동일한 사람으로부터 측정되기 때문에 대응짝을 이룬다. 8시와 12시 사이 체온에 차이가 없다는 주장을 검정하기 위해 윌콕슨 부호순위검정을 사용할 계획이라고 가정해보자.

a. 이 검정에 어떤 요구사항이 충족되어야 하는가?

b. 표본이 정규분포를 가진 모집단 또는 다른 특정 분포를 가진 모집단에서 추출되어야 한다는 요구사항이 있는가?

c. 어떤 의미에서 이 부호검정은 '분포에 무관한 검정'이라고 하는가?

오전 8시 체온(°F)	98.0	97.6	97.2	98.0	97.0	98.0	98.2
오전 12시 체온(°F)	97.0	98.8	97.6	98.0	97.7	98.8	97.6

2. **부호검정과 윌콕슨 부호순위검정** 연습문제 1의 자료를 사용하여, 부호검정 또는 윌콕슨 부호순위검정을 통해 오전 8시와 12시의 체온에 차이가 없는지 검정할 수 있다. 어떤 의미에서 윌콕슨 부호순위검정은 부호검정보다 더 많은 정보를 통합하고 사용하는가?

윌콕슨 부호순위검정 사용 **연습문제 3~4에서는 13-2절에 주어진 연습문제에 대한 표본자료를 사용하라. 대응짝의 차이값은 0의 중앙값을 가지는 모집단으로부터 추출되었다는 주장을 검정하기 위해 윌콕슨 부호순위검정을 수행하라. 유의수준 0.05를 사용하라.**

3. 연습문제 5 "엄마와 딸의 신장"

4. 연습문제 7 "13일의 금요일"

중앙값 관련한 주장 **연습문제 5~6에서는 13-2절에 주어진 연습문제에 대한 표본자료를 사용하라. 모집단의 중앙값에 대한 주장에 관해서 윌콕슨 부호순위검정을 수행하라.**

5. 연습문제 13 "IQ점수"

6. 연습문제 15 "이완기 혈압"

13-3 기초를 넘어서

7. **순위 합계** 부록 B의 데이터 세트 1 "신체 자료"의 수축기 혈압 자료를 사용하는데, 표본크기는 300이다.

a. 만약 표본이 300개의 0이 아닌 차이값을 가진 짝으로 이루어진 자료를 가지고 있다면, T의 가장 작고 가능한 값은 무엇인가?

b. 만약 표본이 300개의 0이 아닌 차이값을 가진 짝으로 이루어진 자료를 가지고 있다면, T의 예상 값은 얼마인가? 만약 모집단의 중앙값이 0인 대응짝으로 구성되어 있다면 어떠한가?

c. 만약 표본이 300개의 0이 아닌 차이값을 가진 짝으로 이루어진 자료를 가지고 있다면, 그리고 양의 값을 가진 순위 합계가 12,345이면 음의 값을 가진 순위 합계의 절대값은 얼마인가?

d. 만약 표본이 0이 아닌 차이값을 가진 짝으로 이루어진 자료를 가지고 있다면, 그리고 두 순위 합계 중 하나가 k라면, 다른 순위 합계에 대한 표현식은 어떻게 되는가?

13-4 독립 이표본의 윌콕슨 순위합검정

핵심 개념

이 절에서는 표본들이 동일한 중앙값을 가진 모집단에서 추출된 것이라는 귀무가설을 검정하기 위해 두 개의 독립적인 표본의 값들에 대한 순위를 사용하는 **윌콕슨 순위합검정**

을 설명한다. 윌콕슨 순위합검정은 **만-위트니 U 검정(Mann-Whitney U test)** (연습문제 7 참조)과 동일한데, 일부 통계서적 및 통계패키지(Minitab, StatCrunch, XLSTAT 등) 등에서 해당 용어로 사용되고 있다.

윌콕슨 순위합검정의 기본적인 개념은 아래와 같다: 만약 두 표본이 동일한 모집단에서 추출되고 개별 값들이 어떤 하나의 요인에 의해 순서화되어 있다면, 해당 표본들의 순위는 그 두 표본 사이에 균등하게 나타날 것이다. 만약 낮은 순위 값들이 한 표본에서 주로 발견되고 높은 순위 값들이 다른 표본에서 주로 발견된다면, 두 모집단의 중앙값이 다르다는 것을 짐작할 수 있다.

9-2절에서 2개의 독립표본에 대한 모수적인 t 검정과는 달리, 윌콕슨 순위합검정은 정규분포 모집단을 전제조건으로 하지 않으며 순위로 구성된 자료와 같이 순서수준의 자료와 함께 사용할 수 있다. 표 13-1에서 윌콕슨 순위합검정은 모수적인 검정과 비교했을 때 0.95의 효율성을 갖는다는 점에 주목할 필요가 있다. 이 검정은 효율성이 매우 높고 계산이 쉬우므로 정규분포의 모집단 요건이 충족되더라도 모수적인 t 검정보다 선호되는 경우가 많다.

주의 두 개의 독립적인 표본에 대한 윌콕슨 순위합검정과 대응짝에 대한 윌콕슨 부호순위검정을 혼동하지 말라. "Independent: **R**ank **S**um"에 대해 IRS의 "Internal Revenus Service" 상기하기 바란다.

정의

윌콕슨 순위합검정(Wilcoxon rank-sum test)은 아래의 귀무가설을 검정하기 위해서 두 개의 독립 모집단의 표본자료 순위를 사용하는 비모수적 검정이다.

H_0: 두 개의 독립적인 표본은 동일한 중앙값을 가진 모집단에서 추출되었다.

(대립가설 H_1은 다음 3가지 중에서 하나가 될 가능성이 있다: 두 모집단은 서로 다른 중앙값을 가지고 있거나, 첫 번째 모집단은 두 번째 모집단의 중앙값보다 큰 중앙값을 가지고 있거나, 첫 번째 모집단은 두 번째 모집단의 중앙값보다 낮은 중앙값을 가지고 있다.)

핵심요소

윌콕슨 순위합검정

목표

다음의 귀무가설 및 대립가설에 대해 두 독립 모집단의 표본을 사용하여 윌콕슨 순위합검정을 적용한다.

H_0: 두 표본은 중앙값이 같은 모집단에서 나온 것이다.

H_1: 첫 번째 모집단 중앙값은 두 번째 모집단 중앙값과 다르다(또는 그것보다 크거나 작다).

(계속)

표기

n_1 = 표본 1의 크기

n_2 = 표본 2의 크기

R_1 = 표본 1의 순위 합계

R_2 = 표본 2의 순위 합계

$R = R_1$과 동일(표본 1의 순위 합계)

μ_R = 두 모집단이 동일한 중앙값을 가질 때, 예상되는 표본 R값의 평균

σ_R = 두 모집단이 동일한 중앙값을 가질 때, 예상되는 표본 R값의 표준편차

요구사항

1. 두 개의 독립적인 표본은 단순임의표본이다.
2. 두 표본은 각각 10개 이상의 값을 가진다(값이 10개 이하인 표본의 경우에는 CRC 출판사의 "*CRC Standard Probability and Statistics Tables and Formulae*"와 같은 참고문헌에서 제공하는 특수 표를 사용할 수 있다).

주의: 두 모집단이 정규분포 또는 다른 특정 분포를 따를 필요는 없다.

검정통계량

$$z = \frac{R - \mu_R}{\sigma_R}$$

여기에서 $\mu_R = \frac{n_1(n_1 + n_2 + 1)}{2}$ 이며, $\sigma_R = \sqrt{\frac{n_1 n_2(n_1 + n_2 + 1)}{12}}$ 이다.

n_1 = 순위 합계 R이 산출되는 표본의 크기

n_2 = 다른 표본의 크기

$R = n_1$의 표본크기를 가진 표본의 순위 합계

*P*값

*P*값은 통계패키지 또는 z 검정통계량 및 표 A-2를 사용하여 확인할 수 있다.

임계값

임계값은 표 A-2에서 찾을 수 있다(검정통계량은 정규분포를 기반으로 함).

검정통계량의 값을 산출하는 절차 다음 단계를 적용하는 방법을 확인하기 위해서는 표 13-4에 제시된 표본자료를 참조하라.

1단계: 표본 두 개를 일시적으로 하나의 큰 표본으로 결합한 다음에 각 표본 값들을 해당하는 순위 값으로 대체하라(가장 낮은 값은 1의 순위를 받고, 다음으로 낮은 값은 2의 순위를 받는다 등). 표본의 값이 동점일 경우에는 동점인 표본 값들의 순위 평균을 부여한다. 순위 및 동점에 대한 처리 절차는 13-1절을 참조하라).

예제: 표 13-4에서 23개 표본 값의 맥박수 순위가 괄호 안에 제시되어 있다. 순위 1은 최저값 54에 할당되어 있으며 다음으로 낮은 값은 56으로 2개가 존재한다. 그들의 순위가 2와 3으로서 여기에서는 각각 순위 2.5를 할당했다.

2단계: 두 표본 중 어느 하나에 대한 순위 합계를 찾아라.

예제: 표 13-4에서 첫 번째 표본의 순위 합계는 123.5이다(즉, $R_1 = 4.5 + 11 + 19 + \cdots + 6 = 123.5$).

3단계: 앞의 핵심요소 상자에서 제시된 z 검정통계량의 값을 계산하라. 여기에서는 표본1에 대한 것이 사용되었다(만일 두 표본크기가 모두 10보다 크면 R의 표본분포는 대략적으로 평균이 μ_R이며 표준편차가 σ_R인 정규분포를 따른다. 검정통계량에 대해서는 앞의 핵심요소 상자에 설명되어 있다).

예제: 다음의 [예제 1]에서 μ_R 및 σ_R 및 z의 계산을 참조할 수 있다.

표 13-4 맥박수(괄호 안은 순위)

남성	여성
60 **(4.5)**	78 **(14)**
74 **(11)**	80 **(17)**
86 **(19)**	68 **(9)**
54 **(1)**	56 **(2.5)**
90 **(20.5)**	76 **(12)**
80 **(17)**	78 **(14)**
66 **(7)**	78 **(14)**
68 **(9)**	90 **(20.5)**
68 **(9)**	96 **(22)**
56 **(2.5)**	60 **(4.5)**
80 **(17)**	98 **(23)**
62 **(6)**	
$n_1 = 12$	$n_2 = 11$
$R_1 = 123.5$	$R_2 = 152.5$

예제 1 남성 및 여성의 맥박수

표 13-4에는 남성과 여성의 표본들의 맥박수가 제시되어 있다(부록 B의 데이터 세트 1 "신체 자료"로부터). 유의수준 0.05를 사용하여, 남성과 여성이 동일한 중앙값 맥박수를 가지고 있다는 주장을 검정하라.

풀이

조건 확인 (1) 표본자료는 두 개의 독립적인 단순임의표본이다. (2) 표본크기는 12와 11으로서 두 표본크기는 모두 10보다 크다. 요구사항이 모두 충족된다. ✓

귀무가설 및 대립가설은 다음과 같다.

H_0: 남성의 중앙값 맥박수는 여성의 중앙값 맥박수와 같다.

H_1: 남성의 중앙값 맥박수는 여성의 중앙값 맥박수와 다르다.

모든 23개 맥박수 표본 값들을 합친 목록에서 1의 순위 값부터(최저값 54에 할당) 시작하여 순위화하라. 개별 표본 값에 해당하는 순위는 표 13-4의 괄호 안에 제시되어 있다. R은 표본 1로 선택한 표본의 순위 합계를 나타낸다. 남성의 맥박수를 표본 1로 선택하면,

$$R = 4.5 + 11 + 19 + \cdots + 6 = 123.5$$

남성 12명의 맥박수가 있기 때문에, $n_1 = 12$이다. 또한 여성 11명의 맥박수 자료가 있기 때문에 $n_2 = 11$이다. 이제 μ_R 및 σ_R의 값과 검정통계량 z를 아래와 같이 산출할 수 있다.

$$\mu_R = \frac{n_1(n_1 + n_2 + 1)}{2} = \frac{12(12 + 11 + 1)}{2} = 144$$

$$\sigma_R = \sqrt{\frac{n_1 n_2(n_1 + n_2 + 1)}{12}} = \sqrt{\frac{(12)(11)(12 + 11 + 1)}{12}} = 16.248$$

$$z = \frac{R - \mu_R}{\sigma_R} = \frac{123.5 - 144}{16.248} = -1.26$$

검정은 양측검정이다. 이는 z의 큰 양의 값은 표본 1에서 불균형적으로 더 높은 순위를 발견한다는 것을 나타내며, z의 큰 음의 값은 표본 1에서 불균형적으로 더 낮은 순위를 발견한다는 것을 나타내기 때문이다. 어느 경우에든 두 표본이 동일한 중앙값을 가진 모집단에서 나온다는 주장에 대해 강력한 증거를 얻을 수 있을 것이다.

검정통계량 z의 유의성은 이전의 장에서와 같이 취급할 수 있다. 유의수준 $\alpha = 0.05$를 사용하여 두 모집단이 같은 중앙값라는 가설을 검정하고 있기 때문에, 검정통계량 $z = -1.26$에 대한 양측검증을 수행한다고 할 수 있다. P값은 0.2077이고 임계값은 $z = \pm 1.96$이다. 남성과 여성의 모집단이 동일한 중앙값을 가지고 있다는 귀무가설을 기각할 수 없다.

해석

남성과 여성의 맥박수가 동일하다는 주장에 대해 기각할 충분한 증거가 없다. 표 13-4에서 제시한 표본자료를 바탕으로, 남성과 여성이 동일한 중앙값의 맥박수를 갖는 것으로 보인다.

[예제 1]에서 두 세트의 표본 값을 교환하고 여성의 맥박수를 첫 번째 표본으로 간주하면 $R = 152.5$, $\mu_R = 132$, $\sigma_R = 16.248$ 및 $z = 1.26$이나, 결론은 같다.

예제 2 남성 및 여성의 맥박수

[예제 1]은 23개의 맥박수를 사용하지만, 부록 B의 데이터 세트 1에서 300개의 맥박수를 사용하면 다음과 같은 결과를 얻게 된다. 검정통계량 $z = 3.22$(반올림됨)임을 알 수 있다. 검정통계량은 임계값인 -1.96과 1.96을 넘어선 임계역에 존재한다. 또한 $z = 3.22$의 검정통계량을 사용하여 양측검정의 P값이 0.0013임을 확인할 수 있다. 여기에서는 동일한 중앙값라는 귀무가설을 기각할 수 있다. 300개의 대상자를 대상으로 한 더 큰 표본을 근거로 하면, 여성과 남성의 맥박수가 서로 다른 것으로 결론내릴 수 있다.

Statdisk

Total Num Values:	300
Rank Sum 1:	24541.5000
Rank Sum 2:	20608.5000
Mean, μ:	22123.5
St. Dev.:	751.0987
Test Statistic, z:	3.2193
Critical z:	±1.959962

테크 센터

윌콕슨 순위합검정

www.TriolaStats.com에서 기술 지침, 비디오, 데이터 집합을 참조하십시오.

13-4 기본적인 기술 및 개념

통계적 해석 및 비판적 사고

1. 출생 체중 아래 제시된 출생 체중은 부록 B의 데이터 세트 3 "출생"의 출생 체중(g)이다. 만약 이 자료에 대해 윌콕슨 순위합검정 방법으로 양측검정을 한다면, 귀무가설은 어떻게 작성될 수 있는가?

여아	3500	800	2400	4200	3100	2000	2900	3300	2800	2500	4000	3100	3000	3400
남아	3900	2800	3700	4000	3400	1600	3500	3900	3000	3200	3300	300		

2. 요구사항 연습문제 1의 표본자료를 참조하라. 표본이 단순 임의로 추출되었다면, 윌콕슨 순위합검정의 요구사항은 충족된 것인가? 이에 대해서 설명하라.

윌콕슨 순위합검정 **연습문제 3~4에서는 윌콕슨 순위합검정을 적용하라.**

3. 출생 체중 연습문제 1에서 주어진 표본자료를 사용하여, 여아와 남아가 같은 중앙값 출생 체중을 가지고 있다는 주장을 검정하라. 유의수준 0.05를 사용하라.

4. Lipitor의 임상실험 아래 표본자료는 Lpitor(atorvastatin)의 임상실험에서 저밀도 지단백질(LDL) 콜레스테롤 수치 변화이다. Lipitor가 LDL 콜레스테롤에 영향을 미쳤다는 주장이 제기됐다. (이 자료는 Lipitor의 임상실험 의료팀장 David G. Orloff, M.D.가 Parke-Davis에게 준 메모의 결과에 근거한것이다. Pfizer는 원시자료 제공을 거절했다.) 음의 값은 LDL 콜레스테롤의 감소를 나타낸다. 유의수준 0.05를 사용하여, 20 mg의 atorvastatin 치료받은 사람과 80 mg의 atorvastatin 치료받은 사람의 경우에 모두 LDL 콜레스테롤의 변화가 동일한 중앙값을 가진다는 주장을 검정하라. 그 결과는 무엇을 말해 주는가?

20 mg atorvastatin으로 처리된 집단:													
−28	−32	−29	−39	−31	−35	−25	−36	−35	−26	−29	−34	−30	
80 mg atorvastatin으로 처리된 집단:													
−42	−41	38	−42	−41	−41	−40	−44	−32	−37	−41	−37	−34	−31

부록 B의 데이터 세트 **연습문제 5~6에서는 부록 B에 명시된 데이터 세트를 참조하고, 윌콕슨 순위합검정을 수행하라.**

5. 출생 체중 부록 B의 데이터 세트 3 "출생"에 주어진 출생 체중 모두들 사용하여 연습문제 3 "출생 체중"을 반복하라.

6. IQ과 납 노출 부록 B의 데이터 세트 8 "IQ와 납"에는 혈중 납 농도가 중간 수준인 대상자의 임의표본과 혈중 납 농도가 높음 수준인 대상자의 임의표본의 전체 IQ점수가 포함되어 있다. 유의수준 0.05를 사용하여, 중간 납 수준을 가진 대상자가 높음 납 수준을 가진 대상자보다 전체 IQ 점수의 중앙값이 높다는 주장을 검정하라. 납 수준은 전체 IQ점수에 어떤 영향을 미치는 것처럼 보이는가?

13-4 기초를 넘어서

7. 만-위트니 U(Mann-Whitney U) 검정 사용 만-위트니 U 검정은 윌콕슨 순위합검정과 동일한 상황에 적용되고 항상 동일한 결론으로 이어진다는 점에서 윌콕슨 순위합검정과 동일하다. 만-위트니 U 검정은 아래와 같이 계산한다.

$$z = \frac{U - \frac{n_1 n_2}{2}}{\sqrt{\frac{n_1 n_2 (n_1 + n_2 + 1)}{12}}}$$

여기에서

$$U = n_1 n_2 + \frac{n_1(n_1 + 1)}{2} - R$$

그리고 R은 표본 1에 대한 순위의 합계이다. 만-위트니 U 검정에 대한 z 값을 산출하기 위해서 표 13-4에 맥박수 자료를 사용해보라. 윌콕슨 순위합검정에서 산출한 z 값과 비교해보라.

13-5 세 표본 또는 그 이상의 표본들을 위한 크루스칼-왈리스 검정

핵심 개념

이 절에서는 모집단들에서의 표본들이 동일한 중앙값을 가진다는 귀무가설을 검정하기 위해서, 3개 이상의 독립적인 단순임의표본들의 값에 대해 순위를 사용하는 **크루스칼-왈리스 검정**에 대해서 설명한다.

12-1절에서 3개 이상의 모집단이 동일한 평균을 가진다는 귀무가설을 검정하기 위한 방법으로서 일원분산분석을 설명하였다. 그러한 분산분석은 관련된 모집단이 정규분포를 따른다는 조건을 요구한다. 모든 중앙값이 동일하다는 크루스칼-왈리스 검정은 정규분포의 조건을 요구하지 않아 분포에 무관한 검정 또는 비모수적 검정이라 할 수 있다.

정의

크루스칼-왈리스 검정(***H* 검정**으로도 불림)(**Kruskal-Wallis test** or ***H* test**)은 3개 이상의 독립 모집단으로부터 조합된 단순임의표본의 순위를 사용하여, 모집단들이 동일한 중앙값을 갖는다는 귀무가설을 검정하는 비모수적 검정이다(대립가설은 모집단들이 모두 같지 않은 중앙값을 가지고 있다는 주장이다).

핵심요소

크루스칼-왈리스 검정

목표

다음과 같은 3개 이상의 독립 모집단으로부터의 단순임의표본들에 대해서 크루스칼-왈리스 검정을 사용한다.

H_0: 표본들은 같은 중앙값을 가진 모집단에서 추출되었다.

H_1: 표본들은 동일하지 않는 중앙값을 가지는 모집단에서 추출되었다.

표기

N = 모든 표본들을 합한 전체 관측 수

k = 다른 표본의 수

R_1 = 표본 1의 순위 합계

n_1 = 표본 1의 관측 수

표본 2의 경우에 순위 합계는 R_2이고 관측 수는 n_2이다. 동일한 표기방법이 다른 표본들에도 적용된다.

요구사항

1. 최소한 3개 이상의 독립적인 표본을 가지고 있다.
2. 각 표본은 적어도 5개의 관측치를 갖고 있다. (표본의 관측치가 5개 미만인 경우에 임계값을 찾기 위해서는 특수한 표를 참조하여야 한다.)

주: 모집단이 정규분포 또는 임의의 다른 특정 분포를 따라야 한다는 요구사항은 없다.

검정통계량

$$H = \frac{12}{N(N+1)}\left(\frac{R_1^2}{n_1} + \frac{R_2^2}{n_2} + \cdots + \frac{R_k^2}{n_k}\right) - 3(N+1)$$

*P*값

*P*값은 종종 통계패키지 등에 의해 제공된다. 검정통계량 H와 자유도 $(k-1)$의 값을 사용하여 표 A-4에서 *P*값의 범위를 찾을 수 있다.

임계값

1. 검정은 **오른쪽 꼬리 검정**이며, 임계값은 통계패키지 등 또는 **표 A-4**의 χ^2 분포에서 찾을 수 있다.
2. 자유도 $df = (k-1)$이다(여기서 k는 표본의 수이다).

크루스칼-왈리스 검정을 적용할 때, 각 표본에 최소한 5개의 관측치가 있는 경우에 χ^2 분포로 근사할 수 있는 분포의 검정통계량 H를 계산한다. (χ^2분포의 주요 특징은 7-3절에서 확인할 수 있음.)

H 검정통계량은 상이한 표본으로부터 R_1, R_2, $\cdots$, R_k의 분산을 측정한다. 만약 순위

가 표본 집단들 사이에 고르게 분포된다면, H는 상대적으로 작은 숫자여야 한다. 만약 표본이 매우 다르면, 그 순위는 일부 집단에서는 지나치게 낮고 다른 집단에서는 높을 것이며, 그 결과 H값이 커지게 되는 효과가 발생한다. 결과적으로, H의 큰 값만이 표본이 동일한 모집단에서 나온다는 귀무가설을 기각할 수 있게 된다. 그러므로 **크루스칼–왈리스 검정은 오른쪽 꼬리 검정이다.**

***H* 검정통계량 값을 산출하는 절차** 다음 단계가 어떻게 적용되는지 보려면 표 13-5에 제시된 표본자료를 참조하라. 표 13-5는 부록 B의 데이터 세트 14 "직접 및 간접 흡연"의 일부이다. 이 일부 자료는 크루스칼-왈리스 검정을 설명하는 데 적합하다.

1단계: 일시적으로 모든 표본을 하나의 큰 표본으로 결합하여 각 표본 값에 순위를 할당한다. (가장 낮은 값부터 가장 높은 값까지 정렬하고, 동일한 값일 경우에 순위의 평균을 할당한다.)

예제: 표 13-5에서 괄호 안의 숫자는 결합한 자료에서 표본 값들에 대한 순위이다. 1에서 10까지의 최하위 순위에 해당하는 값은 0으로서, 10개가 있기 때문에 각각 5.5의 순위를 할당한다. 이는 1에서 10까지의 정수의 평균을 계산한 값이다. 다음으로 11위와 12위에 동점인 1의 값이 2개 있어 이들에 대해서는 각각 11.5의 순위를 할당한다. 다음으로 낮은 숫자는 19로서 다음의 순위인 13을 할당한다.

2단계: 각 표본에 대해 순위의 합계 및 표본크기를 찾는다.

예제: 표 13-5에서 첫 번째 표본의 순위 합계는 65, 두 번째 표본의 순위 합계는 67.5, 세 번째 표본의 순위 합계는 38.5이다.

3단계: 앞의 핵심요소 상자에서 주어진 2단계의 결과를 활용하여 검정통계량 H를 계산한다.

예제: 검정통계량은 [예제 1]에서와 같이 계산될 수 있다.

표 13-5 코티닌 수준(괄호안의 숫자는 순위임)

흡연자	ETS	NOETS
1 **(11.5)**	384 **(18)**	0 **(5.5)**
0 **(5.5)**	0 **(5.5)**	0 **(5.5)**
131 **(15)**	69 **(14)**	0 **(5.5)**
173 **(16)**	19 **(13)**	0 **(5.5)**
265 **(17)**	1 **(11.5)**	0 **(5.5)**
	0 **(5.5)**	0 **(5.5)**
		0 **(5.5)**
$n_1 = 5$	$n_2 = 6$	$n_3 = 7$
$R_1 = 65$	$R_2 = 67.5$	$R_3 = 38.5$

예제 1 간접흡연의 영향

표 13-5는 부록 B의 데이터 세트 14 "직접 및 간접 흡연"의 일부이다. 유의수준 0.05를 사용하여 모집단에서 추출한 3개 표본의 코티닌 수준 중앙값은 모두 동일하다는 주장을 검정하라.

풀이

조건 확인 (1) 3가지 표본 각각은 독립적인 단순임의표본이다. (2) 각 표본크기는 적어도 5 이상이다. 요구사항은 모두 충족된다.

귀무가설 및 대립가설은 다음과 같다.

H_0: 담배 연기에 노출된 흡연자 및 비흡연자, 그리고 담배 연기에 노출되지 않은 비흡연자의 모집단은 동일한 코티닌 수준의 중앙값을 갖는다.

H_1: 3개 모집단은 모두가 동일하지 않는 중앙값을 갖는다.

검정통계량 먼저 모든 표본자료를 결합하고 순위를 매긴 다음에 각 범주의 순위 합계를 산출한다. 표 13-5에서 순위는 원래 표본 값 옆의 괄호 안에 표시되어 있다. 다음으로 각 표본의 표본크기(n)와 순위 합계(R)를 산출한다. 이러한 값은 표 13-5의 맨 아래에 제시되어 있다. 전체 관측된 값은 18이므로 $N = 18$이다. 검정통계량은 아래와 같이 계산될 수 있다.

$$H = \frac{12}{N(N+1)}\left(\frac{R_1^2}{n_1} + \frac{R_2^2}{n_2} + \cdots + \frac{R_k^2}{n_k}\right) - 3(N+1)$$

$$= \frac{12}{18(18+1)}\left(\frac{65^2}{5} + \frac{67.5^2}{6} + \frac{38.5^2}{7}\right) - 3(18+1)$$

$$= 6.724$$

임계값 각 표본에는 최소 5개의 관측치가 있기 때문에 H의 분포는 대략적으로 $k-1$ 자유도의 χ^2 분포이다. 표본의 수는 $k=3$이므로, $3-1=2$ 자유도가 된다. 표 A-4를 참조하여 자유도 2 및 유의수준 0.05에 해당하는 5.991의 임계값을 찾을 수 있다. 그림 13-4

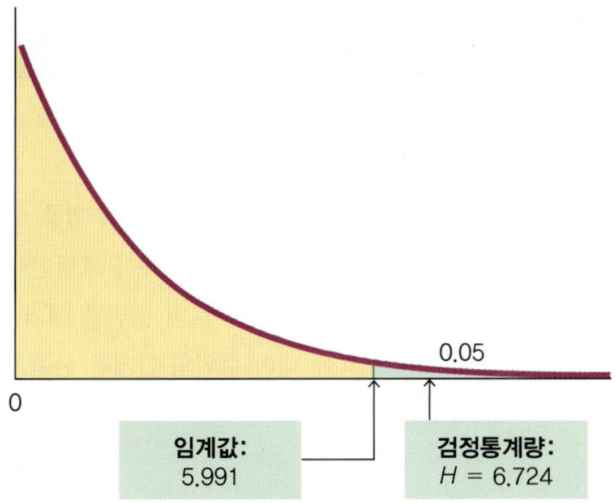

그림 13-4 [예제 1]과 관련한 χ^2 분포

(계속)

는 검정통계량 $H = 6.724$가 5.991로 경계된 임계값을 초과하여 임계역에 존재함을 보여줌으로, 동일한 중앙값을 가진다는 귀무가설을 기각할 수 있다. 카이제곱 분포는 자유도가 1 또는 2 일때 그림 13-4 처럼 일반적인 형태를 가진다.

해석

코티닌 수준에 대한 3개 표본은 모두 동일한 중앙값을 가지는 모집단에서 나온 것이라는 주장을 기각할 만한 충분한 증거가 있다. 모집단의 중앙값들은 유의하게 다른 것으로 보인다.

이론적 근거: 크루스칼-왈리스의 H 검정통계량은 12장에서 논의한 분산분석에 사용된 F 검정통계량의 순위 버전이다. 원래 값인 x 대신에 순위인 R을 처리할 때 많은 구성 요소가 미리 결정된다. 예를 들어, 모든 순위의 합계는 $N(N+1)/2$로 표현할 수 있다. 여기서 N은 모든 표본을 결합한 후의 표본 값의 총수이다.

$$H = \frac{12}{N(N+1)} \Sigma n_i (\overline{R}_i - \overline{\overline{R}})^2$$

여기에서

$$\overline{R}_i = \frac{R_i}{n_i}, \qquad \overline{\overline{R}} = \frac{\Sigma R_i}{\Sigma n_i}$$

는 H 검정통계량을 산출하기 위한 순위의 가중된 분산을 결합한 것이다. 여기에서의 H에 대한 표현은 이전의 검정통계량으로 주어진 H와 대수적으로 동일하다.

테크 센터

크루스칼-왈리스 검정

www.TriolaStats.com에서 기술 지침, 비디오, 데이터 집합을 참조하십시오.

13-5 기본적인 기술 및 개념

통계적 해석 및 비판적 사고

1. IQ점수에 대한 납의 영향 아래 제시된 것은 혈중 낮은 납 노출, 혈중 중간 납 노출 및 혈중 높은 납 노출의 대상자에 대한 단순임의표본으로서 전체 IQ점수를 포함한다(부록 B의 데이터 세트 8). 크루스칼-왈리스 검정을 사용할 때, 모든 결합된 자료의 순위를 매겨야 한다. 이후에 각 표본의 순위 합계를 찾아야 한다. 3개 표본 각각에 대한 순위의 합계를 산출하라.

혈중 낮은 납 수준	혈중 중간 납 수준	혈중 높은 납 수준
70	72	82
85	90	93
86	92	85
76	71	75
84	86	85
	79	

2. 표기 연습문제 1에서 주어진 자료에 대해서는 n_1, n_2, n_3, 그리고 N의 값을 구하라.

크루스칼-왈리스 검정 사용 연습문제 3~4에서는 크루스칼-왈리스 검정을 적용하라.

3. 차량 충돌 시 가슴 부상 다음에 제시된 소형차, 중형차, 대형차 표본에서의 흉부 압박감 측정값(g 단위)을 사용하라. 유의수준 0.05를 사용하여 표준 충돌 시험에서 서로 다른 크기 자동차 범주의 흉부 압박감의 중앙값은 동일하다는 주장을 검정하라. 이 자료는 대형차일수록 더 안전하다는 것을 말해 주는가?

소형차	44	39	37	54	39	44	42
중형차	36	53	43	42	52	49	41
대형차	32	45	41	38	37	38	33

4. 쌀에 함유된 비소 아래에 제시된 것은 3개의 다른 주에서 채취한 현미 표본에 들어 있는 비소의 양이다. 양은 비소의 마이크로그램으로 되어 있고, 모든 표본은 동일한 용량을 가지고 있다. 이 자료는 미국 식품의약국으로부터 제출받은 것이다. 유의수준 0.01을 사용하여, 표본 3개가 동일한 중앙값을 갖는 모집단에서 추출되었다는 주장을 검정하라.

아칸소	4.8	4.9	5.0	5.4	5.4	5.4	5.6	5.6	5.6	5.9	6.0	6.1
캘리포니아	1.5	3.7	4.0	4.5	4.9	5.1	5.3	5.4	5.4	5.5	5.6	5.6
텍사스	5.6	5.8	6.6	6.9	6.9	6.9	7.1	7.3	7.5	7.6	7.7	7.7

부록 B의 데이터 세트 연습문제 5~6에서는 부록 B에 제시된 데이터 세트와 함께 크루스칼-왈리스 검정을 수행하라.

5. 간접흡연 부록 B의 데이터 세트 14 "직접 및 간접 흡연"에는 흡연 대상자, 담배를 피우지 않으나 담배연기에 노출되는 대상자, 그리고 담배를 피우지도 않고 담배연기에 노출되지 않는 대상자의 코티닌 수준을 포함하고 있다. 코티닌은 신체가 니코틴을 흡수할 때 생산된다. 유의수준 0.01을 사용하여, 표본 3개가 같은 중앙값을 가지는 모집단에서 추출되었다는 주장을 검정하라. 담배를 피우지 않는 사람들만큼 니코틴을 많이 흡수한다고 주장하는 흡연자에 대한 결과는 어떠한가?

6. 담배 내 니코틴 부록 B의 데이터 세트 15 "담배 내용물"을 참조하여, 킹사이즈 담배, 100 mm 멘톨 담배, 100 mm 비멘톨 담배에 대한 니코틴(담배 당 ㎎)의 양을 사용하라. 킹사이즈의 담배는 필터가 없고, 비멘톨이며, 독한 담배이다. 100 mm 멘톨 담배는 필터가 있으나 독한 담배이다. 100 mm 비멘톨 담배는 필터가 있으나 독한 담배이다. 유의수준 0.05를 사용하여, 세 가지 범주

의 담배가 동일한 니코틴 양의 중앙값을 가진다는 주장을 검정하라. 킹사이즈 담배만 필터가 없다는 것을 감안할 때에 필터가 이러한 차이를 야기하는 것으로 보이는가?

13-5 기초를 넘어서

7. 동점이 존재하는 경우의 *H* 검정통계량 보정 크루스칼-왈리스 검정하는 데 있어서 동점의 값들이 많은 경우에 H 검정통계량을 아래와 같이 적용하는 보정계수가 있다. H 검정통계량은 아래의 값에 의해 나누어져야 한다.

$$1 - \frac{\Sigma T}{N^3 - N}$$

먼저 모든 표본자료를 하나의 목록으로 결합하고, 그 결합된 목록에서 동점인 표본 값들만을 다른 집단들로 하여라. 동점이 표본 값들의 각 개별 집단에 대해서 동점인 표본 값들의 개수를 확인하고 그 숫자를 t에 할당한 다음에 $T = t^3 - t$를 계산한다. 다음으로 ΣT를 획득하기 위해 모든 T들을 합하라. N의 값은 모든 표본의 전체 관측 수이다. [예제 1]에 대해서 H의 보정값을 찾기 위해서 이 절차를 사용하라. H의 보정값은 [예제 1]에서 찾은 값과 상당히 다른가?

13-6 순위상관

핵심 개념

이 절에서는 두 변수 사이의 관련성을 검정하기 위해 짝을 이룬 자료의 순위를 사용하는 순위상관의 비모수적 방법을 설명한다. 10-1절에서는 짝을 이룬 표본자료를 사용하여 선형 상관계수 r에 대한 값을 계산했지만, 이 절에서는 순위상관계수 r_s를 계산하기 위한 기초로서 순위를 사용한다. 10장에서와 같이 자료의 경향과 이상치를 확인하기 위해서 산점도를 작성하고 탐색하는 것부터 분석을 시작해야 한다.

정의

순위상관 검정(rank correlation test)[또는 **스피어만의 순위상관 검정(Spearman's rank correlation test)**]는 대응짝으로 구성된 표본자료의 순위를 사용하는 비모수적 검정이다. 두 변수 사이의 관련성을 검정하는데 사용된다.

순위상관계수에 대한 표기로서 r_s를 사용하여 선형 상관계수 r과 혼동되지 않도록 하였다. 여기에서 첨자 s는 표준편차를 지칭하지 않는다. 그것은 순위상관을 시작한 Charles Spearman(1863~1945)을 기리기 위해 사용된 것이다. 실제로 r_s는 흔히 **스피어만의 순위상관계수**라고 불린다. 순위상관 검정의 주요 요소는 다음의 핵심요소 상자에 수록되어 있으며, 순위상관 절차는 그림 13-5에 요약되어 있다.

핵심요소

순위상관

목표

순위상관계수 r_s을 계산하고, 이를 사용하여 두 변수 간의 관련성을 검정한다. 귀무가설 및 대립가설은 다음과 같다.

H_0: $\rho_s = 0$ (상관계수 없음)
H_1: $\rho_s \neq 0$ (상관계수 있음)

표기

r_s = 대응짝으로 구성된 표본자료에 대한 순위상관
(r_s는 표본 통계량)

ρ_s = 모든 모집단 자료에 대한 순위상관
(ρ_s는 모집단의 모수)

n = 짝을 이룬 표본자료의 수

d = 개별 짝에서의 두 값의 차이

요구사항

1. 짝을 이룬 자료는 단순임의표본이다.
2. 자료는 순위이거나 순위로 변환될 수 있다.

주: 10-1절의 모수적인 방법과는 달리 짝을 이룬 표본자료가 이변량 정규분포(10-1절에서 설명함)를 따를 필요는 없다. 더불어 모든 모집단에 대한 정규분포의 요구사항도 없다.

검정통계량

각 표본 내에서 먼저 자료를 순위로 변환한 다음에 공식 10-1을 사용하여 순위상관계수 r_s의 정확한 값을 산출한다.

공식 10-1

$$r_s = \frac{n(\Sigma xy) - (\Sigma x)(\Sigma y)}{\sqrt{n(\Sigma x^2) - (\Sigma x)^2}\sqrt{n(\Sigma y^2) - (\Sigma y)^2}}$$

동점인 자료가 없는 경우 더 간단한 검정통계량: 각 표본자료를 순위로 변환한 후에 첫 번째 변수에 대한 동점의 자료 및 두 번째 변수에 대한 동점의 자료가 없는 경우에 검정통계량의 정확한 값은 공식 10-1 또는 다음의 상대적으로 더 간단한 수식으로 계산될 수 있다. 그러나 통계패키지 등에서는 일반적으로 공식 10-1을 사용하여 산출한다.

$$r_s = 1 - \frac{6\Sigma d^2}{n(n^2 - 1)}$$

*P*값

*P*값은 통계패키지 등에 의해 제공되지만, 스피어만의 순위상관에서 나온 경우에만 사용한다(선형 상관계수를 검정한 결과로 *P*값을 사용하지 말고, 561쪽 상단의 "주의"를 참조하라).

임계값

1. 만일 $n \le 30$이면 임계값은 표 A-9에서 찾을 수 있다.
2. 만일 $n > 30$이면 r_s의 임계값은 공식 13-1을 통해 찾을 수 있다.

공식 10-1

$$r_s = \frac{\pm z}{\sqrt{n - 1}} \quad (\text{단 } n > 30\text{인 경우의 임계값})$$

여기에서 z의 값은 유의수준에 따라서 변화한다(예를 들어 $\alpha = 0.05$이면 $z = 1.96$이다).

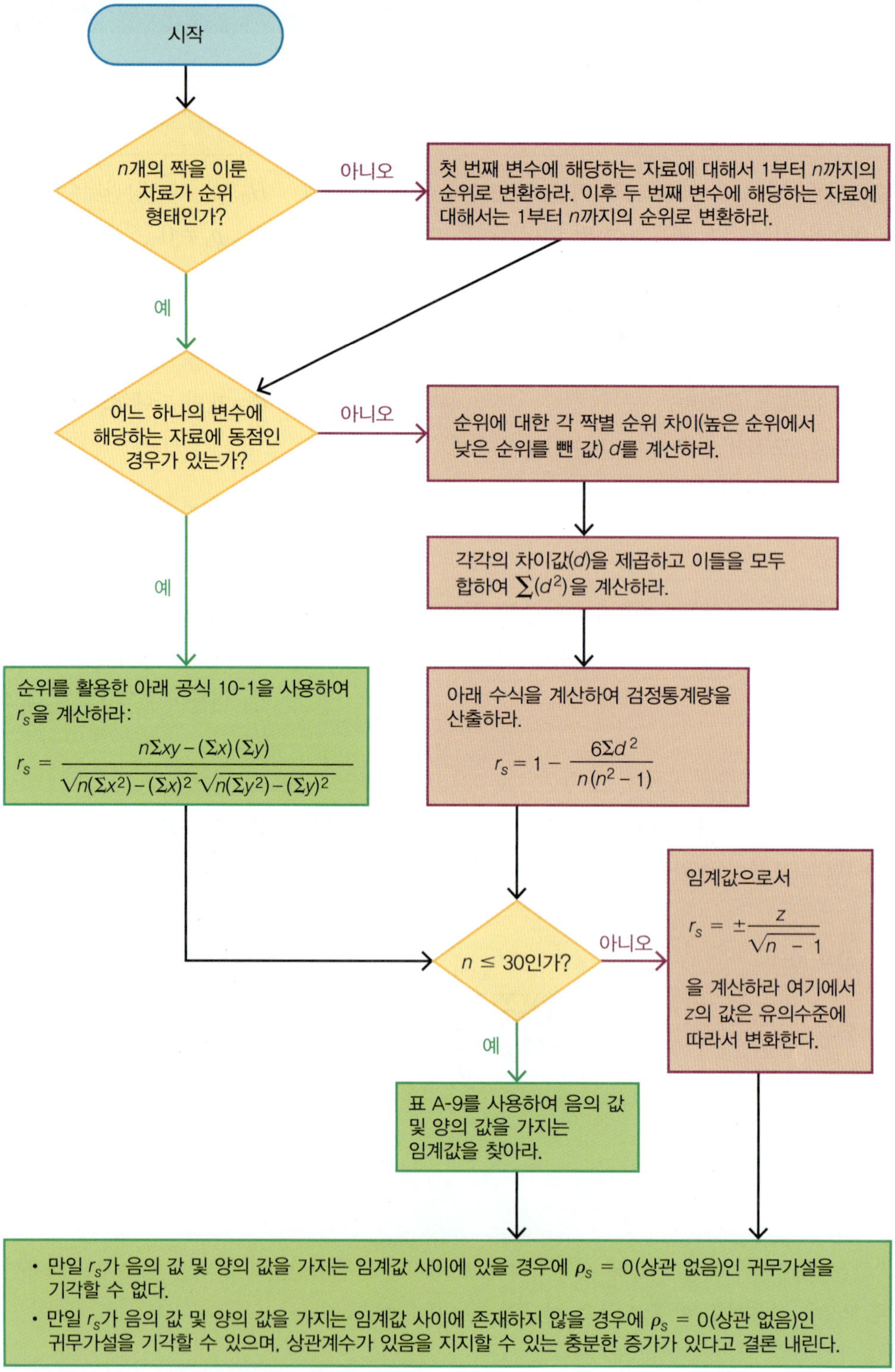

그림 13-5 H_0: $\rho_s = 0$을 검정하기 위한 순위상관 절차

주의 순위상관 분석 방법에 선형 상관계수의 P값을 사용하지 말라. 순위 값들에 동점을 가지고 있는 자료로 검정을 수행할 때에, 순위상관계수 r_s는 공식 10-1을 사용하여 계산될 수 있다. 공식 10-1의 수작업 계산을 하는 대신에 통계패키지 등을 사용할 수 있으나, 선형 상관계수에서 표시되는 P값은 순위상관 방법에 적용될 수 없다.

순위상관의 장점 순위상관은 10장에서 논의된 모수적인 방법보다 이점이 많다.

1. 순위상관은 순위 또는 순위로 변환될 수 있는 짝을 이룬 자료에 사용될 수 있다. 10장의 모수적인 방법과는 달리 순위상관 방법은 어떤 모집단에 대한 정규분포 가정을 필요로 하지 않는다.
2. 순위상관은 선형이 아닌 일부의 관련성(모두는 아님)을 확인하는 데 사용될 수 있다.

순위상관의 단점: 효율성 13.1절에서 설명한 것처럼 순위상관의 단점은 효율성이 0.91이라는 것이다. 이 효율성 수준은 다른 모든 상황이 동일할 때 순위상관의 비모수적 접근법은 모수적 접근을 위한 요구사항들이 충족되어 모수적 접근법을 통해 분석된 91개의 짝을 이룬 표본 관측과 동일한 결과를 획득하기 위해서는 100개의 짝을 이룬 표본자료를 필요로 한다는 것을 말한다.

예제 1 박테리아 증식

한 실험은 박테리아의 증식과 관련한 것이다. 표 13-6에는 실험 시작 후 임의로 선택된 시간(hr 단위)과 이때 존재하는 박테리아 수가 제시되어 있다. 유의수준 0.05를 사용하여 시간과 집단 크기(박테리아의 수) 사이에 상관이 있다는 주장을 검정하라.

풀이

조건 확인 자료는 단순임의표본이고, 순위로 변환될 수 있다. ✓

귀무가설과 대립가설은 다음과 같다.

$$H_0\colon \rho_s = 0 \text{ (상관 없음)}$$

$$H_1\colon \rho_s \neq 0 \text{ (상관 있음)}$$

그림 13-5에 요약된 순위상관 절차를 참조하여 해결할 수 있다. 원래 값은 순위가 아니므로 순위로 변환하여 표 13-7에 결과를 입력한다. (13-1절에서는 점수를 순위로 변환하는 절차를 기술하고 있다.)

표 13-6 증식하는 박테리아의 수

시간(hours)	6	107	109	125	126	128	133	143	177	606
집단의 크기(박테리아의 수)	2	3	4	10	16	29	35	38	41	45

(계속)

흡연과 암 사이의 직접적인 연결

두 변수 사이에 통계적 상관의 존재가 발견될 때, 원인-효과 관계(cause-effect link)가 있다고 결론짓는 실수를 피하기 위해 매우 신중해야 한다. 담배업계는 담배가 암을 유발한다는 것을 부인하면서, 상관이 원인적 연관성(causality)을 의미하는 것은 아니라고 일관되게 강조해 왔다. 그러나 Johns Hopkins 대학의 David Sidransky 박사와 다른 연구원들은 흡연자들 사이에서 특정 유전자의 돌연변이를 포함하는 직접적인 신체적 연관성을 발견했다. 유전적 변화에 대한 분자 분석(molecular analysis)을 통해 연구원들이 흡연이 암의 원인인지 여부를 판단할 수 있게 하였다("Association Between Cigarette Smoking and Mutation of the p53 Gene in Squamous-Cell Carcinoma of the Head and Neck, by Brennan, Boyle, et al., *New England Journal of Medicine*, Vol. 332, No. 11."을 참조). 비록 통계적 방법으로 흡연이 암을 유발한다는 것을 증명할 수는 없지만, 통계적 방법을 사용하여 관련성을 확인할 수는 있다. 이를 통해 그 후 연구자들에 의해 원인적 연관성이 발견될 수 있다.

표 13-7 표 13-6의 순위

시간의 순위	1	2	3	4	5	6	7	8	9	10
집단 크기의 순위	1	2	3	4	5	6	7	8	9	10
차이값 d	0	0	0	0	0	0	0	0	0	0
d^2	0	0	0	0	0	0	0	0	0	0

시간과 관련한 변수의 순위 및 집단의 크기 관련한 변수의 순위에 동점이 없다. 이에 따라 차이값 d를 계산하고 제곱하여, 모든 d^2를 합했다. 검정통계량의 값은 아래와 같이 계산된다.

$$r_s = 1 - \frac{6\Sigma d^2}{n(n^2-1)} = 1 - \frac{6(0)}{10(10^2-1)}$$
$$= 1 - \frac{0}{990} = 1$$

$n = 10$인 경우에 표 A-9를 사용하여 ±0.648의 임계값을 찾을 수 있다. 마지막으로 $r_s = 1$의 검정통계량 값은 −0.648과 0.648의 사이에 존재하지 않으므로 $\rho_s = 0$의 귀무가설을 기각할 수 있다. 박테리아의 경우에 시간과 집단 크기 사이에 상관이 있다는 주장을 뒷받침할 충분한 증거가 있다.

비선형 패턴

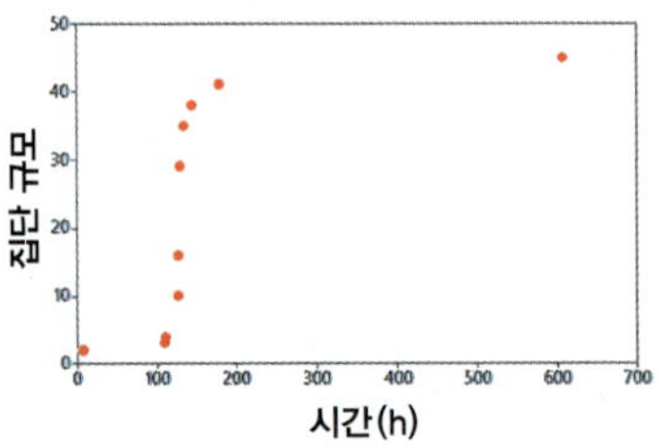

비선형 경향의 확인 [예제 1]에서 10-1절의 방법을 사용하여 선형 상관을 검정하면, $r = 0.621$의 검정통계량과 −0.632와 0.632의 임계값을 얻을 수 있으므로 시간과 집단 규모 사이의 선형 상관계수를 뒷받침할 충분한 증거가 있다고 할 수 없다. 만일 여기에 제시된 산점도를 확인해보면 직선적인 경향이 아니라는 것을 확인할 수 있다. [예제 1]은 모수적인 접근법에 비해 비모수적인 접근법의 장점을 보여준다.

순위상관을 사용하면 때때로 선형이 아닌 관계를 감지할 수 있다.

예제 2 큰 표본자료의 경우

부록 B의 데이터 세트 1 "신체 자료"에서 임의 선택된 여성 147명의 이완기 혈압 및 수축기 혈압 측정값을 참조하라. 유의수준 0.05를 사용하여 여성들 사이에 이완기 혈압과 수축기 혈압 사이에 상관이 있다는 주장을 검정하라.

풀이

조건 확인 자료는 단순임의표본이며, 순위로 변환될 수 있다. ✓

검정통계량 순위상관계수의 값은 $r_s = 0.354$으로, 통계패키지 등을 사용하여 확인할 수 있다.

임계값 147개의 짝을 이룬 자료가 있기 때문에 $n = 147$을 적용해야 한다. n은 30을 초과하기 때문에 표 A-9 대신에 공식 13-1을 통해 임계값을 찾는다. 유의수준 $\alpha = 0.05$

에 대한 양측검정으로 $z = 1.96$로 하여 임계값은 -0.162와 0.162으로 계산할 수 있다.

$$r_s = \frac{\pm z}{\sqrt{n-1}} = \frac{\pm 1.96}{\sqrt{147-1}} = \pm 0.162$$

$r_s = 0.354$의 검정통계량 값은 -0.162와 0.162의 임계값 사이에 존재하지 않으므로 $r_s = 0$에 대한 귀무가설을 기각할 수 있다. 여성들 사이에 이완기 혈압과 수축기 혈압에는 상관이 존재한다고 결론내릴 수 있다.

테크 센터

순위상관

www.TriolaStats.com에서 기술 지침, 비디오, 데이터 집합을 참조하십시오.

13-6 기본적인 기술 및 개념

통계적 해석 및 비판적 사고

1. 회귀 이 절의 방법을 짝을 이룬 표본자료에 적용하여 두 변수 사이의 상관에 대한 주장을 뒷받침할 충분한 증거가 있다고 확인할 수 있다면, 10-2절의 방법을 사용하여 예측에 사용할 수 있는 회귀식을 산출할 수 있는가? 그 이유는 무엇인가?

2. 표기 r, r_s, ρ 그리고 ρ_s는 무엇을 의미하는가? 첨자 s는 왜 사용하는가? 첨자 s는 3-2절에 도입된 표준편차 s를 의미하는가?

연습문제 3에서는 산점도를 사용하여 순위상관계수 r_s를 산출하고, $\rho_s = 0$의 귀무가설을 검정하기 위해 유의수준 0.05에 해당하는 임계값을 찾아라, 상관이 있는지 여부를 판단하라.

3. 나무의 수령과 높이

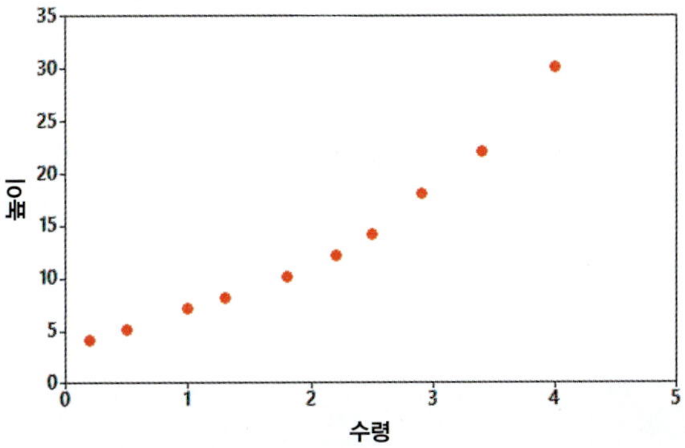

순위상관 검정 **연습문제 4~5에서는 순위상관을 사용하여 두 변수 사이의 상관을 검정하라. 유의수준 $\alpha = 0.05$를 사용하라.**

4. 귀뚜라미와 기온 1분 동안의 귀뚜라미 울음 횟수와 기온과의 관련성을 연구하였다. 아래에는 1분 동안의 귀뚜라미 울음 횟수와 화씨 단위의 해당 온도가 제시되어 있다("*The Song of Insects* by George W. Pierce, Harvard University Press"에 기초). 1분 동안의 귀뚜라미 울음 횟수와 기온 사이에 관계가 있다는 충분한 증거가 있는가?

1분 동안의 귀뚜라미 울음 횟수	882	1188	1104	864	1200	1032	960	900
기온(°F)	69.7	93.3	84.3	76.3	88.6	82.6	71.6	79.6

5. 흡연과 니코틴 니코틴이 몸에 흡수되면 코티닌이 분비된다. 따라서 체내 코티닌의 측정은 한 사람이 얼마나 담배를 피우는지 보여주는 좋은 지표다. 아래에 보고된 것은 하루에 피운 담배의 수와 측정된 니코틴 양이다(이 값은 National Health Examination Survey에서 임의 선택된 대상자의 측정값이다). 유의미한 선형 상관이 있는가? 결과를 설명하라.

x(담배의 양/일)	60	10	4	15	10	1	20	8	7	10	10	20
y(코티닌)	179	283	75.6	174	209	9.51	350	1.85	43.4	25.1	408	344

부록 B 데이터 세트 연습문제 6~7에서는 부록 B의 자료를 사용하여 유의수준 0.05에서의 순위상관을 검정하라.

6. 혈압 부록 B의 데이터 세트 1 "신체 자료"의 임의 선택된 남성 153명을 대상으로 측정된 이완기 및 수축기 혈압 측정값을 참조하라. 유의수준 0.05를 사용하여 남성들 사이에 이완기 혈압과 수축기 혈압 사이에 상관이 있다는 주장을 검정하라.

7. 곰의 가슴 크기와 무게 부록 B의 데이터 세트 11 "곰 측정"을 참조하고, 곰의 가슴 크기와 무게 사이의 상관을 검정하라.

13-6 기초를 넘어서

8. 임계값 찾기 순위상관에 대한 임계값을 찾기 위해 표 A-9를 사용하는 또다른 방법은 아래의 근사치를 사용하여 계산하는 것이다.

$$r_s = \pm\sqrt{\frac{t^2}{t^2 + n - 2}}$$

여기에서 t는 유의수준과 자유도 $(n-2)$에 해당하는 표 A-3에서의 임계값 t값이다. 연습문제 6. "혈압"에 대해서 r_s의 임계값을 찾기 위해서 위의 근사치를 사용하라. 산출된 결과는 공식 13-1을 사용하여 확인할 수 있는 임계값과 어떻게 비교될 수 있는가?

장별 퀴즈

1. 휴대전화 방사선 이 장의 비모수적 방법 중에 일부는 자료의 순위를 사용한다. 측정된 휴대전화의 방사선 흡수율에 해당하는 순위를 찾아라(단위 W/kg): 1.18, 1.41, 1.49, 1.04, 1.45, 0.74, 0.89, 1.42, 1.45, 0.51, 1.38.

2. 비모수적 검정

a. 다음 중 "non-parametric test"이라는 용어 대신에 때때로 사용되는 용어는 어떤 것이 있는가? *normality test; abnormality test; distribution-free test; last testament; test of patience*?

b. (a)에 대한 답으로서 해당 용어가 "non-parametric test"라는 용어보다 더 나은가?

3. 발의 길이/신장 비모수적 검정의 결과는 모수적 검정의 결론과 항상 동일한가?

4. 부호검정과 윌콕슨 부호순위검정 대응짝으로 이루어진 자료를 분석할 때에 부호검정보다 윌콕슨 부호순위검정의 주요 장점은 무엇인가?

5. 어떤 검정? 표본자료에 대한 다음 특성들이 주어질 때 윌콕슨 순위합검정에 사용될 수 있는 것은 어떤 것인가? 개별 값들에 대한 하나의 표본, 2개의 독립 표본, 4개의 독립 표본, 대응짝.

복습문제

비모수적 검정 사용하기 **연습문제 1~4에서는 제시된 검정과 함께 유의수준 0.05를 사용하라. 특별한 검정이 지정되지 않은 경우에는 13장의 비모수적 검정을 적절히 적용하라.**

1. 인터넷 또는 의사 2015년 성인 대상 조사에서 1,108명은 의사보다 인터넷에서 의학정보를 더 자주 얻는다고 했다(Merck Survey에 기초). 성인의 대다수가 의사보다 인터넷에서 더 자주 의료정보를 얻는다는 주장을 검정하라.

2. 환자 대기 시간 윌콕슨 부호순위검정을 사용하여 앞의 연습문제를 반복하라.

3. 노벨상과 초콜릿 소비 아래 표에는 여러 나라의 초콜릿 소비량(1인당 kg)과 노벨상 수상자 수(1000만 명당)가 제시되어 있다. 초콜릿 소비와 노벨상 수상자들의 비율 사이에는 어떤 상관이 있는가? 이와 같은 상관은 어떻게 설명될 수 있는가?

초콜릿	11.6	2.5	8.8	3.7	1.8	4.5	9.4	3.6	2.0	3.6	6.4
노벨	12.7	1.9	12.7	3.3	1.5	11.4	25.5	3.1	1.9	1.7	31.9

4. 두개골 폭과 고고학 앞의 연습문제를 참조하여 기원전 4000년과 서기 150년의 두개골 폭에 대한 자료만을 사용하라. 윌콕슨 순위합검정을 사용하여 두 표본이 동일한 중앙값을 가지는 모집단에서 왔다는 주장을 검정하라.

누적 복습문제

연습문제 1~3에서는 아래에 제시된 자료를 사용하라. 아래의 값들은 이번 학기에 풀타임 생물통계학 학생들이 수강한 수업시간의 수이다. 해당 자료는 저자들 중 한명이 개설한 강의에서 나온 것이다.

15 15 13 16 12 15 18 16 15 14 16 15 17 12 15 15 14 14 12 12

1. 기술통계 표본자료의 평균, 중앙값, 표준편차, 분산 및 범위를 찾아라. 자료가 수강 시간이므로

결과에 적절한 단위를 포함하여 설명하라.

2. 수강시간: 가설검정 주어진 자료를 사용하여 수강시간의 평균이 14시간보다 큰 모집단의 표본이라는 주장을 검정하라.

3. 수강시간: 신뢰구간 풀타임 학생 모집단의 수강시간에 대한 95% 신뢰구간 추정값을 산출하라, 결과를 해석하는 간단한 문장을 작성하라.

4. 약물검사 앞 연습문제의 자료를 사용하여, 미국 근로자의 약물검사 양성결과 비율이 3.0% 이상이라는 주장을 검정하라. 유의수준 0.05를 사용하라.

5. 고소 공포 *USA Today* 웹사이트의 독자 중 285명은 "고층 빌딩에서의 높이가 두려운가?"라는 질문에 대한 답변을 하였다. 응답한 사람 중 '그렇다'는 응답이 46%이였으며, '아니다'는 응답이 54%이었다. 유의수준 0.05를 사용하여 모집단의 대다수가 고층 빌딩의 높이를 두려워하지 않는다는 주장을 검정하라. 이 가설검정에 무슨 문제가 있는가?

기술 프로젝트

성별 선택 방법은 부모들에 대한 처리와 이후 출생한 자손의 후속 분석을 포함하는 실험에서 검정될 수 있다. 실제로 자식을 낳는 대신에 그들의 자식에 대한 시뮬레이션을 위해 통계패키지 등을 사용할 것이다. SPSS, SAS, Statdisk, Minitab, Excel, TI-83/84 Plus 계산기 등을 사용하여 각각 0 또는 1의 값을 임의로 생성한다(시뮬레이션 기능에 대해서는 4장의 기술 프로젝트 참조). 1을 남아로 0을 여아로 함으로서 1,000명의 자녀에 대한 표본을 확보하게 된다. 여기에서 남아와 여아가 동등하게 출생할 가능성이 있는지를 판단하기 위해서 부호검정을 사용할 수 있다. 사실 이 경우는 통계패키지 등이 0 또는 1에 편향된 시뮬레이션 결과를 제공하는지 여부를 검정하는 것이다. 1,000개의 값을 생성한 다음에 부호검정을 사용하여 결과를 분석하라. 통계패키지 등은 편향된 결과를 제공하는가? 더 큰 표본크기를 사용하는 경우에 편향된 결과를 확인할 수 있는가?

자료로부터의 결정

비판적 생각: 지리적 위치가 출생아 체중에 영향을 미치는가?

부록 B의 데이터 세트 3 "출생"은 뉴욕주의 지리적 위치가 매우 다른 4개 병원의 출생아 체중을 포함하고 있다. 지리적 위치가 출생아 체중에 미치는 영향을 조사하길 원한다.

분석

- 어떤 비모수적 검정이 적용되는가?
- 적절한 비모수적 검정방법의 요구사항이 무엇인지를 제시하고, 만족여부를 확인하라.
- 검정을 수행하고 결론을 내려라.

그룹 활동

1. 수업 활동 8명에서 12명의 집단으로 나누어라. 각 집단 구성원별로 신장을 측정하고 팔의 길이를 측정하라. 팔의 길이는 비행기 날개처럼 팔을 뻗은 채로 서 있는 상태에서 측정한다. 다음과 같은 과제를 3~4명의 하위 집단으로 나누어 실시하라.

a. 신장과 팔 길이 사이에 상관이 있는지 여부를 결정하기 위해 짝을 이룬 표본자료에 대한 순위상관을 적용하라.

b. 부호검정을 사용하여 두 변수 사이의 차이를 검정하라.

c. 윌콕슨 부호순위검정을 사용하여 두 변수 사이의 차이를 검정하라.

2. 수업 외 활동 3~4명의 학생들로 구성된 집단으로 나누어라. 구성원 자신들이 짝을 이룬 표본자료를 수집하고, 13-6절의 방법을 사용하여 상관이 존재하는지 여부를 결정하라. 제안되는 주제는 아래와 같다.

- 남성(또는 여성)의 발 길이와 신장 사이에 상관이 있는가?
- 아버지(또는 어머니)의 신장과 첫째 아들(또는 첫째 딸)의 신장 사이에 상관이 있는가?

3. 수업 활동 8명에서 12명의 집단으로 나누어라. 각 집단 구성원별로 신장을 측정하고 또한 바닥으로부터 배꼽까지의 높이인 배꼽 높이를 측정하라. 순위상관을 사용하여 신장과 배꼽 높이 사이에 상관이 있는지 여부를 판단하라.

14 생존분석
Survival Analysis

이 장의 문제

사망자 집단은 유의하게 높은가?

언론은 종종 근본적인 원인이 조사되어야 하는 질병 또는 사망자 집단에 대해서 보고한다. 예를 들어, *Pittsburgh Post Gazette*는 펜실베니아 서부의 14개 카운티에서 심장 질환, 호흡기 질환 및 폐암으로 인한 14,636명의 사망은 일상적인 현실에서 예상되는 것보다 많다고 보고했다. 많은 주민들이 환경오염을 원인으로 생각했으나, 그러한 집단의 존재 및 원인에 대해서는 확인하지 못했다.

다른 지역에 16번째 생일을 맞이하는 5,000명의 사람들이 있고 그들 중에서 25명이 17번째 생일 전에 사망한다고 가정해보라. 우려를 표명한 부모는 이러한 사망자 수는 상당히 높은 것으로 판단하여 사망 원인에 대한 포괄적인 연구가 진행되어야 한다고 주장할 수 있다. 다른 사람들은 16~17세 사이의 사망자 수는 당연히 매년 달라질 수 있다고 제안한다. 즉 어떤 해는 평균보다 적은 사망자가 발생하고 다른 해는 불균형적으로 많은 사망자가 발생할 수 있기 때문에 25명의 사망자는 걱정거리가 아닐 수도 있다는 것이다.

어떻게 이 문제를 객관적으로 해결할 수 있는가? 하나의 필수적인 정보는 해당 연령대 사람들에 대한 사망률이다. 이 비율은 생명표에서 추출할 수 있으며, 여기서 제시된 것과 같은 상황에서 매우 유용할 수 있다. 이번 장에서는 생명표의 여러 요소들을 고려할 것이고 위에서 제기된 질문들을 다루기 위해 구체적이고 실제적인 생명표를 사용할 것이다.

이 장의 목표

이 장의 주요 목표는 다음과 같다.

14-1 생명표

- 사망률 및 수명자료 분석을 위해 생명표를 사용할 수 있는 능력을 개발한다.

14-2 카플란-마이어 생존분석

- 일정 기간 동안의 생존확률을 결정하기 위해 카플란-마이어 방법을 사용하고 생존자료 표와 그래프를 구성하고 해석하는 능력을 개발한다.

14-1 생명표

생명표는 정부 기관과 민간 기업에 의해 주기적으로 작성되어 왔는데, 이러한 생명표의 사용은 다양한 분야에 매우 중요하다. 야생동물 개체군에 대한 연구는 종종 생명표를 포함한다. 보험회사는 생명표에 기재된 정보가 없으면 생명보험을 제공할 수 없다. “term” 생명보험은 기본적으로 일정 기간 내에 사람이 살거나 죽을 것이라는 내기를 하는 것으로, 내기의 금액(보험료나 보험료 액수)은 해당 기간 내에 대상자가 살거나 죽을 확률을 반영해야 한다. 많은 전문가들은 미국인들의 건강을 모니터링하는데, 그들의 분석에는 그러한 비교의 근거로 생명표를 사용한다. 다른 정책 입안자들은 사람들이 얼마나 오래 살 것으로 예상되는지 파악하고 이를 근거로 사람들의 건강관리 및 재정의 필요 정도를 가늠한다. 예를 들어, 미국 내 직원들은 전형적으로 정부에 의해 유지되는 큰 사회보장(Social Security) 기금을 가지고 있다. 이 기금은 직원들이 고령화되고 은퇴할 때에 재정 지원을 하는 데 쓰이기 위한 것이다. 그러나 사람들이 더 오래 사는 경향이 있기 때문에, 해당 기금의 지불은 더 긴 기간 동안 계속되어야 하고 미래 세대가 사회보장제도의 혜택을 계속적으로 누릴 수 있도록 하기 위해서는 신중한 계획이 요구된다. 이러한 세심한 계획에는 수명 변화에 대한 정확한 정보, 즉 생명표에 이용할 수 있는 정보가 필요하다. 이처럼 생명표는 많은 응용 분야에 있어 핵심 도구가 되고 있다.

생명표에는 사망률과 수명에 대한 정보가 포함되어 있지만 여러 유형의 생명표가 있다. **코호트(cohort)**[또는 **세대(generation)**] 생명표는 1960년에 태어난 모든 사람들과 같이 특정 집단의 실제 관측된 사망 경험을 기록한 것이다. 코호트 생명표에는 수십 년의 기간에 걸쳐 수집된 완전한 자료가 필요하기 때문에, 그것들은 매우 실용적이지 않고 일반적으로는 사용되지도 않는다. 이 절에서 설명하고자 하는 것은 **기간 생명표**(*period life tables*)이다. 이후의 **생명표**라고 함은 다음과 같이 정의된 기간 생명표를 의미한다.

정의

기간(또는 현재 **current**) 생명표(period life tables)는 가상(또는 "합성") 코호트에 대한 사망률과 수명 자료를 다음과 같이 가정하여 계산한 자료로 설명한다.

> **특정 기준 연도(2010년 등)의 사망률에 영향을 미치는 상황은 가상 코호트의 모든 사람들에게 일생 동안 동일하게 유지된다.**

기간 생명표는 특정 기준년도 동안에 존재했던 사망 조건에 대한 장기적인 결과를 보여준다.

다음 두 쪽의 표 14-1은 기간 생명표 사례이다. 표 14-1은 2010년의 미국 기간 생명표이기 때문에, 다음의 중요한 사항이 가정되어 있다. 2010년의 영향에 있는 다양한 연령층의 사망률은 0세에 존재하는 것으로 가정하여 10만 명의 가상적인 사람들 전체 생애 동안 계속적으로 유효하다. 즉, 2010년에 10만 명의 인구가 태어난다고 가정하고, 그들은 각각 2010년에 존재했던 것과 같은 일정한 사망률을 가진 세상에서 평생을 살고 있다는 것이다.

표 14-1은 국립보건통계센터가 제공한 것으로, 미국 인구조사국(인구 추정용)과 Medicare 프로그램(건강관리를 위해 재정지원을 제공하는 정부 프로그램), 다른 주에서 발행된 사망진단서 등의 실제 자료를 바탕으로 작성되었다. 실제 사망 자료가 수집되었지만, 10만 명의 가상적인 사람들의 특성을 기술하는 데 사용되었다.

표 14-1은 다양한 인종의 남성과 여성을 포함한 미국 전체 인구를 대표하는 10만 명의 가상적인 인구를 기술하고 있다. 사망 특성은 다양한 성별과 인종 집단에서 매우 다를 수 있기 때문에 특정 하위집단에 대한 표를 갖는 것이 일반적이다. 이 글을 쓸 때, 기간 생명표는 남자, 여자, 백인, 백인 남자, 백인 여자, 흑인, 흑인 남자, 흑인 여자에 대해 이용할 수 있었다. 여기에서는 이러한 모든 생명표를 제공하지는 않지만, 필요한 경우 표 14-1 대신하여 사용되어야 한다. 예를 들어, 19세 백인 남성에 대한 기간 생명보험의 비용을 계산하길 원한다면, 전체 모집단을 포함하는 표 14-1보다 백인 남성에 대한 기간 생명표에서 더 정확한 정보를 얻을 수 있다.

표 14-1 미국 2010년의 전체 인구에 대한 생명표

연령 구간	연령 구간 내 사망 확률	연령 구간의 시작 시점에 생존자 수	연령 구간 내 사망자 수	생존인년(연령 구간 내 생존한 사람들의 전체 기간)	전체 생존인년(해당 연령 구간을 포함한 다음 연령 구간의 모든 생존인년 합계)	기대수명(연령 구간의 시작시점에서의)
0~1	0.006123	100,000	612	99,465	7,866,027	78.7
1~2	0.000428	99,388	43	99,366	7,766,561	78.1
2~3	0.000275	99,345	27	99,331	7,667,195	77.2
3~4	0.000211	99,318	21	99,307	7,567,864	76.2
4~5	0.000158	99,297	16	99,289	7,468,556	75.2
5~6	0.000145	99,281	14	99,274	7,369,267	74.2
6~7	0.000128	99,267	13	99,260	7,269,993	73.2
7~8	0.000114	99,254	11	99,249	7,170,733	72.2
8~9	0.000100	99,243	10	99,238	7,071,484	71.3
9~10	0.000087	99,233	9	99,229	6,972,246	70.3
10~11	0.000079	99,224	8	99,220	6,873,017	69.3
11~12	0.000086	99,216	9	99,212	6,773,797	68.3
12~13	0.000116	99,208	12	99,202	6,674,585	67.3
13~14	0.000175	99,196	17	99,188	6,575,383	66.3
14~15	0.000252	99,179	25	99,167	6,476,195	65.3
15~16	0.000333	99,154	33	99,138	6,377,028	64.3
16~17	0.000412	99,121	41	99,101	6,277,891	63.3
17~18	0.000492	99,080	49	99,056	6,178,790	62.4
18~19	0.000573	99,032	57	99,003	6,079,734	61.4
19~20	0.000655	98,975	65	98,942	5,980,731	60.4
20~21	0.000744	98,910	74	98,873	5,881,789	59.5
21~22	0.000829	98,836	82	98,795	5,782,916	58.5
22~23	0.000892	98,754	88	98,710	5,684,120	57.6
23~24	0.000925	98,666	91	98,621	5,585,410	56.6
24~25	0.000934	98,575	92	98,529	5,486,789	55.7
25~26	0.000936	98,483	92	98,437	5,388,260	54.7
26~27	0.000943	98,391	93	98,344	5,289,824	53.8
27~28	0.000953	98,298	94	98,251	5,191,479	52.8
28~29	0.000971	98,204	95	98,157	5,093,228	51.9
29~30	0.000998	98,109	98	98,060	4,995,071	50.9
30~31	0.001029	98,011	101	97,961	4,897,011	50.0
31~32	0.001063	97,910	104	97,858	4,799,051	49.0
32~33	0.001099	97,806	108	97,752	4,701,193	48.1
33~34	0.001137	97,699	111	97,643	4,603,440	47.1
34~35	0.001180	97,587	115	97,530	4,505,797	46.2
35~36	0.001235	97,472	120	97,412	4,408,267	45.2
36~37	0.001302	97,352	127	97,289	4,310,855	44.3
37~38	0.001377	97,225	134	97,158	4,213,567	43.3
38~39	0.001461	97,091	142	97,020	4,116,408	42.4
39~40	0.001557	96,949	151	96,874	4,019,388	41.5
40~41	0.001663	96,798	161	96,718	3,922,514	40.5
41~42	0.001793	96,637	173	96,551	3,825,796	39.6
42~43	0.001962	96,464	189	96,370	3,729,245	38.7
43~44	0.002177	96,275	210	96,170	3,632,875	37.7
44~45	0.002423	96,065	233	95,949	3,536,705	36.8
45~46	0.002676	95,833	256	95,704	3,440,756	35.9
46~47	0.002931	95,576	280	95,436	3,345,052	35.0
47~48	0.003205	95,296	305	95,143	3,249,616	34.1
48~49	0.003505	94,990	333	94,824	3,154,473	33.2
49~50	0.003830	94,658	363	94,476	3,059,649	32.3
50~51	0.004177	94,295	394	94,098	2,965,173	31.4

표 14-1 미국 2010년의 전체 인구에 대한 생명표(계속)

연령 구간	연령 구간 내 사망 확률	연령 구간의 시작 시점에 생존자 수	연령 구간 내 사망자 수	생존인년(연령 구간 내 생존한 사람들의 전체 기간)	전체 생존인년(해당 연령 구간을 포함한 다음 연령 구간의 모든 생존인년 합계)	기대수명(연령 구간의 시작시점에서의)
51~52	0.004535	93,901	426	93,688	2,871,075	30.6
52~53	0.004903	93,475	458	93,246	2,777,386	29.7
53~54	0.005284	93,017	491	92,771	2,684,140	28.9
54~55	0.005684	92,526	526	92,263	2,591,369	28.0
55~56	0.006117	92,000	563	91,718	2,499,106	27.2
56~57	0.006589	91,437	603	91,136	2,407,388	26.3
57~58	0.007095	90,834	644	90,512	2,316,253	25.5
58~59	0.007626	90,190	688	89,846	2,225,741	24.7
59~60	0.008180	89,502	732	89,136	2,135,895	23.9
60~61	0.008767	88,770	778	88,381	2,046,759	23.1
61~62	0.009397	87,992	827	87,578	1,958,378	22.3
62~63	0.010085	87,165	879	86,725	1,870,800	21.5
63~64	0.010863	86,286	937	85,817	1,784,075	20.7
64~65	0.011758	85,348	1,004	84,847	1,698,258	19.9
65~66	0.012810	84,345	1,080	83,805	1,613,411	19.1
66~67	0.014011	83,264	1,167	82,681	1,529,606	18.4
67~68	0.015290	82,098	1,255	81,470	1,446,925	17.6
68~69	0.016601	80,843	1,342	80,172	1,365,455	16.9
69~70	0.018005	79,501	1,431	78,785	1,285,283	16.2
70~71	0.019548	78,069	1,526	77,306	1,206,499	15.5
71~72	0.021294	76,543	1,630	75,728	1,129,192	14.8
72~73	0.023275	74,913	1,744	74,041	1,053,464	14.1
73~74	0.025528	73,169	1,868	72,236	979,423	13.4
74~75	0.028061	71,302	2,001	70,301	907,188	12.7
75~76	0.030820	69,301	2,136	68,233	836,886	12.1
76~77	0.033775	67,165	2,268	66,031	768,654	11.4
77~78	0.037252	64,896	2,418	63,688	702,623	10.8
78~79	0.041136	62,479	2,570	61,194	638,935	10.2
79~80	0.045411	59,909	2,721	58,549	577,741	9.6
80~81	0.050146	57,188	2,868	55,754	519,193	9.1
81~82	0.055445	54,321	3,012	52,815	463,438	8.5
82~83	0.061272	51,309	3,144	49,737	410,624	8.0
83~84	0.067764	48,165	3,264	46,533	360,887	7.5
84~85	0.075818	44,901	3,404	43,199	314,354	7.0
85~86	0.085319	41,497	3,540	39,727	271,155	6.5
86~87	0.094975	37,956	3,605	36,154	231,429	6.1
87~88	0.105525	34,351	3,625	32,539	195,275	5.7
88~89	0.117007	30,726	3,595	28,929	162,736	5.3
89~90	0.129450	27,131	3,512	25,375	133,807	4.9
90~91	0.142873	23,619	3,375	21,932	108,432	4.6
91~92	0.157280	20,245	3,184	18,653	86,500	4.3
92~93	0.172661	17,061	2,946	15,588	67,847	4.0
93~94	0.188988	14,115	2,668	12,781	52,259	3.7
94~95	0.206214	11,447	2,361	10,267	39,478	3.4
95~96	0.224274	9,087	2,038	8,068	29,211	3.2
96~97	0.243080	7,049	1,713	6,192	21,144	3.0
97~98	0.262527	5,335	1,401	4,635	14,951	2.8
98~99	0.282492	3,935	1,112	3,379	10,316	2.6
99~100	0.302838	2,823	855	2,396	6,937	2.5
100 이상	1.000000	1,968	1,968	4,542	4,542	2.3

출처: 미국 보건복지부의 국립 생명 통계 보고서

기간 생명표의 구성요소들

표 14-1의 기간 생명표에 대한 7개의 열에 대한 설명은 다음과 같다.

1열: 연령 구간 표 14-1의 첫 번째 열에는 연령 범주가 나열되어 있다. 첫 번째 범주인 0~1은 출생부터 첫 번째 생일까지의 연령 구간을 나타낸다. 다른 열의 일부는 연령 구간의 시작에 있는 나이를 기준으로 한다. 예를 들어, 마지막 칼럼에는 기대수명이 기재되어 있는데 이는 연령 구간의 시작부터 측정되는 남아 있는 수명의 정도이다. 0~1세의 경우에 기대수명은 78.7세로 신생아의 기대수명이 78.7세라는 뜻이다. 또한 연령 구간은 해당 범주의 상한에 대한 값이 다음 범주의 하한에 대한 값과 겹친다. 2장에서 빈도표에 대해 논할 때에 범주의 한도가 겹치지 않아야 한다는 점에 주목했지만, 기간 생명표에서는 중요한 문제가 되지 않는다. 생년월일의 정확한 순간에 누군가를 죽게 하는 것은 매우 드문 일이기 때문에, 결코 일어나지 않을 것 같은 사건을 조정할 필요는 없다.

2열: 사망 확률 두 번째 열에는 첫 번째 열에 제시된 연령 구간 동안 사망할 확률이 열거되어 있다. 첫 번째 행의 값들은 출생과 첫 번째 생일 사이에 누군가가 죽을 확률이 0.006123이라는 것을 보여준다. 두 번째 행은 첫 번째 생일과 두 번째 생일 사이에 누군가가 죽을 확률이 0.000428임을 보여준다. 이러한 사망률은 2010년에 관측된 다양한 연령층의 사망률을 반영한다.

3열: 생존자 수 세 번째 열에는 연령 구간의 시작 시점에서의 생존자의 수가 기재되어 있다. 첫 번째 행에는 가상적인 인구(10만 명)이 존재하며, 이 값은 0살부터 1살까지의 연령 구간 초기에 태어나 살아 있는 가상적인 인구가 10만 명임을 보여준다. 이 숫자는 일부 가상적인 사람들이 가정적인 죽음을 맞이함에 따라 감소한다. 두 번째 행은 태어난 10만 명의 가상적인 인구 중에서 99,388명이 첫 생일까지 살아있음을 보여준다. 3열의 값은 2열의 사망률을 사용하여 계산할 수 있다. 예를 들어, 0~1세의 첫 번째 연령 구간은 사망률이 0.006123이므로, 출생 시 10만 명 중 612.3명이 사망하여, 1~2세의 두 번째 연령 구간 초에는 100,000 − 612.3 = 99,388명(반올림됨)의 인구가 생존하는 것을 나타낸다.

4열: 사망자 수 네 번째 열은 왼쪽 칸에 있는 연령 구간 동안 사망한 사람의 수를 보여준다. 이 값은 연령 구간 시작 시 생존자 수(3열)에 연령 구간 중 사망할 확률(2열)을 곱해 계산할 수 있다. 예를 들어 1열은 0세 때 10만 명이 출생했고 0~1세 사망률이 0.006123명임을 보여주기 때문에, 사망자 수는 다음과 같이 예상될 수 있다: 100,000 × 0.006123 = 612(반올림됨).

5열: 생존인년 이 열은 연령 구간의 시작에 살았던 사람들에 의해 연령 구간 동안 살았던 총 시간(연 단위)을 열거한다. 예를 들어 5열의 첫 번째 행은 99,465년으로, 이 값은 0세 때 출생한 10만 명이 총 99,465년을 살았음을 보여준다. 그 사람들 중 아무도 죽지 않았더라면 해당 값은 100,000년이 되었을 텐데, 그 중 일부는 죽었기 때문에 모두 100,000년이 채 안 된다.

6열: 전체 생존인년 6열은 연령 구간의 시작에 출생한 사람의 전체 생존인년을 나열한다는 점에서 5열과 다소 유사하지만, 5열은 연령 구간 동안의 생존인년을 나열한 반면에 6열은 연령 구간 동안 생존인년 및 뒤따르는 다음 연령 구간의 생존인년을 모두 합한 것이다.

7열: 기대수명 마지막 열에는 연령 구간 시작 시점에서의 기대수명(년)이 나열된다. 예를 들어 첫 번째 행은 기대수명이 78.7년임을 보여주므로 100,000명의 신생아의 기대수명은 78.7년이다. 7번째 열의 각 값은 전체 생존인년(6열)을 연령 구간의 시작 시점에 생존하고 있는 사람의 수로 나누어 계산할 수 있다. 예를 들어, 1~2세 연령 구간의 기대수명은 78.1년으로 예상되는데, 이는 전체 생존인년(6열)을 연령 구간의 시작시점에서의 생존자 수(3열)의 수로 나눈 결과이다: 7,766,561 ÷ 99,388 = 78.1(반올림됨). 다시 한 번 더 언급하지만, 이것은 2010년에 존재하는 동일한 사망 조건이 10만 명의 가상적인 사람들에게 일생 동안 일정하게 유지된다고 가정한다는 것을 기억해야 한다. 또한 표 14-1에서는 전체 인구 수, 성별과 인종에 따른 하위집단에 따라 기대수명이 다를 수 있다는 것을 기억해야 한다.

표기: 위의 구성요소에 조금 더 공식적인 수학적 표기법이 자주 사용된다. 예를 들어, 나이 간격은 "x to $x+1$"의 일반적인 형태로 표현될 수 있고, 한 연령 구간 동안의 사망률은 q_x, 연령 구간의 시작시점에 생존자 수는 l_x, 연령 구간 동안의 사망자 수는 d_x 등의 방법으로 표현될 수 있다. 이러한 표기법은 기간 생명표의 구성요소를 설명하는 수식의 표현을 쉽게 한다. 예를 들어 $d_x = q_x \cdot l_x$라는 수식은 연령 구간 내에 사망자가 발생할 확률을 연령 구간 시작 시 생존자의 수를 곱한 값과 동일하다는 것을 보여준다. 또한 그러한 표기는 보통 기간 생명표의 열을 기술하는 데 사용된다. 예를 들어 표 14-1에서 원래의 정부 보고서에는 "x살에서 $x+1$살 사이의 사망 가능성"과 "x살에서 $x+1$살 사이의 생존인년"과 같은 제목이 붙어 있다. 이와 같은 수식적인 표기는 이번 절의 목적을 위해 필요하지 않지만, 일부 분야에서 일반적으로 사용되고 있다.

요약 생명표

표 14-1은 각 연도별로 하나의 행(row)으로 제시되기 때문에 **완전한 생명표**(*complete life table*)라고도 한다. **요약 생명표**(*abridged life table*)에는 1년 이상의 기간 동안을 연령 구간으로 사용한다. 요약 생명표에서는 5년 또는 10년의 연령 구간을 흔히 볼 수 있다.

> **정의**
>
> **요약 생명표(abridged life table)**는 1년 단위의 연령 구간을 통합하여 일반적으로 5년 또는 10년 간격의 연령 구간을 가지는 생명표이다.

표 14-2는 5년의 연령 구간을 이용하여 표 14-1을 응축한 요약 생명표이다. 표 14-2는 표 14-1에서 찾을 수 있는 값을 사용하여 구성했다.

표 14-2 미국 2010년의 전체 인구에 대한 요약 생명표

연령 구간	연령 구간 내 사망 확률	연령 구간의 시작 시점에 생존자 수	연령 구간 내 사망자 수	생존인년(연령 구간 내 생존한 사람들의 전체 기간)	전체 생존인년(해당 연령 구간을 포함한 다음 연령 구간의 모든 생존인년 합계)	기대수명(연령 구간의 시작시점에서의)
0~5	0.007190	100,000	719	496,759	7,866,027	78.7
5~10	0.000573	99,281	57	496,250	7,369,267	74.2
10~15	0.000708	99,224	70	495,989	6,873,017	69.3
15~20	0.002463	99,154	244	495,240	6,377,028	64.3
20~25	0.004317	98,910	427	493,529	5,881,789	59.5
25~30	0.004791	98,483	472	491,249	5,388,260	54.7
30~35	0.005497	98,011	539	488,744	4,897,011	50.0
35~40	0.006913	97,472	674	485,753	4,408,267	45.2
40~45	0.009979	96,798	966	481,758	3,922,514	40.5
45~50	0.016044	95,833	1,538	475,584	3,440,756	35.9
50~55	0.024343	94,295	2,295	466,066	2,965,173	31.4
55~60	0.035106	92,000	3,230	452,347	2,499,106	27.2
60~65	0.049847	88,770	4,425	433,348	2,046,759	23.1
65~70	0.074406	84,345	6,276	406,912	1,613,411	19.1
70~75	0.112315	78,069	8,768	369,612	1,206,499	15.5
75~80	0.174782	69,301	12,113	317,694	836,886	12.1
80~85	0.274384	57,188	15,692	248,038	519,193	9.1
85~90	0.430820	41,497	17,878	162,723	271,155	6.5
90~95	0.615282	23,619	14,532	79,220	108,432	4.6
95~100	0.783397	9,087	7,119	24,670	29,211	3.2
100+	1.000000	1,968	1,968	4,542	4,542	2.3

출처: 미국 보건복지부의 국립 생명 통계 보고서

예제 1 기대수명

요약 생명표는 5세의 연령 구간을 사용하여 작성되었다. **표 14-1**을 사용하여 25세 생일에 도달한 사람의 기대수명을 찾아라.

풀이

표 14-1에서 25번째 생일에 도달하는 사람의 기대수명은 54.7년임을 알 수 있다. 요약 생명표에는 25세 생일을 맞는 사람의 기대수명이 54.7년이라는 값과 같아, 25~30세의 연령 구간 마지막 열에 54.7년이라고 적혀 있다.

예제 2 사망 확률

15~20세 사이에 사람이 죽을 확률을 찾기 위해 **표 14-1**을 사용하라.

풀이

표 14-1에서 15번째 생일에 99,154명의 사람들이 살았으며, 그들의 20번째 생일에 98,910명의 사람들이 살아 있다는 것을 알 수 있다. 따라서 15번째 생일과 20번째

생일 사이에 생존할 확률은 98,910/99,154 = 0.997539이다. 4장의 보완규칙(rule of complements)을 사용하면, 해당 간격 동안 사망 확률은 1 − 0.997539 = 0.002461이다. (표 14-2의 요약 생명표에는 0.002463으로 제시되어 있다.)

생명표의 활용

다음의 활용은 사회보장(Social Security) 프로그램과 관련되어 있고, 수조(trillions) 달러가 포함되기 때문에 중요한 사항이라고 할 수 있다.

예제 3 사회보장

올해 미국에서 3,932,181명의 출생자가 있다고 가정해보자(미국 국립 보건통계센터의 자료에 근거). 만일 사회보장 연금을 수령하는 연령이 67세라고 한다면, 올해 태어난 사람들 중 67세 생일을 몇 명이나 맞이할 것으로 예상하는가?

풀이

표 14-1을 보면, 100,000명의 출생자 중 82,098명이 67세 생일까지 생존할 것으로 보고 있다. 출생부터 67세 생일까지 생존할 확률은 0.82098이라는 것이다. 만약 3,932,181명의 신생아 각각이 67세 생일까지 생존할 확률이 0.82098이라면, 이러한 생존자의 예상 숫자는 3,932,181 × 0.82098 = 3,228,242(반올림됨)이다. 그러한 결과는 사회보장제도의 효과적인 관리를 담당하는 전문가들에게 매우 중요하다.

또 다른 생명표의 활용은 생명표가 **확률**을 포함하고 있다는 속성에 기초하는데, 그것들은 이 책의 앞 장에서 사용된 것과 동일한 확률로 취급될 수 있다. 가설검정이 표 14-1에서 찾은 확률 값으로 실시되는 아래의 예제를 살펴보라.

예제 4 사망률이 높은 집단에 대한 가설검정

14장 문제에서는 한 지역에서 16번째 생일에 도달한 사람이 5,000명이고, 이 중에 25명이 17세 생일을 앞두고 사망한다고 했다. 이러한 사망자 수가 유의하게 많다고 단정할 만한 충분한 증거가 있는가?

풀이

표 14-1을 보면, 16~17세 연령 구간의 사망 확률은 0.000412이다. 그러나 14장 문제는 16번째 생일부터 17번째 생일까지의 연령 구간에 5,000명 중에서 25명의 사망자가 있었던 지역에 대해 언급하고 있다. 이 지역의 경우에 실제 사망자의 비율은 $\hat{p} = x/n = 25/5000 = 0.005$이다. 여기에서는 이 지역에서 사망률이 0.000412의 생명표에서 제시되는 값보다 높다는 주장을 검정하고자 한다. 다음의 귀무가설 및 대립가설에 대해서 8장의 방법을 사용할 수 있다.

(계속)

$$H_0: p = 0.000412$$

$$H_1: p > 0.000412 \text{ (검정되는 주장)}$$

유의수준이 지정되지 않았으므로, 일반적인 $\alpha = 0.05$의 값을 사용한다. 8-2절에서 제시된 검정통계량을 찾기 위해서는 아래 수식을 적용할 수 있다.

$$z = \frac{\hat{p} - p}{\sqrt{\frac{pq}{n}}} = \frac{0.005 - 0.000412}{\sqrt{\frac{(0.000412)(0.999588)}{5000}}} = 15.99$$

P값 접근법을 사용하면, $z = 15.99$의 검정통계량 값에 대해 0.0000의 P값을 찾을 수 있다(표 A-2를 사용하는 경우에 0.0001).

P값이 0.05보다 작으므로 귀무가설을 기각할 수 있다. 사망률이 해당 연령대에 일반적으로 예상되는 비율보다 현저히 높다는 주장을 뒷받침할 충분한 증거가 있다. 이 분석에서는 표 14-1에서의 $p = 0.000412$로 가정했다. 그러나 표 14-1은 2010년에 존재하는 사망 조건이 가상적인 인구 100,000명의 모든 수명 기간 동안 일정하게 유지될 것이라는 가정 하에서 작성되었다. 또한 표 14-1은 일반 모집단에 적용되므로, 이 분석은 특정 하위집단에는 적용되지 않는다.

14-1 기본적인 기술 및 개념

통계적 해석 및 비판적 사고

1. 생명표의 유형 코호트 생명표와 기간 생명표의 차이점은 무엇인가?

2. 인구규모 표 14-1은 초기 인구규모가 100,000명이라는 가정하에 구성되었다. 인구규모 500,000명의 값으로 대신할 경우에 첫 번째 행의 값은 어떤 영향을 받는가?

연습문제 3~4에서는 2010년 미국의 백인 여성에 대한 생명표를 참조하라.

미국 2010년 백인 여성에 대한 생명표

연령 구간	연령 구간 내 사망 확률	연령 구간의 시작 시점에 생존자 수	연령 구간 내 사망자 수	생존인년 (연령 구간 내 생존한 사람들의 전체 기간)	전체 생존인년(해당 연령 구간을 포함한 다음 연령 구간의 모든 생존인년 합계)	기대수명 (연령 구간의 시작시점에서의)
0~1	0.004710	100,000	471	99,588	8,128,871	81.3
1~2		99,529	38	99,510	8,029,283	80.7
2~3	0.000204	99,491		99,481	7,929,773	79.7

출처: 미국 보건복지부의 국립 생명 통계 보고서

3. 사망 확률 백인 여성에 대한 생명표에서 두 번째 열의 누락된 값을 찾아라.

4. 생존확률 찾기 백인 여성이 태어나서 두 번째 생일까지 생존할 확률을 찾아라.

5. **생존확률** 표 14-1을 사용하여 20세 생일부터 21세 생일까지 생존할 확률을 찾아라. 20세 생일을 맞은 인원이 5,000명임을 고려할 때 21세까지 생존할 것으로 예상되는 인원은 얼마인가?

6. **생존확률** 표 14-1을 사용하여, 16세 생일부터 66세 생일까지 생존할 확률을 찾아라.

7. **요약 생명표** 다음 연령 구간에서의 사망 확률을 찾기 위해 표 14-1을 사용하라. 아래와 같은 연령 구간은 가까운 연령대인데, 왜 결과는 그렇게 차이가 있는가?

a. 0~2

b. 2~4

8. **요약 생명표** 표 14-1을 사용하여, 2~4세 연령 구간에 대한 행의 값들을 찾아라.

9. **가설검정** 한 지역에서 한 연구자가 20세까지 생존한 12,500명 중에서 21세가 되기 전에 사망한 사람은 15명이라는 사실을 확인했다. 표 14-1을 사용해 해당 사망자 수는 유의미하게 높다는 주장을 검정하라. 유의수준은 0.05를 사용하라.

10. **가설검정** 한 지역에서 한 연구자가 16세까지 생존한 8,774명 중에서 30세가 되기 전까지 사망한 사람은 147명이라는 사실을 확인했다. 표 14-1을 사용해 해당 사망자 수는 유의미하게 높다는 주장을 검정하라. 유의수준은 0.05를 사용하라.

14-2 카플란-마이어 생존분석

핵심 개념

이 절에서는 특정 기간 동안 생존할 확률을 기술하기 위해 사용되는 카플란-마이어 방법을 소개한다. 14-1절에서 소개한 생존분석의 생명표 방법은 고정된 시간 간격에 기초하지만, 카플란-마이어 방법은 특정 종료 이벤트의 생존시간에 따라 달라지는 간격에 기초한다. 표본자료를 이용하여 카플란-마이어의 누적 생존곡선을 작성하는 것이 도움이 된다.

생존분석의 맥락에서 생존자라는 것이 반드시 생존을 의미하는 것은 아니다. 수술 후 병원으로 돌아갈 필요가 없다면 환자는 생존자로 간주될 수 있다. 담배를 끊으려는 환자는 흡연이 재개되지 않는 경우에 생존자로 간주될 수도 있다. 또한 생존자는 특정한 기간 동안 작동했던 컴퓨터 하드 드라이브일 수도 있다.

정의

생존분석에서는 관찰 시작부터 종료 이벤트까지의 시간이 **생존시간(survival time)**으로 간주된다. 종료 이벤트의 사례로는 컴퓨터 하드 드라이브의 고장, 이혼 또는 사망 등이 있다.

생존자(survivor)는 특정 기간 동안 성공적으로 지속된 대상자이다. 생존자의 예로는 사람, 결혼, 컴퓨터 하드 드라이브 등이 있다.

정의

카플란-마이어 방법(Kaplan-Meier method)은 특정 이벤트에 대해 생존하는 행태를 기술할 때 사용되며, 분석되는 종료 이벤트의 생존시간 간격에 따라 달라진다. [누적확률은 다른 개별 확률들에 의한 곱(product)이므로, 카플란-마이어 방법은 때때로 **product-limit 방법**이라고 불린다.]

카플란-마이어 방법의 일반적인 적용은 수술 등 일부 치료를 받은 후 환자의 생존시간을 연구하는 것이다. 이러한 연구에서 일부 생존자료는 종종 손실되는데, 수술 환자 중 일부는 연구가 끝난 후에도 살아 남거나 어떤 환자들은 멀리 이동하거나 또는 더 이상 연구에 포함되기를 원하지 않기 때문이다. 이러한 환자에 대한 자료를 **중도절단자료**라고 하며 다음과 같이 정의한다.

정의

대상자가 연구 종료 후에도 생존하거나 연구 종료 이벤트와 관련이 없는 이유로 연구에서 탈락한 경우에 생존시간은 **중도절단자료(censored data)**이다.

예제 1 금연을 위한 약물 치료

금연 임상실험을 위해 모집된 5명의 흡연자를 대상으로 하는 실험적 치료를 고려해보자. 이러한 상황에서 '생존'은 환자가 흡연을 재개하지 않음을 의미한다.

결과: 첫 번째 환자는 약물의 맛을 싫어하여 첫째 날에 연구에서 제외되었다. 그래서 이 환자의 자료는 절단되었다. 이 약을 지시대로 사용함에도 불구하고 나머지 4명은 각각 3일, 4일, 7일 및 21일 후에 흡연을 재개했다. 표 14-3에 요약된 생존자료를 보라.

표 14-3 약물 치료: 생존자료 및 카플란-마이어 계산

1 일수	2 상태 0 = 절단됨, 1 = 실패(흡연 재개)	3 환자의 수	4 금연하는 환자의 수	5 금연하는 환자의 비율	6 금연하는 환자의 누적비율
1	0				
3	1	4	3	3/4 = 0.75	0.75
4	1	3	2	2/3 = 0.667	0.5
7	1	2	1	1/2 = 0.5	0.25
21	1	1	0	0	0

다음은 표 14-3의 항목에 대한 몇 가지 관련 설명이다.

중도절단자료 표 14-3 자료의 첫 번째 행은 프로그램에서 제외된 대상자를 나타내는데, 첫 번째 행의 0은 중도절단자료의 코드이다. 여기에서는 해당되는 0의 값을 제외하고 행의 다른 열은 비어 있음을 확인할 필요가 있다. 제외된 환자를 제거해도 남아

있는 생존자 수의 감소를 제외하고는 후속 계산에 영향을 미치지는 않는다.

자료의 두 번째 행:

- 두 번째 행의 첫 번째 열에 있는 숫자 3은 해당 환자가 프로그램 시작 3일 후에 흡연을 재개했다는 것을 나타낸다. 해당 환자는 3일 동안 "생존"했다.
- 두 번째 열의 1은 흡연이 재개되었음을 나타내는 코드이다.
- 세 번째 열의 4는 프로그램에 남아 있는 환자가 4명이라는 것을 나타낸다.
- 네 번째 열의 3은 흡연이 아니라는 의미에서 "생존"하고 있는 환자의 수를 나타낸다.
- 다섯 번째 열의 3/4의 비율은 4명의 환자 중에서 3명이 살아남았음을 나타낸다(즉, 흡연은 아니다).
- 여섯 번째 열의 0.75 비율은 다섯 번째 열의 0.75와 같은 비율이지만, 나머지 행의 경우 여섯 번째 열의 비율은 다섯 번째 열의 비율과 다섯 번째 열에 제시된 앞선 비율의 곱이다. 아래를 참조하라.

생존자 누적비율에 대한 여섯 번째 열:

- 0.75의 첫 번째 입력 값: 다섯 번째 열과 같은 비율.
- 0.5의 두 번째 입력 값: 다섯 번째 열의 0.667(반올림 됨)과 및 다섯 번째 열의 이전 값인 0.75의 곱. 즉, $0.667 \times 0.75 = 0.5$가 됨.
- 0.25의 세 번째 입력 값: 다섯 번째 열의 0.5와 다섯 번째 열의 이전 값인 0.667과 0.75의 곱. 즉 $0.5 \times 0.667 \times 0.75 = 0.25$가 됨.
- 0의 네 번째 입력 값: 다섯 번째 열의 0과 다섯 번째 열의 이전 값들의 곱. 즉 $0 \times 0.5 \times 0.667 \times 0.75 = 0$이 됨.

예제 2 금연을 위한 상담치료

이전의 [예제 1]은 약물 치료를 받은 5명 환자의 생존확률을 설명한 것이다. 같은 프로그램에서, 10명의 다른 환자들이 담배를 끊기 위해 즉석에서 상담을 받았고, 이러한 환자들로부터의 결과는 표 14-4에 요약되어 있다. 이 상담 프로그램은 28일 만에 중단되었다. 표 14-4는 카플란-마이어 계산을 활용한 생존자료 예제이다. 표 14-4에서 2열에 0으로 표시된 것처럼 환자가 중도절단될 때에 환자 수가 감소한다는 점에 유의해야 한다.

표 14-4 상담치료: 생존자료와 카플란-마이어 계산

일수	상태 0 = 절단됨, 1 = 실패 (흡연 재개)	환자의 수	금연하는 환자의 수	금연하는 환자의 비율	금연하는 환자의 누적비율
2	1	10	9	9/10 = 0.9	0.9
4	1	9	8	8/9 = 0.889	0.8
5	0				

(계속)

표 14-4 상담치료: 생존자료와 카플란-마이어 계산 (계속)

일수	상태 0 = 절단됨, 1 = 실패 (흡연 재개)	환자의 수	금연하는 환자의 수	금연하는 환자의 비율	금연하는 환자의 누적비율
8	1	7	6	6/7 = 0.857	0.686
9	1	6	5	5/6 = 0.833	0.571
12	0				
14	1	4	3	3/4 = 0.75	0.429
22	1	3	2	2/3 = 0.667	0.286
24	0				
28	0				

예제 3 카플란-마이어의 누적 생존곡선

표 14-3과 **표 14-4**처럼 흥미로운 것들을 확인할 수도 있기 때문에, 일반적으로 생존자료를 보다 쉽게 이해할 수 있도록 그래프를 작성하는 것이 도움이 된다. **표 14-3**과 **표 14-4**의 생존자료를 통합한 **그림 14-1**의 카플란-마이어 누적 생존곡선을 보라. 그래프는 **표 14-3**과 **표 14-4**의 생존시간(1열)과 금연 환자의 누적비율(6열)을 이용하여 작성한 것이다.

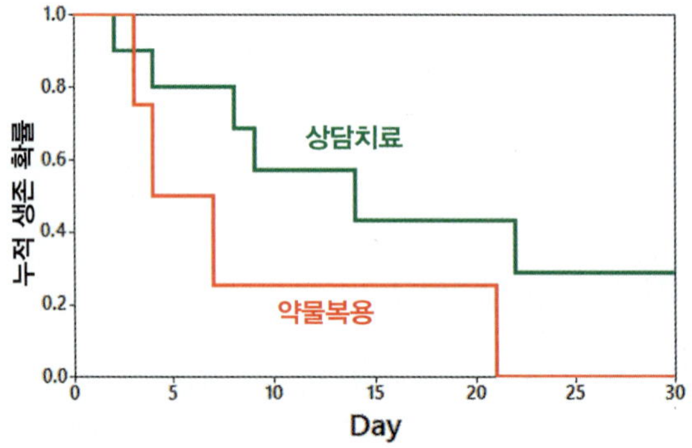

그림 14-1 카플란-마이어 누적 생존곡선

그림 14-1의 카플란-마이어 누적 생존곡선은 상담치료를 통한 생존자(흡연을 재개하지 않은 환자)의 비율이 약물을 복용한 생존자 비율보다 대체로 높기 때문에, 상담 프로그램이 약제 프로그램보다 좋은 결과를 보일 것이라는 것을 보여준다. 그러나 두 프로그램 모두 생존율이 매우 높지는 않았기 때문에, 두 프로그램 모두 환자들이 담배를 끊는 시도에 성공을 거두도록 하는데 매우 효과적인 것으로는 보이지 않는다.

특정 기간 동안의 생존 특정 기간 동안의 생존에 대한 것을 추정하기 위해 **그림 14-1**의 누적 생존곡선을 사용할 수 있다. 예를 들어 15일까지 생존확률은 약물 치료그룹에서는 0.25, 상담 치료그룹에서는 0.43으로 추정되었다. (그래프를 사용하여 15일에 수직선을 긋고, 그 선과 곡선의 교차점을 확인한 다음 두 교차점의 높이를 추정하라.)

Minitab, JMP, SPSS 및 XLSTAT-Life와 같은 일부 통계패키지 등은 카플란-마이어 누적 생존곡선을 자동으로 생성할 수 있으며, 일부 통계패키지 등에서는 이러한 곡선 주변의 신뢰구간을 나타내는 그래프도 제공한다.

14-2 기본적인 기술 및 개념

통계적 해석 및 비판적 사고

1. 생존자 생존자료 분석의 맥락에서 생존자란 무엇인가? 어떻게든 어느 정도의 시간을 버텨낸 사람인가?

2. 카플란-마이어 생존분석 14-1절에 기술된 생명표와 이 절에서 기술한 생존자료의 표와 카플란-마이어 계산의 주요한 차이점은 무엇인가?

연습문제 3~5에서는 노인을 대상자로 하는 3개 집단에 대해 사망할 때까지의 생존시간을 설명하는 그래프를 참조하라. 대상자들은 걸음걸이 속도, 혹은 얼마나 빨리 걸을 수 있는지에 따라 3개 집단으로 나뉜다. 연구 초기에는 걸음 속도가 빠른 대상자 10명, 걸음 속도가 중간인 대상자 10명, 그리고 걸음 속도가 느린 대상자 10명으로 시작하였다. 연구 시작부터 사망 시간까지 시간을 측정했다. ("Predicting Survival in Oldest People, by Taekema et al., *American Journal of Medicine*"을 참조.)

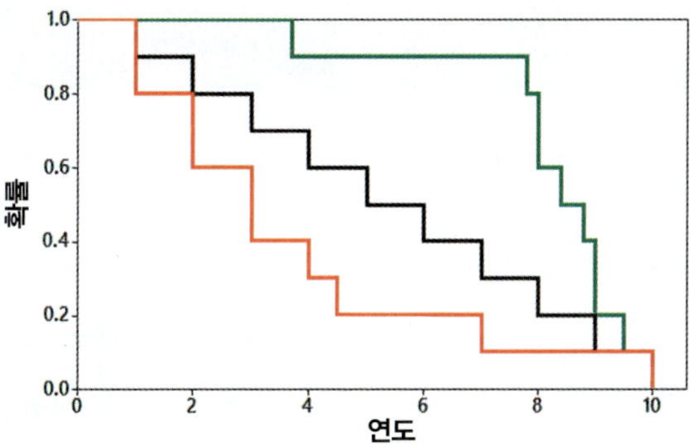

3. 결론 이 연구의 목적은 걷는 속도가 노인들의 수명에 효과적인 예측변수인지를 알아내는 것이었다. 3개의 곡선 중 어느 것이 다음의 3개의 집단(빠른 걸음, 중간 걸음, 느린 걸음)에 해당한다고 생각하는가? 간략하게 설명하라.

4. 그래프의 세부사항

a. 녹색 곡선으로 작성된 집단의 10명 대상자에 대해, 연구의 시작과 첫 번째 대상자의 죽음 사이에 얼마나 많은 시간이 걸렸는가?

b. 빨간 곡선으로 작성된 집단의 10명 대상자에 대해, 연구의 시작과 첫 번째 대상자의 죽음 사이에 얼마나 많은 시간이 걸렸는가?

5. **5년까지 생존** 3개 집단의 5년 생존율을 추정해 비교하라. 이 자료는 노인들로 하여금 더 빨리 걷게 함으로써 더 오래 살 수 있게 할 수 있다는 것을 말해 주는가?

장별 퀴즈

1. **생명표와 생존표** 27세 여성이 28살에 생존할 확률은 생명표 또는 카플란-마이어 계산으로 계산하는 도구 중에서 어느 것이 더 좋은가?

2. **기간 생명표란** 무엇인가?

3. **중도절단자료** 참 또는 거짓: 생존분석에서 중도절단된 자료는 대상자의 개인정보가 잠재적으로 드러날 수 있기 때문에 제거된 기록을 의미한다.

4. **생존자** 생존분석에서 생존자란 용어는 항상 어느 정도 구체적인 시간을 산 사람을 의미한다.

5. **생존자료** 생존자료에 대한 다음 표의 하단 행에 누락된 항목을 작성하라.

일수	상태 0 = 절단됨, 1 = 사망	환자의 수	사망하지 않은 환자의 수	사망하지 않은 환자의 비율	사망하지 않은 환자의 누적비율
1	1	3	2	2/3 = 0.667	0.667
5	1	2	1	1/2 = 0.5	0.333
8	1				

복습문제

연습문제 1~3에서는 2010년 미국의 히스패닉 여성에 대한 생명표를 참조하라.

미국 2010년 히스패닉 여성의 생명표

연령 구간	연령 구간 내 사망 확률	연령 구간의 시작 시점에 생존자 수	연령 구간 내 사망자 수	생존인년(연령 구간 내 생존한 사람들의 전체 기간)	전체 생존인년(해당 연령 구간을 포함한 다음 연령 구간의 모든 생존인년 합계)	기대수명(연령 구간의 시작 시점에서의)
0~1	0.004729	100,000	473	99,588	8,382,303	83.8
1~2		99,527		99,510	8,282,715	83.2
2~3	0.000194	99,492	19	99,482	8,183,206	82.2

출처: 미국 보건복지부의 국립 생명 통계 보고서

1. **사망 확률** 표의 두 번째 열에서 누락된 값을 찾아라.

2. **생존확률** 히스패닉 여성이 출생부터 두 번째 생일까지 생존할 확률을 찾아라.

3. **기대수명** 이제 막 태어난 히스패닉 여성의 기대수명은 얼마인가? 첫 번째 생일을 맞은 히스패닉 여성의 기대수명은 얼마인가? 이들 결과들을 비교하고 그들 사이의 관계에 대해 간단히 설명하라.

누적 복습문제

연습문제 1~4에서는 복습 연습문제 1~3에서 사용된 것과 동일한 생명표를 참조하라.

1. 실험결과에 대한 가설검정 한 지역에서는 히스패닉의 젊은 여성에 대한 사망률을 낮추기 위한 대규모 지역사회 차원의 프로그램이 시행되었다. 이 프로그램의 결과는 히스패닉 여성의 1,328명 중 1,323명이 두 번째 생일까지 살아남았고, 5명이 두 번째 생일까지 살아남지 못했다는 것을 보여준다. 히스패닉의 젊은 여성에 대한 생명표 자료를 사용하여 해당 프로그램이 사망률을 줄이는데 효과적이었다는 주장을 검정하라.

2. 생존율 만일 서로 다른 세 명의 신생아 히스패닉 여아가 임의로 선택되었다면, 모두 첫 생일까지 생존하는 확률을 산출하라.

3. 인터넷 의사 $n = 2015$명의 성인을 대상으로 하는 조사에서, 1,108명이 의사보다 인터넷에서 증상에 대한 의학적인 정보를 더 많이 확인한다고 답했다(MerckManuals.com 보고서 기준). 첨부된 그래프는 조사 결과를 나타내기 위해 작성되었다. 그래프는 어떤 오해를 불러일으키고 있는가? 만약 그렇다면, 어떻게 오해를 일으키고 있는가?

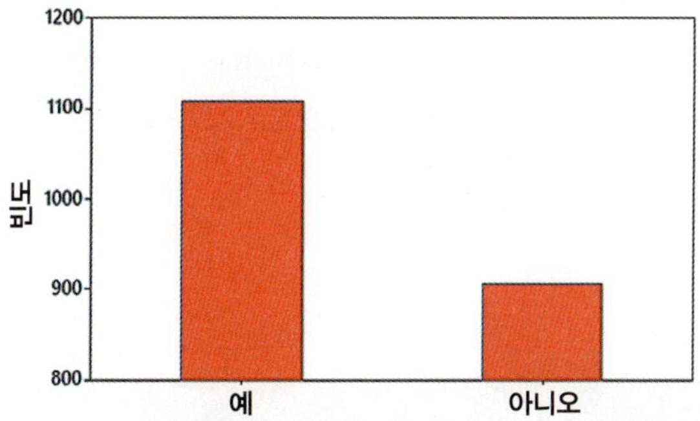

기술 프로젝트

14-2절에서 Minitab, JMP, SPSS 및 XLSTAT-Life와 같은 일부 통계패키지 등은 카플란-마이어 누적 생존곡선을 자동으로 생성할 수 있다는 점에 주목했다. 카플란-마이어 누적 생존곡선을 생성할 수 있는 통계패키지 등을 사용하여, 심장 수술로 치료받은 20명의 환자에 대한 다음과 같은 생존자료에 해당하는 그래프를 작성하라. 상태 값인 1은 수술 후 후속 치료가 필요함을 나타내고, 상태 값인 0은 중도절단된 환자를 나타낸다. 그래프를 사용해 추적 치료가 필요 없는 환자의 비율인 7일 생존율을 추정하라.

날짜	1	5	6	9	14	23	25	27	29
상태	1	1	0	1	1	1	1	0	1

자료로부터의 결정

비판적 사고: 젊은 흑인 여성의 사망률을 낮추려면 어떻게 해야 하는가?

흑인 여성과 백인 여성에 대한 다음의 생명표를 비교하라.

미국 2010년 여성의 생명표

연령 구간	연령 구간 내 사망 확률	연령 구간의 시작 시점에 생존자 수	연령 구간 내 사망자 수	생존인년(연령 구간 내 생존한 사람들의 전체 기간)	전체 생존인년(해당 연령 구간을 포함한 다음 연령 구간의 모든 생존인년 합계)	기대수명(연령 구간의 시작시점에서의)
흑인 여성						
0~1	0.010472	100,000	1,047	99,075	7,799,627	78.0
1~2	0.000596	98,953	59	98,923	7,700,551	77.8
2~3	0.000339	98,894	34	98,877	7,601,628	76.9
백인 여성						
0~1	0.004710	100,000	471	99,588	8,128,871	81.3
1~2	0.000382	99,529	38	99,510	8,029,283	80.7
2~3	0.000204	99,491	20	99,481	7,929,773	79.7

출처: 미국 보건복지부의 국립 생명 통계 보고서

결과 분석

1. 눈에 띄는 차이점은 무엇인가?

2. 젊은 흑인 여성의 사망률을 효과적으로 낮추기 위해 취할 수 있는 조치는 무엇인가?

그룹 활동

1. 수업 활동 표 14-1은 가상적인 100,000명의 집단에 대해 생존과 사망에 대한 것으로 기술하고 있다. 그 표는 다양한 출처에서 얻은 실제 결과를 사용하여 작성되었다. 통계의 실제 출처를 사용하는 대신, 일부 인구의 사망률이 매년 일정한 0.4라고 가정해보자. 가능한 많은 생명표를 작성해 보라. 100,000명의 가상인구가 한 명도 살아남지 못하는데 걸리는 데는 몇 년인가?

2. 수업 외 활동 2010년 이전의 수년간 미국 전체 인구에 대한 생명표를 수집하라. 무엇을 관찰할 수 있는가? 만약 차이가 존재한다면, 시간이 지남에 따라 이 생명표의 변화를 설명할 수 있는 것은 무엇이라고 생각하는가?

부록 A 표

표 A-1 이항확률

		p													
n	*x*	.01	.05	.10	.20	.30	.40	.50	.60	.70	.80	.90	.95	.99	*x*
2	0	.980	.903	.810	.640	.490	.360	.250	.160	.090	.040	.010	.003	0+	0
	1	.020	.095	.180	.320	.420	.480	.500	.480	.420	.320	.180	.095	.020	1
	2	0+	.003	.010	.040	.090	.160	.250	.360	.490	.640	.810	.903	.980	2
3	0	.970	.857	.729	.512	.343	.216	.125	.064	.027	.008	.001	0+	0+	0
	1	.029	.135	.243	.384	.441	.432	.375	.288	.189	.096	.027	.007	0+	1
	2	0+	.007	.027	.096	.189	.288	.375	.432	.441	.384	.243	.135	.029	2
	3	0+	0+	.001	.008	.027	.064	.125	.216	.343	.512	.729	.857	.970	3
4	0	.961	.815	.656	.410	.240	.130	.063	.026	.008	.002	0+	0+	0+	0
	1	.039	.171	.292	.410	.412	.346	.250	.154	.076	.026	.004	0+	0+	1
	2	.001	.014	.049	.154	.265	.346	.375	.346	.265	.154	.049	.014	.001	2
	3	0+	0+	.004	.026	.076	.154	.250	.346	.412	.410	.292	.171	.039	3
	4	0+	0+	0+	.002	.008	.026	.063	.130	.240	.410	.656	.815	.961	4
5	0	.951	.774	.590	.328	.168	.078	.031	.010	.002	0+	0+	0+	0+	0
	1	.048	.204	.328	.410	.360	.259	.156	.077	.028	.006	0+	0+	0+	1
	2	.001	.021	.073	.205	.309	.346	.313	.230	.132	.051	.008	.001	0+	2
	3	0+	.001	.008	.051	.132	.230	.313	.346	.309	.205	.073	.021	.001	3
	4	0+	0+	0+	.006	.028	.077	.156	.259	.360	.410	.328	.204	.048	4
	5	0+	0+	0+	0+	.002	.010	.031	.078	.168	.328	.590	.774	.951	5
6	0	.941	.735	.531	.262	.118	.047	.016	.004	.001	0+	0+	0+	0+	0
	1	.057	.232	.354	.393	.303	.187	.094	.037	.010	.002	0+	0+	0+	1
	2	.001	.031	.098	.246	.324	.311	.234	.138	.060	.015	.001	0+	0+	2
	3	0+	.002	.015	.082	.185	.276	.312	.276	.185	.082	.015	.002	0+	3
	4	0+	0+	.001	.015	.060	.138	.234	.311	.324	.246	.098	.031	.001	4
	5	0+	0+	0+	.002	.010	.037	.094	.187	.303	.393	.354	.232	.057	5
	6	0+	0+	0+	0+	.001	.004	.016	.047	.118	.262	.531	.735	.941	6
7	0	.932	.698	.478	.210	.082	.028	.008	.002	0+	0+	0+	0+	0+	0
	1	.066	.257	.372	.367	.247	.131	.055	.017	.004	0+	0+	0+	0+	1
	2	.002	.041	.124	.275	.318	.261	.164	.077	.025	.004	0+	0+	0+	2
	3	0+	.004	.023	.115	.227	.290	.273	.194	.097	.029	.003	0+	0+	3
	4	0+	0+	.003	.029	.097	.194	.273	.290	.227	.115	.023	.004	0+	4
	5	0+	0+	0+	.004	.025	.077	.164	.261	.318	.275	.124	.041	.002	5
	6	0+	0+	0+	0+	.004	.017	.055	.131	.247	.367	.372	.257	.066	6
	7	0+	0+	0+	0+	0+	.002	.008	.028	.082	.210	.478	.698	.932	7
8	0	.923	.663	.430	.168	.058	.017	.004	.001	0+	0+	0+	0+	0+	0
	1	.075	.279	.383	.336	.198	.090	.031	.008	.001	0+	0+	0+	0+	1
	2	.003	.051	.149	.294	.296	.209	.109	.041	.010	.001	0+	0+	0+	2
	3	0+	.005	.033	.147	.254	.279	.219	.124	.047	.009	0+	0+	0+	3
	4	0+	0+	.005	.046	.136	.232	.273	.232	.136	.046	.005	0+	0+	4
	5	0+	0+	0+	.009	.047	.124	.219	.279	.254	.147	.033	.005	0+	5
	6	0+	0+	0+	.001	.010	.041	.109	.209	.296	.294	.149	.051	.003	6
	7	0+	0+	0+	0+	.001	.008	.031	.090	.198	.336	.383	.279	.075	7
	8	0+	0+	0+	0+	0+	.001	.004	.017	.058	.168	.430	.663	.923	8

참고: 0+는 0.0005보다 작은 양의 확률 값을 나타냄.

음의 z값

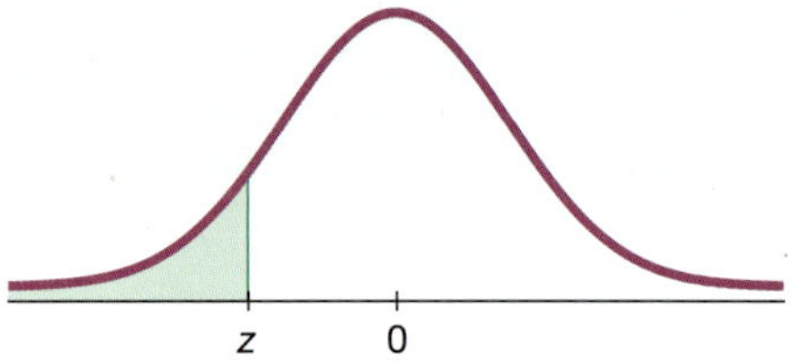

표 A-2 표준정규분포(z): 왼쪽에서부터 누적 확률

z	.00	.01	.02	.03	.04	.05	.06	.07	.08	.09
−3.50 and lower	.0001									
−3.4	.0003	.0003	.0003	.0003	.0003	.0003	.0003	.0003	.0003	.0002
−3.3	.0005	.0005	.0005	.0004	.0004	.0004	.0004	.0004	.0004	.0003
−3.2	.0007	.0007	.0006	.0006	.0006	.0006	.0006	.0005	.0005	.0005
−3.1	.0010	.0009	.0009	.0009	.0008	.0008	.0008	.0008	.0007	.0007
−3.0	.0013	.0013	.0013	.0012	.0012	.0011	.0011	.0011	.0010	.0010
−2.9	.0019	.0018	.0018	.0017	.0016	.0016	.0015	.0015	.0014	.0014
−2.8	.0026	.0025	.0024	.0023	.0023	.0022	.0021	.0021	.0020	.0019
−2.7	.0035	.0034	.0033	.0032	.0031	.0030	.0029	.0028	.0027	.0026
−2.6	.0047	.0045	.0044	.0043	.0041	.0040	.0039	.0038	.0037	.0036
−2.5	.0062	.0060	.0059	.0057	.0055	.0054	.0052	.0051	* .0049	.0048
−2.4	.0082	.0080	.0078	.0075	.0073	.0071	.0069	.0068	.0066	.0064
−2.3	.0107	.0104	.0102	.0099	.0096	.0094	.0091	.0089	.0087	.0084
−2.2	.0139	.0136	.0132	.0129	.0125	.0122	.0119	.0116	.0113	.0110
−2.1	.0179	.0174	.0170	.0166	.0162	.0158	.0154	.0150	.0146	.0143
−2.0	.0228	.0222	.0217	.0212	.0207	.0202	.0197	.0192	.0188	.0183
−1.9	.0287	.0281	.0274	.0268	.0262	.0256	.0250	.0244	.0239	.0233
−1.8	.0359	.0351	.0344	.0336	.0329	.0322	.0314	.0307	.0301	.0294
−1.7	.0446	.0436	.0427	.0418	.0409	.0401	.0392	.0384	.0375	.0367
−1.6	.0548	.0537	.0526	.0516	.0505	* .0495	.0485	.0475	.0465	.0455
−1.5	.0668	.0655	.0643	.0630	.0618	.0606	.0594	.0582	.0571	.0559
−1.4	.0808	.0793	.0778	.0764	.0749	.0735	.0721	.0708	.0694	.0681
−1.3	.0968	.0951	.0934	.0918	.0901	.0885	.0869	.0853	.0838	.0823
−1.2	.1151	.1131	.1112	.1093	.1075	.1056	.1038	.1020	.1003	.0985
−1.1	.1357	.1335	.1314	.1292	.1271	.1251	.1230	.1210	.1190	.1170
−1.0	.1587	.1562	.1539	.1515	.1492	.1469	.1446	.1423	.1401	.1379
−0.9	.1841	.1814	.1788	.1762	.1736	.1711	.1685	.1660	.1635	.1611
−0.8	.2119	.2090	.2061	.2033	.2005	.1977	.1949	.1922	.1894	.1867
−0.7	.2420	.2389	.2358	.2327	.2296	.2266	.2236	.2206	.2177	.2148
−0.6	.2743	.2709	.2676	.2643	.2611	.2578	.2546	.2514	.2483	.2451
−0.5	.3085	.3050	.3015	.2981	.2946	.2912	.2877	.2843	.2810	.2776
−0.4	.3446	.3409	.3372	.3336	.3300	.3264	.3228	.3192	.3156	.3121
−0.3	.3821	.3783	.3745	.3707	.3669	.3632	.3594	.3557	.3520	.3483
−0.2	.4207	.4168	.4129	.4090	.4052	.4013	.3974	.3936	.3897	.3859
−0.1	.4602	.4562	.4522	.4483	.4443	.4404	.4364	.4325	.4286	.4247
−0.0	.5000	.4960	.4920	.4880	.4840	.4801	.4761	.4721	.4681	.4641

참고: −3.49 미만의 z 값의 경우 0.0001을 사용하라.

(계속)

*보간법으로 다음과 같은 일반값을 사용하라.

z Score	Area
−1.645	0.0500
−2.575	0.0050

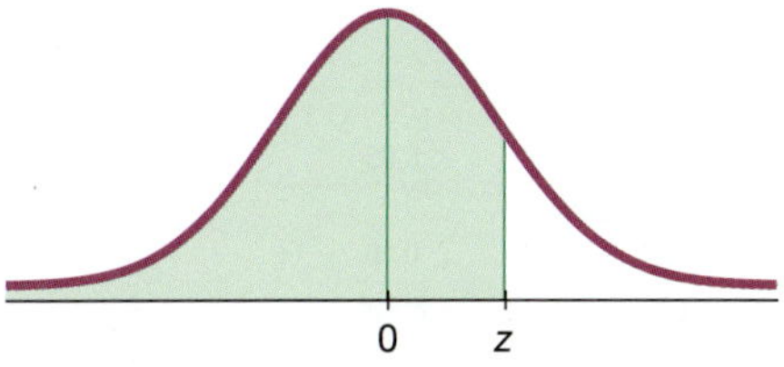

양의 z값

표 A-2 (계속) 표준정규분포(z): 왼쪽에서부터 누적 확률

z	.00	.01	.02	.03	.04	.05	.06	.07	.08	.09
0.0	.5000	.5040	.5080	.5120	.5160	.5199	.5239	.5279	.5319	.5359
0.1	.5398	.5438	.5478	.5517	.5557	.5596	.5636	.5675	.5714	.5753
0.2	.5793	.5832	.5871	.5910	.5948	.5987	.6026	.6064	.6103	.6141
0.3	.6179	.6217	.6255	.6293	.6331	.6368	.6406	.6443	.6480	.6517
0.4	.6554	.6591	.6628	.6664	.6700	.6736	.6772	.6808	.6844	.6879
0.5	.6915	.6950	.6985	.7019	.7054	.7088	.7123	.7157	.7190	.7224
0.6	.7257	.7291	.7324	.7357	.7389	.7422	.7454	.7486	.7517	.7549
0.7	.7580	.7611	.7642	.7673	.7704	.7734	.7764	.7794	.7823	.7852
0.8	.7881	.7910	.7939	.7967	.7995	.8023	.8051	.8078	.8106	.8133
0.9	.8159	.8186	.8212	.8238	.8264	.8289	.8315	.8340	.8365	.8389
1.0	.8413	.8438	.8461	.8485	.8508	.8531	.8554	.8577	.8599	.8621
1.1	.8643	.8665	.8686	.8708	.8729	.8749	.8770	.8790	.8810	.8830
1.2	.8849	.8869	.8888	.8907	.8925	.8944	.8962	.8980	.8997	.9015
1.3	.9032	.9049	.9066	.9082	.9099	.9115	.9131	.9147	.9162	.9177
1.4	.9192	.9207	.9222	.9236	.9251	.9265	.9279	.9292	.9306	.9319
1.5	.9332	.9345	.9357	.9370	.9382	.9394	.9406	.9418	.9429	.9441
1.6	.9452	.9463	.9474	.9484	.9495 *	.9505	.9515	.9525	.9535	.9545
1.7	.9554	.9564	.9573	.9582	.9591	.9599	.9608	.9616	.9625	.9633
1.8	.9641	.9649	.9656	.9664	.9671	.9678	.9686	.9693	.9699	.9706
1.9	.9713	.9719	.9726	.9732	.9738	.9744	.9750	.9756	.9761	.9767
2.0	.9772	.9778	.9783	.9788	.9793	.9798	.9803	.9808	.9812	.9817
2.1	.9821	.9826	.9830	.9834	.9838	.9842	.9846	.9850	.9854	.9857
2.2	.9861	.9864	.9868	.9871	.9875	.9878	.9881	.9884	.9887	.9890
2.3	.9893	.9896	.9898	.9901	.9904	.9906	.9909	.9911	.9913	.9916
2.4	.9918	.9920	.9922	.9925	.9927	.9929	.9931	.9932	.9934	.9936
2.5	.9938	.9940	.9941	.9943	.9945	.9946	.9948	.9949 *	.9951	.9952
2.6	.9953	.9955	.9956	.9957	.9959	.9960	.9961	.9962	.9963	.9964
2.7	.9965	.9966	.9967	.9968	.9969	.9970	.9971	.9972	.9973	.9974
2.8	.9974	.9975	.9976	.9977	.9977	.9978	.9979	.9979	.9980	.9981
2.9	.9981	.9982	.9982	.9983	.9984	.9984	.9985	.9985	.9986	.9986
3.0	.9987	.9987	.9987	.9988	.9988	.9989	.9989	.9989	.9990	.9990
3.1	.9990	.9991	.9991	.9991	.9992	.9992	.9992	.9992	.9993	.9993
3.2	.9993	.9993	.9994	.9994	.9994	.9994	.9994	.9995	.9995	.9995
3.3	.9995	.9995	.9995	.9996	.9996	.9996	.9996	.9996	.9996	.9997
3.4	.9997	.9997	.9997	.9997	.9997	.9997	.9997	.9997	.9997	.9998
3.50 and up	.9999									

참고: 3.49 이상의 z 값의 경우 0.9999를 사용하라.

*보간법으로 다음과 같은 일반값을 사용하라.

z Score	Area
1.645	0.9500
2.575	0.9950

Common Critical Values

Confidence Level	Critical Value
0.90	1.645
0.95	1.96
0.99	2.575

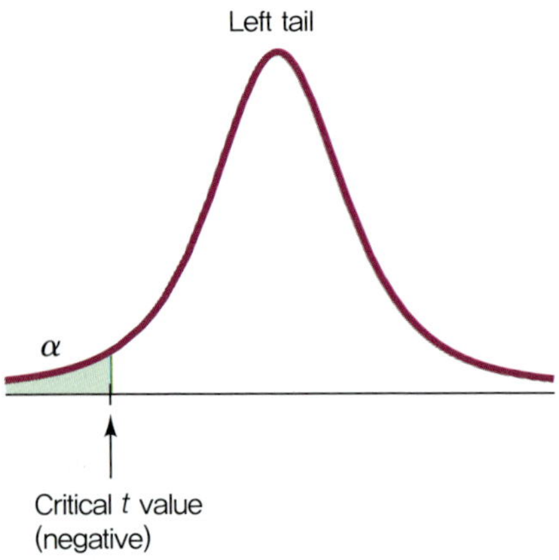

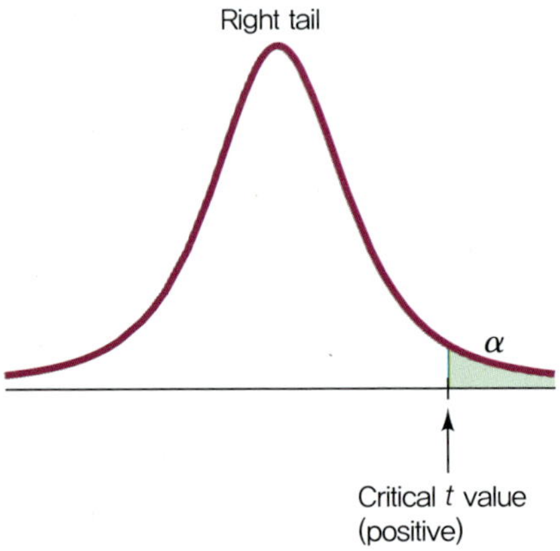

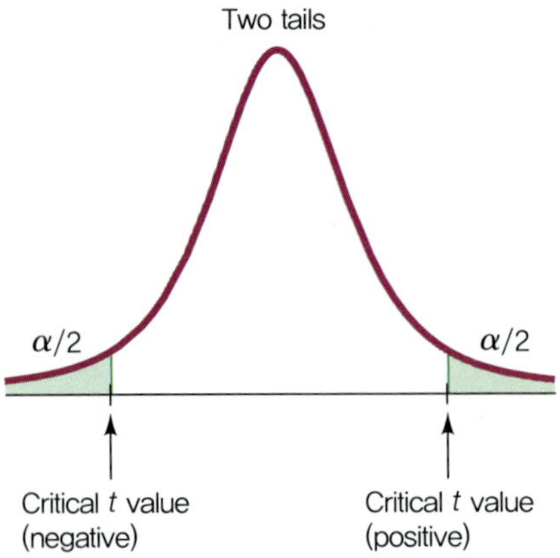

표 A-3 t 분포: 임계 t값

	Area in One Tail				
	0.005	0.01	0.025	0.05	0.10
Degrees of Freedom	**Area in Two Tails**				
	0.01	0.02	0.05	0.10	0.20
1	63.657	31.821	12.706	6.314	3.078
2	9.925	6.965	4.303	2.920	1.886
3	5.841	4.541	3.182	2.353	1.638
4	4.604	3.747	2.776	2.132	1.533
5	4.032	3.365	2.571	2.015	1.476
6	3.707	3.143	2.447	1.943	1.440
7	3.499	2.998	2.365	1.895	1.415
8	3.355	2.896	2.306	1.860	1.397
9	3.250	2.821	2.262	1.833	1.383
10	3.169	2.764	2.228	1.812	1.372
11	3.106	2.718	2.201	1.796	1.363
12	3.055	2.681	2.179	1.782	1.356
13	3.012	2.650	2.160	1.771	1.350
14	2.977	2.624	2.145	1.761	1.345
15	2.947	2.602	2.131	1.753	1.341
16	2.921	2.583	2.120	1.746	1.337
17	2.898	2.567	2.110	1.740	1.333
18	2.878	2.552	2.101	1.734	1.330
19	2.861	2.539	2.093	1.729	1.328
20	2.845	2.528	2.086	1.725	1.325
21	2.831	2.518	2.080	1.721	1.323
22	2.819	2.508	2.074	1.717	1.321
23	2.807	2.500	2.069	1.714	1.319
24	2.797	2.492	2.064	1.711	1.318
25	2.787	2.485	2.060	1.708	1.316
26	2.779	2.479	2.056	1.706	1.315
27	2.771	2.473	2.052	1.703	1.314
28	2.763	2.467	2.048	1.701	1.313
29	2.756	2.462	2.045	1.699	1.311
30	2.750	2.457	2.042	1.697	1.310
31	2.744	2.453	2.040	1.696	1.309
32	2.738	2.449	2.037	1.694	1.309
33	2.733	2.445	2.035	1.692	1.308
34	2.728	2.441	2.032	1.691	1.307
35	2.724	2.438	2.030	1.690	1.306
36	2.719	2.434	2.028	1.688	1.306
37	2.715	2.431	2.026	1.687	1.305
38	2.712	2.429	2.024	1.686	1.304
39	2.708	2.426	2.023	1.685	1.304
40	2.704	2.423	2.021	1.684	1.303
45	2.690	2.412	2.014	1.679	1.301
50	2.678	2.403	2.009	1.676	1.299
60	2.660	2.390	2.000	1.671	1.296
70	2.648	2.381	1.994	1.667	1.294
80	2.639	2.374	1.990	1.664	1.292
90	2.632	2.368	1.987	1.662	1.291
100	2.626	2.364	1.984	1.660	1.290
200	2.601	2.345	1.972	1.653	1.286
300	2.592	2.339	1.968	1.650	1.284
400	2.588	2.336	1.966	1.649	1.284
500	2.586	2.334	1.965	1.648	1.283
1000	2.581	2.330	1.962	1.646	1.282
2000	2.578	2.328	1.961	1.646	1.282
Large	2.576	2.326	1.960	1.645	1.282

표 A-4 카이-제곱(χ^2) 분포

Degrees of Freedom	Area to the *Right* of the Critical Value									
	0.995	0.99	0.975	0.95	0.90	0.10	0.05	0.025	0.01	0.005
1	—	—	0.001	0.004	0.016	2.706	3.841	5.024	6.635	7.879
2	0.010	0.020	0.051	0.103	0.211	4.605	5.991	7.378	9.210	10.597
3	0.072	0.115	0.216	0.352	0.584	6.251	7.815	9.348	11.345	12.838
4	0.207	0.297	0.484	0.711	1.064	7.779	9.488	11.143	13.277	14.860
5	0.412	0.554	0.831	1.145	1.610	9.236	11.071	12.833	15.086	16.750
6	0.676	0.872	1.237	1.635	2.204	10.645	12.592	14.449	16.812	18.548
7	0.989	1.239	1.690	2.167	2.833	12.017	14.067	16.013	18.475	20.278
8	1.344	1.646	2.180	2.733	3.490	13.362	15.507	17.535	20.090	21.955
9	1.735	2.088	2.700	3.325	4.168	14.684	16.919	19.023	21.666	23.589
10	2.156	2.558	3.247	3.940	4.865	15.987	18.307	20.483	23.209	25.188
11	2.603	3.053	3.816	4.575	5.578	17.275	19.675	21.920	24.725	26.757
12	3.074	3.571	4.404	5.226	6.304	18.549	21.026	23.337	26.217	28.299
13	3.565	4.107	5.009	5.892	7.042	19.812	22.362	24.736	27.688	29.819
14	4.075	4.660	5.629	6.571	7.790	21.064	23.685	26.119	29.141	31.319
15	4.601	5.229	6.262	7.261	8.547	22.307	24.996	27.488	30.578	32.801
16	5.142	5.812	6.908	7.962	9.312	23.542	26.296	28.845	32.000	34.267
17	5.697	6.408	7.564	8.672	10.085	24.769	27.587	30.191	33.409	35.718
18	6.265	7.015	8.231	9.390	10.865	25.989	28.869	31.526	34.805	37.156
19	6.844	7.633	8.907	10.117	11.651	27.204	30.144	32.852	36.191	38.582
20	7.434	8.260	9.591	10.851	12.443	28.412	31.410	34.170	37.566	39.997
21	8.034	8.897	10.283	11.591	13.240	29.615	32.671	35.479	38.932	41.401
22	8.643	9.542	10.982	12.338	14.042	30.813	33.924	36.781	40.289	42.796
23	9.260	10.196	11.689	13.091	14.848	32.007	35.172	38.076	41.638	44.181
24	9.886	10.856	12.401	13.848	15.659	33.196	36.415	39.364	42.980	45.559
25	10.520	11.524	13.120	14.611	16.473	34.382	37.652	40.646	44.314	46.928
26	11.160	12.198	13.844	15.379	17.292	35.563	38.885	41.923	45.642	48.290
27	11.808	12.879	14.573	16.151	18.114	36.741	40.113	43.194	46.963	49.645
28	12.461	13.565	15.308	16.928	18.939	37.916	41.337	44.461	48.278	50.993
29	13.121	14.257	16.047	17.708	19.768	39.087	42.557	45.722	49.588	52.336
30	13.787	14.954	16.791	18.493	20.599	40.256	43.773	46.979	50.892	53.672
40	20.707	22.164	24.433	26.509	29.051	51.805	55.758	59.342	63.691	66.766
50	27.991	29.707	32.357	34.764	37.689	63.167	67.505	71.420	76.154	79.490
60	35.534	37.485	40.482	43.188	46.459	74.397	79.082	83.298	88.379	91.952
70	43.275	45.442	48.758	51.739	55.329	85.527	90.531	95.023	100.425	104.215
80	51.172	53.540	57.153	60.391	64.278	96.578	101.879	106.629	112.329	116.321
90	59.196	61.754	65.647	69.126	73.291	107.565	113.145	118.136	124.116	128.299
100	67.328	70.065	74.222	77.929	82.358	118.498	124.342	129.561	135.807	140.169

Source: Donald B. Owen, *Handbook of Statistical Tables.*

Degrees of Freedom

$n-1$	**Confidence interval or hypothesis test** for a standard deviation σ or variance σ^2
$k-1$	**Goodness-of-fit test** with k different categories
$(r-1)(c-1)$	**Contingency table test** with r rows and c columns
$k-1$	**Kruskal-Wallis test** with k different samples

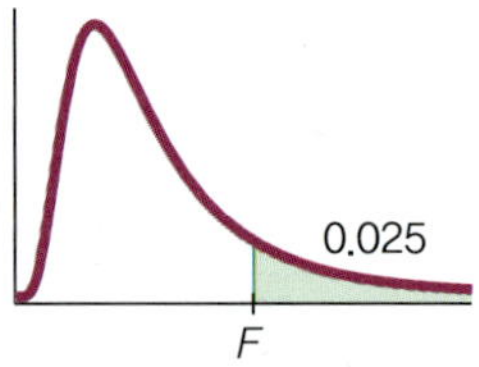

표 A-5 F 분포 ($\alpha = 0.025$ in the right tail)

Denominator degrees of freedom (df_2)	Numerator degrees of freedom (df_1)								
	1	2	3	4	5	6	7	8	9
1	647.79	799.50	864.16	899.58	921.85	937.11	948.22	956.66	963.28
2	38.506	39.000	39.165	39.248	39.298	39.331	39.335	39.373	39.387
3	17.443	16.044	15.439	15.101	14.885	14.735	14.624	14.540	14.473
4	12.218	10.649	9.9792	9.6045	9.3645	9.1973	9.0741	8.9796	8.9047
5	10.007	8.4336	7.7636	7.3879	7.1464	6.9777	6.8531	6.7572	6.6811
6	8.8131	7.2599	6.5988	6.2272	5.9876	5.8198	5.6955	5.5996	5.5234
7	8.0727	6.5415	5.8898	5.5226	5.2852	5.1186	4.9949	4.8993	4.8232
8	7.5709	6.0595	5.4160	5.0526	4.8173	4.6517	4.5286	4.4333	4.3572
9	7.2093	5.7147	5.0781	4.7181	4.4844	4.3197	4.1970	4.1020	4.0260
10	6.9367	5.4564	4.8256	4.4683	4.2361	4.0721	3.9498	3.8549	3.7790
11	6.7241	5.2559	4.6300	4.2751	4.0440	3.8807	3.7586	3.6638	3.5879
12	6.5538	5.0959	4.4742	4.1212	3.8911	3.7283	3.6065	3.5118	3.4358
13	6.4143	4.9653	4.3472	3.9959	3.7667	3.6043	3.4827	3.3880	3.3120
14	6.2979	4.8567	4.2417	3.8919	3.6634	3.5014	3.3799	3.2853	3.2093
15	6.1995	4.7650	4.1528	3.8043	3.5764	3.4147	3.2934	3.1987	3.1227
16	6.1151	4.6867	4.0768	3.7294	3.5021	3.3406	3.2194	3.1248	3.0488
17	6.0420	4.6189	4.0112	3.6648	3.4379	3.2767	3.1556	3.0610	2.9849
18	5.9781	4.5597	3.9539	3.6083	3.3820	3.2209	3.0999	3.0053	2.9291
19	5.9216	4.5075	3.9034	3.5587	3.3327	3.1718	3.0509	2.9563	2.8801
20	5.8715	4.4613	3.8587	3.5147	3.2891	3.1283	3.0074	2.9128	2.8365
21	5.8266	4.4199	3.8188	3.4754	3.2501	3.0895	2.9686	2.8740	2.7977
22	5.7863	4.3828	3.7829	3.4401	3.2151	3.0546	2.9338	2.8392	2.7628
23	5.7498	4.3492	3.7505	3.4083	3.1835	3.0232	2.9023	2.8077	2.7313
24	5.7166	4.3187	3.7211	3.3794	3.1548	2.9946	2.8738	2.7791	2.7027
25	5.6864	4.2909	3.6943	3.3530	3.1287	2.9685	2.8478	2.7531	2.6766
26	5.6586	4.2655	3.6697	3.3289	3.1048	2.9447	2.8240	2.7293	2.6528
27	5.6331	4.2421	3.6472	3.3067	3.0828	2.9228	2.8021	2.7074	2.6309
28	5.6096	4.2205	3.6264	3.2863	3.0626	2.9027	2.7820	2.6872	2.6106
29	5.5878	4.2006	3.6072	3.2674	3.0438	2.8840	2.7633	2.6686	2.5919
30	5.5675	4.1821	3.5894	3.2499	3.0265	2.8667	2.7460	2.6513	2.5746
40	5.4239	4.0510	3.4633	3.1261	2.9037	2.7444	2.6238	2.5289	2.4519
60	5.2856	3.9253	3.3425	3.0077	2.7863	2.6274	2.5068	2.4117	2.3344
120	5.1523	3.8046	3.2269	2.8943	2.6740	2.5154	2.3948	2.2994	2.2217
∞	5.0239	3.6889	3.1161	2.7858	2.5665	2.4082	2.2875	2.1918	2.1136

(계속)

표 A-5 (계속) F 분포 ($\alpha = 0.025$ in the right tail)

	Numerator degrees of freedom (df_1)									
Denominator degrees of freedom (df_2)	10	12	15	20	24	30	40	60	120	∞
1	968.63	976.71	984.87	993.10	997.25	1001.4	1005.6	1009.8	1014.0	1018.3
2	39.398	39.415	39.431	39.448	39.456	39.465	39.473	39.481	39.490	39.498
3	14.419	14.337	14.253	14.167	14.124	14.081	14.037	13.992	13.947	13.902
4	8.8439	8.7512	8.6565	8.5599	8.5109	8.4613	8.4111	8.3604	8.3092	8.2573
5	6.6192	6.5245	6.4277	6.3286	6.2780	6.2269	6.1750	6.1225	6.0693	6.0153
6	5.4613	5.3662	5.2687	5.1684	5.1172	5.0652	5.0125	4.9589	4.9044	4.8491
7	4.7611	4.6658	4.5678	4.4667	4.4150	4.3624	4.3089	4.2544	4.1989	4.1423
8	4.2951	4.1997	4.1012	3.9995	3.9472	3.8940	3.8398	3.7844	3.7279	3.6702
9	3.9639	3.8682	3.7694	3.6669	3.6142	3.5604	3.5055	3.4493	3.3918	3.3329
10	3.7168	3.6209	3.5217	3.4185	3.3654	3.3110	3.2554	3.1984	3.1399	3.0798
11	3.5257	3.4296	3.3299	3.2261	3.1725	3.1176	3.0613	3.0035	2.9441	2.8828
12	3.3736	3.2773	3.1772	3.0728	3.0187	2.9633	2.9063	2.8478	2.7874	2.7249
13	3.2497	3.1532	3.0527	2.9477	2.8932	2.8372	2.7797	2.7204	2.6590	2.5955
14	3.1469	3.0502	2.9493	2.8437	2.7888	2.7324	2.6742	2.6142	2.5519	2.4872
15	3.0602	2.9633	2.8621	2.7559	2.7006	2.6437	2.5850	2.5242	2.4611	2.3953
16	2.9862	2.8890	2.7875	2.6808	2.6252	2.5678	2.5085	2.4471	2.3831	2.3163
17	2.9222	2.8249	2.7230	2.6158	2.5598	2.5020	2.4422	2.3801	2.3153	2.2474
18	2.8664	2.7689	2.6667	2.5590	2.5027	2.4445	2.3842	2.3214	2.2558	2.1869
19	2.8172	2.7196	2.6171	2.5089	2.4523	2.3937	2.3329	2.2696	2.2032	2.1333
20	2.7737	2.6758	2.5731	2.4645	2.4076	2.3486	2.2873	2.2234	2.1562	2.0853
21	2.7348	2.6368	2.5338	2.4247	2.3675	2.3082	2.2465	2.1819	2.1141	2.0422
22	2.6998	2.6017	2.4984	2.3890	2.3315	2.2718	2.2097	2.1446	2.0760	2.0032
23	2.6682	2.5699	2.4665	2.3567	2.2989	2.2389	2.1763	2.1107	2.0415	1.9677
24	2.6396	2.5411	2.4374	2.3273	2.2693	2.2090	2.1460	2.0799	2.0099	1.9353
25	2.6135	2.5149	2.4110	2.3005	2.2422	2.1816	2.1183	2.0516	1.9811	1.9055
26	2.5896	2.4908	2.3867	2.2759	2.2174	2.1565	2.0928	2.0257	1.9545	1.8781
27	2.5676	2.4688	2.3644	2.2533	2.1946	2.1334	2.0693	2.0018	1.9299	1.8527
28	2.5473	2.4484	2.3438	2.2324	2.1735	2.1121	2.0477	1.9797	1.9072	1.8291
29	2.5286	2.4295	2.3248	2.2131	2.1540	2.0923	2.0276	1.9591	1.8861	1.8072
30	2.5112	2.4120	2.3072	2.1952	2.1359	2.0739	2.0089	1.9400	1.8664	1.7867
40	2.3882	2.2882	2.1819	2.0677	2.0069	1.9429	1.8752	1.8028	1.7242	1.6371
60	2.2702	2.1692	2.0613	1.9445	1.8817	1.8152	1.7440	1.6668	1.5810	1.4821
120	2.1570	2.0548	1.9450	1.8249	1.7597	1.6899	1.6141	1.5299	1.4327	1.3104
∞	2.0483	1.9447	1.8326	1.7085	1.6402	1.5660	1.4835	1.3883	1.2684	1.0000

Based on data from Maxine Merrington and Catherine M. Thompson, "Tables of Percentage Points of the Inverted Beta (F) Distribution," *Biometrika 33* (1943): 80–84.

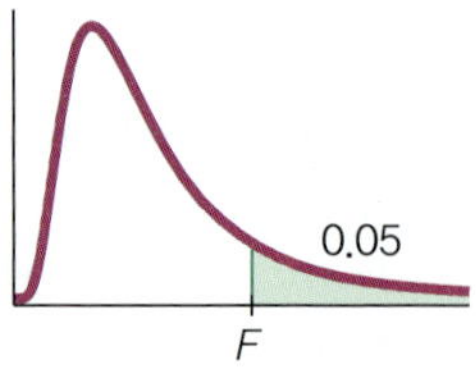

표 A-5 (계속) F 분포 ($\alpha = 0.05$ in the right tail)

	Numerator degrees of freedom (df_1)								
Denominator degrees of freedom (df_2)	1	2	3	4	5	6	7	8	9
1	161.45	199.50	215.71	224.58	230.16	233.99	236.77	238.88	240.54
2	18.513	19.000	19.164	19.247	19.296	19.330	19.353	19.371	19.385
3	10.128	9.5521	9.2766	9.1172	9.0135	8.9406	8.8867	8.8452	8.8123
4	7.7086	6.9443	6.5914	6.3882	6.2561	6.1631	6.0942	6.0410	6.9988
5	6.6079	5.7861	5.4095	5.1922	5.0503	4.9503	4.8759	4.8183	4.7725
6	5.9874	5.1433	4.7571	4.5337	4.3874	4.2839	4.2067	4.1468	4.0990
7	5.5914	4.7374	4.3468	4.1203	3.9715	3.8660	3.7870	3.7257	3.6767
8	5.3177	4.4590	4.0662	3.8379	3.6875	3.5806	3.5005	3.4381	3.3881
9	5.1174	4.2565	3.8625	3.6331	3.4817	3.3738	3.2927	3.2296	3.1789
10	4.9646	4.1028	3.7083	3.4780	3.3258	3.2172	3.1355	3.0717	3.0204
11	4.8443	3.9823	3.5874	3.3567	3.2039	3.0946	3.0123	2.9480	2.8962
12	4.7472	3.8853	3.4903	3.2592	3.1059	2.9961	2.9134	2.8486	2.7964
13	4.6672	3.8056	3.4105	3.1791	3.0254	2.9153	2.8321	2.7669	2.7144
14	4.6001	3.7389	3.3439	3.1122	2.9582	2.8477	2.7642	2.6987	2.6458
15	4.5431	3.6823	3.2874	3.0556	2.9013	2.7905	2.7066	2.6408	2.5876
16	4.4940	3.6337	3.2389	3.0069	2.8524	2.7413	2.6572	2.5911	2.5377
17	4.4513	3.5915	3.1968	2.9647	2.8100	2.6987	2.6143	2.5480	2.4943
18	4.4139	3.5546	3.1599	2.9277	2.7729	2.6613	2.5767	2.5102	2.4563
19	4.3807	3.5219	3.1274	2.8951	2.7401	2.6283	2.5435	2.4768	2.4227
20	4.3512	3.4928	3.0984	2.8661	2.7109	2.5990	2.5140	2.4471	2.3928
21	4.3248	3.4668	3.0725	2.8401	2.6848	2.5727	2.4876	2.4205	2.3660
22	4.3009	3.4434	3.0491	2.8167	2.6613	2.5491	2.4638	2.3965	2.3419
23	4.2793	3.4221	3.0280	2.7955	2.6400	2.5277	2.4422	2.3748	2.3201
24	4.2597	3.4028	3.0088	2.7763	2.6207	2.5082	2.4226	2.3551	2.3002
25	4.2417	3.3852	2.9912	2.7587	2.6030	2.4904	2.4047	2.3371	2.2821
26	4.2252	3.3690	2.9752	2.7426	2.5868	2.4741	2.3883	2.3205	2.2655
27	4.2100	3.3541	2.9604	2.7278	2.5719	2.4591	2.3732	2.3053	2.2501
28	4.1960	3.3404	2.9467	2.7141	2.5581	2.4453	2.3593	2.2913	2.2360
29	4.1830	3.3277	2.9340	2.7014	2.5454	2.4324	2.3463	2.2783	2.2229
30	4.1709	3.3158	2.9223	2.6896	2.5336	2.4205	2.3343	2.2662	2.2107
40	4.0847	3.2317	2.8387	2.6060	2.4495	2.3359	2.2490	2.1802	2.1240
60	4.0012	3.1504	2.7581	2.5252	2.3683	2.2541	2.1665	2.0970	2.0401
120	3.9201	3.0718	2.6802	2.4472	2.2899	2.1750	2.0868	2.0164	1.9588
∞	3.8415	2.9957	2.6049	2.3719	2.2141	2.0986	2.0096	1.9384	1.8799

(계속)

표 A-5 (계속) F 분포 ($\alpha = 0.05$ in the right tail)

Denominator degrees of freedom (df_2)	Numerator degrees of freedom (df_1)									
	10	12	15	20	24	30	40	60	120	∞
1	241.88	243.91	245.95	248.01	249.05	250.10	251.14	252.20	253.25	254.31
2	19.396	19.413	19.429	19.446	19.454	19.462	19.471	19.479	19.487	19.496
3	8.7855	8.7446	8.7029	8.6602	8.6385	8.6166	8.5944	8.5720	8.5494	8.5264
4	5.9644	5.9117	5.8578	5.8025	5.7744	5.7459	5.7170	5.6877	5.6581	5.6281
5	4.7351	4.6777	4.6188	4.5581	4.5272	4.4957	4.4638	4.4314	4.3985	4.3650
6	4.0600	3.9999	3.9381	3.8742	3.8415	3.8082	3.7743	3.7398	3.7047	3.6689
7	3.6365	3.5747	3.5107	3.4445	3.4105	3.3758	3.3404	3.3043	3.2674	3.2298
8	3.3472	3.2839	3.2184	3.1503	3.1152	3.0794	3.0428	3.0053	2.9669	2.9276
9	3.1373	3.0729	3.0061	2.9365	2.9005	2.8637	2.8259	2.7872	2.7475	2.7067
10	2.9782	2.9130	2.8450	2.7740	2.7372	2.6996	2.6609	2.6211	2.5801	2.5379
11	2.8536	2.7876	2.7186	2.6464	2.6090	2.5705	2.5309	2.4901	2.4480	2.4045
12	2.7534	2.6866	2.6169	2.5436	2.5055	2.4663	2.4259	2.3842	2.3410	2.2962
13	2.6710	2.6037	2.5331	2.4589	2.4202	2.3803	2.3392	2.2966	2.2524	2.2064
14	2.6022	2.5342	2.4630	2.3879	2.3487	2.3082	2.2664	2.2229	2.1778	2.1307
15	2.5437	2.4753	2.4034	2.3275	2.2878	2.2468	2.2043	2.1601	2.1141	2.0658
16	2.4935	2.4247	2.3522	2.2756	2.2354	2.1938	2.1507	2.1058	2.0589	2.0096
17	2.4499	2.3807	2.3077	2.2304	2.1898	2.1477	2.1040	2.0584	2.0107	1.9604
18	2.4117	2.3421	2.2686	2.1906	2.1497	2.1071	2.0629	2.0166	1.9681	1.9168
19	2.3779	2.3080	2.2341	2.1555	2.1141	2.0712	2.0264	1.9795	1.9302	1.8780
20	2.3479	2.2776	2.2033	2.1242	2.0825	2.0391	1.9938	1.9464	1.8963	1.8432
21	2.3210	2.2504	2.1757	2.0960	2.0540	2.0102	1.9645	1.9165	1.8657	1.8117
22	2.2967	2.2258	2.1508	2.0707	2.0283	1.9842	1.9380	1.8894	1.8380	1.7831
23	2.2747	2.2036	2.1282	2.0476	2.0050	1.9605	1.9139	1.8648	1.8128	1.7570
24	2.2547	2.1834	2.1077	2.0267	1.9838	1.9390	1.8920	1.8424	1.7896	1.7330
25	2.2365	2.1649	2.0889	2.0075	1.9643	1.9192	1.8718	1.8217	1.7684	1.7110
26	2.2197	2.1479	2.0716	1.9898	1.9464	1.9010	1.8533	1.8027	1.7488	1.6906
27	2.2043	2.1323	2.0558	1.9736	1.9299	1.8842	1.8361	1.7851	1.7306	1.6717
28	2.1900	2.1179	2.0411	1.9586	1.9147	1.8687	1.8203	1.7689	1.7138	1.6541
29	2.1768	2.1045	2.0275	1.9446	1.9005	1.8543	1.8055	1.7537	1.6981	1.6376
30	2.1646	2.0921	2.0148	1.9317	1.8874	1.8409	1.7918	1.7396	1.6835	1.6223
40	2.0772	2.0035	1.9245	1.8389	1.7929	1.7444	1.6928	1.6373	1.5766	1.5089
60	1.9926	1.9174	1.8364	1.7480	1.7001	1.6491	1.5943	1.5343	1.4673	1.3893
120	1.9105	1.8337	1.7505	1.6587	1.6084	1.5543	1.4952	1.4290	1.3519	1.2539
∞	1.8307	1.7522	1.6664	1.5705	1.5173	1.4591	1.3940	1.3180	1.2214	1.0000

Based on data from Maxine Merrington and Catherine M. Thompson, "Tables of Percentage Points of the Inverted Beta (*F*) Distribution," *Biometrika* 33 (1943): 80–84.

표 A-6 피어슨 상관계수 r의 임계값

n	$\alpha = .05$	$\alpha = .01$
4	.950	.990
5	.878	.959
6	.811	.917
7	.754	.875
8	.707	.834
9	.666	.798
10	.632	.765
11	.602	.735
12	.576	.708
13	.553	.684
14	.532	.661
15	.514	.641
16	.497	.623
17	.482	.606
18	.468	.590
19	.456	.575
20	.444	.561
25	.396	.505
30	.361	.463
35	.335	.430
40	.312	.402
45	.294	.378
50	.279	.361
60	.254	.330
70	.236	.305
80	.220	.286
90	.207	.269
100	.196	.256

참고: $H_1: \rho \neq 0$에 대응한 $H_0: \rho = 0$(상관 없음)을 검정하기 위해서 만일 r의 값이 표에 제시된 임계값보다 같거나 크면 H_0을 기각한다.

표 A-7 부호검정의 임계값

	α			
	.005 (one tail)	.01 (one tail)	.025 (one tail)	.05 (one tail)
n	.01 (two tails)	.02 (two tails)	.05 (two tails)	.10 (two tails)
1	*	*	*	*
2	*	*	*	*
3	*	*	*	*
4	*	*	*	*
5	*	*	*	0
6	*	*	0	0
7	*	0	0	0
8	0	0	0	1
9	0	0	1	1
10	0	0	1	1
11	0	1	1	2
12	1	1	2	2
13	1	1	2	3
14	1	2	2	3
15	2	2	3	3
16	2	2	3	4
17	2	3	4	4
18	3	3	4	5
19	3	4	4	5
20	3	4	5	5
21	4	4	5	6
22	4	5	5	6
23	4	5	6	7
24	5	5	6	7
25	5	6	7	7

참고:

1. *는 임계 영역에서 값을 얻을 수 없음을 나타내므로 귀무가설을 기각할 수 없다.
2. 빈도가 낮은 부호 (x)의 수가 표의 값보다 작거나 같으면 귀무가설을 기각한다.
3. n값이 25보다 큰 경우 다음 식과 같은 정규 근사법이 사용된다.

$$z = \frac{(x + 0.5) - \left(\frac{n}{2}\right)}{\frac{\sqrt{n}}{2}}$$

표 A-8 윌콕슨 부호순위검정을 위한 *T*의 임계값

	α			
n	.005 (one tail) .01 (two tails)	.01 (one tail) .02 (two tails)	.025 (one tail) .05 (two tails)	.05 (one tail) .10 (two tails)
5	*	*	*	1
6	*	*	1	2
7	*	0	2	4
8	0	2	4	6
9	2	3	6	8
10	3	5	8	11
11	5	7	11	14
12	7	10	14	17
13	10	13	17	21
14	13	16	21	26
15	16	20	25	30
16	19	24	30	36
17	23	28	35	41
18	28	33	40	47
19	32	38	46	54
20	37	43	52	60
21	43	49	59	68
22	49	56	66	75
23	55	62	73	83
24	61	69	81	92
25	68	77	90	101
26	76	85	98	110
27	84	93	107	120
28	92	102	117	130
29	100	111	127	141
30	109	120	137	152

참고:
1. *는 임계 영역에서 값을 얻을 수 없음을 나타내므로 귀무가설을 기각할 수 없다 .
2. 결론:
   검정 통계량 *T*가 이 표에서 찾은 임계값보다 작거나 같으면 귀무가설을 기각한다.
   검정 통계량 *T*가 표에 있는 임계값보다 큰 경우 귀무가설을 기각하지 못한다.

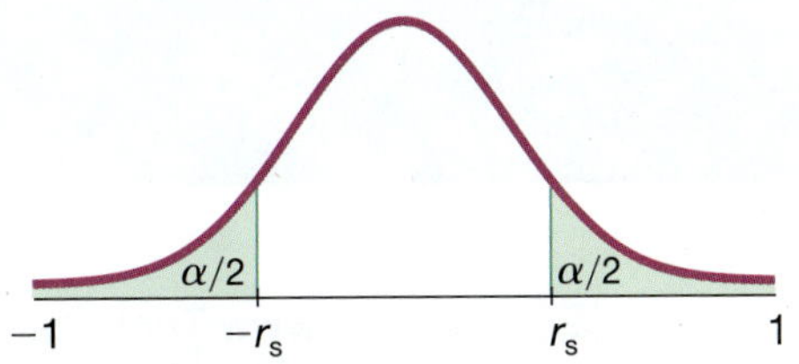

표 A-9 스피어만의 순위상관계수 r_s의 임계값

n	$\alpha = 0.10$	$\alpha = 0.05$	$\alpha = 0.02$	$\alpha = 0.01$
5	.900	—	—	—
6	.829	.886	.943	—
7	.714	.786	.893	.929
8	.643	.738	.833	.881
9	.600	.700	.783	.833
10	.564	.648	.745	.794
11	.536	.618	.709	.755
12	.503	.587	.678	.727
13	.484	.560	.648	.703
14	.464	.538	.626	.679
15	.446	.521	.604	.654
16	.429	.503	.582	.635
17	.414	.485	.566	.615
18	.401	.472	.550	.600
19	.391	.460	.535	.584
20	.380	.447	.520	.570
21	.370	.435	.508	.556
22	.361	.425	.496	.544
23	.353	.415	.486	.532
24	.344	.406	.476	.521
25	.337	.398	.466	.511
26	.331	.390	.457	.501
27	.324	.382	.448	.491
28	.317	.375	.440	.483
29	.312	.368	.433	.475
30	.306	.362	.425	.467

참고:
1. $n > 30$의 경우 $r_s \pm z/\sqrt{n-1}$, 여기서 z는 유의 수준에 해당한다. 예를 들어 $\alpha = 0.05$이면 $z = 1.96$이다.
2. 검정통계량 r_s의 절대 값이 양의 임계 값보다 크거나 같으면 H_0: $\rho_s = 0$을 기각하고 상관 관계 주장을 뒷받침할 충분한 증거가 있다고 결론을 내린다.

Based on data from *Biostatistical Analysis*, 4th edition © 1999, by Jerrold Zar, Prentice Hall, Inc., Upper Saddle River, New Jersey, and "Distribution of Sums of Squares of Rank Differences to Small Numbers with Individuals," *The Annals of Mathematical Statistics*, Vol. 9, No. 2.

부록 B 데이터 세트

완전한 데이터 세트는 웹사이트 www.TriolaStats.com에서 이용할 수 있다.

이 부록에는 각 데이터 세트의 처음 5개 행만 제시되어 있다. 전체 데이터 세트는 www.TriolaStats.com에서 Excel, SPSS, JMP, Minitab 및 TI-83/84 Plus 등의 통계 패키지에 사용할 수 있는 자료형태로 제공된다. 또한 이들 데이터 세트들은 본 서적의 사용자가 무료로 사용할 수 있는 StatDisk 통계패키지에 사용할 수 있는 형태로도 제공되고 있다. StatDisk는 www.statdisk.org에서 다운로드할 수 있다.

데이터 세트 1: 신체 자료

데이터 세트 2: 체온

데이터 세트 3: 출생

데이터 세트 4: 청력검사

데이터 세트 5: 시력

데이터 세트 6: 가족 신장

데이터 세트 7: 발과 신장

데이터 세트 8: IQ와 납

데이터 세트 9: IQ와 뇌 크기

데이터 세트 10: 신입생 15

데이터 세트 11: 곰 측정

데이터 세트 12: 바다소 죽음

데이터 세트 13: 영화 속 술과 담배

데이터 세트 14: 직접 및 간접 흡연

데이터 세트 15: 담배 내용물

데이터 세트 16: 붓꽃 측정

데이터 세트 17: 뻐꾸기 알 길이

데이터 세트 18: 포플러 나무 무게

데이터 세트 1: 신체 자료

신체와 의학적 검사 측정값은 300명을 대상으로 하고 있다(여기에서는 처음 5행만 나열함). 각 변수와 관련하여, **AGE**는 연 단위, **GENDER**은 0 = 여성과 1 = 남성, **PULSE**는 맥박수(분당 횟수), **SYSTOLIC**는 수축기 혈압(mm HG), **DIASTOLIC**는 이완기 혈압(mm HG), **HDL**은 HDL 콜레스테롤(mg/dL), **LDL**은 LDL 콜레스테롤(mg/dL), **WHITE**는 백혈구의 수(1000 cells/μL), **RED**는 적혈구의 수(1백만 cells/μL), **PLATE**는 혈소판의 수(1000 cells/μL), **WEIGHT**는 체중(kg), **HEIGHT**는 신장(cm), **WAIST**는 가슴둘레(cm), **ARM CIRC**는 팔 둘레(cm), **BMI**는 체질량지수(kg/m^2)이다. 자료는 National Center for Health Statistics에서 나온 것이다.

TI-83/84의 목록 이름 (BODY): AGE, GENDR, PULSE, SYS, DIAS, HDL, LDL, WHITE, REDBC, PLATE, WT, HT, WAIST, ARMC, BMI.

AGE	GENDER(1 = M)	PULSE	SYSTOLIC	DIASTOLIC	HDL	LDL	WHITE	RED	PLATE	WEIGHT	HEIGHT	WAIST	ARM CIRC	BMI
43	0	80	100	70	73	68	8.7	4.80	319	98.6	172.0	120.4	40.7	33.3
57	1	84	112	70	35	116	4.9	4.73	187	96.9	186.0	107.8	37.0	28.0
38	0	94	134	94	36	223	6.9	4.47	297	108.2	154.4	120.3	44.3	45.4
80	1	74	126	64	37	83	7.5	4.32	170	73.1	160.5	97.2	30.3	28.4
34	1	50	114	68	50	104	6.1	4.95	140	83.1	179.0	95.1	34.0	25.9

데이터 세트 2: 체온

체온(°F)은 107명의 대상자에게서 연속되는 2일 동안 오전 8시와 오전 12시에 측정한 것이다(여기에서는 처음 5행만 나열함). **SEX**는 대상자의 성별, **SMOKE**는 대상자의 흡연여부로서 흡연 시 Y를 비흡연 시 N을 표시한 것이다. 자료는 Maryland 대학교의 Steven Wasserman 박사, Philip Mackowiak 박사. 그리고 Myron Levine 박사에게서 제공받은 것이다.

TI-83/84의 목록 이름 (BODYTEMP): D1T8, D1T12, D2T8, D2T12, (SEX와 SMOKE에 대해서는 목록인 없음), **결측값은 9999로 표시됨.**

SEX	SMOKE	DAY 1—8 AM	DAY 1—12 AM	DAY 2—8 AM	DAY 2—12 AM
M	Y	98.0	98.0	98.0	98.6
M	Y	97.0	97.6	97.4	—
M	Y	98.6	98.8	97.8	98.6
M	N	97.4	98.0	97.0	98.0
M	N	98.2	98.8	97.0	98.0

데이터 세트 3: 출생

자료는 400명의 출생아에 대한 것이다(여기에서는 처음 5행만 나열함). **GENDER**는 0 = 여아와 1 = 남아, **LENGTH OF STAY**는 일(day) 단위, **BIRTH WEIGHT**는 그램(g) 단위, **TOTAL CHARGES**는 달러 단위로 표시되어 있다.

TI-83/84의 목록 이름 (BIRTH): FLOS, MLOS, FBWT, MBWT, FCHRG, MCHRG [여아(F)와 남아(M)로 분리된 목록이 제공됨. FACILITY, INSURANCE, ADMITTED, 그리고 DISCHARGED에 대한 목록은 없음]

FACILITY	INSURANCE	GENDER(1 = M)	LENGTH OF STAY	ADMITTED	DISCHARGED	BIRTH WEIGHT	TOTAL CHARGES
Albany Medical Center Hospital	Insurance Company	0	2	FRI	SUN	3500	13986
Albany Medical Center Hospital	Blue Cross	1	2	FRI	SUN	3900	3633
Albany Medical Center Hospital	Blue Cross	0	36	WED	THU	800	359091
Albany Medical Center Hospital	Insurance Company	1	5	MON	SAT	2800	8537
Albany Medical Center Hospital	Insurance Company	1	2	FRI	SUN	3700	3633

데이터 세트 4: 청력검사

TI-83/84의 목록 이름 (AUDIO): AUDAG, AUDGN, AUDRT, AUDLT

자료는 350명의 대상자에 대한 것이다(여기에서는 처음 5행만 나열함). **AGE**는 연(year) 단위, **GENDER**는 0 = 여성과 1 = 남성, **RIGHT/LEFT THRESHOLD**은 이어폰을 통해 전송되는 순수한 톤 소리를 이용한 각 귀의 수신 측정치를 나타낸다. 소리의 강도는 인지될 수 있는 1000 Hz(db) 주파수의 임계값까지 다양하게 변화한다. 자료는 National Center for Health Statistics에서 나온 것이다.

AGE	GENDER	RIGHT THRESHOLD	LEFT THRESHOLD
42	1	5	5
46	0	5	15
51	0	5	10
70	0	15	20
78	1	5	10

데이터 세트 5: 시력

TI-83/84의 목록 이름 (VISION): VISAG, VISGN, VISRT, VISLT

자료는 300명의 대상자에 대한 것이다(여기에서는 처음 5행만 나열함). **AGE**는 연(year) 단위, **GENDER**는 0 = 여성과 1 = 남성, **RIGHT/LEFT EYE**는 "일반적인 보정"으로서 안경, 콘택트렌즈, 일반 시력에 대한 측정값이다. 자료는 National Center for Health Statistics에서 나온 것이다.

AGE	GENDER	RIGHT EYE	LEFT EYE
39	1	20	20
48	1	20	20
84	0	25	20
55	0	25	20
41	1	50	50

데이터 세트 6: 가족 신장

TI-83/84의 목록 이름 (FAMHT): DAD, MOM, SON1, DGHT1

신장 자료는 134개 가정에 대한 것이다(여기에서는 처음 5행만 나열함). 신장은 인치 단위로 되어 있다. 성별별로 자녀가 최소 1명 이상 있는 가족들만 포함되어 있으며, 첫째 아들과 첫째 딸의 신장만이 포함되어 있다. 이 자료는 두 변수 간의 표준편차, 회귀선, 상관 개념을 개발한 Francis Galton(1822~1911)의 논문에서 나온 것이다.

FATHER	MOTHER	FIRST SON	FIRST DAUGHTER
70.0	64.0	68.0	65.0
71.0	65.5	72.0	66.0
69.0	63.5	70.5	65.0
69.5	66.0	71.0	66.5
70.0	58.0	72.0	66.0

데이터 세트 7: 발과 신장

발과 신장 측정은 40명의 대상자에 대한 것이다(여기에서는 처음 5행만 나열함). **SEX**는 대상의 성별, **AGE**는 연(year) 단위의 나이, **FOOT LENGTH**는 발 길이(cm), **SHOE PRINT**는 족적의 길이(cm), **SHOE SIZE**는 신발의 크기, **HEIGHT**는 대상자의 신장(cm)이다.

Rohren Brenda의 자료인 "Estimation of Stature from Foot and Shoe Length: Applications in Forensic Science." 저작권 © 2006은 저자의 허락을 받아 다시 인쇄하였다. Rohren Brenda(MA, MFS, LIMHP, LADC, MAC)은 연구를 수행하고 보고서를 작성할 때, Nebraska Wesleyan 대학의 대학원생이었다.

TI-83/84의 목록 이름 (FOOTHT): FTSEX(1=male), FTAGE, FTLN, SHOPT, SHOZ, FHT

SEX	AGE	FOOT LENGTH	SHOE PRINT	SHOE SIZE	HEIGHT
M	67	27.8	31.3	11.0	180.3
M	47	25.7	29.7	9.0	175.3
M	41	26.7	31.3	11.0	184.8
M	42	25.9	31.8	10.0	177.8
M	48	26.4	31.4	10.0	182.3

데이터 세트 8: IQ와 납

자료는 121명의 대상자에 대한 것이다(여기에서는 처음 5행만 나열함). 자료는 2년 연속 아이들에게서 얻어졌고, 아이들은 납 제련소 근처에 살고 있었다. **LEAD**는 혈중 납 수준의 집단[1 = 낮은 납 수준(2년 모두 혈중 납 수준 $< 40\ \mu g/100\ mL$), 2 = 중간 납 수준(1년간만 혈중 납 수준 $\geq 40\ \mu g/100\ mL$), 3 = 높은 납 수준(2년 모두 혈중 납 수준 $\geq 40\ \mu g/100\ mL$)], **AGE**는 연(year) 단위의 나이, **SEX**는 대상자의 성별(1 = 남자, 2 = 여자). **YEAR1**은 첫해 혈중 납 수준, **YEAR2**는 두 번째 해의 혈중 납 수준, **IQ VERB**는 언어성 IQ점수, **IQ PERF**는 동작성 IQ점수, **IQ FULL**은 전체 IQ점수를 나타낸다.

자료는 "Neuropsychological Dysfunction in Children with Chronic Low-Level Lead Absorption, by P. J. Landrigan, R. H. Whitworth, R. W. Baloh, N. W. Staehling, W. F Barthel, and B. F. Rosenblum, *Lancet*, Vol.1, No.7909."로부터 나온 것이다.

TI-83/84의 목록 이름 (IQLEAD): LEAD, IQAGE, IQSEX, YEAR1, YEAR2, IQV, IQP, IQF

LEAD	AGE	SEX	YEAR1	YEAR2	IQ VERB	IQ PERF	IQ FULL
1	11	1	25	18	61	85	70
1	9	1	31	28	82	90	85
1	11	1	30	29	70	107	86
1	6	1	29	30	72	85	76
1	11	1	2	34	72	100	84

데이터 세트 9: IQ와 뇌 크기

자료는 20개의 짝을 이룬 일란성 쌍둥이에 대한 것이다(여기에서는 처음 5행만 나열함). **PAIR**은 쌍둥이 식별값, **SEX**는 대상의 성별(1 = 남성, 2 = 여성), **ORDER**는 출생 순서, **IQ**는 전체 IQ점수, **VOL**은 전체 뇌 용적(cm^3), **AREA**는 전체 뇌 표면적(cm^2), **CCSA**는 뇌들보(corpus callosum) 표면적(cm^2), **CIRC**는 머리 둘레(cm), **WT**는 체중(kg)을 나타낸다.

자료는 M. J. Tramo, W. C. Loftus, T. A. Stukel, J. B. Weaver, M. S. Gazziniga에 의해 제동되었다. 자세한 것은 "Brain Size, Head Size, and IQ in Monozygotic Twins," *Neurology*, Vol.50."에서 찾아볼 수 있다.

TI-83/84의 목록 이름 (IQBRAIN): PAIR, SEX, ORDER, IQ, VOL, AREA, CCSA, CIRC, BWT

PAIR	SEX (1 = M)	ORDER	IQ	VOL	AREA	CCSA	CIRC	WT
1	2	1	96	1005	1913.88	6.08	54.7	57.607
1	2	2	89	963	1684.89	5.73	54.2	58.968
2	2	1	87	1035	1902.36	6.22	53.0	64.184
2	2	2	87	1027	1860.24	5.80	52.9	58.514
3	2	1	101	1281	2264.25	7.99	57.8	63.958

데이터 세트 10: 신입생 15

67명의 대학생 체중에 대한 것이다(여기에서는 처음 5행만 나열함). **SEX**는 대상자의 성별, **WT**는 킬로그램(kg) 단위의 체중, **BMI**는 체질량지수를 나타낸다. 측정은 1학년 9월과 그 다음해 1학년 4월에 이루어졌다.

결과는 Hoffman, D. J., Policastro, P., Quick, V., 그리고 Lee, S. K.의 "Changes in Body Weight and Fat Mass of Men and Women in the First Year of College: A Study of the 'Freshman 15.' *Journal of American College Health*, July 1, 2006, Vol. 55, No.1"에서 나온 것이며, 41쪽의 내용은 저작권이 있으나 허락 하에 제시되었다.

TI-83/84의 목록 이름 (FRESH15): WTSP, WTAPR, BMISP, BMIAP (SEX에 대한 목록은 없음)

SEX	WT SEPT	WT APRIL	BMI SEPT	BMI APRIL
M	72	59	22.02	18.14
M	97	86	19.70	17.44
M	74	69	24.09	22.43
M	93	88	26.97	25.57
F	68	64	21.51	20.10

데이터 세트 11: 곰 측정

자료는 마취된 야생 곰 54마리에 대한 것이다(여기에서는 처음 5행만 나열함). **AGE**는 월(month) 단위의 나이, **MONTH**는 측정한 월로서 1 = 1월, **SEX**는 0 = 암컷과 1 = 수컷, **HEADLEN**은 머리 길이(인치), **HEADWDTH**는 머리 폭(인치), **NECK**는 목 둘레의 거리(인치), **LENGTH**는 몸 길이(인치), **CHEST**는 가슴둘레(인치), **WEIGHT**는 파운드(pound) 단위의 곰 무게를 나타낸다. 자료는 Gary Alt와 Minitab, Inc.의 것이다.

TI-83/84의 목록 이름 (BEARS): BAGE, BSEX, BHDLN, BHDWD, BNECK, BLEN, BCHST, BWGHT (MONTH에 대해서는 목록 없음)

AGE	MONTH	SEX (1 = M)	HEADLEN	HEADWDTH	NECK	LENGTH	CHEST	WEIGHT
19	7	1	11.0	5.5	16.0	53.0	26.0	80
55	7	1	16.5	9.0	28.0	67.5	45.0	344
81	9	1	15.5	8.0	31.0	72.0	54.0	416
115	7	1	17.0	10.0	31.5	72.0	49.0	348
104	8	0	15.5	6.5	22.0	62.0	35.0	166

데이터 세트 12: 바다소 죽음

24년간 플로리다의 연간 자료가 제공된 것이다(여기에서는 처음 5행만 나열함). **DEATHS**는 선박에 의해 바다소가 연간 죽은 숫자, **BOATS**는 등록된 쾌락선 수(1000 단위), **POP**는 플로리다 인구(백만 단위), **WATER TEMP**는 연간 평균 수온(°F)을 나타낸다.

TI-83/84의 목록 이름 (MANATEE): DEATH, BOATS, POP, WTEMP (YEAR에 대해서는 목록 없음)

YEAR	DEATHS	BOATS	POP	WATER TEMP
1991	53	68	13.3	71.9
1992	38	68	13.5	70.4
1993	35	67	13.7	70.5
1994	49	70	14.0	71.7
1995	42	71	14.3	70.9

데이터 세트 13: 영화 속 술과 담배

자료는 50편의 애니메이션 어린이 영화에서 나온 것이다(여기에서는 처음 5행만 나열함). **LENGTH**는 영화의 길이(분), **TOBACCO**는 담배 사용 시간(초), **ALCOHOL**은 알코올 사용 시간(초)을 나타낸다.

자료는 "Goldstein, Adam O., Sobel, Rachel A., Newman, Glen R., Tobacco and Alcohol Use in G-Rated Children's Animated Films. *Journal of the American Medical Association*, March 24/31, © 1999, Vol. 281, No.12"에 기초한 것이며, 모두 저작권이 있는 것이다.

TI-83/84의 목록 이름 (CHMOVIE): CHEN, CHTOB, CHALC (MOVIE 및 STUDIO에 대해서는 목록 없음)

MOVIE	STUDIO	LENGTH (MIN)	TOBACCO (SEC)	ALCOHOL (SEC)
Snow White	Disney	83	0	0
Pinocchio	Disney	88	223	80
Fantasia	Disney	120	0	0
Dumbo	Disney	64	176	88
Bambi	Disney	69	0	0

데이터 세트 14: 직접 및 간접 흡연

자료는 3개 집단에 대한 120명의 대상자에 대한 것이다(여기에서는 처음 5행만 나열함). 3개 집단은 다음과 같다: **SMOKER**는 흡연자를 포함, **ETS**는 환경적으로 담배 연기에 노출되는 비흡연자를 포함, **NOETS**는 환경적으로 담배 연기에 노출되지 않는 비흡연자를 포함. 모든 값들은 니코틴의 대사체인 혈청 코티닌의 측정치(ng/mL)이다(니코틴이 체내에 흡수되면 코티닌이 생산됨). 자료는 미국 보건복지부의 National Center for Health Statistics에서 제3차 국민건강영양조사에서 나온 것이다.

TI-83/84의 목록 이름 (SMOKE): SMKR, ETS, NOETS

SMOKER	ETS	NOETS
1	384	0
0	0	0
131	69	0
173	19	0
265	1	0

데이터 세트 15: 담배 내용물

자료는 3가지 범주의 75개 담배를 대상으로 한 것이다(여기에서는 처음 5행만 나열함). **KING**는 필터되지 않고, 비멘톨이며, 독한 킹사이즈 담배, **MENTH**는 필터되고, 독한 100 mm 길이의 멘톨, **100**은 필터되고, 독한 비멘톨, **TAR**은 담배 1개당 타르의 양(밀리그램의 단위), **NICOTIN**은 담배 1개당 니코틴의 양(밀리그램의 단위), **CO**는 담배 1개당 일산화탄소의 양(밀리그램의 단위)을 나타낸다. 자료는 연방무역위원회(Federal Trade Commission)로부터 나온 것이다.

TI-83/84의 목록 이름 (CIGARET): KGTAR, KGNIC, KGCO, MNTAR, MNNIC, MNCO, FLTAR, FLNIC, FLCO

KING TAR	KING NICOTINE	KING CO	MENTH TAR	MENTH NICOTINE	MENTH CO	100 TAR	100 NIC	100 CO
20	1.1	16	16	1.1	15	5	0.4	4
27	1.7	16	13	0.8	17	16	1.0	19
27	1.7	16	16	1.0	19	17	1.2	17
20	1.1	16	9	0.9	9	13	0.8	18
20	1.1	16	14	0.8	17	13	0.8	18

데이터 세트 16: 붓꽃 측정

자료는 3가지 종류(세토사, 베르시콜로, 버지카)의 150개 붓꽃 측정값이다(여기에서는 처음 5행만 나열함). **SL**은 꽃받침의 길이(mm), **SW**는 꽃받침의 폭(mm), **PL**는 꽃받침의 길이(mm), **PW**는 꽃잎 폭(mm)을 나타낸다. 이 자료는 "The Use of Multiple Measurements in Taxonomic Problems, by Ronald A. 피셔, *Annals of Statistics*, Vol. 7."에서 나온 것이다.

TI-83/84의 목록 이름 (IRIS): SETSW, SETPL, SETPW, VERSL, VERSW, VERPL, VIRSL, VIRSW, VIRPL, VIRPL, VIRPW

CLASS	SL	SW	PL	PW
setosa	5.1	3.5	1.4	0.2
setosa	4.9	3.0	1.4	0.2
setosa	4.7	3.2	1.3	0.2
setosa	4.6	3.1	1.5	0.2
setosa	5.0	3.6	1.4	0.2

데이터 세트 17: 뻐꾸기 알 길이

여섯 마리 새의 둥지에 넣은 뻐꾸기 알의 길이(mm)이다. 이 자료는 *The Methods of Statistics*, 4th edition, by L. H. C. Tippett, John Wiley and Sons, Inc.,의 제공되는 자료이다.

TI-83/84의 목록 이름 (CUCKOO): MDW, TREE, HEDGE, ROBIN, PIED, WREEN

MEADOW PIPIT	TREE PIPIT	HEDGE SPARROW	ROBIN	PIED WAGTAIL	WREN
19.65	21.05	20.85	21.05	21.05	19.85
20.05	21.85	21.65	21.85	21.85	20.05
20.65	22.05	22.05	22.05	21.85	20.25
20.85	22.45	22.85	22.05	21.85	20.85
21.65	22.65	23.05	22.05	22.05	20.85

데이터 세트 18: 포플러 나무 무게

자료는 서로 다른 2개의 지역에서 4가지 조건(처리하지 않음, 비료, 관개, 비료와 관개)으로 재배된 1년차와 2년차의 나무 무게(kg)이다(여기에서는 처음 5행만 나열함). 지역1(site 1)은 영양분이 풍부하고 습한 지역이며, 지역2(site 2)는 모래로서 건조한 지역이다. 자료는 Pennsylvania 주립대학교의 연구자들이 수행한 것이며 Minitab, Inc.에서 획득하였다.

TI-83/84의 목록 이름 (POPLAR): NONE, FERT, IRRIG, FRTIR

YEAR	SITE	NO TREATMENT	FERTILIZER	IRRIGATION	FERT & IRRIG
1	1	0.15	1.34	0.23	2.03
1	1	0.02	0.14	0.04	0.27
1	1	0.16	0.02	0.34	0.92
1	1	0.37	0.08	0.16	1.07
1	1	0.22	0.08	0.05	2.38

부록 C 웹사이트와 관련서적 목록

Websites

Triola Stats: www.TriolaStats.com

Access continually updated digital resources, including downloadable data sets, textbook supplements, online instructional videos, Triola Blog, and more.

Statdisk: www.Statdisk.org

Download the free Statdisk statistical software that is designed specifically for this book and contains all Appendix B data sets. Detailed information on using Statdisk is provided on the site's Help page.

StatCrunch: www.statcrunch.com

Books

***An asterisk denotes a book recommended for reading. Other books are recommended as reference texts.**

Bennett, D. 1998. *Randomness.* Cambridge, Mass.: Harvard University Press.

*Best, J. 2012. *Damned Lies and Statistics.* Berkeley, Calif.: University of California Press.

*Best, J. 2004. *More Damned Lies and Statistics.* Berkeley, Calif.: University of California Press.

*Campbell, S. 2004. *Flaws and Fallacies in Statistical Thinking.* Mineola, N.Y.: Dover Publications.

*Crossen, C. 1996. *Tainted Truth: The Manipulation of Fact in America.* New York: Simon & Schuster.

*Freedman, D., R. Pisani, R. Purves, and A. Adhikari. 2007. *Statistics.* 4th ed. New York: W. W. Norton & Company.

*Gonick, L., and W. Smith. 1993. *The Cartoon Guide to Statistics.* New York: Harper Collins.

*Heyde, C., and E. Seneta, eds. 2001. *Statisticians of the Centuries.* New York: Springer-Verlag.

*Hollander, M., and F. Proschan. 1984. *The Statistical Exorcist: Dispelling Statistics Anxiety.* New York: Marcel Dekker.

*Holmes, C. 1990. *The Honest Truth About Lying with Statistics.* Springfield, Ill.: Charles C Thomas.

*Hooke, R. 1983. *How to Tell the Liars from the Statisticians.* New York: Marcel Dekker.

*Huff, D. 1993. *How to Lie with Statistics.* New York: W. W. Norton & Company.

*Jaffe, A., and H. Spirer. 1998. *Misused Statistics.* New York: Marcel Dekker.

Kaplan, M. 2007. *Chances Are.* New York: Penguin Group.

Kotz, S., and D. Stroup. 1983. *Educated Guessing—How to Cope in an Uncertain World.* New York: Marcel Dekker.

Mlodinow, L. 2009. *The Drunkard's Walk.* New York: Vintage Books.

*Moore, D., and W. Notz. 2012. *Statistics: Concepts and Controversies.* 8th ed. San Francisco: Freeman.

*Paulos, J. 2001. *Innumeracy: Mathematical Illiteracy and Its Consequences.* New York: Hill and Wang.

*Reichmann, W. 1981. *Use and Abuse of Statistics.* New York: Penguin.

*Rossman, A., and B. Chance. 2011. *Workshop Statistics: Discovery with Data.* 4th ed. Emeryville, Calif.: Key Curriculum Press.

*Salsburg, D. 2001. *The Lady Tasting Tea: How Statistics Revolutionized the Twentieth Century.* New York: W. H. Freeman.

Sheskin, D. 2011. *Handbook of Parametric and Nonparametric Statistical Procedures.* 5th ed. Boca Raton, Fla.: CRC Press.

Simon, J. 1997. *Resampling: The New Statistics.* 2nd ed. Arlington, Va.: Resampling Stats.

*Stigler, S. 1986. *The History of Statistics.* Cambridge, Mass.: Harvard University Press.

Taleb, N. 2010. *The Black Swan.* 2nd ed. New York: Random House.

*Tufte, E. 2001. *The Visual Display of Quantitative Information.* 2nd ed. Cheshire, Conn.: Graphics Press.

Tukey, J. 1977. *Exploratory Data Analysis.* Boston: Pearson.

Vickers, A. 2009. *What Is a P-Value Anyway?* Boston: Pearson.

Whelan, C. 2013. *Naked Statistics.* New York: W. W. Norton & Company.

Zwillinger, D., and S. Kokoska. 2000. *CRC Standard Probability and Statistics Tables and Formulae.* Boca Raton, Fla.: CRC Press.

부록 D

연습문제 해답

각 절의 연습문제와 각 장의 장별 퀴즈, 복습문제, 누적 복습문제의 해답

1장

1-1절

1. 응답자들은 자발적인 응답표본이거나 스스로 선택된 표본이다. 해당 주제에 대한 관심이 강한 사람들은 응답할 가능성이 높기 때문에, 이들의 응답은 일반 인구집단에 대한 의견이나 행동을 반영하지 않을 가능성이 매우 높다.
2. 통계적 유의성은 통계적 방법을 사용하여 치료가 효과적이라는 결론을 내릴 때 이용되지만, 상식적으로는 해당 치료의 사용을 정당화하거나 실용화하기에 충분한 차이를 만들지 않을 수도 있다. 그렇다, 그래서 통계적 유의성을 가지는 연구가 실제적으로 또는 실용적으로는 의미가 없을 수도 있다.
3. 그렇다, 편향을 만들 가능성이 있는 것으로 보인다.
4. 아니오, 편향을 만들 가능성이 있는 것으로 보이지는 않는다.
5. 그 표본은 자발적인 응답 표본이며, 결함이 있을 가능성이 있다.
6. 표집 방법은 적절한 것으로 보인다.
7. 효과가 없는 프로그램으로 이런 결과를 얻을 수 있는 확률은 1%에 불과하므로, 통계적 유의성을 가지는 것으로 보인다. 또한, 평균 22파운드의 감량은 상당한 크기로 보이기 때문에 이 프로그램은 실제적 유의성을 가지는 것으로 보인다.
8. 우연히 그렇게 많은 여학생을 얻을 확률이 19%이기 때문에, 그 방법은 통계적 유의성이 없어 보인다. 2,000명의 출생아 중에서 1,020명이 여아(51%)라는 결과는 우연의 확률에 따른 약 50% 확률을 웃돌지만 실제적 유의성을 가질 만큼 높은 것은 아니다. 여아의 가능성을 50%에서 51%로 올리는 시술을 하는 부부는 많지 않을 것이다.
9. 그렇다. 오전 8시와 12시 각 열은 동일한 대상자에서 기록되므로, 짝을 이룬 자료이다.
10. 자료는 오전 8시와 12시 체온 사이에 상관이 있는지 여부를 밝히는데 사용될 수 있다. 또한 자료는 오전 8시와 12시 체온이 다른지 여부를 결정하는데 사용될 수 있다.
11. 아니오. 백혈구 수치는 적혈구 수치와 다른 양을 측정하기 때문에 그 차이는 무의미하다.
12. 아니오. 국립보건통계센터는 편향된 방식으로 자료를 수집하거나 제시할 이유가 없다.
13. 스폰서가 Idaho 감자 위원회이고 가장 좋아하는 야채가 감자라는 점이 의심스럽다.
14. 두 변수 사이의 상관 또는 관련성은 변수 중 하나가 다른 변수의 원인이라는 것을 의미하지 않는다. 상관이 원인적 연관성을 의미하는 것은 아니다. 상식적으로 볼 때 치즈 소비는 침대 시트가 얽혀 죽는 것과 어떤 방식으로도 직접적인 관련이 없다.
15. a. 성인 1,356.3명
    b. 아니오. 왜냐하면 결과는 조사대상자 3,014명 중에서 사람 수이기 때문이다.
    c. 성인 1,356명
    d. 40%
16. 질문의 단어들은 편파적이고 부정적인 응답을 하도록 부추기는 경향이 있다. 표본크기 20은 너무 작다. 조사 응답자들은 신문사에 의해 선택된 것이 아닌 스스로 선택된 것이다. 만일 20명의 독자가 응답할 경우에 그 비율은 5의 배수이어야 하므로 87%와 13%는 가능한 결과가 아니다.

1-2절

1. a. 모집단은 미국의 모든 성인으로 구성되며 표본은 조사를 받은 성인 1,020명이다.
   b. 통계량
2. a. 양적 b. 범주형 c. 범주형 d. 양적
3. 통계량 4. 통계량 5. 통계량 6. 모수
7. 연속자료 8. 연속자료 9. 이산자료 10. 이산자료
11. 비율 12. 구간 13. 명목 14. 순서
15. 그 숫자는 어떤 것의 숫자나 측정이 아니다. 그것들은 명목수준의 측정이며, 그것들의 평균을 계산하는 것은 의미가 없다.
16. 기온은 구간수준의 측정이다. "열이 없음"을 나타내는 0의 자연 출발점이 없기 때문에, "두 배"와 같은 비율은 말이 되지 않는다. 그래서 사람들이 바깥 공기보다 2배 따뜻하다고 하는 것은 잘못된 것이다.
17. a. 연속자료, 이유는 가능한 값의 수가 무한하고 셀 수 없기 때문이다.
    b. 이산자료, 이유는 가능한 값의 수는 유한하기 때문이다.
    c. 이산자료, 이유는 가능한 값의 수는 유한하기 때문이다.
    d. 이산자료, 이유는 가능한 값의 수는 무한하고 셀 수 있기 때문이다.

1-3절

1. 그 연구는 실험이다. 왜냐하면 실험 대상자들이 치료를 받았기 때문이다.
2. 집단 표본크기가 547, 550, 546으로 모두 크기 때문에, 연구원들은 paracetamol 치료의 효과를 볼 수 있다.
3. 표본은 편의성 표본으로 보인다. 쉽게 접근할 수 있는 인터넷 사용자들에게 설문지를 e-mail로 보내서 쉽게 결과를 얻었다. 비록 모집단을 대표하지 못하는 표본을 얻을 잠재성이 있지만, 휴대전화 통화 시 사용하는 귀 및 손이 지배적인지에 대한 경향은 표본 편향에 의해 많이 왜곡되는 요인으로는 보이지 않는다.
4. 717명의 응답률은 14%로서 상당히 낮은 것으로 보인다. 일반적으로 응답률이 매우 낮으면 해당 주제에 특별한 관심을 가진 자들로 구성된 편향표본(a biased sample)을 얻을 수 있는 심각한 잠재성이 생긴다.
5. 계통 6. 임의 7. 군집
8. 층화 9. 임의 10. 편의
11. 관측연구. 그 표본은 스스로 응답을 결정한 대상자들로 구성되는 편의표본(convenience sample)이다. 이러한 자발적 응답 표본은 더 큰 모집단의 대표성을 가지지 못할 가능성이 높기 때문에 해당 표본이 편향되어 있을 수 있다. 질문들은 전자판 신문에 게재되었으므로

표본은 시작부터 편향된 것이다.

12. 실험. 이 실험은 부상이나 사망을 초래할 가능성이 있는 극도로 위험하고 불법적인 상황을 만들 것이다. 뉴욕시에서는 완전히 술이 깬 상태에서도 운전하기가 상당히 어렵다.
13. 실험. 뉴욕시의 대상자를 이용해 만든 편향표본(a biased sample)은 더 큰 표본을 사용해서도 고쳐질 수 없다. 더 큰 표본은 여전히 미국 내 대상자를 대표하지 못하는 편향표본(a biased sample)이 될 것이다.
14. 관측연구. 중범죄로 유죄판결을 받은 응답자들은 두 번째 질문에 정직하게 대답하지 않을 것 같다. 조사 대상자는 조사를 실시하는 사람이 좋게 볼 수 있는 방식으로 대응하는 경향이 있기 때문에 해당 조사는 "사회적 만족 편향(social desirability bias)"을 겪을 것이다.
15. 전향적 연구
16. 횡단면연구
17. 대응짝설계
18. 완전임의설계
19. 전향적: 실험이 시작되고 결과는 시간이 지남에 따라서 나타난다. 임의: 대상자는 임의 선택 과정을 통해 여러 집단에 할당되는데 이때 그들이 각 집단에 소속될 수 있는 기회는 동일하다. 이중맹검: 대상자들은 세 집단 중 어느 집단에 속해 있는지 모르고, 이때 결과를 평가한 사람들도 마찬가지이다. 위약으로 통제: 위약을 투여 받은 환자 집단이 있다; 위약 집단을 두 치료 집단과 비교함으로써 치료의 효과를 더 잘 이해할 수 있다.

장별 퀴즈

1. 아니오. 숫자는 측정하거나 헤아리지 않는다.
2. 연속자료
3. 비율
4. 아니오

복습문제

1. a. 이산자료 b. 비율 c. 층화 d. 군집
   e. e−mail 응답은 자발적인 응답 표본이 되므로, 의견이 강한 응답자가 응답할 가능성이 더 높다. 그 결과가 모든 고객층의 진정한 의견을 반영하지 못할 가능성이 매우 높다.
2. 표본은 자발적 응답 표본이므로 해당 결과가 의문스럽다.
3. a. 지방 함유량은 100% 또는 그보다 작은 값이어야 함으로, 125% 수치는 올바른 값이 될 수 없다.
   b. 686 c. 28%
4. 우연에 의해 해당 결과를 얻을 확률은 4%에 불과하기 때문에 그 방법은 통계적 유의성이 있는 것으로 보인다. 200명의 출생아 중에서 112명의 여아 출생이라는 결과는 우연에 의해 발생 가능한 약 50%의 비율을 웃돌지만, 실제적 유의성을 가질 만큼 높은 것으로 보이지는 않는다. 여아의 출생 가능성을 50%에서 56%로 끌어올리는 시술로 고민하는 부부는 많지 않을 것이다.
5. a. 계통, 대표적인 표본이 될 가능성이 있다.
   b. 임의, 대표적인 표본이 될 가능성이 있다
   c. 군집, 대표적인 표본이 될 가능성이 있다
   d. 층화, 대표적인 표본이 될 가능성이 있다
   e. 편의, 표본이 대표적이지 않을 가능성이 매우 크다.

누적 복습문제

1. 3162.5 g. 체중의 값이 모두 00으로 끝난다는 것은 마지막 두 자리는 항상 00이 되도록 모든 체중의 값이 반올림된 것임을 의미한다.
2. 16.00은 유의미하게 높은 값이다.
3. 1067
4. 27343.75 g^2
5. 0.00065536
6. 78,364,164,096 (또는 약 78,364,164,000)

2장

2-1절

1. 이 표에는 40명의 대상자의 측정 결과가 요약되어 있다. 모든 원래 코티닌 측정치의 정확한 값을 알아낼 수가 없다.
2.

코티닌 (ng/mL)	상대도수
0~99	27.5%
100~199	30.0%
200~299	35.0%
300~399	2.5%
400~499	5.0%

3. 계급폭: 100. 계급중간치: 49.5, 149.5, 249.5, 349.5, 449.5, 549.5. 계급경계치: −0.5, 99.5, 199.5, 299.5, 399.5, 499.5, 599.5.
4. 계급폭: 100. 계급중간치: 49.5, 149.5, 249.5, 349.5, 449.5, 549.5, 649.5. 계급경계치: −0.5, 99.5, 199.5, 299.5, 399.5, 499.5, 599.5, 699.5.
5. 아니오. 최대 도수가 중간 근처가 아니라 제일 앞에 있다.
6. 89, 18, 12, 2
7. 맥박수는 거의 정규분포를 갖는 것으로 보인다.

맥박수 (남성)	도수
40~49	2
50~59	23
60~69	53
70~79	43
80~89	25
90~99	5
100~109	2

8. 언어 IQ 점수는 대략 정규분포를 갖는 것으로 보인다.

언어 IQ	도수
50~59	3
60~69	8
70~79	13
80~89	26
90~99	18
100~109	6
110~119	2
120~129	2

9. 예. 분포는 대략 정규분포로 보인다.

적혈구 수 (남성)	도수
3.00~3.49	1
3.50~3.99	16
4.00~4.49	29
4.50~4.99	57
5.00~5.49	44
5.50~5.99	6

10.

9월의 체중 (kg)	도수
50~59	2
60~69	12
70~79	11
80~89	3
90~99	4

11. 도수분포에서 0과 5가 불균형적으로 많은 것으로 보아 키는 반올림되어 보고되었음을 암시한다. 결과가 매우 정확하지 않음을 나타낸다.

마지막 자릿수	도수
0	9
1	2
2	1
3	3
4	1
5	15
6	2
7	0
8	3
9	1

12. 두 분포는 실질적으로 다르다. 코티닌의 존재는 담배연기에 노출된 비흡연자보다 흡연자에게 훨씬 더 높은 것으로 보인다.

코티닌 (ng/mL)	흡연자	담배연기에 노출된 비흡연자
0~99	27.5%	85.0%
100~199	30.0%	5.0%
200~299	35.0%	2.5%
300~399	2.5%	2.5%
400~499	5.0%	0%
500~599	0%	5.0%

13.

코티닌 (담배연기에 노출된 비흡연자, ng/mL)	누적 도수
100 미만	34
200 미만	36
300 미만	37
400 미만	38
500 미만	38
600 미만	40

14. a. 551과 543의 값은 분명히 이상치이다. 384, 241, 197, 178의 값도 이상치일 수 있다.
    b. 계급의 수가 6개에서 10개로 증가한다. 이상치는 계급의 수를 크게 늘릴 수 있다. 계급이 너무 많으면, 계급폭을 키울 수 있지만 분포의 실제 특성이 숨겨질 수 있다.

코티닌 (담배연기에 노출된 비흡연자, ng/mL)	도수
0~99	34
100~199	2
200~299	1
300~399	1
400~499	0
500~599	2
600~699	0
700~799	0
800~899	0
900~999	1

2-2절

1. 빈도 분포의 숫자를 살펴보는 것보다 히스토그램의 그래프를 살펴보아 데이터의 분포를 확인하는 것이 더 쉽다.
2. 데이터 집합이 너무 작으면 분포의 실제 특성을 히스토그램으로 볼 수 없다.
3. 약 50
4. 약 4.5 mm; 아니오.
5. 남성의 맥박수는 거의 정규분포를 나타낸다.

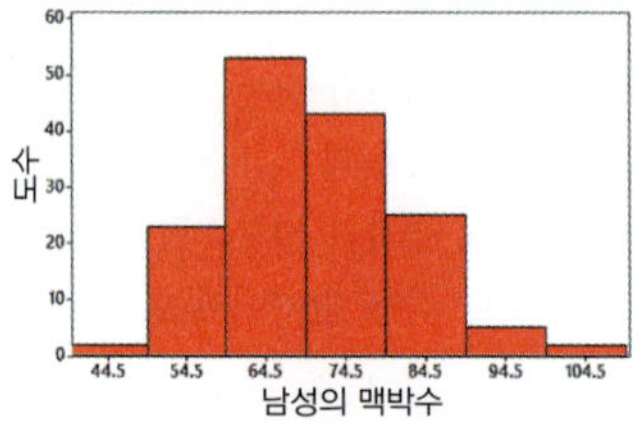

6. IQ 점수는 거의 정규 분포를 나타낸다.

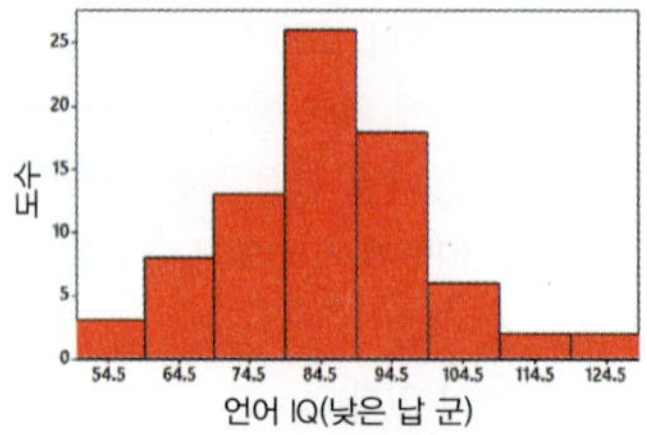

7. 네. 적혈구 수는 매우 대략적으로 정규분포로 보이지만, 정규보다는 왼쪽으로 왜곡되어 있다.

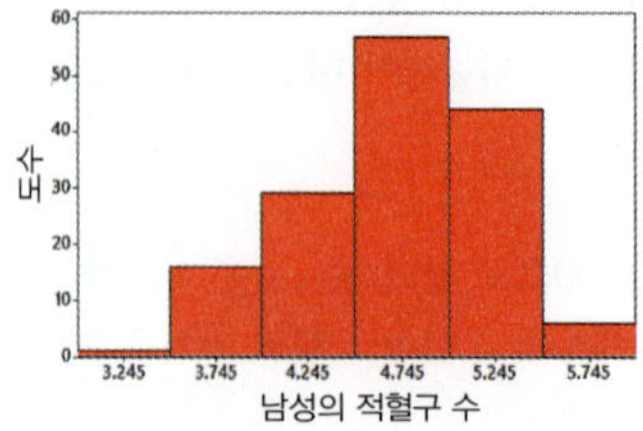

8.

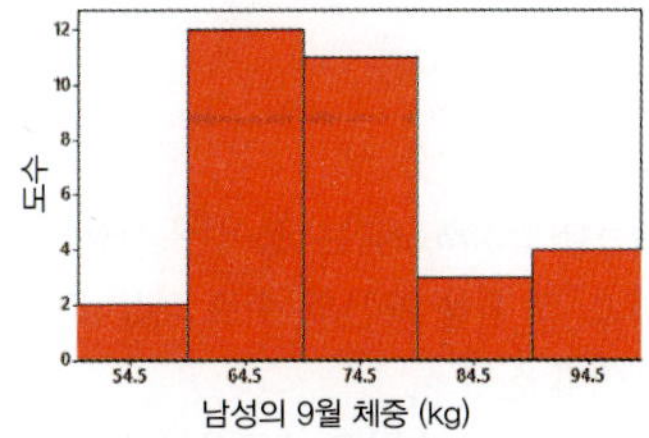

9. 히스토그램에는 불균형적으로 많은 0과 5가 있어, 키가 반올림되어 보고되었음을 암시한다. 결과가 매우 정확하지 않음을 나타낸다.

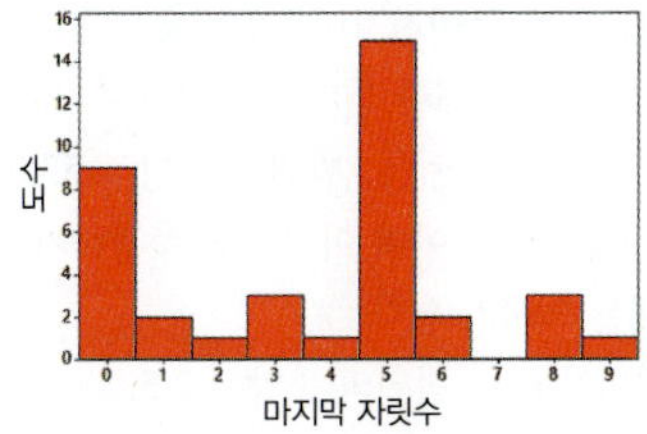

10. (c)만 정규분포의 데이터를 나타내는 것으로 보인다. (a)는 직선이 아닌 체계적인 패턴을 가지고, (b)는 직선 패턴에 가깝지 않은 점들을 가지고 있으며, (d)는 체계적인 패턴이기는 하나 직선에 가깝지도 않아 매우 나쁜 패턴이다.

2-3절

1. 데이터 집합이 너무 작아서 그래프가 데이터의 중요한 특성을 나타내지 않는다. 이렇게 작은 데이터 집합을 사용하면 단순히 데이터를 나열하거나 테이블에 배치하는 것이 좋다.
2. 아니오. 그래프는 공정하고 객관적인 방식으로 구성되어야 한다. 오도된 그래프로 독자를 조정하기보다는 독자가 스스로 판단을 할 수 있도록 하여야 한다.
3. 분당 36의 맥박수는 이상치로 보인다.

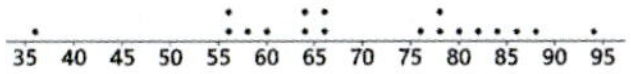

4. 데이터는 36, 56, 56처럼 작은 것에서 큰 것을 순서로 정렬된다.

```
3 | 6
4 |
5 | 668
6 | 044666
7 | 6888
8 | 02468
9 | 4
```

5. 처음 4년 동안 세 쌍둥이의 수에 급격한 증가가 있었지만, 지난 몇 년 동안 감소 추세를 보이고 있다.

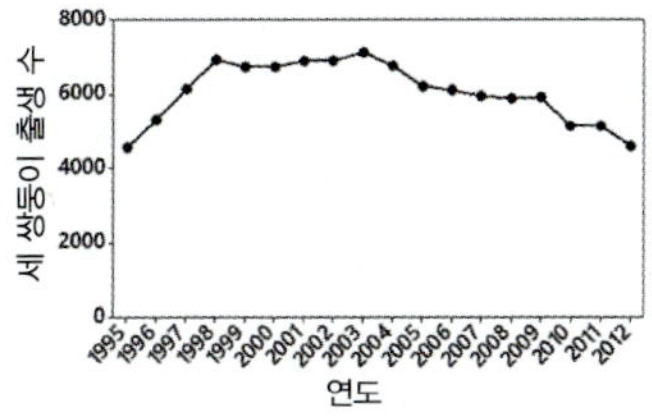

6. 부정 행위에는 사기, 중복, 표절이 포함되므로 중요한 요인으로 보인다.

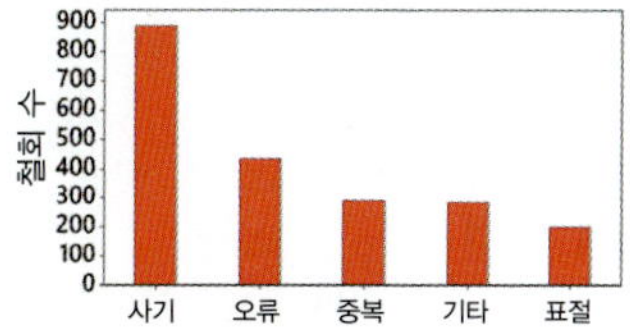

7.

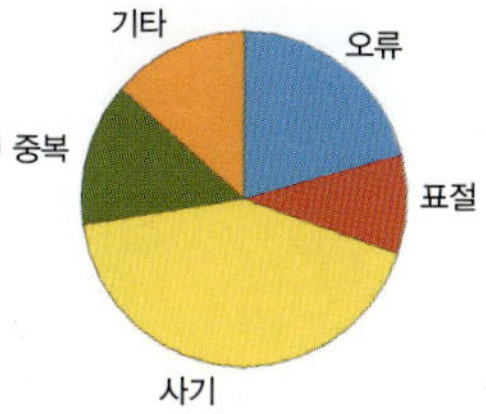

8. 분포가 대략 종모양인 것으로 보이므로 분포는 대략 정규분포이다.

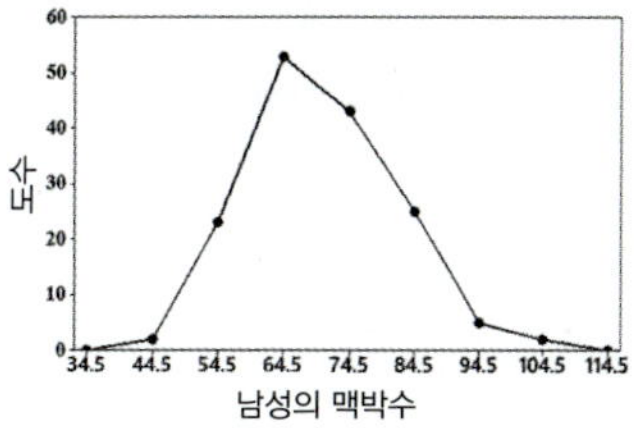

9. 수직축은 0이 아닌 200으로 도수를 시작하므로 "예"와 "아니오"와 응답의 차이가 크게 과장된다. 이 그래프는 "아니오" 응답자가 5배나 많은 것처럼 보이지만, 실제 비율은 2.5 대 1보다 약간 작다.

2-4절

1. '선형'이라는 용어는 직선을 의미하며, r은 표본 쌍 데이터의 산점도가 직선 패턴에 얼마나 잘 맞는지를 측정한다.
2. 산점도는 쌍을 이룬 정량적 데이터 (x, y)의 그래프이다. 점으로 그려진 데이터의 시각적 이미지를 제공함으로써, 그러한 이미지는 데이터의 패턴을 보여주어 두 변수 사이에 상관이 있음을 인식하는 데 도움이 된다.
3. 뇌 크기와 IQ 점수 사이에는 선형상관이 없는 것으로 보인다.

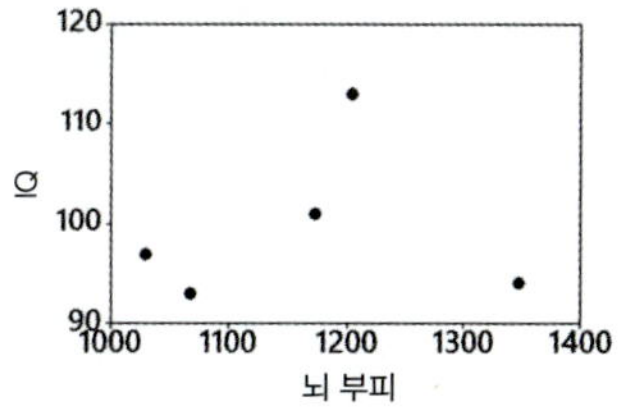

4. 한 날의 오전 8시 체온과 다음날 오전 8시 체온 사이에는 선형상관이 없는 것으로 보인다.

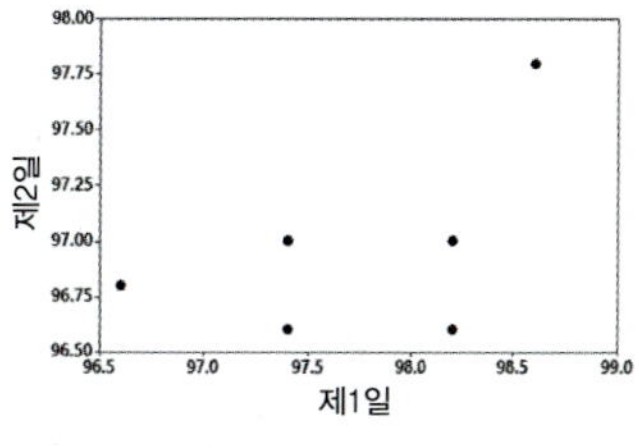

5. 선형상관이 없는 것으로 보인다.
6. 선형상관이 없는 것으로 보인다.

장별 퀴즈

1. 0.04
2. 아니오, 원래 값을 결정하는 것은 불가능하다.
3. 종모양 4. 시계열그림
5. 파레토 그림

복습문제

1.

온도 (°F)	도수
97.0~97.4	2
97.5~97.9	4
98.0~98.4	7
98.5~98.9	5
99.0~99.4	2

2. 더 적은 계급을 사용함으로써 히스토그램은 분포를 더 잘 보여준다.

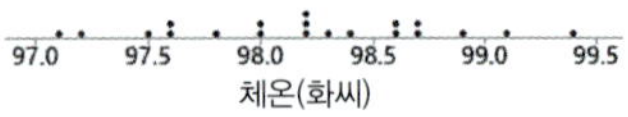

3. 예. 관계가 있음을 나타내는 패턴이 있다.

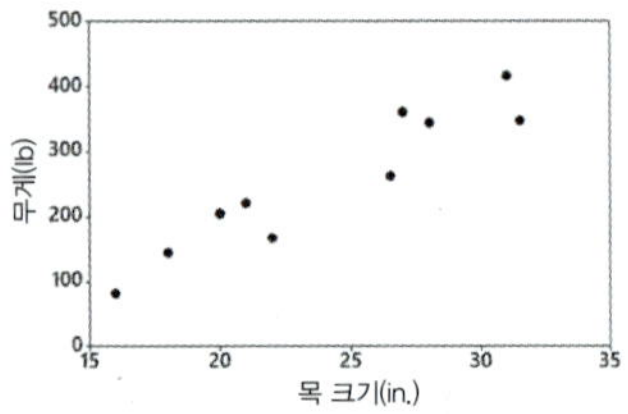

4. 수직축을 0%가 아닌 45%에서 시작하여 차이가 크게 과장되었다. 이 그래프는 남성 입학자가 여성 입학자 수를 약 3:1의 비율로 초과한다는 잘못된 인상을 주지만 실제 백분율은 53%와 47%로 보기보다 훨씬 더 차이가 작다.

누적 복습문제

1.

몸단장 시간 (분)	도수
0~9	2
10~19	3
20~29	9
30~39	4
40~49	2

2.
```
0 | 05
1 | 255
2 | 024555778
3 | 0055
4 | 05
```

3. a. 비율형
   b. 연속
   c. 아니오. 몸단장 시간은 정량적 데이터이다.
   d. 통계량

3장

3-1절

1. 통계학에서 평균을 나타내는데 *average*라는 용어는 사용되지 않는다. 모든 표본 값을 더하고 그 합을 표본의 수로 나눈 결과에는 *mean*이라는 용어가 사용되어야 한다.
2. 정렬된 데이터 목록에서 중앙 또는 중간 값을 제공하기 위한 다양한 접근 방식이다.
3. $\bar{x}$ = \$266,594.0; 중앙값 = \$251,632.5; 최빈값 = 없음; 범위의 중앙 = \$313,459.5. 다른 비용들이 주어진 10개의 비용보다 낮다는 사실 외에는, 모든 비용의 모집단에 대한 의미는 발견할 수 없다.
4. $\bar{x}$ = 57.1; 중앙값 = 60.0; 최빈값 = 없음; 범위의 중앙 = 53.0. 등번호는 이름을 대체하는 명목 데이터이며 아무것도 측정하거나 계산하지 않으므로 결과 통계는 의미가 없다.
5. $\bar{x}$ = 1.9; 중앙값 = 2.0; 최빈값 = 1; 범위의 중앙 = 2.5. 최빈값 1은 부드러운 노란색 완두콩이 다른 표현형보다 더 많이 발생한다는 것을 정확하게 나타내지만, 다른 중앙척도는 명목 수준의 데이터에 적합하지 않다.
6. $\bar{x}$ = 1.178 W/kg; 중앙값 = 1.380 W/kg; 최빈값 = 1.45 W/kg; 범위의 중앙 = 1.000 W/kg. 방사선 흡수가 우려되는 경우 흡수율이 가장 낮은 휴대폰을 구입할 수 있다. 표본의 모든 휴대폰은 FCC의 최댓값인 1.6 W/kg 미만의 흡수 수준을 갖는다.
7. $\bar{x}$ = 18.9명; 중앙값 = 19.0명; 최빈값 = 15명과 20명; 범위의 중앙 = 21.0명. 데이터는 시계열 데이터이지만 중앙척도는 시간 경과에 따른 변화 패턴의 추세에 대해서는 아무것도 알려주지 않는다.
8. $\bar{x}$ = \$54,862.0; 중앙값 = \$54,590.5; 최빈값 = 없음; 범위의 중앙 = \$55,292.0. 다른 모든 대학의 학비가 제시된 학비보다 낮다는 사실 이외에는, 모집단에 대해서는 알려진 바가 없다.
9. 수축기: $\bar{x}$ = 127.6mmHg; 중앙값 = 124.0 mmHg. 이완기: $\bar{x}$ = 73.6 mmHg; 중앙값 = 75.0 mmHg. 수축기 혈압과 이완기 혈압이 다른 특성을 측정한다는 점을 감안할 때 중앙척도의 비교는 의미가 없다. 데이터가 매치되어 있기 때문에 수축기 혈압 측정과 이완기 혈압 측정 간에 연관성이 있는지 여부를 조사하는 것이 더 합리적이다.
10. 여성: $\bar{x}$ = 7.35; 중앙값 = 7.05. 남성: $\bar{x}$ = 6.17; 중앙값 = 5.70. (모든 단위는 1000세포/μL.) 여성의 백혈구 수가 더 높은 것으로 보인다.
11. $\bar{x}$ = 53.7 mg/dL; 중앙값 = 52.0 mg/dL. 이상치로 보이는 최댓값인 138을 제외하면, $\bar{x}$ = 53.4 mg/dL; 중앙값 = 52.0 mg/dL을 구한다. 따라서 이상치를 제외해도 평균에 큰 변화가 생기지 않고, 중앙값은 동일하게 유지된다.
12. $\bar{x}$ = 98.20°F; 중앙값 = 98.40°F. 이 결과는 평균이 98.6°F보다 작음을 나타낸다.
13. $\bar{x}$ = 224.0. 도수분포의 평균은 원래 값 목록을 사용하여 얻은 평균과 매우 비슷하다.
14. 3.14; 예
15. a. 분당 90회 b. $n - 1$
16. 평균: 113.7 mg/dL; 10% 정돈된 평균: 112.2 mg/dL; 20% 정돈된 평균: 111.8 mg/dL. 10% 정돈된 평균과 20% 정돈된 평균은 비슷하지만 정돈되지 않은 평균 113.7 mg/dL은 이상치에 의해 더 큰

영향을 받기 때문에 이들과 다르다.

3-2절

1. 119.0 cm^3은 정확한 표준편차 124.9 cm^3에 상당히 가깝다.
2. 401.6577 kg^2
3. 범위 = \$315,205.0; s^2 = 8,502,938,525.9 달러 제곱; s = \$92,211.4. (많은 기술 도구가 분산 s^2에 대해 여기에 표시된 모든 숫자를 주지 않으므로, 여기에 표시된 값에 가까우면 무방하다.) 가장 높은 10개의 표본 값만 사용하였으므로 모든 비용의 모집단에 대해서는 알 수 있는 것이 없다.
4. 범위 = 92.0; s^2 = 1149.5; s = 33.9. 등번호는 단지 이름을 대체하는 명목 데이터이며 아무것도 측정하거나 계산하지 않으므로 결과 통계량은 의미가 없다.
5. 범위 = 3.0; s^2 = 0.9; s = 0.9. 변이 척도를 찾을 수 있지만, 측정하거나 계산하지 않은 명목 데이터이기 때문에 의미가 없다.
6. 범위 = 0.980 W/kg; s^2 = 0.114 $(W/kg)^2$; s = 0.337 W/kg. 아니오. 일부 휴대전화 모델은 다른 휴대전화 모델보다 시장 점유율이 훨씬 높기 때문에 각 모델의 측정값은 모집단의 크기에 따라 가중치를 적용해야 한다.
7. 범위 = 26.0명; s2 = 60.9명^2; s = 7.8명. 데이터는 시계열 데이터이지만, 변이 척도는 시간에 따른 변화 패턴으로 구성된 추세에 대해서는 알려주지 않는다.
8. 범위 = 3938.0달러; s^2 = 1,638,970.9(달러)^2; s = 1280.2달러. 데이터에 상위 10개의 학비만 포함되어 있기 때문에 변이 척도가 미국 전체 대학 모집단의 학비의 변이에 대해서 알려주는 것이 없다.
9. 수축기: 14.6%. 이완기: 16.9%. 변이는 대략 동일하다.
10. 여성: 21.3%. 남성: 24.8%. 여성과 남성의 변이는 대략 동일하다.
11. 범위 = 112.0 mg/dL; s^2 = 238.3 $(mg/dL)^2$; s = 15.4 mg/dL. 가장 높은 값인 138 mg/dL을 배제하면, 범위 = 87.0 mg/dL; s^2 = 215.2 $(mg/dL)^2$; s = 14.7 mg/dL. 변이 척도는 변하기는 하지만 크게 변하지는 않는다.
12. 범위 = 3.10°F; s^2 = 0.39(°F)^2; s = 0.62°F.
13. 28.0 mg/dL의 추정치는 s = 15.4 mg/dL과는 차이가 많다.
14. 0.78°F의 추정치는 s = 0.62°F와 실질적으로 다르지 않다.
15. 유의하게 낮은 값은 49.0 BPM 이하이고, 유의하게 높은 값은 99.0 BPM 이상이다. 44BPM의 맥박수는 유의하게 낮다.
16. 유의하게 낮은 값은 24.74cm 이하이고, 유의하게 높은 값은 29.90cm 이상이다. 발 길이 30cm는 유의하게 높다.
17. s = 68.4는 정확한 값 59.5와는 다소 거리가 있다.
18. a. 24.7개^2 b. 24.7개^2 c. 12.3개^2
    d. (b). 반복된 표본의 분산은 모집단 분산과 동일한 값(24.7개^2)을 목표로 한다. $n-1$로 나누기를 사용한다.
    e. 아니오. 표본 분산(24.7개^2)의 평균은 모집단 분산(24.7개^2)과 같지만 표본 표준편차(3.5개)의 평균은 모집단 표준편차(5.0개)와 같지 않다.

3-3절

1. James의 키는 평균보다 4.07 표준편차만큼 크다.
2. 아래의 상자그림이 일반적으로 낮은 체중을 보여주므로 여성의 체중을 나타낸다.
3. a. 30.0 BPM b. 2.40 표준편차 c. z = 2.40
   d. 예. 최대 맥박수는 104 BPM은 유의하게 높다.
4. a. 1.70°F b. 2.74 표준편차 c. z = −2.74
   d. 최소 체온 96.5°F는 유의하게 낮다.
5. 10.9 이하는 유의하게 낮은 값; 31.3 이상은 유의하게 높은 값이다.
6. 1765.2 g 이하는 유의하게 낮은 체중; 4538.8 g 이상은 유의하게 높은 체중이다.
7. z 점수 10.83, −16.83 중에서 −16.83이 평균에서 더 멀어서 가장 키가 작은 사람이 더 극단적이다.
8. 남아: z 점수 = −2.69; 여아: z 점수 = −2.18.
   남아의 체중이 더 극단적이지만, 여아의 체중은 자신이 속한 군에 비해 무겁다.
9. 50번째 백분위수
10. 81번째 백분위수
11. 63.0인치
12. 66.5인치 (기술 도구: Minitab: 66.63인치; Excel: 66.625인치)
13. 60.75인치
14. 50.0인치(기술 도구: Minitab: 49.75인치; Excel: 49.75인치)
15. 다섯수치요약: 25.1인치, 26.40인치, 27.50인치, 28.60인치, 29.2인치

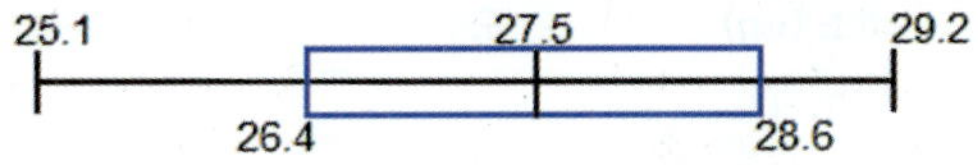

16. 다섯수치요약: 128 mBq, 140.0 mBq, 150.0 mBq, 158.5 mBq, 172 mBq(기술 도구: Minitab은 Q_1 = 139.0 mBq, Q_3 = 159.75 mBq를 생성. Excel은 Q_1 = 141.0 mBq, Q_3 = 157.25 mBq를 생성.)

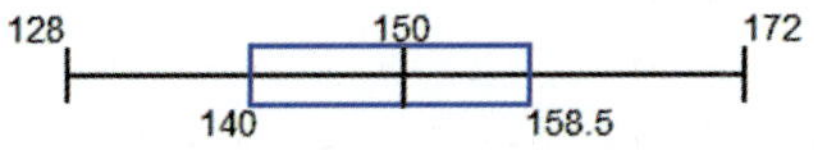

17. 위쪽 상자그림은 여성의 BMI 값을 나타낸다. 두 상자그림은 크게 차이나지 않으므로, 여성의 상자그림이 오른쪽으로 더 멀리 연장되어 여성의 BMI 값이 약간 높다는 점을 제외하고는 남성과 여성의 BMI 값은 거의 같다.

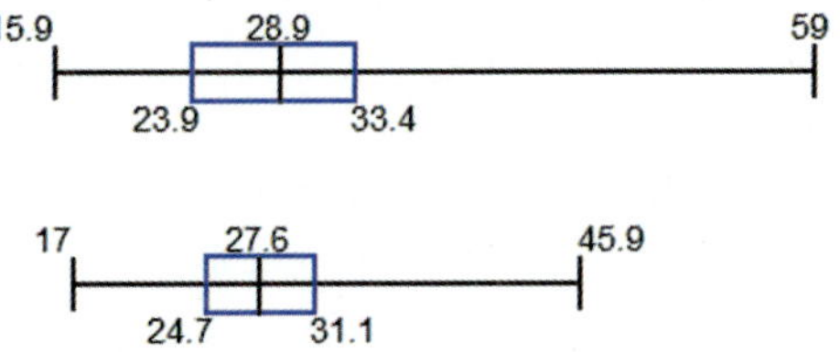

18. 위쪽 상자그림은 여성을 나타낸다. 두 상자그림은 크게 다르지 않다. 여성의 이상치는 48.0인치, 52.6인치, 56.8인치, 59.0인치이고, 남성의 이상치는 43.2인치, 43.7인치, 44.2인치, 45.9인치이다.

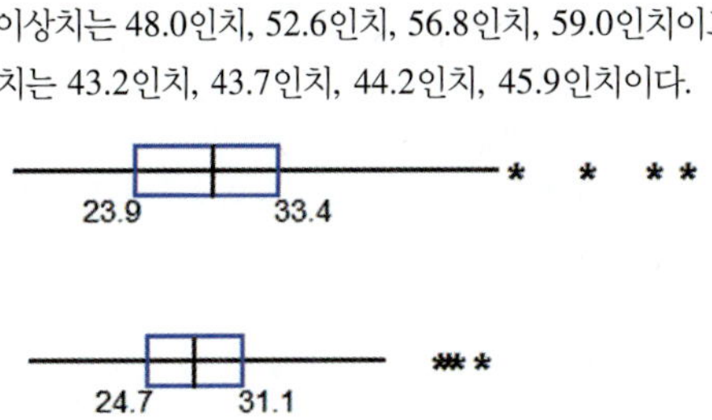

장별 퀴즈

1. 6.8시간
2. 두 개의 최빈값: 7시간, 8시간
3. 예. 0시간은 다른 모든 데이터 값보다 실질적으로 작기 때문이다.

4. 75% 또는 60 수면 시간 5. 1.5시간 (범위/4)

복습문제

1. a. 1559.6 mm; b. 1550.0 mm; c. 없음; d. 1569.5 mm; e. 145.0 mm; f. 53.4 mm; g. 2849.3 mm^2
2. 23.0. 이 숫자는 아무 것도 측정하거나 계산하지 않는다. 이들은 범주 이름의 대체물로 사용되므로 숫자는 명목 수준의 측정치이다. 이 경우 평균은 의미가 없는 통계량이다.
3. 이상치는 646이다. 이상치가 포함된 평균과 표준편차는 $\bar{x} = 267.8$, $s = 131.6$이다. 이상치가 제외된 통계량은 $\bar{x} = 230.0$, $s = 42.0$이다. 두 통계량 모두 상당한 양으로 변경되었으므로 여기서 이상치는 평균과 표준편차에 매우 큰 영향을 미친다.
4. 유의하게 낮은 키는 83.7 cm 이하이다. 유의하게 높은 키는 111.3 cm 이상이다. 키 87.8 cm는 유의하지 않으므로 의사는 걱정하지 않아도 된다.

누적 복습문제

1.

비소 (μg)	도수
0.0~1.9	1
2.0~3.9	0
4.0~5.9	3
6.0~7.9	7
8.0~9.9	1

2.
1. | 5
2. |
3. |
4. | 9
5. | 44
6. | 13679
7. | 38
8. | 2

3. a. 최빈값; 다른 것들은 구간 또는 비율 수준의 측정 데이터를 요구하는 수치 척도이기 때문.
   b. 편의적
   c. 표준편차를 낮추면 더 좋은 일관성을 얻을 수 있다. (평균을 허용 가능한 수준으로 유지하는 것도 중요하다.)

4장

4-1절

1. 파란 눈을 가진 사람을 선택할 확률은 0.35이다.
2. $P(\bar{A}) = 0.488$ 3. 0, 3/5, 1, 0.135
4. 1/9 또는 0.111 5. 유의하게 높음
6. 유의하게 낮거나 높지 않음 7. 1/2 또는 0.5
8. 1/4 또는 0.25 9. 1/10 또는 0.1
10. 0
11. 5/555 또는 0.00901. 고용주는 마약을 사용하는 사람을 고용하는 위험에 처할 수 있기 때문에 고통을 받을 것이다.
12. 50/555 또는 0.0901. 이 결과는 유병률의 합리적인 추정치인 것으로 보인다.
13. 879/945 또는 0.930. 예, 이 기술은 효과적인 것으로 보인다.
14. 428/580 또는 0.738; 예.
15. 0.130. 아니오, 누군가가 온라인에서 의료 정보를 찾지 않을 가능성은 없다. 응답은 자발적 응답 설문조사에서 왔기 때문에 결과가 그리 좋지 않을 수 있다.
16. a. 갈색/갈색, 갈색/파란색, 파란색/갈색, 파란색/파란색
    b. 1/4 c. 3/4
17. 3/8 또는 0.375
18. 4/16 또는 1/4 또는 0.25
19. 0.327의 높은 확률은 표본 결과가 우연히 쉽게 발생할 수 있음을 보여준다. 임산부가 아기의 성별을 정확하게 예측할 수 있다는 결론을 내릴 충분한 증거가 없는 것으로 보인다.
20. 0.001 보다 낮은 확률은 표본 결과가 우연히 쉽게 발생하지 않았음을 나타낸다. 옥시콘틴은 졸음에 영향을 미치는 것으로 보인다.

4-2절

1. $P(A)$ 는 파란 눈을 가진 성인을 선택할 확률을 나타내고, $P(\bar{A})$는 파란 눈을 갖지 않는 성인을 선택할 확률을 나타낸다.
2. 선택은 복원하지 않고 이루어지므로 사건은 종속적이다. 1068의 표본 크기가 모집단 크기 15,524,971의 5%보다 작기 때문에 선택은 독립적인 것으로 취급될 수 있다(성가신 계산을 막는 5% 지침에 따름).
3. 0.74 4. 0.841
5. 91/152 또는 0.599
6. 138/152 또는 0.908; 배반사건이 아니다.
7. a. 0.00974. 예, 사건은 독립적이다.
   b. 0.00915. 사건은 종속적이다.
8. a. 0.731. 예, 사건은 독립적이다.
   b. 0.731. 사건은 종속적이다.
9. 87/152 또는 0.572
10. 0.0627
11. a. 300 b. 154 c. 0.513
12. 0.990
13. a. 0.03 b. 0.0009 c. 0.000027
    d. 백업 없이 하나의 드라이브를 사용하면 총 고장 확률은 0.03이며 3개의 독립 디스크 드라이브에서는 0.000027로 떨어진다. 하나의 드라이브에서 3개의 드라이브로 변경하면 전체 고장 확률이 0.03에서 0.000027로 떨어지며, 이는 신뢰성이 크게 향상된 것이다. 데이터를 백업하세요!
14. 0.838. 0.838의 확률은 높으므로 많은 고장이 포함되더라도 전체 묶음이 승인될 수 있다.
15. a. 0.299
    b. 성가신 계산에 막는 5% 지침 사용: 0.00239 [(a)로부터 반올림 결과 사용]; 또는 0.00238
16. a. 0.999775 b. 0.970225
    c. 직렬 배열이 더 나은 보호 기능을 제공한다.
17. a. $P(A$ 또는 $B) = P(A) + P(B) - 2P(A$ 및 $B)$
    b. 85/152 또는 0.559

4-3절

1. 3개의 배터리 중 최소 1개의 결함이 없는 경우, 즉, 3개의 배터리가 모두 양호함을 의미한다.
2. 대상자가 실제로 녹내장을 가지고 있는 경우에 시험에서 대상자가 녹내장을 가지고 있다고 나타나는 확률.
3. 7/8 또는 0.875
4. 0.982
5. 0.344
6. 0.994. 엔지니어가 결함이 있는 변환기를 얻는다고 합리적으로 생각할 수 있을 만큼 확률이 충분히 높다.
7. a. 1/3 또는 0.333　b. 0.5
8. 0.5
9. 2/1155 또는 0.00173. 이는 C형 간염이 없는 대상자에게 C형 간염에 걸린 것으로 보이게 하는 확률이다. 이 대상자는 불필요하게 스트레스를 받고 추가 검사를 받을 가능성이 있다.
10. 335/337 또는 0.994. 매우 높은 결과는 검사가 C형 간염을 확인하는데 효과적인 것으로 보인다.
11. a. 0.9991
    b. 0.999973. 확률에 대한 일반적인 반올림 규칙을 적용하면 1.00의 확률이 되어, 하나 이상의 하드 드라이브가 항상 작동하고 있다는 잘못된 결론에 이른다.
12. 0.490. 확률은 낮지 않으므로 결합된 표본의 49%에서 개별 표본에 대한 추가 테스트가 필요하다.
13. 0.569

4-4절

1. p_t는 치료군에서의 특성의 비율이고, p_c는 대조군에서의 특성의 비율이다.
2. 한 명의 인플루엔자 예방을 위해 인플루엔자 백신으로 37명의 대상자를 처치해야 한다. 37명으로 구성된 모든 특정 군이 아니라 많은 수의 대상자들에게 적용되어야 한다.
3. 전향적 연구
4. 치료: 0.159; 위약: 0.040. 처치군에서 두통의 위험이 더 높은 것으로 보인다.
5. 9 (8.4에서 반올림)
6. 3.99 또는 대략 4. 비아그라 사용자의 두통 위험은 위약을 복용한 사람들의 두통 위험의 약 4 배이다.
7. a. 0.103　b. 0.100
    c. 0.00313. 아토르바스타틴 처치군에서 감염 가능성은 위약군보다 약간 높다. 위약군의 경우, 아토르바스타틴 처치군과 비교하여 감염 가능성이 0.313% 감소한다.
8. 아토르바스타틴: 89:774 또는 대략 1:9. 위약: 27:243 또는 1:9. 이 두 결과 사이에는 큰 차이가 없다.
9. 상대 위험: 0.939; 오즈비: 0.938; Nasonex 치료의 두통 위험은 위약의 두통 위험보다 약간 작다.

4-5절

1. 중국에서 1년 동안 인구 1000명당 12.3명의 출생이 있다.
2. 1년에 약 16,737,380명이 태어날 것으로 예상된다.
3. 1000명당 4.0
4. 1000명당 10.6
5. 15−44세 여성 1000명당 64.3
6. 1000명당 3.7
7. 0.008; 율은 소수 자릿수가 적고 이해하기 쉽다.
8. a. 0.0083
    b. 0.0000689
    c. 0.999931; 3자리 유효숫자를 사용하면 확률이 1.00이 되고, 적어도 1명은 그 해에 살아남는 것이 확실하다는 오해를 줄 소지가 있다.
9. a. 31.3　b. 0.324
10. 아니오. 국가의 건강이 반드시 떨어지는 것은 아니다. 매년 사망자가 증가하는 것은 인구 증가로 인한 것이다.
11. 3가지 연령대의 미국 인구 분포가 33.10190862%, 52.41701653%, 14.48107485%이다. 18,934,195명의 플로리다 주민이 이와 같은 분포를 가지고 있다면, 3가지 연령대는 각각 6,267,580명, 9,924,740명, 2,741,875명일 것이다. 각 연령대에 대해 플로리다 사망률을 사용하고 3가지 연령대에 대해 새로운 조정된 플로리다 인구를 사용하면 각각 3974명, 40,155명, 105,112명의 플로리다 사망자가 발생한다. 플로리다에 대한 조정 사망자 수와 조정 인구 규모를 사용하면 플로리다의 조 사망률은 1000명당 7.9가 되며, 이는 조정 전 플로리다 사망률 1000명당 9.1에 비해 미국의 사망률인 1000명당 8.0에 훨씬 가깝다.

4-6절

1. 기호 !는 감소하는 정수의 곱을 나타내는 계승 기호이다. $6! = 6 \cdot 5 \cdot 4 \cdot 3 \cdot 2 \cdot 1 = 720$. 6명의 X-선 촬영은 720가지 방식으로 할 수 있다.
2. 126의 결과는 9개의 서로 다른 항목을 복원하지 않고 4개의 항목을 선택하는 가능한 조합의 수이다.
3. 1/10,000
4. 1/171
5. 1/40,320
6. 1/254,251,200
7. 1/100,000,000. 아니오. 다른 가능성이 너무 많다.
8. 168,168,000
9. 1/100,000
10. 지역번호: 800. 전화번호: 6,400,000,000.
    예. (총 인구는 약 400,000,000명이며 모든 성인과 어린이의 전화번호는 약 16개이다.)
11. a. 5040　b. 210　c. 1/210
12. 6720
13. 653,837,184,000
14. 1/258,890,850. 번개에 맞을 확률이 훨씬 높다.
15. 62개의 서로 다른 문자가 가능하다. 알파벳은 26자이며 숫자는 10개이므로 모스 부호 시스템은 충분하다.
16. 2,095,681,645,538 (약 2조)

장별 퀴즈

1. 4/5 또는 0.8
2. 4/12 또는 1/3
3. 답은 다양하지만 확률은 0.01과 같이 낮아야 한다.
4. 0.727
5. 0.00459

복습문제

1. 0.814
2. 0.918
3. 0.571
4. 0.663
5. $\overline{A}$는 환자를 선택할 때 치료가 성공하지 않은 환자를 얻을 사건이다. $P(\overline{A}) = 0.186$.
6. a. 0.25　b. 0.316

c. 아니오. 0.316의 확률은 사건이 꽤 자주 발생할 가능성이 있는 것을 보여주기 때문이다.

7. 0.0335

누적 복습문제

1. a. 0.168 g/dL b. 0.160 g/dL c. 0.220 g/dL d. 0.260 g/dL e. 0.069 g/dL f. $0.005(\text{g/dL})^2$
2. a. 46% b. 0.460 c. 층화표본
3. 산점도에서 어떠한 점의 패턴도 없어, 수축기 혈압과 혈소판 수 사이에는 연관성이 없는 것으로 보인다.

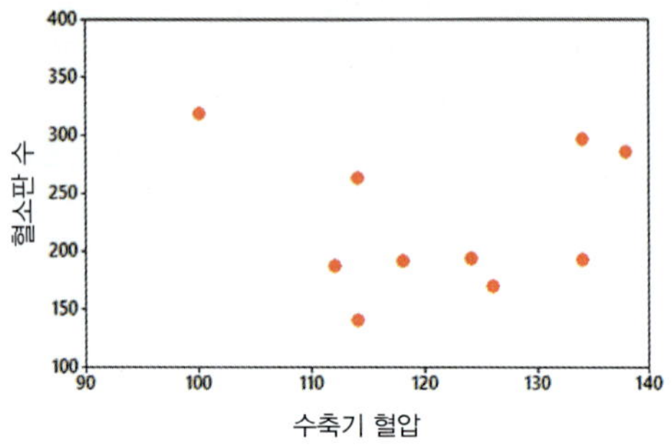

5장

5-1절

1. 확률변수는 x이며, 이는 4명의 출생에서 여아의 수이다. x의 가능한 값은 0, 1, 2, 3, 4이다. 확률변수 x의 값은 숫자이다.
2. $\Sigma P(x) = 0.063 + 0.250 + 0.375 + 0.250 + 0.063 = 1.001$. 반올림 오차로 인해 합계는 정확히 1이 아니다. 합계는 확률분포 요구사항인 1에 충분히 가깝다. 또한 변수 x는 숫자 확률변수이며 해당 값은 확률과 연관되며, 각 확률은 0과 1 사이이다. 따라서 이 표는 확률분포를 서술한다.
3. a. 연속확률변수 b. 확률변수 아님 c. 이산확률변수 d. 연속확률변수 e. 이산확률변수
4. $\mu = 2.5$, $\sigma = 1.1$인 확률분포
5. 확률의 합이 0.94이며, 요구사항인 1이 아니기 때문에 확률분포가 아니다.
6. $\mu = 0.7$, $\sigma = 0.7$인 확률분포
7. $\mu = 4.0$ 여아, $\sigma = 1.4$ 여아
8. 유의하게 많은 수의 여아는 $\mu + 2\sigma$ 이상이고, $\mu + 2\sigma = 4.0 + 2(1.4) = 6.8$ 여아이다. 6명의 여아는 6.8명의 여아들보다 크거나 같지 않기 때문에 유의하게 많은 수의 여아는 아니다.
9. a. 0.109 b. 0.144 c. (b) d. 아니오. 0.144의 확률은 매우 낮은 것이 아니기 때문에(0.05 이하).
10. $\mu = 1.5$ 몽유병자, $\sigma = 1.0$ 몽유병자
11. 유의하게 많은 수의 몽유병자는 $\mu + 2\sigma$ 이상이며, $\mu + 2\sigma = 1.5 + 2(1.0) = 3.5$ 몽유병자이다. 3명의 몽유병자는 3.5 몽유병자보다 크거나 같지 않기 때문에, 3명의 몽유병자는 유의하게 많지 않다.
12. a. 0.363 b. 0.535 c. (b)의 확률. d. 아니오. 1명 이하의 몽유병자의 확률이 0.535으로 낮지 않다(0.05 초과).

5-2절

1. 주어진 계산은 처음 두 완두콩은 녹색이고 마지막 세 완두콩은 노란색이라고 가정한 것이다. 그러나 녹색 두 완두콩과 노란색 세 완두콩으로 구성된 다른 배열도 있다. 다른 배열에 해당하는 확률도 결과에 포함되어야 한다.
2. 30개의 선택이 복원하지 않고 이루어지므로 독립적이 아닌 종속적이다. 성가신 계산을 막한 5% 지침에 따라 30개의 선택을 독립적으로 취급할 수 있다. (30개의 선택은 1020개 응답 모집단의 약 3%에 해당하고 이는 모집단의 5%보다 작다.) 이항확률 공식을 사용하여 확률을 찾을 수 있다.
3. 이항 아님. 몸무게는 가능한 결과가 두 가지 이상이다.
4. 이항
5. 이항 아님; 두 가지 이상의 가능한 결과가 있다.
6. 이항
7. a. 0.128 b. WWC, WCW, CWW; 각각 0.128 c. 0.384
8. 0.0000819(표: 0+)
9. 0.797(표: 0.798)
10. 0.168 11. 0.300 12. 0.353
13. a. $\mu = 18.0$ 여아; $\sigma = 3.0$ 여아
    b. 12.0 여아 값은 유의하게 낮고 24.0 이상의 여아 값은 유의하게 높으며, 12.0 여아와 24.0 여아 사이의 값은 유의하지 않다.
    c. 예. 26명의 여아는 24.0 여아 이상이기 때문이다. 26명의 여아의 결과는 XSORT 방법이 효과적임을 시사한다.
14. a. $\mu = 7.5$ 완두콩; $\sigma = 1.4$ 완두콩
    b. 4.7 이하의 값은 유의하게 낮고 10.3 이상의 값은 유의하게 높으며, 4.7과 10.3 사이의 값은 유의하지 않다.
    c. 아니오. 9개의 녹색 완두콩의 결과는 10.3보다 크지 않기 때문이다.
15. 0.304; 아니오.
16. 0.662. 확률은 모든 선적의 약 2/3가 합격될 것임을 보여준다. 선적의 약 1/3이 거부되면 공급자는 품질을 개선하는 것이 현명할 것이다.
17. a. 3.3과 10.7. 13명의 여아의 결과는 10.7보다 크므로 13명의 여아는 유의하게 높다.
    b. 0.000854 c. 0.000916
    d. (c). 13명의 여아의 결과는 유의하게 높다.
    e. 결과는 XSORT 방법이 아기가 여아일 가능성을 높이는 데 효과적임을 시사한다.
18. a. 29.3과 41.2. 34가 이 한계들 사이에 있기 때문에 유의하게 낮거나 높지 않다.
    b. 0.118 c. 0.390
    d. (c). 34개의 줄기가 긴 완두콩의 결과는 유의하게 낮지 않다.
    e. 결과는 줄기가 긴 완두콩에 대한 멘델의 75% 주장에 대한 강력한 증거를 제공하지 않는다.
19. 0.0468
20. 복원하지 않음: 0.139; 복원: 0.147

5-3절

1. $\mu = 31{,}645/365 = 86.7$. 이는 하루 입원환자 수의 평균이다. 무작위로 선택한 날에 정확히 85명이 입원할 확률을 원하므로 $x = 85$. $e \approx 2.71828$이며 이는 공식 5-9의 모든 응용에서 사용되는 상수이다.
2. 가능한 x값: 0, 1, 2, … (상한 없음). 하루에 $x = 90.3$명의 환자 입원은 불가능하다. x는 이산확률변수이다.
3. $P(12) = 0.114$
4. 0.999991
5. 0.9 살인; 0.402 (반올림한 평균을 사용하면 0.407). 살인이 없는 날이 많을 것이다(약 40%).
6. a. 0.170
   b. 반올림에 따라 다르겠지만, 예상되는 수는 97.9와 98.2 사이이다.
   c. 예상되는 2번 타격되는 지역의 수는 93에 가깝다. 이는 실제로 2번 타격된 지역의 수이다.
7. 0.9999876 또는 0.9999877 (반올림되지 않은 평균 사용). 최소한 1명 이상의 사망자가 발생할 가능성이 매우 높거나 "거의 확실하다".
8. a. 10.6154
   b. 0.0000245
   c. 0.116. 13년 중 2년에 걸쳐 풍진이 정확히 9명 발생할 확률은 2/13 또는 0.154로 나타난다. 포아송 분포는 0.116의 확률을 산출하는데, 대략적이기는 하지만 상당히 많은 차이가 있다.

장별 퀴즈

1. $\mu = 13.2$ 남성
2. 매개변수
3. 0.154
4. 0.3 남성
5. 0+는 확률이 매우 작은 양수임을 나타낸다. 성인 남성 5명 모두가 술을 많이 마시는 것이 불가능하다는 것을 나타내지는 않는다.

복습문제

1. 0.293
2. $\mu = 1.4$ 성인, $\sigma = 1.0$ 성인
3. $\mu = 1.4$ 성인과 $\sigma = 1.0$ 성인을 사용하면, $\mu - 2\sigma = -0.6$ 성인 이하이면 값이 유의하게 낮게 되는데 이는 불가능하다. 또한 1명 이하의 성인이 고콜레스테롤일 확률은 0.570으로 낮지(0.05 이하) 않다. 고콜레스테롤 성인 1명의 결과는 유의하게 낮은 수가 아니다.
4. a. 예. 확률의 합은 1이다. 각 확률은 0과 1 사이이다. x의 값은 숫자이다.
   b. $\mu = 1.1$ 콘돔
   c. $\sigma = 0.9$ 콘돔
   d. 예, 5번의 실패는 유의하게 높다. $\mu + 2\sigma = 2.9$ 이상이면 유의하게 높은데, 5는 2.9를 초과한다. 또한 5번 이상의 실패 확률은 0.001이며 이는 낮은 확률이다.
   e. 0+ 기호는 반올림 할 때 0.000이 될 정도로 작은 양의 확률을 나타낸다.

누적 복습문제

1. a. 82.4마리
   b. 82.0마리
   c. 28.0마리
   d. 9.3마리
   e. 87.2마리^2 (반올림된 표준편차 9.3마리를 사용하면 86.5마리^2)
   f. 시간이 지남에 따른 바다소 사망의 경향은 앞의 통계량에 의해 다루어지지 않는다.
   g. 유의하게 작은 수는 63.8마리 이하이며, 유의하게 많은 수는 101마리 이상이다. (반올림되지 않은 통계량을 사용하는 경우 한계는 63.7마리와 101.1마리이다.
   h. 나열된 숫자 중 어느 것도 유의하게 낮거나 높지 않다.
   i. 비율형
   j. 이산적
2. 수직 스케일이 표시되지는 않았지만 숫자를 비교하면 7,066,000은 숫자 6,000,000의 약 1.2배이다. 그러나 그래프를 보면 7,066,000명이라는 목표가 등록한 사람 수의 약 3배인 것으로 보인다. 그래프는 실제 등록이 목표보다 훨씬 낮다는 잘못된 인상을 준다는 점에서 오해의 소지가 있다. Fox News는 이 그래프에 대해 사과하고 올바른 그래프를 제공했다.

6장

6-1절

1. 통계에서 "정규"라는 단어는 특별한 의미를 지니며 식 6-1에 의해 설명될 수 있는 종 모양의 분포를 의미한다. 복권 번호는 정규 분포가 아니다.
2. 평균 $\mu = 0$, 표준편차 $\sigma = 1$이다.
3. 0.4
4. 0.2
5. 0.6700
6. 0.6993(표: 0.6992)
7. 1.23
8. −1.45
9. 0.1093
10. 0.8997
11. 0.4013
12. 0.9772
13. 0.0214 (표: 0.0215)
14. 0.0174
15. 0.9545 (표: 0.9544)
16. 0.8413 (표: 0.8412)
17. 0.999997 (표: 0.9999)
18. 0.5000
19. 2.33
20. −2.05, 2.05
21. 1.28
22. 1.75
23. 68.27% (표: 68.26%)
24. 99.73% (표: 99.74%)
25. a. 2.28% b. 2.28% c. 95.45% (표: 95.44%)

6-2절

1. a. $\mu = 0$, $\sigma = 1$
   b. z값은 측정 단위가 없는 숫자다.
2. 표준 정규 분포는 평균 0, 표준 편차 1을 가지지만 비표준 정규 분포는 이러한 모수 중 하나 또는 둘 모두에 대해 다른 값을 갖는다.
3. 0.8849
4. 0.9053
5. 136
6. 69
7. 0.9812
8. 0.2431
9. 90.0 BPM
10. 44.9 BPM과 103.1 BPM. 아니요, 102 BPM은 유의하게 크지 않다.
11. 0.2015(표: 0.2005) 정신 분열증의 비율은 0.2005 또는 약 20%만큼 높지는 않다.
12. a. 0.1717 (표: 0.1711)
    b. 2011.5 g (표: 2011.4 g)
    c. 출생체중은 2011.4 g 이하이면 유의하게 낮고, 2495 g 이하이면 "저체중"이다. 2011.4 g~2495 g 사이의 출생체중은 "저체중"이지만 유의하게 낮지는 않다.

13. a. 평균 71.320 mg Hg, 표준편차 11.994 mm Hg이다. 히스토그램은 분포가 대략 정규임을 보여준다.
    b. 47.8 mm Hg; 94.8 mm Hg
14. 0.0070

6-3절

1. a. 결국 표본 비율의 평균은 0.512이다.
   b. 표본 비율은 대략 정규 분포를 갖는 경향이 있다.
2. 표본 평균, 표본 분산, 표본 비율
3. 아니요. 이 표본은 전 세계 모든 출생 모집단의 단순 임의 표본이 아니다. 중국에서 태어난 남자아이의 비율은 다른 국가보다 훨씬 높다.
4. a. 4.7
   b.

표본 분산 s^2	확률
0.0	3/9
0.5	2/9
8.0	2/9
12.5	2/9

   c 4.7
   d. 예. 표본 분산 (4.7)의 표집 분포의 평균은 모분산 (4.7)과 같으므로 표본 분산은 모분산 값을 대상으로 한다.
5. a. 5
   b.

표본 중앙값	확률
4.0	1/9
4.5	2/9
5.0	1/9
6.5	2/9
7.0	2/9
9.0	1/9

   c. 6.0
   d. 아니요. 표본 중앙값의 표집 분포의 평균은 6.0으로 모집단 중앙값 (5.0)과 같지 않으므로 표본 중앙값은 모집단 중앙값을 대상으로 하지 않는다.
6. a.

$\bar{x}$	확률
34	1/16
35	2/16
36	1/16
37.5	2/16
38.5	2/16
41	1/16
42.5	2/16
43.5	2/16
46	2/16
51	1/16

   b. 모집단의 평균은 40.5이고 표본 평균 또한 40.5이다.
   c. 표본 평균은 모평균을 대상으로 한다. 표본 평균은 모평균을 체계적으로 과소평가하거나 과대평가하는 대신 모평균 값을 대상으로 하기 때문에 모평균의 좋은 추정량이다.
7. a.

범위	확률
0	4/16
2	2/16
5	2/16
7	2/16
10	2/16
15	2/16
17	2/16

   b. 모집단의 범위는 17이지만 표본 범위의 평균은 7이다. 이 값들은 같지 않다.
   c. 표본 범위는 모집단 범위 17을 대상으로 하지 않으므로 표본 범위는 모집단 범위의 좋은 추정량이 아니다.
8.

여자아이의 비율	확률
0	0.25
0.5	0.50
1	0.25

   예. 2건의 출생에서 여자아이의 비율은 0.5이고 표본 비율의 평균은 0.5이다. 결과는 표본 비율이 모비율의 비편향 추정량임을 나타낸다.
9. a.

Proportion Correct	확률
0	16/25
0.5	8/25
1	1/25

   b. 0.2
   c. 예. 표본 비율의 표집 분포는 평균이 0.2이고 모비율 또한 0.2다. (5가지 선택 중 하나의 정답이 있기 때문에) 예. 표본 비율의 표집 분포의 평균은 항상 모비율과 같다.
10. 식은 표본 비율의 표집 분포를 설명하는 $P(0) = 0.25$, $P(0.5) = 0.5$, $P(1) = 0.25$를 산출한다. 식은 표집 분포를 설명하는 표와 동일한 정보를 나타내는 다른 방법이다.

6-4절

1. 표본의 값이 30보다 크거나 통계학과 학생들의 평균 평점이 정규 분포한다는 증거가 있어야 한다.
2. $\mu_{\bar{x}}$는 전체 표본 평균의 평균을 나타내고, $\sigma_{\bar{x}}$는 전체 표본 평균의 표준 편차를 나타낸다. 64개의 IQ 점수 표본은 $\mu_{\bar{x}} = 100$, $\sigma_{\bar{x}} = 15/\sqrt{64} = 1.875$이다.
3. a. 0.6844 b. 0.9726
   c. 원래 모집단이 정규 분포하기 때문에, 표본 평균의 분포는 표본 크기에 상관없이 정규 분포한다.
4. a. 0.1271 (표: 0.1272) b. 0.2510
   c. 원래 모집단이 정규 분포하기 때문에, 표본 평균의 분포는 표본 크기에 상관없이 정규 분포한다.
5. a. 79.08% (표 79.19 %) b. 99.44%
6. a. 3.85% (표 3.84 %) b. 0.02% (표 0.01%)

7. a. 131 b. 0.0000179 (표: 0.0001)
   c. 아니요. 피실험자 4명의 평균이 132이더라도 일부는 멘사 조건인 131보다 낮은 점수를 가질 수도 있다.
8. a. 140 lb b. 0.9999999998 (표: 0.9999)
   c. 0.9458 (표: 0.9463)
   d. 과부하 가능성이 너무 높기 때문에 새로운 수용 인원 20명은 충분히 안전하지 않다.
9. a. 0.0047 b. 0.0000 (표: 0.0001)
   c. 좌석은 개개인이 차지하기 때문에 (a)의 결과와 관련 있다.
10. a. 0.8877 (표: 0.8869)
    b. 소수 넷째 자리로 반올림한 경우 1.0000이다. (표: 0.9999)
    c. 89%의 남자 승객이 숙일 필요가 없기 때문에 (a)의 확률이 더 관련 있다. (b)의 결과는 100명의 남자 그룹 평균에 대한 정보를 제공하지만 개별 남성 승객의 편안함과 안전성에 대한 유용한 정보를 주지 않는다.
    d. 일반적으로 남성이 여성보다 키가 크기 때문에 적절한 비율의 남성을 수용하는 설계는 더 많은 여성을 수용할 수 있다.
11. a. 예. 비복원 추출되며 표본 크기 $n = 50$은 크기가 275인 유한 모집단의 5%보다 크다. $\sigma_{\bar{x}} = 2.0504584$
    b. 0.5963 (표: 0.5947)

6-5절

1. 히스토그램은 대략 종 모양을 하고, 정규 분위 그림은 직선에 가깝게 나타난다.
2. 표본이 정규 분포하는 모집단에서 추출된 것인지 반드시 확인해야 한다. 히스토그램을 사용하여 정규성을 확인하고 특이점의 개수를 확인하며 정규 분위 그림을 작성한다.
3. 정규. 점들이 직선에 가까우며 직선이 아닌 조직적인 패턴이 없다.
4. 정규 아님. 점들이 직선에 가깝지 않고 직선이 아닌 다른 조직적인 패턴을 보인다.
5. 정규 아님 6. 정규
7. 정규 아님

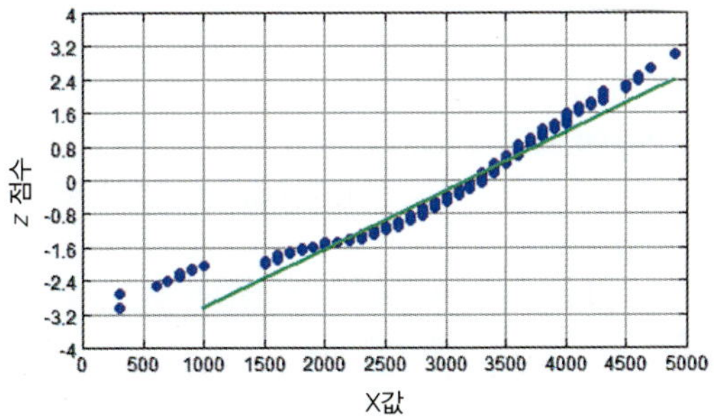

8. 정규

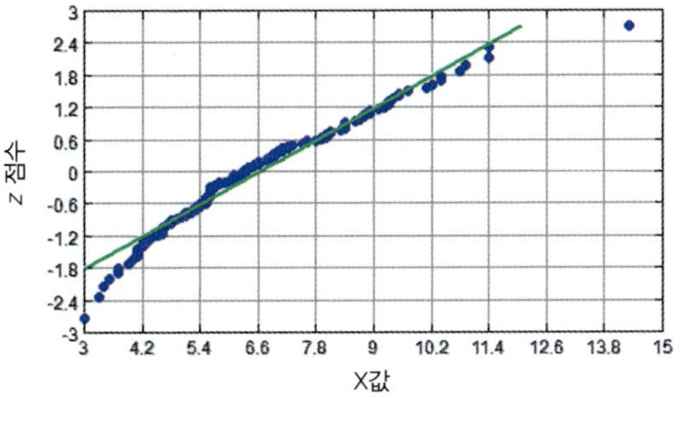

9. 정규. 점의 좌표는 (32.5, −1.28), (34.2, −0.52), (38.5, 0), (40.7, 0.52), (44.3, 1.28)이다.

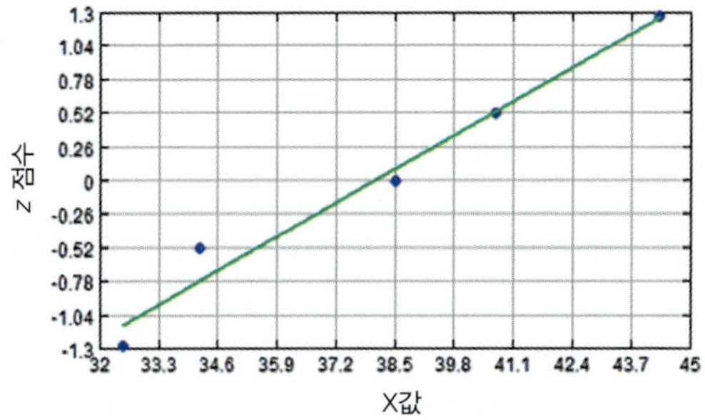

10. a. 예 b. 아니요 c. 아니요

6-6절

1. a. 502.5 아래의 면적 (왼쪽)
   b. 501.5에서 502.5 사이의 면적
   c. 502.5 위의 면적 (오른쪽)
2. $p = 0.2$; $q = 0.8$; $\mu = 20$; $\sigma = 4$; $\mu = 20$ 값은 100개의 질문에 대해 100회 임의 추측한 사람들의 평균 정답 수가 20임을 나타낸다. 임의 추측한 100명의 그룹의 표준 편차 $\sigma = 4$는 정확한 응답의 수가 얼마나 많은지 측정한 것이다.
3. 0.1102 (표: 0.1093)
4. 정규 근사치는 사용하면 안 된다.
5. 정규 근사 사용: 0.1727 (표: 0.1736); 이항을 사용한 기술: 0.1724. 파란 눈을 가진 40명은 유의하게 높지 않다.
6. 정규 근사 사용: 0.0105 (표: 0.0104); 이항을 사용한 기술: 0.0053. 녹색 눈을 가진 4명은 유의하게 낮다.
7. a. 정규 근사 사용: 0.0204; 이항을 사용한 기술: 0.0205.
   b. 정규 근사 사용: 0.0569 (표: 0.0571);
      이항을 사용한 기술: 0.0513.
   c. 아니요.
8. a. 정규 근사 사용: 0.1008 (표: 0.1003);
      이항을 사용한 기술: 0.1012.
   b. 몽유병을 경험한 455명은 유의하게 높지 않다.
   c. 455의 결과는 29.2%의 비율에 강력한 증거를 제공하지 않는다.
9. (1) 0.1723; (2) 0.1704; (3) 0.1726. 아니요, 근사치는 크게 벗어나지 않았다.

장별 퀴즈

1.

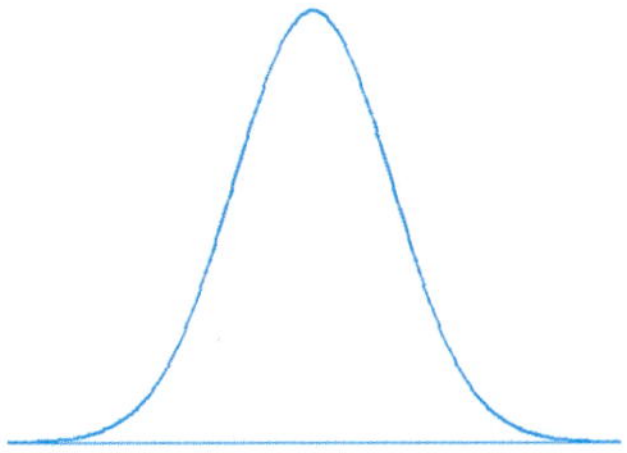

2. 0.9983
3. a. $\mu = 0$, $\sigma = 1$
   b. $\mu_{\bar{x}}$는 전체 표본 평균의 평균을 나타내고, $\sigma_{\bar{x}}$는 전체 표본 평균의 표준 편차를 나타낸다.

4. 0.6280 (표: 0.6292)
5. 0.9568 (표: 0.9564)

복습문제

1. a. 0.9382 b. 0.9382 c. 0.8983
   d. −0.67 e. 0.0668
2. a. 1.42 % (표: 1.43 %) b. 59.0 in.
3. a. 비편향 추정량은 통계의 표집 분포에 해당 모수와 동일한 평균이 있다는 의미에서 모집단 모수의 값을 대상으로 하는 통계량이다.
   b. 평균; 분산; 비율 c. 참
4. a. 일반적으로 여성은 남성보다 키가 작기 때문에 남성을 수용할 수 있는 출입구 높이는 여성을 수용할 수 있다.
   b. 1이지만 실제로는 1보다 작다. (표: 0.9999)
   c. 60명의 남성의 평균 키가 72 in. 보다 작지만 60명의 남자가 모두 72 in. 보다 작다는 뜻은 아니다. 남성에게 적절한 출입구 높이를 결정할 때 60명의 평균 키는 관련이 없지만 개별 남성의 키는 관련이 있다.
5. 정규 근사 사용: 0.2286 (표: 0.2296); 이항을 사용한 기술: 0.2278. 줄기가 긴 자손 식물이 787이하일 확률이 작지 않기 때문에 줄기가 긴 787개 자손 식물의 확률은 유의하게 낮지 않다. 결과는 멘델의 3/4비율과 동일하다.

누적 복습문제

1. a. 26.82 b. 28.90 c. 4.76
   d. 0.96 e. 비율 d. 연속적
2. a. 0.001 b. 0.271
   c. 조건 $np \geq 5$가 만족되지 않아 정규 근사로 인해 너무 큰 오류가 발생한다.
   d. 5.0명 e. 2.1명
   f. 8은 평균의 두 표준편차 내에 있으며 우연히 쉽게 발생할 수 있는 값 범위 내에 있으므로 유의하게 높지 않다.
3. a. 0.7881 b. 0.9968 (표: 0.9967)
   c. 10.4 in. d. 0.0228

7장

7-1절

1. 95%와 같은 신뢰 수준이 없다.
2. $\hat{p} = 0.13$은 표본 비율; $\hat{q} = 0.87(1 - \hat{p})$으로 찾음); $n = 227$은 표본크기; $E = 0.04$는 오차 범위; p는 알 수 없는 모비율이다. α값은 0.05다.
3. 1.645
4. 2.81
5. 0.400 ± 0.025
6. $0.0780 < p < 0.162$
7. a. 0.0705 b. $E = 0.0333$ c. $0.0372 < p < 0.104$
   d. 옥시콘틴으로 치료한 피실험자 중 0.0372에서 0.104 사이의 간격은 실제 두통을 겪은 피실험자의 모비율의 참값을 포함한다고 95% 신뢰한다.
8. a. 0.143 b. $E = 0.00815$ c. $0.135 < p < 0.152$
   d. 0.135에서 0.152 사이의 간격이 실제 반환된 설문조사의 모비율의 참값을 포함한다고 90% 신뢰한다.
9. $0.462 < p < 0.529$. 0.512는 신뢰 구간에 포함되므로 모든 출생에서 남자아이의 비율이 0.512라는 강력한 증거가 없다.
10. a. $17.4\% < p < 28.4\%$
    b. 두 신뢰 구간이 겹치므로 옥시콘틴 처리 그룹과 위약 그룹의 메스꺼움 비율이 같을 수 있다. 메스꺼움은 옥시콘틴의 부작용으로 보이지 않는다.
11. a. $0.0276\% < p < 0.0366\%$ ($x = 135$: $0.0276\% < p < 0.0367\%$ 사용)
    b. 아니요, 0.0340%는 신뢰 구간에 포함된다.
12. $91.4\% < p < 94.6\%$. XSORT 방법의 성공률은 아무 치료 없이 예상되는 약 50 %의 성공률보다 훨씬 높으므로 XSORT 방법은 성공한 것으로 보인다.
13. $0.496 < p < 0.514$. 아니요, 비율은 0.5와 같을 수 있기 때문이다. 추수 감사절 전 주의 비율은 0.5보다 유의하게 낮은 것으로 보이지 않는다.
14. 지속적인 치료: $77.6\% < p < 88.1\%$($x = 164$ 사용) 통상적 치료: $56.1\% < p < 69.5\%$($x = 125$ 사용) 두 신뢰 구간은 겹치지 않으며 지속적인 치료가 성공률이 더 높은 것으로 나타난다.
15. a. 1844 (표: 1842) b. 664
    c. 추가된 지식으로 인해 필요한 표본 크기가 크게 줄어든다.
16. a. 385 b. 369
    c. 표본 크기는 크게 바뀌지 않는다.
17. a. 1537 b. 1532 c. 아니요.
18. a. 752 b. 749
    c. 아니요. 단순히 알고 있는 성인 표본은 단순 임의 표본이 아니라 편의의 표본이므로 결과가 모집단을 대표하지 않을 가능성이 크다.
19. 1238 (표: 1237)
20. a. 적어도 5번의 성공과 5번의 실패가 있어야 한다는 조건이 충족되지 않으므로 정규 분포를 사용할 수 없다.
    b. 0.075

7-2절

1. a. $12.855 \text{ g/dL} < \mu < 13.391 \text{ g/dL}$
   b. μ의 최적의 점 추정치는 13.123 g/dL이다. 오차 범위는 $E = 0.268$ g/dL이다.
   c. 표본 크기 100은 30보다 크므로 표본 평균이 정규 분포하는 모집단에서 나온 것으로 간주할 수 있다.
2. 12.855 g/dL 및 13.391 g/dL의 한계에 성인 여성 모집단의 평균 헤모글로빈 수치의 참 값이 포함된다고 95% 신뢰한다.
3. 정규 분포와 t 분포 모두 적용되지 않는다.
4. $z_{\alpha/2} = 2.576$ (표: 2.575)
5. $29.4 \text{ hg} < \mu < 31.4 \text{ hg}$. 아니요, 결과는 크게 다르지 않다.
6. $98.08°\text{F} < \mu < 98.32°\text{F}$. 신뢰 구간에 98.6°F이 포함되지 않기 때문에 일반적으로 평균 체온이라고 믿어지는 98.6°F는 평균 체온이 아니다.
7. 71.4분 $< \mu <$ 126.4분. 치료 전 측정된 평균 102.8분이 신뢰 구간에 포함되므로 처리 후 평균과 동일할 수 있으며 이 결과는 조피클

론 처리가 큰 영향을 미치지 않음을 나타낸다.

8. $1.8 < \mu < 3.4$. 주어진 숫자는 4개의 DNA 기본 이름을 대체하기 때문에 숫자는 아무것도 측정하거나 계산하지 않으며 명목 수준의 측정이다. 신뢰 구간은 실제로 사용되지 않는다.
9. 표본 자료는 정규 분포의 느슨한 조건을 충족한다: 신뢰 구간: 0.707 W/kg $< \mu <$ 1.169 W/kg. 신뢰 구간이 1.6 W/kg의 기준보다 완전히 낮기 때문에 평균 휴대폰 방사선 방출량은 FCC 기준보다 적지만 기준을 초과하는 휴대폰이 있을 수 있다.
10. 0.284 ppm $< \mu <$ 1.153 ppm. FDA 지침을 사용하여 평균이 1 ppm 보다 클 수 있으므로 신뢰 구간은 생선에 수은이 많이 있을 수 있음을 나타낸다. 또한 표본 값 중 하나가 FDA 지침인 1 ppm을 초과하므로 적어도 일부 생선은 수은이 매우 많다.
11. 19.5 mg $< \mu <$ 45.6 mg. 사람들은 일부 브랜드를 다른 브랜드보다 훨씬 자주 소비하지만 20개의 브랜드는 계산에서 모두 동일한 가중치가 부여되므로 신뢰 구간이 모집단 평균의 올바른 추정치가 아닐 수 있다. 단지 5개의 0이 존재한다는 것은 표본이 정규 분포하는 모집단에서 추출되지 않았음을 의미하므로 정규성 조건이 위반되고 신뢰 구간이 모집단 평균의 좋은 추정치가 아닐 수 있다.
12. a. 5.8일 $< \mu <$ 6.2일
    b. 5.9일 $< \mu <$ 6.3일
    c. 두 신뢰구간은 매우 비슷하다. 에키네시아 치료 그룹은 위약 그룹보다 더 나은 것으로 보이지 않기 때문에 에키네시아 치료는 효과적이지 않은 것으로 보인다.
13. 여성: 72.0 bpm $< \mu <$ 76.1 bpm. 남성: 67.8 bpm $< \mu <$ 71.4 bpm. 성인 여성은 성인 남성의 평균 맥박수보다 높은 평균 맥박수를 갖는 것으로 보인다.
14. 표본 크기는 94로 매우 실용적으로 보인다.
15. 요구되는 표본 크기는 38,415 (표: 38,416)이다. 표본은 실용적이기엔 너무 크다.
16. 4814 (표: 4815). 예, 가정은 합리적으로 보인다.
17. a. 425 b. 212
    c. (a)의 결과는 (b)의 결과보다 상당히 크다. (b)의 결과는 range rule of thumb에서 얻은 추정치 σ 대신 s를 사용하기 때문에 더 나을 것이다.
18. a. $234 < \mu < 276.0$ b. $235.0 < \mu < 275.2$
    c. 두 번째 신뢰 구간은 더 좁아 상대적으로 작은 유한 모집단에서 복원하지 않고 비교적 큰 표본을 선택할 때 더 정확한 추정치를 나타낸다.

7-3절

1. 95.0 cm^3 $< \sigma <$ 182.5 cm^3 . 95.0 cm^{3}와 182.5 cm^{3}의 한계에 뇌 부피의 표준 편차의 참 값이 포함된다고 95% 신뢰한다.
2. 점 그림은 정규 분포하는 모집단의 표본 자료를 나타내는 것으로 보이지 않는다. 표본 크기가 크면 값이 정규 분포 모집단의 값으로 취급되는 것이 정당화되지 않는다. 정규성 조건이 충족되지 않으므로 이 절의 방법을 사용하여 σ의 신뢰 구간 추정을 작성해서는 안 된다.
3. df = 24. $\chi_L^2 = 12.401$, $\chi_R^2 = 39.364$. 신뢰 구간: 0.19 mg $< \sigma <$ 0.33 mg.
4. df = 146. $\chi_L^2 = 105.741$(표: 67.328), $\chi_R^2 = 193.761$ (표: 140.169). 신뢰 구간: $56.8 < \sigma < 76.8$ (표: $66.7 < \sigma < 96.3$)
5. $0.55 < \sigma < 0.72$ (표: $0.56 < \sigma < 0.74$)
6. 29.6분 $< \sigma <$ 71.6분. 아니요, 신뢰 구간은 치료가 효과적인지 여부를 나타내지 않는다.
7. 0.19 g $< \sigma <$ 0.41 g
8. a. 10 BPM $< \sigma <$ 27 BPM
   b. 12 BPM $< \sigma <$ 33 BPM
   c. 변동은 유의하게 다르지 않은 것으로 보인다.
9. a. 8.8일 $< \sigma <$ 10.7일. 표본이 정규 분포와 거리가 먼 분포를 가진 모집단에서 추출된 것으로 보이므로 신뢰 구간 추정치가 그리 좋지 않을 수 있다.
   b. 7.5일 $< \sigma <$ 9.2일. 표본이 정규 분포와 거리가 먼 분포를 가진 모집단에서 추출된 것으로 보이므로 신뢰 구간 추정치가 그리 좋지 않을 수 있다.
   c. 변동은 거의 같다.
10. 19,205는 너무 크다. 모집단의 통계학 교수는 19,205명도 없으며 존재하더라도 표본 크기가 너무 크기 때문에 실용적이지 않다.
11. 표본 크기는 48이다. 아니요, 소득이 매우 낮거나 높으면 분포가 오른쪽으로 기울 수 있고 정규 분포의 조건을 충족시키지 못한다.
12. $\chi_L^2 = 109.565$, $\chi_R^2 = 175.276$. 근사치는 실제 임계 값과 매우 비슷하다.

7-4절

1. 복원하지 않으면 모든 표본이 원래 표본과 동일하므로 비율 또는 평균 또는 표준 편차 또는 분산이 모두 동일하므로 "간격"에 대한 신뢰가 없다.
2. b, d, e는 붓스트랩 표본이 아니다.
3. $0.000 < p < 0.500$
4. a. 0.1 kg $< \mu <$ 8.6 kg
   b. 1.9 kg $< \sigma <$ 6.3 kg
5. 답은 다양하지만 일반적인 답은 다음과 같다.
   a. −0.8 kg $< \mu <$ 7.8 kg
   b. 1.2 kg $< \sigma <$ 7.0 kg
6. 답은 다양하지만 일반적인 답은 다음과 같다.
   a. 붓스트랩: 55.3분 $< \mu <$ 67.3분. 이것은 51.9분 $< \mu <$ 71.4분과 크게 다르지 않다.
   b. 붓스트랩: 6.2분 $< \sigma <$ 13.7분. 이것은 7.7분 $< \sigma <$ 18.4분과 크게 다르지 않다.
7. 답은 다양하지만 일반적인 답은 다음과 같다:
   $0.348\% < p < 1.62\%$. 이것은 7−1절의 연습문제 22 "리피토"의 신뢰 구간 $0.288\% < p < 1.57\%$과 매우 가깝다.
8. 답은 다양하지만 일반적인 답은 다음과 같다: $0.135 < p < 0.152$. 이 결과는 7-1절의 연습문제 15의 신뢰 구간 $0.135 < p < 0.152$와 동일하다.
9. 답은 다양하지만 일반적인 답은 다음과 같다: $3.69 < \mu < 4.15$. 이 결과는 7-2절의 방법을 사용하여 찾은 신뢰 구간 $3.67 < \mu < 4.17$과 매우 가깝다.
10. 답은 다양하지만 일반적인 답은 다음과 같다:
    0.712 W/kg $< \mu <$ 1.18 W/kg. 이 결과는 7-2절의 연습문제 17

의 신뢰 구간 0.707 W/kg $< \mu <$ 1.169 W/kg과 매우 가깝다.

11. a. 답은 다양하지만 일반적인 답은 다음과 같다: $2.5 < \sigma < 3.3$.
    b. $2.4 < \sigma < 3.7$
    c. 붓스트랩 방법의 신뢰 구간은 7-3절의 방법을 사용하여 찾은 신뢰 구간과 크게 다르지 않다. 히스토그램 또는 정규 분위 그림은 표본이 정규 분포를 갖지 않는 모집단에서 추출된 것으로 보이므로 $2.5 < \sigma < 3.3$의 붓스트랩 신뢰 구간이 σ의 더 나은 추정치이다.
12. 답은 다양하지만 10,000개의 붓스트랩 표본을 사용한 일반적인 답은 다음과 같다: $2.5 < \sigma < 3.3$. 이 결과는 1,000개의 붓스트랩 표본을 사용한 신뢰 구간과 같다. 이러한 경우 붓스트랩 표본 수를 1,000개에서 10,000개로 늘리더라도 신뢰 구간에는 큰 영향을 미치지 않는다.

장별 퀴즈

1. 0.130
2. $z = 2.576$ (표: 2.575)
3. 601
4. 표본 값이 정규 분포하는 모집단에서 추출되어야 한다는 느슨한 조건이 있다.
5. $t = 2.201$

복습문제

1. $0.00301 < p < 0.00348$. 0.00301과 0.00348의 한계에 모비율의 값이 포함된다고 95% 신뢰한다.
2. a. 22.083 mm
   b. 22.034 mm $< \mu <$ 22.133 mm
   c. 22.034 mm와 22.133 mm의 한계에 모평균 μ가 포함된다고 95% 신뢰한다.
3. a. 스튜던트 t 분포 b. 정규 분포
   c. 세 분포 모두 적절하지 않지만 붓스트랩 방법을 사용하여 신뢰 구간을 작성할 수 있다.
   d. χ^2 분포 (카이 제곱 분포) e. 정규 분포
4. 308.2 mg $< \mu <$ 355.4 mg. 신뢰 구간 한계에는 원하는 양 325 mg이 포함되어 있으므로 평균이 나쁘지는 않지만 각각의 아스피린 양을 조사하면 일부 알약의 경우 325 mg보다 상당히 많은 알약도 있는 반면 보다 상당히 적은 알약이 있는 경우도 있다. 이 알약은 수정되어야 하는 심각한 생산 문제를 나타낸다.
5. 답은 다양하지만 일반적인 답은 다음과 같다:
   310.6 mg $< \mu <$ 350.9 mg. 결과는 연습문제 7의 신뢰 구간과 매우 가깝다.

누적 복습문제

1. $\bar{x} = 27.27$ cm, 중앙값 = 27.15 cm, $s = 1.24$ cm, 범위 = 3.80 cm. 이 결과는 통계다.
2. 비율 수준; 연속 데이터
3. 26.38 cm $< \mu <$ 28.16 cm
4. a. 0.2375 (표: 0.2389)
   b. 0.0002 (표: 0.0001)
   c. 26.04 cm

8장

8-1절

1. 아스피린에 대한 주장의 기각은 그것이 의학적 치료에 사용되는 약물이기 때문에 더 심각하다. 잘못된 아스피린 복용량은 잘못된 비타민 C 복용량보다 더 심각한 부작용을 일으킬 수 있다. 아스피린에 대한 주장을 검정하기 위해 더 작은 유의수준을 사용하는 것이 좋다.
2. a. H_0: $\mu = 174.1$ cm
   b. H_1: μ 174.1 cm
   c. 귀무가설을 기각하거나 귀무가설을 기각하지 않는다.
   d. 아님. 이 경우 원래 주장은 귀무가설이 된다. 남성의 평균 키가 174.1 cm라고 주장하는 경우 해당 주장을 기각하거나 기각하는 데 실패할 수 있지만 해당 주장을 뒷받침할 만한 충분한 증거가 있다고 주장할 수는 없다.
3. a. $p > 0.5$ b. H_0: $p = 0.5$; H_1: $p > 0.5$
4. a. $\mu = 69$ bpm b. H_0: $\mu = 69$ bpm; H_1: $\mu \neq 69$ bpm
5. 대부분의 성인에게 고혈압이 없다는 주장을 뒷받침할만한 충분한 증거가 있다.
6. 성인 남성의 평균 맥박수(분당 맥박수)가 69 bpm이라는 주장을 기각할 만한 충분한 증거가 없다.
7. $z = 13.11$
8. $t = 0.657$
9. a. 오른쪽 단 측 검정 b. P-값 = 0.1587
   c. H_0를 기각하지 못한다.
10. a. 양측 검정 b. P-값 = 0.0444
    c. H_0를 기각한다.
11. a. $z = 1.645$ b. H_0를 기각하지 못한다.
12. a. $z = \pm 1.96$ b. H_0를 기각한다.
13. a. H_0를 기각하지 못한다.
    b. 성인의 70% 이상이 고혈압이 없다는 주장을 뒷받침할만한 충분한 증거가 없다.
14. a. H_0를 기각한다.
    b. 성인 남성의 평균 맥박수는 72 bpm이라는 주장을 기각할만한 충분한 증거가 있다.
15. 제I종 오류: 실제로는 $p = 0.1$이지만 $p = 0.1$이라는 주장을 기각함. 제II종 오류: 실제로는 $p \neq 0.1$이지만, $p = 0.1$이라는 주장을 기각하지 못함.
16. 제I종 오류: 실제로는 $p = 0.87$이지만, 우리는 $p > 0.87$이라는 주장을 지지한다. 제II종 오류: 실제로 $p > 0.87$이지만 우리는 그 결론을 뒷받침하지 못한다.
17. 0.96의 검정력은 참 비율이 실제로 0.18일 때 $p = 0.08$의 귀무가설을 기각할 확률이 96% 임을 보여준다. 즉, 실제로 복통을 경험하는 챈틱스 사용자의 비율이 0.18이라면, 복통을 경험한 챈틱스 사용자의 비율이 0.08보다 크다는 주장을 뒷받침할 확률이 96%가 된다.
18. 617

8-2절

1. a. 270 b. $\hat{p} = 0.53$
2. 신뢰구간에 기초한 방법은 P값 방법 및 임계값 방법과 동등하지 않다.

3. a. 좌측 단측 검정
   b. $z = -4.46$
   c. P-값: 0.000004
   d. H_0: $p = 0.10$. 귀무가설을 기각한다.
   e. 치료 대상자의 10% 미만이 두통을 경험한다는 주장을 뒷받침할 충분한 증거가 있다.
4. a. 양측 검정
   b. $z = -1.36$
   c. P-값: 0.174
   d. H_0: $p = 0.67$. 귀무가설을 기각하지 못한다.
   e. 성인의 67%가 동물을 만진 후 손을 씻는다는 주장을 기각할 충분한 증거가 없다.
5. H_0: $p = 0.5$. H_1: $p > 0.5$. 검정 통계: $z = 10.96$. P-값: 0.0000(표: 0.0001) 임계값: $z = 2.33$. H_0를 기각한다. YSORT 방식은 아이가 남자아이가 될 가능성을 높이는 데 효과적이라는 주장을 뒷받침하는 충분한 증거가 있다.
6. H_0: $p = 0.5$. H_1: $p \neq 0.5$ 검정 통계량: $z = 2.69$. P-값: 0.0071(표: 0.00722) 임계값: $z = \pm 2.576$(표: ± 2.575). H_0를 기각한다. 찬성하는 사람의 비율이 0.5와 같다는 주장을 기각할 충분한 증거가 있다. 결과는 정치인이 응답이 동전 던지기와 동등한 임의의 추측이라고 주장하는 것이 틀렸다는 것을 보여준다.
7. H_0: $p = 0.20$. H_1: $p > 0.20$. 검정 통계량: $z = 1.10$, P-값: 0.1367(표: 0.1357). 임계값: $z = 1.645$. H_0를 기각하지 못한다. 옥시콘틴 사용자의 20% 이상이 메스꺼움을 일으킨다는 주장을 뒷받침할 충분한 증거가 없다. 그러나 $\hat{p} = 0.229$로, 옥시콘틴 사용자의 많은 비율이 메스꺼움을 경험한다는 것을 알 수 있다. 그래서 그 비율은 매우 높은 것으로 보인다.
8. H_0: $p = 0.15$. H_1: $p < 0.15$. 검정 통계량: $z = -1.31$. P-값 = 0.0956(표: 0.0951) 임계값: $z = -2.33$. H_0를 기각하지 못한다. 회수율이 15% 미만이라는 주장을 뒷받침할 충분한 증거가 없다.
9. H_0: $p = 0.512$. H_1: $p \neq 0.512$. 검정 통계량: $z = -0.98$. P-값 0.3286(표: 0.3270). 임계값: $z = \pm 1.96$. H_0를 기각하지 못한다. 신생아 중 51.2%가 남자아이라는 주장을 기각할 만한 충분한 증거가 없다. 그 결과는 신생아 중 51.2%가 남자아이라는 믿음을 뒷받침하지 못한다. 그 결과는 단지 51.2%의 비율에 대한 강력한 증거가 없다는 것을 보여준다.
10. H_0: $p = 0.5$. H_1: $p \neq 0.5$. 검정 통계량: $z = 0.98$. P-값: 0.3268(표: 0.3270). 임계값: $z = \pm 1.96$. H_0를 기각하지 못한다. 아기의 성별을 추측하는 여성의 성공률이 50%에 해당한다는 주장을 기각할 만한 충분한 증거가 없다.
11. H_0: $p = 0.5$. H_1: $p \neq 0.5$. 검정 통계량: $z = -2.03$. P-값: 0.0422(표: 0.0424). 임계값: $z = \pm 1.645$. H_0를 기각한다. 터치 치료사들이 임의 추측과 동등한 방법을 사용한다는 주장을 기각할 충분한 증거가 있다. 그러나 이들의 성공률은 123/280 또는 43.9%로, 임의 추측보다 더 나쁜 성과를 보여 실효성이 없어 보인다.
12. H_0: $p = 0.000340$. H_1: $p \neq 0.000340$. 검정 통계량: $z = -0.66$. P-값: 0.5122(표: 0.5092). 임계 값: $z = \pm 2.81$. H_0를 기각하지 못한다. 이 비율이 0.0340%와 다르다는 주장을 뒷받침할 충분한 증거가 없다. 휴대전화 사용자들은 뇌나 신경계의 암에 대해 염려할 필요는 없다.
13. H_0: $p > 0.5$. H_1: $p > 0.5$. 검정 통계량: $z = 0.83$. P-값: 0.2031 (표: 0.2033). 임계값: $z = 1.645$. H_0를 기각하지 못한다. 니코틴 패치 요법으로 금연을 시도하는 흡연자 중 대다수가 치료 후 1년 만에 담배를 피우고 있다는 주장을 뒷받침할 충분한 증거가 없다. 그 결과 니코틴 패치 요법을 사용하는 사람의 절반 정도가 금연에 성공하고 있는 것으로 나타났다.
14. H_0: $p = 0.80$. H_1: $p \neq 0.80$. 검정 통계량: $z = 0.98$($\hat{p} = 0.828$ 사용) 또는 $z = 0.99$($x = 164$ 사용) ($\hat{p} = 0.828$을 사용하는 경우 P-값 0.3246(표: 0.3270). $x = 164$를 사용하는 경우 P-값 = 0.3198(표: 0.3222) 임계값: $z = \pm 2.576$(표: ± 2.575). H_0를 기각하지 못한다. 환자의 80%가 지속적인 치료를 받으면 담배를 끊는다는 주장을 기각할 충분한 증거가 없다. 80% 정도의 성공률은 지속적인 관리가 효과적인 것으로 보인다.
15. 정규 근사치 항목: 0.0114, 0.0012, 0.0054. 정확한 항목: 0.0215, 0.0034, 0.0059. 단순 연속성 보정을 한 정확한 항목: 0.0117, 0.0018, 0.0054. P-값은 $n = 1009$의 큰 표본 크기와 상당히 잘 일치한다. 이항 분포에 대한 정규 근사치는 표본 크기가 증가함에 따라 더 잘 작동하는 것으로 보인다.
16. a. 0.7219(표: 0.7224)
    b. 0.2781(표: 0.2776)
    c. 0.7219의 검정력은 거짓 귀무가설을 기각하는 정확한 결정을 내릴 가능성이 상당히 높다는 것을 보여준다. 0.8이나 0.9보다 큰 검정력이라면 더 좋을 것이다.

8-3절

1. 요구 사항은 (1) 표본은 단순 임의 표본이어야 하며 (2) 이 조건 중 하나 또는 둘 다 충족되어야 한다: 모집단은 정규분포하거나 $n > 30$이다. 표본이 단순 무작위 표본인지 여부를 결정하기 위해 충분한 정보가 제공되지 않는다. 표본 크기가 30보다 크지 않기 때문에 정규성을 확인해야 하지만 583초의 값은 특이점이며, 정규 분위 그림 또는 히스토그램을 보면 표본이 정규 분포 모집단에서 나온 것이 아닌 것으로 보인다. 요구 사항이 충족되지 않는다.
2. t 검정은 이 절에서 제시한 모집단 평균에 대한 주장을 검정하는 방법과 같이 스튜던트 t 분포를 사용하는 가설 검정이다. 문자 t는 스튜던트 t 분포와 관련하여 사용된다. 그것은 t 테스트에 사용된다.
3. P-값 = 0.0437 (표: $0.025 < P\text{-값} < 0.05$)
4. P-값 = 0.2581(표: > 0.10)
5. H_0: $\mu = 98.6°\text{F}$. H_1: $\mu \neq 98.6°\text{F}$. 검정 통계량: $t = -3.865$. P-값: 0.0004. 0.05 유의수준을 가정하는 임계 값: $t = \pm 2.026$. H_0를 기각한다. 평균 체온이 98.60°F와 같다는 주장을 기각할 충분한 증거가 있다.
6. H_0: $\mu = 270$. H_1: $\mu < 270$. 검정 통계량: $t = -2.764$. P-값: 0.0032. 0.05 유의수준을 가정하는 임계 값: $t = -1.655$. H_0를 기각한다. 성인 여성의 평균 혈소판 수가 270개 미만이라는 주장을 뒷받침할 충분한 증거가 있다.
7. H_0: $\mu = 3000$ g. H_1: $\mu > 3000$ g. 검정 통계량: $t = 0.752$.

P-값 0.2264(표: > 0.10). 임계값: $t = 2.345$. H_0를 기각하지 못한다. 여성의 출생체중이 3000 g 이상이라는 주장을 뒷받침할 충분한 증거가 없다.

8. H_0: $\mu = 0$. H_1: $\mu > 0$. 검정 통계량: $t = 0.133$.
   P-값 0.4472(표: > 0.10). 임계값: $t = 1.677$(표: 약 1.676).
   H_0를 기각하지 못한다. 마늘 치료로 LDL 콜레스테롤의 평균 변화가 0보다 크다는 주장을 뒷받침할 충분한 증거가 없다. 마늘 치료가 LDL 콜레스테롤 수치를 낮추는 데 효과적이라는 주장을 뒷받침할 충분한 증거가 없다.
9. H_0: $\mu = 0.1$ lb. H_1: $\mu > 0.1$ lb. 검정 통계량: $t = 3.872$.
   P-값 0.0002 (표: < 0.005), 임계값: $t = 2.426$. H_0를 기각한다. 평균 체중 감소가 0보다 크다는 주장을 뒷받침할 충분한 증거가 있다. 식이요법이 통계적으로 유의하긴 하지만 단지 3.0 lb의 평균 체중 감소가 노력과 비용의 가치가 없어 보이기 때문에 그것은 실질적인 중요성을 지니지 않는 것으로 보인다.
10. H_0: $\mu = 4.00$. H_1: $\mu \neq 4.00$. 검정 통계량: $t = -1.139$.
   P-값 = 0.2554(표: > 0.20). 임계값: $t = \pm 1.965$(표: 약 1.966). H_0를 기각하지 못한다. 학생 과정평가의 모집단이 4.00과 같은 평균을 가지고 있다는 주장을 기각할 충분한 증거가 없다. 이 자료는 오스틴에 있는 텍사스 대학교에서 가져온 것이기 때문에, 이 기관을 넘어서는 더 많은 인구에게 반드시 적용되는 것은 아니다.
11. 표본 데이터는 정규분포를 갖는 느슨한 요건을 충족한다.
   H_0: $\mu = 14$ μg/g. H_1: $\mu < 14$ μg/g. 검정통계량: $t = -1.444$.
   P-값 = 0.0913(표: > 0.05) 임계값: $t = -1.833$. H_0를 기각하지 못함. 그러한 모든 의약품의 평균 납 농도가 14 μg/g 미만이라는 주장을 뒷받침할 충분한 증거가 없다.
12. H_0: $\mu = 1000$ hic. H_1: $\mu < 1000$ hic. 검정 통계량: $t = -2.661$. P-값 0.0224(표: P-값은 0.01~0.025 사이). 임계값: $t = -3.365$. H_0를 기각하지 못한다. 모집단 평균이 1000 hic 미만이라는 주장을 뒷받침할 충분한 증거가 없다. 평균이 1000 hic 미만이라는 강력한 증거는 없으며, 부스터 시트 중 하나가 1210 hic의 측정값을 가지고 있는데, 이는 1000 hic 미만이라는 지정된 요구 조건을 만족시키지 못한다.
13. H_0: $\mu = 75$ bpm. H_1: $\mu < 75$ bpm. 검정 통계량: $t = -0.927$.
   P-값 = 0.177(표: > 0.10). 임계값: $t = -1.655$(표: 약 1.660).
   H_0를 기각하지 못한다. 성인 여성의 평균 맥박수가 75 bpm 미만이라는 주장을 뒷받침할 충분한 증거가 없다.
14. H_0: $\mu = 90$ mm Hg. H_1: $\mu < 90$ mm Hg. 검정 통계량: $t = -21.435$. P-값 0.0000(표: < 0.005) 임계값: $t = -1.655$(표: 약 −1.660). H_0를 기각한다. 성인 여성 인구가 평균 수축기 혈압이 90 mm Hg 미만이라는 주장을 뒷받침할 충분한 증거가 있다. 결론은 개인이 아닌 모집단 평균을 다루고 있기 때문에 고혈압을 가진 표본에 여성 모집단은 없다고 단정할 수 없다.
15. 계산된 임계 t값은 −1.6554로, Statdisk를 사용하여 구한 −1.6554의 값과 동일하다. 그 근사치는 꽤 효과가 있는 것 같다.

8-4절

1. 표본은 단순 무작위 표본이어야 하며 표본은 정규분포 모집단에서 추출되어야 한다. 표준 편차에 대한 주장의 가설검정에 대한 정규성 요건은 훨씬 엄격하며, 이는 모집단의 분포가 정규 분포에 훨씬 가까워야 한다는 것을 의미한다.
2. a. H_0를 기각한다.
   b. 표본이 0.470 kg의 표준편차를 가진 모집단에서 나왔다는 주장을 기각한다. 비타민 보충제는 출생체중 사이의 변화에 영향을 미치는 것으로 보인다.
3. H_0: $\sigma = 10$ bpm. H_1: σ 10 bpm. 검정 통계량: $\chi^2 = 195.172$. P-값 = 0.0208. H_0를 기각한다. 남성의 맥박수가 분당 10회에 해당하는 표준편차를 가지고 있다는 주장을 기각할 충분한 증거가 있다. 1분에 60~100회의 정상 범위를 가진 경험의 법칙을 사용하는 것은 이 경우 추정에 별로 좋지 않다.
4. H_0: $\sigma = 2.08$°F. H_1: $\sigma < 2.08$°F. 검정 통계량: $\chi^2 = 9.329$.
   P-값 = 0.0000(표: < 0.005) 임계값: $\chi^2 = 74.252$(표: 약 70.065). H_0를 기각한다. 체온이 2.08°F 미만이라는 주장을 뒷받침할 충분한 증거가 있다. 다른 표본에 대한 표준편차 때문에 8-3절의 예제 5의 가설 검정의 결론이 변경될 가능성은 매우 낮다.
5. H_0: $\sigma = 15$. H_1: $\sigma < 15$. 검정 통계량: $\chi^2 = 6.963$.
   P-값 = 0.0160(표: < 0.025). 임계값: $\chi^2 = 8.672$. H_0를 기각한다. 의사의 IQ 점수의 표준편차가 15미만이라는 주장을 뒷받침할 충분한 증거가 있다.
6. H_0: $\sigma = 4.25$ g. H_1: $\sigma < 4.25$ g. 검정 통계량: $\chi^2 = 58.042$.
   P-값 = 0.1545(표: > 0.10). 임계값: $\chi^2 = 51.739$. H_0를 기각하지 못한다. 새로운 공정 분배가 기존 공정의 표준 편차인 4.25 g보다 적은 표준 편차를 갖는다는 주장을 뒷받침할 충분한 증거가 없다. 새로운 과정은 더 일관적인 양을 분배한다는 의미에서 더 나은 것으로 보이지 않는다.
7. H_0: $\sigma = 60$ lb. H_1: σ 6.0 lb. 검정 통계량: $\chi^2 = 26.011$.
   P-값 = 0.1101(표: > 0.10). 임계값: $\chi^2 = 19.966$, 65.475(표: 대략: 20.707, 66.766). H_0를 기각하지 못한다. 체중 감소량이 6.0 lb와 동일한 표준편차를 가지고 있다는 주장을 기각할 충분한 증거가 없다.
8. H_0: $\sigma = 109.3$초. H_1: $\sigma < 109.3$초. 검정 통계량: $\chi^2 = 0.616$.
   P-값 = 0.0001(표: < 0.005) 임계값: $\chi^2 = 3.325$. H_0를 기각한다. 단일 대기라인에서 대기시간이 109.3초 미만의 표준편차를 보인다는 주장을 뒷받침할 충분한 증거가 있다. 대기시간 사이의 차이가 단일 대기라인에서 줄어들기 때문에, 즉 환자들의 대기시간이 거의 같아지므로 더 행복하다. 환자들은 다른 개별적인 라인보다 훨씬 많은 시간이 걸리는 개별적인 라인에 갇혀 짜증나지 않게 된다.
9. 임계값: $\chi^2 = 81.540$(또는 기술에서 찾은 $z = 2.326348$을 사용하는 경우 81.494)이며, 이는 Statdisk와 Minitab에서 구한 82.292의 값에 가깝다.

장별 퀴즈

1. a. t 분포　　b. 정규 분포　　c. 카이-제곱 분포
2. a. H_0: $p = 0.5$. H_1: $p > 0.5$.
   b. $z = 1.39$
   c. H_0를 기각하지 못함.
   d. 18세에서 29세 사이의 인터넷 사용자 대다수가 인스타그램을 사용한다는 주장을 뒷받침할 충분한 증거가 없다.
3. 진실　　4. 거짓

5. t 검정에서는 표본이 정규분포 모집단으로부터 추출되어야 하며, 정규성으로부터의 이탈이 너무 심하지 않을 경우 시험이 합리적으로 잘 작동한다는 점에서 시험이 강력하다. χ^2(chi-square)시험은 정규성으로부터의 이탈에 대해 강력하지 않으며, 모집단이 정규성과 거리가 먼 분포를 가질 경우 테스트가 잘 작동하지 않는다는 것을 의미한다.

복습문제

1. a. 거짓　　b. 진실　　c. 거짓
   d. 거짓.　　e. 거짓.
2. H_0: $\mu = 5.4$ million cells/$\mu\ell$. H_1: $\mu < 5.4$ million cells/$\mu\ell$.
   검정 통계량: $t = -5.873$. P-값: 0.0000(표: < 0.005)
   임계값: $t = -2.426$. H_0를 기각한다. 표본이 마이크로리터당 평균 540만 개 이하의 모집단이라는 주장을 기각할 충분한 증거가 있다. 이 테스트는 개별 값이 아닌 표본평균의 분포를 다루기 때문에, 그 결과 40명의 남성이 각각 마이크로리터당 540만 개의 세포보다 적은 적혈구 수를 가지고 있다는 것은 아니다.
3. H_0: $\mu = 25$ mg. H_1: $\mu \neq 25$ mg. 검정 통계량: $t = -0.744$. P-값: 0.4694(표: > 0.10). 임계값: $t = \pm 2.145$. H_0를 기각하지 못함. 아토르바스타틴의 평균 양이 25 mg과 같은 집단에서 알약이 나온다는 주장을 기각할 충분한 증거가 없다.
4. H_0: $\sigma = 1.34$. 2_1: $\sigma \neq 1.34$. 검정 통계량: $\chi^2 = 7.503$. P-값 0.7368(표: > 0.20). 임계값: $c\chi^2 = 1.735$, 23.589. H_0를 기각하지 못함. 최근의 승자들이 1920년대와 1930년대와는 다른 변이를 갖는 BMI값을 가지고 있다는 주장을 뒷받침할 충분한 증거가 없다.

누적 복습문제

1. a. 37.1 사망　　b. 36.0 사망
   c. 9.8사망　　d. 96.8사망^2
   e. 28.0사망
   f. 시간 경과에 따른 데이터의 패턴은 통계에 의해 드러나지 않는다. 시계열 그래프는 시간이 지남에 따라 패턴을 이해하는 데 매우 도움이 될 것이다.
2. 29.1 사망 < μ < 45.0 사망. 우리는 29.1명의 사망자와 45.0명의 사망자의 한계에 모집단 평균이 포함되어 있다고 99%의 신뢰도를 가지고 있다.
3. 수직축 스케일은 0이 아닌 50에서 시작되기 때문에, 남성의 수와 여성의 수 차이는 과장되어 있기 때문에, 그래프는 남성이 거의 모든 낙뢰에 의한 사망을 차지한다는 잘못된 인상을 만들어냄으로써 기만적이다. 사망자의 수를 비교해 보면 남성 사망자의 수가 대략 여성 사망자의 4배에 달한다는 것을 알 수 있다. 하지만 이 그래프는 남성 사망자의 수가 여성 사망자의 약 25배에 달하는 것으로 나타나게 한다.
4. $0.763 < p < 0.854$. 전체 신뢰구간이 0.5보다 크기 때문에 남성과 여성이 번개에 맞아 죽을 확률은 같아 보이지 않는다.
5. 교차비 = 1.14. 편두통을 겪는 경향은 정상체중을 가진 사람들보다 과체중인 사람들이 약 1.14배 더 높다.

9장

9-1절

1. 표본은 단순 무작위 표본이다. 두 집단의 경우 각각 성공 횟수는 최소 5회, 실패 횟수는 최소 5회(무엇을 성공이라고 부르느냐에 따라 4회는 33, 115나 201196, 200630)이며, 이들 숫자는 모두 최소 5회 이상이다. 요건이 충족되다.
2. a. H_0: $p_1 = p_2$. H_1: $p_1 < p_2$.
   b. 소아마비 발병률이 위약을 투여한 어린이보다 소트백신을 접종한 어린이들에게 적다는 주장을 뒷받침할 충분한 증거가 있다. 소크백신은 효과가 있는 것으로 보인다.
3. H_0: $p_1 = p_2$. H_1: $p_1 > p_2$. 검정 통계량: $z = 12.82$. P-값: 0.0000. 임계값: $z = 2.33$. H_0를 기각한다. 비닐장갑이 라텍스 장갑보다 바이러스 누출률이 높다는 주장을 뒷받침할 충분한 증거가 있다.
4. a. H_0: $p_1 = p_2$. H_1: $p_1 < p_2$. 검정 통계량: $z = -1.66$.
   P-값: 0.0484(표: 0.0485) 임계값: $z = -2.33$. H_0를 기각하지 못한다. 은행을 이용하는 사람의 치매 비율이 위약 사용자의 치매 비율보다 낮다는 주장을 뒷받침할 만한 증거가 부족하다. 은행나무는 치매 예방에 효과적이라는 주장을 뒷받침할 만한 충분한 증거가 없다.
   b. 98% 신뢰구간: $-0.0541 < p_1 - p_2 < 0.00904$
   (표: $-0.0542 < p_1 - p_2 < 0.00909$). 0을 포함하므로 은행으로 치료받은 사람과 위약을 투여받은 사람의 치매율 사이에는 큰 차이가 없는 것으로 보인다. 은행을 이용하는 사람의 치매 비율이 위약 사용자의 치매 비율보다 낮다는 주장을 뒷받침할 만한 증거가 부족하다. 은행이 치매 예방에 효과적이라는 주장을 뒷받침할 만한 증거가 부족하다.
   c. 은행나무는 치매 예방에 효과적이지 않다는 표본 결과가 나왔다.
5. a. H_0: $p_1 = p_2$. H_1: $p_1 > p_2$. 검정 통계량: $z = 2.64$. P-값: 0.0041. 임계값: $z = 2.33$. H_0를 기각한다. 지속적인 관리 프로그램으로 금연 성공률이 더 높다는 주장을 뒷받침할 충분한 증거가 있다.
   b. 98% 신뢰구간: $0.0135 < p_1 - p_2 < 0.200$ (표: $0.0134 < p_1 - p_2 < 0.200$). 신뢰구간 한계에는 0이 포함되어 있지 않기 때문에 두 비율 사이에는 상당한 차이가 있다. 구간이 양수만으로 구성되기 때문에, 지속적 치료프로그램의 성공률이 표준 치료프로그램의 성공률보다 더 큰 것으로 나타난다.
   c. 표본에 근거하여 프로그램의 성공률은 다음과 같다. 25.8%(지속적 치료)와 15.1%(표준 치료). 그러한 차이점은 상당한 것으로 나타나므로 프로그램 간의 차이는 실질적인 유의성을 갖는 것으로 보인다.
6. a. H_0: $p_1 = p_2$. H_1: $p_1 > p_2$. 검정 통계량: $z = 6.44$. P-값 = 0.0000 (표: 0.0001) 임계값: $z = 2.33$. H_0를 기각한다. 흑백으로 꿈을 꾸는 55세 이상의 사람들의 비율이 25세 이하의 비율보다 더 높다는 주장을 뒷받침할 충분한 증거가 있다.
   b. 98% 신뢰구간: $0.117 < p_1 - p_2 < 0.204$. 신뢰구간의 한계 내에 0이 포함되지 않으므로 두 비율이 같지 않은 것으로 나타난다. 신뢰구간 한계에 양수 값만 포함되기 때문에 흑백으로 꿈을 꾸는 55세 이상의 비율이 25세 이하의 비율보다 큰 것으로 나타난다.
   c. 그 결과는 55세 이상의 사람들에게서 흑백으로 꿈을 꾸는 사람들

의 비율이 25세 이하의 사람들의 비율보다 큰 것으로 나타났다. 그러나 그 결과는 그 차이의 원인을 검증하는데 사용될 수 없다.

7. a. H_0: $p_1 = p_2$. H_1: $p_1 > p_2$. 검정 통계량: $z = 6.11$. P-값 = 0.0000 (표: 0.0001) 임계값: $z = 1.645$. H_0를 기각한다. 안전벨트를 매지 않은 사람들의 치사율이 높다는 주장을 뒷받침할 충분한 증거가 있다.
   b. 90% 신뢰구간: $0.00559 < p_1 - p_2 < 0.0123$. 신뢰구간의 한계 내에 0이 포함되지 않으므로 두 치사율이 같지 않은 것으로 나타난다. 신뢰구간 한계는 양의 값만 포함하기 때문에 안전벨트를 착용하지 않은 사람의 경우 치사율이 더 높은 것으로 나타난다.
   c. 결과는 안전벨트의 사용이 안전벨트 미사용 사망률보다 낮은 사망률과 관련이 있음을 나타낸다.
8. a. H_0: $p_1 = p_2$. H_1: $p_1 \neq p_2$. 검정 통계량: $z = 0.57$. P-값: 0.5720 (표: 0.5686) 임계값: $z = \pm1.96$. H_0를 기각하지 못한다. 에키네시아 치료법이 효과를 보인다는 주장을 뒷받침할 충분한 증거가 없다.
   b. 95% 신뢰구간: $-0.0798 < p_1 - p_2 < 0.149$. 신뢰구간의 한계 내에 0이 포함되지 않으므로 두 비율이 같지 않은 것으로 나타난다. 에키네시아 치료법이 효과를 보인다는 주장을 뒷받침할 충분한 증거가 없다.
   c. 에키네시아 감염률에 큰 영향을 미치는 것으로 보이지 보이며 효과가 없어 보이기 때문에 권해서는 안 된다.
9. a. H_0: $p_1 = p_2$. H_1: $p_1 < p_2$. 검정 통계량: $z = -7.94$. P-값: 0.0000(표: 0.0001) 임계값: $z = -2.33$. H_0를 기각한다. 휴대전화에 왼쪽 귀를 사용하는 것을 선호하는 사람들의 오른손잡이 비율이 휴대폰에 오른쪽 귀를 사용하는 것을 선호하는 사람들의 오른손잡이 비율보다 낮다는 주장을 뒷받침할 충분한 증거가 있다.
   b. 95% 신뢰구간: $-0.266 < p < -0.126$. 신뢰구간의 한계 내에 0이 포함되지 않으므로 두 비율이 같지 않은 것으로 나타난다. 간격은 음수만으로 구성되어 있기 때문에, 주장이 뒷받침되는 것으로 보인다.
10. a. H_0: $p_1 = p_2$. H_1: $p_1 > p_2$. 검정 통계량: $z = 9.97$. P-값 0.0000 (표: 0.0001) 임계값: $z = 2.33$. H_0를 기각한다. 산소치료를 받는 치료율이 위약을 투여 받은 사람의 치료율보다 높다는 주장을 뒷받침할 충분한 증거가 있다. 산소 치료가 효과적인 것으로 보인다.
   b. 95% 신뢰구간: $0.467 < p_1 - p_2 < 0.687$. 신뢰구간의 한계 내에 0이 포함되지 않으므로 두 치료율이 같지 않은 것으로 나타난다. 신뢰구간 한계에는 양의 값만 포함되기 때문에 위약(placebo)을 부여한 값의 치료율보다 산소처리를 한 치료율이 높은 것으로 보인다. 산소 치료가 효과적인 것으로 보인다.
   c. 그 결과는 산소 치료가 군집 두통을 치료하는데 효과적이라는 것을 시사한다.
11. a. H_0: $p_1 = p_2$. H_1: $p_1 < p_2$. 검정 통계량: $z = -1.17$. P-값 = 0.1214(표: 0.1210). 임계값: $z = -2.33$. H_0를 기각하지 못한다. 남성의 왼손잡이 비율이 여성의 왼손잡이 비율보다 낮다는 주장을 뒷받침할 충분한 증거가 없다.
   b. 98% 신뢰구간: $-0.0848 < p_1 - p_2 < 0.0264$ (표: $-0.0849 < p_1 - p_2 < 0.0265$). 신뢰구간의 한계 내에 0이 포함되기 때문에 남성의 왼손잡이 비율과 여성의 왼손잡이 비율 사이에는 큰 차이가 없는 것으로 보인다. 남성의 왼손잡이 비율이 여성의 왼손잡이 비율보다 낮다는 주장을 뒷받침할 충분한 증거가 없다.
   c. 남성의 왼손잡이 비율은 여성의 왼손잡이 비율보다 낮은 것으로 보이지 않는다.
12. 표본은 남자 2135명과 여자 2135명을 포함해야 한다.
13. a. $0.0227 < p_1 - p_2 < 0.217$; 신뢰 구간 한계는 0을 포함하지 않기 때문에 $p_1 = p_2$는 기각될 수 있는 것으로 보인다.
   b. $0.491 < p_1 < 0.629$; $0.371 < p_2 < 0.509$; 신뢰구간이 겹치기 때문에 $p_1 = p_2$를 기각할 수 없는 것으로 보인다.
   c. H_0: $p_1 = p_2$. H_1: $p_1 \neq p_2$. 검정 통계량: $z = 2.40$ P-값: 0.0164. 임계값: $z = \pm1.96$. H_0를 기각한다. $p_1 = p_2$를 기각할 수 있는 충분한 증거가 있다.
   d. $p_1 = p_2$를 기각. 최소 유효 방법: 개별 신뢰 구간 간의 겹침 사용.

9-2절

1. (c)만 독립적인 표본을 기술한다.
2. a. 예 b. 예 c. 98%
3. H_0: $\mu_1 = \mu_2$. H_1: $\mu_1 \neq \mu_2$. 검정 통계량: $t = -0.452$. 임계값: $t = \pm1.987$(표: $t = \pm2.014$). P-값: 0.6521(표: > 0.20). H_0를 기각하지 못함. 두 집단이 동일한 평균을 가진 모집단에서 추출되었다는 주장을 기각할 충분한 증거가 없다. 이 결과는 높은 습도가 크루프 치료에 도움이 되지 않는다는 것을 시사한다.
4. a. H_0: $\mu_1 = \mu_2$. H_1: $\mu_1 < \mu_2$. 검정 통계량: $t = -2.908$. P-값 = 0.0019(표: 60.005) 임계값: $t = -1.649$(표: -1.653 대략적인 값). H_0를 기각한다. 코카인에 노출된 아이들이 평균점수가 낮다는 주장을 뒷받침할 충분한 증거가 있다.
   b. 90% 신뢰구간: $-1.4 < \mu_1 - \mu_2 < -0.4$. 신뢰 구간은 음수만으로 구성되기 때문에 코카인에 노출된 아이들의 평균 점수가 낮다는 주장을 뒷받침할 충분한 증거가 있다.
5. a. H_0: $\mu_1 = \mu_2$. H_1: $\mu_1 > \mu_2$. 검정 통계량: $t = 8.075$. P-값 = 0.0000(표: < 0.005) 임계값: $t = 1.678$ (표: $t = 1.711$). H_0를 기각한다. 여과되지 않은 킹사이즈 담배가 여과된 100 mm 담배보다 더 큰 평균 타르 함유량을 가지고 있다는 주장을 뒷받침할 충분한 증거가 있다. 그 결과는 두 종류의 담배가 거의 같은 크기라고 가정했을 때 필터가 타르의 함유량을 줄이는 데 효과적이라는 것을 암시한다.
   b. 90% 신뢰구간: 6.3 mg $< \mu_1 - \mu_2 <$ 9.5 mg,(표: 6.2 mg $< \mu_1 - \mu_2 <$ 9.6 mg). 신뢰구간 한계는 양수 값만을 포함하는데, 이는 여과되지 않은 킹사이즈 담배의 평균 타르 함량이 여과된 100 mm 담배의 평균보다 크다는 것을 의미한다.
6. a. H_0: $\mu_1 = \mu_2$. H_1: $\mu_1 \neq \mu_2$. 검정 통계량: $t = 5.045$. P-값 = 0.0000(표: < 0.01) 임계값: $t = \pm2.058$(표: ±2.080). H_0를 기각한다. 치료집단과 대조군집단 사이에 상당한 차이가 있다는 주장을 뒷받침할 충분한 증거가 있다. 그 원인이 치료 때문이라고 단정할 수 없다.
   b. 95% 신뢰구간: $1.47 < \mu_1 - \mu_2 < 3.51$ (표: $1.46 < \mu_1 - \mu_2 < 3.52$). 신뢰구간에는 0이 포함되어 있지 않기 때문에 두 모집

단 평균 사이에는 상당한 차이가 있는 것으로 보인다. 알코올을 마신 사람들이 저지른 실수가 훨씬 더 많은 것으로 보인다.

7. a. H_0: $\mu_1 = \mu_2$. H_1: $\mu_1 > \mu_2$. 검정 통계량: $t = 1.845$. P-값 $= 0.0352$(表: < 0.05) 임계값: $t = 1.673$ (表 1.685). H_0를 기각한다. 담배연기에 노출된 비흡연자가 담배연기에 노출되지 않은 비흡연자보다 더 높은 평균 코티닌 수치를 가지고 있다는 주장을 뒷받침할 충분한 증거가 있다.
   b. 90% 신뢰구간: 4.12 ng/mL $< (\mu_1 - \mu_2) <$ 84.34 ng/mL (表: 3.85 ng/mL $< (\mu_1 - \mu_2) <$ 84.61 ng/mL).
   c. 간접흡연에 노출되면 간접흡연에 노출되지 않은 사람들보다 더 많은 양의 니코틴과 연관되는 효과가 있는 것으로 보인다.
8. a. H_0: $\mu_1 = \mu_2$. H_1: $\mu_1 > \mu_2$. 검정 통계량: $t = 2.282$. P-값 $= 0.0132$(表: < 0.05) 임계값: $t = 1.673$(表: 1.725). H_0를 기각한다. 혈중 납 농도가 낮은 사람들의 평균 IQ 점수가 높은 사람들의 평균 IQ 점수보다 높다는 주장을 뒷받침할 충분한 증거가 있다.
   b. 90% 신뢰구간: $1.6 < \mu_1 - \mu_2 < 10.4$(表: $1.5 < \mu_1 - \mu_2 < 10.5$)
   c. 그렇다, 납에 대한 노출은 IQ 점수에 영향을 미치는 것으로 보인다.
9. a. H_0: $\mu_1 = \mu_2$. H_1: $\mu_1 \neq \mu_2$. 검정 통계량: $t = 0.462$. P-값 $= 0.6465$ (表: > 0.20). 임계 값: $t = \pm 2.012$(表: ± 2.120) H_0를 기각하지 못함. 디즈니의 애니메이션 어린이 영화와 다른 애니메이션 어린이 영화들이 담배사용을 보여주는 평균시간이 같다는 주장을 기각할 충분한 증거가 없다.
   b. 95% 신뢰구간: -41.3초 $< (\mu_1 - \mu_2) <$ 65.9초, (表: -44.2초 $< (\mu_1 - \mu_2) <$ 68.8초)
   c. 조사된 시간은 정규분포가 아닌 모집단에서 온 것으로 보이지만, 이 절의 방법은 정규성으로부터의 이탈에 대해 견고하다. (다른 방법을 사용하여 얻은 결과는, 다른 애니메이션에서의 시간이 정규성 요건을 위반하는 것으로 보이더라도 여기서 얻은 결과가 상당히 양호하다는 것을 확인하였다.)
10. a. H_0: $\mu_1 = \mu_2$. H_1: $\mu_1 < \mu_2$. 검정 통계량: $t = -1.810$. P-값 $= 0.0442$(表: > 0.025). 임계 값: $t = -2.574$(表: -2.650). H_0를 기각하지 못한다. 교황의 평균수명이 대관식 후의 영국 군주들의 평균수명보다 적다는 주장을 뒷받침할 충분한 증거가 없다.
    b. 98% 신뢰구간: -23.6년 $< (\mu_1 - \mu_2) <$ 4.0년 (表: -23.6년 $< (\mu_1 - \mu_2) <$ 4.4년)
11. H_0: $\mu_1 = \mu_2$. H_1: $\mu_1 \neq \mu_2$. 검정 통계량: $t = -0.863$. P-값 $= 0.3887$(表: > 0.20) 임계값은 $t = \pm 1.968$(表: ± 1.984). H_0를 기각하지 못한다. 여성과 남성이 동일한 평균 수축기 혈압을 가지고 있다는 주장을 기각할 충분한 증거가 없다.
12. 합병을 하면 자유도는 97로 급격히 증가하지만, 검정통계량은 2.282에서 1.705로 감소한다(추정표준편차가 2.620268에서 3.507614로 증가하기 때문에). P-값은 0.0457까지 증가하며 90% 신뢰 구간은 더 넓어진다. 합병을 한 이러한 결과는 더 큰 유의성을 보여주지 않는다.
13. H_0: $\mu_1 = \mu_2$. H_1: $\mu_1 \neq \mu_2$. 검정 통계량: $t = 15.322$. P-값 $= 0.0000$(表: < 0.01) 임계값: $t = \pm 2.080$. H_0를 기각한다. 두 모집단이 동일한 평균을 가지고 있다는 주장을 기각할 충분한 증거가 있다.

9-3절

1. (a)와 (c)만 진실이다.
2. 결과는 같을 것이다.
3. H_0: $\mu_d = 0$. H_1: $\mu_d \neq 0$. 검정 통계량: $t = -17.339$. P-값: 0.0001 (表: < 0.01) 임계값: $t = \pm 4.604$. H_0를 기각한다. 두 팔 사이의 측정값의 차이에 대한 주장을 뒷받침할 충분한 증거가 있다. 오른쪽 팔과 왼쪽 팔은 동일한 측정값을 산출해야 하지만 주어진 데이터는 이 사람에게 이런 일이 일어나지 않음을 보여준다.
4. a. H_0: $\mu_d = 0$°F. H_1: $\mu_d \neq 0$. 검정 통계량: $t = -7.499$. P-값 $= 0.0003$(表: < 0.01) 임계 값: $t = \pm 2.447$. H_0를 기각한다. 오전 8시와 오전 12시에 측정된 체온 사이에 차이가 없다는 주장을 기각할 충분한 증거가 있다. 차이가 있는 것으로 나타났다.
   b. 95% 신뢰구간: -1.97°F $< \mu_d < -1.00$°F. 신뢰구간이 음수만으로 구성되며 0은 포함하지 않는다.
5. H_0: $\mu_d = 0$ in. H_1: $\mu_d \neq 0$ in. 검정 통계량: $t = -1.379$. P-값 $= 0.2013$(表: > 0.20). 임계값: $t = \pm 2.262$. H_0를 기각하지 못함. 엄마와 첫째 딸 사이에 키 차이가 없다는 주장을 부인할 만한 충분한 증거가 없다.
6. -6.5 입원 $< \mu_d < -0.2$ 입원. 신뢰구간에 0이 포함되어 있지 않기 때문에 13일이 금요일이면 자동차 충돌로 인한 병원 입원 건수는 영향을 받지 않는다는 주장을 기각할 만한 충분한 증거가 있는 것으로 보인다. 병원 입원이 영향을 받는 것 같다.
7. -66.7 cm$^3 < \mu_d <$ 49.7 cm^3 (表: -66.8 cm$^3 < \mu_d <$ 49.8 cm^3) 신뢰구간은 0 cm^{3}을 포함하기 때문에 차이의 평균이 0 cm^{3}과 같을 수 있으므로 유의한 차이가 없는 것으로 보인다.
8. -4.16 in. $< \mu_d <$ 2.16 in. 신뢰구간 한계에 0을 포함하기 때문에 자체 보고된 높이와 측정된 높이 사이에 차이가 있다는 주장을 뒷받침할 충분한 증거가 없다. 우리는 남성들이 그들의 키를 과장하는 경향이 있다고 믿을 수 있지만, 주어진 데이터는 그 믿음을 뒷받침할 충분한 증거를 제공하지 못한다.
9. a. H_0: $\mu_d = 0$°F. H_1: $\mu_d \neq 0$°F. 검정 통계량: $t = -8.485$. P-값 $= 0.0000$(表: < 0.01) 임계값: $t = \pm 1.996$(表: ± 1.994) H_0를 기각한다. 오전 8시와 오전 12시 사이에 측정된 체온 사이에 차이가 없다는 주장을 기각할 충분한 증거가 있다. 차이가 있는 것 같다.
   b. 95% 신뢰구간: -1.05°F $< \mu_d < -0.65$°F. 신뢰구간은 음수로만 구성되며 0은 포함하지 않는다.
10. H_0: $\mu_d = 0$ in. H_1: $\mu_d \neq 0$ in. 검정 통계량: $t = -6.347$. P-값 $= 0.0000$(表: < 0.01) 임계 값: $t = \pm 1.978$(表: ± 1.984 대략). H_0를 기각한다. 아버지와 첫째 아들 사이의 키 차이가 없다는 주장을 기각할 만한 충분한 증거가 있다.
11. 화씨온도와 섭씨온도의 경우, 검정 통계량($t = 0.124$), P-값 0.9023, 임계값($t = \pm 2.028$)이 동일하며, 결론도 동일하므로 가설검정 결과는 두 경우 모두 동일하다. 신뢰구간은 -0.25°F $< \mu_d <$ 0.28°F 및 -0.14°C $< \mu_d <$ 0.16°C이다. 신뢰구간 한계 -0.14°C와 0.16°C는 -0.25°F와 0.28°F의 수치값 중 5/9인 수치값을 가진다.

9-4절

1. a. 아님　　b. 아님.
   c. 두 표본은 값이 매우 가까운 표준편차(또는 분산)를 가지고 있다.

d. 오른쪽으로 치우친

2. 아니다. 표본이 정규분포 모집단에서 추출되어야 하거나 표본이 30개 이상의 값을 가져야 하는 다른 시험과는 달리, F검정은 표본의 크기에 관계없이 표본이 정규분포 모집단에서 추출되어야 한다는 요구조건을 가지고 있다.
3. H_0: $\sigma_1 = \sigma_2$. H_1: $\sigma_1 > \sigma_2$. 검정 통계량: $F = 9.3364$. P-값: 0.0000. 임계 F값: 2.0842(표: 임계 F값은 2.0540 및 2.0960의 사이). H_0를 기각한다. 치료그룹이 위약그룹의 오류보다 더 다양한 오류를 가지고 있다는 주장을 뒷받침할 충분한 증거가 있다.
4. H_0: $\sigma_1 = \sigma_2$. H_1: $\sigma_1 \neq \sigma_2$. 검정 통계량: $F = 1.7778$. P-값: 0.0762. 상한 임계 F값: 1.8907(표: 임계 F값은 1.8752에서 2.0739 사이). H_0를 기각하지 못함. 두 치료그룹의 피험자가 동일한 변이의 나이를 가지고 있다는 주장을 기각할 충분한 증거가 없다. 치료 그룹의 특성이 다른 경우, 치료의 차이 또는 다른 그룹 특성 때문일 수 있기 때문에 치료의 비교가 불분명해진다.
5. H_0: $\sigma_1 = \sigma_2$. H_1: $\sigma_1 > \sigma_2$. 검정 통계량: $F = 2.1267$. P-값: 0.0543. 임계 F값: 2.1682(표: 임계 2.1555와 2.2341 사이에 있다. H_0를 기각하지 못함. 가짜 치료를 받은 사람들이 자석으로 치료한 사람들의 통증 감소의 분산보다 더 큰 분산을 가지고 있다는 주장을 뒷받침할 충분한 증거가 없다.
6. H_0: $\sigma_1 = \sigma_2$. H_1: $\sigma_1 > \sigma_2$. 검정 통계량: $F = 3.7539$. P-값: 0.0400. 임계 F값: 3.4445. H_0를 기각한다. 필터가 달린 킹사이즈 담배가 필터가 없는 킹사이즈 담배의 니코틴 양보다 더 큰 분산을 가지고 있다는 주장을 뒷받침할 충분한 증거가 있다.
7. H_0: $\sigma_1 = \sigma_2$. H_1: $\sigma_1 > \sigma_2$. 검정 통계량: $F = 1.8184$. P-값: 0.0774. 임계 F값: 1.9983(표: 임계값 1.9926과 2.0772 사이에 있다.) H_0를 기각하지 못함. 남성의 체온이 여성의 체온보다 더 다양하다는 주장을 뒷받침할 만한 충분한 증거가 없다.
8. H_0: $\sigma_1 = \sigma_2$. H_1: $\sigma_1 \neq \sigma_2$. 검정 통계량: $F = 4.3103$. P-값: 0.0023. 상한 임계 F값: 2.5308(표: 임계 F값은 2.4665~2.5699). H_0를 기각한다. 장수 시간의 두 모집단이 동일한 분산을 가지고 있다는 주장을 기각할 충분한 증거가 있다.
9. $c_1 = 3$, $c_2 = 0$, 임계값은 7.4569이다. H_0를 기각하지 못함. 두 점수 모집단의 차이가 다르다는 주장을 뒷받침할 충분한 증거가 없다.
10. $F_L = 0.4103$; $F_R = 2.7006$

장별 퀴즈

1. H_0: $p_1 = p_2$. H_1: $p_1 \neq p_2$.
2. 0.1010
3. H_0를 기각하지 못함. 그 진술에 대해 알고 있는 여성의 비율이 남성의 비율과 같다는 주장을 기각할 만한 충분한 증거가 없다.
4. 거짓
5. H_0: $\mu_d = 0$. H_1: $\mu_d \neq 0$.

복습문제

1. H_0: $p_1 = p_2$. H_1: $p_1 \neq p_2$. 검정 통계량: $z = -4.20$. P-값: 0.0000 (표: 0.0002) 임계값: $z = \pm 2.576$ (표: 2.575). H_0를 기각한다. 합격률이 저자가림하거나 그렇지 않은 경우가 동일하다는 주장을 기각할 수 있는 충분한 증거가 있다. 저자가림이 없다면 평가자들은 저자들의 이름과 기관을 알고 있으며 그 것에 영향을 받을 수도 있다.
2. $-25.33 \text{ cm} < (\mu_1 - \mu_2) < -7.51 \text{ cm}$ (표: $-25.70 \text{ cm} < (\mu_1 - \mu_2) < -7.14 \text{ cm}$). 95% 신뢰도를 가지고 여성의 평균 신장은 남성의 평균 신장보다 7.51 cm에서 25.33 cm(표: 7.14 cm와 25.70 cm) 정도 작다고 결론짓는다.
3. a. H_0: $\mu_d = 0$ kg H_1: $\mu_d \neq 0$. 검정 통계량: $t = 2.301$. P-값: 0.0469. 임계값: $t = \pm 2.262$(유의수준 0.05로 가정). H_0를 기각한다. (유의수준 0.05로 가정) 훈련전과 훈련후 체중 사이에는 차이가 있다는 결론을 내릴 수 있는 충분한 증거가 있다.
   b. $0.0 \text{ kg} < \mu_d < 4.0 \text{ kg}$

누적 복습문제

1. a. 표본 데이터는 동일한 가족의 신장으로 구성된 각 열과 일치하기 때문에 데이터는 종속적이다.
   b. $\bar{x} = 69.7$ in.; 중위수 $= 71.0$ in.; 범위 $= 7.7$ in.; $s = 2.6$ in.; $s^2 = 6.6 \text{ in}^2$.
   c. 비율척도　　d. 연속적
2. $67.6 \text{ in.} < \mu < 71.9 \text{ in.}$ 우리는 67.6 in.와 71.9 in.의 한계에 실제로 모든 성인 아들의 평균키의 참값이 포함되어 있다고 95%의 확신을 가지고 있다.
3. 점이 직선패턴에 상당히 근접하고, 직선패턴이 아닌 특이점이 없기 때문에 표본 데이터는 정규분포를 가진 모집단에서 나온 것으로 보인다.
4. 점이 직선패턴에 상당히 근접하고, 직선패턴이 아닌 특이점이 없기 때문에, 여성의 제동 반응 시간은 정규 분포를 가진 모집단에서 나온 것으로 보인다.
5. H_0: $\mu_1 = \mu_2$. H_1: $\mu_1 \neq \mu_2$. 검정 통계량: $t = -3.259$. P-값 $=$ 0.0019(표: < 0.005) 임계값: $t = \pm 2.664$ (표: ± 2.724). H_0를 기각한다. 남성과 여성이 동일한 평균 제동 반응시간을 가졌다는 주장을 기각할 충분한 증거가 있다. 남성들은 반응시간이 더 낮은 것으로 보인다.

10장

10-1절

1. a. r은 짝을 이룬 표본자료에서 계산한 선형 상관계수의 값을 나타내는 통계량이며, ρ은 모든 통계학 학생 모집단에서 짝을 이룬 자료 모두를 사용해 계산한 선형 상관계수의 값을 나타내는 모수이다.
   b. r의 값은 0으로 추정되어졌다. 이는 체온과 머리 둘레 사이에는 아무런 상관이 없을 가능성이 있기 때문이다.
   c. 체온이 화씨로 변환되어도 r의 값은 변하지 않는다.
2. 아니오. 두 변수 사이의 상관은 그것들이 어떻게든 관련되었다는 것을 나타내지만, 그 관련성은 변수들 중 하나가 다른 변수에 직접적인 영향을 미친다는 것을 반드시 암시하지는 않는다. 상관이 원인적 연관성을 의미하는 것은 아니다.
3. 그렇다. $r = 0.963$. P-값 $= 0.000$. 임계값: ± 0.268(표: 약 ± 0.279). 곰의 체중과 가슴 크기 사이에 선형 상관이 있다는 주장을 뒷받침할 충분한 증거가 있다. 곰의 가슴 크기를 측정하는 것이 무게보다 더 쉬운데, 이것은 곰을 저울로 들어 올려야하기 때문이다. 가슴의 크

기가 체중을 예측하는데 사용될 수 있을 것으로 보인다.

4. 그렇다. $r = 0.552$. P-값 < 0.0001 임계값은 대략적으로 -0.196과 0.196이다. 아버지의 신장과 아들의 신장 사이에 선형 상관이 있다는 주장을 뒷받침할 충분한 증거가 있다.

5. a.

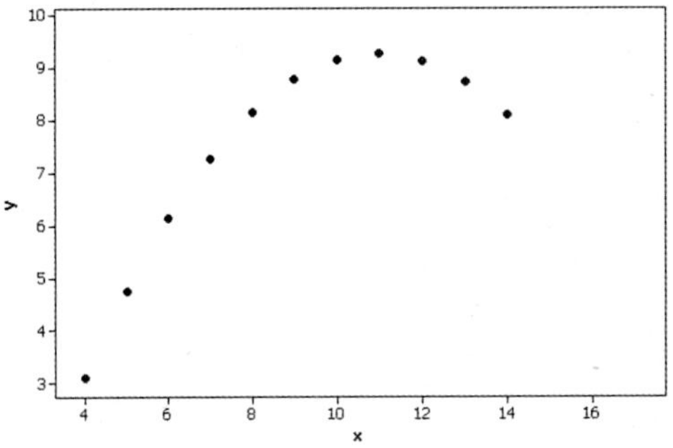

   b. $r = 0.816$. P-값 $= 0.002$(표: < 0.01) 임계값: 유의수준 0.05를 가정하여 $r = \pm 0.602$이다. 두 변수 사이의 선형 상관 주장을 뒷받침할 충분한 증거가 있다.

   c. 산점도에는 직선 패턴이 아닌 어떤 뚜렷한 패턴이 나타난다.

6. a. 답은 다양하다. 상승 패턴이 있는 것 같기 때문에, 선형 상관이 있다고 생각하는 것이 타당하다.

   b. $r = 0.906$. P-값 $= 0.000$(표: < 0.01) 임계값: $r = \pm 0.632$(유의수준 0.05를 가정). 선형 상관의 주장을 뒷받침할 충분한 증거가 있다.

   c. $r = 0$. P-값 $= 1.000$(표: > 0.05) 임계값: $r = \pm 0.666$(유의수준 0.05를 가정). 선형 상관의 주장을 뒷받침할 충분한 증거가 없다.

   d. 하나의 짝을 이룬 값들로부터의 영향은 상당하다. 그것은 결론을 바꿀 수 있다.

7. $r = 0.441$. P-값 $= 0.174$(표: > 0.05) 임계값: $r = \pm 0.602$. IQ점수와 뇌 용적 사이에 선형 상관이 있다는 주장을 뒷받침할 충분한 증거가 없다. 뇌가 큰 사람들은 지능지수가 더 높은 것으로 보이지 않는다.

8. $r = 0.591$. P-값 $= 0.294$(표: > 0.05) 임계값: $r = \pm 0.878$. 발자국 길이와 신장 사이에 선형 상관이 있다는 주장을 뒷받침할 충분한 증거가 없다. 주어진 결과는 경찰이 남성의 신장을 추정하기 위해 발자국 길이를 사용할 수 있다는 것을 말해주지 않는다.

9. $r = -0.959$. P-값 $= 0.010$. 임계값: $r = \pm 0.878$. 멕시코에서 수입되는 레몬의 무게와 미국 자동차 치사율 사이에 선형 상관이 있다는 주장을 뒷받침할 충분한 증거가 있다. 그 결과는 두 변수 사이의 어떤 원인적 관계를 말해주지는 않는다.

10. $r = 0.028$. P-값 $= 0.932$(표: > 0.05) 임계값: $r = \pm 0.576$. 성인 여성의 맥박수와 수축기 혈압 사이에 선형 상관이 있다는 주장을 뒷받침할 충분한 증거가 없다.

11. $r = 0.948$. P-값 $= 0.004$(표: < 0.01) 임계값: $r = \pm 0.811$. 사진 속의 바다표범의 머리 폭과 바다표범의 무게 사이에 선형 상관이 있다는 주장을 뒷받침할 충분한 증거가 있다.

12. $r = 0.113$. P-값 $= 0.700$(표: > 0.05) 임계값: $r = \pm 0.532$. 대선 승리자의 신장과 주요 경쟁자의 신장 사이에 선형 상관이 있다는 주장을 뒷받침할 만한 충분한 증거가 없다. 일반적인 사회에서 유권자들은 후보들의 신장이나 외모가 아닌 중요한 정책 이슈에 초점을 맞추어 투표하기 때문에 상관이 있어서는 아니 된다.

13. $r = -0.063$. P-값 $= 0.791$(표: > 0.05) 임계값: $r = \pm 0.444$. IQ점수와 뇌 용적 사이에 선형 상관이 있다는 주장을 뒷받침할 충분한 증거가 없다.

14. $r = 0.594$. P-값 $= 0.007$(표: < 0.01) 임계값: $r = \pm 0.456$. 발자국 길이와 신장 사이에 선형 상관이 있다는 주장을 뒷받침할 충분한 증거가 있다. 주어진 결과는 경찰이 남성의 신장을 추정하기 위해 발자국 길이를 사용할 수 있다는 것을 말해준다.

15. $r = -0.16217$(이번 연습문제에서는 r과 P-값을 위해 소수점 아래 추가적인 자릿수가 필요하다. [표 A-6]은 이번 연습문제에 대한 임계값과 P-값을 제시하는데 적합하지 않다). P-값 $= 0.0497$. 임계값: $r = \pm 0.16197$. 성인 여성의 맥박수와 수축기 혈압 사이에는 선형 상관이 있다는 주장을 뒷받침할 충분한 증거가 있다.

16. $r = 0.748$([표 A-6]은 이번 연습문제에 대한 임계값과 P-값을 제시하는데 적합하지 않다). P-값 $= 0.000$. 임계값: ± 0.105. 오른쪽 귀의 임계 측정값과 왼쪽 귀의 임계 측정값 사이에 선형 상관이 있다는 주장을 뒷받침할 충분한 증거가 있다.

17. a. 0.911　　b. 0.787　　c. 0.999(최대)
    d. 0.976　　e. -0.948

10-2절

1. a. $\hat{y} = 98.3 - 0.001x$
   b. $\hat{y}$은 온도의 예측값을 나타낸다.
2. a. 잔차는 $y - \hat{y}$의 값이며, y의 관측값과 $\hat{y}$의 예측값 차이다.
   b. 회귀직선은 잔차 제곱합이 가능한 가장 작은 합이라는 속성을 가지고 있다.
3. 유의미한 선형 상관이 없는 상태에서, 가장 잘 예측된 값은 $\hat{y}$ =161.69 cm이다.
4. 유의미한 선형 상관이 존재하는 상태에서, 가장 잘 예측된 값은 92.0 kg이다.
5. $\hat{y} = 3.00 - 0.500x$ 그 자료는 직선이 아닌 패턴을 가지고 있다.
6. a. $\hat{y} = 0.264 + 0.906x$
   b. $\hat{y} = 2 + 0x$ (또는 $\hat{y} = 2$)
   c. 결과는 매우 다르며, 한 점이 회귀식에 크게 영향을 미칠 수 있음을 나타낸다.
7. $\hat{y} = 44.9 + 0.0488x$. 최량의 예측값은 $\bar{y} = 99.0$이다.
8. $\hat{y} = 125 + 1.73x$. 최량의 예측값은 $\bar{y} = 177.30$ cm이다. 최량의 예측값은 평균 신장이기 때문에, 남성의 외모 등을 확인하는 것은 경찰에게 도움이 되지 않을 것이다.
9. $\hat{y}$ =16.5 − 0.0028x. 최량의 예측값은 인구 10만 명당 사망자 수 15.1명인데, 상식적으로 해당 예측값은 상식적으로 말이 되지 않는다.
10. $\hat{y} = 117 + 0.0458x$. 최량의 예측값은 121.0 mmHg이다.
11. $\hat{y} = -157 + 40.2x$. 최량의 예측값은 −76.6 kg이다. 그 예측은 음의 값으로서 올바르지 않다. 2 cm의 머리 둘레는 표본 너비의 범위를 훨씬 벗어나므로 외삽(extrapolation)이 상당히 벗어났을 수도 있다. 분명히 예측된 값이 음수인 무게는 상식적으로 말이 되지 않는다.
12. $\hat{y} = 162 + 0.0975x$. 최량의 예측값은 $\bar{y} = 179.7$ cm이다. 경쟁자의 신장은 대통령의 신장을 사용하여 잘 예측되지 않는 것으로 보인다.
13. $\hat{y} = 109 - 0.00670x$. 최량의 예측값은 $\bar{y} = 101.0$이다.
14. $\hat{y} = 93.5 + 2.85x$. 최량의 예측값은 182.7 cm이다. 비록 $r = 0.594$

로서 선형 상관이 있지만, 강한 선형 상관으로는 보이지 않는다. 따라서 남성 신장의 예측값은 상당 부분 빗겨나갈 수도 있다.

15. $\hat{y} = 138 - 0.223x$. 최량의 예측값은 120 mmHg이다.
16. $\hat{y} = 4.67 + 0.758x$. 최량의 예측값은 19.8이다
17. a. 12.28

    b. 잔차 제곱합은 15.71로서 12.28보다 더 크다.

10-3절

1. $s_e = 16.27555$ cm의 값은 회귀식에서 예측한 체중과 관측된 체중 차이 추정치의 표준오차이다. 그것은 회귀직선에 대한 표본자료값들의 변화를 측정한 것이다.
2. 결정계수는 $r^2 = 0.155$이다. 체중 변동의 15%가 신장과 체중의 선형 상관으로 설명되며, 체중 변동의 84.5%는 다른 요인들 또는 임의 변동으로 설명된다.
3. $r^2 = 0.764$. 온도변화의 76.4%는 귀뚜라미 울음소리와 온도 사이의 선형 상관으로 설명되며, 나머지 온도 변화의 23.6%는 다른 요인들 또는 임의 변동으로 설명된다.
4. $r^2 = 0.872$. 곰의 무게 변동 중 87.2%는 목 크기와 무게의 선형 상관으로 설명되며, 무게 변동 중 12.8%는 다른 요인들 또는 임의 변동으로 설명된다.
5. $r = 0.850$. 유의수준 0.05를 가정할 때 임계값은 $r = \pm 0.404$(표: $r = \pm 0.396$)이다. 등록된 배와 바다소의 선형 상관 주장을 뒷받침할 충분한 증거가 있다.
6. 70.5 바다소
7. 42.7 바다소 $< y <$ 98.3 바다소
8. 65.1 바다소 $< y <$ 106.8 바다소
9. a. 618.9541 b. 304.7126

    c. 56.0 mmHg $< y <$ 81.6 mmHg
10. a. 352.7278 b. 109.3722

    c. 71.09°F $< y <$ 88.71°F
11. a. $6.5 < y < 7.2$ b. $6.2 < y < 6.8$

10-4절

1. 반응변수는 무게, 예측변수는 길이와 가슴 크기이다.
2. 조정되지 않은 R^2는 더 많은 변수가 포함됨에 따라 증가(또는 그대로 유지)하지만, 수정된 R^2는 변수의 수와 표본크기에 따라 조정된다. 조정되지 않은 R^2는 사용 가능한 변수를 모두 포함시켜 최상의 다중 회귀식을 제시하는 잘못된 결과를 도출하지만, 표본크기와 예측변수의 수를 고려하여 수정된 R^2는 포함되지 말아야 하는 변수를 제거하는데 데 훨씬 더 도움이 된다.
3. Son = 18.0 + 0.504 Father + 0.277 Mother
4. P-값은 0.0001보다 낮지만 R^2(0.3649)와 수정된 R^2(0.355) 값은 비교적 높지 않다. 비록 다중 회귀식이 표본자료에 가장 잘 들어맞는다고는 하지만, 적합도가 좋지 않기 때문에, 아버지의 신장과 어머니의 신장을 근거로 아들의 신장을 예측하는데 사용해서는 아니 된다.
5. 가슴 둘레, 이는 가장 높은 수정된 R^2 값 및 그리고 P-값이 세 개의 개별 변수에 대해 동일하기 때문이다.
6. 여기에 주관적인 판단이 개입돼 있다. 0.939의 수정된 R^2값은 다른 수정된 R^2값들보다 상당히 높기 때문에 세 가지 변수를 모두 사용하는 것이 좋은 선택일 것이다. 이러한 이유로서 최량 회귀식은 다음과 같다: $\hat{y} = -147 + 0.632$ HT + 0.697 WAIST + 1.58 ARM.
7. 최상의 회귀식은 $\hat{y} = 0.127 + 0.08x_1 - 0.0250x_2$이다. 여기서 x_1은 타르를, x_2는 일산화탄소를 나타낸다. 수정된 R^2값이 0.927로 가장 높고 P-값이 0.000으로 가장 낮기 때문에 가장 좋다. 수정된 R^2값이 높고 P-값이 낮기 때문에, 니코틴 함량을 예측하는데 좋은 회귀식이다.
8. 다음과 같은 세 가지 예측변수와 관련한 가능한 회귀식이 있다: (1) 뇌 용적, (2) 체중, (3) 뇌의 용량과 체중. 최량의 회귀식은 $\hat{y} = 109 - 0.00670x_1$이다. 여기에서 x_1은 뇌의 용량을 나타낸다. 수정된 R^2 값이 0.0513이고 P-값이 0.791로 가장 낮기 때문에 가장 좋다. 3개의 회귀식은 모두 0에 매우 가까운 수정된 R^2값을 가지며, 어느 하나도 IQ점수를 예측하는데 좋은 것은 없다. 두뇌가 큰 사람들은 지능지수가 더 높은 것으로 보이지 않는다.
9. H_0: $\beta_1 = 0$의 경우에, 검정통계량 값은 $t = 10.814$이고 P-값은 0.0001 미만이므로, H_0을 기각하고 $\beta_1 = 0.769$의 회귀계수를 유지해야 한다고 결론짓는다. H_0: $\beta_2 = 0$의 경우에, 검정통계량 값은 $t = 29.856$이고 P-값은 0.0001미만이므로, H_0을 기각하고 $\beta_2 =$ 1.01의 회귀계수를 유지해야 한다고 결론짓는다. 회귀식은 신장과 허리둘레의 독립변수 모두를 포함해야 하는 것으로 보인다.

10-5절

1. 가변수는 두 개의 값만 가진 변수로서, 그러한 값들(예: 0과 1)은 질적 변수의 여러 범주들을 나타내기 위해 사용된다.
2. 단순 로지스틱 회귀에서는 예측변수가 하나뿐이지만 다중 로지스틱 회귀에서는 예측변수가 두 개 이상 있다.
3. 길이와 무게는 예측변수이다. 반응변수는 성별로서 가변수이다.
4. 곰이 수컷일 확률은 0.826이다. 곰이 암컷일 확률은 0.174이다.
5. Weight = 3.06 + 82.4(Sex) + 2.91(Age). 암컷: 61파운드, 수컷: 144파운드. 곰의 성별은 무게에 영향을 미치는 것으로 보인다. 회귀식은 다른 특성이 동일할 때 수컷 곰의 예측 무게가 암컷 곰의 예측 무게보다 약 82파운드 더 큰 것으로 나타났다.
6. $\ln\left(\dfrac{p}{1-p}\right) = -41.2 + 0.250(\text{Height}) - 0.00856(\text{Weight})$.남성일 확률은 0.629이다.
7. $\ln\left(\dfrac{p}{1-p}\right) = -101.5 + 1.91(\text{Foot Length}) + 0.301(\text{Height})$

    남성일 확률은 0.9999이다.

장별 퀴즈

1. 오른쪽과 왼쪽 팔의 수축기 혈압 측정 사이에 선형 상관이 있다는 주장을 뒷받침할 충분한 증거가 없다는 결론을 내린다.
2. 어느 하나의 변수에 모두 같은 상수를 곱해도 r값은 변하지 않는다.
3. 최량의 예측값은 163.2 mmHg으로, 왼쪽 팔의 5개 측정값의 평균이다.
4. $r^2 = 0.752$
5. 거짓

복습문제

1. a. $r = 0.962$. P-값 = 0.000(표: < 0.01) 임계값: $r = \pm 0.707$(유의수준 0.05로 가정). 타르의 양과 니코틴의 양 사이에 선형 상관이 있다는 주장을 뒷받침할 충분한 증거가 있다.
   b. 92.5%
   c. $\hat{y} = -0.758 + 0.092x$
   d. 예측값은 1.358 mg 또는 반올림되었을 때 1.4 mg으로서, 실제 1.3 mg에 가깝다.
2. a. 산점도에는 타르와 일산화탄소의 양이 모두 왼쪽에서 오른쪽으로 증가하는 패턴이 나타나지만 매우 약한 패턴이다. 그리고 점들이 직선 패턴에 그다지 가깝지 않아서 타르 양과 일산화탄소 양 사이의 선형 상관 주장을 뒷받침할 만한 충분한 표본이 아닌 것으로 보인다.

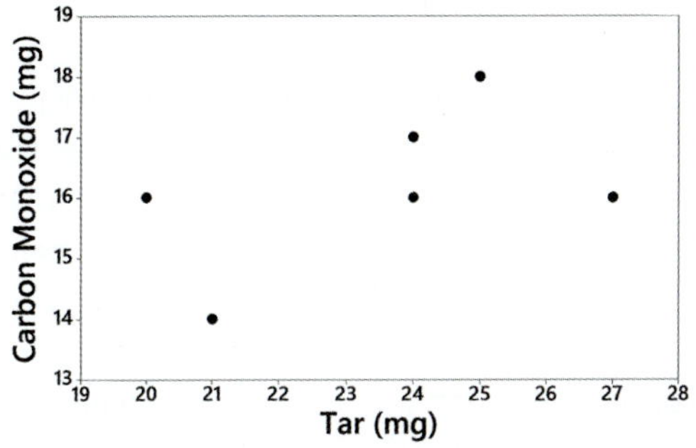

   b. 표본자료 중에서 짝을 이룬 자료의 원래 3개는 (20, 16)와 같다. 그래서 이 세 지점들은 같은 위치에 있고 하나의 점으로 보인다.
   c. $r = 0.437$. P-값 = 0.279(표: > 0.05) 임계값: $r = \pm 0.707$(유의수준 0.05로 가정). 타르 양과 일산화탄소 양 사이에 선형 상관이 있다는 주장을 뒷받침할 충분한 증거가 없다.
   d. $\hat{y} = 12.0 + 0.181x$
   e. 예측값은 $\bar{y} = 16.1$ mg으로 실제 양인 15 mg에 가깝다.
3. $r = 0.450$. P-값 = 0.192(표 > 0.05) 임계값: $r = \pm 0.632$(유의수준 0.05로 가정). 시간과 모집단 규모 간에 선형 상관이 있다는 주장을 뒷받침할 만한 증거가 충분하지 않다. 시간과 모집단 크기 간의 선형 상관은 없지만, 산점도는 선형적이지 않은 함수에 의해 시간과 모집단 규모가 연관됨을 나타내는 매우 뚜렷한 어떤 패턴을 보여준다.

누적 복습문제

1. $\bar{x} = 3.3$파운드, $s = 5.7$파운드
2. H_0: $\mu_d = 0$. H_1 : $\mu_d > 0$. 검정통계량: $t = 1.613$. P-값 = 0.0754 (표: > 0.05) 임계값: $t = 1.895$. H_0을 기각하기 어려움. 다이어트가 효과적이라는 주장을 뒷받침할 충분한 증거가 없다.
3. a. $r = 0.965$. P-값 = 0.0001. 임계값: $r = \pm 0.707$(유의수준 0.05로 가정). 다이어트 전후의 체중에 선형 상관이 있다는 주장을 뒷받침할 충분한 증거가 있다.
   b. $r = 1$　　c. $r = 1$
   d. 다이어트의 효과는 체중 감소량에 따라 결정되지만, 선형 상관계수는 체중 감소량에 민감하지 않다. 상관은 다이어트의 효과를 검정하는데 적합한 도구가 아니다.
4. a. 아니오. 상관은 두 변수 값의 차이가 유의한지 아닌지를 조사하는 것이 아니라 두 변수의 관련성을 조사하는데 사용될 수 있다.
   b. 검정통계량: $t = 1.185$. P-값: 0.2663(표: > 0.20) 임계값: $t = \pm 2.262$. H_0: $\mu_d = 0$을 기각하기 어려움. 직책이 효과가 없다는 주장에 대해 기각할 만한 충분한 증거가 없다. 지위는 그다지 큰 영향을 미치지 않는 것 같다.

11장

11-1절

1. a. 관측값은 O로 나타내고 기대값은 E로 나타낸다.
   b. 숫자 2의 선행 자리에 대해서, $O = 62$,
   $E = (317)(0.176) = 55.792$.
   c. 숫자 2의 선행 자리에 대해서, $(O - E)^2/E = 0.691$.
2. 선행 자리 숫자는 Benford의 법칙에 잘 맞는 분포를 가지고 있다는 주장을 기각할 수 있는 충분한 증거가 있다.
3. 검정통계량: $\chi^2 = 0.523$. P-값 = 0.9712(표: > 0.95).
   임계값: $\chi^2 = 9.488$. 부상과 질병이 주중에 같은 빈도로 발생한다는 주장에 대해 기각할 충분한 증거가 없다.
4. 검정통계량: $\chi^2 = 47.200$. P-값 = 0.0000. 임계값: $\chi^2 = 19.675$. 오토바이 사망자가 여러 달에 동일한 빈도로 발생한다는 주장을 기각할 충분한 증거가 있다. 겨울철 추운 날씨로 인해 오토바이를 거의 사용하지 않을 때에 사망률이 더 낮을 수 있다.
5. 검정통계량: $\chi^2 = 93.072$. P-값 = 0.000(표: < 0.005).
   임계값: $\chi^2 = 9.675$. 미국 태생의 메이저리그 선수들은 같은 빈도로 여러 달에 태어난다는 주장을 기각할 충분한 증거가 있다. 그 표본자료는 Gladwell의 주장을 뒷받침하는 것으로 보인다.
6. 검정통계량: $\chi^2 = 9.658$. P-값 = 0.0080. 임계값: $\chi^2 = 5.991$. 실제 빈도는 예측된 분포에 해당한다는 주장에 대해 기각할 충분한 증거가 있다.
7. 검정통계량: $\chi^2 = 524.713$. P-값 = 0.000(표: < 0.005).
   임계값: $\chi^2 = 13.277$. 임상시험 참가자의 분포가 모집단 분포와 잘 일치한다는 주장에 대해 기각할 충분한 증거가 있다. 히스패닉계에 있어서 관측빈도가 60인 반면에 기대빈도는 391.027으로 매우 차이가 있다. 또한, 아시아/태평양 섬사람 대상의 관측빈도는 54인 반면에 기대빈도는 163.286으로서 역시 매우 차이가 있다.
8. 검정통계량: $\chi^2 = 3650.251$. P-값 = 0.000(표: < 0.005).
   임계값: $\chi^2 = 20.090$. 선행 자리 숫자가 Benford의 법칙에 부합하는 분포를 가진 모집단이라는 주장을 기각할 충분한 증거가 있다. 이미지가 오염된(깨진) 것으로 보인다.
9. 검정통계량: $\chi^2 = 9.500$. P-값 = 0.147(표: > 0.10).
   임계값: $\chi^2 = 16.812$. 출산은 동일 빈도로 모든 요일에서 이루어지지 않는다는 주장을 뒷받침할 충분한 증거가 없다.
10. a. 26, 46, 49, 26
    b. 0.2023, 0.3171, 0.3046, 0.176 (표: 0.2033, 0.3166, 0.3039, 0.1762)
    c. 29.7381, 46.6137, 44.7762, 25.8867 (표: 29.8851, 46.5402, 44.6733, 25.9014)
    d. 검정통계량: $\chi^2 = 0.877$(표: 0.931). P-값 = 0.831(표: > 0.10). 임계값: $\chi^2 = 11.345$. 신장이 정규분포의 모집단에서 임의로 추

출되었다는 주장을 기각할 충분한 증거가 없다. 해당 검정에서는 그 자료가 정규분포를 따른 것일 가능성을 배제할 수 없다는 것을 보여준다.

11-2절

1. a. $E = 4.173$
   b. 해당 셀의 기대빈도가 5 미만이기 때문에 가설검정에 대한 요구사항이 충족되지 않는다.
2. 검정통계량: $\chi^2 = 64.517$. P-값 $= 0.000$. 휴대폰 사용에 있어 오른쪽 또는 왼쪽 손잡이와 귀 사용에 있어 독립이라는 귀무가설을 기각할 수 있다.
3. 검정통계량: $\chi^2 = 9.750$. P-값 $= 0.002$(표: < 0.005).
   임계값: $\chi^2 = 6.635$. 치료의 성공률은 치료의 형태와 독립이라는 귀무가설을 기각할 충분한 증거가 있다. 결과는 수술치료가 더 효과적이라는 것을 말해준다.
4. 검정통계량: $\chi^2 = 0.751$. P-값 $= 0.3862$(표: > 0.10).
   임계값: $\chi^2 = 3.841$. 복구 유형과 부정적인 건강 상태 사이의 독립성 주장을 기각할 충분한 증거가 없다. 아말감 복원은 건강 상태에 영향을 주지 않는 것으로 보인다.
5. 검정통계량: $\chi^2 = 34.345$. P-값 $= 0.0000$. 임계값: $\chi^2 = 6.635$.
   표본의 출처가 개(dog)의 선택과는 무관하다는 주장에 대해 기각할 충분한 증거가 있다. 이 결과는 개들이 방광암을 탐지할 수 있는 능력이 있지만, 정확한 진단을 할 수 있을 만큼 충분히 잘하지 못했다는 것을 보여준다.
6. 검정통계량: $\chi^2 = 9.854$. P-값 $= 0.0017$(표: < 0.005).
   임계값: $\chi^2 = 6.635$. 메스꺼움은 대상자가 위약 복용 또는 Chantix 복용 여부와 독립이라는 주장을 기각할 충분한 증거가 있다. Chantix를 복용하는 사람들 사이에서 메스꺼움이 발생할 가능성이 더 높기 때문에 메스꺼움이 우려된다. 그러나 Chantix 사용자의 메스꺼움 비율은 약 3.7%에 불과하여 크게 우려할 만한 수준은 아니다.
7. 검정통계량: $\chi^2 = 18.773$. P-값 $= 0.000$(표: < 0.005).
   임계값: $\chi^2 = 3.841$. 운전 중 문자 메시지와 불규칙한 안전벨트 사용 간의 독립성 주장을 기각할 충분한 증거가 있다. 그 두 가지 위험한 행동은 어떤 방식으로든 관련이 있는 것으로 보인다.
8. 검정통계량: $\chi^2 = 42.568$. P-값 $= 0.0000$(표: < 0.005). 소화기 계통의 부작용을 경험하는 것은 치료 집단과 무관하다는 주장을 기각할 충분한 증거가 있다. Campral 1332 mg을 투여한 치료는 소화기 계통의 부작용 증가와 관련이 있는 것으로 보인다.
9. 검정통계량: $\chi^2 = 1.358$. P-값 $= 0.715$(표: > 0.10).
   임계값: $\chi^2 = 7.815$(유의수준 0.05를 가정). 흡연량이 안전벨트 사용과 무관하다는 주장을 기각할 만한 충분한 증거가 없다. 그 이론은 주어진 자료에 의해 뒷받침되지 않는다.
10. 검정통계량: $\chi^2 = 9.971$. P-값 $= 0.041$(표: < 0.05).
    임계값: $\chi^2 = 9.488$(유의수준 0.05를 가정). 부상이 헬멧 색깔과 무관하다는 주장을 기각할 충분한 증거가 있다. 오토바이 운전자들은 노란색이나 주황색 헬멧을 써야할 것 같다.
11. 검정통계량: $\chi^2 = 9.7504$, $z = 3.122560496$이므로, $z^2 = \chi^2$이다.
    임계값: $\chi^2 = 6.635$ 그리고 $z = 2.57583$(표: ± 2.575)이므로 $z^2 = \chi^2$이다.

장별 퀴즈

1. H_0: $p_0 = p_1 = \cdots = p_9$. H_1: 최소한 하나의 확률은 다른 것들과 다르다.
2. 오른쪽 꼬리
3. 마지막 자릿수가 동일한 가능성이 있다는 주장에 대해 기각할 충분한 증거가 없다. 보고된 신장 값은 마지막 자릿수 값으로 0과 5의 숫자를 더 포함할 가능성이 높기 때문에, 보고되었다고 보기보다는 실제로 측정한 것으로 보인다(역시, 대부분의 미국 거주자들은 센티미터 단위로의 신장 값을 보고하기 어렵다. 이는 미국, 라이베리아, 미얀마는 영국식 측정 시스템을 계속 사용하는 유일한 국가이기 때문이다).
4. χ^2 분포
5. df = 3

복습문제

1. 검정통계량: $\chi^2 = 269.147$. P-값 $= 0.000$(표: < 0.005). 임계값: $\chi^2 = 24.725$. 날씨와 관련된 사망이 동일한 빈도로 다른 달에도 일어난다는 주장에 대해 기각할 충분한 증거가 있다. 5월, 6월, 7월은 날씨와 관련된 사망자가 불균형적으로 더 많은 것으로 보이며, 그것은 아마도 그 기간 동안 휴가나 야외 활동이 훨씬 더 많기 때문일 것이다.
2. 검정통계량: $\chi^2 = 10.375$. P-값 $= 0.4970$(표: > 0.10).
   임계값: $\chi^2 = 19.675$. 뉴욕에서의 살인이 12개월마다 동일하게 일어날 가능성이 있다는 주장에 대해 기각할 충분한 증거가 없다. 날씨가 더 따뜻해지는 여름에 살인이 더 자주 일어난다는 경찰청장의 주장을 뒷받침할 만한 충분한 증거는 없다.
3. 검정통계량: $\chi^2 = 53.051$. P-값 $= 0.0000$(표: < 0.005).
   임계값: $\chi^2 = 7.815$. 충돌의 분포가 연령의 분포와 같다는 주장을 기각할 수 있는 충분한 증거가 있다. 25세 이하의 운전자들은 불균형적으로 더 많은 충돌 사고를 가진 것으로 보인다.

누적 복습문제

1. (bar(x)) = 53.7년, 중위수 = 60.0년, s = 16.1년, s ^(2) = 258.9년. 16세 나이는 평균 53.7세를 중심으로 표준편차의 2배 이상 낮기 때문에 유의하게 작다라고 할 수 있다.
2. 검정통계량: $\chi^2 = 10.708$. P값 $= 0.0011$(표: < 0.005). 임계값: $\chi^2 = 3.841$. 헬멧 착용 여부는 안면부상 여부에 영향이 없다는 주장에 대해 기각할 충분한 증거가 있다. 헬멧은 충돌 시 안면부상을 예방하는데 도움이 되는 것으로 보인다.
3. a. 630 mm
   b. 14.48(표: 14.46%). 이 비율은 상당히 높은데, 이는 너무 많은 여성들이 수용되지 않을 것이기 때문이다.
   c. 0.7599(표: 0.7611). 여성 16명으로 구성된 집단은 운전석이나 조종석을 차지하지 않는다. 왜냐하면 개별 여성이 운전석/조종석을 차지하기 때문이다. 이 결과는 설계에 영향을 미치지 않는다.

12장

12-1절

1. a. 흉부 감속 측정은 크기의 한 가지 특성에 따라 분류된다.
   b. 분산분석의 용어는 세 가지 모집단 평균의 동일성을 검정하기 위해 사용되는 방법을 말한다. 그 방법은 공통된 모집단 분산에 대한 두 가지 다른 추정치에 기초한다.
2. 검정통계량은 $F = 3.288$이고, F분포를 적용한다.
3. 검정통계량: $F = 0.39$. P-값: 0.677. 귀무가설 H_0: $\mu_1 = \mu_2 = \mu_3$을 기각하기 어려움. 혈중 납 수준에 대한 3개 범주의 언어성 IQ점수 평균이 같다는 주장을 기각할 충분한 증거가 없다. 납에 노출되는 것은 언어성 IQ점수에 영향을 주지 않는 것으로 보인다.
4. 검정통계량: $F = 0.161$. P-값: 0.852. 귀무가설 H_0: $\mu_1 = \mu_2 = \mu_3$을 기각하기 어려움. 세 가지 크기 범주가 동일한 머리 부상 측정치의 평균을 가진다는 주장에 대해 기각할 충분한 증거가 없다. 이용 가능한 데이터를 근거로 하면, 자동차의 크기는 머리 부상에 영향을 주지 않는 것 같다.
5. 검정통계량: $F = 1.304$. P-값: 0.275. 귀무가설 H_0 : $\mu_1 = \mu_2 = \mu_3$을 기각하기 어려움. 세 연령대 남성들의 맥박수 평균이 같다는 주장에 대해 기각할 충분한 증거가 없다. 남성의 맥박수는 연령대의 영향을 받지 않는 것으로 보인다.
6. 검정통계량: $F = 0.3476$. P-값: 0.7111 귀무가설 H_0: $\mu_1 = \mu_2 = \mu_3$을 기각하기 어려움. 세 가지 크기 범주가 동일한 골반 부상 측정치 평균을 가진다는 주장에 대해 기각할 충분한 증거가 없다. 자동차의 크기는 골반 부상에 영향을 주지 않는 것 같다.
7. 검정통계량: $F = 6.1413$. P-값: 0.0056. 귀무가설 H_0: $\mu_1 = \mu_2 = \mu_3 = \mu_4$을 기각할 수 있음. 네 가지 처리 범주가 동일한 평균 무게를 가진 포플러 나무를 생산한다는 주장을 기각할 충분한 증거가 있다. 비록 분산분석의 결과에 의해 확인될 수는 없지만, 비료와 관개 처리가 가장 효과적일 것으로 보인다.
8. 검정통계량: $F = 18.991$. P-값: 0.0000. 귀무가설 H_0: $\mu_1 = \mu_2 = \mu_3$을 기각할 수 있음. 세 종류의 담배가 동일한 니코틴 양의 평균을 가지고 있다는 주장을 기각할 충분한 증거가 있다. 킹사이즈의 담배라면 담배 당 평균이 1.26 mg으로 가장 크지만, 다른 평균은 담배 당 0.87 mg, 담배 당 0.92 mg이다. 비록 분산분석의 결과에 의해 확인될 수는 없지만, 필터는 차이를 만드는 것으로 보인다.
9. Tukey 검정 결과는 다른 P-값을 제시한다. 하지만 크게 다르지는 않다. Tukey 검정 결과는 본페로니 검정과 동일한 결론을 도출한다.

12-2절

1. 맥박수는 두 개의 다른 요인들로 분류된다: (1) 연령대 (2)성별 이다.
2. a. 어떤 하나의 요인에 따른 효과가 다른 요인에 따라 변화한다면 두 변수 또는 두 요인 사이에는 상호작용이 존재한다고 한다.
   b. 만약 상호작용 효과가 존재한다면, 행 요인 또는 열 요인에 대한 개별 효과의 검정을 진행하지 말아야 한다. 만일 상효작용이 존재한다면, 다른 요인의 효과를 고려하는 것 없이 나머지 하나의 요인 효과를 고려해서는 아니 된다.
   c. 왜냐하면 해당 직선은 평행과는 거리가 멀기 때문에 성별별로 연령대에 대한 다른 효과를 가진다. 그래서 연령대와 성별 사이에는 상호작용이 있는 것으로 보인다.
3. 상호작용과 관련하여 검정통계량은 $F = 9.58$이며 P-값 = 0.0003이다. 그래서 상호작용 효과가 없다라는 귀무가설을 기각할 충분한 증거가 있다. 연령대와 성별에는 상호작용이 있는 것처럼 보이기 때문에 연령대의 효과에 대한 검정과 성별의 효과에 대한 검정을 강행하지 말아야 한다. 연령대와 성별의 상호작용은 맥박수에 영향을 가지는 것으로 보인다(이러한 결과는 자료의 변형으로 나온 결과이다. 따라서 이 결론이 반드시 진짜 자료와 일치하지 않는다는 점을 명심할 필요).
4. 상호작용과 관련하여 검정통계량은 $F = 1.7970$ 이며 P-값 = 0.1756 이다. 그래서 상호작용이 있다고 결론을 내릴만한 충분한 증거가 있는 것은 아니다. 연령대의 행 변수에 대해서 검정통계량은 $F = 2.0403$이고 P-값은 0.1399이기 때문에, 연령대는 신장에 영향을 미친다는 주장에 충분한 증거가 있는 것은 아니다. 성별의 열 변수에 대해서 검정통계량은 $F = 43.4607$이고 P-값은 0.0001보다 작으므로, 성별은 신장에 영향을 미친다는 주장에 대해 충분한 증거가 있다.
5. 상호작용과 관련하여 검정통계량은 $F = 3.7332$이고 P-값은 0.0291 이므로, 상호작용 효과가 존재한다는 충분한 증거가 있다. 자존감의 측정치는 대상자 자체의 자존감과 목표의 자존감 사이의 상호작용에 영향을 받는 것으로 보인다. 상호작용 효과가 존재하기 때문에 행 요인(목표의 자존감) 및 열 요인(대상자의 자존감)의 자존감에 대해서 개별적인 검정은 진행하지 말아야 한다.
6. a. 검정통계량 및 P-값은 변화하지 않는다.
   b. 검정통계량 및 P-값은 변화하지 않는다.
   c. 검정통계량 및 P-값은 변화하지 않는다.
   d. 하나의 특이점은 검정통계량과 P-값 모두를 크게 영향을 미치고 변화시킨다.

장별 퀴즈

1. 표본자료는 시대에 따라 3개의 다른 범주로 구분된다.
2. 검정통계량: $F = 4.0497$. 더 큰 검정통계량 값일수록 더 작은 P-값을 가진다.
3. 오른쪽 단측검정. 그렇다, 모든 일원분산분석은 오른쪽 단측검정이다.
4. 일원분산분석에서 서로 다른 표본의 자료들은 하나의 요인으로만 분류된다. 하지만, 이원분산분석에서 표본자료는 두 개의 다른 요인에 의해 분류된다.
5. 검정통계량: $F = 2.25$. P-값: 0.159. 자동차의 종류(해외, 국산)로부터 어떤 영향도 받지 않는다는 귀무가설을 기각하지 못한다. 즉 자동차가 해외차인지 국산차인지는 머리 부상 측정값에 영향을 미친다는 주장을 뒷받침할 충분한 증거가 없다.

복습문제

1. a. 하나(식사의 종류)
   b. 일원분산분석
   c. P-값이 높기 때문에, 4개의 표본이 유의한 정도로 차이가 나는 평균을 가지는 것으로 보인다. 4개 치료그룹의 평균 연령은 대략 비슷한 것으로 보인다.

d. 작은 P-값은 적어도 하나의 치료그룹이 다른 치료그룹과 현저하게 다른 평균 나이를 가지고 있다는 것을 나타낼 수 있다. 그래서 다이어트 치료법의 차이가 다이어트 치료법 때문인지 아니면 나이 차이 때문인지 알 수 없을 것이다. 작은 P값은 실험의 효과를 떨어뜨릴 것이다.

2. 상호작용의 경우에 검정통계량 $F = 1.7171$이고 P-값은 0.1940이다. 그래서 상호작용 효과가 없는 것에 대해 기각할 충분한 증거가 없다. 대퇴골과 자동차 크기 사이에는 상호작용이 없는 것 같다. 대퇴부의 행 변수에 대해서는 검정통계량 $F = 1.3896$이고 P-값은 0.2462이다. 그래서 대퇴부가 오른쪽인지 왼쪽인지 여부가 부하에 영향을 미친다는 주장에 대한 충분한 증거가 없다. 자동차 크기의 열 변수에 대해서는 검정통계량 $F = 2.2296$이고 P-값은 0.122이다. 그래서 자동차 크기에 영향을 미치지 않는다는 주장을 기각할 만한 충분한 증거가 없다. 충돌 실험 부하는 대퇴골과 자동차 크기 사이의 상호작용에 의해 영향을 받지 않고, 대퇴골에도 영향을 받지 않으며, 차량 크기에도 영향을 받지 않는 것으로 보인다.

누적 복습문제

1. a. 15.5년, 13.1년, 22.7년
   b. 9.7년, 9.0년, 18.6년
   c. 94.5세^2, 80.3세^2, 346.1세^2
   d. 비율
2. 정규분포. 히스토그램이 대략적으로 종 모양(bell-shaped)이기 때문에 또는 일반적인 정규분위그림이 다른 패턴이 없는 직선 패턴에 상당히 가깝다.
3. a. H_0: $\mu_1 = \mu_2 = \mu_3$
   b. 0.051의 P-값이 유의수준 0.05보다 크기 때문에, 동일한 평균을 가진다는 귀무가설을 기각하지 못한다. 3개 평균이 동일하다는 주장에 대해 기각할 충분한 증거가 없다. 세 모집단은 상당히 다른 평균을 가지고 있는 것 같지 않다.
4. a. 0.1587
   b. 0.6827(표: 0.6826)
   c. 0.9987
   d. 334.7(표: 334.6)
5. 이항근사로 정규분포를 이용하기: 0.1020(통계패키지 등을 이용한 정확한 결과: 0.0995). 전체 자손들의 1/4이 푸른 눈을 가지고 있다고 가정하면, 푸른 눈을 가진 자손이 19 이하가 될 확률은 높기 때문에, 1/4 비율이 잘못되었다고 결론지을 만한 충분한 증거가 없다.

13장

13-2절

1. a. 대응짝 유일한 요건은 그들이 단순임의표본을 구성한다는 것이다.
   b. 정규분포나 다른 특정 분포에 대한 요구사항은 없다.
   c. 부호검정은 정규분포나 다른 특정 분포를 필요로 하지 않는다는 점에서 "분포에 무관한"이다.
2. H_0: 오전 8시와 12시 체온 모집단 사이에는 차이가 없다. H_1: 오전 8시와 12시 체온 모집단 사이에 차이가 있다. 표본자료는 양의 부호 1개이고 음의 부호 4개는 정확히 같은 값이 아니기 때문에 H_1과 상충되지 않는다.
3. $x = 2$의 검정통계량은 0의 임계값보다 같거나 작지 않다. 엄마와 첫째 딸 사이의 신장 차이가 없다는 주장을 기각할 충분한 증거가 없다.
4. $x = 1$의 검정통계량은 0의 임계값보다 같거나 작지 않다. 매월 13일과 금요일의 일치는 자동차 사고로 인한 병원 입원의 수에 영향을 미치지 않는다는 주장을 기각할 충분한 증거가 없다. 병원 입원은 영향을 받지 않는 것으로 보인다.
5. $z = -2.66$의 검정통계량은 P-값이 0.0078이고, 임계값 $z = -2.575$와 2.575을 초과하여 임계역에 존재한다. 반대자와 찬성자의 비율에는 차이가 없다는 주장을 기각할 충분한 증거가 있다.
6. $z = -0.24$의 검정통계량은 P-값이 0.8103이고, 임계값 $z = -1.96$과 1.96을 초과하여 임계역에 존재하지 않는다. 남학생과 여학생이 동일한 가능성이 있다는 주장을 기각할 만한 충분한 증거가 없다.
7. $x = 9$의 검정통계량은 임계값 5보다 같거나 작지 않다. 표본이 IQ점수 중위수 100이라는 모집단에서 추출된 것이라는 주장에 대해 기각할 충분한 증거가 없다.
8. $z = -2.30$의 검정통계량은 P-값이 0.0214이고, 임계값 $z = -1.96$과 1.96을 초과하여 임계역에 존재한다. 표본이 수축기 혈압 중위수 72인 모집단에서 추출된 것이라는 주장을 기각할 충분한 증거가 있다.
9. 두 번째 접근법: $z = -4.29$의 검정통계량은 0.0000의 P-값을 가진다. 그리고 $z = -1.645$의 임계값을 초과하여 임계역에 존재한다. 따라서 결론은 [예제 4]와 같다. 세 번째 접근법: $z = -2.82$의 검정통계량은 0.0024의 P-값을 가진다. 그리고 $z = -1.645$의 임계값을 초과하여 임계역에 존재한다. 그래서 결론은 [예제 4]와 같다. 다른 접근법은 다른 결과를 도출할 수 있다. 검정통계량 −4.21, −4.29 및 2.82을 참고해 보자. 결론이 이번 연습문제에서는 동일하지만 다른 경우에는 다를 수 있다.

13-3절

1. a. 대응짝에 대한 요구사항들은 단순임의표본이고 차이 값의 모집단은 대략적으로 대칭이라는 것이다.
   b. 정규분포나 다른 특정 분포에 대한 요구사항은 없다.
   c. 윌콕슨 부호순위검정은 정규분포나 다른 특정 분포를 요구하지 않는다는 점에서 "분포에 무관한" 것이다.
2. 부호검정은 차이의 부호만을 사용하지만, 윌콕슨 부호순위검정은 차이의 정도에 영향을 받는 순위를 사용한다.
3. 검정통계량: $T = 8.5$. 임계값: $T = 4$. 차이의 모집단 중위수가 0이라는 귀무가설을 기각하지 못함. 엄마와 첫째 딸 사이에 신장 차이가 없다는 주장을 기각할 충분한 증거가 없다. 엄마와 첫째 딸 사이에는 신장 차이가 없어 보인다.
4. 검정통계량: $T = 1.5$. 임계값: $T = 1$. 차이의 모집단 중위수가 0이라는 귀무가설을 기각하지 못함. 매월 13일이 금요일과 일치하는 것은 자동차 사고로 인한 병원 입원의 수에 영향을 미치지 않는다는 주장을 기각할 충분한 증거가 없다. 병원 입원은 영향을 받지 않는 것으로 보인다.
5. 검정통계량: $T = 98$. 임계값: $T = 52$. 표본은 IQ점수의 중위수가 100인 모집단에서 추출되었다는 주장에 대해 기각할 충분한 증거가 없다.
6. $T = 16{,}236$을 검정통계량 $z = -1.89$로 변환한다. P-값 $= 0.0588$.

임계값: $z = 1.96$. 표본이 수축기 혈압이 중위수 72인 모집단에서 추출된 것이라는 주장에 대해 기각할 충분한 증거가 없다.

7. a. 0과 45,150
   b. 22,575
   c. 32,805
   d. $\frac{n(n+1)}{2} - k$

13-4절

1. 두 표본은 동일한 중위수를 가지는 모집단에서 추출된 것이다.
2. 그렇다. 표본은 독립적이며, 두 표본 모두 10개 이상의 값들을 갖고 있다.
3. $R_1 = 172$, $R_2 = 179$, $m_R = 189$, $\sigma_R = 19.4422$, 검정통계량: $z = -0.87$, P-값: 0.383, 임계값: $z = \pm 1.96$. 모집단이 동일한 중위수를 갖는다는 귀무가설을 기각하지 못함. 여아와 남아들이 동일한 출생 체중의 중위수를 가진다는 주장을 기각할 충분한 증거가 없다.
4. $R_1 = 253.5$, $R_2 = 124.5$, $m_R = 182$, $\sigma_R = 20.607$, 검정통계량: $z = 3.47$, P-값 $= 0.001$, 임계값: $z = \pm 1.96$. 모집단이 동일한 중위수를 갖는다는 귀무가설을 기각한다. 20 mg의 atorvastatin으로 치료받은 사람과 80 mg의 atorvastatin으로 치료받은 사람의 LDL 콜레스테롤의 변화는 동일한 중위수를 갖는다는 주장을 기각할 충분한 증거가 있다. atorvastatin 복용량은 LDL 콜레스테롤의 변화에 영향을 미치는 것으로 보인다.
5. $R_1 =$ 3만6531.5, $R_2 =$ 4만3668.5, $m_R =$ 4만102.5, $\sigma_R = 1155.782$, 검정통계량: $z = -3.95$, P-값: 0.0001(표: 0.0002), 임계값: $z = \pm 1.96$. 모집단이 동일한 중위수를 갖는다는 귀무가설을 기각한다. 여아들과 남아들이 동일한 출생 체중의 중위수를 가진다는 주장을 기각할 충분한 증거가 있다.
6. $R_1 = 501$, $R_2 = 445$, $m_R = 484$, $\sigma_R = 41.158$, 검정통계량: $z = 0.41$, P-값: 0.3409, 임계값: $z = 1.645$. 모집단이 동일한 중위수를 갖는다는 귀무가설을 기각하지 못한다. 혈중 중간 납 수준을 가진 대상자가 혈중 높은 납 수준을 가진 대상자보다 전체 IQ점수의 중위수가 높다는 주장을 뒷받침할 충분한 증거가 없다. 이러한 자료를 근거로 하면, 혈중 납 수준은 전체 IQ점수에 영향을 주는 것으로 보이지 않는다.
7. $U = 86.5$를 사용하면 $z = 1.26$을 얻는다. 검정통계량은 반대 부호와 같은 값이다.

13-5절

1. $R_1 = 36.5$, $R_2 = 52.5$, $R_3 = 47$
2. $n_1 = 5$, $n_2 = 6$, $n_3 = 5$, 그리고 $N = 16$
3. 검정통계량: $H = 4.9054$. 임계값: $\chi^2 = 5.991$(통계패키지 등: P-값 $= 0.0861$). 동일한 중위수를 가진다는 귀무가설을 기각하지 못한다. 해당 자료는 더 큰 차들이 더 안전하다는 것을 말해주지 못한다.
4. 검정통계량: $H = 22.8157$. 임계값: $\chi^2 = 9.210$(통계패키지 등: P-값 $= 0.000$). 동일한 중위수를 가진다는 귀무가설을 기각할 수 있다. 3개 주(state)는 비소 양에 대한 중위수가 모두 같지 않은 것으로 보인다.
5. 검정통계량: $H = 59.1546$. 임계값: $\chi^2 = 9.210$(통계패키지 등: P-값 $= 0.000$). 동일한 중위수를 가진다는 귀무가설을 기각할 수 있다. 해당 자료는 흡연자들이 흡수하는 니코틴의 양이 담배를 피우지 않는 사람들이 흡수하는 양과 다르다는 것을 보여준다.
6. 검정통계량: $H = 27.9098$. 임계값: $\chi^2 = 5.991$(통계패키지 등: P-값 $= 0.000$). 동일한 중위수를 가진다는 귀무가설을 기각할 수 있다. 세 종류의 담배가 동일한 니코틴 중위수를 가지고 있다는 주장을 기각할 충분한 증거가 있다. 필터가 차이를 만드는 것으로 보인다.
7. 10개의 0과 2개의 1이 있다. 이에 t의 값은 10과 2이다. T의 값은 $(10^3 - 10) = 990$과 $(2^2 - 2) = 6$이다. 따라서 $\Sigma T = 990 + 6 = 996$이다. $\Sigma T = 996$ 및 $N = 18$을 사용하면, H의 보정된 값은 8.114로서 [예제 1]에서 확인한 값 6.724와는 상당히 다르다. 이 경우에 많은 수의 동점 값들이 검정통계량 H에 상당한 영향을 미치는 것으로 보인다.

13-6절

1. 10-2절의 방법을 예측에 사용해서는 안 된다. 회귀식은 두 변수 사이의 선형 상관에 기초하지만, 이 절의 방법은 선형 관련성을 요구하지 않는다. 이 절의 방법은 일부 비선형 관련성으로 짝지어진 자료에 상관이 있음을 말해줄 수도 있다. 따라서 회귀식은 예측에 적합한 모형이 되지 않을 것이다.
2. r는 표본의 짝을 이룬 자료에서 계산한 선형 상관계수를 나타낸다. ρ는 짝을 이룬 모집단의 자료에서 계산한 선형 상관계수의 모수를 나타낸다. r_s는 짝을 이룬 표본자료에서 계산한 순위상관을 나타낸다. r_s는 짝을 이룬 모집단의 자료에서 계산한 순위상관의 모수를 나타낸다. 첨자 s는 순위상관이 선형 상관계수 r과 구별할 수 있도록 사용된다. 첨자는 표준편차 s를 나타내지 않는다. 순위상관 방법을 도입한 Charles Spearman에서 가져온 것이다.
3. $r_s = 1$. 임계값은 0.648과 0.648이다. $\rho_s = 0$의 귀무가설을 기각한다. 나무들의 나이와 높이 사이의 상관에 대한 주장을 뒷받침할 충분한 증거가 있다.
4. $r_s = 0.857$. 임계값은 -0.738과 0.738이다. $\rho_s = 0$의 귀무가설을 기각한다. 귀뚜라미의 1분간 울음소리와 기온 사이에 상관이 있다는 주장을 뒷받침할 충분한 증거가 있다.
5. $r_s = 0.624$. 임계값은 $r_s = \pm 0.587$이다. $\rho_s = 0$의 귀무가설을 기각한다. 흡연 횟수와 코티닌 수준 사이에 상관이 있다는 주장을 뒷받침할 충분한 증거가 있다.
6. $r_s = 0.360$. 임계값은 -0.159과 0.159이다. $\rho_s = 0$의 귀무가설을 기각한다. 남성의 이완기 혈압과 수축기 혈압 사이에는 상관이 있다는 주장을 뒷받침하는 충분한 증거가 있다.
7. $r_s = 0.984$. 임계값은 -0.269과 0.269이다. $\rho_s = 0$의 귀무가설을 기각한다. 곰의 가슴 크기와 무게 사이에 상관에 대한 주장을 뒷받침할 충분한 증거가 있다.
8. -0.159와 0.159. (또는 통계패키지 등을 통해 $t = 1.975799$을 사용하거나, 자유도 151과 [표 A-3]의 보간법을 적용할 경우에 t의 임계값은 대략적으로 1.984와 1.972의 중간이며, 계산하면 이는 1.978이다). 임계값은 [수식 13-1]을 사용하여 찾은 값과 같다.

장별 퀴즈

1. 5, 7, 11, 4, 9.5, 2, 3, 8, 9.5, 1, 6
2. a. 분포에 무관한 검정

b. "분포에 무관한 검정"이라는 용어는 모집단이 정규분포와 같이 특정한 분포를 가질 것을 요구하지는 않는다는 것을 보여준다. "비모수적 검정"이라는 용어는 검정이 모수에 기초하지 않는다는 것을 말하지만 이는 잘못된 것이다. 왜야하면 일부 비모수적 검정은 모수인 중위수에 기초하고 있기 때문이다. "분포에 무관한 검정"이라는 용어는 이런 잘못된 의미를 전달하지 않는다는 측면에서 "비모수적 검정"보다 더 낳은 용어라 할 수 있다.

3. 아니오. P-값은 거의 항상 다르며, 결론은 같을 수도 있고 그렇지 않을 수도 있다.
4. 부호검정은 차이값의 부호만 사용하는 반면에 윌콕슨 부호순위검정은 차이값의 순위를 사용한다. 이에 윌콕슨 부호순위검정은 자료에 대한 더 많은 정보를 사용하며 실제 자료의 본질을 더 잘 반영한 결론을 내리는 경향이 있다.
5. 2개의 독립표본

복습문제

1. 부호검정을 사용한다. $z = -4.46$의 검정통계량에 대한 P-값은 0.0000(표 0.0001)이며, $z = -1.645$의 임계값보다 같거나 작다. $p = 0.5$의 귀무가설을 기각할 수 있다. 성인의 대다수가 의사보다는 인터넷으로부터 의료정보를 더 자주 획득한다는 주장을 뒷받침할 충분한 증거가 있다.
2. 검정통계량 $T = 21$은 임계값 59보다 같거나 작다. 표본이 5의 중위수를 가지는 모집단에서 추출되었다는 주장을 기각할 수 있는 충분한 증거가 있다.
3. $r_s = 0.888$. 임계값은 -0.618과 0.618이다. $\rho_s = 0$의 귀무가설을 기각할 수 있다. 초콜릿 소비와 노벨상 수상자 비율 사이의 상관 주장을 뒷받침하는 충분한 증거가 있다. 하지만 노벨상 수상자 비율과 원인/효과 관계가 있다고 생각하는 것은 이치에 맞지 않기 때문에, 그 상관은 우연의 일치나 다른 요인의 중첩일 수 있다.
4. $R_1 = 60$, $R_2 = 111$, $\mu_R = 85.5$, $\sigma_R = 11.3248$, 검정통계량: $z = 2.25$, P-값 = 0.0244. 임계값: $z = \pm 1.96$. 모집단의 중위수가 동일하다는 귀무가설을 기각할 수 있다. 기원전 4000년의 두개골 폭은 서기 150년의 두개골의 폭과 다른 중위수를 가진 것으로 보인다.

누적 복습문제

1. $\bar{x} = 14.6$ 신용시간, 중위수 = 15.0 신용시간, $s = 1.7$ 신용시간, $s^2 = 2.9$ (신용시간)^2, 범위 = 6.0 신용시간
2. H_0: $\mu = 14$ 신용시간, H_1: $\mu > 14$ 신용시간. 검정통계량: $t = 1.446$. P-값 = 0.0822(표: > 0.05). 임계값: $t = 1.729$(유의수준 0.05를 가정). H_0을 기각할 수 없음. 평균이 14 신용시간 이상이라는 주장을 뒷받침할 충분한 증거가 없다.
3. 13.8 신용시간 $< \mu <$ 15.3 신용시간. 모집단 평균의 실제 값이 13.8 신용시간과 15.3 신용시간의 한계 내에 존재한다고 95% 신뢰할 수 있다.
4. H_0: $p = 0.03$. H_1: $p > 0.03$. 검정통계량: $z = 2.36$. P-값 = 0.0091. 임계값: $z = 1.645$. H_0 기각 가능함. 미국에서 근로자들의 마약 양성반응 비율이 3.0% 이상이라는 주장을 뒷받침할 충분한 증거가 있다.
5. H_0: $p = 0.05$. H_1: $p > 0.05$. 검정통계량: $z = 1.36$. P-값: 0.0865 (표: 0.0869). 임계값: $z = 1.645$. H_0 기각할 수 없음. 모집단의 대다수가 고층건물의 높이를 두려워하지 않는다는 주장을 뒷받침할 충분한 증거가 없다. 응답자 스스로가 응답하기를 선택했기 때문에, 임의표본이 아니라 자발적인 응답 표본으로서 해당 결과가 유효하지 않을 수도 있다.

14장

14-1절

1. 코호트 생명표란 특정 집단의 실제 관측된 사망률 경험을 기록한 반면에, 기간 생명표는 평생 동일한 사망률 조건을 가지고 살았을 가상 집단에 대한 사망률과 수명 자료를 기록한다.
2. 3열부터 6열까지의 값은 반감되지만 나머지 값은 그대로 유지된다.
3. 0.000382
4. 0.99491
5. 0.999256; 4996.28명(또는 0.999252; 4996.26)
6. 0.840024
7. a. 0.006550　　b. 0.000483
그 결과는 매우 다른데, 그 이유는 태어날 때 또는 그 시점에 매우 높은 사망률 때문이다.
8. 2–4; 0.000483; 99,345; 48; 198,638; 7,667,195; 77.2
9. H_1: $p > 0.000744$에 대해서, 검정통계량은 $z = 1.87$, P-값은 0.0308 (표: 0.0307), 임계값은 $z = 1.645$이므로, $p = 0.000744$의 귀무가설을 기각하고 사망자수가 유의미하게 높다는 주장을 뒷받침할 충분한 증거가 있다고 결론짓는다[만일 [표 14-1]의 세 번째 열에서 사망 확률을 계산하는 경우에, H_1: $p > 0.00074815$에 대해서 검정통계량 $z = 1.85$, P-값 = 0.0323(표: 0.032) 및 동일한 임계값과 결론을 얻는다].
10. H_1: $p > 0.011198$에 대해서, 검정통계량은 $z = 4.95$, P-값은 0.0000 (표: 0.0001), 임계값은 $z = 1.645$이므로, $p = 0.0118$의 귀무가설을 기각하고 사망자수가 유의미하게 높다는 주장을 뒷받침할 충분한 증거가 있다고 결론짓는다.

14-2절

1. 생존자는 어떤 종료 이벤트에 도달하지 않고 어떤 특정 기간 동안 성공적으로 지속된 대상자이다. 생존자는 사람, 물체 또는 결혼과 같은 다른 개체일 수 있다.
2. 생명표는 고정된 시간 간격에 기초하지만, 생존자료의 표와 카플란-마이어 계산은 종료 이벤트에 따라 달라지는 시간에 기초한다.
3. 빠른 보행자는 더 긴 수명의 가능성이 있다. 그래서 빠른 보행자 집단은 상단(녹색)의 곡선에 대응한다. 중간(검은색) 곡선에 일치하는 보행자는 중간 속도의 보행자 집단이다. 느린 보행자 집단은 더 짧은 수명의 가능성이 높기 때문에 가장 낮은(빨간색) 곡선과 대응한다.
4. a. 4년　　b. 1년
5. 5년 생존율은 느린 보행자 집단에 있어 0.2, 중간 속도 보행자 집단에 있어 0.5, 빠른 보행자 집단에 있어 0.9로서 차이가 상당하며, 5년 후에 빠른 보행자 집단의 사람들은 생존율이 훨씬 더 높고, 느린 보행자 집단의 사람들은 생존율이 훨씬 더 낮다고 것을 보여준다.
이 자료가 노인들로 하여금 좀 더 빨리 걷게 함으로써 더 오래 살

수 있게 할 수 있다는 것을 반드시 말해주는 것은 아니다. 하지만 걷는 속도가 전반적인 건강 상태를 나타내는 하나의 징후일 가능성이 매우 높기 때문에, 수명과 걷는 속도는 모두 하나 이상의 다른 외부 변수에 의해 영향을 받을 가능성이 있다.

장별 퀴즈

1. 생명표
2. 기간 생명표는 평생 동일한 사망조건을 가지고 살았을 가상의 집단에 대한 사망률과 수명자료를 기술한다.
3. 거짓
4. 거짓
5. 값들은 1, 0, 0, 0이다.

복습문제

1. 0.000352
2. 0.99492
3. 83.8년; 83.2년; 두 번째 값은 첫 번째 값보다 작다. 나이가 들면서, 기대수명은 꾸준히 감소한다.

누적 복습문제

1. 표는 100,000명의 출생자 중에서 99,492명이 두 번째 생일까지 생존한 것을 보여주고 있어 이때의 사망확률은 1 − 0.99492 = 0.00508이다. H_1: $p < 0.00508$에 대해서 검정통계량 $z = -0.67$이고 P-값은 0.2501(표: 0.2514)이며 임계값은 $z = 1.645$(유의수준 0.05를 가정)이다. 따라서 $p = 0.00508$의 귀무가설을 기각할 수 없다. 이에 사망률은 0.00508보다 작다라는 주장을 뒷받침할 충분한 증거가 없다고 결론짓는다. 해당 프로그램은 사망률을 낮추는 데 효과가 없어 보인다.
2. 0.986
3. 그래프는 오해를 불러일으킨다. 수직축의 척도는 0이 아닌 800의 빈도 값부터 시작된다. 그래서 "그렇다"와 "아니오"의 응답 차이는 크게 과장되었다.

찾아보기

N

O

P

Q

R

S

T

U

V

W

Z

기타

표 A-3 t 분포: 임계 t값

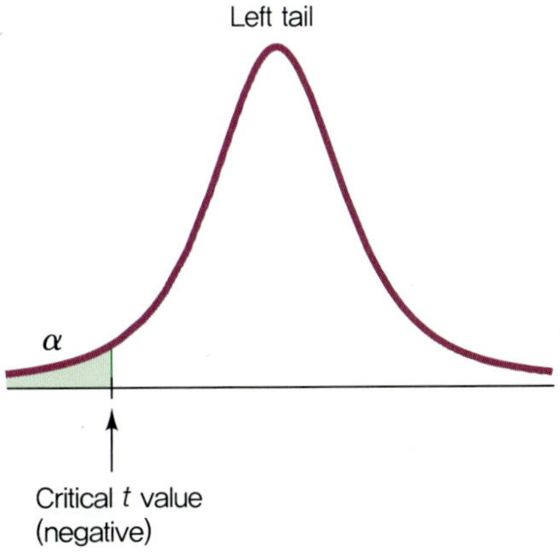

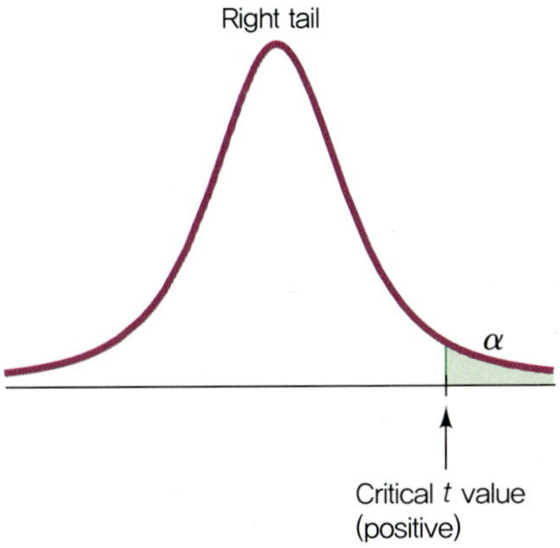

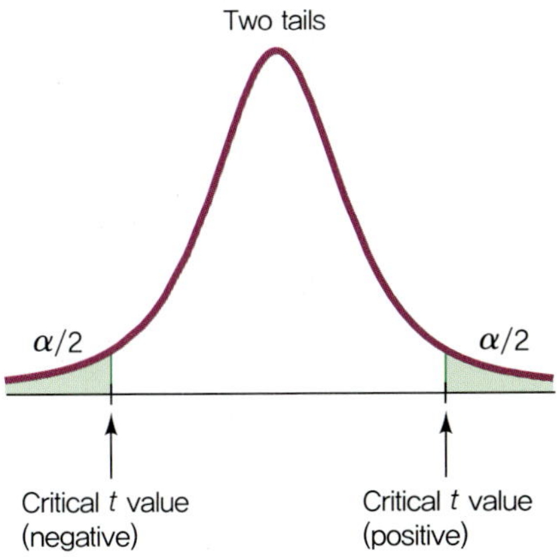

	Area in One Tail				
	0.005	0.01	0.025	0.05	0.10
Degrees of Freedom	**Area in Two Tails**				
	0.01	0.02	0.05	0.10	0.20
1	63.657	31.821	12.706	6.314	3.078
2	9.925	6.965	4.303	2.920	1.886
3	5.841	4.541	3.182	2.353	1.638
4	4.604	3.747	2.776	2.132	1.533
5	4.032	3.365	2.571	2.015	1.476
6	3.707	3.143	2.447	1.943	1.440
7	3.499	2.998	2.365	1.895	1.415
8	3.355	2.896	2.306	1.860	1.397
9	3.250	2.821	2.262	1.833	1.383
10	3.169	2.764	2.228	1.812	1.372
11	3.106	2.718	2.201	1.796	1.363
12	3.055	2.681	2.179	1.782	1.356
13	3.012	2.650	2.160	1.771	1.350
14	2.977	2.624	2.145	1.761	1.345
15	2.947	2.602	2.131	1.753	1.341
16	2.921	2.583	2.120	1.746	1.337
17	2.898	2.567	2.110	1.740	1.333
18	2.878	2.552	2.101	1.734	1.330
19	2.861	2.539	2.093	1.729	1.328
20	2.845	2.528	2.086	1.725	1.325
21	2.831	2.518	2.080	1.721	1.323
22	2.819	2.508	2.074	1.717	1.321
23	2.807	2.500	2.069	1.714	1.319
24	2.797	2.492	2.064	1.711	1.318
25	2.787	2.485	2.060	1.708	1.316
26	2.779	2.479	2.056	1.706	1.315
27	2.771	2.473	2.052	1.703	1.314
28	2.763	2.467	2.048	1.701	1.313
29	2.756	2.462	2.045	1.699	1.311
30	2.750	2.457	2.042	1.697	1.310
31	2.744	2.453	2.040	1.696	1.309
32	2.738	2.449	2.037	1.694	1.309
33	2.733	2.445	2.035	1.692	1.308
34	2.728	2.441	2.032	1.691	1.307
35	2.724	2.438	2.030	1.690	1.306
36	2.719	2.434	2.028	1.688	1.306
37	2.715	2.431	2.026	1.687	1.305
38	2.712	2.429	2.024	1.686	1.304
39	2.708	2.426	2.023	1.685	1.304
40	2.704	2.423	2.021	1.684	1.303
45	2.690	2.412	2.014	1.679	1.301
50	2.678	2.403	2.009	1.676	1.299
60	2.660	2.390	2.000	1.671	1.296
70	2.648	2.381	1.994	1.667	1.294
80	2.639	2.374	1.990	1.664	1.292
90	2.632	2.368	1.987	1.662	1.291
100	2.626	2.364	1.984	1.660	1.290
200	2.601	2.345	1.972	1.653	1.286
300	2.592	2.339	1.968	1.650	1.284
400	2.588	2.336	1.966	1.649	1.284
500	2.586	2.334	1.965	1.648	1.283
1000	2.581	2.330	1.962	1.646	1.282
2000	2.578	2.328	1.961	1.646	1.282
Large	2.576	2.326	1.960	1.645	1.282

음의 z값

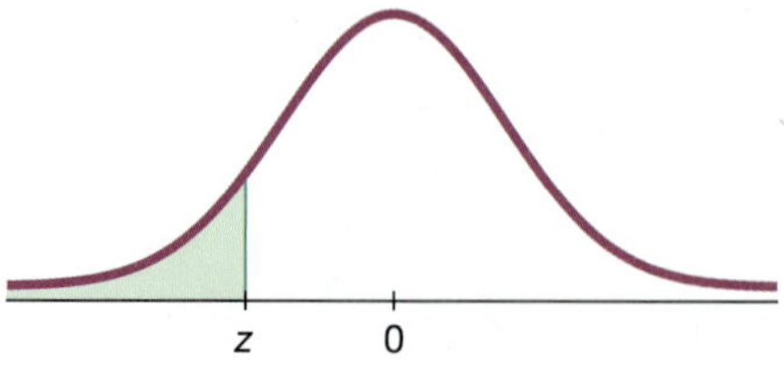

표 A-2 표준정규분포(z): 왼쪽에서부터 누적 확률

z	.00	.01	.02	.03	.04	.05	.06	.07	.08	.09
−3.50 and lower	.0001									
−3.4	.0003	.0003	.0003	.0003	.0003	.0003	.0003	.0003	.0003	.0002
−3.3	.0005	.0005	.0005	.0004	.0004	.0004	.0004	.0004	.0004	.0003
−3.2	.0007	.0007	.0006	.0006	.0006	.0006	.0006	.0005	.0005	.0005
−3.1	.0010	.0009	.0009	.0009	.0008	.0008	.0008	.0008	.0007	.0007
−3.0	.0013	.0013	.0013	.0012	.0012	.0011	.0011	.0011	.0010	.0010
−2.9	.0019	.0018	.0018	.0017	.0016	.0016	.0015	.0015	.0014	.0014
−2.8	.0026	.0025	.0024	.0023	.0023	.0022	.0021	.0021	.0020	.0019
−2.7	.0035	.0034	.0033	.0032	.0031	.0030	.0029	.0028	.0027	.0026
−2.6	.0047	.0045	.0044	.0043	.0041	.0040	.0039	.0038	.0037	.0036
−2.5	.0062	.0060	.0059	.0057	.0055	.0054	.0052	.0051 *	.0049	.0048
−2.4	.0082	.0080	.0078	.0075	.0073	.0071	.0069	.0068	.0066	.0064
−2.3	.0107	.0104	.0102	.0099	.0096	.0094	.0091	.0089	.0087	.0084
−2.2	.0139	.0136	.0132	.0129	.0125	.0122	.0119	.0116	.0113	.0110
−2.1	.0179	.0174	.0170	.0166	.0162	.0158	.0154	.0150	.0146	.0143
−2.0	.0228	.0222	.0217	.0212	.0207	.0202	.0197	.0192	.0188	.0183
−1.9	.0287	.0281	.0274	.0268	.0262	.0256	.0250	.0244	.0239	.0233
−1.8	.0359	.0351	.0344	.0336	.0329	.0322	.0314	.0307	.0301	.0294
−1.7	.0446	.0436	.0427	.0418	.0409	.0401	.0392	.0384	.0375	.0367
−1.6	.0548	.0537	.0526	.0516	.0505 *	.0495	.0485	.0475	.0465	.0455
−1.5	.0668	.0655	.0643	.0630	.0618	.0606	.0594	.0582	.0571	.0559
−1.4	.0808	.0793	.0778	.0764	.0749	.0735	.0721	.0708	.0694	.0681
−1.3	.0968	.0951	.0934	.0918	.0901	.0885	.0869	.0853	.0838	.0823
−1.2	.1151	.1131	.1112	.1093	.1075	.1056	.1038	.1020	.1003	.0985
−1.1	.1357	.1335	.1314	.1292	.1271	.1251	.1230	.1210	.1190	.1170
−1.0	.1587	.1562	.1539	.1515	.1492	.1469	.1446	.1423	.1401	.1379
−0.9	.1841	.1814	.1788	.1762	.1736	.1711	.1685	.1660	.1635	.1611
−0.8	.2119	.2090	.2061	.2033	.2005	.1977	.1949	.1922	.1894	.1867
−0.7	.2420	.2389	.2358	.2327	.2296	.2266	.2236	.2206	.2177	.2148
−0.6	.2743	.2709	.2676	.2643	.2611	.2578	.2546	.2514	.2483	.2451
−0.5	.3085	.3050	.3015	.2981	.2946	.2912	.2877	.2843	.2810	.2776
−0.4	.3446	.3409	.3372	.3336	.3300	.3264	.3228	.3192	.3156	.3121
−0.3	.3821	.3783	.3745	.3707	.3669	.3632	.3594	.3557	.3520	.3483
−0.2	.4207	.4168	.4129	.4090	.4052	.4013	.3974	.3936	.3897	.3859
−0.1	.4602	.4562	.4522	.4483	.4443	.4404	.4364	.4325	.4286	.4247
−0.0	.5000	.4960	.4920	.4880	.4840	.4801	.4761	.4721	.4681	.4641

참고: −3.49 미만의 z 값의 경우 0.0001을 사용하라.

(계속)

*보간법으로 다음과 같은 일반값을 사용하라.

z Score	Area
−1.645	0.0500
−2.575	0.0050